Lexikon der Mathematik: Band 5

Guido Walz
(Hrsg.)

Lexikon der Mathematik: Band 5

Sed bis Zyl

2. Auflage

Springer Spektrum

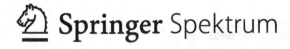

Herausgeber
Guido Walz
Mannheim, Deutschland

ISBN 978-3-662-53505-9 ISBN 978-3-662-53506-6 (eBook)
DOI 10.1007/978-3-662-53506-6

Die Deutsche Nationalbibliothek verzeichnet diese Publikation in der Deutschen Nationalbibliografie; detaillierte bibliografische Daten sind im Internet über http://dnb.d-nb.de abrufbar.

Springer Spektrum

Planung: Iris Ruhmann
Redaktion: Prof. Dr. Guido Walz

Gedruckt auf säurefreiem und chlorfrei gebleichtem Papier

Springer Spektrum ist Teil von Springer Nature
Die eingetragene Gesellschaft ist Springer-Verlag GmbH Germany
Die Anschrift der Gesellschaft ist: Heidelberger Platz 3, 14197 Berlin, Germany

Autorinnen und Autoren im 5. Band des *Lexikon der Mathematik*

Prof. Dr. Hans-Jochen Bartels, Mannheim
PD Dr. Martin Bordemann, Freiburg
Dr. Andrea Breard, Paris
Prof. Dr. Martin Brokate, München
Prof. Dr. Rainer Brück, Dortmund
Dipl.-Ing. Hans-Gert Dänel, Pesterwitz
Dr. Ulrich Dirks, Berlin
Dr. Jörg Eisfeld, Gießen
Prof. Dr. Heike Faßbender, München
Dr. Andreas Filler, Berlin
Prof. Dr. Robert Fittler, Berlin
PD Dr. Ernst-Günter Giessmann, Berlin
Dr. Hubert Gollek, Berlin
Prof. Dr. Barbara Grabowski, Saarbrücken
Prof. Dr. Andreas Griewank, Dresden
Dipl.-Math. Heiko Großmann, Münster
Prof. Dr. Wolfgang Hackbusch, Kiel
Prof. Dr. K. P. Hadeler, Tübingen
Prof. Dr. Adalbert Hatvany, Kuchen
Dr. Christiane Helling, Berlin
Prof. Dr. Dieter Hoffmann, Konstanz
Prof. Dr. Heinz Holling, Münster
Hans-Joachim Ilgauds, Leipzig
Dipl.-Math. Andreas Janßen, Stuttgart
Dipl.-Phys. Sabina Jeschke, Berlin
Prof. Dr. Hubertus Jongen, Aachen
Dr. Uwe Kasper, Berlin
Dipl.-Phys. Akiko Kato, Berlin
Dr. Claudia Knütel, Hamburg
Dipl.-Phys. Rüdeger Köhler, Berlin
Dipl.-Phys. Roland Kunert, Berlin
Prof. Dr. Herbert Kurke, Berlin
AOR Lutz Küsters, Mannheim
PD Dr. Franz Lemmermeyer, Heidelberg
Prof. Dr. Burkhard Lenze, Dortmund
Prof. Dr. Jan Louis, Halle
Uwe May, Ückermünde
Prof. Dr. Günter Mayer, Rostock
Prof. Dr. Klaus Meer, Odense (Dänemark)
Prof. Dr. Paul Molitor, Halle
Prof. Dr. Helmut Neunzert, Kaiserslautern
Prof. Dr. Günther Nürnberger, Mannheim
Dipl.-Inf. Ines Peters, Berlin
Dr. Klaus Peters, Berlin
Prof. Dr. Gerhard Pfister, Kaiserslautern
Dipl.-Math. Peter Philip, Berlin
Prof. Dr. Hans Jürgen Prömel, Berlin
Dr. Dieter Rautenbach, Aachen
Dipl.-Math. Thomas Richter, Berlin
Prof. Dr. Thomas Rießinger, Frankfurt
Prof. Dr. Heinrich Rommelfanger, Frankfurt
Prof. Dr. Robert Schaback, Göttingen
PD Dr. Martin Schlichenmaier, Mannheim
Dr. Karl-Heinz Schlote, Altenburg
Dr. Christian Schmidt, Berlin

PD Dr.habil. Hans-Jürgen Schmidt, Potsdam
Dr. Karsten Schmidt, Berlin
Prof. Dr. Uwe Schöning, Ulm
Dr. Günter Schumacher, Karlsruhe
PD Dr. Rainer Schwabe, Tübingen
PD Dr. Günter Schwarz, München
Dipl.-Math. Markus Sigg, Freiburg
Dipl.-Phys. Grischa Stegemann, Berlin
Dr. Anusch Taraz, Berlin
Prof. Dr. Stefan Theisen, Potsdam
Prof. Dr. Lutz Volkmann, Aachen
Dr. Johannes Wallner, Wien
Prof. Dr. Guido Walz, Mannheim
Prof. Dr. Ingo Wegener, Dortmund
Prof. Dr. Bernd Wegner, Berlin
Prof. Dr. Ilona Weinreich, Remagen
Prof. Dr. Dirk Werner, Berlin
PD Dr. Günther Wirsching, Eichstätt
Prof. Dr. Jürgen Wolff v. Gudenberg, Würzburg
Prof. Dr. Helmut Wolter, Berlin
Dr. Frank Zeilfelder, Mannheim
Dipl.-Phys. Erhard Zorn, Berlin

Hinweise für die Benutzer

Gemäß der Tradition aller Großlexika ist auch das vorliegende Werk streng alphabetisch sortiert. Die Art der Alphabetisierung entspricht den gewohnten Standards, auf folgende Besonderheiten sei aber noch explizit hingewiesen: Umlaute werden zu ihren Stammlauten sortiert, so steht also das „ä" in der Reihe des „a" (nicht aber das „ae"!); entsprechend findet man „ß" bei „ss". Griechische Buchstaben und Sonderzeichen werden entsprechend ihrer deutschen Transkription einsortiert. So findet man beispielsweise das α unter „alpha". Ein Freizeichen („Blank") wird *nicht* überlesen, sondern gilt als „Wortende": So steht also beispielsweise „a priori" *vor* „Abakus". Im Gegensatz dazu werden Sonderzeichen innerhalb der Worte, insbesondere der Bindestrich, „überlesen", also bei der Alphabetisierung behandelt, als wären sie nicht vorhanden. Schließlich ist noch zu erwähnen, daß Exponenten ebenso wie Indizes bei der Alphabetisierung ignoriert werden.

Sedezimalsystem, Positionssystem zur Notation von Zahlen auf der Basis von 16 Ziffern, meist als ↗Hexadezimalsystem bezeichnet (s. d.).

Seekarte, geographische Karte für die Seefahrt. Solche Karten erfordern winkeltreue ↗Kartennetzentwürfe, da der Kurs eines Schiffes in der Regel durch Peilung bestimmt wird. Diese Eigenschaft haben z. B. der ↗stereographische Entwurf und der ↗Mercator-Entwurf.

Segment-Approximation, Problem der Bestimmung einer besten Approximationen durch Splines mit freien Knoten, die nicht notwendigerweise stetig sind.

Es bezeichne $C[a,b]$ die Menge der stetigen Funktionen auf einem Intervall $[a,b]$, P_m den Raum der Polynome vom Grad m, und $PP_{m,k}$ die Menge der Splines vom Grad m mit k freien Knoten, d. h.

$$\begin{aligned} PP_{m,k} = \{s : [a,b] \mapsto \mathbb{R} : \ & \text{es gibt} \\ & a = x_0 < x_1 < \cdots < x_k < x_{k+1} = b \\ & \text{so, daß } s|_{[x_j, x_{j+1})} \in P_m,\ j = 0, \ldots, k-1, \\ & \text{und } s|_{[x_k, x_{k+1}]} \in P_m\} \,. \end{aligned}$$

Das Problem der besten Approximation aus $PP_{m,k}$ hinsichtlich der ↗Maximumnorm $\|.\|_\infty$ ist wie folgt definiert: Für vorgegebenes $f \in C[a,b]$ bestimme man $s_f \in PP_{m,k}$ so, daß

$$\|f - s_f\|_\infty = \inf\{\|f - s\|_\infty : s \in PP_{m,k}\}$$

gilt. In diesem Fall wird s_f beste Approximation an f aus $PP_{m,k}$ genannt und die zu s_f gehörigen Knoten $a = x_0 < x_1 < \cdots < x_k < x_{k+1} = b$ heißen optimale Knotenmenge von f. Der Ausdruck

$$d(f, PP_{m,k}) = \inf\{\|f - s\|_\infty : s \in PP_{m,k}\}$$

heißt Minimalabweichung von f zu $PP_{m,k}$.

Bei der Segment-Approximation geht es um die Bestimmung von besten Approximationen s_f aus $PP_{m,k}$. Wichtig ist in diesem Zusammenhang der Begriff einer ausgeglichenen Knotenmenge von f. Dies sind Knoten $a = x_0 \le x_1 \le \cdots \le x_k \le x_{k+1} = b$ mit der Eigenschaft

$$d(f, P_m, [x_{i-1}, x_i]) = d(f, P_m, [x_i, x_{i+1}])$$

für alle $i \in \{0, \ldots, k\}$, wobei $d(f, P_m, I)$ die Minimalabweichung von f zu P_m auf der Menge I bezeichnet.

1986 wurde von G. Nürnberger, M. Sommer und H. Strauß der nachfolgend beschriebene Algorithmus zur Bestimmung einer besten Approximation aus $PP_{m,k}$ entwickelt. Er basiert auf dem folgenden Satz, dessen Inhalt in der Literatur Lawson-Prinzip genannt wird.

Es sei $f \in C[a,b]$. Dann gilt:

(i) Für alle Knotenmengen $a = x_0 \le x_1 \le \cdots \le x_k \le x_{k+1} = b$ ist

$$\begin{aligned} \min_i d(f, P_m, [x_i, x_{i+1}]) &\le d(f, PP_{m,k}) \\ &\le \max_i d(f, P_m, [x_i, x_{i+1}]) \,. \end{aligned}$$

(ii) Es existiert eine optimale Knotenmenge f, welche ausgeglichene Knotenmenge von f ist.

(iii) Jede ausgeglichene Knotenmenge von f ist optimale Knotenmenge von f.

Im ersten Schritt des o. g. Algorithmus zur Segment-Approximation wählt man eine (Start-)Knotenmenge

$$a = x_{0,1} < x_{1,1} < \cdots < x_{k,1} < x_{k+1,1} = b \,,$$

berechnet mit dem ↗Remez-Algorithmus die Werte

$$d_{i,1} = d(f, P_m, [x_{i,1}, x_{i+1,1}],\ i = 0, \ldots, k \,,$$

und setzt $10^{\alpha_1} = \min_i d_{i,1}$, sowie $10^{\beta_1} = \max_i d_{i,1}$. Im allgemeinen Schritt bestimmt man zunächst sukzessiv eine Knotenmenge

$$\begin{aligned} a = x_{0,p+1} &< x_{1,p+1} < \cdots < x_{k,p+1} \\ &< x_{j_{p+1}+1,p+1} = \cdots = x_{k+1,p+1} = b \end{aligned}$$

so, daß

$$10^{\frac{\alpha_p + \beta_p}{2}} = d(f, P_m, [x_{i,p}, x_{i+1,p}])$$

für alle $i \in \{0, \ldots, j_{p+1} - 1\}$. Hierzu verwendet man den Remez-Algorithmus in Kombination mit der ↗Regula Falsi. Danach setzt man

$$\begin{aligned} 10^{\alpha_{p+1}} &= \max\{10^{\alpha_p}, \min\{10^{\frac{\alpha_p+\beta_p}{2}}, d(f, P_m, I)\}\} \\ 10^{\beta_{p+1}} &= \min\{10^{\beta_p}, \max\{10^{\frac{\alpha_p+\beta_p}{2}}, d(f, P_m, I)\}\} \,, \end{aligned}$$

wobei $I = [x_{k,p+1}, x_{k+1,p+1}]$, und iteriert das Verfahren.

Der Algorithmus erzeugt induktiv für vorgegebenes $f \in C[a,b]$ eine ausgeglichene Knotenmenge von f, und die Folge $10^{\frac{\alpha_p+\beta_p}{2}}$, $p \in \mathbb{N}$, konvergiert gegen die Minimalabweichung von f zu $PP_{m,k}$.

In der Literatur wird vorgeschlagen, diesen Algorithmus mit einem für Splines mit festen Knoten entwickelten Remezalgorithmus zu kombinieren, um gut approximierende Splines mit freien Knoten zu bestimmen.

Mitte der 90er Jahre wurden von G. Meinardus, G. Nürnberger und G. Walz ähnliche Verfahren zur bivariate Segment-Approximation entwickelt.

[1] Nürnberger G.: Approximation by Spline Functions. Springer-Verlag Heidelberg/Berlin, 1989.

Segmentieren einer Fläche, Begriff aus der ↗geometrischen Datenverarbeitung.

Viele Klassen von ↗Freiformkurven und ↗Freiformflächen, welche durch ↗Kontrollpunkte festgelegt sind, besitzen die Eigenschaft, daß ihre Einschränkungen auf gewisse Teilmengen des Parameterbereichs wieder Kurven bzw. Flächen gleichen Typs sind, und daß sich deren Kontrollpunkte leicht aus den ursprünglichen bestimmen lassen. Dies kann man dazu benützen, um eine Fläche in Teilflächen zu zerlegen (zu 'segmentieren'). Diese Eigenschaft ist für viele Algorithmen nützlich, etwa zum Bestimmen der Schnittpunkte von ↗Bézier-Flächen, wo man die Fläche iterativ zerteilt und mit Hilfe der ↗convex hull property einfach feststellen kann, daß zwei Teile einander nicht schneiden.

Das Segmentieren ist die Basis von diskreten ↗Unterteilungsalgorithmen.

Segre, Corrado, italienischer Mathematiker, geb. 20.8.1863 Saluzzo (Italien), gest. 18.5.1924 Turin.

Nach dem Studium in Turin promovierte Segre 1883 und wurde Dozent für höhere Geometrie in Turin.

Segre leistete grundlegende Beiträge zur algebraischen Geometrie, zur komplexen Geometrie und zur projektiven Geometrie. Dabei wurde er wesentlich beeinflußt von D'Ovidio, der in Turin über abwickelbare Flächen, projektive Geometrie und bilineare und quadratische Formen las.

Segre selbst studierte geometrische Invarianten von linearen Transformationen, algebraische Kurven und Flächen, Quadriken, Kubiken und Flächen, definiert durch Differentialgleichungen. 1864 fand er eine einfache Darstellung der Kummerschen Fläche ($K3$-Fläche). Bei der Untersuchung der Eigenschaften Riemannscher Flächen führte er bikomplexe Punkte in die Geometrie ein.

Segre-Einbettung, Einbettung von $\mathbb{P}^n \times \mathbb{P}^m$ in $\mathbb{P}^{nm+n+m}$, die sich in homogenen Koordinaten $(X_i)_{i=0,\dots,n}$ auf $\mathbb{P}^n$, $(Y_j)_{j=0,\cdots,m}$ auf $\mathbb{P}^m$, und $(Z_{ij})_{0\le i\le n,\ 0\le j\le m}$, auf $\mathbb{P}^{nm+n+m}$ durch

$$Z_{ij} = X_i Y_j$$

ausdrückt. Das Bild ist durch $rg(Z_{ij}) = 1$ (d. h. Verschwinden der 2×2-Minoren) definiert.

Analoges gilt für Vektorbündel $\mathcal{E}, \mathcal{F}$ auf einem Schema $X : \mathbb{P}(\mathcal{E}) \times_X \mathbb{P}(\mathcal{F}) \subset \mathbb{P}(\mathcal{E} \otimes \mathcal{F})$.

Diese Einbettung ist durch die Surjektion

$$p_1^*\pi_1^*\mathcal{E} \otimes p_2^*\pi_2^*\mathcal{F} \to p_1^*\mathcal{O}_{\mathcal{E}}(1) \otimes p_2^*\mathcal{O}_{\mathcal{F}}(1)$$

induziert, mit den Bezeichnungen

$$\mathbb{P}(\mathcal{E}) \times_X \mathbb{P}(\mathcal{F}) \xrightarrow{p_1} \mathbb{P}(\mathcal{E}) \xrightarrow{\pi_1} X\,,$$

und analog für p_2, π_2.

Segre-Klassen, Begriff aus der Algebra.

Für abgeschlossene Einbettungen algebraischer k-Schemata $X \subset Y$ sei $C_{X|Y} \subset \overline{C}_{X|Y} \xrightarrow{q} X$ die projektive Abschließung des Normalenkegels. Die Segre-Klassen dieser Einbettungen sind die Klassen aus den Chow-Gruppen $A_*(X)$, die durch

$$q_*\left(c_1(\mathcal{O}_{\overline{C}}(1))^i \cap [\overline{C}]\right)$$

(↗Schnitt-Theorie) definiert sind.

Für reguläre Einbettungen (↗Schnitt-Theorie) mit dem Normalenbündel $\mathcal{N}_{X|Y}$ ist

$$s(X,Y) = \sum_{i\ge 0} q_*\left(c_1(\mathcal{O}_{\overline{C}}(1))^i \cap [\overline{C}]\right) = c(\mathcal{N}_{X|Y})^{-1}.$$

Sehne eines Graphen, ↗ chordaler Graph.

Sehne eines Kreises, Strecke, deren Endpunkte auf der Peripherie eines gegebenen Kreises liegen.

Sehnenviereck, Viereck, dessen Eckpunkte auf der Peripherie eines Kreises liegen, und dessen vier Seiten somit ↗Sehnen dieses Kreises sind.

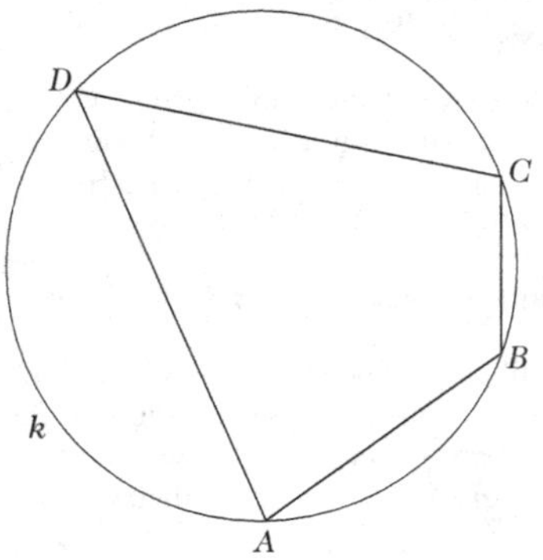

Sehnenviereck

In jedem Sehnenviereck beträgt die Summe der Größen zweier gegenüberliegender Winkel 180°; umgekehrt besitzen alle Vierecke, bei denen die Summe zweier gegenüberliegender Winkel 180° beträgt, einen ↗Umkreis, sind also Sehnenvierecke. Insbesondere ist also jedes ↗Rechteck ein Sehnenviereck.

sehr amples Geradenbündel, Begriff in der Funktionentheorie mehrer Variabler.

Ein Geradenbündel $L \to M$ über einer algebraischen Varietät heißt sehr ampel, wenn $H^0(M, \mathcal{O}(L))$ eine Einbettung $M \to \mathbb{P}^N$ liefert, d. h., wenn eine Einbettung $f : M \hookrightarrow \mathbb{P}^N$ existiert mit $L = f^*H$ für das Hyperebenenbündel H, das duale Bündel zu dem universellen Bündel $J \to \mathbb{P}^N$.

Dies bedeutet, daß H das Bündel ist, dessen Faser über $X \in \mathbb{P}^N$ dem Raum der linearen Funktionale auf der Geraden $\{\lambda X\}_\lambda \subset \mathbb{C}^{N+1}$ entspricht.

Seidel, Philipp Ludwig von, deutscher Mathematiker, Physiker und Astronom, geb. 24.10.1821 Zweibrücken, gest. 13.8.1896 München.

Nachdem er in Berlin und Königsberg (Kaliningrad) Mathematik und Astronomie studiert hatte, ging Seidel nach München, wo er 1846 promovierte und 1855 Professor wurde. Ein Augenleiden zwang ihn jedoch zu einer frühen Beendigung seiner Laufbahn.

Sein ganzes Leben hindurch beschäftigte sich Seidel sowohl mit der Astronomie als auch mit der Mathematik. Er promovierte mit einer Arbeit über die Spiegel eines Teleskops und habilitierte sich ein halbes jahr später mit einer Arbeit zur Konvergenz und Divergenz von Kettenbrüchen. Er beschäftigte sich mit der Verbesserung von Linsen und fand mathematische Beschreibungen für deren Aberration (Abbildungsfehler). Er führte den Begriff der nicht gleichmäßigen Konvergenz ein und verwendete wahscheinlichkeitstheoretische Methoden in der Astronomie und in der Medizin.

Seilkurve, ↗Kettenlinie.

Seinszeichen, ältere Bezeichnung für den ↗Existenzquantor.

Seitencosinussatz, Satz der ↗sphärischen Trigonometrie:

In einem beliebigen Eulerschen Dreieck (↗sphärisches Dreieck) mit den Seiten a, b und c sowie den jeweils gegenüberliegenden Innenwinkeln α, β und γ gelten die Beziehungen

$$\begin{aligned}\cos a &= \cos b \cdot \cos c + \sin b \cdot \sin c \cdot \cos\alpha\ ,\\ \cos b &= \cos a \cdot \cos c + \sin a \cdot \sin c \cdot \cos\beta\ , \text{ und}\\ \cos c &= \cos a \cdot \cos b + \sin a \cdot \sin b \cdot \cos\gamma\ .\end{aligned}$$

Auch in der ↗hyperbolischen Trigonometrie existiert ein Seitencosinussatz, nach dem in einem (nichteuklidischen) Dreieck mit den o. g. Bezeichnungen der Seiten und Winkel die folgenden Beziehungen gelten:

$$\begin{aligned}&\cosh a = \cosh b \cdot \cosh c - \sinh b \cdot \sinh c \cdot \cos\alpha\ ,\\ &\cosh b = \cosh a \cdot \cosh c - \sinh a \cdot \sinh c \cdot \cos\beta\ ,\\ &\text{und}\\ &\cosh c = \cosh a \cdot \cosh b - \sinh a \cdot \sinh b \cdot \cos\gamma\ .\end{aligned}$$

Seitenhalbierende, Strecke, die einen Eckpunkt eines gegebenen Dreiecks mit dem Mittelpunkt der gegenüberliegenden Seite dieses Dreiecks verbindet.

Für jedes Dreieck $\triangle ABC$ schneiden sich die drei Seitenhalbierenden s_A, s_B und s_C in einem Punkt S, der Schwerpunkt des Dreiecks genannt wird. Die Seitenhalbierenden selbst werden manchmal auch als Schwerelinien bezeichnet.

Der Schwerpunkt eines Dreiecks teilt jede der Seitenhalbierenden im Verhältnis 2:1, sodaß der

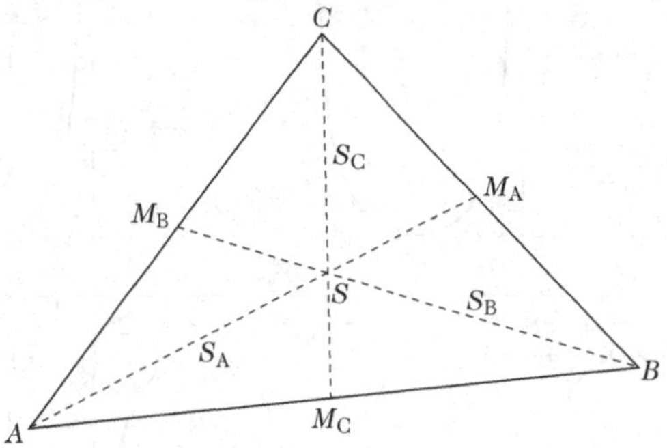

am Eckpunkt anliegende Abschnitt doppelt so lang ist wie der an der gegenüberliegenden Seite anliegende Abschnitt. Die Längen der Seitenhalbierenden können wie folgt berechnet werden:

$$\begin{aligned}s_A &= \frac{1}{2}\sqrt{b^2 + c^2 + 2bc\cos\alpha}\ ,\\ s_B &= \frac{1}{2}\sqrt{a^2 + c^2 + 2ac\cos\beta}\ ,\\ s_C &= \frac{1}{2}\sqrt{a^2 + b^2 + 2ab\cos\gamma}\ .\end{aligned}$$

Seitennormale, ↗Seitenvektor.

Seitenvektor, *Seitennormale*, das Vektorfeld $\mathfrak{s}(s)$ längs einer auf einer orientierten Fläche $\mathcal{F} \subset \mathbb{R}^3$ verlaufenden Kurve $\alpha(s)$, das zur Tangentialebene von $\mathcal{F}$ gehört, zu $\alpha'(s)$ senkrecht ist, und zusammen mit dem Tangentialvektor der Kurve und dem Normalenvektor $\mathfrak{u}$ von $\mathcal{F}$ ein orientiertes Dreibein bildet.

Ist $\mathfrak{t}$ der Einheitstangentialvektor von α, so gilt $\mathfrak{s}(s) = \mathfrak{u}(\alpha(s)) \times \mathfrak{t}(s)$.

Sekans hyperbolicus, ↗hyperbolische Sekansfunktion.

Sekansfunktion, der Kehrwert der ↗Cosinusfunktion, also die Funktion

$$\sec = \frac{1}{\cos} : \mathbb{R} \setminus \{(k + \tfrac{1}{2})\pi \mid k \in \mathbb{Z}\} \to \mathbb{R} \setminus (-1, 1)\,.$$

Aus $\cos' = -\sin$ folgt

$$\sec' = \frac{\sin}{\cos^2} = \frac{\sin}{1 - \sin^2}\,.$$

Mit cos ist auch sec eine gerade 2π-periodische Funktion.

Für $|x| < \frac{\pi}{2}$ hat man die Reihendarstellung

$$\begin{aligned}\sec x &= \sum_{n=0}^{\infty} \frac{1}{(2n)!}\,|E_{2n}|\,x^{2n}\\ &= 1 + \frac{1}{2}x^2 + \frac{5}{24}x^4 + \frac{61}{720}x^6 + \cdots\end{aligned}$$

mit den ↗Eulerschen Zahlen E_{2n}.

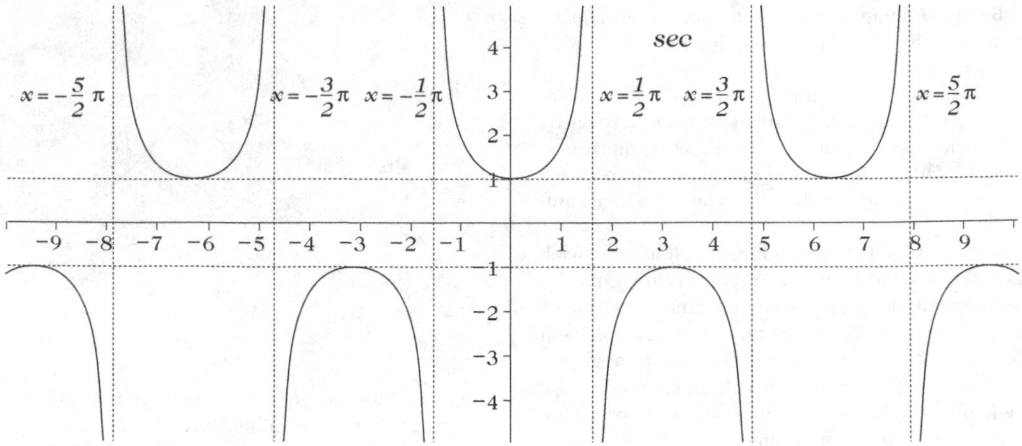

Sekansfunktion

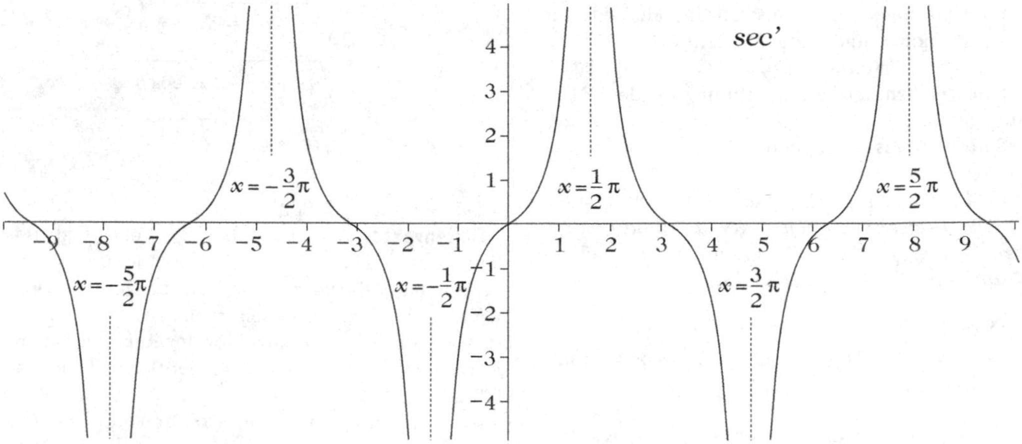

Ableitung der Sekansfunktion

Sekante, die durch zwei gegebene, voneinander verschiedene Punkte eines Graphen einer reellwertigen Funktion einer oder mehrerer reeller Variablen verlaufende Gerade, also zu zwei Stellen $a \neq b$ aus dem Definitionsbereich der Funktion f die Gerade durch die Punkte $(a,f(a))$ und $(b,f(b))$. Die Sekante ist der Graph der Funktion $s : \mathbb{R} \to \mathbb{R}^n$ mit

$$s(t) = (1-t)f(a) + tf(b) \quad (t \in \mathbb{R}).$$

Im Fall einer Funktion einer reellen Variablen läßt sich die Sekante auch angeben als Graph der Sekantenfunktion $s : \mathbb{R} \to \mathbb{R}$ mit

$$s(x) = \frac{b-x}{b-a}f(a) + \frac{x-a}{b-a}f(b) \quad (x \in \mathbb{R})$$

mit der Steigung $\frac{f(b)-f(a)}{b-a}$.

Ist a innere Stelle des Definitionsbereichs von f und f differenzierbar an der Stelle a, so erhält man

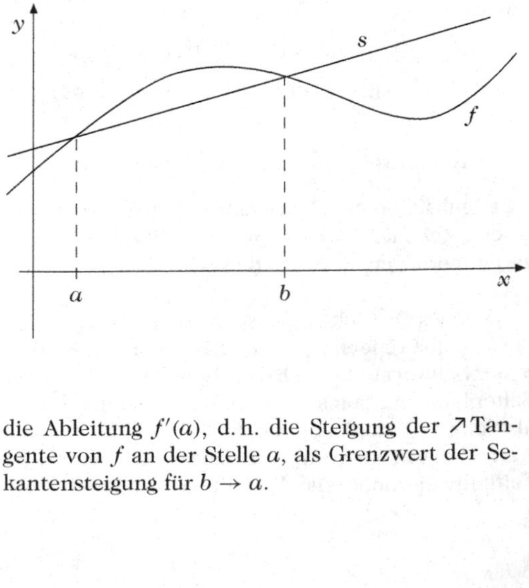

die Ableitung $f'(a)$, d. h. die Steigung der ↗Tangente von f an der Stelle a, als Grenzwert der Sekantensteigung für $b \to a$.

Sekantenmethode, Verfahren zur Konstruktion rationaler Punkte einer algebraischen Menge.

Die Methode läßt sich am besten an einem klassischen Beispiel erläutern: Gegeben seien zwei verschiedene rationale Lösungen $(x_1, y_1), (x_2, y_2) \in \mathbb{Q}^2$ der ↗Bachetschen Gleichung

$$x^3 - y^2 = c.$$

Man stelle sich nun die Menge aller reellen Lösungen dieser Gleichung als Kurve C in der Ebene vor, und verbinde die beiden gegebenen Lösungen durch eine Gerade g, die „Sekante". Falls g weder in (x_1, y_1) noch in (x_2, y_2) die Tangente an C ist, so kann man zeigen, daß g die Kurve C noch in einem dritten Punkt mit rationalen Koordinaten schneidet.

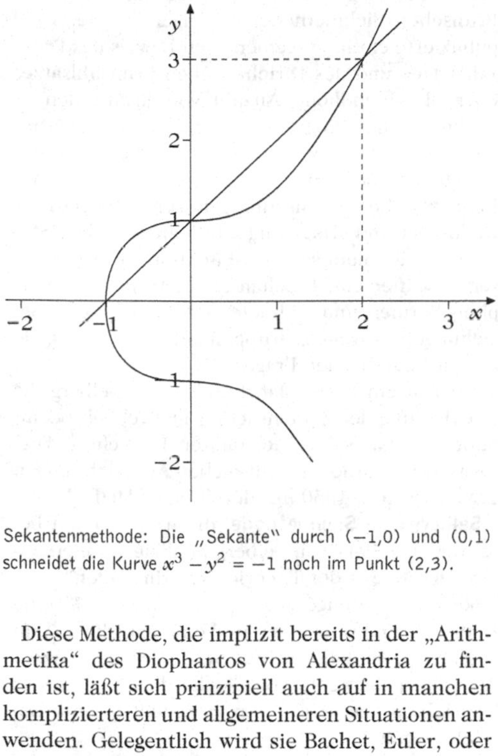

Sekantenmethode: Die „Sekante" durch (−1,0) und (0,1) schneidet die Kurve $x^3 - y^2 = -1$ noch im Punkt (2,3).

Diese Methode, die implizit bereits in der „Arithmetika" des Diophantos von Alexandria zu finden ist, läßt sich prinzipiell auch auf in manchen komplizierteren und allgemeineren Situationen anwenden. Gelegentlich wird sie Bachet, Euler, oder Cauchy zugeschrieben.

Diese Sekantenmethode ist nicht zu verwechseln mit dem in der ↗Numerischen Mathematik angewandten ↗Sekantenverfahren, wenngleich die beiden Begriffe in der Literatur gelegentlich vertauscht werden.

Sekantensatz, Aussage der elementaren Geometrie.

Gegeben sei ein Kreis K und ein außerhalb dieses Kreises liegender Punkt P. Weiter seien zwei Geraden g und h gegeben, die sich in P schneiden und mit K die Schnittpunkte G_1 und G_2 bzw. H_1 und H_2 haben.

Dann gilt die folgende Aussage über die Verhältnisse der Streckenlängen:

$$\overline{PG_1} : \overline{PH_1} = \overline{PH_2} : \overline{PG_2}.$$

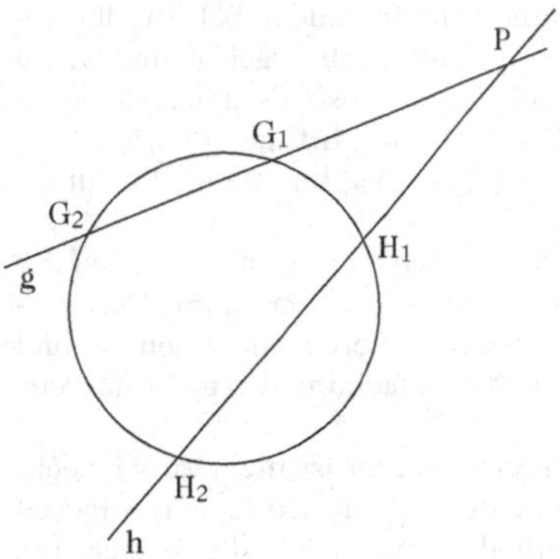

Sekantensatz

Sekanten-Tangenten-Satz, Aussage der elementaren Geometrie.

Gegeben sei ein Kreis K, sowie eine Sekante und eine Tangente von K, deren Verlängerungen sich in einem Punkt P schneiden. Die Schnittpunkte der Sekante mit dem Kreis seien mit S_1 und S_2, der Berührpunkt der Tangente mit T bezeichnet.

Dann gilt die folgende Aussage über die Verhältnisse der Streckenlängen:

$$\overline{PS_1} : \overline{PT} = \overline{PT} : \overline{PS_2}.$$

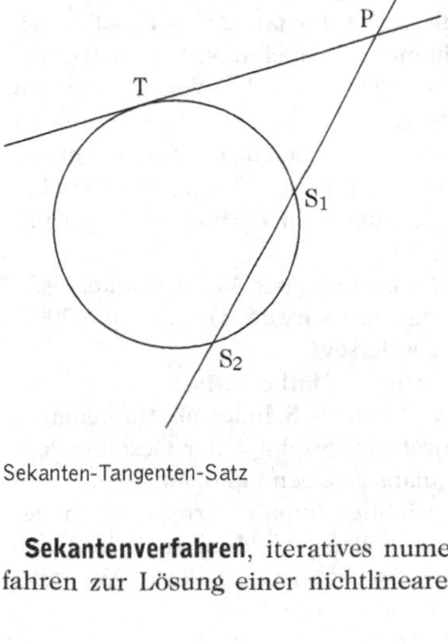

Sekanten-Tangenten-Satz

Sekantenverfahren, iteratives numerisches Verfahren zur Lösung einer nichtlinearen Gleichung

$f(x) = 0$ mit stetiger reeller Funktion f und unbekanntem reellen x.

Die Iterationsvorschrift lautet explizit

$$x_{k+1} := x_k - f(x_k) \cdot \frac{x_k - x_{k-1}}{f(x_k) - f(x_{k-1})}, \quad k = 1, 2, \ldots$$

mit vorgegebenen Startwerten x_0 und x_1. Geometrisch betrachtet wird in jedem Schritt die Sekante durch x_{k-1} und x_k an f gelegt und deren Schnittpunkt mit der x-Achse als neue Näherung genommen. Abgebrochen wird die Iteration üblicherweise, wenn $|x_{k+1} - x_k|$ hinreichend klein geworden ist.

Das Sekantenverfahren beruht im Prinzip auf der Ersetzung des Differentialquotienten im ↗Newtonverfahren durch den Differenzenquotienten und stellt somit eine Vereinfachung dieses Verfahrens dar.

Dieses Sekantenverfahren ist nicht zu verwechseln mit der in der Zahlentheorie angewandten ↗Sekantenmethode, wenngleich die beiden Begriffe in der Literatur gelegentlich vertauscht werden.

Seki Kowa, Takakazu, Mathematiker, geb. 1642 Fujioka (Japan), gest. 24.10.1708 Edo (heute Tokio).

Seki war der Sohn eines Samurai, wurde jedoch schon sehr bald von der adligen Familie Seki Gorozaiemon adoptiert, die ihm auch den Namen gab. Er wurde durch einen Hauslehrer der Familie erzogen, eignete sich aber auch viele mathematische Kenntnisse im Selbststudium an. Er baute in kurzer Zeit eine umfangreiche Bibliothek mathematischer Fachliteratur aus Japan und China auf, wurde selbst zum anerkannten Experten in dieser Disziplin und gewann zahlreiche Schüler.

Seki beschäftigte sich mit Diophantischen Gleichungen, magischen Quadraten, und, lange bevor Jacob Bernoulli selbst das tat, mit Bernoullischen Zahlen. Es scheint heute auch unstrittig, daß er bereits 1683, also etwa zehn Jahre vor Leibniz, mit Determinanten gearbeitet hat. Da jedoch wissenschaftlich Resultate zu damaligen Zeit kaum die Grenzen Japans nach außen durchdrangen, blieben Sekis Entdeckungen in Europa lange Zeit unbekannt.

Selberg, Atle, norwegischer Mathematiker, geb. 14.6.1917 Langesund (Norwegen). gest. 6.8.2007 Princeton (New Jersey).

Selberg, Sohn eines Mathematik-Professors, interessierte sich schon als Schüler für Mathematik, und wurde durch das Studium der Gesammelten Werke Ramanujans zu eigenen Forschungen angeregt. Weitere wichtige Impulse erhielt er zu Beginn seiner Universitätsausbildung in Oslo durch den Vortrag von Hecke auf dem dort 1936 stattfindenden Internationalen Mathematiker-Kongreß. 1942 schloß er sein Studium mit der Promotion ab und wirkte an der Universität Oslo als wissenschaftlicher Mitarbeiter. 1947 ging er zu einem Studienaufanthalt an des Institute for Advanced Study in Princeton, an dem er nach einjähriger Tätigkeit (1948/49) als Professor an der Universität in Syracuse (NY) ab 1949 als Mitarbeiter und ab 1952 als Professor wirkte. Seit 1987 ist er dort Professor Emeritus. Mehrfach weilte er zu Gastprofessuren an anderen Universitäten in aller Welt.

Inspiriert durch Ramanujans Arbeiten galt Selbergs Hauptinteresse der Zahlentheorie. Er begann seine Forschungen mit tiefliegenden Untersuchungen zur analytischen Zahlentheorie, insbesondere zur Verteilung von Primzahlen und zur Riemannschen ζ-Funktion. Dabei gelang ihm 1946 die Entdeckung einer neuen Siebmethode, die die Brunschen Siebmethoden verallgemeinerte. 1949 publizierte er einen elementaren Beweis des Primzahlsatzes und des Dirichletschen Primzahlsatzes über die unendliche Anzahl von Primzahlen in arithmetischen Progressionen. Ein weiteres zentrales Resultat war sein Nachweis, daß die Menge der Nullstellen der Riemannschen ζ-Funktion, die der Riemannschen Vermutung genügen, eine positive Dichte hat. In Fortsetzung seiner analytischen Studien zur Riemannschen ζ-Funktion führte er die sog. Mollifier ein, beschäftigte sich mit automorphen Formen und widmete sich intensiv den Beziehungen zwischen Gruppendarstellungen, sowie zahlentheoretischen Fragen.

Für fast ein halbes Jahrhundert hat Selberg die Entwicklung der Zahlentheorie maßgeblich beeinflußt und mit seinen Resultaten bereichert. Dieses Wirken wurde mit zahlreichen Auszeichnungen gewürdigt, u. a. 1950 mit der ↗Fields-Medaille.

Selbergsche Siebmethode, die im folgenden beschriebene, 1947 von Selberg publizierte „elementare Methode in der Theorie der Primzahlen".

Seien eine Menge $\mathcal{A} = \{a_1, \ldots, a_n\} \subset \mathbb{Z}$, eine Menge $\mathcal{P}$ von Primzahlen, und eine natürliche Zahl z gegeben, und bezeichne $S(\mathcal{A}; \mathcal{P}, z)$ die Anzahl derjenigen Elemente von $\mathcal{A}$, die durch keine der Primzahlen aus $\{p \in \mathcal{P} : p < z\}$ teilbar sind. Bezeichne weiter

$$P(z) = \prod_{p \in \mathcal{P}, p < z} p$$

und $\lambda_1 = 1$, und seien λ_d für $d \geq 2$ beliebige reelle Zahlen. Dann gilt die Ungleichung

$$S(\mathcal{A}; \mathcal{P}, z) \leq \sum_{j=1}^{n} \left(\sum_{d | \mathrm{ggT}(a_j, P(z))} \lambda_d \right)^2 .$$

Selbergs Idee besteht nun darin, $\lambda_d = 0$ für $d \geq z$ zu setzen, und die rechte Seite der Ungleichung durch eine geeignete Wahl von $\lambda_2, \dots, \lambda_{z-1}$ möglichst klein zu machen.

Die Selbergsche Siebmethode ist, zusammen mit ihren Weiterentwicklungen, ein wichtiger Bestandteil der Methoden zur Untersuchung von Fragen zur ↗ Primzahlverteilung.

selbst validierendes Verfahren, ↗ E-Methode.

selbstadjungierte Differentialgleichung, Differentialgleichung mit selbstadjungiertem Differentialausdruck.

Ein Differentialausdruck $L(y)$ heißt selbstadjungiert, wenn $L^*(y) = L(y)$ ist, anti-selbstadjungiert, wenn $L^*(y) = -L(y)$ ist, mit dem adjungierten Differentialausdruck L^* (↗ adjungierte Differentialgleichung)

Ein ↗ Randwertproblem mit dem Differentialausdruck L heißt selbstadjungiert, wenn es mit seinem adjungierten Problem im folgenden Sinne übereinstimmt:

1. L ist selbstadjungiert.
2. Die Randbedingungen sind selbstadjungiert, d. h., für je zwei beliebige Vergleichsfunktionen u und v gilt $\int_a^b (vL(u) - uL(v))\,dx = 0$.

Ein Beispiel hierfür ist das ↗ Sturm-Liouvillesche Randwertproblem. ↗ Eigenwertprobleme sind selbstadjungiert, wenn sie, aufgefaßt als Randwertprobleme, selbstadjungiert sind. Das System von gewöhnlichen Differentialgleichungen $\mathbf{y}' = P(x)\mathbf{y}$ heißt selbstadjungiert, falls P eine ↗ schiefsymmetrische Matrix ist.

[1] Kamke, E.: Differentialgleichungen, Lösungsmethoden und Lösungen I. B. G. Teubner Stuttgart, 1977.

selbstadjungierte Matrix, eine ↗ quadratische Matrix A über $\mathbb{K}$, die mit ihrer ↗ adjungierten Matrix A^* übereinstimmt: $A^* = A$.

Eine selbstadjungierte Matrix dient zur Darstellung eines ↗ selbstadjungierten Endomorphismus'.

selbstadjungierter Endomorphismus, ein ↗ Endomorphismus $f : V \to V$ auf einem euklidischen oder unitären Vektorraum, zu dem der adjungierte Endomorphismus (↗ adjungierte Matrix) f^* existiert und gleich f ist: $f = f^*$.

Ein Endomorphismus auf einem endlich-dimensionalen euklidischen Vektorraum V ist genau dann selbstadjungiert, wenn er bzgl. einer Orthonormalbasis von V durch eine symmetrische Matrix repräsentiert wird.

Zu jedem selbstadjungierten Endomorphismus f auf einem endlich-dimensionalen euklidischen Vektorraum V gibt es eine ↗ Orthonormalbasis von V aus Eigenvektoren von f, insbesondere ist f diagonalisierbar. Umgekehrt ist ein Endomorphismus f auf einem endlich-dimensionalen euklidischen Vektorraum V, zu dem eine Orthonormalbasis von V aus Eigenvektoren von f existiert, stets selbstadjungiert.

Selbstaffinität, eine der häufigsten Eigenschaften von ↗ Fraktalen.

Es seien X ein ↗ Banachraum und $S_1, \dots, S_k : X \to X$ eine Auswahl affiner Kontraktionen so, daß

$$\|S_i(x) - S_i(y)\| \le c_i \|x - y\|$$

mit $0 < c_i < 1$ für alle $i \in \{1, \dots, k\}$ und $x, y \in X$ gilt.

Eine nichtleere kompakte Teilmenge $F \subset X$, für die

$$F = \bigcup_{i=1}^{k} S_i(F)$$

gilt, heißt selbstaffine Menge.

Selbstähnlichkeit, grundlegende Eigenschaft von ↗ Fraktalen.

Es seien X ein ↗ Banachraum und $S_1, \dots, S_k : X \to X$ eine Auswahl kontrahierender ↗ Ähnlichkeitsabbildungen mit $0 < c_i < 1$, also

$$\|S_i(x) - S_i(y)\| = c_i \|x - y\|$$

für $x, y \in X$, $i \in \{1, \dots, k\}$. Eine nichtleere kompakte Teilmenge $F \subset X$, für die $F = \bigcup_{i=1}^{k} S_i(F)$ gilt, heißt (streng) selbstähnliche Menge.

Selbstähnlichkeitsdimension, Beispiel einer ↗ fraktalen Dimension selbstähnlicher Mengen (↗ Selbstähnlichkeit).

Es sei X ein ↗ Banachraum und $F \subset X$ eine nichtleere kompakte (streng) selbstähnliche Menge bzgl. einer geeigneten Auswahl kontrahierender Ähnlichkeitsabbildungen $S_1, \dots, S_k$. Wenn eine nichtleere beschränkte offene Menge V existiert mit

$$V \supset \bigcup_{i=1}^{k} S_i(V),$$

wobei die $S_i(V)$ paarweise disjunkt sind, dann heißt $s \in \mathbb{R}$ mit $\sum_{i=1}^{k} c_i^s = 1$ Ähnlichkeitsdimension von F. Es gilt:

Mit den Voraussetzungen von oben und der Ähnlichkeitsdimension s von F gilt

$$\dim_H F = \dim_{Kap} F = s$$

(↗ Hausdorff-Dimension, ↗ Kapazitätsdimension). Außerdem gilt für diesen Wert von s und das ↗ Hausdorff-Maß μ_s^H*:*

$$0 < \mu_s^H(F) < \infty .$$

[1] Falconer, K.J.: Fraktale Geometrie: Mathematische Grundlagen und Anwendungen. Spektrum Akademischer Verlag Heidelberg, 1993.

selbstanordnende Liste, verkettete Liste, die sich nach jedem Zugriff selbst neu organisiert.

Beim Zugriff auf verkettete Listen kann es je nach Anwendung vorkommen, daß ein einmal gefundener Schlüssel im Lauf der nächsten Zeit noch mehrfach benötigt wird, und man deshalb die Liste noch häufiger nach ihm durchsuchen wird. Es ist daher sinnvoll, das im letzten Zugriff gefundene Element an den Kopf der Liste zu stellen und somit die Liste bei jedem Zugriff umzustellen, um beim nächsten Zugriff auf diesen Schlüssel die Zugriffszeiten zu reduzieren. Das Durchsuchen einer Liste nach diesem Verfahren heißt Durchsuchen einer selbstorganisierenden Liste oder auch Durchsuchen einer selbstanordnenden Liste.

Ein typisches Beispiel für eine selbstanordnende Liste ist die Tabelle der Symbole in Compilern für Programmiersprachen.

Selbstanwendbarkeitsproblem, ↗Halteproblem.

Selbstbehalt, *Franchise*, Größe aus der Versicherungsmathematik, über die der Grad einer ↗ Risikoteilung parametrisiert wird.

Der Selbstbehalt spielt sowohl im Verhältnis zwischen Versicherungsnehmer und Versicherer als auch in der ↗ Rückversicherung eine Rolle. Durch einen Selbstbehalt lassen sich die Versicherungsprämien respektive das versicherungstechnische Risiko beim Erstversicherer reduzieren.

Grundidee der nichtproportionalen Risikoteilung ist es, den Schadenprozeß, charakterisiert durch eine Zufallsgröße S, in zwei Risikoprozesse S_E und S_R aufzuteilen. Dabei trägt der eine Vertragspartner (der Versicherungsnehmer bzw. der Erstversicherer) das Risiko unterhalb des Selbstbehalts a, d. h. $S_E = \min(S, a)$. Das verbleibende Risiko $S_R = S - S_E$ liegt beim Versicherungsunternehmen respektive dem Rückversicherer. Eine Berechnung des Erwartungswerts $E(S_E)$ sowie der höheren Momente der Verteilung des Risikos S_E unter Berücksichtigung des Selbstbehalts ist auf der Grundlage der Verteilung des ungeteilten Risikos S möglich. Daraus läßt sich die Prämie für einen Tarif mit Selbstbehalt respektive die Rückversicherungsprämie ableiten.

Selbstbeschränkung, ↗Selbstkonkordanz.

Selbstenergie, aus der Selbstwechselwirkung eines Teilchens stammende Energie E_0.

Beispiel: Wenn das Elektron als homogene kugelförmige elektrische Ladungsverteilung mit Radius r_0 angesehen wird, dann ist die durch die Wechselwirkung der Ladung mit dem von dieser Ladung erzeugten elektrischen Feld bestimmte Energie E_0 gegeben durch

$$E_0 = 3e^2/20\pi\varepsilon_0 r_0 \,.$$

Dabei ist e die elektrische Elementarladung und ε_0 die Dielektrizitätskonstante. Im Grenzwert $r_0 \to 0$ gilt $E_0 \to \infty$; diese unendlich große Selbstenergie eines Punktteilchens kann durch Renormierung beseitigt werden.

selbstkomplementärer Graph, *selbstkomplementierter Graph*, ein endlicher einfacher Graph G, falls $G \cong G^c$, wobei G^c der komplementäre Graph von G ist.

Siehe hierzu auch ↗ Graphenhomomorphismus.

selbstkomplementierter Graph, ↗selbstkomplementärer Graph.

selbstkonjugierte Partition, eine Partition α, die gleich ihrer konjugierten Partition α^+ ist.

Selbstkonkordanz, zusammen mit der Selbstbeschränkung eine zentrale Eigenschaft von ↗Barrierefunktionen, die ihre Verwendbarkeit bei ↗Innere-Punkte Methoden sicherstellt.

Im wesentlichen geht es dabei um die Frage, inwieweit sich diese Verfahren auf allgemeinere konvexe Optimierungsprobleme als die lineare Programmierung ausdehnen lassen.

Wir betrachten das Minimierungsproblem

$$c^T \cdot x \;\to\; \min$$

auf einer Menge $x \in S \subset \mathbb{R}^n$, die kompakt und konvex sei. Zudem nehmen wir an, daß das Innere S^0 von S nicht leer sei. Man beachte, daß sich auf diese Art auch nichtlineare konvexe Zielfunktionen $f(x) \to \min$ behandeln lassen: Zunächst führe man eine zusätzliche Variable x_{n+1} ein; fügt man jetzt die Nebenbedingung $f(x) \le x_{n+1}$ hinzu, und tauscht die Zielfunktion f gegen die neue lineare Zielfunktion x_{n+1} aus, so hat das Problem $x_{n+1} \to \min$ unter $x \in S$, $f(x) \le x_{n+1}$ die gewünschte Form, und seine Lösungen sind genau diejenigen des Ausgangsproblems.

Der Spezialfall

$$S = \{x \in \mathbb{R}^n | a_i^T \cdot x - b_i \le 0, 1 \le i \le m\}$$

liefert die lineare Programmierung. Hier spielt die logarithmische Barrierefunktion

$$\Phi(x) := -\sum_{i=1}^{m} \ln(b_i - a_i^T \cdot x)$$

eine fundamentale Rolle bei der Anwendung Innerer-Punkte Methoden. Es stellt sich dabei heraus, daß lediglich drei Eigenschaften von Φ für das Gelingen eines derartigen Verfahrens notwendig sind:

i) die Eigenschaft, eine Barrierefunktion zu sein;

ii) die sogenannte Selbstkonkordanz: Φ ist eine konvexe C^3-Funktion auf S^0 und erfüllt dort die Differentialgleichung

$$|D^3\Phi(x)(h,h,h)| \le 2 \cdot \left(D^2\Phi(x)(h,h)\right)^{\frac{3}{2}}$$

für alle $h \in \mathbb{R}^n$;

iii) die sogenannte Selbstbeschränkung: Φ ist Lipschitz-stetig bezüglich der lokalen Metrik, die von seiner zweiten Ableitung erzeugt wird, d. h., $\forall x \in S^0, h \in \mathbb{R}^n$ gilt

$$|D\Phi(x)h| \leq \sqrt{\vartheta} \cdot \left(D^2\Phi(x)(h,h)\right)^{\frac{1}{2}} .$$

Hierbei ist $\vartheta \geq 1$ eine von Φ abhängige Konstante (der Parameter der Barrierefunktion).

Selbstkonkordanz garantiert im wesentlichen schnelle lokale Konvergenz des ↗Newtonverfahrens für die Nullstellensuche von $D\Phi$: Das geforderte Verhältnis von $D^3\Phi$ zu $D^2\Phi$ drückt aus, daß die bei einer Linearisierung durchgeführte Approximation von $D^2\Phi(x)$ durch $D^2\Phi(x^k)$ (x^k ein Iterationspunkt) relativ gut ist. Man beachte, daß der geforderte Faktor 2 beliebig ist und durch jedes $\alpha > 0$ ersetzt werden kann. Man betrachtet häufig $\alpha = 2$, da sich diese Wahl für die Barrierefunktion $-\ln(t)$ ergibt.

Die Selbstbeschränkung bewirkt, daß die obige lokale Konvergenz in einem genügend großen Einzugsbereich vorliegt. Zusammenfassend gilt dann:

Sei Φ eine selbstkonkordante und selbstbeschränkte Barrierefunktion auf S, und sei $x_0 \in S^0$ ein Startpunkt.

Dann läßt sich ausgehend von x_0 eine Innere-Punkte Methode ausführen, die zu vorgegebenem $\varepsilon > 0$ in Polynomzeit (Turingmodell) einen Punkt x_ε erzeugt, der

$$c^T \cdot x_\varepsilon - \min_{x \in S} c^T \cdot x \leq \varepsilon$$

erfüllt.

[1] Nemirovskiĭ, A.S.; Nesterov, Y.: Interior-point polynomial algorithms in convex programming. SIAM Publications, Philadelphia, 1994.

selbstorganisierende Karte, *SOM*, (engl. self-organizing map), *Kohonen-Abbildung*, bezeichnet eine spezielle Abbildung, die in Zusammenhang mit der ↗Kohonen-Lernregel auftritt, bzw. im engeren Sinne die topologische Visualisierung dieser Abbildung.

Im folgenden wird das Prinzip einer selbstorganisierenden Karte an einem einfachen Beispiel (diskrete Variante) erläutert: Aus einer abgeschlossenen konvexen nichtleeren Teilmenge $A \subset \mathbb{R}^n$ werden gemäß einer vorgegebenen Wahrscheinlichkeitsverteilung zufällig Vektoren $x \in A$ ausgewählt, die in insgesamt j Cluster eingeordnet werden sollen. Dazu werden zunächst ebenfalls zufällig sogenannte Klassifikationsvektoren $w^{(i)} \in A$, $1 \leq i \leq j$, generiert, die die einzelnen Cluster repräsentieren sollen und aus diesem Grunde auch kurz als Cluster-Vektoren bezeichnet werden. Die Justierung der Cluster-Vektoren in Abhängigkeit von den zu klassifizierenden Vektoren geschieht nun im einfachsten Fall wie folgt, wobei $\lambda \in (0, 1)$ ein noch frei zu wählender Lernparameter ist: Im s-ten Schritt zur Klassifikation des s-ten zufällig gewählten Vektors $x \in A$ berechne jeweils ein Maß für die Entfernung von x zu allen Cluster-Vektoren $w^{(i)}$, $1 \leq i \leq j$ (z. B. über den Winkel, den euklidischen Abstand, o.ä.). Schlage x demjenigen Cluster zu, dessen Cluster-Vektor die geringste Entfernung von x hat. Falls mehrere Cluster-Vektoren diese Eigenschaft besitzen, nehme das Cluster mit dem kleinsten Index. Falls der so fixierte Cluster-Vektor den Index i hat, ersetze ihn durch $w^{(i)} + \lambda(x - w^{(i)})$, d. h. durch eine Konvexkombination des alten Cluster-Vektors mit dem neu klassifizierten Vektor; alle übrigen Cluster-Vektoren bleiben unverändert.

Iteriere dieses Vorgehen mehrmals, erniedrige λ Schritt für Schritt und breche den Algorithmus ab, wenn z. B. eine gewisse Anzahl von Iterationsschritten durchlaufen worden sind. Die Abbildung $K : A \to A$, die nun nach Beendigung des Klassifizierungsprozesses jedem Vektor $x \in A$ seinen im obigen Sinne eindeutig bestimmten Cluster-Vektor $w^{(i)}$, $i \in \{1, \ldots j\}$, zuordnet (gemäß kleinste Entfernung und ggfs. zusätzlich kleinster Index), wird Kohonen-Abbildung oder auch (Kohonen-)Karte genannt. Ferner wird der Prozeß ihrer Entstehung im Sinne des oben beschriebenen algorithmischen Vorgehens häufig als selbstorganisierende Karte bezeichnet, wobei allerdings in der einschlägigen Literatur die Übergänge zwischen den Begriffen Kohonen-Lernregel, (selbstorganisierende) (Kohonen-)Karte und Kohonen-Abbildung vielfach fließend sind.

Siehe auch ↗Clusteranalyse und ↗Kohonen-Lernregel.

Selektion, nach Darwin einer der Mechanismen der Evolution (s.a. ↗Drift).

Entsprechend wichtig sind Selektionsmodelle in der Populationsgenetik. Schon die einfachsten Fälle zeigen, daß nicht Typen optimal sind, sondern Verteilungen von Typen. In der Ökologie unterscheidet man r-Selektion (hohe Nachkommenzahlen) von K-Selektion (geringe Mortalität).

Selektion der Variablen, ↗Wahl wesentlicher Einflußgrößen.

Selmanow, Efim, ↗Zelmanow, Efim.

seltsamer Attraktor (engl. strange attractor), ein ↗Attraktor eines ↗dynamischen Systems, der eine „seltsame", komplizierte Struktur zeigt.

Es gibt keine scharf umrissene eigentliche Definiton eines seltsamen Attraktors. Die Bezeichnung geht auf den ↗Lorentz-Attraktor zurück, bei dem erstmal ein derartiger Effekt untersucht wurde.

Siehe auch ↗Hénon-Abbildung und ↗Rössler-Attraktor.

semantisch widerspruchsfreies logisches System, System Σ von ↗logischen Axiomen, aus dem sich mit Hilfe der Folgerungsrelation $\models$ (↗semantische

Folgerung) kein Widerspruch erzeugen läßt, d. h., es gibt keinen Ausdruck φ so, daß $\varphi \wedge \neg\varphi$ aus Σ folgt.

semantische Folgerung, eine ↗Aussage, die aus einer Menge von gegebenen Aussagen (Voraussetzungen) inhaltlich folgt.

Ist z. B. L eine elementare Sprache, T eine Menge von Aussagen aus L (T wird auch elementare Theorie genannt und dient als Menge von Voraussetzungen), und ist φ eine in L formulierte Aussage, dann *folgt* φ aus der Theorie T (symbolisch: $T \models \varphi$), wenn jedes ↗Modell von T auch ein Modell von φ ist.

semialgebraische Menge, endliche Vereinigung von Teilmengen des $\mathbb{R}^n$ von der Form

$$\begin{aligned} &S(f_1,\dots,f_p;\, g_1,\dots,g_q) \\ &= \{x \in \mathbb{R}^n \mid f_1(x) = \dots = f_p(x) = 0, \\ &\quad g_1(x) < 0,\dots,g_q(x) < 0\} \end{aligned}$$

mit Polynomen $f_1,\dots,f_q$ und $g_1,\dots,g_q$ aus $\mathbb{R}[X_1,\dots,X_n]$.

Semibilinearform, ↗Sesquilinearform.

semidefinit, ↗positiv definite Matrix.

semidefinite Optimierung, spezielle Klasse von Optimierungsproblemen.

Für $m, n \in \mathbb{N}$ seien $B, A_1, \dots, A_n$ symmetrische (m, m)-Matrizen. Die Menge

$$S := \left\{ x \in \mathbb{R}^n \mid \sum_{i=1}^{n} x_i \cdot A_i - B \text{ ist negativ semidefinit} \right\}$$

wird ein Spektahedron genannt. Das Problem der semidefiniten Optimierung (*SDP*) besteht in der Minimierung eines linearen Funktionals über S, also, mit $c \in \mathbb{R}^n$:

$$(SDP) : \text{ minimiere } c^T \cdot x \,, \; x \in S \,.$$

Viele interessante Optimierungsprobleme, z. B. multi-quadratische Optimierungsprobleme und Eigenwertaufgaben, können in ein (*SDP*) umformuliert werden.

[1] Boyd, S.; Vandenberghe, L.: Semidefinite programming. SIAM Review 38, 1996.

semi-entscheidbar, Eigenschaft von Mengen.

Eine Menge A ist semi-entscheidbar, wenn sie Definitionsbereich einer berechenbaren Funktion ist. Das bedeutet, daß es einen Algorithmus gibt, der genau auf den Eingaben aus A stoppt. Es gilt der folgende Satz:

Eine Menge ist genau dann semi-entscheidbar, wenn sie ↗rekursiv aufzählbar ist.

semi-infinite Optimierung, beschäftigt sich mit Optimierungsproblemen, in denen unendlich viele Ungleichungsrestriktionen auftreten.

Ein typisches Beispiel ist das folgende Problem (*SIP*), definiert durch stetige Funktionen:

(*SIP*) minimiere $f(x), x \in M$, wobei $M := \{x \in \mathbb{R}^n \mid G(x, y) \geq 0, y \in Y\}$. Die Menge Y ist dabei eine nicht-leere kompakte Teilmenge des $\mathbb{R}^m$ und wird folgendermaßen definiert:

$$Y := \{y \in \mathbb{R}^m | g_j(y) \geq 0, j \in J\} \,, \; |J| < \infty \,.$$

Aufgaben beispielsweise vom Typ einer Tschebyschew-Approximation lassen sich in ein semi-infinites Optimierungsproblem umformulieren und gehören somit zu den Standardbeispielen dieser Klasse von Optimierungsproblemen.

Grundlegend ist der sogenannte Reduktionsansatz, mit dem man (*SIP*) lokal in ein Optimierungsproblem mit nur endlich vielen Ungleichungsrestriktionen überführen kann. Der Reduktionsansatz kann bei numerischen Verfahren (vom Newton-Typ) erfolgreich eingesetzt werden und beruht auf der folgenden einfachen Beobachtung:

Für $\bar{x} \in M$ ist jedes $\bar{y} \in Y_0(\bar{x})$ eine globale Minimalstelle für die Funktion $G(\bar{x}, \bullet)|_Y$, wobei

$$Y_0(\bar{x}) \;=\; \{y \in Y | G(\bar{x}, y)\} \;=\; 0$$

die aktive Indexmenge bezeichnet. Die definierenden Funktionen seien aus der Klasse C^2. Falls alle Punkte aus $Y_0(\bar{x})$ nicht-entartete Minimalstellen von $G(\bar{x}, \bullet)|_Y$ sind, so ist $Y_0(\bar{x})$ eine endliche Menge, etwa $Y_0(\bar{x}) = \{\bar{y}_1, \dots, \bar{y}_r\}$.

Vermöge des Satzes über impliziten Funktionen gibt es dann lokal (implizite) C^1-Funktionen $y_1(x), \dots, y_r(x)$, wobei jedes $y_i(x)$ eine lokale Minimalstelle von $G(x, \bullet)|_Y$ ist. Somit wird die zulässige Menge M in einer Umgebung von $\bar{x}$ durch die endlich vielen C^2-Ungleichungsrestriktionen $G(x, y_i(x)) \geq 0, i = 1, 2, \dots, r$ beschrieben (lokale Reduktion).

Semiinvariante, ↗Kumulante.

semiklassischer Limes, Näherungsverfahren für die Lösung insbesondere von Gleichungen der Quantenmechanik in Form von Potenzreihen im ↗Planckschen Wirkungsquantum h oder einer asymptotischen Lösung für $h \to 0$ derart, daß der führende Term durch die klassische Mechanik bestimmt wird (↗Wentzel-Kramers-Brillouin-Jeffreys-Methode).

semikubische Parabel, ↗Neilsche Parabel.

semilineare Abbildung, Abbildung $\varphi : V \to W$ zwischen zwei ↗Vektorräumen V und W über $\mathbb{C}$ für die für alle $v_1, v_2, v \in V$ und alle $\alpha \in \mathbb{C}$ gilt:

$$\begin{aligned} \varphi(v_1 + v_2) &= \varphi(v_1) + \varphi(v_2); \\ \varphi(\alpha v) &= \overline{\alpha}\varphi(v). \end{aligned}$$

($\overline{\alpha}$ bezeichnet die konjugiert komplexe Zahl zu α.) Statt semilinear sagt man auch antilinear.

Allgemeiner spricht man von einer (λ)-semilinearen Abbildung $\varphi : V \to W$ zwischen zwei Vektorräumen V und W über $\mathbb{K}$, falls auf $\mathbb{K}$ ein Körper-Automorphismus $\lambda : \mathbb{K} \to \mathbb{K}$ gegeben ist, so daß für alle $v_1, v_2, v \in V$ und alle $\alpha \in \mathbb{K}$ gilt:

$$\begin{aligned} \varphi(v_1 + v_2) &= \varphi(v_1) + \varphi(v_2); \\ \varphi(\alpha v) &= \lambda(\alpha)\varphi(v). \end{aligned}$$

semilineare Differentialgleichung, ↗gewöhnliche Differentialgleichung n-ter Ordnung für die Funktion y, die in allen Ableitungen $y, y', \dots, y^{(n)}$ linear ist, deren rechte Seite (die Funktion b) aber zusätzlich zur freien Variablen x auch von allen Ableitungen von y bis zur $(n-1)$-ten Ordnung abhängen kann. Eine semilineare Differentialgleichung ist also von der Form

$$a_n(x)y^{(n)} + \cdots + a_0(x)y = b(x, y, y', \dots, y^{(n-1)}).$$

semilokaler Ring, Ring mit endlich vielen Maximalidealen.

↗Lokale Ringe sind insbesondere semilokal. Die direkte Summe von endlich vielen lokalen Ringen ist ein semilokaler Ring.

Semimartingal, auch Halbmartingal genannt, auf einem Wahrscheinlichkeitsraum $(\Omega, \mathfrak{A}, P)$ definierter und der Filtration $(\mathfrak{A}_t)_{t\geq 0}$ in $\mathfrak{A}$ adaptierter stetiger stochastischer Prozeß $X = (X_t)_{t\geq 0}$, welcher eine Zerlegung $X = M + V$, d. h. $X_t = M_t + V_t$ für alle $t \in \mathbb{R}_0^+$, in ein stetiges lokales Martingal $M = (M_t)_{t\geq 0}$ und einen stetigen Prozeß $(V_t)_{t\geq 0}$ mit lokal beschränkter Variation besitzt.

Dabei wird vorausgesetzt, daß $(\mathfrak{A}_t)_{t\geq 0}$ die üblichen Voraussetzungen erfüllt. Die Forderung an V, von lokal beschränkter Variation zu sein, bedeutet, daß jeder Pfad $t \to V_t(\omega)$, $\omega \in \Omega$, auf jedem Intervall $[0, T]$ mit $T \in \mathbb{R}_0^+$ von beschränkter Variation ist, d. h. es gilt

$$\sup \left\{ \sum_{i=1}^{k_n} |V_{t_i}(\omega) - V_{t_{i-1}}(\omega)| \right\} < \infty,$$

wobei das Supremum über alle Zerlegungen der Form $\{t_0, \dots, t_{k_n}\}$ mit $0 = t_0 < \cdots < t_{k_n} = T$ und $n \in \mathbb{N}$ von $[0, T]$ gebildet wird.

Die Darstellung $X = M + V$ ist eindeutig, wenn man zusätzlich verlangt, daß P-fast sicher $V_0 = 0$ gilt.

semimodularer Verband, ↗halbmodularer Verband.

Semimorphismus, eine Abbildung $\bigcirc$ einer algebraischen Struktur $(M, \times)$ auf eine Teilstruktur $(N, \otimes)$, die ein ↗symmetrisches Raster $N \subseteq M$ bildet, mit folgenden Eigenschaften:

$$\begin{aligned} \bigcirc(a) &= a & \forall a \in N, \\ a \leq b \Rightarrow \quad \bigcirc(a) &\leq \bigcirc(b) & \forall a, b \in M, \\ \bigcirc(-a) &= -\bigcirc(a) & \forall a \in M, \\ a \otimes b &= \bigcirc(a \times b) & \forall a, b \in N. \end{aligned}$$

Semimorphismen werden u. a. verwendet, um ↗Maschinenarithmetik zu definieren. Sie erhalten die Kommutativität, aber nicht die Assoziativität der Verknüpfungen.

semi-Thue-Operation, ↗semi-Thue-System.

semi-Thue-System, endliche nicht-leere Menge von semi-Thue-Operationen; dies wiederum sind geordnete Paare von Wörtern (x, y) über einem gegebenen Alphabet.

Diese Operationen können, ausgehend von einem gegebenen Startwort (dem Axiom), in beliebiger Reihenfolge angewandt werden, dadurch daß ein Vorkommen des Teilworts x durch y ersetzt wird. semi-Thue-Systeme sind also nichts anderes als ↗allgemeine Grammatiken, wobei keine Unterscheidung zwischen Variablen- und Terminalsymbolen getroffen wird.

Das ↗Wortproblem für semi-Thue-Systeme, also die Frage, ob das Axiom überführbar ist in ein gegebenes Wort w, ist unentscheidbar (↗Entscheidbarkeit).

Sender, ↗Informationstheorie.

Senke, Fixpunkt $x_0 \in W$ eines auf einer offenen Teilmenge $W \subset \mathbb{R}^n$ definierten C^1–Vektorfeldes $f : W \to \mathbb{R}^n$, für den alle Eigenwerte der Linearisierung (↗Linearisierung eines Vektorfeldes) $Df(x_0)$ negative Realteile haben.

Eine Senke verhält sich lokal wie der Fixpunkt 0 eines linearen Vektorfeldes f, dessen Eigenwerte alle negative Realteile haben, insbesondere ist er asymptotisch stabil (↗Ljapunow-Stabilität):

Sei auf einer offenen Teilmenge $W \subset \mathbb{R}^n$ ein C^1-Vektorfeld gegeben. Falls für einen Fixpunkt $x_0 \in W$ alle Eigenwerte der Linearisierung $Df(x_0)$ Realteil $< \varepsilon$ mit geeignetem $\varepsilon > 0$ haben, so gibt es eine Umgebung $U \subset W$ von x_0 und eine Konstante $C > 0$ so, daß gilt: Für alle $x \in U$ und alle $t > 0$ existiert der zu f gehörige Fluß $\Phi_t(x)$ durch x in W, und es gilt

$$\|\Phi_t(x) - x_0\| \leq Ce^{-\varepsilon t}\|x - x_0\|.$$

Insbesondere ist x_0 asymptotisch stabil.

Stabile ↗Knotenpunkte und stabile ↗Wirbelpunkte sind Beispiele für Senken.

senkrecht, Bezeichnung für zwei Geraden, die sich im ↗rechten Winkel schneiden. Man sagt dann, die beiden Geraden stehen senkrecht aufeinander.

Der Begriff „senkrecht" existiert in teilweise starker Abstraktion in vielen Gebieten der Mathematik, wird jedoch außer im hier vorliegenden elementargeometrischen Fall heutzutage meist mit dem Synonym „orthogonal" bezeichnet. Man vergleiche dort für weitere Information.

senkrechte Tangente, ↗uneigentliche Differenzierbarkeit.

separable Erweiterung, eine algebraische ↗Körpererweiterung $\mathbb{L}/\mathbb{K}$, bei der alle Elemente aus $\mathbb{L}$ separabel über $\mathbb{K}$ sind. Über einem Körper der Charakteristik Null sind alle Körpererweiterungen separabel.

separable Hülle, Begriff aus der Algebra.

Die separable Hülle eines Körpers $\mathbb{K}$ in einem Erweiterungskörper $\mathbb{L}$ ist der Unterkörper, gegeben durch die über $\mathbb{K}$ separablen Elemente von $\mathbb{L}$.

separable Skalierungsfunktion, zweidimensionale Skalierungsfunktion $\phi(x, y)$, die sich als Tensorprodukt $\phi(x)\phi(y)$ schreiben läßt.

Vorteilhaft ist die einfache Berechenbarkeit aus der eindimensionalen Skalierungsfunktion ϕ. Für manche Anwendungen ist die Anisotropie, d. h. hier die Richtungsselektivität, der entsprechenden Wavelets ein Nachteil, es werden die x- und y-Richtung sowie die Diagonale ausgezeichnet.

separabler Raum, topologischer Raum, der eine abzählbare dichte Teilmenge besitzt.

Beispielsweise ist der Raum $\mathbb{R}^n$ separabel in der natürlichen Topologie, da $\mathbb{Q}^n$ abzählbar und dicht in $\mathbb{R}^n$ ist.

separabler stochastischer Prozeß, auf einem Wahrscheinlichkeitsraum $(\Omega, \mathfrak{A}, P)$ definierter stochastischer Prozeß $(X_t)_{t\in T}$, $T \subseteq \mathbb{R}$, mit einem topologischen Zustandsraum $(E, \mathfrak{B}(E))$, für den eine abzählbare Menge $T_0 \subseteq T$ und ein Ereignis $A_0 \in \mathfrak{A}$ mit $P(A_0) = 0$ existieren, so daß

$$\bigcap_{t\in I\cap T_0} \{X_t \in F\} \setminus \bigcap_{t\in I\cap T} \{X_t \in F\} \subseteq A_0$$

für jede abgeschlossene Menge $F \subseteq E$ und jedes Intervall $I \subseteq \mathbb{R}$ gilt. Dabei bezeichnet $\mathfrak{B}(E)$ die σ-Algebra der Borelschen Mengen von E.

separables Element, Nullstelle eines ↗separablen Polynoms mit Koeffizienten aus einem Körper $\mathbb{K}$.

Über einem Körper der Charakteristik Null sind alle Elemente separabel.

separables Polynom, über einem Körper $\mathbb{K}$ irreduzibles Polynom, das nur einfache Nullstellen im algebraischen Abschluß von $\mathbb{K}$ hat.

Diese Nullstellen sind die ↗separablen Elemente. Ist ein Polynom nicht separabel, so nennt man es auch inseparabel. Dementsprechend heißen seine Nullstellen inseparable Elemente. Über einem Körper der Charakteristik Null sind alle Polynome separabel.

Separation der Variablen, andere Bezeichnung für Trennung der Variablen, vgl. ↗Differentialgleichung mit getrennten Variablen.

Separatrix, Begriff zur Untersuchung des qualitativen Verhaltens ↗dynamischer Systeme.

Für ein dynamisches System (M, G, Φ) heißt der Orbit durch einen Punkt $p \in M$ Separatrix, falls jede Umgebung von p einen Punkt $q \in M$ enthält so, daß ihre α- bzw. ω-Limesmengen nicht übereinstimmen:

$$\alpha(p) \neq \alpha(q) \;\text{ bzw. }\; \omega(p) \neq \omega(q)\,.$$

Der Name „Separatrix" rührt daher, daß (im Falle zweidimensionaler Systeme) Separatrizen und geschlossene Orbits den Phasenraum in Gebiete teilen, in denen die Trajektorien ähnliches Verhalten zeigen.

Etwas salopp kann man sagen, eine Separatrix sei eine Hyperfläche, die zwei offene Bereiche voneinander abtrennt, auf denen das dynamische System in der Regel unterschiedliche Stabilitätseigenschaften hat.

Falls das dynamische System ein zweites komplizierteres System approximiert, so kann es beim zweiten System zu einer Aufspaltung von Separatrizen des ersten Systems kommen. Siehe auch ↗Resonanz dritter Ordnung.

separierte Grammatik, ↗ Grammatik.

sequential unconstraint minimization technique, Optimierungstechnik, die unter Verwendung eines Strafterms (Penalty-Funktion) arbeitet.

Dabei wird eine zu minimierende Zielfunktion $f(x)$ mit einem zusätzlichen Term $\mu \cdot P(x)$ versehen. Hierbei ist $\mu > 0$ ein Parameter und $P(x)$ die Straffunktion. Gelöst werden nun Probleme aus der einparametrigen Familie

$$\min\{f(x) + \mu \cdot P(x), x \in M\}\,.$$

Dabei sei $P(x)$ für nicht zulässige Punkte $x \notin M$ positiv, und für zulässige Punkte identisch 0. Die Menge M hängt i. allg. von der speziellen Wahl von P ab. Zwei wichtige Beispiele sind innere und äußere Straffunktionen. Verallgemeinerte Straffunktionen können auch weitere Parameter enthalten.

Sequentialanalyse, ein von A. Wald 1947 begründetes Teilgebiet der mathematischen Statistik, welches zum Ziel hat, den Aufwand (Versuchsumfang) bei einer statistischen Entscheidungsfindung zu minimieren.

Die Sequentialanalyse (SA) spielt eine große Rolle in der ↗statistischen Qualitätskontrolle, wird aber auch beispielsweise in der Biometrie zum Vergleich von Medikamenten angewendet.

Die Sequentialanalyse faßt alle statistischen Verfahren (Test- und Schätzverfahren) zusammen, bei denen in jedem Zeitpunkt aufgrund vorliegender Versuchsergebnisse entschieden wird, ob die Versuchsserie abgebrochen werden kann oder fortzusetzen ist. Sequentielle Verfahren sind damit durch einen zufälligen Stichprobenumfang gekennzeichnet.

Das bekannteste sequentielle Testverfahren ist der Waldsche Sequentialtest (WST) zum Prüfen einer Wahrscheinlichkeit $p = P(A)$. Im Gegensatz zum ↗ Signifikanztest geht man hier davon aus, daß eine genaue Kenntnis über die Alternativhypothese vorliegt, d. h., man prüft

$$H_0 : p = p_0 \text{ gegen } H_1 : p = p_1,$$

wobei p_0 und $p_1 \in [0, 1]$ bekannte Werte sind.

Es seien $\vec{x} = (x_1, \ldots, x_n)$ eine konkrete und $\vec{X} = (X_1, \ldots, X_n)$ die zugehörige mathematische ↗ Stichprobe, und $P(\vec{X} = \vec{x}|p_i)$ die Wahrscheinlichkeitsverteilung des Stichprobenvektors unter der Annahme der Gültigkeit der Hypothese H_i, $i = 0, 1$. Die Teststatistik des Sequentialtests ist der sogenannte Likelihoodquotient, d. h., der Quotient der zu den Hypothesen gehörenden Likelihood-Funktionen

$$LQ := LQ(x_1, \ldots, x_n) = \frac{P(\vec{X} = \vec{x}|p_1)}{P(\vec{X} = \vec{x}|p_0)}\,.$$

Offensichtlich spricht ein hoher Wert von LQ für die Gültigkeit der Hypothese H_1 und ein kleiner Wert von LQ für die Hypothese H_0. Sind L_o und L_u zwei vorgegebene Grenzen (Schwellwerte), so lautet die Entscheidungsregel des Tests:

a) Ist $LQ \geq L_o$, so wird H_1 angenommen.
b) Ist $LQ \leq L_u$, so wird H_0 angenommen.
c) Ist $L_u < LQ < L_o$, so kann keine Entscheidung getroffen werden, und es wird zur Stichprobe $\vec{x}$ ein weiteres Stichprobenelement x_{n+1} hinzugenommen.

Die wichtigste Aufgabe der statistischen SA besteht nun in der Wahl der Grenzen L_u und L_o so, daß die zugehörigen Fehler 1. und 2. Art des Tests (↗ Testtheorie) möglichst klein sind.

Im allgemeinen lassen sich Fehler 1. und 2. Art eines sequentiellen Tests nur sehr schwer bestimmen. Seien α und β die Fehler 1. und 2. Art zu diesem Testverfahren. Es läßt sich zeigen, daß dieses Testverfahren dasjenige ist, welches unter allen anderen Testverfahren, deren Fehler 1. und 2. Art α bzw. β nicht überschreiten, den kleinsten erwarteten Stichprobenumfang besitzt.

Darüber hinaus bestehen zwischen den beiden Fehlerwahrscheinlichkeiten und den Grenzen L_u und L_o folgende Ungleichungen:

$$L_u \geq \frac{\beta}{1-\alpha} \text{ und } L_o \geq \frac{1-\beta}{\alpha}.$$

Um einen WST zu erhalten, der wenigstens näherungsweise vorgegebene Fehlerwahrscheinlichkeiten α und β einhält, wurden von A.Wald die Näherungen

$$L_u \approx \frac{\beta}{1-\alpha} \text{ und } L_o \approx \frac{1-\beta}{\alpha}$$

vorgeschlagen. Es läßt sich zeigen, daß dann zumindest die Summe $\alpha^* + \beta^*$ der tatsächlichen Irrtumswahrscheinlichkeiten 1. und 2. Art des Tests nach oben beschränkt sind, es gilt: $\alpha^* + \beta^* \leq \alpha + \beta$.

sequentieller Schaltkreis, ↗ logischer Schaltkreis.

Serenus, Mathematiker und Kommentator, geb. um 300 Antinoupolis (Ägypten), gest. um 360 .

Über das Leben des Serenus ist wenig bekannt. Er war ein eifriger Kommentator der Texte anderer Wissenschaftler, besaß aber auch, im Gegensatz zu vielen anderen Kommentatoren seiner Zeit, tiefgehende Kenntnisse der Mathematik.

Serenus verfaßte zwei mathematische Abhandlungen, „Über Zylinderschnitte" und „Über Kegelschnitte", die beide erhalten sind.

serieller Addierer, sequentieller ↗ logischer Schaltkreis zur Durchführung der Addition $s = (s_{n-1}, \ldots, s_0)$ von zwei n-stelligen binären Zahlen $\alpha = (\alpha_{n-1}, \ldots, \alpha_0)$ und $\beta = (\beta_{n-1}, \ldots, \beta_0)$, der n Schritte benötigt, um das Ergebnis bereitzustellen.

Im ersten Schritt wird das nullte Summenbit $s_0 = \alpha_0 \oplus \beta_0$ und der an dieser Stelle auftretende Übertrag $c_0 = \alpha_0 \wedge \beta_0$ berechnet. Im $(i + 1)$-ten Schritt $(1 \leq i \leq n - 1)$ wird das i-te Summenbit $s_i = \alpha_i \oplus \beta_i \oplus c_{i-1}$ und der an der i-ten Stelle auftretende Übertrag

$$c_i = (\alpha_i \wedge \beta_i) \vee ((\alpha_i \oplus \beta_i) \wedge c_{i-1})$$

berechnet.

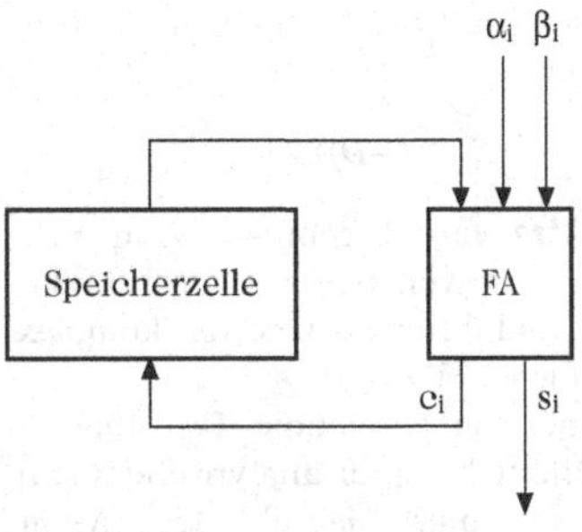

Serieller Addierer

serieller Multiplizierer, sequentieller ↗ logischer Schaltkreis zur Durchführung der Multiplikation von zwei n-stelligen binären Zahlen $\alpha = (\alpha_{n-1}, \ldots, \alpha_0)$ und $\beta = (\beta_{n-1}, \ldots, \beta_0)$, der n Schritte benötigt, um das Ergebnis bereitzustellen.

Der Schaltkreis enthält in der Regel drei Register, davon zwei n-Bit Register zum Abspeichern der Operanden α und β, und ein $2n$-Bit Register zum Abspeichern der Zwischenergebnisse bzw. des Ergebnisses. Das Zwischenergebnis wird mit dem Wert 0 initialisiert. Im i-ten Schritt, $i = 0, \ldots, n-1$, wird

$$(\alpha_{n-1} \wedge \beta_i, \ldots, \alpha_0 \wedge \beta_i)$$

um i Stellen nach links auf das Zwischenergebnis geshiftet, mit Hilfe einer seriellen Addition oder eines ↗Carry-Ripple Addierers aufaddiert.

Serien-Parallel-Struktur, Struktur von Systemen, die in der Zuverlässigkeitstheorie betrachtet werden, siehe ↗Zuverlässigkeitsschaltbilder.

Serienstruktur, Struktur von Systemen, die in der Zuverlässigkeitstheorie betrachtet werden, siehe ↗Zuverlässigkeitsschaltbilder.

Serre, Dualitätssatz von, in impliziter Form einer der klassischen Sätze der Theorie der algebraischen Kurven.

In expliziter allgemeiner Form (für nicht notwendig kompakte komplexe Mannigfaltigkeiten beliebiger Dimension) wurde der Satz 1954 von J.-P. Serre formuliert und bewiesen.

Sei X eine zusammenhängende kompakte Riemannsche Fläche mit Strukturgarbe $\mathcal{O}$. $\Omega = \Omega^1$ bezeichne die Garbe der Keime der holomorphen 1-Formen auf X und $\mathcal{M}$ die Garbe der Keime der meromorphen Funktionen auf X. $\mathcal{D} = \mathcal{M}^*/\mathcal{O}^*$ sei die Garbe der Keime der Divisoren. Die Divisorengruppe $Div X := \mathcal{D}(X)$ ist kanonisch isomorph zu der von den Punkten $x \in X$ erzeugten freien abelschen Gruppe, jeder Divisor D ist also von der Form

$$D = \sum_{x \in X} n_x x, \quad n_x \in \mathbb{Z}, \quad n_x = 0 \text{ für fast alle } x.$$

Der Dualitätssatz lautet dann:

Für jeden Divisor $D \in Div X$ gibt es eine natürliche $\mathbb{C}$-Isomorphie

$$H^0(X, \Omega(D)) \xrightarrow{\sim} H^1(X, \mathcal{O}(-D))^* .$$

Serre, GAGA-Sätze von, Ergebnisse zum Vergleich zwischen projektiven Schemata von endlichem Typ über $\mathbb{C}$ und ihren assoziierten komplex analytischen Räumen.

Ist X ein Schema von endlichem Typ über $\mathbb{C}$, dann ist der assoziierte komplex analytische Raum X_h folgendermaßen definiert: Man überdeckt X mit offenen affinen Teilmengen $Y_i = Spec A_i$, wobei jedes A_i eine Algebra von endlichem Typ über $\mathbb{C}$ ist, also geschrieben werden kann als

$$A_i \cong \mathbb{C}[x_1, ..., x_n] / (f_1, ..., f_q) .$$

Dabei seien $f_1, ..., f_q$ Polynome in $x_1, ..., x_n$. Wir können sie als holomorphe Funktionen auf dem $\mathbb{C}^n$ betrachten, so daß ihre gemeinsame Nullstellenmenge ein komplex analytischer Unterraum $(Y_i)_h \subset \mathbb{C}^n$ ist. Das Schema X erhält man, indem man die offenen Mengen Y_i verklebt, man kann daher die gleichen Verklebungs-Daten verwenden, um die analytischen Räume $(Y_i)_h$ zu einem analytischen Raum X_h zu verkleben. Diesen nennt man den assoziierten komplex analytischen Raum von X.

Da die Konstruktion funktoriell ist, erhält man einen Funktor h von der Kategorie der Schemata von endlichem Typ über $\mathbb{C}$ in die Kategorie der komplex analytischen Räume. Bei der Betrachtung dieses Funktors ergeben sich auf natürliche Weise folgende Fragen:

1. Sei ein komplex analytischer Raum $\mathfrak{X}$ gegeben, existiert dann ein Schema X so, daß $X_h \cong \mathfrak{X}$?
2. Wenn X und X' zwei Schemata mit $X_h = X'_h$ sind, ist dann $X \cong X'$?
3. Sind ein Schema X und eine kohärente analytische Garbe $\mathfrak{F}$ über X_h gegeben, existiert dann eine kohärente Garbe $\mathcal{F}$ über X, so daß $\mathcal{F}_h \cong \mathfrak{F}$?
4. Seien ein Schema X und zwei kohärente Garben $\mathcal{E}$ und $\mathcal{F}$ über X gegeben, so daß $\mathcal{E}_h \cong \mathcal{F}_h$ über X_h, gilt dann $\mathcal{E} \cong \mathcal{F}$?
5. Seien ein Schema X und eine kohärente Garbe $\mathcal{F}$ gegeben, sind dann die Abbildungen

   $$\alpha_i : H^i(X, \mathcal{F}) \to H^i(X_h, \mathcal{F}_h)$$

   Isomorphismen?

In dieser Allgemeinheit ist die Antwort auf alle Fragen „nein". Betrachtet man aber projektive Schemata, dann ist die Antwort auf alle Fragen „ja". Diese Ergebnisse hat Serre in seinem paper GAGA bewiesen. Der bedeutendste Satz ist der folgende:

Sei X ein projektives Schema über $\mathbb{C}$. Dann induziert der Funktor h eine Äquivalenz von Kategorien zwischen der Kategorie der kohärenten Garben über X und der Kategorie der kohärenten analytischen Garben über X_h. Außerdem sind für jede kohärente Garbe $\mathcal{F}$ über X die natürlichen Abbildungen

$$\alpha_i : H^i(X, \mathcal{F}) \to H^i(X_h, \mathcal{F}_h)$$

für alle i Isomorphismen.

[1] Hartshorne, R.: Algebraic Geometry. Springer-Verlag New York, 1977.

Serre, Jean-Pierre, französischer Mathematiker, geb. 15.9.1926 Bages (Frankreich).

Bereits als Schüler des Lyceums in Nimes beschäftigte sich Serre mit der Analysis und begann 1945 ein Studium an der Ecole Normale Superieur in Paris. Von 1948 bis 1954 arbeitete er in verschiedenen Anstellungsverhältnissen am Centre National de le Recherche Scientifique in Paris. 1951 promovierte er an der Pariser Sorbonne mit einer Arbeit über Homotopiegruppen. Nach zweijähriger Tätigkeit an der Universität Nancy lehrte er ab 1956 bis zu seiner Emeritierung 1994 am College de France in Paris als Professor für Algebra und Geometrie und leitete die entsprechende Abteilung. Danach wirkte er als Honorarprofessor. Neben seinem Wirken am College de France nahm er mehrere Gastaufenthalte an anderen Forschungsstätten war, insbesondere am Institute for Advanced Study in Princeton.

Serres Forschungen sind durch ein breite Themenspektrum gekennzeichnet, die sich nicht immer einem einzelnen mathematischen Teilgebiet zuordnen lassen. Er liefert grundlegende Beiträge zur Algebra, zur algebraischen Topologie und Geometrie, zur Funktionentheorie mehrerer Veränderlicher sowie zur Zahlentheorie. Seine ersten Arbeiten waren dem Studium der Homotopiegruppen von Sphären gewidmet. Er verallgemeinerte den Begriff des Faserraumes und übertrug zahlreiche wichtige Sätze der Funktionentheorie mehrerer komplexer Veränderlicher auf die Garbentheorie. Als sehr wirkungsvolles Werkzeug für seine Untersuchungen erwies sich für Serre die Anwendung der Spektralfolgen, mit deren Hilfe er wichtige Beziehungen zwischen den Homologie- und den Homotopiegruppen eines Raumes aufdeckte. Basierend auf dem 1951 von Stein eingeführten Begriff der Mannigfaltigkeiten leitete Serre zusammen mit Cartan Aussagen zur Lösbarkeit der Cousinschen Problems in der Sprache der Kohomologietheorie ab. Beide waren dann Mitte der 50er Jahre neben Grothendieck, Remmert und anderen maßgeblich an der Herausarbeitung des Begriffs des analytischen Raumes beteiligt.

Serre hat mit zahlreichen Monographien für die Verbreitung und Zusammenfassung der Resultate aus seinen Forschungsgebieten gewirkt und damit deren Entwicklung weiter spürbar gefördert. Seine Leistungen wurden wiederholt von der Gemeinschaft der Mathematiker mit Auszeichnungen anerkannt, u. a. 1954 mit der Verleihung der ↗Fields-Medaille.

Serre, Theorem A von, *Cartan-Serre, Theorem A von*, eines der Haupttheoreme der Theorie der kohärenten analytischen Garben, das zusammen mit Theorem B neben den Cousin-Problemen und dem Poincarè-Problem Anwendung in der Theorie der Steinschen Algebren findet.

Für kompakte Quader lautet das Theorem A folgendermaßen:

Zu jeder kohärenten $\mathcal{O}$-Garbe $\mathcal{S}$ über einem kompakten Quader $Q \subset \mathbb{C}^m$ gibt es eine natürliche Zahl p und eine exakte $\mathcal{O}$-Sequenz

$$\mathcal{O}^p \mid Q \to \mathcal{S} \to 0\,.$$

Eine andere Formulierung ist:

Es gibt p Schnitte im Schnittmodul $\mathcal{S}(Q)$, deren Keime in jedem Punkt $z \in Q$ den Halm $\mathcal{S}_z$ über $\mathcal{O}_z$ erzeugen.

Für diesen Fall impliziert Theorem A das *Theorem B* (↗Serre, Theorem B von).

Ein komplexer Raum ist Steinsch, wenn er eine Ausschöpfung durch Steinsche Kompakta besitzt. Spezielle Steinsche Ausschöpfungen sind die Quaderausschöpfungen; komplexe Räume, die Quaderausschöpfungen gestatten, nennt man holomorph-vollständig. Beispielsweise besitzt jeder schwach-holomorph-konvexe Raum, in dem alle kompakten analytischen Mengen endlich sind, Quaderausschöpfungen und ist somit Steinsch. Eine abgeschlossene Teilmenge P eines komplexen Raumes X heißt Steinsch (in X), wenn für P die Aussage von Theorem B richtig ist, z. B. sind kompakte Quader im $\mathbb{C}^m$ Steinsche Mengen. Für Steinsche Mengen lautet das Theorem A folgendermaßen:

Es sei P eine Steinsche Menge in X und $\mathcal{S}$ eine kohärente analytische Garbe über P. Dann erzeugt der Schnittmodul $\mathcal{S}(P)$ jeden Halm $\mathcal{S}_x$, $x \in P$, d. h. das Bild von $\mathcal{S}(P)$ in $\mathcal{S}_x$ bzgl. der Einschränkung $\mathcal{S}(P) \to \mathcal{S}_x$, $s \mapsto s_x$, erzeugt den $\mathcal{O}_x$-Modul $\mathcal{S}_x$.

Schließlich erhält man das Fundamentaltheorem der Steintheorie:

Jeder holomorph-vollständige Raum $(X, \mathcal{O})$ ist Steinsch; für jede kohärente analytische Garbe $\mathcal{S}$ über X gilt also:

i) Der Schnittmodul $\mathcal{S}(X)$ erzeugt jeden Halm $\mathcal{S}_x$, $x \in X$, als $\mathcal{O}_x$-Modul.

ii) Für alle $q \geq 1$ gilt: $H^q(X, \mathcal{S}) = 0$.

Serre, Theorem B von, *Cartan-Serre, Theorem B von*, eines der Haupttheoreme der Theorie der kohärenten analytischen Garben, das für holomorph-vollständige Räume insbesondere Theorem A (↗Serre, Theorem A von) impliziert. Für kompakte Quader lautet das Theorem B folgendermaßen:

Für jede kohärente $\mathcal{O}$-Garbe $\mathcal{S}$ über einem kompakten Quader $Q \subset \mathbb{C}^m$ gilt $H^q(Q, \mathcal{S}) = 0$ für alle $q \geq 1$.

Komplexe Räume X, für die alle Kohomologiegruppen $H^q(X, \mathcal{S})$, $q \geq 2$, mit Koeffizienten in kohärenten analytischen Garben $\mathcal{S}$ verschwinden, werden vermöge eines einfachen Ausschöpfungsprozesses von X durch Steinsche Kompakta gewonnen. Man kann zeigen, daß bei Existenz Steinscher Ausschöpfungen auch noch die Gruppen $H^1(X, \mathcal{S})$ verschwinden. Für solche Räume gilt automatisch auch Theorem A.

Ist P eine abgeschlossene Teilmenge eines komplexen Raumes X, dann nennt man P Steinsch (in X), wenn für P die Aussage von Theorem B richtig ist, wenn also für jede über P kohärente analytische Garbe $\mathcal{S}$ gilt: $H^q(P, \mathcal{S}) = 0$ für alle $q \geq 1$. Also sind z. B. kompakte Quader im $\mathbb{C}^m$ Steinsche Mengen.

Serre-Dualität, ↗Serre, Dualitätssatz von.

Serre-Konstruktion, algebraischer Begriff.

Ein abgeschlossenes Unterschema Z (resp. ein komplexer Unterraum) eines glatten ↗algebraischen k-Schemas X (resp. komplexen Mannigfaltigkeit X) heißt subkanonisch, wenn die Einbettung regulär ist (↗Schnitt-Theorie), d. h., ein lokal vollständiger Durchschnitt, und die dualisierende Garbe ω_Z aus dem Bild der Einschränkungsabbildung $\mathrm{Pic}(X) \to \mathrm{Pic}(Z)$.

Ist beispielsweise s ein regulärer Schnitt (↗reguläre Folge) eines Vektorbündels $\mathcal{E}$ vom Rang r und $Z = Z(s)$ Nullstellenschema von s, so ist Z subkanonisch, das Normalenbündel ist $\mathcal{N}_{Z|X} \simeq \mathcal{E} \mid Z$, also ist

$$\omega_Z = \left(\omega_X \otimes \wedge^r \mathcal{E}\right) \mid Z\,.$$

Die Serre-Konstruktion gibt Bedingungen für ein Tripel $(Z, \mathcal{L}, \sigma)$, Z subkanonisch von der Kodimension 2, $\mathcal{L}$ ein Geradenbündel auf X, und $\sigma : \omega_X \otimes \mathcal{L} \mid Z \simeq \omega_Z$ ein Isomorphismus, dafür an, daß ein Vektorbündel $\mathcal{E}$ mit einem regulären Schnitt s existiert mit $Z(s) = Z$ und $\wedge^2\mathcal{E} \simeq \mathcal{L}$. Wenn ein solches Bündel existiert, erhält man eine exakte Folge

$$0 \to \mathcal{O}_X \overset{s}{\to} \mathcal{E} \overset{s\wedge}{\to} I_Z \otimes \mathcal{L} \to 0$$

mit $s\wedge : v \mapsto s \wedge v$, da $\wedge^2\mathcal{E} \simeq \mathcal{L}$, ($I_Z$ bezeichnet die Idealgarbe von Z), was einem Element

$$e \in \mathrm{Ext}^1(I_Z \otimes \mathcal{L}, \mathcal{O}_X)$$

entspricht.

Umgekehrt entspricht jedes e einer solchen exakten Folge, allerdings im allgemeinen mit einer kohärenten Garbe $\mathcal{E}$, und es sind Bedingungen an e zu richten, um ein Vektorbündel $\mathcal{E}$ zu erhalten. Dies ist eine lokale Frage, die also die kanonische Lokalisierungsabbildung

$$\mathrm{Ext}^1(I_Z \otimes \mathcal{L}, \mathcal{O}_X) \overset{\ell}{\to} H^0(X, \mathcal{E}xt^1(I_Z \otimes \mathcal{L}, \mathcal{O}_X))$$

betrifft.

Nun ist nach der allgemeinen Theorie für dualisierende Garben

$$\begin{aligned} \mathcal{E}xt^1(I_Z \otimes \mathcal{L}, \mathcal{O}_X) &= \mathcal{H}om(\mathcal{L} \otimes \omega_X, \mathcal{E}xt^1(I_Z, \omega_X)) \\ \mathcal{E}xt^1(I_Z, \omega_X) &\simeq \mathcal{E}xt^2(\mathcal{O}_Z, \omega_X) \simeq \omega_Z\,. \end{aligned}$$

Daher ist ℓ eine Abbildung

$$\mathrm{Ext}^1(I_Z \otimes \mathcal{L}, \mathcal{O}_X) \overset{\ell}{\to} \mathrm{Hom}(\mathcal{L} \otimes \mathcal{O}_X \mid Z, \omega_Z)\,,$$

und die Bedingung lautet: $\ell(e)$ ist ein Isomorphismus.

Es gibt eine kanonische Abbildung

$$\begin{array}{ccc} H^0(X, \mathcal{E}xt^1(I_Z \otimes \mathcal{L}, \mathcal{O}_X)) \simeq & \mathrm{Hom}(\omega_X \otimes \mathcal{L} \mid Z, \omega_Z), \\ \downarrow \delta & \downarrow \delta \\ H^2(X, \mathcal{H}om(I_Z \otimes \mathcal{L}, \mathcal{O}_X) \simeq & H^2(X, \mathcal{L}^{-1}) \end{array}$$

(die sich entweder durch elementare Rechnung kozyklenweise beschreiben läß t, oder sich aus einer Spektralfolge ergibt) mit $\mathrm{Ker}(\delta) = Im(\ell)$. Die Bedingung für die Existenz von $(\mathcal{E}, s)$ ist also $\delta(\sigma) = 0$.

Für $\dim X = 2$ ergibt sich (durch Anwendung von Serre-Dualität) daraus die *Cayley-Bacharach-Bedingung* für $(Z, \mathcal{L})$ als notwendige und hinreichende Bedingung für die Existenz von $(\mathcal{E}, s)$: Jeder Schnitt von $H^0(X, \mathcal{L} \otimes \mathcal{O}_X)$, der auf einem Unterschema $Z' \subset Z$ mit $\ell(Z') = \ell(Z) - 1$ verschwindet, verschwindet auch auf Z. Hierbei ist

$$\ell(Z) = h^0(\mathcal{O}_Z) = \sum_{z \in Z} \dim_k(\mathcal{O}_{Z,z})\,.$$

Serre-Kriterium für Normalität, charakterisiert Noethersche ↗normale Ringe durch die folgenden Eigenschaften:

- Die Lokalisierung nach jedem ↗Primideal der Höhe 1 ist ein ↗regulärer lokaler Ring.
- Jedes durch einen Nichtnullteiler erzeugte ↗Hauptideal hat keine eingebetteten Primideale, d. h., wenn $Q_1 \cap \dots \cap Q_n$ eine irredundante Primärzerlegung des Hauptideales ist, dann sind für $i \neq j$ die Radikale der Q_i (die assoziierten Primideale) nicht ineinander enthalten.

Serresche Vermutung, lautet:

Jeder endlich erzeugte ↗projektive Modul über dem Polynomring in n Veränderlichen über einem Körper oder Hauptidealring ist ein ↗freier Modul.

Diese Vermutung wurde 1976 unabhängig von Quillen und Suslin gelöst. T.Y. Lam berichtet in [1] über die zwanzigjährige Geschichte dieser Vermutung. Die Arbeiten zur Serreschen Vermutung haben sehr zur Entwicklung der K-Theorie beigetragen.

[1] Lam, T.Y.: Serre's Conjecture. Springer Lect. Notes in Math. 635, Springer-Verlag Heidelberg/Berlin.

Serrescher Dualitätssatz, ↗Serre, Dualitätssatz von.

Serret, Joseph Alfred, französischer Mathematiker, geb. 30.8.1819 Paris, gest. 2..3.1885 Versailles.

Serret beendete das Studium an der Ecole Polytechnique in Paris 1840. Er arbeitete danach dort als Aufnahmeprüfer und wurde 1861 Professor für Himmelsmechanik am Collège de France. Zwei Jahre später wechselt er als Professor für Differential- und Integralrechnung an die Sorbonne. 1873 wurde er Mitglied das Büros für Längenkreise.

Serret leistete wichtige Arbeiten auf dem Gebiet der Differentialgeometrie. Zusammen mit Bonnet und Bertrand entwickelte er Formeln zur Beschreibung von Raumkurven. Er las in der Sorbonne über ↗Galois-Theorie und förderte so die Entwicklung der Gruppentheorie. Neben diesen mathematischen Arbeiten gab er die gesammelten Werke von ↗Lagrange und ↗Monge heraus.

Sesquilinearform, *Semibilinearform*, Abbildung $\varphi : V \times W \to \mathbb{C}$ (V, W ↗Vektorräume über $\mathbb{C}$), die linear in der ersten Komponente und ↗semilinear in der zweiten Komponente ist (d. h. die partiellen Abbildungen $v \mapsto \varphi(v, w)$ sind für alle $w \in W$ linear, und die partiellen Abbildungen $w \mapsto \varphi(v, w)$ sind für alle $v \in V$ semilinear).

Ist $B_1 = (v_1, \dots, v_n)$ eine ↗Basis von V und $B_2 = (w_1, \dots, w_m)$ eine Basis von W, so heißt die $(n \times m)$-Matrix

$$A := (\varphi(v_i, w_j))$$

Matrixdarstellung von φ bzgl. B_1 und B_2. Sind a bzw. b die Koordinatenvektoren eines Vektors $v \in V$ bzgl. B_1 bzw. eines Vektors $w \in W$ bzgl. B_2, so ist das Bild $\varphi(v, w)$ gegeben durch

$$a^t A \overline{b}.$$

Eine Sesquilinearform $\varphi : V \times W \to \mathbb{C}$ heißt nicht ausgeartet, falls gilt:

$$\text{aus } \varphi(v, w) = 0 \text{ für alle } v \in V \text{ folgt } w = 0;$$
$$\text{aus } \varphi(v, w) = 0 \text{ für alle } w \in W \text{ folgt } v = 0.$$

Sind V und W beide n-dimensional, so ist die Sesquilinearform $\varphi : V \times W \to \mathbb{C}$ genau dann nicht ausgeartet, falls sie bzgl. beliebiger Basen in V und W durch eine ↗reguläre Matrix dargestellt wird.

Allgemeiner spricht man von einer λ-Sesquilinearform $\varphi : V \times W \to \mathbb{K}$, wenn auf $\mathbb{K}$ ein Körper-Automorphismus λ gegeben ist und falls φ linear in der ersten Komponente und λ-semilinear in der zweiten Komponente ist.

Severi, Francesco, italienischer Mathematiker, geb. 13.4.1879 Arezzo, gest. 8.12.1961 Rom.

Nach dem Studium in Turin und der Promotion bei Segre wurde Severi 1900 Assistent, zunächst in Turin, dann in Bologna und in Pisa. 1904 bekam er eine Professur für projektive und darstellende Geometrie in Padua, daneben wirkte er als Direktor der Ingenieurschule in Padua. 1922 wurde er auf den Lehrstuhl für algebraische Analysis, später umbenannt in Lehrstuhl für höhere Geometrie, berufen. 1939 gründete er das Instituto di Alta Matematica.

Severis Hauptinteresse galt der algebraischen Geometrie. Angeregt durch Arbeiten von Segre wandte er sich der Untersuchung der Invarianz von Flächen unter birationalen Transformationen zu. Bei seinen Forschungen kam es ihm besonders auf die Strenge und Klarheit der Beweisführung an. Er führte in die algebraische Geometrie viele neue Begriffe ein, wie z. B. den der algebraischen Äquivalenz von Kurven.

Neben diesen mathematische Arbeiten befaßte sich Severi auch sehr intensiv mit anderen Dingen. So war er Präsident der Arezzo-Bank, leitete die Ingenieurschule von Padua und betrieb Landwirtschaft.

Sexagesimalsystem, das Sechzigersystem.

Ein Zahlensystem, das im Gegensatz zum Dezimalsystem nicht mit zehn, sondern mit sechzig Ziffern rechnet, heißt ein Sexagesimalsystem.

In der babylonischen Mathematik wurde etwa 3000 vor Christus mit einem Sexagesimalsystem gerechnet. Reste davon findet man noch heute in der Zeitmessung und in der Winkelmessung.

'sGravesande, Willem Jacob, eigentlich *Storm van Gravesande*, niederländischer Jurist und Mathematiker, geb. 27.9.1688 's-Hertogenbosch, gest. 28.2.1742 Leiden.

'sGravesande studierte Jura in Leiden und war zunächst Anwalt in Den Haag, später Sekretär an der Holländischen Botschaft. 1715 wurde er Mitglied der Royal Society in London und lernte Newton, Desaguliers und Keill kennen. 1717 wurde er Professor für Mathematik und Astronomie an der Universität Leiden, später auch Professor für Philosophie.

'sGravesande war ein einflußreicher Verfechter der Newtonschen Theorie in Europa. Er schrieb gute Lehrbücher zur Mathematik und Physik und war auch bei der Herausgabe von Büchern anderer Autoren, wie z. B. Huygens oder Newton, beteiligt.

Er entwickelte eine systematische Theorie der Perspektive.

SH, ↗ Souslinsche Hypothese.

Shanks, William, britischer Lehrer und Mathematiker, geb. 25.1.1812 Corsenside (Northumberland, England), gest. 1882 bei Durham (England).

Shanks studierte in Edinburgh und war danach während seines ganzen Berufslebens (1838 bis 1874) als Lehrer tätig.

Sein mathematisches Hauptinteresse galt der numerischen Berechnung von π. Nachdem sich die u.a. von Leibniz und Gregory benutzten Arcustangens-Reihen als recht langsam konvergent erwiesen hatten, wählte Shanks einen neuen Ansatz unter Verwendung des Additionstheorems des Arcustangens. Hiermit konnte er, gemeinsam mit seinem Erzieher William Rutherford, nach und nach mehr als 700 Dezimalstellen von π berechnen.

Shannon, Claude Elwood, amerikanischer Ingeneur und Mathematiker, geb. 30.4.1916 Gaylord (Michigan).

Shannon studierte in Michigan und ging 1936 an das MIT. 1941 wechselte er als Elektroingenieur zu den Bell Laboratories, 1956 kehrte er als Professor an das MIT zurück.

Shannon begründete 1948/49 mit dem Artikel „A Mathematical Theory of Communication" die moderne Informationstheorie, die sich mit einer quantitativen Beschreibung des Begriffs der Information befaßt. Er führte die Maßeinheit „Bit" und den Entropiebegriff ein. Er entwickelte Modelle zur Bescheibung von Kommunikationssystemen und fand Methoden zur Analyse von Fehlern in einem Signal. Seine Arbeiten stellten die Grundlage für die heutige Rechnerarchitektur und Schaltkreisentwicklung dar.

Shannon, Entwicklungssatz von, lautet:

Es sei $f : \{0,1\}^n \to \{0,1\}$ *eine ↗Boolesche Funktion. Dann gilt für alle* $1 \le i \le n$ *und* $\alpha = (\alpha_1, \dots, \alpha_n) \in \{0,1\}^n$

$$f(\alpha) = (\overline{\alpha_i} \wedge f_{\overline{x_i}}(\alpha)) \vee (\alpha_i \wedge f_{x_i}(\alpha))$$

bzw.

$$f(\alpha) = (\alpha_i \vee f_{\overline{x_i}}(\alpha)) \wedge (\overline{\alpha_i} \vee f_{x_i}(\alpha)).$$

Hierbei bezeichnet $f_{\overline{x_i}}$ *den negativen ↗Kofaktor von* f *nach* x_i*, und* f_{x_i} *den positiven Kofaktor von* f *nach* x_i.

Shannon-Effekt, Eigenschaft, die eine Menge $\mathfrak{M}_n$ von ↗Booleschen Funktionen $f : \{0,1\}^n \to \{0,1\}$ bzgl. eines auf den Booleschen Funktionen definierten Komplexitätsmaßes C (↗Boolesche Funktionen) haben kann.

Die Eigenschaft liegt vor, wenn fast alle Booleschen Funktionen $f \in \mathfrak{M}_n$ eine Komplexität $C(f)$ haben, die größer gleich

$$C(\mathfrak{M}_n) - o\,(C(\mathfrak{M}_n))$$

ist. Hierbei ist $C(\mathfrak{M}_n) = \max\{C(f) \mid f \in \mathfrak{M}_n\}$, gibt also die Komplexität der härtesten Booleschen Funktion aus $\mathfrak{M}_n$ an. Formal gilt der Shannon-Effekt genau dann, wenn der Grenzwert

$$\lim_{n\to+\infty} \frac{|\{f \in \mathfrak{M}_n \mid C(f) \ge C(\mathfrak{M}_n) - o(C(\mathfrak{M}_n))\}|}{|\mathfrak{M}_n|}$$

gleich 1 ist.

Shannonsches Abtasttheorem, *Sampling-Theorem*, gibt Auskunft darüber, unter welcher Bedingung eine Funktion f vollständig aus einer Anzahl diskreter Werte, den sogenannten Abtastwerten, rekonstruiert werden kann, und wie diese Rekonstruktion zu berechnen ist.

Ist f bandbeschränkt, d.h., verschwindet die Fouriertransformierte $\hat{f}$ von f außerhalb eines beschränkten Intervalls, so läßt sich f vollständig rekonstruieren. Genauer besagt das Theorem von Shannon:

Für Funktionen f *mit* $\operatorname{supp}(\hat{f}) \subset [-\frac{\pi}{T}, \frac{\pi}{T}]$ *gilt*

$$f(t) = \sum_{k=-\infty}^{\infty} f(kT)\,\operatorname{sinc}\left(\frac{\pi t}{T} - k\pi\right).$$

Die Funktion wird also durch die Abtastwerte $f(kT)$ bestimmt. Man nennt $\frac{\pi}{T}$ die Nyquist-Frequenz zum Abtastintervall T. Der Wert

$$\frac{1}{T} = \frac{\operatorname{supp}\hat{f}}{2\pi}$$

ist die Anzahl der Abfragen pro Zeiteinheit und wird als Abtastrate bzw. Nyquist-Rate bezeichnet.

Obige Reihenentwicklung für f war in der Fourieranalysis schon vor Shannon unter dem Namen *cardinal series* bekannt. Das Sampling-Theorem wurde in den 30er Jahren bereits von Whittaker bewiesen und später (1949) von Shannon für Anwendungen in der Nachrichtentechnik wiederentdeckt.

[1] Shannon, C.E.: Communications in the presence of noise. Proc. of the IRE 37, 1949.

[2] Whittaker, J.: Interpolatory function theory. Cambridge Tracts in Math. and Math. Physics, 1935.

Shannon-Zerlegung, Zerlegung einer ↗Booleschen Funktion $f : \{0,1\}^n \to \{0,1\}$ gemäß dem Entwicklungssatz von Shannon (↗Shannon, Entwicklungssatz von).

Shapley-Vektor, eine Funktion Φ, die durch ein Axiomensystem zur Definition der erwarteten Auszahlung in einem kooperativen Spiel festgelegt ist.

Genauer ist der Shapley-Vektor oder auch Shapley-Wert eine Vektorfunktion

$$\Phi(v) = (\Phi_1(v), \dots, \Phi_n(v)),$$

die auf der Menge der charakteristischen Funktionen von n-Personen-Spielen definiert ist. Dabei muß Φ drei Axiome erfüllen:

1) Ist K eine Koalition derart, daß $v(S) = v(S \cap K)$ für jede andere Koalition S zutrifft, so ist $\sum_{i \in K} \Phi(v) = v(K)$.
2) Ist π ein Permutation von $\{1, \dots, n\}$ so, daß $v(\pi S) = v(S)$ für jede Koalition S gilt, dann ist $\Phi_{\pi i}(v) = \Phi_i(v)$.
3) Alle Komponenten Φ_i von Φ sind additiv linear.

Es kann dann gezeigt werden, daß es nur eine Vektorfunktion Φ gibt, die alle obigen Axiome erfüllt, nämlich dasjenige Φ, dessen Komponenten

$$\Phi_i(v) = \sum_{i \in S} \frac{(|S|-1)! \cdot (n-|S|)!}{n!} \cdot (v(S) - v(S \setminus \{i\}))$$

sind.

Sharp-Reihe für π, die Darstellung

$$\frac{\pi}{6} = \sum_{n=0}^{\infty} \frac{(-1)^n}{2n+1} \cdot \frac{1}{3^n \sqrt{3}},$$

die aus $\tan \frac{\pi}{6} = \frac{1}{\sqrt{3}}$ und der Reihenentwicklung der Arcustangensfunktion folgt. Damit haben 1699 Abraham Sharp 72 und 1719 Thomas Fantet de Lagny 127 Dezimalstellen von π berechnet (letzteres mit einem Fehler in der 113. Stelle).

Shepard-Funktion, löst das Problem der ↗scattered data-Interpolation für stetige reelle Funktionen im $\mathbb{R}^n$.

Seien N verschiedene Punkte $x_1, \dots, x_N \in \mathbb{R}^n$ und N Werte $y_1, \dots, y_N \in \mathbb{R}$ gegeben. Die Shepard-Funktion f ist definiert durch

$$f(x) = \sum_{i=1}^{N} y_i \omega_i(x), \quad \omega_i(x) = \sigma_i(x) \Big/ \sum_{j=1}^{N} \sigma_j(x),$$
$$\sigma_i(x) = \|x - x_j\|^{\mu_i}, \quad \mu_i < 0.$$

Offenbar ist $f(x_i) = y_i$. Die Methode ist in den Anwendungen weit verbreitet. Ihre Schwächen können durch Verfeinerungen und Modifikationen der hier gezeigten einfachsten Form zum Teil ausgeglichen werden.

shift-invariant, ↗translationsinvariant.

Shiftoperator, *Verschiebungsoperator*, ein Operator der Form

$$(a_1, a_2, a_3, \dots) \mapsto (0, a_1, a_2, \dots)$$

(Rechts-Shift) bzw.

$$(a_1, a_2, a_3, \dots) \mapsto (a_2, a_3, a_4, \dots)$$

(Links-Shift) auf diversen Folgenräumen, z. B. ℓ^p. Auf $\ell^p(\mathbb{Z})$ betrachtet man auch die sog. zweiseitigen Shifts

$$(a_n)_n \mapsto (a_{n-1})_n \quad \text{bzw.} \quad (a_n)_n \mapsto (a_{n+1})_n.$$

Gewichtete Shift-Operatoren haben die Form

$$(a_1, a_2, a_3, \dots) \mapsto (0, \beta_1 a_1, \beta_2 a_2, \dots),$$

andere Begriffsbildungen in diesem Kontext sind selbsterklärend.

Shift-Schritt, elementarer Arbeitsschritt bei der ↗Bottom-Up-Analyse, bei dem ein Zeichen aus dem Eingabetext in den Analysekeller übernommen wird, um dort die rechte Seite einer Grammatikregel aufzubauen.

Die Möglichkeit der Anwendung eines Shift-Schrittes wird durch den aktuellen Analsyezustand (ein ↗Item bezüglich LR(k)) signalisiert. Sind laut Analysezustand mehrere Aktionen anwendbar, fällt die Entscheidung auf Grundlage von Vorausschaumengen (↗LR(k)-Grammatik).

Shimura-Taniyama-Vermutung, lautet:

Jede elliptische Kurve über $\mathbb{Q}$ ist modular.

Diese Vermutung verbindet die Theorie der elliptischen Kurven mit der Theorie der Modulformen, insbesondere der Spitzenformen vom Gewicht 2. Der Ursprung dieser Vermutung ist wie folgt: Im Jahr 1955 stellte Taniyama auf einer Konferenz über Zahlentheorie in Japan eine Reihe von Problemen vor, von denen zwei die Frage nach der Modularität elliptischer Kurven betrafen. Shimura formulierte eine präzisere Vermutung 1964 bei mehreren Vorträgen. 1967 publizierte Weil eine Arbeit, die einen wichtigen Beitrag zur Untersuchung der Modularität elliptischer Kurven enthält; daher heißt die Vermutung bei manchen Autoren Shimura-Taniyama-Weil-Vermutung, obwohl sich in Weils Arbeit keine Formulierung dieser Vermutung findet.

Basierend auf Arbeiten von Frey konnte Ribet 1990 zeigen, daß die Shimura-Taniyama-Vermutung die ↗Fermatsche Vermutung impliziert. Wiles bewies 1995 einen Teil der Shimura-Taniyama-Vermutung, nämlich daß jede semistabile elliptische Kurve modular ist – und hatte damit bereits einen Beweis der Fermatschen Vermutung. 1999 kündigten Christophe Breuil, Brian Conrad, Fred Diamond und Richard Taylor einen Beweis der vollen Shimura-Taniyama-Vermutung an.

Shimura-Taniyama-Weil-Vermutung, ↗Shimura-Taniyama-Vermutung.

Shimura-Varietäten, algebraische Varietäten, die über gewissen algebraischen Zahlkörpern definiert sind und vom analytischen Gesichtspunkt aus Komponenten der Form $X^{an} = \Gamma \setminus D$ bestehen.

Hierbei ist D ein beschränktes symmetrisches Gebiet in $\mathbb{C}^n$ (d. h., zu jedem $p \in D$ gibt es eine holomorphe Involution $s : D \to D$ mit p als isoliertem Fixpunkt. Solche Gebiete sind von der Form $G(\mathbb{R})^0 / K_\infty$, wobei G eine reduktive algebraische Gruppe, definiert über $\mathbb{Q}$, ist, $G(\mathbb{R})^0$ die Zusammenhangskomponente der 1 und K_∞ eine maximale kompakte Untergruppe bezeichnet, und $G(\mathbb{R})^0$ durch holomorphe Diffeomorphismen auf D wirkt). Γ ist eine arithmetische Untergruppe von $G(\mathbb{Q})$. Nach Baily und Borel hat $\Gamma \backslash D$ eine natürliche Struktur als quasiprojektive algebraische Varietät.

Eine Shimura-Varietät ist durch folgende Daten gegeben:

1. Eine reduktive zusammenhängende algebraische Gruppe G, die über $\mathbb{Q}$ definiert ist.
2. Einen über $\mathbb{R}$ definierten Homomorphismus algebraischer Gruppen $h : S \to G_{\mathbb{R}}$, wobei S die Gruppe aller $\begin{pmatrix} a & -b \\ b & a \end{pmatrix} \in GL_2$ ist.
3. Eine kompakte offene Untergruppe $K \subset G(\mathbb{A}_f)$.

Hierbei ist $\mathbb{A}_f$ die (lokal kompakte) $\mathbb{Q}$-Algebra der endlichen Adélé von $\mathbb{Q}$, d. h.,

$$\mathbb{A}_f = \left(\prod_{p \text{ Primzahl}} \mathbb{Z}_p \right) \otimes \mathbb{Q} .$$

($\mathbb{Z}_p$ die ganzen p-adischen Zahlen).

Dabei sollen folgende Bedingungen erfüllt sein:

(i) Die Einschränkung von h auf $\mathbb{G}_m \subset S$ (die Diagonalmatrizen) ist zentral in $G_{\mathbb{R}}$.

(ii) Die auf der Lie-Algebra $\mathfrak{g}_{\mathbb{R}}$ von $G_{\mathbb{R}}$ induzierte ↗Hodge-Struktur (durch $Ad \circ h$, $Ad : G_{\mathbb{R}} \to Gl(\mathfrak{g}_{\mathbb{R}})$ die adjungierte Darstellung) ist vom Typ $(-1, 1)$, $(0, 0)$ $(1, -1)$.

(iii) Die Konjugation mit $h(i)$ induziert eine Cartan-Involution auf der adjungierten Gruppe $(G/C)_{\mathbb{R}}$ (C = Zentrum von G).

(Eine Cartan-Involution einer über $\mathbb{R}$ definierten linearen algebraischen Gruppe ist ein Automorphismus $\sigma : G \to G$, definiert über $\mathbb{R}$, mit $\sigma^2 = id$, so daß die Gruppe der Fixpunkte von $g \in G(\mathbb{C}) \mapsto \sigma(\bar{g}) \in G(\mathbb{C})$ kompakt ist.)

$G(\mathbb{R})$ wirkt durch Konjugation auf h, und ist K_∞ die Isotropiegruppe von h, so ist die Konjugationsklasse X von h der homogene Raum $G(\mathbb{R})/K_\infty$. Die Bedingung (i) zieht nach sich, daß X eine natürliche komplexe Struktur besitzt. (Durch die Hodge-Filtration, die durch die Konjugierten von h auf einer treuen rationalen Darstellung V von G über $\mathbb{R}$ induziert wird, erhält man eine Einbettung von X in eine Fahnenmannigfaltigkeit $\mathbb{F}(V \otimes \mathbb{C})$, siehe ↗Hodge-Struktur).

Bedingung (ii) hängt mit Varietäten von Hodge-Strukturen zusammen und garantiert, daß für jede rationale Darstellung V die induzierten Hodge-Strukturen eine Variation von Hodge-Strukturen bilden.

Bedingung (iii) zieht nach sich, daß die Komponenten von X symmetrische Räume von nichtkompaktem Typ sind, also nach deren Klassifikation beschränkte symmetrische Gebiete in $\mathbb{C}^n$.

Die zugehörige Shimura-Varietät ist $S_K(G, h)$ mit

$$S_K(G, h)^{an} = G(\mathbb{Q}) \setminus (X \times G(\mathbb{A}_f)/K) ,$$

sie besteht aus endlich vielen Komponenten der Form $\Gamma \setminus D$ ($\Gamma \subset G(\mathbb{Q})$ Untergruppe).

Ein Beispiel: Es sei $G = GL(2)$ und h die Einbettung $K = GL(2)(\hat{\mathbb{Z}}) \subset GL(2)(\mathbb{A}_f)$ mit

$$\hat{\mathbb{Z}} = \prod_{p \text{ Primzahl}} \mathbb{Z}_p \subseteq \mathbb{A}_f .$$

Dann ist $X = \mathfrak{H} \amalg \mathfrak{H}^-$ (die obere und untere Halbebene in $\mathbb{C}$) und

$$\begin{aligned} S_k(G, h) &\cong Sl_2(\mathbb{Z}) \setminus \mathfrak{H} \amalg Sl_2(\mathbb{Z}) \setminus \mathfrak{H}^- \\ &= \mathbb{A}^1 \amalg \mathbb{A}^1 . \end{aligned}$$

Wie in diesem Beispiel gibt es in vielen Fällen einen Zusammenhang mit ↗Modulproblemen, sodaß die Varietäten als Modulräume auftreten; in diesen Fällen ist die Frage nach dem Definitionskörper geklärt. Im allgemeinen wird vermutet, daß ein Modell von $S_K(G, h)$ über einem bestimmten algebraischen Zahlkörper $E = E(G, h)$ existiert (d. h., daß $S_K(G, h)$ durch ein Schema über diesen Körper definiert ist). Hierbei ist $E(G, h)$ der Definitionskörper für die Konjugationsklasse der einparametrigen Untergruppe $\lambda_h : \mathbb{G}_{m_\mathbb{C}} \to G_\mathbb{C}$, die durch h und die Einbettung $\mathbb{G}_{m_\mathbb{C}} \to G_\mathbb{C}$,

$$z \mapsto \frac{1}{2} \begin{pmatrix} 1 + z & -(i - iz) \\ i - iz & 1 + z \end{pmatrix},$$

gegeben ist. In einer abgeschwächten Form gilt dies (Deligne), und das Schema besitzt „viele" spezielle Punkte über E.

Weiterhin gibt es allgemeine Vermutungen über die Zetafunktion dieser Varietäten und ihren Zusammenhang mit L-Funktionen von automorphen Formen auf G, die in Fällen, wo sich Shimura-Varietäten als Modulräume interpretieren lassen, bekannt sind.

shock capturing, Approximation unstetiger Lösungen bei hyperbolischen ↗partiellen Differentialgleichungen.

Im nichtlinearen Fall können unstetige Lösungen (sogenannte Schocks) selbst bei stetigen Anfangswerten auftreten. Diskretisierungsverfahren für solche Gleichungen müssen daher in der Lage sein, auch unstetige Lösungen möglichst gut zu approximieren.

Shor, Peter, amerikanischer Mathematiker, geb. 14.8.1959 .

Nach dem Studium am California Institute of Technology promovierte Shore 1985 am MIT. Danach ging er für ein Jahr an das Mathematical Sciences Research Center in Berkeley. Seit 1986 arbeitet er in den AT&T Laboratories in Florham Park (New Jersey).

Shors Forschungsinteressen umfassen Quantencomputing, algorithmische Geometrie und Kombinatorik. 1998 erhielt er den ↗Nevanlinna-Preis auf dem Gebiet der Kombinatorik und des Quantencomputing. 1994 entwickelte er ein auf sogenannten „Quantencomputern" arbeitendes Verfahren zur Faktorisierung großer Zahlen, das bisher verwendete Verschlüsselungen knacken konnte. Bei den Quantencomputern handelt es sich um Computer, die die Quantenzustände von Elementarteilchen ausnutzen. Derartige Computer gibt es bisher nur im Labor. Neben dem Verfahren zum Entschlüsseln gab er aber auch eine neue sichere, die Quantenzustände ausnutzende Verschlüsselungsmethode an.

shortest-path-Problem, ↗ kürzeste-Wege-Problem.

Shuffle-Operator, eine ↗ Sprachoperation, die das Durchmischen der Wörter zweier ↗ Sprachen $L_1 \subseteq \Sigma_1^*$ und $L_2 \subseteq \Sigma_2^*$ modelliert.

Für zwei Wörter $w_1 \in L_1$ und $w_2 \in L_2$ ist der Shuffle $w_1 \parallel w_2$ als

$$\begin{aligned} w_1 \parallel w_2 = \{u_1v_1u_2v_2 \dots u_nv_n \mid\; & u_i \in X^*,\ v_i \in Y^*, \\ & 1 \le i \le n, \\ & u_1u_2\dots u_n = w_1,\ v_1v_2\dots v_n = w_2\} \end{aligned}$$

definiert. Beispielsweise ist

$$ab \parallel cd = \{abcd, acbd, acdb, cabd, cadb, cdab\}.$$

Für Sprachen gilt dann

$$L_1 \parallel L_2 = \bigcup_{w_1 \in L_1, w_2 \in L_2} w_1 \parallel w_2 .$$

Der Shuffle zweier Sprachen entsteht als Menge der möglichen Ereignisfolgen eines Systems, wenn die beiden Argumentsprachen die möglichen Ereignisfolgen zweier unabhängig voneinander arbeitender Teilsysteme beschreiben.

Shukowski, Nikolai Jegorowitsch, ↗ Joukowski, Nikolai Jegorowitsch.

sicheres Ereignis, ↗ Ereignis.

sichtbar, ein durch den menschlichen Sehvorgang motivierter Begriff bei ↗ Parallel- und ↗ Zentralprojektion.

Wird eine Teilmenge $M \subset \mathbb{R}^3$ einer solchen Abbildung – festgelegt durch eine Projektionsrichtung $\vec{v}$ oder ein Projektionszentrum Z – unterworfen, so ist ein Punkt X sichtbar, wenn der Strahl $X - \lambda\,\vec{v}$ $(\lambda > 0)$ oder die Strecke $\overline{XZ}$ keinen Punkt außer X mit M gemeinsam hat.

Sieb des Eratosthenes, ↗ Eratosthenes, Sieb des.

Siebformel, Formel (1) im folgenden Satz:

Sei S eine endliche Menge, $A_1, A_2, \dots, A_m \subseteq S$, und m_p die Anzahl der Elemente von S, die in genau p der Mengen A_i liegen, $0 \le p \le m$.

Dann gilt (mit $\bigcap_{i \in B} A_i = B$ für $B = \emptyset$)

$$m_p = \sum_{k=p}^{m} (-1)^{k-p} \binom{k}{p} \sum_{\substack{A \subseteq \mathbb{N}_m \\ |A|=k}} |\bigcap_{i \in A} A_i| . \qquad (1)$$

Es stellt sich die Frage, ob es möglich ist, die Mächtigkeit m_p durch beliebige Bewertungen auf der Booleschen Algebra $\mathcal{B}(S)$ von S zu ersetzen. Dies ist tatsächlich der Fall, wie der folgende Satz zeigt. Die in ihm enthaltenen Formeln sind als allgemeine Siebformel bekannt:

Sei S eine endliche Menge, $A_1, A_2, \dots, A_m \subseteq S$, und w eine Bewertung auf $\mathcal{B}(S)$ mit $w(\emptyset) = 0$. Wir setzen $M_p := \{b \in S : b$ gehört zu genau p der Mengen $A_i\}$, $m_p := w(M_p)$, $0 \le p \le m$. Dann gilt:

$$a)\ w(\bigcup_{i=1}^{m} A_i) = \sum_{i=1}^{m} w(A_i) - \sum_{i<j} w(A_i \cap A_j) + \dots + (-1)^m w(\bigcap_{i=1}^{m} A_i),\ \textit{und}$$

$$b)\ m_p = \sum_{k=p}^{m} (-1)^{k-p} \binom{k}{p} \sum_{\substack{A \subseteq \mathbb{N}_m \\ |A|=k}} w(\bigcap_{i \in A} A_i) .$$

Siebzehneck, reguläres, ist konstruierbar mit Zirkel und Lineal, vgl. ↗ Konstruktion des regulären n-Ecks.

Siegel, Carl Ludwig, deutscher Mathematiker, geb. 31.12.1896 Berlin, gest. 4.4.1981 Göttingen.

Ab 1915 studierte Siegel erst in Berlin, dann in Göttingen. Hier promovierte er 1920 und habilitierte sich ein Jahr später. Ab 1922 war er Professor an der Universität Frankfurt am Main und wechselte 1938 nach Göttingen. Zwischen 1940 und 1951 arbeitete er am Institute for Advanced Study in Princeton und kehrte danach nach Göttingen zurück.

Siegel lieferte wichtige Beiträge auf dem Gebiet der Zahlentheorie, der Funktionentheorie mehrerer komplexer Variabler und der Himmelsmechanik. In der Zahlentheorie befaßte er sich mit diophantischen Approximationen, d. h. mit Approximationen algebraischer Zahlen durch rationale. Das führte ihn zu Irrationalitätsbeweisen, verschiedenen Maßen für Transzendenz und Irrationalität und zu einem Verfahren zum Beweis der Endlichkeit der Lösungen diophantischer Gleichungen. Er gab 1935 eine Klassenzahlformel für quadratische Zahlkörper an und löste 1944 das Waringsche Problem für algebraische Zahlkörper. Auf dem Gebiet der komplexen Analysis studierte Siegel die Funktionalgleichung der Riemannschen ζ-Funktion und quadratische Formen. Mitte der 1930er Jahre begründete er die analytische Theorie dieser Formen. Er untersuchte Modulfunktionen und automorphe Funktionen mehrerer komplexer Variabler.

Siegel-Scheibe, ein einfach zusammenhängendes periodisches ↗stabiles Gebiet $V \subset \widehat{\mathbb{C}}$ einer rationalen Funktion f mit der Eigenschaft, daß V durch eine Iterierte f^p von f konform auf sich abgebildet wird. Weiter enthält V einen irrational indifferenten Fixpunkt von f^p.

Für weitere Informationen siehe ↗Iteration rationaler Funktionen.

Siegelsches Lemma, eine Aussage über lineare Gleichungssysteme mit ganzalgebraischen Koeffizienten:

Sei K ein algebraischer Zahlkörper vom Grad d über $\mathbb{Q}$. Dann gibt es eine Konstante $c > 0$ mit folgender Eigenschaft: Sind $M, N \in \mathbb{N}$ mit $N > dM$, A_{mn} aus dem Ganzheitsheitsring von K (für $m = 1, \dots, M$ und $n = 1, \dots, N$), und ist A eine obere Schranke für die Absolutbeträge der A_{mn} und deren Konjugierten bzgl. $\mathbb{Q}$, dann gibt es $(x_1, \dots, x_N) \in \mathbb{Z}^N \setminus \{0\}$ mit

$$\sum_{n=1}^{N} A_{mn} x_n = 0 \quad \text{für } m = 1, \dots, M$$

und $|x_n| \leq 1 + (cNA)^{dM/(N-dM)}$ *für alle* n.

Das Siegelsche Lemma spielt eine wichtige Rolle in der Theorie der transzendenten Zahlen, z. B. im Beweis des Satzes von Gelfand-Schneider (↗Gelfand-Schneider, Satz von).

Sierpinski, Waclaw Franciszek, polnischer Lehrer und Mathematiker, geb. 14.3.1882 Warschau, gest. 21.10.1969 Warschau.

Sierpinski arbeitete zunächst als Lehrer, wurde jedoch 1905 wegen Beteiligung an einem Streik aus dem Schuldienst entlassen und ging nach Krakau, wo er 1906 promovierte. Danach kehrte er nach Warschau zurück, wo er als Gymnasial-Lehrer arbeitete und gleichzeitig Vorlesungen hielt. Nach der Habilitation 1908 in Lemberg (Lwow) wurde seine wissenschaftliche Laufbahn durch Krieg und Internierung unterbrochen. 1919 wurde er auf eine ordentliche Professur der Universität Warschau berufen und setzte seine wissenschaftliche Arbeit und Lehrtätigkeit fort. Dies tat er dann auch – illegal – während des Zweiten Weltkriegs.

Sierpinskis Hauptinteresse galt zunächst der Mengentheorie, wo er über das Auswahlaxiom und die Kontinuumshypothese arbeitete. Später wandte er sich dann mehr der Theorie der Kardinalzahlen und Ordinalzahlen zu und befaßte sich mit topologischen Fragstellungen.

Sierpinski-Dreieck, klassisches Beispiel eines ↗Fraktals.

Sei E_0 ein ausgefülltes gleichseitiges Dreieck. Für $k \in \mathbb{N}$ sei E_k diejenige Menge, die durch Entfernen des auf den Kopf gestellten (offenen) gleichseitigen Dreiecks mit halber Höhe von allen 3^{k-1} gleichseitigen Dreiecken der Menge E_{k-1} entsteht. Die Schnittmenge $\bigcap_{k=0}^{\infty} E_k$ heißt Sierpinski-Dreieck.

Das Sierpinski-Dreieck ist eine streng selbstähnliche Menge, deren ↗Hausdorff- und ↗Kapazitätsdimension gleich sind:

$$\dim_H S = \dim_{Kap} S = \frac{\log 3}{\log 2} .$$

Sierpinski-Dreieck

Sierpinski-Teppich, Beispiel eines ↗Fraktals. Sei E_0 ein gefülltes Quadrat. Für $k \in \mathbb{N}$ sei E_k diejenige Menge, die entsteht, wenn man von allen 8^{k-1} Quadraten der Menge E_{k-1}, die in neun gleich große

Quadrate aufgeteilt werden, jeweils das offene mittlere Quadrat entfernt. Die Schnittmenge $\bigcap_{k=0}^{\infty} E_k$ heißt dann Sierpinski-Teppich.

Der Sierpinski-Teppich S ist eine streng selbstähnliche Menge, deren ↗Hausdorff- und ↗Kapazitätsdimension gleich sind:

$$\dim_H S = \dim_{Kap} S = \frac{\log 8}{\log 3}\,.$$

Durch die analoge Konstruktion im Dreidimensionalen erhält man den ↗Menger-Schwamm.

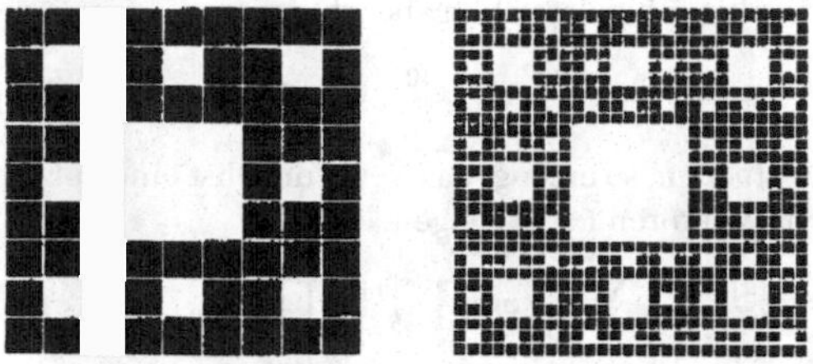

Zwei Schritte der Konstruktion eines Sierpinski-Teppichs

σ-additive Mengenfunktion, eine spezielle ↗Mengenfunktion.

σ-Additivität, ↗Mengenfunktion.

σ-Algebra, *σ-Mengenalgebra*, Bezeichnung für ein speziell strukturiertes Mengensystem, ein zentraler Begriff in der Maß- und Wahrscheinlichkeitstheorie.

Es sei Ω eine Menge, $\mathcal{P}(\Omega)$ die zugehörige Potenzmenge, und $\mathcal{A} \subseteq \mathcal{P}(\Omega)$ eine Menge von Untermengen von Ω. Dann heißt $\mathcal{A}$ σ-Algebra in Ω, falls gilt:
(a) Mit $(A_i | i \in \mathbb{N}) \subseteq \mathcal{A}$ ist $\bigcap_{i\in\mathbb{N}} A_i \in \mathcal{A}$.
(b) Mit $(A_1, A_2) \subseteq \mathcal{A}$, wobei $A_1 \supseteq A_2$, ist $A_1 \setminus A_2 \in \mathcal{A}$.
(c) $\Omega \in \mathcal{A}$.
Die Elemente von $\mathcal{A}$ heißen die meßbaren Untermengen in Ω und das Tupel $(\Omega, \mathcal{A})$ Meßraum. Eine σ-Algebra ist auch ein σ-Ring, wie auch eine Mengenalgebra. Eine σ-Algebra ist genau die Mengensystemstruktur, auf der ein ↗Maß am besten operiert.

Der Schnitt beliebig vieler σ-Algebren ist wieder eine σ-Algebra. Ist $\mathcal{E} \subseteq \mathcal{P}(\Omega)$, so ist $\sigma(\mathcal{E})$ der Schnitt aller σ-Algebren auf Ω, die $\mathcal{E}$ enthalten, und somit wieder eine σ-Algebra; genauer ist $\sigma(\mathcal{E})$ die kleinste σ-Algebra auf Ω, die $\mathcal{E}$ enthält.

$\sigma(\mathcal{E})$ wird die von $\mathcal{E}$ auf Ω erzeugte σ-Algebra genannt, und $\mathcal{E}$ ein Erzeuger von $\sigma(\mathcal{E})$.

Existiert eine abzählbare Menge $\mathcal{E} \subseteq \mathcal{P}(\Omega)$ mit $\sigma(\mathcal{E}) = \mathcal{A}$, so heißt $\mathcal{A}$ abzählbar erzeugt. Ist Ω eine Menge, $((\Omega_i, \mathcal{A}_i) | i \in I)$ eine Familie von Meßräumen, und $(f_i : \Omega \to \Omega_i | i \in I)$ eine Familie von Abbildungen, dann heißt

$$\mathcal{A} := \sigma(\bigcup_{i\in I} f_i^{-1}(\mathcal{A}_i))$$

die von der Familie $(f_i | i \in I)$ in Ω erzeugte σ-Algebra. $\mathcal{A}$ ist die kleinste σ-Algebra auf Ω, für die alle f_i $(\mathcal{A} - \mathcal{A}_i)$-meßbar sind.

Gilt anstelle von (c) lediglich
(c') Zu paarweise disjunkter Menge $\{A_n | n \in \mathbb{N}\} \subseteq \mathcal{A}$ existiert ein $A \in \mathcal{A}$ mit $\bigcup_{n\in\mathbb{N}} A_n \subseteq A$,
so wird $\mathcal{A}$ σ-Mengenring oder σ-Ring genannt.

σ-Algebra der terminalen Ereignisse, ↗terminales Ereignis.

σ-Algebra der *T*-Vergangenheit, auch σ-Algebra der Ereignisse bis zum Zeitpunkt T bzw. vor T genannt, für eine Stoppzeit T bezüglich der Filtration $(\mathfrak{A}_t)_{t\in I}$, $I = \mathbb{N}_0$ oder $I = \mathbb{R}_0^+$, in der σ-Algebra $\mathfrak{A}$ eines meßbaren Raumes $(\Omega, \mathfrak{A})$ die σ-Algebra

$$\mathfrak{A}_T = \bigcap_{t\in I} \{A \in \mathfrak{A}_\infty : A \cap \{T \le t\} \in \mathfrak{A}_t\},$$

wobei $\mathfrak{A}_\infty = \sigma\left(\bigcup_{t\in I} \mathfrak{A}_t\right)$ die von $(\mathfrak{A}_t)_{t\in I}$ erzeugte σ-Algebra bezeichnet. Die Stoppzeit T ist dann $\mathfrak{A}_T$-meßbar.

σ-Algebra, von Zufallsvariablen erzeugte, die kleinste σ-Algebra $\mathfrak{D}$ in $\mathfrak{A}$, bezüglich der alle Elemente aus einer Familie $(X_i)_{i\in I}$ von auf dem Wahrscheinlichkeitsraum $(\Omega, \mathfrak{A}, P)$ definierten Zufallsvariablen $\mathfrak{D}$-meßbar sind.

Die Zufallsvariable X_i kann dabei für jedes $i \in I$ als Wertebereich einen anderen meßbaren Raum $(E_i, \mathfrak{E}_i)$ besitzen. Die von der Familie $(X_i)_{i\in I}$ erzeugte σ-Algebra wird mit $\sigma(X_i; i \in I)$ bezeichnet und ist der Durchschnitt aller σ-Algebren in $\mathfrak{A}$, die das Mengensystem

$$\bigcup_{i\in I} \{X_i^{-1}(B_i) : B_i \in \mathfrak{E}_i\}$$

enthalten. Bei einer Familie $(X_i)_{i=1,\dots,n}$ von endlich vielen auf $(\Omega, \mathfrak{A}, P)$ definierten Zufallsvariablen schreibt man für die erzeugte σ-Algebra meistens $\sigma(X_1, \dots, X_n)$. Insbesondere ist die von einer einzigen Zufallsvariable X mit Werten in $(E, \mathfrak{E})$ erzeugte σ-Algebra durch

$$\sigma(X) = \{X^{-1}(B) : B \in \mathfrak{E}\}$$

gegeben.

Neben $\sigma(X_i; i \in I)$ bzw. $\sigma(X_1, \dots, X_n)$ werden häufig auch die Schreibweisen $\mathfrak{A}(X_i; i \in I)$ bzw. $\mathfrak{A}(X_1, \dots, X_n)$ für die erzeugte σ-Algebra verwendet.

σ-endliche Mengenfunktion, ↗Mengenfunktion.

σ-endliches Maß, Bezeichnung für ein Maß, das als ↗Mengenfunktion σ-endlich ist.

σ-Halbadditivität, auch σ-Subadditivität oder σ-Superadditivität genannt, siehe ↗Mengenfunktion.

σ-Mengenalgebra, ↗σ-Algebra.

σ-Mengenring, *σ-Ring*, Begriff aus der Maßtheorie, nämlich die Bezeichnung für ein speziell strukturiertes Mengensystem.

Es sei Ω eine Menge, $\mathcal{P}(\Omega)$ die zugehörige Potenzmenge und $\mathcal{A} \subseteq \mathcal{P}(\Omega)$ eine Menge von Untermengen von Ω. Dann heißt $\mathcal{A}$ σ-Mengenring in Ω, falls gilt:

(a) Mit $(A_i | i \in \mathbb{N}) \subseteq \mathcal{A}$ ist $\bigcap_{i\in\mathbb{N}} A_i \in \mathcal{A}$.

(b) Mit $(A_1, A_2) \subseteq \mathcal{A}$ mit $A_1 \supseteq A_2$ ist $A_2 \setminus A_1 \in \mathcal{A}$.

(c) Für disjunkte Folge $(A_i | i \in \mathbb{N}) \subseteq \mathcal{A}$ existiert ein $A \in \mathcal{A}$ mit $\bigcup_{i\in\mathbb{N}} A_i \subseteq A$.

Siehe auch ↗σ-Algebra, ↗Mengenring.

Sigma-Pi-Hopfield-Netz, spezielle Realisierung eines ↗assoziativen Speichers im Kontext ↗Neuronale Netze, der eine Verallgemeinerung des klassischen ↗Hopfield-Netzes durch die Berücksichtigung von multilinearen Sigma-Pi-Typ-Aktivierungen darstellt.

Im folgenden wird die prinzipielle Funktionsweise eines Sigma-Pi-Hopfield-Netzes erläutert (diskrete Variante). Dieses spezielle Netz ist einschichtig aufgebaut und besitzt n formale Neuronen. Alle formalen Neuronen sind bidirektional mit jeweils allen anderen formalen Neuronen verbunden (vollständig verbunden) und können sowohl Eingabe- als auch Ausgabewerte übernehmen bzw. übergeben. Bei dieser topologischen Fixierung geht man allerdings implizit davon aus, daß alle Neuronen in zwei verschiedenen Ausführ-Modi arbeiten können (bifunktional): Als Eingabe-Neuronen sind sie reine ↗fanout neurons, während sie als Ausgabe-Neuronen mit der sigmoidalen Transferfunktion $T : \mathbb{R} \to \{-1, 0, 1\}$,

$$T(\xi) := \begin{cases} -1 & \text{für } \xi < 0 \\ 0 & \text{für } \xi = 0 \\ 1 & \text{für } \xi > 0 \end{cases},$$

arbeiten und multilineare Sigma-Pi-Typ-Aktivierung verwenden (zur Erklärung dieser Begriffe siehe ↗formales Neuron; in Hinblick auf die Abbildung sei ferner erwähnt, daß alle parallel verlaufenden und entgegengesetzt orientierten Vektoren sowie die Ein- und Ausgangsvektoren jedes Neurons wie üblich zu einem bidirektionalen Vektor verschmolzen wurden, um die Skizze übersichtlicher zu gestalten und die Bidirektionalität auch optisch zum Ausdruck zu bringen).

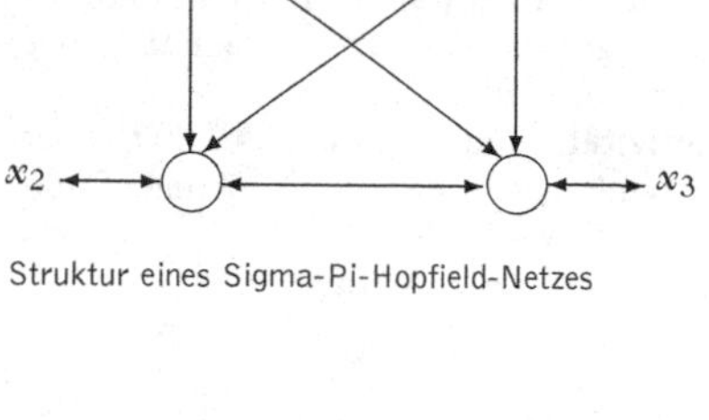

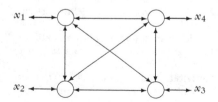

Struktur eines Sigma-Pi-Hopfield-Netzes

Dem Netz seien im Lern-Modus die bipolar codierten Trainingswerte $x^{(s)} \in \{-1, 1\}^n$, $1 \le s \le t$, zur Speicherung übergeben worden und aus diesen die Gewichte $w_R \in \mathbb{R}$, $R \subset \{1, \dots, n\}$, $\#R \le d + 1$, in irgendeinem Lern-Prozeß, z. B. mit der Hebb-Lernregel, berechnet worden. Dabei bezeichne $\#R$ wie üblich die Anzahl der Elemente der Menge R, und $d \in \{1, \dots, n-1\}$ sei eine fest vorgegebene natürliche Zahl, über die die maximale Anzahl der Faktoren in den multilinearen Sigma-Pi-Typ-Aktivierungen fixiert wird (man spricht dann auch von einem Sigma-Pi-Hopfield-Netz d-ter Ordnung). Wird nun dem Netz im Ausführ-Modus ein beliebiger bipolarer Eingabevektor

$$x =: x^{[0]} = (x_1^{[0]}, \dots, x_n^{[0]}) \in \{-1, 1\}^n$$

übergeben, so erzeugt das Netz zunächst eine Folge von Vektoren $(x^{[u]})_{u\in\mathbb{N}}$ gemäß

$$a_j^{[u]} := \sum_{\substack{R\subset\{1,\dots,n\} \\ \#R\le d+1, j\in R}} w_R \prod_{\substack{k\in R \\ k<j}} x_k^{[u+1]} \prod_{\substack{k\in R \\ k>j}} x_k^{[u]},$$

$$x_j^{[u+1]} := \begin{cases} T(a_j^{[u]}), & a_j^{[u]} \neq 0, \\ x_j^{[u]}, & a_j^{[u]} = 0, \end{cases}$$

$1 \le j \le n$. Als finalen Ausgabevektor liefert das Netz dann denjenigen bipolaren Vektor $x^{[v]} \in \{-1, 1\}^n$, für den erstmals $x^{[v]} = x^{[v+1]}$ für ein $v \in \mathbb{N}$ gilt, also

$$x := x^{[v]} = (x_1^{[v]}, \dots, x_n^{[v]}) \in \{-1, 1\}^n.$$

Daß ein erster solcher Vektor existiert oder – wie man auch sagt – daß das Netz in einen stabilen Zustand übergeht, zeigt man, indem man nachweist, daß das sogenannte Energiefunktional $E : \{-1, 1\}^n \to \mathbb{R}$,

$$E(x) := - \sum_{\substack{R\subset\{1,\dots,n\} \\ \#R\le d+1}} w_R \prod_{k\in R} x_k,$$

auf den Zuständen des Netzes stets abnimmt, solange sich diese ändern. Aufgrund der Endlichkeit des Zustandsraums $\{-1, 1\}^n$ kann dies jedoch nur endlich oft geschehen, und die Terminierung des Ausführ-Modus ist gesichert. Die Funktionalität eines assoziativen Speichers (genauer: eines autoassoziativen Speichers d-ter Ordnung) realisiert das so erklärte Netz dadurch, daß es in vielen Fällen für einen geringfügig verfälschten bipolaren x-Eingabevektor der Trainingswerte den korrekten, fehlerfreien zugehörigen x-Vektor liefert. Die Speicherkapazität wird für wachsendes d immer größer, allerdings für den Preis einer wachsenden Komplexität und abnehmenden Generalisierungsfähigkeit des Netzes.

Sigma-Pi-Neuron, auch: Neuron höherer Ordnung, im Kontext ↗Neuronale Netze ein Sammelbegriff für ↗formale Neuronen, deren Aktivierungsfunktionen aus mehreren additiv verknüpften gewichteten multilinearen Termen aus Eingabewerten bestehen.

Der Name für diese speziellen Neuronen ist dadurch motiviert, daß sich ihre Aktivierungsfunktionen konkret als eine gewichte Summe (Σ) aus Produkten (Π) aus Eingabewerten darstellen.

Sigma-Pi-Orthogonalität, im Kontext ↗Neuronale Netze gelegentlich benutzte Bezeichnung für eine Orthogonalitätsrelation, in der eine Summe (Σ) und ein Produkt (Π) auftaucht; die bekannteste Beziehung dieses Typs ist die ↗bipolare Sigma-Pi-Orthogonalität.

σ-Ring, ↗σ-Mengenring.

σ-Subadditivität, ↗Mengenfunktion.

σ-Superadditivität, ↗Mengenfunktion.

sigmoidale Transferfunktion, bezeichnet im Kontext ↗Neuronale Netze eine spezielle Transferfunktion $T : \mathbb{R} \to \mathbb{R}$ eines ↗formalen Neurons, die beschränkt ist und den Grenzwertbeziehungen $\lim_{\xi\to-\infty} T(\xi) = a$ und $\lim_{\xi\to\infty} T(\xi) = b$ mit $a < b$ genügt. Ein Beispiel wird gegeben durch

$$T(\xi) := \frac{1}{1+\exp(-\xi)}.$$

Signal, ↗Informationstheorie, ↗Signaltheorie.

Signaltheorie, Zusammenfassung von Verfahren und Methoden der Analyse diskreter und kontinuierlicher Signale, die von beliebigen Prozessen oder Systemen erzeugt oder verarbeitet werden. Unter Signalen versteht man dabei Funktionen einer oder mehrerer Variabler (darunter oft der Zeit), mit denen Eigenschaften oder Verhalten eines Systems beschrieben werden können.

Neben der Wahrscheinlichkeitstheorie und Statistik bilden die Methoden der Spektralanalyse die Grundlage der Signalverarbeitung und -bearbeitung. So müssen in der Telekommunikation, Regelungstechnik, Sprach- und Bildverarbeitung Rauschsignale aus übertragenen Signalen herausgefiltert werden, Fehler in der Übertragung korrigiert werden (↗Codierungstheorie) oder kontinuierliche (analoge) Signale so abgetastet werden, daß eine Rekonstruktion des ursprünglichen Signals immer möglich ist.

Signatur, Bezeichnung für die Differenz der Anzahl der positiven ↗Eigenwerte einer reellen ↗symmetrischen $(n \times n)$-↗Matrix A und der Anzahl der negativen Eigenwerte von A.

Anders ausgedrückt: Die Signatur von A ist die Differenz der durch A eindeutig bestimmten Zahlen $p, q \in \mathbb{N}_0$ mit

$$A = R^t \begin{pmatrix} I_p & 0 & 0 \\ 0 & -I_q & 0 \\ 0 & 0 & 0 \end{pmatrix} R$$

für eine ↗reguläre Matrix R. I_j bezeichnet hierbei die $(j \times j)$-Einheitsmatrix.

Signatur einer Booleschen Variablen, wird gegeben durch eine Abbildung

$$\sigma : \mathfrak{B}_n(\{0,1\}^n) \times X \to U,$$

mit folgenden Eigenschaften:

(1) $\mathfrak{B}_n(\{0,1\}^n) = \{f \mid f : \{0,1\}^n \to \{0,1\}\}$.

(2) U ist eine total geordnete Menge.

(3) X ist die Menge der Variablen $\{x_1, \dots, x_n\}$.

(4) Gilt $\pi(x_i) = x_j$ für eine Permutation $\pi : X \to X$ und $x_i, x_j \in X$, so gilt

$$\sigma(f, x_i) = \sigma(f \circ \pi, x_j)$$

für jedes $f \in \mathfrak{B}_n(\{0,1\}^n)$.

Eine Signatur einer Eingangsvariablen x_i einer Booleschen Funktion f ist eine Beschreibung von x_i, die unabhängig von der Anordnung der Variablen ist. Eine einfache Signatur einer Variablen x_i einer Booleschen Funktion f ist zum Beispiel der ↗satisfy count des positiven ↗Kofaktors f_{x_i}.

Signaturen werden im Rahmen der ↗Schaltkreisverifikation eingesetzt, zum Beispiel wenn entschieden werden soll, ob zwei Boolesche Funktionen durch Permutation ihrer Eingangsvariablen ineinander überführt werden können.

signiertes Maß, eine ↗Mengenfunktion auf einem Mengensystem $\mathcal{M}$ mit $\emptyset \in \mathcal{M}$, die σ-additiv ist und $\mu(\emptyset) = 0$ erfüllt.

Jedes ↗Maß ist auch signiertes Maß.

Signifikanzniveau, ↗Signifikanztest.

Signifikanztest, spezieller, i. allg. nicht randomisierter statistischer Hypothesentest (↗Testtheorie).

Der Signifikanztest ist ein $\alpha-$Test, d. h., er wird so konstruiert, daß der Fehler 1. Art eine vorgegebene Wahrscheinlichkeit α nicht überschreitet. Aussagen über den Fehler 2. Art werden nicht getroffen bzw. lassen sich i. allg. für derartige Tests nicht treffen.

Das allgemeine Vorgehen beim Signifikanztest läßt sich wie folgt beschreiben:

1. Aufstellen der Nullhypothese H_o.
2. Konstruktion einer Teststatistik (Testgröße), d. h., einer Stichprobenfunktion $T(X_1, \dots, X_n)$, die die Abweichung von der Hypothese H_o beschreibt, und deren Wahrscheinlichkeitsverteilung $F_{T|H_o}$ unter der Annahme, daß H_o gilt, bekannt ist.
3. Wahl eines kritischen Bereiches $K^* \subseteq \mathbb{R}^1$, d. h. eines möglichst großen Teilbereiches des Wertebereiches von T so, daß die Wahrscheinlichkeit p^* für den Fehler 1. Art eine vorgegebene Zahl $\alpha \in (0, 1)$ nicht überschreitet, daß also gilt:

$$p^* := P(T \in K^*|H_o) \leq \alpha \,.$$

p^* wird auch als Irrtumswahrscheinlichkeit und $(1 - p^*)$ als Sicherheitswahrscheinlichkeit des Tests bezeichnet. K^* nennt man auch den Ablehnebereich und $\overline{K^*} := \mathbb{R} \setminus K^*$ den Annahmebereich der Hypothese H_o. α heißt Signifikanzniveau des Tests. Häufig wird $\alpha = 0,05; 0,01; 0,001$ vorgegeben. $\alpha = 0,05$ bedeutet z. B., daß von ca. 100 Anwendungen des Tests in 5 Fällen H_o abgelehnt wird, obwohl H_o gilt.

In den meisten Fällen ist der kritische Bereich von der Form

a) $K^* = (-\infty, \varepsilon_1)$,

b) $K^* = (\varepsilon_2, \infty)$, oder

c) $K^* = (-\infty, \varepsilon_1) \cup (\varepsilon_2, \infty)$.

Je nach Gestalt von K^* spricht man im Falle a) und b) vom einseitigem und im Fall von c) vom zweiseitigem Signifikanztest.

$\varepsilon, \varepsilon_1, \varepsilon_2$ heißen kritische Werte. Im Fall a) wählt man $\varepsilon = Q_T(1-\alpha)$, im Fall b) $\varepsilon = Q_T(\alpha)$ und im Fall c) $\varepsilon_1 = Q_T(\alpha/2)$ und $\varepsilon_2 = Q_T(1 - \frac{\alpha}{2})$, wobei $Q_T(p)$ das p-Quantil der Verteilung von T unter der Annahme der Gültigkeit von H_o ist.

Bei dieser Wahl der kritischen Werte ist die Wahrscheinlichkeit p^* für den Fehler erster Art stets durch α nach oben begrenzt, z. B. gilt im zweisetigen Fall c):

$$\begin{aligned} P(T \in K^*|H_o) &= P(T < \varepsilon_1 \vee T > \varepsilon_2|H_0) \\ &= 1 - P_T(\varepsilon_1 \leq T \leq \varepsilon_2|H_0) \\ &= 1 - (F_{T|H_o}(\varepsilon_2) - F_{T|H_0}(\varepsilon_1)) \\ &= 1 - (1 - \frac{\alpha}{2} - \frac{\alpha}{2}) \\ &= 1 - (1 - \alpha) \;=\; \alpha \,. \end{aligned}$$

4. Entscheidungsregel: Sei $(x_1, \ldots, x_n)$ eine konkrete Stichprobe. Gilt $T(x_1, \ldots, x_n) \in K^*$, so wird H_o abgelehnt, andernfalls angenommen.

Die Bedeutung des Signifikanztests liegt darin, daß man die Wahrscheinlichkeit für eine Fehlentscheidung 1. Art objektiv einschätzen kann. (Er wird gerade so konstruiert.) Sie überschreitet bei obiger Wahl von $\varepsilon, \varepsilon_1, \varepsilon_2$ den vorgegebenen Wert α nicht.

Zwischen Signifikanztests zum Signifikanzniveau α und ↗Bereichschätzungen zur Überdeckungswahrscheinlichkeit $1 - \alpha$ besteht ein enger Zusammenhang.

Ist $I(X_1, ..., X_n)$ ein Konfidenzintervall für einen unbekannten Verteilungsparameter $\gamma \in \mathbb{R}^1$ zur Überdeckungswahrscheinlichkeit $1 - \alpha$, so erhält man einen Signifikanztest zum Prüfen der Hypothese

$$H: \gamma = \gamma^o$$

durch folgende Vorschrift: Die Hypothese H_o ist abzulehnen, falls das konkrete Intervall $I(x_1, ..., x_n)$ den Wert γ^o nicht enthält. Die Wahrscheinlichkeit für den Fehler 1. Art dieses Tests ist dann gleich α. Beispiele für Signifikanztests sind der ↗t-Test, der ↗χ^2-Test und der ↗F-Test.

Beispiel. Sei X eine normalverteilte Zufallsgröße mit unbekanntem Erwartungswert $EX = \mu$ und unbekannter Varianz $V(X) = \sigma^2$.

1. Zu prüfen ist die folgende Hypothese über den unbekannten Erwartungswert:

$$H_o : \mu = \mu_o,$$

wobei μ_o ein vorgegebener Wert ist. Der Signifikanztest wird wie folgt konstruiert:

2. Sei $(X_1, \ldots, X_n)$ eine Stichprobe von X, $\overline{X}$ das ↗empirische Mittel und S die ↗empirische Streuung. Die Teststatistik lautet:

$$T(X_1, \ldots, X_n) = \frac{\sqrt{n}(\overline{X} - \mu_o)}{S}$$

Sie ist plausibel, d. h. mißt den Abstand von der Nullhypothese, und ihre Verteilung unter der Annahme $EX = \mu_o$ ist bekannt; T besitzt eine ↗Studentsche t-Verteilung mit $(n-1)$ Freiheitsgraden (↗Stichprobenfunktionen).

3. und 4. Die Entscheidungsregel lautet:

$$|T(x_1, \ldots, x_n)| \leq \varepsilon \Rightarrow \text{Entscheidung für } H_o \quad (1)$$

$$|T(x_1, \ldots, x_n)| > \varepsilon \Rightarrow \text{Entscheidung gegen } H_o \,(2)$$

Als kritischen Wert ε wählen wir das $(1-\frac{\alpha}{2})$-Quantil der t_{n-1}-Verteilung:

$$\varepsilon = t_{n-1}\left(1 - \frac{\alpha}{2}\right).$$

Wir haben hier also einen zweiseitigen α-Test mit den kritischen Grenzen $\varepsilon_1 = -\varepsilon$ und $\varepsilon_2 = \varepsilon$.

Die Entscheidungsvorschrift (1) und (2) ist äquivalent zu

$$\mu_o \in I(x_1, \ldots, x_n) \quad \Longrightarrow \text{Entscheidung für } H_o$$

$$\mu_o \notin I(x_1, \ldots, x_n) \quad \Longrightarrow \text{Entscheidung gegen } H_o$$

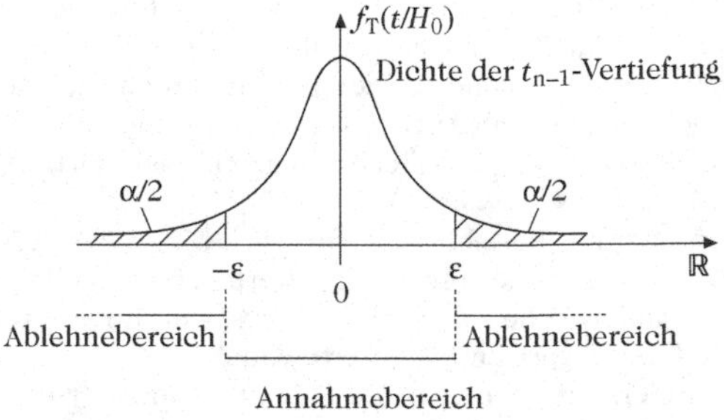

Annahme-und Ablehnebereich des zweiseitigen t-Tests

wobei

$$I(X_1, \ldots, X_n) =$$

$$\left[\overline{X} - \frac{S}{\sqrt{n}} t_{n-1}(1 - \frac{\alpha}{2}), \overline{X} + \frac{S}{\sqrt{n}} t_{n-1}(1 - \frac{\alpha}{2})\right]$$

ein Konfidenzintervall für den Erwartungswert der Normalverteilung zur Überdeckungswahrscheinlichkeit $(1-\alpha)$ ist. Das Konfidenzintervall ist äquivalent zum Annahmebereich des Tests.

Signumfunktion, *Vorzeichenfunktion*, meist mit σ oder sign bezeichnete reelle Funktion, die jeder reellen Zahl a ihr Vorzeichen zuordnet.

Es gilt also

$$\text{sign}(a) = \begin{cases} +1, & \text{falls } a > 0, \\ 0, & \text{falls } a = 0, \\ -1, & \text{falls } a < 0. \end{cases}$$

simple Menge, ↗einfache Menge.

Simplex, die konvexe Hülle linear unabhängiger Punkte $a_0, \ldots, a_n \in \mathbb{R}^p$, also die Menge σ aller Linearkombinationen

$$\lambda_0 a_0 + \cdots + \lambda_n a_n$$

mit $\lambda_0 + \cdots + \lambda_n = 1$ und $0 \leq \lambda_i \leq 1$.

Genauer noch bezeichnet man die beschriebene Menge als abgeschlossenen Simplex. Bei einem offenen Simplex verlangt man dagegen $0 < \lambda_i < 1$. Man nennt σ den von den Punkten $a_0, \ldots, a_n$ aufgespannten (offenen bzw. abgeschlossenen) n-dimensionalen Simplex.

Ist τ ein weiterer Simplex, so schreibt man $\tau \leq \sigma$, wenn τ von einer Teilmenge der a_i aufgespannt wird, und $\tau < \sigma$, wenn darüberhinaus $\tau \neq \sigma$ ist. Unter den k-Flächen eines Simplex σ versteht man alle k-dimensionalen Simplizes $\tau \leq \sigma$.

Der Rand eines n-dimensionalen Simplex σ ist die Vereinigung aller $(n-1)$-dimensionalen Teilsimplizes $\tau < \sigma$. Siehe auch ↗n-Simplex.

Simplexalgorithmus, ↗Simplexverfahren.

Simplexmethode nach Nelder-Mead, Verfahren zur (lokalen) Minimierung einer reellwertigen Funktion $f : \mathbb{R}^n \to \mathbb{R}$.

Die Idee besteht darin, ein Startsimplex mittels Spiegelungen und Kontraktionen bzw. Expansionen in eine Umgebung eines lokalen Minimums von f zu „bewegen". So wird nach Spiegelung bzgl. einer bestimmten $(n-1)$-dimensionalen ↗Facette der Funktionswert von f in der neuen (der alten gegenüberliegenden) Ecke mit den Funktionswerten in den Ecken des alten Simplex verglichen. Abhängig von diesem Vergleich wird eine gewisse Kontraktion bzw. Expansion des alten Simplex vorgenommen, oder es wird eine neue Spiegelungsfacette bestimmt. Das statistisch motivierbare Abbruchkriterium des Verfahrens ist, daß die Standardabweichung der Funktionswerte in den Ecken des aktuellen Simplex einen vorgegebenen Schwellenwert unterschreitet.

Simplex-Spline, multivariate Splinefunktion spezieller Bauart, Verallgemeinerung der univariaten B-Splines.

Es seien $n \geq 1$ und $m \geq 0$ natürliche Zahlen und $x_0, \ldots, x_{n+m} \in \mathbb{R}^n$ Punkte in allgemeiner Lage. Dies bedeutet, daß die konvexe Hülle $\text{conv}(x_{j_0}, \ldots, x_{j_n})$ von je $(n+1)$ dieser Punkte jeweils ein n-Simplex bilden, also ein positives m-dimensionales Lebesgue-Maß $vol_m(conv(x_{j_0}, \ldots, x_{j_n}))$ besitzen.

Die Funktion $S(.|x_0, \ldots, x_{n+m}) : \mathbb{R}^n \mapsto \mathbb{R}$, definiert durch

$$S(x|x_0, \ldots, x_{n+m}) = (n+m)!$$

$$vol_m\{(\lambda_0, \ldots, \lambda_{n+m}) : \sum_{i=0}^{n+m} \lambda_i = 1, \ \lambda_j \geq 0,$$

$$\sum_{i=0}^{n+m} \lambda_i x_i = x\}, \ x \in \mathbb{R}^n,$$

bezeichnet man als Simplex-Spline. Simplex-Splines sind stückweise polynomiale Funktionen vom Grad m, welche $(m-1)$-fach differenzierbar sind. Da Simplex-Splines zudem den kompakten Träger

$$supp(S(x|x_0, \ldots, x_{n+m}) = \overline{conv(x_0, \ldots, x_{n+m})}$$

besitzen, verallgemeinern sie den klassischen Fall univariater B-Splines.

Simplextableau, Hilfsmittel bei der Lösung relativ kleiner linearer Optimierungsprobleme mittels des ↗Simplexverfahrens.

Man kann die definierenden Daten A, b und c des Standard Linearen Optimierungsproblems (*SLO*) in einem speziellen Datentableau zusammenfassen und im wesentlichen durch geschicktes Manipulieren (analog zum Gaußalgorithmus) in diesem Tableau den Eckenaustausch durchführen [1].

[1] Schrijver, A.: Theory of Linear and Integer Programming. Wiley, New York, 1986.

Das Simplexverfahren

H.Th. Jongen, K. Meer

Allgemeines. Das Simplexverfahren, auch Simplexalgorithmus, 1951 eingeführt von Georg B. Dantzig, ist ein Verfahren zur Minimierung einer linearen Funktion $x \to c^T \cdot x$ auf einem Polyeder $M \subseteq \mathbb{R}^n$.

Es sei M kompakt oder im nicht-negativen ↗Orthanten von $\mathbb{R}^n$ enthalten. Dann besagt der Eckensatz, daß der Minimalwert von $x \to c^T \cdot x$ (falls existent) in einer Ecke von M angenommen wird. Die Idee des Simplexverfahrens besteht darin, von einer Ecke über eine Kante zu einer solchen benachbarten Ecke zu laufen, in der der Zielfunktionswert echt kleiner als in der Ausgangsecke ist. Man setzt dann das Verfahren iterativ fort, diesmal mit der neuen Ecke als Ausgangspunkt. Die Verbindungslinie der beiden beteiligten Ecken nennt man auch eine Abstiegskante.

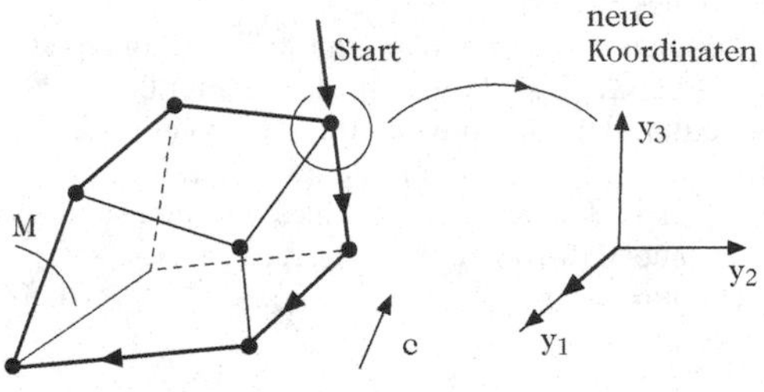

Abbildung 1: Veranschaulichung mehrerer Schritte des Simplexverfahrens sowie Bestimmung einer Abstiegskante durch Koordinatentransformation

Falls das lineare Optimierungsproblem lösbar ist, gelangt man nach endlich vielen solcher Eckenaustauschschritte zur optimalen Ecke. Die Bestimmung einer Abstiegskante zu einer (einfachheitshalber nichtentarteten) Ecke läßt sich folgendermaßen realisieren. In einer Umgebung der Ecke wird das Polyeder M in neuen (affin linearen) Koordinaten beschrieben und dadurch in einen nichtnegativen Orthanten transformiert. Dabei gehe die Ecke in den Ursprung sowie die mit ihr inzidierenden Kanten in die jeweiligen Koordinatenachsen des neuen Koordinatensystems über. Man betrachtet jetzt die partiellen Ableitungen der transformierten Zielfunktion im Ursprung. Jede Koordinatenachse, die eine negative partielle Ableitung liefert, entspricht einer Kante, über die die Zielfunktion streng monoton fällt.

Algorithmische Beschreibung. Zur algorithmischen Beschreibung betrachten wir das folgende *Standard Lineare Optimierungsproblem (SLO)*, wobei A eine reelle $(m \times n)$-Matrix vom Rang m sei:

$$(SLO) \quad \begin{cases} \text{Minimiere } c^T \cdot x\,, \; x \in M \\ \text{mit } M := \{x \in \mathbb{R}^n | A \cdot x = b, x \geq 0\}. \end{cases}$$

Für M in dieser speziellen Form gilt, daß ein zulässiges x genau dann eine Ecke ist, wenn die Spalten von A zu *positiven* Komponenten von x linear unabhängig sind.

Nichtentartete Ecken. Zunächst beschreiben wir den Eckenaustausch für den Fall einer nichtentarteten Ecke $\bar{x}$. Es sind dann genau m Komponenten von $\bar{x}$ positiv. Setze $Z := \{i | \bar{x}_i > 0\}$ und $NZ := \{1, 2, \ldots, n\} \setminus Z$. Die Menge Z heißt Basis zur Ecke $\bar{x}$ und die entsprechenden Komponenten von $\bar{x}$ Basisvariablen. Ein Vektor $x \in \mathbb{R}^n$ wird in den Basisanteil x_Z und den Nichtbasisanteil x_{NZ} aufgeteilt. Analog werden der Zielvektor c und die Matrix A partitioniert. Die Gleichung $A \cdot x = b$ geht dabei in die Gleichung

$$A_Z \cdot x_Z + A_{NZ} \cdot x_{NZ} = b \tag{1}$$

über. Man beachte, daß die Spalten der quadratischen Matrix A_Z linear unabhängig sind. Somit kann man x_Z nach x_{NZ} auflösen (lokale Transformation von M in den nichtnegativen Orthanten von $\mathbb{R}^{n-m}$):

$$x_Z = A_Z^{-1} \cdot b - A_Z^{-1} \cdot A_{NZ} \cdot x_{NZ}\,, \tag{2}$$

wobei $A_Z^{-1} \cdot b = \bar{x}_Z$. Für die Zielfunktion erhält man:

$$c^T \cdot x = c_Z^T \cdot x_Z + c_{NZ}^T \cdot x_{NZ} = c_Z^T \cdot A_Z^{-1} \cdot b + p^T \cdot x_{NZ}, \tag{3}$$

wobei

$$p = (p_j)_{j \in NZ} = c_{NZ} - A_{NZ}^T \cdot (A_Z^{-1})^T \cdot c\,. \tag{4}$$

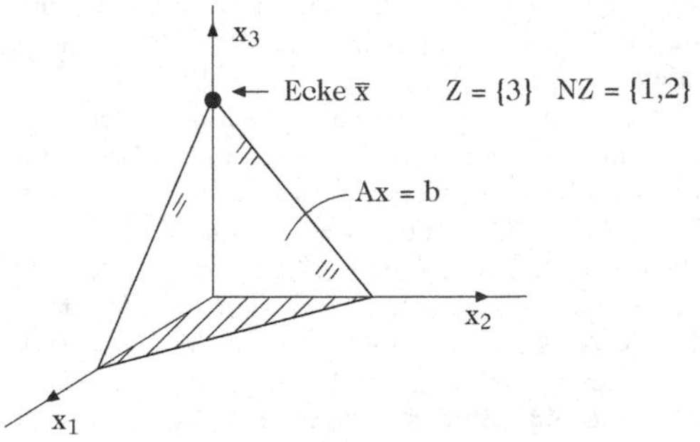

Abbildung 2: Lokale Transformation von M in einen nichtnegativen Orthanten

Die Komponenten des Vektors p sind gerade die partiellen Ableitungen der transformierten Zielfunktion im Ursprung. Wegen der Konvexität des Optimierungsproblems *(SLO)* ist die Ecke $\bar{x} = (\bar{x}_Z^T, 0)^T$ genau dann optimal, wenn $p \geq 0$ ist.

Zur *numerischen* Bestimmung von p (vgl. (4)) muß man im wesentlichen das folgende lineare Gleichungssystem lösen:

$$A_Z^T \cdot y = c_z\,. \tag{5}$$

Falls $\bar{x}$ nicht optimal ist, dann gibt es folglich einen Index $j \in NZ$ mit $p_j < 0$. Für die Auswahl eines solchen j kann man mit der Lösung y von (5) nach und nach Spalten der (i. allg. großen) Matrix A_{NZ} ins Spiel bringen und mit (4) die jeweilige Komponente von p berechnen. Derartige Techniken sind unter den Bezeichnungen column generation technique, revised Simplex method oder Modifizierung des Simplexverfahrens bekannt.

Nachdem der Index j gewählt ist, laufen wir in positiver Richtung der j-ten Koordinate und setzen dazu

$$x_j(t) := t \ (t \geq 0) \ , \ x_i(t) := 0, i \in NZ \setminus \{j\}.$$

Mit (2) erhalten wir

$$x_k(t) = \bar{x}_k - t \cdot q_k^j \ , \ k \in Z \ ,$$

wobei $q^j := A_Z^{-1} \cdot a^j$ und a^j die entsprechende Spalte von A_{NZ} ist. Zur numerischen Bestimmung von q^j löst man das folgende lineare Gleichungssystem:

$$A_Z \cdot y = a^j \ . \tag{6}$$

Falls $q^j \leq 0$, dann bleiben die Komponenten $x_k(t)$ nichtnegativ für alle $t \geq 0$; somit ist ein Halbstrahl in der zulässigen Menge M enthalten, auf dem die Zielfunktion $c^T \cdot x$ nicht nach unten beschränkt ist. Folglich ist (*SLO*) in diesem Fall nicht lösbar. Sonst ist eine Komponente $q_k^j > 0$ für ein $k \in Z$. Es wird nun das maximale t bestimmt, für das alle Basisvariablen nichtnegativ sind:

$$t_{max} := \min_{k \in Z, q_k^j > 0} \left\{ \frac{\bar{x}_k}{q_k^j} \right\} \ . \tag{7}$$

Das obige Minimum werde etwa in $\ell \in Z$ angenommen. Setze

$$Z' := (Z \setminus \{\ell\}) \cup \{j\} \ . \tag{8}$$

Beachte, daß $\bar{x}_j > 0$ und $\bar{x}_\ell = 0$. Es zeigt sich, daß die Spaltenvektoren $a^k, k \in Z'$ von A linear unabhängig sind; somit definiert die Indexmenge Z' eine neue Ecke. Hiermit ist der Eckenaustausch beschrieben.

Wir bemerken noch, daß in der obigen Durchführung des Eckenaustauschs im wesentlichen zwei Gleichungssysteme ((5) und (6)) gelöst werden müssen. In beiden Systemen tritt die Matrix A_Z auf. Die neue Basismatrix $A_{Z'}$ unterscheidet sich von A_Z nur in einer Spalte. Somit ist $A_{Z'} = A_Z + u \cdot v^T$, wobei u und v Vektoren aus $\mathbb{R}^m$ sind (Rang-1 Update). Es kann nun prinzipiell $A_{Z'}^{-1}$ mit Hilfe der sogenannten Sherman-Morrison Formel berechnet werden, sofern A_Z^{-1} bekannt ist.

Entartete Ecken. Im Falle einer entarteten Ecke $\bar{x}$ sind $r < m$ Komponenten des Vektors $\bar{x}$ positiv. Zu den entsprechenden r linear unabhängigen Spalten von A nimmt man dann noch $m-r$ zusätzliche Spalten dazu und formt so eine Basis Z von m linear unabhängigen Vektoren. Jetzt ist allerdings die Basis Z nicht mehr eindeutig bestimmbar. Es ist $\bar{x}$ genau dann eine optimale Ecke, wenn es dazu eine Basis Z so gibt, daß der entsprechende Vektor p der partiellen Ableitungen (vgl. (4)) nichtnegativ ist. Falls der zu der aktuellen Basis Z gehörende Vektor p negative Komponenten hat, gelangt man wie oben beschrieben an die Stelle, wo t_{max} zu bestimmen ist (vgl. (7)). Es kann jetzt aber vorkommen, daß $t_{max} = 0$ ist (weil nicht alle $\bar{x}_k > 0$ sind). Man führt dann zwar einen Basisaustausch $Z \to Z'$ aus, bleibt aber in der Ecke $\bar{x}$ stehen.

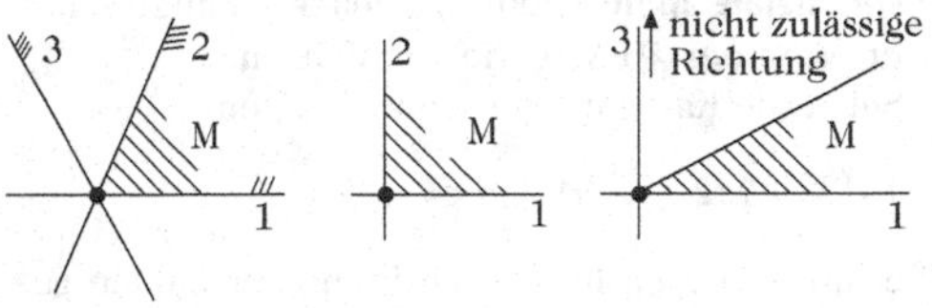

Abbildung 3: Beispiel einer entarteten Ecke

So könnte es geschehen, daß man nach einigen solchen Schritten, bei denen man die Ecke $\bar{x}$ nicht verläßt, zu einer Basis gelangt, die man bereits früher behandelt hat; man läuft dann in einen Zyklus. Mittels einer Zusatzvorschrift läßt sich das Auftreten solcher Zyklen vermeiden. Zum Beispiel könnte man bei der Auswahl der zwei entscheidenden Pivotindizes j und ℓ (vgl. (8)) immer die kleinstmöglichen wählen. Dies ist die sogenannte Strategie von Bland.

Bestimmung einer Startecke. Zur Bestimmung einer Startecke betrachten wir zu (*SLO*) das folgende höherdimensionale Hilfsproblem (*HP*) :

$$(HP) \quad \left\{ \begin{array}{l} \text{Minimiere } y_1 + y_2 + \cdots + y_m \\ \text{unter den Nebenbedingungen} \\ A \cdot x + y = b, x \geq 0, y \geq 0 \ . \end{array} \right.$$

Ohne Einschränkung der Allgemeinheit sei $b \geq 0$. Man überlegt sich, daß $(x, y) := (0, b)$ eine Ecke für (*HP*) ist. Ferner kann man zeigen, daß eine nach unten beschränkte lineare Funktion auf einem Polyeder ihr Minimum annimmt. Somit ist (*HP*) lösbar. Der Simplexalgorithmus, angewandt auf (*HP*), liefert somit eine optimale Ecke $(\bar{x}, \bar{y})$. Falls $\bar{y} \neq 0$ ist, so ist die zulässige Menge M für (*SLO*) leer. Falls $\bar{y} = 0$ ist, so ist $\bar{x}$ eine Ecke für M. Falls in dieser Situation $\bar{x}$ nichtentartet ist, dann ist die Ausgangsbasis Z für das Simplexverfahren eindeutig bestimmt, ansonsten muß man zur Bestimmung einer solchen Ausgangsbasis so vorgehen, wie es oben bereits im Falle entarteter Ecken beschrieben wurde.

Zur Komplexität des Simplexverfahrens. Im schlechtesten Falle (sogenannte worst-case Analyse) hat der Simplexalgorithmus einen exponentiellen Aufwand. Allerdings zeigte K.H. Borgwardt 1982, daß im Mittel (sogenannte average-case Analyse) ein polynomialer Aufwand erwartet werden kann. Bezüglich auch im schlechtesten Fall polynomialer Algorithmen zur Lösung linearer Optimierungsprobleme vergleiche die Beiträge zu ↗Ellipsoidmethoden und zu ↗Innere-Punkte Methoden.

Literatur

[1] Dantzig, G.B.: Maximization of a linear function of variables subject to linear inequalities. In Koopmann, T.C. (Hrsg.): Activity Analysis of Production and Allocation. Wiley New York, 1951.

[2] Klee, V., Minty, G.J.: How good is the simplex algorithm?. In Shisha, O.(Hrsg.): Inequalities III, Academic Press New York, 1972.

[3] Schrijver, A.: Theory of Linear and Integer Programming. Wiley, New York, 1986.

simpliziale Ecke, ↗ chordaler Graph.

simpliziale Menge, ein spezieller ↗Funktor mit Werten in der ↗Kategorie der Mengen.

Sei Δ die Kategorie mit den Objekten

$$[n] := \{1, 2, \dots, n\}\,, \quad n \in \mathbb{N}\,,$$

die durch die natürliche Ordnung der Zahlen geordnet sind. Die Morphismen $\alpha : [m] \to [n]$ der Kategorie sind die schwach monotonen Abbildungen, d. h. die Abbildungen, für die für $i \le j$ gilt: $\alpha(i) \le \alpha(j)$. Sei Set die Kategorie der Mengen. Eine simpliziale Menge ist ein kontravarianter Funktor $S : \Delta \to$ Set. Die simplizialen Mengen bilden selbst eine Kategorie mit den ↗natürlichen Transformationen als Morphismen. Nimmt der Funktor Werte in der Kategorie der topologischen Räume an, so heißt er simplizialer Raum.

In der Kategorie Δ gibt es zwei spezielle Typen von Morphismen:

1. $\delta_i^n : [n-1] \to [n]$, die injektive Abbildung, bei der genau das Element i in $[n]$ als Bild ausgelassen wird,
2. $\varepsilon_j^n : [n+1] \to [n]$, die surjektive Abbildung, bei der genau der Wert j in $[n]$ zweimal angenommen wird.

Jeder Morphismus in Δ läßt sich durch Hintereinanderausführung dieser speziellen Morphismen bilden. Durch die Anwendung des Funktors S der simplizialen Menge erhält man Abbildungen zwischen Mengen

$$S(\delta_i^n) \; : \; S([n]) \to S([n-1]),$$
$$S(\varepsilon_j^n) \; : \; S([n]) \to S([n+1])\,.$$

Die erste Art von Mengenabbildungen heißt Randabbildung, die zweite Art Ausartungsabbildung.

Das Standardbeispiel ist der simpliziale Komplex eines topologischen Raums. Sei

$$\Delta_n := \{(t_0, \dots, t_n) \in \mathbb{R}^{n+1} \mid \sum_{i=0}^{n} t_i = 1,\; t_i \ge 0\}$$

das von den Einheitsvektoren im $\mathbb{R}^{n+1}$ aufgespannte Standardsimplex, und sei X ein fester topologischer Raum. Die Zuordnung

$$[n] \to S(\Delta_n) := \{\text{stetige Abbildungen } \Delta_n \to X\}$$

definiert einen kontravarianten Funktor, d. h. eine simpliziale Menge. Die obigen Abbildungen $S(\delta_i^n)$ und $S(\varepsilon_j^n)$ entsprechen genau den üblichen Rand- und Ausartungsabbildungen

$$S(\delta_i^n) : S(\Delta_n) \to S(\Delta_{n-1}),$$
$$Sf(t_0, \dots, t_{n-1}) = f(t_0, \dots, t_{i-1}, 0, t_i, \dots, t_{n-1}),$$
$$S(\varepsilon_j^n) : S(\Delta_n) \to S(\Delta_{n+1}),$$
$$Sf(t_0, \dots, t_{n+1}) = f(t_0, \dots, t_i + t_{i+1}, \dots, t_{n+1}).$$

simplizialer Komplex, *Simplizialkomplex*, ein Paar (X, Δ), wobei X eine beliebige Menge ist, deren Elemente Punkte genannt werden, und Δ eine Menge von Teilmengen von X ist, die alle einelementigen Teilmengen von X enthält, und für die gilt: Wenn $A \subseteq B \in \Delta$, so ist auch $A \in \Delta$. Die Elemente von Δ heißen Simplizes.

Äquivalent dazu kann man einen simplizialen Komplex definieren als eine halbgeordnete Menge $(\Delta, \le)$, die ein kleinstes Element $\emptyset$ hat, für die je zwei Elemente eine größte untere Schranke $A \cap B$ haben, und für die alle Mengen $\{X \in \Delta \mid X \subseteq A\}$, $A \in \Delta$ die Struktur einer Potenzmenge haben.

Sei etwa $X = \{A, B, C, a, b, c\}$ und $\Delta = \{\emptyset, \{A\}, \{B\}, \{C\}, \{a\}, \{b\}, \{c\}, \{A, b\}, \{A, c\}, \{B, a\}, \{B, c\}, \{C, a\}, \{C, b\}\}$. Dann ist (X, Δ) ein simplizialer Komplex, der den Rand eines Dreiecks beschreibt: Die Elemente von X sind die Ecken und Kanten des Dreiecks, und die Elemente von Δ sind die ↗Fahnen des Dreiecks. Ein maximaler Simplex eines simplizialen Komplexes wird Kammer genannt.

Ein numerierter Komplex ist ein simplizialer Komplex, für den eine Menge I und eine Abbildung Typ $: X \to I$ existiert, die jede Kammer bijektiv auf die Menge I abbildet. Wählt man etwa $I = \{0, 1\}$ und Typ(A) = Typ(B) = Typ$(C) = 0$, Typ(a) = Typ(b) = Typ$(c) = 1$, so wird aus obigem Beispiel ein numerierter Komplex.

Zwei Kammern C_1, C_2 eines numerierten Komplexes heißen benachbart, wenn

$$|C_1 \cap C_2| = |I| - 1$$

ist. Eine Galerie ist eine endliche Folge von Kammern, bei der aufeinanderfolgende Kammern gleich oder benachbart sind. In obigem Beispiel ist z. B.

$$(\{A, b\}, \{C, b\}, \{C, a\}, \{B, a\})$$

eine Galerie.

Ein numerierter Komplex heißt verbunden, wenn je zwei Kammern mit einer Galerie verbunden werden können. Er heißt stark verbunden, wenn für jedes $A \in X$ der Komplex

$$(X, \{M \in \Delta \mid A \in M\})$$

verbunden ist. Der Komplex in unserem Beispiel ist stark verbunden.

Numerierte Komplexe stehen in engem Zusammenhang mit ↗Kammersystemen und dienen als Grundlage für ↗Gebäude. Eine wichtige Verallgemeinerung simplizialer Komplexe sind CW-Komplexe.

simplizialer Raum, ↗simpliziale Menge.

Simplizialkomplex, Ideal der Booleschen Algebra $\mathcal{B}(S)$ einer Menge S, siehe ↗simplizialer Komplex.

Simpson, Thomas, englischer Mathematiker, geb. 20.8.1710 Market Bosworth (Leicestershire), gest. 14.5. 1761 Market Bosworth.

Aufgewachsen in ärmlichen Verhältnissen wurde Simpson zunächst Weber, Mathematik brachte er sich im Selbststudium bei. In der Zeit zwischen 1733 und 1736 verdiente er sich sein Unterhalt als Schulmeister in Derby. Später wurde er Privatlehrer in London und ab 1743 Professor der Mathematik an der Militärakademie in Woolwich bei London.

Simpson arbeitete auf dem Gebiet der Interpolation und der numerischen Methoden zur Integration. 1743 erschienen seine „Mathematical Dissertations“, in denen er die Simpson-Regel zur Integration von Funktionen anführte. Diese Regel wurde allerdings schon vorher von Gregory und Newton benutzt. Daneben beschäftigte er sich auch mit der Wahrscheinlichkeitstheorie. 1740 erschien das Buch „The Nature and Laws of Chance“.

Simpson-Regel, Methode in der ↗numerischen Integration, welche auf stückweise, quadratischer Interpolation gemäß wiederholter ↗Newton-Cotes-Quadratur beruht.

simulated annealing, ↗simuliertes Abkühlen.

Simulation, eine zusammenfassende Bezeichnung für Methoden, mit deren Hilfe das Verhalten realer, in der Regel sehr komplexer, Systeme auf der Basis mathematischer Modelle für diese Systeme nachgebildet wird.

Üblicherweise werden diese Systeme zunächst durch ein (vereinfachendes) Modell beschrieben, und dann das Verhalten der Modelle für verschiedene Szenarien, d. h. verschiedene Modellparameter, Zustandsgrößen, Eingangsgrößen usw. untersucht.

Man unterscheidet zwischen physikalischen Modellen (z. B. eine Miniaturwindmühle), mathematischen Modellen (z. B. eine Funktion), und den Computermodellen (z. B. ein Softwareprogramm, mit welchem die Abläufe in einem Fertigungsprozeß beschrieben werden). Mit der Entwicklung der modernen Rechentechnik kommen zunehmend Computermodelle zum Einsatz, da sie sehr flexibel und kostengünstig sind, und mit Ihrer Hilfe nahezu unbegrenzt komplexe Strukturen nachbildbar sind.

Ein Ziel der Simulation besteht in der Analyse des zu modellierenden Systems, um dieses zu optimieren. Weitere Zielstellungen der Simulation bestehen in der Untersuchung des Verhaltens von Systemen unter extremen Bedingungen, um in der Praxis Havariesituationen vermeiden zu können.

Man unterscheidet auch zwischen der diskreten, der stetigen und der gemischten Simulation. Bei der diskreten Simulation geht es um die Nachbildung diskreter Systeme, d. h., solcher, bei denen alle Systemelemente Zustandsänderungen nur zu endlich oder abzählbar vielen Zeitpunkten erfahren. Ein wichtiger Spezialfall diskreter Systeme sind die sogenannten Warteschlangensysteme, deren Systemelemente aus Warteschlangen und Bedienstationen bestehen (z. B. Verkehrssysteme, Nachrichtensysteme, Fertigungssysteme). Bei derartigen Systemen besteht das Optimierungsziel der Simulation darin, solche Systemvarianten (Szenarien) zu finden, bei denen die Warteschlangenlängen, die Verweil- und Wartezeiten der Kunden im System möglichst klein, und die Auslastungen der Bedienstationen sowie der Durchsatz möglichst hoch sind.

Bei der stetigen Simulation werden Systeme nachgebildet, deren Systemelemente ihre Zustände kontinuierlich ändern können. Solche stetigen Zustände sind zum Beispiel Füllstände in einem Flüssigkeitstank oder Temperaturen in einem Hochofen. Die stetigen Zustandsänderungen werden in der Regel durch Differentialgleichungen beschrieben. Da zu ihrer Lösung numerische Verfahren zum Einsatz kommen, spricht man bei der stetigen Simulation auch oft von numerischer Simulation. Das Entwickeln von Berechnungsverfahren zur Durchführung numerischer Simulationen ist Hauptgegenstand des ↗Wissenschaftlichen Rechnens. Entscheidend in der Simulation ist eine zuverlässige Fehlerkontrolle, welche sowohl die Abweichungen des Modells von der Wirklichkeit als auch die Fehler während der Berechnung berücksichtigt. Zur Durchführung von Simulationen auf dem Computer wurde eine Vielzahl von Simulationssprachen und -werkzeugen geschaffen. Diese enthalten spezifische Sprachbestandteile zur Beschreibung der Elemente des zu simulierenden Systems, zur numerischen Lösung von Differentialgleichungen, zur Erzeugung von Zufallszahlen, zur Zeitablaufsteuerung, zur statistischen Parameterschätzung, zur Animation der Abläufe u. a.m., wodurch die Programmierung einer Simulation komplexer Systeme erleichtert wird.

In vielen Systemen finden Zustandsänderungen stochastisch statt. So ist zum Beispiel in Verkehrssystemen die Anzahl der in einer bestimmten Zeiteinheit an einer Kreuzung eintreffenden Autos zufällig. Um diesen Zufall nachbilden zu können, werden in der Simulation Zufallszahlengeneratoren eingesetzt, die ↗Pseudozufallszahlen erzeugen. Das rechnerisch-experimentelle Nachbilden zufallsbehafteter Vorgänge wird auch als Monte-Carlo-Simulation (↗Monte-Carlo-Methode) bezeichnet. In der Simulation zufallsbehafteter Systeme kommen viele statistische Methoden, wie die ↗Versuchsplanung, die ↗Parameterschätzung und die Hypothesentestverfahren (↗Testtheorie) zum Einsatz.

simuliertes Abkühlen, *simulated annealing*, bezeichnet im Kontext ↗Neuronale Netze einen Lern- oder Ausführ-Modus, der das temperatur- und energieabhängige statistische Verhalten der Molekularteilchen in idealen Gasen für schrittweise abnehmende Temperaturen zur Festlegung der jeweiligen Dynamik des Netzes nachbildet (vgl. z. B. ↗Boltzmann-Lernregel oder ↗Boltzmann-Maschine).

Simultanaustausch, gleichzeitiger Austausch mehrerer Punkte in einem Schritt des ↗Remez-Algorithmus.

simultane Approximation, gleichzeitige Approximation einer Funktion und ihrer Ableitung(en).

sinc-Funktion, die mit Hilfe der ↗Sinusfunktion wie folgt für alle $x \in \mathbb{R}$ definierte Funktion sinc:

$$\operatorname{sinc}(x) = \begin{cases} \dfrac{\sin \pi x}{\pi x}, & \text{falls } x \neq 0, \\ 1 & \text{falls } x = 0. \end{cases}$$

Singer-Gruppe, eine zyklische Gruppe von Automorphismen eines symmetrischen ↗Blockplans (insbesondere eines projektiven Raumes), die auf der Menge der Punkte und der Menge der Blöcke jeweils regulär operiert, diese werden also zyklisch vertauscht.

single linkage, ein spezieller Algorithmus in der hierarchischen ↗Clusteranalyse, bei dem ein bestimmtes typisches Maß zur Beschreibung des Abstandes zwischen Gruppen von Objekten verwendet wird.

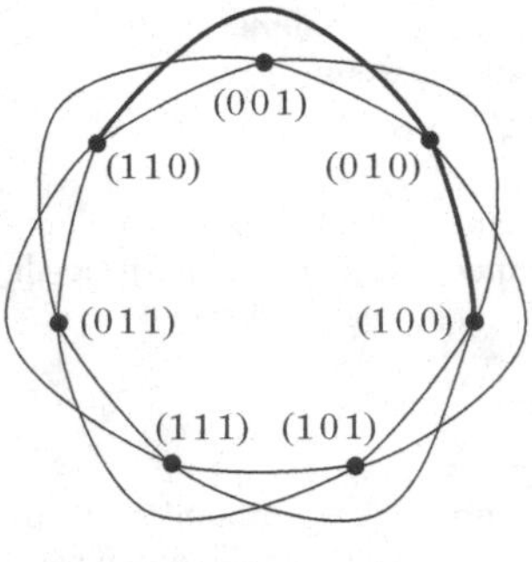

Singer-Zyklus der Fano-Ebene

Singleton, ↗unscharfe Einermenge.

Singletonmenge, Menge, die genau ein Element enthält (↗Verknüpfungsoperationen für Mengen).

Singleton-Schranke, obere Schranke für den minimalen ↗Hamming-Abstand (↗Codierungstheorie) eines ↗linearen Codes und damit ein Maß für die fehlerkorrigierenden Eigenschaften.

Das Bild des Nullvektors bei einem linearen (n, k)-Code ist immer der Nullvektor. Das Bild eines Nachrichtenvektors mit einer einzigen von Null verschiedenen Informationsstelle kann bei einem systematischen Code nicht mehr als $n - k + 1$ von Null verschiedene Stellen enthalten. Der minimale Abstand d zweier Codewörter kann folglich nicht größer als

$$d \leq n - k + 1$$

sein. Lineare Codes, die die Singleton-Schranke erreichen, heißen ↗MDS-Codes.

SINGULAR, ein spezialisiertes Computeralgebrasystem für Probleme der kommutativen Algebra und algebraischen Geometrie.

Es ist eines der wenigen Systeme, die effizient in Lokalisierungen vom Polynomenring rechnen können. Das System wurde Anfang der 90er Jahre unter Leitung von G.-M. Greuel, G. Pfister und H. Schönemann in Kaiserslautern entwickelt. Verglichen mit den Allzwecksystemen kann SINGULAR besonders effizient Gröbner-Basen und Syzygien berechnen und multivariate Polynome faktorisieren. SINGULAR besitzt eine C–ähnliche Programmiersprache, in welcher viele Bibliotheken (z. B. solche zur Berechnung der Primärzerlegung eines Ideals oder der Normalisierung eines Rings) programmiert sind.

singuläre Differentialgleichung, ↗Differentialgleichung, in der Funktionen mit Singularitäten auftreten. Siehe hierzu ↗Fuchssche Differentialgleichung, ↗schwache Singularität, ↗singuläre Stelle einer Differentialgleichung.

singuläre Funktion, stetige und isotone reellwertige Funktion einer reellen Variablen, deren Ableitung fast überall (im Lebesgue-Sinne) verschwindet, d. h. fast überall existiert und 0 ist.

Solche Funktionen haben Bedeutung bei der Frage, für welche Funktionen die Entsprechung zum ↗Fundamentalsatz der Differential- und Integralrechnung

$$\int_a^b f'(x)\,dx = f(b) - f(a)$$

für das Lebesgue-Integral gilt. Hierbei seien $-\infty < a < b < \infty$ und $f : [a, b] \to \mathbb{R}$. Ist f nur fast überall differenzierbar, so geht man bei dieser Notierungsweise stillschweigend davon aus, daß f' auf der Ausnahmemenge (beliebig) ergänzt ist.

Ein isotones f ist fast überall differenzierbar, die Ableitung ist Lebesgue-integrierbar, und man hat

$$\int_a^b f'(x)\,dx \le f(b-) - f(a+).$$

Daß für eine stetige isotone Funktion tatsächlich „$<$" auftreten kann, zeigt das auf Georg Cantor zurückgehende Standardbeispiel der Cantor-Funktion, die auch Lebesgue-singuläre Funktion genannt wird: Man geht aus von der ↗Cantor-Menge

$$C := \bigcap_{k=0}^{\infty} I_k\,,$$

wobei $I_0 := [0, 1]$ und I_k für $k \in \mathbb{N}$ disjunkte Vereinigung von 2^k abgeschlossenen Intervallen der Länge 3^{-k} ist, die aus den Intervallen aus I_{k-1} durch Entfernen der offenen mittleren Drittel entstehen. Für $k \in \mathbb{N}$ seien $R_{k,\kappa}$ für $\kappa = 1, \dots, 2^{k-1}$ die beim Übergang von I_{k-1} zu I_k entfernten offenen Intervalle (von links nach rechts gezählt), und damit

$$h(x) := \frac{2\kappa - 1}{2^k} \quad (x \in R_{k,\kappa}\,;\, \kappa = 1, \dots, 2^{k-1}).$$

h ist dann isoton auf $K := [0, 1] \setminus C$. (Auf jedem offenen Intervall $R_{k,\kappa}$ erhält h das arithmetische Mittel seiner Werte auf den beiden benachbarten Intervallen, auf denen h schon definiert ist.)

Durch $f(0) := 0$ und

$$f(x) := \sup\{h(t) \mid K \ni t < x\} \quad (x \in C \setminus \{0\})$$

wird h fortgesetzt zu einer stetigen isotonen Funktion f mit $f([0, 1]) = [0, 1]$, $f'(x) = 0 \quad (x \in K)$, also $f'(x) = 0$ fast überall, und somit

$$\int_0^1 f'(x)\,dx = 0 < 1 = f(1) - f(0).$$

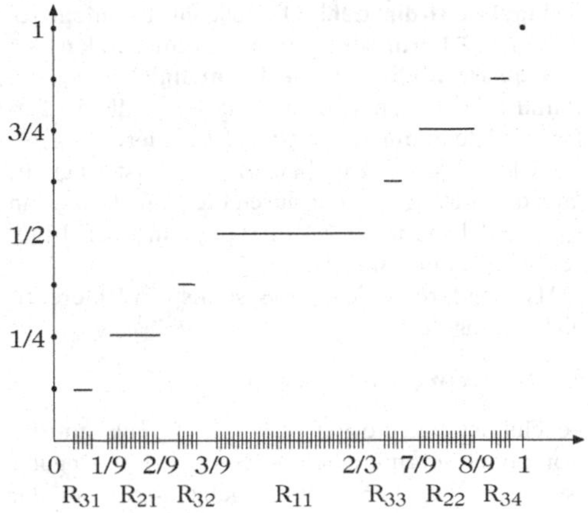

Zur Cantor-Funktion

Für $x \in C$ existiert eine Darstellung

$$\sum_{\nu=1}^{\infty} \frac{2x_\nu}{3^\nu} \quad \text{mit} \quad x_\nu \in \{0, 1\},$$

und dafür gilt

$$f(x) = \sum_{\nu=1}^{\infty} \frac{x_\nu}{3^\nu}\,.$$

Das auf Riesz-Nagy zurückgehende Beispiel einer ↗streng monotonen stetigen Funktion mit fast überall verschwindender Ableitung ist weniger anschaulich, jedoch noch deutlich frappierender.

Eine rechtsseitig stetige Funktion von beschränkter Variation ist genau dann singulär, wenn für das von ihr erzeugte signierte Maß μ gilt, daß ein $N \in \mathcal{B}(\mathbb{R})$ so existiert, daß $\mu(N) = 0$ und das Lebesgue-Maß von $\mathbb{R}\setminus N$ gleich 0 ist. Sie ist genau dann singulär stetig, falls sie singulär ist und falls in $\mathcal{B}(\mathbb{R})$ bzgl. μ keine ↗atomare Mengen liegen.

Für das Lebesgue-Integral gilt eine Entsprechung des Hauptsatzes, wenn man ↗absolut stetige Funktionen anstelle stetiger Funktionen betrachtet.

singuläre Integral-Gleichung, ↗Integral-Gleichung mit unbeschränktem Definitionsbereich oder singulärem, d. h., nicht-quadratintegrablem Integralkern.

singuläre Kardinalzahl, Kardinalzahl, die keine reguläre Ordinalzahl ist (↗Kardinalzahlen und Ordinalzahlen).

singuläre Matrix, quadratische ↗Matrix, die keine ↗reguläre Matrix ist, d. h., deren Determinante Null ist.

singuläre Mengenfunktion, ↗Mengenfunktion.

singuläre Normalverteilung, ↗multivariate Normalverteilung.

singuläre Ordinalzahl, Ordinalzahl, die nicht regulär ist (↗Kardinalzahlen und Ordinalzahlen).

singuläre Stelle einer Differentialgleichung, ein Punkt (z_0, w_0), an dem die Funktion f, die die Differentialgleichung $w' = f(z, w)$ definiert, singulär ist. Die Stelle $z_0 = \infty$ bzw. $w_0 = \infty$ ist singulär, falls die Stelle $\xi = 0$ der durch die Transformation $z_0 = \xi^{-1}$ bzw. $w_0 = \xi^{-1}$ hervorgegangenen Differentialgleichung singulär ist.

Als singuläre Stelle eines Systems von Differentialgleichungen

$$\mathbf{w}' = A(z)\mathbf{w}\,, \quad A(z) = (a_{ij}(z))\,,$$

bezeichnet man die Stelle $z = z_0 \neq \infty$, falls eine der Komponentenfunktionen a_{ij} von A bei z_0 singulär ist. Die Stelle $z = \infty$ heißt singulär, wenn eine der Funktionen $z^2 a_{ij}(z)$ bei $z = \infty$ singulär ist.

singulärer Flächenpunkt, ein Punkt $P \in \mathcal{F}$ einer Fläche $\mathcal{F} \subset \mathbb{R}^3$, in dessen Umgebung es keine ↗zulässige Parameterdarstellung von $\mathcal{F}$ gibt.

In äquivalenter Formulierung dieser Eigenschaft ist die Möglichkeit ausgeschlossen, $\mathcal{F}$ in einer Umgebung $\mathcal{W} \subset \mathbb{R}^3$ von P durch eine implizite Gleichung in der Form

$$\mathcal{F} \cap \mathcal{W} = \{(x, y, z) \in \mathcal{W}; F(x, y, z) = 0\}$$

zu definieren, in der $F : \mathcal{W} \to \mathbb{R}$ eine differenzierbare Funktion ist, deren partielle Ableitungen F_x, F_y und F_z im Punkt P nicht sämtlich null werden.

Singuläre Flächenpunkte erscheinen in den einfachsten Fällen als Ecken, Kanten, oder Selbstschnitte von $\mathcal{F}$, oder auch als sog. Klemmpunkte, wie sie z. B. der Whitneysche Regenschirm aufweist. Diese Fläche, die auch Kreuzhaube heißt, ist durch die Parametergleichung

$$\Phi(u, v) = \left(u\,v, u, v^2\right)$$

definiert. Sie besitzt den singulären Punkt $P = \Phi(0, 0)$.

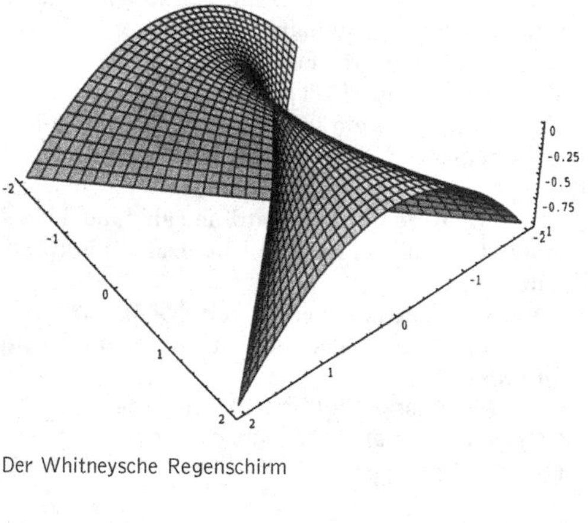

Der Whitneysche Regenschirm

singulärer Ort, die Menge der Singularitäten eines ↗algebraischen Schemas X über einem Körper resp. eines ↗komplexen Raumes X, bezeichnet mit X^{sing}.

X^{sing} ist stets eine abgeschlossene algebraische resp. analytische Teilmenge von X. Wenn X geometrisch reduziert ist, ist X^{sing} nirgends dicht in X.

singulärer Punkt, ein Punkt der komplexen Ebene, der keine holomorphe Fortsetzung einer gegebenen Funktion erlaubt.

Ist $U \subseteq \mathbb{C}$ eine offene Teilmenge der komplexen Ebene, $z_0 \in U$, und $f : U \setminus \{z_0\} \to \mathbb{C}$ eine holomorphe Funktion, so heißt z_0 ein singulärer Punkt von f, falls f sich durch keine Festsetzung von $f(z_0)$ zu einer auf ganz U holomorphen Funktion fortsetzen läßt.

singulärer Punkt einer analytischen Menge, ↗ analytische Menge.

singulärer Punkt einer linearen Differenzengleichung, ↗ lineare Differenzengleichung.

singulärer Punkt eines komplexen Raumes, ↗ Singularität, ↗ Singularitätenmenge.

singulärer Punkt eines Vektorfeldes, andere Bezeichnung für einen ↗Fixpunkt eines Vektorfeldes.

singulärer Wert, *Singulärwert*, eine der nichtnegativen Wurzeln $\sigma_j = \sqrt{\lambda_j}$ aus den nichtnegativen Eigenwerten $\lambda_1, \dots, \lambda_n$ der aus einer gegebenen Matrix $A \in \mathbb{R}^{m \times n}$ gebildeten Matrix $A^T A$.

Bei symmetrischen Matrizen besteht ein einfacher Zusammenhang zwischen den Eigenwerten und den singulären Werten: Sind $\lambda_1, \dots, \lambda_n$ die Eigenwerte einer symmetrischen Matrix A, so sind $\lambda_1^2, \dots, \lambda_n^2$ die Eigenwerte von $A^T A$, und

$$\sigma_j = \sqrt{\lambda_j^2} = |\lambda_j|$$

die singulären Werte von A.

Anhand der singulären Werte kann man den Rang der Matrix A feststellen, denn der Rang einer Matrix ist gleich der Anzahl der nichtverschwindenen singulären Werte.

Die singulären Werte sollten nicht als Wurzel aus den Eigenwerten von $A^T A$ berechnet werden; dies führt numerisch zu Schwierigkeiten. Stattdessen sollte man eine ↗Singulärwertzerlegung der Matrix ermitteln. Von dieser lassen sich die singulären Werte dann ablesen.

singuläres Linienelement, Linienelement (x_1, y_1, p_1) der impliziten Differentialgleichung $f(x, y, y') = 0$, wenn gilt: $f(x, y, y') = 0$ ist in einer Umgebung von (x_1, y_1, p_1) nicht lokal stetig nach p auflösbar.

singuläres signiertes Maß, eine ↗Mengenfunktion mit zusätzlicher Eigenschaft.

Sind μ und ν ↗signierte Maße auf einer σ-Algebra $\mathcal{A}$ in Ω, so folgt aus der Singularität von μ bzgl. ν, daß auch ν bzgl. μ singulär ist, daß es eine Zerlegung $\Omega = A \cup B$ mit $(A, B) \subseteq \mathcal{A}$ so gibt, daß $\mu(A) = 0$ und $\nu(B) = 0$, und daß für die ↗Jordan-Zerlegung von μ gilt, daß μ^+ singulär bzgl. μ^- ist.

Siehe auch ↗Lebesguescher Zerlegungssatz für Maße.

Singularität, in verschiedenen Teilgebieten der Mathematik grundlegender Begriff, etwa der ↗Differentialgeometrie (↗Fläche, ↗glatte Kurve), der ↗Kosmologie (↗Raum-Zeit-Singularität), der ↗Funktionentheorie einer Variablen (↗isolierte Singularität, ↗singulärer Punkt) und der Funktionentheorie mehrerer Variabler. Im folgenden wird eine Darstellung des Begriffs im Rahmen des letztgenannten Gebiets gegeben. Man vergleiche auch die anderen Einträge zum Themenbereich „singulär".

Bei der Untersuchung von Hyperflächensingularitäten interessiert man sich für das Verhalten dieser Flächen in einer Umgebung einer solchen Singularität. Daher betrachtet man Abbildungskeime. Ein Keim einer Abbildung $f : \mathbb{C}^n \to \mathbb{C}^k$ im Punkt $p \in \mathbb{C}^n$ ist eine Äquivalenzklasse von Abbildungen $g : U \to \mathbb{C}^k$ (U eine offene Umgebung von p in $\mathbb{C}^n$, die nicht für jedes g gleich zu sein braucht) bezüglich der Äquivalenzrelation:

$f_1 \sim f_2 :\Leftrightarrow$ Für $f_1 : U_1 \to \mathbb{C}^k$ und $f_2 : U_2 \to \mathbb{C}^k$ gibt es eine offene Umgebung $U \subset U_1 \cap U_2$ von p mit $f_1 |_U = f_2 |_U$.

Ein holomorpher Abbildungskeim kann eindeutig durch seine konvergente Potenzreihe charakterisiert werden.

Sei U eine offene Menge in $\mathbb{C}^n$. Eine analytische Varietät in U ist eine Menge V in U mit folgender Eigenschaft: Zu jedem Punkt $p \in V$ existiert eine offene Umgebung $U(p)$ von p in U und eine holomorphe Abbildung $f : U(p) \to \mathbb{C}^k$, so daß

$$V \cap U(p) = \{x \in U(p) \mid f(x) = 0\}.$$

Falls man mit einer Abbildung f auskommt, bezeichnet man diese Varietät mit $V(f)$. Für $k = 1$ ist V eine Hyperfläche. Ein Keim einer analytischen Varietät in $p \in \mathbb{C}^n$ ist eine Äquivalenzklasse von analytischen Varietäten $V(f)$ mit $p \in V(f) \subset U$ bezüglich der Äquivalenzrelation

$V(f_1) \sim V(f_2) :\Leftrightarrow$ Es gibt eine offene Umgebung U' von p in U mit $V(f_1) \cap U' = V(f_2) \cap U'$. Man bezeichnet den Keim einer analytischen Varietät in p mit (V, p).

Zwei Abbildungskeime $f_1 : (\mathbb{C}^n, p_1) \to \mathbb{C}^k$ und $f_2 : (\mathbb{C}^n, p_2) \to \mathbb{C}^k$ heißen rechtsäquivalent (bzw. rechtslinksäquivalent), falls es Repräsentanten $\widetilde{f}_1 : U_1 \to \mathbb{C}^k$ und $\widetilde{f}_2 : U_2 \to \mathbb{C}^k$ von f_1 und f_2 und eine biholomorphe Abbildung $\varphi : U_1 \to U_2$ gibt mit $\varphi(p_1) = p_2$ und $\widetilde{f}_1 = \widetilde{f}_2 \circ \varphi$ (bzw., falls noch eine biholomorphe Abbildung $\psi : V_1 \to V_2$ existiert, wobei V_1, V_2 offene Mengen von $f_1(p_1)$ und $f_2(p_2)$ in $\mathbb{C}^k$ sind, so daß $\widetilde{f}_2 \circ \varphi = \psi \circ \widetilde{f}_1$). Zwei Keime (V_1, p_1) und (V_2, p_2) von analytischen Varietäten heißen isomorph (oder äquivalent), falls es Repräsentanten $\widetilde{V}_1$ und $\widetilde{V}_2$ gibt, wobei $\widetilde{V}_1 \subset U_1$ und $\widetilde{V}_2 \subset U_2$, sowie eine biholomorphe Abbildung $\varphi : U_1 \to U_2$ mit $\varphi(p_1) = p_2$ und $\varphi(\widetilde{V}_1) = \widetilde{V}_2$.

Eine Entfaltung eines Funktionskeimes $f : (\mathbb{C}^n, 0) \to (\mathbb{C}, 0)$ ist ein Funktionskeim $F : (\mathbb{C}^n \times \mathbb{C}^k, 0) \to (\mathbb{C}, 0)$ so, daß $F(x, 0) = f(x)$.

Ein Funktionskeim $f : (\mathbb{C}^n, 0) \to (\mathbb{C}, 0)$ heißt (rechts-)einfach, falls es endlich viele Funktionskeime $f_i : (\mathbb{C}^n, 0) \to (\mathbb{C}, 0)$ $(i = 1, ..., m)$ gibt, so daß für jede Entfaltung $F : (\mathbb{C}^n \times \mathbb{C}^k, 0) \to (\mathbb{C}, 0)$ von f ein Repräsentant $\widetilde{F} : U \times V \to \mathbb{C}$ existiert, derart, daß für alle $(p, q) \in U \times V$ die Funktion $F(x, q) : (\mathbb{C}^n, p) \to (\mathbb{C}, 0)$ rechtsäquivalent zu einem f_i ist.

Bei der Klassifikation der einfachen Funktionskeime tritt häufig das Problem auf, zu entscheiden, ob zwei Funktionskeime rechtsäquivalent sind. Mit Hilfe der Ableitungen der Funktionskeime läßt sich dies in vielen Fällen leicht klären. Sei also $f : (\mathbb{C}^n, 0) \to (\mathbb{C}, 0)$ ein holomorpher Funktionskeim. Man nennt

$$j^r f := (\text{Taylorreihe von } f \text{ um } 0 \text{ bis zum Grad } r)$$

den r-Jet von f. f heißt r-bestimmt, wenn jeder Funktionskeim $\widetilde{f} : (\mathbb{C}^n, 0) \to (\mathbb{C}, 0)$ mit $j^r f = j^r \widetilde{f}$ rechtsäquivalent zu f ist.

Sei $\mathcal{E}(n)$ der Ring der holomorphen Funktionskeime $(\mathbb{C}^n, 0) \to (\mathbb{C}, 0)$. Man setzt

$$\mathfrak{m} := \{f \in \mathcal{E}(n) \mid f(x) = 0\},$$
$$\mathfrak{m}^r := \{f \in \mathcal{E}(n) \mid j^{r-1} f = 0\}.$$

$\mathfrak{m}^r$ ist das einzige maximale Ideal in $\mathcal{E}(n)$. Sei weiter

$$J_f := \left\{ g_1 \frac{\partial f}{\partial x_1} + ... + g_n \frac{\partial f}{\partial x_n} \mid g_{1,...,} g_n \in \mathcal{E}(n) \right\}$$

das Jacobi-Ideal. Es gilt dann der *Satz von Mather-Tougeron:*

Sei $f : (\mathbb{C}^n, 0) \to (\mathbb{C}, 0)$ ein holomorpher Funktionskeim. f ist r-bestimmt, falls $\mathfrak{m}^r \subset \mathfrak{m} \cdot J_f$.

Als Korollar erhält man das *Morse-Lemma*, welches sich zu folgendem Satz verallgemeinern läßt:

Sei $f : (\mathbb{C}^n, 0) \to (\mathbb{C}, 0)$ ein holomorpher Funktionskeim mit $df(0) = 0$ und $rang(\partial^2 f / \partial x_i \partial x_j (0)) = k$. Dann ist f rechtsäquivalent zu einem Funktionskeim der Form

$$x_1^2 + ... + x_k^2 + g(x_{k+1}, ..., x_n), \; g \in \mathfrak{m}^3.$$

Ist $f : (\mathbb{C}^n, 0) \to (\mathbb{C}, 0)$ ein einfacher Funktionskeim mit isolierter Singularität in Null, so gilt $rang(j^2 f) \geq n - 2$. Aus diesem Grund spielen die Funktionskeime $f : (\mathbb{C}^2, 0) \to (\mathbb{C}, 0)$ eine Sonderrolle. Man klassifiziert zunächst die Singularitäten in $\mathbb{C}^2$, und beim Übergang zur Klassifikation der Singularitäten in $\mathbb{C}^n$ muß zu einem einfachen Funktionskeim $f : (\mathbb{C}^2, 0) \to (\mathbb{C}, 0)$ nur noch eine Summe von Quadraten addiert werden, um einen einfachen Funktionskeim $\tilde{f} : (\mathbb{C}^n, 0) \to (\mathbb{C}, 0)$ zu erhalten. Es gilt der folgende *Satz von Arnold*:

Es sei $f : (\mathbb{C}^n, 0) \to (\mathbb{C}, 0)$ ein einfacher holomorpher Funktionskeim mit $df(0) = 0$. Dann ist f rechtsäquivalent zu einem der folgenden einfachen Funktionskeime:

$$
\begin{array}{ll}
A_k & x_1^{k+1} + x_2^2 + \ldots + x_n^2,\ n \geq 1, k > 0 \\
D_k & x_1^2 x_2 + x_2^{k+1} + x_3^2 + \ldots + x_n^2,\ n \geq 2, k \geq 4 \\
E_6 & x_1^3 + x_2^4 + x_3^2 + \ldots + x_n^2 \\
E_7 & x_1^3 + x_1 x_2^3 + x_2^3 + \ldots + x_n^2 \\
E_8 & x_1^3 + x_2^5 + x_3^2 + \ldots + x_n^2
\end{array}
$$

Die gleiche Liste erhält man bei der Klassifikation nach Rechtslinksäquivalenz und auch nach Isomorphie von Raumkeimen.

Die einfachen Hyperflächensingularitäten erhält man auch mit Hilfe algebraischer Methoden, so etwa die einfachen zweidimensionalen Hyperflächensingularitäten, indem man die Quotientensingularitäten $\mathbb{C}^2/G$, G eine endliche Untergruppe von $SL(2, \mathbb{C})$, betrachtet. Bei der Auflösung der einfachen zweidimensionalen Hyperflächensingularitäten werden die singulären Punkte aufgeblasen, um dann eine glatte Mannigfaltigkeit zu erhalten:

Sei X eine analytische Varitetät mit isolierter Singularität in Null. Eine Auflösung von $(X, 0)$ ist eine eigentliche (d. h. Urbilder kompakter Mengen sind kompakt) holomorphe Abbildung $\pi : M \to X$, wobei gilt:

i) M ist eine glatte analytische Mannigfaltigkeit.
ii) $\pi : M - \pi^{-1}(0) \to X - \{0\}$ ist biholomorph.
iii) $\pi^{-1}(0)$ ist eine echte Untervarietät von M der Kodimension 1.

Man nennt $E := \pi^{-1}(0)$ den exzeptionellen Divisor, nach Hironaka gibt es stets solche Auflösungen. Oft liegt die Situation vor, daß X eine analytische Untervarietät von Y ist. Eine Auflösung $\pi : M \to Y$ nennt man eine eingebettete Auflösung von X, wenn die strikte Transformierte $\pi^{-1}(X - \{0\})$ eine glatte analytische Mannigfaltigkeit ist. Ein konkreter Prozeß, der zu einer eingebetteten Auflösung der Kurvensingularitäten in $\mathbb{C}^2$ führt, ist unter dem Stichwort ↗monoidale Transformation beschrieben.

[1] Bättig, D., Knörrer, H.: Singularitäten. Birkhäuser Verlag Basel Boston Berlin, 1991.

Singularität einer Poisson-Struktur, Punkt m einer ↗Poissonschen Mannigfaltigkeit (M, P), an dem der Rang echt kleiner als der Maximalrang ist.

Poissonsche Mannigfaltigkeiten, deren Poisson-Strukturen keine Singularitäten aufweisen (wie etwa alle ↗symplektischen Mannigfaltigkeiten), werden regulär genannt und durch die Existenz von kovarianten Ableitungen des Tangentialbündels charakterisiert, deren Parallelverschiebungen die Poisson-Struktur invariant lassen.

Singularität eines algebraischen Schemas, ein Punkt $x \in X$ (X das algebraische Schema), in dem X nicht glatt ist.

Singularität glatter Abbildungen, für eine C^∞-Abbildung Φ einer differenzierbaren Mannigfaltigkeit M in eine differenzierbare Mannigfaltigkeit N ein kritischer Wert von Φ, d. h. ein Punkt der Form $\Phi(m) \in N$, wobei $m \in M$ und die Ableitung von Φ bei m nicht Maximalrang hat.

Für ebene Projektionen von im $\mathbb{R}^3$ eingebetteten Flächenstücken hat Whitney die lokale Struktur der unter kleinen Deformationen nicht hebbaren Singularitäten klassifiziert: Hier gibt es nur die ↗Falte und die ↗Whitneysche Schnabelspitze. Für die Klassifikation der Singularitäten in höheren Dimensionen werden in vielen Fällen Spiegelungsgruppen verwendet.

Singularität vom Fuchsschen Typ, ↗schwache Singularität.

Singularität von Kaustiken, geometrischer Begriff.

Die Menge der singulären Werte einer ↗Lagrange-Abbildung, also eine ↗Kaustik, kann selbst wieder generische Singularitäten besitzen, die sich für kleine Dimensionen ($n \leq 5$) der Lagrangeschen Untermannigfaltigkeit klassifizieren lassen.

Zum Beispiel erzeugt die Lagrangesche Untermannigfaltigkeit

$$\{(q_2 p_1 - p_1^3, q_2, p_1, -p_1^2/2) | q_2, p_1 \in \mathbb{R}\}$$

von $\mathbb{R}^4$ eine ↗Whitneysche Schnabelspitze als Kaustik unter der Projektion $(q, p) \mapsto q$, die wiederum im Ursprung singulär ist.

Singularität von Wahrscheinlichkeitsmaßen, ↗Orthogonalität von Wahrscheinlichkeitsmaßen.

Singularitätenmenge, fundamentaler Begriff in der Theorie der komplexen Räume.

Sei $(X, \mathcal{O})$ ein komplexer Raum. Dann heißt

$$S(X) := \{x \in X;\ \text{keine Umgebung von } X \text{ ist eine komplexe Mannigfaltigkeit}\}$$

Singularitätenmenge von X. Die Elemente von X heißen singuläre Punkte von X.

Singulärwert, ↗singulärer Wert, ↗ kompakter Operator.

Singulärwertzerlegung, die Zerlegung einer Matrix $A \in \mathbb{R}^{m \times n}$ in das Produkt $A = U\Sigma V^T$, wobei $U \in \mathbb{R}^{m \times m}$ und $V \in \mathbb{R}^{n \times n}$ orthogonale Matrizen sind, und

$$\Sigma = \left(\begin{array}{ccc|c} \sigma_1 & & & \\ & \ddots & & \\ & & \sigma_r & \\ \hline & & & 0 \end{array}\right) \begin{matrix} \\ \\ \\ \}m-r \end{matrix} \in \mathbb{R}^{m \times n}$$
$$\underbrace{\quad}_{n-r}$$

die aus den von Null verschiedenen ↗singulären Werten $\sigma_1, \ldots, \sigma_r$ von A gebildete Matrix. r ist der Rang von A.

Weiter gelten mit der Bezeichnung $U = [u_1, u_2, \ldots, u_m]$ und $V = [v_1, v_2, \ldots, v_n]$ folgende Beziehungen:

$$\begin{aligned} \mathrm{Ker}(A) &= \mathrm{Span}\{v_{r+1}, \ldots, v_n\}, \\ \mathrm{im}(A) &= \mathrm{Span}\{u_1, \ldots, u_r\}, \\ A &= \sum_{i=1}^{r} \sigma_i u_i v_i^T, \\ ||A||_2 &= \sigma_1, \\ ||A||_F^2 &= \sigma_1^2 + \sigma_2^2 + \cdots + \sigma_p^2, \quad p = \min\{n, m\}. \end{aligned}$$

Die Spalten von U geben m orthonormale Eigenvektoren der symmetrischen $(m \times m)$-Matrix AA^T an, die Spalten von V n orthonormale Eigenvektoren der symmetrischen $(n \times n)$-Matrix A^TA. Die Singulärwertzerlegung kann zur Rangbestimmung einer Matrix und zur Lösung eines überbestimmten linearen Gleichungssystems mittels der ↗Methode der kleinsten Quadrate eingesetzt werden.

Ein gebräuchlicher Algorithmus zur Berechnung der Singulärwertzerlegung besteht aus zwei Schritten. (Zur Vereinfachung sei $m \geq n$ angenommen, andernfalls betrachte man A^T statt A). Im ersten Schritt wird die Matrix A durch Transformation mit ↗Householder-Matrizen (oder Givens-Matrizen) in eine Bidiagonalgestalt überführt, d. h. in eine Matrix B, bei welcher lediglich die Diagonalelememte b_{ii} und die oberen Nebendiagonalelemente $b_{i,i+1}$ ungleich 0 sind. Dazu führt man abwechselnd Spalten- und Zeileneliminationen mit Householder-Matrizen (oder Givens-Rotationen) durch: Zunächst bestimmt man eine $(m \times m)$-Householder-Matrix P_1, welche die Elemente der ersten Spalte von A unterhalb des Matrixelements a_{11} annulliert:

$$P_1 A = P_1 \begin{pmatrix} x & x & x & x \\ x & x & x & x \\ x & x & x & x \\ x & x & x & x \\ x & x & x & x \end{pmatrix} = A^{(1)} = \begin{pmatrix} b_{11} & x & x & x \\ 0 & x & x & x \\ 0 & x & x & x \\ 0 & x & x & x \\ 0 & x & x & x \end{pmatrix}.$$

Anschließend bestimmt man eine $(n \times n)$-Householder-Matrix Q_1 so, daß die Elemente auf den Positionen $(1, 3), (1, 4), \ldots, (1, n)$ der ersten Zeile von $A^{(2)} = A^{(1)}Q_1$ verschwinden:

$$A^{(2)} = \begin{pmatrix} b_{11} & b_{12} & 0 & 0 \\ 0 & x & x & x \\ 0 & x & x & x \\ 0 & x & x & x \\ 0 & x & x & x \end{pmatrix}.$$

Allgemein erhält man im ersten Schritt eine Matrix $A^{(2)}$ der Form

$$A^{(2)} = \left(\begin{array}{c|c} b_{11} & y \\ \hline 0 & \widetilde{A} \end{array}\right), \quad y = [b_{12}, 0, \ldots, 0] \in \mathbb{R}^{n-1}$$

mit einer $(m-1) \times (n-1)$-Matrix $\widetilde{A}$. Man behandelt nun die Matrix $\widetilde{A}$ auf die gleiche Weise wie A und erhält so nach n Reduktionsschritten eine $(m \times n)$-Bidiagonalmatrix B

$$B = \begin{pmatrix} \widetilde{B} \\ 0 \end{pmatrix}, \quad \widetilde{B} = \begin{pmatrix} b_{11} & b_{12} & & \\ & b_{22} & \ddots & \\ & & \ddots & b_{n-1,n} \\ & & & b_{nn} \end{pmatrix},$$

wobei $B = P_n P_{n-1} \cdots P_1 A Q_1 Q_2 \cdots Q_{n-2}$. Da nur Orthogonaltransformationen verwendet wurden, besitzen B und A dieselben singulären Werte. Im zweiten Schritt wird nun die Singulärwertzerlegung von $B = U\Sigma V^T$ berechnet. Dann ist

$$A = P^T U \Sigma V^T Q^T$$

mit $P = P_n P_{n-1} \cdots P_1$ und $Q = Q_1 Q_2 \cdots Q_{n-2}$ eine Singulärwertzerlegung von A. Die Singulärwertzerlegung von B kann durch Anwendung des QR-Algorithmus auf die Matrix B^TB bestimmt werden. Die explizite Berechnung von B^TB kann dabei vermieden werden, sodaß man in der Praxis iterativ mittels Orthogonaltransformationen eine Folge von Bidiagonalmatrizen berechnet, welche gegen eine Diagonalmatrix konvergieren.

Sinnesphysiologie, ein Gegenstand der mathematischen Modellbildung.

Insbesondere die optische Perzeption ist wegen ihrer praktischen Bedeutung und mathematisierbaren Strukturen (sukzessive Abbildungen zweidimensionaler Mannigfaltigkeiten im Gesichtsfeld, Retina, Cortex) wichtig (Bildverarbeitung, Kontrastverstärkung, optische Täuschungen, Bilderkennung, Orientierung von Organismen in optischen Umwelten).

Sinus, im elementargeometrischen Sinne die Kenngröße eines spitzen Winkels im rechtwinkligen Dreieck, nämlich der Quotient aus ↗Gegenkathete und ↗Hypotenuse. Mit den in der Abbildung definierten Bezeichnungen gilt also

$$\sin(\alpha) = \frac{a}{c}.$$

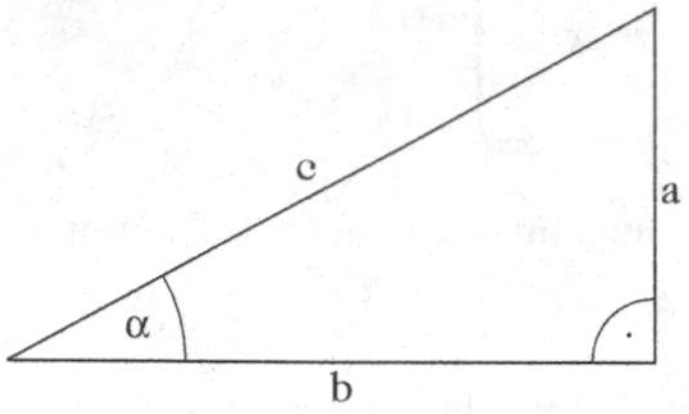

Häufig verwendet man den Begriff Sinus auch als Synonym für die ↗Sinusfunktion.

sinus amplitudinis, ↗ Amplitudinisfunktion, ↗ elliptische Funktion.

Sinus hyperbolicus, ↗hyperbolische Sinusfunktion.

Sinusfunktion, *Sinus*, ist definiert durch die Potenzreihe

$$\sin z := \sum_{n=0}^{\infty} \frac{(-1)^n}{(2n+1)!} z^{2n+1}. \tag{1}$$

Diese Reihe heißt auch Sinusreihe. Sie ist in ganz $\mathbb{C}$ ↗normal konvergent, und daher ist sin eine ↗ganz transzendente Funktion.

Durch gliedweises Differenzieren der Potenzreihe in (1) ergibt sich für die Ableitung von sin

$$\sin' z = \cos z.$$

Die Sinusfunktion hat einfache Nullstellen an $z = z_k = k\pi$, $k \in \mathbb{Z}$, sie ist eine ungerade Funktion, d. h. $\sin(-z) = -\sin z$, und sie hat die Periode 2π. Jeder Wert $a \in \mathbb{C}$ wird von der Sinusfunktion abzählbar unendlich oft angenommen, d. h. sie hat keine ↗Ausnahmewerte. Weiter ist sie durch die ↗Exponentialfunktion darstellbar:

$$\sin z = \frac{1}{2i}(e^{iz} - e^{-iz}).$$

Die Zerlegung in Real- und Imaginärteil lautet

$$\sin z = \sin x \cosh y + i \cos x \sinh y, \quad z = x + iy.$$

Außerdem sei auf das wichtige ↗Additionstheorem der Cosinus- und Sinusfunktion verwiesen.

Von Interesse sind auch die Abbildungseigenschaften der Sinusfunktion. Zum Beispiel wird der Vertikalstreifen

$$\left\{ x + iy : |x| < \frac{\pi}{2} \right\}$$

konform auf die zweifach geschlitzte Ebene

$$\mathbb{C} \setminus \{x \in \mathbb{R} : |x| \geq 1\}$$

abgebildet.

Sinusreihe, ↗ Sinusfunktion.

Sinussatz, wichtiger Satz der ↗Trigonometrie über den Zusammenhang zwischen Seitenlängen und Winkelmaßen in Dreiecken.

In der ebenen Trigonometrie gilt der folgende Sinussatz:

In einem beliebigen ebenen Dreieck sind die Quotienten aus der Länge einer Seite und dem Sinus des gegenüberliegenden Winkels konstant.

In einem Dreieck mit den Seiten a, b, und c sowie den jeweils gegenüberliegenden Innenwinkeln α, β und γ gilt also

$$\frac{a}{\sin\alpha} = \frac{b}{\sin\beta} = \frac{c}{\sin\gamma}.$$

Da die Sinusfunktion im Intervall $(0, \pi)$ nicht eineindeutig ist, wird ein gesuchter Winkel bei der Berechnung mittels des Sinussatzes nicht eindeutig bestimmt. Als Ergebnisse kommen stets zwei Winkelmaße in Frage, das eines spitzen Winkels α_1, das sich durch die Berechnung des Arcussinus ergibt, sowie $\alpha_2 = 180° - \alpha_1$ als Maß eines stumpfen Winkels. Welcher dieser beiden Werte tatsächlich für den gesuchten Winkel eines gegebenen Dreiecks zutreffend sein kann, muß anhand weiterer Kriterien, wie der Innenwinkelsumme und der Tatsache, daß längeren Seiten stets größere Winkel gegenüberliegen, ermittelt werden.

In der ↗sphärischen Trigonometrie gilt der folgende Sinussatz:

In jedem Eulerschen Dreieck mit den Seiten a, b, und c sowie den jeweils gegenüberliegenden Innenwinkeln α, β und γ gilt

$$\frac{\sin a}{\sin\alpha} = \frac{\sin b}{\sin\beta} = \frac{\sin c}{\sin\gamma}.$$

Wegen

$$\lim_{x\to 0} \frac{\sin x}{x} = 1$$

geht dieser Satz für sehr kleine Seitenlängen in den Sinussatz der ebenen Trigonometrie über.

In der ↗hyperbolischen Trigonometrie müssen die Werte des sinus hyperbolicus der Seitenlängen mit den Sinuswerten der Winkel ins Verhältnis gesetzt werden, hier gilt also folgender Sinussatz:

In jedem Dreieck einer hyperbolischen Ebene mit den Seiten a, b und c sowie den jeweils gegenüberliegenden Innenwinkeln α, β und γ gilt

$$\frac{\sinh a}{\sin\alpha} = \frac{\sinh b}{\sin\beta} = \frac{\sinh c}{\sin\gamma}.$$

Auch der Sinussatz der hyperbolischen Trigonometrie geht wegen

$$\lim_{x \to 0} \frac{\sinh x}{x} = 1$$

für sehr kleine Seitenlängen in den Sinussatz der ebenen Trigonometrie über.

Sinus-Transformation, ↗ Fourier-Transformation.

SI-System, ↗ Einheitensysteme der Physik.

Skalar, Element aus dem einem ↗ Vektorraum zugrundeliegenden ↗ Körper.

skalare Krümmung, *Skalarkrümmung*, eine mit Hilfe algebraischer Operationen aus dem Krümmungstensor abgeleitete Funktion k_{sk} auf einer Riemannschen Mannigfaltigkeit (M, g).

Sie ist die Spur

$$k_{sk} = \sum_{i,j=1}^{n} g^{ij} S_{ij}$$

des ↗ Ricci-Tensors S von (M, g), die bezüglich des ↗ metrischen Fundamentaltensors g zu bilden ist. Ist $\mathfrak{e}_1, \dots, \mathfrak{e}_n$ eine Basis von orthonormalen Vektorfeldern auf einer offenen Menge $\mathcal{U} \subset M$, so gilt für $x \in \mathcal{U}$:

$$k_{sk}(x) = \sum_{i=1}^{n} S(\mathfrak{e}_i(x), \mathfrak{e}_i(x)).$$

Skalarenmultiplikation, Multiplikation zweier ↗ Skalare, nicht zu verwechseln mit dem Begriff der ↗ Skalarmultiplikation.

Skalarkrümmung, ↗ skalare Krümmung.

Skalarmatrix, $(n \times n)$-↗ Matrix A über $\mathbb{K}$, die in der Form $A = \alpha I_n$ mit einem $\alpha \in \mathbb{K}$ darstellbar ist, wobei I_n die $(n \times n)$-↗ Einheitsmatrix bezeichnet.

Skalarmultiplikation, Multiplikation eines Elementes eines ↗ Vektorraums mit einem ↗ Skalar, nicht zu verwechseln mit dem Begriff der ↗ Skalarenmultiplikation.

Skalarprodukt, *inneres Produkt*, positiv definite symmetrische Bilinearform auf einem Vektorraum V über $\mathbb{R}$ oder $\mathbb{C}$, die je zwei Vektoren aus V eine reelle Zahl zuordnet.

Ist V ein n-dimensionaler Raum, und sind $x = (x_1, \dots, x_n)$ und $y = (y_1, \dots, y_n) \in V$, so ist das Standardskalarprodukt definiert als

$$\langle x, y \rangle := x_1 y_1 + \cdots + x_n y_n .$$

Manchmal wird statt $\langle x, y \rangle$ auch die Notation (x, y) oder $x \cdot y$ verwendet. Das Skalarprodukt ist bilinear, d. h., jeweils linear in x und y und positiv definit, es gilt also

$$\langle x, x \rangle > 0 \quad \text{für} \quad x \neq 0 \quad \text{und} \quad \langle 0, 0 \rangle = 0 .$$

Allgemeiner betrachtet man auch Skalarprodukte, die gegeben werden durch

$$\langle x, y \rangle := x^t \cdot A \cdot y, \tag{1}$$

wobei A eine symmetrische, positiv-definite $(n \times n)$-Matrix ist. Ist A nicht von der angegebenen Form, so wird durch (1) kein Skalarprodukt definiert. Auf endlich-dimensionalen Räumen sind alle Skalarprodukte von der angegebenen Form, das Standardskalarprodukt erhält man, indem man A als die Einheitsmatrix wählt. Ist $\langle \cdot, \cdot \rangle$ ein Skalarprodukt auf V und U ein ↗ Unterraum von V, so liefert die Einschränkung von $\langle \cdot, \cdot \rangle$ auf U ein Skalarprodukt auf U. Aus $\langle v, v_1 \rangle = \langle v, v_2 \rangle \; \forall v \in V$ folgt stets $v_1 = v_2$.

Ein reeller oder komplexer Vektorraum auf dem ein Skalarprodukt gegeben ist, wird auch als ↗ Prä-Hilbertraum bezeichnet.

Skalarproduktraum, ↗ Prä-Hilbertraum.

Skalentypen, Begriff aus der Statistik.

Unter der Skalierung eines zufälligen Merkmals versteht man die eineindeutige Zuordnung von reellen Zahlen zu den Merkmalsausprägungen. Den entstehenden Zahlenbereich nennt man Skala.

Einem Merkmal kann man viele verschiedene äquivalente Skalen zuordnen, die alle durch Transformationen ineinander überführt werden können. Oberstes Prinzip der Skalierung ist es, die Eigenschaften, die die Merkmalsausprägungen besitzen, in den Zahlenwerten der Skala widerzuspiegeln. So zum Beispiel sollten Skalen, die die Leistung oder Qualität eines Objekts betreffen, die Ordnung, die in den Leistungs- bzw. Qualitätsklassen enthalten ist, widerspiegeln. Mit den Zahlenwerten einer Skala können nicht sämtliche Rechenoperationen durchgeführt werden, sondern nur solche, die wieder auf die Merkmalsausprägungen zurückinterpretiert werden können. Ordnen wir zum Beispiel dem Merkmal Geschlecht die Skala: 0=‚weiblich', 1=‚männlich' zu, so darf man die Zahlen 0 und 1 weder mitteln, noch ordnen, da man das auch mit den Merkmalsausprägungen ‚männlich' und ‚weiblich' nicht machen kann.

Man unterscheidet in der Statistik vier verschiedene Skalentypen. Bei der Verwendung statistischer Maßzahlen ist zu beachten, daß nur solche Maßzahlen zum Einsatz kommen, die die für die Skalentypen erlaubten Rechenoperationen benutzen.

1. Skala: Nominalskala , Beispiel: Geschlecht.
   Erlaubte Rechenoperationen: $=, \neq$, keine Ordnungen, keine Größen.
   Zulässige Transformation: alle bijektiven Abbildungen.
2. Skala: Ordinalskala, Beispiel: Qualitätsklassen.
   Erlaubte Rechenoperationen: $=, \neq, <, >$,, keine Größen.

Zulässige Transformation: alle streng monotonen bijektiven Abbildungen, (erhalten die Ordnungsrelation).

3. Skala: Intervallskala, Beispiel: Temperatur. Erlaubte Rechenoperationen: $=, \neq, <, >, +, -$, Differenzen sind bis auf die Maßeinheit a eindeutig, der Nullpunkt ist nicht eindeutig, Verhältnisse dürfen nicht gebildet werden. Zulässige Transformationen: alle Transformationen der Form $S2 = aS1 + b$ (a: Maßeinheit, b: Nullpunkt).
4. Skala: Proportionalitätsskala, Beispiel: (Anzahl, Gewicht, Zeit, Länge...). Erlaubte Rechenoperationen: $=, \neq, <, >, +, -$, $:, *$, Differenzen sind bis auf die Maßeinheit a eindeutig, der Nullpunkt ist eindeutig, Verhältnisse dürfen gebildet werden. Zulässige Transformationen: alle Transformationen der Form : $S2 = aS1$. (a: Maßeinheit).

Man spricht von einem nominal-, ordinal-, intervall- oder proportionalitätsskalierten Merkmal, wenn diesem eine Nominal-, Ordinal-, Intervall- oder Proportionalitätsskala zugeordnet wurde. Ein intervall- oder proportionalitätsskaliertes Merkmal nennt man auch metrisch skaliert. Nominal- oder ordinalskalierte Merkmale werden auch als qualitative Merkmale bezeichnet.

Skalierung von zufälligen Merkmalen, ↗Skalentypen.

Skalierungsfunktion, *verfeinerbare Funktion*, Funktion $\phi \in L^2(\mathbb{R})$, die eine ↗Multiskalenanalyse erzeugt.

Für geeignete Koeffizienten $h_k, k \in \mathbb{Z}$, erfüllt ϕ die Skalierungsgleichung

$$\phi(x) = \sum_{k \in \mathbb{Z}} h_k \cdot \phi(2x - k) .$$

Für praktische Anwendungen ist es wünschenswert, daß obige Summe endlich ist und wenige Summanden enthält. Diese Forderungen erfüllen beispielsweise die charakteristische Funktion $\chi_{[0,1]} =: N_1$ (B-Spline erster Ordnung) oder normierte B-Splines $N_m(x)$ höherer Ordnung, und sind damit geeignete Kandidaten für Skalierungsfunktionen. Orthogonalität $\langle\phi, \phi(\cdot - k)\rangle = \delta_{0k}$ gilt hier nur im Fall $m = 1$. Ein Beispiel orthogonaler Skalierungsfunktionen sind Daubechies-Skalierungsfunktionen, die ebenfalls kompakte Träger haben und über eine größere Glattheit verfügen.

Skalierungsgleichung, *Maskengleichung*, *Verfeinerungsgleichung*, *Zwei-Skalen-Gleichung*, definierende Gleichung einer ↗Skalierungsfunktion.

Für geeignete Koeffizienten $h_k, k \in \mathbb{Z}$ erfüllt eine Skalierungsfunktion $\phi \in L^2(\mathbb{R})$ die Skalierungsgleichung

$$\phi(x) = \sum_{k \in \mathbb{Z}} h_k \cdot \phi(2x - k) .$$

(Man beachte, daß in der Literatur die Koeffizienten häufig mit dem Normierungsfaktor $\sqrt{2}$ versehen sind.) Skalierungsgleichung und Skalierungsfunktion sind wesentlich in der Wavelettheorie, da sie eine Multiskalenzerlegung von $L^2(\mathbb{R})$ induzieren. Anhand der Gleichung erkennt man unmittelbar den strukturellen Zusammenhang $V_0 \subset V_1$ zwischen den Räumen $V_0 = \text{span}\{\phi(\cdot - k)|k \in \mathbb{Z}\}$ und $V_1 = \text{span}\{\phi(2 \cdot -k)|k \in \mathbb{Z}\}$, woraus allgemeiner die Inklusionen $V_j \subset V_{j+1}, j \in \mathbb{Z}$ folgen. So erhält man, ausgehend von der Skalierungsgleichung, eine Folge ineinandergeschachtelter Räume, die Grundlage für eine Multiskalenanalyse ist.

skalierungsinvariante Mustererkennung, ↗dilatationsinvariante Mustererkennung.

Skalierungskoeffizienten, auch Maskenkoeffizienten genannt, Koeffizienten $\{h_k\}_{k \in \mathbb{Z}}$ in der ↗Skalierungsgleichung

$$\phi(x) = \sum_{k \in \mathbb{Z}} h_k \cdot \phi(2x - k)$$

(je nach Normierung auch

$$\phi(x) = \sqrt{2} \sum_{k \in \mathbb{Z}} h_k \cdot \phi(2x - k)) .$$

Skalierungsparameter, ↗Dilatationsparameter.

Skewes-Zahl, die Zahl

$$S = e^{e^{e^{79}}} \approx 10^{10^{10^{34}}} .$$

Nachdem 1914 John Edensor Littlewood bewiesen hatte, daß das (für ‚kleine x negative) Fehlerglied $r(x)$ in der Darstellung $\pi(x) = \text{Li}(x) + r(x)$ der Primzahlanzahl $\pi(x)$ mit dem Integrallogarithmus $\text{Li}(x)$ unendlich oft das Vorzeichen wechselt, zeigte Stanley Skewes 1933, daß dies mindestens einmal für $x < S$ geschieht, wobei er die Gültigkeit der Riemannschen Vermutung voraussetzte. Im Jahr 1955 konnte er unter Annahme einer schwächeren Hypothese H zeigen, daß ein Vorzeichenwechsel schon für

$$x < e^{e^{7,703}} \approx 10^{10^{962}}$$

stattfindet, und bei Annahme von nicht-H für

$$x < e^{e^{e^{7,705}}} \approx 10^{10^{10^{964}}} .$$

Seither konnte diese obere Grenze deutlich verkleinert werden.

Die Skewes-Zahl war zu ihrer Zeit die größte in einem ernsthaften mathematischen Beweis vorkommende Zahl. Derzeit (2001) gilt dies für die ↗Graham-Zahl.

Skolem, Thoralf Albert, norwegischer Mathematiker, geb. 23.5.1887 Sandsvaer (Südnorwegen), gest. 23.3.1963 Oslo.

Nach dem Schulbesuch in Kristiana (Oslo) studierte der Lehrersohn Skolem dort ab 1905 Mathematik und Naturwissenschaften. Seit 1909 als Assistent arbeitend, legte er 1913 das Staatsexamen ab und weilte 1915/16 zu einem Studienaufenthalt in Göttingen. 1918 wurde er an der Universität Oslo Dozent und promovierte dort 1926. Von 1930 bis 1938 arbeitete er am Chr. Michelsens Institut in Bergen und kehrte dann als Professor nach Oslo zurück, wo er bis zur Emeritierung 1950 lehrte. Außerdem nahm er nach 1938 diverse Gastprofessuren in den USA wahr.

Skolems Forschungsaktivitäten waren sehr vielseitig, die Beschäftigung mit den Grundlagen der Mathematik stand jedoch im Mittelpunkt. Seine ersten Arbeiten 1913 und 1917 waren der Verbandstheorie gewidmet, doch wandte er sich dann sowohl der Logik und Mengenlehre als auch der Zahlentheorie und den diophantischen Gleichungen zu. 1919 entwickelte er erste Ansätze zur Methode der Quantorenelimination, und ein Jahr später ergänzte und vereinfachte er den Beweis des Löwenheimschen Satzes, daß für jede Menge von Aussagen erster Stufe ein abzählbares Modell existiert, wenn die Menge ein unendliches Modell besitzt (Satz von Löwenheim-Skolem). Gleichzeitig führte er die nach ihm benannte Normalform für prädikatenlogische Ausdrücke ein. Die Anwendung seiner Ergebnisse auf die Axiomensysteme der Mengenlehre brachte 1922 das ↗Skolemsche Paradoxon hervor, die noch heute gültige Präzisierung des Begriffs „definite Aussage" in Zermelos Axiomensystem der Mengenlehre, und die Ergänzung dieses Systems um das Ersetzungsaxiom. 1923 erzielte er wichtige Einsichten zu einem rekursiven, weitgehend logikfreien Aufbau der Arithmetik. Von den Anfang der 20er Jahre zeitlich parallel durchgeführten Studien zur Kombinatorik und zu diophantischen Gleichungen ist die von Skolem geschaffene p-adische Methode besonders hervorhebenswert. Auch in den folgenden Jahren hat Skolem viele interessante Arbeiten über diophantische Gleichungen und 1938 eine Monographie publiziert. Mit der Charakterisierung der Automorphismen gewisser einfacher Algebren fand er in den 20er Jahren auch ein wichtiges algebraisches Resultat, das heute auch als Satz von Skolem-Noether bekannt ist. Ab Ende der 20er Jahre widmete sich Skolem Fragen der Entscheidbarkeit der logischen Allgemeingültigkeit und der Angabe einzelner Entscheidbarkeits- und Reduktionsklassen prädikatenlogischer Ausdrücke. 1934 formulierte er die als Ultraproduktkonstruktion bekannt gewordene Methode und bewies, daß die Reihe der natürlichen Zahlen nicht durch abzählbar unendlich viele prädikatenlogische Ausdrücke erster Stufe charakterisiert werden kann. Die weiteren Forschungen zu diesen Themen führten ihn ab 1957 zu neuen interessanten Einsichten zum Beweis der Widerspruchsfreiheit der Mengenlehre im Rahmen geeigneter mehrwertiger Logiken.

Viele der Skolemschen Arbeiten erschienen in norwegischen Zeitschriften, sodaß die grundlegenden Ideen seiner Forschungen oft erst verspätet rezipiert wurden.

Skolemsches Paradoxon, scheinbarer Widerspruch, der bei einer Vermischung von Hintergrund- und Objektmengenlehre auftritt (↗axiomatische Mengenlehre):

Nimmt man an, daß ZFC widerspruchsfrei ist, so hat jedes endliche System von Axiomen aus ZFC ein abzählbares Modell. Andererseits kann man ein endliches System von Axiomen Φ aus ZFC angeben, aus dem die Existenz überabzählbarer Mengen folgt.

Der Widerspruch läßt sich auflösen, wenn man genauer analysiert, was Abzählbarkeit relativiert auf ein Modell genau bedeutet. Sei dazu M ein (möglicherweise abzählbares) Modell von Φ. Ist $A \in M$ eine Menge, die im Modell M überabzählbar ist, so bedeutet dies, daß es *in* M keine surjektive Abbildung $f : \mathcal{N} \to A$ gibt, wobei $\mathcal{N}$ die auf das Modell M relativierte Menge der natürlichen Zahlen bezeichnet. Das bedeutet jedoch nicht, daß die Menge M selbst überabzählbar ist.

Skorochod, Anatoli Wladimirowitsch, Mathematiker, geb. 10.9.1930 Nikopola (bei Dnjepopetrowsk), gest. 3.1.2011 Lansing (Michigan)

Skorochod beendete sein Studium an der Universität Kiew 1953, habilitierte sich 1962, und wurde zwei Jahre später Professor. Bereits seit 1956 war er gleichzeitig an der Universität Kiew und an der Ukrainischen Akademie der Wissenschaften tätig.

Skorochods Hauptinteresse gilt der Wahrscheinlichkeitstheorie und Mathematischen Statistik, insbesondere Markow-Prozessen und stochastischen Differentialgleichungen. Er verfaßte zahlreiche Lehrbücher, die zum Teil auch in andere Sprachen übersetzt wurden.

Skorochod, Satz von, der folgende wichtige Satz der Wahrscheinlichkeitstheorie.

Seien $(\mu_n)_{n\in\mathbb{N}}$ *und* μ *Wahrscheinlichkeitsmaße auf* $(\mathbb{R}, \mathfrak{B}(\mathbb{R}))$. *Konvergiert die Folge* $(\mu_n)_{n\in\mathbb{N}}$ *schwach gegen* μ, *so existieren auf einem gemeinsamen Wahrscheinlichkeitsraum* $(\Omega, \mathfrak{A}, P)$ *definierte reelle Zufallsvariablen* $(Y_n)_{n\in\mathbb{N}}$ *und* Y, *derart daß* Y_n *für jedes* $n \in \mathbb{N}$ *die Verteilung* μ_n *und* Y *die Verteilung* μ *besitzt, und darüber hinaus* $Y_n(\omega) \to Y(\omega)$ *für alle* $\omega \in \Omega$ *gilt.*

Dabei kann $\Omega = (0, 1)$, $\mathfrak{A} = \mathfrak{B}((0, 1))$ und als Wahrscheinlichkeitsmaß P das Lebesgue-Maß auf $(0, 1)$ gewählt werden.

Skorochod-Topologie, die von der im folgenden beschriebenen Metrik d induzierte Topologie auf dem Raum $D = D[0,1]$ der auf dem Intervall $[0,1]$ definierten rechtsseitig stetigen Funktionen mit linksseitigen Limites.

Bezeichnet Λ die Klasse der streng monton wachsenden stetigen und surjektiven Abbildungen $\lambda : [0,1] \to [0,1]$, und definiert man für $f, g \in D$ die Zahl $d(f,g)$ als das Infimum über alle $\varepsilon > 0$, für die ein $\lambda \in \Lambda$ mit

$$\sup_t |\lambda(t) - t| \leq \varepsilon \quad \text{und} \quad \sup_t |f(t) - g(\lambda(t))| \leq \varepsilon$$

existiert, so ist die durch $(f,g) \to d(f,g)$ festgelegte Abbildung d eine Metrik. Die von d induzierte Topologie heißt die Skorochod-Topologie.

Eine Folge $(f_n)_{n\in\mathbb{N}}$ von Elementen aus D konvergiert genau dann gegen $f \in D$, wenn es eine Folge $(\lambda_n)_{n\in\mathbb{N}}$ in Λ gibt, derart daß die durch Komposition erhaltenen Abbildungen $f_n \circ \lambda_n$ gleichmäßig, d. h. bzgl. der ↗Supremumsnorm $\|\cdot\|_\infty$, gegen f, und die λ_n gleichmäßig gegen die Identität konvergieren.

Die ↗Relativtopologie der Skorochod-Toplogie auf dem Raum $C[0,1]$ der auf $[0,1]$ definierten stetigen Funktionen ist die Topologie der gleichmäßigen Konvergenz.

Slater-Bedingung, hinreichende Bedingung dafür, daß in einer linearen Optimierungsaufgabe ein lokaler Minimalpunkt ein ↗Karush-Kuhn-Tucker-Punkt ist (ohne Voraussetzung der Gültigkeit z. B. der linearen Unabhängigkeitsbedingung).

Seien $f, h_i, g_j \in C^k(\mathbb{R}^n, \mathbb{R})$ für ein $k \geq 1, i \in I$, $j \in J, I$ und J endliche Indexmengen. Zusätzlich seien alle Funktionen h_i affin linear; die Funktionen g_j seien entweder ebenfalls affin linear für Indizes $j \in J_1$ oder nicht affin linear, aber konkav für Indizes $j \in J_2, J_1 \cup J_2 = J$. Die Slater-Bedingung ist nun in folgendem Satz ausgedrückt:

Gibt es in obiger Situation mindestens einen zulässigen Punkt $x^* \in M := \{x \in \mathbb{R}^n | h_i(x) = 0, i \in I; g_j(x) \geq 0, j \in J\}$, der $g_j(x^*) > 0$ für die konkaven Funktionen $g_j, j \in J_2$ erfüllt, dann ist jeder lokale Minimalpunkt von $f|_M$ ein Karush-Kuhn-Tucker Punkt.

Slater-Determinante, ↗ Fock-Zustand.

Slater-Punkt, ein Punkt, in dem die ↗Slater-Bedingung erfüllt ist.

Slutsky, Evgenii Evgeniewitsch, russischer Mathematiker und Statistiker, geb. 19.4.1880 Novoe, Rußland, gest. 10.3.1948 Moskau.

Slutsky nahm im Jahr 1899 ein Mathematikstudium an der Universität Kiew auf, wurde jedoch aufgrund seiner aktiven Teilnahme an Studentenunruhen bereits 1901 von der Universität verwiesen und zwangsweise von der Armee rekrutiert. Er durfte zwar schon nach kurzer Zeit wieder zurück an die Universität, kam jedoch bald wieder in Konflikt mit den Behörden und wurde diesmal endgültig exmatrikuliert. Daraufhin ging er nach München, wo er sein Studium erfolgreich abschließen konnte. 1905 kehrte er dann wieder nach Kiew zurück, wo er sich diesmal an der juristischen Fakultät einschrieb und bis 1911 studierte; seinen Abschluß erhielt er mit Auszeichnung.

Von 1913 bis 1926 lehrte Slutsky am Kiewer Handelsinstitut und wechselte danach nach Moskau, wo er eine Tätigkeit am Statistischen Institut der Regierung übernahm. 1934 ging er dann als Dozent an die Moskauer Universität, und ab 1938 war er am Mathematischen Institut der Akademie der Wissenschaften der UdSSR tätig.

Slutsky war Statistiker mit Leib und Seele, er war sowohl am mathematischen Hintergrund der Statistik als auch an deren Anwendungen in Wirtschafts- und Naturwissenschaften interessiert. Bereits während seiner Tätigkeit am Moskauer Regierungsinstitut veröffentlichte er zahlreiche wichtige mathematische Arbeiten. Er befaßte sich mit stochastischen Ableitungen und Integralen, fastperiodischen Folgen und Fragen der Korrelationsanalyse.

Slutsky, Satz von, zeigt, daß für auf einem Wahrscheinlichkeitsraum $(\Omega, \mathfrak{A}, P)$ definierte reelle Zufallsvariablen $(X_n)_{n\in\mathbb{N}}$, $(Y_n)_{n\in\mathbb{N}}$ und X aus der Konvergenz in Verteilung $X_n \xrightarrow{d} X$ und der stochastischen Konvergenz $Y_n \xrightarrow{P} c$ gegen eine Konstante c für eine Funktion $h : \mathbb{R}^2 \to \mathbb{R}$ unter gewissen Voraussetzungen auch die Konvergenz in Verteilung $h(X_n, Y_n) \xrightarrow{d} h(X, c)$ folgt.

Der Satz lautet:

Gilt $X_n \xrightarrow{d} X$ und $Y_n \xrightarrow{P} c$ für ein $c \in \mathbb{R}$, so folgt

$$h(X_n, Y_n) \xrightarrow{d} h(X, c)$$

für jede meßbare Funktion $h : \mathbb{R}^2 \to \mathbb{R}$ mit

$$\mathbb{R} \times (c - \varepsilon, c + \varepsilon) \subseteq C_h$$

für ein $\varepsilon > 0$, wobei C_h die Menge der Stetigkeitspunkte von h bezeichnet.

Unter den Voraussetzungen des Satzes folgt also z. B. $X_n + Y_n \xrightarrow{d} X + c$ und $X_n Y_n \xrightarrow{d} cX$.

Allgemeiner kann man für metrische Räume (S, d) und (S', d') mit den von den jeweiligen Metriken induzierten Topologien und den zugehörigen Borelschen σ-Algebren $\mathfrak{B}(S)$ und $\mathfrak{B}(S')$ zeigen, daß für auf $\mathfrak{B}(S)$ definierte Wahrscheinlichkeitsmaße $(P_n)_{n\in\mathbb{N}}$ und P aus der schwachen Konvergenz $P_n \Rightarrow P$ auch für jede meßbare Abbildung $h : S \to S'$ die schwache Konvergenz $Q_n \Rightarrow Q$ der zugehörigen Bildmaße mit

$$Q_n(B') = P_n(h^{-1}(B')) \text{ bzw. } Q(B') = P(h^{-1}(B'))$$

für alle $B' \in \mathfrak{B}(S')$ folgt, sofern $P(D_h) = 0$ für die Menge D_h der Unstetigkeitsstellen von h gilt.

Sluze, René François de, ↗de Sluze, René François.

Smale, Stephen, amerikanischer Mathematiker, geb. 15.7.1930 Flint (Mich., USA).

Smale erhielt seine erste Schulbildung in einer einfachen Landschule, da er mit seinen Eltern seit 1935 auf einer kleinen Farm bei Flint wohnte. Später interessierte er sich besonders für Chemie, dann für Physik, der er zunächst auch sein 1948 begonnenes Studium widmete. Allmählich wechselte er zur Mathematik und schloß sein Studium an der Universität von Michigan in Ann Arbor 1953 mit dem Master-Grad ab, drei Jahre später promovierte er dort bei R. Bott. 1956–1958 lehrte er als Dozent an der Universität von Chicago, arbeitete 1958–1960 am Institute for Advanced Study in Princeton, und nahm 1960 einen Ruf als Professor an die Universität von Kalifornien in Berkeley an. Dort wirkte er, 1961–1964 unterbrochen durch eine Lehrtätigkeit an der Columbia-Universität in New York, bis zu seiner Emeritierung 1995. Danach nahm er eine Professur an der City-Universität in Hong Kong wahr. Seit seiner Schulzeit war Smale politisch aktiv und beteiligte sich u. a. an Protesten gegen die Kriege in Korea und Vietnam.

Smale erzielte gleichermaßen bedeutende Beiträge zu mehreren Teilgebieten der Mathematik wie zu angewandten Fragen. Er begann seine Forschungen mit topologischen Fragestellungen, u. a. der Einbettbarkeit und der Struktur differenzierbarer Mannigfaltigkeiten. In der Dissertation verallgemeinerte er Aussagen von H. Whitney über ebene Kurven auf reguläre geschlossene Kurven auf einer n-dimensionalen Mannigfaltigkeit. Eines seiner bedeutendsten und bekanntesten topologischen Resultate war 1960 der Beweis der verallgemeinerten Poincaré-Vermutung für $n > 4$. In engem Zusammenhang mit diesen Untersuchungen standen wichtige Beiträge Smales zur Morse-Theorie. Bereits 1958 hatte er sich mit den strukturstabilen Vektorfeldern beschäftigt und eine Klasse dieser Vektorfelder, die Morse-Smale-Vektorfelder bestimmt. Neue Anregungen erhielten diese Forschungen, als N. Levinson zeigte, daß außer den Morse-Smale-Vektorfeldern noch andere strukturstabile Vektorfelder existieren.

Mit dem Wechsel an die Columbia-Universität begann sich Smale verstärkt Fragen der globalen Analysis und der dynamischen Systeme zu widmen und entdeckte einen seltsamen Attraktor, der auf ein chaotisches dynamisches System führt. 1967 formulierte er in einem wichtigen Übersichtsartikel sowohl neue Resultate als auch ein Forschungsprogramm zum Studium noch offener Probleme. Ab Ende der 60er Jahre wandte er sich dann der Anwendung der erzielten Ergebnisse zur Topologie und zu dynamischen Systemen zu. So zog er dynamische Systeme zur Modellierung physikalischer Prozesse heran und nutze topologische Methoden zur Behandlung von Optimierungsaufgaben wie der Bestimmung von ökonomischen Gleichgewichten. Dabei schenkte er der Ausarbeitung effektiver Algorithmen zur numerischen Lösung derartiger Probleme ebenfalls große Aufmerksamkeit.

Dies führte ihn schließlich zu theoretischen Fragen der Informatik, wo es ihm zusammen mit einigen Mitarbeitern gelang, in einem Berechnungsmodell Methoden der numerischen Analysis und der Turing-Maschine zu vereinigen.

Für seine Leistungen wurde Smale verschiedentlich geehrt, u. a. erhielt er 1966 auf dem Internationalen Mathematikerkongreß in Moskau die ↗Fields-Medaille.

Smale-Birkhoff-Theorem, lautet:

Es sei ein Diffeomorphismus $f : \mathbb{R}^n \to \mathbb{R}^n$ mit einem hyperbolischem Fixpunkt $x_0 \in \mathbb{R}^n$ gegeben. Weiter mögen sich die stabile Mannigfaltigkeit $W^s(x_0)$ von x_0 und seine instabile Mannigfaltigkeit $W^u(x_0)$ transversal schneiden, $x \neq x_0 \in W^s(x_0) \cap W^u(x_0)$.

Dann existiert eine hyperbolische invariante Menge $\Lambda \subset \mathbb{R}^n$ so, daß das diskrete dynamische System der iterierten Abbildung von f, eingeschränkt auf Λ, topologisch äquivalent zu einer topologischen Markow-Kette ist.

[1] Guckenheimer, J.; Holmes, Ph.: Nonlinear Oscillations, Dynamical Systems, and Bifurcations of Vector Fields. Springer-Verlag New York, 1983.

Smale-Horseshoe, Beispiel eines von Smale eingeführten dynamischen Systems, das insbesondere zur Untersuchung strukturstabiler Eigenschaften verwendet wurde.

Der Name rührt daher, daß die dem (iterierten) dynamischen System zugrundeliegende Abbildung durch ein Rechteck im $\mathbb{R}^2$ veranschaulicht werden kann, das zu einem „Hufeisen" verbogen wird. Die auf dem Rechteck definierte Abbildung wirkt in einer Richtung kontrahierend, in der anderen expandierend.

Smale-Kupka-Diffeomorphismus, ↗ Kupka-Smale-System.

Smale-Kupka-System, ↗ Kupka-Smale-System.

S-Matrix, Abkürzung für Streumatrix, siehe ↗ S-Matrix-Theorie.

S-Matrix-Theorie, Theorie der Streumatrizen (S-Matrizen).

Sie ist besonders geeignet zur Beschreibung von Wechselwirkungen von Elementarteilchen, wenn es sich asymptotisch in beiden Zeitrichtungen um annähernd wechselwirkungsfreie Teilchensysteme handelt.

Der Endzustand $\phi_{(+)}$ im Zeitlimes $t \to +\infty$ wird als Funktion des Anfangszustands $\phi_{(-)}$ im Zeitlimes $t \to -\infty$ berechnet. Dies geschieht durch die unitäre Matrix S vermittels $\phi_{(+)} = S\ \phi_{(-)}$. Die konkreten Details der Wechselwirkung sind dabei vernachlässigbar. Gibt es überhaupt keine Wechselwirkung, so ist S gleich der Einheitsmatrix. Das Quadrat der Außerdiagonalglieder von S ist ein Maß für die Wahrscheinlichkeit der Umwandlung der entsprechenden Teilchen im Streuprozeß.

Smirnow, Wladimir Iwanowitsch, russischer Mathematiker, geb. 10.7.1887 St. Petersburg, gest. 11.2.1975 Leningrad (St. Petersburg).

Bis 1910 studierte Smirnow an der Universität in St. Petersburg. Danach lehrte er am Petersburger Ingenieurinstitut für Verkehrswesen. Ab 1929 hatte er eine Stelle am Seismologischen Institut und am Mathematischen Institut der Akademie der Wissenschaften der UdSSR inne. Mitte der 1950er half er mit, die Leningrader Mathematische Gesellschaft aufzubauen.

Smirnows Hauptforschungsgebiete waren die mehrdimensionale komplexe Analysis, die Funktionalanalysis und die Elastizitätstheorie. Hier arbeitete er mit Sobolew und Tamarkin zusammen. Bekannt ist er insbesondere für sein fünfbändiges Lehrbuch „Lehrgang der höheren Mathematik".

***S-m-n*-Theorem**, ↗Parametertheorem.

Snedecor-Verteilung, ↗F-Verteilung.

Snel(l) van Royen, Willebrord, ↗Snellius, Willebrord.

Snellius, Willebrord, *Snel van Royen*, *Snell van Royen*, niederländischer Mathematiker, Physiker, Astronom, geb. 1580 Leiden, gest. 30.10.1626 Leiden.

Snellius war der Sohn eines Mathematikprofessors der Universität Leiden. Er studierte Jura in Leiden, wandte sich aber unter dem Einfluß der niederländischen Mathematikerschule bald der Mathematik zu, und lehrte ab 1600 kurzzeitig selbst an der Universität Leiden Mathematik.

Wenig später verließ er jedoch seine Heimatstadt, besuchte zu Studienzwecken Würzburg, Prag, Tübingen, Altdorf, Paris, Kassel, und die Schweiz. Nach Leiden zurückgekehrt (1604) übersetzte er mathematische Werke und bemühte sich um die Rekonstruktion der Bücher des Apollonius über ebene Örter. Der dritte Teil dieser „Wiederherstellung" wurde am bekanntesten („Apollonius batavus", 1608).

Nach dem Tode seines Vaters übernahm er dessen Lehrverpflichtungen und erhielt 1610 auch dessen Professur. Snellius gab ab 1613 mathematische Werke des Petrus Ramus (1515–1572) heraus, verfaßte eine Schrift über Geldwährungen (1613) und übersetzte Schriften Ludolf van Ceulens ins Lateinische. Sein Kommentar dazu enthielt einige neue Formeln zur Berechnung von Vielecken. Ab 1615 beschäftigte er sich mit der Längenbestimmung, entwickelte die Methode der Triangulation neu und bestimmte 1617 die Entfernung von Alkmaar nach Bergen-op-Zoom („Eratosthenes batavus", 1617), später auch die Entfernungen anderer Städte voneinander. Bei der Lösung der Aufgabe, den Ort seines Hauses aus den Entfernungen des Hauses von drei Kirchen in Leiden zu bestimmen, entwickelte er das „Rückwärtseinschneiden". Snellius veröffentlichte 1618 astronomische Beobachtungen von Jost Bürgi und Tycho Brahe, eigene Kometenbeobachtungen (1619), und erwies sich dabei als Anhänger des geozentrischen Weltsystems. Darüber hinaus verbesserte er die Näherungen für π mittels Polygonen auf eine Genauigkeit von sieben Stellen nach dem Komma.

Snellius' Schrift über Navigation („Tiphys batavus", 1624) führte den Begriff Loxodrome ein und enthielt Betrachtungen über sehr kleine sphärische Dreiecke, die teilweise zu den Vorläufern infinitesimaler Überlegungen gerechnet werden. In zwei weiteren Werken behandelte er die ebene und die sphärische Trigonometrie (1626, 1627).

Snellius' bekannteste Leistung, die Formulierung des Brechungsgesetzes, stammt aus der Zeit um 1621, wurde aber erst seit 1662 aus seinem Manuskript öffentlich bekannt. Sie war das Ergebnis ausgedehnter literarischer Studien, u. a. der Werke Keplers.

Snelliussches Brechungsgesetz, Gesetz zur Bestimmung des Ablenkungswinkels bei der Brechung eines Lichtstrahls:

$$\sin\alpha / \sin\beta = v_a / v_b \ .$$

Dabei ist v_a die Lichtausbreitungsgeschwindigkeit oberhalb und v_b diejenige unterhalb der Grenzschicht S.

Für weitere Details vgl. ↗ Brechung, ↗ Brechungsindex.

Sobczyk, Satz von, Aussage über die Komplementiertheit von zu c_0 isomorphen Teilräumen (↗ komplementierter Unterraum eines Banachraums):

Ist U ein zum Raum der Nullfolgen c_0 isomorpher abgeschlossener Unterraum eines separablen Banachraums X, so ist U komplementiert.

Die Voraussetzung der Separabilität ist für die Gültigkeit des Satzes wesentlich, denn c_0 ist in ℓ^∞ nicht komplementiert.

Sobolew, Einbettungssatz von, ↗ Sobolew-Räume.

Sobolew, Sergei Lwowitsch, russischer Mathematiker, geb. 6.10.1908 St. Petersburg, gest. 3.1.1989 Leningrad (St. Petersburg).

Sobolew studierte ab 1925 an der Leningrader Universität. Danach arbeitete er am Seismologischen Institut und ab 1932 am Steklow-Institut der Akademie der Wissenschaften der UdSSR. Von 1944 bis 1958 wirkte er am Institut für Kernenergie und war gleichzeitig Leiter des Lehrstuhls für Numerische Mathematik an der Moskauer Universität. Ab 1958 leitete er das Mathematische Institut der Sibirischen Abteilung der Akademie in Nowosibirsk.

Durch Untersuchung der notwendigen Voraussetzungen für eine Lösbarkeit der Wellengleichung kam Sobolew zu einer Modifizierung des Lösungsbegriffes für Differentialgleichungen. Er betrachtete Lösungen von Integralgleichungen, die durch sukzessive Approximation gelöst werden können und deutete sie als Funktionale. Dies stellte die Grundlage für die Theorie der Distributionen dar. Sobolew selbst schuf die Basis für die nach ihm benannten ↗ Sobolew-Räume und bewies die Einbettungssätze.

Neben diesen rein theoretischen Arbeiten war Sobolew stets bemüht, auch explizite oder numerische Lösungen für Differentialgleichungen zu finden. Hier sind die gemeinsamen Arbeiten mit Smirnow zur Bestimmung von expliziten Lösungen der Wellengleichung einzuordnen. Als Numeriker untersuchte er die Stabilität von Algorithmen und das Verhältnis von Rechenaufwand zu erreichter Rechengenauigkeit.

Sobolew-Lemma, ↗ Sobolew-Räume.

Sobolew-Norm, ↗ Sobolew-Räume.

Sobolew-Räume, Banach- und Hilberträume von im verallgemeinerten Sinn differenzierbaren Funktionen.

Im folgenden seien $1 \le p < \infty$, $m \in \mathbb{N}$ und $\Omega \subset \mathbb{R}^d$ eine offene Menge. Der Sobolew-Raum $W^{m,p}(\Omega)$ besteht aus allen L^p-Funktionen auf Ω, deren Distributionen- oder schwache Ableitung $D^\alpha f$ für jeden Multiindex α der Ordnung $|\alpha| \le m$ ebenfalls zu $L^p(\Omega)$ gehört. Dabei sagt man, eine lokal integrierbare Funktion g sei die α-te schwache Ableitung von f, falls

$$\int_\Omega g \cdot \varphi = (-1)^{|\alpha|} \int_\Omega f \cdot D^\alpha \varphi \quad \forall \varphi \in C_0^\infty(\Omega) \qquad (1)$$

gilt. Solch eine Funktion g ist fast überall eindeutig bestimmt, und ist f klassisch differenzierbar, so erfüllt $g = D^\alpha f$ die Gleichung (1); daher benutzt man dasselbe Symbol für die schwache Ableitung. Zum Beispiel besitzt die Betragsfunktion $f(x) = |x|$ auf $\mathbb{R}$ die schwache Ableitung $f'(x) = \operatorname{sgn}(x)$.

Die Sobolew-Räume werden durch

$$\|f\|_{m,p} = \left(\sum_{|\alpha| \le m} \|D^\alpha f\|_{L^p}^p \right)^{1/p} \qquad (2)$$

normiert, und bzgl. dieser oder dazu äquivalenter Normen bilden die $W^{m,p}(\Omega)$ Skalen von Banachräumen, die für $p > 1$ reflexiv und im Fall $p = 2$ Hilberträume sind; statt $W^{m,2}(\Omega)$ ist auch die Bezeichnung $H^m(\Omega)$ geläufig. Der Raum der m-mal klassisch differenzierbaren Funktionen f auf Ω mit endlicher Sobolew-Norm $\|f\|_{m,p}$ liegt stets dicht in $W^{m,p}(\Omega)$; ist Ω glatt berandet (schwächere Voraussetzungen würden reichen), gilt dies sogar für den Raum der Restriktionen $f_{|\Omega}$ von Testfunktionen $f \in C_0^\infty(\mathbb{R}^d)$.

Das Sobolew-Lemma (auch als Einbettungssatz von Sobolew bekannt) besagt, daß

$$W^{m,p}(\Omega) \subset C^k(\Omega)\,, \quad \text{falls } m - \frac{d}{p} > k,$$

und insbesondere

$$\bigcap_{m \in \mathbb{N}} W^{m,p}(\Omega) \subset C^\infty(\Omega).$$

Dieser Satz ist von großer Bedeutung in der Regularitätstheorie elliptischer Differentialgleichungen.

Um Randwertprobleme behandeln zu können, führt man den Sobolew-Raum $W_0^{m,p}(\Omega)$ ein, der als Abschluß von $C_0^\infty(\Omega)$ in $W^{m,p}(\Omega)$ definiert ist. Auf $W_0^{m,p}(\Omega)$ definiert

$$|f|_{m,p} = \left(\sum_{|\alpha|=m} \|D^\alpha f\|_{L^p}^p \right)^{1/p}$$

eine zur Norm aus (2) äquivalente Norm, falls Ω beschränkt ist; mit anderen Worten gilt dann

$$\|f\|_{m,p} \le C|f|_{m,p} \quad \forall f \in W_0^{m,p}(\Omega).$$

Diese Ungleichung ist als Poincaré-Friedrichs-Ungleichung bekannt.

Nach dem Einbettungssatz von Rellich-Kondratschow ist für beschränkte Mengen Ω der identische Einbettungsoperator von $W_0^{m,p}(\Omega)$ nach $L^p(\Omega)$ kompakt; ist Ω glatt berandet (wieder genügen schwächere Bedingungen), gilt dies auch für die Einbettung von $W^{m,p}(\Omega)$ nach $L^p(\Omega)$.

Man interpretiert die Elemente von $W_0^{m,p}(\Omega)$ als solche $W^{m,p}$-Funktionen, die auf dem Rand von Ω „verschwinden". Da jedoch $f \in W^{m,p}(\Omega) \subset L^p(\Omega)$ eigentlich eine Äquivalenzklasse von meßbaren Funktionen ist, ist die Restriktion von f auf eine niederdimensionale Mannigfaltigkeit a priori nicht definiert. Ist aber der Rand der beschränkten Menge Ω hinreichend glatt, so kann gezeigt werden, daß der Einschränkungsoperator $f \mapsto f_{|\partial\Omega}$ von $C^m(\overline{\Omega})$ nach $C(\partial\Omega)$ bzgl. der Normen von $W^{m,p}(\Omega)$ bzw. $L^p(\partial\Omega)$ stetig ist und deshalb zu einem stetigen Operator

$$R : W^{m,p}(\Omega) \to L^p(\partial\Omega)$$

fortgesetzt werden kann. Für $f \in W_0^{m,p}(\Omega)$ gilt offensichtlich $f_{|\partial\Omega} = 0$ in dem Sinn, daß $Rf = 0$ ist; in der Tat gilt sogar $(D^\alpha f)_{|\partial\Omega} = 0$ für alle Multiindizes der Ordnung $|\alpha| \le m - 1$.

Sobolew-Räume können auch mit Hilfe der Fourier-Transformation charakterisiert werden; am durchsichtigsten gelingt das im Fall $p = 2$ und $\Omega = \mathbb{R}^d$, also für $H^m = H^m(\mathbb{R}^d) = W^{m,2}(\mathbb{R}^d)$. Es gilt nämlich

$$H^m = \{f \in L^2(\mathbb{R}^d):\ (1 + |x|^2)^{m/2}\hat{f} \in L^2(\mathbb{R}^d)\}, \quad (3)$$

wobei $\hat{f}$ die Fourier-Transformierte von f bezeichnet. (3) eröffnet die Möglichkeit, $H^m(\mathbb{R}^d)$ für beliebige reelle $m \ge 0$ zu definieren, und wenn man statt der Grundmenge $f \in L^2(\mathbb{R}^d)$ auf der rechten Seite von (3) den Raum der temperierten Distributionen $\mathcal{S}'(\mathbb{R}^d)$ nimmt, sogar für beliebige $m \in \mathbb{R}$. Andere Verallgemeinerungen der Sobolew-Räume sind die ↗Besow-Räume, die durch Interpolation (↗Interpolationstheorie auf Banachräumen) der Sobolew-Räume entstehen.

[1] Adams, R.A.: Sobolev Spaces. Academic Press London/ Orlando, 1975.

[2] Folland, G.B.: Introduction to Partial Differential Equations. Princeton University Press, 1995.

Soft Computing, eine Computerwissenschaft, die eine Kombination neuzeitlicher Problemlösungstechniken wie Fuzzy Logik, Neuronale Netze, Genetische Algorithmen, Probabilistisches Schließen, Rough Set-Theorie darstellt.

Im Gegensatz zur traditionellen Datenverarbeitung (Hard Computing), die nur Zahlen (quantitative Informationen) verarbeiten kann, ermöglicht Soft Computing auch die Verarbeitung von qualitativen Informationen, z. B. von linguistischen Größen (↗linguistische Variable). Dadurch wird es möglich, einen größeren Bereich der in praktischen Anwendungen vorliegenden Informationen im Informationsverarbeitungsprozeß zu berücksichtigen.

Darüber hinaus wird angestrebt, auch ungenaue und unvollständige Informationen zu verarbeiten, was bisher nur das menschliche Gehirn zu leisten vermag.

Zielsetzung ist eine Verarbeitung von quantitativen und qualitativen Informationen mit hoher Effizienz und niedrigen Kosten, um zu besseren Lösungen zu kommen. Da ↗Fuzzy-Logik in der Lage ist, verbale Informationen in Form von ↗Fuzzy-Mengen zu modellieren und logisch zu verabeiten, nimmt sie eine zentrale Rolle beim Soft Computing ein.

[1] Bonisonne, P.P.: Soft computing: the convergence of emerging reasoning technologies. In: Soft Computing 1, 1997.

[2] Wang, P.; Tan, S.: Soft computing and fuzzy logic. In: Soft Computing 1, 1997.

Solotarew, Jegor Iwanowitsch, *Zolotarew, Jegor Iwanowitsch*, russischer Mathematiker, geb. 12.4.1847 St. Petersburg, gest. 19.7.1878 St. Petersburg.

Nach dem Studium an der Petersburger Universität wurde Solotarew 1868 Privatdozent an der Universität und 1876 Professor für Mathematik.

Solotarew behandelte Minimalaufgaben positiver quadratischer Funktionen, ganze komplexe Zahlen und algebraische Zahlen, sowie die Idealtheorie. Desweiteren betrachtete er die Gruppen $SL(\mathbb{Z}, n)$ und $SL(\mathbb{R}, n)$ als Transformationsgruppen im Raum der positiv definiten quadratischen Formen in n Variablen. 1877 untersuchte er Polynome der Gestalt

$$x^n + \sigma x^{n-1} + a_{n-2}x^{n-2} + \cdots + a_0$$

(mit gegebenem σ), die im Raum der stetigen Funktionen über $[-1, 1]$ minimal sind (↗Solotarew-Problem).

Solotarew-Polynom, ↗Solotarew-Problem.

Solotarew-Problem, Problem in der klassischen Approximationstheorie, das die beste polynomiale Approximation für eine Klasse von speziellen Funktionen behandelt.

Das Solotarew-Problem besteht darin, für vorgegebenes $\sigma \geq 0$ die gleichmäßig beste ↗polynomiale Approximation q_σ vom Grad n der Funktion $f : [-1, 1] \mapsto \mathbb{R}$, definiert durch

$$f(x) = x^{n+2} - \sigma x^{n+1},\ x \in [-1, 1],$$

zu bestimmen. Das Polynom

$$z_\sigma(x) = f(x) - q_\sigma(x),\ x \in [-1, 1],$$

wird Solotarew-Polynom genannt. Für

$$0 \leq \sigma \leq (n+2)\tan^2 \tfrac{\pi}{2n+4}$$

gilt die folgende Darstellung des Solotarew-Polynoms:

$$z_\sigma(x) = 2^{-n-1}\left(1 + \frac{\sigma}{n+2}\right)^{n+2} T_{n+2}\left(\frac{x - \frac{\sigma}{n+2}}{1 + \frac{\sigma}{n+2}}\right).$$

Hierbei ist T_{n+2} das $(n+2)$-te ↗Tschebyschew-Polynom. Der Approximationsfehler

$$E_\sigma = \max\{|z_\sigma(x)| : x \in [-1, 1]\}$$

wird somit bestimmt durch die Formel

$$E_\sigma = 2^{-n-1}(1 + \tfrac{\sigma}{n+2})^{n+2}.$$

Solotarew-Polynome erhält man auch im Fall

$$\sigma > (n+2)\tan^2 \tfrac{\pi}{2n+4}.$$

Hierzu verwendet man Methoden der Funktionentheorie.

SOM, ↗selbstorganisierende Karte.

Sommerfeld, Arnold Johannes Wilhelm, deutscher Physiker, geb. 5.12.1868 Königsberg (Kaliningrad), gest. 26.4.1951 München.

Nach dem Studium in Königsberg und der Habilitation bei Klein in Göttingen wurde Sommerfeld 1897 Professor für Mathematik an der Bergakademie in Clausthal. 1900 erhielt er eine Professur für Mechanik an der Technischen Hochschule in Aachen, und 1906 eine Stelle als Professor für Theoretische Physik an der Universität München.

Sommerfeld arbeitete auf vielen Gebieten der Physik, wie der Hydrodynamik, der Elektrodynamik, der Festkörperphysik und besonders der Atomphysik (Sommerfeldsche Feinstruktur-Konstante). Er verbesserte das Bohrsche Atommodell, indem er für die Elektronenbahnen elliptische Orbits zuließ. In der Festkörperphysik konnte er mit Hilfe der statistischen Mechanik die elektrischen Eigenschaften der Metalle besser erklären. Beeinflußt durch Klein beschäftigte sich Sommerfeld auch mit der Theorie der Brechung und der Theorie der partiellen Differentialgleichungen.

Sommerfeld-Entwicklung, Entwicklung der Sommerfeldschen Formel für die Energieniveaus

$$E_{nk} = m_0c^2\left[1 + \frac{\alpha^2 Z^2}{(n - k + \sqrt{k^2 - \alpha^2 Z^2})^2}\right]^{-\frac{1}{2}}$$

eines Elektrons (mit der Ruhmasse m_0 und der elektrischen Ladung $-e$) in einem Zentralfeld der Ladung Ze (Z ganzzahlig) nach Potenzen der ↗Sommerfeldschen Feinstruktur-Konstanten α (c ist die Vakuumlichtgeschwindigkeit, n die Hauptquantenzahl (↗Quantenzahlen), k die azimutale Quantenzahl (↗Quantenzahlen)).

Die ersten Terme dieser Entwicklung ergeben für E_{nk} angenähert

$$m_0c^2 - R_\infty hZ^2\left[\frac{1}{n^2} + \frac{(\alpha Z)^2}{n^4}\left(\frac{n}{k} - \frac{3}{4}\right)\right]$$

(mit $R_\infty := \frac{m_0c^2\alpha^2}{2h}$), wobei der erste Term die relativistische Ruhenergie des Elektrons ist.

Sommerfeldsche Ausstrahlungsbedingung, ↗ Helmholtzsche Differentialgleichung.

Sommerfeldsche Feinstruktur-Konstante, von Sommerfeld eingeführte dimensionslose Konstante mit dem Zahlenwert

$$\alpha = e^2/4\pi\varepsilon_0\hbar c \approx 1/137 ,$$

wobei experimentell gesichert ist, daß ihr Kehrwert keine ganze Zahl ist.

Dabei ist ε_0 die Dielektrizitätskonstante und $\hbar$ das Plancksche Wirkungsquantum. e bezeichnet die elektrische Elementarladung.

Die Kleinheit von α im Verhältnis zur Zahl 1 hat zur Folge, daß eine Reihenentwicklung in α schnell konvergiert, und dies wiederum ist der mathematische Grund dafür, daß die Störungstheorie in der Quantenelektrodynamik sehr gute Ergebnisse im Vergleich mit dem Experiment liefert.

Sommerfeld-Transformation, eine ↗ Integral-Transformation, definiert durch

$$(Sf)(r, \varphi, z) = \frac{e^{-ikz\sin\vartheta}}{2\pi i} \int\limits_{\gamma} e^{-ikr\sin\vartheta\cos(\varphi - t)} f(t)\, dt,$$

die eine Funktion Sf in Zylinderkoordinaten im $\mathbb{R}^3$ ergibt. Dabei ist γ eine Kurve in der komplexen Ebene ist, die aus einer Kurve γ_+ in der oberen und einer Kurve γ_- in der unteren Halbebene besteht, wobei γ_+ die Asymptoten $\text{Re}\, t = \varphi - \pi - \delta$ und $\text{Re}\, t = \varphi + \delta$ mit $\delta > 0$, γ_- die Asymptoten $\text{Re}\, t = \varphi - \delta$ und $\text{Re}\, t = \varphi + \pi + \delta$ hat.

Somow, Osip Iwanowitsch, russischer Mathematiker und Physiker, geb. 13.6.1815 Otrado (bei Moskau), gest. 8.5.1876 St. Petersburg.

Somow studierte an der Moskauer Universität, danach lehrte er von 1835 bis 1841 an der Moskauer Handelsschule. 1841 wurde er Dozent und 1847 Professor an der Petersburger Universität, ab 1848 lehrte er auch an verschiedenen Ingenieurschulen.

Auf Somow geht der geometrische Zugang bei Problemen aus der theoretischen Mechanik zurück. Er studierte die Rotation von Körpern um einen festen Punkt sowie kleine Schwingungen. Er gilt als Mitbegründer der Vektorrechnung.Weiterhin befaßte er sich mit elliptischen Funktionen und ihren Anwendungen in der Mechanik.

***SO*(*n*)**, Bezeichnung für die Gruppe der speziellen orthogonalen $(n \times n)$-Matrizen, ↗ spezielle orthogonale Gruppe.

Sonne, Begriff aus der ↗ Approximationstheorie.

Es sei X ein ↗ Banachraum und $S \subset X$. Für $f \in X$ bezeichne $\Pi_S(X)$ die Menge aller ↗ besten Approximationen an f aus S. Dann bezeichnet man die Menge S als Sonne, wenn für alle $f \in X$ mit $\Pi_S(X) \neq \emptyset$ mindestens ein $g \in \Pi_S(X)$ so existiert, daß

$$g \in \Pi_S(g + \lambda(f - g)) \tag{1}$$

für alle reellen $\lambda \geq 0$ ist. Das bedeutet also, daß g die beste Approximation an alle Elemente von X ist, die auf dem von g ausgehenden „Strahl" durch f liegen. Daher die Bezeichnung Sonne.

Gilt die Beziehung (1) für alle $g \in \Pi_S(X)$, so nennt man s eine strenge Sonne.

Sorgenfrey-Linie, das reelle Intervall $(-1, 1]$, versehen mit der ↗ Sorgenfrey-Topologie.

Sorgenfrey-Topologie, eine spezielle Topologie auf einem reellen Intervall, meist o.B.d.A. $(-1, 1]$.

Ist $T = (-1, 1]$, so bilden die halboffenen Intervalle $(a, b]$ die Basis einer Topologie auf T, die man als die Sorgenfrey-Topologie bezeichnet. Der topologische Raum T erfüllt dann das erste Abzählbarkeitsaxiom und ist parakompakt, aber nicht metrisierbar. Dagegen ist der Produktraum $T \times T$ zwar vollständig regulär, aber nicht normal und daher nicht parakompakt.

Die Sorgenfrey-Topologie ist das Standardbeispiel für den Sachverhalt, daß das Produkt parakompakter Räume nicht wieder parakompakt sein muß.

Sortieren durch Fächerverteilung, *Radixsort*, spezielles ↗ Sortierverfahren zum Sortieren von n Wörtern $x_1, \dots, x_n$ über einem endlichen, bzgl. einer binären Relation $\leq$ total geordneten Alphabet Σ der Größe m.

Die Relation $\leq$ sei hierbei auf das freie Monoid $\Sigma^\star$ aller endlichen Wörter über Σ fortgesetzt. Es gelte genau dann $x_i \leq x_j$, wenn entweder x_i ein Präfix von x_j ist, oder es Wörter $z, u_1, u_2 \in \Sigma^\star$ und zwei Zeichen $a, b \in \Sigma$ mit $x_1 = z \cdot a \cdot u_1$, $x_2 = z \cdot b \cdot u_2$ und $a < b$ gibt. Der binäre Operator $\cdot$ steht hierbei für die Konkatenation zweier Wörter.

Das Verfahren stellt in einem ersten Schritt m freie Fächer $F[1], \dots, F[m]$ bereit, die als Listen realisiert sind. In dem zweiten Schritt werden die Wörter $x_1, \dots, x_n$ über l_{max} Iterationen sortiert, wobei l_{max} die Länge des längsten Wortes der Wörter $x_1, \dots, x_n$ angibt. In der j-ten Iteration wird jedes x_i, beginnend bei x_1, betrachtet, und in das Fach $F[x_{i,l_{max}-j+1}]$ geworfen, d. h., hinten an das Fach $F[x_{i,l_{max}-j+1}]$ angefügt. Hierbei bezeichnet $x_{i,j}$ das j-te Zeichen des Wortes x_i. Ist die Länge von x_i kleiner als j, so ist $x_{i,j}$ gleich dem leeren Wort ε, das nach Definition kleiner als jedes Zeichen $a \in \Sigma$ ist.

Nach diesem Verteilen in die Fächer werden diese, beginnend beim ersten Fach, bis hin zum m-ten Fach aufgesammelt und wieder zu einer Liste zusammengefügt. Durch die Festlegung, daß beim Verteilen in die Fächer die Elemente jeweils hinten an ein Fach angefügt werden, ist das Verfahren ein ↗ stabiles Sortierverfahren. Somit sind nach der

j-ten Iteration die Wörter $x_1, \ldots, x_n$ nach den Teilwörtern

$$x_{i,l_{max}-j+1} \cdot x_{i,l_{max}-j+2} \cdot \cdots \cdot x_{i,l_{max}}$$

sortiert.

Sortieren durch Maximumsuche, allgemeines ↗Sortierverfahren zum Sortieren von n Elementen.

Das Verfahren durchläuft n Iterationen. In der ersten Iteration berechnet es das größte Element der Eingabefolge, fügt dieses Element in die anfangs leere Ausgabefolge ein und löscht das Element aus der Eingabefolge. In der i-ten Iteration berechnet das Verfahren das größte Element der noch verbliebenen Eingabefolge, die zu diesem Zeitpunkt aus nur noch $n - i + 1$ Elementen besteht, fügt es an den Anfang der Ausgabefolge ein, die dann aus i Elementen besteht, und löscht es aus der Eingabefolge. Da die Berechnung des größten Elementes einer n-elementigen Menge wenigstens $n - 1$ Vergleiche benötigt, muß dieses Verfahren zum Sortieren von n Elementen wenigstens $\frac{n(n-1)}{2}$ Vergleiche ausführen.

Wird in jeder Iteration jeweils das kleinste Element der Eingabefolge berechnet, so spricht man vom Sortieren durch Minimumsuche.

Sortieren durch Minimumsuche, ↗Sortieren durch Maximumsuche.

Sortieren durch Mischen, *Mergesort*, allgemeines ↗Sortierverfahren zum Sortieren von n Elementen.

Das Verfahren beruht auf dem Divide-and-Conquer Prinzip. Ist eine (o.B.d.A. aufwärts zu sortierende) Eingabefolge F_e, bestehend aus n Elementen, gegeben, so wird diese Eingabefolge F_e in zwei Teilfolgen $F_e^{(1)}$ und $F_e^{(2)}$, bestehend aus $\lceil \frac{n}{2} \rceil$ bzw. $\lceil \frac{n}{2} \rceil - 1$ Elementen, aufgespaltet. Diese Teilfolgen $F_e^{(1)}$ und $F_e^{(2)}$ werden rekursiv aufwärts sortiert. $F_a^{(1)}$ bezeichne die zu $F_e^{(1)}$ gehörige sortierte Teilfolge, $F_a^{(2)}$ die zu $F_e^{(2)}$ gehörige sortierte Teilfolge.

Der Zusammensetzungsschritt besteht aus bis zu n Teilschritten. Es werden in jedem Schritt die jeweils ersten Elemente der beiden Teilfolgen $F_a^{(1)}$ und $F_a^{(2)}$ betrachtet. Das kleinste dieser beiden Elemente wird hinten an die anfangs leere Ausgabefolge F_a angefügt und aus der entsprechenden Teilfolge gelöscht. Ist eine der beiden Teilfolgen leer, so wird die andere an das Ende der Ausgabefolge angefügt. Nach diesem Zusammensetzungsschritt, der in der Literatur auch Mischen genannt wird, ist die Ausgabefolge eine ↗sortierte Liste.

Sortieren durch Mischen benötigt zum Sortieren von n Elementen höchstens $c \cdot n \cdot \lceil \log_2 n \rceil$ Schritte. Hierbei bezeichnet c eine von n unabhängige Konstante.

sortierte Liste, Liste $R_{j_1}, \ldots, R_{j_n}$ von n Objekten $R_1, \ldots, R_n$, die sich jeweils aus einem Schlüssel S_i und einer Information I_i zusammensetzen, wobei die Menge der Schlüssel eine ↗Kette bzgl. einer binären Relation $\leq$ bildet.

Es gilt $S_{j_k} \leq S_{j_{k+1}}$ für alle $k \in \{1, \ldots, n-1\}$.

Sortierung, injektive Abbildung σ von einer Menge R von Objekten $R_1, R_2, \ldots$ in die natürlichen Zahlen.

Die Objekte R_i aus R setzen sich dabei jeweils aus einem Schlüssel S_i und einer Information I_i zusammen, wobei auf der Menge S der Schlüssel eine ↗Halbordnung bzgl. einer binären Relation $\leq$ definiert ist. Eine injektive Abbildung $\sigma : R \to \mathbb{N}$ ist genau dann eine Sortierung von R, wenn aus $S_i \leq S_j$ schon $\sigma(R_i) \leq \sigma(R_j)$ folgt.

Siehe auch ↗Sortierverfahren.

Sortierverfahren, Verfahren, um eine Liste von Objekten $R_1, \ldots, R_n$, die sich jeweils aus einem Schlüssel S_i und einer Information I_i zusammensetzen, in eine ↗sortierte Liste $R_{j_1}, \ldots, R_{j_n}$ der Objekte $R_1, \ldots, R_n$ zu überführen.

Man unterscheidet zwischen allgemeinen Sortierverfahren und speziellen Sortierverfahren. Allgemeine Sortierverfahren nutzen während der Berechnung der ↗Sortierung nur die auf der Menge der Schlüssel definierte totale Ordnung $\leq$ aus. Typische Vertreter für diese Klasse von Sortierverfahren sind die Verfahren ↗Heapsort, Mergesort (↗Sortieren durch Mischen), ↗Quicksort und ↗Sortieren durch Maximumssuche bzw. durch Minimumssuche.

Sortierverfahren, die nicht nur die auf der Menge der Schlüssel definierte totale Ordnung $\leq$ ausnutzen, sondern auch die bei der gegebenen Probleminstanz vorhandene spezielle Struktur der Schlüssel, werden spezielle Sortierverfahren genannt. Typische Vertreter sind die Verfahren ↗countingsort zum Sortieren ganzer Zahlen aus einem festen Bereich $[1..k]$, ↗Bucketsort zum Sortieren reeller Zahlen, und das ↗Sortieren durch Fächerverteilung zum Sortieren von endlichen Wörtern über einem endlichen Alphabet.

Allgemeine Sortierverfahren benötigen zum Sortieren von n Objekten im schlechtesten Fall wenigstens $\lceil \log_2 n! \rceil$ Vergleiche, also ordnungsmäßig wenigstens $n \cdot \lceil \log_2 n \rceil$ Schritte. Spezielle Sortierverfahren können hingegen eine Laufzeit haben, die linear in der Anzahl der zu sortierenden Wörter ist.

SOR-Verfahren, auch Verfahren der sukzessiven Overrelaxation, Variante des ↗Gauß-Seidel-Verfahren zur Lösung eines linearen Gleichungssystems $Ax = b$ mit $A \in \mathbb{R}^{n \times n}$ und $b \in \mathbb{R}^n$.

Souslin-Menge, ↗Souslin-Raum.

Souslin-Meßraum, ↗Souslin-Raum.

Souslin-Raum, Begriff aus der Maßtheorie.

Der Begriff ist entstanden bei der Suche nach

hinreichenden Bedingungen, unter denen das Bild einer Borel-Menge wieder eine Borel-Menge ist. Er existiert in verschiedenen Abstraktheitsgraden.

(a) Ein metrisierbarer ↗topologischer Raum Ω' heißt Lusin-bzw. Souslin-Raum, wenn er homöomorph ist zu einer Borel-Menge bzw. analytischen Menge eines kompakten metrisierbaren Raumes. Ein Meßraum $(\Omega, \mathcal{A})$ heißt Lusin-bzw. Souslin-Meßraum, wenn er isomorph ist zu einem Meßraum $(\Omega', \mathcal{B}(\Omega'))$, wobei Ω' Lusin-bzw. Souslin-Raum ist.

Ist $(\Omega, \mathcal{A})$ Hausdorff-Meßraum, d. h., sind die Atome von $\mathcal{A}$ die einpunktigen Untermengen von Ω, so heißt eine Untermenge $A \subseteq \Omega$ Lusin- bzw. Souslin-Menge in Ω, falls $(A, A \cap \mathcal{A})$ Lusin- bzw. Souslin-Meßraum ist. Man bezeichnet mit $\mathcal{L}(\mathcal{A})$ die Menge aller Lusin-Mengen in Ω, und mit $\mathcal{S}(\mathcal{A})$ die Menge aller Souslin-Mengen in Ω.

Ein Lusin-Raum bzw. Lusin-Meßraum ist Souslin-Raum bzw. Souslin-Meßraum. Jeder Lusin- oder Souslin-Raum bzw. Meßraum ist separabel und Hausdorffsch (ein Meßraum heißt separabel, falls seine σ-Algebra abzählbar erzeugt werden kann). Es ist $\mathcal{L}(\mathcal{A}) \subseteq \mathcal{S}(\mathcal{A})$ und, falls Ω Lusin-Raum ist, $\mathcal{A} \subseteq \mathcal{L}(\mathcal{A})$. Jeder ↗Polnische Raum ist Lusin-Raum und daher auch jede Borel-Untermenge eines Polnischen Raumes (speziell sind die Räume $\{0,1\}^{\mathbb{N}}$, $\mathbb{N}^{\mathbb{N}}$, versehen mit der natürlichen Produkttopologie, und $[0,1]$ polnisch).

Jeder Lusin-bzw. Souslin-Meßraum ist isomorph zu einer analytischen bzw. Borel-Menge von $[0,1]$. Jeder Lusin-bzw. Souslin-Raum ist homöomorph zu einer analytischen bzw. Borel-Menge von $[0,1]^{\mathbb{N}}$. Alle nicht abzählbaren Lusin-Meßräume sind isomorph (speziell zu $[0,1]$, $\mathbb{N}^{\mathbb{N}}$ oder $[0,1]^{\mathbb{N}}$).

(b) Im Sinne von Bourbaki heißt ein ↗Hausdorffraum Ω Lusin- bzw. Souslin-Raum, falls ein Lusin- bzw. Souslin-metrisierbarer Raum Ω' so existiert, daß Ω das Bild eines stetigen Bijektion bzw. Surjektion von Ω' ist. Dabei kann nach oben Ω' ersetzt werden durch einen Polnischen Raum.

Jeder Lusin-Raum ist Souslin-Raum, jeder Souslin-Raum Ω ist separabel, und jede offene Überdeckung jeder offenen Menge in $\Omega \times \Omega$ enthält eine abzählbare Überdeckung. Ist Ω Souslin-Raum, so ist jedes endliche Maß μ auf $\mathcal{B}(\Omega)$ straff, d. h. für alle $\varepsilon > 0$ existiert ein kompaktes K in Ω mit $\mu(K) < \varepsilon$, jedes lokal-endliche Maß μ auf $\mathcal{B}(\Omega)$ regulär und moderat (d. h., Ω ist Vereinigung von abzählbar vielen offenen Mengen endlichen Maßes μ). Siehe auch ↗Borel-σ-Algebra.

(c) Eine abstrakte Definition lautet wie folgt: Es sei

$$S = \{(a_1, ..., a_n) | a_i \in \mathbb{N}, i \leq n, n \in \mathbb{N}\},$$

und für $s \in S$ und $t \in S$ bzw. $\mathbb{N}^{\mathbb{N}}$ ist $s < t$, falls s das Anfangsstück von t ist. Ω sei eine Menge und M ein Mengensystem in Ω. Dann heißt eine Abbildung $(B_s) : S \to M$, definiert durch

$$(B_s)(s) = B_s \in \mathcal{M},$$

ein Souslin-Schema auf $\mathcal{M}$, die Menge

$$B := \bigcup_{G \in S} \bigcap_{s<G} B_s$$

der Kern dieses Souslin-Schemas oder eine $\mathcal{M}$-Souslin-Menge, und die Menge aller Souslin-Mengen die Souslin-Erweiterung von $\mathcal{M}$.

Souslinsche Hypothese, *SH*, von ZFC unabhängiges Axiom der ↗axiomatischen Mengenlehre, das besagt, daß Souslinsche Linien nicht existieren. Die Definition der Souslinschen Linie benötigt etwas Vorbereitung.

Man betrachtet eine ↗Relation $(M, <)$ mit folgenden drei Eigenschaften:

1. Transitivität:

$$\bigwedge_{x,y,z \in M} (x < y \wedge y < z \Rightarrow x < z),$$

d. h., stehen sowohl x und y als auch y und z in Relation, so auch x und z.

2. Asymmetrie:

$$\bigwedge_{x,y \in M} x < y \Rightarrow \neg(y < x),$$

d. h., wenn x nur dann zu y in Relation steht, wenn y nicht zu x in Relation steht.

3. $$\bigwedge_{x,y \in M} x = y \vee x < y \vee y < x,$$

d. h., je zwei verschiedene Elemente x und y sind vergleichbar.

Bei „<" handelt es sich also um eine strenge ↗Ordnungsrelation, in der je zwei verschiedene Elemente vergleichbar sind.

Die Menge

$$B := \{B_{x,y} : x, y \in M\} \cup \{B_x : x \in M\} \cup \{B^{(x)} : x \in M\}$$

wobei für $x, y \in M$

$$B_{x,y} := \{z \in M : x < z < y\},$$
$$B_x := \{z \in M : z < x\},$$
$$B^{(x)} := \{z \in M : x < z\},$$

stellt die Basis einer Topologie dar. Die von B erzeugte Topologie wird Ordnungstopologie genannt.

Man sagt, daß ein topologischer Raum (X, τ) genau dann die abzählbare Kettenbedingung erfüllt, sofern τ nicht überabzählbar viele paarweise disjunkte Mengen enthält. Ein topologischer Raum heißt genau dann separabel, wenn er eine abzählbare dichte Teilmenge besitzt. Jeder separabele topologische Raum erfüllt die abzählbare Kettenbedingung. Trägt die Menge X die diskrete Topologie τ, so erfüllt (X, τ) genau dann die abzählbare

Kettenbedingung, wenn X abzählbar ist. Ist I eine Indexmenge, trägt $\{0, 1\}$ die diskrete Topologie und $Y := \{0, 1\}^I$ die Produkttopologie σ, so erfüllt (Y, σ) für jedes I die abzählbare Kettenbedingung, ist jedoch für $\#I > 2^\omega$ nicht separabel.

Eine Souslinsche Linie ist nun als eine Menge S erklärt, auf der eine strenge Ordnungsrelation „<" gegeben ist, in der je zwei verschiedene Elemente vergleichbar sind und die, mit der Ordnungstopologie versehen, die abzählbare Kettenbedingung erfüllt, jedoch nicht separabel ist.

Souslinsche Linie, ↗ Souslinsche Hypothese.

Souslin-Schema, ↗ Souslin-Raum.

Southwell, Aufspaltungssatz von, lautet:

Man betrachte ein Eigenwertproblem $Lu = \lambda r(x)u$ mit dem kleinsten Eigenwert λ_1. Läßt sich sein Differentialausdruck Lu so in Ausdrücke n-ter Ordnung

$$Lu = \sum_{i=1}^{k} L_i u$$

aufspalten, daß jede der mit L_i gebildeten Eigenwertaufgabe volldefinit und selbstadjungiert ist, und ist $\lambda_1^{(i)}$ der kleinste Eigenwert der jeweiligen Aufgabe, so gilt

$$\lambda_1 \ge \sum_{i=1}^{k} \lambda_1^{(i)} .$$

Siehe auch ↗ Dunkerley-Jeffcott, Aufspaltungssatz von.

[1] Kamke, E.: Differentialgleichungen, Lösungsmethoden und Lösungen I. B. G. Teubner-Verlag Stuttgart, 1977.

Spaltengitter, ganzzahliges Gitter der Form $\{z_1, z_2)| z_1, z_2 \in \mathbb{Z}$ und z_1 gerade$\}$, das durch Anwendung einer ↗ Dilatationsmatrix A auf $\mathbb{Z}^2$ erzeugt werden kann.

Spaltenpivotsuche, typische Art der Pivotsuche, etwa beim Gauß-Verfahren.

Dort muß im k-ten Schritt aus der $(k + 1)$-ten Spalte einer Matrix A ein Element $a_{p,k+1} \neq 0, p \ge k + 1$, gewählt werden. Bei der Spaltenpivotsuche trifft man die Wahl

$$|a_{p,k+1}| = \max_{i \ge k+1} |a_{i,k+1}| ,$$

man wählt also unter den in betracht kommenden Elementen das betragsgrößte.

Spaltenrang, ↗ Dimension des ↗ Spaltenraumes einer Matrix.

Spaltenraum, der von den Spaltenvektoren einer $(m \times n)$-↗ Matrix A über $\mathbb{K}$ aufgespannte ↗ Unterraum des $\mathbb{K}^m$. Die Dimension des Spaltenraumes einer Matrix stimmt stets mit der Dimension ihres ↗ Zeilenraumes überein.

Spaltensummenkriterien, Typus von Kriterien, denen eine quadratische ↗ Matrix A genügen muß, um die Konvergenz gewisser numerischer Verfahren zu garantieren.

Es sei $A = ((a_{\mu\nu}))$ eine quadratische $(n \times n)$-Matrix, wobei μ der Zeilen- und ν der Spaltenindex ist. A erfüllt das starke Spaltensummenkriterium, wenn für alle $\nu \in \{1, \dots n\}$ gilt:

$$|a_{\nu\nu}| > \sum_{\substack{\mu=1 \\ \mu \neq \nu}}^{n} |a_{\mu\nu}| . \qquad (1)$$

Gilt, anstelle von (1), für alle $\nu \in \{1, \dots n\}$

$$|a_{\nu\nu}| \ge \sum_{\substack{\mu=1 \\ \mu \neq \nu}}^{n} |a_{\mu\nu}| , \qquad (2)$$

und zusätzlich für mindestens ein ν die Ungleichung (1), so sagt man, daß A das schwache Spaltensummenkriterium erfüllt.

Das starke Spaltensummenkriterium impliziert die Konvergenz des aus A gebildeten ↗ Jacobi-Verfahrens (Gesamtschrittverfahrens), wohingegen das schwache Kriterium, zusammen mit weiteren technischen Voraussetzungen, die Konvergenz des ↗ Gauß-Seidel-Verfahrens (Einzelschrittverfahrens) impliziert.

[1] Meinardus, G.; Merz, G.: Praktische Mathematik II. B.I.-Wissenschaftsverlag Mannheim, 1982.

Spaltensummennorm, *Eins-Matrixnorm*, Bezeichnung für die durch (1) definierte ↗ Norm $\| \cdot \|$ auf der Menge aller $(n \times n)$-Matrizen $A = ((a_{ij}))$ über $\mathbb{R}$ oder $\mathbb{C}$:

$$\|A\| = \max_{1 \le j \le n} \sum_{i=1}^{n} |a_{ij}|. \qquad (1)$$

Entsprechend ist die Zeilensummennorm definiert:

$$\|A\| = \max_{1 \le i \le n} \sum_{j=1}^{n} |a_{ij}|. \qquad (2)$$

Spaltenvektor, Vektor der Form

$$\begin{pmatrix} a_1 \\ \vdots \\ a_n \end{pmatrix},$$

also eine $(n \times 1)$-↗ Matrix.

Formal ist ein Spaltenvektor ein Element aus einer Menge G^I mit einer Indexmenge I der Form $I = \{(1, 1), (2, 1), \dots, (n, 1)\}$. Entsprechend sind Zeilenvektoren, d. h. Vektoren der Form $(a_1, \dots, a_n)$, Elemente aus einer Menge G^I mit einer Indexmenge I der Form $I = \{(1, 1), (1, 2), \dots, (1, n)\}$.

Span, Bezeichnung für die ↗lineare Hülle einer Menge von Vektoren.

spannender Baum, *Gerüst, erzeugender Baum*, Begriff aus der Graphentheorie. Ein spannender Baum eines ↗Graphen G ist ein Faktor T von G, der ein ↗Baum ist.

Schon im Jahre 1847 hat G.R. Kirchhoff gezeigt, daß jeder ↗zusammenhängende Graph ein Gerüst besitzt. Ein Faktor H von G heißt spannender Wald von G, wenn H ein ↗Wald ist. Ist G ein zusammenhängender ↗bewerteter Graph mit einer Bewertung $\varrho : K(G) \to \mathbb{R}$, so nennt man einen spannenden Baum T von G, dessen Bewertung $\varrho(T)$ unter allen Gerüsten minimal ist, einen minimal spannenden Baum oder minimal erzeugenden Baum von G. Ist G nicht zusammenhängend, so nennt man einen spannenden Wald H von G, der die gleiche Anzahl von Zusammenhangskomponenten wie G aufweist, und dessen Gesamtbewertung $\varrho(H)$ unter allen solchen spannenden Wäldern minimal ist, einen minimal spannenden Wald oder minimal erzeugenden Wald. Bei der Konstruktion eines minimal spannenden Waldes kann man sich auf das minimal-spannende-Baum-Problem oder MST-Problem („minimum spanning tree Problem") zurückziehen, indem man sich für jede Zusammenhangskomponente von G einen minimal spannenden Baum beschafft. Zur Bestimmung solcher minimal spannenden Bäume bieten sich vor allen Dingen die Algorithmen von Kruskal und Prim an (↗Kruskal, Algorithmus von, ↗Prim, Algorithmus von).

sparse Matrix, *dünn besetzte Matrix*, eine Matrix A, welche in jeder Spalte (Zeile) nur sehr wenige Einträge ungleich Null hat.

Solche Matrizen treten beispielsweise bei der numerischen Lösung von partiellen Differentialgleichungen mittels Differenzen- oder Finiter Elemente-Verfahren auf.

Sparse-Vector-Methode, ein in der ↗Versicherungsmathematik im Zusammenhang mit Gesamtschadenverteilungen verwendetes numerisches Verfahren zur expliziten Berechnung der Verteilungsfunktion einer zusammengesetzten Poisson-Verteilung.

Ausgangspunkt ist dabei das ↗ Kollektive Modell der Risikotheorie mit einer Darstellung des Gesamtschadens S eines Versicherungskollektivs in der Form $S = \sum_{n=1}^{N} X_n$ mit Poisson-verteilter Anzahl von Schäden N, etwa mit dem Poisson-Parameter λ, und diskreter Schadenhöhenverteilung für die Zufallsvariablen X_i, die überdies als stochastisch unabhängig und gleichverteilt angenommen werden.

Besitzen die Zufallsvariablen X_j eine auf endlich viele natürliche Zahlen x_i $(i = 1, \dots, m)$ konzentrierte Verteilung $p_i = P(X_j = x_i)$ $(i = 1, \dots, m$, $j = 1, 2, \dots)$, so ist die Anzahl

$$N_i \;=\; \sum_{j=1}^{N} 1_{[X_j = x_i]}$$

der Schäden der Höhe x_i Poisson-verteilt mit Parameter λp_i, und es gilt

$$S \;=\; \sum_{i=1}^{m} x_i N_i$$

mit stochastisch unabhängigen N_i $(i = 1, \dots, m)$. Die Verteilung der Zufallsvariablen $x_i N_i$ kann dann durch Vektoren in $\mathbb{R}^{\mathbb{N}}$ mit „vielen" Nullen beschrieben werden (daher der Begriff „Sparse-Vector-Methode"), und die Verteilung von S berechnet sich dann als Faltungsprodukt der Verteilungen der $x_i N_i$ $(i = 1, \dots, m)$.

Spat, *Parallelepiped*, Teilmenge P des $\mathbb{R}^3$, zu der ein Punkt $p_o \in \mathbb{R}^3$ und eine Basis $b = (b_1, b_2, b_3)$ des $\mathbb{R}^3$ existieren mit

$$P \;=\; \{p_o + \lambda_1 b_1 + \lambda_2 b_2 + \lambda_3 b_3 \mid 0 \le \lambda_i \le 1\}.$$

Geometrisch gesehen ist ein Spat also ein von 6 Parallelogrammflächen begrenztes ↗Prisma. Ist b eine ↗Orthonormalbasis, so liegt ein Einheitswürfel vor.

Analog definiert man einen n-dimensionalen Spat als Punktmenge P' im $\mathbb{R}^n$, zu der ein Punkt $p_0' \in \mathbb{R}^n$ und eine Basis $b' = (b_1', \dots, b_n')$ des $\mathbb{R}^n$ existieren mit

$$P' = \{p_o' + \lambda_1' b_1' + \cdots + \lambda_n' b_n' \mid 0 \le \lambda_i \le 1\}.$$

Ist b' eine Orthonormalbasis, so heißt der Spat n-dimensionaler Einheitswürfel. Definiert man das Volumen des von den Vektoren $e_1, \dots, e_n$ aufgespannten Einheitswürfels als 1, so ist hierdurch zusammen mit naheliegenden Volumeneigenschaften das Spatvolumen eindeutig festgelegt: Ein von den Vektoren $b_1, \dots, b_n$ aufgespannter Spat besitzt das Volumen $\det(b_1, \dots, b_n)$.

Spatprodukt, auch (vektorielles) Kreuzprodukt genannt, Abbildung $[\cdot,\cdot,\cdot] : \mathbb{R}^3 \times \mathbb{R}^3 \times \mathbb{R}^3 \to \mathbb{R}$, definiert durch

$$(u, v, w) \mapsto \det \begin{pmatrix} u_1 & u_2 & u_3 \\ v_1 & v_2 & v_3 \\ w_1 & w_2 & w_3 \end{pmatrix},$$

wobei $u = (u_1, u_2, u_3)$, $v = (v_1, v_2, v_3)$, $w = (w_1, w_2, w_3) \in \mathbb{R}^3$.

Bei Vertauschung zweier Argumente ändert das Spatprodukt das Vorzeichen. Es gelten folgende Regeln (deren erste oft auch als Definition für das Spatprodukt verwendet wird):

$$[u, v, w] = \langle u \times v, w\rangle = \langle u, v \times w\rangle\,,$$

sowie

$$[u, v, w] = [w, u, v] = [v, w, u]$$

(zyklische Vertauschbarkeit); $\langle \cdot, \cdot \rangle$ bezeichnet hier das kanonische Skalarprodukt auf dem $\mathbb{R}^3$ und $\times$ das ↗ Kreuzprodukt.

Das Spatprodukt von u, v und w ist genau dann gleich Null, wenn u, v und w koplanar sind, also in einer gemeinsamen Ebene liegen.

Nach Wahl einer Basis $b = (b_1, b_2, b_3)$ kann auch auf einem beliebigen 3-dimensionalen $\mathbb{K}$-Vektorraum V ein Spatprodukt $[\cdot, \cdot, \cdot] : V \times V \times V \to \mathbb{K}$ erklärt werden (u, v und w bezeichnen Koordinatenvektoren bzgl b):

$$(u, v, w) \mapsto \langle u \times v, w \rangle .$$

Das so erklärte Spatprodukt ist multilinear, es hängt von der Wahl der Basis ab.

Spätschadenrückstellungsreserve, Begriff aus der ↗ Versicherungsmathematik.

Die Spätschadenrückstellungsreserve bestimmt die Rückstellungen für Schäden, die in der laufenden Periode angefallen sind, aber erst in der Zukunft beglichen werden. Die ↗ IBNER-Reserve wird für solche Schäden gebildet, bei denen zwar das Schadenereignis bekannt ist, nicht aber die exakten Kosten (etwa wegen juristischer Verfahren oder medizinischer Behandlung). Die ↗ IBNR-Reserve wird für Schäden gebildet, die bereits verursacht sind, ohne daß die Versicherung davon Kenntnis hat (beispielsweise in der Haftpflichtversicherung). In beiden Fällen werden die zukünftig zu begleichenden Schädenzahlungen durch einen stochastischen Prozeß modelliert.

Gebräuchlich ist das ↗ chain-ladder-Verfahren, das auf einer Markow-Annahme für die Sequenz $C(j, k)$ der kumulierten Schäden, die im Jahr j angefallen und binnen k Jahren abgewickelt wurden, ausgeht. Das Verfahren der „anfalljahrunabhängigen Schadenquotenzuwächse" modelliert die Schadenquote (Quotient aus Schadenzahlung des Anfalljahrs, die nach k Jahren abgewickelt werden, und Prämien des Anfalljahres) als einen Zufallsprozeß, der unabhängig vom Anfalljahr ist. Bei beiden Verfahren ergibt sich aus dem Vergleich der Vergangenheitswerte für verschiedene j ein Schätzer für die Reserve für noch nicht abgewickelte Versicherungsfälle.

Spearmanscher Korrelationskoeffizient, ein von Spearman 1904 entwickelter spezieller ↗ Rangkorrelationskoeffizient, zur Beurteilung der Stärke des (gleichsinnig oder gegenläufig) linearen Zusammenhangs zwischen zwei mindestens ordinalskalierten (↗ Skalentypen) Merkmalen X und Y.

Sei $(X_1, Y_1), \ldots, (X_n, Y_n)$ eine Stichprobe des Merkmalspaares (X, Y). Zur Berechnung des Spearmanschen Rangkorrelationskoeffizienten bildet man für X und Y getrennt die ↗ geordnete Stichprobe und berechnet die zugehörigen Rangplatzzahlen $R[X_i]$, $R[Y_i]$, $i = 1, \ldots, n$. Der Spearmansche Korrelationskoeffizient ϱ ist dann definiert als einfacher (Pearsonscher) Korrelationskoeffizient zwischen den Rangplätzen $R[X]$ und $R[Y]$:

$$\varrho = \frac{Cov(R[X], R[Y])}{\sqrt{V(R[X])}\sqrt{V(R[Y])}} .$$

Die Schätzung $\hat{\varrho}$ des Korrelationskoeffizienten erfolgt, indem man die Kovarianz $Cov(R[X], R[Y])$ und die Varianzen $V(R[X]), V(R[Y])$ durch die empirische Kovarianz bzw. die empirischen Varianzen ersetzt. Üblicherweise wird auch $\hat{\varrho}$ als Spearmanscher Korrelationskoeffizient bezeichnet.

Es läßt sich zeigen, daß sich der empirische Korrelationskoeffizient $\hat{\varrho}$ wie folgt einfach berechnen läßt:

$$\hat{\varrho} = 1 - \frac{6\sum_{i=1}^{n} d_i^2}{n(n^2-1)}, \quad \text{mit } d_i = R[X_i] - R[Y_i] .$$

Die Beurteilung des Korrelationskoeffizienten $\hat{\varrho}$ erfolgt wie in der ↗ Korrelationsanalyse einfacher Korrelationskoeffizienten üblich.

Ein Beispiel. Es soll überprüft werden, ob für 6 Studenten ein Zusammenhang zwischen der Klausurnote in Statistik (St) und in der Volkswirtschaftslehre (VWL) besteht. In folgender Tabelle sind die Noten der 6 Studenten und die zugeordneten Rangplätze enthalten:

Student i	A	B	C	D	E	F
St. X_i	3,7	4,0	2,7	2,0	4,0	3,3
VWL Y_i	4,0	3,7	2,0	2,0	4,0	1,3
$R[X_i]$	4	5,5	2	1	5,5	3
$R[Y_i]$	5,5	4	2,5	2,5	5,5	1
d_i^2	2,25	2,25	0,25	2,25	0	4

Aus den Werten der Tabelle ergibt sich:

$$\hat{\varrho} = 1 - \frac{6 \cdot 11}{6 \cdot 35} = \frac{24}{35} = 0{,}686.$$

Es besteht demnach eine positive Korrelation ($\hat{\varrho} \geq 0{,}5$) zwischen den Noten in beiden Fächern.

Speed-up-Theorem, die Aussage, daß es Probleme gibt, für deren Lösung es bzgl. der Rechenzeit einer Turing-Maschine (und auch anderer Rechnermodelle) keine asymptotisch optimale Lösung gibt.

Unter schwachen Vorraussetzungen gibt es für jede beliebige (schnell) wachsende Funktion τ ein Problem so, daß es für jede Turing-Maschine, die das Problem in Zeit $t(n)$ löst, eine Turing-Maschine gibt, die dasselbe Problem asymptotisch in Zeit $\tau^{-1} \circ t(n)$ löst. Die hierbei betrachteten Probleme sind für den Zweck des Speed-up-Theorems konstruiert, so daß das Speed-up-Theorem eine strukturelle Aussage ohne Anwendungen ist.

Speicherkapazität, die Menge an Informationen, die ein Speichermedium maximal aufnehmen kann.

Im Kontext binär codierter Informationen wird die Speicherkapazität üblicherweise in ↗Byte gemessen.

Speiser, Andreas, schweizer Mathematiker, geb. 10.6.1885 Basel, gest. 12.10.1970 Basel.

Nach dem Studium in Göttingen und Berlin habilitierte sich Speiser 1911 bei Minkowski und wurde 1917 Professor an der Universität Zürich. 1944 wechselte er nach Basel.

Speisers Hauptinteressengebiete waren die Algebra, die Zahlentheorie und die Gruppentheorie. Er untersuchte quadratische Formen in zwei Variablen und Galois-Körper. Er entwickelte die Zahlentheorie hyperkomplexer Systeme und zeigte Beziehungen dieser Systeme zum Begriff des Gruppoids auf. Weiterhin veröffentlichte er Arbeiten zur Riemannschen ζ-Funktion, zu Geodäten auf Flächen und zur Himmelsmechanik. Seine Arbeiten zur Gruppentheorie mündeten in einem 1923 erschienenen Lehrbuch, das auch Beziehungen der Gruppentheorie zur Kunst, zur Ornamentik und zur Kristallographie herstellte.

Zwischen 1928 und 1965 gab er 37 Bände der „Opera omnia Leonhardi Euleri", einer Gesamtausgabe der Werke Eulers, heraus. Er schrieb außerdem Arbeiten zu philosophischen Problemen in der Mathematik und zur mathematischen Denkweise.

Spektralanalyse, eine physikalisch-chemische Untersuchungsmethode.

R.W. Bunsen und G.R. Kirchhoff entwickelten 1859 die Spektralanalyse, eine Untersuchungsmethode, mit deren Hilfe man aus den Linien eines Emissions- bzw. Absorptionsspektrums Rückschlüsse über die chemische Zusammensetzung der jeweiligen Lichtquellen bzw. der absorbierenden Medien ziehen kann.

Kennzeichnet man die Lage der Linien im Spektrum durch ihre Wellenlängen, so kann man daraus das betreffende Element erkennen. Dagegen läßt sich aus der Intensität die Menge und aus der Aufspaltung und Verbreiterung der Atom- und Molekülaufbau herleiten. Durch die Spektralanalyse konnte die elementare Zusammensetzung von Sonne und Sternen sowie deren Radialgeschwindigkeit auf der Basis der Rotverschiebung bestimmt werden.

spektraläquivalent, Relation zwischen zwei quadratischen reellen Matrizen. Zwei symmetrische Matrizen A und B heißen spektraläquivalent, wenn es eine Konstante $c \in \mathbb{R}$ gibt, so daß $cB - A$ und $cA - B$ positiv semidefinit sind, also nur nicht negative Eigenwerte besitzt.

Spektraläquivalenz spielt eine Rolle in der Konstruktion iterativer Lösungsverfahren für lineare Gleichungssysteme.

Spektraldichte eines stationären Prozesses, die Fouriertransformierte der Autokovarianzfunktion (↗Kovarianzfunktion) eines im weiteren Sinne stationären stochastischen Prozesses.

Sei $(X(t))_{t\in T\subseteq \mathbb{Z}}$ ein im weiteren Sinne stationärer stochastischer Prozeß mit diskretem Zeitbereich T und dem (meßbaren) Zustandsraum $[E, \mathcal{B}]$, $E \subseteq \mathbb{C}$. Die Funktion

$$\sigma(h) =: E(X(t) - EX(t))(X(t+h) - EX(t+h))$$

sei die Autokovarianzfunktion von $(X(t))_{t\in T}$. Dann ist die Spektraldichte gegeben durch

$$f_X(\lambda) = \frac{1}{2\pi}\left\{\sum_{h=-\infty}^{\infty} \sigma(h)e^{-ih\lambda}\right\}, \quad -\pi \le \lambda \le \pi \quad (1)$$

Für die Existenz der Spektraldichte ist dabei hinreichend, daß für ihre Kovarianzfunktion gilt:

$$\sum_{h=-\infty}^{\infty} |\sigma(h)| < \infty. \qquad (2)$$

In Umkehrung der Formel (1) erhält man die Kovarianzfunktion $\sigma(h)$ aus der Spektraldichte wie folgt:

$$\sigma(h) = \int_{-\pi}^{\pi} e^{ih\lambda} f(\lambda) d\lambda. \qquad (3)$$

Ist $(X(t))_{t\in T\subseteq\mathbb{R}}$ ein stetiger stationärer Prozeß, so sind die Formeln (1)-(3) durch die folgenden zu ersetzen:

$$f_X(\lambda) = \frac{1}{2\pi}\int_{-\infty}^{\infty} \sigma(t)e^{-it\lambda}dt, \; -\infty < \lambda < \infty, \qquad (4)$$

$$\int_{t=-\infty}^{\infty} |\sigma(t)|dt < \infty, \qquad (5)$$

und

$$\sigma(t) = \int_{-\infty}^{\infty} e^{ih\lambda} f(\lambda) d\lambda. \qquad (6)$$

Ist der Prozeß $(X(t))_{t\in T}$ reellwertig ($E \subseteq \mathbb{R}$), so ist die Spektraldichte $f_X(\lambda)$ eine reellwertige gerade

Funktion in λ. Die Formeln (1) und (4) vereinfachen sich in diesem reellen Fall zu

$$f_X(\lambda) = \frac{1}{2\pi}\left\{\sigma(0) + 2\sum_{h=1}^{\infty}\sigma(h)\cos(h\lambda)\right\}$$

bzw.

$$f_X(\lambda) = \frac{1}{2\pi}\int_0^{\infty}\sigma(t)\cos(t\lambda)dt\,.$$

Autokovarianzfunktion und Spektraldichte einer Zeitreihe sind nur zwei Seiten ein- und derselben Medaille. Beide beschreiben äquivalent die Art der Abhängigkeiten der Zeitreihe zu verschiedenen Zeitpunkten $X(t)$ und $X(t+h)$, die Autokovarianzfunktion im Zeitbereich (Variable: Zeitdifferenz h) und die Spektraldichte im Frequenzbereich (Variable: Frequenz λ).

Siehe auch ↗ Spektralmaß.

Spektraldichteschätzung, Schätzung der ↗ Spektraldichte eines (im weiteren Sinne) stationären stochastischen Prozesses.

Sei $(X(t))_{t\in T\subseteq\mathbb{Z}}$ ein reellwertiger diskreter im weiteren Sinne stationärer Prozeß mit dem (meßbaren) Zustandsraum $[E,\mathcal{B}], E\subseteq\mathbb{R}$, und

$$\sigma_X(h) =: E(X(t)-EX(t))(X(t+h)-EX(t+h))$$

die Autokovarianzfunktion von $(X(t))_{t\in T}$. Dann ist die Spektraldichte gegeben durch

$$f_X(\lambda) = \frac{1}{2\pi}\left\{\sigma(0) + 2\sum_{h=1}^{\infty}\sigma(h)\cos(h\lambda)\right\}, \quad (1)$$

$$-\pi \le \lambda \le \pi\,.$$

Eine naheliegende Schätzung der Spektraldichte erhält man dadurch, daß man die Kovarianzen $\sigma(h)$ durch Schätzungen, z. B. der Form

$$c_h := \frac{1}{N}\sum_{t=1}^{N-h}(X(t)-\overline{X})(X(t+h)-\overline{X}),$$

$$h = 0,1,2,\ldots$$

mit

$$\overline{X} = \frac{1}{N}\sum_{t=1}^{N}X(t)$$

ersetzt. Die so entstehende Spektraldichteschätzung

$$I_X(\lambda) = \frac{1}{2\pi}\left\{c_0 + 2\sum_{h=1}^{N-1}c_h\cos(h\lambda)\right\} \quad (2)$$

wird auch als Periodogramm bezeichnet. Das Periodogramm hat allerdings (wie auch c_h) schlechte statistische Eigenschaften (Inkonsistenz). Man bricht deshalb die Summe schon bei einer Zahl $M < N-1$ (truncation point) ab, und führt außerdem Bewichtungen w_h (lag windows) ein. Man kommt so zu folgender Schätzung:

$$\hat{f}_X(\lambda) = \frac{1}{2\pi}\left\{c_0w_0 + 2\sum_{h=1}^{M}c_hw_h\cos(h\lambda)\right\}. \quad (3)$$

Für die lag windows gibt es verschiedene Vorschläge:

1. (Bartlett): $w_h = 1-\frac{h}{M}$ für $0\le h\le M$.
2. (Tukey): $w_h = 0,5(1+\cos(\pi h/M))$ für $0\le h\le M$.
3. (Parzen):

$$w_h = \begin{cases} 1-(6h^2/M^2)(1-h/M), & 0\le h\le \frac{M}{2},\\ 2(1-h/M)^3, & \frac{M}{2}<h\le M.\end{cases}$$

Für die Wahl von M liegen Erfahrungswerte vor, man kann ungefähr $M/N \approx 0,3$ wählen. Durch diese Maßnahmen wird (3) zu einer konsistenten Schätzung für (1).

Die Definition des Periodogramms läßt sich auf Prozesse mit komplexem Zustandsraum $E\subseteq\mathbb{C}$ und auf stetige Prozesse verallgemeinern. Man kann zeigen, daß (2) identisch zur folgenden Darstellung ist:

$$I_X(\lambda) = \frac{1}{2\pi N}\left|\sum_{t=1}^{N}X(t)e^{-i\lambda t}\right|^2, \quad -\pi\le\lambda\le\pi. \quad (4)$$

Diese Funktion wird allgemein auch für diskrete Prozesse mit komplexem Zustandsraum ($T\subseteq\mathbb{Z}, E\subseteq\mathbb{C}$) als Periodogramm bezeichnet und verwendet.

Ist der Prozeß stetig ($T\subseteq\mathbb{Z}, E\subseteq\mathbb{C}$), so wird die (4) verallgemeinernde Funktion

$$I_X(\lambda) = \frac{1}{2\pi T}\left|\int_{t=0}^{T}X(t)e^{-i\lambda t}dt\right|^2, \quad -\infty\le\lambda\le\infty \quad (5)$$

sein Periodogramm genannt.

spektrale Zerlegung einer Matrix, ↗ Spektralzerlegung einer Matrix.

spektrale Zerlegung eines Operators, ↗ spektraler Operator.

spektraler Abbildungssatz, ↗ Spektralkalkül.

spektraler Operator, ein stetiger linearer Operator auf einem komplexen Banachraum, der in folgendem Sinn eine spektrale Zerlegung gestattet:

Es existiert ein ↗ projektionswertiges Maß E auf der Borel-σ-Algebra von $\mathbb{C}$ mit den Eigenschaften

(1) $E(A)T = TE(A)$ für alle Borel-Mengen $A\subset\mathbb{C}$,

(2) das Spektrum der Einschränkung von T auf im $E(A)$ ist im Abschluß von A enthalten,

(3) $\sup_A\|E(A)\| < \infty$, und es existiert ein quasinilpotenter Operator N (↗ nilpotenter Operator)

so, daß

$$T = \int_{\mathbb{C}} z\, dE(z) + N.$$

Ist $N = 0$, spricht man von einem spektralen Operator vom skalaren Typ.

Spektralfolge, *Spektralsequenz*, eine Folge von Differentialmoduln $(E_r, d_r)_{r \in \mathbb{N}}$ über einem kommutativen Ring R derart, daß der Modul E_{r+1} der Homologiemodul von (E_r, d_r) ist.

Ein Modul (E_r, d_r) heißt ein Differentialmodul, falls E_r ein Modul ist, und falls $d_r : E_r \to E_r$ ein Modulhomomorphismus ist, für den $d_r \circ d_r = 0$ gilt. Die Abbildung d_r heißt auch ein Differential. Der (Ko-)Homologiemodul ist definiert als $H(E_r, d_r) := \operatorname{Ker} d_r / \operatorname{Im} d_r$. Ist der Grundring ein Körper, so sind die Differentialmodule Vektorräume, versehen mit einer Differentialabbildung. Ist der Grundring der Ring der ganzen Zahlen, so sind die Differentialmodule abelsche Gruppen zusammen mit einer Differentialabbildung. Allgemeiner kann man Spektralfolgen auch in beliebigen abelschen Kategorien definieren.

Bei vielen Anwendungen ist der Differentialmodul E_r ein bigraduierter Modul

$$E_r = \bigoplus_{p,q \in \mathbb{Z}} E_r^{p,q} \,,$$

und das Differential d_r ist ein Differential vom Bigrad $(r, 1-r)$, d. h. es gilt

$$d_r : E_r^{p,q} \to E_r^{p+r,q+1-r} \,.$$

Der Kohomologiemodul $H(E_r, d_r)$, der mit E_{r+1} identifiziert wird, besitzt ebenfalls eine bigraduierte Struktur

$$E_{r+1}^{p,q} = \frac{\ker d_r : E_r^{p,q} \to E_r^{p+r,q+1-r}}{\operatorname{im} d_r : E_r^{p-r,q+r-1} \to E_r^{p,q}} \,.$$

Bei dieser Definition ist die Spektralfolge vom Kohomologietyp. Ist das Differential vom Bigrad $(-r, r-1)$, so handelt es sich um eine Spektralfolge vom Homologietyp. Im folgenden werden solche vom Kohomologietyp betrachtet.

Spektralfolgen, die von bigraduierten Moduln herkommen, lassen sich als eine Folge von ebenen Diagrammen darstellen. Die $E_r^{p,q}$ sitzen an den Punkten mit den ganzzahligen Koordinaten (p, q) in der r-ten Ebene. Die Morphismen d_r sind für festes r gegeben durch Pfeile eines festen Typs, ausgehend von jedem dieser Punkte. So geht d_1 jeweils einen (ganzzahligen) Schritt nach rechts, d_2 geht zwei Schritte nach rechts und einen nach unten, usw.

Ausgehend vom Term E_2 definiert solch eine Spektralfolge einen Turm von Untermoduln von E_2

$$B_2 \subseteq B_3 \subseteq \cdots \subseteq B_n \subseteq \cdots \subseteq C_n \subseteq \cdots \subseteq C_2 \subseteq E_2$$

mit $E_{n+1} \cong C_n / B_n$. Das Differential d_{n+1} kann als Abbildung $C_n/B_n \to C_n/B_n$ gegeben werden mit Kern C_{n+1}/B_n und Bild B_{n+1}/B_n. Sei

$$C_\infty = \bigcap_{n \geq 2} C_n \quad \text{und} \quad B_\infty = \bigcup_{n \geq 2} B_n$$

sowie $E_\infty = C_\infty / B_\infty$. Dieser Modul trägt eine natürlich bigraduierte Struktur, die von der Struktur von E_2 herkommt:

$$E_\infty = \bigoplus_{p,q \in \mathbb{Z}} E_\infty^{p,q} .$$

Gilt $d_r = 0$ für ein $r \geq N$, so folgt $E_\infty = E_N$. Man sagt dann: Die Spektralfolge ist am N-ten Term degeneriert. Solch eine Degeneration tritt immmer auf, wenn

$$E_2^{p,q} \neq 0 \quad \text{nur für} \quad 0 \leq p \leq n_1,\ 0 \leq q \leq n_2$$

mit geeigneten n_1 und n_2.

Ist $H^* = \oplus_{n \in \mathbb{Z}} H^n$ ein graduierter Modul, der filtriert ist, d. h., es gibt eine Sequenz von Untermoduln

$$\cdots \subseteq F^{p+1}H^* \subseteq F^p H^* \subseteq F^{p-1}H^* \cdots ,$$

so setzt man $F^p H^n := F^p H^* \cap H^n$ und

$$Gr^{p,q}(H^*, F) := F^p H^{p+q} / F^{p+1} H^{p+q} \,.$$

Man sagt, eine Spektralfolge (E_r, d_r) (alle E_r seien bigraduiert) konvergiere zu H^*, falls es eine Filtrierung F von H^* gibt mit

$$Gr^{p,q}(H^*, F) \cong E_\infty^{p,q} \,.$$

Ist man in der Lage, die Spektralfolge zu berechnen, so liefert diese eine Möglichkeit, den graduierten Modul

$$Gr(H^*) = \bigoplus_{p \in \mathbb{Z}} F^p H^* / F^{p+1} H^*$$

von H^* bezüglich der Filtrierung F zu berechnen. Degeneriert die Spektralfolge, so ist sie besonders nützlich zur Berechnung von $Gr(H^*)$.

Spektralfolgen sind wichtige technische Hilfsmittel zur Berechnung von (Ko-)Homologieobjekten. Die Leray-Spektralfolge berechnet die (Ko-)Homologie von filtrierten Komplexen. Die Leray-Serre-Spektralfolge berechnet die Homologie filtrierter topologischer Räume, speziell die Homologie der CW-Komplexe. Die Eilenberg-Moore-Spektralfolge findet Anwendung bei der Berechung der Homologie von Faserungen. Die Adams-Spektralfolge wird eingesetzt zur Berechnung der stabilen Homotopiegruppen.

[1] McCleary, J.: User's Guide to Spectral Sequences. Publish or Perish, 1985.

Spektralkalkül, *Funktionalkalkül*, das Bilden von Funktionen eines Operators und das Rechnen mit ihnen.

Es sei T ein stetiger linearer Operator auf einem komplexen Banachraum. Für gewisse Funktionen f auf dem ↗Spektrum $\sigma(T)$ von T kann man Operatoren $f(T)$ so erklären, daß der Übergang von f zu $f(T)$ linear und multiplikativ ist, man kann also mit den Operatoren $f(T)$ rechnen wie mit den Funktionen f. Beispielsweise ist, falls $T^{1/2}$ erklärt ist, $(T^{1/2})^2 = T$, da ja das Quadrat der Wurzelfunktion die identische Funktion ist; $T^{1/2}$ verhält sich also wirklich wie eine Wurzel.

Für den Dunfordschen Funktionalkalkül betrachtet man die Algebra $\mathcal{O}(T)$ der in einer offenen Umgebung von $\sigma(T)$ definierten analytischen komplexwertigen Funktionen; der Definitionsbereich U_f von $f \in \mathcal{O}(T)$ variiert mit f und braucht nicht zusammenhängend zu sein, und der Definitionsbereich von $f+g$ bzw. fg ist natürlich $U_f \cap U_g$. Für eine Funktion $f \in \mathcal{O}(T)$ läßt sich mit Hilfe eines Umlaufintegrals ein Operator $f(T)$ definieren. Dazu sei $\Gamma \subset U_f \setminus \sigma(T)$ eine endliche Vereinigung geschlossener Kurven (ein Zykel) so, daß die Umlaufzahl von Γ um jeden Punkt von $\sigma(T)$ gleich $+1$ ist („Γ umrundet $\sigma(T)$ genau einmal im positiven Sinn"). Solche Zykeln existieren stets, können jedoch beliebig kompliziert aussehen, insbesondere, wenn $\sigma(T)$ unzusammenhängend ist. Man setzt nun

$$f(T) := \frac{1}{2\pi i} \oint_{\Gamma} f(\lambda)(\lambda - T)^{-1}\, d\lambda\,.$$

Solch ein operatorwertiges Integral definiert man wie in der Funktionentheorie, und offensichtlich stand die Cauchysche Integralformel Pate bei der Definition von $f(T)$. Man kann zeigen, daß $f(T)$ nicht von der speziellen Wahl von Γ abhängt, und daß die folgenden Eigenschaften gelten:

(1) $f(T) = \mathrm{Id}$ für $f(z) = 1$, $f(T) = T^n$ für $f(z) = z^n$,
(2) $(f+g)(T) = f(T) + g(T)\ \forall f, g \in \mathcal{O}(T)$,
(3) $(fg)(T) = f(T)g(T)\ \forall f, g \in \mathcal{O}(T)$,
(4) $\sigma\big(f(T)\big) = f\big(\sigma(T)\big)\ \forall f \in \mathcal{O}(T)$,
(5) $(f \circ g)(T) = f\big(g(T)\big)\ \forall g \in \mathcal{O}(T), f \in \mathcal{O}\big(g(T)\big)$.

Allgemeiner als in (1) ist $f(T) = \sum_{k=0}^{\infty} a_k T^k$, wenn f als in einer Umgebung von $\sigma(T)$ konvergente Potenzreihe $f(z) = \sum_{k=0}^{\infty} a_k z^k$ gegeben ist.

Die Aussage (4) ist der spektrale Abbildungssatz. Insbesondere sind Wurzeln oder der Logarithmus eines Operators erklärt, wenn $\sigma(T)$ etwa in der geschlitzten Ebene $\mathbb{C} \setminus \{z : \mathrm{Re}\, z \le 0\}$ liegt.

Es ei λ_0 ein isolierter Punkt des Spektrums von T. Durch

$$P = \frac{1}{2\pi i} \oint_{\gamma} (\lambda - T)^{-1}\, d\lambda,$$

wobei γ ein hinreichend kleiner positiv orientierter Kreis um λ_0 ist, wird eine Projektion definiert. Die ↗Resolvente von T besitzt jetzt bei λ_0 eine isolierte Singularität, die durch die ↗Laurent-Reihe als Pol oder als wesentliche Singularität klassifiziert werden kann. Falls es sich um einen Pol der Ordnung p handelt, ist λ_0 ein Eigenwert, und $\mathrm{Im}(P)$ ist der Hauptraum $\mathrm{Ker}(\lambda_0 - T)^p$ zum Eigenwert λ_0, im Fall eines einfachen Pols also der Eigenraum.

Für selbstadjungierte (oder normale) beschränkte Operatoren T auf einem Hilbertraum kann man $f(T)$ sogar für alle stetigen Funktionen auf $\sigma(T)$ erklären und erhält für diesen „stetigen Funktionalkalkül" ebenfalls die Eigenschaften (1)–(5). Außerdem ist hier stets

$$\|f(T)\| = \|f\|_\infty = \sup\{|f(\lambda)| : \lambda \in \sigma(T)\}.$$

Der eleganteste Weg hierzu besteht in der Anwendung des Satzes von Gelfand-Neumark, wonach die von T und dem identischen Operator erzeugte C^*-Algebra zur Algebra der stetigen Funktionen auf $\sigma(T)$ isometrisch $*$-isomorph ist. In der Tat läßt sich dieses Vorgehen noch auf die erzeugte von Neumann-Algebra ausdehnen, was es gestattet, $f(T)$ für alle beschränkten meßbaren Funktionen zu definieren. Insbesondere ist jeder meßbaren Teilmenge A des Spektrums via der zugehörigen Indikatorfunktion χ_A eine Orthogonalprojektion $\chi_A(T)$ zugeordnet, und auf diese Weise kann man einen Beweis des ↗Spektralsatzes für selbstadjungierte Operatoren erhalten. Analog wird ein stetiger bzw. meßbarer Funktionalkalkül für normale Elemente einer C^*-Algebra bzw. von-Neumann-Algebra erklärt.

Schreibt man gemäß dem Spektralsatz

$$T = \int_{\sigma(T)} \lambda\, dE_\lambda, \tag{6}$$

so kann man $f(T)$ auch durch

$$f(T) = \int_{\sigma(T)} f(\lambda)\, dE_\lambda$$

definieren. Diese Formel läßt sich auf unbeschränkte Operatoren ausdehnen. Ist T ein unbeschränkter selbstadjungierter Operator mit Spektralzerlegung (6), so wird für eine meßbare Funktion f durch

$$\langle f(T)x, y\rangle = \int_{\sigma(T)} f(\lambda)\, d\langle E_\lambda x, y\rangle$$

ein (i. allg. unbeschränkter) normaler Operator mit Definitionsbereich

$$\mathrm{D}(T) = \left\{x : \int_{\sigma(T)} |f(\lambda)|^2\, d\langle E_\lambda x, x\rangle < \infty\right\}$$

erklärt. Dann ist $(f+g)(T)$ eine Fortsetzung von $f(T)+g(T)$, und $(fg)(T)$ eine Fortsetzung von $f(T)g(T)$.

Siehe auch ↗Spektraltheorie.

[1] Conway, J.B.: A Course in Functional Analysis. Springer Berlin/Heidelberg/New York, 1985.

[2] Reed, M.; Simon, B.: Methods of Mathematical Physics I: Functional Analysis. Academic Press New York, 2. Auflage 1980.

Spektralmaß, zum einen ein Synonym für den Begriff ↗projektionswertiges Maß, in anderem Zusammenhang das eindeutig bestimmte Maß μ auf $([-\pi,\pi), \mathfrak{B}([-\pi,\pi)))$ in der Spektraldarstellung

$$R(t) = \int_{-\pi}^{\pi} e^{itx}\mu(dx)$$

der durch $R(t) = Cov(X_t, X_0)$ auf $\mathbb{Z}$ definierten Kovarianzfunktion R einer im weiteren Sinne stationäre Folge $(X_t)_{t\in\mathbb{Z}}$ reeller oder komplexer Zufallsvariablen.

Dabei wird $E(|X_t|^2) < \infty$ für alle $t \in \mathbb{Z}$ vorausgesetzt und o.B.d.A. noch $E(X_0) = 0$ angenommen. Das Maß μ heißt dann das Spektralmaß, und die auf $[-\pi,\pi)$ durch $F(x) = \mu([-\pi,x))$ definierte Abbildung F die Spektralfunktion von $(X_t)_{t\in\mathbb{Z}}$. Besitzt μ darüber hinaus eine Dichte bzgl. des Lebesgue-Maßes, so wird diese als die Spektraldichte von $(X_t)_{t\in\mathbb{Z}}$ bezeichnet; siehe hierzu auch ↗Spektraldichte eines stationären Prozesses.

Die in diesem Zusammenhang übliche Bezeichnung „Kovarianzfunktion" für R ist nicht ganz unmißverständlich, da i. allg. die Kovarianzfunktion eines stochastischen Prozesses durch $K(s,t) = Cov(X_s, X_t)$ definiert ist. In der vorliegenden Situtation besteht zwischen beiden Funktionen der Zusammenhang $R(s-t) = K(s,t)$.

Die beschriebenen Begriffsbildungen können für im weiteren Sinne stationäre Prozesse $(X_t)_{t\in\mathbb{R}}$ verallgemeinert werden. Siehe in diesem Zusammenhang auch ↗Spektralsatz für selbstadjungierte Operatoren.

Spektralnorm, *Zwei-Matrixnorm*, eine Norm auf dem Raum der quadratischen reellen Matrizen.

Die Spektralnorm $\sigma(A)$ der Matrix A ist definiert durch

$$\sigma(A) = \max\left\{+\sqrt{\lambda};\ \lambda \text{ ist Eigenwert von } A^tA\right\}.$$

Spektralradius, für einen stetigen linearen Operator T auf einem komplexen Banachraum die Zahl

$$\varrho(T) = \inf_{n\in\mathbb{N}} \|T^n\|^{1/n} = \lim_{n\to\infty} \|T^n\|^{1/n}. \quad (1)$$

Es gilt dann

$$\varrho(T) = \max\{|\lambda| : \lambda \in \sigma(T)\}, \quad (2)$$

wobei $\sigma(T)$ das ↗Spektrum von T bezeichnet, was den Namen „Spektralradius" erklärt. Insbesondere im Matrizenfall definiert man den Spektralradius meist durch (2).

Spektralsatz für selbstadjungierte Operatoren, zentrale Aussage der Operatortheorie.

Sei T ein beschränkter oder unbeschränkter selbstadjungierter Operator in einem Hilbertraum H. Dann existiert ein eindeutig bestimmtes ↗projektionswertiges Maß E mit Träger $\text{supp}(E) = \sigma(T)$ *(σ das ↗Spektrum von T) so, daß*

$$\langle Tx, y\rangle = \int_{\sigma(T)} \lambda\, d\langle E_\lambda x, y\rangle \quad (1)$$

für alle $x \in D(T)$, $y \in H$, wobei die Integration bzgl. des Maßes $\mu_{x,y}(A) = \langle E(A)x, y\rangle$ gemeint ist.

Ist T beschränkt, konvergiert das Integral in (1) sogar bzgl. der Operatornorm; man schreibt dann

$$T = \int_{\sigma(T)} \lambda\, dE_\lambda. \quad (2)$$

Eine Zahl $\lambda \in \mathbb{R}$ ist genau dann ein Eigenwert von T, wenn $E(\{\lambda\}) \neq 0$ ist. Da das Spektrum eines ↗kompakten Operators (außer der Null) nur aus Eigenwerten besteht, etwa $\sigma(T) = \{0, \lambda_1, \lambda_2, \dots\}$, nimmt (2) in diesem Fall die Form

$$T = \sum_{n=1}^{\infty} \lambda_n E(\{\lambda_n\}) \quad (3)$$

an; $E(\{\lambda_n\})$ ist die Orthogonalprojektion auf den zu λ_n gehörigen Eigenraum.

Formel (3) impliziert, daß H eine Orthonormalbasis aus Eigenvektoren von T besitzt; (3) lautet in dieser Version

$$Tx = \sum_{k=1}^{\infty} \mu_k \langle x, e_k\rangle e_k,$$

wobei die Folge (μ_k) die in ihrer Vielfachheit gezählten Eigenwerte wiedergibt, d. h., jeder Eigenwert taucht in ihr so häufig auf, wie die Dimension des zugehörigen Eigenraums angibt.

Die Formeln (1)–(3) zeigen, wie ein selbstadjungierter Operator aus den einfachsten selbstadjungierten Operatoren, nämlich den Orthogonalprojektionen, zusammengesetzt wird; daher spricht man auch von der Spektralzerlegung von T.

Die Formeln (1)–(3) können äquivalent mittels der ↗Spektralschar

$$F(\lambda) = E((-\infty, \lambda] \cap \sigma(T)),\ \lambda \in \mathbb{R},$$

ausgedrückt werden, beispielsweise

$$\langle Tx, y\rangle = \int_{\sigma(T)} \lambda\, d\langle F(\lambda)x, y\rangle. \quad (1')$$

Eine Zahl $\lambda \in \mathbb{R}$ ist genau dann ein Eigenwert von T, wenn F bei λ einen Sprung macht, d. h., wenn der Grenzwert bzgl. der starken Operatortopologie $\lim_{\varepsilon \to 0+}(F(\lambda) - F(\lambda - \varepsilon))$ von 0 verschieden ist. Ist T beschränkt, hat F einen kompakten Träger (im Sinn der Spektralscharen).

Neben der Integralform ist die Multiplikationsoperatorform des Spektralsatzes zu erwähnen. Diese besagt, daß jeder selbstadjungierte Operator zu einem Multiplikationsoperator auf einem geeigneten $L^2(\mu)$-Raum unitär äquivalent ist. Es existieren also ein Maßraum (Ω, Σ, μ), eine reellwertige meßbare Funktion h auf Ω und ein unitärer Operator $U : H \to L^2(\mu)$ mit

$$(UTU^*f)(\omega) = h(\omega)f(\omega) \quad \text{f.ü.}$$

für alle $f \in L^2(\mu)$ mit $hf \in L^2(\mu)$; mit T ist auch h beschränkt. Genauer gesagt existieren (endlich oder unendlich viele) Maße μ_i auf $\sigma(T)$ der Form $\mu_i(A) = \langle E(A)x_i, x_i\rangle$ für geeignete $x_i \in H$, und es existiert ein unitärer Operator $U : H \to \bigoplus L^2(\mu_i)$ mit

$$(UTU^*f)_i(\lambda) = \lambda f_i(\lambda) \quad \text{f.ü.};$$

die Maße μ_i werden auch, wie das projektionswertige Maß E selbst, als Spektralmaße von T bezeichnet.

[1] Reed, M.; Simon, B.: Methods of Mathematical Physics I: Functional Analysis. Academic Press New York, 2. Auflage 1980.

Spektralschar, eine Funktion F auf $\mathbb{R}$, deren Werte Orthogonalprojektionen auf einem Hilbertraum H sind, mit folgenden Eigenschaften:
(1) $\lim_{\lambda \to -\infty} F(\lambda)x = 0$, $\lim_{\lambda \to \infty} F(\lambda)x = x \ \forall x \in H$,
(2) $F(\lambda) \le F(\mu)$ für $\lambda \le \mu$,
(3) $\lim_{\varepsilon \to 0+}(F(\lambda + \varepsilon) - F(\lambda))x = 0 \ \forall x \in H$.
Mit anderen Worten ist F monoton wachsend und rechtsseitig stetig. Existieren λ_0 und λ_1 mit $F(\lambda_0) = 0$ und $F(\lambda_1) = \text{Id}$, so sagt man, F habe einen kompakten Träger.

Die Integration bzgl. einer Spektralschar,

$$T = \int_{\mathbb{R}} f(\lambda)\, dF(\lambda)\ ,$$

wird durch das Stieltjes-Integral

$$\langle Tx, x\rangle = \int_{-\infty}^{\infty} f(\lambda)\, d\langle F(\lambda)x, x\rangle$$

erklärt. Siehe auch ↗ Spektralsatz für selbstadjungierte Operatoren.

Spektralsequenz, ↗ Spektralfolge.

Spektraltheorie, Teilgebiet der ↗ Funktionalanalysis, eine Verallgemeinerung der Eigenwerttheorie für Matrizen.

Sei T ein abgeschlossener linearer Operator in einem komplexen ↗ Banachraum X. Ein Eigenwert von T ist eine komplexe Zahl λ, für die ein Element $x \neq 0$ mit $Tx = \lambda x$ existiert. Während diverse Eigenschaften von Matrizen an deren Eigenwerten abgelesen werden können, ist der Begriff des Eigenwerts im Unendlichdimensionalen i. allg. zu schwach; er muß durch den Begriff des Spektralwerts (↗ Spektrum, ↗ Resolventenmenge) ersetzt werden: λ gehört zum Spektrum $\sigma(T)$, wenn der Operator $\lambda - T := \lambda\,\text{Id} - T$ keine stetige Inverse besitzt. Zum Beispiel ist für den Multiplikationsoperator $f \mapsto hf$ auf dem Raum $C[0, 1]$ das Spektrum genau der Wertebereich der stetigen Funktion h. Für einen beschränkten Operator ist $\sigma(T)$ kompakt und nicht leer; genauer ist

$$\max_{\lambda \in \sigma(T)} |\lambda| = \lim_{n \to \infty} \|T^n\|^{1/n}$$

(↗ Spektralradius).

Die hauptsächliche Bedeutung der Spektraltheorie liegt in der Möglichkeit, Operatoren spektral zu zerlegen und einen Funktionalkalkül zu definieren. Ersteres gelingt insbesondere für selbstadjungierte (oder lediglich normale) Operatoren in Hilberträumen. Ist T ein solcher Operator, dann existiert ein projektionswertiges Maß E auf der Borel-σ-Algebra von $\sigma(T)$ mit

$$T = \int_{\sigma(T)} \lambda\, dE_\lambda;$$

dies ist der Inhalt des ↗ Spektralsatzes für selbstadjungierte Operatoren. Der ↗ Spektralkalkül gestattet es, Funktionen von T zu bilden.

Obwohl i. allg. zwischen Spektrum und Eigenwerten unterschieden werden muß, ist z. B. für ↗ kompakte Operatoren und ↗ p-summierende Operatoren jeder von 0 verschiedene Spektralwert ein Eigenwert, und das Spektrum bildet eine Nullfolge. Eine wichtige Frage ist dann, wie schnell die Eigenwertfolge gegen 0 konvergiert; vgl. hierzu ↗ Weyl-Ungleichung.

In größerer Allgemeinheit existieren die Begriffe Spektrum, Resolvente etc. auch für Elemente einer Banachalgebra mit Einheit; der Fall eines Operators entspricht dem Fall der Spektraltheorie bzgl. der Banachalgebra $L(X)$ aller stetigen linearen Operatoren.

[1] Pedersen, G.K.: Analysis Now. Springer Berlin/Heidelberg, 1989.
[2] Pietsch, A.: Eigenvalues and s-Numbers. Cambridge University Press, 1987.
[3] Reed, M.; Simon, B.: Methods of Mathematical Physics I: Functional Analysis. Academic Press New York, 2. Auflage 1980.
[4] Werner, D.: Funktionalanalysis. Springer Berlin/Heidelberg, 1995.

Spektralzerlegung einer Matrix, *spektrale Zerlegung einer Matrix*, Zerlegung einer quadratischen ↗Matrix A über $\mathbb{K}$ der Form

$$A = \alpha_1 P_1 + \cdots + \alpha_n P_n ,$$

für die folgendes gilt:

- Die α_i sind die paarweise verschiedenen Eigenwerte von A.
- $P_i P_j = 0$ für $i \neq j$ und $P_i P_j = P_i$ für $i = j$.
- $\sum_{i=1}^{n} P_i = I$.
- Es gibt Polynome f_i mit $f_i(A) = P_i$.

Eine solche Zerlegung existiert genau dann, falls A diagonalisierbar ist.

Spektralzerlegung eines selbstadjungierten Operators, ↗Spektralsatz für selbstadjungierte Operatoren.

Spektrum, Komplement der ↗Resolventenmenge eines abgeschlossenen linearen Operators T in einem Banachraum.

Das Spektrum $\sigma(T)$ von T ist eine abgeschlossene Teilmenge von $\mathbb{C}$; ist T stetig, so ist $\sigma(T)$ beschränkt und nicht leer, und $\max\{|\lambda| : \lambda \in \sigma(T)\}$ stimmt mit dem ↗Spektralradius von T überein.

Das Spektrum von T kann in drei disjunkte Teile aufgespalten werden, nämlich das Punktspektrum $\sigma_p(T) = \{\lambda : \lambda \,\mathrm{Id} - T$ ist nicht injektiv$\}$, das aus allen Eigenwerten von T besteht, das stetige Spektrum $\sigma_c(T) = \{\lambda : \lambda \,\mathrm{Id} - T$ ist injektiv, nicht surjektiv und hat dichtes Bild$\}$, und das Residualspektrum $\sigma_r(T) = \{\lambda : \lambda \,\mathrm{Id} - T$ ist injektiv und hat kein dichtes Bild$\}$. Für einen ↗kompakten Operator auf einem unendlichdimensionalen Raum ist $\sigma(T) = \{0\} \cup \sigma_p(T)$, und für einen selbstadjungierten Operator auf einem Hilbertraum ist $\sigma_r(T) = \emptyset$. Schließlich besteht das diskrete Spektrum aus den Eigenwerten endlicher Vielfachheit. In diesem Sinne bezeichnet das Spektrum einer (endlichen) Matrix die Menge ihrer Eigenwerte.

Für selbstadjungierte Operatoren existiert noch eine von dem obigen Begriff zu unterscheidende Version des stetigen Spektrums. Sei $T : H \supset D(T) \to H$ selbstadjungiert, und seien $\mu_x(A) = \langle E(A)x, x \rangle$, $x \in H$, die bzgl. der Spektralzerlegung von T gebildeten Maße auf $\mathbb{R}$ (↗Spektralsatz für selbstadjungierte Operatoren). Sei weiterhin $H_{\mathrm{ac}} = \{x \in H : \mu_x$ ist absolutstetig bzgl. des Lebesgue-Maßes$\}$ und $\sigma_{\mathrm{ac}}(T)$ das Spektrum der Einschränkung von T auf H_{ac}. Dann heißt $\sigma_{\mathrm{ac}}(T)$ das absolutstetige Spektrum von T.

[1] Reed, M.; Simon, B.: Methods of Mathematical Physics I: Functional Analysis. Academic Press New York, 2. Auflage 1980.

Spektrum eines Graphen, ↗ Eigenwert eines Graphen.

Spektrum eines Rings, ↗Primideal.

spezielle Divisoren, Begriff aus der algebraischen Geometrie.

Seien X ein glatte projektive ↗algebraische Kurve vom Geschlecht $g \geq 2$, und $D \geq 0$ ein Divisor vom Grad d. D heißt speziell, wenn

$$h^1(X, \mathcal{O}_X(D)) \neq 0$$

ist. Äquivalent dazu ist: Für das ↗lineare System $|D|$ ist $\dim |D| > d - g$.

Wie groß $\dim |D|$ werden kann, wird durch *Cliffords Theorem* beschrieben: Es gilt $\dim |D| \leq \frac{d}{2}$ (für $0 \leq d \leq 2g - 2$), und wenn $\dim |D| = \frac{d}{2} > 0$ ist , so ist X eine hyperelliptische Kurve.

Weiterhin gilt die *Brill-Noether-Schranke*: Im Raum $J_g = \mathrm{Pic}^g(X)$ aller Divisorenklassen vom Grad g (↗algebraische Kurven) sei W_d^r die Menge aller Klassen $|D|$ mit $\dim |D| \geq r$.

(a) Wenn

$$\varrho = g - (r+1)(g - d + r) \geq 0$$

ist, so ist $W_d^r \neq \emptyset$.

(b) W_d^r ist abgeschlossen, jede Komponente von einer Dimension $\geq \varrho$, und für allgemeine Kurven gilt Gleichheit.

(c) Wenn $\varrho < 0$, ist für allgemeine Kurven $W_d^r = \phi$.

Es gibt also beispielsweise immer Morphismen $X \to \mathbb{P}^1$ vom Grad

$$1 + \left[\frac{g+1}{2}\right].$$

spezielle Funktionen, meist als Synonym zum Begriff der höheren transzendenten Funktionen der mathematischen Physik benutzter Ausdruck.

Diese Funktionen ergeben sich als meist parameterabhängige Lösungen von Differentialgleichungen, die bei der Bewältigung physikalischer oder technischer Fragestellungen auftreten. Sie besitzen eine gut konvergente Reihenentwicklung, über die sie auch definiert werden können, und verschiedene andere Darstellungsarten.

Für die wichtigsten speziellen Funktionen vgl. ↗Bessel-Funktionen, ↗Beta-Funktion, ↗Eulersche Γ-Funktion, ↗Fresnel-Integrale, ↗Gaußsche Fehlerfunktion, ↗hypergeometrische Funktion, ↗Integralcosinusfunktion, ↗Integralexponentialfunktion, ↗Integrallogarithmusfunkion, ↗Integralsinusfunktion, ↗konfluente hypergeometrische Funktion, ↗Legendre-Funktionen, ↗Mathieu-Funktion, ↗Weber-Funktion, ↗Zylinderfunktion.

Ein moderner vereinheitlichter Zugang wird dargestellt unter dem Stichwort ↗Vereinheitlichte Theorien spezieller Funktionen.

[1] Abramowitz, M.; Stegun, I.A.: Handbook of Mathematical Functions. Dover Publications, 1972.

[2] Erdélyi, A.: Higher Transcendental Functions. McGraw-Hill, 1953.

[3] Magnus, W.; Oberhettinger, F.; Soni, R.P.: Formulas and Theorems for the Special Functions of Mathematical Physics. Springer-Verlag Berlin, 1966.

spezielle lineare Gruppe, Menge der reellen $(n \times n)$-Matrizen, deren Determinante gleich $+1$ ist.

Als Gruppenoperation wird die Matrizenmultiplikation verwendet, die in der Abbildungsinterpretation der Matrizen gerade der Hintereinanderausführung von Abbildungen entspricht. Ohne die Determinantenbedingung erhält man die allgemeine lineare Gruppe $GL(n)$.

spezielle lineare Gruppe über $\mathbb{K}$, Analogon der ↗ speziellen linearen Gruppe, wenn anstelle der reellen Zahlen die Elemente eines anderen Körpers $\mathbb{K}$ verwendet werden.

Üblicherweise ist dies der Körper $\mathbb{C}$ der komplexen Zahlen oder auch ein endlicher Körper.

spezielle Lösung, andere Bezeichnung für ↗ partikuläre Lösung.

spezielle orthogonale Gruppe, Gruppe $SO(n)$ der n-reihigen ↗ orthogonalen Matrizen, deren Determinante gleich $+1$ ist.

Als Gruppenoperation wird die Matrizenmultiplikation verwendet, die in der Abbildungsinterpretation der Matrizen gerade der Hintereinanderausführung von Abbildungen entspricht.

Eine quadratische reelle Matrix ist orthogonal, wenn jeder Spaltenvektor die Länge 1 hat, und je zwei Spaltenvektoren senkrecht aufeinander stehen. Die Elemente von $SO(n)$ sind daher auch dadurch charakterisierbar, daß ihnen genau diejenigen Abbildungen entsprechen, bei denen ein orthonormiertes n-Bein stets wieder in ein orthonormiertes n-Bein derselben Orientierung überführt wird. Die $SO(n)$ ist die Gruppe derjenigen orientierungserhaltenden Isometrien des n-dimensionalen euklidischen Raums, die den Ursprung als Fixpunkt haben.

Bei Elementen von $SO(n)$ ist die Invertierung besonders einfach: Die inverse Matrix zur Matrix $A = ((a_{ij}))$ ist gerade die transponierte Matrix; es gilt also

$$SO(n) = \{A \in M(n \times n, \mathbb{R}) \,|\, AA^t = I;\ \det(A) = 1\}.$$

Spezielle Relativitätstheorie, auch Relativistische Mechanik genannt, von Albert Einstein im Jahr 1905 begründete Theorie, in der die Konstanz der Lichtgeschwindigkeit mit dem ↗ Relativitätsprinzip vereinbart werden kann.

Die bekanntesten Folgerungen der Speziellen Relativitätstheorie sind die Längenkontraktion und die Zeitdilatation.

Zur Längenkontraktion: „Abends werden die Schatten länger" – die aus dem Alltagsleben bekannte Tatsache, daß die Länge von Projektionen nicht nur von der Größe des Körpers sondern auch von der Projektionsrichtung abhängt, wird auf die Geometrie der Raum-Zeit angewandt. Dabei ist der Lorentzfaktor

$$\beta = \frac{1}{\sqrt{1 - v^2/c^2}}$$

ein Maß für die Projektionsrichtung, in der die Raum-Zeit in Raum und Zeit zerlegt wird, v mit $v < c$ ist die Geschwindigkeit, mit der sich das Bezugssystem bewegt. Es gilt dann: Eine im Ruhsystem gemessene Länge L_0 erscheint in dieser Projektion mit der Länge $L = L_0/\beta$, also merklich verkürzt, sobald v in Bereiche nahe der Lichtgeschwindigkeit c gelangt.

Ganz analog verhält es sich mit der Zeitdilatation: Hier ist ebenfalls β der Faktor zwischen der Zeitdauer im bewegten und im ruhenden System, dergestalt, daß im bewegten System die Zeit langsamer abläuft. Das führt dann zum Zwillingsparadoxon: Von zwei Zwillingen bleibe der eine ruhend auf der Erde, der andere reise mit 86, 6 Prozent der Lichtgeschwindigkeit in der Welt umher. Wenn er zurückkehrt, ist er erst 50 Jahre alt, der daheimgebliebene feiert dagegen (möglicherweise) schon seinen hundertsten Geburtstag.

Man könnte nun einwenden, daß nach dem Relativitätsprinzip ebensogut der reisende Zwilling als ruhend betrachtet werden könnte, indem man einfach das Bezugssystem mitreisen läßt. Dies ist jedoch ein Trugschluß, da speziellrelativistisch nur eine Äquivalenz bzgl. geradlinig gleichförmig bewegter Bezugssysteme gefordert wird, und der reisende Zwilling, wenn er denn geradlinig gleichförmig reisen würde, ja niemals wieder zum Ausgangspunkt würde zurückkehren können.

Eine weitere Folge der Speziellen Relativitätstheorie ist die Äquivalenz von Masse und Energie, die in der ↗ Einsteinschen Formel zum Ausdruck kommt. Wenn es bei kernphysikalischen Vorgängen, z. B. beim Urankernzerfall, zu einem geringen Masseverlust kommt, muß dieser durch eine entsprechende Energieabstrahlung kompensiert werden. Da c sehr groß ist, ist diese Form der Energieerzeugung zwar sehr effektiv, aber auch zugleich schwer beherrschbar.

[1] Pauli, W.: Relativitätstheorie; neu herausgegeben und kommentiert von D. Giulini. Springer Berlin, 2000.

spezielle Riccati-Differentialgleichung, ↗ allgemeine Riccati-Differentialgleichung.

spezielle unitäre Gruppe, Gruppe $SU(n)$ der n-reihigen komplexen ↗ unitären Matrizen, deren Determinante gleich $+1$ ist.

Eine Matrix $((a_{kl}))$ komplexer Zahlen ist unitär, wenn für jedes Indexpaar k, m gilt:

$$\sum_l a_{kl} \cdot \overline{a}_{ml} = \delta_{km}\,.$$

Dabei ist δ_{km} das ↗ Kronecker-Symbol. Offensichtlich gilt: Ist eine unitäre Matrix reell, so ist sie orthogonal. Allgemeiner kann man sagen: Die $SU(n)$

spielt für komplexe Vektorräume dieselbe Rolle wie die SO(n) für die reellen Vektorräume (↗spezielle orthogonale Gruppe).

Die SU(2) und die SO(3) sind zueinander lokal isomorph, die Produktgruppe SU(2) × SU(2) ist zur SO(4) lokal isomorph, und die SU(4) ist zur SO(6) lokal isomorph.

spezielles Halteproblem, ↗Halteproblem.

Spezifikation von Programmen, Beschreibung von Anforderungen an ein existierendes oder geplantes Programm.

Die Anforderungen können implementationsunabhängig sein (z. B. als zu realisierender Auftrag) oder bereits grundlegende Entwurfsentscheidungen vorgeben. Sie können verbal oder in einer formalen Sprache formuliert werden und sind üblicherweise unvollständig. Im Softwareentwurf gibt eine Spezifikation in der Regel genaue Schnittstellen zwischen verschiedenen Modulen vor. Zur Spezifikation von Programmen werden immer leistungsfähigere formale Sprachen vorgeschlagen, meist basierend auf diversen Logiken (Prädikatenlogik, modale oder temporale Logik). Eine formale Spezifikation ist die Voraussetzung für exakte ↗Verifikation von Programmen oder eine automatische Programmgenerierung.

Sphäre, eine Verallgemeinerung des Begriffs der Kugel(oberfläche) auf den n-dimensionalen Raum.

Die Sphäre vom Radius $r > 0$ ist eine differenzierbare Mannigfaltigkeit in $\mathbb{R}^n$, definiert durch

$$\{x = (x_1, \dots, x_n) \in \mathbb{R}^n \mid \sum_{i=1}^{n} x_i^2 = r^2\},$$

und wird meist bezeichnet mit S^{n-1}. Die Notation ist in der Literatur allerdings nicht ganz einheitlich, häufig wird auch die ↗Einheitssphäre (also die Sphäre mit $r = 1$) mit S^{n-1} bezeichnet. Die jeweils vorliegende Situation muß dem Zusammenhang entnommen werden.

Die Sphäre ist eine reell-analytische Mannigfaltigkeit. Der häufigste Spezialfall ist die ↗dreidimensionale Sphäre. Siehe auch ↗Hopf, Satz von.

Sphären-Theorem, ein Satz der ↗globalen Riemannschen Geometrie, der eine Beziehung zwischen einer Krümmungseigenschaft und topologischen Eigenschaften der n-dimensionalen ↗vollständigen Riemannschen Mannigfaltigkeit M herstellt:

Gilt für die ↗Schnittkrümmung K_σ von M die Ungleichung $\delta \le K_\sigma \le 1$, wobei $\delta > 1/4$ eine Konstante ist, so ist M zur n-dimensionalen Sphäre S^n homöomorph.

S^n wird hier als ↗topologischer Raum definiert, der aus allen Punkten des $\mathbb{R}^{n+1}$ besteht, die von einem festen Punkt $P \in \mathbb{R}^{n+1}$ festen Abstand $r = 1$ haben.

sphärische Ableitung, Begriff aus der ↗Funktionentheorie.

Die sphärische Ableitung einer in einem ↗Gebiet $G \subset \mathbb{C}$ ↗meromorphen Funktion f ist definiert durch

$$f^\#(z) := \lim_{w \to z} \frac{\chi(f(w), f(z))}{|w - z|},$$

sofern z keine ↗Polstelle von f ist. Dabei bezeichnet χ die chordale Metrik auf $\widehat{\mathbb{C}}$ (↗Kompaktifizierung von $\mathbb{C}$).

Es gilt folgende Formel zur Berechnung von $f^\#$:

$$f^\#(z) = \frac{2|f'(z)|}{1 + |f(z)|^2}.$$

Ist $z \in G$ eine Polstelle von f der Ordnung $m \in \mathbb{N}$ und setzt man $f^\#(z) := 0$, falls $m \ge 2$ und $f^\#(z) := \frac{2}{|a|}$, falls $m = 1$, wobei a das ↗Residuum von f an z ist, so ist $f^\#$ eine stetige Funktion in G.

Die sphärische Ableitung ist invariant unter sog. Sphärendrehungen. Dies sind ↗Möbius-Transformationen der Form

$$T(z) = \frac{az - b}{\bar{b}z + \bar{a}}$$

mit $a, b \in \mathbb{C}$ und $|a|^2 + |b|^2 > 0$. Es gilt also

$$(T \circ f)^\#(z) = f^\#(z)$$

und insbesondere (im Fall $a = 0$, $b = i$)

$$\left(\tfrac{1}{f}\right)^\#(z) = f^\#(z).$$

Ist z. B. $f(z) = z^k$ oder $f(z) = \frac{1}{z^k}$ mit $k \in \mathbb{N}$, so gilt

$$f^\#(z) = \frac{2k|z|^{k-1}}{1 + |z|^{2k}}, \quad z \in \mathbb{C}.$$

Für einen Weg γ in $\mathbb{C}$ sei γ_s derjenige Weg auf der Riemannschen Zahlenkugel S^2, der durch ↗stereographische Projektion von γ auf S^2 entsteht. Die sphärische Länge $L_s(\gamma)$ von γ ist definiert als die Länge des Weges γ_s auf S^2. Entsprechend ist der sphärische Flächeninhalt $A_s(E)$ einer meßbaren Menge $E \subset \mathbb{C}$ definiert.

Nun sei f eine in G ↗schlichte Funktion und γ ein Weg in G. Dann gilt für die sphärische Länge des Bildweges $f \circ \gamma$:

$$L_s(f \circ \gamma) = \int_\gamma f^\#(z)|dz|.$$

Hieraus folgt insbesondere

$$L_s(\gamma) = \int_\gamma \frac{2}{1 + |z|^2}\,|dz|.$$

Ebenso gilt für den sphärischen Flächeninhalt der Bildmenge $f(E)$ einer meßbaren Menge $E \subset G$

$$A_s(f(E)) = \iint_E (f^\#(z))^2 \, dxdy$$

und speziell

$$A_s(E) = \iint_E \frac{4}{(1+|z|^2)^2} \, dxdy \, .$$

Die sphärische Ableitung spielt z. B. eine Rolle beim Satz von Marty (↗Marty, Satz von), der ein Normalitätskriterium für Familien meromorpher Funktionen liefert.

sphärische Bessel-Funktionen, die folgenden für $n \in \mathbb{Z}$ durch die gewöhnlichen ↗Bessel-Funktionen J_ν, Y_ν sowie durch $H_\nu^{(1)}$ und $H_\nu^{(2)}$ definierten Funktionen:

$$j_n(z) := \sqrt{\frac{\pi}{2z}} J_{n+1/2}(z)$$

$$y_n(z) := \sqrt{\frac{\pi}{2z}} Y_{n+1/2}(z)$$

$$h_n^{(1)}(z) := j_n(z) + iy_n(z) = \sqrt{\frac{\pi}{2z}} H_{n+1/2}^{(1)}(z)$$

$$h_n^{(2)}(z) := j_n(z) - iy_n(z) = \sqrt{\frac{\pi}{2z}} H_{n+1/2}^{(2)}(z).$$

Genauer spricht man hier von sphärischen Bessel-Funktionen der ersten, zweiten und dritten Art. Die Paare j_n, y_n sowie $h_n^{(1)}$ und $h_n^{(2)}$ sind jeweils linear unabhängige Lösungen der Differentialgleichung

$$z^2 \frac{d^2 w}{dz^2} + 2z \frac{dw}{dz} + \left(z^2 - n(n+1)\right) w = 0 \ (n \in \mathbb{Z}).$$

Die Eigenschaften von j_n, y_n sowie $h_n^{(1)}$ und $h_n^{(2)}$ leitet man aus den entsprechenden Eigenschaften der gewöhnlichen Bessel-Funktionen ab. Man erhält dadurch z. B. die folgenden Ausdrücke für die ↗Wronski-Determinanten:

$$\mathcal{W}(j_n(z), y_n(z)) = \frac{1}{z^2} \, ,$$

$$\mathcal{W}(h_n^{(1)}(z), h_n^{(2)}(z)) = -\frac{2i}{z^2} \, .$$

[1] Abramowitz, M.; Stegun, I.A.: Handbook of Mathematical Functions. Dover Publications, 1972.

sphärische Funktion, Sammelbegriff für ↗ Kugelfunktionen und Kugelflächenfunktionen.

sphärische Geometrie, Geometrie auf der Kugeloberfläche, Spezialfall der ↗elliptischen Geometrie.

Ähnlich wie in der euklidischen Ebene läßt sich auf einer Kugeloberfläche eine zweidimensionale Geometrie aufbauen, also eine Geometrie, deren sämtliche Objekte auf der Kugeloberfläche liegen. Die Rolle der Geraden nehmen dabei die ↗Großkreise ein, da die kürzeste Verbindung zwischen zwei Punkten der Kugeloberfläche stets ein Großkreisbogen ist. Zwei sphärische Geraden (Großkreise) schneiden sich stets in einem Paar zueinander diametraler (gegenüberliegender) Punkte; parallele Geraden gibt es in der sphärischen Geometrie daher nicht. Im Gegensatz zur ebenen oder räumlichen euklidischen Geometrie existieren ↗sphärische Zweiecke, d. h. Figuren, die von zwei sphärischen Strecken (Großkreisbögen) begrenzt sind. Zu den Hauptuntersuchungsgegenständen der sphärischen Geometrie gehören die ↗sphärischen Dreiecke, und dabei insbesondere ihre trigonometrischen Beziehungen (↗sphärische Trigonometrie).

sphärische Koordinaten, ↗Kugelkoordinaten.

sphärische Trigonometrie, Lehre der Berechnungen an Dreiecken in der ↗sphärischen Geometrie.

Meist werden Berechnungen gesuchter Seiten und Winkel an Eulerschen Dreiecken durchgeführt (↗sphärisches Dreieck). Bei den Dreiecksberechnungen unterscheidet man zwischen rechtwinkligen und schiefwinkligen (d. h., nicht rechtwinkligen) Eulerschen Dreiecken. Bei rechtwinkligen Eulerschen Dreiecken können gesuchte Seitenlängen oder Winkelgrößen mit Hilfe der ↗Neperschen Formeln berechnet werden. Berechnungen an beliebigen (schiefwinkligen) Eulerschen Dreiecken erfolgen unter Verwendung des ↗Sinussatzes, des ↗Seitencosinussatzes und des ↗Winkelcosinussatzes.

Vielfältige Anwendungen findet die sphärische Trigonometrie in der mathematischen Erd- und Himmelskunde, so z. B. bei der Berechnung von Entfernungen, Fahrtrouten und Kurswinkeln für den ↗Schiffsverkehr, sowie bei der Positionsbestimmung mit Hilfe von Fixsternen.

sphärisches Bild, die Bildmenge $\mathfrak{n}(G) \subset S^2$ einer Teilmenge $G \subset \mathcal{F}$ einer regulären Fläche $\mathcal{F} \subset \mathbb{R}^3$ bei der ↗Gauß-Abbildung $\mathfrak{n} : \mathcal{F} \to S^2$ in die zweidimensionale Sphäre

$$S^2 = \left\{ \mathfrak{x} \in \mathbb{R}^3 ; |\mathfrak{x}| = 1 \right\} .$$

Die Gauß-Abbildung $\mathfrak{n}$ ist durch den vom Punkt $x \in \mathcal{F}$ abhängenden Einheitsnormalenvektor gegeben. Das sphärische Bild enthält Informationen über das Krümmungsverhalten von $\mathcal{F}$. So ist z. B. die Gauß-Abbildung einer Minimalfläche konform. Das Verhältnis des Flächeninhaltes eines kleinen, von vier Parameterlinien $\mathcal{F}$ durch die Punkte $P = P(u, v) \in \mathcal{F}$ und benachbarte Punkte $P = P(u + \Delta u, v)$, $P = P(u, v + \Delta v)$ sowie $P = P(u + \Delta u, v + \Delta v)$ begrenzten krummlinigen Parallelogramms $\mathcal{P}$ zum Flächeninhalt des sphärischen Bildes $\mathfrak{n}(\mathcal{P})$ ist angenähert gleich der ↗Gaußschen Krümmung von $\mathcal{F}$ im Punkt P, und im Grenzübergang $(\Delta u)^2 + (\Delta v)^2 \to 0$ erhält man Gleichheit.

Für eine Kurve $\gamma(s)$ in $\mathbb{R}^3$ sind in analoger Weise das sphärische Tangentenbild $\mathfrak{t}(s)$, das sphärische

Hauptnormalenbild $\mathfrak{n}(s)$ und das sphärische Binormalenbild $\mathfrak{b}(s)$ definiert. Diese sind Raumkurven, die sich durch Abtragen des Einheitstangenten-, des Hauptnormalen- bzw. des Binormalenvektos der Kurve am Ursprung ergeben, und die ganz in der Sphäre S^2 liegen. Sind $s_{\mathfrak{t}}(s)$ und $s_{\mathfrak{b}}(s)$ die Bogenlängenfunktionen von $\mathfrak{t}(s)$ bzw. $\mathfrak{b}(s)$, so ergeben deren Ableitungen die ↗Krümmung $\kappa(s)$ bzw. ↗Windung $\tau(s)$ von γ:

$$\frac{ds_{\mathfrak{t}}(s)}{ds} = \kappa(s) \text{ und } \frac{ds_{\mathfrak{b}}(s)}{ds} = \pm\tau(s).$$

sphärisches Dreieck, *Kugeldreieck*, Teil der Sphäre, der durch drei Bögen von ↗Großkreisen begrenzt wird.

Die Abbildung zeigt vier Beispiele für sphärische Dreiecke.

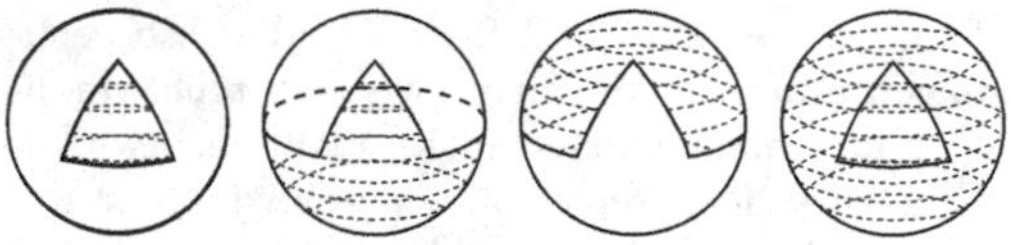

a) b) c) d)

Um den Begriff des sphärischen Dreiecks etwas einzuschränken und vor allem drei gegebenen Punkten der Sphäre eindeutig ein Dreieck zuzuordnen, werden in der ↗sphärischen Geometrie vor allem die Eulerschen Dreiecke betrachtet. Dabei handelt es sich um sphärische Dreiecke, deren sämtliche Seiten und Winkel kleiner oder gleich π sind. In der Abbildung handelt es sich demnach nur bei a) um ein Eulersches Dreieck.

Zu den interessantesten Eigenschaften sphärischer Dreiecke gehört die Tatsache, daß die Innenwinkelsumme eines jeden sphärischen Dreiecks stets größer als $180°$ ist. Die Zusammenhänge zwischen Seitenlängen und Winkelgrößen sphärischer Dreiecke sind durch die Grundformeln der ↗sphärischen Trigonometrie gegeben.

sphärisches Zweieck, *Kugelzweieck*, durch zwei halbe ↗Großkreise begrenzter Teil einer Sphäre (Kugeloberfläche).

Die beiden Eckpunkte eines sphärischen Zweiecks bilden ein diametrales Punktepaar (zwei gegenüberliegende Punkte der Sphäre), seine beiden Winkel sind stets zueinander kongruent.

Spiegellineal, ein ↗ Differenziergerät.

Das Spiegellineal besteht aus einem Oberflächenspiegel senkrecht zur Zeichenebene, der zur Bestimmung der Steigung an einem Kurvenpunkt so aufgesetzt wird, daß seine Spurgerade mit der Kurvennormalen zusammenfällt. Die Kurve geht dort knickfrei in ihr Spiegelbild über. Oft wird auch die Kathetenfläche eines rechtwinkligen Prismas aus schwarzem Glas als Spiegel benutzt.

Spiegelung, spezielle Klasse von bijektiven linearen Selbstabbildungen des $\mathbb{R}^n$.

Der $\mathbb{R}^n$ sei versehen mit dem Skalarprodukt $\langle .,. \rangle$, und es sei $b \in \mathbb{R}^n$ ein fest gewählter Vektor mit Norm $||b|| = 1$. Die Abbildung

$$S_b : \mathbb{R}^n \to \mathbb{R}^n, \quad x \mapsto x - 2\langle b, x \rangle b$$

ist eine orthogonale Selbstabbildung des $\mathbb{R}^n$. Sie ist eine Spiegelung an der Hyperebene

$$H_b := \{y \in \mathbb{R}^n \mid \langle b, y \rangle = 0\},$$

auf der b senkrecht steht. Die Elemente von H_b sind genau die Punkte, die unter S_b festbleiben. Es gilt $S_b \circ S_b = id_{\mathbb{R}^n}$ und $\det S_b = -1$.

Die Gruppe $O(n)$ der orthogonalen $(n \times n)$-Matrizen wird durch die Spiegelungen erzeugt. Beispielsweise werden die Spiegelungen im $\mathbb{R}^2$ durch Matrizen der Form

$$A = \begin{pmatrix} \cos\varphi & \sin\varphi \\ \sin\varphi & -\cos\varphi \end{pmatrix}$$

mit $\varphi \in [0, 2\pi)$ repräsentiert.

Spiegelungen können in analoger Weise für beliebige euklidische Vektorräume $(V, \langle .,. \rangle)$ definiert werden.

Spiegelungsgruppe, eine Gruppe orthogonaler Abbildungen eines euklidischen oder hyperbolischen Raumes, die erzeugt wird von ↗Spiegelungen an Hyperebenen. Hierbei wird vorausgesetzt, daß die Gruppe diskret ist, d. h., daß die Bahn eines Punktes keinen Häufungspunkt hat.

Eine endliche (oder sphärische) Spiegelungsgruppe ist eine Spiegelungsgruppe im euklidischen Raum, die erzeugt wird von Spiegelungen an Hyperebenen durch den Nullpunkt. Beispiele sind die Symmetriegruppen der regulären n-Ecke (Diedergruppen) und die Symmetriegruppen der platonischen Körper.

Eine affine Spiegelungsgruppe ist eine Spiegelungsgruppe im euklidischen Raum, die erzeugt wird von Hyperebenen, die nicht alle durch einen Punkt gehen. Beispiele sind die Symmetriegruppen der drei regulären Pflasterungen der euklidischen Ebene. Eine hyperbolische Spiegelungsgruppe ist eine Spiegelungsgruppe im hyperbolischen Raum, die erzeugt wird von Hyperebenen, die nicht alle durch einen Punkt gehen.

Abstrakt kann man Spiegelungsgruppen beschreiben als ↗Coxeter-Gruppen.

Spiegelungsprinzip, ↗Schwarzsches Spiegelungsprinzip.

Spiel, im allgemeinen Sinn ein mathematisches Konzept zur Beschreibung von Entscheidungsvorgängen zwischen mehreren Parteien, bei denen jede Partei jeder Entscheidung eine gewisse Bewertung zuordnet.

Genauer ist ein Spiel (am Beispiel zweier Kontrahenten) wie folgt charakterisiert. Gegeben sind zwei Mengen S und T, die zwei Spielern $\mathcal{S}$ und $\mathcal{T}$ zugeordnet sind. Unter gewissen Kriterien sollen Paare $(x, y) \in S \times T$ ausgewählt werden. Die Mechanismen, nach denen diese Elemente von den Spielern bestimmt werden, nennt man Strategien. Ein derartiger Mechanismus ist durch Entscheidungsregeln für die Spieler gegeben. Für $\mathcal{S}$ ist eine solche Regel eine mengenwertige Abbildung C_S von T nach S, die jeder Strategie $y \in T$ mögliche Strategien $x \in C_S(y)$ für $\mathcal{S}$ zuordnet, wenn $\mathcal{S}$ weiß, daß $\mathcal{T}$ die Strategie y verwendet. I.allg. modelliert man Spiele unter Verwendung von Kostenfunktionen, mit denen jeder beteiligte Spieler die Paare $(x, y) \in S \times T$ bewertet. Ziel des Spiels ist dann für jede Partei die Optimierung ihres Gewinns. Dies liefert die sogenannte Normalform eines Spiels. Spiele in diesem allgemeinen Sinne werden im Rahmen der ↗ Spieltheorie mathematisch studiert.

Häufig wird der Begriff „Spiel" auch als Synonym für *Conway-Spiel* verwendet. Dies ist ein mathematisches Spiel, wie es von John Horton Conway in [1] und zusammen mit Elwyn Ralph Berlekamp und Richard Kenneth Guy in [2] untersucht wird: Es gibt zwei Spieler, meist als *linker Spieler* oder einfach *Links* und *rechter Spieler* oder einfach *Rechts* bezeichnet. Das Spiel hat *Positionen* und wird so gespielt, daß die beiden Spieler abwechselnd *Züge* machen, die das Spiel aus der aktuellen Position in eine andere Position bringen. Zu jeder Position gibt es zulässige Züge für Links und zulässige Züge für Rechts. Die aus den zulässigen Zügen für Links bzw. Rechts folgenden Positionen nennt man *linke Optionen* bzw. *rechte Optionen* der Position. Wird beim Spielen des Spiels eine Position erreicht, in der es für den Spieler, der am Zug ist, keine Option gibt, so hat er verloren und der andere gewonnen, und das Spiel ist beendet. In einem Spiel darf es keine unendliche Folge von Positionen derart geben, daß jede Position eine Option ihrer Vorgängerin ist. Insbesondere endet jedes Spiel nach endlich vielen Zügen. (Die beiden Spieler wollen nicht ewig spielen, denn laut Conway sind sie beschäftigte Leute mit schwerwiegenden politischen Verpflichtungen.)

Jedes Spiel hat eine *Anfangsposition*, in der es begonnen wird, d. h. ein vereinbarter Spieler den ersten Zug macht. Dieser Spieler wird als *erster Spieler* und der andere als *zweiter Spieler* bezeichnet. Da jede Option eines Spiels sich als ein eigenes (verkürztes) Spiel sehen läßt, werden die Spiele mit ihren Anfangspositionen identifiziert.

Ist G ein Spiel, das die linken Optionen $a, b, c, \dots$ und die rechten Optionen $u, v, w, \dots$ hat, so schreibt man $G = \{a, b, c, \dots \mid u, v, w, \dots\}$. Aufgrund ihrer Struktur kann man Spiele auch als Bäume darstellen. Dabei ist jede Position ein Knoten, wobei die Anfangsposition als Wurzelknoten ganz unten und die Züge von Links bzw. Rechts als Äste nach links oben bzw. nach rechts oben gezeichnet werden.

Das einfachste Spiel ist das Spiel $0 := \{\ \mid\ \}$, auch *Endspiel* genannt, in dem keiner der beiden Spieler einen Zug hat. Der erste Spieler verliert also, und der zweite Spieler gewinnt. Im Spiel $1 := \{0 \mid\ \}$ hat Links einen Zug, Rechts hat keinen. Links gewinnt daher, egal wer den ersten Zug hat. Entsprechend gewinnt im Spiel $-1 := \{\ \mid 0\}$ immer Rechts. Im Spiel $* := \{0 \mid 0\}$ schließlich gewinnt immer der erste Spieler.

0 = { | }

Zweiter gewinnt.

1 = {0 | }

Links gewinnt.

−1 = { | 0}

Rechts gewinnt.

∗ = {0 | 0}

Erster gewinnt.

Als einfache weitere Spiele, in denen immer Links gewinnt, erhält man $2 := \{1 \mid\ \}$, $3 := \{2 \mid\ \}$ usw., und als Spiele, in denen immer Rechts gewinnt, $-2 := \{\ \mid -1\}$ und $-3 := \{\ \mid -2\}$ usw., während etwa im Spiel $\{* \mid *\}$ immer der zweite Spieler gewinnt.

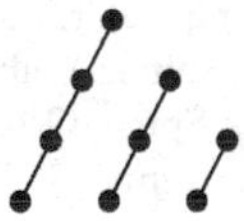

−3 −2 −1

Rechts gewinnt.

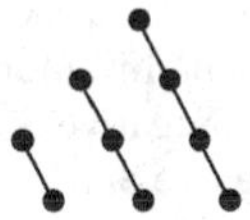

1 2 3

Links gewinnt.

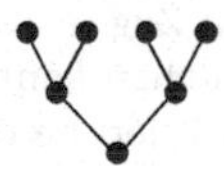

{∗|∗}

Zweiter gewinnt.

Zwar muß jedes Spiel nach endlichen vielen Zügen beendet sein, aber es sind durchaus Spiele mit unendlich vielen Positionen möglich. Beispielsweise ist $\omega := \{0, 1, 2, 3, \dots \mid \}$ ein Spiel, in dem immer Links gewinnt.

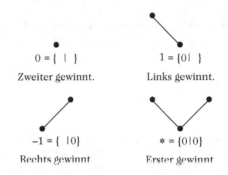

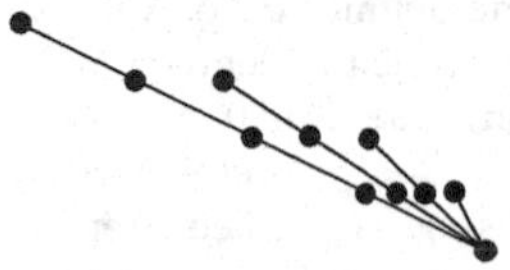

ω = {0, 1, 2, 3, ... | }

Links gewinnt.

Im allgemeinen hat ein Spieler in einer Position mehrere Optionen, und es hängt von seiner Auswahl der Züge im Spielverlauf ab, ob ein Spieler gewinnt oder verliert. Hat ein Spieler die Möglichkeit, durch geschickte Wahl seiner Züge den Gewinn zu erzwingen, so sagt man, es gebe für ihn eine *Gewinnstrategie*. Man schreibt für ein Spiel G

$G > 0$ und nennt G *positiv*, wenn es eine Gewinnstrategie für Links gibt,

$G < 0$ und nennt G *negativ*, wenn es eine Gewinnstrategie für Rechts gibt,

$G = 0$ und nennt G *Null*, wenn es eine Gewinnstrategie für den zweiten Spieler gibt,

$G \parallel 0$ und nennt G *unklar*, *unscharf* oder *verwirrt*, wenn es eine Gewinnstrategie für den ersten Spieler gibt.

Jedes Spiel liegt in genau einer der hierdurch definierten Ergebnisklassen. Weiter definiert man:

$$G \geq 0 \;:\Longleftrightarrow\; G > 0 \,\vee\, G = 0$$
$$G \leq 0 \;:\Longleftrightarrow\; G < 0 \,\vee\, G = 0$$
$$G \,|\!\triangleright\, 0 \;:\Longleftrightarrow\; G > 0 \,\vee\, G \parallel 0$$
$$G \,\triangleleft\!|\, 0 \;:\Longleftrightarrow\; G < 0 \,\vee\, G \parallel 0$$

$G \geq 0$ bedeutet z. B. gerade, daß es im Fall, daß Rechts beginnt, eine Gewinnstrategie für Links gibt, und $G \,|\!\triangleright\, 0$ bedeutet, daß es im Fall, daß Links beginnt, eine Gewinnstrategie für Links gibt.

Eine entscheidende Entdeckung Conways war, daß man mit Spielen *rechnen* kann. Er stellte nämlich fest, daß etwa das Spiel *Go* gegen Spielende häufig in voneinander getrennte Teile zerfällt, die sich als unabhängige Spiele betrachten lassen. Die *(disjunktive) Summe* $G_1 + \cdots + G_n$ von gegebenen Spielen $G_1, \ldots, G_n$ ist definiert als das simultane Spielen von $G_1, \ldots, G_n$, wobei der Spieler, der am Zug ist, einen Zug in einem Spiel seiner Wahl machen kann. Das Negative $-G$ eines Spiels G ist definiert als das gleiche Spiel mit vertauschten Rollen von Links und Rechts, was einer Spiegelung der Baumdarstellung an einer vertikalen Achse entspricht. Für Spiele G und H definiert man

$$G - H \;:=\; G + (-H)$$

und damit

$$G \circ H \;:\Longleftrightarrow\; (G - H) \circ 0$$

für $\circ \in \{>, <, =, \parallel, \geq, \leq, |\!\triangleright, \triangleleft\!|\}$. Insbesondere ist auch die Gleichheit $=$ eine definierte Äquivalenzrelation. Modulo dieser Gleichheit bildet die Klasse der Spiele mit der Addition $+$, der Null 0, der Negation $-$ und den Relationen $>, <, \geq, \leq$ eine partiell geordnete Gruppe. Die Aussage $G \parallel H$ bedeutet gerade die Nichtvergleichbarkeit von G und H.

Manche Aussagen über Spiele sind anschaulich sofort einsichtig. Die Aussage $G - G = 0$ für jedes Spiel G etwa bedeutet, daß beim simultanen Spielen von G und $-G$ der zweite Spieler gewinnen kann. Immer wenn der erste Spieler einen Zug in G oder $-G$ gemacht hat, braucht der zweite Spieler einfach nur den entgegengesetzten Zug im jeweils anderen Spiel zu machen (*Tweedledum-Tweedledee-Strategie*, benannt nach den Zwillingen aus Alice im Wunderland).

Für einen etwas formaleren Zugang zu Spielen sind folgende Notationen recht nützlich: Der Ausdruck $\{L \,|\, R\}$ ist eine Schreibweise für ein Paar (L, R) von Mengen L und R. Man nennt L *linke Menge*, R *rechte Menge*, Elemente von L *linke Optionen* und Elemente von R *rechte Optionen* von $\{L \,|\, R\}$. Sind $a, b, c, \ldots$ und $u, v, w, \ldots$ Elemente, so schreibt man unter Weglassung der Mengenklammern auch $\{a, b, c, \ldots \,|\, u, v, w, \ldots\}$ anstelle von $\{\{a, b, c, \ldots\} \,|\, \{u, v, w, \ldots\}\}$.

Für ein solches $x = \{L \,|\, R\}$ bezeichnet x^L ein typisches (d. h. irgendein) Element von L und x^R ein typisches Element von R, und man schreibt damit auch $x = \{x^L \,|\, x^R\}$. Schreibt man eine Aussage für x^L bzw. x^R, so soll dies bedeuten, daß sie für alle linken bzw. rechten Optionen von x gilt, und entsprechend auch für Aussagen in mehreren Variablen.

Damit lassen sich Spiele einfach durch folgende Regel definieren:

- Sind L und R Mengen von Spielen, dann ist $\{L \,|\, R\}$ ein Spiel. Alle Spiele entstehen auf diese Weise.

Durch die Vorschrift „Alle Spiele entstehen auf diese Weise" und das Fundierungsaxiom der Mengenlehre wird gewährleistet, daß jedes Spiel nach endlich vielen Zügen endet, daß Relationen und insbesondere Funktionen von Spielen sich rekursiv definieren und geeignete Aussagen über Spiele sich induktiv beweisen lassen. Ist etwa $P(x)$ eine Aussageform für Spiele, und folgt aus der Gültigkeit von $P(x^L)$ und $P(x^R)$ die Gültigkeit von $P(x)$, dann gilt $P(x)$ für alle Spiele x.

Die Relation $\geq$ für Spiele x, y wird durch die rekursive Definition

$$x \geq y \;:\Longleftrightarrow\; y \not\geq x^R \,\wedge\, y^L \not\geq x$$

erklärt, und damit die übrigen Relationen wie folgt:

$$x \leq y \;:\Longleftrightarrow\; y \geq x$$
$$x = y \;:\Longleftrightarrow\; x \geq y \,\wedge\, y \geq x$$
$$x \parallel y \;:\Longleftrightarrow\; x \not\geq y \,\wedge\, y \not\geq x$$
$$x > y \;:\Longleftrightarrow\; x \geq y \,\wedge\, y \not\geq x$$
$$x < y \;:\Longleftrightarrow\; y > x$$
$$x \,|\!\triangleright\, y \;:\Longleftrightarrow\; x \not\leq y$$
$$x \,\triangleleft\!|\, y \;:\Longleftrightarrow\; x \not\geq y$$

Die Gleichheit $=$ von Spielen ist also eine definierte

Äquivalenzrelation. Die Relation $\geq$ ist eine partielle Ordnung auf den Spielen.

Gilt $x = y$ für zwei Spiele x und y, so sagt man, x und y hätten den gleichen *Wert*, oder auch, x habe den Wert y. Stärker als die *Gleichheit* ist die *Identität*: Man bezeichnet zwei Spiele x und y genau dann als *identisch*, schreibt $x \equiv y$ und sagt, sie hätten die gleiche *Form*, wenn x und y identische linke und rechte Optionen haben.

Die Addition von Spielen x, y ist ebenfalls rekursiv durch

$$x + y \ := \ \{x^L + y, x + y^L \mid x^R + y, x + y^R\}$$

definiert. Man vergleiche dies mit der obigen mehr umgangssprachlichen Definition. Daß das Summenspiel $x + y$ die linken Optionen $x^L + y$ und $x + y^L$ hat, spiegelt z.B. gerade die Tatsache wider, daß Links bei einem Zug in $x + y$ entweder im Teilspiel x oder im Teilspiel y ziehen kann.

Die Addition ist verträglich mit der Gleichheitsrelation: Für alle Spiele x_1, x_2, y_1, y_2 mit $x_1 = x_2$ und $y_1 = y_2$ hat man $x_1 + y_1 = x_2 + y_2$. Mit der Null $0 := \{\ \mid\ \}$ ist die Addition eine kommutative Halbgruppenoperation auf den Spielen, und zwar sowohl bzgl. der Gleichheit als auch bzgl. der Identität. Wenn man noch das Negative eines Spiels x durch

$$-x \ := \ \{-x^R \mid -x^L\}$$

definiert, werden die Spiele zu einer kommutativen Gruppe bzgl. der Gleichheit gemacht, jedoch nicht bzgl. der Identität: Mit $1 := \{0 \mid\ \}$ gilt beispielsweise $1 + (-1) = 0$, aber $1 + (-1) \not\equiv 0$.

Mittels der Addition und der Negation definiert man wie gewohnt durch

$$x - y \ := \ x + (-y)$$

die Subtraktion von Spielen x, y. Schließlich wird durch

$$xy \ := \ \Big\{x^L y + x y^L - x^L y^L, x^R y + x y^R - x^R y^R \mid x^L y + x y^R - x^L y^R, x^R y + x y^L - x^R y^L\Big\}$$

die Multiplikation von Spielen x, y erklärt mit den Eigenschaften

$$x0 \equiv 0 \quad , \quad x1 \equiv x \quad , \quad xy \equiv yx$$

$$(-x)y \ \equiv \ x(-y) \ \equiv \ -(xy)$$

$$(x + y)z \ = \ xz + yz \quad , \quad (xy)z \ = \ x(yz)$$

für alle Spiele x, y, z. Die Multiplikation ist jedoch nicht verträglich mit der Gleichheitsrelation, denn es gibt Spiele x und $y = z$ mit $xy \neq xz$. Für $* := \{0 \mid 0\}$ und $2 := \{1 \mid\ \}$ etwa hat man $0 = \{\ \mid 2\}$, aber $*0 \neq *\{\ \mid 2\}$.

In diesem Sinne ‚schönere' Eigenschaften haben die ↗surrealen Zahlen, die sich als diejenigen Spiele x einführen lassen, deren Optionen allesamt Zahlen sind mit $x^L \ngeq x^R$. Die Spiele 0 und 1 sind Zahlen, nicht aber etwa das Spiel $*$. Summe, Negatives und Produkt von Zahlen sind Zahlen, und zu jeder von Null verschiedenen Zahl gibt es eine reziproke Zahl. Die Zahlen sind im Gegensatz zu den Spielen total geordnet, und sie bilden einen nichtarchimedischen Körper.

Von besonderem Interesse sind Spiele, die eine Zahl als Wert haben, weil dieser sich als Quantifizierung des Vorteils bzw. Nachteils von linkem und rechtem Spieler deuten läßt. In einem Spiel mit dem Wert 2 etwa hat der linke Spieler zwei Züge Vorteil, in einem Spiel mit dem Wert $-\frac{1}{4}$ hat der rechte Spieler einen Viertelzug Vorteil.

Für weiteres sei verwiesen auf Conways ONAG [1] und insbesondere auf das mehrbändigen Werk [2], das 2001 in einer Neubearbeitung erschien und eine Vielzahl konkreter Spiele vorstellt.

[1] Conway, J. H.: On Numbers and Games. A K Peters Natick, Massachusetts, 2001.

[2] Berlekamp, E. R.; Conway, J. H.; Guy, R. K.: Gewinnen, Strategien für mathematische Spiele, Band 1-4. Vieweg Braunschweig, 1986.

[3] Berlekamp, E. R.; Conway, J. H.; Guy, R. K.: Winning Ways for Your Mathematical Plays, Vol. 1. A K Peters Natick, Massachusetts, 2001.

Spiel in Normalform, liegt vor, wenn es für jeden Spieler i eine Auswertungsfunktion g_i (je nachdem auch Gewinn- oder Kostenfunktion genannt) gibt, die jeder Strategie x eine Bewertung $g_i(x)$ zuordnet. Der Bildraum von g_i besitzt dabei eine partielle Ordnung $\preceq$. Ein Spieler i zieht eine Strategie x einer Strategie $\hat{x}$ vor, falls $g_i(\hat{x}) \prec g_i(x)$ gilt (bzw. $g_i(x) \prec g_i(\hat{x})$, sofern man g_i als Verlustfunktion deutet). I. allg. wird als Bildbereich von g_i die Menge $\mathbb{R}$ betrachtet.

Spiel mit unendlich vielen Spielern, seit den 70er Jahren des 20. Jahrhunderts zunehmend studierte Form von Spielen, in denen die Anzahl der teilnehmenden Spieler nicht mehr endlich ist.

Spieltheorie, mathematische Disziplin, die in der ersten Hälfte des 20. Jahrhunderts begründet wurde.

Grob gesprochen beschäftigt sich die Spieltheorie mit der Modellierung und Analyse von Entscheidungsprozessen zwischen mehreren Parteien bzw. Spielern, sog. ↗Spielen. Solche Prozesse reichen von üblichen Gesellschaftsspielen bis zu ökonomischen Abläufen. Dabei treten verschiedene Aspekte auf, die zu sehr unterschiedlichen Modellbildungen führen können. Als Beispiele genannt seien statische und dynamische Spiele; Spiele, bei denen jeder Spieler vollständige Information über den bisherigen Spielverlauf hat oder auch nicht; Spiele mit stochastischen Einflüssen; Spiele, bei denen einzelne Parteien Koalitionen schließen usw. Vor diesem Hintergrund ist es das Ziel der Spieltheorie, die Existenz optimaler Entscheidungsstrategien für die Teilnehmer eines Spiels zu analysieren.

Der sogenannte Hauptsatz der Spieltheorie ist eine spezielle Variante des Satzes über Minimax-Probleme bei Matrixspielen. Er besagt, daß in Matrixspielen für beide Spieler $\mathcal{S}$ und $\mathcal{T}$ stets optimale Strategien existieren, die für beide Spieler als optimale mittlere Auszahlung den Wert v des Spiels garantieren. Die Verwendung nicht-optimaler Strategien kann zu schlechteren Auszahlungen führen.

[1] Aubin, J.P.: Mathematical Methods of Game and Economic Theory. North Holland, 1982.

[2] Freudenberg, D.; Tirole, J.: Game Theory. MIT Press Cambridge, 1991.

[3] Vorobev, N.N.: Foundations of Game Theory. Birkhäuser, 1994.

Spin, auch Eigendrehimpuls oder innerer Drehimpuls genannt, eine Eigenschaft von Teilchen, die den Gesetzen der Quantenphysik unterworfen sind (↗quantenmechanischer Drehimpuls).

Die möglichen Beträge des Spins sind alle ganzzahligen positiven Vielfachen n von $\frac{1}{2}\left(\frac{h}{2\pi}\right)$ (h ist das ↗Plancksche Wirkungsquantum). Ist n gerade, werden die Teilchen Bosonen genannt, im anderen Fall spricht man von Fermionen.

Siehe auch ↗Darstellung des Spins.

Spin-Bahn-Kopplung, magnetische Wechselwirkung von einem elektrisch geladenen Teilchen der Quantenphysik, dessen ↗Spin ungleich Null ist, mit dem Magnetfeld, das auf Grund der Bewegung des Teilchens in einem elektrischen Feld in seinem Bezugssystem wirkt.

Als Beispiel betrachte man ein Elektron in der Hülle eines Atoms. Der Spin des Elektrons ist $\frac{1}{2}$ in Einheiten von $\frac{h}{2\pi}$ (h ist das ↗Plancksche Wirkungsquantum). Mit diesem Spin ist ein magnetisches Moment verbunden. (Von Null verschiedener Spin bedeutet sich drehende Ladung, also einen Strom, der ein Magnetfeld erzeugt.) Andererseits bewegt sich das Elektron im elektrischen Feld des Atomkerns. In seinem Ruhsystem „fühlt" das Elektron daher ein Magnetfeld, das seinen Ursprung in dem elektrischen Feld des Kerns hat.

Hier ist die genannte Wechselwirkung bezüglich der Stärke mit anderen Wechselwirkungen, etwa mit der elektrostatischen Wechselwirkung der Elektronen der Hülle untereinander, zu vergleichen. Es gibt Situationen, die die Berücksichtigung der Spin-Bahn-Kopplung im Hamilton-Operator verlangen. Die Spin-Bahn-Kopplung „offenbart" sich in der Struktur von Spektren.

Spinnkurve, ↗Klothoide.

Spinor, ↗ Spinoranalysis.

Spinoranalysis, die Theorie des Dirac-Operators.

Auf den Dirac-Operator $\mathcal{D}$ stößt man bei der Suche nach einem linearen Differentialoperator $\mathcal{D}$, der auf komplexen Funktionen $f(x_1, \dots, x_n)$ von n Variablen operiert, und dessen Quadrat $\mathcal{D}^2 = \mathcal{D} \circ \mathcal{D}$ mit dem Laplace-Operator

$$\Delta = -\sum_{i=1}^{n} \frac{\partial^2}{\partial x_i^2}$$

übereinstimmt. Will man einen Operator mit dieser Eigenschaft konstruieren, so muß man sich zunächst von gewöhnlichen Funktionen trennen und statt f differenzierbare Abbildungen in einen geeigneten komplexen Vektorraum $\mathbb{C}^k$ endlicher Dimension k betrachten. Man findet z. B. im Fall $n = 2$ einen auf Paaren (f_1, f_2) von Funktionen wirkenden Operator, der eine solche 'Wurzel' aus Δ ist, indem man die Matrizen

$$\gamma_x = \begin{pmatrix} 0 & i \\ i & 0 \end{pmatrix}, \quad \gamma_y = \begin{pmatrix} 0 & 1 \\ -1 & 0 \end{pmatrix}$$

einführt, und $\mathcal{D}$ über die Matrizenmultiplikation durch

$$\mathcal{D} : \begin{pmatrix} f_1 \\ f_2 \end{pmatrix} \to \gamma_x \begin{pmatrix} \frac{\partial f_1}{\partial x} \\ \frac{\partial f_2}{\partial x} \end{pmatrix} + \gamma_y \begin{pmatrix} \frac{\partial f_1}{\partial y} \\ \frac{\partial f_2}{\partial y} \end{pmatrix}$$

definiert, wobei i die ↗imaginäre Einheit ist.

Im allgemeinen Fall kann man zum Bestimmen von $\mathcal{D}$ von einem Ansatz der Gestalt

$$\mathcal{D} = \sum_{i=1}^{n} \gamma_i \frac{\partial}{\partial x_i}$$

mit zunächst unbekannten komplexen Zahlen γ_i ausgehen. Die Bedingung $\mathcal{D} \circ \mathcal{D} = \Delta$ ist zu

$$\gamma_i^2 = -1 \quad \text{und} \quad \gamma_i \gamma_j + \gamma_j \gamma_i = 0 \qquad (1)$$

$(i, j = 1, 2, \dots, n)$ äquivalent. Diese Gleichungen lassen sich im Körper der komplexen Zahlen nicht nach γ_i auflösen, jedoch in der Matrizenalgebra, wenn man die 1 durch die Einheitsmatrix ersetzt. Im Fall $n = 2$ zeigen das die obigen Matrizen γ_x und γ_y, und im Fall $n = 3$ ist eine Lösung durch

$$\gamma_1 = \begin{pmatrix} i & 0 \\ 0 & -i \end{pmatrix}, \quad \gamma_2 = -\gamma_y, \quad \gamma_3 = \gamma_x \qquad (2)$$

gegeben. (Ein zweite Darstellung dieser Lösung erhält man aus den Erzeugenden $\gamma_1 = i$, $\gamma_2 = j$ und $\gamma_3 = j$ der Quaternionenalgebra.)

Um das Gleichungssystem (1) für beliebiges n zu lösen, führt man die Clifford-Algebra $\mathcal{C}^n$ ein. Diese ist ein Vektorraum, der eine aus den n Elementen $\gamma_1, \dots, \gamma_n$, dem Einselement 1, und allen möglichen Produkten $\varphi_I = \gamma_{i_1} \gamma_{i_2} \cdots \gamma_{i_k}$, $(1 \leq k \leq n)$, bestehende Basis besitzt, wobei I den Multiindex $I = (i_1, i_2, \dots, i_k)$ bezeichnet. Die Indizes i_κ sind nach der Größe geordnet: $1 \le \gamma_{i_1} < \gamma_{i_2} < \dots < \gamma_{i_k} \le n$.

$\mathcal{C}^n$ hat die Dimension 2^n und wird zu einer Algebra, d. h., zu einem Vektorraum, der mit einer nichtkommutativen Multiplikation $(\varphi, \psi) \in \mathcal{C} \times \mathcal{C} \to \varphi \cdot \psi \in \mathcal{C}$ versehen ist, die das Assoziativgesetz $(\varphi \cdot \psi) \cdot \chi = \varphi \cdot (\psi \cdot \chi)$ erfüllt, indem man das Produkt zweier Basisvektoren durch formales Aneinanderreihen definiert, d. h. durch

$$\varphi_{(i_1,\dots,i_k)}\,\varphi_{(j_1,\dots,j_l)} = \varphi_{(i_1,\dots,i_l j_1,\dots,j_l)},$$

und danach durch Anwenden der Relationen (1) auf eine Linearkombination von Basisvektoren reduziert.

Unter *Darstellungen* der Clifford-Algebra versteht man komplexe Vektorräume V derart, daß jedem Element von $\varphi \in \mathcal{C}$ ein linearer Endomorphismus $u(\varphi) : V \to V$ zugeordnet ist, wobei $u(\varphi) \circ u(\psi) = u(\varphi \cdot \psi)$ und $r u(\varphi) + s u(\psi) = u(r\varphi + s\psi)$ für alle $\varphi, \psi \in \mathcal{C}$ und $r, s \in \mathbb{C}$ gilt. Die Clifford-Moduln sind Darstellungen kleinster Dimension, und es zeigt sich, daß es bis auf Isomorphie eindeutig bestimmte Clifford-Moduln Δ_n der Dimension $\left[\frac{n}{2}\right]$ gibt. Die Elemente von Δ_n heißen *Spinoren* und die differenzierbaren Abbildungen von $\mathbb{R}^n$ in Δ_n *Spinorfelder*.

Den n-dimensionalen Dirac-Operator $\mathcal{D}_n$, d. h., eine 'Quadratwurzel' $\sqrt{\Delta}$ des n-dimensionalen Laplace-Operators, definiert man dann als linearen Differentialoperator erster Ordnung auf dem Raum $\{\psi; \psi : \mathbb{R}^n \to \Delta_n\}$ der Spinorfelder durch

$$\mathcal{D}_n(f) = \sum_{i=1}^{n} u(\gamma_i)\,\frac{\partial \psi}{\partial x_i}.$$

Die Frage nach einer Wurzel $\sqrt{\Delta}$ aus dem Laplace-Operator entstammt dem Problem der quantenmechanischen Formulierung der Bewegungsgleichung von freien, klassischen Teilchen in der speziellen Relativitätstheorie. Sind m die Masse, $\mathcal{E}$ die Energie und $\mathfrak{p} = m\,\mathfrak{v}/\sqrt{1 - \mathfrak{v}^2/c^2}$ das Moment eines solchen Teilchens, so gilt

$$\mathcal{E}^2 = c^2\,|\mathfrak{p}|^2 + m^2\,c^4. \tag{3}$$

In der ↗ Quantenmechanik löst man sich von der Vorstellung eines punktförmigen Teilchens und betrachtet stattdessen eine Größe, die durch eine komplexe Zustandsfunktion $\psi(t, x)$ beschrieben wird, wobei man das Quadrat $|\psi(t, x)|^2$ der komplexen Norm als Dichtefunktion der Wahrscheinlichkeit dafür ansieht, daß sich das Teilchen zum Zeitpunkt $t \in \mathbb{R}$ am Ort $x \in \mathbb{R}$ aufhält. Nach den Prinzipien der Quantenmechanik werden $\mathcal{E}$ und $\mathfrak{p}$ durch die Differentialoperatoren

$$\mathcal{E} \to i\hbar\,\frac{\partial}{\partial t} \qquad \mathfrak{p} \to -i\hbar\,\mathrm{grad}$$

ersetzt, wobei $\hbar$ das ↗ Plancksche Wirkungsquantum bezeichnet. Die Gleichung (3) geht dann in die Beziehung

$$i\hbar\frac{\partial \psi(x,t)}{\partial t} = \sqrt{c^2\hbar^2\Delta + m^2c^4}\;\psi(x,t)$$

über, die sich als lineare Differentialgleichung interpretieren läßt, wenn man $\psi(x, t)$ als Spinorfeld auf $\mathbb{R}^4$ ansieht und die Wurzel durch eine geeignete Variante des Dirac-Operators ersetzt.

Genauer: Der Operator

$$\mathcal{H} = \hbar c \cdot \langle \vec{\alpha}, \mathrm{grad}\rangle + \alpha_4\, m c^2$$

erfüllt die Gleichung $\mathcal{H} \circ \mathcal{H} = c^2\hbar^2\Delta + m^2c^4$, wenn man für $\vec{\alpha} = (\alpha_1, \alpha_2, \alpha_3)$ und α_4 die sogenannten Pauli-Dirac-Matrizen

$$\begin{aligned} \alpha_1 &= i\begin{pmatrix} 0 & \sigma_1 \\ \sigma_1 & 0 \end{pmatrix}, \quad \alpha_2 = i\begin{pmatrix} 0 & \sigma_2 \\ \sigma_2 & 0 \end{pmatrix}, \\ \alpha_3 &= i\begin{pmatrix} 0 & \sigma_3 \\ \sigma_3 & 0 \end{pmatrix}, \quad \alpha_4 = \begin{pmatrix} \sigma_4 & 0 \\ 0 & -\sigma_4 \end{pmatrix} \end{aligned} \tag{4}$$

einsetzt. Diese sind komplexe (4×4)-Matrizen und setzen sich aus den Paulimatrizen

$$\begin{aligned} \sigma_1 &= \begin{pmatrix} 0 & 1 \\ 1 & 0 \end{pmatrix}, \quad \sigma_2 = \begin{pmatrix} 0 & -i \\ i & 0 \end{pmatrix}, \\ \sigma_3 &= \begin{pmatrix} 1 & 0 \\ 0 & -1 \end{pmatrix}, \quad \sigma_4 = \begin{pmatrix} 1 & 0 \\ 0 & 1 \end{pmatrix} \end{aligned} \tag{5}$$

zusammen. Es gelten in Analogie zu (1) für $i, j \in \{1, 2, 3, 4\}$ die Gleichungen

$$\alpha_i\,\alpha_j + \alpha_j\,\alpha_i = -2\,\varepsilon_{ij},$$

wobei ε_{ij} jetzt die ↗ metrischen Fundamentalgrößen des ↗ Minkowski-Raumes bezeichnen.

[1] Heber, G.; Weber, G.: Grundlagen der modernen Quantenphysik II. B. G. Teubner Leipzig, 1963.

Spinorfeld, ↗ Spinoranalysis.

Spinor-Gruppe, Spin(n), auch symplektische Gruppe genannt, Gruppe von Matrizen, die analog zur ↗ speziellen orthogonalen Gruppe konstruiert wird. Der Unterschied besteht darin, daß anstelle der Invarianz des euklidischen Abstands jetzt eine symplektische Form invariant bleiben muß.

Teilweise wird Spin(n) auch mit Sp($2n$) bezeichnet. Es gibt folgende lokale Isomorphien: Spin(1) zu SU(2) und Spin(2) zu SO(5).

Spinquantenzahl, ↗ Quantenzahlen.

Spitze, eine Singularität, deren lokaler Ring $\mathcal{O}_{X,x}$ die ↗ Komplettierung

$$\hat{\mathcal{O}}_{X,x} \simeq k\|t^{2p+1}, t^2\| \simeq k\|x, y\|/(y^2 - x^{2p+1})$$

hat.

Der Fall $y^2 - x^3$ heißt gewöhnliche Spitze.

Im Rahmen der kommutativen Algebra wird der Begriff auch wie folgt charakterisiert: Spitzen sind lokale Ringe A der Multiplizität 2 so, daß eine Einbettung $A \subset B \subset Q(A)$ in einem eindimensionalen regulären lokalen Ring B existiert, der endlich als A-Modul ist.

Spitzeck, in der ↗hyperbolischen Geometrie die Bezeichnung für ein Viereck, das genau drei rechte Winkel hat.

Der vierte Winkel ist dann ein spitzer Winkel.

spitzer Winkel, Winkel, der kleiner ist als ein ↗rechter Winkel.

Das Maß eines beliebigen spitzen Winkels im ↗Gradmaß ist kleiner als 90°, im ↗Bogenmaß kleiner als $\frac{\pi}{2}$.

Spline, Kurzbezeichnung für eine ↗Splinefunktion.

Spline-Approximation, Theorie der ↗besten Approximation mit ↗Splinefunktionen.

Die Theorie der Spline-Approximation beschäftigt sich mit Gütefragen der Näherung mit Splines und behandelt Fragen der Charakterisierung, Eindeutigkeit und effizienten Berechnung von besten Approximationen mit Splines. Fragestellungen der letztgenannten Art führen für Splines mit freien Knoten in das Gebiet der ↗nichtlinearen Approximation.

Für Splines mit festen Knoten $a = x_0 < x_1 < \dots < x_k < x_{k+1} = b$, d. h. Elementen des $(m + k + 1)$-dimensionalen Raums $S_m(x_1, \dots, x_k)$ der $(m - 1)$-fach differenzierbaren stückweisen Polynome vom Grad m, existieren in der Literatur eine Vielzahl von Approximationsresultaten.

Splines sind Standardräume mit der schwach Tschebyschewschen (schwach Haarschen) Eigenschaft, d. h., jeder nicht-verschwindende Spline besitzt maximal $m + k$ Vorzeichenwechsel in $[a, b]$. Im Gegensatz zu den Polynomen bilden Splines keinen ↗Haarschen Raum, denn es existieren nichtverschwindende Splines mit unendlich vielen Nullstellen in $[a, b]$. Damit folgt aus den klassischen Approximationsaussagen für Haarsche Räume, daß für vorgebenes stetiges f auf $[a, b]$ beste Approximationen $s_f \in S_m(x_1, \dots, x_k)$ hinsichtlich der ↗Maximumnorm $\|\cdot\|_\infty$ nicht durch ein einfaches Alternantenkriterium charakterisiert werden können, und daß diese im allgemeinen nicht eindeutig sind. Der folgende Satz von Rice-Schumaker zeigt, daß beste Approximationen mit Splines durch ein komplexeres Alternantenkriterium charakterisiert werden. Das Resultat wurde von J.R. Rice and L.L. Schumaker Ende der 1960er Jahre unabhängig entdeckt und bewiesen.

Es sei f eine stetige Funktion auf $[a, b]$ und $s_f \in S_m(x_1, \dots, x_k)$. Dann sind die folgenden Aussagen äquivalent:

(i) Der Spline s_f ist eine beste Approximation an f.

(ii) Es existiert ein Intervall $[x_p, x_{p+q}] \subseteq [a, b]$, $q \geq 1$, welches $m + q + 1$ Punkte $t_1 < \dots < t_{m+q+1}$ enthält mit der Eigenschaft:

$$(-1)^l \sigma(f - s_f)(t_l) = \|f - s_f\|_\infty$$

für $l = 1, \dots, m + q + 1$, wobei $\sigma \in \{-1, 1\}$.

O. Davydov gab 1993 einen vollständigen Charakterisierungssatz für beste Approximationen durch ↗periodische Splines an. Im nicht schwach-Tschebschewschen Fall gerader Dimension treten hierbei neben den Alternantenbedingungen des obigen Satzes zusätzliche Bedingungen auf.

Ein ↗Remez-Algorithmus zur Berechnung einer besten Approximation aus $S_m(x_1, \dots, x_k)$ wurde von G. Nürnberger und M. Sommer Mitte der 1980er Jahre entwickelt.

Seit Beginn der 80er Jahre wird die ↗starke Eindeutigkeit bester Approximationen s_f für Splineräume untersucht. Der folgende Satz aus dem Jahr 1985 von G. Nürnberger charakterisiert stark eindeutig beste Approximationen aus $S_m(x_1, \dots, x_k)$.

Es sei f eine stetige Funktion auf $[a, b]$ und $s_f \in S_m(x_1, \dots, x_k)$. Dann sind die folgenden Aussagen äquivalent:

(i) Der Spline s_f ist eine stark eindeutig beste Approximation an f.

(ii) Jedes Intervall (x_i, x_{i+m+j}), $j \geq 1$, enthält $j + 1$ Punkte $t_1 < \dots < t_{j+1}$ mit der Eigenschaft:

$$(-1)^l \sigma(f - s_f)(t_l) = \|f - s_f\|_\infty,$$

für $l = 1, \dots, j + 1$, wobei $\sigma \in \{-1, 1\}$.

F. Zeilfelder gab 1996 einen vollständigen Charakterisierungssatz für die stark eindeutig beste Approximation durch periodische Splines an. Im nicht schwach Tschebschewschen Fall gerader Dimension treten hierbei neben den Alternantenbedingungen des obigen Satzes zusätzliche Bedingungen auf.

Neben diesen Charakterisierungs- und Eindeutigkeitsresultaten hinsichtlich bester Approximationen mit Splines sind Aussagen über die Güte von Spline-Approximanten von Wichtigkeit. Ist $j \in \{0, \dots, m\}$ und f eine j-fach auf $[a, b]$ differenzierbare Funktion, so gilt

$$dist(f, S_m(x_1, \dots, x_k)) \leq Kh^j \omega(f^{(j)}, h)\ ,$$

wobei $K > 0$ und $h = \max\{|x_{i+1} - x_i| : i = 0, \dots, k\}$. Hierbei ist $dist(f, S_m(x_1, \dots, x_k))$ die ↗Minimalabweichung und $\omega(., h)$ der ↗Stetigkeitsmodul. Insbesondere erhält man wegen

$$\omega(f^{(j)}, h) \ \leq \ h\|f^{(j+1)}\|_\infty$$

für eine $(m + 1)$-fach differenzierbare Funktion f die folgende Abschätzung:

$$dist(f, S_m(x_1, \dots, x_k)) \leq Kh^{m+1}\|f^{(m+1)}\|_\infty\ .$$

Splineräume besitzen somit die optimale Approximationsordnung $m+1$. Abschätzungen der obigen Art wurden in der Literatur hinsichtlich L_p-Normen und für Funktionen f aus speziellen Klassen von Funktionenräumen wie z. B. ↗Sobolew-Räumen entwickelt.

Für ↗bivariate Splines $S^r_m(\Delta)$ vom Grad m und Differenzierbarkeit r gilt die obigen Aussage hinsichtlich der Approximationsordnung im allgemeinen nicht mehr. Diese Räume sind für eine gegebene, reguläre Triangulierung Δ (d. h., eine Menge von abgeschlossenen Dreiecken in der Ebene so, daß der Schnitt von je zwei Dreiecken entweder leer, eine gemeinsame Kante oder ein gemeinsamer Eckpunkt ist) eines Grundbereichs Ω wie folgt definiert:

$$S^r_m(\Delta) = \{s \in C^r(\Omega) : s|_T \in \Pi_m, \ T \in \Delta\}.$$

Hierbei ist

$$\Pi_m = span\{x^i y^j : i,j \geq 0, \ i+j \leq m\}$$

der Raum der bivariaten Polynome vom totalen Grad m.

1988 wurde von C. de Boor und K. Höllig gezeigt, daß die Approximationsordnung von $S^r_m(\Delta)$ stets optimal ist, falls $m \geq 3r+2$ gilt. Im verbleibenden Fall $m < 3r+2$ wurde von C. de Boor und Q. Jia Anfang der 90er Jahre nachgewiesen, daß der Raum $S^r_m(\Delta)$ im allgemeinen keine optimale Approximationsordnung besitzt. Neuere Forschungsansätze untersuchen deshalb Klassen von Triangulierungen und Modifikationsstrategien für gegebene Triangulierungen, um diesen Defekt des Raums $S^r_m(\Delta)$ im Fall $m < 3r+2$ zu umgehen.

[1] de Boor, C.: A Practical Guide to Splines. Springer-Verlag New York, 1978.
[2] Chui, C. K.: Multivariate Splines. CBMS, SIAM, 1988.
[3] Nürnberger, G.: Approximation by Spline Functions. Springer-Verlag Heidelberg/Berlin, 1989.
[4] Schumaker, L.L.: Spline Functions: Basic Theory. John Wiley & Sons New York, 1981.

Splinefunktionen

G. Nürnberger, G. Walz, F. Zeilfelder

Ein grundlegendes Problem der Angewandten Mathematik ist es, Objekte (beispielsweise Autokarosserien oder architektonische Konstruktionen) und Prozesse (beispielsweise Strömungsvorgänge im Windkanal) durch mathematische Modelle zu beschreiben. Dabei werden Objekte häufig durch Funktionen möglichst einfacher Struktur und Prozesse durch Differentialgleichungen beschrieben.

Für den Mathematiker ergibt sich somit das Problem, mathematische Beschreibungen für Objekte und Prozesse der realen Welt zu entwickeln und Abläufe mit Hilfe des Computers zu simulieren. Aufgaben diese Typs treten in der industriellen Fertigung (beispielsweise bei computergesteuerten Werkzeugmaschinen), in der Medizin (bei der Visualisierung von Körperorganen oder der Simulation von Krankheitsverläufen), in der Physik (Wärmeleitung, Schwingungen, Strömungsvorgänge), bei der Bildübertragung, der Signalverarbeitung und vielen anderen Gebieten auf.

Im allgemeinen können mathematische Modelle die Realität nicht exakt beschreiben, und die daraus resultierenden mathematischen Probleme sind häufig nur näherungsweise lösbar. Bei der approximativen Lösung solcher Probleme spielen Splinefunktionen, die wir unten noch näher beschreiben werden, eine zentrale Rolle. Grob gesprochen sind Splinefunktionen (kurz Splines genannt) zusammengesetzte Polynomstücke. Die einfachsten Splinekurven sind somit Streckenzüge, und die einfachsten Splineoberflächen (also Splines in zwei Variablen) bestehen aus stetig zusammengesetzten Dreiecken (Abbildung 1).

Abbildung 1: Eine Dreiecksoberfläche.

Kurven und Oberflächen dieses Typs wurden bereits in der klassischen Numerischen Mathematik verwendet, beispielsweise zur näherungsweisen Berechnung von Integralen oder der näherungsweisen Lösung von Differentialgleichungen. Streckenzüge und Dreiecksoberflächen besitzen für die Darstellung von glatten Objekten den Nachteil, daß sie selbst nicht glatt (das heißt nicht differenzierbar) sind.

Historisch gesehen traten glatte Splines erstmalig in einer Arbeit von L. Collatz und W. Quade im Jahr 1938 im Zusammenhang mit der Behandlung von Fourierreihen auf. Mitte des 20. Jahrhunderts wurden glatte Splinefunktionen von I.J. Schoenberg eingeführt und systematisch entwickelt. Inzwischen gibt es eine sehr umfangreiche Literatur von mehreren tausend Veröffentlichungen über glatte Splines. Splines bestehen aus mehreren Polynomstücken, die glatt, das heißt differenzierbar, zusammengesetzt sind.

Um Splines genauer zu beschreiben, betrachten wir zunächst den klassischen Fall der Polynome. Gegeben sei ein Polynom p vom Grad m, also eine Funktion des Typs

$$p(x) = a_0 + a_1 x + \cdots + a_m x^m,$$

wobei $a_0, a_1, \ldots, a_m$, fest vorgegebene reelle Zahlen sind und die Variable x die reelle Achse (oder ein Teilintervall davon) durchläuft. Polynome kann man unter anderem zur Lösung von Interpolationsproblemen verwenden. Dabei gibt man sich Punkte $x_1 < \cdots < x_{m+1}$ der x-Achse und reelle Zahlen $z_1, \ldots, z_{m+1}$ vor und erhält ein eindeutiges Polynom p vom Grad m mit der Eigenschaft

$$p(x_i) = z_i, \quad i = 1, \ldots, m+1.$$

Durch geeignete Wahl der Punkte x_i und der Zahlen z_i kann man sich auf diese Weise Kurven mit einem ungefähr vorgegebenen Verlauf konstruieren.

Interpolationsprobleme dieses Typs sind zwar immer eindeutig lösbar, jedoch sind die Polynome im allgemeinen nicht flexibel genug, um komplizierte Funktionen optimal zu approximieren. So weiß man bereits seit dem Beginn des 20. Jahrhunderts, daß durch eine Erhöhung des Polynomgrads nicht unbedingt eine bessere Näherung bei der obigen Interpolation entsteht. Darüber hinaus treten bei dieser (polynomialen) Interpolation lineare Gleichungssysteme auf, welche schlecht konditioniert sind. Dies wirkt sich insbesondere für hohe Grade sehr negativ auf die Berechnung der interpolierenden Polynome aus.

Deshalb verwendet man in der Praxis häufig Splines. Der Grundgedanke hierbei ist, daß man sich die gewünschte Flexibilität bei der Näherung komplizierter Funktionen verschaffen kann, indem man mehrere Polynomstücke eines festen vorgegebenen Grades benutzt. Dieser Grad m ist typischerweise klein, zum Beispiel zwei, drei oder vier, während andererseits die Anzahl der Polynomstücke n relativ groß ist, zum Beispiel $n = 1000$. Auf diese Art und Weise erhält man die benötigte große Anzahl von Freiheitsgraden, welche für gute Näherungen notwendig sind.

Genauer besteht nun ein Spline s (vom Grad m) aus Polynomstücken (vom Grad m) auf Knotenintervallen

$$[k_0, k_1], \; [k_1, k_2], \; \ldots, \; [k_{n-1}, k_n]$$

der x-Achse, die an den Knoten k_i $(m-1)$-mal stetig differenzierbar zusammengesetzt werden, die Funktion s entstammt also der Differenzierbarkeitsklasse $C^{m-1}[k_0, k_n]$. Falls $m \geq 2$ ist, so handelt es sich um einen glatten Spline, im Fall $m = 1$ um einen stetigen Streckenzug.

Ein solcher Spline besitzt $n + m$ Freiheitsgrade, während die Polynome vom Grad m nur $m+1$ Freiheitsgrade besitzen. Man nennt einen derartigen Spline auch genauer einen Spline mit einfachen Knoten; ohne auf Einzelheiten einzugehen sei an dieser Stelle die Möglichkeit erwähnt, diese Definition zu verallgemeinern, indem man an den einzelnen Knoten unterschiedliche Differenzierbarkeitsordnungen vorschreibt. Man spricht dann auch von Splines mit mehrfachen Knoten, da man dies formal auch so interpretieren kann, daß eine gewisse Anzahl von Knoten k_i zu einem einzigen zusammengefaßt wird. Für Einzelheiten hierzu wird auf die weiterführende Literatur, beispielsweise [3] und [6], verwiesen.

Splines werden zur Konstruktion und Rekonstruktion (aus Meßdaten) von komplizierten Kurven verwendet. Dabei gibt man sich Punkte $x_1 < \cdots < x_{n+m}$ der x-Achse und reelle Zahlen $z_1, \ldots, z_{n+m}$ vor, und erhält durch Interpolation einen eindeutigen Spline s mit der Eigenschaft

$$s(x_i) = z_i, \quad i = 1, \ldots, n+m.$$

Interpolationsprobleme dieses Typs sind allerdings im Gegensatz zum oben erwähnten Polynomfall nicht immer lösbar, vielmehr genau dann, wenn die Lagebedingung

$$x_i < k_i < x_{i+m+1}, \quad i = 1, \ldots, n-1,$$

gilt. Man spricht in diesem Zusammenhang von der Schoenberg-Whitney Bedingung und nennt solche Punktmengen Lagrange-Interpolationsmengen.

Diese Bedingung läßt sich durch geeignete Wahl der Knoten k_i stets erfüllen – und hierin liegt unter anderem die Stärke und Flexibilität der Splines begründet. Auf diese Weise können auch Funktionen f, beispielsweise $f(x) = \exp(x)$ (Exponentialfunktion) oder $f(x) = \sqrt{x}$ (Quadratwurzel) mit hoher Genauigkeit approximiert werden, indem man $z_i = f(x_i)$, $i = 1, \ldots, n+m$, setzt.

Zur Berechnung der Splines müssen lineare Gleichungssysteme gelöst werden, die eine Reihe von angenehmen strukturellen Eigenschaften besitzen. Beispielsweise treten hierbei sogenannte Bandmatrizen auf.

In manchen technischen Anwendungen werden Kurven nur unter ästhetischen Gesichtspunkten konstruiert (unter Verzicht auf die exakte Darstellung). Auf dem Gebiet des Computer-Aided Design (CAD) wird folgende Methode verwendet, die wir kurz für den klassischen Fall von Polynomen beschreiben. Es soll ein Polynom q (vom Grad m)

konstruiert werden, das in der Nähe von vorgegebenen Punkten $(\frac{i+j}{m}, z_{i,j})$, $i+j=m$, in der Ebene verläuft. Zur Lösung dieser Aufgabe wird im CAD das Bernstein-Polynom

$$q(x) = \sum_{i+j=m} z_{i,j} \frac{m!}{i!j!} (1-x)^i x^j, \quad x \in [0,1],$$

benutzt.

An dieser Darstellung von q erkennt man, daß die linearen Polynome $p_1(x) = 1 - x$ und $p_2(x) = x$, welche die Werte 0 und 1 an den Randpunkten des Intervalls $[0,1]$ annehmen, als Bausteine verwendet werden. Für den Anwender eines interaktiven CAD-Systems besteht die Möglichkeit, die Form der zum Polynom q gehörigen Kurve durch verschiedene Wahlen der Kontrollpunkte $(\frac{i+j}{m}, z_{i,j})$, $i+j = m$, schnell abzuändern. Analoge Ansätze sind für Splinekurven bekannt, wobei anstelle der Polynome $(1-x)^i x^j$, $i+j=m$, die B-Splinefunktionen als Basisfunktionen verwendet werden.

Von fundamentaler Bedeutung für die eingangs genannten Anwendungsgebiete (Karosseriebau, Werkzeugmaschinen, Visualisierung von Organen, ...) ist die Darstellung von Oberflächen durch bivariate Splines. Dies sind Splines $s(x,y)$ in zwei reellen Veränderlichen, welche über einem Teilbereich der Ebene festgelegt sind.

Für den Fall, daß die Splines $s(x,y)$ auf einem Rechteck R definiert werden, kann man Tensorprodukte

$$s(x,y) = s_1(x)s_2(y)$$

von Splines in einer Variablen verwenden. Die Theorie dieser Tensorprodukt-Splines unterscheidet sich aufgrund dieser Definition nur wenig von derjenigen der univariaten Splines und kann als weitestgehend abgeschlossen angesehen werden.

Die Probleme werden sehr viel komplexer, wenn man Splineoberflächen über allgemeineren Teilmengen der Ebene konstruieren möchte. Dies ist für vielerlei Anwendungen unumgänglich. In dieser allgemeineren Situation werden Splineoberflächen über einer Triangulierung T eines Teilbereichs der Ebene definiert (das heißt einem System von Dreiecken $\{T_l\}$ wie in Abbildung 2, wobei $(x,y) \in T$).

In Analogie zu Splinekurven besteht ein bivariater Spline $s(x,y)$ (vom Grad m) aus bivariaten Polynomstücken (vom Grad m) auf den Dreiecken T_l von T, die an den den Kanten benachbarter Dreiecke r-mal stetig differenzierbar zusammengesetzt werden.

Differenzierbarkeit ist hierbei im Sinne der beiden Variablen x und y gemeint, und als bivariates Polynom p (vom Grad m) bezeichnet man hierbei

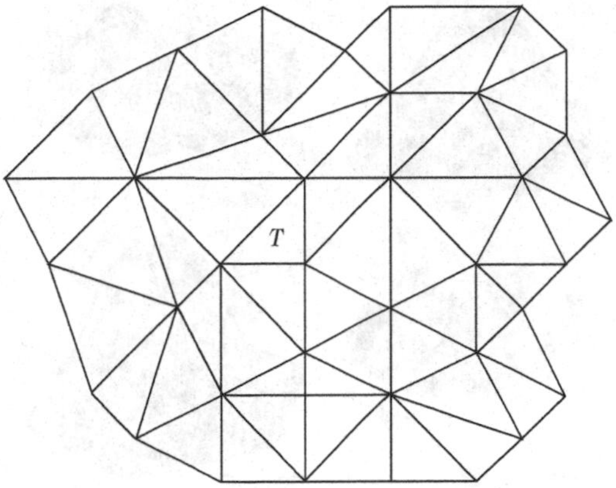

Abbildung 2: Triangulierung eines Grundbereichs in der Ebene.

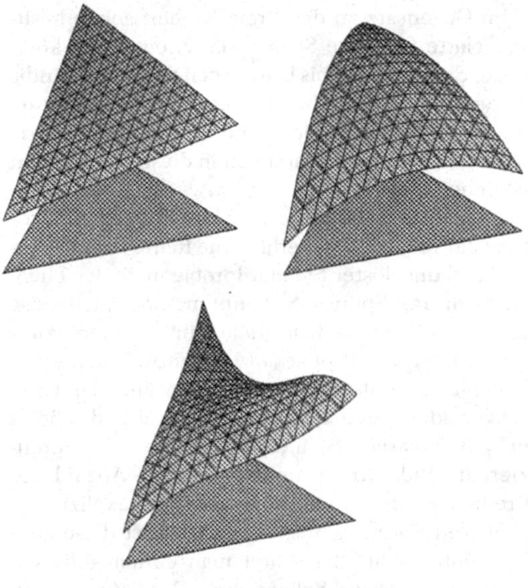

Abbildung 3: Bivariate Polynome vom Grad 1, 2 und 3.

eine Funktion des Typs

$$p(x,y) = \sum_{0 \le i+j \le m} a_{i,j} x^i y^j,$$

wobei $a_{i,j}$, $0 \le i+j \le m$, fest vorgegebene Zahlen sind, vgl. Abbildung 3.

Dreiecksoberflächen wie in Abbildung 1 bestehen aus linearen (das heißt $m = 1$), bivariaten Polynomstücken, die entlang den Kanten nur stetig zusammengefügt werden – sie sind also nicht differenzierbar und bilden ebenso wie die oben beschriebenen Streckenzüge eine Ausnahme. Abbildung 4 zeigt Beispiele differenzierbarer bivariater Splines.

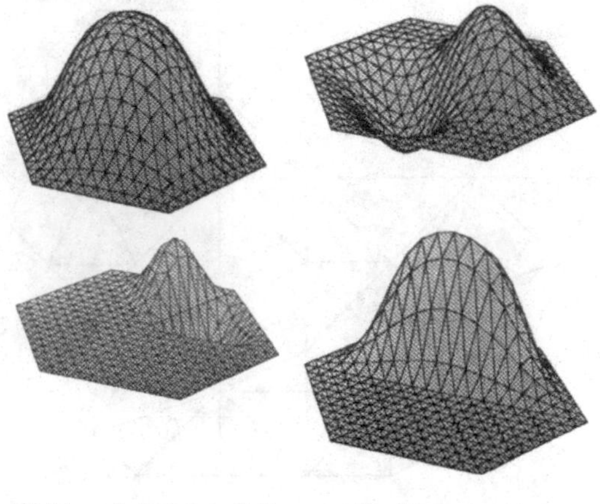

Abbildung 4: Bivariate Splines vom Grad 5.

Im Gegensatz zu den Dreiecksoberflächen besitzen glatte bivariate Splines $s(x, y)$ eine sehr komplexe Struktur, die bis heute noch nicht vollständig durchschaut wird. Hierbei treten Phänomene und mathematische Probleme auf, die in der Theorie der Splines in einer Variablen in dieser Form nicht bestehen.

Trotz beachtlicher Fortschritte seit Beginn der 80er Jahre gibt es weiterhin eine Reihe offener Fragen und ungelöster Standardprobleme in der Theorie bivariater Splines. So kennt man beispielsweise die Anzahl der Freiheitsgrade einmal differenzierbarer, bivariater Splines $s(x, y)$ hinsichtlich einer beliebigen Triangulierung T nur, wenn der Grad größer oder gleich vier ist. Für kubische (das heißt $m = 3$) bivariate Splines, welche einmal differenzierbar sind, wird vermutet, daß die Anzahl der Freiheitsgrade immer einer gewissen explizit angebbaren Formel genügt – bewiesen ist diese aber bis heute nicht. Betrachtet man einmal differenzierbare bivariate Splines vom Grad Zwei, weiß man darüberhinaus, daß man im allgemeinen nur eine sehr kleine Anzahl von Freiheitsgraden erwarten darf, selbst wenn man sehr viele Dreiecke verwendet. Darüber hinaus können sich in diesem Fall Sprünge in der Anzahl der Freiheitsgrade ergeben, wenn die Gesamtgeometrie der Triangulierung eine minimale Abänderung erfährt.

Allgemein zeigt sich, daß die Struktur bivariater Splines umso komplexer wird, je näher der Grad des Splines m bei dessen Differenzierbarkeitsordnung r liegt.

Zur Analyse und Konstruktion bivariater Splines benutzt man häufig die folgende Darstellung der zugehörigen bivariaten Polynomstücke. Diese wird auch (analog dem oben angesprochenen Fall polynomialer Kurven) im CAD zur Oberflächenkonstruktion verwendet. Für vorgegebene Punkte

$$\left(\frac{i+j+k}{m}, z_{i,j,k}\right), \quad i+j+k=m,$$

im Raum betrachtet man die sogenannte Bernstein-Darstellung eines bivariaten Polynoms $q(x, y)$ (vom Grad m),

$$q(x,y) = \sum_{i+j+k=m} z_{i,j,k} \frac{m!}{i!j!k!} (1-x-y)^i x^j y^k,$$

wobei $(x, y) \in T_0$. Hierbei sind $p_1(x, y) = (1-x-y)$, $p_2(x, y) = x$, und $p_3(x, y) = y$ diejenigen bivariaten linearen Polynome, welche in zwei Eckpunkten des Dreiecks T_0 mit den Ecken $(0, 0)$, $(0, 1)$, $(1, 0)$ den Wert 0, und im dritten Eckpunkt den Wert 1 annehmen. Polynomiale Oberflächen können durch verschiedene Wahlen der Kontrollpunkte

$$\left(\frac{i+j+k}{m}, z_{i,j,k}\right), \quad i+j+k=m,$$

schnell entworfen und abgeändert werden. Durch Anwendung des de Casteljau-Algorithmus lassen sich bivariate Polynome effizient berechnen und visualisieren.

Durch Verwendung der Bernstein-Darstellung bivariater Polynome lassen sich Formeln angeben, die die Differenzierbarkeit für bivariate Splines über die Kanten einer Triangulierung T beschreiben. Diese werden bei der Konstruktion glatter Oberflächen durch differenzierbare bivariate Splines verwendet. Für diese Konstruktionen findet man in der klassischen Literatur der 70er Jahre zwei charakteristische Vorgehensweisen, die wir hier kurz beispielhaft beschreiben:

Abbildung 5 zeigt ein Finites Element. Es handelt sich hierbei um die Konstruktion eines bivariaten, differenzierbaren Splines vom Grad fünf. Dieser Spline $s(x, y)$ ist durch die Vorgabe der Funktionswerte, der beiden ersten Ableitungen und der drei zweiten Ableitungen in allen Eckpunkten (dies ist im Bild durch entsprechende Kreise angedeutet) sowie der ersten orthogonalen Ableitung in den Mittelpunkten jeder Kante von T eindeutig festgelegt. Damit diese Vorgehensweise so funktionieren kann, muß man jedoch zusätzlich fordern, daß $s(x, y)$ zweimal differenzierbar in allen Eckpunkten von T ist.

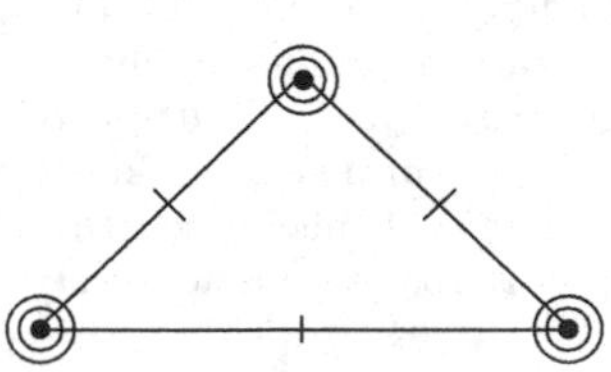

Abbildung 5: Ein differenzierbares Finites Element vom Grad 5.

Um Splines kleinerer Grade zu verwenden, werden die gegebenen Dreiecke einer Triangulierung T oftmals weiter unterteilt. In Abbildung 6 wird diese Vorgehensweise anhand der sogenannten Clough-Tocher-Zerlegung veranschaulicht. Hierbei wird jedes Dreieck von T zunächst in drei Teildreiecke zerlegt. Man erhält so eine neue Triangulierung. Nun konstruiert man einen bivariaten differenzierbaren Spline $s(x, y)$ vom Grad drei hinsichtlich dieser neuen Triangulierung, indem man die Funktionswerte und die beiden ersten Ableitungen in allen Eckpunkten von T, sowie die ersten orthogonalen Ableitungen in den Mittelpunkten jeder Kante von T für $s(x, y)$ festlegt.

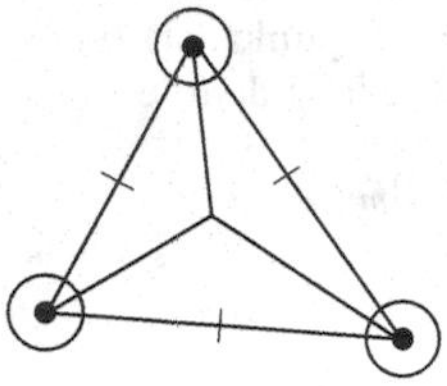

Abbildung 6: Clough-Tocher Zerlegung für kubische bivariate Splines.

Bereits oben wurde angesprochen, daß im Gegensatz zu Splines in einer Variablen selbst Standardprobleme für bivariate Splines schwierig und zum Teil ungelöst sind. So wurden beispielsweise erst seit Beginn der 90er Jahre Lagrange-Interpolationspunkte für bivariate Splines konstruiert; zunächst für gleichmäßige Triangulierungen (siehe Abbildung 7) – in neuester Zeit auch für allgemeinere Klassen von Triangulierungen. An der Universität Mannheim wurden diese Interpolationsmethoden für die Konstruktion von glatten Oberflächen mit bivariaten Splines entwickelt. Abbildung 8 zeigt eine solche Splineoberfläche, welche zur Approximation eines Terrains verwendet wurde

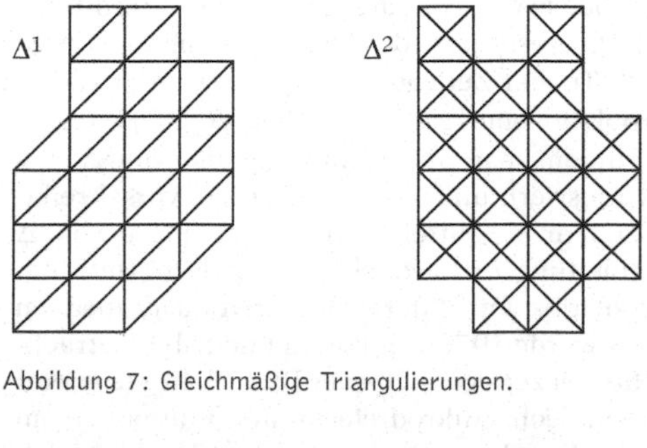

Abbildung 7: Gleichmäßige Triangulierungen.

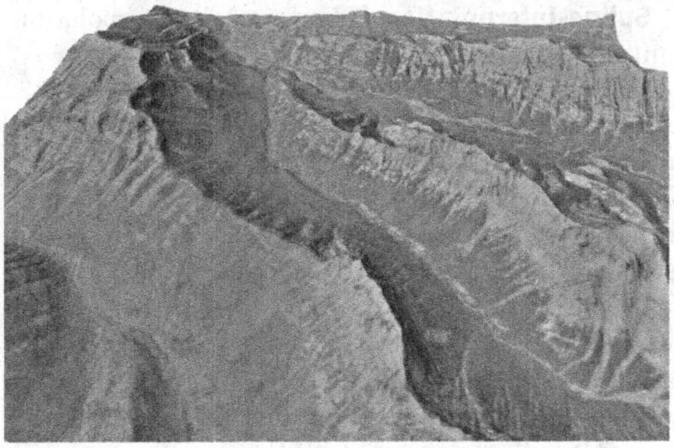

Abbildung 8: Ein an etwa 200.000 Punkten interpolierender glatter Spline.

Abschließend sie noch erwähnt, daß sich parallel zur hier geschilderten und sehr verbreiteten Theorie der reellen Splines auch eine kleine Theorie der Splinefunktionen im Komplexen entwickelt hat. Dies sind komplexwertige Funktionen komplexer Variabler, was eine z.T. von der hier geschilderten abweichende Struktur der Ergebnisse und Techniken zur Folge hat. Eine genauere Schilderung würde hier zu weit führen, es sei auf die Monographie [7] verwiesen.

Für weitere Informationen über das sich rasch entwickelnde und weite Teile der Angewandten Mathematik beeinflussende Gebiet der Splinefunktionen wird auf die angegebene Literatur verwiesen.

Literatur

[1] Collatz, L.; Quade, W.: Zur Interpolationstheorie der reellen periodischen Funktionen. Sitzungsber. Preuss. Akad. Wiss., 1938.

[2] de Boor, C.: A Pracical Guide to Splines. Springer-Verlag New York, 1978.

[3] Nürnberger, G.: Approximation by Spline Functions. Springer-Verlag Berlin/Heidelberg/New York, 1989.

[4] Nürnberger, G.; Zeilfelder, F.: Developments in Bivariate Spline Interpolation. J. Comp. Appl. Math. 121, 2000.

[5] Schoenberg, I.J.: Cardinal Spline Interpolation. CBMS 12, SIAM, Philadelphia, 1973.

[6] Schumaker, L.L.: Spline Functions: Basic Theory. John Wiley and Sons New York/Chichester, 1980.

[7] Walz, G.: Spline-Funktionen im Komplexen. B.I.-Wissenschaftsverlag Mannheim, 1991.

Spline-Interpolation, Theorie der Interpolation mit ↗ Splinefunktionen.

Es seien k, m natürliche Zahlen, $a = x_0 < x_1 < \ldots < x_k < x_{k+1} = b$, eine Knotenmenge und es bezeichne $S_m(x_1, \ldots, x_k)$ den $(m+k+1)$-dimensionalen Raum der Splinefunktionen, d. h. die Menge der $(m-1)$-fach differenzierbaren stückweisen Polynome vom Grad m.

Eine Basis $\{B_{i-m-1},\ i = 1, \ldots, m+k+1\}$ von $S_m(x_1, \ldots, x_k)$ erhält man, indem man zusätzliche Knoten $x_{-m} < \ldots < x_{-1} < a$, $b < x_{k+2} < \ldots < x_{k+m+1}$ festlegt, und die entsprechenden ↗ B-Splinefunktionen (B-Splines) B_{i-m-1}, $i = 1, \ldots, m+k+1$, definiert. Eine Menge

$$T = \{t_j : j = 1, \ldots, m+k+1\} \subseteq [a, b]$$

von $m+k+1$ Punkten mit der Eigenschaft

$$t_j < t_{j+1},\ \ j = 1, \ldots, m+k\,,$$

heißt Lagrange-Interpolationsmenge für $S_m(x_1, \ldots, x_k)$, falls für jede beliebig vorgegebene stetige Funktion f auf $[a, b]$ stets ein eindeutig bestimmter Spline $s_f \in S_m(x_1, \ldots, x_k)$ existiert mit der Eigenschaft

$$s_f(t_j) = f(t_j),\ j = 1, \ldots, k\,.$$

Interpolation mit Splines hat im Gegensatz zur polynomialen Interpolation den Vorteil, daß bei fixiertem Grad m die Anzahl der Freiheitsgrade durch das Einfügen von zusätzlichen Knoten erhöht werden kann. Jedoch ist das Interpolationsproblem für Splines nicht immer lösbar, denn die Punkte von T müssen in geeigneter Weise über $[a, b]$ verteilt sein. Dies ist der Inhalt der folgende Charakterisierungsaussage für Interpolation mit Splines, welche von I.J. Schoenberg und A. Whitney im Jahr 1953 erstmalig formuliert wurde.

Die folgenden Aussagen sind äquivalent:

(i) Die Menge T ist eine Interpolationsmenge von $S_m(x_1, \ldots, x_k)$.

(ii) Die Matrix $((B_{i-m-1}(t_j)))_{i,j=1,\ldots,m+k+1}$ ist regulär.

(iii) Jedes Intervall der Form (x_i, x_{i+m+j}), $j \geq 1$, enthält mindestens j Punkte von T.

(iv) Jedes Intervall der Form $[x_i, x_{i+j}]$, $j \geq 1$, enthält maximal $m+j$ Punkte von T.

(v) Es gilt: $t_j < x_j < t_{j+m+1}$, $j = 1, \ldots, k$.

Analoge Aussagen gelten für Hermite-Interpolation und Splines mit mehrfachen Knoten. Erfüllt eine Punktmenge T eine dieser Bedingungen (und damit alle), so sagt man auch, sie erfüllt die Schoenberg-Whitney-Bedingung.

Darüber hinaus existieren klassische Ansätze der Interpolation mit Splines aus $S_{2r+1}(x_1, \ldots, x_k)$, wobei $r \geq 1$. Diese gehen von den Interpolationsbedingungen

$$s_f(x_i) = f(x_i),\ i = 0, \ldots, k+1,$$

aus und fordern zusätzliche Eigenschaften am Rand, sogenannte Randbedingungen. Abhängig von der Art der Randbedingungen spricht man von einem vollständigen, natürlichen, oder periodischen Spline-Interpolationsproblem. Die $(r+1)$-te Ableitung $s_f{}^{(r+1)}$ dieser Spline-Interpolanten besitzt Optimalitätseigenschaften im Sinne der ↗ L_2-Approximation.

Die Theorie der Interpolation mit Splines in einer Variablen gilt im Gegensatz zur Theorie der Interpolation mit bivariaten Splines als nahezu vollständig entwickelt. Bivariate Splines $S^r_m(\Delta)$ vom Grad m mit Differenzierbarkeit r sind hinsichtlich einer regulären Triangulierung Δ (d. h. eine Menge von abgeschlossenen Dreiecken, so daß der Schnitt von je zwei Dreiecken entweder leer, eine gemeinsame Kante oder ein gemeinsamer Eckpunkt ist) eines Grundbereichs Ω der Ebene wie folgt definiert:

$$S^r_m(\Delta) = \{s \in C^r(\Omega) : s|_T \in \Pi_m,\ T \in \Delta\}\,.$$

Hierbei ist

$$\Pi_m = span\{x^i y^j : i, j \geq 0,\ i+j \leq m\}$$

der Raum der bivariaten Polynome vom totalen Grad m. Bivariate Splines besitzen eine äußerst komplexe Struktur. So ist beispielsweise die Dimension dieser Räume im Fall $m < 3r+2$, $(m, r) \neq (4, 1)$, im allgemeinen nicht bekannt. Für Klassen von Triangulierungen, beispielsweise gleichmäßige Triangulierungen, kennt man jedoch die Dimension der bivariaten Splineräume. Gleichmäßige Triangulierungen entstehen aus gleichmäßigen Rechtecksgittern durch Einfügen einer oder beider Diagonalen in jedes Rechteck (↗ Δ^1-Zerlegung, ↗ Δ^2-Zerlegung).

Die Untersuchung dieser für Anwendungen in den verschiedensten wissenschaftlichen und technischen Bereichen wichtigen bivariaten Splineräume ist Inhalt aktueller Forschung. Dies gilt insbesondere für die Entwicklung von Interpolationsmethoden für diese Splines.

Ein klassische Ansatz von Clough und Tocher aus dem Jahr 1965 basiert auf einer Zerlegung jedes Dreiecks von Δ in drei sogenannte Mikro-Dreiecke. Die resultierende Triangulierung Δ_{CT} wird Clough-Tocher-Zerlegung genannt. Eine Hermite-Interpolationsmenge hinsichtlich $S^1_3(\Delta_{CT})$ erhält man, indem man an jedem Eckpunkt von Δ den Funktionswert und den Gradienten vorschreibt, und zudem im Mittelpunkt jeder Kante e von Δ die Ableitung orthogonal zu e festlegt. Hermite-Interpolation mit differenzierbaren quadratischen Splines wurde 1977 von Powell und Sabin betrachtet. Hierbei zerlegt man jedes Dreieck in geeigneter Weise in sechs Mikrodreiecke und interpoliert an jedem Eckpunkt von Δ den Funktionswert und den

Gradienten. Alternative klassische Methoden basieren auf dem Finite-Elemente-Ansatz. Diese Methoden verwenden im allgemeinen ↗ Supersplines hohen Grades ($m \geq 4r + 1$), benötigen aber keine Unterteilungen der Dreiecke.

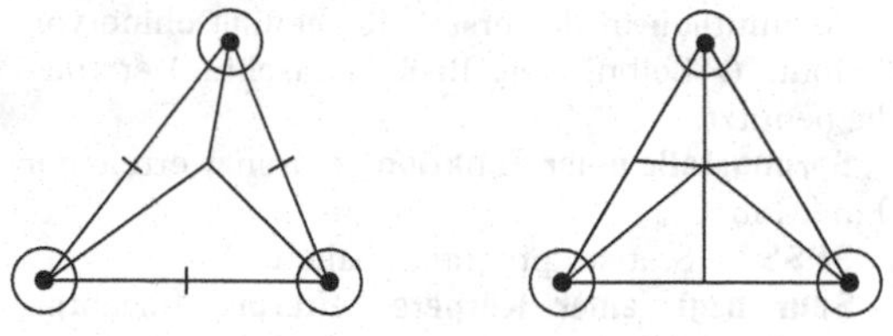

Clough-Tocher- und Powell-Sabin-Zerlegung. Die Interpolationsbedingungen sind durch Kreise und Querstriche symbolisiert.

Diese Interpolationsmethoden sind lokal, d. h. eine Änderung einer einzelnen Interpolationsbedingung hat nur in einer kleinen Umgebung dieser Stelle einen Einfluß auf die interpolierende Splineoberfläche.

Erst in jüngster Zeit wurden Lagrange-Interpolationsmengen für bivariate Splines konstruiert. Die Untersuchungen von G. Nürnberger, Th. Rießinger und G. Walz behandeln hierbei gleichmäßige Triangulierungen sowie Hermite- und Lagrange-Interpolation für Splines beliebiger Differenzierbarkeitsordnung und beliebigen Grades. O. Davydov, G. Nürnberger und F. Zeilfelder entwickelten Resultate hinsichtlich lokaler Hermite-Interpolation für Splines hohen Grades $m \geq 3r + 2$ und beliebiger Differenzierbarkeit r, globaler Lagrange- und Hermite-Interpolation für differenzierbare Splines hinsichtlich beliebiger, und (im Falle kleinen Grades) spezieller Klassen von Triangulierungen, und Methoden zur Konstruktion von für Interpolation mit Splines geeigneten Triangulierungen. Im Jahr 2000 wurden von G. Nürnberger, L.L. Schumaker und F. Zeilfelder die ersten lokalen Lagrange-Interpolationsmethoden für differenzierbare kubische Splines auf Triangulierungen bzw. Rechteckszerlegungen entwickelt. Die Untersuchungen zeigen, daß solche Konstruktionen die Zerlegung von nur einigen Dreiecken bzw. Rechtecken erfordern.

[1] de Boor, C.: A Practical Guide to Splines. Springer-Verlag New York, 1978.

[2] Nürnberger, G.: Approximation by Spline Functions. Springer-Verlag Heidelberg/Berlin, 1989.

[3] Schumaker, L. L.: Spline Functions: Basic Theory. John Wiley & Sons New York, 1981.

Spline-Wavelet, ausgehend von (orthonormierten) B-Splines konstruiertes Wavelet mit einer Glattheit in Abhängigkeit von der Glattheit der Splines.

Orthogonale Spline-Wavelets haben i. allg. keinen kompakten Träger, fallen jedoch exponentiell ab mit wachsender Norm des Arguments. Werden die B-Splines nicht orthonormiert, so erhält man Spline-Präwavelets mit kompaktem Träger.

[1] Chui, C.K.: An Introduction to Wavelets. Academic Press Boston, 1992.

spolynom, Abkürzung für Syzygienpolynom, welches sich von den ↗ Syzygien der Leitmonome zweier Polynome ableitet.

Seien f und g zwei Polynome aus $K[x_1, \dots, x_n]$, K ein Körper, und $<$ eine ↗ Monomenordnung. Seien weiterhin $L(f)$ bzw. $L(g)$ die ↗ Leitmonome von f bzw. g bezüglich der Monomenordnung, und $C(f)$ bzw. $C(g)$ die entsprechenden Leitkoeffizienten. Dann ist

$$\text{spoly}(f, g) = \frac{x^\alpha}{L(f)} f - \frac{C(f)}{C(g)} \frac{x^\alpha}{L(g)} g,$$

wobei $x^\alpha = x^{\alpha_1} \cdot \dots \cdot x^{\alpha_n}$ das kleinste gemeinsame Vielfache von $L(f)$ und $L(g)$ ist, also

$$\alpha_i = \max\{\beta_i, \gamma_i\},$$

falls

$$L(f) = x_1^{\beta_1} \cdot \dots \cdot x_n^{\beta_n} \text{ und } L(g) = x_1^{\gamma_1} \cdot \dots \cdot x_n^{\gamma_n}.$$

sporadische Gruppe, jede der 26 endlichen einfachen Gruppen, die nicht Bestandteil einer unendlichen Serie von Gruppen sind.

1965 wurde die erste sporadische Gruppe gefunden, und 1981 konnte die Klassifikation aller endlichen einfachen Gruppen abgeschlossen werden.

[1] Gorenstein, D.: Finite Simple Groups. An Introduction to Their Classification. Plenum Press New York, 1982.

SP-Problem, ↗ kürzeste-Wege-Problem.

Sprache, Menge von Wörtern über einem endlichen Alphabet.

Im weiteren Sinne vereint eine Sprache L syntaktische Aspekte (welche Wörter gehören zur Sprache, und wie sind sie strukturiert?) und semantische Aspekte (welche Bedeutung haben die Wörter der Sprache?). Bei ↗ formalen Sprachen werden syntaktische Aspekte i. allg. durch eine ↗ Grammatik und semantische Aspekte durch eine Abbildung von L in einen semantischen Bereich (eine Menge) definiert.

In der Informatik werden Sprachen zur Übertragung von Information zwischen Personen und/oder Maschinen sowie zur Beschreibung des Verhaltens von Systemen eingesetzt. Im zweiten Fall beschreibt die Sprache die Menge der möglichen Ereignisabfolgen des Systems.

Siehe auch ↗ elementare Sprache.

Sprache erster Stufe, andere Bezeichnung für ↗ elementare Sprache.

Spracherkennung, bezeichnet die Fähigkeit einer Maschine, die gesprochene natürliche Sprache eines Menschen zu erkennen und in einem weiteren Schritt auch zu verstehen.

Beim reinen Erkennungsprozeß geht es lediglich darum, analoge Sprachsignale zu klassifizieren und z. B. gewisse Laute, Silben, Worte oder sogar Wortfolgen zu identifizieren. Beim wesentlich komplexeren Prozeß des Verstehens muß die Maschine in die Lage versetzt werden, einer Folge von klassifizierten (Teil-)Signalen eine inhaltliche Bedeutung zu geben, um daraufhin z. B. eine gewisse weitere Aktion anzustoßen.

Bei der Entwicklung derartiger natürlicher Schnittstellen zur Realisierung einer Mensch-Maschine-Kommunikation haben sich in jüngster Zeit insbesondere ↗Neuronale Netze als wesentliche Bestandteile bewährt.

Sprachklasse non-uniform-AC^k, ↗ AC^k.

Sprachklasse non-uniform-NC^k, Klasse aller Folgen Boolescher Funktionen $f_n : \{0, 1\}^n \to \{0, 1\}$, die sich in Schaltkreisen mit durch 2 beschränktem ↗Fan-in über dem Bausteinsatz AND, OR und NOT (Konjunktion, Disjunktion, NOT-Funktion) mit polynomiell vielen Bausteinen in Tiefe $O(\log^k n)$ berechnen lassen.

Funktionen in NC^k lassen sich mit vertretbarem Aufwand hardwaremäßig realisieren und sind bei Parallelverarbeitung sehr effizient auszuwerten. Die arithmetischen Operationen Addition, Subtraktion, Multiplikation und Division sind in NC^1 enthalten, Probleme der Linearen Algebra wie die Determinantenberechnung (über dem Körper $\{0, 1\}$) sind in NC^2 enthalten. Die Sprachklasse NC^k ist eine Teilmenge von ↗AC^k und umfaßt AC^{k-1}.

Sprachoperation, Abbildung, deren Argumente und Resultate eine oder mehrere ↗Sprachen sind.

Beispiele für Sprachoperationen sind der ↗Shuffle-Operator, die Vereinigung $L_1 \cup L_2$ mit

$$L_1 \cup L_2 = \{w \mid w \in L_1 \text{ oder } w \in L_2\},$$

der Durchschnitt $L_1 \cap L_2$ mit

$$L_1 \cap L_2 = \{w \mid w \in L_1 \text{ und } w \in L_2\},$$

das Komplement $\overline{L}$ mit

$$\overline{L} = \{w \mid w \in \Sigma^*, w \notin L\},$$

die Spiegelung L^R mit

$$L^R = \{a_n a_{n-1} \ldots a_1 \mid a_1 \ldots a_{n-1} a_n \in L\},$$

die Konkatenation $L_1 \circ L_2$ mit

$$L_1 \circ L_2 = \{w_1 w_2 \mid w_1 \in L_1, w_2 \in L_2\},$$

sowie die Iteration L^* mit

$$L^* = \bigcup_{i=0}^{\infty} L^i,$$

wobei $L^0 = \{\varepsilon\}$ (die Sprache, die nur das leere Wort enthält) und $L^{k+1} = L^k \circ L$ ist.

Spread, ↗Faserung.

Sprossenrad, Bauteil in manchen ↗mathematischen Geräten.

Durch einen Hebel können aus einem Rad 0 bis 9 Zähne ausgestellt werden. Als Schaltwerk wurde es vermutlich in der ersten Rechenmaschine von Leibniz (↗Leibnizsche Rechenmaschine) erstmalig benutzt.

Sprungstelle einer Funktion, ↗Grenzwerte einer Funktion.

SPSS, ↗ Statistikprogrammpakete.

Spur bzgl. einer Körpererweiterung, algebraischer Begriff.

Ist L/K eine endliche separable ↗Körpererweiterung vom Grad n, dann ist L ein n-dimensionaler Vektorraum über K, und es gibt genau n verschiedene Körperautomorphismen $\sigma_1, \ldots, \sigma_n$ von L, die K elementweise festlassen. Für $\alpha \in L$ ist dann

$$S_{L/K}(\alpha) = \sum_{j=1}^{n} \sigma_j(\alpha)$$

die Spur von α bzgl. L/K.

Für jedes $\alpha \in L$ ist $S_{L/K}(\alpha) \in K$, da die Koeffizienten des Polynoms

$$f(x) = \prod_{j=1}^{n} (x - \sigma_j(\alpha))$$

alle in K liegen.

Spur einer Matrix, Summe der Hauptdiagonalelemente a_{ii} einer quadratischen $(n \times n)$-↗Matrix $A = ((a_{ij}))$ über einem Körper $\mathbb{K}$:

$$\text{Spur} A = a_{11} + \cdots + a_{nn}.$$

Die Spur einer Matrix ist gleich der Summe ihrer ↗Eigenwerte.

Für $(n \times n)$-Matrizen A und B gilt:

$$\text{Spur}\,(AB) = \text{Spur}\,(BA).$$

Hieraus erhält man $\text{Spur}(ABA^{-1}) = \text{Spur}(B)$ für beliebiges B und reguläres A, d. h. die Spur ist invariant unter Koordinatenwechsel. Somit läßt sich jedem Endomorphismus $f : V \to V$ auf einem endlich-dimensionalen $\mathbb{K}$-Vektorraum V durch $\text{Spur}(f) := \text{Spur}(A)$ (A eine f bzgl. einer beliebigen Basis von V repräsentierende Matrix) ein Element aus $\mathbb{K}$ zuordnen.

Spur eines Mengensystems, zu einem Mengensystem $\mathcal{M}$ in einer Menge Ω und $A \subset \Omega$ das Mengensystem $A \cap \mathcal{M}$. Genauer heißt dann $A \cap \mathcal{M}$ die Spur von $\mathcal{M}$ in A.

Spur eines Operators, ↗ Spurklassenoperator.

spurious state, ↗Halluzination.

Spurklassenoperator, ein ↗nuklearer Operator zwischen Hilberträumen.

Sei $T : H \to K$ ein kompakter Operator mit der Schmidt-Darstellung (↗kompakter Operator)

$$Tx = \sum_{n=1}^{\infty} s_n \langle x, e_n \rangle f_n .$$

Genau dann ist T nuklear, wenn $\sum_n s_n < \infty$ gilt, und diese Summe stimmt mit der nuklearen Norm von T überein.

Ist $H = K$, kann auf dem Raum $N(H)$ aller nuklearen Operatoren ein Spurfunktional erklärt werden. Ist nämlich $\{\varphi_i : i \in I\}$ eine Orthonormalbasis von H, so ist für $T \in N(H)$ der Ausdruck

$$\operatorname{tr}(T) = \sum_{i \in I} \langle T\varphi_i, \varphi_i \rangle$$

wohldefiniert und unabhängig von der Wahl der Orthonormalbasis. Man nennt $\operatorname{tr}(T)$ die Spur von T; tr ist ein stetiges lineares Funktional auf $N(H)$ mit $\| \operatorname{tr} \| = 1$, und es gilt $\operatorname{tr}(ST) = \operatorname{tr}(TS)$ für $T \in N(H)$, $S \in L(H)$. Deshalb heißt $N(H)$ auch die Spurklasse. Das Spurfunktional auf $N(H)$ ist in mancher Hinsicht mit dem Summenfunktional auf ℓ^1 und dem Integrationsfunktional auf $L^1(\mu)$ vergleichbar. Daher wird $N(H)$ auch als „nichtkommutativer L^1-Raum" bezeichnet.

Die Eigenwertfolge $(\lambda_n(T))$ eines Spurklassenoperators $T : H \to H$, in der die Eigenwerte in ihrer Vielfachheit aufgezählt sind, ist absolut summierbar; dies folgt aus der ↗Weyl-Ungleichung. Ferner gilt die Spurformel von Lidskij:

$$\sum_{n=1}^{\infty} \lambda_n(T) = \operatorname{tr}(T).$$

[1] Reed, M.; Simon, B.: Methods of Mathematical Physics I: Functional Analysis. Academic Press New York, 2. Auflage 1980.

[2] Simon, B.: Trace Ideals and Their Applications. Cambridge University Press, 1979.

Spur-σ-Algebra, Begriff aus der Maßtheorie.

Es sei $\mathcal{A}$ eine σ-Algebra in einer Menge Ω und $A \subset \Omega$. Dann ist $A \cap \mathcal{A}$ eine σ-Algebra in A und wird die Spur-σ-Algebra von $\mathcal{A}$ in A genannt. Ist $A \in \mathcal{A}$, so gilt $A \cap \mathcal{A} \subseteq \mathcal{A}$.

Spurtopologie, ↗ Relativtopologie.

SQP-Verfahren, abkürzend für sequentielle quadratische Programmierungsverfahren, also iterative Algorithmen zur Behandlung nicht-linearer Optimierungsprobleme.

Sie erfordern in jedem Iterationsschritt die Lösung gewisser quadratischer Programmierungsprobleme, welche das Ausgangsproblem modellieren. Damit stellen sie eine Verallgemeinerung des ↗Newtonverfahrens dar.

Angenommen, wir suchen einen Minimalpunkt von $f(x)$ unter den Nebenbedingungen

$$x \in M := \{x \in \mathbb{R}^n | h_i(x) = 0, i \in I; g_j(x) \geq 0, j \in J\}$$

für endliche Indexmengen I, J. Die Funktionen f, h_i und g_j liegen alle in $C^2(\mathbb{R}^n, \mathbb{R})$. Man betrachte die notwendige Optimialitätsbedingung erster Ordnung (wobei λ und μ die aus den λ_i und μ_j gebildeten Vektoren bezeichnen):

$$\begin{aligned} & D_x L(x, \lambda, \mu) \\ & := Df(x) - \sum_{i \in I} \lambda_i \cdot Dh_i(x) - \sum_{j \in J_0(x)} \mu_j \cdot Dg_j(x) \\ & = 0, \quad \mu_j \geq 0, \mu_j \cdot g_j(x) = 0, h_i(x) = 0, g_j(x) \geq 0 \,, \end{aligned}$$

sowie die hinreichende Bedingung zweiter Ordnung (unter Annahme der Gültigkeit der linearen Unabhängigkeitsbedingung): Die ↗Hesse-Matrix

$$\begin{aligned} & D^2_{xx} L(x, \lambda, \mu) \\ & = D^2 f(x) - \sum_{i \in I} \lambda_i \cdot D^2 h_i(x) - \sum_{j \in J_0(x)} \mu_j \cdot D^2 g_j(x) \end{aligned}$$

ist positiv definit auf dem ↗Tangentialraum $\{w \in \mathbb{R}^n \setminus \{0\} \mid Dh_i(x) \cdot w = 0, Dg_j(x) \cdot w = 0 \text{ für } j \in J_0(x)\}$.

In ihrer reinsten Form arbeiten SQP-Verfahren wie folgt: Angenommen, es sind bereits Näherungen x^k, λ^k, μ^k für eine Lösung der Optimierungsaufgabe berechnet. Dann wird die Zielfunktion durch die quadratische Approximation

$$Q_k(x) = DF(x^k)^T \cdot x + \frac{1}{2} \cdot x^T \cdot D^2_{xx} L(x^k, \lambda^k, \mu^k) \cdot x$$

ersetzt. Zusätzlich werden die Nebenbedingungen linear approximiert, und man löst im $(k+1)$-ten Schritt das quadratische Optimierungsproblem

$$Q_k(x) \to \min$$

unter den Nebenbedingungen

$$\begin{aligned} & h_i(x^k) + Dh_i(x^k)^T \cdot x = 0, \ i \in I; \\ & g_j(x^k) + Dg_j(x_k) \cdot x \geq 0, \ j \in J. \end{aligned}$$

Mit der Lösung d^k dieses Problems setzt man

$$x^{k+1} := x^k + d^k .$$

Die Lagrangeparameter werden ähnlich angepaßt (entweder durch Lösen eines analogen quadratischen Programmierungsproblems oder als zugehörige Multiplikatoren der gefundenen Lösung der vorhergehenden Iteration). Die Berechnung der Matrix $D^2_{xx} L(x^k, \lambda^k, \mu^k)$ wird häufig dadurch erspart, daß man diese Matrix approximiert. Dieser Zugang wird beispielsweise im BFGS-Verfahren (↗Broyden-Fletcher-Goldfarb-Shanno, Verfahren von) verfolgt.

Šrîpati, indischer Astronom und Mathematiker, lebte in der ersten Hälfte des 11. Jahrhunderts, vermutlich in Rohinīkhaṇḍa (Indien).

Šrîpati schrieb Arbeiten zu astronomischen, astrologischen und mathematischen Themen. In „Gaṇitatilaka" beschäftigte er sich mit Fragen der Arithmetik, und in „Bījagaṇita" mit Fragen der Algebra. Er formulierte die Aussage, daß die Gleichung $ax^2 + 1 = y^2$ unendlich viele ganzzahlige Lösungen hat. Seine astronomischen Arbeiten befaßten sich mit der Bestimmung von Planetenbahnen und den Positionen der Planeten zu bestimmten Zeiten.

(s, S)-Politik, Strategie bei Marktspielen, bei der versucht wird, den erwarteten Verlust bei Investitionen zu minimieren.

Die beiden Parameter $0 \leq s \leq S$ bestimmen dabei, zu welcher Zeit wieviel investiert wird.

stabile Eckenmenge, ↗ Eckenüberdeckungszahl.

stabile kohärente Garbe, Begriff aus der ↗ Garbentheorie.

Es sei $(X, \mathcal{L})$ ein ↗ projektives Schema über einem Körper k mit einer projektiven Einbettung $X \subset \mathbb{P}(V)$ und $\mathcal{L} = \mathcal{O}_{\mathbb{P}(V)}(1) \mid X$. Für jede kohärente Garbe $\mathcal{F}$ hat man dann das ↗ Hilbert-Polynom

$$m \mapsto Hp(\mathcal{F}, m) = \chi(X, \mathcal{F} \otimes L^{\otimes m}).$$

Der Grad d dieses Polynoms ist die Dimension von $\mathcal{F}$, und der Koeffizient von m^d hat die Form $\frac{a_d(\mathcal{F})}{d!}$ mit einer positiven ganzen Zahl $a_d(\mathcal{F})$. Für Vektorbündel (oder torsionsfreie $\mathcal{F}$) hat der Koeffizient $a_d(\mathcal{F})$ die Form $ra_d(\mathcal{O}_X)$, $r = \text{rang}(\mathcal{F})$, und der Koeffizient von m^{d-1} ist

$$a_{d-1}(\mathcal{F}) = \deg(\mathcal{F}) + ra_{d-1}(\mathcal{O}_X).$$

Das Polynom

$$hp(\mathcal{F}, m) = \frac{H^p(\mathcal{F}, m)}{a_d(\mathcal{F})}$$

(wobei $d = \dim \mathcal{F}$) heißt reduziertes Hilbert-Polynom, und die Zahl

$$\mu(\mathcal{F}) = \frac{\deg(\mathcal{F})}{rg(\mathcal{F})}$$

(für torsionsfreie Garben $\mathcal{F}$) heißt Anstieg von $\mathcal{F}$.

Eine kohärente Garbe $\mathcal{F}$ heißt stabil (resp. semistabil) bzgl. $\mathcal{L}$, wenn für jede echte kohärente Untergarbe $\mathcal{F}'$ gilt:

(a) $\dim(\mathcal{F}') = \dim(\mathcal{F})$.

(b) $hp(\mathcal{F}', m) < hp(\mathcal{F}, m)$ (resp. $\leq$) für $m \gg 0$.

Ein Vektorbündel (oder eine torsionsfreie Garbe) $\mathcal{F}$ heißt μ-stabil (resp. μ-semistabil) bzgl. $\mathcal{L}$ (auch Slope-stabil resp. -semistabil genannt), wenn

$$\mu(\mathcal{F}') < \mu(\mathcal{F}) \quad (\text{resp. } \mu(\mathcal{F}') \leq \mu(\mathcal{F}))$$

für jede echte kohärente Untergarbe $\neq 0$.

Offensichtlich gelten folgende Implikationen für Eigenschaften von torsionsfreien $\mathcal{F}$:

$$\begin{array}{ccc} \mu - \text{stabil} & \Longrightarrow & \text{stabil} \\ \Downarrow & & \Downarrow \\ \mu - \text{semistabil} & \Longrightarrow & \text{semistabil} \end{array}$$

Für ↗ algebraische Kurven X sind die horizontalen Implikationen Äquivalenzen.

Für kohärente Garben, die rein-dimensional sind (d. h., der Bedingung (a) genügen), gibt es immer eine endliche Filtration durch kohärente Untergarben

$$0 = \mathcal{F}_0 \subset \mathcal{F}_1 \subset \cdots \subset \mathcal{F}_\ell = \mathcal{F},$$

die durch folgende Eigenschaften eindeutig bestimmt sind:

(i) $\mathcal{F}_i/\mathcal{F}_{i-1}$ ist semistabil.

(ii) $p_1 > p_2 > \cdots > p_\ell$, wobei $p_i = hp_i(\mathcal{F}_i/\mathcal{F}_{i-1}, -)$, $i = 1, \cdots, \ell$, sei.

(Harder-Narasimhan-Filtration).

Die semistabilen Garben auf X mit vorgegebenem reduziertem Hilbert-Polynom bilden eine abelsche ↗ Kategorie, in der der Satz von Jordan-Hölder gilt: *Jede semistabile Garbe $\mathcal{F}$ besitzt eine endliche Filtration*

$$0 = \mathcal{F}_0 \subset \mathcal{F}_1 \subset \cdots \subset \mathcal{F}_\ell = \mathcal{F}$$

mit der Eigenschaft: $\mathcal{F}_i/\mathcal{F}_{i-1}$ ist stabil, und

$$hp(\mathcal{F}_i/\mathcal{F}_{i-1}, -) = hp(\mathcal{F}, -)$$

für $i = 1, \ldots, \ell$. (Jordan-Hölder-Filtration).

Die Länge ℓ und die Subfaktoren (Jordan-Hölder-Faktoren) $\mathcal{F}_i/\mathcal{F}_{i-1}$ sind bis auf Permutation eindeutig durch $\mathcal{F}$ bestimmt. Semistabile Garben $\mathcal{F}$, $\mathcal{F}'$ heißen Jordan-Hölder-äquivalent, wenn sie (bis auf Reihenfolge) isomorphe Jordan-Hölder-Faktoren haben. Die Jordan-Hölder-Äquivalenzklassen entsprechen den Punkten des Modulraums semistabiler Garben.

Eine wichtige Konsequenz aus der Semistabilität ist, daß man für alle semistabilen Garben mit vorgegebenem reduziertem Hilbert-Polynom p eine nur von p (und $(X, \mathcal{L})$) abhängige Regularitätsschranke für $\mathcal{F}(m) = \mathcal{F} \otimes \mathcal{L}^{\otimes m}$ angeben kann. Damit erhält man alle solchen Garben mit vorgegebenem Hilbert-Polynom p als Quotienten einer festen Garbe ($\mathcal{E} = (\mathcal{L}^{-\otimes m})^{\oplus p(m)}$ für genügend große m) (↗ Quot-Schema). Auf diese Weise kann man Modulräume konstruieren, wobei die Semistabilität oder Stabilität von Garben die entsprechenden Eigenschaften für dabei auftretende Gruppenwirkungen nach sich zieht.

stabile Kurve, eine projektive ↗ algebraische Kurve C mit einem n-Tupel ausgezeichneter paarweise verschiedener sog. spezieller Punkte $(P_1, \dots, P_n)$, $P_i \in C \setminus C^{\text{sing}}$ (↗ singulärer Ort), die höchstens gewöhnliche Doppelpunkte als Singularitäten hat, und die zusätzlich die Eigenschaft besitzt, daß jede irreduzible Komponente C_0 vom Geschlecht 0 (resp. 1) mindestens 3 (resp. mindestens einen) spezielle(n) Punkt(e) enthält.

stabile Mannigfaltigkeit einer periodischen Trajektorie, Begriff aus der Theorie ↗ dynamischer Systeme.

Für eine periodische Trajektorie

$$\gamma = \{\Phi(t)x_0\}_{t\in\{1,\dots,T\}}$$

(mit Periode T) eines dynamischen Systems (M, G, Φ) ist

$$W^s(\gamma) = \bigcup_{t=1}^{T} W^s(\Phi(t)x_0)$$

die stabile Mannigfaltigkeit des periodischen Orbits γ. Dabei ist $W^s(\Phi(t)x_0)$ die ↗ stabile Mannigfaltigkeit des Fixpunktes $\Phi(t)x_0$ unter der Abbildung $\Phi(T\cdot)$. Analog bezeichnet

$$W^u(\gamma) = \bigcup_{t=1}^{T} W^u(\Phi(t)x_0)$$

die instabile Mannigfaltigkeit des periodischen Orbits γ, wobei entsprechend $W^u(\Phi(t)x_0)$ instabile Mannigfaltigkeit des Fixpunktes $\Phi(t)x_0$ ist.

stabile Mannigfaltigkeit eines Fixpunktes, Teilmenge

$$W^s(x_0) \ := \ \{x \mid x \in M, \lim_{n\to\infty} f^n(x) = x_0\} \subset M$$

für eine differenzierbare Mannigfaltigkeit M, einen C^k-Diffeomorphismus $f : M \to M$ und einen hyperbolischen Fixpunkt $x_0 \in M$ von f.

$W^u(x_0) := \{x \mid x \in M, \lim_{n\to\infty} f^{-n}(x) = x_0\}$ heißt instabile Mannigfaltigkeit von f bei x_0. Diese Begriffsbildung dient zur Untersuchung des durch die ↗ iterierten Abbildungen von f gegeben diskreten ↗ dynamischen Systems. Ist $F \in \mathcal{V}^k(M)$ ein C^k-Vektorfeld auf M, so erzeugt es o.B.d.A. einen C^k-Fluß $(M, \mathbb{R}, \Phi)$. Für einen hyperbolischen Fixpunkt $x_0 \in M$ des Vektorfeldes F heißen

$$W^s(x_0) := \{x \mid x \in M, \lim_{t\to\infty} \Phi(x,t)(x) = x_0\}$$

bzw.

$$W^u(x_0) := \{x \mid x \in M, \lim_{t\to-\infty} \Phi(x,t)(x) = x_0\}$$

die stabile bzw. instabile Mannigfaltigkeit von F bei x_0.

Für einen hyperbolischen Fixpunkt $x_0 \in M$ eines Vektorfeldes F stimmen die stabile bzw. instabile Mannigfaltigkeit überein mit der stabilen bzw. instabilen Mannigfaltigkeit des Zeit-1-Diffeomorphismus $\Phi(\cdot, 1) : M \to M$. Daher kann man o.B.d.A. die (in)stabile Mannigfaltigkeit für einen C^k-Diffeomorphismus betrachten. Ist der Fixpunkt x_0 eines C^k-Diffeomorphismus $f : M \to M$ hyperbolisch, so existiert für das Differential $d_{x_0}f : T_{x_0}M \to T_{x_0}M$ eine eindeutige Zerlegung $T_{x_0}M = E^- \oplus E^+$ mit den stabilen bzw. instabilen Teilräumen E^- und E^+ (↗ hyperbolische lineare Abbildung). Die stabile bzw. instabile Mannigfaltigkeit $W^-(x_0)$ bzw. $W^+(x_0)$ sind invariante Mengen, welche injektive C^k-Immersionen von E^- bzw. E^+ sind. Je nach der Dimension der Mannigfaltigkeiten $W^-(x_0)$ und $W^+(x_0)$ heißt ein hyperbolischer Fixpunkt ↗ Quelle, ↗ Senke, oder Sattelpunkt (↗ Sattelpunkt eines Vektorfelds).

[1] Guckenheimer, J.; Holmes, Ph.: Nonlinear Oscillations, Dynamical Systems, and Bifurcations of Vector Fields. Springer-Verlag New York, 1983.

stabile Menge, genauer Ljapunow-stabile Menge, nichtleere Teilmenge $A \subset M$ für ein ↗ dynamisches System (M, G, Φ), für die jede Umgebung von A eine positiv invariante Umgebung (↗ invariante Menge) von A enthält. A heißt instabile Menge, falls sie nicht stabil ist.

stabile Punkte, offene Menge von Punkten einer ↗ algebraischen Varietät, auf der bezüglich einer gegebenen algebraischen Gruppenoperation ein ↗ geometrischer Quotient existiert.

Die Charakterisierung der Stabilität hängt von der Varietät und der Gruppenwirkung ab. In jedem Fall fordert man, daß ein stabiler Punkt ein invariante affine Umgebung besitzt. Wenn eine reduktive Gruppe auf einem affinen Schema operiert, sind die stabilen Punkte die Punkte mit abgeschlossenem Orbit maximaler Dimension.

Beispiel: Die lineare Gruppe G der regulären (2×2)-Matrizen mit Einträgen in $\mathbb{C}$ operiert auf der Varietät X aller (2×2)-Matrizen durch Konjugation: $A \in G, M \in X \mapsto AMA^{-1}$. Die Menge der stabilen Punkte ist hier die Menge der Matrizen mit verschiedenen Eigenwerten.

stabile Rekonstruktion, Möglichkeit, ein Signal aus einer Anzahl diskreter Werte (Abtastwerte) auf stabile Art wiederzugewinnen.

stabile Verteilung, auf der σ-Algebra $\mathfrak{B}(\mathbb{R})$ der Borelschen Mengen von $\mathbb{R}$ definiertes Wahrscheinlichkeitsmaß μ mit der Eigenschaft, daß die Menge $\mathcal{T}(\mu) = \{T_{a,b}(\mu) : a, b \in \mathbb{R}, a > 0\}$ aller Bildmaße von μ unter Abbildungen $T_{a,b} : \mathbb{R} \to \mathbb{R}$ der Form $T_{a,b}(x) = ax + b$ mit je zwei Elementen ν_1, ν_2 auch deren Faltung $\nu_1 * \nu_2$ enthält.

Beispiele stabiler Verteilungen sind das Dirac-Maß, die Cauchy-Verteilung und die Normalverteilung. Da entweder sämtliche Verteilungen eines bestimmten Typs stabil oder instabil sind, spricht man auch von stabilen Verteilungstypen. Jede stabile Verteilung ist unbegrenzt teilbar. Die Umkehrung dieser Aussage gilt jedoch nicht. Ist die Verteilung einer Zufallsgröße stabil, so nennt man auch die Zufallsgröße selbst, ihre Verteilungsfunktion und ihre charakteristische Funktion stabil. Eine Zufallsgröße X ist genau dann stabil, wenn für ihre charakteristische Funktion ϕ_X gilt

$$\ln \phi_X(t) = i\gamma t - c|t|^\alpha(1 + i\beta \operatorname{sgn}(t)\omega(t,\alpha)),$$

wobei $\gamma \in \mathbb{R}$, $c \geq 0$, $0 < \alpha \leq 2$, $-1 \leq \beta \leq 1$ und

$$\omega(t,\alpha) = \begin{cases} \tan(\pi\alpha/2), & \text{falls } \alpha \neq 1, \\ \frac{2}{\pi}\ln|t|, & \text{falls } \alpha = 1. \end{cases}$$

Die Zahl α heißt der charakteristische Exponent der stabilen Verteilung. Für die Normalverteilung gilt $\alpha = 2$.

Die besondere Bedeutung der stabilen Verteilungen besteht darin, daß sich mit ihrer Hilfe die Grenzverteilungen von geeignet zentrierten und normierten Summen unabhängiger und identisch verteilter Zufallsvariablen charakterisieren lassen:

Eine Zufallsgröße X ist im Sinne der Konvergenz in Verteilung genau dann der Grenzwert von Summen

$$\frac{X_1 + \cdots + X_n}{a_n} - b_n \quad (a_n, b_n \in \mathbb{R}, a_n > 0)$$

unabhängiger und identisch verteilter Summanden aus einer Folge $(X_n)_{n\in\mathbb{N}}$, wenn sie stabil ist.

[1] Gnedenko, B.W.; Kolmogorov, A.N.: Grenzverteilungen von Summen unabhängiger Zufallsgrössen. Akademie-Verlag Berlin, 1959.

stabiler Fixpunkt, genauer Ljapunow-stabiler Fixpunkt, ein Fixpunkt $x_0 \in M$ eines ↗ dynamischen Systems, (M, G, Φ) für den die Menge $\{x_0\}$ stabil ist (↗ stabile Menge). Ist ein Fixpunkt nicht stabil, heißt er instabil.

Weist die Menge $\{x_0\}$ eine der verschiedenen Stabilitätskriterien auf, so sagt man, der Fixpunkt selbst habe die entsprechende Stabilität. Für Fixpunkte sind Ljapunow-Stabilität, gleichmäßige Ljapunow-Stabilität, Orbit-Stabilität und Stabilität äquivalent.

stabiler Grenzzykel, ein ↗ Grenzzykel eines ↗ dynamischen Systems (M, G, Φ) so, daß seine benachbarten Phasenkurven sich dem Grenzzykel nähern.

Entsprechend heißt ein Grenzzykel instabil, falls sich seine benachbarten Phasenkurven von ihm entfernen.

stabiler Punkt, ↗ stabile Punkte, ↗ stabiler Fixpunkt.

stabiles Gebiet, eine Zusammenhangskomponente der Fatou-Menge einer rationalen Funktion.

Ausführliche Informationen sind unter dem Stichwort ↗ Iteration rationaler Funktionen zu finden.

stabiles Sortierverfahren, ein ↗ Sortierverfahren, das die Reihenfolge zweier Objekte R_i und R_j der Eingabefolge $R_1, \ldots, R_n$ in der Ausgabefolge beibehält, wenn die Schlüssel S_i und S_j von R_i und R_j gleich sind.

Stabilisator, spezielle Untergruppe der symmetrischen Gruppe $S(M)$ auf einer Menge M.

Für eine Permutation π einer endlichen Menge M heißt die Gruppe $G(\pi) \subseteq S(M)$, bestehend aus allen Permutationen, welche die Blöcke von π festlassen, der π-Stabilisator.

Stabilität in der Versicherungsmathematik, in folgenden unterschiedlichen Bedeutungen verwendeter Begriff.

In älteren Lehrbüchern der Versicherungsmathematik wird der Begriff der λ-Stabilität im Zusammenhang mit der Berechnung des maximalen ↗ Selbstbehalts eines Versicherungsbestandes verwendet (↗ Maximum von Landré, ↗ Maximum von Laurent). Dabei wird die relative (bzw. absolute) λ-Stabilität folgendermaßen definiert: X_i ($i = 1, \ldots, n$) seien die Zufallsvariablen, die die einzelnen Risiken des Versicherungsbestandes repräsentieren (↗ Individuelles Modell der Risikotheorie), $S := \sum_{i=1}^{n} X_i$ die Gesamtschadensumme, R die vorhandene Reserve und P die Prämieneinnahme. Ein Bestand heißt λ-stabil, wenn

$$E(R + P - S) \geq \lambda\sqrt{VAR(S)}\,.$$

Gilt jetzt

$$E(R + P - S) = \lambda_1\sqrt{VAR(S)}\,,$$

so heißt

$$Q(\lambda) := \frac{\lambda_1}{\lambda}$$

die relative, und

$$A(\lambda) := E(R + P - S) - \lambda\sqrt{VAR(S)}$$

die absolute λ-Stabilität des Bestandes. Diese Begriffsbildungen werden heute allerdings kaum noch verwendet, da sie bei bestimmten numerischen Konstellationen zu irreführenden Ergebnissen führen.

Von Stabilität in der Zeit bzw. in der Größe wird in der Risikotheorie auch im Zusammenhang mit der folgenden Version des schwachen Gesetzes der großen Zahlen gesprochen: Es sei $X_1, X_2, \ldots$ eine Folge von Zufallsvariablen, für die gilt: Es gibt ein $c > 0$ mit $V(X_n) \leq c$, $n = 1, 2, \ldots$, und es gibt ein

$m \in \mathbb{N}$ mit $Cov(X_i, X_j) = 0$ für alle i, j mit $|i-j| > m$. Existiert

$$\mu := \lim_{n\to\infty} \frac{1}{n} \sum_{i=1}^{n} E(X_i),$$

so gilt für alle $\varepsilon > 0$

$$P(|\frac{1}{n} \sum_{i=1}^{n} X_i - \mu| \geq \varepsilon) \rightarrow 0$$

für $n \rightarrow \infty$. Repräsentieren hier die Zufallsvariablen X_i die in einer Periode aufgetretenen Schäden eines Versicherungskollektivs, so interpretiert man die obige Grenzwertaussage als Ausgleich im Kollektiv und spricht von der Stabilität in der Größe. Repräsentieren die Zufallsvariablen X_i die Schäden eines Vertrages oder auch die eines Kollektivs in mehreren aufeinanderfolgenden Zeitperioden, so entspricht das schwache Gesetz der großen Zahl dem Ausgleich in der Zeit, und man spricht von Stabilität in der Zeit.

Stabilität numerischer Methoden, Unempfindlichkeit eines numerischen Verfahrens gegenüber Störungen in den Eingangsdaten.

Allgemein heißt eine numerische Methode stabil, wenn bei Verkleinerung des Fehlers Δx_i der Eingangsgrößen auch die Fehler Δy_i der Ausgangsgrößen verkleinert werden. Da man Rundungsfehler in der Durchführung einer numerischen Methode auf Rechenanlagen ebenfalls als Fehler in den Eingangsdaten auffassen kann, beschreibt die numerische Stabilität auch die Möglichkeit der Einflußnahme des Rundungsfehlers auf die Ergebnisgenauigkeit.

Stabilität von Differenzenverfahren, Übertragung der Stabilitätsbegriffe bei der Lösung gewöhnlicher Differentialgleichungen auf explizite Differenzenverfahren bei partiellen Differentialgleichungen.

Für ein Problem in einer Zeitvariablen t und einer Ortsvariablen x lassen sich diese Verfahren beispielsweise allgemein darstellen in der Form

$$\tilde{u}^{(k+1)}(x) = \Phi(\tilde{u}^{(k)}(x), \Delta t) + \Delta t g(x).$$

Dabei approximiert $\tilde{u}^{(k)}(x)$ die unbekannte Funktion $u(t, x)$ für

$$t = t_0 + k\Delta t \leq T,$$

$k = 1, 2, \ldots$. Die Diskretisierung in x-Richtung mit Schrittweite Δx ist nicht explizit angegeben, lediglich das Verhältnis $\lambda = \Delta t/\Delta x$ ist als konstant angenommen. Ein solches Verfahren heißt dann stabil, falls

$$||\Phi(u(x), \Delta t)^k|| \leq C$$

für alle k und Δt mit $t_0 + k\Delta t \leq T$ und festes C in einer geeignet gewählten ↗Norm erfüllt ist.

Beispiel einer notwendigen Stabilitätsbedingung ist die ↗Courant-Friedrichs-Lewy-Bedingung.

Stabilitätsbedingung, ↗Courant-Friedrichs-Lewy-Bedingung, ↗Stabilität von Differenzenverfahren, ↗Stabilitätseigenschaften von Einschrittverfahren, ↗Stabilitätseigenschaften von Mehrschrittverfahren.

Stabilitätseigenschaften von Einschrittverfahren, Verhalten der einem ↗Einschrittverfahren zugeordneten Differenzengleichung zur näherungsweisen Lösung einer gewöhnlichen Differentialgleichung.

Allgemein mißt man die Stabilität eines Einschrittverfahrens an der Modell-Anfangswertaufgabe

$$y'(x) = \lambda y(x), \quad y(0) = 1$$

mit festem $\lambda \in \mathbb{C}$. Führt das Einschrittverfahren

$$y_{k+1} = y_k + h\Phi(x_k, y_k; h)$$

für dieses Modellproblem auf eine Gleichung der Form

$$y_{k+1} = F(\lambda h) y_k,$$

dann bezeichnet man die Menge

$$B := \{\mu \in \mathbb{C} \mid |F(\mu)| < 1\}$$

als *Gebiet der absoluten Stabilität*.

Als Stabilitätsbedingung ist daher zu fordern, daß für $\mathrm{Re}(\lambda) < 0$ die Schrittweite h stets die Bedingung $h\lambda \in B$ erfüllt. Damit wird garantiert, daß für abklingende Lösungen auch die Approximationen abklingen. Bei zu groß gewählter Schrittweite ist dies unter Umständen nicht mehr der Fall. Umfaßt hingegen für ein Einschrittverfahren die Menge B die gesamte linke komplexe Halbebene, so heißt das Verfahren insgesamt absolut stabil, weil keine Grenze an die Schrittweite zu beachten ist.

Neben der absoluten Stabilität werden in der Stabilitätstheorie auch noch andere Stabilitätsbegriffe betrachtet. Ein absolut stabiles Einschrittverfahren heißt beispielsweise stark absolut stabil, wenn für

$$\mathrm{Re}(\mu) \rightarrow -\infty \text{ stets } F(\mu) \rightarrow 0$$

gilt.

Stabilitätseigenschaften von Mehrschrittverfahren, Verhalten der einem ↗Mehrschrittverfahren zugeordneten Differenzengleichung zur näherungsweisen Lösung einer gewöhnlichen Differentialgleichung.

Die für ↗Einschrittverfahren entwickelten Stabilitätsbegriffe (↗Stabilitätseigenschaften von Einschrittverfahren) finden für Mehrschrittverfahren verschiedene Formen der Verallgemeinerung. Entscheidend ist die Betrachtung der einem allgemeinen m-stufigen Mehrschrittverfahren

$$\sum_{j=0}^{m} a_j y_{s+j} = h \sum_{j=0}^{m} b_j f(x_{s+j}, y_{s+j})$$

zugeordneten charakteristischen Polynome

$$\phi(z) = \sum_{j=0}^{m} a_j z^j \quad \text{und} \quad \psi(z) = \sum_{j=0}^{m} b_j z^j .$$

Zunächst ist für die Konvergenz die sogenannte *Nullstabilität* notwendig, die besagt, daß die Nullstellen ξ von ψ betragsmäßig kleiner oder gleich 1 sein müssen, wobei Gleichheit nicht für mehrfache Nullstellen erfüllt sein darf.

Der einem Einschrittverfahren unmittelbar äquivalente Begriff der *absoluten Stabilität* ergibt sich durch Betrachtung des Modellproblems

$$y'(x) = \lambda y(x), \quad y(0) = 1$$

und der charakteristischen Gleichung

$$\varkappa(z) = \phi(z) - h\lambda\psi(z) = 0.$$

Es bezeichnet dann die Menge

$$B := \{\mu = h\lambda \in \mathbb{C} \mid \varkappa(z) = 0 \wedge |z| < 1\}$$

das *Gebiet der absoluten Stabilität*.

Als Stabilitätsbedingung folgt daraus, daß für $\mathrm{Re}(\lambda) < 0$ die Schrittweite h stets die Bedingung $h\lambda \in B$ erfüllen muß, damit garantiert ist, daß für abklingende Lösungen auch die Approximationen abklingen. Umfaßt für ein Mehrschrittverfahren die Menge B die gesamte linke komplexe Halbebene, so heißt das Verfahren insgesamt absolut stabil.

Stabilitätszahl, ↗ Eckenüberdeckungszahl.

Stack, abkürzende Bezeichnung für ↗ algebraisches Stack.

Staffelwalze, Bauteil in manchen ↗ mathematischen Geräten.

Auf einem Teil eines Zylinderumfanges sind neun Zähne unterschiedlicher (gestaffelter) Länge, die den Ziffern 1 bis 9 entsprechen, angeordnet. Ein verschiebbares Abtriebsrad überträgt die eingestellte Ziffer. Als Schaltwerk wurde es vermutlich in der ersten Rechenmaschine von Leibniz (1673) benutzt, später im 19. und 20. Jahrhundert auch in den industriell gefertigten Maschinen von Thomas (Colmar und Paris) und Burkhardt (Glashütte/Sa.).

Stammbaum, ein ↗ Wurzelbaum, dessen Wurzel Grad 1 hat.

Stammbruch, ein ↗ Bruch mit dem Zähler 1 und einer natürlichen Zahl als Nenner, also ein Bruch der Gestalt $\frac{1}{n}$ mit einem $n \in \mathbb{N}$.

Stammbruchsummen, das Problem der Darstellung von Brüchen als Summen von ↗ Stammbrüchen.

Bereits in alten ägyptischen Texten finden sich Tabellen, in denen Brüche der Form $\frac{2}{n}$ als Summen von Stammbrüchen dargestellt sind. Nach einem Algorithmus, den Fibonacci in seinem *Liber abbaci* beschreibt, läßt sich jeder Bruch der Form $\frac{k}{n}$ als Summe von höchstens k Stammbrüchen schreiben: Man spalte in jedem Schritt den größten Stammbruch $\frac{1}{m}$ ab, der den Rest $\frac{k}{n} - \frac{1}{m}$ nichtnegativ macht, z. B.

$$\frac{4}{17} = \frac{1}{5} + \frac{1}{29} + \frac{1}{1233} + \frac{1}{3039345}.$$

Hier gibt es eine schönere Darstellung:

$$\frac{4}{17} = \frac{1}{6} + \frac{1}{15} + \frac{1}{510}.$$

In diesem Zusammenhang gibt es eine interessante Vermutung:

Für alle Zähler k existiert ein $n_0(k) > k$ derart, daß für jedes $n \geq n_0(k)$ der Bruch $\frac{k}{n}$ als Summe von höchstens drei Stammbrüchen darstellbar ist.

Stammfunktionen, auch unbestimmte Integrale, Funktionen, die eine gegebene Funktion als Ableitung haben.

Das Problem ist also die Umkehrung der Differentiation, genauer: Es sei j ein Intervall in $\mathbb{R}$ und $f : j \to \mathbb{R}$ eine stetige Funktion. Gesucht ist eine differenzierbare Funktion $F : j \to \mathbb{R}$ mit

$$F'(x) = f(x) \qquad \text{für } x \in j .$$

Ein solches F heißt Stammfunktion zu f. Man schreibt:

$$F(x) = \int^{x} f(t)\,dt \quad (\text{„unbestimmtes Integral“})$$

Dies ist allerdings keine Gleichung im üblichen Sinne, sondern notiert nur die Aussage: F ist *eine* Stammfunktion zu f. Aus $\int^x f(t)\,dt = F(x)$ und $\int^x f(t)\,dt = G(x)$ folgt nicht die Gleichheit von F und G, denn für eine Stammfunktion F zu f ist G genau dann Stammfunktion zu f, wenn $F - G$ konstant ist.

Die folgende erste Grundregel basiert unmittelbar auf der Linearität der Differentiation:

Sind $f, g : j \to \mathbb{R}$ stetig und $\alpha, \beta \in \mathbb{R}$, dann gilt

$$\int^{x} (\alpha f + \beta g)(t)\,dt = \alpha \int^{x} f(t)\,dt + \beta \int^{x} g(t)\,dt .$$

In Worten: Man erhält eine Stammfunktion zu $\alpha f + \beta g$, indem man eine Stammfunktion F zu f und eine Stammfunktion G zu g sucht, und dann $\alpha F + \beta G$ bildet („Linearität“).

Weitere wichtige Grundregeln sind die ↗ partielle Integration und die ↗ Substitutionsregeln.

Die Berechnung von Riemann-Integralen über die Definition ist meist viel zu aufwendig. Der ↗ Fundamentalsatz der Differential- und Integralrechnung zeigt, daß Stammfunktionen ein sehr leistungsfähiges Hilfsmittel liefern und dieses Vorgehen für stetige Integranden prinzipiell immer möglich ist. Die Bedeutung dieses Satzes für die Mathematik und ihre Anwendungen kann kaum überschätzt werden; er verbindet die beiden zentralen – ursprünglich und von der Fragestellung her völlig getrennten – Gebiete der Analysis: Differential- und Integralrechnung.

Für $-\infty < a < b < \infty$, $f : [a, b] \to \mathbb{R}$ *und eine Stammfunktion* F *zu* f *gilt:*

$$\int_a^b f(t)\,dt = F(b) - F(a) =: F(x)\Big|_a^b$$

Eine wesentliche Aufgabe ist daher das kalkülmäßige Aufsuchen von Stammfunktionen für große Klassen von wichtigen Funktionen; siehe hierzu ↗ Stammfunktionen gewisser algebraischer Funktionen, ↗ Stammfunktionen gewisser transzendenter Funktionen.

Einige wichtige Stammfunktionen sind in einer ↗ Tabelle von Stammfunktionen aufgelistet.

Stammfunktionen gewisser algebraischer Funktionen, ↗ Stammfunktionen zu reellwertigen Funktion f einer reellen Variablen x, die einer Gleichung der Form

$$a_n(x)\big(f(x)\big)^n + \cdots + a_1(x)f(x) + a_0(x) = 0$$

genügen, wobei $a_\nu = a_\nu(x)$ reelle Polynome (mit $a_n \neq 0$) sind, und n eine natürliche Zahl ist. Insbesondere können also Wurzelausdrücke auftreten. Ist f von der Form

$$f(x) = R\left(x, \sqrt[n]{\frac{\alpha x + \beta}{\gamma x + \delta}}\right) \qquad (1)$$

mit $\alpha\delta - \beta\gamma \neq 0$ und einer rationalen Funktion (von zwei Veränderlichen) R, so substituiert man

$$s := \sqrt[n]{\frac{\alpha t + \beta}{\gamma t + \delta}}\,.$$

Dann ist

$$s^n = \frac{\alpha t + \beta}{\gamma t + \delta}\,,$$

also

$$t = \frac{\delta s^n - \beta}{-\gamma s^n + \alpha}$$

und

$$t'(s) = n\,s^{n-1}\frac{\alpha\delta - \beta\gamma}{(-\gamma s^n + \alpha)^2}\,.$$

Damit ist dieser Typ zurückgeführt auf die ↗ Integration rationaler Funktionen. Speziell erfaßt werden so (mit $\gamma = 0$, $\delta = 1$) Integrale der Form

$$\int^x R\big(t, \sqrt{\alpha t + \beta}\,\big)dt\,.$$

Bei Funktionen der Art

$$R\left(t, \sqrt{at^2 + 2bt + c}\right)$$

mit $a, b, c \in \mathbb{R}$, R wie oben und ohne Einschränkung $a \neq 0$ formt man um

$$\begin{aligned} at^2 + 2bt + c &= \frac{1}{a}\left[a^2t^2 + 2bat + ac\right] \\ &= \frac{1}{a}\left[(at+b)^2 + (ac - b^2)\right], \end{aligned}$$

hat also o. B. d. A. $ac - b^2 \neq 0$. Man unterscheidet die vier möglichen Vorzeichenkombinationen von a und $ac - b^2$. Der Fall $a < 0$ und $ac - b^2 > 0$ tritt nicht auf, da der Definitionsbereich der betrachteten Funktion leer wäre. In den anderen drei Fällen gelingt mit

$$s := \frac{at + b}{\sqrt{|ac - b^2|}}$$

eine Reduktion auf die folgenden Normalformen

$$R_1\big(t, \sqrt{1 - t^2}\big),\ R_1\big(t, \sqrt{1 + t^2}\big),\ R_1\big(t, \sqrt{t^2 - 1}\big)$$

mit jeweils einer geeigneten rationalen Funktion R_1 (von zwei Veränderlichen).

Es sei beispielhaft die erste Normalform kurz behandelt.

Erste Methode: $\sqrt{1 - t^2} = \sqrt{\frac{1-t}{1+t}}\,(1 + t)$, falls $1 + t > 0$. Damit hat man eine Funktion des Typs (1). Dieser Weg ist allerdings oft unzweckmäßig.

Zweite Methode: Rationale Substitution, z. B.

$$t = \frac{1 - s^2}{1 + s^2}\,.$$

Hier erhält man

$$s = \sqrt{\frac{1 - t}{1 + t}}\,,$$

$$\sqrt{1 - t^2} = \frac{2s}{1 + s^2}\,,$$

falls $s \geq 0$, und

$$t'(s) = \frac{-4s}{(1 + s^2)^2}\,,$$

und hat so die Aufgabe auf die ↗ Integration rationaler Funktionen zurückgeführt.

Dritte Methode: Transzendente Substitution: $t = \cos s$, dann hat man $\sqrt{1 - t^2} = \sin s$ und

$t'(s) = -\sin s$, erhält damit eine rationale Funktion in sin und cos und so eine Zurückführung auf ↗Stammfunktionen gewisser transzendenter Funktionen.

Bei Stammfunktionen zu Funktionen vom Typ

$$R\left(t, \sqrt{p(t)}\right)$$

mit R wie oben und einem Polynom p vom Grad 3 oder 4 spricht man von ↗elliptischen Integralen. Diese treten bei der Längenbestimmung von Ellipsen auf. Sie lassen sich im allgemeinen nicht mehr elementar berechnen (sonst nennt man sie pseudo-elliptisch). Ist der Grad von p größer als 4, so spricht man von ↗hyperelliptischen Integralen.

Stammfunktionen gewisser transzendenter Funktionen, ↗Stammfunktionen zu Funktionen, die nicht algebraisch sind.

Wichtige Vertreter transzendenter Funktionen sind die trigonometrischen Funktionen, die Exponentialfunktion und die Hyperbelfunktionen sowie deren Umkehrfunktionen.

Hier seien nur wenige typische Vertreter behandelt:

Ein unbestimmtes Integral der Form

$$\int^{x} R(e^t)\,dt$$

kann umgeschrieben werden zu

$$\int^{x} R_1(e^t)\,e^t\,dt \;=\; \int^{e^x} R_1(s)\,ds\,,$$

ist also zurückgeführt auf die Überlegungen zur ↗Integration rationaler Funktionen. Hier und beim folgenden Typ bezeichnen R und R_1 rationale Funktionen (einer Veränderlichen).

Stammfunktionen der Form

$$\int^{x} P(t)\,R(e^t)\,dt \qquad (P \text{ Polynom})$$

behandelt man mit partieller Integration, wobei man das Polynom jeweils differenziert und so den Grad reduziert.

Für

$$\int^{x} R(\cos t, \sin t)\,dt \tag{1}$$

mit einer rationalen Funktion R von zwei Variablen hat man eine allgemeine Methode, die immer funktioniert, jedoch oft nicht vorteilhaft ist: Man benutzt

$$\cos t \;=\; \cos\left(\frac{t}{2} + \frac{t}{2}\right) = \frac{\left(\cos\frac{t}{2}\right)^2 - \left(\sin\frac{t}{2}\right)^2}{\left(\cos\frac{t}{2}\right)^2 + \left(\sin\frac{t}{2}\right)^2}$$

$$= \frac{1 - (\tan\frac{t}{2})^2}{1 + (\tan\frac{t}{2})^2}\,,$$

sowie

$$\sin t \;=\; \sin\left(\frac{t}{2} + \frac{t}{2}\right) = \frac{2\sin\frac{t}{2}\cos\frac{t}{2}}{\left(\cos\frac{t}{2}\right)^2 + \left(\sin\frac{t}{2}\right)^2}$$

$$= \frac{2\tan\frac{t}{2}}{1 + (\tan\frac{t}{2})^2}\,,$$

und substituiert

$$s \;=\; \tan\frac{t}{2}\,.$$

So erhält man $t = 2\arctan s$ (evtl. nicht der Hauptzweig), $\frac{dt}{ds} = \frac{2}{1+s^2}$ und somit für (1)

$$\int^{\tan\frac{x}{2}} R\left(\frac{1-s^2}{1+s^2}, \frac{2s}{1+s^2}\right)\frac{2}{1+s^2}\,ds = \int^{\tan\frac{x}{2}} R_1(s)\,ds$$

mit einer rationalen Funktion (einer Veränderlichen) R_1. Also ist auch dieser Typ auf die Integration rationaler Funktionen zurückgeführt.

Oft sind ‚spezielle Methoden' günstiger:

$$\int^{x} R(\sin t)\cos t\,dt \tag{2}$$

mit einer rationalen Funktion (einer Veränderlichen) R wird mit der Substitution $s = \sin t$ zu

$$\int^{\sin x} R(s)\,ds\,.$$

Entsprechend wird der Typ

$$\int^{x} R(\cos t)\sin t\,dt$$

auf die Integration rationaler Funktionen zurückgeführt.

Eine weitere Möglichkeit sei nur an einem Beispiel gezeigt. Es ist

$$\int^{x} \frac{dt}{4(\cos t)^2 - (\sin t)^2} = \int^{x} \frac{1}{4 - (\tan t)^2}\,\frac{1}{(\cos t)^2}\,dt$$

$$= \int^{\tan x} \frac{ds}{4 - s^2}$$

$$= \frac{1}{4}\int^{\tan x} \left(\frac{1}{s+2} - \frac{1}{s-2}\right)ds$$

$$= \frac{1}{4}\ln\left|\frac{\tan x + 2}{\tan x - 2}\right|$$

$$= \frac{1}{4}\ln\left|\frac{\sin x + 2\cos x}{\sin x - 2\cos x}\right|.$$

Der Spezialfall

$$\int^{x} (\cos t)^n (\sin t)^m\,dt \qquad (n, m \in \mathbb{N}_0)$$

kann – unter Beachtung von $(\cos t)^2 + (\sin t)^2 = 1$ – im Fall n oder m ungerade auf (2) zurückgeführt werden. Sind n und m gerade, so gewinnt man Rekursionsformeln durch partielle Integration oder formt mit Hilfe der Beziehung

$$\cos a \cos b = \frac{1}{2}\Big(\cos(a-b) + \cos(a+b)\Big)$$

(für reelle a, b) um.

Stammgleichung, für die Differentialgleichung $y' = f(x, y)$ mit der Lösung $y = \phi(x)$ die Gleichung $\Phi(x, y, C) = 0$ oder $\Phi(x, y) = C$, wenn man $y = \phi(x)$ durch Auflösen dieser Gleichung nach y erhält.

Φ wird dann auch Stammfunktion oder allgemeines Integral der Differentialgleichung genannt. Der Begriff der Stammgleichung ist meist nur unpräzise definiert und wird in neuerer Literatur nicht mehr verwendet.

standard, ↗ Nichtstandard-Analysis.

Standard-Abbildung, auch Chirikow-Abbildung, die auf $S^1 \times S^1$ definierte Abbildung

$$(x, y) \mapsto \Big(x + y + \frac{k}{2\pi}\sin(2\pi x),$$
$$y + \frac{k}{2\pi}\sin(2\pi x)\Big) \bmod 2\pi$$

mit einem Parameter $k \in \mathbb{R}$.

Die durch sie erzeugte ↗ iterierte Abbildung ist ein Standardbeispiel chaotischer Systeme. Das Verhalten des zugehörigen diskreten ↗ dynamischen Systems hängt empfindlich vom Parameter k ab.

Dieses Beispiel geht auf Poincaré zurück, der bei seinen Untersuchungen zum ↗ Dreikörperproblem dazu geführt wurde, das Verhalten der Fixpunkte einer flächentreuen Abbildung der Form

$$\begin{aligned} \vartheta_{n+1} &= \vartheta_n r_{n+1} \quad \bmod 2\pi \\ r_{n+1} &= r_n + k \sin \vartheta_n \end{aligned}$$

zu untersuchen (↗ Poincaré-Birkhoff, Satz von).

Standardabweichung, ↗ Varianz.

Standardalgebra, die Unteralgebra $\mathbb{S}(P) := \{f \in \mathbb{A}(P) : ([x, y] \cong [u, v] \Longrightarrow f(x, y) = f(u, v))\}$ einer ↗ Inzidenzalgebra $\mathbb{A}_K(P)$ einer lokal-endlichen Ordnung $P_<$ über einem Körper K der Charakteristik 0.

Genauer heißt $\mathbb{S}(P)$ die Standardalgebra von $P_<$. Es gilt der folgende Satz:

Sei $\mathbb{S}(P)$ die Standardalgebra von $P_<$. Ist $f \in \mathbb{S}(P)$ und invertierbar in $\mathbb{A}(P)$, so ist f bereits invertierbar in $\mathbb{S}(P)$.

Standardbasen, Erzeugendensysteme $\{f_1, \dots, f_m\}$ eines Ideals I in der Lokalisierung $S_<^{-1}K[x_1, \dots, x_n]$ des Polynomenringes, wobei bei fixierter ↗ Monomenordnung $<$

$$S_<^{-1} = \{1 + u \mid u \in K[x_1, \dots, x_n],\ L(u) < 1\},$$

so daß die Leitmonome $L(f_1), \dots, L(f_m)$ das Leitideal $L(I)$ erzeugen.

Wenn die gewählte Ordnung eine Wohlordnung ist, ist $S_<^{-1} = \{1\}$ und damit $S_<^{-1}K[x_1, \dots, x_n] = K[x_1, \dots, x_n]$. Für diesen Fall sind Standardbasen gerade ↗ Gröbner-Basen. Wenn die gewählte Monomenordnung die lokale gradlexikographische Ordnung ist, dann ist

$$S_<^{-1}K[x_1, \dots, x_n] = K[x_1, \dots, x_n]_{(x_1, \dots, x_n)}$$

die Lokalisierung vom Polynomenring $K[x_1, \dots, x_n]$ im Ideal $(x_1, \dots, x_n)$.

Standardbasen können mit Hilfe des ↗ Mora-Algorithmus berechnet werden, der in einigen wenigen Computeralgebrasystemen (z. B. in ↗ Singular) implementiert ist. Standardbasen wurden ursprünglich von Hironaka (zum Beweis der Auflösung von Singularitäten) und Grauert (zum Beweis der Existenz der semi–universellen Deformation einer isolierten Singularität) zu theoretischen Untersuchungen eingeführt.

Standardbasis, andere Bezeichnung für ↗ kanonische Basis.

Im Raum der Polynome versteht man darunter oft auch die ↗ Monombasis, für eine andere Verwendung vgl. auch ↗ Standardbasen.

Standard-Borel-Raum, Begriff aus der Maßtheorie.

In Verallgemeinerung des Borelraumes $(\mathbb{R}^d, \mathcal{B}(\mathbb{R}^d))$ über die reellen Zahlen nennt man einen Meßraum $(\Omega, \mathcal{A})$ einen Standard-Borel-Raum, wenn es für $\mathcal{A}$ einen abzählbaren Erzeuger gibt, und wenn es einen ↗ Polnischen Raum Ω', für den jede Einpunktmenge zur Borel-σ-Algebra $\mathcal{B}(\Omega')$ gehört, so gibt, daß $\mathcal{A}$ und $\mathcal{B}(\Omega')$ σ-isomorph sind. Es gibt dann also eine bijektive Abbildung von $\mathcal{A}$ auf $\mathcal{B}(\Omega')$, die invariant ist gegenüber abzählbaren Mengenoperationen.

Standardfiltration, *vollständige Filtration*, jede rechtsstetige Filtration $(\mathfrak{A}_t)_{t \ge 0}$ in der σ-Algebra $\mathfrak{A}$ eines Wahrscheinlichkeitsraumes $(\Omega, \mathfrak{A}, P)$ mit der Eigenschaft, daß $\mathfrak{A}_0$ alle P-Nullmengen von $\mathfrak{A}$ und deren Teilmengen enthält.

Man sagt dann, daß $(\mathfrak{A}_t)_{t \ge 0}$ die üblichen Voraussetzungen an eine Filtration erfüllt. Ist $(\mathfrak{A}_t)_{t \ge 0}$ eine Standardfiltration, so ist der Wahrscheinlichkeitsraum $(\Omega, \mathfrak{A}, P)$ vollständig. Häufig wird $(\Omega, \mathfrak{A}, P)$ bei der Definition der Standardfiltration bereits als vollständig vorausgesetzt. Es muß dann lediglich gefordert werden, daß $(\mathfrak{A}_t)_{t \ge 0}$ rechtsstetig ist und $\mathfrak{A}_0$ alle P-Nullmengen von $\mathfrak{A}$ enthält.

Standardfiltrationen erleichtern das Arbeiten mit ↗ stochastischen Prozessen in vielerlei Hinsicht, so ist z. B. jede Modifikation eines einer Standardfiltration adaptierten stochastischen Prozesses auch wieder der Filtration adaptiert, sowie jede Optionszeit (↗ Stoppzeit) bezüglich der Filtration auch eine Stoppzeit.

standardisierte Zufallsgröße, die sich aus einer Zufallsgröße X mit Erwartungswert $E(X) < \infty$ und Varianz $0 < Var(X) < \infty$ durch die Definition

$$Z := \frac{X - E(X)}{\sqrt{Var(X)}}$$

ergebende Zufallsgröße Z. Für den Erwartungswert von Z gilt $E(Z) = 0$ und für die Varianz $Var(Z) = 1$.

Standardisierung einer Zufallsgröße, lineare Transformation einer Zufallsgröße X in eine ↗standardisierte Zufallsgröße Z, die den Erwartungswert 0 und die Varianz 1 besitzt.

Die Standardisierung wird hauptsächlich bei der Berechnung von Wahrscheinlichkeiten normalverteilter Zufallsgrößen $X \sim N(\mu, \sigma^2)$ angewendet. Dabei wird die Verteilungsfunktion F der ↗Normalverteilung von X gemäß

$$P(X < x) = F(x) = \Phi\left(\frac{X - \mu}{\sigma}\right)$$

in die Verteilungsfunktion Φ der Standardnormalverteilung $N(0, 1)$ überführt, deren Werte tabelliert vorliegen (↗Tabellen der mathematischen Statistik).

Standard-Meßraum, Begriff aus der Maßtheorie.

Ein Meßraum $(\Omega, \mathcal{A})$ heißt Standard-Meßraum, wenn es einen ↗Polnischen Raum Ω' so gibt, daß $(\Omega, \mathcal{A})$ isomorph zu $(\Omega', \mathcal{B}(\Omega'))$ ist.

Siehe auch ↗analytischer Meßraum.

Standardnormalverteilung, ↗Normalverteilung.

Standardoperator, der gewöhnliche Differentialoperator der ↗Polynomfolge der Standardpolynome x^n.

Standardpolynom, gelegentlich benutzte Bezeichnung für das Monom x^n, $n \in \mathbb{N}_0$.

Standardreihe, gelegentlich benutzte Bezeichnung für die Reihe $\sum_{n \ge 0} a_n t^n$.

Standardtableau, spezielle Anordnung von natürlichen Zahlen.

Sei $\alpha : \alpha_1\alpha_2 \dots \alpha_t, \alpha_1 \ge \alpha_2 \ge \dots \ge \alpha_t \ge 1$ eine Partition von $n \in \mathbb{N}_0$. Unter einem Youngschen Tableau mit Rahmen α und Mächtigkeit n versteht man eine Anordnung von Zahlen $n_{ij} \in \mathbb{N}$, $1 \le i \le t$, $1 \le j \le \alpha_i$, gemäß α, so daß $n_{ij} \le n_{i,k}$ für $j \le k$ und $n_{ij} \le n_{kj}$ für $i \le k$. Sind die n_{ij} alle verschieden und genau die Zahlen 1 bis n, so spricht man auch von einem Standardtableau zum Rahmen α. Es gilt folgender Satz:

Die Anzahl e(α) *der Standardtableaus zum Rahmen α ist gleich der Anzahl der maximalen $(0, \alpha)$-Ketten (↗(a, b)-Kette) im ↗Partitionsverband $P(\mathbb{N})$.*

Standardteil, ↗ Nichtstandard-Analysis.

Standardtheorie, ↗ Kosmologie.

Standardtransposition, Transposition f auf $\mathbb{N}_n$ mit der Eigenschaft, daß die beiden Zahlen von $\mathbb{N}_n$, die durch f vertauscht werden, aufeinanderfolgend sind.

Stangenplanimeter, ↗Beilplanimeter.

stark additive Funktion, Funktion $f \in \mathbb{A}(p)$, wobei $\mathbb{A}_K(P)$ die ↗Inzidenzalgebra einer lokalendlichen Ordnung $P_<$ über einem Körper K der Charakteristik 0 ist, falls $f(x \wedge y, x \vee y) = f(x \wedge y, x) + f(x \wedge y, y)$ für alle $x, y \in P$.

stark multiplikative Funktion, Funktion $f \in \mathbb{A}(p)$, wobei $\mathbb{A}_K(P)$ die ↗Inzidenzalgebra einer lokalendlichen Ordnung $P_<$ über einem Körper K der Charakteristik 0 ist, falls $f(x \wedge y, x \vee y) = f(x \wedge y, x) \cdot f(x \wedge y, y)$ für alle $x, y \in P$.

stark regulärer Graph, ein regulärer ↗Graph G mit den folgenden Eigenschaften, der weder der vollständige noch der leere Graph ist.

Es existieren zwei ganze Zahlen $s, t \ge 0$ so, daß für je zwei beliebige Ecken u und v aus G die Anzahl derjenigen Ecken, die zu u und v gleichzeitig adjazent sind, stets s beträgt, falls u und v adjazent sind, und stets t ist, falls u und v nicht adjazent sind. Ist G zusätzlich vom Regularitätsgrad r und der Ordnung n, so nennt man die Zahlen n, r, s und t die Parameter des stark regulären Graphen G.

Einfache Beispiele von stark regulären Graphen sind die vollständigen ↗bipartiten Graphen $K_{n,n}$ $(n \ge 2)$ mit den Parametern $2n$, n, 0 und n, und der berühmte ↗Petersen-Graph mit den Parametern 10, 3, 0 und 1. Ist G ein stark regulärer Graph, so erkennt man ohne Mühe, daß auch sein Komplementärgraph $\bar{G}$ stark regulär ist. Liegt ein stark regulärer Graph vom Regularitätsgrad r vor, so läßt sich auch folgende Aussage recht leicht bestätigen: Für den Parameter t gilt genau dann $t = 0$, wenn G aus der disjunkten Vereinigung von vollständigen Graphen der Ordnung $r + 1$ besteht. Schwerer nachzuweisen ist der folgende Satz von S.S. Shrikhande und Bhagawandas aus dem Jahre 1965.

Ein regulärer und ↗zusammenhängender Graph G ist genau dann stark regulär, wenn er genau drei verschiedene Eigenwerte ν_1, ν_2 und ν_3 besitzt.

Gilt für diese drei Eigenwerte $\nu_1 > \nu_2 > \nu_3$, so besteht folgender Zusammenhang mit den Parametern von G: Es gilt $r = \nu_1$, $s = r + \nu_2 + \nu_3 + \nu_2\nu_3$, und $t = r + \nu_2\nu_3$. A.E. Brouwer und D.M. Messner zeigten 1985, daß stark reguläre Graphen vom Regularitätsgrad r die Zusammenhangszahl r besitzen. Die Klasse der stark regulären Graphen, die 1963 von R.C. Bose und unabhängig 1964 von D.G. Higman eingeführt worden ist, weist interessante Zusammenhänge mit der endlichen Geometrie auf.

stark stetige Halbgruppe, ↗Operatorhalbgruppe.

stark stetige unitäre Gruppe, eine Familie $(U_t)_{t \in \mathbb{R}}$ unitärer Operatoren auf einem Hilbertraum H mit

- (1) $U_{s+t} = U_s U_t$ für alle $s, t \in \mathbb{R}$,

• (2) $\lim_{t\to 0} U_t x = x$ für alle $x \in H$.

Der infinitesimale Erzeuger einer solchen Gruppe ist der lineare Operator

$$Ax = \frac{1}{i} \lim_{t\to 0} \frac{U_t x - x}{t}$$

auf dem Definitionsbereich derjenigen $x \in H$, für die dieser Grenzwert existiert. Der Erzeuger ist ein selbstadjungierter Operator.

Sei B ein selbstadjungierter Operator. Mittels des ↗Spektralkalküls kann die Familie unitärer Operatoren $U_t = \exp(itB)$ erklärt werden; $(U_t)_{t\in\mathbb{R}}$ ist eine stark stetige Gruppe mit Erzeuger B. Umgekehrt besagt der Satz von Stone, daß eine stark stetige unitäre Gruppe mit Erzeuger A stets die Form $U_t = \exp(itA)$ hat.

stark unerreichbare Kardinalzahl, starke Limeskardinalzahl, welche regulär ist (↗Kardinalzahlen und Ordinalzahlen).

stark zusammenhängender Digraph, ↗ gerichteter Graph.

stark-dualer Raum, der Dualraum E' eines lokalkonvexen Raums E mit der ↗starken Topologie $\beta(E', E)$, der dann mit E'_b bezeichnet wird.

Versieht man den Dualraum von E'_b, also $(E'_b)'$, mit der starken Topologie $\beta((E'_b)', E'_b)$, erhält man den stark-bidualen Raum $E''_b := (E'_b)'_b$ von E.

starke Eindeutigkeit, Verschärfung des Begriffs der Eindeutigkeit ↗bester Approximationen.

Es sei $C[a, b]$ die Menge der stetigen Funktionen auf $[a, b]$, $G \subseteq C[a, b]$ ein Teilraum, und $\|.\|_\infty$ die ↗Maximumnorm. Eine Funktion $g_f \in G$ heißt stark eindeutig beste Approximation an $f \in C[a, b]$, wenn eine Konstante $K_f > 0$ so existiert, daß für alle $g \in G$

$$\|f - g_f\|_\infty + K_f \|g - g_f\|_\infty \leq \|f - g\|_\infty$$

gilt. Die starke Eindeutigkeitskonstante K von f ist dann definiert als das Maximum über alle solche Konstanten K_f.

Aus der Definition folgt, daß jede stark eindeutig beste Approximation auch eine beste Approximation ist, welche eindeutig ist. Die Umkehrung gilt jedoch im allgemeinen nicht: (Eindeutige) beste Approximationen sind im allgemeinen nicht stark eindeutig. Diese Umkehrung gilt jedoch für ↗Haarsche Räume, dort stimmen eindeutige und stark eindeutige beste Approximationen überein.

Das folgende Resultat von D. E. Wulbert aus dem Jahr 1971 charakterisiert stark eindeutig beste Approximationen durch ein ↗Kolmogorow-Kriterium.

Eine Funktion $g_f \in G$ ist genau dann stark eindeutig beste Approximation an $f \in C[a, b]$ hinsichtlich $\|.\|_\infty$, wenn für jede Funktion $g \in G \setminus \{0\}$

$$\min_{t\in E(f-g_f)} (f - g_f)(t)g(t) < 0$$

gilt. Hierbei ist

$$E(f - g_f) = \{t \in [a, b] : |(f - g_f)(t)| = \|f - g_f\|_\infty\}$$

die Menge der Extremalpunkte von $f - g_f$.

starke JD-Bedingung, *starke Jordan-Dedekind-Bedingung*, folgende verschärfte Form der ↗Jordan-Dedekind-Bedingung.

Sei $P_<$ eine lokal-endliche Ordnung mit Rangfunktion r. Ein Intervall $[x, y]$ ist ein (m, n)-Intervall, falls $r(x) = m$ und $r(y) = n$. P erfüllt die starke JD-Bedingung, falls alle (m, n)-Intervalle dieselbe Anzahl $c(m, n)$ von maximalen Ketten besitzen.

starke Jordan-Dedekind-Bedingung, ↗starke JD-Bedingung.

starke Konvergenz, Konvergenz in der Norm eines Banachraums, Begriff im Gegensatz zur ↗schwachen Konvergenz.

starke Limeskardinalzahl, Kardinalzahl λ so, daß für jede kleinere Kardinalzahl $\kappa < \lambda$ auch $2^\kappa < \lambda$ gilt (↗Kardinalzahlen und Ordinalzahlen).

starke Markow-Eigenschaft, ↗starker Markow-Prozeß.

starke Operatorkonvergenz, ↗ Operatorkonvergenz.

starke Operatortopologie, lokalkonvexe Topologie auf dem Raum aller stetigen linearen Operatoren.

Sind X und Y Banachräume und $L(X, Y)$ der Raum der stetigen linearen Operatoren von X nach Y, so wird die starke Operatortopologie auf $L(X, Y)$ von der Halbnormfamilie

$$T \mapsto \|Tx\| \qquad (x \in X)$$

erzeugt. Sie ist feiner als die ↗schwache Operatortopologie und gröber als die Normtopologie.

Ein lineares Funktional auf $L(X, Y)$ ist genau dann stetig bzgl. der starken Operatortopologie, falls es von der Form

$$T \mapsto \sum_{j=1}^{n} y'_j(Tx_j)$$

für gewisse $x_j \in X, y'_j \in Y'$ ist. Die schwache und die starke Operatortopologie erzeugen also denselben Dualraum.

starke Singularität, ↗ schwache Singularität.

starke Topologie, eine Topologie auf einem ↗Dualsystem.

Sei (E, F) ein Dualsystem von Vektorräumen über $\mathbb{R}$ oder $\mathbb{C}$. Die lokalkonvexe Topologie auf E, die von den Halbnormen

$$p_B(x) = \sup\{|\langle x, y\rangle| : y \in B\}$$

($B \subset F$ schwach beschränkt) erzeugt wird, heißt die starke Topologie auf E und wird mit $\beta(E, F)$ bezeichnet.

Ist beispielsweise F ein normierter Raum und $E = F'$, so ist $\beta(E, F) = \beta(F', F)$ die Normtopologie von F'.

starke Zusammenhangszahl, ↗ k-fach stark zusammenhängender Digraph.

starker Markow-Prozeß, auf einem Wahrscheinlichkeitsraum $(\Omega, \mathfrak{A}, P)$ definierter und einer Filtration $(\mathfrak{A}_t)_{t \ge 0}$ in $\mathfrak{A}$ adaptierter progressiv meßbarer ↗ stochastischer Prozeß $(X_t)_{t \ge 0}$ mit dem Zustandsraum $(\mathbb{R}^d, \mathfrak{B}(\mathbb{R}^d))$, $d \in \mathbb{N}$, welcher die Eigenschaft besitzt, daß für jede Optionszeit S (↗ Stoppzeit) bezüglich $(\mathfrak{A}_t)_{t \ge 0}$ und alle $B \in \mathfrak{B}(\mathbb{R}^d)$ die Gleichheit

$$P(X_{S+t} \in B | \mathfrak{A}_{S+}) = P(X_{S+t} \in B | X_S)$$

P-fast sicher auf der Menge $\{S < \infty\}$ gilt. Dabei wird $\{X_{S+t} \in B\}$ als Kurzschreibweise für das Ereignis $\{S < \infty, X_{S+t} \in B\}$ verwendet, d. h. die bedingten Wahrscheinlichkeiten beziehen sich auf das letztgenannte Ereignis. Die Abbildungen X_{S+t} und X_S sind durch $X_{S+t}(\omega) := X_{S(\omega)+t}(\omega)$ bzw. $X_S(\omega) := X_{S(\omega)}(\omega)$ für alle $\omega \in \Omega$ definiert. Die auf der linken Seite der Gleichung auftretende sogenannte σ-Algebra der Ereignisse unmittelbar nach der Optionszeit S ist durch

$$\mathfrak{A}_{S+} := \{A \in \mathfrak{A} : A \cap \{S \le t\} \in \mathfrak{A}_{t+} \text{ für alle } t \ge 0\}$$

definiert, wobei $\mathfrak{A}_{t+} := \bigcap_{\varepsilon > 0} \mathfrak{A}_{t+\varepsilon}$ für jedes $t \ge 0$ die sogenannte σ-Algebra der Ereignisse unmittelbar nach t bezeichnet. Die Wahrscheinlichkeit auf der rechten Seite der Gleichung wird bezüglich der σ-Algebra bedingt, welche aus allen Mengen der Form $\{X_S \in A\}$ oder $\{X_S \in A\} \cup \{S = \infty\}$ mit $A \in \mathfrak{B}(\mathbb{R}^d)$ besteht. Die einen starken Markow-Prozeß definierende Eigenschaft wird als starke oder auch strenge Markow-Eigenschaft bezeichnet. Anschaulich bedeutet die starke Markow-Eigenschaft, daß das „Markow-Prinzip" einer bei bekannter Gegenwart von der Vergangenheit unabhängigen Zukunft nicht nur für feste Zeitpunkte, sondern auch für bestimmte zufällige Zeiten gilt.

Es existieren mehrere äquivalente Charakterisierungen der starken Markow-Eigenschaft, die auch alternativ zu der hier angegebenen Form bei der Definition des starken Markow-Prozesses verwendet werden. Jeder starke Markow-Prozeß ist ein ↗ Markow-Prozeß, nicht aber umgekehrt.

[1] Karatzas, I.; Shreve, S. E.: Brownian motion and stochastic calculus (2. Aufl.). Springer New York, 1991.

starkes Differential, andere Bezeichnung für die ↗ Fréchet-Ableitung bzw. das ↗ Fréchet-Differential.

starkes Gesetz der großen Zahlen, eine, wie der Name schon andeutet, Verschärfung des schwachen Gesetzes der großen Zahlen.

Man sagt, daß eine Folge $(X_n)_{n \in \mathbb{N}}$ von auf einem Wahrscheinlichkeitsraum $(\Omega, \mathfrak{A}, P)$ definierten reellen Zufallsvariablen mit $E(|X_n|) < \infty$ für alle $n \in \mathbb{N}$ dem starken Gesetz der großen Zahlen genügt, wenn P-fast sicher

$$\lim_{n \to \infty} \frac{S_n - E(S_n)}{n} = 0$$

gilt, wobei $S_n = \sum_{i=1}^n X_n$ die n-te Partialsumme der Folge bezeichnet. Jede Folge, die dem starken Gesetz der großen Zahlen genügt, erfüllt auch das schwache Gesetz der großen Zahlen. Die Umkehrung gilt i. allg. nicht.

Für beliebige unabhängige Folgen $(X_n)_{n \in \mathbb{N}}$ von Zufallsgrößen mit endlichen Varianzen konnte Kolmogorow zeigen, daß die Bedingung

$$\sum_{n=1}^{\infty} \frac{Var(X_n)}{n^2} < \infty$$

für die Gültigkeit des starken Gesetzes der großen Zahlen hinreichend ist. Weiterhin konnte er zeigen, daß jede unabhängige Folge $(X_n)_{n \in \mathbb{N}}$ von identisch verteilten reellen Zufallsvariablen mit $E(|X_n|) < \infty$ dem starken Gesetz der großen Zahlen genügt. In diesem Fall konvergiert das arithmetische Mittel S_n/n fast sicher gegen den gemeinsamen Erwartungswert der X_n. Ist umgekehrt $(X_n)_{n \in \mathbb{N}}$ eine Folge unabhängiger und identisch verteilter Zufallsgrößen, für die S/n fast sicher gegen eine Konstante $c \in \mathbb{R}$ konvergiert, so folgt $E(|X_n|) < \infty$ und $E(X_n) = c$. Ein eleganter elementarer Beweis des starken Gesetzes der großen Zahlen für paarweise unabhängige und identisch verteilte Zufallsvariablen wurde im Jahre 1981 von Etemadi angegeben.

Das klassische Beispiel für das starke Gesetz der großen Zahlen stellen unabhängige Wiederholungen eines Bernoulli-Experimentes dar. Ist $(X_n)_{n \in \mathbb{N}}$ eine Folge von unabhängigen und identisch verteilten Bernoulli-Variablen mit Erfolgswahrscheinlichkeit $P(X_n = 1) = p$, so gibt S_n die Anzahl der Erfolge bei n Wiederholungen des Experimentes an. Aufgrund des starken Gesetzes konvergiert die relative Häufigkeit für einen Erfolg S_n/n dann fast sicher gegen p. Das starke Gesetz der großen Zahlen liefert somit die Grundlage für die frequentistische Interpretation von Wahrscheinlichkeiten. Wirft man etwa wiederholt eine Münze und faßt man bei jedem Wurf das Aufteten eines Wappens als Erfolg auf, so stabilisiert sich die relative Häufigkeit S_n/n mit zunehmender Anzahl der Würfe bei der Erfolgswahrscheinlichkeit p. Das starke Gesetz ist weiterhin von Bedeutung für die Statistik und stellt die Grundlage der ↗ Monte-Carlo-Methode dar.

starkes Spaltensummenkriterium, ↗ Spaltensummenkriterien.

starkes Zeilensummenkriterium, ↗Zeilensummenkriterien.

starrer Körper, nach V.I.Arnold ein ↗Hamiltonsches System auf dem ↗Kotangentialbündel einer ↗Lie-Gruppe G.

Bezeichnet man die Lie-Algebra von G mit $\mathfrak{g}$, so ist eine typische Hamilton-Funktion der Mechanik von folgender Form

$$H(g, \alpha) = \frac{1}{2} I^{-1}(\alpha, \alpha) + V(g),$$

wobei $(g, \alpha) \in G \times \mathfrak{g}^* \cong T^*G$, V eine reellwertige C^∞-Funktion auf G bezeichnet, I eine positiv definite quadratische Form auf $\mathfrak{g}$ (den Trägheitstensor) anzeigt, und I^{-1} die entsprechende induzierte quadratische Form auf $\mathfrak{g}^*$ bedeutet.

In der Mechanik entspricht der Spezialfall der Gruppe $G = SO(3)$, der Menge der eigentlichen Drehungen im $\mathbb{R}^3$, der Dynamik eines an einem Punkt festgehaltenen starren Körpers. Die potentielle Energiefunktion V eines homogenen Schwerefeldes in Richtung eines Vektors $\vec{e} \in \mathbb{R}^3$ wird durch $V(g) := (g^{-1}\vec{e}, \vec{e})$ beschrieben, wobei $(\ ,\ )$ das Standardskalarprodukt im $\mathbb{R}^3$ bedeutet. Die Abbildung $g \mapsto g^{-1}\vec{e} =: \gamma(g)$ wird auch als Poissonscher Vektor bezeichnet.

Ebenfalls auf V.I. Arnold geht die Interpretation der Hydrodynamik als starrer Körper auf der Gruppe aller derjenigen Diffeomorphismen einer differenzierbaren Mannigfaltigkeit zurück, die eine gegebene Volumenform invariant lassen.

Startknoten, Einstiegsknoten beim Durchlaufen von Graphen.

Soll ein Graph traversiert, also einmal ganz durchlaufen werden, so ist es nötig, einen Einstiegsknoten festzulegen, bei dem der Durchlauf durch den Graphen startet. Dieser Einstiegsknoten heißt Startknoten.

Startsymbol, spezielles ↗Nichtterminalzeichen einer ↗Grammatik, das die umfassendste syntaktische Einheit (den Satz) repräsentiert. Ableitungen einer Grammatik beginnen stets beim Startsymbol.

Startwahrscheinlichkeit, ↗Anfangsverteilung.

stationäre Lösung eines dynamischen Systems, zu einer gewöhnlichen Differentialgleichung $\dot{x} = F(x, t)$ eine auf einem Intervall $I \subset \mathbb{R}$ definierte differenzierbare Abbildung $\varphi : I \to \mathbb{R}^n$, falls $\varphi(t) = x_0$ $(t \in I)$ mit geeignetem $x_0 \in \mathbb{R}^n$ gilt.

Entsprechend werden manchmal Fixpunkte eines dynamischen Systems als stationäre Lösungen bezeichnet, weil ein dynamisches System als Gesamtheit aller Lösungen einer zugehörigen Differentialgleichung aufgefaßt werden kann.

stationäre Phase, ↗Methode der stationären Phase.

stationäre Streutheorie, ↗quantenmechanische Streutheorie.

stationäre Zeitreihe, ↗Stationarität stochastischer Prozesse.

stationärer Punkt, andere Bezeichnung für einen ↗Fixpunkt eines dynamischen Systems oder einen ↗Fixpunkt eines Vektorfeldes.

Stationarität stochastischer Prozesse, eine Eigenschaft stochastischer Prozesse.

Ein stochastischer Prozeß $(X(t))_{t\in T}$ mit dem (meßbaren) Zustandsraum $[E, \mathcal{B}]$, $(E \in \mathbb{C})$, und dem ganzzahligen oder reellen Zeitbereich $T \subseteq \mathbb{Z}$ oder $T \subseteq \mathbb{R}$ heißt stationär im engeren Sinne (i.e.S.) (auch streng stationär genannt), falls alle seine endlichdimensionalen Verteilungen invariant gegenüber Zeitverschiebungen sind, d. h., wenn gilt:

$$P(X(t_1 + t) \in A_1, \ldots, X(t_m + t) \in A_m) = P(X(t_1) \in A_1, \ldots, X(t_m) \in A_m)$$

für alle $m \in \mathbb{N}$, für alle $t, t_1, \ldots, t_m \in T$, und für alle $A_1, \ldots, A_m \in \mathcal{B}$.

Ein Prozeß $(X(t))_{t\in T}$ heißt Prozeß 2. Ordnung, falls alle seine Momente 2. Ordnung endlich sind, d. h., falls gilt: $E[|X(t)|^2] < \infty$ für alle $t \in T$. Der Prozeß $(X(t))_{t\in T}$ heißt stationär im weiteren Sinne (i.w.S) (auch als stationär 2.Ordnung oder schwach stationär bezeichnet), falls er ein Prozeß 2. Ordnung ist, und falls seine Erwartungswertfunktion $\mu_X(t) := EX(t)$ und seine ↗Kovarianzfunktion

$$C_X(s, u) := E[(X(s) - \mu_X(s))\overline{(X(u) - \mu_X(u))}]$$

nicht von t abhängen, d. h., falls gilt:

$$\begin{aligned} \mu_X(t) &= \mu \quad \forall t \in T \text{ und} \\ C_X(s + t, u + t) &= C_(s, u)\ \forall s, t, u \in T. \end{aligned} \tag{1}$$

Aus (1) folgt, daß die Kovarianzfunktion $C_X(s, u)$ für einen i.w.S. stationären Prozeß nur von der Zeitdifferenz $|s - u|$ abhängt; man nennt deshalb auch häufig die durch

$$R_X(t) = C_X(0, t) = C_X(t, 0)$$

definierte Funktion Kovarianzfunktion des stochastischen Prozesses $(X(t))_{t\in T}$. Ist der Zeitbereich T diskret $(T \subseteq \mathbb{Z})$, so spricht man auch von einer stationären Zeitreihe (siehe auch ↗Zeitreihenanalyse).

Zwei über dem gleichen Wahrscheinlichkeitsraum definierte im weiteren Sinne stationäre Prozesse $(X(t))_{t\in T}$ und $(Y(t))_{t\in T}$ mit identischem Zeitbereich heißen stationär verbunden, wenn ihre Kreuzkovarianzfunktion

$$C_{XY}(s, u) := E[(X(s) - \mu_X(s))\overline{(Y(u) - \mu_Y(u))}]$$

invariant gegenüber Zeitverschiebungen ist, d. h., wenn gilt:

$$C_{XY}(s + t, u + t) = C_{XY}(s, u) \text{ für alle } s, t, u \in T.$$

Ein n-dimensionaler stochastischer Prozeß $\vec{X(t)} =$

$(X_1(t), \ldots, X_n(t))$ heißt stationär, falls alle seine Komponenten $X_i(t)$, $i = 1, \ldots, n$, stationäre und paarweise stationär verbundene stochastische Prozesse sind.

Jeder streng stationäre Prozeß ist auch im weiteren Sinne stationär. Jeder schwach stationäre Gaußsche Prozeß ist auch (da alle endlichdimensionalen Verteilungen des Gaußschen Prozesses nur durch die Erwartungswert- und Kovarianzfunktion bestimmt sind) streng stationär.

Die Kovarianzfunktion und die Kreuzkovarianzfunktion i.w.S. stationärer Prozesse lassen sich alternativ im Frequenzbereich durch ihre Fouriertransformierte, d. h. die Spektraldichte (↗ Spektraldichte eines stationären Prozesses) von $(X(t))_{t\in T}$ bzw. die Kreuzspektraldichte zwischen $(X(t))_{t\in T}$ und $(Y(t))_{t\in T}$, darstellen und analysieren.

statische Bifurkation, ↗ Bifurkation.

statische Feldgleichungen, Spezialfall der Feldgleichungen, wenn Quellen und Felder zeitunabhängig sind.

Je nach Teilgebiet spricht man dann von Elektrostatik, Magnetostatik, etc.

statisches Gleichgewicht, zwei Strategien $x \in S$, $y \in T$, in einem Spiel $S \times T$ mit Entscheidungsregeln C_S und C_T, falls $x \in C_S(y)$ und $y \in C_T(x)$ gilt.

Statistik, zum einen die Bezeichnung für eine Zusammenstellung von Daten, z. B. von Einwohnerzahlen, Lebensdauern, u.ä..

Als wissenschaftliche Disziplin ein Synonym für ↗ mathematische Statistik, ein Teilgebiet der Mathematik, welches alle mathematischen Methoden der Beschreibung des Zufalls (Wahrscheinlichkeitsrechnung), der Auswertung von Beobachtungsergebnissen (deskriptive Statistik) und des Schlusses von einer ↗ Stichprobe auf eine Grundgesamtheit (↗ schließende Statistik) mit möglichst kleiner Irrtumswahrscheinlichkeit umfaßt.

Schließlich verwendet man den Begriff Statistik auch als Bezeichnung für eine ↗ Stichprobenfunktion.

Statistik stochastischer Prozesse, auch Inferenz stochastischer Prozesse genannt, ein Teilgebiet der mathematischen Statistik, welches sich mit der Schätzung und dem Prüfen von Hypothesen über Verteilungen und Verteilungsparametern bei stochastischen Prozessen befaßt.

So zum Beispiel befaßt sich die Statistik im weiteren Sinne stationärer stochastischer Prozesse u. a. mit Methoden der Schätzung und Prüfung von Autokovarianz- und Autokorrelationsfunktionen und mit ↗ Spektraldichteschätzungen, sowie mit Methoden der Schätzung und Prüfung der Parameter in ARIMA-Modellen (↗ Modelle der Zeitreihenanalyse).

Statistikprogrammpakete, spezielle Programmsysteme zur Ausführung statistischer Verfahren.

Es existiert eine Vielzahl von kommerziellen Statistik-Programmsystemen. Sie kombinieren auf unterschiedliche Weise leistungsfähige statistische Analysemethoden mit modernen computergestützten Visualisierungstechniken und interaktiven graphischen Benutzeroberflächen, sowie Dateiverwaltungs- und Datenbankfunktionen. In der Regel liegt den Programmsystemen eine auf der Basis einer höheren Programmiersprache entwickelte nutzerfreundliche Macro- bzw. Steuersprache zugrunde, bei der die Datenstrukturen und die Syntax auf die speziellen Eigenheiten der Statistik zugeschnitten sind. Die weltweit verbreitetesten Programmpakete zur statistischen Datenanalyse sind:

1. SPSS (Statistical Package for the Social Sciences), von Norman Nie und Dale Bent zunächst 1965 an der Stanford University entwickelt und dann ständig weiter verbessert, heute vor allem in der Medizin, Psychologie, Soziologie, Markt- und Meinungsforschung angewendet.
2. SAS (Statistical Analysis System), seit 1976 von der Firma SAS in North Carolina in der ganzen Welt vertrieben; es umfaßt neben umfangreichen statistischen Analysemethoden auch Bereiche des Operations Research und zeichnet sich durch eine flexible leistungsfähige Benurtzeroberfläche aus. SAS wird in allen Anwendungsbereichen der Statistik eingesetzt.
3. S-PLUS, von R. Becker, J. Chambers und A. Wilks bei *AT&T* Bell Laboratories entwickelt, basiert auf der Sprache S und erlaubt sowohl funktionale wie auch objektorientierte Programmierung. S-PLUS ist das führende System in der explorativen Datenanalyse und wird vor allem in der Forschung verwendet.

statistische Datenanalyse, auch data analysis genannt, umgangssprachlich für die ↗ deskriptive Statistik, aber oft auch inklusive der ↗ schließenden Statistik gemeint.

statistische Ergodensätze, verallgemeinern die ↗ Gesetze der großen Zahlen auf Folgen nicht stochastisch unabhängiger Zufallsgrößen, also auf stochastische Prozesse.

Es sei $(X(t))_{t\in T}$ ein stationärer stochastischer Prozeß mit reellem Zustandsraum und mit dem Erwartungswert $EX(t) = \mu$ für alle $t \in T$. Ein stationärer Prozeß $(X(t))_{t\in T}$ mit diskretem Zeitbereich $T \subseteq \mathbb{Z}$ heißt ergodisch, falls gilt:

$$Y_n = \frac{1}{n}\sum_{t=1}^{n} X(t) \to \mu \quad \text{für } n \to \infty, \tag{1}$$

wobei es sich um die Konvergenz im Mittel, die Konvergenz in Wahrscheinlichkeit oder die fast sichere Konvergenz (↗ Konvergenzarten für Folgen zufälliger Größen) handeln kann.

Analog wird ein stetiger stochastischer Prozeß $(X(t))_{t\in T}$ mit kontinuierlichem Zeitbereich $T \subseteq \mathbb{R}$ ergodisch genannt, wenn gilt:

$$Y_T = \frac{1}{T}\int_0^T X(t)dt \to \mu \text{ für } T \to \infty. \qquad (2)$$

Die Ergodensätze befassen sich mit der Untersuchung von Voraussetzungen an den Prozeß $(X(t))_{t\in T}$, unter denen er ergodisch ist. Es sei

$$R(t) = E[(X(t) - \mu)(X(0) - \mu)], t \in T$$

die Kovarianzfunktion von $(X(t))_{t\in T}$. Es gelten folgende Sätze.

Satz 1. *Ein diskreter stationärer Prozeß $(X(t))_{t\in T\subseteq\mathbb{Z}}$ ist genau dann ergodisch (im Mittel), wenn für seine Kovarianzfunktion $R(t)$*

$$\lim_{n\to\infty} \frac{1}{n}\sum_{t=1}^{n} R(t) = 0$$

gilt.

Satz 2. *Ein stetiger stationärer Prozeß $(X(t))_{t\in T\subseteq\mathbb{R}}$ ist genau dann ergodisch (im Mittel), wenn für seine Kovarianzfunktion $R(t)$*

$$\lim_{T\to\infty} \frac{1}{T}\int_{t=0}^{T} R(t)dt = 0$$

gilt.

Satz 3 (Satz von Birkhoff und Chintschin). *Hat ein streng stationärer diskreter Prozeß $(X(t))_{t\in T\subseteq\mathbb{Z}}$ endliche Varianz*

$$R(0) = E|X(t) - \mu|^2,$$

und gilt für ihre Kovarianzfunktion

$$\lim_{t\to\infty} R(t) = 0,$$

so konvergiert $(Y_n)_{n\in\mathbb{N}}$ mit Wahrscheinlichkeit 1 gegen μ, d. h. es gilt

$$P\left(\lim_{n\to\infty} \frac{1}{n}\sum_{t=1}^{n} X(t) = \mu\right) = 1.$$

statistische Informationstheorie, beschäftigt sich mit der mathematischen Beschreibung, der Analyse und Bewertung von Systemen, die – in einem sehr weiten Sinne – als Nachrichtenübertragungssysteme aufgefaßt werden können.

Als Geburtsdatum der Informationstheorie kann das Erscheinen der Arbeiten von C.E. Shannon in den Jahren 1947–1948 angesehen werden. Dabei stehen die statistischen Aspekte, die sich auf eine Wahrscheinlichkeitsverteilung der informationstragenden Elemente (z. B. Zeichen) beziehen, im Vordergrund. Man spricht deshalb auch von der ‚Shannonschen Informationstheorie'. Der Shannonschen Informationstheorie wird das in der Abbildung dargestellte Modell einer gestörten Nachrichtenübertragung zugrunde gelegt.

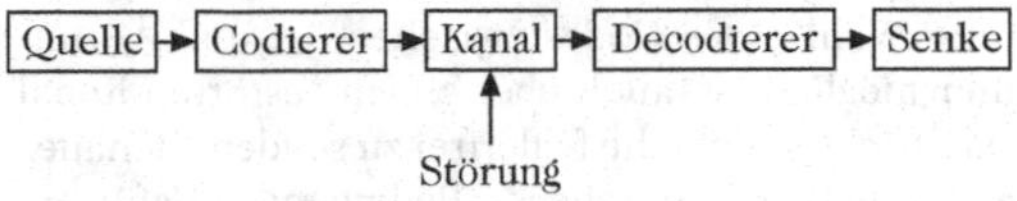

Modell der gestörten Nachrichtenübertragung

Für die in der Abbildung enthaltenen Blöcke 'Quelle' und 'Übertragungskanal' werden wahrscheinlichkeitstheoretische Modelle entwickelt, mit denen die Quellinformation und die vom Kanal unter dem Einfluß von Störungen übertragenen Information (Transinformation) berechnet werden können. Unter der Quelle versteht man dabei eine Vorrichtung, die in einer Zeiteinheit genau eines aus einer Menge von Signalen (Zeichen) aussendet. Vom Standpunkt eines außenstehenden Beobachters erscheint das Austreten von Nachrichten aus einer Quelle als ein Zufallsprozeß. Mathematisch wird die Quelle durch ihr Alphabet A_Q (die Menge der möglichen Signale) und ein Wahrscheinlichkeitsmaß μ auf der σ-Algebra bzgl. der Menge aller Nachrichten $\psi = (\dots, \psi_{-1}, \psi_0, \psi_1, \dots)$, $\psi_j \in A_Q$, die aus Zeichen des Alphabets A_Q gebildet werden können, beschrieben; es ist $\mu(C) = P(\psi \in C)$. Ein Kanal wird mathematisch durch ein Tripel $[A_K, \nu_x, B_K]$ beschrieben, wobei A_K das Eingangsalphabet des Kanals, B_K das Ausgangsalphabet des Kanals, und ν_x für jede Nachricht $x = (\dots, x_{-1}, x_0, x_1, \dots)$, $x_j \in A_K$, ein Wahrscheinlichkeitsmaß auf der σ-Algebra bzgl. der Menge aller am Kanalausgang konstruierbaren Nachrichten $y = (\dots, y_{-1}, y_0, y_1, \dots)$, $y_j \in B_K$ ist, falls x gesendet wurde; es gilt

$$\nu_x(D) = P(y \in D/x \text{ wurde gesendet}).$$

In der Regel betrachtet man gestörte Kanäle, d. h., aus der am Kanalausgang erhaltenen Nachricht y kann nicht stets mit Sicherheit die gesendete Nachricht x ermittelt werden.

Um eine Nachricht von einer Quelle zu einer Senke zu übertragen, muß sie in der Regel codiert werden. Von der Codierung der Information ist wesentlich die Effektivität der Informationsübertragung abhängig. Dabei geht es um zwei grundlegende Aspekte: Einerseits soll die Quellinformation in einer übertragungsfähigen Form eindeutig und rationell dargestellt werden (Quellcodierung); andererseits soll die Quellinformation gegen Störungen auf dem Übertragungskanal geschützt werden

(Kanalcodierung). Einen Code kann man als Abbildung aller mit A_Q konstruierten Nachrichten ψ in die Menge aller im Eingangsalphabet A_K möglichen Nachrichten x auffassen. Shannon zeigte in seinem ersten Satz, daß es – unter Voraussetzungen, die in den Anwendungen als weitgehend erfüllt angesehen werden können – durch geeignete Wahl eines Codes zwischen A_Q und A_K immer möglich ist, auch über einem gestörten Kanal Nachrichten beinahe fehlerfrei zu senden. Genauer gesagt gab er hinreichende Bedingungen dafür an, daß sich – bei gegebenen A_Q und A_K – zu beliebigem $\varepsilon > 0$ immer ein $n \in \mathbb{N}$ und ein Code zwischen A_Q und A_K so finden lassen, daß sich ein von der Nachrichtenquelle ausgesendetes Wort $\psi_{(n)} = (\psi_1, \dots, \psi_n)$, $\psi_i \in A_Q$, aus n Buchstaben des Alphabets A_Q anhand des am Kanalausgang empfangenen Wortes $y = (\dots, y_{-1}, y_0, y_1, \dots)$, $y_j \in B_K$, mit einer Wahrscheinlichkeit von mehr als $1 - \varepsilon$ richtig bestimmen läßt. Der zweite Shannonsche Satz beinhaltet, daß dabei die Informationsmenge, die ein am Kanalausgang ankommender Buchstabe im Mittel mitbringt (die sogenannte Entropie), nur um beliebig wenig von der Informationsmenge abweicht, die ein Buchstabe am Kanaleingang im Mittel besitzt.

Sätze, die sich mit der Existenz, Konstruktion und den Eigenschaften solcher Codes befassen, heißen Codierungssätze und bilden den Inhalt der ↗Codierungstheorie. Die Informationstheorie bestimmt dagegen die Möglichkeiten und Grenzen der Informationsübertragung bei einer geeigneten Codierung. Aus diesem Grunde spricht man auch von der ‚Informations- und Codierungstheorie' häufig im Zusammenhang.

[1] Mildenberger,O.: Informationstheorie und Codierung. Braunschweig/Wiesbaden: Vieweg, 1990.

[2] Heise,W.; Quattrocchi,P.: Informations- und Codierungstheorie. Springer-Verlag Berlin/Heidelberg/New York, 1995.

statistische Landkarte, geographische Karte für statistische Zwecke.

Solche Karten werden vorrangig als ↗Kartennetzentwürfe gefertigt, die bis auf einen konstanten Proportionalitätsfaktor ↗inhaltstreue Abbildungen von Teilen der Erdoberfläche sind.

statistische Physik, Teilgebiet der theoretischen und mathematischen Physik, in dem makroskopische Eigenschaften von Systemen vieler gleichartiger Teilchen mit Hilfe von statistischen Methoden bestimmt werden, ohne die Bewegungsgleichungen mit ihren Anfangsbedingungen für das Vielteilchensystem zu lösen.

Die Erscheinungen können nach folgenden Gesichtspunkten katalogisiert werden: Zeitabhängige Phänomene (etwa die Herausbildung eines Gleichgewichts) werden in der *kinetischen Theorie* betrachtet. Dem steht die *Gleichgewichtsstatistik* oder die eigentliche *statistische Thermodynamik* gegenüber.

Ist die Wechselwirkung in einem Vielteilchensystem vernachlässigbar, dann sind die einzelnen Teilchen die Objekte der Statistik. Jedes Teilchen wird gedanklich durch eine Bahn im Phasenraum beschrieben, dessen Dimension $2f$ von der Zahl der Freiheitsgrade f des einzelnen Teilchens bestimmt wird. Hier spricht man von *μ-Raum-Statistik* (↗Maxwell-Boltzmann-Statistik). Ist dagegen die Wechselwirkung nicht zu vernachlässigen, werden in der *Γ-Raum-Statistik* die Vielteilchensysteme selbst zu den Objekten der Statistik (↗Gibbsscher Formalismus). Schließlich gibt es eine Unterscheidung in klassische und ↗Quantenstatistik in Abhängigkeit davon, ob die Objekte der Statistik nach den Gesetzen der klassischen Mechanik oder Quantenphysik zu behandeln sind.

Die makroskopischen Größen werden in der klassischen Statistik durch Mittelwertbildung aus der Verteilungsfunktion bestimmt. Die Hauptfrage ist dabei, ob man Zeitmittel durch Scharmittel ersetzen kann (↗Ergodenhypothese, ↗Quasi-Ergodenhypothese). Zeitmittelwerte würden die Lösung der Bewegungsgleichungen bedeuten, was hier aus rein rechentechnischen Gründen nicht möglich ist. In der Quantenstatistik tritt an die Stelle der Verteilungsfunktion der Dichte-Operator (↗Phasenraummethode). Die Verteilungsfunktion gibt die Wahrscheinlichkeit dafür an, ein Objekt der Statistik zu einem Zeitpunkt t im Einheitsvolumen um einen Punkt des Phasenraums zu finden. Ist sie zeitabhängig, dann muß man zu ihrer Bestimmung beispielsweise die ↗Boltzmann-Gleichung lösen.

In der μ-Raum-Statistik (Gleichgewichtsstatistik) wird der Phasenraum in Zellen eingeteilt und die Verteilungsfunktion mit Hilfe von einfachen Abzählmethoden bestimmt. Diese Verfahren für die klassische Statistische Mechanik (↗Maxwell-Boltzmann-Statistik) und Quantenstatistik (↗Bose-Einstein-Statistik, ↗Fermi-Dirac-Statistik) unterscheiden sich im wesentlichen dadurch, daß nach der Quantenphysik die Unterscheidbarkeit der mikrophysikalischen Objekte aufgegeben werden muß.

Durch die Verbindung von physikalischen Gesetzen für die einzelnen Teilchen und Wahrscheinlichkeitsaussagen wird der Zustandsbegriff der statistischen Physik komplexer: Der *Makrozustand* eines Vielteilchensystems ist nicht mehr eindeutig durch den *Mikrozustand* der einzelnen Teilchen bestimmt. Ein Makrozustand wird durch eine Anzahl von Mikrozuständen realisiert (z. B. gehen sie in der klassischen statistischen Mechanik allein durch Vertauschung der Teilchen auseinander hervor, was makroskopisch nicht feststellbar ist).

Die Charakteristika von *realisierten* Makrozuständen liegen oft in der Nähe von Mittelwerten, weil die Verteilungsfunktion oft ein ausgeprägtes Maximum hat. Die Untersuchung der zugehörigen Schwankungen bildet ein Bindeglied zwischen Gleichgewichtsstatistik und kinetischer Theorie.

statistische Qualitätskontrolle, Teilgebiet der mathematischen Statistik, das diejenigen statistischen Verfahren umfaßt, die zur Qualitätssicherung, vorwiegend zur Qualitätsprüfung und -steuerung verwendet werden.

In den letzten Jahrzehnten ist in der Industrie das Interesse an der Qualitätssicherung der Erzeugnisse stark gewachsen, da ein hoher Qualitätsstandard die Voraussetzung für einen langfristigen Markterfolg ist. Dabei versteht man unter Qualitätssicherung die Gesamtheit aller Tätigkeiten zum Erreichen der Qualität von Produkten. Dazu gehören die Qualitätsplanung, -prüfung und -steuerung. Werden zur Qualitätssicherung Stichproben verwendet und mit den Verfahren der mathematischen Statistik, wie z. B. Tests und Schätzungen, Schlußfolgerungen auf den gesamten Fertigungsprozeß gezogen, so spricht man von der statistischen Qualitätskontrolle (SQK).

Man unterscheidet zwei grundlegende Aufgaben der SQK: Die statistische Prozeßkontrolle (SPC) und die Annahmestichprobenprüfung (acceptance sampling). Bei der Prozeßkontrolle wird der Fertigungsprozeß mittels sogenannter Kontrollkarten (Regelkarten) laufend überwacht, um während der Produktion Störungen zu entdecken und zu beseitigen. Eine Kontrollkarte ist dabei ein Diagramm von statistischen Kennwerten (z. B. des arithmetischen Mittels, des Medians, oder der Streuung) für eine laufende Folge von Stichproben mit einer Mittellinie (Norm) und den zulässigen Kontroll- oder Toleranzgrenzen K_u, K_o (siehe Abbildung 1). Ein Überschreiten dieser Grenzen führt zum Eingriff in den Produktionsprozeß. Die wichtigste Aufgabe der SQK besteht darin, die Kontrollgrenzen K_u, K_o geeignet festzulegen.

Die Annahmestichprobenprüfung dient zur Überprüfung von Losen (Waren- oder Lieferposten von Erzeugnissen) in der Eingangs-, Zwischen- oder Endkontrolle eines Betriebes, mit dem Ziel, den Ausschußanteil der Produktion zu bestimmen. Dies geschieht anhand von Stichproben mittels sogenannter Stichproben- oder Prüfpläne, die Anweisungen enthalten, mit denen die Annahme oder Zurückweisung eines Loses entschieden wird. Ziel ist es, bei einer hohen Sicherheit der Aussage über den Ausschußanteil den Stichprobenumfang so klein wie möglich zu halten.

Man unterscheidet zwischen einfachen und mehrfachen sowie sequentiellen Stichprobenprüfplänen. Bei letzteren wird nach jedem dem Los

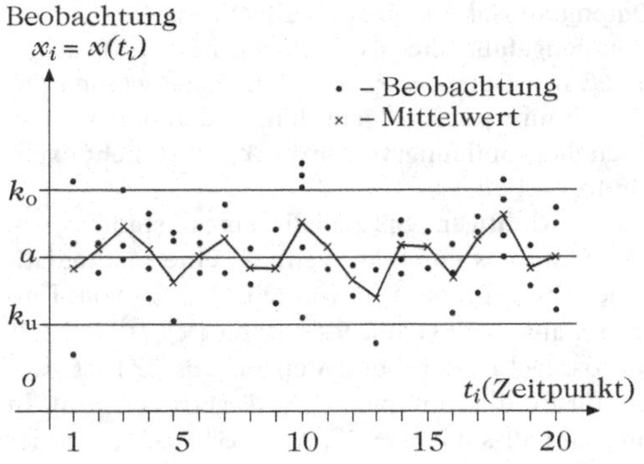

Abbildung 1: SPC am Beispiel einer Mittelwert-Kontrollkarte.

entnommenen Stück eine Entscheidung über die Annahme oder Zurückweisung des Loses oder über eine weitere Entnahme entschieden (siehe Abbildung 2). Mathematisch-statistische Grundlage dieser Stichprobenpläne ist die von A. Wald (1947) entwickelte ↗ Sequentialanalyse. Bei einer geeigneten Wahl der Annahme- und Ablehnungsgrenzen erhält man mit den sequentiellen Prüf-Verfahren den kleinsten mittleren Stichprobenumfang.

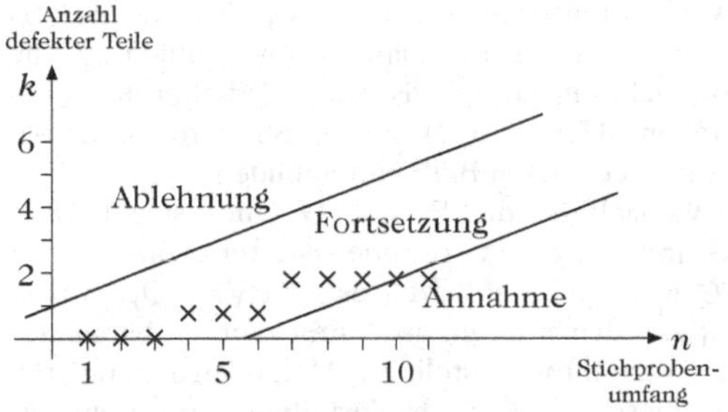

Abbildung 2: Diagramm eines sequentiellen Prüfplanes, n: Stichprobenumfang, k: Anzahl fehlerhafter Stücke in der Stichprobe.

[1] Storm,R.: Wahrscheinlichkeitsrechnung, mathematische Statistik und statistische Qualitätskontrolle. Fachbuchverlag Leipzig-Köln GmbH, 1995.

statistischer Grundraum, Begriff aus der mathematischen Statistik.

Die Untersuchungen der mathematischen Statistik gründen sich im allgemeinen auf folgende Ausgangssituation: Gegeben sei eine zufällige Variable $\mathcal{X}$ mit Werten in einem meßbaren Raum $[M, \mathcal{M}]$, für die eine Verteilungsannahme $P_{\mathcal{X}} \in Q$ getroffen wird, d. h., für alle $A \in \mathcal{M}$ $(A \subseteq M)$ ist $P_{\mathcal{X}}(A)$ die Wahrscheinlichkeit dafür, daß das Ereignis $\mathcal{X} \in A$ beobachtet wird. Das Tripel $[M, \mathcal{M}, Q]$ heißt statistischer Grundraum. Man denkt sich dabei das einer statistischen Untersuchung zugrundeliegende

Datenmaterial zu einer Beobachtung $x \in M$ zusammengefaßt, die als Realisierung von $\mathcal{X}$ aufgefaßt wird: ($\mathcal{X}(\omega) = x$, $\omega \in \Omega$). Dabei werden der Urbildraum $[\Omega, \mathcal{A}, P]$, auf dem $\mathcal{X}$ definiert ist, wie auch die Abbildungsvorschrift $\mathcal{X}$ selbst nicht explizit angegeben.

Ein wichtiger Spezialfall eines statistischen Grundraumes entsteht, wenn $\mathcal{X}$ eine mathematische ↗Stichprobe $\mathcal{X} = \vec{X} = (X_1, \dots, X_n)$ vom Umfang n aus einer Grundgesamtheit $[\mathbb{R}^1, \mathcal{B}^1, P_X]$ ($\mathcal{B}^1$ die σ-Algebra der Borel-Mengen aus $\mathbb{R}^1$) ist, wobei für P_X die Annahme $P_X \in \mathcal{P}$ getroffen wird. In diesem Fall sind $M = \mathbb{R}^n$, $\mathcal{M} = \mathcal{B}^n$ (σ-Algebra der Borel-Mengen aus $\mathbb{R}^n$), und $P_{\mathcal{X}} = P_X^{(n)}$ das n-fache Produktmaß von P_X. Die Annahme $P_X \in \mathcal{P}$ führt auf das Verteilungsmodell

$$P_{\mathcal{X}} \in Q = \{P_X^{(n)} \| P_X \in \mathcal{P}\}.$$

$[\mathbb{R}^n, \mathcal{B}^n, P_X^{(n)}]$ bezeichnet man auch als den Stichprobenraum.

Das generelle Anliegen der Statistik besteht darin, die Kenntnis über die Wahrscheinlichkeitsverteilung $P_{\mathcal{X}}$ gegenüber der ursprünglichen Annahme $P_{\mathcal{X}} \in Q$ anhand von Beobachtungswerten von $\mathcal{X}$ weiter zu präzisieren. Dies kann durch die Angabe von Schätzungen (↗Schätztheorie) oder die Ausführung statistischer Tests (↗Testtheorie) erfolgen. Dabei stützt man sich wesentlich auf die Betrachtung von Statistiken (↗Stichprobenfunktionen, ↗Stichprobe), die den Stichprobenraum in einen geeigneten Bildraum abbilden.

Vielfach ist die Familie Q eines statistischen Grundraumes in parametrisierter Form $Q = (Q_\gamma)_{\gamma \in \Gamma}$, gegeben, d. h., es ist $P_{\mathcal{X}} = Q_{\gamma_0}$, wobei $\gamma_0 \in \Gamma$ den wahren, aber unbekannten Parameter der Verteilung darstellt. Die Methoden der Statistik, die diese parametrische Verteilungsform voraussetzen, werden in der ↗parametrischen Statistik zusammengefaßt. Verfahren zur Identifizierung von $P_{\mathcal{X}}$, ohne die Voraussetzung der Parametrisierung zu treffen, werden als Verfahren der ↗nichtparametrischen Statistik bzw. verteilungsfreie Verfahren bezeichnet.

Beispiele. 1) Sei V ein zufälliger Versuch, der in der n-maligen Durchführung eines zweipunktverteilten Versuches (Versuchsausgänge: 0=Erfolg oder 1=Mißerfolg) mit Erfolgswahrscheinlichkeit p besteht, und sei $\mathcal{X}$ die zufällige Anzahl der Erfolge bei Durchführung von V. Dann sind die Elementarereignisse ω des Versuchs alle aus den Zahlen 0 und 1 bildbaren n-Tupel, $\mathcal{X}(\omega) = x \in M = \{0, 1, \dots, n\}$, und $\mathcal{M}$ ist die Potenzmenge von M. Weiterhin gilt für die Verteilung von $\mathcal{X}$: $P_{\mathcal{X}} \in Q$, wobei Q die Menge aller Binomialverteilungen mit festem Parameter n und unbekanntem Parameter $\gamma = p \in [0, 1]$ ist.

2) Sei $\mathcal{X} = \vec{X} = (X_1, \dots, X_n)$ eine mathematische Stichprobe aus einer normalverteilten Grundgesamtheit, d. h. $X_i \sim N(\mu, \sigma^2), i = 1, \dots, n$, mit unbekanntem Erwartungswert μ und unbekannter Varianz σ^2. Dann ist $\mathcal{P}$ die Menge aller $N(\mu, \sigma^2)$-Verteilungen mit $\gamma = (\mu, \sigma^2) \in \mathbb{R}^1 \times \mathbb{R}^+$. In diesem Fall ist $M = \mathbb{R}^n$ und $\mathcal{M} = \mathcal{B}^n$. Die Familie Q der Wahrscheinlichkeitsverteilungen für $\mathcal{X}$ besteht dann aus allen n-dimensionalen Normalverteilungen mit dem Erwartungswertvektor $EX = (\mu, \dots, \mu)$ und der Kovarianzmatrix $\sigma^2 I$ für $(\mu, \sigma^2) \in \mathbb{R}^1 x \mathbb{R}^+$.

statistischer Operator, ↗ Dichteoperator.

Staudt, Karl Georg Christian, ↗von Staudt, Karl Georg Christian.

Stefan, Josef, österreichischer Physiker und Mathematiker, geb. 24.3.1835 St. Peter bei Klagenfurt, gest. 7.1.1893 Wien.

Stefan studierte in Wien und wurde dort 1857 Realschullehrer, 1858 Privatdozent und 1863 Professor für Mathematik. Ab 1866 leitete er das Institut für Experimentalphysik in Wien.

1879 zeigte Stefan, daß die Strahlung eines Schwarzen Körpers proportional zur vierten Potenz seiner absoluten Temperatur ist (Stefan-Boltzmann-Gesetz). Während Stefan dieses Gesetz empirisch fand, bewies sein Schüler Boltzmann das Gesetz mit mathematischen Mitteln. Stefan leistete außerdem Beiträge zur Wärmeleitung und kinetischen Wärmetheorie.

Steganographie, mathematische Theorie des Entwurfs und der Analyse von Methoden des verdeckten Einbringens von Informationen in andere Daten.

Im Gegensatz zur ↗Kryptologie steht dabei nicht das Verdecken der Information im Vordergrund, sondern die Verschleierung der Tatsache, daß überhaupt eine zusätzliche Information vorhanden ist.

Mit Methoden der Steganographie werden beispielsweise Textstücke in Musikdaten oder Bilddateien versteckt. Dabei bedient man sich entweder der nicht relevanten Bits (Tonhöhen oder Grauwerten) oder verändert geringfügig das Frequenzspektrum. Werden die Daten auch für den Empfänger unsichtbar eingebracht, um das Dokument gegen unberechtigtes Kopieren zu schützen, dann spricht man von einem ↗digitalen Wasserzeichen.

steifes Differentialgleichungssystem, ein spezielles System linearer Differentialgleichungen.

Sei

$$y'(x) = Ay + f(x)$$

ein lineares Differentialgleichungssystem der Dimension m mit konstanter Matrix A, welche m verschiedene Eigenwerte $\lambda_1, \dots, \lambda_m \in \mathbb{C}$ besitze. Die theoretische Lösung dieses Systems ist gegeben durch

$$y(x) = \sum_{i=1}^{m} \alpha_i e^{\lambda_i x} \Lambda_i + g(x)$$

mit Konstanten α_i, den Eigenvektoren Λ_i zu λ_i und der speziellen Lösung $g(x)$. Das System heißt steif, wenn

(i) $\mathrm{Re}(\lambda_i) < 0$ für alle i, und

(ii) der Quotient

$$\gamma := \frac{\max\limits_{1\le i\le m} |\mathrm{Re}(\lambda_i)|}{\min\limits_{1\le i\le m} |\mathrm{Re}(\lambda_i)|}$$

sehr groß ausfällt.

Den Quotienten γ nennt man das Maß der Steifigkeit.

Ein nichtlineares System

$$y'(x) = f(x, y)$$

der Dimension m heißt steif in einem Intervall $[a, b]$ der Variablen x, wenn (i) und (ii) für die Eigenwerte $\lambda_i(x)$ der Jacobi-Matrix von f in $[a, b]$ gelten.

Steifigkeitsmatrix, ↗Ritz-Galerkin-Methode.

steigende Faktorielle, zusammen mit den Standardpolynomen und den ↗fallenden Faktoriellen eine der drei fundamentalen Polynomfolgen von Zählfunktionen.

Ist x eine reelle Zahl und $n \in \mathbb{N}_0$, so ist die steigende Faktorielle der Länge n von x durch

$$x(x+1)\dots(x+n-1) =: [x]^n$$

definiert, wobei $[x]^0 = 1$.

Für $i \in \mathbb{N}_0$ ist $[i]^n$ die Anzahl der Verteilungen einer n-elementigen Menge in i geordnete Partitionsblöcke.

Steigung einer Funktion, zu einer Funktion $f : D \to \mathbb{R}$ mit $D \subset \mathbb{R}$ an einer Differenzierbarkeitsstelle $a \in D$ die Steigung der ↗Tangente an die Funktion an der Stelle a.

Für die Tangente, die durch eine affin-lineare Funktion beschrieben wird, ist die (konstante) Steigung natürlicherweise gegeben – ihr Wert ist gleich einem beliebigen ↗Differenzenquotienten der Tangentenfunktion. Wenn die Tangente an der Stelle a nicht existiert, d. h. f an der Stelle a nicht differenzierbar ist, hat es keinen Sinn, von ‚der Steigung' von f an der Stelle a zu sprechen.

Steigungsform, in der ↗Intervallrechnung die Darstellung der Form $f(y) + \mathbf{h}(\mathbf{x}, y)(\mathbf{x} - y)$ für eine stetige Funktion $f(x)$, die als $f(y) + h(x, y)(x - y)$ geschrieben werden kann, wobei $\mathbf{h}(\mathbf{x}, y)$ die Intervallauswertung von $h(x, y)$ bezeichnet (↗Intervallauswertung einer Funktion). Dabei bezeichnet $\mathbf{x}$ für mehrdimensionale Funktionen einen ↗Intervallvektor, und $y \in \mathbf{x}$ ist fest gewählt. Für $f : \mathbb{R} \to \mathbb{R}$ kann $h(x, y)$ als dividierte Differenz (Steigung) von f gewählt werden:

$$h(x, y) = \begin{cases} \frac{f(x)-f(y)}{x-y} & \text{, falls } x \neq y \\ f'(y) & \text{, falls } x = y\,. \end{cases}$$

Falls $h(x, y) = g(x - y)$, so geht die Steigungsform in die ↗zentrierte Form über. Die Steigungsform läßt sich wie die ↗Mittelwertform zur Einschließung des Wertebereichs verwenden.

Es gilt die Einschließung

$$f(\mathbf{x}) \subseteq f(y) + \mathbf{h}(\mathbf{x}, y)(\mathbf{x} - y)$$

und die Abschätzung

$$q(f(\mathbf{x}), f(y) + \mathbf{h}(\mathbf{x}, y)(\mathbf{x} - y) \;\le\; \gamma(d(\mathbf{x}))^2$$

mit dem Hausdorff-Abstand q und dem Durchmesser d.

steilster Abstieg, Verfahren des, ↗Gradientenverfahren.

Stein, Elias M., belgisch-amerikanischer Mathematiker, geb. 13.1.1931 Antwerpen.

Stein studierte an der Universität von Chicago und lehrte dort bis 1963. Danach ging er als Professor nach Princeton an das Institute for Advanced Study.

Stein beschäftigte sich hauptsächlich mit der Fourier-Analyse. Er entwickelte hier neue Methoden und Anwendungen für die harmonische Analysis. 1999 erhielt er den ↗Wolf-Preis für seine fundamentalen Beiträge bei der Bestimmung der Energie von Wellen.

Stein, Karl, deutscher Mathematiker, geb. 1.1. 1913 Hamm, gest. 19.10.2000 Ebersbach a. d. Fils.

Nach dem Studium in Münster, Hamburg und Berlin promovierte Stein 1936 und habilitierte sich 1940 in Münster. 1948 wurde er dort Professor, ging aber 1955 an die Universität München.

Stein arbeitete hauptsächlich auf dem Gebiet der Funktionentheorie mehrerer komplexer Variabler. Er führte den fundamentalen Begriff des Steinschen Raums ein, der eine entscheidende Rolle bei der Verallgemeinerung von Sätzen aus der eindimensionalen Funktionentheorie auf die mehrdimensionale komplexe Analysis spielt.

Steiner, Jakob, schweizer Mathematiker, geb. 18.3.1796 Utzenstorf (Kanton Bern), gest. 1.4.1863 Bern.

Als Sohn eines Bauern mußte Steiner viel in der Wirtschaft seiner Eltern aushelfen und lernte erst mit 14 Jahren das Schreiben. Er verließ seine Heimat mit 18 Jahren und ging in der von Pestalozzi geleiteten Erziehungsanstalt in Yverdon zur Schule. Durch die Förderung Pestalozzis konnte Steiner 1818 das Studium in Heidelberg aufnehmen. 1821 beendete er dieses und wurde Aushilfslehrer in Berlin, später Privatlehrer. Durch ein Zusatzstudium konnte er ab 1829 als Oberlehrer an der Berliner Gewerbeschule tätig werden. 1832 erhielt er aufgrund seiner wissenschaftlichen Leistungen die Ehrendoktorwürde der Universität Königsberg (Kaliningrad), 1833 wurde er Professor in Königsberg und 1834 Mitglied der Berliner Akademie sowie Professor an der Berliner Universität.

Steiner leistete fundamentale Beiträge zur projektiven Geometrie. Sein Hauptwerk „Systematische Entwicklung der Abhängigkeit geometrischer Gestalten voneinander" erschien 1832. Darin versuchte er, Aussagen der projektiven Geometrie mit synthetischen Mitteln, also ohne Algebra und Analysis und nur mit den geometrischen Objekten selbst, zu beweisen. Ein wichtiges Resultat in diesem Zusammenhang sind seine Aussagen über die Konstruierbarkeit mittels gegebener Gerade und gegebenem Kreis. Weitere Ergebnisse Steiners sind seine Arbeiten zum isoperimetrischen Problem, zu konvexen Körpern, zu Krümmungsschwerpunkten von Flächen und zu Kurven dritten und vierten Grades. Neben der Geometrie arbeitete Steiner auch auf dem Gebiet der Kombinatorik.

Steiner-Baum, ein ↗Teilgraph eines zusammenhängenden und ↗bewerteten Graphen mit Zusatzeigenschaft.

Ein Steiner-Baum bzgl. einer Eckenmenge $E' \subseteq E(G)$ eines zusammenhängenden und bewerteten Graphen G ist ein Teilgraph T von G, der ein ↗Baum mit $E' \subseteq E(T)$ ist, und der unter allen Teilgraphen von G, die Bäume sind und E' enthalten, minimale Bewertung besitzt.

Das verallgemeinerte Steiner-Baum-Problem oder kurz Steiner-Baum-Problem besteht nun darin, bei gegebener Eckenmenge $E' \subseteq E(G)$ einen Steiner-Baum bzgl. E' aufzuspüren. Im Spezialfall $E' = E(G)$ ist ein Steiner-Baum gerade ein minimal ↗spannender Baum, den man z. B. mit Hilfe der Algorithmen von Kruskal oder Prim (↗Kruskal, Algorithmus von, ↗Prim, Algorithmus von) effizient bestimmen kann. Dagegen ist das allgemeine Steiner-Baum-Problem NP-vollständig, sogar dann, wenn man das Problem auf nicht bewertete Graphen einschränkt.

Steiner-System, spezieller ↗Blockplan.

Ein Steiner-System $S(t, k, v)$ ist das gleiche wie ein t-$(v, k, 1)$-Blockplan.

Steiner-Tripelsystem, ein ↗Blockplan mit Parametern 2-$(v, 3, 1)$.

Ein Steiner-Tripelsystem existiert genau dann, wenn $v \equiv 1$ oder $3 \pmod 6$ ist. Beispiele sind die ↗Fano-Ebene und die affine Ebene der Ordnung 3.

Stein-Faktorisierung, Begriff aus der Theorie der Morphismen.

Jeder ↗eigentliche Morphismus $\varphi : X \to Y$ zwischen ↗Noetherschem Schemata oder komplexen Räumen besitzt eine eindeutig bestimmte Zerlegung

$$\varphi = \psi \circ \varphi' : X \overset{\varphi'}{\to} Y' \overset{\psi}{\to} Y \qquad (1)$$

so, daß ψ ein endlicher Morphismus ist, φ' zusammenhängende Fasern hat und $\varphi'_* \mathcal{O}_X \cong \mathcal{O}_{Y'}$ gilt. Man nennt (1) Stein-Faktorisierung.

Y' erhält man als ↗relatives Spektrum der kohärenten Garbe von $\mathcal{O}_Y$-Algebren $\mathcal{A} = \varphi_* \mathcal{O}_X$.

Steinhaus, Hugo Dyonizy, polnischer Mathematiker, geb. 14.1.1887 Jaslo, gest. 25.2.1972 Breslau (Wroclaw).

Steinhaus begann zunächst in Lwow zu studieren, setzte sein Studium aber nach einem Jahr in Göttingen fort. Hier lernte er u. a. Carathéodory, Courant, Herglotz, Hilbert, Klein, Koebe, E. Landau, Runge, Toeplitz und Zermelo kennen. 1911 promovierte er bei Hilbert. Nach dem Dienst in der polnischen Armee wurde er 1917 Dozent und 1920 Professor an der Universität in Lwow. Während der deutschen Besetzung lebte er im Untergrund, ab 1945 arbeitete er an der Universität in Wroclaw.

Nach anfänglicher Beschäftigung mit trigonometrischen und Orthogonalreihen wandte er sich in Zusammenarbeit mit Banach der Funktionalanalysis zu und studierte lineare Operatoren. Ihre erste gemeinsame Arbeit erschien 1916. In der Folgezeit baute Steinhaus in Lwow eine funktionalanalytische Schule auf, die schnell an Bedeutung gewann (↗Polnische Schule der Funktionalanalysis). Dabei umfaßten die behandelten Themen neben der reine Funktionalanlysis und ihren Anwendungen auch die Wahrscheinlichkeitsrechnung und die Spieltheorie. 1923 veröffentlichte er hierzu das Buch „Fundamenta Mathematicae". Eine weitere wichtige Arbeit stellt die 1937 gemeinsam mit Kaczmarz veröffentlichte Monographie zu orthogonalen Reihen dar. Bekannt ist Steinhaus auch für seine Aufgabensammlung „Hundert Aufgaben" (1958). Er bildete zahlreiche Schüler aus.

Steinhaus, Satz von, lautet:

Es sei $\sum_{n=0}^{\infty} a_n z^n$ eine Potenzreihe mit ↗Konvergenzradius 1. Weiter sei (φ_n) eine Folge unabhängiger Zufallsgrößen, die im Intervall $[0, 2\pi]$ gleichverteilt sind.

Dann hat die Potenzreihe $\sum_{n=0}^{\infty} a_n e^{i\varphi_n} z^n$ mit Wahrscheinlichkeit 1 die offene Einheitskreisscheibe $\mathbb{E}$ als ↗Holomorphiegebiet.

Steinitz, Ernst, deutscher Mathematiker, geb. 13.6.1871 Laurahütte (Huta Laura, Polen), gest. 29.9.1928 Kiel.

Steinitz nahm 1890 ein Studium an der Universität in Breslau (Wroclaw) auf. Ein Jahr später ging er für zwei Jahre nach Berlin. 1894 promovierte er in Breslau und habilitierte sich 1897 an der Technischen Hochschule in Berlin (heute Technische Universität). 1898 wurde er dort Privatdozent und erhielt 1910 ein Stelle als Professor. Ab 1920 arbeitete er an der Kieler Universität.

Angeregt durch die von Hensel 1899 angegebenen Resultate zu p-adischen Zahlen wandte sich Steinitz in der Arbeit „Algebraische Theorie der Körper" von 1910 der Klassifizierung der Körpertypen zu. Von ihm stammen die Konzepte der Charakteristik eines Körpers, der separablen Erweiterung eines Körpers und des Transzendenzgrades. Er bewies, daß jeder Körper eine algebraisch abgeschlossene Erweiterung hat. Steinitz' Ergebnisse waren richtungsweisend für die moderne strukturelle Algebra. Weitere Arbeiten von Steinitz betreffen die Theorie der Polyeder und die Lineare Algebra. Die heute verbreitete Definition der rationalen Zahlen als Äquivalenzklassen von Paaren ganzer Zahlen stammt ebenfalls von ihm.

Steinitz, Satz von, macht eine Aussage über Reihen komplexer Zahlen, die konvergent, aber nicht absolut konvergent sind:

Ist $\sum_{\nu=1}^{\infty} a_\nu$ eine konvergente Reihe komplexer Zahlen, die nicht absolut konvergent ist, so ist die Menge derjenigen $s \in \mathbb{C}$, die als Summe einer geeigneten Umordnung der Reihe auftreten, d. h.

$$\sum_{j=1}^{\infty} a_{\omega(j)} = s$$

mit einer bijektiven Abbildung $\omega : \mathbb{N} \to \mathbb{N}$ (Permutation von $\mathbb{N}$), entweder ganz $\mathbb{C}$ oder eine Gerade in $\mathbb{C}$.

Dieser Satz ist ein keineswegs triviales Analogon zum Umordnungssatz von Riemann (↗Riemann, Umordnungssatz von). Er wurde schon 1905 von Paul Lévy formuliert, aber erst ab 1913 von Ernst Steinitz einwandfrei bewiesen.

Der Umordnungssatz von Riemann kann nicht ohne weiteres übertragen werden: Hat man nämlich eine konvergente Reihe $\sum_{\nu=1}^{\infty} a_\nu$ komplexer Zahlen, die nicht absolut konvergent ist, so ist mindestens eine der Reihen

$$\sum_{\nu=1}^{\infty} \mathrm{Re}(a_\nu)\,, \quad \sum_{\nu=1}^{\infty} \mathrm{Im}(a_\nu)$$

nicht absolut konvergent. Hier kann somit zwar für *eine* der beiden Reihen eine Umordnung gegen eine vorgegebene reelle Zahl erreicht werden, doch hat die andere mit dieser Umordnung i. allg. nicht den gewünschten Wert als Summe.

Steinitzscher Austauschsatz, lautet:

Es sei $B = (b_i)_{i \in I}$ eine Basis des ↗Vektorraumes V. Dann läßt sich jede linear unabhängige Familie $(b_i)_{i \in J}$ von Vektoren aus V durch Hinzunahme geeigneter Vektoren aus B zu einer Basis von V ergänzen:

$$\exists I' \subset I \text{ so, daß } B' := (b_i)_{i \in J \cup I'}$$

eine Basis von V ist.

Ist V endlich-dimensional, so lautet der Austauschsatz einfach:

Sind die Vektoren $a_1, \dots, a_m$ linear unabhängig im Vektorraum V, und ist $B = (b_1, \dots, b_n)$ eine Basis von V, so ist $m \leq n$, und es gibt $n - m$ Vektoren aus B, die die Vektoren $a_1, \dots, a_m$ zu einer Basis von V ergänzen.

Eine andere Formulierung lautet:

Ist $B = (b_1, \dots, b_n)$ eine Basis des Vektorraums V, und ist $v = \alpha_1 b_1 + \cdots \alpha_n b_n$ ein Vektor aus V mit $\alpha_k \neq 0$ ($k \in \{1, \dots, n\}$), so ist auch $(b_1, \dots, b_{k-1}, v, b_{k+1}, \dots, b_n)$ eine Basis von V.

Steinsche Algebra, Begriff in der Funktionentheorie auf ↗Steinschen Räumen.

Eine topologische Algebra A heißt Steinsche Algebra, wenn es einen Steinschen Raum X so gibt, daß die topologischen Algebren $\mathcal{O}(X)$ und A isomorph sind.

Steinsche Schätzung, *James-Steinsche Schätzung*, von W. James und C. Stein eingeführte spezielle ↗Punktschätzung für den Erwartungswert(vektor) zufälliger Variabler.

Sei $\vec{Y}$ ein k-dimensionaler normalverteilter Vektor, $\vec{Y} \sim N_k(\vec{\mu}, I_k)$, mit dem unbekannten Erwartungswertvektor $\vec{\mu} \in \mathbb{R}^k$ und der Kovarianzmatrix I_k (k-dimensionale Einheitsmatrix). Sei weiterhin

$$\delta^c(\vec{Y}) = \left(1 - \frac{(k-2)}{\|\vec{Y}\|^2} c\right) \vec{Y}, \quad \text{mit } \|\vec{Y}\|^2 = \sum_{i=1}^{k} Y_i^2$$

eine Schätzfunktion zur Schätzung von $\vec{\mu}$. Aus der ↗Entscheidungstheorie ist bekannt, daß die Schätzfunktion $\delta^0(\vec{Y}) = \vec{Y}$ die BUE (Best Unbiased Estimator), d. h. die beste erwartungstreue und auch Minimax-Schätzung bzgl. des Risikos

$$\begin{aligned} R(\vec{\mu}, \delta) &= E_{\vec{\mu}} \|\delta(\vec{Y}) - \vec{\mu}\|^2 \\ &= \sum_{i=1}^{k} E_{\vec{\mu}} (\delta_i(\vec{Y}) - \mu_i)^2 \end{aligned}$$

ist. Stein zeigte 1956, daß δ^0 bei $k \geq 3$ durch eine nichterwartungstreue Schätzung δ^* im Sinne von

$$R(\vec{\mu}, \delta^*) < R(\vec{\mu}), \delta^0) = k$$

verbessert werden kann. James und Stein zeigten wenig später, daß die anstelle von δ^* verwendete einfachere Schätzfunktion δ^1 gleichmäßig besser als eine BUE ist. Diese war die erste als Steinsche Schätzfunktion bzw. James-Stein-Schätzung bezeichnete Schätzung.

Eine detaillierte Darstellung der Theorie Steinscher Schätzungen enthält [1], wobei auch unbekannte Kovarianzmatrizen, multivariate Modelle und allgemeinere quadratische Risikofunktionen betrachtet werden. Es werden hier auch Vergleiche zwischen verschiedenen James-Stein-Schätzungen durchgeführt, und der Zusammenhang zu Bayesschen Schätzungen beschrieben.

[1] K.M.S. Humak: Statistische Methoden der Modellbildung Band I. Akademie-Verlag Berlin, 1977.

Steinsche Überdeckung, Begriff in der Funktionentheorie auf komplexen Räumen.

Die Topologie eines jeden komplexen Raumes X besitzt eine Basis, die aus offenen Steinschen Teilräumen besteht. Eine Überdeckung, die aus offenen Steinschen Teilräumen besteht, heißt Steinsche Überdeckung. Jeder komplexe Raum besitzt beliebig feine Steinsche Überdeckungen.

Steinscher Raum, *holomorph vollständiger Raum*, wichtigster Typ eines komplexen Raums mit einer reichen globalen Funktionen-Algebra. Die Klasse dieser Räume stellt eine Verallgemeinerung der Holomorphiebereiche im $\mathbb{C}^n$ dar.

Ein komplexer Raum X heißt ein Steinscher Raum (oder holomorph vollständiger Raum), wenn er die folgenden Bedingungen erfüllt:

i) Jede Zusammenhangskomponente von X besitzt eine abzählbare Topologie.

ii) X ist *holomorph separabel*, d. h., für $x \neq y \in X$ existiert ein $f \in \mathcal{O}(X)$ so, daß $f(x) \neq f(y)$.

iii) X ist *holomorph konvex*, d. h., für $K \subset |X|$ ist die holomorph konvexe Hülle

$$\widehat{K}_{\mathcal{O}(X)} := \widehat{K} := \bigcap_{f \in \mathcal{O}(X)} \{x \in X; |f(x)| \leq \|f\|_K\}$$

von K in X kompakt, wenn K kompakt ist.

[1] Kaup, B.; Kaup, L.: Holomorphic Functions of Several Variables. Walter de Gruyter Berlin/New York, 1983.

Stelle der Bestimmtheit, ↗schwache Singularität.

Stelle der Unbestimmtheit, ↗ schwache Singularität.

Stellen-Transitionsnetz, ein ↗Petrinetz mit unstrukturierten Marken.

Marken (Token) werden als schwarze Punkte graphisch dargestellt, verschiedene Marken auf einer Stelle sind nicht voneinander unterscheidbar. Die Schaltfähigkeit von Transitionen hängt demnach auch nur von einer hinreichenden Anzahl von Marken im Vorbereich ab. Stellen-Transitionsnetze gehören zu den einfachsten Formalismen zur Modellierung verteilter Systeme. Für sie existiert ein außerordentlich umfangreicher Satz an Analysetechniken. Die gute Analysierbarkeit beruht vor allem auf folgenden, bei Stellen-Transitionsnetzen besonders ausgeprägten Eigenschaften: Lokalität (die Unabhängigkeit von Ereignissen (Transitionen) ist leicht anhand der Netztopologie erkennbar), Linearität (voneinander erreichbare Zustände stehen in einer einfachen linear-algebraischen Beziehung zueinander) und Monotonie (jede bei einer Markierung schaltfähige Transitionssequenz behält ihre Schaltfähigkeit, wenn Marken zu beliebigen Stellen hinzugefügt werden).

Stellenwertsystem, System zur Darstellung reeller Zahlen als Zeichenreihen über einem endlichen Alphabet, wobei der Wert eines Zeichens von seiner Stelle in der Zeichenreihe abhängt. Ein Stellenwertsystem ist somit ein Positionssystem (↗Zahlsystem).

Stellenwertsysteme zu fester Basis

Zu $2 \leq b \in \mathbb{N}$, genannt *Basis* oder *Grundzahl* des Stellenwertsystems, gibt es zu jedem $x \in \mathbb{R}$ ein $n \in \mathbb{N}_0$ sowie zu allen $k \in \mathbb{Z}$ mit $k \leq n$ natürliche Zahlen $x_k \in \{0, \ldots, b-1\}$ derart, daß

$$x = \operatorname{sgn} x \cdot \sum_{k=-\infty}^{n} x_k b^k \tag{1}$$

gilt. Man vereinbart b verschiedene Symbole, genannt *Ziffern*, ordnet diese den natürlichen Zahlen $0, \ldots, b-1$ zu, und schreibt (1) als

$$x = \quad \xi_n \cdots \xi_0 . \xi_{-1} \cdots \tag{2}$$

im Fall $x \geq 0$ und als

$$x = -\xi_n \cdots \xi_0 . \xi_{-1} \cdots \tag{3}$$

im Fall $x < 0$, wobei $\xi_n, \xi_{n-1}, \ldots$ die zu den Zahlen $x_n, x_{n-1}, \ldots$ gehörenden Ziffern seien. Ist die Basis b nicht aus dem Zusammenhang ersichtlich, so muß sie (etwa durch einen angehängten Index) deutlich gemacht werden. ‚Führende Nullen' läßt man weg bzw. wählt n und die x_k von vornherein so, daß $x_n \neq 0$ gilt im Fall $n > 0$.

Man nennt (2) bzw. (3) *Darstellung zur Basis b*, *b-adische Darstellung* oder einfach *b-Darstellung* und spricht auch vom *b-adischen System* oder einfach *b-System* (Zweiersystem, Dreiersystem, usw.). Statt eines Punktes wird in manchen (u. a. in deutschsprachigen) Ländern traditionell auch ein Komma benutzt. Man bezeichnet dieses Trennzeichen im Fall $b = 10$ (und nachlässig auch für andere b) als *Dezimalpunkt* bzw. *Dezimalkomma*. Eine Darstellung zur Basis 10 heißt auch *Dezimalbruch* und das Bestimmen einer solchen Darstellung zu einer gegebenen Zahl *Dezimalbruchentwicklung*. Die zur Bezeichnung „b-adisch" führende Wahl der Variablen b ist natürlich willkürlich. Auch die Variable g und damit die Bezeichnung „g-adisch" sind gebräuchlich (↗g-adische Entwicklung).

Für Basen $b \leq 10$ werden üblicherweise die ersten b der zehn Ziffern $0, 1, 2, 3, 4, 5, 6, 7, 8, 9$ des indisch-arabischen Zahlensystems benutzt. Für größere Basen benutzt man entweder im Zehnersystem geschriebene natürliche Zahlen als ‚Ziffern' oder führt zusätzlich zu $0, \ldots, 9$ weitere Ziffern ein. Für das Sechzehnersystem z. B. ordnet man den natürlichen Zahlen 10, . . . , 15 die Buchstaben A,B,C,D,E,F zu. So gilt etwa

$$\begin{aligned} 7\mathrm{D}2.\mathrm{A}_{16} &= 7\cdot 16^2 + 13\cdot 16 + 2 + 10\cdot 16^{-1} \\ &= 2002.625_{10}\,. \end{aligned}$$

Für $x \in \mathbb{Z}$ und Darstellungen mit $x_k = 0$ für alle $k < 0$ läßt man den Teil rechts vom Dezimalpunkt auch weg und schreibt anstelle von (2) und (3) kürzer $x = \xi_n \cdots \xi_0$ bzw. $x = -\xi_n \cdots \xi_0$. Entsprechend läßt man aus einer Folge von lauter Nullen bestehende Endstücke von Darstellungen, die rechts vom Dezimalpunkt liegen, weg. Im b-adischen System besitzen genau diejenigen $x \in \mathbb{R}$ eine solche abbrechende Darstellung, die ein ganzzahliges Vielfaches einer Potenz von $\frac{1}{b}$ sind. Weiter besitzen rationale Zahlen und nur diese eine Darstellung, die abbricht oder zu einer endlosen Wiederholung der immer gleichen Zifferngruppe, genannt *Periode*, führt. Für eine Zahl mit einer Periode $\eta_1 \cdots \eta_p$ rechts vom Dezimalpunkt schreibt man anstelle von

$$\xi_n \cdots \xi_0 \,.\, \xi_{-1} \cdots \xi_{-m} \eta_1 \cdots \eta_p \, \eta_1 \cdots \eta_p \cdots$$

abgekürzt auch

$$\xi_n \cdots \xi_0 \,.\, \xi_{-1} \cdots \xi_{-m} \, \overline{\eta_1 \cdots \eta_p}\,.$$

Damit wird die rationale Zahl

$$\begin{aligned} x &= \sum_{k=-m}^{n} x_k\, b^k + \sum_{j=1}^{\infty} y\, b^{-(m+jp)} \\ &= \sum_{k=-m}^{n} x_k\, b^k + \frac{y}{b^p - 1}\, b^{-m}\,, \end{aligned}$$

dargestellt, wobei x_k wieder die zur Ziffer ξ_k gehörende natürliche Zahl bezeichnet und y die durch die Zeichenreihe $\eta_1 \cdots \eta_p$ dargestellte natürliche Zahl.

Für reelle Zahlen mit einer auf $\overline{0}$ endenden, also abbrechenden, b-adischen Darstellung ist die Darstellung nicht eindeutig: Bezeichnet η die zu $b-1$ gehörende Ziffer, so stellt z. B. die Zeichenreihe $\xi_n \cdots \xi_0.1$ die gleiche rationale Zahl dar wie die Zeichenreihe $\xi_n \cdots \xi_0.0\overline{\eta}$. Die Darstellung ist jedoch eindeutig, wenn man die Periode η ausschließt bzw. auf $\overline{\eta}$ endende Zeichenreihen mit den die gleiche Zahl darstellenden abbrechenden Zeichenreihen identifiziert. Die Abbildung reeller Zahlen auf Zeichenreihen ohne Periode η ist also bijektiv. Karl Theodor Wilhelm Weierstraß (1872) folgend, kann man daher die reellen Zahlen auch als solche Zeichenreihen *definieren*.

Gebräuchliche Stellenwertsysteme zu fester Basis

Das Zweiersystem wird auch auch als *dyadisches System*, *Binärsystem* oder *Dualsystem* bezeichnet. Es ist, weil es nur zwei Ziffern benötigt, die sich durch zwei Schaltzustände (‚an' und ‚aus') wiedergeben lassen, zur Grundlage digitaler elektronischer Rechner geworden. Eine Stelle wird in diesem Zusammenhang auch ein *Bit* genannt. Auch das Achtersystem, *Oktalsystem* genannt, und das Sechzehnersystem, als *Sedezimalsystem* oder *Hexadezimalsystem* bezeichnet, haben vor allem in diesem Zusammenhang Anwendung gefunden, weil sich mit ihrer Hilfe Dualzahlen kompakter wiedergeben lassen. Eine Ziffer im Oktalsystem entspricht drei, und eine Ziffer im Hexadezimalsystem vier Ziffern im Dualsystem. Die Zusammenfassung von vier Bits nennt man auch ein *Nibble*, und die Zusammenfassung von acht Bits ein *Byte*.

Das Zehnersystem, auch *dekadisches System* oder *Dezimalsystem* genannt, als das heute aus dem täglichen Gebrauch gewohnte Verfahren zur Zahlendarstellung ist zwischen 300 v. Chr. und 600 n. Chr. in Indien entstanden und verbreitete sich in Europa zwischen dem 13. und 16. Jahrhundert u. a. durch das zweite Rechenbuch von Adam Ries (1522). Die Benutzung der Zehn als Basis ist historisch vermutlich durch die zehn Finger des Menschen bedingt, wie sich auch die in manchen Kulturen verwendete Basis 20 durch das Zählen mit Fingern und Zehen erklären läßt.

Das Zwölfersystem oder *Duodezimalsystem* geht auf die Sumerer zurück und wird noch heute benutzt bei der Einteilung des Jahres in zwölf Monate und des Tages in $2 \cdot 12$ Stunden, sowie bei manchen Mengenangaben (z. B. ein Dutzend = zwölf Stück, ein Gros = zwölf Dutzend) sowie (vor allem im englischen Sprachraum) Maßen (z. B. ein Fuß = zwölf Zoll) und Gewichten (z. B. ein Pfund = zwölf Unzen). Seine Vorteile beim praktischen Rechnen mit natürlichen Zahlen beruhen auf der Tatsache, daß die Zahl 12 (verglichen mit der Zahl 10) sehr viele Teiler besitzt. Multiplikationen mit und Divisionen durch diese Teiler sind im Duodezimalsystem bequem auszuführen, und die Teilbarkeit von natürlichen Zahlen durch diese Teiler und Produkte aus ihnen ist leicht zu untersuchen. Diese Vorteile haben im Zeitalter des elektronischen Rechnens zwar an Gewicht verloren, doch hätte es der Mensch beim Rechnen noch immer bequemer, wenn er mit zwölf Fingern ausgestattet wäre und deswegen von vornherein einheitlich das Duodezimal- statt des Dezimalsystems benutzt hätte.

Auch das Sechzigersystem oder *Sexagesimalsystem* stammt von den Sumerern und ist noch heute etwa bei der Einteilung der Stunde in 60 Minuten und der Minute in 60 Sekunden und auch bei der Einteilung des Kreises in 360 Grad gebräuchlich. Das Sexagesimalsystem bezieht seine Stärke ebenfalls aus den vielen Teilern seiner Grundzahl, die manche Multiplikationen, Divisionen und Teilbarkeitsuntersuchungen vereinfachen. Für spezielle Zwecke können auch Stellenwertsystem zu anderen Basen von Nutzen sein. Das Dreiersystem beispielsweise ist hilfreich zur Beschreibung der ↗Cantor-Menge.

Ein guter Teil des klassischen Mathematikunterrichts in den Grundschulen besteht aus dem Lernen des Umgangs mit dezimalen Zeichenreihen. Bezeichnet $\mathrm{Dez}(x)$ die Dezimaldarstellung einer reellen Zahl x, und sind a und b reelle Zahlen, so möchte man etwa aus den (gegebenen) Zeichenreihen $\mathrm{Dez}(a)$ und $\mathrm{Dez}(a)$ die Zeichenreihen $\mathrm{Dez}(a+b)$ und $\mathrm{Dez}(ab)$ ableiten. Dieser Vorgang ist landläufig als ‚Rechnen' bekannt. Laut Arnold Oberschelp gibt es das „weitverbreitete Vorurteil, dieses sei die einzige mathematische Tätigkeit".

Stellenwertsysteme zu variabler Basis

Bei den obigen Stellenwertsystemen zu fester Basis b hat eine an der Stelle k stehende Ziffer den Wert $x_k\, b^k$ mit einem $x_k \in \{0,\dots,b-1\}$. Die reelle Zahl x wird sozusagen nach der Basis $(b^k)_{k\in\mathbb{Z}}$ ‚entwickelt'. Statt der Zahlen b^k kann man auch eine Basis $(b_k)_{k\in\mathbb{Z}}$, $(b_k)_{k\le n}$ oder $(b_k)_{k\ge n}$ mit anderen (geeigneten) $b_k \in (0,\infty)$ betrachten und spricht dann von einem Stellenwertsystem zur *variablen* oder *gemischten Basis*

$$(b_k) \;=\; (\dots, b_2, b_1, b_0; b_{-1}, b_{-2}, \dots)\,.$$

Derartige Systeme sind durchaus schon aus dem Alltag bekannt: Um Zeitspannen im Sekunden- bis Tagebereich mit Sekundengenauigkeit anzugeben, kann man z. B. Sekunden, Minuten, Stunden und Tage benutzen, entsprechend einer Basis (b_k) mit $b_0 = 1$, $b_1 = 60$, $b_2 = 3600$, $b_3 = 86400$ und $b_k = 0$ für andere k, kurz $(b_k) = (86400, 3600, 60, 1;)$. Der ↗Tröpfelalgorithmus zur Berechnung von π besteht gerade aus einer Umwandlung von π aus der Darstellung im Stellenwertsystem zur variablen Basis $(b_k) = (1; 1/3, 2/5, 3/7, 4/9, \dots)$ ins Dezimalsystem.

Als erster betrachtete im Jahr 1869 Georg Ferdinand Ludwig Philip Cantor allgemeine Stellenwertsysteme zu variabler Basis. Die Darstellung im Stellenwertsystem zu der zu einer Folge $(g_j)_{j\ge1}$ natürlicher Zahlen $g_j \ge 2$ gebildeten Basis

$$(b_k) \;=\; (1; 1/g_1, 1/(g_1g_2), 1/(g_1g_2g_3), \dots)$$

wird als Cantor-Entwicklung bezeichnet. Feste Basen b sind hierin als Spezialfall $g_j = b$ für alle $j \in \mathbb{N}$ enthalten.

Es sei $(b_k)_{k\in\mathbb{Z}}$ eine streng isotone Folge reeller Zahlen mit $\lim_{k\to-\infty} b_k = 0$ und $\lim_{k\to\infty} b_k = \infty$, und $(c_k)_{k\in\mathbb{Z}}$ eine Folge natürlicher Zahlen. Dann gibt es nach einem Satz von Nathan Saul Mendelsohn genau dann für jedes reelle $x > 0$ ein $n \in \mathbb{N}$ und zu allen $\mathbb{Z} \ni k \le n$ natürliche Zahlen $x_k \in \{0,\dots,c_k\}$ mit $x_n \neq 0$ und $x_k < c_k$ für unendlich viele k und

$$x \;=\; \sum_{k=-\infty}^{n} x_k\, b_k\,,$$

wenn

$$b_{n+1} \;=\; \sum_{k=-\infty}^{n} c_k\, b_k$$

gilt für alle $n \in \mathbb{Z}$.

[1] Bundschuh, P.: Einführung in die Zahlentheorie. Springer Berlin, 1998.

[2] Knuth, D. E.: The Art of Computer Programming, Volume 2. Addison-Wesley, 1998.

[3] Oberschelp, A.: Aufbau des Zahlensystems. Vandenhoeck Ruprecht Göttingen, 1976.

[4] Ries, A.: Das 2. Rechenbuch. Erfurt, 1522.

Stellungsvektor, ein Vektor $\mathfrak{s} \in \mathbb{R}^3$, der die Stellung einer Ebene $\mathcal{E} \subset \mathbb{R}^3$ festlegt.

Sind (x, y, z) und (x_0, y_0, z_0) die Koordinaten zweier Punkte $P, P_0 \in \mathcal{E}$ so gilt $\langle \overrightarrow{PP}_0, \mathfrak{s}\rangle = 0$, d. h., $\mathfrak{s}$ ist ein ↗Normalenvektor von $\mathcal{E}$.

Sterbegesetze, Versuche, die Lebenserwartung einer Person in Abhängigkeit von dem aktuellen Alter durch analytische Funktionen im Sinne eines Naturgesetzes zu beschreiben.

Diese Funktionen enthalten üblicherweise einige freie Parameter, welche dann den Gegebenheiten der jeweiligen Population anzupassen sind. Aus solchen expliziten Verteilungsfunktionen lassen sich als abgeleitete Größen Sterbeintensitäten, ↗ Sterbewahrscheinlichkeiten und damit auch ↗ Sterbetafeln ableiten. Die bekanntesten Versuche, solche Sterbegesetze zu formulieren, stammen aus dem achtzehnten und neunzehnten Jahrhundert. Sie gehen zum Beispiel zurück auf de Moivre (1724), Gompertz (1824), sowie Makeham (1860), der den Ansatz von Gompertz verallgemeinerte. Dieses sogenannte Gompertz-Makeham-Gesetz wurde früher häufig bei analytischen Ausgleichsverfahren der durch statistische Beobachtungen gewonnenen rohen Sterbewahrscheinlichkeiten verwendet, um zu möglichst glatten Sterbetafeln zu gelangen. Im 20. Jahrhundert haben diese Methoden und Ansätze an Bedeutung verloren, wenngleich noch 1939 Weibull ein weiteres Sterbegesetz formuliert hat.

Heute spielen Sterbegesetze in der Versicherungsmathematik keine wesentliche Rolle mehr. Man geht inzwischen eher davon aus, daß das komplexe Geschehen menschlicher Mortalität zutreffender durch empirisch gewonnene ↗ Sterbetafeln zu erfassen ist als durch Sterbegesetze.

Sterbetafel, im wesentlichen eine Tabelle von einjährigen Sterbewahrscheinlichkeiten sortiert nach Alter, mit denen sich Prämien und Rückstellungen in der Personenversicherung berechnen lassen.

Sterbetafeln werden für bestimmte Bevölkerungsgruppen konstruiert, welche sich durch geeignete Merkmale (z. B. Geschlecht, Generation, erhöhte Risiken, Art der Versicherung) definieren lassen. Sterbetafeln werden aus Beobachtungsdaten abgeleitet, wobei neben statistischen Schätzverfahren Methoden der Ausgleichsrechnung und eventuell auch der Extrapolation Anwendung finden. Je nach vorliegenden Beobachtungsdaten unterscheidet man verschiedene Typen von Sterbetafeln:

Generationensterbetafeln: Hier geht es um die Absterbeordnung eines Geburtsjahrgangs.

Periodensterbetafeln: Aktuelle Sterblichkeitswerte, die nur für eine gewisse Anzahl von Kalenderjahren angenähert gültig bleiben.

Allgemeine Sterbetafeln, die aus einer Volkszählung hervorgegangen sind.

Versichertensterbetafeln, denen nur die Daten eines bestimmten Kollektivs zugrunde liegen.

Für spezielle Teilkollektive werden Übersterblichkeiten durch Sicherheitszuschläge angemessen berücksichtigt (Tafeln für erhöhte Risiken). Da die Lebenserwartung einer Bevölkerung zeitlichen Trends unterliegt, ist die Kalkulation langfristiger Personenversicherungen, insbesondere etwa Rentenversicherungen, schwierig. Dann hat man zweidimensionale Tafeln zu verwenden, die neben dem aktuellen Alter der Person auch den Trend zur Verbesserung der jährlichen Überlebenswahrscheinlichkeiten berücksichtigen. Auf Rueff (1955) geht die Idee zurück, die zweidimensionalen Tafeln mittels Altersverschiebung der eindimensionalen Tafeln zu approximieren. Dies wird etwa bei der Kalkulation langfristiger Rentenversicherungen in der Praxis verwendet.

Die erste historisch überlieferte Bevölkerungstafel mit Prognosen der zukünftigen Lebensdauer in Abhängigkeit vom Alter stammt aus der römischen Kaiserzeit etwa um 220 n. Chr. (Tafeln des Praefectus D. Ulpianus), die erste empirisch gesicherte Sterbetafel der Neuzeit wird dem Astronomen E. Halley zugeschrieben, der diese 1693 aus den Sterbelisten der Stadt Breslau in den Jahren 1687 bis 1691 ableitete.

Sterbewahrscheinlichkeit, die Wahrscheinlichkeit für einzelne Alter, innerhalb eines Jahres zu sterben.

Diese sogenannten einjährigen Sterbewahrscheinlichkeiten q_x (x parametrisiert das jeweilige Alter) sind in ↗ Sterbetafeln zusammengefaßt und werden bei der versicherungsmathematischen Kalkulation von Prämien und Deckungsrückstellungen benötigt.

Stereobild, besteht aus zwei verschiedenen Bildern eines Objektes, aus denen das Objekt im Raum rekonstruiert werden kann – insbesondere wird der Begriff für zwei ↗ Zentralprojektionen mit nahe benachbarten Zentren und gleicher Bildebene verwendet.

Anwendung finden Stereobilder z. B. in der Photogrammetrie, wo man aus verschiedenen Luftaufnahmen das Gelände rekonstruiert (↗ Anaglyphen).

stereographische Projektion, eine Abbildung ϕ der Kugeloberfläche

$$S^2 = \{ (x_1, x_2, x_3) \in \mathbb{R}^3 : x_1^2 + x_2^2 + x_3^2 = 1 \}$$

auf $\widehat{\mathbb{C}}$ (↗ Kompaktifizierung von $\mathbb{C}$), die wie folgt definiert ist: Jedes $\xi = (x_1, x_2, x_3) \in S^2 \setminus \{N\}$ wird vom „Nordpol" $N = (0, 0, 1)$ aus stereographisch auf $\mathbb{C}$ projiziert, d. h. ξ wird der Schnittpunkt $\phi(\xi)$ der Verbindungsgeraden von N und ξ mit $\mathbb{C}$ zugeordnet. Dabei wird $\mathbb{C}$ mit $\mathbb{R}^2 \times \{0\}$ identifiziert. Man setzt noch $\phi(N) := \infty$.

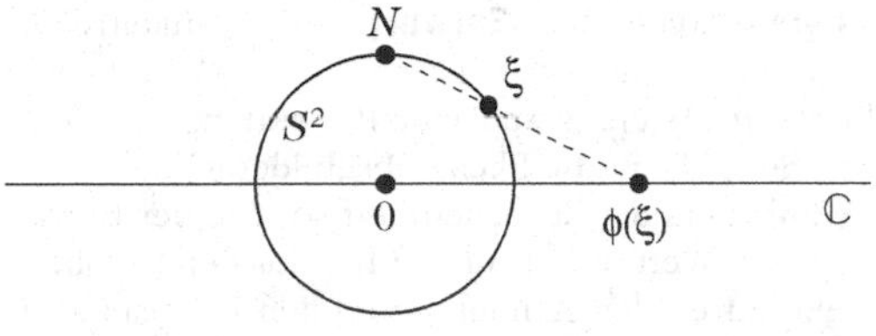

Stereographische Projektion

Die stereographische Projektion ϕ ist ein Homöomorphismus von S^2 auf $\widehat{\mathbb{C}}$. In Formeln schreibt sich ϕ als

$$\phi(\xi) = \frac{x_1 + ix_2}{1 - x_3}, \quad \xi \in S^2 \setminus \{N\}.$$

Für die Umkehrabbildung ϕ^{-1} von ϕ gilt mit $z = x + iy \in \mathbb{C}$

$$\phi^{-1}(z) = \frac{1}{x^2 + y^2 + 1}(2x, 2y, x^2 + y^2 - 1).$$

Schreibt man S^2 in der Form

$$S^2 = \{ (w, t) \in \mathbb{C} \times \mathbb{R} : |w|^2 + t^2 = 1 \},$$

so lauten diese Formeln

$$\phi(w, t) = \frac{w}{1 - t}, \quad (w, t) \neq (0, 1)$$

und

$$\phi^{-1}(z) = \frac{1}{|z|^2 + 1}(2z, |z|^2 - 1), \quad z \in \mathbb{C}.$$

Im folgenden werden noch die Bilder einiger Teilmengen von S^2 unter ϕ in der Form „Menge $\mapsto$ Bild" angegeben:

- Nordpol $\mapsto \infty$; Südpol $\mapsto 0$;
- Südhalbkugel $\mapsto$ offene Einheitskreisscheibe $\mathbb{E}$; Nordhalbkugel $\mapsto$ Äußeres von $\overline{\mathbb{E}}$;
- Äquator $\mapsto$ Einheitskreislinie $\partial\mathbb{E}$;
- Längenkreis $\mapsto$ Gerade durch 0; Breitenkreis $\mapsto$ Kreislinie mit Mittelpunkt 0;
- Kreislinie durch $N \mapsto$ Gerade; Kreislinie, die nicht durch N geht $\mapsto$ Kreislinie.

Manche Autoren benutzen statt S^2 die Kugeloberfläche mit Mittelpunkt $\left(0, 0, \frac{1}{2}\right)$ und Radius $\frac{1}{2}$. Der Nordpol N ist dann ebenfalls der Punkt $(0, 0, 1)$. Die Formel für ϕ bleibt erhalten, und für ϕ^{-1} gilt mit $z = x + iy \in \mathbb{C}$

$$\phi^{-1}(z) = \frac{1}{x^2 + y^2 + 1}(x, y, x^2 + y^2).$$

Gelegentlich betrachtet man auch eine Verallgemeinerung der hier vorgestellten stereographischen Projektion auf den höherdimensionalen Fall, also eine ↗konforme Abbildung eines Gebietes der n-dimensionalen Sphäre S^n, das durch Wegnehmen eines Punktes $P \in S^n$ entsteht, in den n-dimensionalen Raum $\mathbb{R}^n$.

stereographischer Entwurf, ein winkeltreuer ↗Kartennetzentwurf, bei dem die Kugeloberfläche durch die ↗stereographische Projektion, allerdings vom Südpol, auf die Ebene abgebildet wird.

Wählt man die Längeneinheit so, daß der Erdradius den Wert 1 hat, und führt auf der Erdoberfläche durch den Azimut φ und den Polabstand ϑ Polarkoordinaten ein, so ist der stereographische Entwurf durch die Abbildung

$$\tau : \begin{pmatrix} x \\ y \\ z \end{pmatrix} = \begin{pmatrix} \sin\vartheta\,\cos\varphi \\ \sin\vartheta\,\sin\varphi \\ \cos\vartheta \end{pmatrix} \to \frac{2}{1+z}\begin{pmatrix} x \\ y \end{pmatrix} =$$
$$\frac{2\sin\vartheta}{1+\cos\vartheta}\begin{pmatrix} \cos\varphi \\ \sin\varphi \end{pmatrix} = 2\tan\left(\frac{\vartheta}{2}\right)\begin{pmatrix} \cos\varphi \\ \sin\varphi \end{pmatrix}$$

gegeben. Demnach hat das Bild eines Punktes (x, y, z) der Erdoberfläche bei τ die ebenen Polarkoordinaten $(r, t) = \left(2\tan\left(\vartheta/2\right), \varphi\right)$.

Stern, ↗Knotenpunkt.

$*$-endliche Zahl, ↗ Nichtstandard-Analysis.

sternförmige Menge, eine Menge $M \subset \mathbb{C}$ oder $M \subset \mathbb{R}^n$ mit folgender Eigenschaft: Es existiert ein Punkt $z_0 \in M$ derart, daß für alle $z \in M$ die Verbindungsstrecke $[z_0, z]$ in M liegt. Der Punkt z_0 heißt auch Zentrum von M.

Das Zentrum z_0 von M ist im allgemeinen nicht eindeutig bestimmt, d. h. es können mehrere Zentren existieren. Ist z. B. M eine ↗konvexe Menge, so ist jedes $z_0 \in M$ ein Zentrum von M, d. h., jede konvexe Menge ist sternförmig. Sternförmige Mengen A sind zusammenziehbar, d. h. für sie ist die identische Abbildung $A \to A$ eine ↗nullhomotope Abbildung. Anschaulich bedeutet die Sternförmigkeit einer Menge, daß man vom Zentrum jeden Punkt der Menge „sehen" kann.

Sternförmigkeit, Eigenschaft einer Menge, eine ↗sternförmige Menge zu sein.

Sterngebiet, ein ↗Gebiet $G \subset \mathbb{C}$, das eine ↗sternförmige Menge ist.

$*$-gleichmächtig, eine interne Bijektion zulassend (↗Nichtstandard-Analysis).

Sternkurve, ↗Astroide.

stetig differenzierbare Funktion, eine ↗differenzierbare Funktion mit stetiger Ableitung (↗Ableitung einer Funktion).

Eine Funktion heißt k-mal stetig differenzierbar, wenn sie k-mal differenzierbar und ihre k-te Ableitung stetig ist. Ist $G \subset \mathbb{R}^n$ offen, so ist $f : \mathbb{R}^n \to \mathbb{R}^m$ genau dann stetig differenzierbar, wenn alle Komponentenfunktionen $f_1, \dots, f_m$ in $C^1(G)$ liegen.

Eine differenzierbare Funktion mit unstetiger Ableitung ist etwa $f : \mathbb{R} \to \mathbb{R}$ mit

$$f(x) = \begin{cases} x^2 \sin\frac{1}{x} & , \ x \neq 0 \\ 0 & , \ x = 0 \end{cases}$$

und

$$f'(x) = \begin{cases} 2x\sin\frac{1}{x} - \cos\frac{1}{x} & , \ x \neq 0 \\ 0 & , \ x = 0 \end{cases}.$$

Zwar ist f' stetig in $\mathbb{R} \setminus \{0\}$ und in der Umgebung von 0 beschränkt, doch an der Stelle 0 nicht stetig, weil f' in jeder Umgebung von 0 zwischen -1 und 1 „pendelt"(s. Abb.).

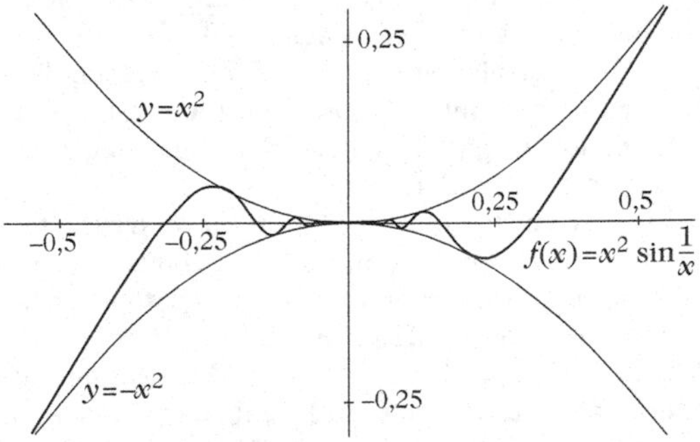

Stetig differenzierbare Funktionen verhalten sich ‚gutartiger' als ‚nur' differenzierbare Funktionen, was sich etwa in der Vertauschbarkeit gemischter höherer ↗partieller Ableitungen ausdrückt (↗Schwarz, Satz von).

stetig differenzierbare Kurve, eine Abbildung $\alpha : I \to \mathbb{R}^n$ eines Intervalls $I \subset \mathbb{R}$ derart, daß für alle

$t \in I$ der Ableitungsvektor

$$\alpha'(t) = \lim_{\Delta t \to 0} \frac{\alpha(t + \Delta t) - \alpha(t)}{\Delta t}$$

existiert und eine stetige Funktion von t ist.

stetig differenzierbarer Weg, ein Weg $\gamma : [a, b] \to \mathbb{C}$ mit einer Parameterdarstellung $t \mapsto \gamma(t) = x(t) + iy(t)$ derart, daß $x, y: [a, b] \to \mathbb{R}$ ↗stetig differenzierbare Funktionen sind. Man setzt dann $\gamma'(t) := x'(t) + iy'(t)$. Gilt zusätzlich $\gamma'(t) \neq 0$ für alle $t \in [a, b]$, so heißt γ ein glatter Weg.

Beispiele für glatte Wege:

(a) Nullweg: γ ist eine konstante Funktion.

(b) Strecke von $z_0 \in \mathbb{C}$ nach $z_1 \in \mathbb{C}$: $\gamma : [0, 1] \to \mathbb{C}$ mit $\gamma(t) = (1 - t)z_0 + tz_1$.

(c) Kreisbogen auf dem Rand der Kreisscheibe $B_r(z_0)$ mit Mittelpunkt $z_0 \in \mathbb{C}$ und Radius $r > 0$: $\gamma : [a, b] \to \mathbb{C}$ mit $\gamma(t) = z_0 + re^{it}$, wobei $0 \leq a < b \leq 2\pi$.

stetig modifizierbarer Prozeß, ↗Modifikationen stochastischer Prozesse.

stetige Abbildung, *stetige Funktion*, Abbildung, die in jedem Punkt ihres Definitionsbereiches stetig ist. Dies kann u. a. über offene, über abgeschlossene Mengen und über abgeschlossene Hüllen charakterisiert werden (↗Stetigkeitskriterium).

Aus den Grundregeln für Stetigkeit in einem Punkt, aber auch direkt aus der ↗Stetigkeit der Grundoperationen, liest man ab: Für reell- oder komplexwertige Funktionen sind Summen, Differenzen, Produkte, der Betrag und Quotienten stetiger Funktionen wieder stetig. Für weitere Information vergleiche man das Stichwort ↗Stetigkeit.

stetige Abhängigkeit von den Anfangswerten, drückt sich in folgendem Satz aus:

Sei $G \subset \mathbb{R}^{n+1}$ eine offene Menge, $(x_0, \mathbf{y}_0) \in G$ und $f \in C^0(G, \mathbb{R}^n)$.

Falls f lokal bezüglich $\mathbf{y}$ einer Lipschitz-Bedingung genügt, dann ist die eindeutig bestimmte Lösung des Anfangswertproblems

$$\mathbf{y}' = f(x, \mathbf{y}), \quad \mathbf{y}(x_0) = \mathbf{y}_0$$

stetig abhängig vom Anfangswert $\mathbf{y}_0$.

Die Existenz einer eindeutig bestimmten Lösung des Anfangswertproblems folgt bereits aus dem Satz von Picard-Lindelöf (↗Picard-Lindelöf, Existenz- und Eindeutigkeitssatz von).

stetige Funktion, ↗stetige Abbildung, ↗Stetigkeit.

stetige Inverse, Satz über die, ↗Satz über die stetige Inverse.

stetige Mengenfunktion, eine ↗Mengenfunktion μ auf einem Mengensystem $\mathcal{M}$ in einer Menge Ω, die stetig von oben und unten ist. Ist die Mengenfunktion ein Maß, so spricht man von einem stetigen Maß.

Falls die Mengenfunktion μ ein ↗Inhalt auf einem ↗Mengenring $\mathcal{M}$ in Ω ist, so gilt: Falls μ Maß ist auf dem Mengenring $\mathcal{M}$, so ist μ stetig und $\emptyset$-stetig, falls μ von oben stetige Mengenfunktion ist, so ist μ Maß auf dem Mengenring $\mathcal{M}$, und falls μ endlich ist auf dem Mengenring $\mathcal{M}$ und $\emptyset$-stetig ist, so ist μ Maß auf $\mathcal{M}$ und somit stetige Mengenfunktion.

stetige Mengenfunktion bzgl. eines signierten Maßes, Begriff aus der Maßtheorie.

Es sei $\mathcal{M}$ ein Mengensystem in einer Menge Ω mit $\emptyset \in \mathcal{M}$, μ ein signiertes Maß auf $\mathcal{M}$ und ν eine Mengenfunktion auf $\mathcal{M}$. Dann heißt die Mengenfunktion ν stetig bzgl. des signierten Maßes μ, falls für alle $M \in \mathcal{M}$ mit $\mu(M) = 0$ folgt, daß $\nu(M) = 0$ ist.

Siehe auch ↗Mengenfunktion und ↗μ-stetiges Maß.

stetige Teilung, ältere Bezeichnung für das Teilungsverhältnis des ↗Goldenen Schnitts.

stetige Zufallsgröße, auf einem Wahrscheinlichkeitsraum $(\Omega, \mathfrak{A}, P)$ definierte Zufallsgröße X (↗Zufallsvariable), für die eine Wahrscheinlichkeitsdichte f existiert, derart daß

$$P(X \in B) = \int_B f(x)dx$$

für jede Borelsche Teilmenge B von $\mathbb{R}$ gilt.

stetiger Operator, eine bzgl. der Normtopologien stetige Abbildung $T : X \supset D(T) \to Y$ zwischen normierten Räumen.

Ist $D(T)$ ein Untervektorraum und T linear, so ist die Stetigkeit zur Existenz einer Konstanten M mit

$$\|Tx\| \leq M\|x\| \qquad \forall x \in D(T)$$

äquivalent; die kleinstmögliche Konstante M dieser Art ist die ↗Operatornorm $\|T\|$.

stetiger Prozeß, auf einem Wahrscheinlichkeitsraum $(\Omega, \mathfrak{A}, P)$ definierter stochastischer Prozeß $(X_t)_{t \in I}$ mit einem Intervall $I \subseteq \mathbb{R}_0^+$ als Parametermenge und Werten in $\mathbb{R}^d$, der ausschließlich stetige Pfade besitzt, d. h., für jedes $\omega \in \Omega$ ist die Abbildung $t \to X_t(\omega)$ stetig.

stetiges lineares Funktional, lineares Funktional $f : X \to \mathbb{K}$ eines normierten ↗Vektorraumes $(X, \|\cdot\|)$ in den zugrundeliegenden Skalarenkörper, das stetig ist (↗Stetigkeit).

stetiges Spektrum, ↗Spektrum.

Stetigkeit, ein für die gesamte Analysis wie auch Topologie zentraler Begriff, der das Änderungsverhalten von Funktionen erfaßt und Bezüge zur Anschauung präzisiert.

Stetigkeit erfaßt mathematisch exakt die grobe Idee, daß sich die Funktionswerte nur wenig ändern, wenn sich die Argumente wenig ändern. Dieses ist keineswegs eine ‚akademische' Fragestellung; denn in vielen Bereichen – auch des täglichen Lebens – möchte man sicher sein, daß sich kleine Veränderungen in irgendwelchen Eingabegrößen nur wenig – also gerade nicht „chaotisch"– auf das Ergebnis auswirken.

Eine der möglichen exakten Definitionen lautet wie folgt: Eine Abbildung $f : \mathbb{R} \to \mathbb{R}$ ist stetig genau dann, wenn es für alle $a \in \mathbb{R}$ und $\varepsilon > 0$ ein $\delta = \delta(a) > 0$ so gibt, daß $|f(x) - f(a)| < \varepsilon$ für alle $x \in \mathbb{R}$ mit $|x - a| < \delta$ gilt. Entsprechendes gilt für Abbildungen zwischen beliebigen metrischen Räumen (↗Stetigkeit in einem Punkt).

Einer der wichtigsten Sätze zur Stetigkeit ist der Zwischenwertsatz (↗Bolzano, Zwischenwertsatz von), der besagt, daß eine stetige reellwertige Funktion (einer reellen Variablen) alle ‚Zwischenwerte' annimmt. Er präzisiert und trifft den Kern der oft zu lesenden sehr vagen Beschreibung stetiger Funktionen, daß man diese ‚ohne abzusetzen zeichnen kann. Verallgemeinert wird der Zwischenwertsatz durch die Überlegung, daß das stetige Bild einer zusammenhängenden Menge zusammenhängend ist: Es seien im folgenden X und Y topologische Räume und $f : X \to Y$ stetig.

Für eine zusammenhängende Teilmenge Z von X ist $f(Z)$ zusammenhängend.

Spezialfall des Zwischenwertsatzes ist der ebenfalls nach Bolzano benannte Nullstellensatz (↗Bolzano, Nullstellensatz von).

Ganz allgemein hat man das Ergebnis, daß das stetige Bild einer kompakten Menge wieder kompakt ist:

Für eine kompakte Teilmenge K von X ist $f(K)$ kompakt. Sind X und Y speziell metrische (oder allgemeiner uniforme) Räume, so ist f auf K gleichmäßig stetig (↗gleichmäßig stetige Funktion).

Für reellwertiges f, d. h. $Y = \mathbb{R}$, hat man so den *Satz über die Annahme von Extremwerten:*

Es existieren Stellen u, v in K mit

$$f(u) = \min\{f(x) : x \in K\} \quad \text{und}$$
$$f(v) = \max\{f(x) : x \in K\}.$$

Insbesondere ist f also beschränkt.

Speziell gelten diese Überlegungen für (stetige) Funktionen, die auf einem kompakten Intervall ($K = [a, b]$ für $-\infty < a < b < \infty$) definiert sind.

Zum Nachweis von Stetigkeit ist neben den Grundregeln (Stetigkeit von Summe, Differenz, Produkt, Betrag und Quotient stetiger Funktionen) die Aussage über die *Stetigkeit zusammengesetzter Funktionen* (Hintereinanderausführung, Komposition) hilfreich.

Für reellwertige Funktionen einer reellen Variablen zieht man häufig noch den *Satz über die Stetigkeit der Umkehrfunktion* heran:

Es seien I ein Intervall in $\mathbb{R}$ und $f : I \to \mathbb{R}$ stetig und injektiv. Dann ist f streng monoton und $J := f(I)$ Intervall. $f^{-1} : J \to \mathbb{R}$ ist dann im gleichen Sinne streng monoton und stetig.

Stetigkeit bzgl. einer Metrik, ↗Folgenstetigkeit in einem metrischen Raum.

Es seien M_1 und M_2 metrische Räume mit den Metriken d_1 und d_2. Dann heißt eine Abbildung $f : M_1 \to M_2$ stetig in $x_0 \in M_1$, falls für jede Folge (x_n), die in M_1 gegen x_0 konvergiert (↗Konvergenz einer Folge bzgl. einer Metrik), auch die Folge der Funktionswerte $(f(x_n))$ gegen $f(x_0)$ konvergiert.

Stetigkeit bzgl. einer Topologie, Verallgemeinerung des ε-δ-Begriffs der Stetigkeit von Funktionen zwischen metrischen Räumen.

Eine Abbildung $f : X_1 \to X_2$ zwischen zwei topologischen Räumen $(X_1, \mathcal{O}_1)$ und $X_1, \mathcal{O}_2)$ heißt dabei stetig, wenn Urbilder offener Mengen wieder offen sind, d. h. wenn $f^{-1}(O) \in \mathcal{O}_1$ für alle $O \in \mathcal{O}_2$ gilt.

Stetigkeit der Grundoperationen, Aussagen über die „Art" der ↗Stetigkeit von Summen-, Differenz-, Produkt-, Betrags- und Quotientenbildung.

Wir betrachten zunächst die Summen- und Differenzbildung. Es seien dazu $\mathbb{K} \in \{\mathbb{R}, \mathbb{C}\}$ und $a, b, x, y \in \mathbb{K}$. Dann gelten

$$|(x+y) - (a+b)| \le |x-a| + |y-b|, \qquad (1)$$
$$|(x-y) - (a-b)| \le |x-a| + |y-b|. \qquad (1')$$

Sieht man x als „Näherungswert" für a und y als Näherungswert für b an, so beschreiben

$$\Delta x := |x-a| \quad \text{und} \quad \Delta y := |y-b|$$

die „absoluten Fehler". Für den absoluten Fehler des Ergebnisses (der Addition oder Subtraktion) $\Delta(x \pm y) := |(x \pm y) - (a \pm b)|$ gilt nach (1) bzw. (1′):

$$\Delta(x \pm y) \le \Delta x + \Delta y.$$

Diese Ungleichung erlaubt eine Aussage darüber, wie nahe $x \pm y$ bei $a \pm b$ liegt, wenn die Güte der Näherungen x (von a) und y (von b) bekannt sind. Es kann also eine Aussage darüber gemacht werden, wie sich Fehler in den Eingabegrößen auf deren Summe und Differenz auswirken.

Für die Multiplikation erhalten wir:

$$|(x \cdot y) - (a \cdot b)| \qquad (2)$$
$$\le |a| \cdot |y-b| + |b| \cdot |x-a| + |x-a|\,|y-b|.$$

Dieses Resultat beschreibt man zweckmäßig durch Betrachtung der „relativen Fehler": Für die meisten Fragestellungen ist bei Fehlerbetrachtungen ohnehin der Bezug zur Größenordnung der zu messenden Größe wichtig. (Zum Beispiel sind Fehler der Größenordnung 10 cm in der Astronomie unbedeutend, in der Chirurgie aber meist eine Katastrophe.)

Sind a und b von 0 verschieden, dann betrachten wir die relativen Fehler

$$\delta x := \frac{|x-a|}{|a|} = \frac{\Delta x}{|a|} \quad \text{und} \quad \delta y := \frac{|y-b|}{|b|} = \frac{\Delta y}{|b|}.$$

Für den relativen Fehler des Ergebnisses (der Multiplikation)

$$\delta(x \cdot y) := \frac{|(x \cdot y) - (a \cdot b)|}{|a \cdot b|} = \frac{\Delta(x \cdot y)}{|a \cdot b|}$$

gilt nach (2):

$$\delta(x \cdot y) \le \delta x + \delta y + \delta x \cdot \delta y .$$

Sind δx und δy ‚klein' (beispielsweise $\le 10^{-6}$), so ist der Term $\delta x \cdot \delta y$ ‚sehr klein' (in dem Beispiel $\le 10^{-12}$), und *näherungsweise* kann man dann abschätzen – wir schreiben dafür „$\preceq$" – durch:

$$\delta(x \cdot y) \preceq \delta x + \delta y .$$

Hinsichtlich der Division gilt:

$$\left|\frac{1}{x} - \frac{1}{a}\right| \le \frac{2}{|a|^2} \cdot |x - a| ,$$

falls $a \neq 0$ und $|x - a| \le \frac{|a|}{2}$.
(Diese Voraussetzung liefert $x \neq 0$ und

$$\left|\frac{1}{x} - \frac{1}{a}\right| = \frac{|x - a|}{|x|\,|a|} \le \frac{2}{|a|^2} \cdot |x - a| \,).$$

Für die Betragsbildung gilt:

$$\Big||x| - |a|\Big| \le |x - a|$$

In allen fünf Fällen kann man grob sagen:

Liegt x nahe bei a und y nahe bei b, dann liegt auch $x + y$ (bzw. $x - y$, $x \cdot y$, $\frac{1}{x}$, $|x|$) nahe bei $a + b$ (bzw. $a - b$, $a \cdot b$, $\frac{1}{a}$, $|a|$).

Die angegebenen Ungleichungen beschreiben diesen Sachverhalt genauer, nämlich quantitativ.

Aus der Stetigkeit der Grundoperationen ergeben sich z. B. ganz einfach die Grundregeln für die Konvergenz von Folgen, Reihen, Funktionen und die für (lokale und globale) Stetigkeit (↗Stetigkeit in einem Punkt).

Stetigkeit in einem Punkt, für eine reellwertige Abbildung f einer reellen Variablen und eine Stelle a aus dem Definitionsbereich D von f die Aussage: Zu jedem $\varepsilon > 0$ gibt es ein $\delta > 0$ derart, daß $|f(x) - f(a)| < \varepsilon$ für alle $x \in D$ mit $|x - a| < \delta$ gilt.

Ist a innerer Punkt von D, so ist f in a genau dann stetig, wenn f in a rechts- und linksseitig stetig ist.

Ist a isolierter Punkt des Definitionbereiches, so ist f stets stetig in a. Ist a Häufungspunkt von D, so besteht zwischen der Stetigkeit von f in a und der Existenz des Grenzwertes an der Stelle a (↗Grenzwerte einer Funktion) der einfache Zusammenhang:

f ist genau dann stetig an der Stelle a, wenn

$$\lim_{x \to a} f(x) = f(a) ,$$

wenn also der Grenzwert existiert und gleich dem Funktionswert ist.

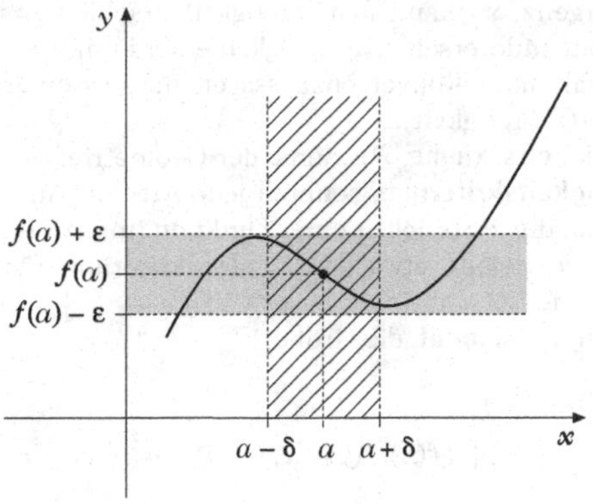

Stetigkeit von f an der Stelle a

Aus der ↗Stetigkeit der Grundoperationen liest man unmittelbar die folgenden *Grundregeln* ab:

Sind f und g stetig an der Stelle a, so sind Summe $f + g$, Differenz $f - g$, Produkt $f \cdot g$ und der Betrag $|f|$ von f stetig an der Stelle a. Ist noch $g(a) \neq 0$, so ist auch der Quotient f/g, der zumindest in einer geeigneten Umgebung von a definiert ist, stetig an der Stelle a.

Es seien jetzt allgemeiner X und Y nicht-leere Mengen, $D \subset X$, $f : D \to Y$ und $a \in D$.

Sind X und Y metrische Räume mit Metriken ϱ und σ, so kann die o. a. Definition verallgemeinert werden zu: Zu jedem $\varepsilon > 0$ existiert ein $\delta > 0$ derart, daß $\sigma(f(x), f(a)) < \varepsilon$ für alle $x \in D$ mit $\varrho(x, a) < \delta$ gilt.

Sind noch allgemeiner X und Y topologische Räume, so lautet die Forderung: Zu jeder Umgebung V von $f(a)$ existiert eine Umgebung U von a derart, daß

$$f(U \cap D) \subset V .$$

Dies ist äquivalent zu: Das Urbild $f^{-1}(V)$ jeder Umgebung V von $f(a)$ ist Umgebung von a.

Eine Funktion f ist in einem Punkt a ihres Definitionsbereiches D genau dann stetig, wenn für jede Folge (x_n) in D die Konvergenz $x_n \to a$ die Konvergenz der Folge der Bilder $(f(x_n))$ gegen $f(a)$ nach sich zieht (↗Folgenkriterium für Stetigkeit).

Bei diesem Satz ist zunächst an reellwertige Funktionen einer reellen Variablen gedacht. Er gilt aber entsprechend auch für eine Abbildung von einem ↗metrischen Raum in einen ↗topologischen Raum, und noch allgemeiner von einem topologischen Raum mit dem ersten Abzählbarkeitsaxiom (↗Abzählbarkeitsaxiome) in einen beliebigen topologischen Raum.

Dieser Satz ist in beiden Richtungen nützlich: Weiß man schon etwas über entsprechende Folgenkonvergenz, so kann man Stetigkeit erschließen. Hat man andererseits die Stetigkeit einer Funktion, so erhält man Konvergenzaussagen für passende Folgen (↗Stetigkeit).

Stetigkeitsaxiome, ↗Axiome der Geometrie.

Stetigkeitskriterium, generell jede Art von Aussage, die die ↗Stetigkeit einer Funktion impliziert. Man vergleiche etwa das ↗Folgenkriterium für Stetigkeit.

Stetigkeitsmodul, die Größe

$$\begin{aligned}\omega(\eta) &:= \omega(f;\eta)\\ &:= \sup\{\delta(f(x),f(y))\,|\,x,y\in\mathfrak{D}\wedge\sigma(x,y)\leq\eta\}\end{aligned}$$

für zwei metrische Räume $(\mathfrak{D},\sigma)$, $(\mathfrak{S},\delta)$, eine Abbildung $f:\mathfrak{D}\to\mathfrak{S}$ und $\eta\geq 0$.

Es gilt:

- *ω ist isoton mit $\omega(0)=0$.*
- *ω ist subadditiv: $\omega(x+y)\leq\omega(x)+\omega(y)$*

Die Aussage $\omega(\eta)\to 0$ $(\eta\to 0)$ besagt gerade, daß f gleichmäßig stetig ist.

Für $0<\alpha\leq 1$ gilt $\omega(\eta)\leq M\eta^{\alpha}$ genau dann, wenn f eine ↗Hölder-Bedingung mit Hölder-Exponent α erfüllt; speziell bedeutet $\omega(\eta)\leq M\eta$, daß f eine Lipschitz-Bedingung erfüllt. Gilt $\lim_{\eta\to 0}\omega(f;\eta)\log\eta=0$, so sagt man, die Funktion f erfülle die Dini-Lipschitz-Bedingung.

Der 1910 von Henry Léon Lebesgue eingeführte Stetigkeitsmodul hat u. a. Bedeutung in der ↗Approximationstheorie, wo damit ein Zusammenhang hergestellt wird zwischen Glattheit einer Funktion und Approximationsgeschwindigkeit etwa bei der Approximation durch Polynome (Sätze von Bernstein und Jackson).

Man vergleiche auch die Stichwörter ↗Oszillation und ↗Stetigkeit.

Stetigkeitsprinzip, ↗lex continuitatis.

Stevin, Simon, flandrischer Kaufmann, Ingenieur, Mathematiker und Physiker, geb. 1548 Brügge, gest. 1620 Den Haag.

Stevin war zunächst Buchhalter in Antwerpen und Brügge. Zwischen 1571 und 1581 reiste er durch Europa und studierte in Leiden. Ab 1593 arbeitete er als Ingenieur und Generalquartiermeister der Armee des Prinzen Moritz von Oranien, für den Steven auch als Lehrer für Mathematik tätig war.

In seinen mathematischen Publikationen behandelte Stevin als einer der ersten konsequent die Dezimalbrüche. Er forderte die Dezimalteilung für Maße und Münzen, gab Zinstabellen heraus, bestimmte den größten gemeinsamen Teiler zweier Polynome, und berechnete rechtwinklige sphärische Dreiecke. Er veröffentlichte außerdem Arbeiten zur Astronomie, Geographie, Technik, Baukunde, Musiktheorie, Dialektik, und zu Sprachen. Stevin war darüber hinaus ein bedeutender Physiker. Er fand erste Ansätze für das Kräfteparallelogramm und gab 1586 einen Nachweis der Äquivalenz von schwerer und träger Masse.

Stichprobe, ein zentraler Begriff der mathematischen Statistik.

Bei praktischen statistischen Überlegungen geht man i. allg. von einer Menge von Objekten aus und interessiert sich für ein bestimmtes zufälliges Merkmal (↗Zufallsgröße) X (oder einen Merkmalsvektor), genauer gesagt für die Wahrscheinlichkeitsverteilung P_X von X in der Menge der betrachteten Objekte.

Es seien also X eine Zufallsgröße über dem Wahrscheinlichkeitsraum $[\Omega,\mathcal{A},P]$ mit dem (meßbaren) Bildraum $[M,\mathcal{M}]$ und P_X die Wahrscheinlichkeitsverteilung von X auf $[M,\mathcal{M}]$. Als Grundgesamtheit bezeichnet man dann den zu X gehörenden ↗statistischen Grundraum $[M,\mathcal{M},P_x]$. Falls X eine eindimensionale reellwertige Zufallsgröße ist, so sind $M=\mathbb{R}^1$ und $\mathcal{M}=\mathcal{B}^1$ die σ-Algebra der Borel-Mengen aus $\mathbb{R}^1$.

Manchmal verwendet man auch die Bezeichnung Grundgesamtheit der Kürze wegen nur für die Menge der zugrundeliegenden Objekte oder für die Verteilung P_X, meint aber den gesamten statistischen Grundraum $[M,\mathcal{M},P_x]$. Spricht man beispielsweise von einer normalverteilten Grundgesamtheit, so meint man eine Menge von Objekten, an denen ein zufälliges Merkmal X beobachtet wird, welches in der Menge der Objekte eine ↗Normalverteilung $P_X=N(\mu,\sigma^2)$ besitzt.

Um Aufschluß über die Wahrscheinlichkeitsverteilung P_X des zufälligen Merkmals X zu erhalten, wird an n der Grundgesamtheit nacheinander in zufälliger Weise entnommenen Objekten das interessierende Merkmal gemessen oder beobachtet. Das Tupel $(x_1,x_2,\ldots,x_n)$ der n Realisierungen von X bezeichnet man als konkrete Stichprobe von X, n nennt man Stichprobenumfang. Jede einzelne Realisierung x_i heißt Element der Stichprobe. Die einzelnen Elemente x_i können als i-te Realisierung der Zufallsgröße X aufgefaßt werden. Betrachtet man sie als zufällig, so gelangt man zum Begriff der mathematischen Stichprobe. Als mathematische Stichprobe bezeichnet man den zufälligen Vektor $\vec{X}=(X_1,X_2,\ldots,X_n)$, wobei alle X_i identisch zu X (alle X_i besitzen den gleichen statistischen Grundraum $[M,\mathcal{M},P_X]$) verteilt und untereinander stochastisch unabhängig sind. Der zu $\vec{X}$ gehörende statistische Grundraum $[M_{(n)},\mathcal{M}_{(n)},P_{\vec{X}}]$ wird auch als Stichprobenraum bezeichnet.

Je nachdem, wie die Stichprobe $(x_1,\ldots,x_n)$ von X erhoben wird, unterscheidet man verschiedene Typen von Stichproben. Sind die x_i der Größe nach geordnet, so spricht man von einer ↗geordneten Stichprobe. Wird die Grundgesamtheit von Objekten vollständig und überlappungsfrei in Teilpopulationen (Schichten) aufgeteilt, und setzt sich die Gesamtstichprobe aus unabhängigen Stichproben aller Schichten zusammen, so spricht man von einer geschichteten Stichprobe.

Beim Vergleich der Verteilungen zweier Grundgesamtheiten wird aus jeder der beiden Grundgesamtheiten eine Stichprobe $(x_1, \ldots, x_{n_1})$ bzw. $(y_1, \ldots, y_{n_2})$ entnommen. Sind die Objekte, an denen die Stichprobendaten erhoben wurden, in beiden Stichproben gleich, so spricht man von verbundenen Stichproben, sind sie verschieden, so spricht man von unabhängigen Stichproben. Sind beispielsweise x_i und y_i die Reaktionszeiten einer Person i vor und nach einem Training ($i = 1, \ldots, n$, $n = n_1 = n_2$), so handelt es sich um zwei verbundene Stichproben. Sind aber x_i die Reaktionszeiten von n_1 Männern und y_i die von n_2 Frauen, so handelt es sich um unabhängige Stichproben.

Stichprobenfunktionen, *Statistiken*, (meßbare) Funktionen der Variablen $X_1, \ldots, X_n$ einer mathematischen ↗ Stichprobe einer zufälligen Variablen X.

Ist $T(X_1, \ldots, X_n)$ eine Stichprobenfunktion der mathematischen Stichprobe $(X_1, \ldots, X_n)$, so erhält man für jede konkrete Realisierung $(x_1, \ldots, x_n)$ der Stichprobe einen konkreten Wert $t = T(x_1, \ldots, x_n)$ der Stichprobenfunktion. Stichprobenfunktionen werden als ↗ Parameterschätzungen oder als Teststatistiken in Hypothesentests (↗ Testtheorie) verwendet. Sie sind damit von zentraler Bedeutung in der mathematischen Statistik und werden auch als Statistiken bezeichnet.

Wichtige Beispiele für Stichprobenfunktionen sind das arithmetische Mittel

$$\overline{X} = \frac{1}{n}\sum_{i=1}^{n} X_i$$

und die Streuung

$$S^2 = \frac{1}{n-1}\sum_{i=1}^{n}(X_i - \overline{X})^2 .$$

Für die Herleitung von Eigenschaften der Schätzungen und Testverfahren ist es notwendig, die Verteilungen der ihnen zugrundeliegenden Stichprobenfunktionen zu kennen. Unter der Voraussetzung, daß die Elemente X_i der Stichprobe $(X_1, \ldots, X_n)$ einer $N(\mu, \sigma^2)$-verteilten Grundgesamtheit entstammen, gilt:

$$Y = \frac{(n-1)S^2}{\sigma^2}$$

besitzt eine ↗ χ^2-Verteilung mit $(n-1)$ Freiheitsgraden, und

$$V = \frac{\sqrt{n}(\overline{X} - \mu)}{S}$$

unterliegt einer ↗ Studentschen t-Verteilung mit $(n-1)$ Freiheitsgraden. Wird vorausgesetzt, daß die Elemente $X_i^{(k)}$ der mathematischen Stichproben $(X_1^{(k)}, \ldots, X_{n_k}^{(k)})$ $N(\mu_k, \sigma_k^2)$-verteilt sind (für $k = 1, 2$), so genügt das Verhältnis der jeweils aus den Stichproben gebildeten Streuungen $S^2_{(k)}$

$$W = \frac{S^2_{(1)}}{S^2_{(2)}} = \frac{(n_2-1)\sum_{i=1}^{n_1}(X_i^{(1)} - \overline{X_{(1)}})^2}{(n_1-1)\sum_{i=1}^{n_2}(X_i^{(2)} - \overline{X_{(2)}})^2}$$

einer ↗ F-Verteilung mit $(n_1 - 1; n_2 - 1)$ Freiheitsgraden.

Da die χ^2-, die t- und die F-Verteilung Verteilungen wichtiger Stichprobenfunktionen sind, werden sie auch als Stichprobenverteilungen bezeichnet.

Eine wichtige Eigenschaft von Stichprobenfunktionen bzw. Statistiken ist die sogenannte Suffizienz, siehe hierzu ↗ suffiziente Statistik.

Stichprobenverteilung, Sammelbegriff für Wahrscheinlichkeitsverteilungen von ↗ Stichprobenfunktionen.

Stiefel-Klasse, ↗ Stiefel-Whitney-Klassen.

Stiefel-Whitney-Klassen, Homologieklassen bzw. Kohomologieklassen auf Mannigfaltigkeiten, die Vektorbündeln zugeordnet werden können. Die (Ko-)Homologie besitzt hierbei Werte in $\mathbb{F}_2$, dem Körper mit zwei Elementen.

Sei M eine n-dimensionale kompakte Mannigfaltigkeit. Die Stiefel-Klassen $s_i \in \mathrm{H}_i(M, \mathbb{F}_2)$ für $i = 0, 1, \ldots, n-1$ werden unter Zuhilfenahme des Tangentialbündels wie folgt definiert. Seien für $1 \leq m \leq n$, $v_1, v_2, \ldots, v_m$ globale Schnitte des Tangentialbündels, d. h. globale Vektorfelder, gewählt, für welche die Menge der Punkte $x \in M$, an denen die Schnitte linear abhängig sind, in einer $(m-1)$-dimensionalen Untermannigfaltigkeit liegen. Die Klasse s_{m-1} ist definiert als das Element in der Homologie, welches durch diese Untermannigfaltigkeit repräsentiert wird. Die Stiefel-Klassen erlauben es zu bestimmen, für welche m es eine Kollektion von m globalen Vektorfeldern gibt, die an jedem Punkt von M linear unabhängig sind. Dies ist genau dann der Fall, wenn

$$s_0 = 0,\ s_1 = 0,\ \ldots,\ s_{m-1} = 0$$

gilt. Eine n-dimensionale Mannigfaltigkeit ist genau dann parallelisierbar, falls $s_i = 0$ für $i = 0, 1, \ldots, n-1$.

Die Whitney-Kohomologieklassen dehnen die Theorie auf beliebige Vektorbündel E aus: Es sind Elemente $w_i(E) \in \mathrm{H}^i(M, \mathbb{F}_2)$, $i = 0, 1, \ldots, n$, wobei $w_0(E) = 1$ gesetzt wird. Benutzt man die Poincaré-Dualität (↗ Poincaréscher Dualitätssatz)

$$P : \mathrm{H}^i(M, \mathbb{F}_2) \to \mathrm{H}_{n-i}(M, \mathbb{F}_2) ,$$

so erhält man die Stiefel-Klasse als Spezialfall der Whitney-Klasse für das Tangentialbündel T_M:

$$P(w_i(T_M)) = s_{n-i}\,.$$

Daher bezeichnet man diese Klassen auch gemeinsam als Stiefel-Whitney-Klassen.

Die totale Stiefel-Whitney-Klasse eines Vektorbündels E ist das Element

$$w(E) = 1 + w_1(E) + \cdots + w_n(E) \;\in \mathrm{H}^*(M, \mathbb{F}_2)$$

des Kohomologierings von M. Für die Summe von Vektorbündeln gilt die Whitneysche Summenformel $w(E \oplus F) = w(E) \cdot W(F)$.

Die totale Stiefel-Whitney-Klasse ist ein Homomorphismus des ↗Grothendieck-Rings KO(M) der stetigen reellen Vektorbündel in die multiplikative Gruppe der Einheiten des Kohomologierings $\mathrm{H}^*(M, \mathbb{F}_2)$.

Stieltjes, Thomas Jean, niederländischer Mathematiker, geb. 29.12.1856 Zwolle, gest. 31.12.1894 Toulouse.

Nach Beendigung des Studiums an der Technischen Hochschule in Delft im Jahre 1877 arbeitete Stieltjes am Observatorium in Leiden. Er wurde 1883 Professor in Groningen, habilitierte sich 1886 in Paris und wurde im gleichen Jahr Professor in Toulouse.

Stieltjes lieferte wichtige Beiträge zur Theorie der Differentialgleichungen, zur Interpolationstheorie, zur Theorie der elliptischen Funktionen und zu Γ-Funktionen. In einer Arbeit zu analytischen Theorie der Kettenbrüche führte er 1894 das Stieltjes-Integral ein.

Stieltjes-Integral, Integral der Form

$$i(f) = \int f(x)\,dg(x) = \int f\,dg$$

mit einer festen Belegungsfunktion g, das den Spezialfall $g(x) := x$ wesentlich verallgemeinert, hier speziell für reellwertige Funktionen f und g einer reellen Variablen dargestellt.

In der ursprünglichen Form, die auf Thomas Jean Stieltjes zurückgeht, waren f und g auf einem gemeinsamen kompakten Intervall $[a, b]$ (für $a, b \in \mathbb{R}$ mit $a < b$) definiert, f stetig und die Belegungsfunktion g isoton vorausgesetzt. Stieltjes-Integrale fanden zunächst nur relativ wenig Beachtung. Das änderte sich entscheidend, als 1909 Frédéric Riesz sie in seinem berühmten Darstellungssatz verwandte.

Zunächst wird man das Integral für Treppenfunktionen f mit einer beschreibenden Zerlegung $x_0 < x_1 < \cdots < x_n$ und den konstanten Werten $c_1, c_2, \cdots, c_n$ von f auf den offenen Teilintervallen $(x_{\nu-1}, x_\nu)$, durch

$$i(f) = \int f(x)\,dg(x) := \sum_{\nu=1}^{n} c_\nu\,(g(x_\nu) - g(x_{\nu-1}))$$

definieren. Statt der Länge $x_\nu - x_{\nu-1}$ des Intervalls $(x_{\nu-1}, x_\nu)$ tritt hier also die entsprechende Differenz unter g auf. Die Funktionswerte von f an den (eventuellen) Sprungstellen x_ν gehen nicht in die Definition ein. Jedoch kann eine Abänderung von g an nur einer Stelle die Integralwerte von Treppenfunktionen verändern.

Will man nun, wie beim klassischen Integral von Regelfunktionen, mit Hilfe der ↗Supremumsnorm von Funktionen gemäß dem allgemeinen Fortsetzungsprinzip eine Integralerweiterung gewinnen, so muß man die oben definierten elementaren Integrale von Treppenfunktionen f durch deren Supremumsnorm und einen Faktor V abschätzen können, der im Spezialfall durch die Intervall-Länge gegeben ist. Dies führt zu der Forderung

$$V := \sup\left\{i(f) : f \text{ Treppenfunktion, } |f| \leq 1\right\} < \infty\,.$$

Man erkennt leicht, daß V gerade das Supremum der Werte $\sum_{\nu=1}^{n} |g(x_\nu) - g(x_{\nu-1})|$ ist, wobei $-\infty < x_0 < x_1 < \cdots < x_n < \infty$ für ein $n \in \mathbb{N}$. Man schreibt $V =: \int |dg|$ und nennt dies die *Totalvariation* von g, die also für diese spezielle Fortsetzung als endlich vorauszusetzen ist. Für Regelfunktionen (↗Regelfunktionen, Integral von) kann so

$$i(f) = \int f(x)\,dg(x) = \int f\,dg$$

erklärt werden. Diese Regelfunktionen sind genau die Funktionen, für die an jeder endlichen Stelle der rechts- und linksseitige Grenzwert existiert und die überdies für $x \to -\infty$ und für $x \to \infty$ gegen 0 streben. Das gewonnene Integral ist eine lineare Abbildung des $\mathbb{R}$-Vektorraums der eben beschriebenen Regelfunktionen in $\mathbb{R}$, die das angegebene elementare Stieltjes-Integral von Treppenfunktionen fortsetzt. Positivität und Monotonie des

Stieltjes-Integrals hat man hier genau dann, wenn diese Eigenschaften schon für die Treppenfunktionen gelten, und damit genau dann, wenn g isoton ist. Die obige Forderung an g führt zu den ↗Funktionen von beschränkter Variation (↗Totalvariation).

Eine wesentliche und dazu einfache Eigenschaft der definierten Integrale und der Totalvariation ist ihre Invarianz gegenüber „Parametertransformationen": Man betrachtet Funktionen φ, die $\mathbb{R}$ (streng) isoton auf $\mathbb{R}$ (und damit stetig) abbilden. Man erkennt dann sofort, daß einerseits mit einer Funktion f auch die Zusammensetzung $f \circ \varphi$ Regelfunktion ist und andererseits mit einer Funktion g auch $g \circ \varphi$ endliche Totalvariation besitzt. Dabei gelten die Gleichungen

$$\int |dg| = \int |d(g \circ \varphi)| \quad \text{und}$$
$$\int f\,dg = \int (f \circ \varphi)\,d(g \circ \varphi).$$

Diese einfache Eigenschaft ist von entscheidender Bedeutung für die Definition von ‚Kurvenintegralen' über Stieltjes-Integrale.

Ähnlich wie im klassischen Falle kann eine etwas zugkräftigere Integralerweiterung durchgeführt werden, die dem Riemann-Integral entspricht. Dieses kann noch zum uneigentlichen Riemann-Stieltjes-Integral erweitert werden. Für die wichtige und leistungsfähige Erweiterung im Lebesgueschen Sinne wird für die betrachtete Belegungsfunktionen g noch – zumindest einseitige – Stetigkeit erforderlich.

Wesentlich allgemeinere Stieltjes-Integrale werden in [1] betrachtet. Hier und etwa in [2] ist auch ausgeführt, daß der Zugang über den ‚Limes' bei Verfeinerung entsprechender Zerlegungssummen *nicht* den gleichen Integralbegriff liefert.

[1] Hoffmann, D.; Schäfke, F.-W.: Integrale. B.I.-Wissenschaftsverlag Mannheim Berlin, 1992.

[2] Walter, W.: Analysis 2. Springer-Verlag Berlin, 1992.

Stieltjesplanimeter, spezielles ↗ Planimeter.

Es dient zur Auswertung von Integralen der Form $\int f(x)dg(x)$ mit einem Fahrstift für $f(x)$, einem zweiten für $g(x)$. Der zweite kann durch eine Gleitkurve geführt werden.

Nyström entwickelte aus einem ↗harmonischen Analysator von Mader ein Stieltjesplanimeter, das von zwei Personen bedient wird.

Stieltjes-Transformation, eine ↗Integral-Transformation, definiert durch

$$(S_\varrho f)(x) := \int_0^\infty \frac{f(t)}{(x+t)^\varrho}\,dt,$$

wobei $\varrho \in \mathbb{C}$ ist.

Zuweilen wird sie nur für $\varrho = 1$ als Stieltjes-Transformation bezeichnet, wobei dann $S_\varrho f$ für allgemeines $\varrho \in \mathbb{C}$ verallgemeinerte Stieltjes-Transformierte von f heißt.

Stimmgabel-Bifurkation, *Pitchfork-Bifurkation*, spezielle Bifurkation.

Es sei $(\mu, x) \to \Phi_\mu(x)$ eine C^2-Abbildung $J \times W \to E$, wobei W eine offene Teilmege des Banachraumes E, $\mu \in J$ und $J \subset \mathbb{R}$ ist, so daß $\Phi_\mu(x)$ für jedes μ r-mal stetig differenzierbar ist, wobei $3 \le r$. Sei weiterhin $(0,0) \in (J \times W)$ ein Fixpunkt von $\Phi_\mu(x)$, also $\Phi_\mu(0) = 0$ für alle μ ($\alpha_\mu^1 = 0$). Das Spektrum der Jacobi-Matrix $D_0\Phi_\mu$ sei in $\{z : |z| < 1\}$ enthalten, mit Ausnahme der beiden Eigenwerte α_μ und $\bar{\alpha_\mu}$. Für $\alpha_\mu^1 = 0$ ist dann $D_{x_0}^2 \Phi_\mu(x_0) = 0$. Damit eine Stimmgabel-Bifurkation auftritt, muß daher gelten:

1) $\dfrac{d^2\Phi_{\mu_0}(x_0)}{d\mu dx} = 0$, und

2) $D_{x_0}^3 \Phi_{\mu_0} \neq 0$.

In Abhängigkeit von den Vorzeichen der Koeffizienten C der dritten Ableitung unterscheidet man die superkritische oder direkte Stimmgabel-Bifurkation (für $C < 0$) und die subkritische oder invertierte Stimmgabel-Bifurkation (für $C > 0$). Stimmgabel-Bifurkation tritt nur für symmetrische Systeme auf, d. h. solche, die invariant unter einer Transformation $x \to -x$ sind. Aus diesem Grunde sind keine Sattel-Knoten-Fixpunkte möglich.

Stirling, James, schottischer Mathematiker, geb. 1692 Garden (Stirlingshire, Schottland), gest. 5.12.1770 Edinburgh.

Stirling nahm 1710 sein Studium in Oxford auf, und blieb dort auch nach dem Studium bis 1717. In der Folgezeit weilte er in verschiedenen Städten Europas, unter anderem in Venedig und Padua. Ab 1724 war er als Lehrer in London tätig und wurde 1726 Mitglied der Londoner Mathematischen Gesellschaft. 1735 wurde er Geschäftsführer der Schottischen Bergbaugesellschaft Leadhills in Lanarkshire.

In seinem erstem Buch „Lineae tertii ordinis neutonianae", das 1717 erschien, erweiterte Stirling Newtons Theorie der ebenen Kurven dritten Grades, indem er weitere Kurventypen ergänzte. In folgenden Arbeiten („Methodus differentialis", 1730) setzte er sich mit der Differenzenrechnung, der Konvergenz von unendlichen Reihen und unendlichen Produkten, mit Interpolation und Quadraturformeln auseinander. Er fand eine Näherungsformel für $n!$ (Stirlingsche Formel) und Darstellungen für spezielle Werte der Eulerschen Γ-Funktion.

Neben diesen mathematischen Arbeiten untersuchte er die Gravitation, die Gestalt der Erde, und beschäftigte sich mit Fragen des Bergbaus.

Stirling-Polynome, die durch die Beziehung

$$\left(\frac{1-e^{-t}}{t}\right)^{-(x+1)} = 1+(1+x)\sum_{n=0}^{\infty}\Psi_n(x)t^{n+1}$$

definierten Polynome $\Psi_n(x)$.

Stirlingsche Formel, ↗ Eulersche Γ-Funktion.

Stirlingsche Reihe, eine asymptotische Entwicklung der Funktion μ nach Potenzen von z^{-1}, wobei μ durch

$$\mu(z) := \log\Gamma(z) - \left(z-\tfrac{1}{2}\right)\log z + z - \tfrac{1}{2}\log 2\pi$$

definiert ist, und Γ die ↗ Eulersche Γ-Funktion bezeichnet. Es ist μ eine in der geschlitzten Ebene $\mathbb{C}^- = \mathbb{C}\setminus(-\infty,0]$ ↗ holomorphe Funktion.

Für $k\in\mathbb{N}_0$ sei B_k die k-te ↗ Bernoullische Zahl und $B_k(w)$ das k-te ↗ Bernoulli-Polynom. Weiter sei $P_k:\mathbb{R}\to\mathbb{R}$ diejenige periodische Funktion der Periode 1 mit $P_k(t)=B_k(t)$ für $t\in[0,1)$. Dann gilt für $z\in\mathbb{C}^-$ und $n\in\mathbb{N}$

$$\mu(z) = \sum_{\nu=1}^{n}\frac{B_{2\nu}}{2\nu(2\nu-1)}\frac{1}{z^{2\nu-1}} - \frac{1}{2n+1}\int_0^\infty \frac{P_{2n+1}(t)}{(z+t)^{2n+1}}\,dt\,.$$

Diese Reihe heißt Stirlingsche Reihe.

Die Stirlingsche Reihe ist keine ↗ Laurent-Entwicklung von μ, denn μ besitzt an 0 keine ↗ isolierte Singularität. Es gilt sogar, daß die Folge

$$\frac{B_{2\nu}}{2\nu(2\nu-1)}\frac{1}{z^{2\nu-1}}$$

für jedes $z\in\mathbb{C}\setminus\{0\}$ unbeschränkt ist. Daher erhält die Stirlingsche Reihe erst durch eine Abschätzung des Integrals ihren vollen Sinn. Man kann zeigen, daß es zu jedem $n\in\mathbb{N}$ eine Zahl $M_n>0$ gibt derart, daß für alle $z=|z|e^{i\varphi}\in\mathbb{C}^-$ gilt

$$\left|\mu(z)-\sum_{\nu=1}^{n}\frac{B_{2\nu}}{2\nu(2\nu-1)}\frac{1}{z^{2\nu-1}}\right| \le \frac{M_n}{\cos^{2n+2}\frac{\varphi}{2}}\frac{1}{|z|^{2n+1}}.$$

Für $\delta\in(0,\pi]$ bezeichne W_δ den Winkelraum

$$W_\delta := \{z = re^{i\varphi} : r>0,\ |\varphi|\le\pi-\delta\}.$$

Aus der obigen Abschätzung erhält man dann für jedes W_δ und jedes $n\in\mathbb{N}$

$$\lim_{\substack{z\to\infty\\ z\in W_\delta}}\left|\mu(z)-\sum_{\nu=1}^{n}\frac{B_{2\nu}}{2\nu(2\nu-1)}\frac{1}{z^{2\nu-1}}\right||z|^{2n} = 0\,.$$

Stirling-Zahl, Bezeichnung für die ↗ Verbindungskoeffizienten zwischen den Faktoriellen und der Standardbasis (Monombasis).

Genauer nennt man die Verbindungskoeffizienten zwischen den fallenden Faktoriellen und der Standardbasis Stirling-Zahlen erster Art:

$$[x]_n = \sum_{k=0}^{n} s_{n,k}x^k$$

für alle $n\in\mathbb{N}_0$. Die Koeffizienten $s_{n,k}$ heißen Stirling-Zahlen erster Art mit den Zusatzdefinitionen

$$\begin{aligned} s_{0,0} &= 1,\\ s_{n,0} &= 0 \quad \text{für} \quad n>0,\\ s_{n,k} &= 0 \quad \text{für} \quad n<k. \end{aligned}$$

Bei festem n haben die Stirling-Zahlen erster Art $s_{n,k}$ alternierendes Vorzeichen. Auch die ↗ steigenden Faktoriellen können eindeutig linear mittels der Standardbasis mit Hilfe der Stirling-Zahlen erster Art augedrückt werden:

$$[x]^n = \sum_{k=0}^{n}|s_{n,k}|x^k.$$

Für die Stirling-Zahlen erster Art gelten folgende Rekursionsformeln:

$$s_{0,0}=1, s_{n,0}=0 \quad \text{für} \quad n>0,$$

$$s_{n+1,k} = s_{n,k-1} - ns_{n,k},$$

$$s_{n+1,k} = \sum_{j=0}^{n}(-1)^j[n]_j s_{n-j,k-1}.$$

Die nachstehende Tabelle gibt die Stirling-Zahlen erster Art für $n,k=1,2,3,4,5$ an:

$n\setminus k$	0	1	2	3	4	5
0	1					
1	0	1				
2	0	−1	1			
3	0	2	−3	1		
4	0	−6	11	−6	1	
5	0	24	−50	35	−10	1

Die Stirling-Zahlen erster Art geben die Anzahl der Permutationen einer n-elementigen Menge mit k Zyklen an. Beispielsweise gibt es $s_{4,2}=11$ Permutationen der Menge $\{1,2,3,4\}$ mit 2 Zyklen:

{{1, 3, 2}, {4}} {{1, 2, 3}, {4}}
{{1, 4, 2}, {3}} {{1, 2, 4}, {3}}
{{1, 2}, {3, 4}} {{1, 4, 3}, {2}}
{{1, 3, 4}, {2}} {{1, 3}, {2, 4}}
{{1, 4}, {2, 3}} {{1}, {2, 4, 3}}
{{1}, {2, 3, 4}}

Die Verbindungskoeffizienten zwischen der Standardbasis und den fallenden Faktoriellen sind die Stirling-Zahlen zweiter Art:

$$x^n = \sum_{k=0}^{n} S_{n,k}[x]_k$$

für alle $n \in \mathbb{N}_0$. Die Koeffizienten $S_{n,k}$ heißen Stirling-Zahlen zweiter Art mit den Zusatzdefinitionen

$$S_{0,0} = 1,$$

$$S_{n,0} = 0 \quad \text{für} \quad n > 0.$$

Für die Stirling-Zahlen zweiter Art gelten folgende Rekursionsformeln:

$$S_{0,0} = 1, \quad S_{n,0} = 0 \quad \text{für} \quad n > 0,$$

$$S_{n+1,k} = S_{n,k-1} + kS_{n,k},$$

$$S_{n+1,k} = \sum_{j=0}^{n} \binom{n}{j} S_{j,k-1}.$$

Die nachstehende Tabelle gibt die Stirling-Zahlen zweiter Art für $n, k = 1, 2, 3, 4, 5$ an:

$n\backslash k$	0	1	2	3	4	5
0	1					
1	0	1				
2	0	1	1			
3	0	1	3	1		
4	0	1	7	6	1	
5	0	1	15	25	10	1

Die Stirling-Zahlen zweiter Art geben die Anzahl der Partitionen einer n-elementigen Menge in k Blöcke an. Beispielsweise gibt es $S_{3,2} = 3$ Partitionen einer 3-Menge $\{1, 2, 3\}$ in 2 Blöcke:

$$\{\{1, 2\}, \{3\}\}, \quad \{\{1, 3\}, \{2\}\}, \quad \{\{1\}, \{2, 3\}\}.$$

Bei festem n ist die Summe der Stirling-Zahlen zweiter Art die ↗Bell-Zahl B_n:

$$B_n = \sum_{k=1}^{n} S_{n,k}.$$

Stochastik, zusammenfassende Bezeichnung für die Disziplinen Wahrscheinlichkeitstheorie und (mathematische) Statistik.

stochastische Aktivierung, bezeichnet im Kontext ↗Neuronale Netze im Unterschied zur ↗deterministischen Aktivierung die Festlegung der Reihenfolge der im Lern- oder Ausführ-Modus zu aktivierenden formalen Neuronen in stochastischer Art und Weise.

stochastische Analysis, eine mathematische Teildisziplin, die eine Verbindung zwischen klassischer Analysis und Stochastik herstellt.

Wichtige Teilgebiete der stochastischen Analysis sind die ↗stochastische Integration und die Theorie der ↗Brownschen Bewegungen, eng mit der stochastischen Analysis verwandt ist die sog. white noise-analysis.

[1] Hida, T.; Kuo, H.-H.; Potthoff, J.; Streit, L.: White Noise – An Infinite Dimensional Calculus. Kluwer Amsterdam, 1993.

[2] Malliavin, P.: Stochastic Analysis. Springer-Verlag Berlin/Heidelberg, 1997.

[3] Trotter, P.: Stochastic Integration and Differential Equations. Springer-Verlag Berlin/Heidelberg, 1990.

stochastische dynamische Optimierung, dynamisches Optimierungsproblem, bei dem die Zustandsvektoren und die Stufengewinne Zufallsgrößen sind.

stochastische Elektrodynamik, Modelle für elektrodynamische Systeme mit einer sehr großen Zahl von Freiheitsgraden, die in ein Untersystem mit einer kleinen Zahl von Freiheitsgraden und eine „Umgebung" aufgeteilt werden, wobei die Variablen für die Umgebung durch ihre Mittelwerte und einen Ansatz aus der Stochastik für schnelle Fluktuationen um die Mittelwerte ersetzt werden.

Beispielsweise wird die Ausbreitung von ebenen Radiowellen in der Atmophäre mit Dichteschwankungen dadurch beschrieben, daß man den Brechungsindex durch seinen Mittelwert und einen stochastischen Ansatz für die Fluktuationen ersetzt. Das Phänomen beobachtet man beispielsweise im Flackern des Sternenlichts.

stochastische Geometrie, eine mathematische Teildisziplin, die eine Verbindung zwischen klassischer Geometrie und Stochastik herstellt.

Eine typische Situation ist die zufällige Anordnung von Objekten in einem topologischen Raum, etwa Bäume in einem Waldstück oder physikalische Teilchensysteme. Etwas abstrakter betrachtet man in der stochastischen Geometrie zufällige Ansammlungen von kompakten konvexen Untermengen, Zylindern oder affinen Unterräumen des $\mathbb{R}^n$; diese kann man auffassen als Punktprozesse auf dem Raum der abgeschlossenen Teilmengen des $\mathbb{R}^n$.

[1] Harding, E.F.; Kendall, D.G.: Stochastic Geometry. Wiley and Sons New York, 1974.

[2] Mecke, J.; Schneider, R.; Stoyan, D.; Weil,W.: Stochastische Geometrie. Birkhäuser Basel, 1990.

[3] Stoyan, D; Kendall, W.S.; Mecke, J.: Stochastic Geometry ans its Applications. Wiley and Sons New York, 1987.

stochastische Gradientenmethode, eine Gradientenmethode zur Minimierung einer differenzierbaren Funktion f, bei der die verwendete Abstiegsrichtung ein Zufallsvektor ist, dessen Erwartungswert der Ableitung von f im aktuell berechneten Punkt entspricht.

stochastische Integration, *Integration stochastischer Prozesse*, Verallgemeinerung der klassischen Integrationstheorie, welche sogenannte stochastische Integrale betrachtet, bei denen ein bestimmter ↗stochastischer Prozeß bezüglich eines gewissen anderen oder auch desselben stochastischen Prozesses integriert wird.

Es seien $(\Omega, \mathfrak{A}, P)$ ein vollständiger ↗Wahrscheinlichkeitsraum und $(\mathfrak{A}_t)_{t\geq 0}$ eine ↗Standardfiltration in $\mathfrak{A}$. Ist $X = (X_t)_{t\geq 0}$ ein an $(\mathfrak{A}_t)_{t\geq 0}$ adaptierter stetiger stochastischer Prozeß und $M = (M_t)_{t\geq 0}$ ein rechtsstetiges lokales L^2-Martingal (d. h. für alle $t \geq 0$ gilt $\int M_t^2 dP < \infty$) bezüglich $(\mathfrak{A}_t)_{t\geq 0}$ mit Pfaden von lokal beschränkter Variation, so ist das stochastische Integral

$$\int\limits_{[0,t]} X_s(\omega) dM_s(\omega)$$

für jedes $\omega \in \Omega$ als Riemann-Stieltjes-Integral (↗Stieltjes-Integral) wohldefiniert.

Im allgemeinen ist eine derartige pfadweise Definition des stochastischen Integrals nicht möglich, da die Pfade jedes nicht konstanten stetigen lokalen Martingals M nicht von lokal beschränkter Variation sind. Im folgenden wird eine von mehreren möglichen Konstruktionen des stochastischen Integrals $\int_{[0,t]} XdM$ beschrieben, die für ein an $(\mathfrak{A}_t)_{t\geq 0}$ adaptiertes rechtsstetiges L^2-Martingal $M = (M_t)_{t\geq 0}$ und bestimmte Prozesse $(X_t)_{t\geq 0}$ anwendbar ist. Der Prozeß $(\int_{[0,t]} XdM)_{t\geq 0}$ ist dann ein rechtsstetiges L^2-Martingal. Im Falle, daß M eine eindimensionale ↗Brownsche Bewegung ist, wird das so konstruierte stochastische Integral als Itô-Integral bezeichnet. Die dargestellte Konstruktion kann für rechtsstetige lokale L^2-Martingale verallgemeinert werden. Es sei M ein rechtsstetiges L^2-Martingal. Die Definition des stochastischen Integrals erfolgt in mehreren Schritten, wobei der Prozeß $(X_t)_{t\geq 0}$ als Abbildung von der Menge $\mathbb{R}_0^+ \times \Omega$ nach $\mathbb{R}$ mit $(t, \omega) \to X_t(\omega)$ aufgefaßt wird. Für die Indikatorfunktionen sogenannter vorhersagbarer Rechtecke $(s, t] \times A$ mit $s < t$ aus $\mathbb{R}_0^+$ und $A \in \mathfrak{A}_s$ bzw. $\{0\} \times A_0$ mit A_0 in $\mathfrak{A}_0$ definiert man

$$\int \mathbf{1}_{(s,t]\times A} dM := \mathbf{1}_A(M_t - M_s)$$

bzw. $\int \mathbf{1}_{\{0\}\times A_0} dM := 0$. Es sei $\mathcal{E}$ die Menge aller endlichen Linearkombinationen solcher Indikatorfunktionen. Für ein Element

$$X = \sum_{j=1}^{n} c_j \mathbf{1}_{(s_j,t_j]\times A_j} + \sum_{k=1}^{m} d_k \mathbf{1}_{\{0\}\times A_{0k}}$$

aus $\mathcal{E}$ mit $c_j \in \mathbb{R}$, $A_j \in \mathfrak{A}_j$, $s_j < t_j$, $j = 1, \ldots, n$ und $d_k \in \mathbb{R}$, $A_{0k} \in \mathfrak{A}_0$, $k = 1, \ldots, m$, wobei die vorhersagbaren Rechtecke o. B. d. A. als disjunkt angenommen werden können, wird das Integral linear fortgesetzt, d. h. man definiert

$$\int XdM := \sum_{j=1}^{n} c_j \mathbf{1}_{A_j}(M_{t_j} - M_{s_j}).$$

Der Wert des Integrals hängt dabei nicht von der gewählten Darstellung von X ab. Da M als rechtsstetiges L^2-Martingal vorausgesetzt wurde, existiert auf der von den vorhersagbaren Rechtecken erzeugten sogenannten σ-Algebra der vorhersagbaren Ereignisse $\mathfrak{P}$ ein eindeutig bestimmtes Maß μ_M mit der Eigenschaft

$$\mu_M((s,t] \times A) = E(\mathbf{1}_A(M_t - M_s)^2)$$

für alle $s < t$ und $A \in \mathfrak{A}_s$, das als Doléans-Maß bezeichnet wird. Die Abbildung $X \to \int XdM$ von der im Hilbertraum $L^2(\mathbb{R}_0^+ \times \Omega, \mathfrak{P}, \mu_M)$ dichten Menge $\mathcal{E}$ in den Hilbertraum $L^2(\Omega, \mathfrak{A}, P)$ ist eine lineare Isometrie, welche eindeutig zu einer linearen Isometrie von $L^2(\mathbb{R}_0^+ \times \Omega, \mathfrak{P}, \mu_M)$ in $L^2(\Omega, \mathfrak{A}, P)$ fortgesetzt werden kann. Für beliebiges $X \in L^2(\mathbb{R}_0^+ \times \Omega, \mathfrak{P}, \mu_M)$ wird das Integral $\int XdM$ als das Bild von X unter dieser Isometrie definiert. Für jeden stochastischen Prozeß $(X_t)_{t\geq 0}$ mit der Eigenschaft, daß die Abbildung $(t, \omega) \to X_t(\omega)$ $\mathfrak{P}$-meßbar ist, und für den darüber hinaus die durch $(s, \omega) \to \mathbf{1}_{[0,t]}(s)X(s, \omega)$ definierte Abbildung $\mathbf{1}_{[0,t]}X$ von $\mathbb{R}_0^+ \times \Omega$ nach $\mathbb{R}$ für jedes $t \geq 0$ zu $L^2(\mathbb{R}_0^+ \times \Omega, \mathfrak{P}, \mu_M)$ gehört, ist das Integral $\int \mathbf{1}_{[0,t]}XdM$ somit wohldefiniert. Für Elemente $X \in \mathcal{E}$ mit der angegebenen Darstellung gilt speziell

$$\int \mathbf{1}_{[0,t]}XdM = \sum_{j=1}^{n} c_j \mathbf{1}_{A_j}(M_{t_j\wedge t} - M_{s_j\wedge t}),$$

wobei $t_j \wedge t$ bzw. $s_j \wedge t$ jeweils das Minimum der beiden Zahlen bezeichnet. Der Prozeß $(\int \mathbf{1}_{[0,t]}XdM)_{t\geq 0}$ ist ein L^2-Martingal und besitzt eine Version mit ausschließlich rechtsstetigen Pfaden. Sind alle Pfade von M stetig, so existiert eine Version von $(\int \mathbf{1}_{[0,t]}XdM)_{t\geq 0}$, deren Pfade sämtlich stetig sind. Die genannte Erweiterung des Integralbegriffs für den Fall, daß M ein rechtsstetiges lokales L^2-Martingal ist und allgemeinere Integranden $(X_t)_{t\geq 0}$ wird unter Verwendung bestimmter monoton wachsender Folgen von Stoppzeiten durchgeführt.

[1] Chung K. L.; Williams, R. J.: Introduction to Stochastic Integration (2nd ed.). Birkhäuser Boston, 1990.

[2] Karatzas, I.; Shreve, S. E.: Brownian motion and stochastic calculus (2nd ed.). Springer New York, 1991.

stochastische Konvergenz, *Konvergenz in Wahrscheinlichkeit*, eine der ↗Konvergenzarten für Folgen zufälliger Größen.

Eine Folge $(X_n)_{n\in\mathbb{N}}$ von auf dem Wahrscheinlichkeitsraum $(\Omega, \mathfrak{A}, P)$ definierten reellen Zufallsvariablen konvergiert stochastisch oder in Wahrscheinlichkeit gegen eine reelle Zufallsvariable X auf $(\Omega, \mathfrak{A}, P)$, wenn

$$\lim_{n\to\infty} P(\{\omega \in \Omega : |X_n(\omega) - X(\omega)| \geq \varepsilon\}) = \lim_{n\to\infty} P(\{|X_n - X| \geq \varepsilon\}) = 0$$

für jedes $\varepsilon > 0$ gilt. Man schreibt dann $X_n \stackrel{P}{\rightarrow} X$ oder $P\text{-}\lim X_n = X$.

Die P-fast sichere Konvergenz $X_n \stackrel{\text{f.s.}}{\longrightarrow} X$ impliziert die stochastische Konvergenz $X_n \stackrel{P}{\rightarrow} X$, nicht aber umgekehrt.

stochastische Matrix, quadratische reelle Matrix $P = ((p_{ij}))_{i,j\in S}$ mit $p_{ij} \geq 0$ für alle $i, j \in S$ und $\sum_{j\in S} p_{ij} = 1$ für alle $i \in S$, wobei die Menge S höchstens abzählbar ist.

Eine stochastische Matrix ist also dadurch charakterisiert, daß sie ausschließlich nicht-negative Elemente enthält und alle Zeilensummen den Wert 1 ergeben. Addieren sich zusätzlich die Elemente in jeder Spalte von P zu 1, so heißt P auch doppelt stochastisch. Das Produkt zweier (doppelt) stochastischer Matrizen ist ebenfalls (doppelt) stochastisch. Jede stochastische Matrix P besitzt den Eigenwert 1. Für alle übrigen Eigenwerte λ von P gilt $|\lambda| \leq 1$.

Zu jeder stochastischen Matrix $P = (p_{ij})_{i,j\in S}$ und jedem Vektor $(\pi_i)_{i\in S}$ nicht-negativer reeller Zahlen mit $\sum_{i\in S} \pi_i = 1$ existiert eine stationäre ↗Markow-Kette $(X_n)_{n\in\mathbb{N}_0}$ mit Zustandsraum S und Anfangsverteilung $(\pi_i)_{i\in S}$, deren Übergangswahrscheinlichkeiten die p_{ij} sind.

stochastische Mechanik, Modelle für mechanische Systeme mit einer sehr großen Zahl von Freiheitsgraden, die in ein Untersystem mit einer kleinen Zahl von Freiheitsgraden und eine „Umgebung" aufgeteilt werden, wobei die Variablen für die Umgebung durch ihre Mittelwerte und einen Ansatz aus der Stochastik für schnelle Fluktuationen um die Mittelwerte ersetzt werden.

Prominentes Beispiel ist die ↗Brownsche Bewegung. Ein anderes Beispiel ist die Schallausbreitung im Ozean, die u. a. durch zufällig verteilte Objekte (Fische) gestört wird.

stochastische Optimierung, *stochastische Programmierung*, Theorie zur Lösung von Optimierungsproblemen, bei deren Formulierung gewisse Parameter eine Rolle spielen, die Zufallsgrößen sind.

Solche probabilistischen Situationen treten beispielsweise auf, wenn man Meßfehler begeht oder Aussagen über zukünftige Prozesse macht. Die zugehörigen beschreibenden Parameter sind dann nur in einem statistischen Sinne verfügbar.

Eine typische Modellierung derartiger Probleme sieht wie folgt aus. Basierend auf einer ersten Beobachtung $w_1 \in \mathbb{R}^{k_1}$ einer Zufallsgröße wird eine Entscheidung $x_1 \in \mathbb{R}^{n_1}$ getroffen. Dies bewirkt Kosten der Größe $f_1(x_1, w_1)$. Anschließend wird eine neue Beobachtung $w_2 \in \mathbb{R}^{k_2}$ gemacht. Die neue Entscheidung $x_2 \in \mathbb{R}^{n_2}$ kann jetzt von (w_1, w_2) abhängen und verursacht Kosten $f_2(x_1, x_2, w_1, w_2)$. Dieser Prozeß wird, unter Umständen unendlich oft, fortgesetzt. Von größtem Interesse sind allerdings Prozesse mit lediglich zwei oder drei Stufen.

Ziel ist nunmehr das Auffinden sogenannter Rekursfunktionen $x_1(w_1), x_2(w_1, w_2), \ldots$, welche Entscheidungen liefern, die die erwarteten Kosten minimieren. Die x_i können dabei zusätzlich weiteren Nebenbedingungen unterliegen.

Als Beispiel folgt die Formulierung eines linearen stochastischen Programms in zwei Stufen. Üblicherweise nimmt man zusätzlich an, daß die erste Entscheidung x_1 nicht bereits durch Zufallsphänomene beeinflußt wird (d. h. w_1 oben entfällt in diesem Fall). Ein derartiges Problem lautet dann

$$\min c^T \cdot x_1 + E[Z(x_1, w_2)]$$

unter den Nebenbedingungen $A \cdot x_1 = b, x_1 \geq 0$. Hierbei bezeichnet $c^T \cdot x_1$ die direkten Kosten der ersten Entscheidung und $E[Z(x_1, w_2)]$ die erwarteten Kosten der zweiten Entscheidung unter Beachtung der Nebenbedingungen für x_1. Z selbst hat die Form $Z(x_1, w_2) = \min d(w_2)^T \cdot x_2$ unter den Nebenbedingungen $W \cdot x_2 = p(w_2) - T(w_2) \cdot x_1, x_2 \geq 0$. Dabei sind die Vektoren d und p sowie die Matrix T Zufallsgrößen. W ist i. allg. eine feste Matrix, kann aber ebenfalls von w_2 abhängig gemacht werden. Die Rekurskosten hängen von der anfänglichen Entscheidung x_1 und dem Zufallsergebnis w_2 ab. Das zweite obige lineare Programm beschreibt dann, wie man die zweite Entscheidung x_2 treffen muß. Die zugehörigen Nebenbedingungen können als Korrektur des Systems aufgefaßt werden, nachdem es durch ein Zufallsereignis verändert wurde.

[1] Birge, J.R.; Louveaux, F.: Introduction to Stochastic Programming. Springer Series in Operations Research, Springer, 1997.

[2] Dempster, M.: Stochastic Programming. Academic Press, London, 1980.

stochastische Programmierung, ↗ stochastische Optimierung.

stochastische Quantisierung, ↗Quantenstochastik.

stochastische Unabhängigkeit von Zufallsvariablen, ↗Unabhängigkeit von Zufallsvariablen.

stochastischer Kern, ↗Markow-Kern.

stochastischer Prozeß, *zufälliger Prozeß*, Familie $(X_t)_{t\in T}$ von auf einem Wahrscheinlichkeitsraum $(\Omega, \mathfrak{A}, P)$ definierten Zufallsvariablen mit Werten in einem gemeinsamen meßbaren Raum $(E, \mathfrak{E})$.

Die Indexmenge $T \neq \emptyset$ heißt die Parametermenge, der Parameterbereich oder auch die Zeitmenge, und der meßbare Raum $(E, \mathfrak{E})$ der Zustands- oder Phasenraum des stochastischen Prozesses. Häufig wird der Zustandsraum unter Weglassung der σ-Algebra $\mathfrak{E}$ kurz mit E bezeichnet. Für jedes $\omega \in \Omega$ nennt man die durch $\omega \to X_t(\omega)$ definierte Abbildung von T nach E einen Pfad des stochastischen Prozesses. Häufig spricht man statt von den Pfaden auch von den Trajektorien oder den Realisierungen des stochastischen Prozesses. Da jeder Pfad eine vom Zufall abhängende Funktion darstellt, werden stochastische Prozesse auch als zufällige Funktionen bezeichnet. Gilt $E = \mathbb{R}^d$ oder $E = \mathbb{C}^d$, so spricht man von einem d-dimensionalen reellwertigen bzw. komplexwertigen stochastischen Prozeß. Ist die Parametermenge T eine Teilmenge von $\mathbb{R}$, so interpretiert man ihre Elemente häufig als Zeitpunkte. Ist dabei T abzählbar, so nennt man $(X_t)_{t\in T}$ einen stochastischen Prozeß mit diskreter Zeit oder auch eine zufällige Folge. Ist $T \subseteq \mathbb{R}$ dagegen ein Intervall, so spricht man von einem stochastischer Prozeß mit stetiger Zeit. Grundlegend für die Existenz stochastischer Prozesse sind der Existenzsatz von Kolmogorow und der Satz von Ionescu-Tulcea.

stochastisches Integral, ↗ stochastische Integration.

stochastisches Intervall, bei gegebenem meßbaren Raum $(\Omega, \mathfrak{A})$ mit einer Filtration $(\mathfrak{A}_t)_{t\geq 0}$ in $\mathfrak{A}$ eine Menge der Form

$$[S, T] = \{(t, \omega) \in \mathbb{R}_0^+ \times \Omega : S(\omega) \leq t \leq T(\omega)\},$$

wobei S und T Stoppzeiten bezüglich $(\mathfrak{A}_t)_{t\geq 0}$ bezeichnen. Die stochastischen Intervalle $(S, T]$, $[S, T)$ und (S, T) sind in analoger Weise definiert.

stochastisches Spiel, modelliert ein Mehrphasenspiel, bei dem zu jedem Zeitpunkt die „Geschichte" des Spiels durch einen „Zustand" beschrieben werden kann.

Die aktuellen Gewinne hängen von diesem Zustand sowie den aktuellen Aktionen ab. Der Zustand selbst verhält sich wie ein ↗ Markow-Prozeß, d. h., die Wahrscheinlichkeitsverteilung für den nächsten Zustand wird durch den aktuellen Zustand und die aktuellen Aktionen determiniert. Formal besteht ein stochastisches Spiel aus Zuständen $z \in Z$ und Aktionsräumen $A_i(z)$ für jeden Spieler i im Zustand z. Eine Funktion $q(z^{t+1}|z^t, a^t)$ beschreibt die bedingte Wahrscheinlichkeit dafür, daß z^{t+1} der Zustand zum Zeitpunkt $(t + 1)$ wird, wenn z^t derjenige zum Zeitpunkt t ist, und die Aktion a^t ausgeführt wird. Die Gewinnfunktionen haben dann die Form

$$\sum_{t=0}^{\infty} \delta^t \cdot g_i(z^t, a^t).$$

Dabei spielen die δ^t die Rolle von Normalisierungsfaktoren.

Stochastizität eines geodätischen Flusses, Eigenschaft des ↗ geodätischen Flusses einer ↗ Riemannschen Mannigfaltigkeit negativer ↗ Schnittkrümmung.

Es sei M eine kompakte Riemannsche Mannigfaltigkeit und $\varphi_t : T(M) \to T(M)$ die eingliedrige Transformationsgruppe des geodätischen Flusses von M. Da die Niveaumannigfaltigkeiten

$$N_c = \{(x, \xi) \in T(M); g(\xi, \xi) = c = \text{const}\}$$

ebenfalls kompakt sind, ist φ_t ein für alle $t \in \mathbb{R}$ definierter Diffeomorphismus von N_c. Hat M negative Schnittkrümmung, so gilt:

- Fast alle Trajektorien $\varphi_t(x, \xi)$ von Tangentialvektoren $(x, \xi) \in N_c$ sind in N_c überall dicht. Die Punkte $(x, \xi) \in N_c$, für die $\varphi_t(x, \xi)$ nicht überall dicht ist, bilden in N_c eine Menge vom Maß Null.
- Der zeitliche Teil, in dem sich die Trajektorie $\varphi_t(x, \xi)$ in einem beliebigen offenen Gebiet $G \subset N_c$ aufhält, ist für fast alle $(x, \xi) \in N_c$ proportional zum Volumen V von G (Eigenschaft der gleichmäßigen Verteilung).
- Sind A und B zwei beliebige Gebiete in N_c, so ist

  $$\lim_{t\to\infty} \text{meas}\,(\varphi_t(A) \cap B) = \text{meas}(A)\ \text{meas}(B),$$

  wobei meas das normierte Volumen bezeichnet, d. h., das eindeutig durch die ↗ Riemannsche Metrik bestimmte Volumen, für das das Volumen der gesamten Mannigfaltigkeit N_c den Wert 1 hat (Eigenschaft der Mischung).

Stokes, George Gabriel, Mathematiker und Physiker, geb. 13.8.1819 Skreen (Irland), gest. 1.2.1903 Cambridge (England).

Stokes, Sohn eines Geistlichen, wurde in Skreen, Dublin und Bristol schulisch ausgebildet. Einer seiner Lehrer in Bristol, der Mathematiker und Philologe E.W. Newman, hat ihn nach eigenen Angaben entscheidend geprägt. Stokes studierte in Cambridge. Nach dem Studium blieb er als Mitglied des Lehrkörpers in Cambridge und erhielt 1849 die Lucasian-Professur. Daneben lehrte er auch an der Goverment School of Mines in London. Ab 1854 war er Sekretär, 1885 bis 90 Präsident der Royal Society, in den Jahren 1887 bis 91 Parlamentsabgeordneter, sowie von 1886 bis 1903 Präsident des Victoria Institute in London, das sich den Beziehungen zwischen Christentum und modernem Denken widmete. Im Jahre 1899 wurde Stokes geadelt.

In außerordentlichem Maße war Stokes in seiner mathematischen Arbeit von physikalischen Problemen beeinflußt. „Ausflüge" in die „reine Mathematik" unternahm er letztlich nur, um Methoden zur Lösung physikalischer Aufgaben aufzufinden. Seine wissenschaftliche Karriere eröffnete er 1842 mit der Bearbeitung von Problemen der Hydrodynamik. Er begann mit Untersuchungen zur gleichmäßigen Bewegung einer inkompressiblen Flüssigkeit und konnte die Aufgabe im zweidimensionalen und in speziellen dreidimensionalen Fällen (1845) lösen. Im Rahmen dieser Untersuchungen versuchte er, verschiedene Größen wie Temperatur, Viskosität, aber auch die Form des Gefäßes, in dem sich die Flüssigkeit bewegt, zu berücksichtigen. Er untersuchte die innere Reibung von Flüssigkeiten ab 1845, wobei er aber an die Existenz von Molekülen, die die französische Schule der mathematischen Physik behauptete, nicht glauben wollte. Ab 1847 untersuchte Stokes oszillierende Wellen im Wasser und wandte seine Theorie der inneren Reibung auf die Theorie der Pendelbewegung (1850) und das Verhalten des Wassers in der Erdatmosphäre an. Seine Forschungen über das Pendel führten ihn zu Überlegungen über die Gestalt der Erde und zu der Feststellung, daß die Gravitation auf dem Kontinent geringer als auf einer Insel sei. Er studierte die Schalltheorie und verband die Windstärkemessung mit der Lautstärkemessung. Ab 1845 hat sich Stokes auch mit der Lichttheorie befaßt, die Natur des Äthers aufzuklären versucht, und die Entstehung der Fluoreszenz richtig gedeutet.

In der reinen Mathematik arbeitete er über periodische Reihen (1847), führte 1847/48 den Begriff der gleichmäßigen Konvergenz ein, berechnete spezielle Integrale (1850), fand 1854 den nach ihm benannten Integralsatz, und löste verschiedene Differentialgleichungen.

Nach 1850 ging Stokes' wissenschaftliche Produktivität stark zurück. Er beschäftigte sich mit experimentellen Untersuchungen, der „Naturtheologie", entwickelte aber auch, neben J.E.Wiechert, die Impetustheorie der Röntgenstrahlen.

Stokes, Integralsatz von, für Mathematik und Anwendungen, speziell etwa in der Physik, enorm wichtiger Satz, der es – im Spezialfall – gestattet, gewisse Oberflächenintegrale durch Kurvenintegrale längs des Randes der Fläche (und umgekehrt) auszudrücken:

$$\int_{\mathfrak{G}} \mathfrak{n}\cdot(\nabla \times f)\,do = \int_{\mathfrak{G}} \mathrm{rot} f\cdot \mathfrak{n}\,do = \int_{\partial\mathfrak{G}} f\cdot \mathfrak{t}\,ds$$

Dabei bezeichnen $\mathfrak{n}$ die Normale, $\mathfrak{t}$ den Tangenteneinheitsvektor in den Punkten des positiv orientierten Randes $\partial\mathfrak{G}$ einer Fläche $\mathfrak{G}$ im $\mathbb{R}^3$, und f eine auf einem Gebiet, das $\mathfrak{G}$ enthält, definierte stetig differenzierbare Vektorfunktion.

In physikalischen Anwendungen bedeutet der Satz: Die *Zirkulation* eines Feldes f längs einer geschlossenen Kurve ist gleich dem *Fluß* des Feldes rot$f$ durch eine in die Kurve eingespannte Fläche. Er ist ein viel benutztes Werkzeug zur Behandlung der Strömung von Flüssigkeiten und Gasen sowie zur Beschreibung der Wechselwirkung zwischen elektrischen und magnetischen Feldern. Der Satz in dieser klassischen Form ist Spezialfall des allgemeinen Satzes von Stokes der ↗Vektoranalysis, der in einem wesentlich allgemeineren Rahmen (Cartan-Kalkül) eine einheitliche und elegante Darstellung ‚aller' Integralsätze liefert.

[1] Heuser, H.: Lehrbuch der Analysis, Teil 2. Teubner-Verlag Stuttgart, 1993.

[2] Walter, W.: Analysis 2. Springer-Verlag Berlin, 1992.

Stokes, Satz von, für analytische Varietäten, wichtiger Satz in der Theorie der komplexen Mannigfaltigkeiten.

Sei M eine komplexe Mannigfaltigkeit und $V \subset M$ eine analytische Untervarietät der Dimension k. Ist φ eine Differentialform vom Grad $2k-1$ mit kompaktem Träger in M, dann gilt

$$\int_V d\varphi = 0.$$

Stokes-Gleichungen, grundlegende Gleichungen der Strömungsmechanik für inkompressible zähe Flüssigkeiten, die sich als Spezialfälle der ↗Navier-Stokes-Gleichungen (i.w. durch Vernachlässigung des Divergenzterms) ergeben.

Stokessche Integralformel, die im Integralsatz von Stokes (↗Stokes, Integralsatz von) präzisierte Formel zur Umwandlung eines Flächenintegrals in ein Wegintegral über den Flächenrand.

Stolz, Otto, österreichischer Mathematiker, geb. 3.7.1842 Hall (Österreich), gest. 23.11.1905 Innsbruck.

Nach der Promotion 1864 und Habilitation 1867 wurde Stolz Privatdozent an der Universität Wien. Zwischen 1869 und 1871 setzte er seine Studien in Innsbruck, Wien und Berlin fort. 1871 erhielt er eine Professur in Innsbruck.

Stolz' Forschungsinteressen waren weitgestreckt. Von ihm stammen Lehrbücher zur Arithmetik,

Funktionentheorie und zur Differential- und Integralrechnung. Er untersuchte die Konvergenz von Doppelreihen und fand hierfür Konvergenzkriterien. Er zeigte, daß die de l'Hospitalsche Regel auch für den Fall gilt, daß Zähler und Nenner gegen ∞ streben.

Stolz, Satz von, im Jahr 1893 durch Otto Stolz bewiesener Satz, der besagt, daß jede auf einem offenen reellen Intervall definierte konvexe Funktion f links- und rechtsseitig differenzierbar ist mit $f'_- \leq f'_+$. Hingegen sind konvexe Funktionen auf offenen Intervallen (zwar stetig, aber) nicht unbedingt differenzierbar, wie man etwa an der Betragsfunktion sieht.

Stolzscher Winkelraum, ein (offener) Kreissektor $\Delta \subset \mathbb{E} = \{z \in \mathbb{C} : |z| < 1\}$ mit Spitze an einem Punkt $\zeta \in \partial\mathbb{E}$ und Öffnungswinkel $< \pi$, der symmetrisch zur Strecke $[0, \zeta]$ ist.

In Formeln wird Δ beschrieben durch

$$\Delta = \{z \in \mathbb{E} : |\arg(1 - \bar{\zeta}z)| < \alpha,\ |z - \zeta| < \varrho\},$$

wobei $0 < \alpha < \frac{\pi}{2}$, $0 < \varrho < 2\cos\alpha$ und arg das ↗Argument einer komplexen Zahl bezeichnet. Der Öffnungswinkel ist also 2α.

Manchmal wird die Bedingung $|z - \zeta| < \varrho$ auch weggelassen, denn für die Anwendungen spielt die genaue Form von Δ keine Rolle. Wichtig ist nur die Existenz einer Konstanten $C > 0$ mit der Eigenschaft, daß der nichteuklidische Abstand (↗nichteuklidische Ebene) aller Punkte von Δ zur Strecke $[0, \zeta]$ durch C beschränkt ist.

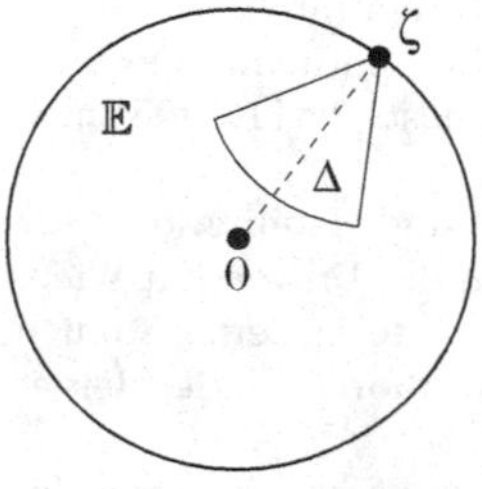

Stolzscher Winkelraum

Stone, Darstellungssatz von, ↗Darstellungssatz von Stone.

Stone, Marshall Harvey, amerikanischer Mathematiker, geb. 8.4.1903 New York, gest. 9.1.1998 Madras.

Von 1919 bis 1925 studierte Stone an der Harvard University unter anderem bei Birkhoff. Er arbeitete anschließend an der Columbia University, in Yale und in Harvard. 1937 wurde er Professor für Mathematik in Harvard. Von 1946 bis 1968 war er an der Universität Chicago tätig, danach in Cambridge, und ab 1973 an der Universität in Amherst (Massachusetts).

Beeinflußt duch Birkhoff beschäftigte Stone sich mit orthogonalen Reihen und der Entwicklung von Funktionen in Eigenfunktionen eines linearen Differentialoerators. Ab 1929 wandte er sich den selbstadjungierten Operatoren in einem Hilbertraum zu. Es folgten Arbeiten zu Spektraltheorie mit Anwendungen in der theoretischen Quantenmechanik, zu Booleschen Algebren und zur gleichmäßigen Approximation von stetigen Funktionen durch Polynome (Satz von Stone-Weierstraß).

Stone, Satz von, *Stone-Weierstraß, Satz von*, Dichtheitssatz, der eine umfassende Verallgemeinerung des ↗Weierstraßschen Approximationssatzes über die Approximation stetiger Funktionen darstellt.

Es seien B ein kompakter Haussdorffraum und $C(B)$ der Raum der stetigen Funktionen von B nach $K = \mathbb{R}$ oder $K = \mathbb{C}$, versehen mit der ↗Maximumnorm. Eine Unteralgebra $\mathcal{A} \subset C(B)$ (d.h. eine Menge, welche abgeschlossen hinsichtlich des punktweisen Produkts ist) separiert die Punkte von B, falls für alle $b_1,\ b_2 \in B$ ein $f \in \mathcal{A}$ so existiert, daß $f(b_1) \neq f(b_2)$. Der folgende Satz wurde von M.H. Stone 1937 bewiesen.

Es sei $\mathcal{A} \subset C(B)$ eine Unteralgebra, welche die Punkte von B separiert und die konstante Funktion 1 enthält. Im Fall $K = \mathbb{C}$ sei $\mathcal{A}$ zudem abgeschlossen unter komplexer Konjugation, d. h. mit $f \in \mathcal{A}$ gelte auch $\overline{f} \in \mathcal{A}$.

Dann liegt $\mathcal{A}$ dicht in $C(B)$.

Ein wichtiger Spezialfall des Satzes von Stone ist der ↗Weierstraßsche Approximationssatz und Folgerungen daraus. Hierbei besteht $\mathcal{A}$ aus dem Raum aller Polynome bzw. trigonometrischen Polynome.

Stone, Satz von, für Operatorgruppen, ↗stark stetige unitäre Gruppe.

Stone-Čech-Kompaktifizierung, Standardkompaktifizierung gewisser topologischer Räume.

Ist $(X, \mathcal{O})$ ein Tychonow-Raum, d. h. genügt er dem Trennungsaxiom T_{3a}, so wählt man $J = \{f : X \to [0, 1]$ stetig$\}$ als Indexmenge und zeigt, daß sich X in das direkte Produkt $Y = \prod_{j\in J} I_j$ mit $I_j = [0,1]$ einbetten läßt; sei $\beta : X \to Y$ eine solche Einbettung. Da Y nach Tychonow kompakt ist, ist der Abschluß $\beta X := \overline{\beta(X)}$ von X in Y kompakt und heißt die Stone-Čech-Kompaktifizierung von X.

Stonesche Algebra, distributiver ↗pseudokomplementärer Verband $(V, \wedge, \vee)$, in dem für jedes Element $a \in V$ die Gleichung

$$a^* \vee (a^*)^* = 1 \qquad (1)$$

gilt. Hierbei bezeichne b^* für ein beliebiges Element $b \in V$ das ↗Pseudokomplement von b. Die Gleichung (1) wird auch als Stonesche Gleichung bezeichnet.

Stonesche Formel, die im folgenden angegebene Formel für selbstadjungierte Operatoren.

Es sei T ein selbstadjungierter Operator mit darstellendem Spektralmaß E, also

$$\langle Tx, y\rangle = \int_{\sigma(T)} \lambda\, d\langle E_\lambda x, y\rangle$$

(↗Spektralsatz für selbstadjungierte Operatoren). Dann gilt im Sinn der ↗starken Operatortopologie für $a, b \in \mathbb{R}$

$$\lim_{\varepsilon\to 0} \frac{1}{2\pi i}\int_a^b \left[(T-(\lambda+i\varepsilon))^{-1} - (T-(\lambda-i\varepsilon))^{-1}\right] d\lambda$$

$$= \frac{E([a,b]) + E((a,b))}{2}.$$

Stonesche Gleichung, ↗Stonesche Algebra.

Stonescher Vektorverband reeller Funktionen, Grundraum des ↗Daniell-Stone-Integrals.

Es sei Ω eine Menge und $\mathcal{F} \subseteq \mathbb{R}^\Omega$ ein Vektorraum reeller Funktionen auf Ω über $\mathbb{R}$. Weiter sei mit $u \in \mathcal{F}$ auch $|u| \in \mathcal{F}$. Dann heißt $\mathcal{F}$ ein Vektorverband oder Riesz-Raum reeller Funktionen. Gilt mit $u \in \mathcal{F}$ auch $\inf(u, 1) \in \mathcal{F}$, so heißt $\mathcal{F}$ Stonescher Vektorverband reeller Funktionen.

Eine Menge $A \subseteq \Omega$ heißt $\mathcal{F}$-offen, wenn es eine isotone Folge

$$(u_n | n \in \mathbb{N}) \subseteq \mathcal{F}_+ := \{u \in \mathcal{F} | u \geq 0\}$$

gibt mit

$$1_A = \sup\{u_n | n \in \mathbb{N}\}.$$

Stone-Weierstraß, Satz von, ↗ Stone, Satz von.

Stop-Loss-Punkt, der ↗ Selbstbehalt bei einer speziellen Form der ↗ Rückversicherung (Jahresfranchise). Dabei kommt es zu einer nichtproportionalen ↗ Risikoteilung zwischen Erst- und Rückversicherer.

Ist der Gesamtschaden gegeben durch eine Zufallsgröße S, so übernimmt der Rückversicherer bei einem entsprechenden Vertrag das Risiko aller den Stop-Loss-Punkt a übersteigenden Schäden. Dadurch verbleibt beim Erstversicherer ein Risiko, welches durch den Zufallsprozeß $S_E = \min(S, a)$ beschrieben wird. Der Risikoprozeß für den Rückversicherer ergibt sich entsprechend als ein (bedingter) Zufallsprozeß $S_R = \max(0, S - a)$.

Stoppzeit, *Markow-Zeit*, bei gegebenem meßbaren Raum $(\Omega, \mathfrak{A})$ und gegebener Filtration $(\mathfrak{A}_t)_{t\in I}$ in $\mathfrak{A}$ jede meßbare Abbildung $T : \Omega \to I \cup \{+\infty\}$ mit der Eigenschaft

$$\{T \leq t\} = \{\omega \in \Omega : T(\omega) \leq t\} \in \mathfrak{A}_t$$

für alle $t \in I$, wobei I die Menge $\mathbb{N}_0$ oder die Menge $\mathbb{R}_0^+$ bezeichnet. Die Abbildung T heißt dann eine Stoppzeit bezüglich $(\mathfrak{A}_t)_{t\in I}$. Gilt für alle $t \in I$ lediglich $\{T < t\} \in \mathfrak{A}_t$, so nennt man T eine Stoppzeit im weiteren Sinne oder Optionszeit bezüglich $(\mathfrak{A}_t)_{t\in I}$.

Eine Stoppzeit ist stets eine Optionszeit. Umgekehrt ist eine Optionszeit genau dann eine Stoppzeit, wenn $\{T = t\} \in \mathfrak{A}_t$ für alle $t \in I$ gilt. Insbesondere ist bei einer rechtsstetigen Filtration $(\mathfrak{A}_t)_{t\geq 0}$ jede Optionszeit auch Stoppzeit. Ein Beispiel für eine Stoppzeit ist die Eintrittszeit T_A in eine abgeschlossene Menge $A \subseteq \mathbb{R}$, wenn der zugrundeliegende reelle Prozeß $(X_t)_{t\geq 0}$ der Filtration $(\mathfrak{A}_t)_{t\geq 0}$ adaptiert und stetig ist. Sind S und T Stoppzeiten, so gilt dies auch für das häufig mit $S \wedge T$ bezeichnete punktweise Minimum und das mit $S \vee T$ bezeichnete punktweise Maximum sowie die Summe $S + T$ der Abbildungen.

Zu bemerken ist noch, daß die Terminologie in der Literatur nicht einheitlich gebraucht wird: So verwenden einige Autoren z. B. die Begriffe Stoppzeit und Optionszeit synonym für die hier als Optionszeiten definierten Abbildungen und nennen die hier als Stoppzeiten bezeichneten Abbildungen strenge Stopp- bzw. Optionszeiten.

Storchschnabel, Umzeichengerät zum Vergrößern und Verkleinern von Figuren, vermutlich aus der Nürnberger Schere hervorgegangen. Christoph Scheiner gilt als sein Erfinder (1603), der Name ist während des 30-jährigen Krieges entstanden.

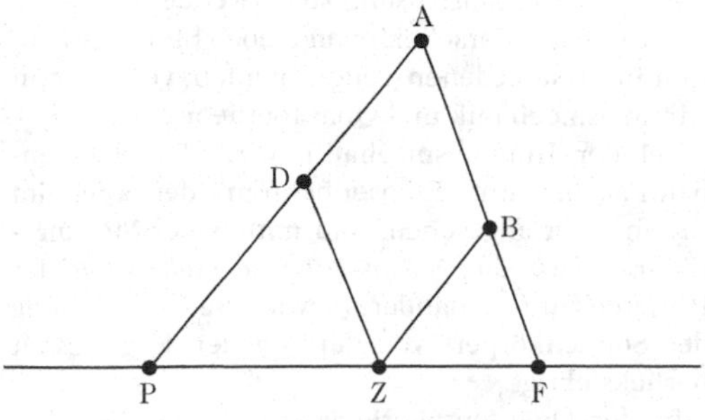

Storchschnabel

Grundbestandteil ist ein Paralellogramm $ABZD$, das um einen Pol bewegt werden kann. Pol P, Zeichenstift Z und Fahrstift F liegen auf einer Geraden.

Størmer, Formel von, die Gleichung

$$\frac{\pi}{4} = 6 \arctan \frac{1}{8} + 2 \arctan \frac{1}{57} + \arctan \frac{1}{239}$$

oder auch

$$\frac{\pi}{4} = 6 \arctan \frac{1}{8} + 8 \arctan \frac{1}{57} + 4 \arctan \frac{1}{239},$$

1896 von Carl Størmer gefunden. Mit Hilfe der aus dieser Formel abgeleiteten ↗ Arcustangensreihe für π haben 1961 Daniel Shanks und John W. Wrench Jr. 100 265 Dezimalstellen von π berechnet. Siehe auch ↗ π.

Størmer, Fredrik Carl Mülertz, norwegischer Mathematiker und Geophysiker, geb. 3.9.1874 Skien (Norwegen), gest. 13.8.1957 Oslo.

Zunächst interessierte sich Størmer für Botanik, wandte sich im Laufe seines Studium aber mehr und mehr der Mathematik zu. Nach dem Studium an der Universität Christiania (Oslo) promovierte er 1903 und erhielt eine Professur für Mathematik.

Størmer widmete sein ganzes Leben der Untersuchung des Polarlichtes. Neben dem Sammeln von umfangreichem Beobachtungsmaterial bemühte er sich auch um eine mathematische Beschreibung des Phänomens. Er berechnete die Bahn geladener Teilchen in einem Magnetfeld und kam zu Lösungen von Differentialgleichungen mittels numerischer Verfahren.

Störungstheorie, vor allem in der mathematischen Physik verwendeter Begriff.

Wenn innerhalb einer physikalischen Theorie bestimmte Lösungen in geschlossener Form bekannt sind, dann ist es oft sinnvoll, um diese bekannte Lösung herum eine Reihenentwicklung durchzuführen, um brauchbare Näherungslösungen in der Nähe zu finden. In vielen Fällen genügt dann die erste Näherung, die mathematisch der Linearisierung der nichtlinearen Feldgleichung um die bekannte Lösung herum entspricht. Es ist durchaus auch sinnvoll, die triviale Lösung (das Vakuum) als Ausgangslösung zu verwenden.

Spezieller unterscheidet man noch Störungstheorien in verschiedenen Teildisziplinen, vor allem in Himmelsmechanik und Quantentheorie.

Bei der Himmelsmechanik wird die Planetenbahn als bekannte Ellipsenbahn mit der Sonne im Brennpunkt angesehen, und mittels der Störungstheorie wird die gegenseitige Beeinflussung der Planeten untereinander, sowie die Abweichung des Sonnenkörpers von der genauen Kugelgestalt berücksichtigt.

In der Quantentheorie ist es oft der Hamiltonian des harmonischen Oszillators, der als bekannte Ausgangslösung verwendet wird: Dort haben aufeinanderfolgende Energieniveaus stets denselben Abstand und sind explizit bekannt. Mit der Störungstheorie werden dann beispielsweise die Werte der Energieniveaus des anharmonischen Oszillators berechenbar.

In der Quantenfeldtheorie wird die Störungstheorie oft so angewandt, daß der bekannte Ausgangsfall derjenige ist, in dem die Felder frei sind, d. h., die Wechselwirkung vernachlässigt wird, und dann durch eine Störungsreihe die Wechselwirkung mit schrittweise zunehmender Genauigkeit berücksichtigt wird. Geometrisch läßt sich dies durch ↗ Feynman-Diagramme repräsentieren.

Stoßparameter, ↗ Impact-Parameter.

Stoßwellen, *Schockwellen*, Wellen, deren Front Träger von Unstetigkeiten der Größen, die sich ausbreiten, oder ihrer Ableitungen ist.

In einem Gas können sich aus hinreichend starken Verdichtungswellen Stoßwellen bilden, weil die Ausbreitungsgeschwindigkeit (Schallgeschwindigkeit) in Gebieten größerer Dichte und größeren Drucks höher ist als in den Bereichen, in denen die Werte dieser Größen kleiner sind.

straffe Familie von Wahrscheinlichkeitsmaßen, Familie $(P_i)_{i \in I}$ von auf der Borel-σ-Algebra $\mathfrak{B}(S)$ eines ↗ metrischen Raumes S definierten Wahrscheinlichkeitsmaßen mit der Eigenschaft, daß zu jedem $\varepsilon > 0$ eine kompakte Teilmenge K von S mit $P_i(K) > 1 - \varepsilon$ für alle $i \in I$ existiert.

Straffe Familien von Wahrscheinlichkeitsmaßen spielen eine wichtige Rolle beim Studium der schwachen Konvergenz von Folgen von Wahrscheinlichkeitsmaßen. Eine straffe Familie ist stets relativ kompakt. Die Umkehrung gilt i. allg. nicht. In vollständigen metrischen Räumen sind die beiden Eigenschaften nach dem Satz von Prochorow jedoch äquivalent.

Eine Familie $(F_i)_{i \in I}$ von Verteilungsfunktionen auf $\mathbb{R}^n$ heißt straff, wenn die zugehörige Familie $(P_i)_{i \in I}$ der aus den F_i konstruierten Wahrscheinlichkeitsmaße P_i straff ist. Siehe auch ↗ Konvergenz, schwache, von Maßen.

Straffheit von Maßen, ↗ straffe Familie von Wahrscheinlichkeitsmaßen.

Straffheitsbedingung, Bedingung an eine ↗ Mengenfunktion.

Es sei Ω ein Hausdorffraum, $\mathcal{K} \subseteq \mathcal{P}(\Omega)$ die Menge der kompakten Untermengen von Ω, und $\mu_0 : \mathcal{K} \to \mathbb{R}_+$ eine nicht-negative Mengenfunktion auf $\mathcal{K}$. Dann sagt man, daß μ_0 die Straffheitsbedingung erfüllt, falls für alle $(K, L) \subseteq \mathcal{K}$ mit $K \subseteq L$ gilt:

$$\mu_0(L) - \mu_0(K) = \sup\{\mu_0(C) | C \in \mathcal{K}, C \subseteq L \backslash K\}.$$

Eine isotone, additive und subadditive Mengenfunktion auf $\mathcal{K}$, die obige Straffheitsbedingung erfüllt, hat genau eine Fortsetzung zu einem von innen ↗regulären Maß μ auf $\mathcal{B}(\mathbb{R}_+)$. Für dieses Maß gilt für alle $A \in \mathcal{B}(\Omega)$, daß

$$\mu(A) = \sup\{\mu_0(K) | K \in \mathcal{K}, K \subseteq A\}$$

ist. Siehe auch ↗Radon-Maß und ↗Riesz, Darstellungssatz von.

Strafterm, besonderer Term in einer Iterationsvorschrift, der die Einhaltung einer bestimmten Eigenschaft gewährleisten soll.

Gerät die Iteration in Konflikt mit dieser Eigenschaft, so steigt der Absolutwert dieses Terms stark an (als „Strafe") und zwingt die Iteration zum Ausweichen in Richtung der Einhaltung der gewünschten Eigenschaft.

Strahl, ↗Halbgerade.

Strahldarstellung, auch projektive Darstellung genannt, Darstellung einer Gruppe G, nämlich ein Homomorphismus ϕ von G in die Gruppe $PGL(V)$ der projektiven Abbildungen des projektiven Raums $P(V)$, der mit dem Vektorraum V über dem Körper K verbunden ist.

Strahldarstellungen finden in der Quantenmechanik Anwendung: Der Zustand eines quantenphysikalischen Systems wird durch einen Strahl im Hilbertraum beschrieben. Durch die Forderung, daß der Betrag seiner Zustandsfunktion auf 1 normiert ist, bleibt ein komplexer Faktor vom Betrag 1 unbestimmt. Der Zustand ist also eine Äquivalenzklasse von Elementen eines Hilbertraumes, deren Elemente sich durch einen Faktor mit dem Betrag 1 unterscheiden.

Eine Strahldarstellung wird unitär genannt, wenn V ein Hilbertraum ist und Ψ so gewählt werden kann, daß sie Werte in der Gruppe der unitären Operatoren des Hilbertraums annimmt. Diese Situation trifft man wieder in der Quantenmechanik an.

Strahlensätze, elementargeometrische Sätze über die Verhältnisse von Strahlen- und Parallelenabschnitten, die entstehen, wenn zwei von einem gemeinsamen Scheitelpunkt ausgehende Strahlen von parallelen Geraden geschnitten werden.

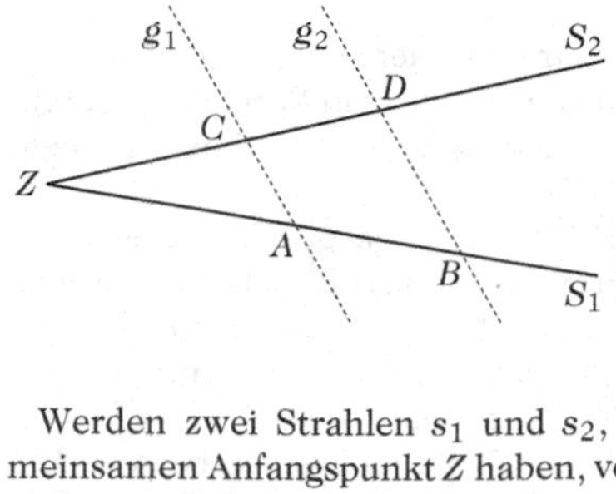

Werden zwei Strahlen s_1 und s_2, die einen gemeinsamen Anfangspunkt Z haben, von zwei zueinander parallelen Geraden g_1 und g_2 geschnitten, so gelten folgende Sätze:

- 1. Strahlensatz: *Die Strahlenabschnitte auf dem einen Strahl verhalten sich wie die gleichliegenden Abschnitte auf dem anderen Strahl:*

$$\frac{\overline{ZA}}{\overline{ZB}} = \frac{\overline{ZC}}{\overline{ZD}}, \quad \frac{\overline{ZA}}{\overline{AB}} = \frac{\overline{ZC}}{\overline{CD}}, \quad \frac{\overline{ZB}}{\overline{AB}} = \frac{\overline{ZD}}{\overline{CD}}.$$

- 2. Strahlensatz: *Die Strahlenabschnitte eines beliebigen der beiden Strahlen verhalten sich zueinander wie die zugehörigen Parallelenabschnitte:*

$$\frac{\overline{ZA}}{\overline{ZB}} = \frac{\overline{AC}}{\overline{BD}}; \quad \frac{\overline{ZC}}{\overline{ZD}} = \frac{\overline{AC}}{\overline{BD}}.$$

Die Umkehrung des ersten Strahlensatzes ist ebenfalls eine wahre Aussage, während die Umkehrung des zweiten Strahlensatzes im allgemeinen nicht gilt.

Strahlensysteme, ein Oberbegriff für die Untersuchung von ↗Lagrange-Abbildungen bzw. ↗Legendre-Abbildungen und ihrer Singularitäten in der ↗symplektischen Geometrie bzw. ↗Kontaktgeometrie, dessen Bezeichnung vor allem vom Beispiel der ↗Normalenabbildung bzw. der ↗frontalen Abbildung herrührt, das die orthogonale Abstrahlung von einer gegebenen Hyperfläche im $\mathbb{R}^n$ beschreibt.

Singularitäten von Strahlensystemen sind vor allem Kaustiken und Singularitäten von Wellenfronten. Ist nun eine ↗Lagrangesche Untermannigfaltigkeit in einem ↗Lagrangeschen Faserbündel bzw. eine ↗Legendresche Untermannigfaltigkeit in einem ↗Legendre-Faserbündel und eine einparametrige Familie von ↗Symplektomorphismen bzw. ↗Kontaktdiffeomorphismen des Totalraums vorgegeben, so entsteht eine einparametrige Schar der entsprechenden Untermannigfaltigkeiten, die damit alle diffeomorph sind. Die Singularitäten der Bündelprojektion bzw. die Bilder auf die Basis können sich hingegen strukturell verändern. Nach V.I.Arnold spricht man dann von der Perestroika oder den Metamorphosen von Kaustiken bzw. von den Metamorphosen von Fronten eines Strahlensystems.

Strahlungsgesetze, Gesetze für die Wärmestrahlung im thermodynamischen Gleichgewicht, die die Verteilung der Energie in der Volumeneinheit auf die Frequenz bei einer Temperatur T angeben.

Für beliebige Strahler gilt der Kirchhoffsche Satz, der unter gewissen vereinfachenden Annahmen lautet: Das Verhältnis von Emissions- und Absorptionsvermögen, E_ν und A_ν, eines Körpers bei der Frequenz ν ist gleich der Strahlungsflußdichte K_ν im angrenzendenwärmedurchlässigen Medium, eine vom Strahler unabhängige, nur von der Frequenz und Temperatur abhängige Größe.

Für einen schwarzen Körper ist $A_\nu = 1$. Man kennt daher das Emissionsvermögen eines beliebigen Körpers, wenn man sein Absorptionsvermögen und das Emissionsvermögen des schwarzen Körpers weiß.

Während K_ν eher der Beobachtung zugänglich ist, arbeitet man in der Theorie mit der Energiedichte bei der Frequenz ν. Der Zusammenhang beider Größen ist durch $u_\nu = \frac{8\pi K_\nu}{c/n}$ gegeben (c ist die Vakuumlichtgeschwindigkeit und n der Brechungsindex). u_ν wird für den schwarzen Körper durch das ↗Plancksche Strahlungsgesetz gegeben. Aus diesem Gesetz folgt für niedrige (hohe) Frequenzen die Rayleigh-Jeans-Formel (das Wiensche Gesetz). Insbesondere das Rayleigh-Jeanssche Gesetz ist eine Folge der klassischen statistischen Thermodynamik und sollte für den ganzen Frequenzbereich gelten. Die beobachtete Abweichung im Bereich hoher Frequenzen führte zum Planckschen Gesetz und damit zur Entstehung der Quantentheorie.

strange-Quark, eines der ↗ Quarks.

Strang-Fix-Bedingungen, verschiedene äquivalente Bedingungen, die die Approximationseigenschaften von shift-invarianten Operatoren anhand ihrer Rekonstruktionseigenschaften von Polynomen charakterisieren. Sie finden heutzutage insbesondere Anwendung im Bereich der ↗Wavelets.

Strassnitzky, Formel von, die Gleichung

$$\frac{\pi}{4} = \arctan\frac{1}{2} + \arctan\frac{1}{5} + \arctan\frac{1}{8}.$$

Mit Hilfe der aus dieser Formel abgeleiteten ↗Arcustangensreihe für π ließ 1844 Leopold Carl Schulz von Strassnitzky das Rechengenie Johann Martin Zacharias Dase innerhalb von zwei Monaten 200 Dezimalstellen von π ermitteln. Siehe auch ↗π.

Strategie, Menge aller Entscheidungen, die ein Spieler im Verlauf eines ↗Spiels trifft.

Siehe auch ↗Determiniertheitsaxiom.

strategische Modelle, mathematische Modelle zur formalen Behandlung von ↗Spielen.

Stratifikation, der Versuch, eine Varietät V (algebraische, analytische oder semi-analytische) in eine endliche disjunkte Vereinigung offener oder abgeschlossener Mannigfaltigkeiten ohne Rand zu zerlegen: $V = M_1 \cup M_2 \cup \ldots \cup M_s$ so, daß jede Mannigfaltigkeit M_i aus "gleich schlechten" Punkten besteht. Jedes M_i heißt ein Stratum der Stratifikation. Das Konzept der "gleich schlechten Punkte" ist durch Regularitäts-Bedingungen definiert. Für Details muß auf die Literatur verwiesen werden.

[1] Lu, Yung-Chen: Singularity-Theory and an Introduction to Catastrophe Theory. Springer-Verlag New York, 1976.

Stratum, ↗ Stratifikation.

streckbar, ↗rektifizierbar.

Strecke, verbindende Kurve zwischen zwei Punkten, deren Länge gleich dem euklidischen Abstand der Punkte ist.

Es seien x, y zwei verschiedene Punkte im euklidischen Raum $\mathbb{R}^n$. Bezeichnet $d(x, y)$ die euklidische Metrik, so heißt eine x und y verbindende rektifizierbare Kurve eine Strecke, falls ihre Länge gleich $d(x, y)$ ist.

Jede Strecke ist Teilmenge einer Geraden.

Streckebene, andere Bezeichnung für ↗rektifizierende Ebene.

Streckenzug, eine stetige Abbildung, die man als stückweise lineare Funktion beschreiben kann.

Es sei $[a, b] \subseteq \mathbb{R}$ ein Intervall. Eine stetige Abbildung $s : [a, b] \to \mathbb{R}^n$ heißt Streckenzug, wenn es endlich viele Punkte $x_0 = a < x_1 < \cdots < x_n = b$ gibt, so daß die Einschränkung s_i von s auf das Teilintervall $[x_i, x_{i+1}]$ für jedes $i = 0, \ldots, n-1$ ein Polynom ersten Grades ist.

Streckung, eine spezielle Abbildung, die zentrale Eigenschaften von Kurvenscharen erhält.

Ist F eine Kurvenschar im $\mathbb{R}^2$, so heißt eine Abbildung s eine Streckung dieser Kurvenschar, falls $s(F)$ wieder eine Kurvenschar ist und die Schnittpunkte zweier Kurven in die Schnittpunkte der abgebildeten Kurven übergeführt werden.

Häufig verwendete Transformationsgleichungen sind

$$\begin{aligned}\overline{x} &= \frac{a_{11}x + a_{12}y + a_{13}}{a_{21}x + a_{22}y + a_{23}},\\ \overline{y} &= \frac{a_{31}x + a_{32}y + a_{33}}{a_{21}x + a_{22}y + a_{23}}\end{aligned}$$

mit

$$\det\begin{pmatrix} a_{11} & a_{12} & a_{13}\\ a_{21} & a_{22} & a_{23}\\ a_{31} & a_{32} & a_{33}\end{pmatrix} \neq 0.$$

Sie führt gerade Linien in gerade Linien über.

Häufig wird der Begriff Streckung auch als Synonym zu dem der ↗zentrischen Streckung, die gleichzeitig auch die wichtigste Form der Streckung ist, verwendet.

Streifen, ein Paar paralleler Geraden, das als entartete ↗Quadrik der Ebene $\mathbb{R}^2$ in Normallage durch die implizite Gleichung $x^2/a^2 = 1$ beschrieben wird.

In der Theorie der Flächen des $\mathbb{R}^3$ bezeichnet man als Streifen auch ein Paar (α, γ), bestehend aus zwei parametrisierten Kurven $\alpha(t)$ und $\gamma(t)$ von $\mathbb{R}^3$, derart, daß $\gamma(t)$ für alle t ein zum Tangentialvektor $\alpha'(t)$ senkrechter Vektor der Länge 1 ist.

In der Theorie der ↗Minimalflächen besteht das ↗Björlingsche Problem darin, durch einen gegebenen Streifen eine Fläche zu legen.

Streifenbedingung, Relation zur Konstruktion von Lösungen einer ↗partiellen Differentialgleichung erster Ordnung in zwei Unbekannten.

Ist die Gleichung gegeben in der Form

$$F(x, y, u, p, q) = 0$$

mit der gesuchten Funktion $u = u(x, y)$ und der abkürzenden Schreibweise $p = u_x$ und $q = u_y$, so versucht man, die Lösung aus Streifen

$$x = x(t),\ y = y(t),\ u = u(t),\ p = p(t),\ q = q(t)$$

mit $\alpha < t < \beta$ zusammenzusetzen. Für solche Streifen muß notwendig die Streifenbedingung

$$x'(t)p(t) + y'(t)q(t) = u'(t)$$

gelten. Man gewinnt diese Streifen durch Lösen des charakteristischen Systems von gewöhnlichen Differentialgleichungen erster Ordnung

$$\begin{aligned} x'(t) &= F_p, \\ y'(t) &= F_q, \\ u'(t) &= p(t)F_p + q(t)F_q, \\ p'(t) &= -F_x - p(t)F_u, \\ q'(t) &= -F_y - q(t)F_u. \end{aligned}$$

streng antitone Abbildung, Verallgemeinerung des Begriffs der streng antitonen Funktion.

Sind $(M_1, <_1)$ und $(M_2, <_2)$ strenge ↗Ordnungsrelationen, so heißt eine ↗Abbildung $f : M_1 \to M_2$ streng antiton genau dann, wenn für alle $x, y \in M_1$ aus $x <_1 y$ folgt, daß $f(y) <_2 f(x)$.

streng antitone Folge, ↗Monotonie von Folgen.

streng antitone Funktion, ↗Monotonie von Funktionen.

streng isotone Abbildung, Verallgemeinerung des Begriffs der streng antitonen Funktion.

Sind $(M_1, <_1)$, $(M_2, <_2)$ strenge ↗Ordnungsrelationen, so heißt eine ↗Abbildung $f : M_1 \to M_2$ streng isoton genau dann, wenn für alle $x, y \in M_1$ aus $x <_1 y$ folgt, daß $f(x) <_2 f(y)$.

streng isotone Folge, ↗Monotonie von Folgen.

streng isotone Funktion, ↗Monotonie von Funktionen.

streng konkave Funktion, ↗konvexe Funktion.

streng konvexe Funktion, ↗konvexe Funktion.

streng konvexe Menge, ↗konvexe Menge.

streng konvexer Raum, ↗strikt konvexer Raum.

streng monoton fallende Folge, ↗Monotonie von Folgen.

streng monoton fallende Funktion, ↗Monotonie von Funktionen.

streng monoton wachsende Folge, ↗Monotonie von Folgen.

streng monoton wachsende Funktion, ↗Monotonie von Funktionen.

streng monotone stetige Funktionen mit fast überall verschwindender Ableitung, lassen sich z. B. wie folgt als Grenzwert einer rekursiv definierten Folge streng isotoner stetiger Funktionen $f_n : [0,1] \to [0,1]$ konstruieren: Für $x \in [0,1]$ sei $f_0(x) = x$, und mit einem beliebigen $t \in (0,1)$ sei für $n \in \mathbb{N}_0$ die stückweise lineare stetige Funktion f_{n+1} definiert durch

$$f_{n+1}(\alpha) = f_n(\alpha) \quad , \quad f_{n+1}(\beta) = f_n(\beta) \,,$$

$$f_{n+1}\left(\frac{\alpha+\beta}{2}\right) = \frac{1-t}{2} f_n(\alpha) + \frac{1+t}{2} f_n(\beta)$$

für $\alpha = k2^{-n}$ und $\beta = (k+1)2^{-n}$. Dann konvergieren wegen $0 \le f_n \le f_{n+1} \le 1$ die f_n punktweise gegen eine Funktion $f : [0,1] \to [0,1]$. Man kann zeigen, daß f stetig, streng isoton und fast überall differenzierbar ist mit $f'(x) = 0$. Anders gesagt: f ist eine streng isotone ↗singuläre Funktion.

Die Funktion f ist nicht das Integral ihrer Ableitung, d. h. für das Lebesgue-Integral und stetige Funktionen mit nur f. ü. existierender Ableitung hat man kein Äquivalent zum ↗Fundamentalsatz der Differential- und Integralrechnung. Es gilt hierfür jedoch eine Entsprechung dieses Hauptsatzes, wenn man ↗absolut stetige Funktionen anstelle von stetigen Funktionen betrachtet.

streng NP-vollständiges Problem, ein Problem, das für ein Polynom p bei Beschränkung auf Eingaben, die bei Länge n nur durch $p(n)$ beschränkte Zahlen enthalten, ↗NP-vollständig ist.

Falls NP≠P (↗NP-Vollständigkeit) ist, gibt es für streng NP-vollständige Probleme keine Algorithmen, die eine ↗pseudo-polynomielle Rechenzeit haben.

streng plurisubharmonische Funktion, ↗ plurisubharmonische Funktion.

streng pseudokonvexer Bereich, ↗ pseudokonvexer Bereich.

streng pseudokonvexes Gebiet, ↗ pseudokonvexer Bereich.

streng subharmonische Funktion, ↗ subharmonische Funktion.

strenge Ljapunow-Funktion, ↗ Ljapunow-Funktion.

strenge Markow-Eigenschaft, ↗starker Markow-Prozeß.

strenge Ordnungsrelation, geordnetes Paar (M, R) so, daß (M, M, R), $R \subseteq M \times M$, eine transitive und asymmetrische ↗Relation darstellt (↗Ordnungsrelation).

strenges lokales Extremum, ↗lokales Extremum.

strenges lokales Maximum, ↗lokales Extremum.

strenges lokales Minimum, ↗lokales Extremum.

Streuamplitude, ↗quantenmechanische Streutheorie.

Streuung, ↗Varianz.

Streuung, quantenmechanische, ↗ quantenmechanische Streutheorie.

Streuungsmaß, hat die Aufgabe, empirische Häufigkeitsverteilungen (↗Klasseneinteilungen) bzw. die Differenziertheit einer ↗Stichprobe $x_1, \ldots, x_n$ zu beschreiben.

Zur Beschreibung von Stichproben dienen neben Streuungsmaßen auch Lagemaße. Diese charakterisieren das Zentrum einer Häufigkeitsverteilung. Typische Lagemaße sind das arithmetische Mittel $\overline{x} = \frac{1}{n}\sum_{i=1}^{n} x_i$ der Stichprobe (↗empirischer Mittelwert) und der empirische Median (↗empirisches Quantil). Streuungsmaße dagegen charakterisieren die Abweichung der Stichprobendaten vom Zentrum der Häufigkeitsverteilung. Typische Streuungsmaße sind:

1) Die ↗empirische Streuung

$$s^2 = \frac{1}{n-1}\sum_{i=1}^{n}(x_i - \overline{x})^2,$$

die die Abweichung der Daten vom arithmetischen Mittel beschreibt.

2) Der Variationskoeffizient

$$v = \frac{s}{\overline{x}}.$$

3) Die Spannweite

$$R = x_{max} - x_{min},$$

wobei x_{max} und x_{min} größter und kleinster Wert der Stichprobe sind.

4) Quantilabstände, wie der Abstand zwischen dem oberen und unteren Quartil

$$d_Q = x_{0,75} - x_{0,25}$$

(↗empirisches Quantil, ↗Box-Plots).

strikt einschließende Intervallarithmetik, Erweiterung der Intervallarithmetik auf $\mathbb{I}\overline{\mathbb{R}} = \{[\underline{a}, \overline{a}] \mid \underline{a}, \overline{a} \in \overline{\mathbb{R}},\ \underline{a} \le \overline{a}\} \cup \{\emptyset\}$. Dabei werden die arithmetischen Verknüpfungen $\circ$ auf $\overline{\mathbb{R}} = \mathbb{R} \cup \{-\infty, +\infty\}$ sinnvoll erweitert, indem für unbestimmte Formen $a \circ b$ wie z. B. $0 \cdot \infty$ die Grenzwerte $\lim_{a_k \to a, b_k \to b} a_k \circ b_k$ für alle möglichen Folgen $(a_k) \in \mathbf{a}$, $(b_k) \in \mathbf{b}$ betrachtet werden. Es gilt

$$\mathbf{a} \circ \mathbf{b} \;=\; \overline{\Diamond\{a \circ b | a \in \mathbf{a}, b \in \mathbf{b}\}}\,. \qquad (1)$$

$\Diamond$ bezeichnet die ↗Intervall-Hülle in $\mathbb{I}\overline{\mathbb{R}}$. Division durch Intervalle, die die 0 enthalten, ist erlaubt, nach (1) wird $\mathbf{a}/\mathbf{b} = [-\infty, +\infty]$ gesetzt, falls $0 \in \mathbf{b}$. Etwas genauer wird die Einschließung der Divisionsergebnisse, wenn man mit dem als ↗Außenintervall interpretierten formalen Kehrwert (2) multipliziert.

$$\begin{aligned} 1/\mathbf{b} &= [1/\overline{b}, 1/\underline{b}] \\ &= \{1/b | b \in \mathbf{b}\} \\ &= \{x | x \le 1/\underline{b}\} \cup \{x | x \ge 1/\overline{b}\}\,,\ \text{falls } 0 \in \mathbf{b} \end{aligned} \qquad (2)$$

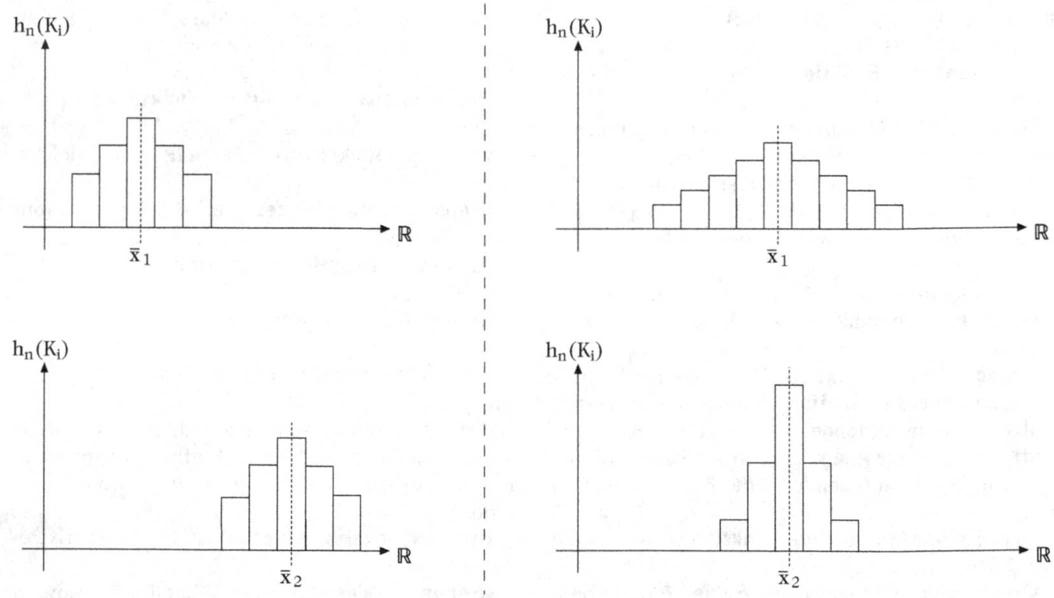

a) $s_1^2 = s_2^2$ und $x_1 < x_2$ b) $\overline{x}_1 = \overline{x}_2$ und $s_1^2 > s_2^2$

Lage- und Streuungsmaße in Häufigkeitsverteilungen

Eine formale Erweiterung der Arithmetik für Außenintervalle ist durch Zerlegung der Außenintervalle möglich, beispielsweise

$$\mathbf{a} \circ (\mathbf{b} \cup \mathbf{c}) = (\mathbf{a} \circ \mathbf{b}) \cup (\mathbf{a} \circ \mathbf{c})),$$

führt aber schnell zu Ergebnissen $[-\infty, +\infty]$. Sinnvoll ist jedoch eine Verwendung der erweiterten Division im ↗Intervall-Newton-Verfahren.

Auch für ↗Intervall-Standardfunktionen gilt die (1) entsprechende Formel

$$\mathbf{f}(\mathbf{x}) = \Diamond\overline{\{f(x)|x \in \mathbf{x} \cap D(f)\}}.$$

Man berechnet Funktionswerte nur für den Durchschnitt mit dem Definitionsbereich $\mathbf{x} \cap D(f)$. Ist dieser leer, ist das Ergebnis die leere Menge. Für Polstellen werden die passenden Grenzwerte eingesetzt, z. B. ist $\tan(\frac{\pi}{2}) = [-\infty, +\infty]$. Die ↗Einschließungseigenschaft der Intervallrechnung gilt nun in verallgemeinerter Form.

strikt konvexer Raum, *streng konvexer Raum*, ein Banachraum X, dessen ↗Norm die Eigenschaft

$$\|x\| = \|y\| = 1, \; \left\|\frac{x+y}{2}\right\| = 1 \;\Rightarrow\; x = y$$

besitzt. Eine quantitative Verschärfung der strikten Konvexität ist der Begriff des ↗gleichmäßig konvexen Raums.

Für $1 < p < \infty$ sind die Räume $\ell^p, L^p(\mu)$ und die p-Schattenklassen (↗Schatten-von Neumann-Klassen) strikt konvex. Jeder separable Banachraum besitzt eine äquivalente strikt konvexe Norm.

strikte Abbildung, monotone Abbildung $f : N \rightarrow R$ so, daß

$$a <_N b \Longrightarrow f(a) <_R f(b),$$

wobei $N_<$ und $R_<$ Ordnungen sind.

strikte Topologie, spezielle Topologie auf einem Raum beschränkter reellwertiger Funktionen.

Es seien X ein separabler und vollständiger metrischer Raum und $E = C_b(X)$ der Vektorraum aller beschränkten reellwertigen stetigen Abbildungen auf X. Für $r > 0$ bezeichne B_r die abgeschlossene Kugel $B_r = \{f \in E \mid \|f\| \leq r\}$, wobei $\|\cdot\|$ die ↗Supremumsnorm bezeichnet. Ist dann κ die kompakt-offene Topologie auf E und β die gröbste lokal konvexe Topologie auf E, die mit κ auf jeder abgeschlossenen Kugel B_r übereinstimmt, so heißt β die strikte Topologie auf E.

strikte Transformierte, ↗ Singularitäten.

striktes Ordnungspolynom, das ↗Ordnungspolynom $\overline{\omega}(N, x) = |\overline{M}(N, \mathbb{N}_x)|$, wobei $N_<$ eine endliche Ordnung und $\overline{M}(N, \mathbb{N}_x)$ die Klasse der ↗strikten Abbildungen $f :\rightarrow \mathbb{N}_x$ ist.

striktes Wort, Wort, in dem kein Buchstabe mehrmals auftritt.

Striktionslinie, auch Kehllinie, die Kurve einer ↗Regelfläche, die aus den Punkten der Erzeugenden bestehen, welche zu den infinitesimal benachbarten Erzeugenden minimalen Abstand haben. Die Striktionslinie einer ↗Tangentenfläche ist deren Gratlinie.

Stringtheorie

J. Louis und St. Theisen

Ziel der Stringtheorie ist die Vereinheitlichung der Naturgesetze, denen die Elementarteilchen und die zwischen ihnen wirkenden Kräfte unterworfen sind. Drei der vier bekannten Wechselwirkungen – die elektromagnetische, die schwache und die starke Wechselwirkung – werden durch das *Standardmodell der Elementarteilchenphysik* im Rahmen einer Quantenfeldtheorie mit Yang-Mills-Eichgruppe $U(1) \times SU(2) \times SU(3)$ erfolgreich beschrieben. Alle Versuche, eine Quantentheorie der Gravitation im Rahmen der Quantenfeldtheorie zu formulieren, stoßen jedoch auf Schwierigkeiten. Während die Unendlichkeiten (Ultraviolettdivergenzen), die bei der Berechnung physikalischer Prozesse auftreten, sich im Rahmen des Standardmodells mit Hilfe eines Renormierungsverfahrens kontrollieren lassen, ist dies nach Hinzunahme der Gravitation nicht mehr der Fall.

Die Stringtheorie weicht nun von der Vorstellung ab, daß die elementaren Bausteine der Natur punktförmige Teilchen sind, und ersetzt diese durch ein eindimensionales Objekt, den String. Die in der Natur vorkommenden Elementarteilchen sind harmonische Schwingungen dieser Strings. Es gibt eine unendliche Anzahl dieser harmonischen Schwingungen mit wachsender Masse.

Die Details des Teilchenspektrums und ihre Wechselwirkungen hängen von der jeweiligen Stringtheorie ab. Insbesondere unterscheidet man zwischen offenen und geschlossenen Strings. Ein offener String kann sich, wenn seine beiden Enden aufeinandertreffen, schließen und so zu einem geschlossenen String werden. Es gibt demnach Theorien mit offenen und geschlossenen Strings, aber auch Theorien mit nur geschlossenen Strings.

Außerdem unterscheidet man zwischen dem bosonischen und dem fermionischen String. Die den Anregungsmoden des bosonischen Strings entsprechenden Elementarteilchen sind allesamt Bosonen, während man beim fermionischen String sowohl Bosonen als auch Fermionen erhält. Es existiert im Spektrum des geschlossenen Strings immer eine Schwingungsmode, die mit dem masselosen Graviton, das zwischen zwei gravitativ wechselwirkenden Körpern ausgetauscht wird, u. a. anhand seiner Wechselwirkungen identifiziert werden kann.

Einsteins (klassische) Allgemeine Relativitätstheorie beinhaltet die Lichtgeschwindigkeit c sowie die Newtonsche Gravitationskonstante G_N als fundamentale Naturkonstanten. In einer Quantentheorie der Gravitation muß zusätzlich das Plancksche Wirkungsquantum $\hbar$ auftreten.

In der Stringtheorie wird G_N durch die Stringspannung T als fundamentale Naturkonstante ersetzt und G_N aus ihr bestimmt. Durch die Stringspannung werden eine für die Stringtheorie charakteristische Längenskala

$$l_s = \sqrt{\frac{\hbar}{Tc}}$$

und Energieskala

$$E_s = \sqrt{\hbar c^3 T}$$

definiert. So ist etwa die typische Ausdehnung eines Strings durch l_s bestimmt, und die Massen seiner Anregungen sind ganzzahlige Vielfache von E_s/c^2. $\hbar$ wird durch eine Quantisierungsvorschrift (z. B. Lichtkegelquantisierung, Pfadintegralquantisierung, BRST-Quantisierung) eingeführt.

Die klassische Gravitationstheorie, die auf der Riemannschen Geometrie beruht, verliert ihre Gültigkeit bei Distanzen

$$l < l_s \sim l_{\text{Planck}} = \sqrt{\frac{G_N \hbar}{c^3}}$$

oder, dazu äquivalent, bei Energien $E > E_s$, wo sie durch eine Quantentheorie der Gravitation ersetzt werden muß, in der die klassischen Konzepte von Raum und Zeit modifiziert werden müssen.

Der Übergang von nulldimensionalen zu eindimensionalen Grundbausteinen hat weitreichende Konsequenzen, die man heuristisch wie folgt einsehen kann. Während die Raum-Zeit-Trajektorien von Punktteilchen Weltlinien sind, sind diejenigen von Strings zweidimensionale Weltflächen. Die Weltfläche eines frei propagierenden offenen Strings hat die Topologie eines Streifens, die eines geschlossenen Strings die eines Zylinders. Die Weltflächen wechselwirkender Strings haben eine kompliziertere Topologie. Vergleicht man nun z. B. die Raum-Zeit-Trajektorien eines zerfallenden Teilchens mit der eines zerfallenden Strings, so sieht man, daß, während die Weltlinie im Falle des Teilchens einen singulären Verzweigungspunkt hat, die Wechselwirkung im Falle des Strings verschmiert ist.

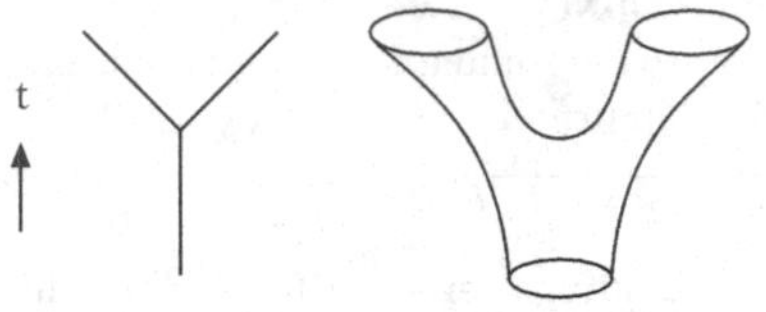

Weltlinie eines zerfallenden Teilchens und Weltfläche eines zerfallenden geschlossenen Strings.

Das hat zur Folge, daß die Divergenzen, die eine quantenfeldtheoretische Formulierung der Gravitation allem Anschein nach unmöglich machen, nicht mehr auftreten. Dadurch, daß alle verschiedenen Elementarteilchen durch ein fundamentales Objekt beschrieben werden, erreicht man auch die gewünschte Vereinheitlichung, bei der die Gravitation notwendigerweise mit eingeschlossen ist.

Die Quantisierung des Strings ist bisher nur in einem vorgegebenen, klassischen Raum-Zeit-Hintergrund möglich. Am einfachsten ist die Quantisierung des freien Strings in einer Minkowskischen Raum-Zeit. Wie auch bei Punktteilchentheorien ist dabei zu beachten, daß sich ein positiv definiter Hilbertraum ergibt, und die Symmetrien der klassischen Theorie (Raum-Zeit-Symmetrien, Eichsymmetrien, Reparametrisierungs- und Skaleninvarianz auf der Weltfläche) erhalten bleiben (*Anomaliefreiheit*). Diese Forderungen bedeuten starke Einschränkungen an die möglichen konsistenten Stringtheorien. Eine wichtige Einschränkung ist die, daß sich die Stringtheorie nicht im Minkowsi-Raum von beliebiger Dimension quantisieren läßt, sondern nur in der sogenannten kritischen Dimension, die für den bosonischen String $d_{\text{krit}} = 26$, und für den fermionischen String $d_{\text{krit}} = 10$ ist. Neben endlich vielen masselosen und unendlich vielen massiven Anregungen enthält das Spektrum des bosonischen Strings immer ein Tachyon ($(\text{Masse})^2 < 0$), das eine Instabilität signalisiert. Der fermionische String kann dagegen durch eine zusätzliche Projektion (*GSO-Projektion*) so eingeschränkt werden, daß ein tachyonfreies, supersymmetrisches Spektrum resultiert. Gleichzeitig wird erreicht, daß keine Anomalien auftreten (*modulare Invarianz*).

Supersymmetrie ist eine Symmetrie zwischen Fermionen und Bosonen. Sie stellt eine Erweiterung der Raum-Zeit-Symmetrien dar: Zusätzlich zu den Symmetriegeneratoren der Poincaré-Algebra (Translationen, Rotationen und Lorentztransformationen) gibt es $\mathcal{N}$ fermionische Generatoren, die man als Superladungen bezeichnet. Yang-Mills Eichtheorien sowie die Allgemeine Relativitätstheorie erlauben, unter Hinzunahme von weiteren fermionischen und bosonischen Feldern (Superpartner der Eichfelder bzw. der Metrik), Erweiterungen, die invariant unter Supersymmetrietransformationen sind. Diese supersymmetrischen Feldtheorien bezeichnet man als *Super-Yang-Mills–* bzw. *Supergravitationstheorie*. Supersymmetrische Yang-Mills-Theorien existieren in $d \leq 10$ Dimensionen, Supergravitationstheorien in $d \leq 11$. In der Stringtheorie kann Supersymmetrie in der Raum-Zeit auf eine Supersymmetrie auf der zweidimensionalen Weltfläche zurückgeführt werden.

In einer Theorie mit nur geschlossenen Strings besitzt das Spektrum $\mathcal{N} = 2$ Supersymmetrie in zehn Dimensionen. Zwei inäquivalente GSO-Projektionen führen zu der nicht-chiralen (links-rechts symmetrischen) Typ IIA und der chiralen (links-rechts asymmetrischen) Typ IIB Theorie. Ihre masselosen Spektren sind die der zehndimensionalen Typ IIA bzw. Typ IIB Supergravitationstheorien. Das Spektrum der Typ I Theorie mit offenen und geschlossenen Strings ist $\mathcal{N} = 1$ supersymmetrisch und enthält im masselosen Sektor supersymmetrische Yang-Mills Theorie, gekoppelt an Supergravitation. Die Freiheitsgrade der Yang-Mills Theorie sind im Anregungsspektrum des offenen Strings. Das Graviton und seine supersymmetrischen Partner sind wie in den Typ II Theorien im masselosen Anregungsspektrum des geschlossenen Strings. Die Konsistenz der Typ I Theorie fordert, daß die Eichgruppe die orthogonale Gruppe SO(32) ist – nur dann verschwinden alle Eich- und Gravitationsanomalien.

Die Typ I und Typ II Theorien werden auch als Superstringtheorien bezeichnet. Neben der Typ I Theorie gibt es zwei weitere Stringtheorien mit $\mathcal{N} = 1$ Raum-Zeit-Supersymmetrie, den heterotischen $E_8 \times E_8$ sowie den heterotischen $SO(32)$ String. Diese beiden Stringtheorien haben, wie die Typ II Theorien, nur geschlossene Strings, aber eine andere Weltflächensupersymmetrie. Die Einschränkung auf nur zwei mögliche Eichgruppen ist eine Konsequenz der modularen Invarianz. Das masselose Spektrum der heterotischen Stringtheorien ist wiederum dasjenige einer supersymmetrischen Yang-Mills-Theorie, gekoppelt an Supergravitation – diesmal mit Eichgruppe $E_8 \times E_8$ oder $SO(32)$. Die fünf supersymmetrischen Stringtheorien (Typ I, IIA, IIB, und die beiden heterotischen Theorien) sind die einzigen bekannten Stringtheorien, die alle Konsistenzkriterien erfüllen.

Der störungstheoretischen Berechnung von Streuamplituden durch Summation über Feynman-Diagramme entspricht in der Stringtheorie die Summation über Weltflächen unterschiedlicher Topologie. Die erlaubten Topologien hängen dabei vom betrachteten Prozeß und der jeweiligen Stringtheorie ab. Nicht-orientierbare Weltflächen kommen nur in der Typ I Theorie vor.

Die Stärke der Wechselwirkung wird durch die Stringkopplungskonstante g kontrolliert. g ist durch den Wert eines skalaren Feldes, des Dilatons, das neben dem Graviton als einziges Feld zum masselosen Spektrum jeder Stringtheorie gehört, bestimmt. Die Kopplungskonstanten der verschiedenen Stringtheorien sind a priori voneinander unabhängig. Die Potenz von g, zu der eine Weltfläche in der Störungsreihe beiträgt, ist durch ihre Eulerzahl bestimmt. Die Gültigkeit der Störungsreihe setzt dabei, wie auch in der Quantenfeldtheorie, $g \ll 1$ voraus.

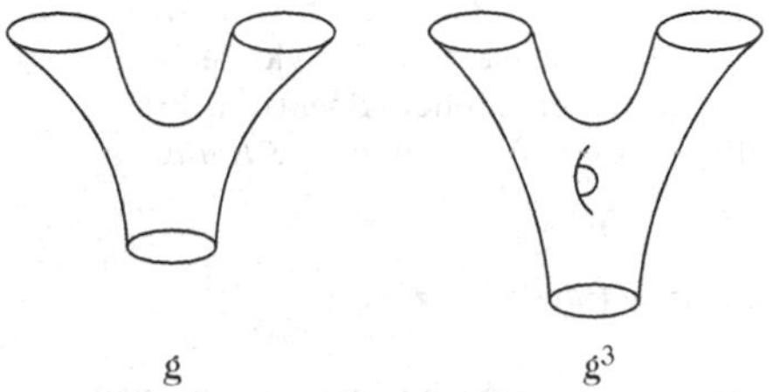

Beiträge zum Zerfall eines geschlossenen Strings in zwei geschlossene Strings in den Ordnungen g und g^3.

Für Energien $E \ll E_s$ stimmen die Streuamplituden, die z. B. im Rahmen der konformen Feldtheorie als Korrelationsfunktionen von Vertexoperatoren berechnet werden können, mit denen einer *effektiven Feldtheorie* überein, die für jede der fünf Stringtheorien gerade die jeweilige supersymmetrische Feldtheorie ist.

Für Energien $E > E_s$ wird die endliche Ausdehnung des Strings relevant, und Abweichungen von Quantenfeldtheorien werden bemerkbar, was sich u. a. in der schon erwähnten Endlichkeit von Streuamplituden niederschlägt. Im Rahmen der Stringtheorie können nun z. B. Quantenkorrekturen zur Gravitationswechselwirkung berechnet werden.

Soll die Stringtheorie eine physikalische Theorie sein, muß es möglich sein, sie in einer (topologisch und metrisch nicht-trivialen) Raum-Zeit zu formulieren, in der nur $d = 4$ Dimensionen von unendlicher, die verbleibenden $d_{\text{int}} = d_{\text{crit}} - d$ Dimensionen aber von endlicher Ausdehnung sind. Eine mögliche Realisierung einer solchen *Kompak-*

tifizierung beginnt mit dem Faktorisierungsansatz $M^d \times K^{\text{int}}$ für die zehndimensionale Raumzeit. Hier ist M^d der d-dimensionale Minkowski-Raum und K^{int} ein d_{int}-dimensionaler kompakter Raum. Allgemein wird eine Kompaktifizierung durch K^{int}, eine Riemannsche Metrik auf K^{int}, und die Werte weiterer Tensorfelder, die sich im masselosen Teil des Spektrums der jeweiligen Stringtheorie befinden, spezifiziert. Die notwendige Forderung nach Skaleninvarianz auf der Weltfläche schränkt die möglichen Kompaktifizierungen ein. Die resultierende d-dimensionale Theorie hängt stark von der Wahl der Kompaktifizierung ab. Beispielsweise erhält man eine d-dimensionale supersymmetrische Theorie nur für solche K^{int}, auf denen Killingspinoren existieren.

Bei der Kompaktifizierung führt die Tatsache, daß Strings eindimensional sind, zu interessanten Symmetrien. Das Massenspektrum von Teilchen, die sich auf einer Riemannschen Mannigfaltigkeit bewegen, ist durch die Eigenwerte des Laplace-Operators bestimmt. Geometrisch und topologisch unterschiedliche Mannigfaltigkeiten führen in der Regel zu verschiedenen Spektren. Für einen Kreis mit Radius R findet man die *Kaluza-Klein-Anregungen* mit

$$(\text{Massen})^2 = (n\hbar/Rc)^2 \quad \forall\, n \in \mathbb{Z}\,.$$

Für $R \to \infty$ ergibt sich ein Kontinuum, welches ein Signal für eine unendlich ausgedehnte Richtung ist. Das Spektrum eines geschlossenen Strings auf einem Kreis ist dagegen ganz anders geartet, da sich der String nicht nur auf dem Kreis bewegen, sondern sich auch um ihn wickeln kann. Das kostet Energie, die sowohl von der Windungszahl w als auch vom Radius des Kreises abhängt, da der String gegen seine Spannung T gedehnt werden muß. Man findet jetzt die erlaubten Werte

$$(\text{Masse})^2 = (n\hbar/Rc)^2 + (wRT)^2 \quad \forall\, n, w \in \mathbb{Z}\,.$$

Dieses Spektrum ist symmetrisch unter der diskreten *T-Dualitätstransformation* $R \to l_s^2/R$, bei der Kaluza-Klein-Anregungen und Windungszustände ihre Rollen vertauschen. Die Symmetrie gilt auch für die Streuamplituden des bosonischen Strings, wenn man zusätzlich $g \to gl_s/R$ transformiert. Es entsprechen also geometrisch unterschiedliche Kompaktifizierungen physikalisch identischen Theorien. Sowohl für $R \to \infty$ als auch für $R \to 0$ erhält man ein Kontinuum von masselosen Zuständen, was man als die Dekompaktifizierung einer zusätzlichen Dimension interpretiert. Für Typ II Theorien transformiert die T-Dualität die Typ IIA Theorie auf S^1_R in die Typ IIB Theorie auf $S^1_{l_s^2/R}$.

Allgemein bezeichnet man diskrete Symmetrien zwischen den Kompaktifizierungen auf zwei geometrisch und in vielen Fällen auch topologisch verschiedenen Mannigfaltigkeiten K_1^{int} und K_1^{int}, die zu physikalisch identischen d-dimensionalen Stringtheorien führen und exakt in jeder Ordnung in g sind, als T-Dualität. Die *mirror-symmetry* der Kompaktifizierung auf Calabi-Yau-Mannigfaltigkeiten ist ein interessantes Beispiel einer T-Dualität. Sie tritt bei den physikalisch interessanten Kompaktifizierungen des heterotischen Strings auf sechsdimensionalen Calabi-Yau-Mannigfaltigkeiten auf, die vierdimensionale Stringtheorien mit $\mathcal{N} = 1$ Supersymmetrie ergeben. Zu jeder CY-Mannigfaltigkeit K_1 existiert nun immer eine Spiegel-CY-Mannigfaltigkeit K_2 so, daß die Kompaktifizierungen auf K_1 und K_2 zu identischen vierdimensionalen Stringtheorien führen. Hierbei haben K_1 und K_2 verschiedene Topologie. Im Falle der Kompaktifizierung des Typ II Strings auf CY-Mannigfaltigkeiten gilt

$$\text{Typ IIA auf } K_1 \;\equiv\; \text{Typ IIB auf } K_2\,.$$

Wie die T-Dualität zeigt, ist für Strings, im Gegensatz zu Punktteilchen, nicht die klassische Geometrie oder gar Topologie der Raum-Zeit relevant, sondern vielmehr eine 'Stringgeometrie'. Diese Modifikation der Raum-Zeit-Geometrie wird bei Längenskalen $l \leq l_s$ wichtig, und es besteht die Hoffnung, daß die Stringtheorie zu Einsichten über die Physik bei diesen kleinen Distanzen führt. Insbesondere sollte in einer vollständigen Theorie der Quantengravitation die bisher als fest vorgegebene Raum-Zeit-Geometrie, durch die sich der String bewegt, dynamisch erzeugt werden. Diesen Anspruch kann die Stringtheorie bisher nicht erfüllen, u. a. auch wegen ihrer bislang ausschließlich störungstheoretischen Formulierung, die allen vorangegangenen Betrachtungen zugrunde lag. Die Formulierung der Stringtheorie, die zu dieser Störungsreihe führt, fehlt noch.

Einen Zugang zu nichtstörungstheoretischer Information eröffnet die aus supersymmetrischen Quantenfeldtheorien bekannte *Dualität* zwischen stark ($g \gg 1$) und schwach ($g \ll 1$) gekoppelten Theorien. Sie ermöglicht es, die Theorie bei starker Kopplung mit perturbativen Methoden in der dualen, schwach gekoppelten Theorie zu kontrollieren. Die zueinander dualen Theorien können störungstheoretisch sehr unterschiedlich sein und sich z. B. in ihren Freiheitsgraden und Symmetrien voneinander unterscheiden. So können die in der Störungstheorie relevanten Freiheitsgrade der einen Theorie *Solitonen*, also lokalisierte Lösungen der klassischen Bewegungsgleichungen, der (schwachgekoppelten) dualen Theorie sein. Diese gehören zum nichtperturbativen Spektrum, da ihre

Massen für $g \to 0$ divergieren und die Zustände somit entkoppeln. Falls die Solitonen bei starker Kopplung, d. h. $g \to \infty$, sehr leicht werden und schwach gekoppelt sind, übernehmen sie in der dualen Theorie die Rolle der elementaren Anregungen. Die Dualität zwischen stark und schwach gekoppelten Theorien bezeichnet man als *S-Dualität*, wenn sie in jeder Ordnung in E/E_s gilt. Von *U-Dualität* spricht man, wenn diskrete Symmetrien vorliegen, die die Ordnungen sowohl in g als auch in E/E_s mischen.

Der Beweis der S-Dualität (oder U-Dualität) ist schwierig ohne eine nicht-störungstheoretische Formulierung der Theorie. Man kann aber die Dualitätshypothese an solchen solitonischen Zuständen überprüfen, deren Quantenkorrekturen unter Kontrolle sind, und deren Massen als Funktionen von g bei schwacher Kopplung vollständig bestimmt werden können. Extrapolation in den Bereich starker Kopplung ist dann zulässig, und ein Vergleich mit den störungstheoretischen Zuständen der dualen Theorie möglich. Solche Zustände existieren in Feld- bzw. Stringtheorien mit $\mathcal{N} > 1$ Supersymmetrie und werden als *BPS-Zustände* bezeichnet.

Zum BPS-Spektrum der Stringtheorie gehören insbesondere sogenannte Branen. Man findet sie als stabile klassische Lösungen der Supergravitationstheorien, die ausgedehnte Objekte beschreiben: Teilchen (0-Brane), Strings (1-Brane) , Membranen (2-Brane), oder allgemein p-Branen. Welcher dieser Lösungen vorkommen, hängt von der gewählten Supergravitationstheorie ab. Offene Strings werden durch ihre Randbedingungen in jeder Richtung im Raum charakterisiert. Die üblicherweise gestellten Neumall-Randbedingungen bedeuten physikalisch, daß an den Enden des offenen Strings kein Impuls abfließt. Unterwirft man jedoch ein Ende des offenen Strings in $(9-p)$ der Raumrichtungen Dirichlet-Randbedingungen, so findet man, daß nun Impuls über dieses Ende abfließen kann, der aufgrund der Impulserhaltung auf neue (dynamische) p-dimensionale Objekte, die *D(irichlet)p-*Branen, übertragen werden muß.

Detaillierte Betrachtungen ergeben, daß es sich bei diesen beiden Beschreibungen der Branen um dasselbe Objekt handelt. Ihre Massendichte divergiert bei verschwindender Stringkopplung g, und deshalb sind sie im perturbativen Spektrum der Theorie nicht sichtbar. Bei starker Kopplung werden sie jedoch sehr leicht und können in manchen Fällen als die fundamentalen Objekte einer dualen Theorie mit Kopplung $1/g$ interpretiert werden.

Ein Beispiel in $d = 10$ ist die S-Dualität zwischen dem heterotischen SO(32)-String und dem Typ I-String. Es gilt $g_{\mathrm{I}} = 1/g_{\mathrm{het}}$, und die D1-Brane der Typ I Theorie wird im Limes starker Typ I Kopplung auf den fundamentalen heterotischen String abgebildet.

Die Typ IIA Theorie besitzt BPS-Zustände von n D0-Branen mit Masse

$$m \propto n/(g_{\mathrm{IIA}} l_s)\,.$$

Diese Zustände können als Kaluza-Klein-Anregungen einer auf S^1 kompaktifizierten Theorie mit Radius $R_{11} = g_{\mathrm{IIA}} l_s$ interpretiert werden. Im Limes $g_{\mathrm{IIA}} \to \infty$, also bei starker Kopplung, resultiert aus der zehndimensionalen Typ IIA Theorie eine Theorie in elf Dimensionen! Ihre masselosen Freiheitsgrade und Wechselwirkungen werden bei niedrigen Energien durch die elfdimensionale Supergravitation mit charakteristischer Energieskala $E_{\mathrm{SG}} = g_{\mathrm{IIA}}^{-1/3} E_s$ beschrieben.

Bei Energien $O(E_{\mathrm{SG}})$ liefert weder die Stringtheorie noch die Supergravitation eine adäquate Beschreibung. Der noch unbekannten Theorie, die dies leistet, hat man den Namen *M-Theorie* gegeben. Auch der stark gekoppelte $E_8 \times E_8$ heterotische String kann als Kompaktifizierung – diesmal auf einem Intervall der Länge R_{11} – dieser M-Theorie interpretiert werden. Je ein E_8 Faktor ist auf einem der beiden zehndimensionalen Ränder lokalisiert.

Diese und viele andere Dualitätsrelationen implizieren, daß alle fünf Stringtheorien lediglich verschiedene störungstheoretische Approximationen ein und derselben fundamentalen Theorie sind. Das Auftreten der elfdimensionalen Supergravitation bedeutet, daß die Stringtheorie keine komplette Beschreibung im Bereich starker Kopplung liefern kann. Die hypothetische Theorie, aus der sich sowohl die Stringtheorien als auch die elfdimensionale Supergravitationstheorie in verschiedenen Näherungen ableiten lassen, ist die schon erwähnte M-Theorie. Die elementaren Anregungen dieser Theorie hängen von der gewählten Approximation ab. Ihre BPS-Zustände sind die sogenannten M2- und M5-Branen, die bisher nur als klassische Lösungen der Supergravitationstheorie konstruiert werden können. Dann läßt sich z. B. der Typ IIA String als eine M2-Brane, deren eine Dimensionen um den Kreis mit Radius R_{11} gewickelt ist, interpretieren

Zum gegenwärtigen Zeitpunkt ist die Stringtheorie noch keine abgeschlossene physikalische Theorie, insbesondere eine über die Störungstheorie hinausgehende Formulierung fehlt noch. Von einer solchen Formulierung erhofft man sich auch, daß die freien Parameter der Kompaktifizierung, die den Werten der masselosen Felder entsprechen (Metrik, Dilaton, etc.), und die Parameter der effektiven Feldtheorie (z. B. Eich-, Yukawakopplungen), dynamisch bestimmt werden.

Da die charakteristische Energie $E_2 \sim M_{\text{Planck}}\, c^2$ um viele Gößenordnungen über den experimentell erreichbaren Energien liegt, ist die direkte Verifizierung der Stringtheorie sehr schwierig. Andererseits wird jede Quantentheorie der Gravitation mit diesem Problem zu kämpfen haben. Unter den existierenden Ansätzen für eine solche Theorie ist die Stringtheorie z.Zt. die vielversprechendste.

Literatur

[1] Green, M.; Schwarz, J.; Witten, E.: Superstring Theory, Vol. I+II. Cambridge University Press, 1987.

[2] Lüst, D.; Theisen, S.: Lectures on String Theory. Springer Verlag, 1989.

[3] Polchinski, J.: String Theory, Vol. I+II. Cambridge University Press, 1998.

Strom, meist als Synonym zu „elektrischer Strom" verstanden, und in diesem Sinne als die gerichtete Bewegung von Ladungen definiert.

Ladungsträger sind Elektronen, die sich nach Einschalten einer elektrischen Spannung z. B. im Metall bewegen und dadurch einen Strom erzeugen. Die Stromstärke von einem Ampere bezeichnet den Durchfluß von $6,24 \cdot 10^{18}$ Elektronen pro Sekunde. Die Ladungsdichte ϱ und die drei Komponenten des Stromvektors j^μ, $\mu = 1, 2, 3$, werden in der speziell-relativistischen Schreibweise zum Viererstrom j^k, $k = 0, 1, 2, 3$ bei $\varrho = j^0$ zusammengefaßt. Der Viererstrom koppelt an den Vektor A_k des elektromagnetischen Feldes: In der Lagrangefunktion erscheint der Ausdruck $j^k\, A_k$ (↗Eichfeldtheorie).

Stromalgebra, Lie-Algebra der Ströme in der ↗Eichfeldtheorie.

Es handelt sich um die Verallgemeinerung der quantenmechanischen Vertauschungsrelationen, angewandt auf die nichtkommutative Eichfeldtheorie. Eine Anwendung ist die Berechnung der Massen der Elementarteilchen nach Symmetriebrechung.

Stromdichte, eine Größe, die, über den Raum integriert, den ↗Strom ergibt.

In anderem Kontext, z. B. der Hydrodynamik, wird der Begriff der Stromdichte auch verwendet für die Bezeichnung der Bewegung eines infinitesimalen Volumenelements des strömenden Mediums, z. B. des Wassers.

Stromlinien, mit dem Geschwindigkeitsvektor gleichgerichtete Linien in einer bewegten Flüssigkeit.

Ist eine bewegte Flüssigkeit gegeben, so versteht man unter den Stromlinien zum Zeitpunkt t die Linien, die zu diesem Zeitpunkt t die gleiche Richtung haben wie der Geschwindigkeitsvektor v.

Stromlinienkörper, eine Körperform, die bewirken soll, daß einem umströmenden Medium ein möglichst geringer Widerstand entgegengesetzt wird.

Die Form muß verhindern, daß sich hinter dem umströmten Körper starke Wirbel bilden. Daher ist die typische Form eines Stromlinienkörpers eine abgerundete Vorderfront und ein spitz auslaufendes Hinterteil. Ein Beispiel sind die Tragflächen von Flugzeugen.

Stromstärke, ↗Strom.

Strömung, in der Kontinuumdarstellung der Hydrodynamik die i. allg. von Raum und Zeit abhängige Verschiebung eines Flüssigkeitselements.

Bei einer Flüssigkeit mit gegebener Zähigkeit bewegen sich Schichten der Flüssigkeit (laminare Strömung) gegeneinander, wenn die Strömungsgeschwindigkeit hinreichend niedrig ist.

Der allgemeine Fall ist die turbulente Bewegung, bei der einer mittleren Fortbewegung starke Schwankungen überlagert sind.

Strömungsgeschwindigkeit, ↗Schallgeschwindigkeit.

Strophoide, ebene algebraische Kurve dritter Ordnung, die in kartesischen Koordinaten (x, y) gegeben ist durch die Gleichung

$$y^2 = x^2 \cdot \frac{a+x}{a-x},$$

wobei a eine positive reelle Konstante ist.

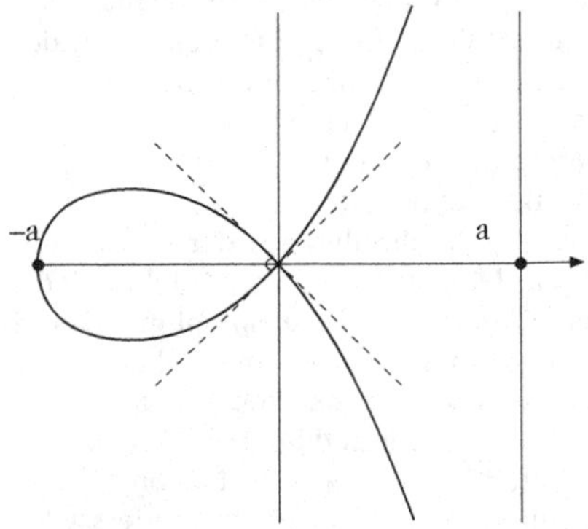

Strophoide

Die Strophoide hat die Asymptotenlinie $x = a$. Die Schleife in der linken Halbebene schließt die

Fläche

$$2a^2 - \frac{\pi a^2}{2}$$

ein, die beiden Äste in der rechten Halbebene gemeinsam mit der Asymptotenlinie die Fläche

$$2a^2 + \frac{\pi a^2}{2}.$$

Strudelpunkt (engl. focus), ein Fixpunkt $x_0 \in W$ eines auf einer offenen Menge $W \subset \mathbb{R}^2$ definierten Vektorfeldes $f : W \to \mathbb{R}^2$, dessen Linearisierung $A = Df(x_0)$ zwei konjugiert komplexe Eigenwerte $\alpha \pm i\omega$ mit $\alpha, \omega \neq 0$ besitzt.

A ist dann ähnlich zur Matrix

$$B := \begin{pmatrix} \alpha & -\omega \\ \omega & \alpha \end{pmatrix}.$$

Ist der Realteil α positiv bzw. negativ, so ist x_0 instabiler bzw. asymptotisch stabiler Fixpunkt des linearisierten Systems, das durch die lineare Abbildung $Df(x_0)$; $\mathbb{R}^2 \to \mathbb{R}^2$ gegeben ist. Da x_0 ↗hyperbolischer Fixpunkt ist, hat auch der Fixpunkt x_0 von f diese Stabilität (↗Hartman-Grobman-Theorem). Sind die Eigenwerte von A rein imaginär ($\alpha = 0$), so heißt x_0 Wirbelpunkt. x_0 ist dann stabiler, jedoch nicht asymptotisch stabiler Fixpunkt des linearisierten Systems. Es liegt dann kein hyperbolischer Fixpunkt vor; eine kleine Störung des Systems kann daher dazu führen, daß der Fixpunkt x_0 von f (asymptotisch) stabil bzw. instabil wird. Daher kann in diesem Fall nicht auf die Stabilität des Fixpunktes x_0 von f geschlossen werden. Die ↗Phasenportraits sind in der Abbildung zu sehen.

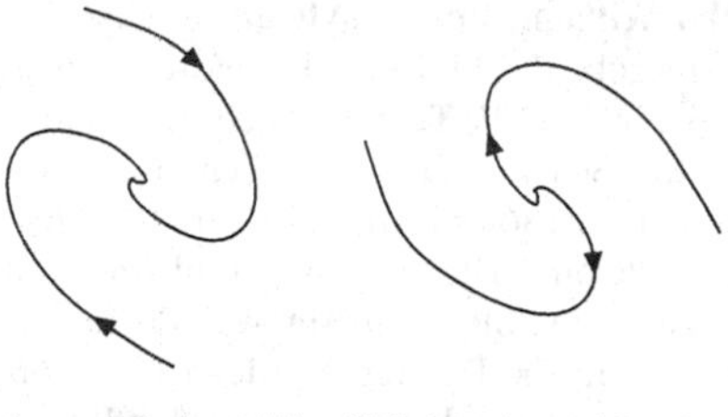

Asymptotisch stabiler (links) und instabiler (rechts) Strudelpunkt

Es gilt folgender Satz:

Sei $f \in C^1(W, \mathbb{R}^2)$ mit offenem $0 \in W \subset \mathbb{R}^2$. Falls der Fixpunkt 0 von f ein Wirbelpunkt der Linearisierung $Df(0)$ ist, dann ist 0 ein Wirbelpunkt, ein Wirbel-Strudelpunkt oder ein Strudelpunkt von f.

[1] Perko, L.: Differential Equations and Dynamical Systems. Springer-Verlag New York, 1996.

Struktur von Beweisen, Anordnung der für mathematische Beweise notwendigen bzw. hilfreichen Teilschritte zu sog. Beweisketten.

Ein ↗formaler Beweis für eine (formalisiert) dargestellte ↗Aussage φ aus einer Menge Σ von (formalisierten) Voraussetzungen ist eine endliche Folge $(\varphi_1, \dots, \varphi_n)$ so, daß jedes Folgeglied einen Beweisschritt in dem folgenden Sinne darstellt:

Für jedes φ_i mit $1 \leq i \leq n$ gilt:

- φ_i ist ein ↗logisches Axiom (logische Axiome dürfen uneingeschränkt beim Beweisen benutzt werden),
- $\varphi_i \in \Sigma$ (φ_i gehört zu den Voraussetzungen, aus denen φ zu beweisen ist),
- φ_i entsteht aus gewissen vorhergehenden Foldegliedern durch Anwendung einer der zuvor fixierten (formalen) Beweisregeln,
- $\varphi_n = \varphi$ (den Abschluß des Beweises bildet die zu beweisende Aussage φ).

Die Beweisregeln können in unterschiedlichen Kalkülen zweckentsprechend verschiedenartig gestaltet sein, jedoch im allgemeinen immer so, daß aus wahren Voraussetzungen auch stets wahre Behauptungen herleitbar sind. In der klassischen Mathematik kommt man bei geeigneter Wahl der logischen Axiome stets mit den folgenden beiden Regeln aus: ↗Abtrennungsregel und ↗Generalisierung. Mit Hilfe der fixierten grundlegenden Beweisregeln lassen sich weitere abgeleitete Beweisregeln gewinnen; praktisch bedeutet dies, daß zuvor bewiesene Aussagen als Folgeglieder (Beweisschritte) in anderen Beweisen auftreten dürfen.

Da der ↗Prädikatenkalkül nicht entscheidbar ist (d. h., es gibt keinen Algorithmus, der die Gültigkeit oder Ungültigkeit einer gegebenen Aussage überprüft), gibt es auch kein Verfahren, welches einen Beweis bzw. eine Widerlegung einer vorgelegten Aussage erzeugt. Demzufolge kann die Struktur von Beweisen für die gleiche Aussage aus gegebenen Voraussetzungen sehr unterschiedlich ausfallen. Siehe auch ↗Beweismethoden.

Strukturfunktion, Begriff aus der Zuverlässigkeitstheorie, siehe ↗Boolesche Zuverlässigkeitstheorie.

Strukturgarbe, eine Garbe $\mathcal{O}_X$ von $\mathbb{C}$-Algebren über einer quasiprojektiven Varietät X, die den im affinen Fall definierten Koordinatenring ersetzt im Hinblick darauf, Rückschlüsse auf die Struktur von X ziehen zu können.

Sei X eine quasiprojektive Varietät. Für eine beliebige offene Teilmenge $U \subseteq X$ bezeichne $\mathcal{O}(U)$ den Ring (oder die $\mathbb{C}$-Algebra) der regulären Funktionen auf U. Weiter sei $\mathcal{O}(\emptyset) := \{0\}$. Dann wird durch die folgenden beiden Vorschriften eine Garbe $\mathcal{O}_X$ von $\mathbb{C}$-Algebren über X definiert:

a) $U \mapsto \mathcal{O}_X(U) := \mathcal{O}(U)$; ($U \subseteq X$ offen),

b) $\varrho_V^U : \mathcal{O}_X(U) \to \mathcal{O}_X(V)$, $f \mapsto f \mid U$;
($V \subseteq U \subseteq X$ offen).

Die Garbe $\mathcal{O}_X$ nennt man die Strukturgarbe der Varietät X.

[1] Brodmann, M.: Algebraische Geometrie. Birkhäuser Verlag Basel Boston Berlin, 1989.

strukturierte Population, Begriff aus der ↗ Mathematischen Biologie.

Eine Population ist nach einem Charakter (z. B. chronologisches Alter, Biomasse) strukturiert, d. h. in Klassen eingeteilt. Bei kontinuierlichem Charakter wird die Population durch eine Dichte beschrieben. Die Veränderungen der Individuen (Altern, Wachstum) werden durch gewöhnliche Differentialgleichungen beschrieben, die Entwicklung der Population durch eine partielle Differentialgleichung (für die erstere die charakteristischen Differentialgleichungen sind). Diese wird durch eine Randbedingung ergänzt, in die die Geburten eingehen.

Klassische Modelle sind die von Sharpe-Lotka (in Form von Integralgleichungen, ↗ Erneuerungsgleichung) und McKendrick (hyperbolische Differentialgleichung mit Randbedingung).

Struktursatz für abgeschlossene Untergruppen von $\mathbb{C}$, lautet:

Es sei A eine abgeschlossene Untergruppe von $\mathbb{C}$, *d. h. für* $a, b \in A$ *gilt* $a + b \in A$, *und A ist eine abgeschlossene Teilmenge von* $\mathbb{C}$. *Dann ist A von genau einem der folgenden vier Typen:*

(1) *Es ist A eine diskrete Untergruppe von* $\mathbb{C}$ (↗ *Struktursatz für diskrete Untergruppen von* $\mathbb{C}$).

(2) *Es existiert ein* $\omega \in \mathbb{C} \setminus \{0\}$ *mit* $A = \mathbb{R}\omega = \{x\omega : x \in \mathbb{R}\}$.

(3) *Es existieren* $\omega_1, \omega_2 \in \mathbb{C} \setminus \{0\}$ *mit* $\frac{\omega_1}{\omega_2} \notin \mathbb{R}$ *und* $A = \mathbb{Z}\omega_1 + \mathbb{R}\omega_2 = \{n\omega_1 + x\omega_2 : n \in \mathbb{Z},\ x \in \mathbb{R}\}$.

(4) *Es ist* $A = \mathbb{C}$.

Struktursatz für diskrete Untergruppen von $\mathbb{C}$, lautet:

Es sei L eine diskrete Untergruppe von $\mathbb{C}$, *d. h. für* $a, b \in L$ *gilt* $a + b \in L$, *und L besitzt keinen Häufungspunkt in* $\mathbb{C}$. *Dann ist L von genau einem der folgenden drei Typen:*

(1) *Es ist* $L = \{0\}$.

(2) *Es ist L eine zyklische Gruppe, d. h. es existiert ein* $\omega \in \mathbb{C} \setminus \{0\}$ *mit* $L = \mathbb{Z}\omega = \{n\omega : n \in \mathbb{Z}\}$.

(3) *Es ist L ein Gitter, d. h. es existieren* $\omega_1, \omega_2 \in \mathbb{C}\setminus\{0\}$ *mit* $\frac{\omega_1}{\omega_2} \notin \mathbb{R}$ *und* $L = \mathbb{Z}\omega_1 + \mathbb{Z}\omega_2 = \{n_1\omega_1 + n_2\omega_2 : n_1, n_2 \in \mathbb{Z}\}$.

Struktursatz für endliche abelsche Gruppen, lautet:

Jede endliche abelsche Gruppe ist das direkte Produkt ↗ *zyklischer Gruppen von Primzahlpotenzordnung.*

Strukturstabilität, Eigenschaft eines C^k-Vektorfeldes f bzw. eines C^k-Diffeomorphismus' f.

Ein solches f heißt strukturstabil, falls es eine Umgebung $U(f)$ von f in der C^1-Topologie so gibt, daß alle $g \in U(f)$ einen Fluß bzw. ein diskretes dynamisches System induzieren, die topologisch äquivalent zum von f induzierten Fluß bzw. diskreten dynamischen System sind.

Die Stabilität des ↗ Fixpunktes eines Vektorfeldes (↗ Ljapunow-Stabilität) beschreibt die Empfindlichkeit der stationären Lösung des zugehörigen dynamischen Systems gegen Störungen, d. h., der Fixpunkt ist stabil, falls alle Orbits, die genügend nahe beim Fixpunkt vorbeilaufen, auch in der Nähe des Fixpunktes bleiben. Dieser Begriff berücksichtigt also, daß in der Realität Anfangsbedingungen nur innerhalb gewisser Fehlergrenzen gemessen werden können; ist ein Fixpunkt stabil, so führt das genügend geringe Abweichen des Startpunktes vom Fixpunkt nur zu kleinen Abweichungen von der stationären Lösung. Jedoch kann auch das Vektorfeld, das ein reales System modellieren soll, nur bis auf Fehler bestimmt werden. Aussagekräftige Vorhersagen sind daher nur bei Verwendung eines Vektorfeldes zu erwarten, das eine Umgebung von Vektorfeldern (in der C^1-Topologie) besitzt so, daß – zumindest qualitativ – die Gesamtheit der Lösungen aller Vektorfelder aus dieser Umgebung gleich ist. Die qualitative Gleichheit der Lösungsgesamtheit zweier Vektorfelder wird dabei gerade durch die topologische Äquivalenz beschrieben.

Der Begriff der Strukturstabilität wurde von Andronow und Pontrjagin 1937 eingeführt.

Die strukturstabilen Vektorfelder auf zweidimensionalen kompakten Mannigfaltigkeiten werden in ↗ Peixotos Theorem charakterisiert. Für höherdimensionale Mannigfaltigkeiten ist bisher keine solche umfassende Charakterisierung bekannt. Man beachte, daß nur die topologische, nicht jedoch die differenzierbare C^k-Äquivalenz gefordert wird, da letztere eine zu feine Unterscheidung dynamischer Systeme bildet.

Strutt, John William, Lord Rayleigh, englischer Mathematiker, geb. 12.11.1842 Langford Grove (England), gest. 30.6.1919 Terling Place (England).

Strutt begann 1861 am Trinity College in Cambridge zu studieren, 1864 promovierte er. 1869 erhielt er eine Stelle am Trinity College und war von 1879 bis 1884 als Nachfolger von Maxwell Professor für Experimentalphysik. Danach wurde er Direktor des Davy-Faraday Research Laboratory der Royal Institution und von 1905 bis 1908 Präsident der Londoner Royal Society.

Strutts Hauptarbeitsgebiet war die Theorie der Wellen und Schwingungen mit Anwendungen in der Akustik, der Elastizitätstheorie und der Hydrodynamik. Er führte 1873 die Rayleighsche Dissipationsfunktion für die Bewegung einer zähen Flüssigkeit ein. Er untersuchte als einer der ersten Mathematiker auch die Reibung bei Schwingungen. Ausgehend von Abschätzung für den kleinsten

Eigenwert von Eigenwertproblemen in der Elastizitätstheorie durch den Quotienten aus potentieller und kinetischer Energie (Rayleighscher Quotient), fand er das Rayleighsche Prinzip zur Bestimmung des kleinsten Eigenwertes allgemeiner Eigenwertprobleme. Er beschäftigte sich um 1871 mit der Streuung von Licht und fand als erster eine korrekte Erklärung für die Blaufärbung des Himmels. 1895 entdeckte er das Edelgas Argon, wofür er 1904 den Nobelpreis erhielt.

Struve-Funktion, die durch die Reihe

$$\mathbf{H}_\nu(z) := \left(\frac{z}{2}\right)^{\nu+1} \sum_{s=0}^{\infty} \frac{(-1)^s (z^2/4)^s}{\Gamma(s+3/2)\Gamma(\nu+s+3/2)}$$

definierte in der komplexen Zahlenebene meromorphe Funktion mit einem möglichen Pol bei $z = 0$.

Insbesondere konvergiert die Reihe für alle endlichen $z \neq 0$, und $z^{-\nu-1}\mathbf{H}_\nu(z)$ ist eine ↗ganze Funktion. Für festes $z \neq 0$ ist $\mathbf{H}_\nu(z)$ auch eine ganze Funktion in ν, insbesondere ist $\mathbf{H}_\nu(x)$ für positive x und $\nu \geq 1/2$ selbst positiv.

Die Struve-Funktion $\mathbf{H}_\nu$ ist eine Lösung der folgenden inhomogenen Besselschen Differentialgleichung:

$$z^2 \frac{d^2 w}{dz^2} + z\frac{dw}{dz} + (z^2 - \nu^2)w = 4\frac{(z/2)^{\nu+1}}{\pi^{1/2}\Gamma(\nu+1/2)}.$$

Die allgemeine Lösung ist damit gegeben durch

$$w = aJ_\nu + bY_\nu + \mathbf{H}_\nu ,$$

wobei J_ν und Y_ν die ↗Bessel-Funktionen erster und zweiter Art der Ordnung ν sind. Für $\mathrm{Re}\,\nu > 1/2$ hat man die folgende Integraldarstellung:

$$\mathbf{H}_\nu(z) = \frac{2(z/2)^\nu}{\pi^{1/2}\Gamma(\nu+1/2)} \int_0^1 (1-t^2)^{\nu-1/2} \sin(zt)\, dt$$

Für die Ableitung der Struve-Funktion beweist man:

$$\begin{aligned} \mathbf{H}'_0 &= \frac{2}{\pi} - \mathbf{H}_1 \\ \frac{d}{dz}(z^\nu \mathbf{H}_\nu) &= z^\nu \mathbf{H}_{\nu-1} \\ \frac{d}{dz}(z^{-\nu}\mathbf{H}_\nu) &= \frac{1}{\pi^{1/2}2^\nu\Gamma(\nu+3/2)} - z^{-\nu}\mathbf{H}_{\nu+1} \end{aligned}$$

Ferner gelten die Rekursionsformeln

$$\begin{aligned} \mathbf{H}_{\nu-1} + \mathbf{H}_{\nu+1} &= \frac{2\nu}{z}\mathbf{H}_\nu + \frac{(z/2)^\nu}{\pi^{1/2}\Gamma(\nu+3/2)}, \\ \mathbf{H}_{\nu-1} + \mathbf{H}_{\nu+1} &= 2\mathbf{H}'_\nu - \frac{(z/2)^\nu}{\pi^{1/2}\Gamma(\nu+3/2)}. \end{aligned}$$

Für $\nu = -(n+1/2)$, $n \in \mathbb{N}_0$, geht die Struve-Funktion in die gewöhnliche Bessel-Funktion erster Art über: $\mathbf{H}_{-(n+1/2)} = (-1)^n J_{n+1/2}$.

[1] Abramowitz, M.; Stegun, I.A.: Handbook of Mathematical Functions. Dover Publications, 1972.

[2] Olver, F.W.J.: Asymptotics and Special Functions. Academic Press, 1974.

stückweise differenzierbarer Weg, ein Weg $\gamma : [a, b] \to \mathbb{C}$ mit einer Parameterdarstellung $t \mapsto \gamma(t) = x(t) + iy(t)$, die folgende Eigenschaft besitzt: Es gibt Punkte $a_1, a_2, \ldots, a_{m+1}$ mit $a = a_1 < a_2 < \cdots < a_m < a_{m+1} = b$ derart, daß die eingeschränkten Funktionen $x|_{[a_\mu, a_{\mu+1}]}$ und $y|_{[a_\mu, a_{\mu+1}]}$ für $\mu = 1, \ldots, m$ differenzierbar sind. Dies bedeutet, daß x und y an den Punkten a_μ nur eine rechts- bzw. linksseitige Ableitung besitzen und diese nicht übereinstimmen müssen.

stückweise stetige Funktion, eine reelle Funktion $f : I \to \mathbb{R}$, die bis auf endlich viele Ausnahmestellen stetig (↗Stetigkeit) ist.

Student, ↗Gosset, William Sealy.

Studentsche *t*-Verteilung, *Student-Verteilung*, *t-Verteilung*, Verteilung aus der Gruppe der theoretisch hergeleiteten Verteilungen für Stichprobenfunktionen.

Ihren Namen verdankt sie dem englischen Statistiker William Sealey Gosset, der 1908 unter dem Pseudonym „Student" einen Artikel mit ihrer Ableitung veröffentlichte. Dabei ging er von der Fragestellung aus, wie Konfidenzintervalle für das arithmetische Mittel von Stichproben aus einer normalverteilten Grundgesamtheit mit unbekannter Varianz zu bestimmen sind.

Es seien X_1 und X_2 zwei unabhängige Zufallsgrößen, wobei X_1 standardnormalverteilt und X_2 χ^2-verteilt mit k Freiheitsgraden sei. Dann besitzt die Stichprobenfunktion

$$T = \frac{X_1}{\sqrt{\frac{X_2}{k}}}$$

eine sogenannte t- oder Student-Verteilung mit k Freiheitsgraden. Die t-Verteilung ist eine ↗unbegrenzt teilbare Verteilung. k ist der einzige Parameter und bestimmt wesentlich die Gestalt der Dichtefunktion.

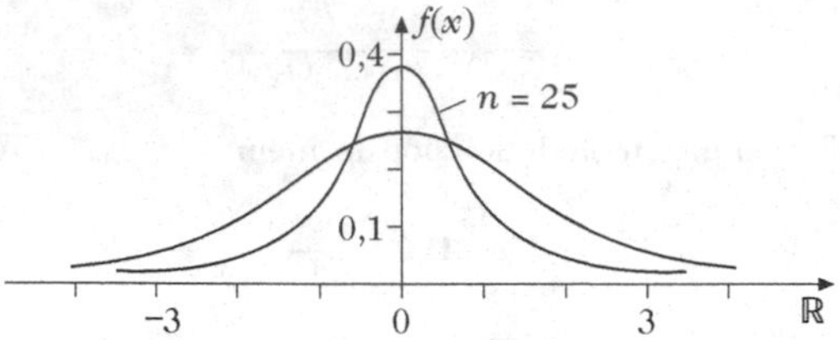

Dichtefunktion der t-Verteilung für $k = 1$ und $k = 25$.

Für die Dichtefunktion gilt

$$f(x) = \frac{\Gamma(\frac{k+1}{2})}{\sqrt{k\pi}\,\Gamma(\frac{k}{2})} \frac{1}{(1+\frac{x^2}{k})^{\frac{k+1}{2}}}, \ -\infty < x < +\infty,$$

wobei $\Gamma(p)$ die ↗Eulersche Γ-Funktion bezeichnet.

Die Dichtefunktion f ist offensichtlich symmetrisch zur die y-Achse. Für $k > 1$ existiert der Erwartungswert von X und ergibt sich zu $EX = 0$, und für $k > 2$ existiert auch die Varianz von X und ergibt sich zu

$$V(X) = \frac{k}{k-2}.$$

Für $k \to \infty$ geht die Studentsche t-Verteilung in die Standardnormalverteilung über. Ab $k \geq 30$ kann die t-Verteilung durch die Standardnormalverteilung in guter Näherung approximiert werden. In der Praxis wird nicht mit der Dichteformel, sondern mit den Quantilen der t-Verteilung gearbeitet, die tabelliert vorliegen.

Die t-Verteilung liegt den sogenannten ↗t-Tests zum Prüfen von Hypothesen über die Erwartungswerte normalverteilter Grundgesamtheiten zugrunde. Außerdem wird sie zur Bestimmung von ↗Konfidenzintervallen für den Erwartungswert normalverteilter Grundgesamtheiten bei unbekannter Varianz verwendet.

Student-Verteilung, ↗Studentsche t-Verteilung.

Study, Christian Hugo Eduard, deutscher Mathematiker, geb. 23.3.1862 Coburg, gest. 6.1.1930 Bonn.

Study studierte Mathematik und Physik in Jena, Straßburg, Leipzig und dann in München, wo er 1884 promovierte. Danach lehrte er als Privatdozent in Leipzig und Marburg und zwischen 1893 und 1894 an verschiedenen Universitäten in den USA. Nach seiner Rückkehr wurde er Mathematik-Professor in Göttingen, dann in Greifswald, und ab 1904 in Bonn, wo er den Lehrstuhl von Lipschitz übernahm.

Study war führend auf dem Gebiet der Geometrie. Durch die Einführung dualer Elemente erreichte er wichtige Weiterentwicklungen. Außerdem beschäftigte er sich mit der Invariantentheorie und der Differentialgeometrie. 1903 veröffentlichte er ein Buch über euklidische Kinematik und die Mechanik starrer Körper („Geometrie der Dynamen"), das sich durch zahlreiche neue Konzepte auszeichnete. Weiterhin klassifizierte er analytische Kurven im komplexen dreidimensionalen Raum und leistete Beiträge zur Algebra und zum Gebiet der reellen Darstellung von Gebilden der komplexen Geometrie.

Study, Satz von, lautet:

Es sei f eine in $\mathbb{E} = \{z \in \mathbb{C} : |z| < 1\}$ ↗schlichte Funktion und $G := f(\mathbb{E})$ das Bildgebiet von $\mathbb{E}$ unter f. Für $0 < r < 1$ sei $B_r := \{z \in \mathbb{C} : |z| < r\}$ und $G_r := f(B_r)$. Dann gelten folgende Aussagen:

(a) *Ist G ein konvexes Gebiet, so ist auch jedes Gebiet G_r konvex.*

(b) *Ist G ein ↗Sterngebiet mit Zentrum $f(0)$, so ist auch jedes Gebiet G_r ein Sterngebiet mit Zentrum $f(0)$.*

Stufe eines Tensors, ↗Tensor, ↗ Tensorprodukt linearer Räume.

Stufenbasis, Bezeichnung für die Menge aller vom Nullvektor verschiedenen Zeilenvektoren einer $(n \times n)$-Stufenmatrix S über dem Körper $\mathbb{K}$.

Die Bezeichnung erklärt sich dadurch, daß diese Vektoren linear unabhängig sind und somit einen Teilraum des $\mathbb{K}^n$ aufspannen.

Eine Stufenmatrix ist eine Matrix, deren erster von Null verschiedener Eintrag in jeder Zeile gleich Eins ist und rechts vom entsprechenden Eintrag in der darüberstehenden Zeile steht (in einer sogenannten Stufenspalte), deren sonstige Einträge in einer Stufenspalte gleich Null sind, und die unterhalb einer Nullzeile keine von Null verschiedenen Einträge mehr aufweist.

Stufengewinn, die Zerlegungsfunktionen g_i bei einer additiv trennbaren Zielfunktion F eines dynamischen Optimierungsproblems (↗dynamische Optimierung).

Stufenmatrix, ↗Stufenbasis.

Stufenwinkel, Winkel, die beim Schnitt zweier paralleler Geraden g_1 und g_2 mit einer Geraden h entstehen und auf der gleichen Seite der Schnittgeraden sowie auf den gleichen Seiten der Parallelen liegen. Die Schenkel von Stufenwinkeln sind paarweise gleichgerichtet.

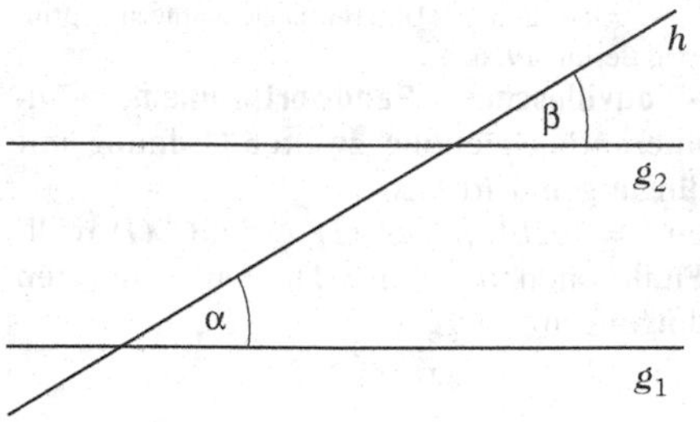

Stufenwinkel

Der *Stufenwinkelsatz* besagt:

Stufenwinkel an geschnittenen Parallelen sind kongruent.

In der ↗nichteuklidischen Geometrie gilt der Stufenwinkelsatz nicht, da er eine zum ↗Parallelenaxiom des Euklid äquivalente Aussage ist.

stumpfer Winkel, Winkel, der größer ist als ein ↗rechter Winkel, jedoch kleiner als ein ↗gestreckter Winkel.

Für das Maß eines beliebigen stumpfen Winkels α im ↗Gradmaß gilt somit $90° < \alpha < 180°$, im ↗Bogenmaß $\frac{\pi}{2} < \alpha < \pi$.

Stundenplanproblem, besteht darin, einen Stundenplan zu erstellen, der in kürzester Zeit alle Unterrichtsstunden abdeckt.

Gibt es an einer Schule z. B. p Lehrer $A_1, A_2, \dots, A_p$ und q Klassen $B_1, B_2, \dots, B_q$, so unterrichte der Lehrer A_i die Klasse B_j für t_{ij} Stunden. Zur Lösung des Stundenplanproblems konstruiert man einen bipartiten Multigraphen G mit den beiden Partitionsmengen $A = \{a_1, a_2, \dots, a_p\}$ und $B = \{b_1, b_2, \dots, b_q\}$, wobei A den Lehrern und B den Klassen entspricht. Dann werden die Ecken a_i und b_j durch t_{ij} parallele Kanten verbunden.

In jeder Zeiteinheit (z. B. montags von 8.00–9.00 Uhr, 9.00–10.00 Uhr usw.) kann ein Lehrer höchstens eine Klasse unterrichten, und jede Klasse kann von höchstens einem Lehrer unterrichtet werden. Somit entspricht während einer Zeiteinheit die Zuordnung der Lehrer zu den Klassen einem Matching in dem bipartiten Multigraphen G, und umgekehrt entspricht jedes Matching einer möglichen Zuordnung. Daher ist das Stundenplanproblem gleichbedeutend damit, die Kantenmenge von G in möglichst wenige kantendisjunkte Matchings zu zerlegen. Ist $\Delta(G)$ der Maximalgrad von G und $r(G)$ die minimale Anzahl solcher kantendisjunkter Matchings, so gilt natürlich $r(G) \geq \Delta(G)$. Nach einem Satz von König aus dem Jahre 1916 gilt aber für bipartite Multigraphen sogar $r(G) = \Delta(G)$, womit ein optimaler Stundenplan aus genau $\Delta(G)$ Zeiteinheiten besteht.

Bei der praktischen Durchführung einer solchen Zerlegung in $\Delta(G)$ kantendisjunkte Matchings kann man etwa wie folgt vorgehen. Ist ohne Beschränkung der Allgemeinheit $q \leq p$, so fügen wir $p - q$ neue Ecken $b_{q+1}, b_{q+2}, \dots, b_p$ zu B hinzu und setzen $Y = \{b_1, b_2, \dots, b_p\}$. Nun verbinden wir die Ecken aus A mit denen aus Y durch

$$p\Delta(G) - \sum_{x \in A} d_G(x) \;=\; p\Delta(G) - \sum_{y \in Y} d_G(y)$$

zusätzliche Kanten, sodaß daraus ein Multigraph H entsteht, der die Bedingung $\Delta(H) = \Delta(G)$ erfüllt. Nach Konstruktion ist auch H bipartit und darüber hinaus sogar $\Delta(G)$-regulär. Wegen eines Satzes von König läßt sich daher die Kantenmenge von H in $\Delta(G)$ disjunkte perfekte Matchings zerlegen. Eine solche Zerlegung kann man sich z. B. mit Hilfe des ↗Ungarischen Algorithmus beschaffen. Entfernt man aus diesen $\Delta(G)$ perfekten Matchings von H die neu hinzugefügten Kanten, so erhält man schließlich die gewünschte Zerlegung von $K(G)$ in $\Delta(G)$ kantendisjunkte Matchings.

Sturm, Jacques Charles François, schweizerisch-französischer Mathematiker, geb. 15.9.1803 Genf, gest. 18.12.1855 Paris.

Sturm studierte von 1818 bis 1823 in Genf und war danach als Hauslehrer tätig. Angeregt durch einen Besuch in Paris weilte er von 1825 bis 1829 zu einem Studienaufenthalt ebendort. 1830 wurde er Professor für Mathematik am Collége Rollin in Paris und 1840 an der Ecole Polytechnique. Im gleichen Jahr übernahm er von Poisson den Lehrstuhl für Mechanik an der Sorbonne.

In ersten Arbeiten befaßte sich Sturm mit Problemen der Algebra und der mathematischen Physik. Mit der Regel von Sturm und der Sturmschen Folge fand er ein praktikables Verfahren, um die Anzahl der Lösungen einer algebraischen Gleichung in einem gegebenen Intervall zu bestimmen. Aus gemeinsamen Untersuchungen mit Liouville zur Schwingung einer Saite entstanden Arbeiten zu Differentialgleichungen der Form $((p(x)y')' + q(x)y = 0$. Sturm entwickelte hierfür Methoden, um Eigenschaften der Lösungsfunktionen zu ermitteln, ohne die Gleichung explizit zu lösen (Sturmscher Vergleichssatz).

Sturm, Regel von, eine Regel zur Bestimmung der Anzahl reeller Nullstellen eines reellen Polynoms.

Sei $f(x)$ ein Polynom mit reellen Koeffizienten ohne mehrfache Nullstellen. Ausgehend von dem Polynom $f(x) =: f_0(x)$ und seiner Ableitung $f'(x) =: f_1(x)$ führt man den Euklidischen Algorithmus zur Bestimmung des größten gemeinsamen Teilers aus:

$$\begin{aligned} f_0(x) &= q_1(x)f_1(x) - f_2(x), \\ f_1(x) &= q_2(x)f_2(x) - f_3(x), \\ &\vdots \\ f_{n-2}(x) &= q_{n-1}(x)f_{n-1}(x) - f_n\,. \end{aligned}$$

Der Algorithmus terminiert mit einem konstanten Polynom $f_n \neq 0$, da $f(x)$ keine mehrfachen Nullstellen hat. Die derart konstruierte Folge von Polynomen $f_0, f_1, f_2, \ldots, f_n$ heißt Sturmsche Kette.

Für $a \in \mathbb{R}$ eine Zahl mit $f(a) \neq 0$ bezeichne $w(a)$ die Anzahl der Vorzeichenwechsel der Folge von Zahlen

$$f_0(a), f_1(a), f_2(a), \ldots, f_{n-1}(a), f_n\,,$$

wobei die auftretenden Nullen ignoriert werden. Sind $b < c$ Zahlen mit $f(b) \cdot f(c) \neq 0$, dann gilt: Es gibt im Intervall $[b, c]$ genau $w(b) - w(c)$ verschiedene reelle Nullstellen. Hierbei werden vielfache Nullstellen nur einmal gezählt.

Siehe auch ↗ Sturmsche Kette zur Lösung von Eigenwertproblemen.

Sturm-Liouville-Operator, ↗ Sturm-Liouvillesches Randwertproblem.

Sturm-Liouvillesches Eigenwertproblem, Problem, das sich mit den Eigenwerten λ und nichttrivialen Eigenfunktionen u des ↗ Sturm-Liouvilleschen Randwertproblems beschäftigt. Dabei ist

$$Lu = f(x) = -\lambda r(x)u$$

mit der positiven Gewichtsfunktion r.

Es gelten folgende grundlegende Aussagen:

Existenzsatz des Sturm-Liouvilleschen Eigenwertproblemes:

Zu dem betrachteten Eigenwertproblem gibt es unendlich viele reelle Eigenwerte

$$\lambda_0 < \lambda_1 < \cdots < \lambda_n \to +\infty \quad \textit{für} \quad n \to \infty\,.$$

Trennungssatz des Sturm-Liouvilleschen Eigenwertproblemes:

Die zum Eigenwert λ_k gehörende Eigenfunktion u_k besitzt in $[a, b]$ genau k einfache Nullstellen. Zwischen je zwei aufeinanderfolgenden Nullstellen von u_k liegt eine solche von u_{k+1}.

Entwicklungssatz des Sturm-Liouvilleschen Eigenwertproblemes:

Die Eigenfunktionen bilden ein Orthogonalsystem. Man kann jede stetig differenzierbare Funktion $f : [a, b] \to \mathbb{R}$, die die homogene Randbedingung erfüllt, in eine in $[a, b]$ konvergente Reihe $f(x) = \sum_{k=0}^{\infty} c_k u_k(x)$ entwickeln. Sind die Eigenfunktionen normiert, so nennt man diese Reihe Fourier-Reihe, und für die Fourier-Koeffizienten c_k gilt:

$$c_k = \int_a^b r(x)f(x)u_k(x)dx\,.$$

[1] Walter, W.: Gewöhnliche Differentialgleichungen. Springer-Verlag Berlin, 1976.

Sturm-Liouvillesches Randwertproblem, ↗ lineare Differentialgleichung zweiter Ordnung mit Randbedingungen dritter Art.

Es seien $J = [a, b]$, $p \in C^1(J)$, $q, f \in C^0(J)$ reellwertige Funktionen, $p > 0$ in J. Mit den normierten Randbedingungen

$$\alpha_1^2 + \alpha_1^2 > 0\,, \quad \beta_1^2 + \beta_2^2 > 0$$

hat das Sturm-Liouvillesche Randwertproblem folgende Gestalt:

$$\begin{aligned} Lu &:= (pu')'(x) + q(x)u(x) = f(x)\,, \\ R_1u &:= \alpha_1 u(a) + \alpha_2 u'(a) = \nu_1\,, \\ R_2u &:= \beta_1 u(b) + \beta_2 u'(b) = \nu_2\,. \end{aligned}$$

Den Operator L bezeichnet man auch als Sturm-Liouville-Operator.

Randwertprobleme dieser Art sind selbstadjungiert (↗ selbstadjungierte Differentialgleichung). Es gilt der Satz:

Sei u_1, u_2 ein Fundamentalsystem der homogenen Differentialgleichung $Lu = 0$. Dann gilt: Das inhomogene Randwertproblem ist genau dann eindeutig lösbar, wenn

$$\det \begin{pmatrix} R_1u_1 & R_1u_2 \\ R_2u_1 & R_2u_2 \end{pmatrix} \neq 0\,.$$

Die homogene Randwertaufgabe hat in diesem Fall nur die triviale Lösung.

[1] Walter, W.: Gewöhnliche Differentialgleichungen. Springer-Verlag Berlin, 1976.

Sturmsche Kette, ↗ Sturm, Regel von, ↗ Sturmsche Kette zur Lösung von Eigenwertproblemen.

Sturmsche Kette zur Lösung von Eigenwertproblemen, iteratives Verfahren zur Berechnung von Eigenwerten einer reellen symmetrischen Tridiagonalmatrix

$$T = \begin{pmatrix} \alpha_1 & \beta_2 & & \\ \beta_2 & \alpha_2 & \ddots & \\ & \ddots & \ddots & \beta_n \\ & & \beta_n & \alpha_n \end{pmatrix},$$

das auf der Regel von Sturm (↗Sturm, Regel von) beruht.

Ist $p_i(x)$ das charakteristische Polynom der i-ten Hauptabschnittsmatrix von $T - xI$, so gilt

$$\begin{aligned} p_0(x) &= 1 \\ p_1(x) &= \alpha_1 - x \\ p_i(x) &= (\alpha_i - x)p_{i-1}(x) - \beta_i^2 p_{i-2}(x) \\ & i = 2, 3, \dots, n \end{aligned}$$

Dabei ist $p_n(x) = \det(T - xI)$ das charakteristische Polynom von T, dessen Nullstellen gerade die Eigenwerte von T sind. Für $\beta_i \neq 0, i = 2, \dots, n$ bilden die Polynome

$$p_n(x), p_{n-1}, \dots, p_0(x)$$

eine Sturmsche Kette für $p_n(x)$; darunter versteht man eine Folge von Polynomen $q_n(x)$, $q_{n-1}(x), \dots, q_0(x)$ absteigenden Grades mit folgenden Eigenschaften:

1. $q_n(x)$ besitzt nur einfache Nullstellen.
2. $\operatorname{sgn}(q_{n-1}(\zeta)) = -\operatorname{sgn}(q_n'(x))$ für alle reellen Nullstellen ζ von $q_n(x)$.
3. Für $i = n-1, n-2, \dots, 1$ gilt
   $$q_{i+1}(\zeta)q_{i-1}(\zeta) < 0\,,$$
   falls ζ Nullstelle von $q_i(x)$ ist.
4. Das letzte Polynom $q_0(x)$ ändert sein Vorzeichen nicht.

Es gilt, daß die Anzahl der reellen Nullstellen von $q_n(x)$ im Intervall $a \le x < b$ gleich $|w(b) - w(a)|$ ist, wobei $w(x)$ die Anzahl der Vorzeichenwechsel der Sturmschen Kette $q_n(x), q_{n-1}(x), \dots, q_0(x)$ an der Stelle x ist (hierbei streicht man zunächst alle $q_i(x) = 0$ und zählt dann die Anzahl der Vorzeichenwechsel). Ein Beispiel für eine Sturmsche Kette ist

$$\begin{aligned} q_3(x) &= x^3 - 6x^2 + 11x - 6 \\ q_2(x) &= 3x^2 - 12x + 11 \\ q_1(x) &= \frac{2}{3}x - \frac{4}{3} \\ q_0(x) &= 1 \end{aligned}$$

Die Anzahl der Nullstellen von $q_3(x)$ im Intervall $[0, 2.5]$ ist gleich $|w(2.5) - w(0)| = |1 - 3| = 2$, da

$$\begin{aligned} q_3\left(\frac{5}{2}\right) &= -\frac{11}{4},\ q_2\left(\frac{5}{2}\right) = -\frac{1}{4}, \\ q_1\left(\frac{5}{2}\right) &= \frac{1}{3},\ q_0\left(\frac{5}{2}\right) = 1 \end{aligned}$$

und

$$q_3(0) = -6,\ q_2(0) = 11,\ q_1(0) = -\frac{4}{3},\ q_0(0) = 1.$$

Eine einfache Rechnung ergibt

$$q_3(x) = (x-3)(x-2)(x-1)\,,$$

sodaß $q_3(x)$ tatsächlich zwei Nullstellen im Intervall $[0, 2.5]$ besitzt.

Man kann nun diese Eigenschaft der charakteristischen Polynome $p_j(x)$ der Hauptabschnittsmatrizen einer symmetrischen Tridiagonalmatrix T nutzen, um die Eigenwerte von T (bzw. die Nullstellen von $p_n(x)$) mittels ↗Bisektion zu berechnen. T besitzt nur einfache reelle Eigenwerte

$$\zeta_1 > \zeta_2 > \dots > \zeta_n.$$

Für $x = -\infty$ besitzt die Sturmsche Kette

$$p_n(x), p_{n-1}(x), \dots, p_0(x)$$

die Vorzeichenverteilung $+, +, \dots, +$, also gilt $w(-\infty) = 0$. Daher gibt $w(\mu)$ gerade die Anzahl der Nullstellen ζ von $p_n(x)$ mit $\zeta < \mu$ an: $w(\mu) \ge n + 1 - i$ genau dann, wenn $\zeta_i < \mu$. Um nun die i-te Nullstelle ζ_i von $p_n(x)$ mittels Bisektion zu bestimmen, startet man mit einem Intervall $[a_0, b_0]$, welches ζ_i sicher enthält. Dann halbiert man sukzessive dieses Intervall und testet, in welchem der beiden Teilintervalle ζ liegt. Man bildet also für $j = 0, 1, 2, \dots$:

$$\begin{aligned} \mu_j &= (a_j + b_j)/2\,, \\ a_{j+1} &= \begin{cases} a_j & \text{falls } w(\mu_j) \ge n + 1 - i \\ \mu_j & \text{falls } w(\mu_j) < n + 1 - i \end{cases} \\ b_{j+1} &= \begin{cases} \mu_j & \text{falls } w(\mu_j) \ge n + 1 - i \\ b_j & \text{falls } w(\mu_j) < n + 1 - i \end{cases} \end{aligned}$$

Die a_j konvergieren monoton wachsend, die b_j monoton fallend gegen ζ_i. Die Konvergenz ist linear.

Sturmscher Trennungssatz, lautet:

Sei $I \subset \mathbb{R}$ ein Intervall, und seien $a_0, a_1 \in C^0(I)$. Dann gilt:

1) Jede nichttriviale Lösung y der homogenen ↗linearen Differentialgleichung zweiter Ordnung

$$y'' + a_1(x)y' + a_0(x)y = 0 \tag{1}$$

hat in I höchstens abzählbar viele Nullstellen. Alle Nullstellen sind einfach und häufen sich nicht in I.

2) Die Nullstellen von zwei linear unabhängigen Lösungen y_1, y_2 von (1) trennen sich, d. h., sind η_k die Nullstellen von y_1 und ξ_k die von y_2, so gilt

$$\dots < \eta_{-1} < \xi_{-1} < \eta_0 < \xi_0 < \eta_1 < \xi_1 < \dots.$$

Mit anderen Worten: Zwischen zwei aufeinanderfolgenden Nullstellen von y_1 liegt genau eine Nullstelle von y_2 und umgekehrt.

[1] Heuser, H.: Gewöhnliche Differentialgleichungen. B. G. Teubner-Verlag Stuttgart, 1989.

Sturmscher Vergleichssatz, lautet:

Sei $I \subset \mathbb{R}$ ein Intervall, seien $p_1, p_2 \in C^1(I)$ und $q_1, q_2 \in C^0(I)$ mit $0 < p_1(x) \le p_2(x)$ und

$q_2(x) < q_1(x)$ für alle $x \in I$. Dann gilt für nichttriviale Lösungen u von

$$(p_1 u)'(x) + (q_1 u)(x) = 0$$

und v von

$$(p_2 v)'(x) + (q_2 v)(x) = 0$$

die Aussage: Zwischen je zwei aufeinanderfolgenden Nullstellen von v liegt mindestens eine Nullstelle von u.

[1] Heuser, H.: Gewöhnliche Differentialgleichungen. B.G. Teubner-Verlag Stuttgart, 1989.

stützende Menge einer Fuzzy-Menge, ↗Träger einer Fuzzy-Menge.

Stützstellen, in der ↗numerischen Integration diejenigen Punkte, in denen die zu integrierende Funktion ausgewertet wird. Dies können beispielsweise die Nullstellen orthogonaler Polynome sein.

Subbasis einer Topologie, System S von offenen Teilmengen eines topologischen Raumes T mit der Eigenschaft, daß das System aller endlichen Durchschnitte von Mengen aus S eine Basis (↗ Basis einer Topologie) bildet.

Subdistributivgesetz, bezeichnet in der ↗Intervallrechnung die Eigenschaft

$$(\mathbf{a} + \mathbf{b})\mathbf{c} \subseteq \mathbf{ac} + \mathbf{bc}, \qquad (1)$$

die für beliebige reelle kompakte Intervalle $\mathbf{a}$, $\mathbf{b}$, $\mathbf{c}$ und die übliche Intervallarithmetik gilt. Das Beispiel

$$(2 + (-2)) \cdot [-1, 1] = [0, 0]$$
$$\neq [-4, 4] = 2 \cdot [-1, 1] + (-2) \cdot [-1, 1]$$

belegt, daß in (1) die echte Inklusion stehen kann. Die Gleichheit in (1) wird durch folgenden Satz vollständig geklärt, in dem $m(\mathbf{a})$ den Mittelpunkt des Intervalls $\mathbf{a}$ bedeutet, und $\chi : \mathbb{IR}\backslash[0, 0] \twoheadrightarrow [-1, 1]$ durch das χ-Funktional

$$\chi(\mathbf{a}) = \begin{cases} \underline{a}/\overline{a} & \text{falls } |\underline{a}| \leq |\overline{a}| \\ \overline{a}/\underline{a} & \text{sonst} \end{cases}$$

definiert ist. Dabei bezeichnet $\mathbb{IR}$ die Menge aller reellen kompakten Intervalle.

In (1) gilt Gleichheit für $\mathbf{a} = 0$ oder $\mathbf{b} = 0$ oder $\mathbf{c} = 0$. Ansonsten gilt Gleichheit genau dann, wenn eine der drei folgenden Bedingungen erfüllt ist:
1. $\chi(\mathbf{c}) = 1$, d. h. $\mathbf{c}$ ist ein Punktintervall;
2. $0 \leq \chi(\mathbf{c}) < 1$, d. h. 0 ist kein innerer Punkt von $\mathbf{c}$, und es gilt
(a) $ab \geq 0$, für alle $a \in \mathbf{a}$, $b \in \mathbf{b}$, oder
(b) $\chi(\mathbf{a}) \leq 0$, $\chi(\mathbf{b}) \leq 0$;
3. $\chi(\mathbf{c}) < 0$, d. h. 0 ist ein innerer Punkt von $\mathbf{c}$, und es gilt
(a) $m(\mathbf{a})m(\mathbf{b}) \geq 0$, $\chi(\mathbf{c}) \leq \chi(\mathbf{a})$, $\chi(\mathbf{c}) \leq \chi(\mathbf{b})$, oder
(b) $\chi(\mathbf{c}) \geq \chi(\mathbf{a})$, $\chi(\mathbf{c}) \geq \chi(\mathbf{b})$.

Subgradient, eine Verallgemeinerung des Begriffs der ↗Ableitung einer Funktion.

Es sei $F : \mathbb{R}^n \to \mathbb{R}$ und $x_0 \in \mathbb{R}$. Ein Vektor $d \in \mathbb{R}^n$ heißt ein Subgradient von f in x_0, falls für alle $x \in \mathbb{R}^n$ gilt:

$$f(x) \geq f(x_0) + d^T \cdot (x - x_0).$$

Die rechte Seite der Ungleichung entspricht formal der Taylor-Entwicklung von f um x_0, wobei der Gradient von f in x_0 durch d ersetzt ist; speziell muß f also nicht differenzierbar sein, um einen Subgradienten zu besitzen. Die Menge aller Subgradienten von f in x_0 heißt Subdifferential von f in x_0 und wird mit $\partial f(x_0)$ bezeichnet. Ist $\partial f(x_0) \neq \emptyset$ für alle $x_0 \in \mathbb{R}^n$, so nennt man f subdifferenzierbar.

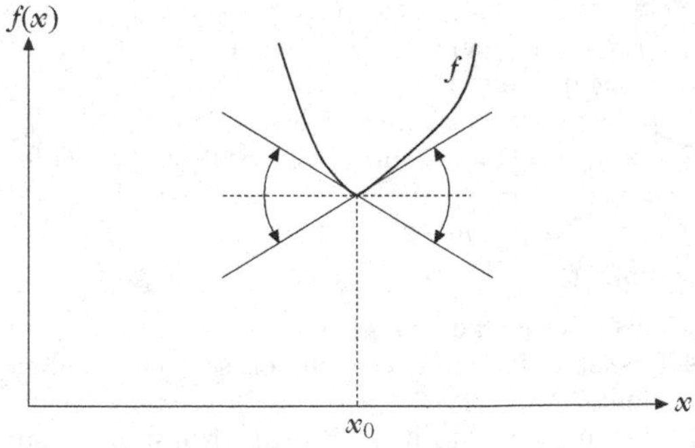

Subdifferential: $\partial f(x_0)$ ist die Menge aller Vektoren durch $f(x_0)$, die im markierten Kegel verlaufen.

Konvexe Funktionen sind subdifferenzierbar. Ist eine Funktion f in x_0 im klassischen Sinne differenzierbar, so ist $\partial f(x_0)$ gerade der eindeutige Gradientenvektor $Df(x_0)$.

Subgradientenoptimierung, Methoden zur Optimierung von nicht überall differenzierbaren Funktionen.

Sei $f : \mathbb{R}^n \to \mathbb{R}$ eine konvexe Funktion. Als solche ist f subdifferenzierbar, d. h. für alle $x \in \mathbb{R}^n$ ist die Menge $\partial f(x_0)$ nicht leer. Zunächst gilt in Analogie zu der entsprechenden Optimalitätsbedingung erster Ordnung, daß f genau in dem Falle einen lokalen Minimalpunkt in $\bar{x} \in \mathbb{R}^n$ hat, falls $0 \in \partial f(x_0)$ zutrifft. Ein typisches Subgradientenverfahren beginnt mit einem Startvektor x_0 und erzeugt Iterierte x_k wie folgt: In Schritt k berechne man ein Element $\gamma_k \in \partial f(x_k)$. Falls $\gamma_k = 0$ ist, so ist x_k optimal. Andernfalls berechnet man

$$x_{k+1} := x_k - t_k \cdot \frac{\gamma_k}{\|\gamma_k\|} \quad (t_k > 0)$$

und iteriert erneut, bis ein Stoppkriterium erfüllt ist. Nicht differenzierbare Optimierungsprobleme mit Nebenbedingungen lassen sich ähnlich behandeln.

Subgraph, ↗ Teilgraph.

subharmonische Bifurkation, ↗ Periodenverdopplung.

subharmonische Funktion, eine in einer offenen Menge $D \subset \mathbb{C}$ definierte Funktion v mit folgenden Eigenschaften:

(1) Es gilt $-\infty \le v(z) < \infty$ für alle $z \in D$.

(2) Es ist v eine in D oberhalb stetige Funktion.

(3) Für jedes $z_0 \in D$ und jede abgeschlossene Kreisscheibe $\overline{B_r(z_0)} \subset D$ mit Mittelpunkt z_0 und Radius $r > 0$ gilt

$$v(z_0) \le \frac{1}{2\pi} \int_0^{2\pi} v(z_0 + re^{it})\, dt .$$

Einige Anmerkungen: Wegen $v(z) < \infty$ für alle $z \in D$ und der Eigenschaft (2) folgt stets

$$\int_0^{2\pi} v(z_0 + re^{it})\, dt < \infty .$$

Allerdings kann dieses Integral den Wert $-\infty$ annehmen, in diesem Fall ist dann auch $v(z_0) = -\infty$. Ist U eine Zusammenhangskomponente von D, so ist entweder $v(z) = -\infty$ für alle $z \in U$, oder die Menge $\{z \in U : v(z) = -\infty$ besitzt keine inneren Punkte. Insbesondere ist die Funktion v_∞ mit $v_\infty(z) := -\infty$ für alle $z \in D$ eine in D subharmonische Funktion. Die Definition ist in der Literatur nicht einheitlich. Manchmal wird die Stetigkeit von v in D gefordert, was den Fall $v(z) = -\infty$ ausschließt.

Erste einfache Beispiele subharmonischer Funktionen erhält man wie folgt. Offensichtlich ist jede in D ↗ harmonische Funktion subharmonisch in D. Genauer gilt: Eine in D stetige Funktion ist harmonisch in D genau dann, wenn sie gleichzeitig subharmonisch und superharmonisch in D ist. Ist f eine in D ↗ holomorphe Funktion, so ist $v := \log|f|$ subharmonisch in D. Insbesondere ist die Funktion v mit $v(z) := \log|z|$ subharmonisch in $\mathbb{C}$.

Zur Formulierung äquivalenter Definitionen für subharmonische Funktionen ist folgende Bezeichnung hilfreich. Für eine kompakte Menge $K \subset \mathbb{C}$ bezeichne $C_h(K)$ die Menge aller stetigen Funktionen $u: K \to \mathbb{R}$, die in K° harmonisch sind, wobei K° die Menge der inneren Punkte von K ist. Eine Funktion $v: D \to [-\infty, \infty)$ erfüllt das Maximumprinzip in D, falls für jede kompakte Menge $K \subset D$ und jede Funktion $u \in C_h(K)$ mit $v(\zeta) \le u(\zeta)$ für alle $\zeta \in \partial K$ bereits gilt $v(z) \le u(z)$ für alle $z \in K$. Damit gilt folgender Satz.

Es sei $v: D \to [-\infty, \infty)$ eine oberhalb stetige Funktion. Dann sind folgende Aussagen äquivalent:

(i) *v ist subharmonisch in D.*

(ii) *v erfüllt das Maximumprinzip in D.*

(iii) *Für jede abgeschlossene Kreisscheibe $B \subset D$ und jede Funktion $u \in C_h(B)$ mit $v(\zeta) \le u(\zeta)$ für alle $\zeta \in \partial B$ gilt $v(z) \le u(z)$ für alle $z \in B$.*

(iv) *Für jede abgeschlossene Kreisscheibe $B = \overline{B_r(z_0)} \subset D$ gilt*

$$v(z_0) \le \frac{1}{\pi r^2} \iint_B v(x + iy)\, dx dy .$$

Grundlegende Eigenschaften subharmonischer Funktionen:

(a) Sind v_1, v_2 subharmonische Funktionen in D und $a, b > 0$, so sind $av_1 + bv_2$ und $\max\{v_1, v_2\}$ subharmonische Funktionen in D.

(b) Es sei $\mathcal{V}$ eine Familie subharmonischer Funktionen in D, die nach oben lokal gleichmäßig beschränkt in D ist, d. h. zu jeder kompakten Menge $K \subset D$ gibt es eine nur von K abhängige Konstante $m \in \mathbb{R}$ mit $v(z) \le m$ für alle $z \in K$ und alle $v \in \mathcal{V}$. Weiter seien v_0 und v_0^* in D definiert durch $v_0(z) := \sup\{v(z) : v \in \mathcal{V}\}$ und $v_0^*(z) := \limsup_{w \to z} v_0(w)$. Dann ist v_0^* subharmonisch in D. Ist v_0 oberhalb stetig, so gilt $v_0 = v_0^*$.

(c) Es sei $\mathcal{V}$ eine Familie subharmonischer Funktionen in D derart, daß es zu je zwei Funktionen $v_1, v_2 \in \mathcal{V}$ ein $v_3 \in \mathcal{V}$ gibt mit $v_3(z) \le \min\{v_1(z), v_2(z)\}$ für alle $z \in D$. Weiter sei v_0 in D definiert durch $v_0(z) := \inf\{v(z) : v \in \mathcal{V}\}$. Dann ist v_0 subharmonisch in D. Ist insbesondere (v_n) eine Folge subharmonischer Funktionen in D mit $v_n(z) \ge v_{n+1}(z)$ für alle $z \in D$ und $n \in \mathbb{N}$, so ist $\lim_{n\to\infty} v_n$ eine subharmonische Funktion in D.

(d) Es sei (v_n) eine Folge positiver subharmonischer Funktionen in D derart, daß $v := \sum_{n=1}^\infty v_n$ oberhalb stetig in D ist. Weiter sei U eine Zusammenhangskomponente von D. Dann gilt entweder $v(z) = \infty$ für alle $z \in U$, oder v ist subharmonisch in U.

(e) Es sei (v_n) eine Folge negativer subharmonischer Funktionen in D. Dann ist $v := \sum_{n=1}^\infty v_n$ subharmonisch in D.

(f) Es sei v eine subharmonische Funktion in D. Dann gilt $v(z) = \limsup_{w\to z} v(w)$ für jedes $z \in D$.

(g) Es sei v eine subharmonische Funktion in D, $a := \inf_{z\in D} v(z)$ und $b := \sup_{z\in D} v(z)$. Weiter sei $\phi: [a, b] \to [-\infty, \infty)$ eine monoton wachsende, konvexe Funktion. Dann ist $\phi \circ v$ subharmonisch in D.

(h) Es sei v eine subharmonische Funktion in D und U eine offene Teilmenge von D. Weiter sei u eine oberhalb stetige Funktion in D, die subharmonisch in U ist mit $u(z) \ge v(z)$ für $z \in U$ und $u(z) = v(z)$ für $z \in D \setminus U$. Dann ist u subharmonisch in D.

(i) Es sei v eine subharmonische Funktion in $\mathbb{C}$. Dann existiert eine Folge (v_n) stetiger, subharmonischer Funktionen in $\mathbb{C}$ mit $v_n(z) \geq v_{n+1}(z)$ für alle $z \in \mathbb{C}$ und $n \in \mathbb{N}$ sowie $\lim_{n\to\infty} v_n(z) = v(z)$ für alle $z \in \mathbb{C}$.

Aus den Eigenschaften (a) und (g) erhält man weitere Beispiele subharmonischer Funktionen. Ist nämlich f eine holomorphe Funktion in D, so ist $\log^+ |f|$ subharmonisch in D, wobei $\log^+ x := \log x$ für $x > 1$ und $\log^+ x := 0$ für $0 \leq x \leq 1$. Weiter ist $|f|^p$ für jedes $p > 0$ subharmonisch in D. Insbesondere sind die durch $v_1(z) := \log^+ |z|$ und $v_2(z) := |z|^p$ definierten Funktionen subharmonisch in $\mathbb{C}$.

Zweimal stetig differenzierbare subharmonische Funktionen können wie folgt charakterisiert werden.

Es sei $v\colon D \to \mathbb{R}$ zweimal stetig differenzierbar in D. Dann ist v subharmonisch in D genau dann, wenn $\Delta v(z) \geq 0$ für alle $z \in D$, wobei Δ der Laplace-Operator ist.

Eine zweimal stetig differenzierbare Funktion v in D nennt man eine streng subharmonische Funktion in D, falls $\Delta v(z) > 0$ für alle $z \in D$.

Subharmonische Funktionen spielen eine wichtige Rolle bei ↗Perronschen Familien und beim ↗Perronschen Prinzip.

Weiter ist der Begriff der harmonischen Majorante von Interesse. Dazu sei v eine subharmonische Funktion in D, und zu jeder Zusammenhangskomponente U von D gebe es einen Punkt $z_U \in U$ mit $v(z_U) > -\infty$. Eine harmonische Majorante von v ist eine harmonische Funktion u in D mit $u(z) \geq v(z)$ für alle $z \in D$. Falls eine solche Funktion u existiert (was im allgemeinen nicht der Fall sein muß), so gibt es auch eine kleinste harmonische Majorante u_0 von v, d. h. es gilt $u_0(z) \geq v(z)$ für alle $z \in D$ und für jede weitere harmonische Majorante u von v gilt $u(z) \geq u_0(z)$ für alle $z \in D$. Ist z. B. $D = G$ ein beschränktes, einfach zusammenhängendes Gebiet und $v\colon \overline{G} \to [-\infty, \infty)$ eine oberhalb stetige Funktion, die in G subharmonisch ist, so besitzt v eine kleinste harmonische Majorante.

Für subharmonische Funktionen v in $\mathbb{C}$ sind noch die Begriffe Ordnung einer subharmonischen Funktion und Typ einer subharmonischen Funktion erklärt. Dazu sei für $r > 0$

$$M(r, v) := \sup_{|z|=r} v(z)\,.$$

Es ist $M(r, v)$ eine monoton wachsende Funktion von r. Ist v nicht nach oben beschränkt, so heißt

$$\varrho = \varrho(v) := \limsup_{r\to\infty} \frac{\log M(r, v)}{\log r}$$

die Ordnung von v. Es gilt $0 \leq \varrho \leq \infty$. Falls v nach oben beschränkt ist, so setzt man $\varrho(v) := 0$. Ist $0 < \varrho < \infty$, so heißt

$$\tau = \tau(v) := \limsup_{r\to\infty} \frac{M(r, v)}{r^\varrho}$$

der Typ von v (zur Ordnung ϱ). Man nennt v vom Minimaltyp, Mitteltyp oder Maximaltyp, je nachdem, ob $\tau = 0$, $0 < \tau < \infty$ oder $\tau = \infty$.

Für eine ↗ganze Funktion f ist $v := \log|f|$ subharmonisch in $\mathbb{C}$. Ist z. B. $f(z) = z$, so ist $v(z) = \log|z|$. Man erhält $M(r, v) = \log r$ und daher $\varrho(v) = 0$. Für $f(z) = e^z$ ist $|e^z| = e^{\operatorname{Re} z}$, also $v(z) = \operatorname{Re} z$, $M(r, v) = r$ und daher $\varrho(v) = 1$ und $\tau(v) = 1$.

Setzt man für eine in $\mathbb{C}$ subharmonische Funktion v und $r > 0$

$$T(r, v) := \frac{1}{2\pi} \int_0^{2\pi} v^+(re^{it})\, dt\,,$$

wobei $v^+(z) := \max\{v(z), 0\}$, so ist $T(r, v)$ eine monoton wachsende Funktion von r. Ersetzt man in der Definition der Ordnung $M(r, v)$ durch $T(r, v)$, so erhält man den gleichen Wert für $\varrho(v)$. Es ist sogar möglich, eine ↗Nevanlinna-Theorie für subharmonische Funktionen in $\mathbb{C}$ zu entwickeln.

Subharmonische Funktionen können in analoger Weise auch in offenen Mengen $D \subset \mathbb{R}^n$ definiert werden.

sublineare Abbildung, spezielle reellwertige Abbildung eines reellen Vektorraumes.

Es sei V ein reeller Vektorraum. Dann heißt eine Abbildung $p : V \to \mathbb{R}$ sublinear, falls für alle $x, y \in V$ die Ungleichung

$$p(x + y) \leq p(x) + p(y)$$

und für alle $x \in V$, $\alpha \geq 0$ die Gleichung

$$p(\alpha \cdot x) = \alpha \cdot p(x)$$

gilt. Sublineare Abbildungen spielen eine große Rolle beim Beweis des Fortsetzungssatzes von Hahn-Banach (↗Hahn-Banach-Sätze).

In der ↗Intervallrechnung bezeichnet der Begriff sublineare Abbildung eine Abbildung $\mathbf{f} : \mathbb{IR}^m \to \mathbb{IR}^n$ ($\mathbb{IR}^k$ = Menge aller reeller k-komponentiger ↗Intervallvektoren) mit folgenden drei Eigenschaften:

a) $\mathbf{x} \subseteq \mathbf{y} \Rightarrow \mathbf{f}(\mathbf{x}) \subseteq \mathbf{f}(\mathbf{y})$ (Inklusionsisotonie),
b) $\alpha \in \mathbb{R} \Rightarrow \mathbf{f}(\alpha\mathbf{x}) = \alpha\mathbf{f}(\mathbf{x})$ (Homogenität),
c) $\mathbf{f}(\mathbf{x} + \mathbf{y}) \subseteq \mathbf{f}(\mathbf{x}) + \mathbf{f}(\mathbf{y})$ (Subadditivität).

Dabei sind $\mathbf{x}$, $\mathbf{y}$ aus $\mathbb{IR}^m$.

Eine sublineare Abbildung $\mathbf{f}$ kann durch

$$\mathbf{f}(\mathbf{A}) = (\mathbf{f}(\mathbf{A}e^{(1)}), \ldots, \mathbf{f}(\mathbf{A}e^{(p)})) \in \mathbb{IR}^{n\times p}$$

($e^{(i)}$ i-te Spalte der $p \times p$ Einheitsmatrix) auf reelle $(m \times p)$-↗Intervallmatrizen $\mathbf{A}$ erweitert werden.

$|\mathbf{f}| = |\mathbf{f}([-I, I])|$ mit der $(m \times m)$-Einheitsmatrix I und dem Betrag $|\cdot|$ einer Intervallmatrix heißt Betrag von $\mathbf{f}$,

$$\mathbf{cor(f)} = \mathbf{f}(I) = (\mathbf{f}(e^{(1)}), \dots, \mathbf{f}(e^{(n)})) \in \mathbb{IR}^{n\times n}$$

heißt Kern von $\mathbf{f}$.

Besitzt eine sublineare Abbildung $\mathbf{f}$ die zusätzliche Eigenschaft

$$d(\mathbf{f}(\mathbf{x})) \ge |\mathbf{f}| \cdot d(\mathbf{x})$$

mit dem Durchmesser $d(\cdot)$, so heißt sie normal. Besitzt sie weiterhin noch die Eigenschaft

$$\tilde{x} \in \mathbb{R}^n,\ 0 \in \mathbf{f}(\tilde{x}) \Rightarrow \tilde{x} = 0,$$

so heißt sie regulär.

Beispiele für sublineare Abbildungen:

a) Ist $\mathbf{A}$ eine $(n \times m)$-Intervallmatrix, so ist die durch $\mathbf{f(x)} = \mathbf{A} \cdot \mathbf{x}$ definierte Intervall-Funktion $\mathbf{f}$ eine normale sublineare Abbildung, die im Fall einer ↗regulären Intervallmatrix $\mathbf{A}$ regulär ist.

b) Die Zuordnung der rechten Seite $\mathbf{b}$ eines ↗Intervall-Gleichungssystems $\mathbf{A}x = \mathbf{b}$ zur zugehörigen ↗Hülleninversen ist eine sublineare Abbildung, die auch bei regulärer Intervallmatrix $\mathbf{A}$ weder normal noch regulär zu sein braucht.

c) Die Zuordnung der rechten Seite $\mathbf{b}$ eines Intervall-Gleichungssystems $\mathbf{A}x = \mathbf{b}$ zum Ergebnisvektor $\mathbf{IGA(A, b)}$ des ↗Intervall-Gauß-Algorithmus ist eine normale sublineare Abbildung.

sublinearer Platz, Schranken für die ↗Raumkomplexität, die langsamer als n wachsen.

Da Platz n für die Eingabe benötigt wird, und die Ausgabe länger als n sein kann, wird für die Betrachtung von sublinearem Platz davon ausgegangen, daß die Turing-Maschine auf dem Eingabeband nicht schreiben und auf dem Ausgabeband nicht lesen darf. Für den Speicherplatzbedarf wird dann nur das Arbeitsband berücksichtigt.

Sub-Markow-Kern, Kern K vom meßbaren Raum $(\Omega_1, \mathfrak{A}_1)$ in den meßbaren Raum $(\Omega_2, \mathfrak{A}_2)$ mit $K(\omega_1, \Omega_2) \le 1$ für alle $\omega_1 \in \Omega_1$.

Im Unterschied zu einem Markow-Kern muß bei einem Sub-Markow-Kern also das für jedes $\omega_1 \in \Omega_1$ durch $A_2 \to K(\omega_1, A_2)$ auf $\mathfrak{A}_2$ definierte Maß nicht unbedingt ein Wahrscheinlichkeitsmaß sein.

Submartingal, ↗Martingal.

submultiplikative Matrixnorm, eine ↗Norm $\|\,.\,\|$ auf dem Raum X der quadratischen Matrizen, die für alle $A, B \in X$ der Ungleichung

$$\|A \cdot B\| \le \|A\| \cdot \|B\|$$

genügt.

Subnormale, ↗Subtangente.

subnormale Fuzzy-Menge, eine ↗Fuzzy-Menge $\tilde{A}$, deren Höhe (↗Höhe einer Fuzzy-Menge) die Eigenschaft $0 < \text{hgt}(\tilde{A}) < 1$ aufweist.

Offensichtlich kann eine subnormale Fuzzy-Menge $\tilde{A}$ immer dadurch in eine ↗normalisierte Fuzzy-Menge $\tilde{A}^*$ verwandelt werden, daß man ihre Zugehörigkeitsfunktion $\mu_A(x)$ durch $\text{hgt}(\tilde{A})$ dividiert:

$$\mu_{A^*}(x) = \frac{1}{\text{hgt}(\tilde{A})} \cdot \mu_A(x)\,.$$

Subordinationsprinzip, lautet:

Es seien f, F ↗holomorphe Funktionen in $\mathbb{E} = \{z \in \mathbb{C} : |z| < 1\}$, und f sei subordiniert zu F, d. h. es existiert eine holomorphe Funktion ϕ in $\mathbb{E}$ mit $\phi(0) = 0$, $\phi(\mathbb{E}) \subset \mathbb{E}$ und $f = F \circ \phi$. Dann gelten die folgenden Aussagen:

(a) *Ist $r \in (0, 1)$ und $B_r = \{z \in \mathbb{C} : |z| < r\}$, so gilt $f(B_r) \subset F(B_r)$. Insbesondere ist $f(\mathbb{E}) \subset F(\mathbb{E})$.*

(b) *Für jedes $r \in (0, 1)$ gilt*

$$\max_{|z|\le r} |f(z)| \le \max_{|z|\le r} |F(z)|\,.$$

(c) *Für jedes $r \in (0, 1)$ gilt*

$$\max_{|z|\le r} (1 - |z|^2)|f'(z)| \le \max_{|z|\le r} (1 - |z|^2)|F'(z)|\,.$$

(d) *Es gilt $|f'(0)| \le |F'(0)|$. Ist $|f'(0)| = |F'(0)|$, so gibt es ein $\vartheta \in \mathbb{R}$ mit $f(z) = F(e^{i\vartheta} z)$ für alle $z \in \mathbb{E}$.*

Dieses Ergebnis nennt man auch Lindelöfsches Prinzip. Ist f subordiniert zu F, so schreibt man dafür kurz $f \prec F$. Unter der Zusatzvoraussetzung, daß F eine ↗schlichte Funktion ist, gilt folgende Aussage.

Sind f, F holomorphe Funktionen in $\mathbb{E}$ und ist F schlicht in $\mathbb{E}$, so gilt $f \prec F$ genau dann, wenn $f(0) = F(0)$ und $f(\mathbb{E}) \subset F(\mathbb{E})$. In diesem Fall ist die Funktion ϕ mit $f = F \circ \phi$ eindeutig bestimmt.

Aus dem Subordinationsprinzip folgt insbesondere: Ist $f \prec F$ und $F \in H^\infty$ (↗Hardy-Raum), so ist $f \in H^\infty$, und es gilt $\|f\|_\infty \le \|F\|_\infty$. Eine Verallgemeinerung dieser Aussage stammt von Littlewood:

Es seien f, F holomorphe Funktionen in $\mathbb{E}$ und $f \prec F$. Dann gilt für jedes $p > 0$ und $r \in (0, 1)$

$$\int_0^{2\pi} |f(re^{it})|^p\,dt \le \int_0^{2\pi} |F(re^{it})|^p\,dt\,.$$

Ist also $F \in H^p$, so ist $f \in H^p$, und es gilt $\|f\|_p \le \|F\|_p$.

Das folgende Ergebnis von Rogosinski liefert einen Zusammenhang zwischen den Taylor-Reihen von f und F.

Es seien f, F holomorphe Funktionen in $\mathbb{E}$ und $f \prec F$. Weiter seien $f(z) = \sum_{k=0}^\infty a_k z^k$ und $F(z) = \sum_{k=0}^\infty A_k z^k$ die Taylor-Reihen von f und F um 0. Dann gilt für jedes $n \in \mathbb{N}$

$$\sum_{k=1}^n |a_k|^2 \le \sum_{k=1}^n |A_k|^2\,.$$

Im allgemeinen gilt aber nicht $|a_k| \leq |A_k|$ für alle $k \in \mathbb{N}$, denn für die durch $f(z) := z^2$ und $F(z) := z$ definierten Funktionen gilt $f \prec F$.

subrekursive Hierarchie, eine Hierarchie von Funktionen innerhalb der Klasse der ↗total berechenbaren Funktionen.

Eine bekannte subrekursive Hierarchie von Funktionen stellt die ↗LOOP-Hierarchie dar.

Substitutionschiffre, ↗symmetrisches Verschlüsselungsverfahren, bei dem jedem Buchstaben des Klartextes ein Chiffretextblock zugeordnet wird.

Aus dem Klartext `LexikonDerMathematik` wird zum Beispiel mit der einfachen Substitution (Cäsar-Chiffre) $n \to n + 3 \bmod 26$ der Chiffretext `OhalnrqGhuPdwkhpdwln`. Der geheime Schlüssel ist hier der Summand 3. Wendet man die Substitution nicht auf einzelne Buchstaben, sondern auf Buchstabengruppen an, so nennt man die Chiffre polygraphisch (↗polygraphische Verschlüsselung).

Substitutionshomomorphismus, ein spezieller Algebrenhomomorphismus.

Sei A eine assoziative Algebra über einem Körper $\mathbb{K}$. Durch Wahl eines Elements $a \in A$ und Einsetzen dieses festen a an die Stelle der Variablen X in jedes Polynom mit Koeffizienten aus $\mathbb{K}$ wird ein $\mathbb{K}$-Algebrenhomomorphismus

$$\mathbb{K}[X] \to A, \quad f(X) \mapsto f(a)$$

von der Polynomalgebra nach der Algebra A definiert. Dieser Homomorphismus heißt Substitutionshomomorphismus (definiert durch a). Der Substitutionshomomorphismus existiert allgemeiner für ↗potenz-assoziative Algebren, bzw. auch dann, wenn man den Körper $\mathbb{K}$ durch einen kommutativen Ring ersetzt.

Substitutionsregel, Regel der Form

$$\int^{x} f(\varphi(t))\,\varphi'(t)\,dt \;=\; \int^{\varphi(x)} f(s)\,ds$$

für Intervalle i, j, eine stetige Funktion $f : i \to \mathbb{R}$ und eine stetig differenzierbare Funktion $\varphi : j \to i$.

Dies liest man aus der ↗Kettenregel einfach ab. Man merkt sich diese Regel meist in der Form: $s := \varphi(t)$, $\frac{ds}{dt} = \varphi'(t)$; ‚läuft' t bis x, dann läuft $s = \varphi(t)$ bis $\varphi(x)$.

Aus der o. a. Regel erhält man über den ↗Fundamentalsatz der Differential- und Integralrechnung die entsprechende Regel für das bestimmte Integral:

$$\int_{\alpha}^{\beta} f(\varphi(t))\,\varphi'(t)\,dt \;=\; \int_{\varphi(\alpha)}^{\varphi(\beta)} f(s)\,ds\,,$$

wenn mit $-\infty < \alpha < \beta < \infty$ *oben speziell* $j = [\alpha, \beta]$ *ist.*

Manchmal ist es günstiger, anders zu substituieren: In einem Intervall, in dem φ' konstantes Vorzeichen hat (dazu genügt, daß φ' dort keine Nullstelle hat), ist φ umkehrbar. Mit der zugehörigen Umkehrfunktion ψ gilt

$$\psi'(\varphi(t)) \;=\; \frac{1}{\varphi'(t)}\,,$$

und die o. a. Regel lautet dann (für ψ anstelle von φ sowie s und t vertauscht):

$$\int^{x} f(\psi(s))\,\psi'(s)\,ds \;=\; \int^{\psi(x)} f(t)\,dt\,.$$

Wertet man dies an der Stelle $\varphi(x)$ statt x aus, so erhält man

$$\int^{\varphi(x)} f(\psi(s))\,\psi'(s)\,ds = \int^{x} f(t)\,dt\,.$$

Für den mehrdimensionalen Fall vgl. ↗Transformationssatz für Riemann-Integrale auf dem $\mathbb{R}^n$.

Subtangente, Begriff aus der Analysis.

Es sei f eine differenzierbare Funktion und a ein Punkt im Definitionsbereich von f mit $f'(a) \neq 0$. Ist $t(x)$ die Tangente an f im Punkt $(a, f(a))$, so nennt man den Abschnitt von t zwischen $(a, f(a))$ und dem Schnittpunkt von t mit der x-Achse die Subtangente von f.

Entsprechend heißt die zur Subtangenten orthogonale Strecke zwischen $(a, f(a))$ und der x-Achse die Subnormale von f.

subtour elimination constraints, Techniken, um in auf der ↗Assignment-Relaxation beruhenden Branch-and-Bound Algorithmen für das ↗Travelling-Salesman-Problem disjunkte Teilprobleme zu erhalten, in denen mindestens eine Rundreise auf einer Teilmenge der Orte, die bei der Lösung der Assignment-Relaxation berechnet wurde, eliminiert wird.

Bei einer Rundreise auf i Orten können z. B. i Teilprobleme gebildet werden, indem im j-ten Teilproblem die ersten $j-1$ Teilstrecken der Rundreise erzwungen und die j-te Teilstrecke verboten werden.

Subtrahend, die Größe, die bei einer ↗Subtraktion vom Minuend subtrahiert wird, also die Größe y im Ausdruck $x - y$.

Subtraktion, durch

$$x - y \;:=\; x + (-y)$$

für $x, y \in M$ erklärte Umkehrung $- : M \times M \to M$ der als ↗Addition notierten Verknüpfung $+ : M \times M \to M$ einer Gruppe $(M, +, 0)$, wie die Subtraktion von Zahlen, Vektoren oder Matrizen, oder die punktweise erklärte Subtraktion geeigneter Folgen oder Funktionen.

Der Ausdruck $x - y$ heißt *Differenz* des *Minuenden* x und des *Subtrahenden* y. y wird von x *subtrahiert* oder *abgezogen*.

Subtraktion von Folgen, ↗Addition von Folgen.

Subtraktion von Zahlen, Umkehrung der ↗Addition von Zahlen.

Während die Subtraktion zweier natürlicher Zahlen x, y eine ganze Zahl ergibt, die nur dann eine natürliche Zahl ist, wenn y kleiner als x ist, sind die ganzen, rationalen, reellen und komplexen Zahlen gegenüber der Subtraktion abgeschlossen, d. h. die Subtraktion zweier ganzer, rationaler, reeller oder komplexer Zahlen ergibt wieder eine ganze, rationale, reelle bzw. komplexe Zahl.

Suchproblem, ein Problem mit nicht notwendigerweise eindeutiger Lösung.

Zu einer Eingabe a bezeichnet $L(a)$ die Menge erlaubter Lösungen. Ein Algorithmus löst ein Suchproblem, wenn er zur Eingabe a ein Element aus $L(a)$ berechnet bzw. mit „$\emptyset$" antwortet, falls $L(a)$ leer ist. Jedes ↗Entscheidungsproblem und jedes ↗Optimierungsproblem ist auch ein Suchproblem. Viele Optimierungsprobleme haben i. allg. keine eindeutigen Lösungen, so z. B. das ↗Cliquenproblem, das ↗Rucksackproblem und das ↗Travelling-Salesman-Problem.

suffiziente Statistik, eine ↗Stichprobenfunktion mit einer bestimmten Güteeigenschaft.

Es sei $\vec{X} = (X_1, \dots, X_n)$ eine mathematische ↗Stichprobe mit dem zugehörigen Stichprobenraum $[\mathbb{R}^n, \mathcal{B}^n]$ ($\mathcal{B}^n$ ist die σ-Algebra der Borel-Mengen des $\mathbb{R}^n$), deren Wahrscheinlichkeitsverteilung $P_{\vec{X}}$ einer parametrisierten Familie $Q = (Q_\gamma)_{\gamma \in \Gamma}$ von Wahrscheinlichkeitsverteilungen auf $[\mathbb{R}^n, \mathcal{B}^n]$ angehört. Mit anderen Worten, $P_{\vec{X}}$ sei bis auf einen unbekannten Parameter(vektor) $\gamma \in \Gamma$ bekannt.

Dem Begriff der Suffizienz einer Statistik $T_n = T(X_1, \dots, X_n)$ liegt die Vorstellung zugrunde, daß bei der durch T_n definierten Datenverdichtung kein Verlust an Information über γ eintritt. Man bezeichnet demzufolge die Statistik T_n (z. B. eine ↗Punktschätzung für γ) als suffizient (hinreichend, erschöpfend), wenn die bedingte Verteilung

$$Q_\gamma(\vec{X} \in A | T_n = t)$$

für alle $A \in \mathcal{B}^n$ unabhängig von $\gamma \in \Gamma$ ist.

Die Suffizienz einer Statistik bedeutet also, daß die Lage der einzelnen Stichprobenwerte x_i innerhalb einer Stichprobe $(x_1, \dots, x_n)$ mit $T(x_1, \dots, x_n) = t$ keine zusätzlichen Informationen über γ liefert.

Beispiel. Sei X_i, $i = 1, \dots, n$, ein Bernoulli-Schema, d. h., sei $\vec{X} = (X_1, \dots, X_n)$ eine Stichprobe einer stochastisch unabhängigen zweipunktverteilten Zufallsgröße X mit den Werten 1 (Erfolg) und 0 (Mißerfolg) und der Erfolgswahrscheinlichkeit $p = P(X = 1)$. Dann gilt für die Verteilung $P_{\vec{X}}$:

$$P_{\vec{X}} = Q_\gamma(\vec{X} = \vec{x}) = \gamma^{\sum_{i=1}^n x_i}(1 - \gamma)^{n - \sum_{i=1}^n x_i}$$

mit $\gamma = p \in [0, 1]$. Diese Verteilung hängt also außer von γ nur von der Anzahl der Gesamterfolge $\sum_{i=1}^n x_i$ ab.

Betrachten wir die Statistik

$$T_n = \sum_{i=1}^n X_i ,$$

die als Anzahl der Erfolge bei n-maliger Wiederholung eines zweipunktverteilten Versuches binomialverteilt ist, so folgt unter Anwendung der Definition von bedingten Wahrscheinlichkeiten sofort:

$$Q_\gamma(\vec{X} = \vec{x} | T_n = t) = \begin{cases} \binom{n}{t}^{-1} & \text{für } T(\vec{x}) = t, \\ 0 & \text{für } T(\vec{x}) \neq t. \end{cases}$$

Dies bedeutet, daß die Statistik $T_n = \sum_{i=1}^n X_i$ suffizient für den Parameter $\gamma = p$ der Verteilung $P_{\vec{X}}$ ist.

Summand, Augend oder Addend bei einer ↗Addition, also eine der Größen x oder y im Ausdruck $x + y$.

Summation divergenter Reihen, Möglichkeit, gewissen divergenten Reihen sinnvoll noch eine Summe zuzuordnen, sie zu *limitieren* oder zu *summieren*.

Ein wichtiger Anstoß für die Beschäftigung mit dieser Fragestellung war die mögliche Divergenz des Produktes zweier konvergenter Reihen. Bekannte Vertreter sind beispielsweise das ↗Abel-Summationsverfahren und das ↗Cesàro-Summationsverfahren, die beide große Bedeutung in der Theorie der ↗Fourier-Reihen haben.

Ist $A = (a_{\nu,\mu})$ eine unendliche Matrix ($\nu, \mu \in \mathbb{N}$) und s eine (reelle oder) komplexe Zahl, so heißt eine Zahlenfolge (x_n) genau dann A-limitierbar oder A-summierbar zum Wert s, wenn

$$y_\nu := \sum_{\mu=1}^\infty a_{\nu,\mu} x_\mu \quad \text{konvergiert und}$$

$$y_\nu \to s \quad (\nu \to \infty) \quad \text{gilt.}$$

Die Matrix (oder das Limitierungsverfahren) A heißt genau dann permanent, wenn jede konvergente Folge (x_n) A-limitierbar zu ihrem Grenzwert ist.

Der folgende Permanenzsatz von Otto Toeplitz, gelegentlich auch nach Silverman-Toeplitz benannt, charakterisiert die permanenten Matrizen:

Genau dann ist $A = (a_{\nu,\mu})$ permanent, wenn

$$\sup_{\nu\in\mathbb{N}} \sum_{\mu=1}^{\infty} |a_{\nu,\mu}| < \infty ,$$

$$\lim_{\nu\to\infty} a_{\nu,\mu} = 0 \quad \textit{für alle } \mu \in \mathbb{N} \qquad \textit{und}$$

$$\lim_{\nu\to\infty} \sum_{\mu=1}^{\infty} a_{\nu,\mu} = 1$$

gelten.

Ist (p_n) eine Folge positiver reeller Zahlen und $P_n := \sum_{\nu=1}^{n} p_\nu$, so ist die durch

$$a_{\nu,\mu} := \begin{cases} \dfrac{p_\mu}{P_\nu} , & \mu \le \nu \\ 0 , & \mu > \nu \end{cases} \qquad (\nu, \mu \in \mathbb{N})$$

definierte (untere Dreiecks-) Matrix $((a_{\nu,\mu}))$ genau dann permanent, wenn $\sum_{\nu=1}^{\infty} p_\nu$ divergiert. Diese Limitierungsverfahren werden nach dem russischen Mathematiker Georgi Feodosewitsch Voronoi benannt.

Speziell für $p_\nu := 1 \quad (\nu \in \mathbb{N})$ erhält man das Cesàro-Summationsverfahren oder auch Cesàro (C,1)-Summationsverfahren, das verallgemeinert werden kann zur Cesàro (C,α)-Summierbarkeit für komplexe Zahlen α mit positivem Realteil durch

$$a_{\nu,\mu} := \begin{cases} \dfrac{C_{\nu-\mu}^{\alpha}}{C_{\nu}^{\alpha+1}} , & \mu \le \nu \\ 0 , & \mu > \nu \end{cases} \qquad (\nu, \mu \in \mathbb{N}_0) ,$$

wobei $C_0^\alpha := 1$ und

$$C_m^\alpha := \frac{\prod_{\mu=0}^{m-1} (\alpha + \mu)}{m!} = \binom{m+\alpha-1}{m}$$

für $m \in \mathbb{N}$.

Unter zusätzlichen Voraussetzungen (Umkehrbedingungen) erlauben Umkehrsätze den Schluß von der transformierten Folge auf die ursprüngliche. Für das Abel-Summationsverfahren etwa sind das Tauber-Sätze, für das Cesàro-Summationsverfahren die Sätze von Hardy-Landau.

Summationsverfahren, ↗Summation divergenter Reihen.

summatorische Funktion, Begriff aus der Zahlentheorie.

Ist eine zahlentheoretische Funktion $f : \mathbb{N} \to \mathbb{C}$ gegeben, so nennt man die Funktion

$$Sf : \mathbb{N} \to \mathbb{C}, \quad Sf(n) = \sum_{d|n} f(d),$$

wobei sich die Summe über alle Teiler von n erstreckt, die summatorische Funktion von f.

Summe, Ergebnis einer ↗Addition.

Summe von Ereignissen, ↗Ereignis.

Summe von Fuzzy-Mengen, ↗Fuzzy-Arithmetik.

Summe von Garben, Begriff in der ↗Garbentheorie.

Seien S und X topologische Räume und (S_1, π_1) und (S_2, π_2) Garben über X. Im kartesischen Produkt $S_1 \times S_2$ versieht man die Menge

$$\begin{aligned} S_1 \bigoplus S_2 &:= \{(p_1, p_2) \in S_1 \times S_2 : \pi_1(p_1) = \pi_2(p_2)\} \\ &= \quad \bigcup_{x\in X} (S_{1x} \times S_{2x}) \end{aligned}$$

mit der Relativtopologie. Dann ist die durch

$$\pi(p_1, p_2) := \pi_1(p_1)$$

erklärte Abbildung $\pi : S_1 \oplus S_2 \to X$ lokal topologisch, d. h., $(S_1 \oplus S_2, \pi)$ ist eine Garbe über X. Sie heißt die (direkte Whitney-)Summe von S_1 und S_2.

Summe von Idealen, die Menge

$$I_1 + I_2 = \{f + g : f \in I_1 \text{ und } g \in I_2\},$$

wobei I_1 und I_2 Ideale in einem Ring R sind.

Summe von Matrizen, ↗ Addition von Matrizen.

Summe von Moduln, die Menge

$$N_1 + N_2 = \{m + n : m \in N_1 \text{ und } n \in N_2\},$$

wobei N_1 und N_2 Untermoduln eines Moduls M sind.

Summe von Teilräumen, Mengensumme $U+W := \{u + w \mid u \in U, w \in W\}$ zweier Teilräume U und W eines ↗Vektorraumes V. Entsprechend ist die Summe von n Teilräumen $U_1, \dots, U_n$ von V definiert.

Die Summe einer Familie $(U_i)_{i\in I}$ von Teilräumen eines Vektorraumes V ist definiert als der von der Vereinigungsmenge $\bigcup_{i\in I} U_i$ aufgespannte Unterraum, er besteht aus allen endlichen Summen $u_{i_1} + \cdots + u_{i_n}$, wobei $(i_1, \dots, i_n)$ eine endliche Teilfamilie von I bezeichnet. Schreibweise: $\sum_{i\in I} U_i$. Ist I endlich, so stimmt diese Definition mit obiger überein.

Die Summe von Teilräumen eines Vektorraumes V ist selbst wieder ein Teilraum von V, es gilt

$$\dim(U_1 + \cdots + U_n) \le \dim U_1 + \cdots + \dim U_n .$$

Summen von Quadraten, Darstellbarkeit als, das Problem, ob ein gegebenes Element eines Rings oder Körpers als Summe von Quadraten aus dem Ring bzw. aus dem Körper geschrieben werden kann.

Von besonderem Interesse ist hierbei die Problemstellung, ob eine vorgegebene natürliche Zahl und insbesondere ob eine vorgegebene Primzahl als Summe von höchstens l Quadraten darstellbar ist. Liegt eine solche Darstellbarkeit vor, so interessiert auch, wieviel wesentlich verschiedene Darstellungen existieren.

Für $l = 2$ vgl. man ↗ natürliche Zahlen als Summe zweier Quadrate.

Für $l = 3$ gilt der Satz: Eine natürliche Zahl n ist darstellbar als Summe von drei Quadraten, falls n nicht von der Form

$$n = 2^k(8r + 7), \quad k, r \in \mathbb{N}_0$$

ist. Beispielsweise gilt

$$3 = 1^2 + 1^2 + 1^2, \quad 11 = 3^2 + 1^2 + 1^2 .$$

Die Primzahl 7 ist nicht darstellbar als die Summe von (zwei oder) drei Quadraten.

Von Lagrange wurde jedoch gezeigt: Jede natürliche Zahl ist darstellbar als Summe von vier Quadraten. Der Beweis geht auf Ideen von Euler zuück. Das Ergebnis wurde bereits von Bachet und Fermat vermutet. Wir erhalten

$$7 = 2^2 + 1^2 + 1^2 + 1^2 .$$

Die Fragestellung der Darstellbarkeit ist ebenfalls interessant, wenn sie auf allgemeinere Ringe oder Körper ausdehnt wird. Beispielsweise gilt: In jedem beliebigen Körper der Charakteristik $\neq 2$ ist jedes total-positive Element als Summe von Quadraten darstellbar. Hierbei heißt ein Element total-positiv, falls es positiv in jeder Anordnung des Körpers ist.

Summenfolge, siehe ↗ Addition von Folgen.

Gelegentlich wird der Ausdruck Summenfolge auch als Synonym zum Begriff ↗ Reihe verwendet.

Summenkonvention, abkürzende Bezeichnung für die ↗ Einsteinsche Summenkonvention.

Viele Formeln der Relativitätstheorie und auch der Differentialgeometrie würden ohne Anwendung der Summenkonvention sehr viel unübersichtlicher ausfallen.

Summenregel, eine der ↗ Differentiationsregeln. Sie gibt an, wie eine Summe reell- oder komplexwertiger Funktionen abzuleiten ist: Ist $D \subset \mathbb{R}$, und sind die Funktionen $f, g : D \to \mathbb{R}$ differenzierbar an der inneren Stelle $x \in D$, so ist auch $f + g$ differenzierbar an der Stelle x, und es gilt

$$(f + g)'(x) \;=\; f'(x) + g'(x) .$$

Die Summenregel gilt auch im Fall $D \subset \mathbb{R}^n$, $D \subset \mathbb{C}$, und $\mathbb{R}^m$-wertiger Funktionen.

Summensymbol, *Summenzeichen*, das Symbol

$$\sum ,$$

abgeleitet vom griechischen Buchstaben Σ (Sigma), das zur abkürzenden Bezeichnung einer Summe in der Form

$$\sum_{i=1}^{n} f_i \;:=\; f_1 + f_2 + \cdots + f_n$$

dient.

Summentopologie, Standardtopologie auf der Summe topologischer Räume.

Sind $(X_i, \mathcal{O}_i)$ topologische Räume und $X = \sum X_i$ die disjunkte Vereinigung der X_i, so heißt $O \subseteq X$ offen in der Summentopologie, wenn alle $O \cap X_i$ offen in X_i sind.

Summenzeichen, ↗ Summensymbol.

Summierbarkeit, die Tatsache, daß man gewissen divergenten Reihen noch einen sinnvollen Wert zuordnen kann.

Ist die Reihe $\sum_{k=0}^{\infty} u_k$ summierbar nach einer Methode T mit Grenzwert s, so heißt die Reihe T-summierbar und man schreibt auch

$$\sum_{k=0}^{\infty} u_k \;=\; s(T).$$

Für detaillierte Information vgl. ↗ Summation divergenter Reihen.

***SU*(*n*)**, ↗ spezielle unitäre Gruppe.

Superalgebra, eine Algebra mit zusätzlicher $\mathbb{F}_2$-graduierter Struktur. Solch eine Struktur nennt man auch Paritätsstruktur.

Seien $\bar{0}$ und $\bar{1}$ die Elemente des Körpers $\mathbb{F}_2$. Eine assoziative Superalgebra A ist eine assoziative Algebra über einem Körper $\mathbb{K}$, für welche der zugrundegelegte Vektorraum als $A = A_{\bar{0}} \oplus A_{\bar{1}}$ zerlegt werden kann, und für den die Multiplikation $\mathbb{F}_2$-graduiert ist, d. h., es gilt

$$A_{\bar{i}} \cdot A_{\bar{j}} \subseteq A_{\bar{i}+\bar{j}} .$$

Die Elemente in $A_{\bar{0}}$ heißen die geraden (engl. even) Elemente, die Elemente in $A_{\bar{1}}$ die ungeraden (engl. odd) Elemente. Dies sind die homogenen Elemente der Superalgebra. Die Parität p ist definiert als $p(x) = \bar{i}$ für $x \in A_{\bar{i}}$. In einer assoziativen Superalgebra ist der Unterraum $A_{\bar{0}}$ immer eine Unteralgebra.

Eine assoziative Superalgebra heißt superkommutativ (oder auch graduiert kommutativ), falls für alle homogenen Elemente $a, b \in A$ gilt

$$a \cdot b = (-1)^{p(a)p(b)} b \cdot a .$$

Insbesondere kommutieren in diesem Fall die geraden und antikommutieren die ungeraden Elemente. Jede assoziative Algebra A wird durch das Setzen von $A_{\bar{0}} := A$ und $A_{\bar{1}} := \{0\}$ zu einer Superalgebra. Eine nichttriviale Superalgebra ist gegeben durch die ↗ alternierende Algebra $\Lambda(V)$ eines endlichdimensionalen Vektorraums V. Die homogenen Unterräume sind definiert als

$$\Lambda_{\bar{0}}(V) \;:=\; \bigoplus_{k=0, k\equiv 0(2)}^{n} \Lambda^k(V),$$

$$\Lambda_{\bar{1}}(V) \;:=\; \bigoplus_{k=1, k\equiv 1(2)}^{n} \Lambda^k(V) .$$

Das Produkt ist die Verkettung der Formen. Für dieses gilt

$$\phi \wedge \psi = (-1)^{p(\phi)p(\psi)} \psi \wedge \phi \,.$$

Die alternierende Algebra ist superkommutativ.

Eine Lie-Superalgebra (manchmal auch Super-Lie-Algebra genannt) ist eine nichtassoziative Algebra $(L, [.,.])$, für die der zugrundegelegte Vektorraum zerlegt werden kann als $L = L_{\bar{i}} \oplus L_{\bar{j}}$, und die folgenden Bedingungen erfüllt sind:

1. Die Algebra ist $\mathbb{F}_2$-graduiert, d. h. es gilt

$$[L_{\bar{i}}, L_{\bar{j}}] \subseteq L_{\bar{i}+\bar{j}},$$

2. Es gilt

$$[x, y] = (-1)^{1+p(x)p(y)}[y, x]$$

für die homogenen Elemente $x, y \in L$.

3. Es gilt die Super-Jacobi-Identität für homogene $x, y, z \in L$:

$$(-1)^{p(x)p(z)}[x, [y, z]] + (-1)^{p(x)p(y)}[y, [z, x]] + (-1)^{p(y)p(z)}[z, [x, y]] = 0 \,.$$

Es ist zu beachten, daß im Falle $L_{\bar{1}} \neq \{0\}$ Lie-Superalgebren keine Lie-Algebren sind. Lediglich der Unterraum $L_{\bar{0}}$ ist eine Lie-Algebra. $L_{\bar{1}}$ trägt eine Darstellung von $L_{\bar{0}}$.

Assoziative Superalgebren und Lie-Superalgebren sind von Bedeutung in der Elementarteilchenphysik. Mit ihrer Hilfe werden die Symmetrien der elementaren Kräfte beschrieben. Speziell handelt es sich um die Supersymmetrie, die eine fundamentale Symmetrie zwischen bosonischen Teilchen (mit ganzzahligen Spin) und fermionischen Teilchen (mit halbzahligen Spin) postuliert. Manchmal wird deshalb auch $L_{\bar{0}}$, bzw. $A_{\bar{0}}$ als bosonischer Unterraum und $L_{\bar{1}}$, bzw. $A_{\bar{1}}$ als fermionischer Unterraum bezeichnet.

Supergraph, ↗ Teilgraph.

superharmonische Funktion, eine in einer offenen Menge $D \subset \mathbb{C}$ definierte Funktion v mit folgenden Eigenschaften:

(1) Es gilt $-\infty < v(z) \leq \infty$ für alle $z \in D$.

(2) Es ist v eine in D unterhalb stetige Funktion.

(3) Für jedes $z_0 \in D$ und jede abgeschlossene Kreisscheibe $\overline{B_r(z_0)} \subset D$ mit Mittelpunkt z_0 und Radius $r > 0$ gilt

$$v(z_0) \geq \frac{1}{2\pi} \int_0^{2\pi} v(z_0 + re^{it})\, dt \,.$$

Eine Funktion v ist genau dann superharmonisch in D, wenn $-v$ subharmonisch in D ist; für weitere Eigenschaften vgl. ↗ subharmonische Funktion.

Supermartingal, ↗ Martingal.

Superposition von Funktionen, auch Überlagerung von Funktionen genannt, meist verstanden als Linearkombination endlich vieler gegebener Funktionen. (Dabei muß der Zielbereich der betrachteten Funktionen ein Vektorraum sein.) Speziell ist also

$$\alpha f + g$$

für zwei gegebene reellwertige Funktionen f und g und eine reelle Zahl α eine Superposition dieser beiden Funktionen. Siehe auch ↗ Superpositionsprinzip von Lösungen.

Die Superposition von Funktionen erbt oft Eigenschaften der Funktionen, aus denen sie gebildet ist, so etwa Stetigkeit, Differenzierbarkeit, Integrierbarkeit und Isotonie.

Vereinzelt wird auch die Hintereinanderausführung (Zusammensetzung, Komposition) als Superposition bezeichnet.

Superpositionsprinzip der Quantenmechanik, die Behauptung, daß die lineare Überlagerung von möglichen Zustandsfunktionen eines Quantensystems wieder eine mögliche Zustandsfunktion ist.

Setzt man die Kenntnis der Schrödinger-Gleichung voraus, ist das Superpositionsprinzip eine Konsequenz der Linearität dieser Gleichung.

Das Superpositionsprinzip hat weitreichende physikalische Konsequenzen: Erst das Betragsquadrat der Zustandsfunktion ist mit Wahrscheinlichkeitsaussagen verbunden. Und bei zwei disjunkten Ereignissen ist die Wahrscheinlichkeit des zusammengesetzten Ereignisses gleich der Summe der Wahrscheinlichkeiten für jedes einzelne Ereignis. Nach dem Superpositionsprinzip werden aber „Quadratwurzeln" von Wahrscheinlichkeiten addiert, um die „Quadratwurzel" der Wahrscheinlichkeit des zusammengesetzten Ereignisses zu erhalten. Das bedeutet, daß in dem Ausdruck für die Wahrscheinlichkeit des zusammengesetzten quantenphysikalischen Ereignisses Interferenzterme auftreten. Mit solchen Termen hängen die sogenannten Austauschwechselwirkungen zusammen, die etwa in der Theorie der chemischen Bindungen eine Rolle spielen.

Superpositionsprinzip von Lösungen, Aussage über Linearkombinationen von Lösungen inhomogener ↗ linearer Differentialgleichungen:

Ist y_1 eine Lösung der Gleichung

$$a_n(x)y^{(n)} + \cdots + a_0(x)y = b(x)$$

und y_2 eine Lösung der Gleichung

$$a_n(x)y^{(n)} + \cdots + a_0(x)y = c(x),$$

so ist $y := \alpha y_1 + \beta y_2$ eine Lösung von

$$a_n(x)y^{(n)} + \cdots + a_0(x)y = \alpha b(x) + \beta c(x).$$

Analog gilt für ↗ lineare Differentialgleichungssysteme: Ist $\mathbf{y}_1$ Lösung von $\mathbf{y}' = A(t)\mathbf{y} + \mathbf{b}(t)$ und $\mathbf{y}_2$

Lösung von $\mathbf{y}' = A(t)\mathbf{y} + \mathbf{c}(t)$, so ist $\mathbf{y} := \alpha\mathbf{y}_1 + \beta\mathbf{y}_2$ Lösung von $\mathbf{y}' = A(t)\mathbf{y} + \alpha\mathbf{b}(t) + \beta\mathbf{c}(t)$.

superreflexiver Raum, ein Banachraum X mit der Eigenschaft, daß jeder in X endlich darstellbare Raum (↗endliche Darstellbarkeit von Banachräumen) reflexiv ist (↗reflexiver Raum).

Äquivalent dazu ist, daß jedes Ultraprodukt (↗Ultraprodukt von Banachräumen) von X reflexiv ist, oder daß X eine äquivalente gleichmäßig konvexe Norm besitzt (↗gleichmäßig konvexer Raum).

Beispielsweise sind die Räume $L^p(\mu)$ für $1 < p < \infty$ superreflexiv, aber der Raum $L(\ell^p, \ell^q)$ aller stetigen linearen Operatoren von ℓ^p nach ℓ^q ist im Fall $1 < q < p < \infty$ ein reflexiver Raum, der nicht superreflexiv ist.

Superspline, bivariater Spline mit erhöhter Differenzierbarkeit an den Eckpunkten der zugrundeliegenden Triangulierung.

Es sei $\Delta = \{T\}$ eine reguläre Triangulierung eines einfach zusammenhängenden polygonal berandeten Grundbereichs $\Omega \subseteq \mathbb{R}^2$, d. h., Δ besteht aus einer Menge von abgeschlossenen Dreiecken in der Ebene, so daß der Schnitt von je zwei Dreiecken entweder leer, eine gemeinsame Kante oder ein gemeinsamer Eckpunkt ist. Für vorgegebene ganze Zahlen $r, q, 0 \leq r < q$, ist der Raum der bivariaten Splines $S_q^r(\Delta)$ vom Grad q mit Differenzierbarkeit r bezüglich Δ wie folgt definiert

$$S_q^r(\Delta) = \{s \in C^r(\Omega) : s|_T \in \Pi_q, \ T \in \Delta\}.$$

Hierbei ist

$$\Pi_q = span\{x^iy^j : i, j \geq 0, \ i+j \leq q\}$$

der Raum der bivariaten Polynome vom totalen Grad q. Dies ist eine Verallgemeinerung des Konzepts von Splines in einer Variablen (↗Splinefunktionen).

Weiter seien $\{v_i : i = 1, \ldots, V\}$ die Menge der Eckpunkte von Δ und ϱ_i, $i = 1, \ldots, V$, geeignete ganze Zahlen mit der Eigenschaft $r \leq \varrho_i < q$, $i = 1, \ldots, V$. Der Raum der bivariaten Supersplines $S_q^{r,\vartheta}(\Delta)$ bezüglich Δ und $\vartheta = (\varrho_1, \ldots, \varrho_V)$ ist definiert durch

$$S_q^{r,\vartheta}(\Delta) = \{s \in S_q^r(\Delta) : s \in C^{\varrho_i}(v_i), \ i = 1, \ldots, V\}.$$

Supersplines besitzten somit an den Eckpunkten von Δ im allgemeinen eine höhere Differenzierbarkeit als Splines aus $S_q^r(\Delta)$, sie bilden einen Unterraum der bivariaten Splines. Ein Großteil der klassischen Finite-Elemente-Methoden mit differenzierbaren Funktionen basiert auf der Verwendung von Supersplines.

In der Theorie bivariater Splines treten in vielen Situationen sich gegenseitig beeinflussende und schwierig zu analysierende Nodalwerte auf. Die Situation vereinfacht sich im allgemeinen durch Wahl eines geeigneten Supersplineraums. Bivariate Splines und Supersplines sind Räume von äußerst komplexer Struktur, welche bis heute (2002) nicht vollständig durchschaut ist. Daher sind diese Räume Gegenstand aktueller Forschung.

Superstruktur, ↗ Nichtstandard-Analysis.

Supersymmetrie, Symmetrie zwischen Bosonen und Fermionen.

Sie wird vermittelt durch eine Z_2-graduierte Lie-Algebra, die heute meist in wenig informativer Weise einfach Superalgebra genannt wird. Die Graduierung erfolgt in gerade und ungerade Elemente, wobei die geraden Elemente den Bosonen und die ungeraden Elemente den Fermionen entsprechen.

Die Supersymmetrie ist eine der Grundideen der ↗Grand Unified Theory. Siehe auch ↗supersymmetrische Quantenmechanik.

Supersymmetrie-Transformation, ↗supersymmetrische Quantenmechanik.

supersymmetrische Quantenmechanik, Quantenmechanik über einem Phasenraum, dessen Koordinaten teilweise antikommutieren, mit einer Symmetrie, die in einer relativistischen Theorie die Vertauschung von Fermionen und ↗Bosonen bedeutet.

$\mathcal{G}_n$ sei eine ↗Graßmann-Algebra mit den n Erzeugern ξ^A, die den Beziehungen

$$\xi^A\xi^B + \xi^B\xi^A = 0$$

per Definition der Graßmann-Algebra genügen. $\mathcal{G}_n$ hat als Vektorraum die Dimension 2^n. Jedes Element von $\mathcal{G}_n$ kann nach der aus den ξ^A gebildeten Basis entwickelt werden. In $\mathcal{G}_n$ gibt es „gerade" Elemente

$$q^i(t) = q_0^i(t) + q_{AB}^i(t)\xi^A\xi^B + \cdots$$

und „ungerade" Elemente

$$\vartheta^\alpha(t)\xi^A + \vartheta_{ABC}^i(t)\xi^A\xi^B\xi^C + \cdots$$

(t bezeichnet die Zeitkoordinate, die ↗Einsteinsche Summenkonvention ist zu beachten). Es gelten im Rahmen der klassischen Theorie folgende Vertauschungsrelationen:

$$\begin{aligned} q^iq^j - q^jq^i &= 0, \\ \vartheta^\alpha q^i - q^i\vartheta^\alpha &= 0, \\ \vartheta^\alpha\vartheta^\beta + \vartheta^\beta\vartheta^\alpha &= 0. \end{aligned}$$

Unter Superfunktionen $f(q, \vartheta)$ versteht man Ausdrücke der Form

$$f_0(q^j) + f_\alpha(q^j)\vartheta^\alpha + f_{\alpha\beta}(q^j)\vartheta^\alpha\vartheta^\beta + \cdots$$

Die Ableitung von $f(q, \vartheta)$ nach ϑ^μ wird durch die Vorschrift „ϑ^k nach links vertauschen und dann streichen" definiert. Die q^i und ϑ^α sind die Koordinaten des klassischen Phasenraums. Über diesem

Phasenraum wird ein Lagrange- und Hamiltonformalismus aufgebaut, der zu einer Verallgemeinerung der Poisson-Klammern führt. Der Übergang zur Quantentheorie erfolgt dann in der bekannten Weise. Die Einführung der ungeraden Variablen ist durch den Wunsch motiviert, eine klassische Beschreibung von Fermionen zu haben, auf die eine Quantisierung gesetzt werden kann.

Beispiel: A sei eine gerade Variable, und ψ_1, ψ_2 seien reell und ungerade. Als Wirkungsfunktional wählen wir

$$S[A,\psi_1,\psi_2] = \int dt \left(\frac{1}{2}\dot{A}^2 + i\psi_2\dot{\psi}_1\right).$$

Daraus ergeben sich die Impulskomponenten $p_A = \dot{A}$, $p_{\psi_1} = -i\psi_2$, $p_{\psi_2} = i\psi_1$, und die Hamilton-Funktion

$$H = \frac{1}{2}p_A^2 + ip_{\psi_1}p_{\psi_2}.$$

Schließlich erfolgt der Übergang zur Quantentheorie durch die Einführung von Hermiteschen Operatoren $\hat{A}, \hat{p_A}, \hat{\psi}_1, \hat{\psi}_2$ und anti-Hermiteschen Operatoren $\hat{p_{\psi_1}}, \hat{p_{\psi_2}}$, die den Vertauschungsrelationen $\hat{A}\hat{p_A} - \hat{p_A}\hat{A} = i\hbar$, $\hat{\psi}_1\hat{p_{\psi_2}} + \hat{p_{\psi_2}}\hat{\psi}_1 = -i\hbar$, $\hat{\psi}_2\hat{p_{\psi_1}} + \hat{p_{\psi_1}}\hat{\psi}_2 = -i\hbar$ genügen müssen (alle anderen Kommutatoren bzw. Antikommutatoren verschwinden). Die Lagrange-Funktion des Wirkungsfunktionals ist gegen $\delta A = \dot{\psi}_1\varepsilon$, $\delta\psi_1 = 0$, $\delta\psi_2 = i\dot{A}\varepsilon$ invariant, wobei ε ein ungerader imaginärer, von der Zeit unabhängiger Parameter ist (globale Transformation).

Diese Transformation ist ein Beispiel für eine Supersymmetrie-Transformation, bei der gerade (bosonische) und ungerade (fermionische) Freiheitsgrade „vermischt“ werden. Ein einfaches nichtrelativistisches, nichtlineares, eindimensionales supersymmetrisches Modell ist durch den Hamilton-Operator in der Ortsdarstellung

$$\hat{H} = \frac{1}{2}\left(-\frac{\hbar^2}{m}\frac{d^2}{dx^2} + W(x)^2\right)I - \frac{\hbar}{\sqrt{m}}\frac{dW}{dx}\frac{\sigma^3}{2}$$

gegeben. Dabei ist I die Einheitsmatrix und

$$\sigma^3 = \begin{pmatrix} 1 & 0 \\ 0 & -1 \end{pmatrix}.$$

Die Funktion $W(x)$ wird Superpotential genannt. Mit

$$B^{\pm} := \frac{1}{\sqrt{2}}\left(W \mp \frac{\hbar}{\sqrt{m}}\frac{d}{dx}\right)$$

werden die Operatoren

$$Q_1 := \begin{pmatrix} 0 & B^+ \\ B^- & 0 \end{pmatrix} \text{ und } Q_2 := \begin{pmatrix} 0 & iB^+ \\ -iB^- & 0 \end{pmatrix}$$

definiert. Sypersymmetrie bedeutet dann, daß $\hat{H}$ mit Q_1 und Q_2 kommutiert. Mit dem Ansatz

$$W(x) = \frac{\hbar\alpha}{\sqrt{m}}\tanh\alpha x$$

(α eine Konstante) bekommt man zwei Partnersysteme mit reflektionslosen Potentialen (reflexionsfreies Potential). Zwei Partnerpotentiale $V_1(x,a_1)$, $V_2(x,a_2)$ heißen forminvariant, wenn gilt

$$V_2(x,a_1) = V_1(x,a_2) + R(a_1).$$

Solche Potentiale gestatten die Lösung des Eigenwertproblems auf rein algebraische Weise. Aus diesen beiden Potentialen läßt sich eine Kette von Potentialen mit der Eigenschaft

$$V_s(x,a_1) = V_1(x,a_s) + \sum_{k=1}^{s-1} R(a_k)$$

so konstruieren, daß V_s und V_{s+1} supersymmetrische Partnerpotentiale sind. Mit den ersichtlichen Definitionen kann man zeigen, daß sich jeder angeregte Zustand des ersten Systems $\Psi_n(x,a_1)$ aus seinem Grundzustand wie folgt berechnen läßt:

$$\Psi_n(x,a_1) = \frac{B_1^+B_2^+\cdots B_n^+}{(E_n-E_0)^{1/2}\cdots(E_n-E_{n-1})^{1/2}}\Psi_0(x,a_{n+1}).$$

Der Operator vor dem Ausdruck $\Psi_0(x,a_{n+1})$ wird verallgemeinerter Leiteroperator genannt; ähnliche Operatoren treten in der gewöhnlichen Quantentheorie auf (↗Fock-Raum). Sie gestatten es, Zustände mit einer bestimmten Besetzung von Teilchen aus dem Grundzustand zu konstruieren. Man nennt sie Stufen- oder Leiteroperatoren. Die Forderung nach lokaler Supersymmetrie (Invarianz gegenüber einer Supertransformation, die vom Raum-Zeit-Punkt abhängt) führt auf eine Supergravitationstheorie.

Supremum, *obere Grenze*, *kleinste obere Schranke*, Element $m \in M$ einer Teilmenge A einer totalen Ordnung oder Halbordnung $(M, \leq)$, das obere Schranke zu A ist, d. h.

$$m \geq A, \quad \text{also } m \geq a \text{ für alle } a \in A,$$

und das minimal mit dieser Eigenschaft ist, d. h.

$$M \ni x \geq A \Rightarrow x \geq m.$$

Das Supremum ist demnach die kleinste obere Schranke der Teilmenge M, vorausgesetzt, daß eine solche kleinste obere Schranke existiert.

Eine Menge besitzt höchstens ein Supremum. Falls A ein Supremum besitzt, bezeichnet man dieses mit $\sup A$. Auch in totalen Ordnungen kann es

Mengen ohne Supremum geben, z. B. das Intervall $[0, \sqrt{2})$ in $\mathbb{Q}$ oder das Intervall $[0, \infty)$ in $\mathbb{R}$. Hat A keine obere Schranke, so schreibt man häufig $\sup A = \infty$, und meist vereinbart man $\sup \emptyset = -\infty$. Falls A ein Supremum besitzt und $\sup A \in A$ gilt, so gilt $\sup A = \max A$, d. h. dann ist das Supremum von A gerade das Maximum von A. (Siehe auch ↗Ordnungsrelation).

supremum-irreduzibles Element, Element a eines Verbandes L, für das aus $a = x \vee y$ stets $a = x$ oder $a = y$ folgt.

Supremumsnorm, eine Verallgemeinerung der ↗Maximumnorm.

Es seien X eine nichtleere Menge und $F(X)$ die Menge aller auf X definierten reell- oder komplexwertigen Funktionen. Dann ist die Supremumsnorm $\|.\|_\infty : F(X) \mapsto \mathbb{R}$, durch

$$\|f\|_\infty = \sup\{|f(t)| : t \in X\}$$

definiert. Ist X ein Kompaktum, etwa ein abgeschlossenes Intervall, und ist f stetig, so stimmt die Supremums- mit der Maximumnorm überein.

surjektive Abbildung, eine ↗Abbildung $f : A \to B$ so, daß $f(A) = B$, das heißt, so daß der Wertebereich von f mit dem Bild von f übereinstimmt.

surreale Zahlen, *Conway-Zahlen*, von John Horton Conway ab dem Jahr 1970 untersuchter und 1976 in seinem Buch „On Numbers and Games" (ONAG), dessen Originalausgabe seit dem Jahr 2001 in einer Neubearbeitung [3] vorliegt, beschriebener reell-abgeschlossener nichtarchimedischer Körper **No**. Die Bezeichnung *surreale Zahlen* ist von Donald Ervin Knuth geprägt worden, der Conways Zahlen schon 1974 im Rahmen einer Novelle kurz vorstellt hatte [6]. Conway selbst nennt die Elemente von **No** einfach nur *Zahlen*, weil **No** die reellen Zahlen und auch die Ordinalzahlen umfaßt. Insbesondere ist **No** keine Menge, sondern eine echte Klasse.

Conway definiert die Zahlen auf eine rekursive Weise als Paare aus einer *linken* und einer *rechten Menge* von Zahlen, die eine gewisse Schnittbedingung (keine Zahl der linken Menge ist größer als eine Zahl der rechten Menge) erfüllen. Diese *Conway-Schnitte* lassen sich als eine Verallgemeinerung der (ausgehend von den rationalen Zahlen) zur Einführung der reellen Zahlen benutzten ↗Dedekind-Schnitte sehen. Während jedoch die Dedekind-Schnittbildung ein einschrittiger Vorgang mit dem Ziel des Ausfüllens der ‚Lücken' zwischen den rationalen Zahlen und damit der Vervollständigung des Körpers $\mathbb{Q}$ ist, dessen Wiederholung nichts Zusätzliches bringt, werden bei der wiederholten Conway-Schnittbildung immer neue Lücken zwischen den bereits erzeugten Zahlen aufgerissen und mit neugebildeten Zahlen gefüllt, und dies nicht nur bei endlicher, sondern auch bei transfiniter Wiederholung, wobei auch unendlich kleine und unendlich große Zahlen entstehen. Man kann jeder Zahl eine Ordinalzahl als *Geburtstag* zuordnen, sozusagen der ‚Zeitpunkt' ihrer Erzeugung in diesem transfiniten Prozeß. Die Rekursion beginnt bei der Zahl Null als einem Paar leerer Mengen. So entstehen also Conways Zahlen gewissermaßen aus dem Nichts, ähnlich wie die nicht-negativen ganzen Zahlen oder allgemeiner die Ordinalzahlen gemäß John von Neumanns Konstruktion, wo jede Ordinalzahl gerade als die Menge aller kleineren Ordinalzahlen definiert ist, beginnend mit $0 := \emptyset$, $1 := \{0\}$, $2 := \{0, 1\}$, $\ldots$, $\omega := \{0, 1, 2, \ldots\}$, $\omega + 1 := \{0, 1, 2, \ldots, \omega\}$, $\ldots$ und allgemein $\alpha = \{\beta \mid \beta < \alpha\}$. Während jedoch bei von Neumann eine Ordinalzahl die Menge all ihrer Vorgänger ist, ist bei Conway eine Zahl ein Paar von Mengen von Vorgängern.

Conway gelangte durch die Untersuchung von ↗Spielen zu seiner Definition der Zahlen. Es ist möglich und zweckmäßig, zunächst Spiele einzuführen und dann die Zahlen als spezielle Spiele.

Da die Zahlen, ihre Ordnung und ihre Operationen rekursiv definiert sind, lassen sich Aussagen über sie oft am bequemsten induktiv beweisen, wobei für den Induktionsanfang i. d. R. gar nichts gezeigt werden muß, weil er eine Aussage über Elemente der leeren Menge ist.

Man kann die Zahlen in einer Baumstruktur ordinaler Höhe anordnen, an deren Wurzel die am nullten Tag erzeugte Null steht und in jeder Ebene, der Größe nach geordnet, die am zugehörigen Tag α neu erzeugten Zahlen. Gemäß Philip Ehrlich [4] läßt sich **No** auch als vollständige binäre Baumstruktur *definieren*, in der jedes Element x ein Mengenpaar (L_x, R_x) dergestalt ist, daß L_x alle linken Vorgänger und R_x alle rechten Vorgänger von x enthält.

Jede Zahl läßt sich in einer Normalform darstellen, die sich mit einer ordinalen Vorzeichenfolge (d. h. einer Abbildung von den Ordinalzahlen in eine Menge $\{-, 0, +\}$) identifizieren läßt. Die Ordnung der Zahlen entspricht der lexikographischen Ordnung der Vorzeichenfolgen. Umgekehrt *definiert* z. B. Harry Gonshor [5] die Zahlen als derartige Vorzeichenfolgen, auch um Conways zunächst etwas ungewohnte halbformale Herangehensweise durch einen strengen formalen Zugang zu ersetzen. Weitere Vorteile dieser Methode sind, daß man sich auf ‚vertrautem Gelände' (Ordinalzahlen) bewegt, und daß die Begriffe Gleichheit und Identität von Zahlen zusammenfallen, während bei Conway die Gleichheit von Zahlen eine definierte Äquivalenzrelation ist und sich von der Identität unterscheidet. Leider gibt es für allgemeine Spiele keine der Vorzeichenentwicklung von Zahlen entsprechende Darstellung. Ferner *müssen* bei diesem Zugang die

Ordinalzahlen schon bekannt sein, während sie bei Conways Methode auf natürliche Weise miterzeugt werden. Conway merkt auch an, daß bei der Definition über Vorzeichenfolgen eine Zahl ein recht kompliziertes Ding ist.

Zur Erläuterung nun eine kurze Darstellung des ‚rekursiven Zugangs' zu den Zahlen. Dabei ist $\{L \mid R\}$ eine Schreibweise für ein Paar (L, R) von Mengen L und R. Man nennt L *linke Menge*, R *rechte Menge*, Elemente von L *linke Optionen* und Elemente von R *rechte Optionen* von $\{L \mid R\}$. Sind $a, b, c, \ldots$ und $u, v, w, \ldots$ Elemente, so schreibt man unter Weglassung der Mengenklammern auch $\{a, b, c, \ldots \mid u, v, w, \ldots\}$ anstelle von $\{\{a, b, c, \ldots\} \mid \{u, v, w, \ldots\}\}$.

Für ein solches $x = \{L \mid R\}$ bezeichnet x^L ein typisches (d. h. irgendein) Element von L und x^R ein typisches Element von R, und man schreibt damit auch $x = \{x^L \mid x^R\}$. Schreibt man eine Aussage für x^L bzw. x^R, so soll dies bedeuten, daß sie für alle linken bzw. rechten Optionen von x gilt, und entsprechend auch für Aussagen in mehreren Variablen.

Zahlen als Conway-Schnitte

Mit diesen Bezeichnungen lassen sich die Zahlen zusammen mit der Relation $\geq$ durch nur zwei Regeln definieren:

- Sind L, R Mengen von Zahlen, und gilt $x^L \not\geq x^R$ für $x := \{L \mid R\}$, dann ist x eine Zahl. Alle Zahlen entstehen auf diese Weise.
- Für zwei Zahlen x und y schreibt man $x \geq y$ genau dann, wenn $y \not\geq x^R$ und $y^L \not\geq x$ gilt.

Ein Ausdruck $x = \{L \mid R\}$ mit Zahlenmengen L, R mit $x^L \not\geq x^R$ heißt nach Norman L. Alling [1] auch *Conway-Schnitt*. Zahlen sind also definiert als Conway-Schnitte in den Zahlen. Hierzu einige Anmerkungen:

- Auf den ersten Blick erscheint die Definition zyklisch: Um zu erklären, was eine Zahl ist, braucht man schon die Relation $\geq$ für Zahlen. Die Klasse **No** aller Zahlen ist hiermit aber doch wohldefiniert, weil immer nur Bezug auf die Optionen einer Zahl genommen wird. Durch die Vorschrift „Alle Zahlen entstehen auf diese Weise" und das Fundierungsaxiom der Mengenlehre wird gewährleistet, daß die Rekursion, egal von welcher Zahl man ausgeht, letztlich bei der leeren Menge endet, daß Relationen und insbesondere Funktionen von Zahlen sich rekursiv definieren und geeignete Aussagen über Zahlen sich induktiven beweisen lassen. Ist etwa $P(x)$ eine Aussageform für Zahlen, und folgt aus der Gültigkeit von $P(x^L)$ und $P(x^R)$ die Gültigkeit von $P(x)$, dann gilt $P(x)$ für alle Zahlen x.

  Eine anschaulichere Sichtweise ist, die beiden Regeln nicht als Axiome aufzufassen, sondern als Konstruktionsregeln, und sich vorzustellen, daß die Zahlen, beginnend mit $\{\ \mid\ \}$, schrittweise der Reihe nach ‚erzeugt' werden.
- Ein Conway-Schnitt unterscheidet sich von einem Dedekind-Schnitt im wesentlichen dadurch, daß linke und rechte Menge leer sein dürfen, und dadurch, daß es keine Einschränkung der Art „R hat kein kleinstes Element" gibt. Der erste Unterschied bewirkt die Existenz unendlich großer Zahlen, während der zweite dafür sorgt, daß immer wieder zusätzliche Zahlen zwischen die schon vorhandenen Zahlen eingeschoben werden können. Dedekind wollte von $\mathbb{Q}$ zu $\mathbb{R}$ kommen und mußte daher an seine Schnitte stärkere Forderungen stellen.
- Werden in einem bestimmten Schritt der Zahlengenese aus den schon erzeugten Zahlen alle nach den Regeln erlaubten neuen Zahlen gebildet, so werden alle schon vorhandenen Zahlen wieder miterzeugt, denn alle ihre Optionen sind ja auch Zahlen und stehen zur Schnittbildung zur Verfügung.
- Der Grund, nicht $x^L < x^R$ zu fordern anstelle von $x^L \not\geq x^R$, obwohl dies gemäß nachfolgender Definition äquivalent wäre, wird weiter unten beim Zugang über Spiele deutlich.

Die Relationen $\leq$, $=$, $>$ und $<$ sind für Zahlen x und y wie folgt definiert:

$$
\begin{aligned}
x \leq y \ &:\Longleftrightarrow\ y \geq x \\
x = y \ &:\Longleftrightarrow\ x \geq y \ \wedge\ y \geq x \\
x > y \ &:\Longleftrightarrow\ x \geq y \ \wedge\ y \not\geq x \\
x < y \ &:\Longleftrightarrow\ y > x
\end{aligned}
$$

Bemerkenswert ist, daß die Gleichheit von Zahlen eine *definierte* Äquivalenzrelation ist. Man muß daher etwa die trivial erscheinende Formel $x = x$ für Zahlen x *beweisen*. Ferner können zwei verschiedene Conway-Schnitte die gleiche Zahl bezeichnen. Eine naheliegendes Vorgehen wäre es daher, Zahlen als Äquivalenzklassen von Schnitten zu definieren und dann z. B. auch nicht von ‚der' linken Menge einer Zahl zu reden, sondern nur von der linken Menge eines die Zahl darstellenden Schnitts. Dagegen spricht u. a., daß diese Äquivalenzklassen i. a. echte Klassen wären.

Addition und Multiplikation von Zahlen x, y sind rekursiv definiert:

$$
x + y := \left\{x^L + y, x + y^L \mid x^R + y, x + y^R\right\}
$$

$$
\begin{aligned}
xy := \{&x^L y + x y^L - x^L y^L, x^R y + x y^R - x^R y^R \mid \\
&x^L y + x y^R - x^L y^R, x^R y + x y^L - x^R y^L\}
\end{aligned}
$$

Diese Definitionen sind verträglich mit der Gleichheitsrelation: Für alle Zahlen x_1, x_2, y_1, y_2 mit

$x_1 = x_2$ und $y_1 = y_2$ hat man $x_1 + y_1 = x_2 + y_2$ und $x_1 y_1 = x_2 y_2$.

Man kann nun nachrechnen, daß auf diese Weise ein geordneter Körper **No** definiert wird, dessen Nullelement die bei der Wahl von linker und rechter Menge als leere Menge entstehende erste und einfachste Zahl $0 := \{\,|\,\}$ und dessen Einselement die Zahl $1 := \{0|\,\}$ ist. Das Negative einer Zahl x ist einfach $-x = \{-x^R \mid -x^L\}$, während das ↗Reziproke einer surrealen Zahl eine etwas aufwendigere Gestalt hat.

Zahlen als Spiele

Beim Zugang zu den Zahlen über Spiele führt man zunächst diese ein und dann die Zahlen als diejenigen Spiele x, deren Optionen allesamt Zahlen sind mit $x^L \not\geq x^R$. Die Relationen $\geq, \leq, =, >, <$ und die Addition und Multiplikation sind dann also schon als die entsprechenden Relationen und Operationen der Spiele gegeben. Die Spiele 0 und 1 sind Zahlen, und Summen, Negative und Produkte von Spielen, die Zahlen sind, sind wieder Zahlen. Zu jeder von Null verschiedenen Zahl gibt es eine reziproke Zahl.

Während die Spiele nur halbgeordnet sind, ist die Ordnung auf den Zahlen total, und während die arithmetischen Operationen der Spiele nicht notwendig mit deren Gleichheitsrelation verträglich sind (es gibt Spiele x und $y = z$ mit $xy \neq xz$), ist dies für Zahlen der Fall. Die Spiele 0 und 1 sind Zahlen, und man erhält den Körper **No** als Teilklasse der Klasse der Spiele.

Hierbei wird auch verständlich, weshalb beim obigen direkten Zugang die Gültigkeit von $x^L \not\geq x^R$ gefordert wurde und nicht die von $x^L < x^R$: Für die nur halbgeordneten Spiele sind diese Aussagen nicht äquivalent.

Der Einfachheitssatz

Für jede Zahl x gilt $x^L \not\geq x \not\geq x^R$, d. h. x liegt zwischen allen x^L und x^R. Der *Einfachheitssatz* lautet:

Ist x eine Zahl, und gilt $x^L \not\geq z \not\geq x^R$ für eine Zahl z, aber für keine Option von z anstelle von z, dann gilt $x = z$.

Der Einfachheitssatz gilt auch dann, wenn man x nur als Spiel voraussetzt. Er ist ein wichtiges Hilfsmittel, um Zahlen auszuwerten oder Schnittdarstellungen zu vereinfachen. Mit ihm sieht man z. B. sofort, daß für jede Zahl x

$$x = \{\ell, x^L_{>\ell} \mid x^R\}$$

gilt für alle Zahlen $\ell \leq x$, wobei $x^L_{>\ell}$ die linken Optionen von x bezeichnet, die größer als ℓ sind, und entsprechend

$$x = \{x^L \mid x^R_{<r}, r\}$$

für alle Zahlen $r \geq x$, wobei $x^R_{<r}$ die rechten Optionen von x bezeichnet, die kleiner als r sind, und schließlich

$$x = \{\ell, x^L_{>\ell} \mid x^R_{<r}, r\}$$

für alle Zahlen ℓ, r mit $\ell \leq x \leq r$. Daher gilt etwa

$$x = \{0, x^L_{>0} \mid x^R\}$$

für jede Zahl $x > 0$, was bei der Darstellung des ↗Reziproken einer surrealen Zahl benutzt wird.

Ordinalzahlen

Ordinalzahlen sind definiert als Zahlen der Gestalt $\{L|\,\}$, also als Schnitte mit leerer rechter Menge. Zu jeder Menge S von Ordinalzahlen gibt es eine Ordinalzahl, die größer als jedes Element von S ist, nämlich etwa $\{S|\,\}$.

On bezeichnet die Klasse der Ordinalzahlen, und griechische Buchstaben stehen im folgenden immer für Elemente von **On**. Für jede Zahl x ist die Klasse $\{\beta < x\}$ eine Menge. Mit dem Einfachheitssatz folgt daraus, daß $\alpha = \{\beta < \alpha|\,\}$ gilt für alle $\alpha \in \mathbf{On}$, und daß jede nicht-leere Klasse $C \subset \mathbf{On}$ ein kleinstes Element enthält, nämlich etwa $\{L|\,\}$ mit L als Menge aller Ordinalzahlen, die kleiner sind als alle Elemente von C. Folglich ist **On** wohlgeordnet. Hiermit kann man zeigen, daß **On** mit den sonst üblicherweise in der Mengenlehre definierten Ordinalzahlen übereinstimmt. Summe und Produkt in **On** entsprechen der sog. maximalen Summe und dem maximalen Produkt der üblichen Ordinalzahlarithmetik.

Geburtstage

Für jedes $\alpha \in \mathbf{On}$ wird die Menge M_α („made numbers") aller bis zum Tag α geborenen Zahlen definiert als die Menge aller Zahlen x, deren Optionen alle an einem früheren Tag geboren wurden, also an einem Tag M_β mit $\beta < \alpha$. Damit ist

$$O_\alpha := \bigcup_{\beta<\alpha} M_\beta$$

(„old numbers") die Menge der vor, und

$$N_\alpha := M_\alpha \setminus O_\alpha$$

(„new numbers") die Menge der am Tag α geborenen Zahlen. Jedes $x \in N_\alpha$ definiert durch

$$L := \{y \in O_\alpha \mid y < x\}\ ,\ R := \{y \in O_\alpha \mid y > x\}$$

einen Schnitt $\{L \mid R\}$ in O_α, und nach dem Einfachheitssatz gilt $x = \{L \mid R\}$. In diesem Sinn ist M_α gerade die Vereinigung von O_α mit allen Schnitten in O_α.

Jede Zahl x liegt in genau einer Menge N_α. Die Ordinalzahl $\beta_x := \alpha$ heißt *Geburtstag* von x. Für zwei

Zahlen x, y heißt x *einfacher* als y, wenn $\beta_x < \beta_y$ gilt. Da **On** wohlgeordnet ist, existiert in jeder gegebenen nicht-leeren Teilklasse von **On** (mindestens) ein einfachstes Element. Aus dem Einfachheitssatz ergibt sich, daß jede Zahl x die einfachste Zahl ist, die zwischen allen x^L und x^R liegt.

Vorzeichenentwicklungen
Zu jedem $x \in N_\alpha$ wird für jedes $\beta < \alpha$ durch

$$L := \{y \in O_\beta \mid y < x\}, \quad R := \{y \in O_\beta \mid y > x\}$$

ein Schnitt $\{L \mid R\}$ in O_β definiert und damit ein

$$x_\beta := \{L \mid R\} \in N_\beta,$$

bezeichnet als *β-te Näherung zu x*. Für $\beta \geq \alpha$ setzt man $x_\beta := x$. Durch

$$s_\beta := \begin{cases} - \ , & \text{falls } x < x_\beta \\ 0 \ , & \text{falls } x = x_\beta \\ + \ , & \text{falls } x > x_\beta \end{cases}$$

für jedes $\beta \in \mathbf{On}$ wird dann jeder Zahl x eine *Vorzeichenentwicklung* $s(x) := (s_\beta)_{\beta \in \mathbf{On}}$ zugeordnet mit $s_\beta \in \{-, +\}$ für $\beta < \beta_x$ und $s_\beta = 0$ für $\beta \geq \beta_x$. Versieht man die Klasse der Vorzeichenfolgen, also der Funktionen $s : \mathbf{On} \to \{-, 0, +\}$, mit der lexikographischen Ordnung, so ist $x \mapsto s(x)$ eine bijektive ordnungserhaltende Abbildung von der Klasse der Zahlen auf die Klasse der Vorzeichenfolgen, die sich also identifizieren lassen. Die Vorzeichenentwicklung von $-x$ erhält man aus der von x durch Vertauschen der Zeichen $-$ und $+$. Beim Niederschreiben von Vorzeichenentwicklungen läßt man das aus lauter Nullen bestehende Endstück weg und beschränkt sich auf den aus den Zeichen $-$ und $+$ bestehenden Teil, also z. B. $(++--)$ anstelle von $(++--000\ldots)$. So ist etwa $0 = ()$ und $1 = (+)$. Neben den Zeichen $-$ und $+$ sind auch die Zeichen $\downarrow$ und $\uparrow$ gebräuchlich.

Eine kurze Geschichte der Zahlen
Am Anfang gibt es keine Zahlen, so daß sich als Schnitt nur die Zahl Null als

$$0 := \{\ \mid\ \}.$$

bilden läßt. Die Null ist eine Ordinalzahl und die einzige am Tag 0, dem nullten Tag, geborene Zahl.

Am nächsten Tag kann man auch die Null zur Konstruktion benutzen und kommt zu den Möglichkeiten $\{\ \mid\ \}$, $\{0 \mid\ \}$, $\{\ \mid 0\}$ und $\{0 \mid 0\}$. Die Null $\{\ \mid\ \}$ entsteht dabei nochmals, das Spiel $\{0 \mid 0\}$ ist keine Zahl, aber die Schnitte

$$1 := \{0 \mid\ \} \quad \text{und} \quad -1 := \{\ \mid 0\}$$

liefern neue Zahlen, wobei -1 tatsächlich das Negative von 1 ist. Die Zahl 1 ist eine Ordinalzahl. Am Tag 1, dem ersten Tag, entstehen also die neuen Zahlen $-1, 1$.

Auf die gleiche Weise entstehen am Tag 2, dem zweiten Tag, die neuen Zahlen

$$\frac{1}{2} := \{0 \mid 1\} \quad \text{und} \quad 2 := \{1 \mid\ \}$$

und ihre Negativen und am Tag 3, dem dritten Tag, die neuen Zahlen

$$\frac{1}{4} := \left\{0 \,\middle|\, \frac{1}{2}\right\}, \quad \frac{3}{4} := \left\{\frac{1}{2} \,\middle|\, 1\right\}$$
$$1\frac{1}{2} := \{1 \mid 2\}, \quad 3 := \{2 \mid\ \}$$

und ihre Negativen. So fortgesetzt, erhält man an den endlichen Tagen alle dyadischen rationalen Zahlen (also Zahlen der Gestalt $\pm m/2^n$), insbesondere am n-ten Tag als jeweils kleinste und größte Zahlen die ganzen Zahlen $-n$ und n. Die Buchstaben m und n stehen im folgenden immer für natürliche Zahlen. Schließlich lassen sich all die an endlichen Tagen entstandenen Zahlen am Tag

$$\omega := \{0, 1, 2, 3, \ldots \mid\ \}$$

für neue Schnittbildungen einsetzen. Dabei entstehen neben ω etwa auch sein Negatives

$$-\omega = \{\ \mid 0, -1, -2, -3, \ldots\}$$

sowie sein Reziprokes

$$\frac{1}{\omega} = \left\{0 \,\middle|\, 1, \frac{1}{2}, \frac{1}{4}, \frac{1}{8}, \ldots\right\}.$$

Derartige Schnitte notiert man auch verkürzt als

$$\frac{1}{\omega} = \left\{0 \,\middle|\, \frac{1}{2^n}\right\}.$$

Ferner entstehen am Tag ω auch alle noch fehlenden reellen Zahlen. Diese lassen sich als diejenigen Zahlen x charakterisieren, zu denen es eine natürliche Zahl N mit $-N < x < N$ gibt, und für die

$$x = \left\{x - \frac{1}{n} \,\middle|\, x + \frac{1}{n}\right\}$$

gilt bzw., falls man nur an endlichen Tagen erzeugte Zahlen heranziehen will:

$$x = \left\{x - \frac{m}{2^n} \,\middle|\, x + \frac{m}{2^n}\right\}$$

Führt man diese Zahlengenese immer weiter, so

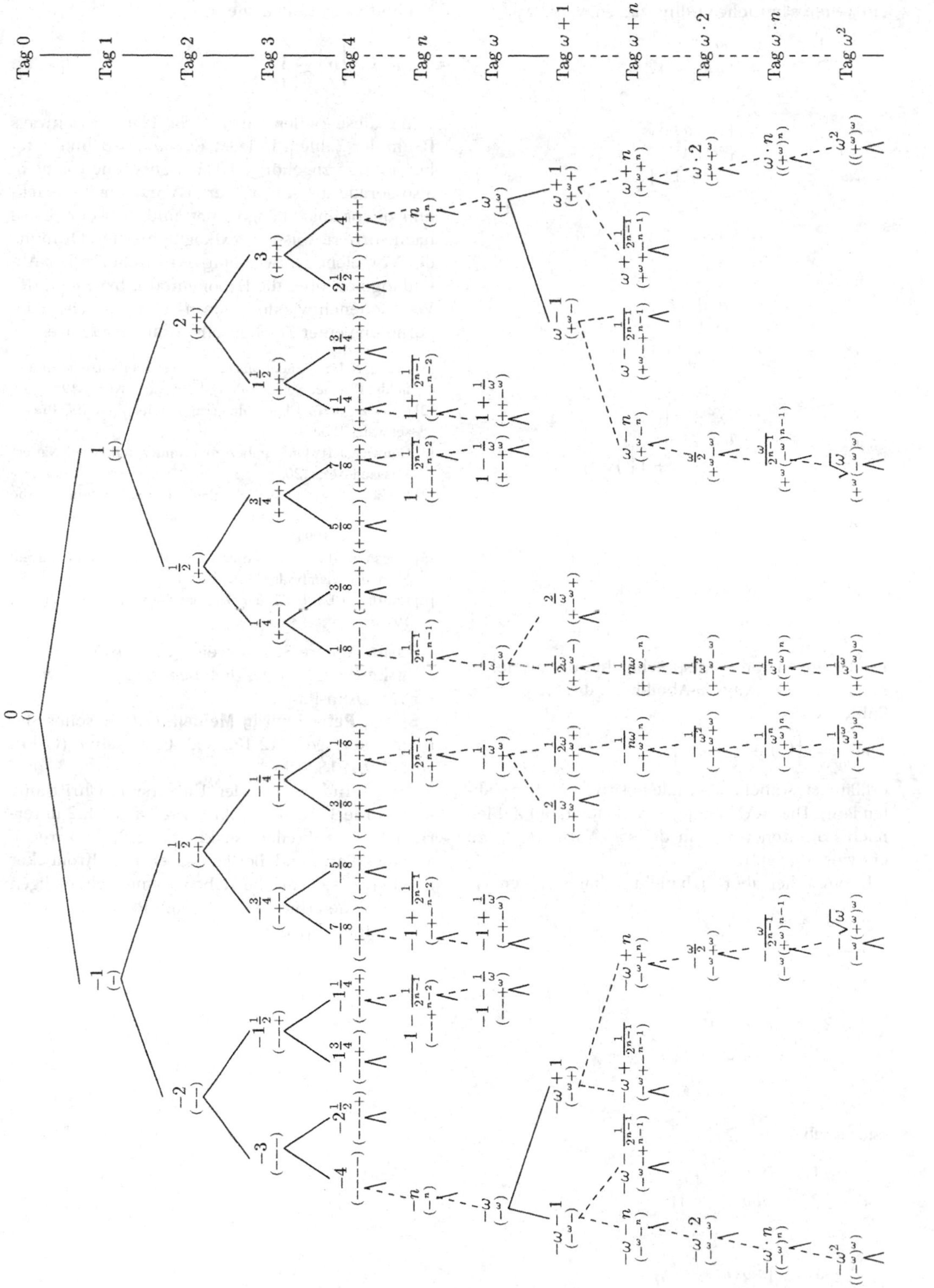

Conways Baum der Zahlen

entstehen sämtliche Ordinalzahlen, wie etwa

$$\begin{aligned}
\omega+1 &= \{\omega \mid \}, \\
\omega+2 &= \{\omega+1 \mid \}, \\
&\vdots \\
2\omega &= \{\omega+n \mid \}, \\
2\omega+1 &= \{2\omega \mid \}, \\
2\omega+2 &= \{2\omega+1 \mid \}, \\
&\vdots \\
3\omega &= \{2\omega+n \mid \}, \\
&\vdots \\
\omega^2 &= \{n\omega \mid \}, \\
\omega^2+1 &= \{\omega^2 \mid \}, \\
\omega^2+2 &= \{\omega^2+1 \mid \}, \\
&\vdots \\
\omega^2+\omega &= \{\omega^2+n \mid \}, \\
\omega^2+\omega+1 &= \{\omega^2+\omega \mid \}, \\
\omega^2+\omega+2 &= \{\omega^2+\omega+1 \mid \}, \\
&\vdots \\
\omega^3 &= \{n\omega^2 \mid \}, \\
&\vdots \\
\omega^\omega &= \{\omega^n \mid \}, \\
&\vdots
\end{aligned}$$

Die Potenzen von ω entsprechen hierbei speziellen Fällen von Conways ω-Abbildung, die für positive Zahlen x mittels

$$\omega^x := \left\{0, r\,\omega^{x^L} \,\middle|\, r\,\omega^{x^R}\right\}$$

erklärt ist, wobei r über alle positiven reellen Zahlen läuft. Die ω-Abbildung wird benutzt, um Zahlen nach Potenzen von ω in die sog. *Normalform* zu entwickeln, vgl. [3].

Es entstehen aber auch nicht-ordinale Zahlen wie

$$\begin{aligned}
\omega-1 &= \{n \mid \omega\}, \\
\omega-2 &= \{n \mid \omega-1\}, \\
&\vdots \\
\omega/2 &= \{n \mid \omega-n\}, \\
\omega/4 &= \{n \mid \omega/2-n\}, \\
&\vdots
\end{aligned}$$

oder auch

$$\begin{aligned}
\omega^2-1 &= \{n\omega \mid \omega^2\}, \\
\omega^2-2 &= \{n\omega \mid \omega^2-1\}, \\
&\vdots \\
\omega^2-\omega &= \{n\omega \mid \omega^2-n\},
\end{aligned}$$

sowie die Negativen und Reziproken all dieser Zahlen und auch Zahlen wie

$$\sqrt{\omega} = \left\{n \,\middle|\, \frac{\omega}{2^n}\right\}.$$

Alle diese Zahlen haben ihren Platz in Conways Baum der Zahlen. In jeder Ebene des Baumes stehen die am zugehörigen Tag α geborenen Zahlen, also gerade diejenigen, deren Vorzeichenentwicklung die ordinale Länge α hat, und zwar der Größe nach sortiert, was der lexikographischen Ordnung der Vorzeichenentwicklung entspricht. In der Abbildung bedeuten die Exponenten n bzw. ω in der Vorzeichenentwicklung die n- bzw. ω-fache Wiederholung einer Zeichenreihe ordinaler Länge.

[1] Alling, N. L.: Foundations of Analysis over surreal number fields. Elsevier Science Publishers Amsterdam, 1987.

[2] Conway, J. H.: Über Zahlen und Spiele. Vieweg Braunschweig, 1983.

[3] Conway, J. H.: On Numbers and Games. A K Peters Natick, Massachusetts, 2001.

[4] Ehrlich, P. (ed): Real Numbers, Generalizations of the reals, and theory of continua. Kluwer Academic Publisher Dordrecht, 1994.

[5] Gonshor, H.: An Introduction to the Theory of Surreal Numbers. Cambridge University Press, 1986.

[6] Knuth, D. E.: Insel der Zahlen. Vieweg Braunschweig, 1978.

Suslin, andere Schreibweise für Souslin.

Suslin-Raum, gelegentlich benutzte Schreibweise für ↗Souslin-Raum.

Sylow, Peter Ludwig Mejdell, norwegischer Mathematiker, geb. 12.12.1832 Christiania (Oslo), gest. 7.9.1918 Oslo.

Sylow studierte an der Universität Christiania und wurde 1856 Hochschullehrer. Bis 1862 unterrichtete er in Frederikshald (Halden), dann reiste er nach Paris und Berlin, wo er u. a. Kronecker kennenlernte. Auf Betreiben seines ehemaligen Schülers Lie erhielt er 1898 eine Professur an der Universität Christiania.

Sylow erzielte bedeutende Ergebnisse auf dem Gebiet der Gruppentheorie. Die nach ihm benannten Sätze werden in fast jeder Arbeit über endliche Gruppen verwendet. Außerdem befaßte er sich mit der Theorie elliptischer Funktionen.

1894 erhielt er den Ehrendoktortitel der Universität Kopenhagen. Nach Abels Tod verwirklichte Sylow zusammen mit Lie die Veröffentlichung von dessen Werken.

Sylow-Gruppe, auch genauer p-Sylow-Gruppe genannt, Untergruppe einer endlichen ↗abelschen Gruppe der folgenden Art.

Es sei G eine endliche abelsche Gruppe der Ordnung g, die Primfaktorenzerlegung der Zahl g sei

$$g = p_1^{r_1} \cdot p_2^{r_2} \cdot \ldots \cdot p_k^{r_k} .$$

Die (p-)Sylow-Gruppe von G ist die Menge derjenigen Elemente von G, deren p-te Potenz gleich dem Einselement der Gruppe ist.

Zu jedem $p \in \{p_1, p_2, \ldots, p_k\}$ ist die p-Sylow-Gruppe eine zyklische Untergruppe von G von Primzahlpotenzordung, die auch Sylow-Untergruppe genannt wird. Hiermit kann man das ↗Struktur-Theorem für endliche abelsche Gruppen beweisen.

Sylowsche Sätze, Sätze über ↗Sylow-Gruppen.

Es gilt beispielsweise für endliche abelsche Gruppen: Jede Untergruppe von Primzahlpotenzordnung ist in einer Sylow-Untergruppe enthalten, und je zwei Sylow-Gruppen derselben Ordnung sind zueinander konjugiert.

Sylvester, James Joseph, englischer Mathematiker, geb. 3.9.1814 London, gest. 15.3.1897 London.

Sylvester studierte von 1833 bis 1837 am St. John's College in Cambridge. Danach lehrte er ab 1838 Physik in London. 1841 nahm er einen Lehrauftrag an der Universität in Virginia (USA) an, kehrte aber 1845 wieder zurück nach England. In der Folgezeit arbeitete er für Versicherungen und als Jurist. In dieser Zeit lernte er Cayley kennen, von dem er zahlreiche mathematische Anregungen erhielt. Von 1855 bis 1870 hatte Sylvester eine Stelle als Professor für Mathematik an der Militärakademie in Woolwich. Es folgte wieder eine Zeit ohne feste Anstellung. 1876 ging er erneut in die USA an die Johns Hopkins-University in Baltimore. Dort blieb er bis 1884, als er den Savilian-Lehrstuhl für Geometrie an der Universität Oxford bekam.

Sylvesters Hauptinteressen lagen auf dem Gebiet der Algebra und der Kombinatorik. Er führte Begriffe wie Determinante einer Matrix, Invariante und Kovariante ein. Er entwickelte Verfahren zur Untersuchung von quadratischen Formen (Trägheitssatz von Sylvester) und gab eine Formel für die Determinante des Produktes zweier Matrizen an. Für das Problem der Bestimmung der Partitionen einer Zahl fand er graphische Verfahren. Das führte ihn zu weiteren Ergebnissen über Zahlenpartitionen und deren Anwendungen auf anderen Gebieten.

Sylvester begründete auch wichtige mathematische Zeitschriften wie das „Quaterly Journal“ und das „American Journal of Mathematics“.

Sylvester, Satz von, Kurzbezeichnung für den Trägheitssatz von Sylvester (↗Sylvester, Trägheitssatz von).

Sylvester, Trägheitssatz von, lautet:

Es sei V ein n-dimensionaler reeller (komplexer) ↗Vektorraum, $b : V \times V \to \mathbb{R}\,(\mathbb{C})$ eine symmetrische Bilinearform (Hermitesche Form) auf V, und $B = (b_1, \ldots, b_n)$ eine Basis von V. Weiter sei $A = (b(b_i, b_j))$ die b repräsentierende Matrix.

Dann sind die Anzahl der positiven Eigenwerte von A, bezeichnet mit p, und die Anzahl der negativen Eigenwerte von A, bezeichnet mit n, unabhängig von der Wahl der Basis B. Insbesondere gibt es eine Basis B' von V, bzgl. derer die b repräsentierende Matrix $A' = (a'_{ij})$ Diagonalgestalt hat mit $a'_{11} = \cdots = a'_{pp} = 1$, $a'_{p+1,p+1} = \cdots = a'_{p+n,p+n} = -1$, und $a'_{ij} = 0$ sonst.

Eine andere Formulierung lautet:

Jede symmetrische reelle Matrix A ist zu einer eindeutig bestimmten Diagonalmatrix D der Form $D = diag(1, \ldots, 1, -1, \ldots, -1, 0 \ldots, 0)$ ähnlich, d. h., es existiert eine reguläre Matrix C mit

$$C^t AC = D.$$

Dabei ist die Anzahl des Auftretens der Zahlen 1 und -1 in D durch A eindeutig bestimmt.

Sylvester-Basis, zu einer ↗quadratischen Form q auf einem n-dimensionalen reellen oder komplexen Vektorraum V eine ↗Basis von V, bzgl. der die q repräsentierende symmetrische Matrix $A = (a_{ij})$ folgende Form annimmt: $a_{11} = \cdots = a_{rr}$; $a_{r+1,r+1} = \cdots = a_{r+s,r+s}$ für geeignete $r, s \in \mathbb{N}$, und $a_{ij} = 0$ sonst; eine solche Basis existiert immer.

$r + s$ wird als Rang von q bezeichnet und $r - s$ als Signatur; r und s sind durch die quadratische Form eindeutig bestimmt, d. h. unabhängig von der Wahl der Basis (↗ Sylvester, Trägheitssatz von).

Sylvester-Gleichung, die Gleichung

$$f_n(x) = \sum_{k=0}^{n} \frac{x^k}{k!} = 0$$

für $n \in \mathbb{N}$.

James Joseph Sylvester bewies, daß diese Gleichung für gerades n keine und für ungerades n genau eine (und zwar eine einfache negative) reelle Lösung besitzt.

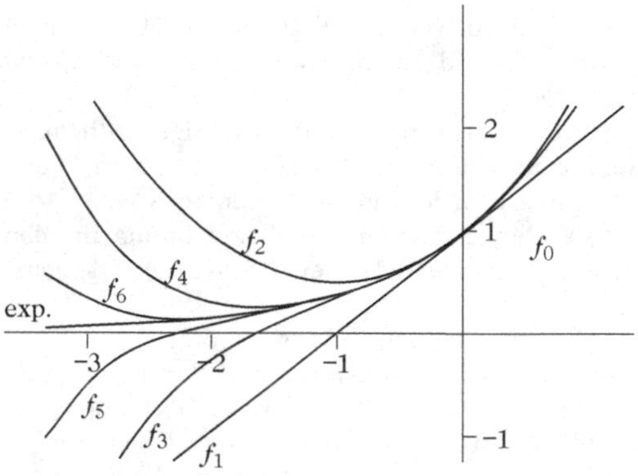

Zur Sylvester-Gleichung

Die $f_n(x)$ sind gerade die Teilsummen der Potenzreihenentwicklung der Exponentialfunktion.

Symbol, ↗ Pseudodifferentialoperator.

symbolische Dynamik, Konzept zur Vereinfachung der Untersuchung ↗ dynamischer Systeme.

Statt eines komplizierten dynamischen Systems wird dabei das diskrete dynamische System betrachtet, das als Phasenraum die Menge (beidseitig) unendlicher Folgen besitzt, wobei die Folgenglieder Elemente einer (endlichen) Menge, des sog. Alphabets, sind.

symbolische Integration, Berechnung unbestimmter Integrale durch Zurückführung auf die Integration elementarer Funktionen.

Erste Integrationsalgorithmen gehen auf J. Bernoulli zurück (z. B. Partialbruchzerlegung). Ende der 60er Jahre wurde von R.H. Risch ein Algorithmus für die symbolische Integration entwickelt. Er basiert auf der Idee, einen Turm von Differentialerweiterungen zu bestimmen, um zu entscheiden, ob ein Integral in Termen elementarer Funktionen ausgedrückt werden kann. Dieser Algorithmus ist in vielen Computeralgebrasystemen implementiert.

symbolische Logik, ältere Bezeichnung für ↗ mathematische Logik.

symbolische Potenz, Begriff aus der Idealtheorie.

Die symbolische Potenz eines ↗ Primideals P des Rings A ist der Durchschnitt

$$P^n A_P \cap A =: P^{(n)},$$

wobei A_P die Lokalisierung von A in P ist.

Die n-te symbolische Potenz des Primideals P ist ein ↗ Primärideal mit Radikal P. Die Potenz P^n ist in der Regel kein Primärideal, dies gilt nur für Maximalideale.

Wenn zum Beispiel

$$R = K[x, y, z]/(z^2 - xy)$$

der Faktorring des Polynomrings in den Variablen x, y, z über dem Körper K nach dem Ideal erzeugt durch $z^2 - xy$ ist, und $P = (x, z)$ das von x, z erzeugte Primideal, dann ist

$$P^{(2)} = (z^2, x) \neq P^2.$$

P^2 ist nicht primär, denn $z^2 = xy \in P^2$, $x \notin P^2$, und keine Potenz von y ist in P^2.

symbolisches Lösen von Differentialgleichungen, Methoden zur Aufbereitung und Vereinfachung einer Differentialgleichung zur numerischen Lösung bis hin zur Bestimmung expliziter Lösungen. Die bekanntesten expliziten Methoden reichen vom Potenzreihenansatz bis zur Integraltransformation.

Es gibt Implementationen der entsprechenden Algorithmen in vielen Computeralgebrasystemen, z. B. in ↗ Axiom, ↗ Maple, und ↗ Reduce.

Symbolkalkül, das formale Rechnen mit Symbolen, das auf einer Reihe von Eigenschaften der Symbolabbildung von ↗ Pseudodifferentialoperatoren in die Symbolklassen beruht.

Seien dazu im folgenden a und b Symbole aus den Symbolklassen $S^m_{\varrho,\delta}$, $m \in \mathbb{Z}$, bzw. $S^{m'}_{\varrho',\delta'}$, d. h. für a gelten die Abschätzungen

$$\left| \frac{\partial^{|\beta|}}{\partial x_1^{\beta_1} \cdot \partial x_n^{\beta_N}} \frac{\partial^{|\gamma|}}{\partial \xi_1^{\gamma_1} \cdot \partial \xi_n^{\gamma_N}} a(x, \xi) \right| \le C_{\beta,\gamma}(1 + |\xi|)^{m - \varrho|\gamma| + \delta|\beta|}$$

für alle Multiinidizes $\beta, \gamma \in \mathbb{N}^N$, $0 < \varrho \le 1$, $0 \le \delta < 1$, und analog für b. Die hierdurch definierten Pseudodifferentialoren bezeichen wir mit A und B, d. h. es ist etwa

$$Af(x) = (2\pi)^{-N/2} \int_{\mathbb{R}^N} e^{i<x,\xi>} a(x, \xi) \hat{f}(\xi) d^N \xi.$$

Weiterhin sei im folgenden der Einfachheit halber vorausgesetzt, daß a und b kompakten Träger in der x-Variablen haben. Unter diesen Voraussetzungen sind AB und BA auch — typischerweise verschiedene — Pseudodifferentialoperatoren, deren Hauptsymbole jedoch übereinstimmen und gleich dem Produkt der Hauptsymbole von A und B sind.

Folgende einfache Regeln für die Ableitung bzw. das Produkt von Symbolen lassen sich mit Hilfe der Ketten- und Produktregel beweisen:

$$D_x^\beta D_\xi^\alpha a \in S^{m-\varrho|\alpha|+\delta|\beta|}\,, \quad ab \in S^{m+m'}_{\varrho'',\delta''}\,,$$

wobei $\varrho'' = \min(\varrho, \varrho')$ und $\delta'' = \max(\delta, \delta')$. Insbesondere sind damit also AB und BA Pseudodifferentialoperatoren der Ordnung $m + m'$.

Weiterhin ist dann auch der zu A adjungierte Operator ein Pseudodifferentialoperator mit Symbol aus $S^m_{\varrho,\delta}$, d. h. der gleichen Symbolklasse, das jedoch nicht notwendig kompakten Träger besitzt. Das Hauptsymbol von A^* ist gleich dem matrixadjungierten des Hauptsymboles von A.

Man kann sich teilweise von den oben gemachten Einschränkungen an den kompakten Träger lösen, indem man zunächst auf eine etwas größere Klasse von Symbolen von drei Variablen übergeht und Fourier-Integraloperatoren der Art

$$Af(x) = (2\pi)^{-N/2} \int\limits_{\mathbb{R}^N}\int\limits_{\mathbb{R}^N} e^{i(x-y,\xi)} a(x,y,\xi) f(y) d^N y d^N \xi$$

betrachtet, wobei man Abfallbedingungen an a in den Variablen x und y wie schon oben fordert, siehe hierzu ↗ Fourier-Integraloperator. Unter der Voraussetzung, daß der Schnitt des Trägers von $a(\cdot,\cdot,\xi)$ mit Mengen von Typ $\Omega \times K$ und $K \times \Omega$, K kompakt, auch wieder kompakt ist, kann man dann beweisen, daß A ebenso als ein Pseudodifferentialoperator der obigen Art geschrieben werden kann. Für Operatoren diesen Typs gelten die gleichen Sätze wie für die des zuerst eingeführten Types, so sind etwa das Produkt zweier solcher Operatoren und die Adjunkte eines solchen Operators wieder ein Operator desselben Typs.

[1] Hörmander, L.: The Analysis of Linear Partial Differential Operators I-IV. Springer-Verlag Heidelberg, 1985.

[2] Taylor, M.E.: Pseudodifferential operators. Princeton Univ. Press, 1981.

Symbolklasse, ↗ Pseudodifferentialoperator.

Symmetrie, in verschiedenen Bereichen der Mathematik (ebenso wie des täglichen Lebens) unterschiedlich verwendeter Begriff, man vergleiche hierzu die zahlreichen Stichworteinträge zum Themenkreis „Symmetrie“.

Ohne weiteren Zusatz wird der Begriff meist im folgenden Sinne der Elementargeometrie verwendet: Eine Figur ist symmetrisch bzgl. eines Punktes P (punktsymmetrisch), wenn die Figur durch eine Drehung um 180° um den Punkt P in sich selbst übergeführt wird (Abbildung 1).

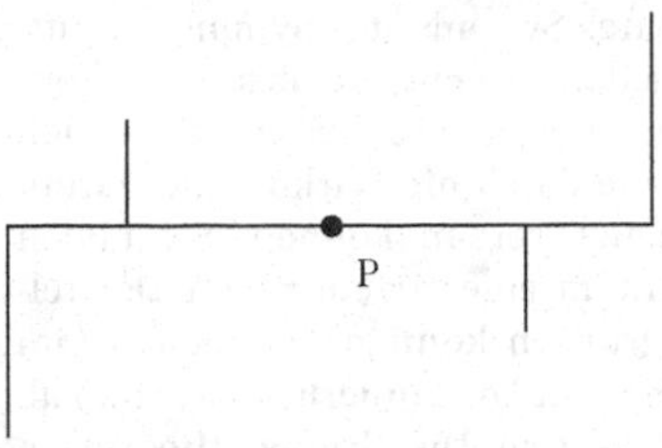

Abbildung 1: Punktsymmetrie

Eine Figur ist symmetrisch bzgl. einer Achse a (achsensymmetrisch), wenn die Figur durch Spiegelung an a in sich selbst übergeführt wird (Abbildung 2).

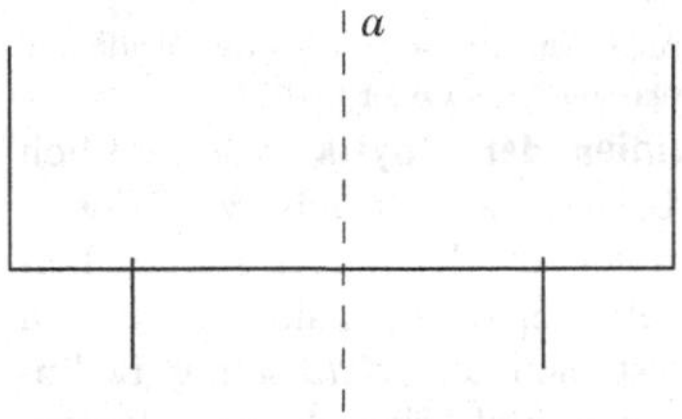

Abbildung 2: Achsensymmetrie

Symmetrie eines Vektorfeldes, ein ↗ Diffeomorphismus $\varphi : M \to M$ für ein auf einer ↗ Mannigfaltigkeit M definiertes Vektorfeld f, für den $\varphi_* f = f$ gilt. Dabei bezeichnet $\varphi_* : TM \to TM$ den sog. pushforward von φ. Man sagt auch, das Vektorfeld f sei invariant unter φ.

f heißt invariant unter einer Diffeomorphismengruppe auf M, falls es unter jedem Element der Diffeomorphismengruppe invariant ist. Alle Diffeomorphismengruppen, unter denen ein Vektorfeld invariant ist, bilden eine Gruppe, die sog. Symmetriegruppe des Vektorfeldes f. Für ein ↗ Richtungsfeld werden die Begriffe analog definiert.

Beispiel. Die Symmetriegruppe des sog. Eulerschen Vektorfeldes $f(x) = x$ in $\mathbb{R}^2$ ist GL(2, $\mathbb{R}$).

Symmetrie und Quantenmechanik, Anwendung der Darstellungstheorie von Gruppen in der Quantenmechanik.

Den Elementen einer Symmetriegruppe entsprechen Operationen an einem physikalischen System, die das System in sich überführen. Dabei verändern sich die meßbaren Eigenschaften des Systems nicht, inbesondere muß die Norm eines Zustandsvektors (Element eines Hilbertraums) bei einer Symmetrietransformation erhalten bleiben. Dies bedingt unitäre oder antiunitäre Darstellungen der Gruppe. Außerdem müssen die Darsteller der Gruppenelemente mit dem Hamilton-Operator kommutieren. Das wiederum bedeutet, daß die

Energieniveaus eines Systems mit Symmetrie entartet sind: Zu jedem Eigenwert des Hamilton-Operators gehören mit einer Eigenfunktion auch alle Funktionen, die durch die Wirkung der Gruppenelemente erzeugt werden können. Sie bilden den Darstellungsraum einer irreduziblen Darstellung. Symmetriegruppen können diskret (wie im Fall von Kristallen) oder kontinuierlich (wie im Fall der Kugelsymmetrie) sein. Die Gruppentheorie gestattet auch zu erkennen, welche Matrixelemente einer physikalischen Größe ungleich Null und welche Übergänge somit in dem System möglich sind.

Die Methoden der Gruppentheorie sind von E. Wigner 1926 in die Quantenmechanik eingeführt worden.

[1] Wigner, E.: Group theory and its applications to the Quantum mechanics of atomic spectra. Academic Press New York London, 1959.

[2] Cracknell, A. P.: Angewandte Gruppentheorie. Akademie-Verlag Berlin, Pergamon Press Oxford, 1971.

Symmetrieprinzipien der Physik, vermeintlich auf Erfahrung basierende Grundsätze, denen Grundgleichungen der Physik genügen sollten. Beispielsweise beobachtet man an makroskopischen physikalischen Systemen unter irdischen Bedingungen, daß Vorgänge in gleicher Weise ablaufen, wenn sie zu verschiedenen Zeiten gestartet werden, das Gleiche gilt, wenn das System an einen anderen Ort verschoben oder nur räumlich gedreht wird. Man kann auch nicht zwischen Ruhe und geradlinig gleichförmiger Bewegung unterscheiden. Diese Operationen drücken eine Symmetrie aus, die den physikalischen Vorgängen zugrunde liegt. Mathematisch sind diese Operationen Transformationen, und die physikalischen Gesetze müssen sich so formulieren lassen, daß sie gegen solche Transformationen invariant sind.

Dieser Forderung genügt man, wenn man als Raum-Zeit den Minkowski-Raum, und als mathematische Objekte, die die physikalischen Größen beschreiben, Elemente aus Darstellungsräumen der Poincaré-Gruppe wählt. In diesem Fall hat man die Koordinaten der Raum-Zeit-Punkte den Symmetrieeigenschaften der Raum-Zeit angepaßt. Die Transporteigenschaften physikalischer Systeme hängen aber nicht von der Art der mathematischen Beschreibung ab. Wählt man z. B. für den Minkowski-Raum krummlinige Koordinaten, dann ist es die Existenz von 10 speziellen Killing-Vektoren im Minkowski-Raum, die die Transportierbarkeit physikalischer Systeme sichert. Mit jedem dieser Killing-Vektoren hängt ein Erhaltungssatz zusammen: Der Energie-, der Impuls-, der Drehimpuls- und der Schwerpunktssatz. Die mathematische Formulierung dieses Zusammenhangs finden seinen Ausdruck in den Noetherschen Theoremen.

Die Situation ändert sich, wenn man berücksichtigt, daß physikalische Systeme sich in äußeren Gravitationsfeldern befinden oder selbst solche Felder erzeugen können, und Gravitationsfelder nach Einsteins Vorstellungen die metrische Struktur der Raum-Zeit prägen. Sind diese Gravitationsfelder hinreichend unsymmetrisch, haben sie also weniger als 10 Killing-Vektoren, dann können die physikalischen Systeme nicht mehr in der beschriebenen Weise in der Raum-Zeit bewegt werden, ohne Veränderungen zu erleiden, und dann lassen sich auch nicht mehr die entsprechenden Erhaltungssätze formulieren. Damit wird es eine Frage der Stärke und der Symmetrie von Gravitationsfeldern, ob man an Symmetrieprinzipien festhalten kann.

Die bisher betrachteten Symmetrien werden auch als *äußere* bezeichnet. Im Gegensatz dazu spricht man von *inneren* Symmetrien, wenn die physikalischen Gesetze gegen Transformationen invariant sind, die nicht mit Operationen in der Raum-Zeit zusammenhängen, z. B. sind die Maxwellschen Gleichungen gegenüber einer einparametrigen Gruppe invariant, was zum Erhaltungssatz für die elektrische Ladung führt.

Bei der Beschreibung der fundamentalen physikalischen Wechselwirkungen hat die Forderung nach Symmetrie der physikalischen Gleichungen gegenüber bestimmten Transformationen, die von Raum-Zeit-Punkt zu Raum-Zeit-Punkt variieren, eine vertieftes Verständnis von der Natur physikalischer Wechselwirkungen gebracht.

Symmetrietest, Verfahren, das überprüft, ob eine ↗Boolesche Funktion partiell symmetrisch in einer Partition λ ist (↗partiell symmetrische Boolesche Funktion).

symmetrische Algebra über einem Vektorraum *V*, bezeichnet mit Sym(V) oder S(V), die Faktoralgebra der Tensoralgebra von V nach dem zweiseitigen Ideal J, erzeugt von den Elementen $x \otimes y - x \otimes y$ $\forall x, y \in V$. Für $x \otimes y \mod J$ setzt man $x \cdot y$.

Die symmetrische Algebra ist eine kommutative Algebra und eine graduierte Algebra, wobei die Graduierung von der Tensoralgebra T(V) herkommt. Ist $\dim_{\mathbb{K}} V = n$, dann ist Sym(V) als $\mathbb{K}$-Algebra isomorph zum Polynomring über dem Grundkörper $\mathbb{K}$ in n Variablen. Entsprechende Konstruktionen sind auch für Moduln über einem Ring ausführbar.

symmetrische Bilinearform, eine ↗Bilinearform $b : V \times V \to \mathbb{K}$ mit der Eigenschaft $b(v_1, v_2) = b(v_2, v_1)$ für alle $v_1, v_2 \in V$.

Ist V über $\mathbb{R}$ endlichdimensional und $B = (b_1, \dots, b_n)$ eine Basis von V, so wird b bzgl. B durch eine eindeutig bestimmte symmetrische Matrix $A_{b;B}$ repräsentiert. Dabei ist b genau dann positiv definit bzw. negativ definit bzw. nicht ausgeartet, falls $A_{b;B}$ positiv definit bzw. negativ definit bzw. nicht ausgeartet ist.

Die symmetrischen Bilinearformen auf einem euklidischen Vektorraum V entsprechen den selbstadjungierten Endomorphismen auf V.

symmetrische Differenz zweier Mengen, Vereinigungsmenge zweier Mengen ohne deren Durchschnitt .

Für zwei Mengen A und B besteht die symmetrische Differenz $A \vartriangle B$ aus allen Elementen, die entweder nur in A oder nur in B enthalten sind, d. h.,

$$A \vartriangle B := \{a \in A : a \notin B\} \dot{\cup} \{b \in B : b \notin A\}.$$

symmetrische Funktion, *symmetrisches Polynom*, Funktion $f : R^r \to R$ über einem Ring mit Einselement, definiert durch

$$(x_1, x_2, \ldots, x_r) \mapsto f(x_1, x_2, \ldots, x_r)$$

mit der Eigenschaft, daß

$$f(x_{g(x_1)}, x_{g(x_2)}, \ldots, x_{g(x_r)}) = f(x_1, x_2, \ldots, x_r)$$

für alle Permutationen $g \in S_r$ gilt.

Standardbeispiele für symmetrische Funktionen sind die konstanten Funktionen, die ↗elementarsymmetrischen Funktionen

$$a_n(x_1, x_2, \ldots, x_r) = \sum_{x_1 < x_2 < \cdots < x_n} x_{i_1} x_{i_2} \cdots x_{i_n} ,$$

summiert über alle $\binom{r}{b}$ möglichen Produkte, $n = 1, 2, \ldots, r$, und die Potenzfunktionen

$$s_n(x_1, x_2, \ldots, x_r) = \sum_{i=1}^{r} x_i^n, \quad n \in \mathbb{N}.$$

Der Hauptsatz über symmetrische Funktionen besagt, daß jedes symmetrische Polynom $f(x_1, x_2, \ldots, x_r)$ eindeutig als Polynom in den elementarsymmetrischen Polynomen $a_1, a_2, \ldots$ über demselben Ring dargestellt werden kann, d. h., daß die elementarsymmetrischen Funktionen eine Basis bilden. Es gilt z. B.

$$s_4 = a_1^4 - 4a_1^2 a_2 + 2a_2^2 + 4a_1 a_3 - a_4$$

für jede Zahl r von Variablen. Umgekehrt kann jede elementarsymmetrische Funktion a_n mittels der Potenzfunktionen s_k eindeutig linear dargestellt werden. Für jede elementarsymmetrische Funktion $a_n(x_1, x_2, \ldots, x_r)$ gilt nämlich die Waringsche Formel

$$a_n(x_1, x_2, \ldots, x_r) =$$

$$\sum_{\substack{(b_1, b_2, \ldots, b_n) \\ \sum_{i=1}^n ib_i = n}} \frac{(-1)^{n - \sum_{i=1}^n b_i}}{\prod_{i=1}^n b_i! \prod_{i=1}^n i^{b_i}} s_1^{b_1} s_2^{b_2} \cdots s_n^{b_n}$$

mit $s_k = s_k(x_1, x_2, \ldots, x_r)$.

symmetrische Gruppe, Synonym für ↗Permutationsgruppe.

symmetrische Matrix, reelle quadratische ↗Matrix A mit der Eigenschaft

$$A = A^t$$

(A^t bezeichnet die ↗transponierte Matrix zu A). Für jede quadratische Matrix B ist $B + B^t$ symmetrisch, A^tA ist für jede beliebige Matrix A symmetrisch. Die symmetrischen $(n \times n)$-Matrizen repräsentieren gerade die ↗symmetrischen Bilinearformen auf einem n-dimensionalen Vektorraum.

Jede symmetrische Matrix S ist zu einer ↗Diagonalmatrix $D = (d_{ij})$ ähnlich, d. h., es existiert eine ↗reguläre Matrix K mit

$$D = K^t SK.$$

Speziell kann K so gewählt werden, daß gilt: $d_{11} = \cdots = d_{r_1 r_1} = 1$, $d_{r_1+1, r_1+1} = \cdots = d_{r_2 r_2} = -1$, $d_{ii} = 0$ sonst; hierbei sind r_1 und r_2 eindeutig bestimmte natürliche Zahlen.

Das charakteristische Polynom einer symmetrischen Matrix A hat nur reelle Nullstellen, A also nur reelle Eigenwerte, ↗Eigenvektoren von A zu verschiedenen Eigenwerten sind orthogonal zueinander. Durch endlich viele orthogonale Ähnlichkeitstransformationen läßt sich eine symmetrische Matrix stets in eine ↗Tridiagonalmatrix überführen.

Ein ↗Endomorphismus $f : V \to V$ auf einem endlich-dimensionalen euklidischen Vektorraum $(V, \langle\cdot,\cdot\rangle)$ ist genau dann symmetrisch (d. h. f^* existiert und $f = f^*$), wenn f bezüglich einer Orthonormalbasis von V durch eine symmetrische Matrix repräsentiert wird.

Die Menge aller reellen symmetrischen $(n \times n)$-Matrizen bildet einen Unterraum der Dimension $\frac{1}{2}n(n+1)$ des Vektorraumes aller reellen $(n \times n)$-Matrizen.

symmetrische Norm, spezielle Form einer Schrankennorm für reelle quadratische Matrizen.

Sind $||\cdot||_1$ und $||\cdot||_2$ ↗Normen auf dem Raum $\mathbb{R}^n$, so wird durch

$$||A||_{1,2} = \sup_{x \neq 0} \frac{||Ax||_1}{||x||_2}$$

eine Schrankennorm für $(n \times n)$-Matrizen A definiert.

Gilt zusätzlich $||\cdot||_1 = ||\cdot||_2$, so spricht man von einer symmetrischen Schrankennorm oder auch von einer symmetrischen Norm.

symmetrische Relation, ↗Relation $(A, A, \sim)$ so, daß

$$\bigwedge_{a,b \in A} a \sim b \Rightarrow b \sim a,$$

d. h., so daß a genau dann zu b in Relation steht, wenn auch b zu a in Relation steht.

symmetrische Verschlüsselung, ↗symmetrisches Verschlüsselungsverfahren.

symmetrische Verteilung, Wahrscheinlichkeitsverteilung einer auf einem Wahrscheinlichkeitsraum $(\Omega, \mathfrak{A}, P)$ definierten reellen Zufallsvariablen X, für die eine Zahl $c \in \mathbb{R}$ existiert, derart daß

$$P(X \geq c + t) = P(X \leq c - t)$$

für alle $t \geq 0$ gilt. Die Verteilung von X heißt dann symmetrisch bezüglich c.

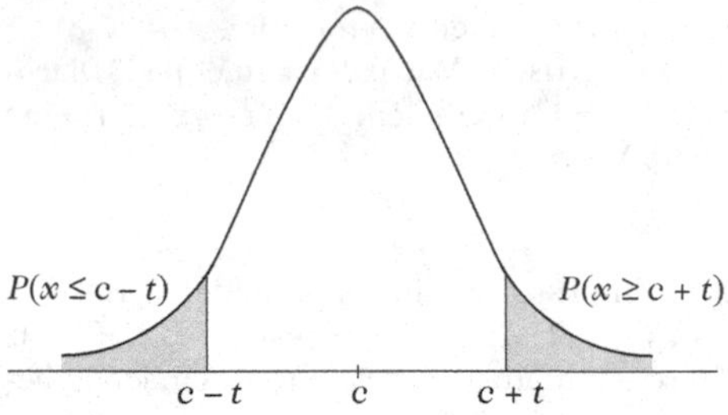

Dichte einer symmetrischen Verteilung

Ist die Verteilung P_X einer Zufallsvariablen X symmetrisch bezüglich c, so ist c ein Median von P_X (↗Median einer Verteilung). Besitzt X darüber hinaus einen endlichen Erwartungswert, so gilt $E(X) = c$. Sofern die zentralen Momente ungerader Ordnung von X existieren, sind diese gleich Null.

symmetrischer Blockplan, ↗Blockplan, bei dem die Anzahl der Blöcke gleich der Anzahl der Punkte ist.

symmetrischer Kern, eine Kernfunktion $K(x,t)$ (beispielsweise einer Integraltransformation), die für alle x und t die Gleichung

$$K(x,t) = K(t,x)$$

erfüllt.

symmetrischer Zustand, ↗Bosonen.

symmetrisches Ereignis, ↗Hewitt-Savage, Null-Eins-Gesetz von.

symmetrisches Polynom, ↗symmetrische Funktion.

symmetrisches Produkt, mengentheoretisch die Menge $SP^2(X)$ der Äquivalenzklassen $(X \times X)/\sim$, wobei die Relation $\sim$ auf dem kartesischen Produkt der Menge X mit sich selbst durch $(x,y) \sim (y,x)$ für $x, y \in X$ definiert ist.

Ist $(X, \mathcal{O})$ ein topologischer Raum, so versieht man $SP^2(X)$ mit der durch die kanonische Projektion $X \times X \to SP^2(X)$ definierten ↗Quotiententopologie, wobei $X \times X$ die Produkttopologie trägt. Das symmetrische Produkt läßt sich auf endlich viele Faktoren übertragen.

symmetrisches Raster, ein ↗ Raster S einer algebraischen Struktur $\{M, +, \cdot, \leq\}$ mit $0, 1 \in S$ und der Eigenschaft $a \in S \Rightarrow -a \in S$.

symmetrisches Verschlüsselungsverfahren, *symmetrische Verschlüsselung*, kryptographischer Algorithmus (↗Kryptologie), bei dem die Entschlüsselung und die Verschlüsselung auf ein und demselben ↗Schlüssel beruht.

Sowohl Absender als auch Empfänger einer chiffrierten Nachricht verfügen durch die gemeinsame Kenntnis des geheimen Schlüssels über die gleichen Möglichkeiten. Bei einem asymmetrischen Verfahren (↗asymmetrische Verschlüsselung) kann dagegen nur der legitime Empfänger einer chiffrierten Nachricht diese auch entschlüsseln, und nur der Absender einer Nachricht kann diese auch korrekt signieren (↗digitale Signatur).

Oft werden symmetrische und asymmetrische Verfahren auch kombiniert. Dabei wird ein einmaliger zufälliger symmetrischer Schlüssel erzeugt, mit dem die gesamte Nachricht chiffriert wird. Zusätzlich wird dieser Schlüssel mit einem asymmetrischen Verfahren verschlüsselt und an die Nachricht angehängt, so daß nur der Besitzer des asymmetrischen Gegenschlüssels den symmetrischen Schlüssel und damit die Nachricht entschlüsseln kann.

Symplektifizierung einer Kontaktmannigfaltigkeit, Mannigfaltigkeit aller ↗Kontaktformen $\tilde{M}$ einer ↗Kontaktmannigfaltigkeit M.

$\tilde{M}$ ist in kanonischer Weise eine Untermannigfaltigkeit des ↗Kotangentialbündels von M, für die die Einschränkung der ↗kanonischen 1-Form eine 1-Form auf $\tilde{M}$ definiert, deren äußere Ableitung ihrerseits eine ↗symplektische 2-Form auf $\tilde{M}$ definiert.

Symplektifizierung eines Kontaktdiffeomorphismus', ↗Symplektomorphismus $\Phi_!$ der ↗Symplektifizierung einer Kontaktmannigfaltigkeit M, der aus einem gegebenen ↗Kontaktdiffeomorphismus Φ dadurch entsteht, daß das Bild der Kontaktform α am Punkte $p \in M$ unter $\Phi_!$ durch $\alpha \circ (T_p\Phi)^{-1}$ erklärt wird.

Symplektifizierung eines Kontaktvektorfeldes, ↗Hamilton-Feld X_H auf der ↗Symplektifizierung einer Kontaktmannigfaltigkeit M, dessen ↗Hamilton-Funktion H aus einem vorgegebenen ↗Kontaktvektorfeldes K durch die Festsetzung $\alpha_m \mapsto \alpha_m(K(m))$ erklärt ist für beliebige ↗Kontaktformen $\alpha_m \in T_mM^*$.

symplektische Abbildung, C^∞-Abbildung Φ einer ↗symplektischen Mannigfaltigkeit (M, ω) in eine symplektische Mannigfaltigkeit (N, ω'), die die symplektischen Formen in der Form $\omega = \Phi^*\omega'$ abbildet, genauer:

$$\omega'(\Phi(m))(T_m\Phi v_m, T_m\Phi w_m) = \omega(m)(v_m, w_m)$$

für alle $m \in M$ und alle Tangentialvektoren v_m, w_m an m.

Symplektische Abbildungen sind notwendigerweise Immersionen. Die symplektischen Einbettungen spielen eine bedeutende Rolle in der ↗symplektischen Topologie.

Symplektische Geometrie

M. Bordemann

Gegenstand der Betrachtung der symplektischen Geometrie sind die symplektischen Mannigfaltigkeiten, die man – stark vereinfacht gesagt – als Riemannsche Mannigfaltigkeiten ansehen kann, deren "Skalarprodukt antisymmetrisch statt symmetrisch" ist.

1. Die historischen Wurzeln symplektischer Betrachtungen liegen einmal in der Optik, vor allem in ihrer Formulierung durch Hamilton im 19. Jahrhundert, und außerdem in der klassischen Mechanik, ebenfalls in der Hamiltonschen Formulierung.

In der linearen Strahlenoptik wird die optische Abbildung eines Objektes durch ein entlang der z-Achse aufgestelltes optisches System von Zwischenräumen und brechenden Oberflächen wie Linsen in linearer Näherung beschrieben. Hierbei bekommt man eine lineare Abbildung Φ des vierdimensionalen Raumes, wobei die ersten beiden Koordinaten den Auftreffpunkt $q = (q_1, q_2)$ eines Lichtstrahls auf dem senkrecht zur optischen Achse stehenden Bildschirm angeben, während die letzten beiden die mit dem Brechungsindex multiplizierte Projektion $p = (p_1, p_2)$ des Strahleneinheitsvektors auf den Bildschirm beschreiben. Ein Zwischenraum verändert p nicht, sondern verschiebt q um den Vektor lp (wobei die reelle Zahl l proportional zur Länge des Zwischenraums ist), während eine brechende Oberfläche, die durch eine symmetrische (2×2)-Matrix K in der Form $z = \frac{1}{2}q^T Kq$ beschrieben wird, den Ort q des Strahls unverändert läßt, aber die Richtung p um einen Vektor $-Pq$ verschiebt, wobei die (2×2)-Matrix P proportional zu K ist. Dies entspricht den beiden folgenden (4×4)-Matrizen, die wir als (2×2)-Blockmatrizen angeben:

$$\begin{pmatrix} 1_2 & l1_2 \\ 0_2 & 1_2 \end{pmatrix}, \quad \begin{pmatrix} 1_2 & 0_2 \\ -P & 1_2 \end{pmatrix},$$

wobei 1_2 die (2×2)-Einheitsmatrix und 0_2 die (2×2)-Nullmatrix bezeichnen. Es läßt sich nun zeigen, daß durch beliebige Hintereinanderschaltung dieser Matrizen die Gruppe aller derjenigen Matrizen M erzeugt wird, die die 2-Form ω auf dem $\mathbb{R}^4$,

$$\omega\big((q,p),(q',p')\big) := q_1p'_1 - q'_1p_1 + q_2p'_2 - q'_2p_2$$

invariant lassen, d. h.

$$\omega\big(M(q,p), M(q',p')\big) = \omega\big((q,p),(q',p')\big).$$

Die Determinante aller Matrizen in dieser sogenannten linearen symplektischen Gruppe ist gleich 1, jedoch läßt sich nicht jede (4×4)-Matrix der Determinante 1 durch eine solche lineare symplektische Transformation darstellen.

In der klassischen Mechanik kann man die Newtonsche Bewegungsgleichung

$$m\frac{d^2q_i}{dt^2} = -\frac{\partial V}{\partial q_i}(q)$$

für eine Kurve $t \mapsto q(t)$ im $\mathbb{R}^n$ (wobei m eine positive reelle Zahl (die Masse) und V eine reellwertige C^∞-Funktion auf $\mathbb{R}^n$ (die potentielle Energie) darstellt) als Differentialgleichung erster Ordnung im $\mathbb{R}^{2n}$ umschreiben, indem man die Variablen $p_i := dq_i/dt$ sowie die Hamilton-Funktion $H(q,p) := \sum_{i=1}^n \frac{p_i^2}{2m} + V(q)$ einführt ($x := (q,p)$):

$$\begin{aligned} \frac{dq_i}{dt} &= \frac{p_i}{m} &&= \frac{\partial H}{\partial p_i}(x) &&=: X_{Hq_i}(x) \\ \frac{dp_i}{dt} &= -\frac{\partial V}{\partial q_i}(q) &&= -\frac{\partial H}{\partial q_i}(x) &&=: X_{Hp_i}(x) \end{aligned}$$

Die charakteristische Vertauschung der Variablen q und p und das auftretende Vorzeichen bei den partiellen Ableitungen der Hamilton-Funktion H auf der rechten Seite der vorigen Gleichung, dem sogenannten Hamiltonschen Vektorfeld $X_H(q,p)$, zeigt wiederum die Gegenwart der sogenannten symplektischen 2-Form im $\mathbb{R}^{2n}$

$$\omega\big((q,p),(q',p')\big) := \sum_{i=1}^n (q_ip'_i - q'_ip_i) \qquad (1)$$

durch die Vorschrift

$$dH = \left(\frac{\partial H}{\partial q_1}, \ldots, \frac{\partial H}{\partial q_n}, \frac{\partial H}{\partial p_1}, \ldots, \frac{\partial H}{\partial p_n}\right) = \omega(X_H, \ ).$$

2. Es bietet sich nun an, endlichdimensionale reelle Vektorräume V zu betrachten, auf denen ein ‚antisymmetrisches Skalarprodukt', genauer gesagt: eine nicht ausgeartete antisymmetrische Bilinearform, d. h. symplektische Form $\omega : V \times V \to \mathbb{R}$ gegeben ist, zu betrachten. Das Paar (V, ω) wird dann symplektischer Vektorraum genannt. In völliger Analogie zum Sylvesterschen Trägheitssatz für symmetrische Bilinearformen läßt sich immer eine Basis von V finden, in der ω die einfache Form (1) annimmt. Insbesondere ist jeder symplektische Vektorraum $2n$-dimensional. Drückt man ω in der vereinfachenden Basis durch das Standardskalarprodukt

$$\big((q,p),(q',p')\big) := \sum_{i=1}^n (q_iq'_i + p_ip'_i)$$

im $\mathbb{R}^{2n}$ und eine lineare Abbildung J in der Form $\omega = (J\ ,\ )$ aus, so erhält man $J^2 = -1_{2n}$. Diese Nähe zu komplexen Strukuren wird durch die Bezeichnung ‚symplektisch' betont, die von Hermann Weyl eingeführt wurde und eine griechische Form des Wortes ‚komplex' darstellt, die vom Verb ‚$\sigma\upsilon\mu\pi\lambda\acute{\varepsilon}\kappa\varepsilon\iota\nu$' = ‚zusammenflechten' herrührt.

In Analogie zu Vektorräumen mit einem Skalarprodukt kann man nun versuchen, in symplektischen Vektorräumen Geometrie zu treiben: hierbei gibt es allerdings wegen der Antisymmetrie der symplektischen Form kein Analogon zum Längenquadrat, da $\omega(x, x)$ stets verschwindet für alle Vektoren $x \in V$. Auf zweidimensionalen Unterräumen definiert die Einschränkung von ω aber einen im allgemeinen nicht verschwindenden Flächenbegriff; doch auch hier kann diese Einschränkung in Einzelfällen entarten. Diese mögliche Entartung auf Unterräumen liefert nun sehr wichtige Unterräume: wie im Falle eines Raumes mit Skalarprodukt kann zu jedem gegebenen Unterraum W völlig analog sein (Schief)Orthogonalraum W^ω definiert werden, und die Summe der Dimensionen von W und W^ω ist immer gleich der Dimension von V. Im Gegensatz zu Räumen mit Skalarprodukt können sich W und W^ω nichttrivial schneiden: die auftretenden Extremfälle sind a) $W \subset W^\omega$ (W ist isotrop), b) $W \supset W^\omega$ (W ist koisotrop) und c) $W = W^\omega$ (W ist Lagrangesch). Man sieht schnell, daß die Einschränkung der symplektischen Form auf einen koisotropen Unterraum W kanonisch zu einer symplektischen Form auf den Quotientenraum W/W^ω projiziert werden kann (Phasenraumreduktion). In der Physik bilden der Konfigurationsraum (der von den Koordinaten $(q_1, \ldots, q_n)$ aufgespannte Unterraum des oben behandelten $\mathbb{R}^{2n}$) und der Impulsraum (der von den Koordinaten $(p_1, \ldots, p_n)$ aufgespannte Unterraum) wichtige Lagrangesche Unterräume des sogenannten Phasenraums V.

3. Wie bei Riemannschen Mannigfaltigkeiten, bei denen jeder Tangentialraum mit einem (positiv definiten) Skalarprodukt versehen sind, das glatt vom Fußpunkt abhängt, kann man auch Mannigfaltigkeiten M betrachten, bei denen jeder Tangentialraum eine symplektische 2-Form ω trägt, die glatt vom Fußpunkt abhängt. Vom Standpunkt der dynamischen Systeme aus lassen sich leicht die Eigenschaften einer symplektischen 2-Form verstehen: man definiert das Hamiltonsche Vektorfeld X_H einer reellwertigen C^∞-Funktion H auf M durch

$$dH =: \omega(X_H,\ ).$$

Wenn dies immer ohne Verlust an Information möglich sein soll, so muß ω eine *nicht ausgeartete* Bilinearform in jedem Tangentialraum definieren, da genau diese zu einem Isomorphismus zwischen Kotangentialraum (dem Wertebereich von dH) und Tangentialraum (dem Wertebereich von X_H) führen. Ferner gilt für eine Integralkurve $t \mapsto x(t)$ von X_H nach Definition von X_H:

$$\frac{d(H(x))}{dt} = dH(x)\big(X_H(x)\big) = \omega\big(X_H(x), X_H(x)\big)$$

Damit ist H eine erhaltene Größe für X_H genau dann, wenn ω *antisymmetrisch* ist. Drittens ergibt sich für die sich anbietende Definition der Poisson-Klammer zweier reellwertiger C^∞-Funktionen f und g,

$$\{f, g\} := \omega(X_f, X_g),$$

die Identität

$$\begin{aligned}\{\{f,g\},h\} + \{\{g,h\},f\} + \{\{h,f\},g\} \\ = \quad -(d\omega)(X_f, X_g, X_h),\end{aligned}$$

die dazu führt, daß die Poisson-Klammer genau dann eine Lie-Klammer definiert, wenn ω eine geschlossene 2-Form ist.

Man nennt das Paar (M, ω) eine symplektische Mannigfaltigkeit, wenn ω eine nicht ausgeartete, antisymmetrische, geschlossene 2-Form ist. Die einfachsten Beispiele dieser Mannigfaltigkeiten werden – ganz analog zu den Phasenräumen der klassischen Mechanik – durch Kotangentialbündel T^*Q beliebiger Mannigfaltigkeiten Q definiert: hier ist die lokale 1-Form $\vartheta := \sum_{i=1}^n p_i dq_i$ in einer Bündelkarte $(q_1, \ldots, q_n, p_1, \ldots, p_n)$ invariant unter Kartenwechseln und definiert durch $\omega = -d\vartheta$ eine symplektische 2-Form auf T^*Q. Viele wichtige dynamische Systeme wie etwa alle geodätischen Flüsse einer Riemannschen Mannigfaltigkeit Q oder die durch Poincaré, Siegel, Kolmogorow, Arnold und Moser untersuchten Systeme der Himmelsmechanik lassen sich hier formulieren. Eine weitere Beispielklasse, die auch kompakte Exemplare enthält, ist durch die Klasse aller koadjungierten Bahnen beliebiger Lie-Gruppen gegeben: diese symplektischen Mannigfaltigkeiten, zu denen z. B. die 2-Sphäre und allgemeiner der (komplex) n-dimensionale komplexe projektive Raum gehört, bilden nach Kirillow einen sehr wichtiges Bestandteil der Darstellungstheorie von Lie-Gruppen. Eine dritte Klasse besteht aus den Kählerschen Mannigfaltigkeiten, die eine Riemannsche, eine komplexe und eine symplektische Struktur tragen, die alle in geeigneter Weise miteinander verträglich sind. Insbesondere ist jede komplexe Untermannigfaltigkeit des komplex projektiven Raumes eine Kählersche Mannigfaltigkeit und damit symplektisch.

Im Gegensatz zu den Riemannschen Mannigfaltigkeiten sehen alle symplektischen Mannigfaltigkeiten gleicher Dimension $2n$ lokal gleich aus, da nach dem Satz von Darboux sich um jeden Punkt immer Koordinaten $(q_1, \ldots, q_n, p_1, \ldots, p_n)$

finden lassen, in denen ω die zu (1) analoge Form $\sum_{i=1}^{n} dq_i \wedge dp_i$ annimmt. Ein Analogon zur äußeren Krümmung einer Untermannigfaltigkeit einer Riemannschen Mannigfaltigkeit existiert hier ebenfalls nicht, da nach einem Satz von A.B. Givental lokal die Geometrie einer Umgebung einer Untermannigfaltigkeit C lediglich von der Einschränkung der symplektischen Form auf das Tangentialbündel von C abhängt. Topologisch gesehen unterliegen kompakte symplektische Mannigfaltigkeiten wiederum starken Einschränkungen gegenüber den Riemannschen: die de Rhamschen Kohomologieklassen der äußeren Potenzen $\omega, \dots, \omega^{\wedge n}$ der symplektischen Form sind alle verschieden von 0. So trägt z. B. von allen Sphären gerader Dimension einzig und allein die 2-Sphäre eine symplektische Struktur.

Analog zu den isotropen, koisotropen und Lagrangeschen Unterräumen von symplektischen Vektorräumen kann man isotrope, koisotrope und Lagrangesche Untermannigfaltigkeiten symplektischer Mannigfaltigkeiten betrachten, die durch die entsprechenden Eigenschaften ihrer Tangentialräume definiert werden. Jede koisotrope Untermannigfaltigkeit trägt eine Blätterung, die durch das stets integrable Unterbündel der Schieforthogonalräume aller Tangentialräume definiert ist. Wenn der Quotientenraum die Struktur einer differenzierbaren Mannigfaltigkeit trägt und die kanonische Projektion eine surjektive Submersion ist, so ist der Quotientenraum automatisch mit einer kanonischen symplektischen Struktur ausgestattet. Durch diese sogenannte Phasenraumreduktion, die wiederum kein direktes Analogon in der Riemannschen Geometrie hat, lassen sich – ausgehend von einfach strukturierten, hochdimensionalen symplektischen Mannigfaltigkeiten – sehr komplizierte symplektische Mannigfaltigkeiten konstruieren. Lagrangesche Untermannigfaltigkeiten spielen eine sehr wichtige Rolle als verallgemeinerte Lösungen z. B. der Hamilton-Jacobi-Gleichung in der quasiklassischen Asymptotik.

Die Tatsache, daß der Raum der reellwertigen glatten Funktionen auf einer symplektischen Mannigfaltigkeit M, $C^\infty(M)$, durch die Poisson-Klammer die Struktur einer Lie-Algebra hat, ermöglicht es, Symmetrien von Hamiltonschen dynamischen Systemen direkt auf dem Niveau der Funktionen durch Homomorphismen einer endlichdimensionalen reellen Lie-Algebra in $C^\infty(M)$ (sog. (verallgemeinerte) Impulsabbildungen) zu formulieren. Im Extremfall kann ein Hamiltonschens System eine abelsche Lie-Algebra von $\dim M/2$ funktional unabhängigen Funktionen als Symmetriealgebra haben: diese sogenannten vollständigen integrablen Systeme (nach Liouville) spielen eine sehr wichtige Rolle als Ausgangspunkte für Näherungen oder Störungsentwicklungen in der Himmelsmechanik und besitzen im kompakten Fall topologisch stark eingeschränkte gemeinsame Niveauflächen, sog. invariante Tori.

4. Symplektische Mannigfaltigkeiten erlauben zwar torsionsfreie kovariante Ableitungen (z. B. nach der Formel von Heß-Lichnerowicz-Tondeur), unter deren Parallelverschiebungen die symplektische Form invariant bleibt, im Gegensatz zum Levi-Civita-Zusammenhang der Riemannschen Geometrie sind diese jedoch nicht eindeutig. Damit zusammenhängend ist die Tatsache, daß die Symplektomorphismengruppe, d. h. die Untergruppe aller Diffeomorphismen, die die symplektische 2-Form invariant lassen, im Gegensatz zum Riemannschen Fall nicht endlichdimensional ist. Dies läßt sich auch schon daran erkennen, daß die Flüsse jedes vollständigen Hamiltonschen Vektorfeldes aus Symplektomorphismen bestehen. Umso erstaunlicher ist die Tatsache, daß die Symplektomorphismengruppe trotzdem wesentlich ‚starrer' ist als etwa die größere Gruppe derjenigen Diffeomorphismen, die die Volumenform $\Omega = \omega^{\wedge n}$ invariant lassen: Nach dem Gromovschen Quetschungssatz läßt sich eine offene Kugel vom Radius r im symplektischen $\mathbb{R}^{2n}$ in einen Zylinder

$$\{(q,p) \in \mathbb{R}^{2n} | q_1^2 + p_1^2 < R^2\}$$

genau dann symplektisch einbetten, wenn $r \leq R$ ist, was ab $n = 2$ bemerkenswert ist, da es anschaulich gesehen klar ist, daß man mit volumenerhaltenden Diffeomorphismen eine offene Kugel immer zu einer ‚langen, aber extrem dünnen Zigarre' verformen kann, die dann in den Zylinder ‚hineinpaßt'. Ausgehend von Gromovs Ergebnis wurden später von Ekeland, Hofer und Zehnder die sogenannten symplektischen Kapazitäten konstruiert, die wichtige symplektische Invarianten bilden. Diese beiden Resultate bilden fundamentale Bestandteile des Gebiets der ↗ symplektischen Topologie, auf dem zur Zeit sehr aktiv geforscht wird.

5. Die symplektische Geometrie bietet nicht nur einen gut angepaßten Rahmen für die Behandlung von physikalisch wichtigen dynamischen Systemen, sondern findet darüber hinaus auch Anwendung für eine Formulierung quantenmechanischer Systeme:

In der auf Kostant und Souriau zurückgehenden geometrischen Quantisierung stellt man eine Unter-Lie-Algebra von $C^\infty(M)$, die sogenannten ‚guten Observablen', als Differentialoperatoren im Raum bestimmter glatter Schnitte eines über der symplektischen Mannigfaltigkeit M konstruierten komplexen Geradenbündels, der dem physikalischen Hilbert-Raum entspricht, dar. Dies wurde unter anderem für die Darstellungstheorie von Lie-Gruppen benutzt.

Bei der von Flato, Lichnerowicz und Sternheimer begründeten Deformationsquantisierung hingegen will man eine ‚Quantenmultiplikation' auf ganz $C^\infty(M)$ dadurch erreichen, daß man die punktweise Multiplikation der Funktionen durch parameterabhängige Addition von Bidifferentialoperatoren formal assoziativ so deformiert, daß der Kommutator der deformierten Multiplikation in erster Ordnung proportional zur Poisson-Klammer wird. Dies ist auf symplektischen Mannigfaltigkeiten immer möglich (de Wilde-Lecomte, 1983). Ein extrem nichttriviales Resultat von M. Kontsevitch (1997) zeigt, daß dies auch im allgemeineren Rahmen der Poisson-Mannigfaltigkeiten immer geht: bei diesen Mannigfaltigkeiten stellt man das Poisson-Bivektorfeld (das im symplektischen Fall durch das ‚Inverse' der symplektischen Form gegeben ist) in den Vordergrund, so daß weiterhin von Hamiltonschen Vektorfeldern, Erhaltungssätzen und Jacobi-Identität für Poisson-Klammern gesprochen werden kann, man erlaubt allerdings, daß die oben erwähnte Abbildung von den Kotangentialräume in die Tangentialräume nicht mehr bijektiv zu sein braucht. Kontsevitchs Resultat hat in jüngerer Zeit ein größere Forschungsaktivität vor allen Dingen auf den eher algebraischen Gebieten der Operaden und Gerstenhaber-Algebren ausgelöst.

Literatur

[1] Abraham, R.; Marsden, J.E.: Foundations of Mechanics, 2nd ed.. Benjamin/Cummings Reading, MA, 1985.

[2] Arnold, V.I.: Mathematische Methoden der Klassischen Mechanik. Erweiterte deutschsprachige Ausgabe, Birkhäuser Basel, 1988.

[3] Berndt, R.: Einführung in die symplektische Geometrie. Vieweg Wiesbaden, 1998.

[4] Fedosov, B.: Deformation Quantization and Index Theory. Akademie Verlag Berlin, 1996.

[5] Guillemin, V.; Sternberg, S.: Symplectic techniques in physics. Cambridge University Press Cambridge, 1984.

[6] Hofer, H.; Zehnder, E.: Symplectic Invariants and Hamiltonian Dynamics. Birkhäuser Basel, 1994.

[7] Libermann, P.; Marle, C.-M.: Symplectic Geometry and Analytic Mechanics. D.Reidel Dordrecht, 1987.

[8] Römer, H.: Theoretische Optik. VCH Weinheim, 1994.

symplektische Gruppe, ↗Spinor-Gruppe, ↗symplektische Geometrie.

symplektische Kapazität, von I. Ekeland, H. Hofer und E. Zehnder geprägte symplektische Invariante, die jeder ↗symplektischen Mannigfaltigkeit (M, ω) fester Dimension $2n$ eine nichtnegative reelle Zahl oder ∞, nämlich $c(M, \omega)$, zuordnet, die folgenden Axiomen genügen muß:

i) Falls es eine symplektische Einbettung $(M, \omega) \to (N, \tau)$ gibt, dann gelte $c(M, \omega) \le c(N, \tau)$ (Monotonie),

ii) $c(M, \alpha\omega) = |\alpha| c(M, \omega)$ für alle $\alpha \in \mathbb{R} \setminus \{0\}$ (Konformalität), und

iii) $c(B(1), \omega_0) = \pi = c(Z(1), \omega_0)$, wobei $B(1)$ die offene Einheitskugel im $\mathbb{R}^{2n}$ mit der Standardform

$$\omega_0 = \sum_{i=1}^{n} dq_i \wedge dp_i\,,$$

und $Z(1)$ den offenen Einheitszylinder

$$\{(q, p) \in \mathbb{R}^{2n} | q_1^2 + p_1^2 < 1\}$$

bezeichnet (Nichttrivialität).

Es gibt durchaus mehrere verschiedene symplektische Kapazitäten, deren Existenz in manchen Fällen durch Variationsprinzipien bewiesen wird. Sie stellen wichtige Hilfmittel der ↗symplektischen Topologie dar. Der Quetschungssatz von Gromov ist zum Beispiel eine einfache Konsequenz aus der Existenz einer symplektischen Kapazität.

symplektische kovariante Ableitung, ↗kovariante Ableitung ∇ im Tangentialbündel einer ↗symplektischen Mannigfaltigkeit, bzgl. derer die symplektische Zweiform ω konstant ist, also $\nabla\omega = 0$.

symplektische Mannigfaltigkeit, *Phasenraum*, differenzierbare Mannigfaltigkeit M, die mit einer ↗symplektischen 2-Form ω versehen ist,

Symplektische Mannigfaltigkeiten sind Hauptgegenstand der ↗symplektischen Geometrie. Sie sind notwendigerweise geradedimensional und durch das ↗Phasenvolumen orientiert. Falls sie kompakt sind, unterliegen sie starken topologischen Beschränkungen: Alle ihre $2k$-ten ↗de Rhamschen Gruppen verschwinden nicht für $2k \le \dim M$. Falls die symplektische 2-Form exakt ist, spricht man von einer exaktsymplektischen Mannigfaltigkeit.

symplektische Matrix, Matrixdarstellung einer linearen ↗symplektischen Abbildung des $\mathbb{R}^{2n}$ in sich.

Eine reelle $(2n \times 2n)$-Matrix S heißt demzufolge symplektisch, falls gilt

$$S^T IS = I \text{ mit } I := \begin{pmatrix} 0_n & -1_n \\ 1_n & 0_n \end{pmatrix}$$

wobei 0_n die $(n \times n)$-Nullmatrix, 1_n die $(n \times n)$-Einheitsmatrix und $(\cdot)^T$ die Transposition von Matrizen bezeichnet. Falls λ ein Eigenwert von S ist, so sind auch $\bar{\lambda}$, λ^{-1} und $\bar{\lambda}^{-1}$ Eigenwerte von S.

symplektische Polarität, Abbildung Φ der Menge der Unterräume eines projektiven Raumes in sich, die jedem Unterraum U, dessen Punkte in homogenen Koordinaten gegeben sind, den Unterraum

$$\Phi(U) = \{x \mid f(x,y) = 0 \text{ für alle } y \in U\}$$

zuordnet. Hierbei ist f eine nicht ausgeartete Bilinearform, für die $f(x,y) = -f(y,x)$ gilt.

Symplektische Polaritäten existieren nur in projektiven Räumen ungerader Dimension. In endlichen projektiven Räumen lassen sie sich zurückführen auf die Form $f(x,y) = x_0y_1 - x_1y_0 + x_2y_3 - x_3y_2 + \cdots + x_{n-1}y_n - x_ny_{n-1}$.

symplektische Realisierung einer Poissonschen Mannigfaltigkeit, ↗symplektische Mannigfaltigkeit (N, ω) zusammen mit einer surjektiven Submersion $f : N \to M$ auf einer ↗Poissonschen Mannigfaltigkeit (M, P), wobei f eine ↗Poisson-Abbildung ist.

Eine symplektische Realisierung wird strikt genannt, falls es einen C^∞-Schnitt $s : N \to M$ von f gibt, dessen Bild eine ↗Lagrangesche Untermannigfaltigkeit von M ist.

symplektische Struktur, ↗symplektische 2-Form.

symplektische Topologie, Teilgebiet der ↗symplektischen Geometrie, in dem vor allem topologisch-analytische Fragen im Vordergrund stehen.

Hierzu gehört zum Beispiel die Untersuchung der sich aus dem geometrischen Satz von Poincaré ergebenden Arnoldschen Vermutung über Fixpunkte von Symplektomorphismen. Ferner zählt man unter anderem die durch den Quetschungssatz von Gromov (↗symplektische Geometrie) entdeckte überraschende Starrheit der Gruppe aller ↗Symplektomorphismen einer symplektischen Mannigfaltigkeit der Dimension ≥ 4 zu diesem Gebiet, was wiederum in die Definition der ↗symplektischen Kapazitäten mündete.

symplektische Varietät, Menge der Unterräume eines projektiven Raumes, die isotrop sind bzgl. einer ↗symplektischen Polarität Φ. Dies bedeutet: Ein Unterraum U gehört zur Varietät genau dann, wenn $\Phi(U) \supseteq U$.

Symplektische Varietäten sind ein Typ von ↗Polarräumen. Alle Punkte des projektiven Raumes gehören zur Varietät. Damit ist die symplektische Varietät der einzige in einen projektiven Raum eingebettete Polarraum, der nicht über seine Punktmenge beschrieben werden kann.

symplektische 2-Form, *symplektische Struktur*, eine geschlossene Differentialform ω vom Grade 2 auf einer ↗differenzierbaren Mannigfaltigkeit, die nicht ausgeartet ist, d. h., jeder Tangentialraum wird ein ↗symplektischer Vektorraum.

symplektischer Raum, $2n$-dimensionale glatte Mannigfaltigkeit $\mathbf{M}^{2n}$, auf der eine äußere 2-Form ω mit folgenden Eigenschaften gegeben ist:

(i) In jedem Punkt $x \in \mathbf{M}$ ist ω_x regulär.

(ii) $d\omega = 0$, d. h. ω ist geschlossen.

Die so definierte 2-Form ω heißt symplektische Struktur auf $\mathbf{M}^{2n}$.

symplektischer Vektorraum, Vektorraum V über einem Körper $\mathbb{K}$, der mit einer Bilinearform $\omega : V \times V \to \mathbb{K}$ versehen ist, welche antisymmetrisch (d. h. $\omega(v,v) = 0$ für alle $v \in V$) und nicht entartet (d. h. $\omega(v,w) = 0$ für alle $w \in V$ impliziert $v = 0$) ist.

Endlichdimensionale symplektische Vektorräume sind stets von gerader Dimension.

Symplektomorphismus, eine ↗symplektische Abbildung von einer ↗symplektischen Mannigfaltigkeit in eine andere, die gleichzeitig ein ↗Diffeomorphismus ist.

Synapse, ↗formale Synapse.

synchronisierend fehlerkorrigierender Code, Codierung (↗Codierungstheorie), bei der nicht nur fehlerhaft übertragene Codewörter korrigiert, sondern auch Übertragungslücken bis zu einer bestimmten Größe erkannt und behoben werden können.

syntaktisch widerspruchsfreies logisches System, System von ↗logischen Axiomen, aus dem sich mit Hilfe der formalen ↗Schlußregeln kein Widerspruch erzeugen läßt, d. h., aus dem Axiomensystem ist kein ↗logischer Ausdruck der Gestalt $\varphi \wedge \neg\varphi$ formal beweisbar (siehe auch ↗formaler Beweis).

Syntax, Teil der ↗Logik, in dem formale Regeln der Konstruktion und der Umwandlung von Ausdrücken und Aussagen in einem logischen System untersucht werden.

Bei syntaktischen Untersuchungen innerhalb der Logik ist nur die formale Gestalt der Ausdrücke und Aussagen von Bedeutung, nicht aber ihre inhaltliche Interpretation. Die Syntax befaßt sich u. a. mit

- der *formalen Widerspruchsfreiheit* eines Axiomensystems Σ (↗syntaktisch widerspruchsfreies logisches System), aus dem unter Zugrundelegung geeigneter Ableitungsregeln (↗Schlußregel) kein Ausdruck der Gestalt $\varphi\wedge\neg\varphi$ ableitbar ist,
- der *formalen Vollständigkeit* von Σ, d. h., für jede Aussage der betreffenden formalen Sprache gilt: $\Sigma \vdash \varphi$ oder $\Sigma \vdash \neg\varphi$, wobei $\vdash$ die Ableitungsrelation bezeichnet (↗Beweismethoden),
- der *formalen Unabhängigkeit* von Σ, d. h., für jeden Ausdruck $\varphi \in \Sigma$ ist φ aus $\Sigma \setminus \{\varphi\}$ nicht ableitbar.

Syntaxanalyseproblem, manchmal auch einfach nur Analyseproblem genannt, zu einer Klasse K von ↗Grammatiken gehörende Frage nach einem Algorithmus, der zu jedem $G \in K$ und jedem Wort w eine Ableitung von w aus G bestimmt, falls w zu der von G erzeugten Sprache L_G gehört. Für $w \notin L_G$ wird normalerweise verlangt, daß eine Ableitung für das längste noch zu L_G gehörende Anfangsstück von w bestimmt wird. Es gibt allgemeine

Analyseverfahren für kontextsensitive Grammatiken. Effiziente Verfahren sind für Klassen kontextfreier Sprachen (↗$LL(k)$-Grammatik, ↗$LR(k)$-Grammatik) und die Klasse ↗regulärer Sprachen bekannt.

Syntaxbaum, Repräsentation der Ableitung eines Wortes aus einer kontextfreien ↗Grammatik.

Innere Knoten des Syntaxbaumes sind mit Nichtterminalzeichen, Blattknoten mit Terminalzeichen beschriftet. Der Wurzelknoten ist mit dem Startsymbol der Grammatik beschriftet. Innere Knoten mit ihren Nachfolgern entsprechen jeweils genau einer Regel der Grammatik.

Der Syntaxbaum wird oft explizit oder implizit (eventuell in komprimierter Form) als Zwischendatenstruktur bei der Syntaxanalyse und zur Anbindung der Sprachsemantik verwendet. Daher ist seine Eindeutigkeit eine wichtige Grammatikeigenschaft.

Syzygie, Relation zwischen Elementen eines Moduls.

Es sei R ein Ring und M ein R–Modul. Sind $m_1, \dots, m_n \in M$, dann ist $(\xi_1, \dots, \xi_n) \in R^n$ eine Syzygie von $m_1, \dots, m_n$ genau dann, wenn

$$\sum_{\nu=1}^{n} \xi_\nu m_\nu = 0$$

ist. Die Menge aller Syzygien bildet einen Untermodul von R^n.

Syzygienberechnung, Berechnung von ↗Syzygien von Elementen eines Moduls über dem Polynomenring über einen Körper.

Bei der Berechnung einer ↗Gröbner-Basis (bzw. ↗Standardbasis) werden im ↗Buchberger-Algorithmus (bzw. ↗Mora-Algorithmus) Erzeugende des Moduls der Syzygien automatisch mitberechnet. Man muß sich bei der Berechnung der Normalform eines Polynoms Rechenschritte im Algorithmus merken und geeignet aufbereiten.

Syzygiensatz von Hilbert, besagt, daß jeder endlich erzeugte ↗graduierte Modul M über dem Polynomring in n Veränderlichen $K[x_1, \dots, x_n]$ über dem Körper K eine freie Auflösung der Länge $\le n$ hat:

Es gibt eine exakte Folge $0 \to F_m \xrightarrow{\alpha_m} F_{m-1} \xrightarrow{\alpha_{m-1}} \dots \xrightarrow{\alpha_1} F_0 \xrightarrow{\alpha_0} M \to 0$, *d. h.*, $Kern(\alpha_i) = Bild(\alpha_{i+1})$ *für alle* i, *mit endlich erzeugten freien Moduln* F_i *und* $m \le n$.

Dieses Resultat gilt auch für nicht graduierte Moduln. In Analogie gilt für endlich erzeugte Moduln über ↗regulären lokalen Ringen, daß die projektive Dimension endlich und kleiner oder gleich der Dimension des Rings ist.

Wenn der Ring nicht regulär ist, muß es keine endlichen freien Auflösungen geben, so existiert zum Beispiel für

$$R = K[[x, y]]/(y^2 - x^3)$$

und $M = (x, y)$ keine endliche freie Auflösung.

Szegö, Gabor (Gabriel), ungarischer Mathematiker, geb. 20.1.1895 Kunhegyes (Ungarn), gest. 7.8.1985 Palo Alto (USA).

Nach seinem Studium an den Universitäten Budapest, Berlin und Göttingen promovierte Szegö in Wien und habilitierte sich 1921 in Berlin. Zusammen mit Pólya brachte er 1924 das Buch „Aufgaben und Lehrsätze aus der Analysis I, II“ heraus, das inzwischen mehrfach neu aufgelegt wurde und einen großen Einfluß auf spätere Mathematiker ausübte.

1926 wurde er ordentlicher Professor an der Universität Königsberg (Kaliningrad). Als die Diskriminierung der jüdischen Bevölkerung zunahm, beschloß er 1935 in die USA umzusiedeln. Zunächst wirkte er an der Washington Universität, ab 1938 in Stanford.

Szegö war ein außerordentlich produktiver Forscher, der vor allem auf den Gebieten der Analysis wichtige Ergebnisse erzielte. Er befaßte sich besonders mit trigonometrischen und harmonischen Polynomen, zahlentheoretischen Funktionen, orthogonalen Polynomen, Theta-Funktionen, Potentialtheorie, Summationsverfahren, sowie Anwendungen der Analysis auf Fragen der Wärmeleitung, der Statik, Elektrostatik, und Schwingungstheorie.

Szegö, Satz von, lautet:

Es sei $f(z) = \sum_{n=0}^{\infty} a_n z^n$ *eine Potenzreihe mit nur endlich vielen verschiedenen Koeffizienten* $a_n \in \mathbb{C}$. *Dann ist entweder* $\mathbb{E} = \{z \in \mathbb{C} : |z| < 1\}$ *das ↗Holomorphiegebiet von* f, *oder* f *ist zu einer rationalen Funktion der Form*

$$\hat{f}(z) = \frac{p(z)}{1 - z^k}$$

fortsetzbar, wobei p *ein Polynom und* $k \in \mathbb{N}$ *ist.*

Als interessante Folgerung ergibt sich ein Satz von Kronecker.

Es sei $P(z) = z^n + p_1 z^{n-1} + \cdots + p_{n-1}z + p_n$ *ein Polynom mit Koeffizienten* $p_1, \ldots, p_n \in \mathbb{Z}$, *und für jede Nullstelle* $z_0 \in \mathbb{C}$ *von* P *gelte* $|z_0| = 1$. *Dann ist jede Nullstelle von* P *eine* ↗*Einheitswurzel.*

Szegö-Kurve, Kurve in der komplexen Ebene, die in impliziter Darstellung als die Punktmenge

$$\{w \in \mathbb{C} \mid |w| e^{1-\mathrm{Re}(w)} = 1\}$$

definiert ist.

Szekeres-Wilf, Satz von, liefert eine obere Schranke für die chromatische Zahl eines Graphen.

Im Jahre 1968 gaben G. Szekeres und H.S. Wilf folgende allgemeine Abschätzung für die chromatische Zahl $\chi(G)$ eines Graphen G in Abhängigkeit seines Minimalgrades $\delta(G)$.

Es sei f *eine reellwertige Funktion auf der Menge aller Graphen* G *mit den folgenden beiden Eigenschaften:*

(i) Ist H *ein induzierter* ↗*Teilgraph von* G, *so gilt* $f(H) \le f(G)$.

(ii) Für jeden Graphen G *gilt* $f(G) \ge \delta(G)$.

Dann ist $\chi(G) \le 1 + f(G)$.

Setzt man in diesem Satz z. B. $f(G) = \max \delta(H)$, wobei H ein beliebiger induzierter Teilgraph von G ist, so erhält man unmittelbar die interessante Abschätzung

$$\chi(G) \le 1 + \max \delta(H).$$

Szemeredi, Regularitätslemma von, sagt aus, daß für $\varepsilon > 0$ und $l \in \mathbb{N}$ zwei Zahlen $L, n_0 \in \mathbb{N}$ so existieren, daß die Eckenmenge jedes ↗Graphen G der Ordnung $n \ge n_0$ eine Partition $E(G) = E_0 \cup E_1 \cup E_2 \cup \ldots \cup E_k$ besitzt, die folgende Bedingungen erfüllt:

(i) $l \le k \le L$,

(ii) $|E_0| < \varepsilon n$,

(iii) $|E_1| = |E_2| = \ldots = |E_k|$, und

(iv) alle bis auf höchstens εk^2 Paare (E_i, E_j) für $1 \le i < j \le k$ sind ε-regulär.

Ein Paar nichtleerer disjunkter Eckenmengen (X, Y) in einem Graphen G heißt dabei ε-regulär, wenn

$$|d(X, Y) - d(X', Y')| < \varepsilon$$

für alle Mengen $X' \subseteq X$ und $Y' \subseteq Y$ mit $|X'| \ge \varepsilon |X| > 0$ und $|Y'| \ge \varepsilon |Y| > 0$ gilt. Dabei ist

$$d(X, Y) = \frac{k(X, Y)}{|X| \cdot |Y|},$$

und $k(X, Y)$ ist die Anzahl der Kanten in G mit einem Endpunkt in X und einem Endpunkt in Y.

E. Szemeredi bewies diese Aussage 1975. Das Regularitätslemma hat eine Reihe von Anwendungen in der extremalen Graphentheorie, und mit ihm wird oft die Existenz bestimmter Teilgraphen in Graphen nachgewiesen.

T

T_1* bis *T_5, ↗Trennungsaxiome.

Tabelle bestimmter Integrale, tabellarische Auflistung der wichtigsten (bestimmten) Integrale.

In der folgenden kurzen Tabelle, in der nicht zwischen eigentlichen und uneigentlichen Integralen unterschieden wird, werden einige Typen bestimmter Integrale exemplarisch aufgeführt. Es kann und soll keine Vollständigkeit angestrebt werden. Im Bedarfsfall wird man ergänzend eine Integraltafel wie etwa [1] oder auch [2] oder – heute wohl eher – ein Computeralgebrasystem heranziehen.

Mit Γ wird die ↗Eulersche Γ-Funktion (erstes Euler-Integral), mit B die ↗Beta-Funktion (zweites Euler-Integral), und mit $C = 0.5772\cdots$ die ↗Eulersche Konstante bezeichnet. k, n und m seien jeweils beliebige natürliche Zahlen, a, b, c, d, α und β beliebige reelle Zahlen.

Zur Handhabung der Tabelle sei vorweg erinnert an die Grundregeln: Additivität bezüglich der Intervallgrenzen, Linearität, partielle Integration und Substitutionsregeln. Für die Behandlung spezieller Integranden beachte man zusätzlich noch ↗Integration rationaler Funktionen, ↗Stammfunktionen gewisser algebraischer Funktionen und ↗Stammfunktionen gewisser transzendenter Funktionen.

Zusätzlich ist gelegentlich die Bemerkung nützlich: Ist $a > 0$ und $f\colon [-a, a] \to \mathbb{R}$ eine ↗ungerade Funktion, die auf $[0, a]$ integrierbar ist, so ist sie auf $[-a, a]$ integrierbar mit

$$\int_{-a}^{a} f(x)\,dx = 0\,.$$

Tabelle bestimmter Integrale

Rationale Integranden	Bemerkungen
$\int_0^\infty \frac{x^{k-1}}{ax^n+b}\,dx = \frac{\pi}{nb\sin\left(\frac{k\pi}{n}\right)}\left(\frac{b}{a}\right)^{\frac{k}{n}}$	$n > k\,, ab > 0$
$\int_{-\infty}^{\infty} \frac{x^{2\ell}}{(ax^{2n}+b)^m}\,dx = \frac{\pi}{nb^m\sin\left(\frac{(2\ell+1)\pi}{2n}\right)}\binom{m-1-\frac{2\ell+1}{2n}}{m-1}\left(\frac{b}{a}\right)^{\frac{2\ell+1}{2n}}$	$\ell \in \mathbb{N}_0\,, m > \frac{2\ell+1}{2n}\,, ab > 0$
$\int_0^1 \frac{x^{m-1}-x^{n-m-1}}{1-x^n}\,dx = \frac{\pi}{n}\cot\left(\frac{m\pi}{n}\right)$	$m \le n-1$
$\int_0^\infty \frac{x^{m-1}-x^{k-1}}{x^n-1}\,dx = \frac{\pi}{n}\left[\cot\left(\frac{k\pi}{n}\right)-\cot\left(\frac{m\pi}{n}\right)\right]$	$n > m\,, n > k$
Algebraische – irrationale – Integranden	
$\int_0^\infty \frac{dx}{(ax^2+2bx+c)\sqrt{x}} = \frac{\pi}{\sqrt{2c\,(\sqrt{ac}+b)}}$	$a, b > 0\,, ac > b^2$
$\int_0^\infty \frac{\sqrt{x}}{ax^2+2bx+c}\,dx = \frac{\pi}{\sqrt{2a\,(\sqrt{ac}+b)}}$	$a, b > 0\,, ac > b^2$
$\int_a^b [(x-a)(b-x)]^{\frac{\ell}{2}}\,dx = \frac{(b-a)^{\ell+1}}{(\ell+1)!}\left[\Gamma(\frac{\ell}{2}+1)\right]^2$	$\ell = -1, 0, 1, 2, \ldots$
$\int_a^b \frac{dx}{(cx+d)\sqrt{(x-a)(b-x)}} = \frac{\pi}{\sqrt{(ac+d)(bc+d)}}$	$ac+d > 0\,, bc+d > 0$
$\int_a^b \frac{\sqrt{(x-a)(b-x)}}{cx+d}\,dx = \frac{\pi}{2c^2}\left[\sqrt{ac+d}-\sqrt{bc+d}\right]^2$	$ac+d > 0, bc+d > 0, c \neq 0$
$\int_0^a \frac{1}{\sqrt{x^2+a^2}}\,dx = \ln(1+\sqrt{2})$	
$\int_0^a \frac{x}{\sqrt{x^2+a^2}}\,dx = a(\sqrt{2}-1)$	
$\int_0^a \frac{x^2}{\sqrt{x^2+a^2}}\,dx = \frac{a^2}{2}\left(\sqrt{2}-\ln(1+\sqrt{2})\right)$	

Tabelle bestimmter Integrale (Fortsetzung)

Transzendente Integranden **Integranden mit Exponential- und Potenzfunktionen**	**Bemerkungen**
$\int\limits_0^\infty x^\alpha e^{-ax}\,dx = \frac{\Gamma(\alpha+1)}{a^{\alpha+1}} \quad \left(= \frac{\alpha!}{a^{\alpha+1}},\ \text{falls } \alpha \text{ ganz}\right)$	$a > 0, \alpha > -1$
$\int\limits_0^\infty e^{-a^2x^2}\,dx = \frac{\sqrt{\pi}}{2a}$	$a > 0$
$\int\limits_1^\infty x^{-a}\,dx = \frac{1}{a-1}$	$a > 1$
$\int\limits_0^1 x^\alpha(1-x)^\beta\,dx = \frac{\Gamma(\alpha+1)\Gamma(\beta+1)}{\Gamma(\alpha+\beta+2)} = B(\alpha+1,\beta+1)$	
Integranden mit Logarithmus-Termen	
$\int\limits_0^\infty e^{-x}\ln x\,dx = -C$	
$\int\limits_0^1 (\ln x)^\ell\,dx = e^{\pi i\ell}\,\Gamma(\ell+1)$	$\mathbb{Z} \ni \ell > -1$
$\int\limits_0^1 \frac{\ln x}{x-1}\,dx = \frac{\pi^2}{6}$	
$\int\limits_0^1 \frac{\ln x}{x^2-1}\,dx = \frac{\pi^2}{8}$	
$\int\limits_0^1 \sqrt{1-x^2}\,\ln x\,dx = -\frac{\pi}{4}\left(\frac{1}{2}+\ln 2\right)$	
$\int\limits_0^\infty e^{-\alpha x^2}\ln x\,dx = -\frac{1}{4}\sqrt{\frac{\pi}{\alpha}}\left(C+\ln(4\alpha)\right)$	$\alpha > 0$
Integranden mit trigonometrischen Funktionen	
$\int\limits_0^{2\pi} \sin(nx)\,dx = 0$	
$\int\limits_0^{2\pi} \cos(nx)\,dx = 0$	
$\int\limits_0^{2\pi} \cos(nx)\sin(mx)\,dx = 0$	
$\int\limits_0^{2\pi} \sin(nx)\sin(mx)\,dx = \begin{cases} 0, & m \neq n \\ \pi, & n = m \end{cases}$	
$\int\limits_0^{2\pi} \cos(nx)\cos(mx)\,dx = \begin{cases} 0, & m \neq n \\ \pi, & n = m \end{cases}$	
$\int\limits_0^\infty \frac{\sin(\alpha x)}{x}\,dx = \begin{cases} \frac{\pi}{2}, & \alpha > 0 \\ -\frac{\pi}{2}, & \alpha < 0 \end{cases}$	
$\int\limits_{-\infty}^\infty \sin(x^2)\,dx = \sqrt{\frac{\pi}{2}}$	
$\int\limits_{-\infty}^\infty \cos(x^2)\,dx = \sqrt{\frac{\pi}{2}}$	

Für entsprechende gerade Funktionen gilt

$$\int_{-a}^{a} f(x)\,dx = 2\int_{0}^{a} f(x)\,dx\,.$$

Wenn $\int_a^b f(x)\,dx$ geschrieben ist, wird implizit davon ausgegangen, daß $b > a$ ist.

[1] Gradstein, I.S.; Ryshik, I.M.: Table of Integrals, Series, and Products. Academic Press New York, 1971 (5. Aufl.).

[2] Gröbner, W.; Hofreiter, N.: Integraltafel, Bestimmte Integrale. Springer-Verlag Wien, 1973 (5. Aufl.).

Tabelle unbestimmter Integrale, ↗Tabelle von Stammfunktionen.

Tabelle von Stammfunktionen, *Tabelle unbestimmter Integrale*, tabellarische Auflistung der wichtigsten (unbestimmten) Integrale.

In der folgenden kurzen Tabelle werden einige Typen von Funktionen exemplarisch aufgeführt. Es kann und soll keine Vollständigkeit angestrebt werden. Im Bedarfsfall wird man ergänzend eine Integraltafel wie etwa [1] oder auch [2] oder – heute wohl eher – ein Computeralgebrasystem heranziehen.

n und m seien jeweils beliebige natürliche Zahlen, a, b, c beliebige reelle Zahlen. P bezeichne jeweils eine Polynomfunktion, R eine rationale Funktion.

Die Tabelle kann von links nach rechts gelesen werden – für das Aufsuchen einer Stammfunktion –, aber auch von rechts nach links für die Differentiation. In der zweiten Spalte wurde auf die durchgehende Notierung einer zusätzlichen additiven Konstante verzichtet.

[1] Gradstein, I.S.; Ryshik, I.M.: Table of Integrals, Series, and Products. Academic Press New York, 1971 (5. Aufl.).

[2] Gröbner, W.; Hofreiter, N.: Integraltafel, Unbestimmte Integrale. Springer-Verlag Wien, 1975 (5. Aufl.).

Tabelle von Stammfunktionen

$f(x)$ $F'(x)$	$\int^x f(t)\,dt$ $F(x)$	**Bemerkungen**
Rationale Integranden		
0	c	
c	cx	
x^n	$\frac{1}{n+1}x^{n+1}$	
$\frac{1}{ax-b}$	$\frac{1}{a}\ln\lvert ax-b\rvert$	$a \neq 0$, $ax-b \neq 0$
$\frac{1}{(x-c)^{n+1}}$	$-\frac{1}{n(x-c)^n}$	$x \neq c$
$\frac{1}{1-x^2}$	$\operatorname{artanh} x = \frac{1}{2}\ln\left(\frac{1+x}{1-x}\right)$	$\lvert x\rvert < 1$
$\frac{1}{x^2+a^2}$	$\frac{1}{a}\arctan\left(\frac{x}{a}\right)$	$a \neq 0$

Tabelle von Stammfunktionen (Fortsetzung)

Algebraische – irrationale – Integranden		
$\frac{1}{\sqrt{a^2-x^2}}$	$\arcsin\left(\frac{x}{a}\right)$	$a > 0$, $\lvert x\rvert < a$
$\frac{1}{\sqrt{x^2-1}}$	$\operatorname{arcosh} x$	$x > 1$
$\frac{1}{\sqrt{x^2+1}}$	$\operatorname{arsinh} x$	
$\pm\frac{1}{\sqrt{x^2+a}}$	$\ln\left\lvert x \pm \sqrt{x^2+a}\right\rvert$	$a \neq 0$, $x^2+a > 0$
$R\left(x, \sqrt[n]{\frac{\alpha x+\beta}{\gamma x+\delta}}\right)$	Substitution $s := \sqrt[n]{\frac{\alpha t+\beta}{\gamma t+\delta}}$	$\alpha\delta - \beta\gamma \neq 0$
Transzendente Integranden **Integranden mit Exponential-, Potenz- und Hyperbelfunktionen**		
$e^{\alpha x}$	$\frac{1}{\alpha}e^{\alpha x}$	$\alpha \neq 0$
$P(x)\,e^x$	$P(x)\,e^x - \int^x P'(t)e^t\,dt$	
x^α	$\frac{1}{\alpha+1}\,x^{\alpha+1}$	$x > 0$; $\alpha \neq -1$
a^x	$\frac{a^x}{\ln a}$	$x > 0$; $0 < a \neq 1$
$\cosh x$	$\sinh x$	
$\sinh x$	$\cosh x$	
$\tanh x$	$\ln(\cosh x)$	
$\coth x$	$\ln(\lvert\sinh x\rvert)$	
$\frac{1}{\sinh^2 x}$	$-\coth x$	
$\frac{1}{\cosh^2 x}$	$\tanh x$	
Integranden mit Logarithmus-Termen		
$\ln x$	$x\ln x - x$	$x > 0$
$\frac{1}{x\ln x}$	$\ln\lvert\ln x\rvert$	$1 \neq x > 0$
Integranden mit trigonometrischen Funktionen		
$\cos x$	$\sin x$	
$\sin x$	$-\cos x$	
$\tan x$	$-\ln\lvert\cos x\rvert$	
$\cot x$	$\ln\lvert\sin x\rvert$	
$\frac{1}{\sin x}$	$\ln\left\lvert\tan\left(\frac{x}{2}\right)\right\rvert$	
$\frac{1}{\cos x}$	$\ln\left\lvert\tan\left(\frac{x}{2}+\frac{\pi}{4}\right)\right\rvert$	
$\frac{1}{\sin^2 x}$	$-\cot x$	
$\frac{1}{\cos^2 x}$	$\tan x$	
$\sin^2 x$	$\frac{x}{2} - \frac{1}{4}\sin(2x)$	
$\cos^2 x$	$\frac{x}{2} + \frac{1}{4}\sin(2x)$	
$\sin^n x$	$-\frac{1}{n}\cos x\sin^{n-1}x + \frac{n-1}{n}\int^x \sin^{n-2}t\,dt$	
$\cos^n x$	$\frac{1}{n}\sin x\cos^{n-1}x + \frac{n-1}{n}\int^x \cos^{n-2}t\,dt$	
$x\sin x$	$\sin x - x\cos x$	
$x\cos x$	$\cos x + x\sin x$	
$x^n\sin x$	$-x^n\cos x + n\int^x t^{n-1}\cos t\,dt$	
$x^n\cos x$	$x^n\sin x - n\int^x t^{n-1}\sin t\,dt$	

Tabellen der mathematischen Statistik, meist umfangreiche Tafelwerke, die Charakteristika von Wahrscheinlichkeitsverteilungen enthalten. Sie beinhalten Definitionen von Verteilungsdichten und -funktionen stetiger Zufallsgrößen bzw. von Wahrscheinlichkeitsverteilungen diskreter Zufallsgrößen, Definitionen ihrer Parameter wie Erwartungswert, Varianz, Schiefe, Wertetabellen von Verteilungsdichten und -funktionen an bestimmten Stützstellen, und Tabellen von Quantilen der Verteilungen.

Viele statistische Methoden, z. B. ↗Signifikanztests, benötigen nur die Kenntnis der ↗Quantile von Verteilungen. Bei zahlreichen Verteilungen, wie zum Beispiel der ↗Normalverteilung, sind diese nicht exakt analytisch, sondern nur approximativ (numerisch) berechenbar, bzw. ist der Berechnungsaufwand sehr hoch. Durch die Nutzung von statistischen Tabellen, in denen bereits berechnete Quantile erfaßt sind, kann der Anwender statistischer Methoden seinen Aufwand wesentlich reduzieren. Die Literaturangaben [1] und [2] sind umfangreiche statistische Tafelwerke.

[1] Müller, P.H.; Neumann, P.; Storm, R.: Tafeln der mathematischen Statistik (3. Aufl.). Fachbuchverlag Leipzig, 1980.

[2] Bleymüller, J.; Günther, G.: Statistische Formeln und Tabellen (3. Aufl.). München, 1985.

Tabellenstrategien, Verfahren zur Syntaxanalyse (↗Syntaxanalyseproblem), die auf Operationen auf einer aus der ↗Grammatik konstruierten Tabelle basieren.

Ein bekanntes Verfahren dieser Klasse ist der ↗Cocke–Kasami–Younger–Algorithmus.

Tait, Satz von, stellt eine Verbindung zwischen den Färbungen einer ↗Landkarte eines ↗planaren Graphen G und den ↗Kantenfärbungen von G her:

Eine normale Landkarte eines kubischen planaren Graphen G besitzt genau dann eine Färbung mit vier Farben, wenn der Graph G eine Kantenfärbung mit drei Farben besitzt.

Die Landkarte eines planaren Graphen G heißt dabei normal, wenn G ein zusammenhängender Graph ohne Brücken mit Minimalgrad drei ist.

P.G. Tait bewies diesen Satz 1880 als möglichen Zugang zum ↗Vier-Farben-Satz.

Takagi, Teiji, japanischer Mathematiker, geb. 21.4.1875 Kazuya (Japan), gest. 29.2.1960 Tokio.

Takagi beendete 1897 sein Studium an der Tokioter Universität und weilte zwischen 1897 und 1900 bei Fuchs, Frobenius und Hilbert in Berlin bzw. Göttingen. Er promovierte 1903 in Tokio und bekam 1904 eine Professur an der dortigen Universität.

1903 bewies Takagi eine Vermutung von Kronecker über abelsche Erweiterungen imaginär-quadratischer Zahlkörper $\mathbb{Q}(i)$. 1920 konnte er Kroneckers Problem verallgemeinern und für beliebige imaginär-quadratische Zahlkörper beweisen. Ab dieser Zeit begann er auch, den Hilbertschen Begriff des Klassenkörpers zu verallgemeinern. Diese Arbeiten wurden zu einer Grundlage der moderen algebraischen Zahlentheorie.

Takagi-Berg, ↗Takagi-Funktion.

Takagi-Funktion, die im Jahr 1903 durch Teiji Takagi angegebene, durch

$$f(x) = \sum_{k=0}^{\infty} \frac{\langle 2^k x \rangle}{2^k}$$

für $x \in \mathbb{R}$ definierte Funktion $f : \mathbb{R} \to \mathbb{R}$, wobei $\langle r \rangle$ den Abstand von $r \in \mathbb{R}$ zur nächstliegenden ganzen Zahl bezeichnet, also $\langle r \rangle = \min\{r - \lfloor r \rfloor, \lceil r \rceil - r\}$. Die Takagi-Funktion ist ein einfaches Beispiel einer ↗nirgends differenzierbaren stetigen Funktion. Die für $k \in \mathbb{N}_0$ durch $s_k(x) := \langle 2^k x \rangle / 2^k$ für $x \in \mathbb{R}$ definierten Summandenfunktionen $s_k : \mathbb{R} \to \mathbb{R}$ sind Sägezahnkurven, d. h. f ist der punktweise Grenzwert der Summen $f_n := \sum_{k=0}^{n} s_k$ von Sägezahnfunktionen immer kleinerer Amplitude und Periode.

Wegen $0 \le s_n \le 1/2^{n+1}$ für alle $n \in \mathbb{N}$ ist f beschränkt, nämlich $0 \le f \le 1$, und die Konvergenz gleichmäßig. Nach dem Satz von Weierstraß ist f daher stetig. Ferner ist f offensichtlich gerade und 1-periodisch und erfüllt für $x \in [0, 1]$ die Funktionalgleichungen

$$f\left(\frac{x}{2}\right) = \frac{x + f(x)}{2},$$

$$f\left(\frac{1+x}{2}\right) = \frac{1 - x + f(x)}{2},$$

mit deren Hilfe man $f(x)$ für jedes x, das eine endliche dyadische Darstellung hat, ausgehend von $f(1) = 0$ einfach berechnen kann. Wegen der Stetigkeit von f läßt sich $f(x)$ damit für jedes x beliebig genau annähern. Mittels dyadischer Darstellungen kann man auch zeigen, daß es zu jedem

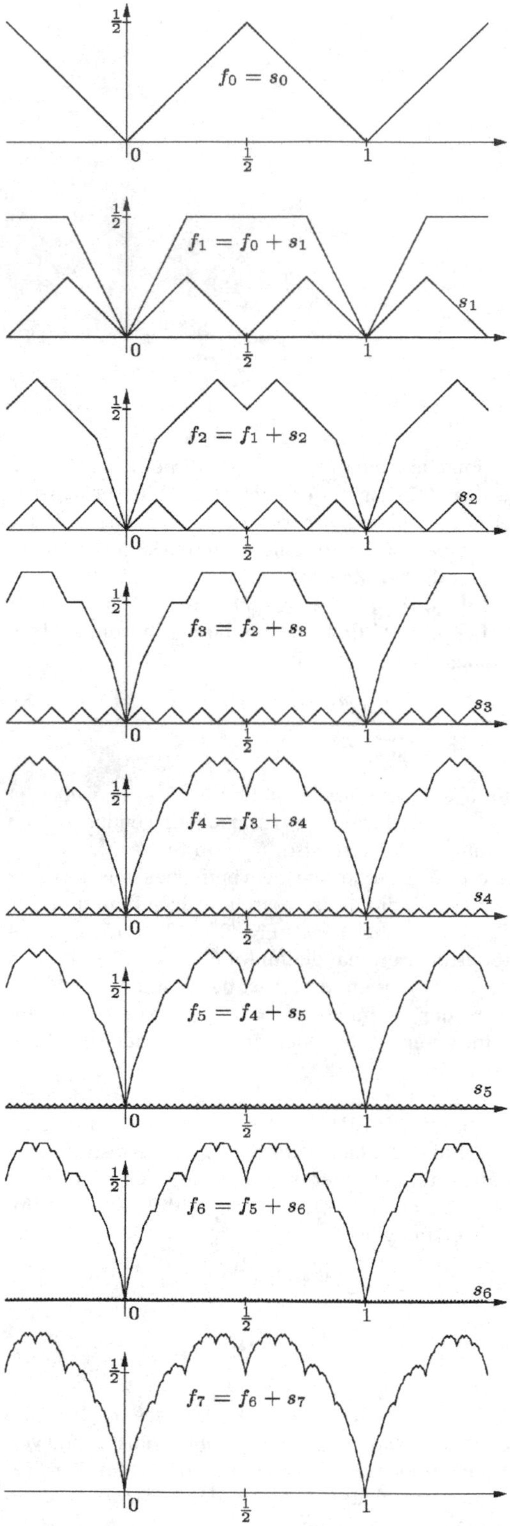

Abbildung 1: Konstruktion der Takagi-Funktion

$x \in \mathbb{R}$ eine gegen x konvergierende Folge (x_n) in $\mathbb{R}$ gibt, für die die Folge der Differenzenquotienten $(f(x_n) - f(x))/(x_n - x)$ nicht konvergiert. Folglich ist f nirgends differenzierbar. An Stellen mit endlicher dyadischer Darstellung ist f nicht einmal uneigentlich differenzierbar.

Auf Walter Wunderlich (1954) geht die Beobachtung zurück, daß man aus obigen Funktionalgleichungen zwei affine Abbildungen

$$(x, y) \longmapsto \left(\frac{x}{2}, \frac{x+y}{2}\right) \quad \text{und}$$

$$(x, y) \longmapsto \left(\frac{1+x}{2}, \frac{1-x+y}{2}\right)$$

erhält, die den Graphen von $f_{/[0,1]}$ auf zwei seiner Teilbögen abbilden, was man heute auch als Selbstähnlichkeit bezeichnet.

Die stückweise linearen Näherungen f_n zur Takagi-Funktion über dem Intervall $[0, 1]$ erhält man auch mit folgendem, als Mittelpunktverschiebung bezeichneten einfachen Verfahren: Ausgehend von der Nullfunktion erhält man durch ‚Verschieben des Funktionswertes' an der Stelle $\frac{1}{2}$ um den Wert $w := \frac{1}{2}$ die Funktion f_0. Aus f_0 erhält man durch Verschieben der Funktionswerte an den Stellen $\frac{1}{4}$ und $\frac{3}{4}$ um den Wert w^2 die Funktion f_2 usw.. Geeignete andere Werte für w liefern andere Grenzfunktionen. Beispielsweise führt $w = \frac{1}{4}$ zu einem Parabe stück (wovon schon Archimedes Gebrauch machte), und $\frac{1}{2} < w < 1$ zu einer Kurve der fraktalen Dimension $2 - |\log_2 w|$.

Mit $F(x, y) := f(x) + f(y)$ für $x, y \in [0, 1]$ erhält man eine Funktion $F : [0, 1] \times [0, 1] \to \mathbb{R}$, deren Graph aus naheliegenden Gründen als *Takagi-Berg* bezeichnet wird (Abb. 2).

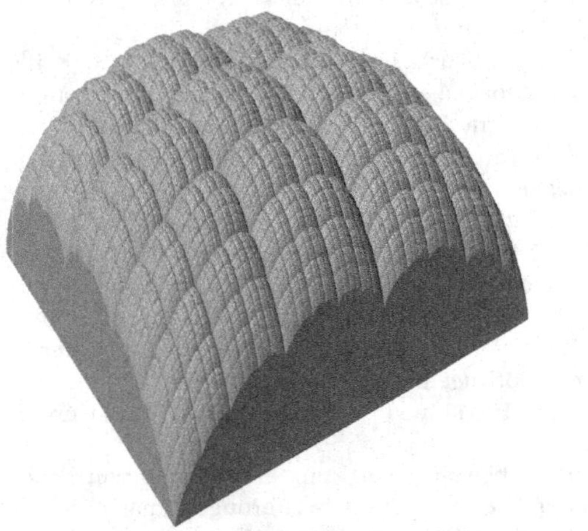

Abbildung 2

$F(x, y) := f(x)f(y)$ liefert ebenfalls eine Funktion, deren Graph einem zerklüfteten Berg ähnelt (Abb. 3).

Abbildung 3

Auch solche Funktionen lassen sich durch Überlagerung entsprechender, auf $\mathbb{R}^2$ definierter $\mathbb{R}$-wertiger Sägezahnfunktionen oder durch Mittelpunktverschiebung erhalten. Mittelpunktverschiebung um zufällige Verschiebungswerte w liefert je nach Verteilung der Zufallswerte unterschiedlich ‚rauhe' Funktionen, die sich zur rechnerischen Erzeugung von echt erscheinenden Bildern künstlicher Berglandschaften eignen.

[1] Strubecker, K.: Einführung in die höhere Mathematik II. Oldenbourg München, 1967.

[2] Peitgen, H.-O.; Saupe, D.: The Science of Fractal Images. Springer Berlin, 1988.

Tangens, im elementargeometrischen Sinne die Kenngröße eines spitzen Winkels im rechtwinkligen Dreieck, nämlich der Quotient aus ↗ Gegenkathete und ↗ Ankathete.

Mit den in der Abbildung definierten Bezeichnungen gilt also

$$\tan(\alpha) = \frac{a}{b}.$$

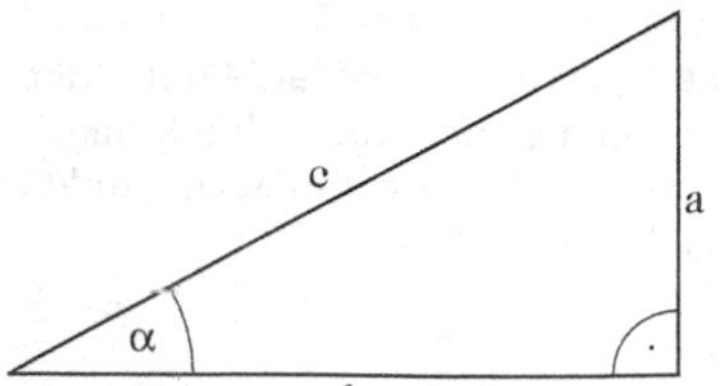

Häufig verwendet man den Begriff Tangens auch als Synonym für die ↗ Tangensfunktion.

Tangens hyperbolicus, ↗ hyperbolische Tangensfunktion.

Tangensfunktion, *Tangens*, ist definiert durch

$$\tan z := \frac{\sin z}{\cos z}$$

für $z \in \mathbb{C}$, $z \neq (k + \frac{1}{2})\pi$, $k \in \mathbb{Z}$.

Die Tangensfunktion ist eine in $\mathbb{C}$ ↗ meromorphe Funktion mit einfachen Nullstellen an $z = z_k = k\pi$ und einfachen ↗ Polstellen an $z = \zeta_k = (k + \frac{1}{2})\pi$, jeweils $k \in \mathbb{Z}$.

Für die ↗ Residuen gilt $\operatorname{Res}(\tan, \zeta_k) = -1$, und für die Ableitung erhält man

$$\tan' z = \frac{1}{\cos^2 z} = 1 + \tan^2 z.$$

Die Darstellung mittels der ↗ Exponentialfunktion lautet

$$\tan z = i\frac{1 - e^{2iz}}{1 + e^{2iz}} = i\left(1 - \frac{2}{1 + e^{-2iz}}\right).$$

Es ist tan eine ↗ periodische Funktion mit der Periode π. Es gilt das Additionstheorem

$$\tan(w + z) = \frac{\tan w + \tan z}{1 - \tan w \tan z},$$

die ↗ Taylor-Reihe um 0 lautet

$$\tan z = \sum_{n=1}^{\infty}(-1)^{n-1}\frac{4^n(4^n - 1)B_{2n}}{(2n)!}z^{2n-1}$$

für $|z| < \frac{\pi}{2}$, wobei B_{2n} die ↗ Bernoullischen Zahlen sind.

Tangente, die eine Funktion an einer Differenzierbarkeitsstelle berührende Gerade.

Ist die auf der Menge $D \subset \mathbb{R}$ definierte Funktion $f : D \to \mathbb{R}$ an der Stelle $a \in D$ differenzierbar, so ist die Tangente $T_{f,a}$ an f an der Stelle a (bzw. im Punkt $(a, f(a))$ der Graph der für $x \in \mathbb{R}$ durch

$$\tau_{f,a}(x) = f(a) + f'(a)(x - a)$$

definierten affin-linearen Funktion $\tau_{f,a} : \mathbb{R} \to \mathbb{R}$. Die Funktion $\tau_{f,a}$ hat an der Stelle a den gleichen Funktionswert $f(a)$ und die gleiche Steigung $f'(a)$ wie f selbst, berührt also f an der Stelle a (↗ Berührung zweier Funktionen). Die ↗ Ableitung $f'(a)$ läßt sich als Grenzwert der Steigungen von ↗ Sekanten durch die Punkte $(a, f(a))$ und $(a + h, f(a + h))$ für $h \to 0$ betrachten. In diesem Sinn ist die Tangente die ‚Grenzlage' von Sekanten an f.

Ist f an der Stelle a nicht differenzierbar, aber uneigentlich differenzierbar (↗ uneigentliche Differenzierbarkeit), so sagt man auch, f habe an der Stelle a eine ‚senkrechte Tangente'.

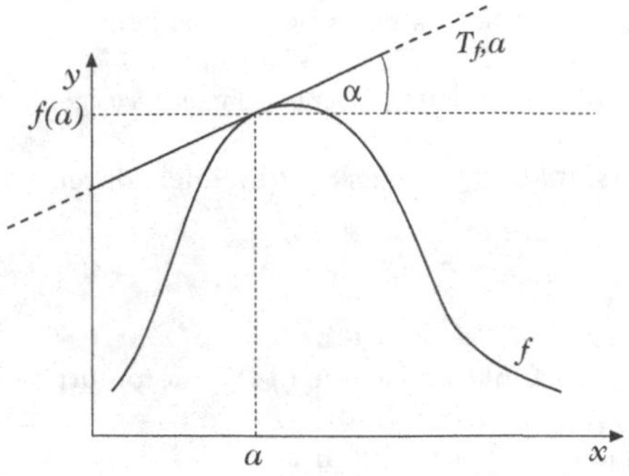

Für den Steigungswinkel α der Tangente an f an der Stelle a gilt im Fall von Differenzierbarkeit und mit der Vereinbarung $\tan(\pm\pi/2) = \pm\infty$ auch bei uneigentlicher Differenzierbarkeit $\tan\alpha = f'(a)$.

Ein allgemeinerer Ansatz ist es, Tangenten an Kurven zu betrachten. Sei dazu Γ eine durch einen Weg $\gamma : [r, s] \to \mathbb{R}^n$ mit $-\infty < r < s < \infty$ parametrisierte Kurve. Ist $g \in (\Gamma)$ ein Punkt auf der Kurve und $t_0 \in [r, s]$ mit $g = \gamma(t_0)$, und ist γ differenzierbar an der Stelle t_0 mit $\gamma'(t_0) \neq 0$, so ist die Tangente $T_{\Gamma,g}$ an Γ im Punkt g der Graph der für $t \in \mathbb{R}$ durch

$$\tau_{\Gamma,g}(t) = \gamma(t_0) + \gamma'(t_0)(t - t_0)$$

definierten affin-linearen Funktion $\tau_{\Gamma,g} : \mathbb{R} \to \mathbb{R}^n$.

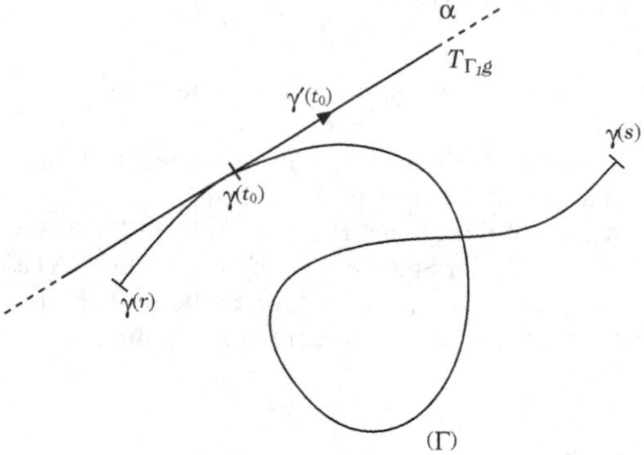

Dabei hängt zwar $\tau_{\Gamma,g}$, jedoch nicht $T_{\Gamma,g}$ von der Wahl der Parametrisierung γ von Γ ab, denn $\gamma'(t_0)$ ist ein Vektor in Tangentenrichtung, genannt *Tangentenvektor* oder *Tangentialvektor*, der zwar in der Größe, aber nicht in der Richtung von γ abhängt. Im Fall der Parametrisierung über die Bogenlänge ist er ein Einheitsvektor, genannt *Tangenteneinheitsvektor*.

Siehe hierzu auch ↗Tangente an den Kreis, ↗Tangente an die Ellipse, ↗Tangente an die Hyperbel, ↗Tangente an die Parabel, sowie ↗Tangentenvektor an eine Kurve.

Tangente an den Kreis, Gerade, die mit einem Kreis genau einen gemeinsamen Punkt hat.

Die Tangente t im Punkt $P_0(x_0; y_0)$ an einen Kreis k mit dem Mittelpunkt $M(x_M; y_M)$ und dem Radius r läßt sich durch die vektorielle Gleichung

$$t : \overrightarrow{MP_0} \cdot \overrightarrow{MP} = r^2$$

oder durch die Koordinatengleichung

$$t : (x - x_m)(x_0 - x_m) + (y - y_m)(y_0 - y_m) = r^2$$

beschreiben.

Eine Konstruktionsmöglichkeit für Kreistangenten ist dadurch gegeben, daß jede Tangente an einen Kreis in einem Punkt P_0 diese Kreises senkrecht auf dem Radius MP_0 steht.

Tangente an die Ellipse, Gerade, die mit einer ↗Ellipse genau einen gemeinsamen Punkt hat.

Die Tangente an eine Ellipse in Mittelpunktslage mit der Gleichung

$$\frac{x^2}{a^2} + \frac{y^2}{b^2} = 1$$

in einem Punkt $P_0(x_0; y_0)$ hat die Gleichung

$$\frac{xx_0}{a^2} + \frac{yy_0}{b^2} = 1 .$$

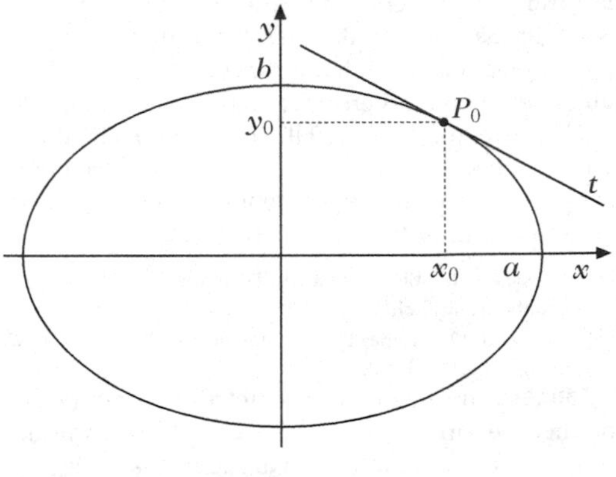

Tangente an die Ellipse

Für jeden Punkt P einer Ellipse bilden die Verbindungsgeraden F_1P und F_2P zwischen P und den beiden Brennpunkten F_1 und F_2 der Ellipse mit der Tangente an die Ellipse im Punkt P gleiche Winkel (Brennpunkteigenschaft der Ellipse).

Tangente an die Hyperbel, Gerade, die mit einer ↗Hyperbel genau einen gemeinsamen Punkt hat.

Die Tangente t an eine Hyperbel in Mittelpunktslage mit der Gleichung

$$\frac{x^2}{a^2} - \frac{y^2}{b^2} = 1$$

in einem Punkt $P_0(x_0; y_0)$ hat die Gleichung

$$\frac{xx_0}{a^2} - \frac{yy_0}{b^2} = 1\,.$$

Für jeden Punkt P einer Hyperbel halbiert die Tangente an die Hyperbel den Winkel, den die Verbindungsgeraden F_1P und F_2P zwischen P und den beiden Brennpunkten F_1 und F_2 der Hyperbel bilden (Brennpunkteigenschaft der Hyperbel).

Tangente an die Parabel, Gerade, die mit einer ↗Parabel genau einen gemeinsamen Punkt hat.

Die Tangente an eine Parabel in Mittelpunktslage mit der Gleichung

$$y^2 = 2px$$

in einem Punkt $P_0(x_0; y_0)$ hat die Gleichung

$$yy_0 = p(x + x_0)\,.$$

In jedem Punkt P einer Parabel halbiert die Tangente an die Parabel den Winkel zwischen der Geraden FP durch P und den Brennpunkt F der Parabel und der zur Parabelachse parallelen Geraden durch P.

Tangentenfläche, eine ↗Regelfläche, deren Erzeugenden die ↗Tangenten der Basiskurve $\alpha(t)$ dieser Regelfläche sind.

Eine Tangentenfläche hat demnach eine Parameterdarstellung der Form $\Phi(u, v) = \alpha(u) + v\,\alpha'(u)$. Ihre Kehllinie, die auch Gratlinie oder Rückkehrkante genannt wird, fällt mit ihrer Basiskurve α zusammen. Die ↗Gaußsche Krümmung von Tangentenflächen ist Null. Sie gehören zur Klasse der ↗Torsen.

Tangentenmethode, Verfahren, das gemeinsam mit der ↗Sekantenmethode zur Konstruktion rationaler Punkte einer algebraischen Menge dient.

Zur Erläuterung betrachte man die ↗Bachetschen Gleichung

$$x^3 - y^2 = c\,. \qquad (1)$$

Die Menge aller reellen Lösungen dieser Gleichung ist ein Kurve $C \subset \mathbb{R}^2$. Ist $(x_0, y_0) \in C$, so ist

$$2y_0(y - y_0) = 3x_0^2(x - x_0) \qquad (2)$$

die Gleichung der Tangente an C in diesem Punkt. Liegt (x, y) sowohl auf der Tagente als auch auf der Kurve C, so muß (x, y) sowohl Gleichung (1) als auch Gleichung (2) erfüllen. Nach kurzer Rechnung erhält man (im Fall $y_0 \neq 0$) für die x-Koordinate die Gleichung

$$(x - x_0)^2 \left(x - \frac{x_0(x_0^3 + 8c)}{4y_0^2} \right) = 0\,.$$

Daraus ergibt sich neben (x_0, y_0) noch ein Schnittpunkt der Tangente mit der Kurve, nämlich

$$(x_1, y_1) = \left(\frac{x_0(x_0^3 + 8_c)}{4y_0^2}, y_0 + \frac{3x_0^2(x_1 - x_0)}{2y_0} \right).$$

Ist (x_0, y_0) rational mit $y_0 \neq 0$, so hat man auf diese Weise einen weiteren rationalen Punkt der durch Gleichung (1) gegebenen Kurve gefunden.

Beginnt man z. B. mit dem rationalen Punkt

$$(x_0, y_0) = (3, 5)$$

der Bachetschen Gleichung $x^3 - y^2 = 2$, so erhält man auf diese Weise den weiteren rationalen Punkt

$$(x_1, y_1) = \left(\frac{129}{100}, \frac{383}{1000} \right),$$

der auch von Bachet selbst angegeben wurde.

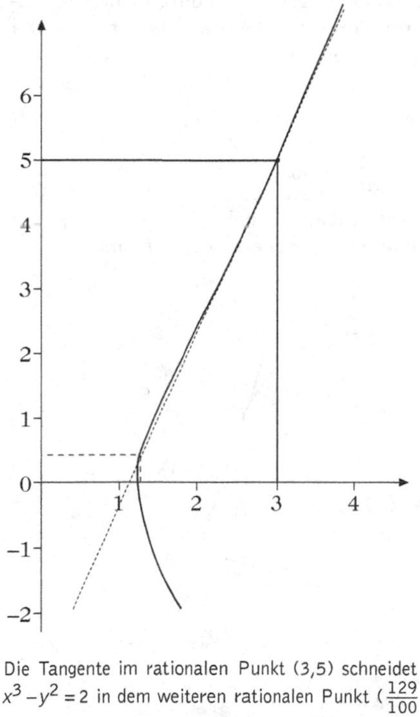

Die Tangente im rationalen Punkt (3,5) schneidet die Kurve $x^3 - y^2 = 2$ in dem weiteren rationalen Punkt $(\frac{129}{100}, \frac{383}{1000})$.

Ebenso wie die Sekantenmethode findet sich die Tangentenmethode implizit bereits in der „Arithmetika" des Diophantos von Alexandria. Bachet gab 1621 diese „Arithmetika", mit einem ausführlichen Kommentar versehen, heraus; daher wird die Tangentenmethode manchmal auch Bachet zugeschrieben.

Die Tangentenmethode wurde vielfach weiterentwickelt (zunächst von Euler und Cauchy) und wird in komplizierteren und allgemeineren Situationen angewandt, was mitunter technisch recht aufwendig ist.

Tangentenvektor an eine Kurve, *Tangentialvektor an eine Kurve*, ein Vektor $\mathfrak{t} \in \mathbb{R}^3$, dessen Richtung in einem Punkt P einer regulären Kurve in Richtung der Kurventangente zeigt.

Ist eine ↗ zulässige Parameterdarstellung $\alpha(t)$ der Kurve gegeben, so sind für wenig voneinander abweichende Parameterwerte t_0 und $t_0 + h$, $h \neq 0$, die zugehörigen Kurvenpunkte $P = \alpha(t_0)$ und $Q = \alpha(t_0 + h)$ verschieden und bestimmen daher eine Verbindungsgerade. Die Kurventangente ist Grenzlage dieser Verbindungsgeraden für $t \to 0$. Ein spezieller Tangentenvektor ergibt sich auch direkt aus der Parameterdarstellung α als Grenzwert

$$\alpha'(t_0) = \lim_{h\to 0} \frac{1}{h}\big(\alpha(t_0 + h) - \alpha(t_0)\big)$$

eines Differenzenquotienten. Ist $\beta(s)$ eine andere Parameterdarstellung, die sich durch eine Parametertransformation $s = s(t)$ aus $\alpha(t)$ ergibt, so ist der zugehörige Tangentenvektor $\beta'(s_0)$ für $s_0 = s(t_0)$ nach der Kettenregel ein skalares Vielfaches von $\alpha'(t_0)$. Es gilt

$$\beta'(s_0) = \frac{ds(t_0)}{dt}\alpha'(t_0).$$

Tangentenviereck, Viereck, dessen vier Seiten Tangenten eines gegebenen Kreises k sind.

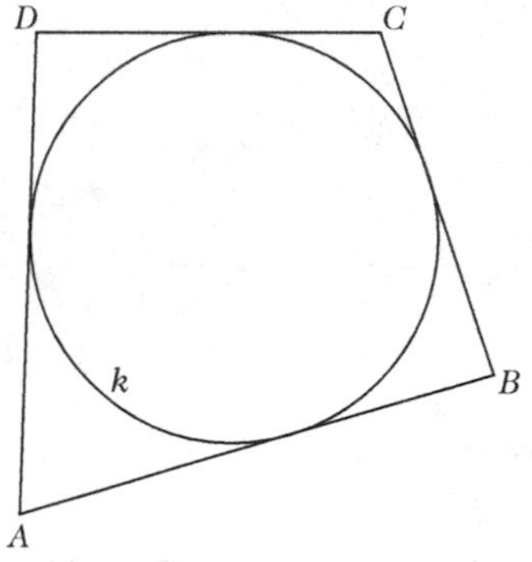

Tangentenviereck

In jedem Tangentenviereck ist die Summe der Längen zweier gegenüberliegender Seiten gleich der Summe der Längen der beiden anderen Gegenseiten.

Tangentialbeschleunigung, ↗ Beschleunigung.

Tangentialbündel, Struktur, die den "Vergleich" von Vektoren in verschiedenen Tangentialräumen einer differenzierbaren Mannigfaltigkeit M ermöglicht.

Als Menge ist das Tangentialbündel $TM = \bigcup_{p\in M} T_pM$ die disjunkte Vereinigung aller Tangentialräume, also

$$TM = \{(p, v) : p \in M, v \in T_p(M)\}.$$

Diese Menge wird durch folgenden Atlas zu einer differenzierbaren Mannigfaltigkeit der Dimension $2n$ (mit $n = \dim M$): Sei $\phi_* : T_pM \to \mathbb{R}^n$ die von einer Karte $\phi : U \to U_\phi \subseteq \mathbb{R}^n$ um $p \in M$ induzierte lineare Abbildung (Differential); dann liefert $(p, v) \mapsto (\phi(p), \phi_*(v)) \in \mathbb{R}^n \times \mathbb{R}^n$ die gewünschte Karte um (p, v).

Jede differenzierbare Abbildung $\phi : M \to N$ zwischen differenzierbaren Mannigfaltigkeiten induziert einen Morphismus $\Phi_* : TM \to TN$ der entsprechenden Tangentialbündel, welcher aus $\phi : M \to N$ und den linearen Abbildungen $\phi_* : T_pM \to T_{\phi(p)}N$ besteht. Man nennt ϕ eine Immersion, falls Φ_* injektiv ist.

Ein glattes Vektorfeld ξ auf einer differenzierbaren Mannigfaltigkeit M ist ein glatter Schnitt des Tangentialbündels, also eine differenzierbare Abbildung $\xi : M \to TM$ so, daß $\pi \circ \xi$ die Identität ist. Hierbei ist $\pi : TM \to M$ die durch $(p, v) \mapsto p$ definierte Projektion.

Siehe auch ↗ Tangentialgarbe.

Tangentialebene, die Ebene $T_P(\mathcal{F}) \subset \mathbb{R}^3$, die mit einer ↗ regulären Fläche $\mathcal{F} \subset \mathbb{R}^3$ in einem gegebenen Punkt $P \in \mathcal{F}$ einen Kontakt erster Ordnung hat.

Ist $\Phi(u, v)$ eine Parameterdarstellung der Fläche $\mathcal{F}$ (↗ Parameterdarstellung einer Fläche), d. h., eine differenzierbare, bijektive Abbildung von einer offenen Teilmenge $\mathcal{U} \subset \mathbb{R}^2$ auf eine offene, den Punkt P enthaltende Teilmenge $\mathcal{V} \subset \mathcal{F} \subset \mathbb{R}^3$, so gilt $P = \Phi(u_0, v_0)$ für eindeutig bestimmte Parameterwerte $(u_0, v_0) \in \mathcal{U}$, und die Tangentialvektoren

$$\Phi_u^{(0)} = \frac{\partial\Phi(u_0, v_0)}{\partial u} \quad \text{und} \quad \Phi_v^{(0)} = \frac{\partial\Phi(u_0, v_0)}{\partial v}$$

an die Parameterlinien $v = v_0$ bzw. $u = u_0$ durch P sind linear unabhängig. Unter diesen Voraussetzungen wird $T_P(\mathcal{F})$ durch die Parameterdarstellung

$$X(s, t) = P + t\,\Phi_u^{(0)} + s\,\Phi_v^{(0)}$$

oder durch die Gleichung

$$\langle X - P, \mathfrak{n}^{(0)}\rangle = 0$$

beschrieben, in der $\mathfrak{n}^{(0)}$ einen ↗ Normalenvektor der Fläche $\mathcal{F}$ im Punkt P bezeichnet, für den man in der Regel $\mathfrak{n}^{(0)} = \Phi_u^{(0)} \times \Phi_v^{(0)}$ oder den zugehörigen Einheitsnormalenvektor wählt.

Wenn $\mathcal{F}$ als Graph einer differenzierbaren Funktion $z = f(x, y)$ zweier Veränderlicher gegeben ist und P die Koordinaten $P = (x^{(0)}, y^{(0)}, f(x^{(0)}, y^{(0)}))^\top$ hat, setzt man

$$z^{(0)} = f(x^{(0)}, y^{(0)}) \,,\; z_x^{(0)} = \frac{\partial f(x^{(0)}, y^{(0)})}{\partial x} \,,$$

und

$$z_y^{(0)} = \frac{\partial f(x^{(0)}, y^{(0)})}{\partial y} \,,$$

und erhält die Parameterdarstellung und die Gleichung der Tangentialebene durch P in der Form

$$\begin{pmatrix} \xi \\ \eta \\ \zeta \end{pmatrix} = \begin{pmatrix} x^{(0)} \\ y^{(0)} \\ z^{(0)} \end{pmatrix} + s \begin{pmatrix} 1 \\ 0 \\ z_x^{(0)} \end{pmatrix} + t \begin{pmatrix} 0 \\ 1 \\ z_y^{(0)} \end{pmatrix}$$

bzw.

$$z - z^{(0)} = z_x^{(0)}(x - x^{(0)}) + z_y^{(0)}(y - y^{(0)}).$$

Allgemeiner ist der Begriff des Kontaktes erster Ordnung zweier k-dimensionaler Untermannigfaltigkeiten $N_1, N_2 \subset \mathbb{R}^n$ für beliebiges $n \geq k$ in einem gemeinsamen Punkt $P \in \mathcal{N}_1 \cap \mathcal{N}_2$ durch folgende Bedingung definiert: Es gibt Parameterdarstellungen Φ_1 und Φ_2 von N_1 bzw. N_2, die als differenzierbare Abbildungen auf einem gemeinsamen Parameterbereich $\mathcal{U} \subset \mathbb{R}^k$ definiert sind, die

(a) $\mathcal{U}$ diffeomorph auf offene Mengen $\mathcal{V}_1 \subset N_1$ bzw $\mathcal{V}_2 \subset N_2$ abbilden,

(b) in einem Punkt $Q \in \mathcal{U}$ den gleichen Wert $\Phi_1(Q) = \Phi_2(Q) = P$ haben, und

(c) deren partielle Ableitungen in Q gleich sind:

$$\frac{\partial \Phi_1(Q)}{\partial u_i} = \frac{\partial \Phi_2(Q)}{\partial u_i} \quad \text{für } i = 1, \dots, k.$$

Ist eine dieser Untermannigfaltigkeiten, etwa N_2, ein k-dimensionaler affiner Unterraum, so ist N_2 der ↗Tangentialraum $T_p(N_1)$ von N_1 im Punkt P. $T_p(N_1)$ ist durch die beiden Eigenschaften, affiner Unterraum zu sein und mit N_1 im Punkt P einen Kontakt erster Ordnung zu haben, eindeutig bestimmt. Mit dieser Definition des Tangentialraums wird der Begriff der Tangentialebene verallgemeinert.

Tangentialgarbe, Begriff aus der ↗Garbentheorie.

Sei X eine ↗algebraische Varietät oder ein ↗algebraisches Schema über einem Körper k, oder auch ein ↗komplexer Raum (wobei dann $k = \mathbb{C}$ ist). Eine k-Derivation auf einer offenen Menge $U \subset X$ ist ein k-linearer Garbenhomomorphismus $D : \mathcal{O}_X|U \to \mathcal{O}_X|U$, der die Leibnizregel

$$D(fg) = fD(g) + gD(f)$$

erfüllt. Die Derivationen bilden eine Garbe $\Theta_X = \Theta_{X|k}$ von $\mathcal{O}_X$-Moduln durch

$$U \mapsto \Theta_X(U) = \text{Menge aller } k-\text{Derivationen } \mathcal{O}_X|U \to \mathcal{O}_X|U \,,$$

und diese Garbe heißt die Tangentialgarbe. Sie läßt sich auch beschreiben als $\Theta_X = \mathcal{H}om_{\mathcal{O}_X}(\Omega^1_{X|k}, \mathcal{O}_X)$. Das Bündel

$$T(X) = \mathbb{V}(\Omega^1_{X|k}) \to X$$

(↗relatives Spektrum) heißt Tangentialbündel. Die Garbe der lokalen Schnitte von $T(X)$ über X ist also die Tangentialgarbe Θ_X.

Die Fasern von $T(X) \to X$ sind die Tangentialräume. Wenn X in einem affinen Raum $\mathbb{A}^n$ eingebettet ist, so liefert die Surjektion

$$\Omega^1_{\mathbb{A}^n|k}|X \simeq \mathcal{O}^n_X \to \Omega^1_{X|k}$$

eine Einbettung

$$T(X) \subset \mathbb{V}(\Omega^1_{\mathbb{A}^n|k} \mid \mathcal{O}_X) \cong X \times \mathbb{A}^n$$

(über X), in diesem Fall ist also der Tangentialraum $T_x(X)$ als linearer Unterraum in $\mathbb{A}^n$ eingebettet. Zu jeder abgeschlossenen Einbettung $X \subset Y$ ↗algebraischer Schemata oder komplexer Räume (↗analytischer Raum) erhält man eine exakte Folge

$$\mathcal{N}^*_{X|Y} \to \Omega^1_{Y|k} \mid X \to \Omega^1_{X|k} \to 0$$

(↗Normalenbündel), und dementsprechend exakte Folgen

$$0 \to \Theta_X \to \Theta_Y \mid X \to \mathcal{N}_{X|Y}$$

($\mathcal{N}_{X|Y}$ die Normalengarbe) bzw.

$$0 \to T(X) \to T(Y) \mid X \to N_{X|Y} \,.$$

Wenn X und Y glatt sind, so ist $\Theta_Y \mid X \to \mathcal{N}_{X|Y}$ bzw. $T(Y) \mid X \to N_{X|Y}$ surjektiv.

Tangentialkegel, Begriff aus der Theorie der affinen Hyperflächen bzw. der algebraischen Geometrie.

Eine Menge $C \subset \mathbb{C}^n$ bezeichnet man als Kegel mit Spitze p, wenn gilt:

$$p \in C, \;\; q \in C - p \;\Rightarrow\; L(q) \subseteq C.$$

Dabei bezeichne $L(q)$ die Gerade durch p und q. Man spricht von einem algebraischen Kegel, wenn C zudem noch eine algebraische Menge ist.

Sei $f \in \mathbb{C}[z_1, \dots, z_n] \setminus \{0\}, X = V(f)$ die Nullstellenmenge von f, und sei $p \in X$. Die Vereinigung aller Tangenten L an X in p (d. h. aller Geraden $L \subseteq \mathbb{C}^n$ durch p, für deren Schnittvielfachheit mit X in p

$$\mu_p(X \cdot L) > \mu_p(X)$$

gilt) bildet einen Kegel mit Spitze p. Diesen Kegel nennt man den Tangentialkegel zu X in p und bezeichnet ihn mit $cT_p(X)$, also

$$cT_p(X) = \bigcup_{\mu_p(X \cdot L) > \mu_p(X)} L.$$

Es gilt der folgende Satz:

Sei $f \in \mathbb{C}[z_1, \ldots, z_n] \setminus \{0\}$ quadratfrei, und sei $p \in X = V(f)$. Ist $f^{(p)}$ der Leitterm von f an der Stelle p, so gilt

$$cT_p(X) = V(f^{(p)}).$$

Insbesondere ist also der Tangentialkegel ein algebraischer Kegel.

Tangentialraum, Verallgemeinerung des Tangentenbegriffs aus der reellen Analysis.

Seien M eine differenzierbare Mannigfaltigkeit, $p \in M$ ein Punkt auf M, und f, g differenzierbare reellwertige Funktionen in Umgebungen von p. Man nennt $f \sim g$ äquivalent, wenn es eine Umgebung von p gibt, auf der f und g übereinstimmen. Die Äquivalenzklassen dieser Funktionen nennt man Keime differenzierbarer Funktionen auf M um p, und die Menge $\mathcal{E}_p(M)$ aller solchen Keime bildet ersichtlich einen $\mathbb{R}$-Vektorraum. Der Tangentialraum $T_p(M)$ kann algebraisch definiert werden als der $\mathbb{R}$-Vektorraum der Derivationen auf $\mathcal{E}_p(M)$, also der linearen Abbildungen $v : \mathcal{E}_p(M) \to \mathbb{R}$ mit $v(fg) = v(f)g(p) + f(p)v(g)$.

Daneben kann man T_pM noch geometrisch über Äquivalenzklassen glatter Kurven durch p oder explizit mit Hilfe von Kartenwechseln definieren. Die Dimension $\dim M$ der Mannigfaltigkeit stimmt mit der $\mathbb{R}$-Vektorraumdimension $\dim T_pM$ jedes Tangentialraums überein.

Jede differenzierbare Abbildung $\phi : M \to N$ zwischen differenzierbaren Mannigfaltigkeiten induziert für jedes $p \in M$ eine lineare Abbildung $\phi_* : T_pM \to T_{\phi(p)}N$ zwischen den entsprechenden Tangentialräumen.

Siehe auch ↗Tangentialebene und ↗Zariski-Tangentialraum.

Tangentialraum an eine komplexe Mannigfaltigkeit, Vektorraum der Derivationen.

Ist M eine komplexe Mannigfaltigkeit, $p \in M$ ein beliebiger Punkt, und $z = (z_1, \ldots, z_n)$ ein beliebiges holomorphes Koordinatensystem um p, dann kann man den Tangentialraum an M an der Stelle p auf drei verschiedene Arten beschreiben:

1. $T_{\mathbb{R},p}(M)$ ist der gewöhnliche reelle Tangentialraum an M an der Stelle p, wobei M als reelle Mannigfaltigkeit der Dimension $2n$ betrachtet wird. Er kann realisiert werden als Raum der $\mathbb{R}$-linearen Derivationen auf dem Ring der reellwertigen C^∞-Funktionen in einer Umgebung von p, d. h., mit $z_i = x_i + iy_i$ gilt

$$T_{\mathbb{R},p}(M) = \mathbb{R}\left\{\frac{\partial}{\partial x_i}, \frac{\partial}{\partial y_i}\right\}.$$

2. $T_{\mathbb{C},p}(M) = T_{\mathbb{R},p}(M) \otimes_{\mathbb{R}} \mathbb{C}$

ist der *komplexifizierte Tangentialraum* an M an der Stelle p. Er kann realisiert werden als Raum der $\mathbb{C}$-linearen Derivationen auf dem Ring der komplexwertigen C^∞-Funktionen in einer Umgebung von p. Es gilt

$$T_{\mathbb{C},p}(M) = \mathbb{C}\left\{\frac{\partial}{\partial x_i}, \frac{\partial}{\partial y_i}\right\} = \mathbb{C}\left\{\frac{\partial}{\partial z_i}, \frac{\partial}{\partial \bar{z}_i}\right\}.$$

3. $T'_p(M) = \mathbb{C}\left\{\frac{\partial}{\partial z_i}\right\} \subset T_{\mathbb{C},p}(M)$

heißt *holomorpher Tangentialraum* an M an der Stelle p. Er kann realisiert werden als der Unterraum von $T_{\mathbb{C},p}(M)$, der aus den Derivationen besteht, die auf den antiholomorphen Funktionen (d. h. f so, daß $\bar{f}$ holomorph ist) verschwinden.

Der Unterraum

$$T''_p(M) = \mathbb{C}\left\{\frac{\partial}{\partial \bar{z}_i}\right\} \subset T_{\mathbb{C},p}(M)$$

heißt *antiholomorpher Tangentialraum* an M an der Stelle p; es gilt

$$T_{\mathbb{C},p}(M) = T'_p(M) \oplus T''_p(M).$$

[1] Griffiths, P.; Harris, J.: Principles of Algebraic Geometry. Pure & Applied Mathematics John Wiley & Sons New York Toronto, 1978.

Tangentialraum an einen analytischen Raum, grundlegender Begriff in der Theorie der analytischen Räume.

Sei $(X, {}_X\mathcal{O})$ ein analytischer Raum, und sei $x \in X$. Eine *Derivation* von $\mathcal{O}_x$ (oder ein *Tangentialvektor*) an der Stelle x ist eine Abbildung $t : \mathcal{O}_x \to \mathbb{C}$ so, daß gilt

i) $t(af + bg) = at(f) + bt(g)$ für $a, b \in \mathbb{C}$, $f, g \in \mathcal{O}_x$;

ii) $t(fg) = f(x)t(g) + g(x)t(f)$.

Die Menge der Derivationen von $\mathcal{O}_x$ bildet einen Vektorraum über $\mathbb{C}$. Dieser Vektorraum heißt der *Tangentialraum an* X an der Stelle x und wird mit mit ${}_XT_x$ bezeichnet. Es gilt:

Sei $\varphi : (X, {}_X\mathcal{O}) \to (Y, {}_Y\mathcal{O})$ eine holomorphe Abbildung. Zu jedem $x \in X$ gibt es eine induzierte lineare Abbildung $\varphi_* : {}_XT_x \to {}_YT_{\varphi(x)}$. Ist φ injektiv (biholomorph) an der Stelle x, dann ist φ_* eineindeutig (isomorph) an der Stelle x. φ_* heißt das Differential von φ.

Weiterhin hat man folgende Aussage:

Es sei $x \in \mathbb{C}^n$. Dann liegen die Abbildungen $\partial/\partial z^i : {}_n\mathcal{O}_x \to \mathbb{C}$:

$$\frac{\partial}{\partial z^i}(f) = \frac{\partial f}{\partial z^i}(x)$$

in ${}_nT_x$ und bilden eine Basis von ${}_nT_x$.

Tangentialvektor an eine Kurve, ↗Tangentenvektor an eine Kurve.

Tarjan, Algorithmus von, berechnet in einem ↗zusammenhängenden Graphen G alle trennenden Ecken und alle ↗Blöcke von G.

Dieser Algorithmus von R.E. Tarjan aus dem Jahre 1972 besitzt die Komplexität $O(|K(G)|)$.

Tarjan, Robert Endre, Informatiker, geb. 30.4. 1948 Pomona (Calif.).

Tarjan schloß 1969 die erste Phase seines Studiums am California Institute of Technology in Pasadena (Calif.) ab und setzte es an der Universität in Stanford fort, an der er 1972 promovierte, und nach einer Assistenzprofessur an der Cornell Universität in Ithaca (NY) ab 1974 als Assistant bzw. ab 1977 als Associate Professor lehrte. 1980 nahm er eine Tätigkeit bei den Bell Labs von AT& T auf, die er bis 1990 ausübte. Gleichzeitig war er ab 1985 Professor an der Universität in Princeton (NJ.).

Tarjans Forschungen konzentrieren sich auf die Entwicklung effektiver Algorithmen, um Rechnungen auf Computern auszuführen. Er zog dazu vorrangig kombinatorische, insbesondere graphentheoretischen Methoden heran und schuf Algorithmen von großer Eleganz. Er entwickelte Testverfahren, um einen Graphen als planar nachzuweisen, und konstruierte für den Fall, daß eine planare Einbettung des Graphen existiert, diese Einbettung, wobei die Rechenzeit nur linear proportional der Anzahl der Kanten des Graphen ist. Seine Analyse der Schleifenstruktur gewisser gerichteter Graphen lieferte wichtige Resultate für die globale Strukturanalyse von Computerprogrammen.

Durch Tarjans Untersuchungen wurden zahlreiche bekannte Algorithmen verbessert und hoch effiziente neue geschaffen, die u. a. neue Lösungsverfahren für Probleme der numerischen Analysis ermöglichten. Neben der Graphentheorie hat Tarjan mit seinen Arbeiten die Komplexitätstheorie, die Computergeometrie und die Theorie der Datenstrukturen wesentlich bereichert.

1982 wurde Tarjan für seine Leistungen mit dem Nevanlinna-Preis geehrt.

Tarski, Alfred, polnisch-amerikanischer Mathematiker und Logiker, geb. 14.1.1901 Warschau, gest. 26.10.1983 Berkeley.

Nach dem Studium der Mathematik und Philosophie an der Warschauer Universität, unter anderem bei Lukasiewicz und Sierpinski, promovierte Tarski 1924 und habilitierte sich 1925. Bis 1939 war er Dozent für Philosophie der Mathematik an der Universität Warschau sowie am Polnischen Pädagogischen Institut, und außerdem am Zeromski-Gymnasium tätig. 1939 emigrierte er in die USA, wo er an der Harvard University und an der Universität in Berkeley arbeitete.

Tarski forschte auf dem Gebiet der Logik, der Mengenlehre und der Modelltheorie. Er veröffentlichte zur Kardinalzahlarithmetik, zur algebraischen Fassung des Begriffs der Folgerung und zum Wahrheitsbegriff in formalisierten Sprachen. Er gehörte zu den ersten, die formale Sprachen als abstrakte Algebren auffaßten. Weiterhin lieferte er wesentliche Beiträge zum Aufbau der Modelltheorie.

Bekannt ist Tarskis Name vor allem durch das ↗Banach-Tarskische Kugelparadoxon aus dem Jahr 1924.

Weitere Resultate Tarskis betreffen die Arithmetik, die Geometrie und die Gruppentheorie.

Tarski, Fixpunktsatz von, das Fixpunktprinzip von Birkhoff-Tarski:

Es seien X ein vollständiger Verband und $F : X \to X$ ein isotoner Operator. Dann hat F mindestens einen Fixpunkt.

Tartaglia, Niccolò, italienischer Mathematiker, geb. 1499 Brescia, gest. 13.12.1557 Venedig.

Tartaglia stammte aus sehr einfachen Verhältnissen und erhielt nur spärliche Schulausbildung. Ab 1517 arbeitete er in Verona als Rechenlehrer, und ab 1534 in Venedig.

Tartaglia fand nach eigenen Angaben 1535 unabhängig von dal Ferro das Lösungsverfahren für kubische Gleichungen. Nach der Veröffentlichung durch Cardano entbrannte ein heftiger Streit um die Urheberschaft des Verfahrens, der bis heute nicht gänzlich geklärt werden konnte.

Tartaglia beschäftigte sich außerdem mit dem Pascalschen Dreieck und zahlentheoretischen Extremwertaufgaben. Bedeutende Beiträge leistete er auch auf dem Gebiet der Ballistik. So fand er heraus, daß die Schußweite bei einem Schußwinkel von 45° am größten ist. Er gab die Werke des Archimedes und des Euklid in Italienisch heraus.

Taschenrechner, elektronisches Rechengerät im Taschenformat (meist bis zu 20 cm × 10 cm und 1 bis 3 cm dick).

Die Stromversorgung erfolgt in der Regel durch einen eingebauten Akku oder Solarzellen, aber auch durch ein zusätzliches Netzgerät. Der tradi-

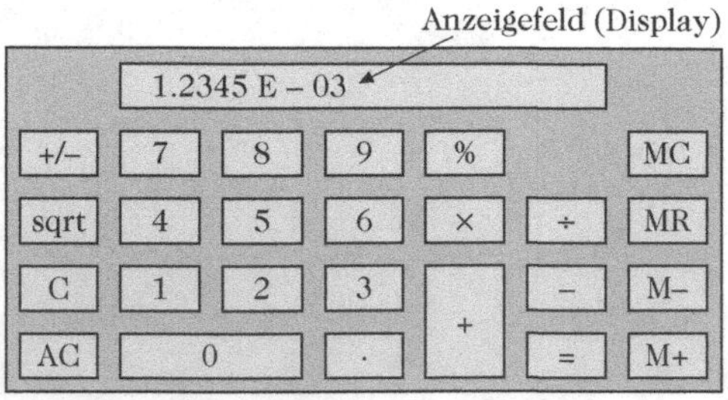

Taschenrechner der ersten Generation

tionelle Taschenrechner war zunächst für die vier Grundrechenarten und das Radizieren konzipiert.

Später wurden das Potenzieren und das Rechnen mit Funktionswerten der elementaren Funktionen sowie die Klammerrechnung hinzugefügt, weiterhin Funktionen und Umrechnungen in Abhängigkeit von der Zielgruppe, für die die Taschenrechner bestimmt waren, z. B. statistische und finanztechnische Berechnungen, Zinsrechnungen und Umrechnungen von Maßeinheiten.

Die Kapazität der Anzeige beträgt je nach Rechnertyp bis zu 10 Mantissenstellen (intern bis zu 15 Stellen) und zwei Exponentenstellen. Neben den traditionellen Taschenrechnern gibt es inzwischen auch programmierbare und graphikfähige Taschenrechner mit alphanumerischer Anzeigemöglichkeit, die z.T. Anschlußmöglichkeiten an PC oder Drucker haben. Eine weitere Entwicklungsstufe sind die Taschenrechner mit Computeralgebrasystemen, die formelmäßiges Arbeiten ermöglichen. Neue Entwicklungen lassen die Grenzen zwischen Taschenrechnern und anderen tragbaren Kleincomputern (Palmtops, Laptops) ins Fließen geraten. Die Taschenrechner haben sowohl die Rechenstäbe als auch die Tafelwerke verdrängt.

Tauber, Alfred, österreichischer Mathematiker, geb. 5.11.1866 Preßburg (Bratislava), gest. 26.7. 1942 Theresienstadt.

Nach dem Studium an der Universität Wien promovierte Tauber 1888 und habilitierte sich 1891. Ab 1895 war er Privatdozent an der Wiener Universität, und ab 1899 auch an der Technischen Hochschule Wien. Daneben wirkte er von 1892 bis 1908 als Chefmathematiker der Phönix-Versicherungsanstalt. Am 28.6.1942 wurde er aus Wien deportiert.

Taubers bedeutendste Leistungen liegen auf dem Gebiet der Funktionen- und Potentialtheorie. Als Umkehrproblem zum abelschen Grenzwertsatz für Potenzreihen führte er die Tauberschen Bedingungen ein. Weiterentwickelt und verallgemeinert wurde diese Theorie später von Hardy und Littlewood. Neben Arbeiten zur Lösung linearer Differentialgleichungen und zur Eulerschen Γ-Funktion beschäftigte sich Tauber vorwiegend mit Versicherungsmathematik.

Tauber, Satz von, ein Konvergenzsatz für Potenzreihen.

Es seien $\sum_{n=0}^{\infty} a_n z^n$ *eine Potenzreihe mit dem Konvergenzradius* $0 < r < \infty$ *und* $z_0 \in \mathbb{C}$ *mit* $|z_0| = r$ *gegeben. Gilt bei radialer Annäherung die Beziehung (Taubersche Bedingung)*

$$\lim_{z \to z_0} \sum_{n=0}^{\infty} a_n z^n = a \quad und \quad \lim_{n \to \infty} n \cdot a_n z_0^n = 0\,,$$

so folgt

$$\sum_{n=0}^{\infty} a_n z_0^n \;=\; a\,.$$

Wie Hardy und Littlewood gezeigt haben, gilt dieser Satz auch schon unter der schwächeren Bedingung $|n \cdot a_n z_0^n| < K$ mit einem festen $K > 0$.

Taussky-Todd, Olga, österreichisch-amerikanische Mathematikerin, geb. 30.8.1906 Olmütz (Olomouc, Tschechien), gest. 7.10.1995 Pasadena (Kalifornien).

Taussky-Todd studierte bis 1930 bei Furtwängler in Wien. Sie war dann 1931/32 Assistentin in Göttingen und 1933 Assistentin in Wien. 1934/35 weilte sie in den USA. Danach nahm sie eine Stelle in Cambridge (England) an und lehrte ab 1937 in London. 1947 ging sie erneut in die USA an das National Bureau of Standards in Los Angeles, und war ab 1957 Professorin am California Institute of Technology in Pasadena.

Taussky-Todd beschäftigte sich mit der algebraischen Zahlentheorie, insbesondere mit der Ideal- und der Klassenkörpertheorie. Daneben veröffentlichte sie auch zu Randwertproblemen hyperbolischer Differentialgleichungen und zur Numerischen Analysis. Ein weiteres Arbeitsgebiet war die Matrixtheorie.

Tau-Teilchen, schweres elektrisch geladenes Elementarteilchen.

Das Tau-Teilchen wird auch Tauon genannt und gehört zur Klasse der ↗Leptonen. Seine Lebensdauer beträgt etwa $5 \cdot 10^{-13}$ Sekunden. Das Antiteilchen heißt Anti-Tau-Teilchen.

Tautochrone, ↗isochrones Pendel.

Tautologie, zusammengesetzter Ausdruck (↗Formel), der schon aufgrund seiner logischen Struktur gültig ist.

In der ↗mathematischen Logik (siehe auch ↗Aussagenkalkül, ↗Prädikatenkalkül, ↗elementare Sprache) werden Ausdrücke und Aussagen aus Teilausdrücken zusammengesetzt. Der Wahrheitswert einer Tautologie ist bei jeder Belegung stets *wahr*, unabhängig davon, welchen Wahrheitswert die Teilausdrücke dabei annehmen.

Tautologien sind ↗allgemeingültige Ausdrücke. Sie können aufgrund ihrer Allgemeingültigkeit als Beweismittel verwendet werden, wie z. B. die Kontraposition:

$$(A \to B) \leftrightarrow (\neg B \to \neg A) .$$

Weitere Beispiele für Tautologien sind:

$$A \to A\,, \quad \big((A \to B) \wedge (B \to A)\big) \to (A \leftrightarrow B)\,,$$

sowie der Kettenschluß

$$\big((A \to B) \wedge (B \to C)\big) \to (A \to C)\,,$$

und die Axiome $\mathsf{Ax}_1 - \mathsf{Ax}_{12}$ des Prädikatenkalküls.

Die Negation einer Tautologie ist eine ↗Kontradiktion, sie ist niemals wahr.

Tautologietest, Verfahren, das überprüft, ob für eine ↗Boolesche Funktion $f : D \to \{0,1\}$ mit $D \subseteq \{0,1\}^n$ für alle $\alpha \in D$ $f(\alpha) = 1$ gilt.

tautologisches Bündel, ↗holomorphes Vektorbündel.

Taxis, die Ausrichtung von Organismen auf äußere Reize, z. B. Hinwendung zum Licht (↗Chemotaxis).

Taylor, Brook, englischer Mathematiker, geb. 18.8.1685 Edmonton (Middlesex, England), gest. 29.12.1731 London.

Taylor war der Sohn einer recht wohlhabenden Familie und wurde zunächst vom Vater in Musik und Malerei unterrichtet. Ab 1703 studierte er in Cambridge Jura, wandte sich aber später der Mathematik und den Naturwissenschaften zu. Bereits während seines Studiums, 1708, schrieb er seine erste mathematische Arbeit zur Bestimmung der Schwingungsmittelpunkte von Körpern, die aber erst 1714 veröffentlicht wurde. Ab 1712 war er Mitglied der Royal Society und zwischen 1714 und 1718 auch deren Sekretär. Vermutlich aus gesundheitlichen Gründen gab Taylor 1718 seine Stellung in der Akademie auf und lebte fortan als Privatgelehrter.

In den Jahren zwischen 1712 und 1724 publizierte Taylor 13 Arbeiten zu verschiedensten Themen der Angewandten Mathematik. Sein Hauptwerk „Methodus incrementorum directa et inversa“ erschien 1715. Hierin fanden sich Untersuchungen zu singulären Lösungen von Differentialgleichungen, zu höherdimensionalen Kurven und zur schwingenden Saite. Insbesondere enthält das Buch bereits die Idee der Reihenentwicklung, die später nach Taylor benannt wurde und ein fundamentales Instrument der Analysis darstellt. Allerdings wurde die Wichtigkeit dieser Taylorschen Entdeckung erst etliche Jahre später erkannt, vermutlich erstmals von Lagrange im Jahre 1772.

Ebenfalls im Jahre 1715 erschien Taylors Arbeit „Linear perspective“ (ab der zweiten Auflage umbenannt in „New principles of linear perspective“), in der er Beiträge zur darstellenden Geometrie lieferte. Daneben publizierte Taylor auch über physikalische, philosophische und religiöse Fragen.

Taylor, Satz von, nennt Darstellungen des Restglieds $R_k(f,a)(x) = f(x) - T_k(f,a)(x)$ der ↗Taylor-Reihe $T(f,a)(x)$ an der Entwicklungsstelle $a \in I$ einer auf einem offenen Intervall $I \subset \mathbb{R}$ definierten $(k+1)$-mal stetig differenzierbaren Funktion $f : I \to \mathbb{R}$ und ist damit ein wichtiges Hilfsmittel bei der Herleitung von Kriterien für die Darstellbarkeit einer Funktion durch ihre Taylor-Reihe, sowie etwa bei Fehlerabschätzungen und zum Beweisen von Bedingungen für das Vorliegen lokaler Extrema wie z. B. im Satz von Maclaurin (↗Maclaurin, Satz von).

Eine leicht einprägsame Darstellung erhält man aus der von Joseph Louis de Lagrange (1797) stammenden Formel

$$f(x) = \sum_{\kappa=0}^{k} \frac{f^{(\kappa)}(a)}{\kappa!}(x-a)^\kappa + \frac{f^{(k+1)}(\xi)}{(k+1)!}(x-a)^{k+1}$$

mit einem geeigneten $\xi = \xi(f,a,x,k)$ aus (a,x) bzw. (x,a). Dies ist eine Verallgemeinerung des Mittelwertsatzes der Differentialrechnung, den man mit $k = 0$ erhält. Die Darstellung

$$\frac{f^{(k+1)}(\xi)}{(k+1)!}(x-a)^{k+1}$$

von $R_k(f,a)(x)$ heißt *Lagrange-Restglied*. Mit einem geeigneten $t = t(f,a,x,k) \in (0,1)$ hat also das Restglied die Gestalt

$$\frac{f^{(k+1)}(a + t(x-a))}{(k+1)!}(x-a)^{k+1}\,.$$

Eine sehr allgemeine Restglieddarstellung hat man in dem auf Oskar Schlömilch (1847) zurückgehenden *Schlömilch-Restglied*

$$\frac{\psi(x) - \psi(a)}{\psi'(\xi)}\,\frac{f^{(k+1)}(\xi)}{k!}\,(x-\xi)^k$$

mit einer beliebigen stetigen und im Inneren von I differenzierbaren Funktion $\psi : I \to \mathbb{R}$ mit $\psi'(z) \neq 0$ für alle z aus dem Inneren von I und einem dazu geeignet gewähltem $\xi = \xi(f, a, x, k, \psi)$ aus (a, x) bzw. (x, a).

Für $\psi(z) = (x - z)^p$ mit beliebigem $p \in \mathbb{N}$ erhält man hieraus das auf Édouard Albert Roche (1858) zurückgehende *Schlömilch-Roche-Restglied*

$$\frac{f^{(k+1)}(\xi)}{p \cdot k!} (x - \xi)^{k+1-p} (x - a)^p ,$$

woraus sich für $p = 1$ das von Augustin-Louis Cauchy (1823) stammende *Cauchy-Restglied*

$$\frac{f^{(k+1)}(\xi)}{k!} (x - \xi)^k (x - a)$$

ergibt, sowie für $p = k + 1$ gerade wieder das Lagrange-Restglied.

Schließlich gibt es noch die *Integralform* des Restglieds

$$\int_a^x \frac{f^{(k+1)}(\xi)}{k!} (x - \xi)^k \, d\xi$$

oder auch

$$\int_0^1 \frac{f^{(k+1)}(a + t(x - a))}{k!} (1 - t)^k \, dt \, (x - a)^{k+1} .$$

Der Satz von Taylor gibt auch für die mehrdimensionale Situation Restglieddarstellungen an: Ist $n \in \mathbb{N}$, $U \subset \mathbb{R}^n$ offen, und sind $a, x \in U$ derart, daß die ganze Strecke $[a, x]$ in U liegt, so lautet etwa das Langrage-Restglied für eine $(k + 1)$-mal stetig differenzierbare Funktion $f : U \to \mathbb{R}$ mit einem geeigneten $t = t(f, a, x, k) \in (0, 1)$

$$\sum_{|\kappa|=k+1} \frac{\mathrm{D}^\kappa f(a + t(x - a))}{\kappa!} (x - a)^\kappa ,$$

wobei $|\kappa| = \kappa_1 + \cdots + \kappa_n$ sei für einen Multiindex $\kappa = (\kappa_1, \ldots, \kappa_n) \in \mathbb{N}_0^n$, ferner $\kappa! = \kappa_1! \cdot \cdots \cdot \kappa_n!$ sowie $\xi^\kappa = \xi_1^{\kappa_1} \cdot \cdots \cdot \xi_n^{\kappa_n}$ für $\xi \in \mathbb{R}^n$, und D den ↗ Differentialoperator bezeichnet. Der mehrdimensionale Satz von Taylor läßt sich durch Parametrisierung der Strecke $[a, x]$ auf den eindimensionalen zurückführen. Dies gilt auch für den gleichlautenden Satz von Taylor für auf einem normierten Vektorraum definierte $\mathbb{R}$-wertige Funktionen. Zudem wird man hier zu einer koordinatenfreien Darstellung geführt.

Es gibt auch Varianten des Satzes von Taylor mit o-Darstellungen (↗ Landau-Symbole) des Restglieds. Beispielsweise gilt

$$f(x) = \sum_{\kappa=0}^{k} \frac{f^{(\kappa)}(a)}{\kappa!} (x - a)^\kappa + o(|x - a|^k)$$

für auf einem offenen Intervall $I \subset \mathbb{R}$ definierte k-mal stetig differenzierbare Funktionen $f : I \to \mathbb{R}$ und $a \in I$.

[1] Forster, O.: Analysis 1,2. Vieweg Braunschweig, 1999, 1984.

[2] Strubecker, K.: Einführung in die höhere Mathematik II. Oldenbourg München, 1967.

Taylor-Entwicklung, ↗ Taylor-Reihe.

Taylor-Entwicklung eines Polynoms, stimmt mit dem Polynom überein.

Die Taylorentwicklung des Polynoms

$$f(x) = \sum_{\kappa=0}^{k} a_\kappa x^\kappa$$

an der Stelle b kann genutzt werden, um das Polynom als Summe von Potenzen $(x-b)^\kappa$ zu schreiben („um b zu entwickeln"). Es gilt

$$f(x) = \sum_{\kappa=0}^{k} \frac{f^{(\kappa)}(b)}{\kappa!} (x - b)^\kappa ,$$

f ist also identisch mit seinem ↗ Taylor-Polynom.

Taylor-Formel, ↗ Taylor-Reihe.

Taylor-Polynom, das zu einer auf einem offenen Intervall $I \subset \mathbb{R}$ definierten, k-mal ($k \in \mathbb{N}_0$) an einer Stelle $a \in I$ differenzierbaren Funktion $f : I \to \mathbb{R}$ gehörende Polynom

$$T_k(f, a)(x) = \sum_{\kappa=0}^{k} \frac{f^{(\kappa)}(a)}{\kappa!} (x - a)^\kappa .$$

$T_k(f, a)(x)$ heißt *Taylor-Polynom der Ordnung* k zu f an der *Entwicklungsstelle* a.

$T_0(f, a)$ ist das Polynom mit dem konstanten Wert $f(a)$, $T_1(f, a)$ eine affin-lineare und $T_2(f, a)$ eine quadratische Näherung an f. Allgemein ist $T_k(f, a)$ gerade das (eindeutig bestimmte) Polynom P_k vom Grad höchstens k, das an der Stelle a bis zur k-ten Ableitung mit f übereinstimmt, d. h. für das $P_k^{(\kappa)}(a) = f^{(\kappa)}(a)$ gilt für alle $\kappa \in \{0, \ldots, k\}$. Das Taylor-Polynom kann also auch als Lösung eines speziellen ↗ Hermite-Interpolationsproblems aufgefaßt werden.

Für ‚gutartige' Funktionen f liefern mit wachsendem k die Taylor-Polynome $T_k(f, a)$ in der Umgebung von a immer bessere Annäherungen an f. Genaueres hierzu sagen etwa der Satz von Bernstein (↗ Bernstein, Satz von, über Taylorreihen) und vor allem der Satz von Taylor (↗ Taylor, Satz von).

Die Folge der Taylor-Polynome zu einer Funktion an einer festen Entwicklungsstelle ist ihre ↗ Taylor-Reihe an dieser Stelle.

Diese Begriffe lassen sich in natürlicher Weise auf die mehrdimensionale Situation verallgemeinern:

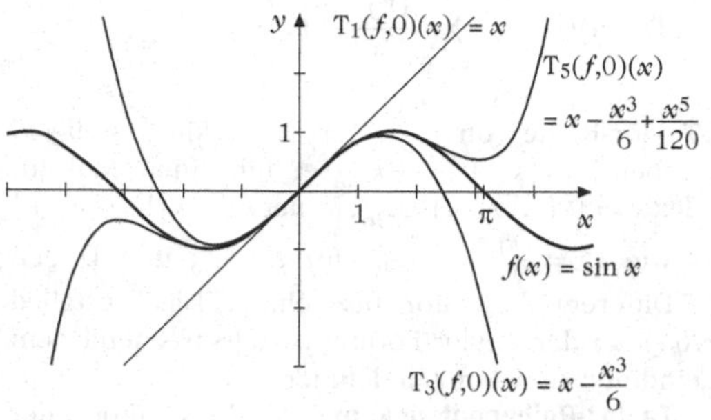

Ist $n \in \mathbb{N}$, $U \subset \mathbb{R}^n$, $k \in \mathbb{N}_0$ und $f : U \to \mathbb{R}$ k-mal differenzierbar an der inneren Stelle $a \in U$, so heißt das Polynom in n Variablen $x = (x_1, \dots, x_n)$

$$T_k(f,a)(x) = \sum_{|\kappa|\le k} \frac{D^\kappa f(a)}{\kappa!}(x-a)^\kappa$$

Taylor-Polynom von f der Ordnung k an der Entwicklungsstelle a, wobei $|\kappa| = \kappa_1 + \dots + \kappa_n$ sei für einen Multiindex $\kappa = (\kappa_1, \dots, \kappa_n) \in \mathbb{N}_0^n$, ferner $\kappa! = \kappa_1! \cdot \dots \cdot \kappa_n!$ sowie $\xi^\kappa = \xi_1^{\kappa_1} \cdot \dots \cdot \xi_n^{\kappa_n}$ für $\xi \in \mathbb{R}^n$, und D den ↗Differentialoperator bezeichnet.

[1] Hoffmann, D.: Analysis für Wirtschaftswissenschaftler und Ingenieure. Springer Berlin, 1995.

[2] Kaballo, W.: Einführung in die Analysis I,II. Spektrum Heidelberg, 2000,1997.

Taylor-Reihe, *Taylor-Entwicklung*, die zu einer auf einem offenen Intervall $I \subset \mathbb{R}$ definierten, an einer Stelle $a \in I$, genannt *Entwicklungsstelle*, beliebig oft differenzierbaren (bzw. in einem komplexen Gebiet G holomorphen) Funktion $f : I \to \mathbb{R}$ (bzw. $f : G \to \mathbb{C}$) gehörende Folge der ↗Taylor-Polynome $T_k(f,a)$ zu f an der Entwicklungsstelle a, also die Potenzreihe

$$T(f,a)(x) = \sum_{\kappa=0}^{\infty} \frac{f^{(\kappa)}(a)}{\kappa!}(x-a)^\kappa .$$

Im Fall $a = 0$ nennt man eine Taylor-Reihe auch *Maclaurin-Reihe*.

Wir betrachten zunächst den eindimensionalen reellen Fall: Die Taylor-Reihe kann für alle $x \in I \setminus \{a\}$ divergent sein, insbesondere also den Konvergenzradius 0 haben. Dies ist etwa für die durch $f(x) := \sum_{n=1}^{\infty} (\cos n^2 x)/2^n$ für $x \in \mathbb{R}$ definierte differenzierbare Funktion $f : \mathbb{R} \to \mathbb{R}$ der Fall, die an der Entwicklungsstelle 0 eine nur dort konvergente Taylor-Reihe besitzt.

Auch wenn die Taylor-Reihe für ein $x \in I \setminus \{a\}$ konvergiert, ist $T(f,a)(x) \ne f(x)$ möglich, es kann sogar $T(f,a)(x)$ für jedes $x \ne a$ verschieden von $f(x)$ sein. So hat etwa die durch $g(0) := 0$ und $g(x) := \exp(-1/|x|)$ für $x \ne 0$ definierte, beliebig oft differenzierbare Funktion $g : \mathbb{R} \to \mathbb{R}$ eine Taylor-Reihe an der Entwicklungsstelle 0, die identisch 0 ist. In diesem Zusammenhang sei auf den Satz von Borel (↗Borel, Satz von) verwiesen.

Man nennt eine beliebig oft differenzierbare Funktion $f : I \to \mathbb{R}$ *reell-analytisch*, wenn es zu jedem $a \in I$ eine Umgebung $U \subset I$ von a derart gibt, daß für alle $x \in U$ die Taylor-Reihe $T(f,a)(x)$ gegen $f(x)$ konvergiert. Polynome, Exponential- und Winkelfunktionen und alle weiteren durch Potenzreihen mit positivem Konvergenzradius definierte Funktionen sind reell-analytisch, aber nicht die eben betrachtete Funktion g.

Jede Potenzreihe mit Konvergenzradius $R > 0$ ist gerade die Taylor-Reihe der durch sie im Konvergenzbereich dargestellten Funktion. Insbesondere gibt es zu einer gegebenen Funktion höchstens eine Potenzreihendarstellung zu einem festen Entwicklungspunkt.

Die Taylor-Reihe zu f um a konvergiert an einer Stelle $x \in I$ gegen $f(x)$ genau dann, wenn das Restglied $R_k(f,a)$ in der *Taylor-Formel*

$$f(x) = T_k(f,a)(x) + R_k(f,a)(x)$$

für $k \to \infty$ gegen 0 konvergiert. Man kann dann also $f(x)$ aus dem Wert von f und hinreichend vielen seiner Ableitungen $f^{(\kappa)}$ an der Stelle a beliebig genau berechnen. Notwendige Voraussetzung hierfür ist die Konvergenz von $T_k(f,a)(x)$ für $k \to \infty$, insbesondere ein nicht zu starkes Wachsen der Ableitung $f^{(\kappa)}(a)$ für $\kappa \to \infty$. Hinreichend für die Konvergenz von $T_k(f,a)(x)$ gegen $f(x)$ ist etwa die Existenz aller höheren Ableitungen von f auf ganz I und von Konstanten $\alpha, C \ge 0$ mit $|f^{(\kappa)}(x)| \le \alpha C^\kappa$ für alle $x \in I$ und $\kappa \in \mathbb{N}$.

Der Satz von Bernstein (↗Bernstein, Satz von, über Taylorreihen) gibt eine hinreichende Bedingung für die Darstellbarkeit einer Funktion durch ihre Taylorreihe an. Der Satz von Taylor (↗Taylor, Satz von) macht genauere Aussagen über das Restglied.

Diese Begriffe lassen sich in natürlicher Weise auf die komplexe ebenso wie die mehrdimensionale Situation verallgemeinern. Zunächst einige ergänzende Bemerkungen zum komplexen Fall:

Ist f eine in einem ↗Gebiet $G \subset \mathbb{C}$ ↗holomorphe Funktion, so ist die Taylor-Reihe von f mit Entwicklungspunkt $z_0 \in G$ – in völliger Analogie zum reellen Fall – definiert durch

$$\sum_{\kappa=0}^{\infty} a_\kappa (z - z_0)^\kappa ,$$

wobei

$$a_\kappa := \frac{f^{(\kappa)}(z_0)}{\kappa!}, \quad \kappa \in \mathbb{N}_0 ,$$

und auch das k-te Taylor-Polynom $T_k(f, z_0)$ ist analog definiert.

Für jedes $n \in \mathbb{N}_0$ existiert eine in G holomorphe Funktion f_n derart, daß

$$f(z) = T_n(f, z_0)(z) + f_n(z)(z - z_0)^{n+1}$$

für alle $z \in G$. Ist $B_r(z_0)$ die größte offene Kreisscheibe mit Mittelpunkt z_0 und Radius r, die in G enthalten ist, so gilt für f_n die Integraldarstellung

$$f_n(z) = \frac{1}{2\pi i} \int\limits_{\partial B_\varrho(z_0)} \frac{f(\zeta)}{(\zeta - z)(\zeta - z_0)^{n+1}}\, d\zeta$$

für alle $z \in B_\varrho(z_0)$, wobei $0 < \varrho < r$. Hieraus folgt, daß die Taylor-Reihe von f um z_0 in $B_r(z_0)$ normal konvergent gegen f ist. Eine in G holomorphe Funktion f ist also um jeden Punkt $z_0 \in G$ in eine Taylor-Reihe entwickelbar. Für die Taylor-Koeffizienten gilt ebenfalls eine Integraldarstellung:

$$a_\kappa = \frac{1}{2\pi i} \int\limits_{\partial B_\varrho(z_0)} \frac{f(\zeta)}{(\zeta - z_0)^{\kappa+1}}\, d\zeta\,, \quad \kappa \in \mathbb{N}_0\,.$$

Beispiele für Taylor-Reihen der wichtigsten Funktionen sind unter den entsprechenden Stichwörtern zu finden.

Ist schließlich $n \in \mathbb{N}$, $U \subset \mathbb{R}^n$ und $f : U \to \mathbb{R}$ beliebig oft differenzierbar an der inneren Stelle $a \in U$, so heißt die Folge der Taylor-Polynome $T_k(f, a)$ zu f um a, also die Potenzreihe in n Variablen $x = (x_1, \ldots, x_n)$

$$T(f, a)(x) = \sum_{|\kappa|=0}^{\infty} \frac{D^\kappa f(a)}{\kappa!} (x - a)^\kappa$$

Taylor-Reihe von f an der Entwicklungsstelle a, wobei $|\kappa| = \kappa_1 + \cdots + \kappa_n$ sei für einen Multiindex $\kappa = (\kappa_1, \ldots, \kappa_n) \in \mathbb{N}_0^n$, ferner $\kappa! = \kappa_1! \cdot \cdots \cdot \kappa_n!$ sowie $\xi^\kappa = \xi_1^{\kappa_1} \cdot \cdots \cdot \xi_n^{\kappa_n}$ für $\xi \in \mathbb{R}^n$, und D den ↗Differentialoperator bezeichnet. Das Restglied $R_k(f, a)$ der Taylor-Formel ist entsprechend dem eindimensionalen Fall definiert.

Taylor-Reihenentwicklung, die Konstruktion der ↗Taylor-Reihe einer Funktion.

TC^k, Sprachklasse aller Folgen Boolescher Funktionen

$$f_n : \{0, 1\}^n \to \{0, 1\},$$

die sich in ↗Thresholdschaltkreisen mit polynomiell beschränkten Gewichten mit polynomiell vielen Bausteinen in Tiefe $O(\log^k n)$ berechnen lassen.

Bereits für $k = 0$, d. h. konstante Tiefe, ergibt sich ein mächtiges Berechnungsmodell. In TC^0 sind alle arithmetischen Funktionen enthalten.

Seit langem ist es die größte Herausforderung im Gebiet Komplexität Boolescher Funktionen, für ein Problem in ↗NP zu zeigen, daß die zugehörige Folge Boolescher Funktionen nicht in Thresholdschaltkreisen polynomieller Größe in Tiefe 3 realisierbar ist.

TDNN, ↗Time-Delay-Netz.

Technomathematik

H. Neunzert

Der Name *Technomathematik* ist etwas über zwanzig Jahre alt; er wurde 1979 in Kaiserslautern für ein neues Studienprogramm, das Mathematik und Technik besser verschmelzen sollte, geprägt.

Die Einführung eines Diplomstudiengangs Mathematik in den Vierzigerjahren des 20. Jahrhunderts entsprang einer ähnlichen Motivation: Neben das Lehramtsstudium sollte ein Studium der Mathematik treten, das den Möglichkeiten dieser Wissenschaft in Technik und Industrie entsprach. Daß diese Diplommathematiker im Laufe der Zeit immer weniger „angewandt" wurden, hat sicher mit der deutschen Geschichte zu tun; jedenfalls zeigten Untersuchungen um 1975, daß die Diplomausbildung wenig mit der Berufspraxis in Wirtschaft und Industrie zu tun hatte – zum Nachteil der Mathematiker, die oft als „Aushilfsinformatiker" genutzt wurden. Es gab an vielen Orten Bemühungen, dies zu verändern – eine dieser Bemühungen war die Einführung des Studiengangs Technomathematik. Daß diese Bemühung heute als eine der erfolgreichsten angesehen werden kann – der Studiengang hat sich an etwa 20 deutschen und mehreren europäischen Hochschulen etabliert – hängt wohl damit zusammen, daß die Verbindung von (mathematischer) Theorie mit Praxis sowohl den Wünschen eben dieser Praxis wie auch den Vorstellungen von Studenten entsprach. Ähnliches gilt für die Wirtschaftsmathematik und die Finanzmathematik. Alle diese Studiengänge sind keine Massenveranstaltungen – in Technomathematik nehmen sicher nicht mehr als 200 Studenten jährlich ein solches Studium auf; dies macht aber andererseits Qualitätskontrolle und Garantie erst möglich und führt dazu, daß Technomathematiker in der Industrie, aber auch in der ingenieurwissenschaftlichen

Forschung sehr gesucht sind. Die für den Studiengang erforderliche enge Verzahnung mit der Praxis hat auch die Forschung stark beeinflußt. Deshalb ist Technomathematik heute auch die Bezeichnung für ein Forschungsgebiet. Dabei erfolgt die Definition dieses Begriffs weniger über die Inhalte, wie dies etwa in Algebra oder Analysis der Fall ist, sie bezieht sich vielmehr auf den Ursprung der mathematischen Probleme, mit denen sich diese Forschung beschäftigt, sowie auf ihre Ziele und die Interpretation der Ergebnisse. Technomathematik in diesem Sinn ist eine interdisziplinäre Tätigkeit, die auf moderner Mathematik basiert, sie ist eine „Technologie".

Technomathematik als Forschungsgebiet

Die Art, wie technische Systeme erfunden oder weiterentwickelt werden, hat sich in den letzten zwanzig Jahren stark verändert. An Stelle von Realexperimenten tritt mehr und mehr die Computersimulation; man arbeitet zunehmend in virtuellen statt in realen Welten. Computersimulation meint die Abbildung eines realen (z. B. technischen) Systems in den Rechner: Das virtuelle System verhält sich dabei „im wesentlichen" wie das reale System. Diese Abbildung in den Rechner hat drei Schritte: Man braucht zunächst ein mathematisches Modell des Systems, d. h. mathematische Gleichungen oder Relationen, die das System zuverlässig beschreiben; dann benötigt man Algorithmen, die diese Gleichungen zumindest näherungsweise lösen; und schließlich muß man die Algorithmen in einem Rechner implementieren.

Modelle-Algorithmen-Programme = MAP, eine Abbildung (englisch: map) von der realen in die virtuelle Welt. Und hier ist nun Mathematik überall: Die Modelle für die Systeme sind aus Mathematik gemacht. Mathematik ist der Rohstoff der Modelle – je besser der Rohstoff, desto besser i. allg. auch die Modelle. „Modellieren" ist deshalb auch eine mathematische Tätigkeit – sie ist nicht nur Mathematik, man braucht auch Natur- und Ingenieurwissenschaften. Natürlich vernachlässigen Modelle als unwesentlich erachtete Details – sie entstehen durch Abstraktion. Dabei sollen sie so komplex wie nötig und so einfach wie möglich sein. Häufig sind Modelle für klassische, physikalische Prozesse zu komplex; 3-dimensionale Navier-Stokes-Gleichungen bei hohen Reynoldszahlen in 3 Dimensionen sind zwar oft richtig, aber ebenso oft auch komplizierter als notwendig und weder analytisch noch numerisch mit vertretbarem Aufwand lösbar. Asymptotische Analysis, die Entdeckung kleiner Parameter etwa durch Entdimensionalisierung, und anschließender Grenzübergang, bei dem dieser kleine Parameter gegen Null geht, schaffen oft einfachere, aber noch genügend genaue Modelle. Dieser Grenzübergang erfordert zuerst eine richtige Skalierung des Parameters; dies ist häufig eine Kunst, die insbesondere in der britischen Tradition der angewandten Mathematik gepflegt wird. Deshalb versteht man unter Modellierung in dieser Tradition auch gelegentlich die Vereinfachung durch Asymptotik; ein strenger Beweis der Konvergenz in geeigneten topologischen Räumen ist eine wichtige Aufgabe der reinen Mathematik, der sich die Technomathematik bewußt sein sollte, ohne sie zu einem Schwerpunkt der eigenen Arbeit zu machen. Auf keinen Fall darf die Technomathematik aber die Vereinfachung übertreiben: So komplex wie nötig ist der wichtigere Grundsatz.

In der Technomathematik modelliert man sehr viel mittels Differential- und Integralgleichungen, insbesondere mittels Differentialgleichungen der klassischen Physik; aber viele Modelle beziehen sich auch auf geeignete Abstände oder Nachbarschaftsbeziehungen – man modelliert also mit Funktionalanalysis oder Topologie.

Ein weiterer, großer Bereich sind stochastische Modelle, insbesondere stochastische Prozesse und stochastische Differentialgleichungen. Inhomogene technische Materialien müssen oft mit Hilfe der stochastischen Geometrie modelliert werden. Input-Output-Systeme, deren Verhalten sich nicht durch naturwissenschaftliche Gesetze beschreiben lassen, für die aber sehr umfangreiche Erfahrungen in Form von Input-Output-Daten vorliegen, werden durch Abbildungsklassen modelliert, die etwa aus der Kontrolltheorie oder allgemeiner der Systemtheorie stammen oder neuronale Netze verschiedener Art darstellen. Aber auch Differentialgeometrie, Funktionentheorie oder Algebra finden hin und wieder Anwendung, insbesondere in der Elektrotechnik. Der Technomathematiker benötigt also eine breite mathematische Basis, aber er wird diese selbst nur dann erweitern, wenn das Modellierungsproblem mit den bestehenden Konzepten nicht auskommt; letzteres ist allerdings nicht selten. Wie gesagt, Modellieren ist auch Mathematik, aber nicht nur. Man braucht auch Kenntnisse der zu modellierenden Wirklichkeit; dazu muß man nicht Naturwissenschaftler oder Ingenieur werden, aber man muß sich mit diesen Fachleuten verständigen, mit ihnen kooperieren können. Grundlagenkenntnisse in der Sprache dieser Wissenschaften, vor allem aber ein echtes Interesse für sie, ist wichtig. Oft sind die Anforderungen an das Modell nicht eindeutig definiert – man muß sich, anders als in der reinen Mathematik, auf vage Problemstellungen einlassen. Es gibt viele Modelle, manchmal sogar mehrere gleich gute; man kann nicht immer sagen, welches das richtigere ist. Modellieren ist also eine Komponente der Technomathematik; das Auswerten der Modelle die andere. Auswerten der Modelle meint Lösung der Gleichungen, Berechnung der Normen, Bestimmung von Verteilungen, Identifikation von Systemabbildungen. Natürlich ist das nicht immer exakt zu leisten – man braucht oft Näherungen, und um sie zu berechnen, braucht man meist den Computer.

Es ist offenkundig dieses ungeheur effiziente Werkzeug, das der Mathematik eine völlig neue Rolle und Bedeutung verliehen hat. Ihre Wichtigkeit nicht nur, aber insbesondere für die Technik ist dadurch enorm gestiegen – und natürlich beruht Technomathematik ebenfalls auf einer effizienten Anwendung dieses Werkzeugs. „Scientific Computing" oder seine leider mehrdeutige Übersetzung „Wissenschaftliches Rechnen" ist neben Modellierung also die zweite Komponente dieser Disziplin. Natürlich gibt es auch hin und wieder analytische Lösungen, aber technische Systeme haben oft eine komplexe, 3-dimensionale Geometrie, die selten Symmetrie-Ideen bei der Lösungsberechnung zulassen. Technik dient, anders als z. B. Physik, nicht nur dem Verständnis, sondern der Vorhersage des Verhaltens realer Systeme; da kann man Geometrie selten vereinfachen. Scientific Computing setzt gute Computerkenntnisse voraus – man muß ein guter Nutzer des Rechners sein, um Technomathematik betreiben zu können. Aber da ist vor allem auch noch die mathematische Komponente: Es müssen effiziente, stabile Algorithmen entwickelt werden, die zu einer gegebenen Rechnerarchitektur passen. Der Fortschritt in der Lösungsgeschwindigkeit für Näherungsprobleme stammt ja nicht nur von der Verbesserung der Hardware, in mindestens demselben Umfang rührt er von der Verbesserung der Algorithmen her. Insbesondere bei der Lösung von Differentialgleichungen und etwa bei der Bildauswertung sind ungeheure Fortschritte erzielt worden. Multiskalenanalyse ist in beiden Bereichen unter dem Schlagwort „Multigrid" bzw. „Wavelet" von großer Bedeutung. Oft ist man ja an hochfrequenten Anteilen eines Signals oder Bildes nicht sehr interessiert, man will nur langskaliges Verhalten verstehen; andererseits beeinflussen aber diese „uninteressanten" Anteile die interessanten Phänomene, man muß sie bei der Berechnung also berücksichtigen. Wie dies geschickt, d. h. ohne Auflösung der hohen Frequenzen, gemacht wird, ist eine wichtige Problemstellung der Technomathematik; man denke nur an das Verhalten von Makromolekülen, deren Zitterbewegungen viel weniger interessieren als ihre stabilen Zustände, an das Rasseln von Getrieben oder an das Erkennen von Strukturen in sehr verrauschten Bildern. Stochastische Systeme spielt man oft nach, wobei man auch den Zufall im Rechner nachbilden muß – eine seltsame Aufgabe, da Zufall und Berechnung sich zu widersprechen scheinen; man muß sich genau überlegen, was man vom Zufall wirklich erwartet – Verfahren wie Monte-Carlo oder Quasi-Monte-Carlo spielen hier eine wichtige Rolle. Modellierer mit guten Kenntnissen in klassischer Physik (Thermodynamik, Kontinuumsmechanik etc.), in asymptotischer Analysis und in inversen Problemen, Mathematiker aus dem Bereich Scientific Computing, System- und Kontrolltheoretiker mit guter Beziehung zur Informatik wie etwa dem Data Mining, Signal- oder Bildverarbeiter und Statistiker bilden ein gutes Team für eine erfolgreiche Forschung in Technomathematik – und sie bilden auch ein gutes Team, um den Studiengang Technomathematik durchzuführen.

Technomathematik als Studium

Wie schon erwähnt, begann Technomathematik als Studiengang; zu Beginn des Jahres 2002 ist er an 20 deutschen Hochschulen eingeführt oder zumindest fest geplant. Auch europäische Studiengänge führen diesen Namen, der in jeder Sprache selbsterklärend ist. Voraussetzung der Technomathematik ist ein mathematischer Fachbereich, der ein passendes Team im oben angegebenen Sinne hat oder aufbaut, und der ein technisches Umfeld besitzt. Dieses Umfeld muß ja keine technische Universität sein, aber ganz ohne technische Fachbereiche geht es auch nicht; natürlich kann – und sollte – man sich die technischen Probleme auch in der Praxis, bei Firmen, holen, aber technische Vorlesungen muß man im Angebot haben. Grenzbereiche wie Biotechnologie oder Geowissenschaften sind durchaus möglich.

Voraussetzung ist natürlich auch, daß der Computer als Werkzeug gut erlernbar ist, eine ordentliche Informatik ist also wichtig. Das Studium der Technomathematik hat drei Bestandteile: Mathematik - Informatik - technisches Anwendungsfach. Es gibt eine Empfehlung der Gesellschaft für Angewandte Mathematik und Mechanik (GAMM), daß diese Fächer im Verhältnis 60:20:20 stehen sollen; die überwiegende Mehrheit der Studiengänge folgt dieser Empfehlung. 40% Nebenfächer reduziert den Mathematikanteil und bedeutet, zumindest wenn man annimmt, daß 100% in allen Mathematikstudien dieselbe Quantität meint, auch etwas weniger Mathematik. In der Tat wird man im Hauptstudium einige Spezialgebiete der reinen Mathematik, die nicht mehr oder noch nicht Anwendungen finden, zugunsten interdisziplinärer Aktivitäten fallen lassen. Im Grundstudium sind die Unterschiede gering; dies ist Absicht, da man Studienwechsel in die und aus der Technomathematik ermöglichen will. Das ist manchem, an Anwendung interessierten Studenten zuviel Theorie, zu wenig Praxis; aber man muß das Handwerk „von der Pieke auf" lernen – man muß die Basis einer streng mathematischen Arbeitsweise legen. Scharfe Analysen und saubere logische Schlußfolgerungen werden im Beruf von jedem Mathematiker erwartet. Die entsprechenden Fähigkeiten sichern heute schon fast eine Stelle, aber für Positionen, in denen Mathematik gemacht wird, muß man wirklich nützliche Expertisen erwerben, und die liegen für technische Berufe eben in den Bereichen „Modellierung" und „wissenschaftliches Rechnen".

Deshalb betont das Hauptstudium in Technomathematik diese Gebiete. Wie man modellieren lehrt, ist eine schwierige und umstrittene Frage. Der Student soll ja lernen, eine praktische Problemstellung in Mathematik zu verwandeln; wichtig ist dabei dieser Prozeß, und nicht so sehr die Details des praktischen Problems oder der zum Modellieren genutzten Mathematik. Modellierungsvorlesungen sind daher oft von geringem Wert, wenn sie nicht sehr geschickt den Prozeß gegenüber dem Inhalt betonen. Auch sollte das Lehrmaterial, das zu modellierende Problem, nicht konstruiert oder Textbüchern entnommen sein. Schließlich muß die Offenheit des Modells gewahrt bleiben, der Lernende also eigene Wege beschreiben können. Deshalb scheinen Modellierungsseminare, in denen Gruppen von etwa vier Studenten zu Beginn Probleme der Praxis (am besten von den Praktikern selbst) vorgestellt werden, die sie dann unter sehr „sanfter" Betreuung modellieren und auswerten, am besten geeignet. Die Betreuer schlüpfen dabei während der Arbeit in die Rolle des Praktikers und geben auf Fragen sachliche Informationen, und sie geben, wenn die Gruppe stecken bleibt, Hinweise auf möglicherweise geeignete mathematische oder technisch-naturwissenschaftliche Literatur. Wichtig bei solchen Modellierungsseminaren ist die schriftliche und mündliche Lösungspräsentation zur Information des Problemstellers; die im Beruf dringend benötigten „soft skills" der interdisziplinären Kommunikation werden so geübt.

Modellieren scheint ein Gebiet, wo virtuelles Lernen wirklich sinnvoll sein kann; wenn das interaktive System so gestaltet wird, daß es gegenüber verschiedenen Lösungsansätzen offen ist, wäre es jedem vorgefertigtem Text wirklich überlegen. Allerdings dürfte die Erstellung eines solchen offenen Systems sehr aufwendig sein, wobei aber der Mangel an interessanten und neuen realen Problemen an einigen Hochschulen eine große Nachfrage bedeuten würde, und deshalb selbst einen großen Aufwand lohnend erscheinen lassen.

Scientific computing, das algorithmische Lösen mathematischer Probleme, ist eher traditionell lehrbar, wobei allerdings die strikte Einbindung des Werkzeugs Computer etwa in Computerlaboratorien unabdingbar ist. Thematisch wird es sich wohl um numerische Methoden zur Lösung von gewöhnlichen und partiellen Differentialgleichungen (natürlich auch Algebro- und Integraldifferentialgleichungen), um numerische Lineare Algebra und Approximationsmethoden, um Optimierungsverfahren und Computeralgebra handeln.

Modellierungsseminare sowie Vorlesungen und Laboratorien zu einer algorithmischen Numerik werden also im Mittel des Hauptstudiums der Technomathematik stehen; Vorlesungen und Seminare zu Gebieten, die häufig Anwendungen in der Technik finden, werden sie ergänzen. Dazu gehören z. B. Inverse Probleme, Homogenisierung, Parameter- und Strukturoptimierung, Mathematische Methoden der Bildverarbeitung, Systemtheorie, Zeitreihenanalyse und stochastische Prozesse, mathematische Methoden in Kontinuumsmechanik, in Thermodynamik, in Elektromagnetismus, usw. Solange der lebendige Kontakt mit der Praxis besteht, werden sich immer neue Theorien als wichtig für die Lösung realer Probleme erweisen und in das Curriculum Eingang finden; dies gilt von Algebra bis Topologie, von Differentialgeometrie bis zur Zahlentheorie. Technomathematik wird diese Gebiete aber in Reaktion auf die Lösungsnotwendigkeiten, d. h. in ihrer Bedeutung für die Praxis, und weniger auf Vorrat bereitstellen. Industriepraktika im Technomathematikstudium sind nur sinnvoll, wenn sie auf die Lernbedürfnisse der Studierenden abgestimmt sind, wenn diese also etwa Programmiererfahrungen hinzugewinnen. Diplomarbeiten werden vorzugsweise an ein Problem der Praxis anknüpfen, ideal sind Themen, die sorgfältig zwischen Industrie und Hochschulbetreuer abgestimmt sind.

Das Technomathematikstudium bildet also Wissenschaftler aus, die auf der Basis von moderner Mathematik die Brücke zwischen den IT-Berufen und den naturwissenschaftlichen Berufen schlagen; es ist ein entscheidender Bestandteil der heute so sehr gefragten MINT-Aktivitäten (M=Mathematik, I=Informatik, N=Naturwissenschaft, T= Technik). MINT-Professionals sind auch und vor allem (Techno-)Mathematiker; deshalb setzt sich auch immer mehr die Erkenntnis durch, daß Mathematik genau wie die Informatik und gemeinsam mit INT eine entscheidende Rolle in der Gestaltung unserer Zukunft spielen wird. Es muß eine Modellierung und Computing einbeziehende Mathematik sein, die heute nicht nur, aber doch überwiegend unter dem Namen Technomathematik angeboten wird.

Teichmüller, Oswald, deutscher Mathematiker, geb. 18.6.1913 Nordhausen, gest. 11.9.1943 Dnjepr-Gebiet (Rußland).

Teichmüller studierte bei Hasse in Göttingen und promovierte bei diesem 1935. 1937 wurde er Schüler von Bieberbach in Berlin und habilitierte sich 1938. Ein Jahr später wurde er zum Kriegsdienst einberufen, in dessen Verlauf er starb.

Nach anfänglicher Beschäftigung mit der algebraischen Zahlentheorie und der Theorie der Bewertungen wandte sich Teichmüller der komplexen Analysis zu und untersuchte quasikonforme Abbildungen. 1939 schuf er die Grundlagen für die Theorie der später nach ihm benannten Teichmüller-Räume.

Teichmüller-Raum, ein zentraler Begriff in der Theorie der ↗quasikonformen Abbildungen.

Zur genauen Definition seien $H := \{z \in \mathbb{C} : \operatorname{Im} z > 0\}$ die obere Halbebene und f eine quasikonforme Abbildung von H auf sich mit $f(\infty) = \infty$. Dabei bedeutet $f(\infty) = \infty$, daß zu jedem $M > 0$ ein $r > 0$ existiert derart, daß $|f(z)| > M$ für alle $z \in H$ mit $|z| > r$. Dann kann f in eindeutiger Weise zu einem Homöomorphismus $\hat{f}$ von $\overline{H}$ auf sich fortgesetzt werden.

Es sei $\mathcal{F}$ die Familie aller quasikonformen Abbildungen von H auf sich mit $\hat{f}(0) = 0, \hat{f}(1) = 1$ und $\hat{f}(\infty) = \infty$. Zwei Abbildungen $f, g \in \mathcal{F}$ heißen äquivalent, falls $\hat{f}(x) = \hat{g}(x)$ für alle $x \in \mathbb{R}$. Hierdurch wird eine Äquivalenzrelation auf $\mathcal{F}$ definiert, und die Menge aller Äquivalenzklassen heißt (universeller) Teichmüller-Raum. Er wird üblicherweise mit $\mathcal{T}$ bezeichnet. Für $f \in \mathcal{F}$ bezeichne wie üblich $[f] \in \mathcal{T}$ diejenige Äquivalenzklasse mit $f \in [f]$.

Es gibt zwei weitere Modelle für $\mathcal{T}$. Dazu sei $\mathcal{B}$ die offene Einheitskugel in $L^\infty(H)$, d. h.

$$\mathcal{B} := \{\mu \in L^\infty(H) : \|\mu\|_\infty < 1\}.$$

Ordnet man jedem $f \in \mathcal{F}$ die komplexe Dilatation $\mu_f \in L^\infty(H)$ zu, so liefert dies eine bijektive Abbildung von $\mathcal{F}$ auf $\mathcal{B}$. Man erhält daher eine Äquivalenzrelation auf $\mathcal{B}$, indem man zwei Elemente $\mu_1, \mu_2 \in \mathcal{B}$ äquivalent nennt, falls die zugehörigen Funktionen $f_1, f_2 \in \mathcal{F}$ in obigem Sinne äquivalent sind. Die Menge dieser Äquivalenzklassen ist dann ein Modell für $\mathcal{T}$.

Ist $f \in \mathcal{F}$, so ist die Einschränkung $h := \hat{f}\,|\mathbb{R}$ von $\hat{f}$ auf $\mathbb{R}$ eine normalisierte ↗quasisymmetrische Funktion. Sind f_1 und $f_2 \in \mathcal{F}$ äquivalent, so gilt $h_1 = h_2$. Bezeichnet man mit $\mathcal{X}$ die Menge aller normalisierten quasisymmetrischen Funktionen, so wird durch $[f] \mapsto h$ eine bijektive Abbildung ϕ von $\mathcal{T}$ auf $\mathcal{X}$ definiert. Also ist $\mathcal{X}$ das dritte Modell für $\mathcal{T}$.

Sind $f, g \in \mathcal{F}$, so auch $f^{-1} \in \mathcal{F}$ und $f \circ g \in \mathcal{F}$. Daher ist $\mathcal{F}$ bezüglich der Komposition von Abbildungen eine Gruppe. Definiert man auf $\mathcal{T}$ eine Verknüpfung durch

$$[f] \circ [g] := [f \circ g]\,, \quad [f],\ [g] \in \mathcal{T}\,,$$

so wird $\mathcal{T}$ in natürlicher Weise zu einer Gruppe. Da $\mathcal{X}$ bezüglich der Komposition von Funktionen ebenfalls eine Gruppe ist, liefert ϕ einen Gruppenisomorphismus von $\mathcal{T}$ auf $\mathcal{X}$.

Zur Definition einer Metrik (Abstandsfunktion) auf $\mathcal{T}$ bezeichne K_f die maximale Dilatation einer Abbildung $f \in \mathcal{F}$. Setzt man für $p, q \in \mathcal{T}$

$$\tau(p, q) := \frac{1}{2} \inf\{\log K_{g \circ f^{-1}} : f \in p\,,\ g \in q\}\,,$$

so wird hierdurch eine Metrik τ auf $\mathcal{T}$ definiert, und damit ist $(\mathcal{T}, \tau)$ ein metrischer Raum. Man nennt τ auch Teichmüller-Abstand. Man kann zeigen, daß $(\mathcal{T}, \tau)$ sogar ein vollständiger metrischer Raum ist. Weiter ist $(\mathcal{T}, \tau)$ ein wegzusammenhängender Raum. Allerdings ist $(\mathcal{T}, \tau)$ keine topologische Gruppe.

Eine Anwendungsmöglichkeit des Teichmüller-Raums ist z. B. die Herleitung eines Schlichtheitskriteriums mit Hilfe der ↗Schwarzschen Ableitung. Dazu sei $G \subset \mathbb{C}$ ein einfach zusammenhängendes Gebiet, $G \neq \mathbb{C}$, und λ_G die Dichtefunktion der ↗hyperbolischen Metrik von G. Für eine ↗holomorphe Funktion φ in G ist die hyperbolische Supremumsnorm definiert durch

$$\|\varphi\|_G := \sup_{z \in G} \frac{|\varphi(z)|}{\lambda_G^2(z)}\,,$$

wobei es vorkommen kann, daß $\|\varphi\|_G = \infty$ ist.

Bezeichnet $\mathcal{S}_G$ die Menge aller ↗schlichten Funktionen in G und ist $\varphi \in \mathcal{S}_G$, so ist die Schwarzsche Ableitung S_φ von φ holomorph in G, und es gilt $\|S_\varphi\|_G < \infty$.

Weiter sei $A(G)$ die Menge aller reellen Zahlen $a \geq 0$ mit folgender Eigenschaft: Für jede holomorphe Funktion φ in G mit $\|S_\varphi\|_G \leq a$ gilt $\varphi \in \mathcal{S}_G$.

Offensichtlich ist $0 \in A(G)$ und daher $A(G) \neq \emptyset$. Die Zahl

$$\sigma_I(G) := \sup A(G)$$

heißt innerer Schlichtheitsradius von G. Aus der Theorie der quasikonformen Abbildungen ist bekannt, daß $\sigma_I(G) > 0$ genau dann gilt, wenn ∂G eine ↗quasikonforme Kurve ist. Ist G eine Kreisscheibe oder Halbebene, so ist $\sigma_I(G) = 2$.

Mit Hilfe der Eigenschaften des Teichmüller-Raums ist es möglich, genauere Aussagen über $\sigma_I(G)$ herzuleiten. Diese Methode wird im folgenden skizziert. Es sei $H' := \{z \in \mathbb{C} : \operatorname{Im} z < 0\}$ die untere Halbebene und $\mathcal{Q}$ die Menge aller holomorphen Funktionen φ in H' mit $\|\varphi\|_{H'} < \infty$. Man beachte, daß

$$\lambda_{H'}(z) = \frac{1}{2|\operatorname{Im} z|}, \quad z \in H'.$$

Es ist $\mathcal{Q}$ ein Banachraum.

Nun wird ein Homöomorphismus von $\mathcal{T}$ auf eine Teilmenge von $\mathcal{Q}$ wie folgt konstruiert. Für $\mu \in \mathcal{B}$ sei f^μ diejenige Funktion in $\mathcal{F}$, deren komplexe Dilatation gleich μ ist. Die Funktion μ wird in die gesamte Ebene $\mathbb{C}$ zu einer Funktion $\hat{\mu}$ fortgesetzt, indem man $\hat{\mu}(z) := \mu(z)$ für $z \in H$ und $\hat{\mu}(z) := 0$ für $z \in \overline{H'}$ definiert. Dann existiert genau eine quasikonforme Abbildung $f_\mu : \mathbb{C} \to \mathbb{C}$ mit $f_\mu(0) = 0$, $f_\mu(1) = 1$ und $f_\mu(\infty) = \infty$. Die Einschränkung $f_\mu|H'$ von f_μ auf H' ist schlicht in H'. Bezeichnet s_μ die Schwarzsche Ableitung von $f_\mu|H'$, so ist $s_\mu \in \mathcal{Q}$. Dann wird durch

$$[\mu] \mapsto s_\mu$$

eine Abbildung $\phi : \mathcal{T} \to \mathcal{Q}$ definiert. Es stellt sich heraus, daß ϕ sogar ein Homöomorphismus von $\mathcal{T}$ auf $\mathcal{T}(1) := \phi(\mathcal{T})$ ist. Setzt man $\mathcal{U} := \{S_\varphi : \varphi \in \mathcal{S}_{H'}\}$, so gilt

$$\mathcal{T}(1) \subset \mathcal{U} \subset \mathcal{Q}.$$

Man beachte, daß $\mathcal{U}$ eine abgeschlossene Teilmenge von $\mathcal{Q}$ ist. Weiter ist $\mathcal{T}(1)$ eine offene Teilmenge von $\mathcal{Q}$, und zwar stimmt $\mathcal{T}(1)$ mit der Menge der inneren Punkte von $\mathcal{U}$ überein, während der Abschluß von $\mathcal{T}(1)$ eine echte Teilmenge von $\mathcal{U}$ ist.

Für $r > 0$ sei

$$\mathcal{B}_r := \{\varphi \in \mathcal{Q} : \|\varphi\|_{H'} < r\}$$

und $\overline{\mathcal{B}}_r$ der Abschluß von $\mathcal{B}_r$ in $\mathcal{Q}$. Dann gilt

$$\mathcal{B}_2 \subset \mathcal{T}(1) \subset \mathcal{U} \subset \overline{\mathcal{B}}_6.$$

Nun setzt man

$$\delta(G) := \|S_f\|_G = \|S_{f^{-1}}\|_{H'},$$

wobei f eine ↗konforme Abbildung von G auf H' ist. Diese Zahl ist unabhängig von der speziellen Wahl von f. Es gilt $\delta(G) \leq 6$, und $\delta(G) = 0$ genau dann, wenn G eine Kreisscheibe oder Halbebene ist, d. h. $\delta(G)$ „mißt" sozusagen die „Abweichung" von G von einer Kreisscheibe.

Ist $\delta(G) < 2$, so ist ∂G eine quasikonforme Kurve. Aus der obigen Inklusion erhält man dann für den inneren Schlichtheitsradius von G die Abschätzung

$$2 \leq \delta(G) + \sigma_I(G) \leq 6.$$

Genauer gilt sogar $\sigma_I(G) \leq 2$, wobei $\sigma_I(G) = 2$ genau dann, wenn G eine Kreisscheibe oder Halbebene ist. Weiter ist $\sigma_I(G) \in A(G)$ und daher $\sigma_I(G) = \max A(G)$.

Schließlich noch drei Beispiele:

(1) Für $0 < k < 2$ sei $G = W_k$ der Winkelraum

$$W_k := \{z \in \mathbb{C} : 0 < \arg z < k\pi\}.$$

Dann gilt

$$\sigma_I(W_k) = \begin{cases} 2k^2 & \text{für } 0 < k \leq 1, \\ 2k(2-k) & \text{für } 1 < k < 2. \end{cases}$$

(2) Ist G ein Dreieck und $\alpha \in (0, \pi)$ der kleinste Winkel, so gilt

$$\sigma_I(G) = 2\left(\frac{\alpha}{\pi}\right)^2.$$

(3) Ist $n \in \mathbb{N}$, $n \geq 3$ und G ein reguläres n-Eck, so gilt

$$\sigma_I(G) = 2\left(\frac{n-2}{n}\right)^2.$$

Für einen differentialgeometrischen Zugang vgl. auch ↗Teichmüller-Theorie.

Teichmüller-Theorie, liefert eine Parametrisierung aller komplexen Strukturen auf einer gegebenen Fläche, wichtig für viele Gebiete der Mathematik, insbesondere der komplexen Analysis, Algebraischen Geometrie, Lie-Gruppen, Automorphen Formen, Differentialgleichungen.

Eine ↗Riemannsche Fläche ist eine zusammenhängende eindimensionale komplexe Mannigfaltigkeit. Zwei Riemannsche Flächen R_1 und R_2 heißen biholomorph äquivalent, wenn es eine biholomorphe Abbildung von R_1 auf R_2 gibt, man sagt in diesem Fall, daß R_1 und R_2 dieselbe komplexe Struktur besitzen. Man kann eine Riemannsche Fläche ebenso als eine reelle zweidimensionale orientierte differenzierbare Mannigfaltigkeit betrachten. Selbst, wenn es einen orientierungserhaltenden Diffeomorphismus zwischen zwei Riemannschen Flächen gibt, sind sie nicht notwendig biholomorph äquivalent. In natürlicher Weise ergibt sich die Frage, mit wie vielen verschiedenen komplexen

Strukturen eine gegebene orientierte zweidimensionale differenzierbare Mannigfaltigkeit versehen werden kann. Dies bezeichnet man als das Riemannsche Modul-Problem.

Zunächst behandelt man dieses Problem für geschlossene Riemannsche Fächen. Sei M_g ein Riemannscher Modulraum vom Geschlecht g, d. h. die Menge aller biholomorphen Äquivalenzklassen von geschlossenen Riemannschen Flächen vom Geschlecht g. Da jede geschlossene Riemannsche Fläche vom Geschlecht 0 biholomorph äquivalent zu der Riemannschen Sphäre ist, besteht M_0 aus einem Punkt. Die Theorie der elliptischen Funktionen und elliptischen Kurven zeigt, daß M_1 mit der komplexen Ebene identifiziert werden kann. 1857 stellte Riemann die Behauptung auf, daß M_g, $g \geq 2$, durch $3g - 3$ komplexe Parameter parametrisiert wird. Er stellte geschlossene Riemannsche Flächen vom Geschlecht g als endliche verzweigte Überlagerungen der Riemannschen Sphäre dar und bestimmte die Anzahl der Parameter von M_g durch die Anzahl der Freiheitsgrade der Verzweigungspunkte.

Sei R eine Riemannsche Fläche vom Geschlecht g und Σ eine Markierung auf R, d. h., ein kanonisches System von Erzeugern einer Fundamentalgruppe von R. Zwei Paare (R, Σ) und $\left(R', \Sigma'\right)$ heißen äquivalent, wenn eine biholomorhe Abbildung $f : R \to R'$ so existiert, daß $f_*(\Sigma)$ äquivalent zu Σ' ist. $[R, \Sigma]$ bezeichne die Äquivalenzklassen von (R, Σ). Eine solche Äquivalenzklasse $[R, \Sigma]$ heißt markierte geschlossene Riemannsche Fläche vom Geschlecht g. Der ↗Teichmüller-Raum $\mathcal{T}_g$ vom Geschlecht g besteht aus allen markierten geschlossenen Riemannschen Flächen vom Geschlecht g. $\mathcal{T}_g$ besitzt eine kanonische Struktur einer komplexen Mannigfaltigkeit und ist eine verzweigte Überlagerung von M_g. Die zugehörige Gruppe der Decktransformationen heißt die Teichmüller-modulare Gruppe Mod_g. Es zeigt sich, daß man M_g mit dem Raum $\mathcal{T}_g/mod_g$ identifizieren kann, der die Struktur eines normalen komplexen Raumes besitzt.

Der Teichmüller-Raum erschien bereits implizit in Stetigkeitsargumenten von Felix Klein und Henri Poincaré, die ab 1880 Fuchssche Gruppen und Automorphe Formen studierten. Robert Fricke, Werner Fenchel und Jakob Nielsen konstruierten $\mathcal{T}_g$, $g \geq 2$, als eine reelle $(6g - 6)$-dimensionale Mannigfaltigkeit. Fricke vermutete außerdem, daß $\mathcal{T}_g$ topologisch eine Zelle ist. Ihre Methode basierte auf dem Uniformisierungstheorem von Riemannschen Flächen, zurückführbar auf Klein, Poincaré und Paul Koebe: Jede geschlossene Riemannsche Fläche vom Geschlecht g (≥ 2) wird mit dem Quotientenraum H/Γ der oberen Halbebene H nach einer Fuchsschen Gruppe Γ identifiziert, die isomorph zu einer Fundamentalgruppe von R ist. Dann entspricht jeder Punkt $[R, \Sigma]$ in $\mathcal{T}_g$ einem kanonischen System von Erzeugern von Γ. Also wird $[R, \Sigma]$ durch einen Punkt im $\mathbb{R}^{6g-6}$ dargestellt, diese Koordinaten bezeichnet man als die *Fricke-Koordinaten* von $[R, \Sigma]$. Die Poincaré-Metrik auf H induziert die hyperbolische Metrik auf R, und die konforme Struktur, die durch diese hyperbolische Metrik definiert ist, entspricht der komplexen Struktur von R.

Einer der großen Beiträge von Oswald Teichmüller zum Modul-Problem war, daß er bei seiner Untersuchung nicht nur konforme, sondern auch quasikonforme Abbildungen betrachtete. Um 1940 stellte Teichmüller die Behauptung auf, daß $\mathcal{T}_g$ homöomorph zu $\mathbb{R}^{6g-6}$ ist. Er definierte den Teichmüller-Abstand auf $\mathcal{T}_g$ (↗Teichmüller-Raum).

Ende der 1950er Jahre entwickelten Lars V. Ahlfors und Lipman Bers die Grundlagen für die Theorie der Teichmüller-Räume und bewiesen viele der Aussagen von Teichmüller.

Teilbarkeitskriterien, Kriterien für das Testen der Teilbarkeit einer natürlichen Zahl n durch eine andere natürliche Zahl a anhand einer geeigneten Quersumme von n.

Beispiele hierfür sind nicht nur die ↗Dreierprobe, die ↗Neunerprobe und die ↗Elferprobe, sondern auch die weniger bekannte Siebenerprobe und Dreizehnerprobe.

Die allgemeine Theorie beruht auf dem Begriff der Quersumme k-ter Stufe: Sei $n \in \mathbb{N}$ in der g-adischen Darstellung (mit einer Grundzahl $g \in \mathbb{N}$, $g \geq 2$) mit Ziffern $z_1, \ldots, z_\ell \in \{0, 1, \ldots, g-1\}$ gegeben, also

$$n = (z_\ell \ldots z_1 z_0)_g = \sum_{j=0}^{\ell} z_j g^j.$$

Man kann ohne Einschränkung $\ell + 1 = mk$ für ein $m \in \mathbb{N}$ annehmen, indem man die Darstellung von n durch so viele führende Nullen wie nötig ergänzt. Um die Quersumme k-ter Stufe zu ermitteln, faßt man zunächst jeweils k Ziffern zusammen,

$$(\underbrace{z_{mk-1} \ldots z_{(m-1)k}}_{z_{m-1}^{(k)}} \ldots \underbrace{z_{2k-1} \ldots z_k}_{z_1^{(k)}} \underbrace{z_{k-1} \ldots z_0}_{z_0^{(k)}}),$$

um aus den g-adischen Ziffern von n die Zahlen

$$z_i^{(k)} = \sum_{j=0}^{k-1} z_{ik+j} g^j \in \left\{0, \ldots, g^k - 1\right\},$$

für $0 \leq i < m$ zu erhalten;

$$n = \left(z_{m-1}^{(k)} \ldots z_0^{(k)}\right)$$

ist die Darstellung von n mit der Grundzahl g^k anstelle von g. Die Quersumme k-ter Stufe ist nun gerade deren Summe:

$$Q_g^{(k)}(n) = Q_{g^k}(n) = \sum_{i=0}^{m-1} z_i^{(k)};$$

analog hierzu definiert man die alternierende Quersumme k-ter Stufe durch

$$A_g^{(k)}(n) = A_{g^k}(n) = \sum_{i=0}^{m-1} (-1)^i z_i^{(k)}.$$

Als Beispiel Quersumme und alternierende Quersumme dritter Stufe:

$$\begin{aligned} n &= 002\,810\,345\,293\,, \\ Q_{10}^{(3)}(n) &= 293 + 345 + 810 + 2 = 1850, \\ A_{10}^{(3)}(n) &= 293 - 345 + 810 - 2 = 756. \end{aligned}$$

Ein Test für die Teilbarkeit von n durch a mittels einer Quersumme k-ter Stufe der g-adischen Darstellung von n ist genau dann möglich, wenn $\text{ggT}(a, g) = 1$. In diesem Fall muß k die Ordnung von g modulo a sein (oder ein Vielfaches davon), dann gilt nämlich $g^k \equiv 1 \mod a$, also auch

$$Q_g^{(k)}(n) \equiv n \mod a.$$

Darauf beruht die Dreier- und die Neunerprobe (für $k = 1$); für $k = 2$ würde man eine Elferprobe erhalten (die aber von der üblichen abweicht). Wegen der Primfaktorzerlegung

$$999 = 3^3 \cdot 37$$

erhält auf diese Weise ein Kriterium der Teilbarkeit durch 37 mit der Quersumme dritter Stufe der Dezimaldarstellung:

$$Q_{10}^{(3)}(n) \equiv n \mod 37.$$

Ist $k = 2m$ eine gerade Zahl, und ist

$$g^m \equiv -1 \mod a,$$

so folgt

$$A_g^{(m)}(n) \equiv n \mod a,$$

und die Teilbarkeit durch n läßt sich anhand der alternierenden Quersumme m-ter Stufe der g-adischen Darstellung überprüfen. Beispielsweise ergibt sich die Elferprobe aus der Kongruenz

$$10 \equiv -1 \mod 11,$$

also $m = 1$.

Wegen $1001 = 7 \cdot 11 \cdot 13$ gilt $10^3 \equiv -1 \mod 7$ und mod 13, also ergibt die alternierende Quersumme dritter Stufe ein Teilbarkeitskriterium sowohl für den Teiler 7 als auch für den Teiler 13.

Unser obiges Beispiel $n = 2\,810\,345\,293$ ist demzufolge durch 7 teilbar, nicht aber durch 13.

Teiler, Begriff aus der elementaren Zahlentheorie.

Sind n und d natürliche Zahlen, so nennt man d einen Teiler von n, falls es eine natürliche Zahl d' mit der Eigenschaft

$$n = d \cdot d'$$

gibt; in diesem Fall nennt man $d' = \frac{n}{d}$ den zu d *komplementären* Teiler von n. Ist $d \neq n$, so nennt man d einen *echten* Teiler von n.

Diese Definition ist ohne weiteres auf mathematische Strukturen mit einer Multiplikation, z. B. auf Ringe, übertragbar.

Teileranzahlfunktion, die ↗zahlentheoretische Funktion $\tau : \mathbb{N} \to \mathbb{N}$, die jeder natürlichen Zahl n die Anzahl $\tau(n)$ ihrer (echten oder unechten) ↗Teiler zuordnet.

Kennt man von n die ↗kanonische Primfaktorzerlegung

$$n = \prod_{p \text{ Primzahl}} p^{\nu_p(n)},$$

wobei $\nu_p(n) \geq 0$ jeweils die Vielfachheit der Primzahl p in n bezeichnet, so läßt sich die Anzahl der Teiler leicht ausrechnen, denn es gilt

$$\tau(n) = \prod_{p \text{ Primzahl}} (\nu_p(n) + 1).$$

Siehe auch ↗Teilersummenfunktion.

teilerfremde Zahlen, zwei natürliche Zahlen m, n mit der Eigenschaft

$$\text{ggT}(m, n) = 1\,.$$

Man erkennt die Teilerfremdheit von m und n unschwer an der ↗kanonischen Primfaktorzerlegung: Gelten

$$n = \prod_p p^{\nu_p(n)} \quad \text{und} \quad m = \prod_p p^{\nu_p(m)},$$

so sind m und n genau dann teilerfremd, wenn für jede Primzahl p höchstens eine der Vielfachheiten $\nu_p(n)$ und $\nu_p(m)$ von 0 verschieden ist.

Teilerfunktion, ↗Teilersummenfunktion.

Teilerkette, zahlentheoretischer Begriff.

Ein r-Tupel $(d_1, \dots, d_r)$ nennt man eine *echte Teilerkette der Länge* r von einer natürlichen Zahl n, wenn die Bedingungen

$$d_j \mid d_{j+1}$$

für $j = 1, \dots, r-1$ und $d_1 < \dots < d_r = n$ gelten.

Die Anzahl der echten Teilerketten von n bestimmt sich nach folgendem Satz:

Ist $n = \prod p^{\nu_p(n)}$ die ↗kanonische Primfaktorzerlegung von n, so besitzt n genau

$$\sum_{k=0}^{r}(-1)^k\binom{r}{k}\prod_{p\ Primzahl}\binom{\nu_p(n)+r-k-1}{\nu_p(n)}$$

verschiedene echte Teilerketten der Länge r.

Teilerkettensatz, ↗Teilerkette.

Ein Teilerkettensatz gilt auch für ↗Ideale in einem kommutativen Ring $\mathcal{R}$, wenn für jede aufsteigende Folge $\mathcal{I}_1, \mathcal{I}_2, \ldots$ von Idealen ein Index m so existiert, daß $\mathcal{I}_i = \mathcal{I}_m$ für alle $i \geq m$ gilt.

Teilersummenfunktion, die ↗zahlentheoretische Funktion $\sigma : \mathbb{N} \to \mathbb{N}$, die jeder natürlichen Zahl n die Summe ihrer echten und unechten Teiler zuordnet:

$$\sigma(n) := \sum_{t|n} t .$$

Die Teilersummenfunktion enthält die Information, welche natürlichen Zahlen ↗abundante Zahlen, ↗defiziente Zahlen, und welche ↗vollkommene Zahlen sind:

$n \in \mathbb{N}$	abundant	$\sigma(n) > 2n$
	defizient	$\sigma(n) < 2n$
	vollkommen	$\sigma(n) = 2n$

Vergleicht man die Werte $\sigma(n)$ für verschiedene Argumente n, so erhält man darüber hinaus auch Informationen über ↗befreundete Zahlen. Daher findet sich in Eulers Arbeit „De numeribus amicabilibus" eine umfangreiche Tabelle der Teilersummenfunktion.

Da σ eine ↗multiplikative Funktion ist, können die Werte $\sigma(n)$ aus der Primfaktorenzerlegung von n und den leicht zu ermittelnden Werten

$$\sigma(p^\nu) = \frac{p^{\nu+1}-1}{p-1}$$

für Primzahlpotenzen p^ν (p Primzahl, ν natürliche Zahl) errechnet werden.

Eine Alternative ist der folgende Satz, der es erlaubt, die Werte der Teilersummenfunktion rekursiv zu berechnen:

Bezeichnet für $n \in \mathbb{N}$

$$\alpha(n) = \begin{cases} 1 & \text{falls } n = 0, \\ (-1)^r & \text{falls } n = \frac{1}{2}r(3r \pm 1) \text{ mit } r \in \mathbb{N}, \\ 0 & \text{sonst,} \end{cases}$$

dann gilt für die Teilersummenfunktion σ die Formel

$$\sum_{k=0}^{n-1} \alpha(k)\sigma(n-k) = -\alpha(n) \cdot n.$$

Eine Verallgemeinerung der Teilersummenfunktion ist die Teilerfunktion

$$\sigma_k(n) := \sum_{t|n} t^k ,$$

die für beliebige reelle Zahlen k erklärt ist.

Als Spezialfall erhält man für $k = 1$ die Teilersummenfunktion $\sigma(n) = \sigma_1(n)$ und die ↗Teileranzahlfunktion $d(n) = \sigma_0(n)$.

Der Verlauf der Teilerfunktion ist ziemlich unregelmäßig, aber man kann ihre durchschnittliche Größenordnung recht gut beschreiben:

Für die summatorische Funktion von σ_k gilt:

$$\sum_{n \leq x} \sigma_k(n) = \frac{\zeta(k+1)}{k+1} + \begin{cases} O(x^k) & \text{für } k > 1, \\ O(x \log x) & \text{für } k = 1, \\ O(x) & \text{für } 0 < k < 1, \end{cases}$$

wobei ζ die ↗Riemannsche ζ-Funktion bezeichnet.

Teilerverband, der Verband $\mathcal{T}(\mathbb{N})$ der positiven ganzen Zahlen, definiert durch

$$m \leq_{\mathcal{T}} n \iff m|n \quad \text{für alle} \quad m, n \in \mathbb{N}.$$

Teilfolge, eine aus einer gegebenen Folge durch ‚Herauspicken' gewisser Folgenglieder (unter Beibehaltung ihrer Reihenfolge) entstehende Folge.

Die genaue Definition lautet: Ist M eine nichtleere Menge, und sind $a = (a_m) : \mathbb{N} \to M$ und $b = (b_n) : \mathbb{N} \to M$ Folgen, so nennt man b genau dann eine Teilfolge von a, wenn es eine streng isotone Abbildung $\omega : \mathbb{N} \to \mathbb{N}$ derart gibt, daß $b = a \circ \omega$ gilt, also $b_n = a_{\omega(n)}$ für alle $n \in \mathbb{N}$.

Konvergenz, Cauchy-Konvergenz und Monotonieeigenschaften $\mathbb{R}$-wertiger Folgen (bzw. von Folgen mit anderem geeigneten Zielbereich) übertragen sich trivialerweise von einer Folge auf ihre Teilfolgen. Interessanter sind Schlüsse von Eigenschaften von Teilfolgen auf Eigenschaften der Ausgangsfolgen. So ist etwa jede Cauchy-Folge in einem metrischen Raum, die eine konvergente Teilfolge besitzt, selbst konvergent (mit gleichem Grenzwert).

Jede $\mathbb{R}$-wertige Folge besitzt eine monotone Teilfolge, und nach dem Satz von Bolzano-Weierstraß besitzt jede beschränkte Zahlenfolge eine konvergente Teilfolge und damit einen Häufungswert.

Teilfolgenkriterium, besagt, daß eine reelle Zahl a genau dann Grenzwert einer Folge $(a_n) \in \mathbb{R}^{\mathbb{N}}$ ist, wenn

$$\liminf a_n = \limsup a_n = a$$

gilt.

Der Name dieses Kriteriums geht auf die Tatsache zurück, daß der Limes Inferior bzw. Superior einer konvergenten Folge gerade der kleinste bzw. größte Grenzwert konvergenter Teilfolgen der Folge ist.

Teilgraph, *Subgraph* oder *Untergraph* H eines ↗Graphen G, ein Graph, der aus einer Eckenmenge $E(H) \subseteq E(G)$ und einer Kantenmenge $K(H) \subseteq K(G)$ besteht. Man sagt dann auch, daß G ein Obergraph oder Supergraph von H sei. Gilt zusätzlich $E(H) = E(G)$, so ist H ein Faktor, erzeugender oder aufspannender Untergraph von G.

Es sei G ein Graph und $A \subseteq E(G)$. Derjenige Teilgraph von G, der aus der Eckenmenge A und allen Kanten von G besteht, die nur mit Ecken aus A inzidieren, heißt der von A induzierte Teilgraph, in Zeichen $G[A]$.

Es seien G ein Graph, $E' \subset E(G)$ und $K' \subseteq K(G)$. Derjenige Teilgraph von G, der aus K' und allen Ecken von G besteht, die mit Kanten aus K' inzidieren, heißt der von K' induzierte Teilgraph, in Zeichen $G[K']$. Für den induzierten Teilgraphen $G[E(G) \setminus E']$ schreibt man kurz $G - E'$, und der Faktor $G - K'$ besitzt die Eckenmenge $E(G)$ und die Kantenmenge $K(G) - K'$. Besteht E' nur aus einer einzigen Ecke v oder K' nur aus einer einzigen Kante k, so schreibt man auch $G-v$ für $G-\{v\}$ und $G - k$ für $G - \{k\}$. Anschaulich gesprochen ist $G-E'$ durch das Entfernen von Ecken bzw. $G-K'$ durch das Entfernen von Kanten entstanden.

Auch das Hinzufügen von Kanten ist eine wichtige Operation in der Graphentheorie. Es seien x und y zwei nicht adjazente Ecken eines Graphen G. Fügt man zu G eine neue Kante $k = xy$ hinzu, so schreibt man dafür $G + k$ oder $G + xy$.

Einen vollständigen Teilgraphen H eines Graphen G nennt man Clique von G. Die Ordnung einer größten Clique in G heißt Cliquenzahl von G, in Zeichen $\omega(G)$.

Teil-k-Baum, ↗Baumweite.

Teilkette, Teilmenge einer Halbordnung $(V, \leq)$, die bezüglich der Relation $\leq$ eine ↗Kette bildet.

Teilkörper, ↗Unterkörper.

Teilmenge, Begriff aus der Mengenlehre.

Eine Menge A heißt Teilmenge einer Menge B genau dann, wenn alle Elemente aus A auch in B enthalten sind. Siehe auch ↗Verknüpfungsoperationen für Mengen.

Teilmenge einer Fuzzy-Menge, ↗Inklusion von Fuzzy-Mengen.

Teilmengenaxiom, auch Fregesches Komprehensionsaxiom genannt, ↗axiomatische Mengenlehre.

Teilmengeneigenschaft, ↗Inklusionsmonotonie.

Teilmengenrelation, ↗Verknüpfungsoperationen für Mengen.

Teilmengenverband, Verband $(\mathfrak{P}(M), \subseteq)$, der aus allen ↗Teilmengen der Menge M besteht.

Für zwei Teilmengen A und B gilt $A \subseteq B$ genau dann, wenn A eine Teilmenge von B ist. Für die Menge $\mathfrak{P}(M)$ ist auch die Bezeichnung ↗Potenzmenge gebräuchlich.

Teilordnung, Begriff im Kontext ↗Ordnungsrelationen.

Ist $(M, \leq)$ eine Ordnungsrelation, $N \subseteq M$, und gilt $x \leq_N y$ für $x, y \in N$ genau dann, wenn $x \leq y$, so bezeichnet man $(N, \leq_N)$ als Teilordnung von $(M, \leq)$.

Teilraum eines Vektorraumes, ↗Unterraum eines Vektorraumes.

Teilraumiteration, ↗Teilraumzerlegung.

Teilraumtopologie, ↗Relativtopologie.

Teilraumzerlegung, Begriff im Kontext iterativer Verfahren zur Lösung (großer) linearer Gleichungssysteme $Ax = b$.

Eine Zerlegung des Lösungsraums V in Teilräume $V^{(i)}$ liegt vor, wenn

$$\sum_i V^{(i)} = V$$

gilt, wobei sich die Teilräume durchaus überlappen dürfen. Ziel der Vorgehensweise ist es, innerhalb der Iteration

$$x^{(k+1)} = x^{(k)} - \sum_i \delta^{(k,i)}$$

die Korrekturen $\delta^{(k,i)}$ durch Teilraumiterationen in $V^{(i)}$ zu ermitteln. Teilraumzerlegungen treten z. B. bei bestimmten Varianten der ↗Mehrgitterverfahren auf.

Teilring, ↗Unterring.

Teilstrukturenverband einer Algebra, der ↗Verband

$$(T(\mathfrak{A}) \cup \{\emptyset\}, \subseteq),$$

wobei $\mathfrak{A}$ eine Algebra und $T(\mathfrak{A})$ die Menge aller Teilalgebren von $\mathfrak{A}$ ist.

Teilsumme, ↗Partialsumme.

Teilung der Eins, ↗Zerlegung der Eins.

Teilung des Raumes, geometrische Konstruktion.

Durch eine Ebene ε wird der dreidimensionale Raum in zwei Halbräume unterteilt, von denen derjenige, zu dem die Ebene gehört, als abgeschlossen, und der andere als offen bezeichnet wird. Zwei Punkte des Raumes, die nicht in ε liegen, gehören demselben dieser Halbräume an, falls ihre Verbindungsstrecke die Ebene ε nicht schneidet; anderenfalls liegen sie in unterschiedlichen Halbräumen. Diese Unterteilung in zwei Halbräume beruht, wie auch die Teilung von Ebenen in Halbebenen durch Geraden, auf dem Axiom von Pasch.

Stattdessen können die Eigenschaften der Raumteilung auch unmittelbar durch ein Raumteilungsaxiom gefordert werden:

Eine beliebige Ebene ε teilt die Menge der ihr nicht angehörenden Punkte des Raumes in zwei nichtleere, disjunkte Mengen derart, daß

a) die Verbindungsstrecke zweier beliebiger Punkte, die verschiedenen Mengen angehören, die Ebene ε schneidet, und

b) die Verbindungsstrecke zweier beliebiger Punkte, die derselben Menge angehören, die Ebene ε nicht schneidet.

Analog wird jeder n-dimensionale Raum durch eine Hyperebene in Halbräume unterteilt.

Weiterhin teilt jeder Körper den Raum in zwei Teile, sein Inneres (einschließlich der Begrenzungsflächen) und das Äußere; der n-dimensionale Raum wird entsprechend u. a. durch n-dimensionale Polytope unterteilt.

Teilverband, Untermenge M eines ↗Verbandes L mit der Eigenschaft, daß M mit der induzierten Ordnung ein Verband ist.

Dabei kann $a \wedge_M b$ verschieden von $a \wedge_L b$ sein, aber es gelten immer die Relationen $a \wedge_M b \leq a \wedge_L b$ und $a \vee_M b \geq a \vee_L b$.

teilweise geordnete Menge, ↗Halbordnung.

Temperatur, eine Zustandsgröße thermodynamischer Systeme mit der Eigenschaft, daß diese Größe für alle Systeme gleich ist, die miteinander im thermischen Gleichgewicht stehen (↗Hauptsätze der Thermodynamik).

Bei der Temperaturmessung wird ein zusammengesetztes System betrachtet, dessen einer Teil als Thermometer bezeichnet wird. Die Wechselwirkung dieses Teils mit dem Teil, dessen Temperatur gemessen werden soll, wird hier als reversibel vorausgesetzt. Eine näherungsweise Realisierung dieser Situation ist für einen gewissen Temperaturbereich das Gasthermometer, bei dem entweder eine Volumenänderung (bei konstantem Druck) oder eine Druckänderung (bei konstantem Volumen) eine Temperaturänderung bedeutet.Auch irreversible Prozesse (z. B. die Änderung des Widerstandes elektrischer Leiter durch Wärmeeinwirkung) werden zur Temperaturmessung (Widerstandsthermometer) herangezogen. Die Theorie solcher Thermometer ist aber wesentlich komplizierter.

Ten Martini Problem ↗Mathieu-Operator.

Tensor, spezielle Multilinearform.

Es seien $V_1, \dots, V_k$ Vektorräume über einem Körper K. Eine Abbildung $F : V_1 \times V_2 \times \dots \times V_k \to K$, die in jeder der k Komponenten linear ist, heißt eine Multilinearform. Ist nun V ein n-dimensionaler Vektorraum über einem Körper K und V^* der Dualraum von V, so wähle man eine endliche Folge $V_1, \dots, V_k$ von Vektorräumen, wobei für alle $1 \leq i \leq k$ $V_i \in \{V, V^*\}$ gilt, V selbst q-mal und V^* p-mal in der Folge vorkommt. Dann heißt eine Multilinearform über $V_1, \dots, V_k$ ein p-stufig kontravarianter und q-stufig kovarianter Tensor über dem Vektorraum V. Für $q = 0$ heißt der Tensor rein kontravariant, für $p = 0$ heißt er rein kovariant.

Für weitere Informationen vgl. die nachfolgenden Stichworteinträge, insbesondere ↗Tensorprodukt von linearen Räumen.

Tensoralgebra über einem Vektorraum V, kanonische Algebrenstruktur auf dem Raum aller Tensorpotenzen des Vektorraums V.

Es sei V ein Vektorraum über einem Körper $\mathbb{K}$, und es bezeichne

$$T^n(V) := \bigotimes^n V = \underbrace{V \otimes V \otimes \dots \otimes V}_{n}$$

die n-fache Tensorpotenz von V, wobei $T^0(V) := \mathbb{K}$ gesetzt sei. Die Tensoralgebra ist der Vektorraum $T(V) = \bigoplus_{n\geq 0} T^n(V)$ mit Algebrenmultiplikation definiert durch

$$T^n(V) \times T^m(V) \to T^{n+m}(V),$$

$$(x_1 \otimes \dots \otimes x_n) \cdot (x_{n+1} \otimes \dots \otimes x_{n+m}) :=$$

$$x_1 \otimes \dots \otimes x_n \otimes x_{n+1} \otimes \dots \otimes x_{n+m} ,$$

bzw.

$$T^0(V) \times T^n(V) \to T^n(V),$$

$$\alpha \cdot (x_1 \otimes \dots \otimes x_n) := \alpha(x_1 \otimes \dots \otimes x_n) .$$

Die Tensoralgebra ist eine assoziative Algebra mit Einselement $1 \in T^0(V)$. Sie ist durch die Ordnung der Tensorpotenzen über $\mathbb{Z}$ graduiert. Eine entsprechende Konstruktion existiert auch für Module über Ringen.

Tensorprodukt von Algebren, eine Algebrenstruktur, die zwei Algebren zugeordnet werden kann.

Seien A_1 und A_2 assoziative ↗Algebren mit Einselement über einem kommutativen Ring R. Dann trägt das Tensorprodukt $A_1 \otimes A_2$ der zugrundeliegenden R-Module eine kanonische assoziative Algebrenstruktur durch die Multiplikation

$$(x_1 \otimes x_2) \cdot (y_1 \otimes y_2) := (x_1 y_1) \otimes (x_2 y_2)$$

mit dem Einselement $1_{A_1 \otimes A_2} = 1_{A_1} \otimes 1_{A_2}$. Diese Algebra ist das Tensorprodukt von A_1 und A_2.

Tensorprodukt von Banachräumen, Vervollständigung des algebraischen Tensorprodukts zweier Banachräume unter geeigneten Normen.

Auf dem Tensorprodukt $X \otimes Y$ der Banachräume X und Y kann man verschiedene Normen betrachten, von denen die wichtigsten die injektive Norm $\| \,.\, \|_\varepsilon$ und die projektive Norm $\| \,.\, \|_\pi$ sind. (Diese sind i. allg. nicht äquivalent.)

Die injektive Norm ist definiert durch

$$\left\| \sum_{i=1}^n x_i \otimes y_i \right\|_\varepsilon = \sup \left| \sum_{i=1}^n x'(x_i) y'(y_i) \right|,$$

wo das Supremum über alle Funktionale $x' \in X'$, $y' \in Y'$ mit $\|x'\| \leq 1$, $\|y'\| \leq 1$ zu nehmen ist, und die projektive Norm durch

$$\|u\|_\pi = \inf \sum_{i=1}^n \|x_i\| \, \|y_i\|,$$

wobei sich das Infimum über alle Darstellungen von $u \in X \otimes Y$ als $u = \sum_{i=1}^n x_i \otimes y_i$ erstreckt. Die so normierten Räume sind i. allg. nicht vollständig; ihre Vervollständigungen werden mit $X\hat{\otimes}_\varepsilon Y$ und $X\hat{\otimes}_\pi Y$ bezeichnet. Diese Tensorprodukte besitzen die metrische Abbildungseigenschaft:

Sind $S : X \to W$ und $T : Y \to Z$ stetige lineare Operatoren, so ist der kanonische Operator

$$S \otimes T : X\hat{\otimes}_\alpha Y \to W\hat{\otimes}_\alpha Z$$

stetig mit

$$\|S \otimes T\| \le \|S\| \, \|T\|;$$

hier steht α für ε oder für π.

Für das projektive Tensorprodukt gilt folgende universelle Eigenschaft: Ist $b : X \times Y \to Z$ eine stetige bilineare Abbildung, so existiert genau ein stetiger linearer Operator $B : X\hat{\otimes}_\pi Y \to Z$ mit

$$B(x \otimes y) = b(x, y)$$

für alle $x \in X, y \in Y$; B hat dieselbe Norm wie b. Es folgt, daß der Dualraum von $X\hat{\otimes}_\pi Y$ mit dem Raum aller stetigen Bilinearformen auf $X \times Y$ identifiziert werden kann, der seinerseits zum Raum $L(X, Y')$ aller stetigen linearen Operatoren von X nach Y' isometrisch isomorph ist.

Diverse Funktionen- und Operatorräume haben Darstellungen als Tensorprodukte; z. B. ist

$$\begin{aligned} C(K, Y) &= C(K)\hat{\otimes}_\varepsilon Y, \\ L^1(\mu, Y) &= L^1(\mu)\hat{\otimes}_\pi Y, \\ K(X, Y) &= X'\hat{\otimes}_\varepsilon Y, \\ N(X, Y) &= X'\hat{\otimes}_\pi Y, \end{aligned}$$

($K(X, Y)$ bzw. $N(X, Y)$ ist der Raum der kompakten bzw. nuklearen Operatoren von X nach Y), wobei für die letzten beiden Zeilen vorauszusetzen ist, daß Y die Approximationseigenschaft besitzt (↗Approximationseigenschaft eines Banachraums).

[1] Defant, A.; Floret, K.: Tensor Norms and Operator Ideals. North-Holland Amsterdam, 1993.

Tensorprodukt von Hilberträumen, Vervollständigung des algebraischen Tensorprodukts zweier Hilberträume unter einer geeigneten Norm.

Seien H und K Hilberträume. Auf dem algebraischen Tensorprodukt $H \otimes K$ betrachtet man das Skalarprodukt

$$\left\langle \sum_{i=1}^n u_i \otimes v_i, \sum_{j=1}^m x_j \otimes y_j \right\rangle = \sum_{i=1}^n \sum_{j=1}^m \langle u_i, x_j \rangle_H \langle v_i, y_j \rangle_K.$$

Damit wird $H \otimes K$ zu einem Prä-Hilbertraum, dessen Vervollständigung mit $H\hat{\otimes}_2 K$ bezeichnet werde. Der Raum der ↗Hilbert-Schmidt-Operatoren $\mathrm{HS}(H, K)$ ist zu $H\hat{\otimes}_2 K$ isometrisch isomorph; der Isomorphismus ist die kanonische Fortsetzung von $\Phi : H\hat{\otimes}_2 K \to \mathrm{HS}(H, K)$,

$$\sum_{i=1}^n u_i \otimes v_i \mapsto \left(x \mapsto \sum_{i=1}^n \langle x, u_i \rangle v_i \right).$$

Sind H und K L^2-Räume, so gilt

$$L^2(\mu)\hat{\otimes}_2 L^2(\nu) = L^2(\mu \otimes \nu).$$

[1] Reed, M.; Simon, B.: Methods of Mathematical Physics I: Functional Analysis. Academic Press, 2. Auflage 1980.

Tensorprodukt von linearen Räumen, der zu gegebenen $\mathbb{K}$-↗Vektorräumen $V_1, \dots, V_n$ bis auf Isomorphie stets eindeutig existierende $\mathbb{K}$-Vektorraum

$$V_1 \otimes \cdots \otimes V_n ,$$

zu dem eine universelle Abbildung

$$f : V_1 \times \cdots \times V_n \to V_1 \otimes \cdots \otimes V_n$$

mit folgenden beiden Eigenschaften existiert:

- f ist multilinear;
- für alle $\mathbb{K}$-Vektorräume W und alle multilinearen Abbildungen $g : V_1 \times \cdots \times V_n \to W$ gibt es genau eine lineare Abbildung
  $$h : V_1 \otimes \cdots \otimes V_n \to W$$
  so, daß gilt:
  $$g = h \circ f.$$

$V_1 \otimes \cdots \otimes V_n$ heißt das Tensorprodukt von $V_1, \dots, V_n$, seine Elemente heißen Tensoren der Stufe n. Als Schreibweise für das Bild von

$$(v_1, \dots, v_n) \in V_1 \times \cdots \times V_n$$

unter der (stets eindeutigen) universellen Abbildung f hat sich

$$v_1 \otimes \cdots \otimes v_n$$

eingebürgert. Diese Elemente werden als Elementartensoren bezeichnet, und jeder Tensor ist eine Summe von Elementartensoren. Elemente aus dem Tensorprodukt

$$\underbrace{V \otimes \cdots \otimes V}_{p-\mathrm{mal}} \otimes \underbrace{V^* \otimes \cdots \otimes V^*}_{q-\mathrm{mal}}$$

(V^* Dualraum zum Vektorraum V) heißen p-fach kontravariante und q-fach kovariante Tensoren; im Falle $p = 0$ spricht man von (rein) kovarianten Tensoren, im Falle $q = 0$ von (rein) kontravarianten Tensoren, im Falle $p, q \neq 0$ von gemischten Tensoren. Beispielsweise sind Vektoren aus V kontravariante Tensoren der Stufe 1 und Linearformen auf V sind kovariante Tensoren der Stufe 1. Die Bilinearformen auf $V \times V$ können als kovariante Tensoren der Stufe 2 aufgefaßt werden. Sind die Vektorräume V_i $(1 \le i \le n)$ alle endlich-dimensional, so ist die Dimension des zugehörigen Tensorproduktes das Produkt der Dimensionen der V_i:

$$\dim(V_1 \otimes \cdots \otimes V_n) = \dim V_1 \cdot \cdots \cdot \dim V_n .$$

In diesem Fall ist $V_1 \otimes \cdots \otimes V_n$ also isomorph zu $\mathbb{K}^{\dim(V_1 \otimes \cdots \otimes V_n)}$.

Für zwei beliebige $\mathbb{K}$-Vektorräume V_1 und V_2 ist ihr Tensorprodukt $V_1 \otimes V_2$ gegeben durch den ↗Quotientenvektorraum V/U, wobei V den $\mathbb{K}$-Vektorraum

$$\bigoplus_{(v_1,v_2)\in V_1\times V_2} \mathbb{K} = \{(\alpha_i)_{i\in V_1\times V_2} \mid \alpha_i \in \mathbb{K};\ \alpha_i = 0 \text{ für fast alle } i \in V_1 \times V_2\}$$

bezeichnet, und $U \subseteq V$ den Unterraum, der aufgespannt wird von den Elementen der Form

$$\begin{aligned}
&[(v_1, v_2)] + [(v_1', v_2)] - [(v_1 + v_1', v_2)];\\
&[(v_1, v_2)] + [(v_1, v_2')] - [(v_1, v_2 + v_2')];\\
&[(\alpha v_1, v_2)] - \alpha[(v_1, v_2)];\\
&[(v_1, \alpha v_2)] - \alpha[(v_1, v_2)];
\end{aligned}$$

($[(u, w)]$ bezeichnet dasjenige Element aus V mit einer Eins an der Stelle (u, w) und Nullen sonst). Die zugehörige universelle Abbildung ist dann gegeben durch

$$(v_1, v_2) \mapsto [(v_1, v_2)] + U.$$

Durch eine analoge Konstruktion gelangt man auch zum Tensorprodukt von mehr als zwei Vektorräumen V_i. Für zwei endlich-dimensionale $\mathbb{K}$-Vektorräume V_1 und V_2 gilt bis auf Isomorphie

$$V_1^* \otimes V_2^* = (V_1 \otimes V_2)^*,$$

und für beliebige $\mathbb{K}$-Vektorräume V_1, V_2 und V_3 gilt bis auf Isomorphie

$$V_1 \otimes (V_2 \otimes V_3) = (V_1 \otimes V_2) \otimes V_3 (= V_1 \otimes V_2 \otimes V_3);$$

eine analoge Aussage gilt auch für endlich viele $\mathbb{K}$-Vektorräume $V_1, \dots, V_n$. Es ist $V_1 \otimes \cdots \otimes V_n = \{0\}$, wenn für mindestens ein $i \in \{1, \dots, n\}$ gilt: $V_i = \{0\}$. Ist $(v_{i1}, \dots, v_{i\pi(i)})$ eine Basis von V_i $(i \in \{1, \dots, n\})$, so bilden die Elemente

$$v_{1\phi(1)} \otimes \cdots \otimes v_{n\phi(n)}$$

mit $1 \le \phi(j) \le \pi(j)$ $(1 \le j \le n)$ eine Basis von $V_1 \otimes \cdots \otimes V_n$. Stets wird das Tensorprodukt vom Bild der zugehörigen universellen Abbildung erzeugt.

Durch das Tensorprodukt wird die Betrachtung multilinearer Abbildungen auf lineare Abbildungen zurückgeführt, da die multilinearen Abbildungen auf $V_1 \times \cdots \times V_n$ umkehrbar eindeutig den linearen Abbildungen auf dem Tensorprodukt $V_1 \otimes \cdots \otimes V_n$ entsprechen.

Tensorprodukt von Moduln, darstellender Modul für die Bilinearformen.

Sei R ein Ring, und seien M und N R–Moduln. Dann ist das Tensorprodukt $M \otimes_R N$ ein R–Modul mit der folgenden universellen Eigenschaft: Es existiert eine bilineare Abbildung $\lambda : M \times N \to M \otimes_R N$. Wenn $\varphi : M \times N \to P$ eine bilineare Abbildung ist, dann existiert ein eindeutig bestimmter Homomorphismus $h : M \otimes_R N \to P$ so, daß $h \circ \lambda = \varphi$ ist.

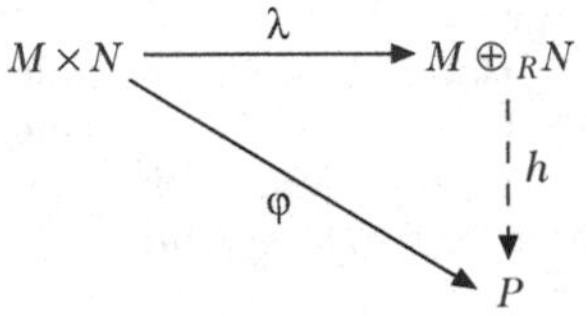

Tensorprodukt von Moduln

Das Tensorprodukt wird in diesem Fall wie folgt konstruiert. $M \otimes_R N$ ist der Quotient des freien R-Moduls, erzeugt durch $\{m \otimes n : m \in M,\ n \in N\}$, nach dem Untermodul erzeugt durch

$$\begin{aligned}
\{&(am + bn) \otimes (cp + dq) - ac \cdot m \otimes p\\
&-ad \cdot m \otimes q - bc \cdot n \otimes p - bd \cdot n \otimes q\\
&: a, b, c, d \in R, m, n \in M, p, q \in N\}.
\end{aligned}$$

Wenn S eine R–Algebra ist, dann ist $M \otimes_R S$ ein S–Modul mit der Multiplikation $s \cdot m \otimes s' = m \otimes ss'$. Eine wichtige Eigenschaft des Tensorprodukts ist die Beziehung zum Funktor Hom: Die kanonische Abbildung

$$\phi : \mathrm{Hom}_R(M \otimes_R N, P) \to \mathrm{Hom}_R\big(M, \mathrm{Hom}_R(N, P)\big),$$

definiert durch $\phi(\lambda)(m)(n) = \lambda(m \otimes n)$, ist ein Isomorphismus.

Tensorprodukt von Multilinearformen, spezielles Tensorprodukt, die Abbildung

$$\begin{aligned}
\otimes : &(V_1{}^* \otimes \cdots \otimes V_m{}^*) \times (U_1{}^* \otimes \cdots \otimes U_n{}^*)\\
&\to V_1{}^* \otimes \cdots \otimes V_m{}^* \otimes U_1{}^* \otimes \cdots \otimes U_n{}^*,\\
&(f, g) \mapsto f \otimes g,
\end{aligned}$$

definiert durch

$$f \otimes g : V_1 \times \cdots \times V_m \times U_1 \times \cdots \times U_n \to \mathbb{R};$$

$$(v_1, \dots, v_m, u_1, \dots, u_n) \mapsto f(v_1, \dots, v_m) \cdot g(u_1, \dots, u_n).$$

Hierbei sind $V_1, \dots, V_m, U_1, \dots, U_n$ endlich-dimensionale reelle ↗Vektorräume, und W^* ist der Dualraum zum Vektorraum W.

Tensorprodukt-Fläche, ↗Freiformfläche, die durch Freiformkurven-Schemata (z. B. für ↗Bézier- oder ↗B-Splinekurven) definiert ist.

Ist eine Freiformkurve $B(t)$ in der Form

$$B(t) = \sum_{j=1}^{n} b_j B_j(t)$$

mit Kontrollpunkten b_j und Basisfunktionen $B_j(t)$ festgelegt, und ist durch die Basisfunktionen $B'_1, \dots, B'_m$ ein zweites Schema definiert, so ist die dazugehörige Tensorprodukt-Fläche mit Kontrollpunkten b_{jk} $(j = 1, \dots, n, k = 1, \dots, m)$ durch

$$B(u, v) = \sum_{j=1}^{n} \sum_{k=1}^{m} b_{jk} B_j(u) B'_k(v)$$

gegeben.

Tensorprodukt-Methoden, in der ↗Numerischen Mathematik, insbesondere der ↗Approximationstheorie, die Bezeichnung für Verfahren, die sich mit der Approximation multivariater Funktionen durch Tensorprodukte univariater Funktionenräume befassen.

Als Tensorprodukt der univariaten Funktionenräume $V_i = \text{Span}\{v_{i1}, \dots, v_{i,m_i}\}$, $i = 1, \dots, p$, bezeichnet man dabei den Raum der Funktionen $g(x_1, \dots, x_p)$, die sich in der Form

$$g(x_1, \dots, x_p) = \sum_{j_1=1}^{m_1} \cdots \sum_{j_p=1}^{m_p} a_{j_1,\dots,j_p} v_{1,j_1}(x_1) \cdots v_{p,j_p}(x_p)$$

darstellen lassen.

Tensorprodukt-Methoden sind recht leicht zu handhaben, wegen ihrer Inflexibilität jedoch nur sehr begrenzt einsetzbar.

[1] Nürnberger, G.: Approximation by Spline Functions. Springer-Verlag Heidelberg/Berlin, 1989.

Tensorprodukt-Wavelet, mehrdimensionales Wavelet, das mittels Tensorprodukten eindimensionaler Funktionen gebildet wird.

Im zweidimensionalen Fall werden beispielsweise Tensorprodukt-Wavelets durch Tensorprodukte eindimensionaler Wavelets ψ bzw. Generatoren ϕ wie folgt gebildet:

$$\psi^{(0,1)}(x, y) := \phi(x)\psi(y)$$
$$\psi^{(1,0)}(x, y) := \psi(x)\phi(y)$$
$$\psi^{(1,1)}(x, y) := \psi(x)\psi(y).$$

Dieser Ansatz läßt sich in direkter Weise auf n-dimensionale Wavelets verallgemeinern; als Ausgangsfunktion kann ein beliebiges eindimensionales Wavelet, z. B. das Daubechies-Wavelet, mit zugehörigem Generator verwendet werden. Man benötigt $2^n - 1$ Funktionen (sog. mother wavelets), um eine Waveletbasis des $L_2(\mathbb{R}^n)$ aus Tensorprodukten eindimensionaler Wavelets zu erhalten.

Man kann zweidimensionale Wavelets auch direkt aus zweidimensionalen Generatoren (z. B. Box-Splines) erzeugen, jedoch ist der Zugang über Tensorprodukte der einfachste. Ein Nachteil des Tensorproduktansatzes ist, daß beispielweise im 2D-Fall die Koordinatenrichtungen hervorgehoben werden, was nicht immer erwünscht ist. Wendet man Wavelets zur Kantenerkennung in digitalen Bildern an, so kann die Richtungsselektivität vorteilhaft sein.

Term, aus Konstanten, Variablen, Operations- und Funktionssymbolen nach den üblichen Regeln des ‚Formelbaus' zusammengesetzte Zeichenreihe.

All diese Begriffe werden in der ↗mathematischen Logik oder der Theorie formaler Sprachen präzise definiert. Vereinfacht dargestellt kann man einen Term T definieren als eine Zeichenreihe, für die folgendes gilt:

- T ist eine Konstante, d. h. eine in einem ↗Zahlsystem geschriebene oder durch eine zuvor vereinbarte Abkürzung (wie etwa π) bezeichnete konstante Zahl, oder
- T ist eine Variable, d. h. ein Zeichen wie x oder eine Zeichenreihe wie y_{50} aus einer zuvor vereinbarten Menge von Zeichen bzw. Zeichenreihen für Variablen, oder
- T ist von der Gestalt (S) mit einem Term S, oder von der Gestalt $(T_1 * T_2)$ mit Termen T_1 und T_2, wobei $*$ eines der Operationssymbole $+, -, \cdot, /$ bezeichnet, oder
- T ist von der Gestalt $f(S)$ mit einem Term S und einem Funktionssymbol f, d. h. einem Zeichen oder einer Zeichenreihe aus einer zuvor vereinbarten Menge von Zeichen bzw. Zeichenreihen, die für bekannte Funktionen stehen.

Die Mengen der für Konstanten, Variablen und Funktionssymbole zugelassenen Zeichenreihen sollten disjunkt sein. Gemäß der bekannten Regel ‚Punktrechnung vor Strichrechnung' kann man manche Klammern in einem Term auch weglassen.

Enthält ein Term T höchstens die Variablen $x_1, \dots, x_n$, so drückt man dies auch durch die Schreibweise $T = T(x_1, \dots, x_n)$ aus. Nicht alle dieser Variablen müssen also in T vorkommen. Falls T genau die Variablen $x_1, \dots, x_n$ enthält, sagt man auch, T sei ein Term *in n Variablen* oder *in den Variablen* $x_1, \dots, x_n$.

Zu einem Term $T = T(x_1, \dots, x_n)$ gehört ein *Definitionsbereich* $\mathbb{D}(T)$, je nach Kontext eine Teilmenge von $\mathbb{R}^n$, $\mathbb{C}^n$ oder auch einer anderen Grundmenge $\mathbb{G}$. Es gilt:

- Ist T eine Konstante oder Variable, so ist $\mathbb{D}(T) = \mathbb{G}$.
- Ist T von der Gestalt $-(S)$ mit einem Term $S = S(x_1, \dots, x_n)$, so ist $\mathbb{D}(T) = \mathbb{D}(S)$.

- Ist T von der Gestalt $(T_1 * T_2)$ mit Termen $T_1 = T_1(x_1, \ldots, x_n)$ und $T_2 = T_2(x_1, \ldots, x_n)$, und ist $*$ wie oben, so ist $\mathbb{D}(T) = \mathbb{D}(T_1) \cap \mathbb{D}'(T_2)$ mit $\mathbb{D}'(T_2) = \mathbb{D}(T_2)$ im Fall $* \in \{+, -, \cdot\}$ und $\mathbb{D}'(T_2) = \{x \in \mathbb{D}(T_2) \mid T_2(x) \neq 0\}$ im Fall $* = /$.
- Ist T von der Gestalt $f(S)$ mit einem Term $S = S(x_1, \ldots, x_n)$ und einem Funktionssymbol f, so ist $\mathbb{D}(T) = \{x \in \mathbb{D}(S) \mid S(x) \in D_f\}$, wobei D_f die Definitionsmenge der durch f notierten Funktion bezeichnet.

Hierbei wurde bereits die Bezeichnung $T(x)$ für den *Wert* eines Terms T an einer Stelle $x \in \mathbb{D}(T)$ benutzt. Dieses *Auswerten eines Terms T* durch *Einsetzen* eines Elements $a = (a_1, \ldots, a_n) \in \mathbb{D}(T)$ ist wie folgt definiert:

- Ist T eine Konstante c, so ist $T(a) = c$.
- Ist T eine Variable x_k, so ist $T(a) = a_k$.
- Ist T von der Gestalt $-(S)$ mit einem Term $S = S(x_1, \ldots, x_n)$, so ist $T(a) = -S(a)$.
- Ist T von der Gestalt $(T_1 * T_2)$ mit Termen $T_1 = T_1(x_1, \ldots, x_n)$ und $T_2 = T_2(x_1, \ldots, x_n)$ und $*$ wie oben, so ist $T(a) = T_1(a) * T_2(a)$.
- Ist T von der Gestalt $f(S)$ mit einem Term $S = S(x_1, \ldots, x_n)$ und einem Funktionssymbol f, so ist $T(a) = f(S(a))$, wobei $f(s)$ für $s \in D_f$ wie üblich den Wert der durch f notierten Funktion an der Stelle s bezeichnet.

Zwei Terme $T = T(x_1, \ldots, x_n)$, $S = S(x_1, \ldots, x_n)$ heißen genau dann *äquivalent*, wenn $\mathbb{D}(T) = \mathbb{D}(S)$ gilt, sowie $T(a) = S(a)$ für alle $a \in \mathbb{D}(T)$. Hierdurch wird in der Tat eine Äquivalenzrelation definiert, die etwa beim ↗Rechnen mit Gleichungen und beim ↗Rechnen mit Ungleichungen von Bedeutung ist.

terminale Singularität, ↗minimal model-Programm.

terminales Ereignis, *finales Ereignis*, Begriff im Kontext Maßtheorie und Stochastik.

Ist $\mathfrak{A}$ eine σ-Algebra und $(\mathfrak{A}_n)_{n\in\mathbb{N}}$ eine Folge von σ-Algebren mit $\mathfrak{A}_n \subseteq \mathfrak{A}$ für jedes $n \in \mathbb{N}$, so werden die Elemente der σ-Algebra

$$\mathfrak{A}^\infty := \bigcap_{n\geq 1} \mathfrak{A}_n^\infty$$

als terminale oder finale Ereignisse, und $\mathfrak{A}^\infty$ als σ-Algebra der terminalen oder finalen Ereignisse der Folge $(\mathfrak{A}_n)_{n\in\mathbb{N}}$ bezeichnet. Die σ-Algebra

$$\mathfrak{A}_n^\infty := \sigma\left(\bigcup_{m\geq n} \mathfrak{A}_m\right)$$

ist dabei für jedes $n \in \mathbb{N}$ als die von den Elementen $\mathfrak{A}_n, \mathfrak{A}_{n+1}, \ldots$ erzeugte σ-Algebra definiert.

Die Elemente von $\mathfrak{A}^\infty$ heißen terminal oder final, da sie für jedes $n \in \mathbb{N}$ nicht von den σ-Algebren $\mathfrak{A}_1, \ldots, \mathfrak{A}_n$ abhängen, sondern lediglich von den unendlich fernen Gliedern der Folge $(\mathfrak{A})_{n\in\mathbb{N}}$ bestimmt werden.

Bei den $\mathfrak{A}_n$ handelt es sich oft um die von den Gliedern einer Folge $(X_n)_{n\in\mathbb{N}}$ von auf dem Wahrscheinlichkeitsraum $(\Omega, \mathfrak{A}, P)$ definierten Zufallsvariablen erzeugten σ-Algebren $\sigma(X_n)$.

terminales Objekt, ↗Nullobjekt.

Terrassenpunkt, ↗Wendepunkt.

tertium non datur, ↗Beweismethoden.

T^*-Erweiterung, die Erweiterung $T^*_w\mathfrak{g}$ einer endlichdimensionalen Lie-Algebra $(\mathfrak{g}, [\cdot,\cdot])$ über einem Körper $\mathbb{K}$ durch ihren Dualraum $\mathfrak{g}^*$, auf dem $\mathfrak{g}$ vermöge der koadjungierten Darstellung wirkt. Hierbei ist $w \in \Lambda^3\mathfrak{g}^*$ ist ein skalarer 3-Kozyklus von $\mathfrak{g}$.

Auf dem Vektorraum $T^*_w\mathfrak{g} = \mathfrak{g} \oplus \mathfrak{g}^*$ wird die Lie-Klammer $[\cdot,\cdot]_w$ durch $(x, y \in \mathfrak{g}; \alpha, \beta \in \mathfrak{g}^*)$

$$[x+\alpha, y+\beta]_w := [x,y] + w(x,y,\cdot) + ad^*(x)\beta - ad^*(y)\alpha$$

eingeführt. Ferner liefert die natürliche Paarung

$$q(x+\alpha, y+\beta) := \alpha(y) + \beta(x)$$

eine nicht ausgeartete, unter der adjungierten Darstellung von $T^*_w\mathfrak{g}$ invariante symmetrische Bilinearform auf $T^*_w\mathfrak{g}$. Umgekehrt sind alle geradedimensionalen nilpotenten Lie-Algebren $\mathfrak{a}$ (und alle geradedimensionalen auflösbaren Lie-Algebren, falls $\operatorname{char}\mathbb{K} = 0$), die eine $ad(\mathfrak{a})$-invariante nicht ausgeartete symmetrische Bilinearform tragen, isometrisch isomorph zu einer T^*-Erweiterung, falls $\mathbb{K}$ algebraisch abgeschlossen ist.

Testen einer Hypothese, ↗Testtheorie.

Testtheorie, Teildisziplin der mathematischen Statistik.

Die Testtheorie umfaßt statistische Verfahren, welche es gestatten, Annahmen (Hypothesen) über die vollständig oder teilweise unbekannte Wahrscheinlichkeitsverteilung einer zufälligen Variablen aufgrund einer ↗Stichprobe derselben zu überprüfen. Allgemein lassen sich diese Verfahren wie folgt beschreiben.

Sei X eine Zufallsgröße mit der Wahrscheinlichkeitsverteilung P_{γ^*}. γ^* ist unbekannt, d. h., P_{γ^*} ist bis auf γ^* vollständig bestimmt. Es sei bekannt, daß $\gamma^* \in \Gamma$ gilt. Unter einer statistischen Hypothese versteht man die Annahme:

$$\gamma^* \in \Gamma_0, \Gamma_0 \subset \Gamma,$$

wobei Γ_0 eine vorgegebene bekannte Teilmenge von Γ ist. Die zu überprüfende Hypothese $\gamma^* \in \Gamma_0$ bezeichnet man als Nullhypothese (H_0), die Hypothese $H_1 : \gamma^* \in \Gamma_1 \subseteq \Gamma\backslash\Gamma_0$ als Alternativhypothese; man schreibt:

$$H_0 : \gamma^* \in \Gamma_0 \text{ gegen } H_1 : \gamma^* \in \Gamma_1$$

Ist Γ_0 einelementig, so nennt man H_0 einfach, andernfalls heißt H_0 zusammengesetzt. Es gibt auch

Testverfahren, bei denen die Alternativhypothese nicht das Komplement der Nullhypothese darstellt, sondern bei denen gilt: $\Gamma_1 \subset \Gamma \setminus \Gamma_0$, speziell kann auch H_1 einfach sein.

Der Sinn eines statistischen Hypothesentests besteht darin, aufgrund einer Stichprobe von X eine Entscheidung über die Annahme oder Ablehnung von H_0 herbeizuführen. Der Test läßt sich mathematisch durch eine ↗Stichprobenfunktion S, die jeder konkreten ↗Stichprobe $x = (x_1, \ldots, x_n)$ vom Umfang n eine Zahl $S(x) \in [0,1]$ zuordnet, beschreiben. In Abhängigkeit von $S(x)$ wird eine Entscheidung über Annahme oder Ablehnung von H_0 getroffen. Man unterscheidet zwei Fälle:

1) Nichtrandomisierter Test: $S(x)$ nimmt nur die Werte 0 und 1 an, es ist

$$S(x) = \begin{cases} 1 & \text{für } x \in B, \\ 0 & \text{für } x \notin B. \end{cases}$$

Dabei ist B als Teilmenge des ↗statistischen Grundraums aufzufassen, B heißt kritischer Bereich des Tests. Für $S(x) = 1$, d. h. $x \in B$, wird H_0 abgelehnt (H_1 angenommen), andernfalls wird H_0 angenommen (H_1 abgelehnt).

2) Randomisierter Test: $S(x)$ nimmt nicht nur die Werte 0 und 1 an, sondern auch Zwischenwerte, es ist

$$0 \leq S(x) \leq 1.$$

Bei diesem Testverfahren wird zunächst $S(x)$ berechnet und anschließend die Entscheidung mit Hilfe eines zusätzlichen Zufallsexperimentes getroffen, bei welchem ein Ereignis A mit Wahrscheinlichkeit $S(x)$ eintreten kann. Wird A beobachtet, so wird H_0 abgelehnt, andernfalls angenommen.

Die gebräuchlicheren Tests sind nichtrandomisierte Tests. Zur praktischen Durchführung dieser Tests wird $B \subseteq \mathbb{R}^1$ in der Regel mittels einer meßbaren Abbildung T, der sogenannten Teststatistik, in einen kritischen Bereich K überführt:

$$x \in B \leftrightarrow T(x) \in K$$
$$x \notin B \leftrightarrow T(x) \notin K$$

In der Regel ist $K = [\varepsilon, \infty)$, sodaß die Entscheidungsregel wie folgt lautet:

$$T(x) \geq \varepsilon \rightarrow \text{ Entscheidung gegen } H_0$$
$$T(x) < \varepsilon \rightarrow \text{ Entscheidung für } H_0$$

ε heißt kritischer Wert. $T(x)$ kann kann auch als Maß für die Abweichung der wahren Verteilung von der Nullhypothese H_0 aufgefaßt werden.

Bei einem statistischen Hypothesentest geht man wie folgt vor:

1. Aufstellung der Hypothesen
2. Berechnung der Teststatistiken $T(x)$ zum Prüfen der Hypothesen
3. Berechnung des kritischen Wertes ε
4. Entscheidung.

Gütekriterien für Hypothesentests: Bei der Durchführung eines Hypothesentests sind zwei Fehlentscheidungen möglich: Der Fehler 1. Art, der darin besteht, H_0 abzulehnen, obwohl H_0 richtig ist, und der Fehler 2. Art, der darin besteht, H_0 anzunehmen, obwohl H_0 falsch ist. Da die Entscheidung für oder gegen H_0 auf einer Stichprobe beruht, ist sie zufällig; damit sind auch der Fehler 1. und 2. Art zufällig; in der Testtheorie betrachtet man deshalb ihre Wahrscheinlichkeiten. Sie lassen sich mit Hilfe der sogenannten Gütefunktion des Tests

$$g_S(\gamma) = P(\text{Entscheidung gegen } H_0 / \gamma^* = \gamma)$$

für $\gamma \in \Gamma$ ausdrücken. Die Wahrscheinlichkeit des Fehlers 1. Art ergibt sich als

$$g_S(\gamma) \text{ für } \gamma \in \Gamma_0 ,$$

und die des Fehlers 2. Art als

$$L_S(\gamma) = 1 - g_S(\gamma) \text{ für } \gamma \in \Gamma_1 .$$

$g_S(\gamma)$ wird für $\gamma \in \Gamma_1$ auch als Machtfunktion des Tests, und die Funktion $L_S(\gamma) = 1 - g_S(\gamma)$, $\gamma \in \Gamma$, die die Annahmewahrscheinlichkeit von H_0 unter der Bedingung $\gamma^* = \gamma$ angibt, als Operationscharakteristik (OC-Kurve) des Tests bezeichnet.

Ein Test, für den die Fehlerwahrscheinlichkeit 1. Art eine vorgegebene Schranke α, $0 \leq \alpha \leq 1$ nicht überschreitet, heißt α-Test. α heißt Signifikanzniveau (Signifikanzlevel) des Tests. Ein α-Test heißt unverfälscht (unbiased), wenn gilt:

$$g_S(\gamma) \leq \alpha \text{ für alle } \gamma \in \Gamma_1$$

Bei einem unverfälschten Test ist also die Wahrscheinlichkeit, H_0 abzulehnen, wenn H_0 nicht vorliegt, mindestens so groß wie die Wahrscheinlichkeit, H_0 abzulehnen, wenn H_0 vorliegt.

Sind S_1 und S_2 zwei α-Tests zum Prüfen von H_0 gegen H_1, so heißt S_1 gleichmäßig besser als S_2, falls seine Fehlerwahrscheinlichkeit 2. Art kleiner ist, d. h., falls gilt:

$$L_{S_2}(\gamma) \leq L_{S_1}(\gamma) \text{ für alle } \gamma \in \Gamma_1$$

Ein Test S, der unter allen α-Tests den Fehler 2. Art gleichmäßig minimiert, d. h., für den gilt

$$L_S(\gamma) = \inf_{\{\tilde{S}/\tilde{S} \text{ ist } \alpha\text{-Test}\}} L_{\tilde{S}}(\gamma) \text{ für alle } \gamma \in \Gamma_1 ,$$

heißt gleichmäßig bester α-Test. Wird der Fehler 2. Art nur an einer einzigen Stelle $\gamma_1 \in \Gamma_1$ minimiert, gilt also lediglich

$$L_S(\gamma_1) = \inf_{\{\tilde{S}/\tilde{S} \text{ ist } \alpha\text{-Test}\}} L_{\tilde{S}}(\gamma_1) ,$$

so spricht man von einem besten α-Test zum Prüfen von H_0 gegen $H_1 : \gamma = \gamma_1$.

Man versucht, einen Test so zu konstruieren, daß beide Fehlerwahrscheinlichkeiten möglichst klein sind. Da sich nicht beide Fehlerwahrscheinlichkeiten unabhängig voneinander gleichzeitig minimieren lassen, geht man häufig so vor, daß man einen besten bzw. einen gleichmäßig besten α-Test sucht. Eine Methode zur Konstruktion bester α-Tests wurde von J. Neyman und E.S. Pearson um 1930 entwickelt; diese Tests werden aufgrund ihrer Konstruktionsmethode als ↗Likelihood-Quotiententests bezeichnet. Wird lediglich α vorgegeben und auf eine direkte Berücksichtigung des Fehlers 2. Art und der Alternativhypothese H_1 verzichtet, so spricht man von ↗Signifikanztests.

Erwartungsgemäß zeigt es sich, daß die Fehlerwahrscheinlichkeiten vom Stichprobenumfang n abhängen; mit wachsendem Stichprobenumfang n sollte eine Verkleinerung der Fehlerwahrscheinlichkeiten erreicht werden. In der Testtheorie werden eine Reihe von Eigenschaften eines Tests auch über den Stichprobenumfang definiert, wie zum Beispiel die Konsistenz und die asymptotische Wirksamkeit eines Tests (vgl. [1]).

Sei $(S_n)_{n\in\mathbb{N}}$ eine Folge von Tests zur Prüfung von $H_0 : \gamma^* \in \Gamma_0$ gegen $H_1 : \gamma^* \in \Gamma_1$. Dabei sei (S_n) auf dem zur mathematischen Stichprobe von Umfang n gehörenden Stichprobenraum $[\mathbb{R}^n, \mathcal{B}^n]$ definiert. $(S_n)_{n\in\mathbb{N}}$ heißt konsistent für ein festes $\tilde{\gamma} \in \Gamma_1$, falls die Ablehnewahrscheinlichkeit für eine falsche Hypothese für $n \to \infty$ gegen 1 strebt, d. h., falls gilt:

$$\lim_{n\to\infty} g_{S_n}(\tilde{\gamma}) = 1 .$$

Ist $(S_n^*)_{n\in\mathbb{N}}$ eine zweite Folge von α-Tests zur Prüfung der gleichen Hypothese H_0 gegen H_1, so heißt

$$e(n, \tilde{\gamma}) = \frac{n}{n^*(n, \tilde{\gamma})}$$

mit

$$n^*(n, \tilde{\gamma}) \;=\; \min\{\tilde{n} | g_{S_{\tilde{n}}^*}(\tilde{\gamma}) \geq g_{S_n}(\tilde{\gamma})\}$$

die relative Effizienz (relative Wirksamkeit) von $(S_n)_{n\in\mathbb{N}}$ bzgl. $(S_n^*)_{n\in\mathbb{N}}$ für $\tilde{\gamma} \in \Gamma_1$ zum Stichprobenumfang n. Der Grenzwert $\lim_{n\to\infty} e(n, \tilde{\gamma})$ wird als asymptotische Effizienz bzw. asymptotische Wirksamkeit bezeichnet.

[1] Witting H.; Nölle, G.: Angewandte Mathematische Statistik. B.G.Teubner Verlagsgesellschaft Stuttgart, 1970.

Tetraeder, Polyeder mit vier Ecken.

Die Tetraeder sind von allen eben begrenzten Körpern diejenigen mit der geringsten Eckenzahl, da drei Punkte stets in einer Ebene liegen.

Jedes Tetraeder besitzt sechs Kanten und vier dreieckige Seitenflächen. In jedem Eckpunkt begegnen sich drei Seitenflächen.

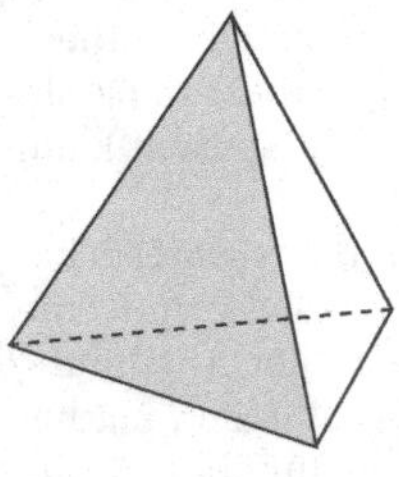

Reguläres Tetraeder

Ein Tetraeder, dessen sämtliche Kanten gleich lang sind, heißt reguläres (bzw. regelmäßiges) Tetraeder; mitunter wird der Begriff des Tetraeders auch im engeren Sinne für reguläre Tetraeder angewendet. Ist a die Kantenlänge eines regulären Tetraeders, so gilt für seine Höhe h, das Volumen V und den Oberflächeninhalt O:

$$h = \frac{a}{3}\sqrt{6} \ , \ \ V = \frac{a^3}{12}\sqrt{2} \ , \ \ O = a^2\sqrt{3} \ .$$

Tetragamma-Funktion, ↗Eulersche Γ-Funktion.

Tetration, iterierte Potenzierung.

Wie die Multiplikation zweier natürlichen Zahlen k und n eine iterierte Addition ist, nämlich $k \cdot n = k + \cdots + k$ mit n Exemplaren von k, und die Potenzierung eine iterierte Multiplikation, nämlich $k^n = k \cdot \cdots \cdot k$ mit n Exemplaren von k, so ist die Tetration ${}^nk$ definiert als ↗Potenzturm von n Exemplaren von k, also

$${}^nk \;=\; k^{k^{\cdot^{\cdot^{k^k}}}} \;=\; k^{\left(k^{\cdot^{\cdot^{\left(k^k\right)}}}\right)}$$

mit n Exemplaren von k. Man kann die ↗Pfeilschreibweise benutzen, um diesen Vorgang noch weiter zu treiben (Pentation, ...).

Teufelskreis, ein im Jahre 6000 v.Chr. vom Ehepaar Adam und Eva Teufel entdeckter Kreis, der im Gegensatz zu den üblichen Kreisen leider nicht ganz rund ist.

Thabit (Tabit) Ibn Qurra, Abu'l-Hasan, Universalgelehrter, geb. um 834/35 Harran (Türkei), gest. 18.2.901 Bagdad.

Über den Lebensweg des Thabit ist wenig bekannt. Er stammte wahrscheinlich aus einer vornehmen Familie in Harran. In seiner Jugend war er Geldwechsler. Wohl der Schwierigkeiten wegen, die er mit der Harran beherrschenden Sekte der Sabier hatte, zog er nach Kafartutha. Dort traf er einen der berühmten Musa-Brüder, der ihn mit nach Bagdad nahm. Bei den Banu Musa studierte er Mathematik, Astronomie und Medizin. Thabit war wissenschaftlich und politisch als Freund des Kalifen außerordentlich einflußreich. Seinen Lebensunterhalt bestritt er durch seine Übersetzertätigkeit und durch sein Wirken als Arzt und Astronom.

Thabit Ibn Qurra verfaßte Schriften über Mathematik, Astronomie, Geographie, Musik, Medizin, Veterinärmedizin, Geschichte, Philosophie, Theologie und Grammatik. Die mathematischen und astronomischen Arbeiten dominierten in seinem Gesamtwerk. Er griff die Prinzipien der Inhaltsbestimmungen des Archimedes auf, leitete das Bildungsgesetz für befreundete Zahlen her, diskutierte das Parallelenpostulat des Euklid und versuchte in zwei Werken es zu beweisen, dabei Ideen von G. Saccheri vorgreifend. Er erweiterte den Zahlbegriff der Antike auf reelle Zahlen und arbeitete über den Sinussatz der sphärischen Trigonometrie. Er summierte Reihen, so z. B. die ungeraden Quadratzahlen, und entwickelte daraus selbständig eine Art „Integrationskalkül", der ihm die Bestimmung von $\int x^n\,dx$ (n positiv rational), die Bestimmung spezieller Grenzwerte, und die Gewinnung von Formeln für die Volumina von Rotationsparaboloiden ermöglichte.

Thabit gab einen (neuen) Beweis des „Satzes des Pythagoras". Er übersetzte Werke des Ptolemaios ins Arabische und versuchte, dessen Weltsystem zu reformieren. Auch Schriften von Euklid, Archimedes und Galen übertrug er ins Arabische. Von Aristoteles ausgehend begründete er Elemente der Statik (statisches Moment, virtuelle Verschiebungen). Thabits philosophische Schriften sind von mathematischem Interesse geprägt, besonders durch Spekulationen über das Unendliche und die Idee der Kardinalzahl der Menge der natürlichen Zahlen („vollständige Zahl").

Thales, Satz des, fundamentaler Satz der Geometrie über die ↗Peripheriewinkel über einem Durchmesser eines Kreises:

Der geometrische Ort der Scheitel aller rechten Winkel, deren Schenkel durch zwei feste Punkte gehen, ist der Kreis um den Mittelpunkt der Verbindungsstrecke dieser Punkte mit dem Abstand der beiden Punkte als Durchmesser.

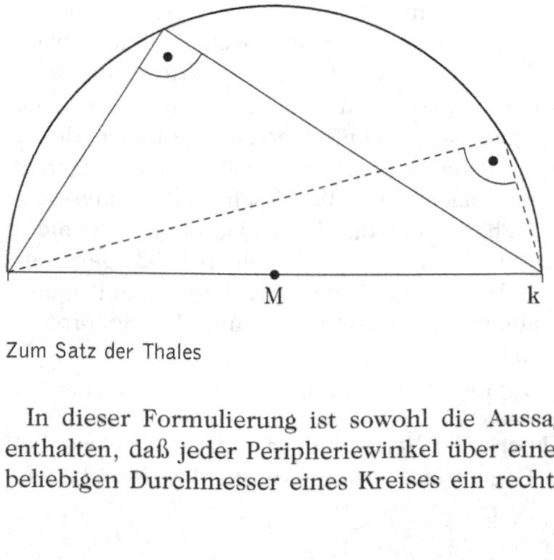

Zum Satz der Thales

In dieser Formulierung ist sowohl die Aussage enthalten, daß jeder Peripheriewinkel über einem beliebigen Durchmesser eines Kreises ein rechter Winkel ist, als auch deren Umkehrung, die besagt, daß jedes rechtwinkligen Dreieck einen ↗Umkreis besitzt, in dem die Hypotenuse ein Durchmesser ist. Letztere Aussage wird mitunter auch als Umkehrung des Satzes des Thales bezeichnet.

Eine Verallgemeinerung des Satzes des Thales, bei der Winkel über beliebigen Sehnen von Kreisen betrachtet werden, ist der ↗Peripheriewinkelsatz.

Thales von Milet, griechischer Naturphilosoph, Mathematiker, Astronom, Ingenieur, Politiker, geb. um 624 v.Chr. Milet (heute Türkei), gest. um 547 v.Chr. Milet.

Über Thales ist nur wenig bekannt. Er war der Sohn einer wohlhabenden Familie aus Milet und einige Zeit als Kaufmann tätig. Mit Hilfe astronomischer Kenntnisse soll er die Sonnenfinsternis des Jahres 585 v.Chr. vorausgesagt haben.

Weiterhin schreibt man ihm einige Erkenntnisse auf dem Gebiet der Geometrie zu, wie z. B. den „Satz des Thales". Er soll ein Buch über Navigation geschrieben haben. Seine Bedeutung in naturphilosophischer Hinsicht besteht darin, daß er sich bemühte, die Erscheinungen der Welt aus natürlichen Ursachen heraus zu erklären.

Theaitetos von Athen, griechischer Mathematiker, geb. um 414 v.Chr. Athen, gest. um 369 v.Chr. Athen.

Vieles über Theaitetos' Leben weiß man aus dem nach ihm benannten Dialog Platons. Theaitetos war ein Schüler sowohl Platons als auch des Theodoros von Kyrene. Er nahm an der Schlacht zwischen Athen und Korinth 369 v.Chr. teil und wurde dabei verwundet. Als Folge davon starb er bald darauf in Athen.

Theaitetos' Beitrag zur Mathematik bestand im Beweis der Irrationalität bestimmter Wurzeln, und in der Untersuchung von Kommensurabilität und Inkommensurabilität. In heutiger Schreibweise betrachtete er Ausdrücke der Form

$$\sqrt{a\sqrt{b}}\,,\ a\sqrt{b}-b\sqrt{a}\,,\ \text{ und }\ \sqrt{a+\sqrt{b}}\,.$$

Diese Arbeiten flossen auch in Euklids „Elemente" ein.

Weiterhin befaßte sich Theaitetos mit regelmäßigen Polyedern. Er soll das Oktaeder und das Dodekaeder entdeckt haben, gab Konstruktionen für die regelmäßigen Polyeder an, und berechnete deren Kantenlängen.

Theodolit, ein ↗Winkelmeßinstrument.

Der Theodolit wird in der Geodäsie zur Messung von Horizontalwinkeln, aber auch von Vertikalwinkeln benutzt. Hauptbestandteile sind Zielfernrohr, Horizontalkreis und darauf Vertikalkreis, Ablesevorrichtungen, Libelle und Stativ.

Heute verdrängen elektronische Geräte (z. B. Tachymeter) mehr und mehr die Theodoliten.

Theon von Alexandria, römischer Mathematiker und Astronom, geb. um 335 Alexandria(?), gest. um 405.

Theon von Alexandria arbeitet am Museion in Alexandria als Lehrer für Mathematik und Astronomie. Er soll am 16.6.364 eine Sonnenfinsternis und am 25.11. des gleichen Jahres eine Mondfinsternis in Alexandria beobachtet haben.

Theon wirkte als Kommentator der Arbeiten des Euklid und des „Almagest" des Ptolemaios. Er soll über die Konstruktion eines Astrolabiums geschrieben haben.

Theon war der Vater der ↗Hypatia von Alexandria.

Theorem A, ↗Serre, Theorem A von.

Theorem B, ↗Serre, Theorem B von.

theorema egregium, die Aussage, daß die ↗Gaußsche Krümmung k einer ↗regulären Fläche $\mathcal{F} \subset \mathbb{R}^3$ nur von den Koeffizienten E, F, G der ↗ersten Gaußsche Fundamentalform und deren partiellen Ableitungen abhängt.

Dieser Satz hat zahlreiche Konsequenzen, nicht nur für die Geometrie von Flächen, sondern auch für praktische Fragen der Erdvermessung und der Erstellung von Landkarten. In knapper Formulierung lautet er:

Die Gaußsche Krümmung einer Fläche $\mathcal{F} \subset \mathbb{R}^3$ ist eine Größe der ↗inneren Geometrie von $\mathcal{F}$.

Diese Erkenntnis war für Gauß und seine Zeitgenossen zunächst überraschend und unerwartet, wodurch sich die Namensgebung „bedeutender Satz" erklärt. Da die Gaußsche Krümmung über eine Parameterdarstellung $\Phi(u, v)$ von $\mathcal{F}$ definiert wird, indem man mittels Φ die ↗erste und ↗zweite Gaußsche Fundamentalform **I** und **II** bildet, und dann k als Quotient $k = \det(\mathbf{II}) / \det(\mathbf{I})$ ihrer Determinanten berechnet, hängt k nämlich scheinbar nicht nur von **I**, sondern auch von **II** ab.

theoretische Kernphysik, Theorie der Atomkerne, insbesondere im niederenergetischen Bereich.

Die Atomkerne bestehen im wesentlichen aus Nukleonen, d. h. Protonen und Neutronen, deren Anzahl mit p bzw. n bezeichnet werde. Die Summe $a = p + n$ ist die Massenzahl, p ist die Kernladung. Atomkerne mit Wert p entsprechen alle demselben Element, dessen Isotope nach den jeweiligen n-Werten numeriert werden.

Es existieren je nach Anwendungsgebiet unterschiedliche Kernmodelle.

Das *Schalenmodell* ist an die Kenntnis des Periodensystems der Elemente gekoppelt. Hier wird angenommen, daß die einzelnen Nukleonen nicht untereinander wechselwirken, sondern daß nur jedes Nukleon einzeln mit einem mittleren Feld wechselwirkt. Daraus ergeben sich einzelne besonders stabile Energieniveaus, die den einzelnen Schalen entsprechen, und man kann stabile von instabilen Kernen schon theoretisch unterscheiden.

Das *Tröpfchenmodell* geht auf Werner Heisenberg (ca. 1935) zurück. Es behandelt die Nukleonen als Flüssigkeit; es ergibt sich ein Kernradius, der zu $a^{1/3}$ proportional ist. In diesem Modell wird eine intensive Wechselwirkung der Nukleonen untereinander angenommen, hier läßt sich die Bindungsenergie des Kerns in Abhängigkeit von n und p gut bestimmen.

Als extremer Grenzfall der Anwendung der theoretischen Kernphysik ist die Modellierung von Neutronensternen anzusehen: Man kann einen Neutronenstern auch als Atomkern betrachten, bei dem sowohl a als auch n von der Größenordnung her bei 10^{57} liegen, während p um viele Größenordnungen kleiner ist.

[1] R. Feynman: Photon-Hadron Interactions. Benjamin Inc. Reading Massachusetts, 1972.

Theorie der Unlösbarkeitsgrade, *Grad-Theorie*, *Turing-Grad-Theorie*, befaßt sich mit der Struktur der ↗Turing-Grade.

Diese bilden einen oberen Halbverband bzgl. der Relation $\leq_T$ (↗Orakel-Turing-Maschine). Zu je zwei Turing-Graden existiert immer eine kleinste obere Schranke, nicht notwendigerweise aber eine größte untere Schranke. Das kleinste Element dieser Struktur bildet der Turing-Grad der entscheidbaren Mengen (↗Entscheidbarkeit).

Ferner existieren minimale Paare von Turing-Graden, deren größte untere Schranke der Turing-Grad der entscheidbaren Mengen ist.

Theorie der verborgenen Variablen, Sammelbegriff für Theorien, die die wahrscheinlichkeitstheoretische Interpretation der Quantentheorie dadurch vermeiden wollen, daß Variable eingeführt werden, die der Beobachtung wegen des Standes der Meßtechnik schwer zugänglich und bis heute wohl nicht beobachtet worden sind (verborgene Variable).

Das Ziel ist der Aufbau einer Theorie, die in Übereinstimmung mit der Vorstellung ist, daß physikalische Prozesse deterministisch im Raum ablaufen. Danach hat die Quantentheorie Ähnlichkeit mit der ↗Thermodynamik und ihren statistischen Aussagen. Diese Bemühungen sind vor allem durch das ↗Einstein-Podolski-Rosen-Paradoxon angeregt worden, nach dem die Beschreibung physikalischer Phänomene durch die Quantentheorie nicht vollständig sein soll. Aber auch „Schrödingers Katze" (↗Meßprozeß in der Quantenmechanik), also die quantentheoretische Deutung des Meßprozesses, hat eine Rolle gespielt.

[1] d' Espagnat, B.: Conceptual Foundations of Quantum Mechanics. W. A. Benjamin, Inc. Massachusetts, 1976.

Theorie der Verzweigungsprozesse, Theorie, deren Gegenstand ↗stochastische Prozesse bilden, welche die Vermehrung und Umwandlung von Teilchen beschreiben, wobei sich die einzelnen Teilchen unabhängig voneinander vermehren und verändern. Derartige Prozesse heißen Verzweigungsprozesse.

Zur Illustration betrachten wir eine Population, die zu Beginn (in der 0-ten Generation) aus einem Mitglied besteht, das $0, 1, 2, \ldots$ Nachkommen mit Wahrscheinlichkeiten von $p_0, p_1, p_2, \ldots$ besitzt. In jeder weiteren Generation hat jedes Mitglied der Population wiederum mit den gleichen Wahrscheinlichkeiten eine entsprechende Zahl von Nachkommen. Es wird nun angenommen, daß, bei bekannter Größe der Population in der n-ten Generation, das Wahrscheinlichkeitsgesetz, welches die Entwicklung späterer Generationen bestimmt, nicht von der Größe der Population in den der n-ten Generation vorausgegangenen Generationen beeinflußt wird. Weiterhin wird angenommen, daß die Anzahl der Nachkommen eines Mitglieds der Population nicht durch die anderen Mitglieder in der Population beeinflußt wird.

Dieses Modell wurde Ende des 19. Jahrhunderts von F. Galton und H. W. Watson betrachtet, um die Wahrscheinlichkeit für das Aussterben gewisser Familiennamen zu bestimmen. Der zugehörige stochastische Prozeß $(X_n)_{n\in\mathbb{N}_0}$ heißt Galton-Watson-Prozeß und ist eine zeitlich homogene ↗Markow-Kette auf einem Wahrscheinlichkeitsraum $(\Omega, \mathfrak{A}, P)$ mit Zustandsraum $\mathbb{N}_0$ und diskreter Zeit. Die Zufallsvariable X_n gibt die Größe der Population in der n-ten Generation an, so daß insbesondere $X_0 \equiv 1$ gilt. Aufgrund der obigen Voraussetzungen sind die Übergangswahrscheinlichkeiten $p_{ij} = P(X_{n+1} = j|X_n = i)$ für $i, j \in \mathbb{N}_0$ und $i > 0$ durch

$$p_{ij} = \sum_{k_1+\cdots+k_i=j} p_{k_1} \cdot \ldots \cdot p_{k_i}$$

gegeben. Für $i = 0$ definiert man $p_{0j} = \varepsilon_0(\{j\})$ für alle $j \in \mathbb{N}_0$, wobei ε_0 das Dirac-Maß in 0 bezeichnet. Der Zustand 0 ist offensichtlich absorbierend und wird dahingehend interpretiert, daß die Population ausstirbt. Hier, wie bei Verzweigungsprozessen allgemein, interessiert man sich für die Aussterbewahrscheinlichkeit q, die Momente und Verteilungen der X_n und das Verhalten des Prozesses für den Fall, daß die Population nicht ausstirbt. Unter den Annahmen $p_k < 1$ für alle $k \in \mathbb{N}_0$, $p_0 + p_1 < 1$ und $E(X_1) < \infty$ kann man für $E(X_1) \leq 1$ zeigen, daß $q = 1$ gilt. Für $E(X_1) > 1$ ist q die eindeutig bestimmte nicht-negative Lösung kleiner oder gleich 1 der Gleichung $s = f(s)$, wobei f die erzeugende Funktion von X_1 bezeichnet. Es zeigt sich, daß die Population nur aussterben oder explodieren, d. h. beliebig groß werden kann.

Allgemeiner werden Verzweigungsprozeße mit mehreren Teilchentypen betrachtet. Dabei nimmt man wieder an, daß sich jedes Teilchen unabhängig von den anderen entwickelt und in Teilchen verschiedener Typen umwandeln kann. Ein Beispiel stellen kosmische Strahlenschauer dar, bei denen sich Teilchen in Protonen und Neutronen umwandeln können.

Neben Prozessen mit diskreter werden auch solche mit stetiger Zeit betrachtet. Fortgeschrittene Aspekte der Theorie beschäftigen sich u. a. mit der Modellierung von Alterungseffekten der Teilchen, wobei zur Modellierung der Verteilungen der Lebenszeiten z. B. Exponentialverteilungen, verwendet werden. Im letztgenannten Fall sind die Verzweigungsprozesse keine Markow-Prozesse. Ein besonders wichtiges Hilfsmittel der Theorie stellen die erzeugenden Funktionen und ihre Verallgemeinerungen, sogenannte erzeugende Funktionale, dar. Verzweigungsprozesse werden u. a. zur Beschreibung (der Anfangsstadien) von chemischen und physikalischen Kettenreaktionen verwendet. Zur Beschreibung biologischer Phänomene sind Verzweigungsprozesse aufgrund der für sie charakteristischen Annahme, daß sich jedes Teilchen unbeeinflußt von den anderen vermehrt, nur bedingt geeignet.

[1] Harris, T. E.: The theory of branching processes. Springer Berlin, 1963.

[2] Sewastjanow, B. A.: Verzweigungsprozesse. R. Oldenbourg Verlag München, 1975.

Thermodynamik

U. Kasper

Die Thermodynamik ist die Lehre von den Erscheinungen in makroskopischen Systemen (einschließlich Strahlung), für die Wärmeübertragung oder Temperaturänderungen wesentlich sind. Da die makroskopischen physikalischen Systeme aus einer großen Zahl von Teilchen bestehen (in einem Mol eines Stoffes befinden sich etwa 10^{23} Teilchen), kann der Zustand des Systems schon aus rechentechnischen Gründen nicht nach der klassischen oder Quantentheorie bestimmt werden. Es kommt daher auf die Bestimmung von Mittelwerten für die physikalischen Größen wie z. B. die Energie, und die möglichen Schwankungen um solche Mittelwerte an. Anwendung findet die Thermodynamik in der Technik z. B. beim Bau von Wärmekraftmaschinen und in der Thermochemie, die sich mit dem Ablauf chemischer Reaktionen unter dem Aspekt der Wärmeentwicklung beschäftigt.

In der *phänomenologischen Thermodynamik* wird kein Rückgriff auf die mikroskopische Struktur der Materie gemacht. Sie ist zunächst einmal die Theorie der Übergänge aus einem Gleichgewichtszustand in einen anderen solchen Zustand. Die Übergänge wiederum können reversibel oder irreversibel erfolgen (↗thermodynamischer Prozeß, ↗reversibler Prozeß). Die phänomenologische Thermodynamik kann axiomatisch aus den ↗Hauptsätzen der Thermodynamik aufgebaut werden.

In Abhängigkeit von den unabhängigen Größen, die den Gleichgewichtszustand des Systems bestimmen, gibt es thermodynamische Potentiale (↗Fundamentalgleichungen der Thermodynamik), aus denen alle anderen, das System charakterisierenden Größen abgeleitet werden können.

Die zunächst für Gleichgewichtszustände definierte Entropie (↗Entropie, physikalische) wird dadurch für das Nicht-Gleichgewicht definiert, daß man eine Folge von Gleichgewichtszuständen sucht, die in das Nicht-Gleichgewicht führen. Für die Gleichgewichtszustände ist dann die Entropie definiert, und sie wird für den Nicht-Gleichgewichtszustand durch den Wert geliefert, den die Entropie im Gleichgewichtszustand hat, der mit dem Nicht-Gleicegewichtszustand zusammenfällt. Der zweite Hauptsatz der Thermodynamik sagt dann aus, daß alle Prozesse in adiabatisch abgeschlossenen Systemen so ablaufen, daß die Entropie nicht abnimmt. Ähnlich wird die freie Energie $F = U - TS$ für einen Nicht-Gleichgewichtszustand definiert. Es gilt dann, daß ein Prozeß isotherm und ohne Arbeitsleitung nur so abläuft, daß die freie Energie nicht wächst.

Auch irreversible Prozesse versucht man im Rahmen der phänomenologischen Thermodynamik zu behandeln. Beispielsweise werden Ausgleichsvorgänge in inhomogenen und anisotropen Medien beschrieben. Dabei wird vorausgesetzt, daß thermodynamisches Gleichgewicht wenigstens noch *lokal* besteht. Damit kann noch lokal eine Temperatur definiert werden, global hat man es mit einem Temperaturfeld zu tun. Aus dem Beobachtungsmaterial schließt man auf eine lineare Beziehung etwa zwischen dem Wärmestrom und dem Temperaturgradienten (im allgemeineren Fall sind es die Beziehungen von Onsager und Casimir). Diese Beziehung wird dann nach dem geschilderten Verfahren in die allgemeinen Beziehungen der phänomenologischen Thermodynamik eingeführt.

Die phänomenologische Thermodynamik wird über die *statistische Thermodynamik* (↗statistische Physik) begründet, indem von einer Theorie ausgegangen wird, die die mikroskopische Struktur der Materie berücksichtigt. Die Aussagen der phänomenologischen Thermodynamik werden durch Bildung von Mittelwerten über statistische Gesamtheiten gewonnen. Von Interesse sind *zeitliche* Mittelwerte. Sie sollen über die Bildung von ↗Scharmitteln erhalten werden, weil die Bestimmung von zeitlichen Mittelwerten ja die Lösung des Bewegungsproblems für große Systeme voraussetzt (↗Ergodenhypothese, ↗Quasi-Ergodenhypothese). Die statistische Thermodynamik gestattet die Berechnung von Materaleigenschaften und Zustandsgleichungen, die in der phänomenologischen Thermodynamik vorgegeben werden müssen. In der statistischen Thermodynamik für Gleichgewichtszustände hat sich eine Methode von Gibbs (↗Gibbsscher Formalismus) besonders bewährt, weil sie die Einbeziehung von Systemen ermöglicht, deren Bestandteile in nicht zu vernachlässigender Wechselwirkung stehen: Es werden „virtuelle" Gesamtheiten dadurch gebildet, daß ihre Elemente Kopien eines real existierenden Systems sind. Für Systeme im thermodynamischen Gleichgewicht ist die Kenntnis der ↗Zustandssumme wichtig. Sie gestattet die Berechnung der thermodynamischen Größen.

Die Theorie, mit der die mikroskopische Struktur der Materie beschrieben wird, kann die klassische Physik, aber auch der Quantentheorie sein (↗quantenmechanische Gesamtheiten, ↗Quantenstatistik). Für hinreichend hohe Temperaturen folgen die Resultate, die auf der Basis der klassischen Physik erhalten wurden, aus der Quantenstatistik. Die Berechnung von Verteilungsfunktionen ist die wesentliche Aufgabe der statistischen Thermodynamik bei der Behandlung von irreversiblen Prozessen (↗kinetische Gastheorie, ↗Boltzmann-Gleichung).

Bisher wurde stillschweigend vorausgesetzt, daß sich das thermodynamische Gleichgewichtssystem als ganzes in dem Bezugssystem K_0 in Ruhe befindet. Wird es jedoch von einem Bezugssystem K beobachtet, das sich gegenüber K_0 mit der konstanten Geschwindigkeit v bewegt, dann sind für die thermodynamischen Größen speziell-relativistische Transformationsgesetze anzugeben. Um sie zu finden, setzt man erst einmal voraus, daß etwa der erste und zweite Hauptsatz in beiden Bezugssystemen die gleiche Form haben. Dann ergibt sich z. B. für die Temperatur T in K das von Ott angegebene Transformationsgesetz

$$T = \frac{T_0}{\sqrt{1 - v^2/c^2}},$$

wobei T_0 die Temperatur in K_0 und c die Vakuumlichtgeschwindigkeit sind. Dieser Ausdruck korrigierte in den sechziger Jahren nach über 50 Jahren die von Planck angegebene Beziehung.

Berücksichtigt man schließlich auch noch, daß das System selbst ein Gravitationsfeld erzeugt, dann folgt nach der allgemeinen Relativitätstheorie, daß die Temperatur T_0, die ein Beobachter mißt, der momentan in bezug auf das sich im Gleichgewicht befindende System in Ruhe ist, eine Funktion des Raum-Zeit-Punkts ist. Erzeugt das System ein statisches Gravitationsfeld, dann ist das Produkt aus T_0 und der Quadratwurzel $\sqrt{g_{00}}$ der Zeit-Zeit-Komponente des (pseudo-)metrischen Fundamentaltensors eine Konstante.

Die Thermodynamik findet auch Anwendung in der Kosmologie der Einsteinschen Gravitationstheorie. Für homogene isotrope Weltmodelle kann man zeigen, daß elektromagnetische Strahlung bei der Expansion im Gleichgewicht bleibt, wenn sie zu einem bestimmten Zeitpunkt in diesem Zustand war. Lediglich die Temperatur der Strahlung sinkt. Auf diese Weise kann man die Kälte der kosmischen Hintergrundstrahlung verstehen.

Literatur

[1] Becker, R.: Theorie der Wärme. Springer-Verlag Berlin Heidelberg New York, 1966.

[2] Landau, L.D.; Lifschitz, E.M.: Lehrbuch der theoretischen Physik, Bände V und X. Akademie-Verlag Berlin, 1979.

---

thermodynamische Zustandsänderung, ↗thermodynamischer Prozeß.

thermodynamischer Prozeß, *thermodynamische Zustandsänderung*, die Änderung wenigstens einer durch den Zustand des thermodynamischen Systems bestimmten Größe (wie z. B. der Temperatur) mit der Zeit.

Die thermodynamischen Prozesse unterteilt man in reversible und irreversible (↗reversibler Prozeß). Man spricht von einer adiabatischen Zustandsänderung, wenn keine Wärmeübertragung stattfindet.

Theta-Funktion, definiert durch die Reihe

$$\vartheta_\tau(z) = \vartheta(\tau, z) := \sum_{n=-\infty}^{\infty} e^{\pi i(n^2\tau+2nz)}. \qquad (1)$$

Diese Reihe nennt man auch Theta-Reihe. Sie ist in $H \times \mathbb{C}$ normal konvergent, wobei

$$H = \{z \in \mathbb{C} : \operatorname{Im} z > 0\}$$

die obere Halbebene ist. Bei festem $\tau \in H$ ist also ϑ_τ eine ↗ganze Funktion. Ebenso ist $\vartheta(\cdot, z)$ bei festem $z \in \mathbb{C}$ eine ↗holomorphe Funktion in H. Man beachte, daß ϑ_τ eine Fourier-Reihe ist. Man nennt ϑ auch Jacobische Theta-Funktion, da Jacobi (1829) Theta-Reihen systematisch studiert und sie mit Θ (statt ϑ) bezeichnet hat.

Setzt man $\tilde{\vartheta}(t, x) := \vartheta(it, x)$ für $t > 0$ und $x \in \mathbb{R}$, so ist $\tilde{\vartheta}$ eine Lösung der partiellen Differentialgleichung

$$\frac{\partial^2 \tilde{\vartheta}}{\partial x^2} = 4\pi \frac{\partial \tilde{\vartheta}}{\partial t},$$

die in der Theorie der Wärmeleitung eine zentrale Rolle spielt, wobei t als Zeit interpretiert wird.

Offensichtlich ist ϑ_τ eine periodische Funktion mit Periode 1. Weiter gilt

$$\vartheta_\tau(z + \tau) = e^{-\pi i(\tau+2z)}\vartheta_\tau(z). \qquad (2)$$

Die Nullstellen von ϑ_τ sind gegeben durch

$$z = z_{km} = \frac{1+\tau}{2} + k + m\tau, \quad k, m \in \mathbb{Z}.$$

Jede Nullstelle hat die ↗Nullstellenordnung 1.

Eine wichtige Eigenschaft ist die Transformationsformel der Theta-Funktion

$$\vartheta\left(-\tfrac{1}{\tau}, z\right) = e^{\pi i z^2 \tau} \sqrt{-i\tau}\, \vartheta(\tau, \tau z),$$

wobei auf der rechten Seite der ↗Hauptzweig der Wurzel zu nehmen ist.

Setzt man in (1) speziell $z = 0$, so entsteht der Theta-Nullwert

$$\vartheta(\tau) := \vartheta(\tau, 0) = \sum_{n=-\infty}^{\infty} e^{\pi i n^2 \tau}.$$

Diese Funktion ist holomorph in H und erfüllt die Transformationsformeln

$$\vartheta(\tau + 2) = \vartheta(\tau)$$

und

$$\vartheta\left(-\tfrac{1}{\tau}\right) = \sqrt{-i\tau}\, \vartheta(\tau).$$

Allgemeiner versteht man unter einem Theta-Nullwert eine Theta-Reihe der Form

$$\vartheta_{a,b}(\tau) := \sum_{n=-\infty}^{\infty} e^{\pi i(n+a)^2\tau+2bn},$$

wobei $a, b \in \mathbb{R}$. Es ist $\vartheta_{a,b}$ eine holomorphe Funktion in H. Ist

$$a - \frac{1}{2} \in \mathbb{Z} \text{ und } b - \frac{1}{2} \in \mathbb{Z},$$

so gilt $\vartheta_{a,b}(\tau) = 0$ für alle $\tau \in H$. In allen anderen Fällen besitzt $\vartheta_{a,b}$ keine Nullstelle in H.

Es gilt die Transformationsformel

$$\vartheta_{a,b}\left(-\frac{1}{\tau}\right) = e^{2\pi iab}\sqrt{-i\tau}\,\vartheta_{b,-a}(\tau)\,.$$

Es besteht ein enger Zusammenhang zwischen der Jacobischen Theta-Funktion und ↗ elliptischen Funktionen. Setzt man nämlich

$$E_\tau(z) := \frac{\vartheta_\tau\left(z+\frac{1}{2}\right)}{\vartheta_\tau(z)}\,,$$

so ist E_τ eine nicht-konstante elliptische Funktion zum Gitter $L = \mathbb{Z} + 2\tau\mathbb{Z}$. Weiter gilt

$$E_\tau(z+\tau) \;=\; -E_\tau(z)\,,$$

und daher ist E_τ^2 eine elliptische Funktion zum Gitter $L_1 = \mathbb{Z} + \tau\mathbb{Z}$.

Allgemeiner ist eine Theta-Funktion zum Gitter $L = \mathbb{Z}\omega_1 + \mathbb{Z}\omega_2$ eine nicht-konstante ganze Funktion Θ mit der Eigenschaft

$$\Theta(z+\omega) = e^{a_\omega z + b_\omega}\Theta(z)$$

für alle $z \in \mathbb{C}$ und $\omega \in L$. Dabei sind a_ω, $b_\omega \in \mathbb{C}$ Konstanten, die zwar von ω, aber nicht von z abhängen. Die Jacobische Theta-Funktion ist eine Theta-Funktion in diesem Sinne (zum Gitter

$$L \;=\; \mathbb{Z} + \mathbb{Z}\tau\,,$$

denn aus der Periodizität und (2) folgt für $k, m \in \mathbb{Z}$

$$\vartheta_\tau(z+k+m\tau) \;=\; e^{-2\pi iz - \pi im\tau}\vartheta_\tau(z)\,)\,.$$

Ein weiteres Beispiel ist die ↗ Weierstraßsche σ-Funktion.

Theta-Nullwert, ↗ Theta-Funktion.

Theta-Reihe, ↗ Theta-Funktion.

Thielesche Gleichung, Differenzen- bzw. Differentialgleichung zur Darstellung der Reserven in der ↗ Versicherungsmathematik. Sie wird hauptsächlich in der Lebensversicherung verwendet, für den ↗ Reserveprozeß in der Schadenversicherung existieren ähnliche Gleichungen.

Es bezeichne $DK(t)$ die gebildeten Reserven (Deckungskapital) zum Zeitpunkt t, $P(t)$ die eingehende Versicherungsprämie, $R(t)$ die Kosten, um das versicherte Risiko zu tragen, und $E(t)$ den Kapitalertrag auf die Reserve. Dann lautet die Thielesche Differenzengleichung

$$DK(t+1) \;=\; DK(t) + P(t) - R(t) + E(t)\,.$$

Die Risikokosten $R(t)$ hängen – je nach Art der Versicherung – auf unterschiedliche Weise von der Reserve ab; z. B. gilt für eine Lebensversicherung, bei der im Todesfall ein Betrag T gezahlt wird, $R(t) = q_x \cdot (T - DK(t))$, mit q_x als Erwartungswert der Sterbewahrscheinlichkeit für einen Versicherten im Alter x. Man erhält eine stochastische Gleichung, wenn man etwa eine stochastische Verzinsung $z(\omega, t)$ des Deckungkapitals berücksichtigt also $E(t) = z(\omega, t) \cdot DK(t)$. Die Thielesche Gleichung stellt eine Alternative zur klassischen Darstellung der ↗ Versicherungsmathematik über Barwerte bzw. Kommutationswerte dar.

Als kontinuierlicher Limes ergibt sich die Thielesche Differentialgleichung

$$\partial DK(t+dt) \;=\; p(t) - r(t) + \tilde{z}(\omega, t)DK(t)\,,$$

welche als Modellgleichung dient, für praktische Anwendungen aber kaum eine Rolle spielt.

thin plate spline, spezielle Klasse von ↗ radialen Basisfunktionen.

Es seien N und m natürliche Zahlen, und ϕ : $[0,\infty) \mapsto \mathbb{R}$ definiert durch

$$\phi(r) = \begin{cases} r^{m-\frac{n}{2}}\log(r) & \text{, falls n gerade,} \\ r^{m-\frac{n}{2}} & \text{, falls n ungerade.} \end{cases}$$

Dann heißt für vorgegebene $x_i \in \mathbb{R}^n$, $i = 1, \ldots, N$, eine Funktion

$$s(x) = \sum_{i=1}^{N} \alpha_i\phi(\|x - x_i\|_2) + \sum_{j=1}^{d} \beta_j p_j(x),\ x \in \mathbb{R}^n$$

mit

$$\sum_{i=1}^{N} \alpha_i p_j(x_i) = 0\,,\quad j = 1, \ldots, d,$$

thin plate spline. Hierbei ist $\{p_j : j = 1, \ldots, d\}$ eine Basis des Raums der Polynome vom Grad $m-1$ in n Variablen, und d die Dimension dieses polynomialen Raums.

Die Funktionen s, erzeugt durch ϕ, sind somit spezielle radiale Basisfunktionen. Sie treten im Zusammenhang mit der Interpolation verteilter Daten in mehreren Veränderlichen auf, das heißt, bei der Problemstellung $s(x_i) = y_i$ für vorgegebene $y_i \in \mathbb{R}$, $i = 1, \ldots, N$.

Thom, René, Mathematiker, geb. 2.9.1923 Montbéliard (Frankreich), gest. 25.10.2002 Bures-sur-Yvette.

Thom, Sohn des Apothekers Gustav Thom und seiner Frau Louise, besuchte zunächst in seiner Geburtsstadt die Schule und erhielt wegen seiner guten Leistungen ein Stipendium. 1940 erwarb er das Baccalaureat für Elementarmathematik an der Universität Besançon, mußte dann aber seine Ausbildung wegen des Zweiten Weltkriegs unterbrechen. Nach einem Aufenthalt in Lyon, wo er das Baccalaureat in Philosophie erwarb, führte sein Weg im Herbst 1941 über Montbéliard nach Paris. Dort bereitete er sich auf ein Studium an der Ecole Normale Supérieure vor, das er nach einem gescheiterten Versuch 1942 im Jahr darauf aufnahm. 1946 beendete er sein Studium in Paris, ging nach Straßburg und promovierte 1951 bei H. Cartan, reichte jedoch die Promotion in Paris ein. Nach einem Studienaufenthalt an der Universität Princeton lehrte er 1953/54 an der Universität Grenoble und 1954 bis 1963 an der Universität Sraßburg, ab 1957 als Professor. Ab 1964 hatte er eine Professur am Institute des Hautes Etudes Scientifiques in Bures-sur-Yvette inne.

Während seines Studiums wurde Thom von verschiedenen Mitgliedern der Bourbaki-Gruppe beeinflußt, vor allem aber von Cartan, später auch von Ch. Ehresmann und J.-L. Koszul. Bereits in seiner Dissertation, die dem Studium von Faserräumen gewidmet war, entwickelte er die Grundlagen der Kobordismentheorie, die er dann 1954 ausführlich darstellte. Mit dieser Theorie hat er die Entwicklung der algebraischen Topologie wesentlich beeinflußt, sie bildete u. a. eine wichtige Grundlage für Verallgemeinerungen des Satzes von Riemann-Roch. In weiteren Arbeiten zur algebraischen Topologie behandelte er die charakteristischen Klassen von Sphärenbündeln, die Topologie der Singularitäten differenzierbarer Abbildungen und das nach ihm benannte Transversalitätstheorem. Gegen Ende der 50er Jahre entschied er, wie er später bekannte auch wegen der dominierenden Stellung Grothendiecks, die algebraischen Studien aufzugeben und sich der Untersuchung von Singularitäten differenzierbarer Abbildungen zuzuwenden. Nach der Beschäftigung mit optischen Problemen widmete er sich in den 60er Jahren der Anwendung mathematischer Erkenntnisse in der Embryologie. Er beschrieb sieben Situationen, in denen die allmähliche Änderung der Bedingungen zu einer plötzlichen und grundlegenden Veränderung bei dem betrachteten Subjekt führten, sogenannte elementare Katastrophen. Derartige Wandlungen konnten nicht mit den üblichen analytischen Mitteln erfaßt werden. Thoms Theorie, die er 1972 in dem Buch „Stabilité structurelle et morphogénèse" beschrieb, fand verbreitete Anwendung sowohl in den Natur- als auch den Sozialwissenschaften. Ch. Zeeman prägte dafür dann 1976 den Namen Katastrophentheorie. In den folgenden Jahren wurde die Theorie mehrfach weiterentwickelt und zu einer allgemeinen Methode, um eine Vielzahl von sprunghaften Übergängen, Unstetigkeiten oder plötzlichen qualitativen Änderungen in der Natur und der Gesellschaft zu studieren. Bei dem großen Zuspruch, den die Theorie fand, wurden jedoch teilweise unrealistische Erwartungen, speziell hinsichtlich einer quantitativen Erfassung der abrupten Änderungen, geweckt, sodaß die Theorie Ende der 80er Jahre immer mehr in den Hintergrund trat. In diesem Zusammenhang wandte sich Thom in den 80er und 90er Jahren verstärkt auch philosophischen Betrachtungen zu. Er sah sich als mathematischen Philosoph und war in diesem Sinne bereits zuvor als Kritiker einer überzogenen Formalisierung und strukturtheoretischen Auffassung der Mathematik bekannt geworden.

Für seine Leistungen wurde Thom mehrfach geehrt, u. a. 1958 mit der ↗Fields-Medaille.

Thomassen, Satz von, sagt aus, daß jeder 3-fach-zusammenhängende Graph G mit mindestens 5 Ecken eine Kante besitzt, deren Kontraktion (↗Kontraktion einer Kante) in einem 3-fach-zusammenhängenden Graphen resultiert.

Dieser Satz wurde 1980 von C. Thomassen bewiesen und ist oft nützlich, um Aussagen über 3-fach-zusammenhängende Graphen mittels vollständiger Induktion zu beweisen.

Thompson, John Griggs, Mathematiker, geb. 13.10.1932 Ottawa (Kansas).

Thompson beendete 1955 sein Studium an der Yale University in New Haven (CT). Anschließend forschte er an der Universität von Chicago und promovierte dort 1959. Nach einer Assistententätigkeit an der Harvard Universität in Cambridge (Mass.) ab 1961 kehrte er ein Jahr später als Professor nach Chicago zurück. 1968 folgte er einen Ruf an das Churchill College der Universität Cambridge (England), an der er seit 1970 die Rousse-Ball-Professur für Reine Mathematik innehat.

Thompson lieferte grundlegende Beiträge zu vielen Aspekten der Theorie endlicher Gruppen und knüpfte Verbindungen zu mehreren anderen Gebieten der Mathematik. In der Dissertation bewies er eine auf Frobenius zurückgehende Vermutung, daß eine endliche Gruppe, wenn sie einen Fixpunkt-freien Automorphismus hat, notwendigerweise nilpotent sein muß. Dabei führte er neue originelle Ideen in die Gruppentheorie ein, die weitere gruppentheoretische Studien anregten. Thompson wandte sich dann der Klassifikation der endlichen einfachen Gruppen zu, ein Problemkreis, der in jenen Jahren durch überraschende Fortschritte wieder stärker ins Blickfeld der Mathematiker gerückt war. In Zusammenarbeit mit W. Feit gelang ihm 1963 der Nachweis dafür, daß alle endlichen Gruppen ungerader Ordnung auflösbar sind. Der 250 Seiten lange Beweis vermittelte einen Eindruck von den Schwierigkeiten, die sich einer Klassifikation der einfachen Gruppen in den Weg stellten. In einer weiteren, sechsteiligen und 410 Seiten umfassenden Arbeit konnte er von 1968 bis 1974 eine Klassifikation jener endlichen einfachen Gruppen geben, in denen jede auflösbare Untergruppe einen auflösbaren Normalisator besitzt. Außerdem trug Thompson nicht zuletzt durch die Formulierung einiger Vermutungen über modulare Funktionen und endliche sporadische Gruppen zum Verständnis dieser Gruppen bei. Ende der 70er Jahre wandte er sich auch der Codierungstheorie und dem Studium pojektiver Ebenen zu und zeigte u. a., daß keine endliche projektive Ebene der Ordnung zehn existiert. Die Frage nach den endlichen Gruppen, die als Galois-Gruppen auftreten können, führte ihn in den 80er Jahren zu intensiven Studien der Galois-Gruppen über Zahlkörpern.

Für seine Leistungen wurde Thompson mit zahlreichen Preisen und mehrern Ehrendoktoraten ausgezeichnet, u. a. wurde ihm 1970 die ↗Fields-Medaille verliehen.

Thomson, Sir William, Lord Kelvin of Largs, *Kelvin*, britischer Physiker, geb. 26.6.1824 Belfast, gest. 17.12.1907 Netherhall (Schottland).

Thomson begann ab 1838 an der Universität Glasgow Astronomie, Chemie und Physik zu studieren. Später setzte er seine Studien in Paris fort. 1846 kehrte er nach Glasgow zurück, um eine Professur an der Universität anzunehmen.

Angeregt durch Arbeiten von Fourier zur Wärmeleitung interessierte sich Thomson für das Herangehen der französischen Mathematiker, insbesondere von Lagrange, Laplace, Legendre und Fresnel, an physikalische Fragestellungen.

In seinen ersten Arbeiten verteidigte er Fouriers Entwicklung von Funktionen in trigonometrische Reihen gegen verschiedene Angriffe andere Mathematiker. Weitere Arbeiten beschäftigten sich mit der Bewegungstheorie der Wärme und dem Zusammenhang mit der Elektrizität. 1847 begann eine langjährige Zusammenarbeit mit Stokes zur Hydrodynamik. Aus diesen Arbeiten heraus postulierte er 1848 die Existenz des absoluten Nullpunkts der Themperatur. 1852 beobachtete Thomson den sogenannten Joule-Thomson-Effekt, d. h., die Absenkung der Temperatur eines Gases bei dessen Entspannung im Vakuum. Thomsons Ideen zur Elektriztät und zum Magnetismus regten Maxwell zur Entwicklung seiner eigenen Theorie des Elektromagnetismus' an.

Neben den theoretischen Fragestellungen befaßte sich Thomson auch mit der Entwicklung physikalischer Instrumente. Er war wesentlich an der Projektierung des ersten transatlantischen Kabels zwischen Irland und Neufundland beteiligt und wurde hierfür 1866 geadelt.

Thresholdschaltkreis, ein logischer Schaltkreis mit unbeschränktem ↗fan-in, bei dem die Bausteine Thresholdfunktionen realisieren.

Eine Thresholdfunktion mit n Booleschen Variablen $x_1, \dots, x_n$ ist durch den Gewichtsvektor $w = (w_1, \dots, w_n)$ und den Thresholdwert t, auch Schwellenwert genannt, charakterisiert. Sie liefert auf der Eingabe $(a_1, \dots, a_n) \in \{0,1\}^n$ den Wert 1 genau dann, wenn die Summe aller $a_i w_i$ mindestens t beträgt, und ansonsten den Wert 0.

Thresholdschaltkreise bilden das theoretische Modell für ein Feedforward Netz.

Innerhalb der Schaltkreistheorie wird angenommen, daß die Gewichte polynomiell in der Eingabelänge beschränkt sind.

Thue, Axel, norwegischer Mathematiker, geb. 19.2.1863 Tönsberg (Norwegen), gest. 7.3.1922 Oslo.

Thue studierte bis 1894 in Oslo, Leipzig und Berlin. Danach arbeitete er an der Technischen Universität von Trondheim und bekam 1903 eine Professur für Angewandte Mathematik an der Universität Oslo.

1909 erschien seine wichtigste Arbeit zur Zahlentheorie. Darin bewies er, daß für homogene Polynome $f(X, Y)$ mit ganzzahligen Koeffizienten nur endliche viele ganzzahlige Lösungen der Gleichung $f(X, Y) = m \geq 0$ existieren. Dieses Resultat wurde später von Siegel und Roth weiter verallgemeinert. Weitere wichtige Arbeiten Thues betreffen das Wortproblem und endliche Halbgruppen.

Thuesche Gleichung, die im folgenden eingeführte Gleichung (1).

Es sei

$$f(X) = a_0 + a_1X + \cdots + a_dX^d$$

ein Polynom vom Grad $d \geq 3$ mit ganzen Koeffizienten $a_j \in \mathbb{Z}$, es bezeichne

$$F(X, Y) = Y^d f(X/Y)$$

das entsprechende homogene Polynom in zwei Variablen, und es sei $m \in \mathbb{Z}$ gegeben. Dann heißt die Gleichung

$$F(X, Y) \; = \; m \qquad (1)$$

Thuesche Gleichung.

Thue bewies 1909 mittels seiner Verschärfung des ↗Liouvilleschen Approximationssatzes (vgl. Satz von Thue-Siegel-Roth), daß diese Gleichung höchstens endlich viele ganzzahlige Lösungen besitzt.

Thuesches Lemma, ein Hilfssatz aus der additiven Zahlentheorie:

Es seien $\ell, m, u, v \in \mathbb{Z}$ mit $0 < u, v \leq m < uv$ und $\mathrm{ggT}(\ell, m) = 1$.

Dann gibt es $x, y \in \mathbb{N}$ mit $x < u$ und $y < v$ und derart, daß

$$\ell y \; \equiv \; x \bmod m$$

oder

$$\ell y \; \equiv \; -x \bmod m$$

gilt.

Dieses Lemma erlaubt es, den Beweis des Zwei-Quadrate-Satzes von Euler (↗Euler, Zwei-Quadrate-Satz von) wesentlich zu vereinfachen.

Der Beweis des Thueschen Lemmas ist eine Anwendung des ↗Dirichletschen Schubfachprinzips.

Thue-Siegel-Roth, Satz von, *Approximationssatz von Roth*, eine wesentliche Verschärfung des Approximationssatzes von Liouville, die wie folgt lautet:

Zu jeder irrationalen algebraischen Zahl α und zu jedem $\kappa > 2$ gibt es eine reelle Konstante $c(\alpha, \kappa) > 0$ derart, daß für alle $p, q \in \mathbb{Z}$ gilt:

$$\left|\alpha - \frac{p}{q}\right| \; \geq \; \frac{c(\alpha, \kappa)}{q^\kappa} \, .$$

Diesem Satz liegt folgendes Problem zugrunde: Für eine ganze Zahl $\delta \geq 2$ definiere man zunächst $K(\delta) \in \mathbb{R}$ als das Infimum derjenigen reellen Zahlen κ mit der Eigenschaft, daß für jede feste ↗algebraische Zahl α vom Grad δ die Ungleichung

$$\left|\alpha - \frac{p}{q}\right| \; < \; \frac{1}{q^\kappa}$$

nur endlich viele Lösungen $(p, q) \in \mathbb{Z} \times \mathbb{N}$ besitzt. Aus dem ↗Dirichletschen Approximationssatz und dem Approximationssatz von Liouville folgt die Ungleichungskette

$$2 \; \leq \; K(\delta) \; \leq \; \delta \, .$$

Thue bewies 1909 die schärfere obere Abschätzung

$$K(\delta) \; \leq \; \frac{1}{2}\delta + 1 \, ,$$

Siegel gelang 1921 die weitere Verschärfung

$$K(\delta) \; \leq \; 2\sqrt{\delta} - 1 \, .$$

Nach mehreren kleineren Verbesserungen bewies schließlich K.F. Roth 1955 seinen Approximationssatz, woraus die von Siegel vermutete Gleichung $K(\delta) = 2$ folgt.

Thue-System, ein ↗Semi-Thue-System, bei dem mit jeder Operation (x, y) auch die inverse Operation (y, x) enthalten ist.

Das ↗Wortproblem für Thue-Systeme ist unentscheidbar (↗Entscheidbarkeit).

Thullen, Lemma von, wichtiges Lemma in der Theorie der Holomorphiebereiche.

Seien X ein offener Bereich im $\mathbb{C}^n$ und $K \subset X$ eine kompakte Menge. $\hat{K}_{\mathcal{O}(X)}$ bezeichne die holomorph konvexe Hülle von K in X. Sei weiterhin $g \in \mathcal{O}(X)$ so, daß $|g| \leq \delta_X$ auf K.

Dann ist für jedes $a \in \hat{K}_{\mathcal{O}(X)}$ jedes $f \in \mathcal{O}(X)$ holomorph fortsetzbar auf den ↗Polyzylinder $P(a; |g(a)|)$ um a mit Polyradius $|g(a)|$.

Thullen, Peter, deutscher Mathematiker, geb. 24.8.1907 Trier, gest. 24.6.1996 Lonay.

Thullen studierte von 1927 bis 1930 an den Universitäten in Münster, Freiburg und Hamburg. 1930 promovierte er in Münster und war danach dort Assistent. 1933 ging er nach Rom, 1935 nach Quito und 1947 nach Bogota. Ab 1951 arbeitete er am Genfer Internationalen Arbeitsgericht, wurde aber 1967 Professor für Mathematik und Versicherungswesen in Zürich. Von 1971 bis 1977 war er Professor an der Universität Freiburg (Schweiz).

Thullen wurde bekannt durch seine Zusammenarbeit mit Behnke zur Funktionentheorie mehrerer komplexer Variabler. Darüber hinaus arbeitete er auf dem Gebiet der Bevölkerungsstatistik und der Versicherungsmathematik.

Thurston, William, Mathematiker, geb. 30.10.1946 Washington, D.C., gest. 21.8.2012 Rochester (N.Y.).

Thurston schloß 1967 sein Studium am New College in Sarasota (Fla.) ab, bildete sich anschließend an der Universität von Kalifornien in Berkeley, u. a. bei S. Smale, weiter und promovierte dort 1972 mit einer Arbeit über dreidimensionale Mannigfaltigkeiten. Nach einem Jahr am Institute for Advanced Study in Princeton erhielt er 1973 eine Assistenzprofessur am MIT in Cambridge (Mass.) und 1974 eine Professur an der Universität Princeton.

Thurstons Forschungen konzentrieren sich auf die Geometrie niedrigdimensionaler Mannigfaltigkeiten. Bereits in seiner Dissertation wies er die Existenz kompakter Blätter in den Blätterungen dreidimensionaler Mannigfaltigkeiten nach. In den nachfolgenden Forschungen brachte er viele neue Ideen hervor, die die Studien zur zwei- und dreidimensionalen Topologie völlig umgestalteten.

Ausgehend von einer Klassifikation der Diffeomorphismen von glatten Flächen entwickelte er eine Einteilung der Diffeomorphismen für dreidimensionale differenzierbare Mannigfaltigkeiten und dieser Mannigfaltigkeiten selbst. Er gab acht Typen von Geometrien an und vermutete, daß jede kompakte dreidimensionale Mannigfaltigkeit sich aus Teilmannigfaltigkeiten zusammensetzt, die jeweils die Struktur einer dieser Geometrien tragen. Die Vermutung konnte er für viele Mannigfaltigkeiten bestätigen. Als entscheidend erwies sich dabei seine Einsicht, daß eine große Klasse von geschlossenen dreidimensionalen Mannigfaltigkeiten eine hyperbolische Struktur, d. h. eine Metrik mit konstanter negativer Krümmung, haben kann. In diesem Zusammenhang erzielte er auch zahlreiche interessante neue Resultate über Kleinsche Gruppen.

Für seine grundlegenden Arbeiten zur Topologie dreidimensionaler Mannigfaltigkeiten erhielt Thurston mehrere bedeutende Auszeichnungen, insbesondere 1983 die ↗Fields-Medaille.

Tiefe einer regulären Folge, maximale Länge einer ↗regulären Folge.

So ist zum Beispiel die Tiefe des formalen Potenzreihenrings $K[[x_1, \dots, x_n]]$ über einen Körper K gleich n, gegeben durch die reguläre Folge $x_1, \dots, x_n$.

Die sog. Auslander-Buchsbaum-Formel verbindet die Tiefe eines Moduls M, $\text{depth}(M)$, mit seiner ↗projektiven Dimension $\text{pd}(M)$:

Ist R ein lokaler Noetherscher Ring und M ein endlich erzeugter R-Modul endlicher projektiver Dimension, dann gilt

$$\text{depth}(M) + \text{pd}(M) = \text{depth}(R).$$

Tiefpaßfilter, Filter h, der aus einem Signal die hohen Frequenzen entfernt und damit die niedrigen betont.

Tiefpaßfilterung entspricht somit einer Dämpfung hoher Frequenzen; die Fouriertransformierte $\hat{h}$ von h verhält sich wie die charakteristische Funktion $\chi_{[-B,B]}$ auf einem beschränkten Intervall $[-B, B]$.

Tietze, Heinrich Franz Friedrich, österreichischer Mathematiker, geb. 31.8.1880 Schleinz (bei Neunkirchen, Österreich), gest. 17.2.1964 München.

1898 begann Tietze sein Studium an der Technischen Hochschule Wien. Hier lernte er Ehrenfest, H. Hahn und Herglotz kennen. 1904 promovierte er, 1908 habilitierte er sich. 1910 wurde er Professor für Mathematik an der Universität Brünn (Brno) und ging 1919, nach dem Dienst in der Armee, an die Universität Erlangen. Ab 1925 arbeitete er in München.

Tietzes Hauptarbeitsgebiet war die Topologie. Hier trug er wesentlich zur klaren Fixierung vieler fundamentaler Begriffe bei. Er arbeitete auf dem Gebiet der Zellkomplexe und der topologischen Invarianten. 1908 veröffentlichte er Ergebnisse zur Darstellung von Fundamentalgruppen und zu deren Verwendung als topologische Invarianten.

Time-Delay-Netz, *TDNN*, (time delay neural network), Bezeichnung für ein ↗Neuronales Netz, welches über die simultane Verarbeitung einer Menge zeitlich (oder räumlich) verschobener Eingabewerte im Lern-Modus in die Lage versetzt werden soll, im Ausführ-Modus ↗translationsinvariante Mustererkennung zu realisieren.

Im folgenden wird die prinzipielle Idee eines Time-Delay-Netzes kurz im diskreten Fall erläutert: Man präsentiert diesem Netz eine Menge von t Trainingswerten $(x^{(s)}, y^{(s)}) \in \mathbb{R}^{nq} \times \mathbb{R}^m$, $1 \le s \le t$, wobei stets

$$x^{(s)}_{pn-i+1} = x^{(s)}_{(p+1)n-i}\,, \quad 1 \le p < q,\ 1 \le i < n,$$

gelten möge. Diese Bedingung läßt sich so interpretieren, daß aus der diskreten Folge $x_i^{(s)}$, $i \ge 1$, insgesamt q überlappende Teilfolgen der Länge n herausgelöst werden und zu einem Vektor der Länge nq zusammengesetzt werden. Man spricht in diesem Zusammenhang auch von q (zeitlich oder räumlich) überlappenden Fenstern der Breite n (engl. frames). Das Netz wird nun z. B. mit irgendeiner Variante der ↗Backpropagation-Lernregel trainiert, wobei jedoch nach jedem Lernschritt Sorge dafür getragen wird, daß diejenigen Netzparameter, die stets gleiche, lediglich zeitlich oder räumlich verschobene Komponenten des Eingabevektors zu verarbeiten haben, gleich gesetzt werden (z. B. durch die Bildung arithmetischer Mittel ihrer im Lernprozeß erhaltenen Werte). Die konsequente Anwendung und Weiterentwicklung dieser Idee führt zu Time-Delay-Netzen im engeren Sinne.

Tissotsche Differentialgleichung, ↗Pochhammersche Differentialgleichung.

Tissotsche Indikatrix, eine Ellipse E_x in der Tangentialebene $T_x(\mathcal{F})$ einer Fläche, die sich als Urbild $E_x = (d_x f)^{-1}(S_{f(x)})$ des Einheitskreises

$$S_{f(x)} = \{\mathfrak{t} \in T_{f(x)}(\mathcal{F}^*); ||\mathfrak{t}|| = 1\} \subset T_{f(x)}(\mathcal{F}^*)$$

bei dem Differential

$$d_x f : T_x(\mathcal{F}) \to T_{f(x)}(\mathcal{F}^*)$$

einer Abbildung $f : \mathcal{F} \to \mathcal{F}^*$ zweier Flächen $\mathcal{F}, \mathcal{F}^* \subset \mathbb{R}^3$ ergibt.

Die ↗Längenverzerrung hat Gemeinsamkeiten mit der ↗Normalkrümmung. Es gilt für sie eine dem Satz von Euler analoge Darstellung:

Wählt man in der Tangentialebene $T_x(\mathcal{F})$ zwei orthonormierte Einheitsvektoren $\mathfrak{e}_1$ und $\mathfrak{e}_2$ in ↗Hauptverzerrungsrichtung, so ist die ↗Längenverzerrung λ eines Vektors

$$\mathfrak{e}_\varphi = \cos(\varphi)\mathfrak{e}_1 + \sin(\varphi)\mathfrak{e}_2,$$

der mit $\mathfrak{e}_1$ den Winkel φ einschließt, durch

$$\lambda^2(\varphi) = \lambda_1^2 \cos^2(\varphi) + \lambda_2^2 \sin^2(\varphi)$$

gegeben, wobei λ_1 und λ_2 die ↗Hauptverzerrungen von f sind.

Dieses Resultat geht auf Nicolas Auguste Tissot (1824-1904) zurück. Führt man durch $\mathfrak{t} = x\,\mathfrak{e}_1 + y\,\mathfrak{e}_2$ kartesische Koordinaten (x, y) für die Tangentialvektoren $\mathfrak{t} \in T_x(\mathcal{F})$ ein, so hat die Tissotsche Indikatrix die Gleichung

$$\lambda_1^2 x^2 + \lambda_2^2 y^2 = 1,$$

d. h., sie hat die Halbachsen λ_1^{-1} und λ_2^{-1}.

T-Konorm, allgemeiner binärer Operator, 1961 von Schweizer und Sklar eingeführt, der zusammen mit der ↗T-Norm ein Operatorenpaar bildet.

Ein binärer Operator

$$S : [0, 1] \times [0, 1] \longrightarrow [0, 1]$$

wird als *Triangular Konorm* oder kurz *T-Konorm* bezeichnet, wenn für alle $a, b, c, d \in [0, 1]$ gilt:

$S(0, a) = a$	*neutrales Element* 0
$S(a, b) = S(b, a)$	*Kommutativität*
$S(a, S(b, c)) = S(S(a, b), c)$	*Assoziativität*
$S(a, b) \leq S(c, d)$, wenn $a \leq c$ und $b \leq d$	*Monotonie*

Üblicherweise wird zusätzlich die Randbedingung $S(1, 1) = 1$ unterstellt.

Jede T-Konorm S wird eingeschränkt durch Extremoperatoren gemäß

$$\max(a, b) \leq S(a, b) \leq S_W(a, b),$$

wobei die sog. drastische Summe S_W definiert ist als

$$S_W(a, b) = \begin{cases} a & \text{für } b = 0 \\ b & \text{für } a = 0 \\ 1 & \text{sonst} \end{cases}$$

Weitere spezielle T-Konormen sind die ↗algebraische Summe unscharfer Mengen und die ↗beschränkte Summe unscharfer Mengen. Eine flexible T-Konorm ist die von Yager vorgeschlagene parameterabhängige T-Konorm S_p

$$S_p(a, b) = \min\left(1, (a^p + b^p)\right)^{\frac{1}{p}}.$$

Dabei ist p eine beliebig festzulegende reelle Zahl aus dem Intervall $[0, +\infty)$. Für $p = 0$ entspricht S_p der drastischen Summe, für $p = 1$ ist S_p gleich der beschränkten Summe, und für $p \to +\infty$ erhält man den Maximumoperator als Grenzwert.

Da S_p außerdem monoton fallend in p ist, gestattet dieser parameterabhängige Operator eine individuelle Festlegung der Vereinigung unscharfer Mengen in dem gesamten Bereich zwischen der drastischen Summe und dem Maximumoperator.

Eine andere Familie von T-Konormen bildet die parametrisierte Webersche T-Konorm S_λ, die für $\lambda \in [-1, +\infty)$ definiert ist als

$$S_\lambda(a, b) = \min\left\{1, a + b - \frac{\lambda ab}{1 + \lambda}\right\}.$$

Speziell ergibt sich für $\lambda \to -1$ die drastische Summe, für $\lambda = 0$ die beschränkte Summe, und für $\lambda \to +\infty$ die algebraische Summe.

Mathematisch attraktiv sind *archimedische T-Konormen*: Eine T-Konorm heißt archimedisch, wenn sie stetig ist, und wenn die Ungleichung

$$S(a, a) > a$$

für alle $a \in (0, 1)$ gilt. Die Funktion $S : [0, 1] \times [0, 1] \to [0, 1]$ ist genau dann eine archimedische T-Konorm, wenn eine streng monoton steigende Funktion $g : [0, 1] \longrightarrow [0, +\infty]$ existiert mit

$$g(0) = 0 \quad \text{und} \quad S(a, b) = g^{-1}(g(a) + g(b)),$$

wobei

$$g^{-1}(y) = \begin{cases} \{x \in [0, 1] \mid g(x) = y\} & y \in [0, g(1)] \\ 0 & y \in [g(1), +\infty] \end{cases}$$

ist. Gilt zusätzlich $g(1) = +\infty$, so ist S streng monoton steigend in beiden Argumenten.

Ist g gleich $g_p : [0, 1] \longrightarrow [0, 1]$ mit

$$g_p(x) = x^p, \quad p > 0,$$

so induziert g_p die Yagersche T-Konorm S_p.

T-Norm, allgemeiner binärer Operator, 1961 von Schweizer und Sklar eingeführt, der zusammen mit der ↗ T-Konorm ein Operatorenpaar bildet.

Ein binärer Operator $T : [0,1] \times [0,1] \longrightarrow [0,1]$ wird als *Triangular Norm* oder kurz *T-Norm* bezeichnet, wenn für alle $a, b, c, d \in [0,1]$ gilt:

$T(a, 1) = a$ — *neutrales Element* 1

$T(a, b) = T(b, a)$ — *Kommutativität*

$T(a, T(b, c)) = T(T(a, b), c)$ — *Assoziativität*

$T(a, b) \leq T(c, d)$, wenn $a \leq c$ und $b \leq d$ — *Monotonie*

Üblicherweise wird zusätzlich die Randbedingung $T(0,0) = 0$ unterstellt.

Jede T-Norm T wird durch Extremoperatoren eingeschränkt gemäß

$$T_W(a, b) \leq T(a, b) \leq \min(a, b),$$

wobei das sog. drastische Produkt T_W definiert ist als

$$T_W(a, b) = \begin{cases} a & \text{für } b = 1 \\ b & \text{für } a = 1 \\ 0 & \text{sonst} \end{cases}$$

Weitere spezielle T-Normen sind das ↗ algebraisches Produkt unscharfer Mengen und die ↗ beschränkte Differenz unscharfer Mengen. Eine flexible T-Norm ist die von Yager vorgeschlagene parameterabhängige T-Norm T_p, die definiert ist als

$$T_p(a, b) = 1 - \min\left(1, \left((1-a)^p + (1-b)^p\right)^{\frac{1}{p}}\right).$$

Dabei ist p eine beliebig festzulegende reelle Zahl aus dem Intervall $[0, +\infty)$. Für $p = 0$ entspricht T_p dem drastischen Produkt, für $p = 1$ der beschränkten Differenz, und für $p \to +\infty$ erhält man den Minimumoperator als Grenzwert. Da außerdem T_p monoton steigend ist in p, gestattet dieser Operator eine individuelle Festlegung des Durchschnittes unscharfer Mengen in dem gesamten Bereich zwischen dem drastischen Produkt und dem Minimumoperator.

Eine andere Familie von T-Normen bildet die parametrisierte *Webersche T-Norm* T_λ, die für $\lambda \in [-1, +\infty)$ definiert ist als

$$T_\lambda(a, b) = \frac{a + b - 1 + \lambda ab}{1 + \lambda}.$$

Speziell ergibt sich für $\lambda \to -1$ das drastische Produkt, für $\lambda = 0$ die beschränkte Differenz, und für $\lambda \to +\infty$ das algebraische Produkt.

Mathematisch interessant sind *archimedische T-Normen*: Eine T-Norm heißt archimedisch, wenn sie stetig ist, und wenn die Ungleichung

$$T(a, a) < a$$

für alle $a \in (0, 1)$ gilt. Die Funktion $T : [0,1] \times [0,1] \to [0,1]$ ist genau dann eine Archimedische T-Norm, wenn eine streng monoton fallende Funktion $f : [0,1] \to [0, +\infty]$ existiert mit

$$f(1) = 0 \quad \text{und} \quad T(a, b) = f^{-1}(f(a) + f(b)),$$

wobei

$$f^{-1}(y) = \begin{cases} \{x \in [0,1] \mid f(x) = y\} & y \in [0, f(0)] \\ 0 & y \in [f(0), +\infty] \end{cases}$$

ist. Gilt zusätzlich $f(0) = +\infty$, so ist T streng monoton fallend in beiden Argumenten.

Ist f gleich $f_p : [0,1] \longrightarrow [0,1]$ mit

$$f_p(x) = (1-x)^p, \quad p > 0,$$

so induziert f_p die Yagersche T-Norm T_p.

Toda-System, Beispiel eines ↗ integrablen Hamiltonschen Systems im $\mathbb{R}^{2n}$ mit folgender Hamilton-Funktion:

$$H(q, p) = \sum_{i=1}^{n} \frac{1}{2} p_i^2 + \sum_{i=1}^{n-1} e^{q_{i+1} - q_i}.$$

Dieses System ist eines der wichtigsten integrablen Systeme und hat viele weitere mathematische Untersuchungen wie die Theorie der Poisson-Lie-Gruppen maßgeblich beeinflußt.

Es gibt auch allgemeinere Toda-Systeme, die den Dynkin-Diagrammen (↗ Coxeter-Diagramm) halbeinfacher Lie-Algebren zugeordnet werden.

Todd-Klasse, Begriff von fundamentaler Bedeutung für das Riemann-Roch-Theorem und die Hirzebruch-Signatur-Formel.

Für ein komplexes Vektorbündel E vom Rang n kann man formal schreiben

$$c(E) = \prod_{i=1}^{n} (1 + x_i),$$

wobei man sich die x_i als erste Chern-Klassen der Geradenbündel vorstellen kann, in die E durch den pullback von $\sigma : F(E) \to E$ aufspaltet,

$$\sigma^{-1}E = L_1 \oplus \cdots \oplus L_n.$$

$F(E)$ bezeichne die Aufspaltungs-Mannigfaltigkeit von E, und die L_i seien Geradenbündel über $F(E)$. Da die Chern-Klassen $c_1(E), \ldots, c_n(E)$ die elementarsymmetrischen Funktionen von $x_1, \ldots, x_n$ sind, ist jedes symmetrische Polynom in $x_1, \ldots, x_n$ ein Polynom in $c_1(E), \ldots, c_n(E)$. Ein ähnliches Ergebnis gilt für Potenzreihen.

Sei $E = L_1 \oplus \cdots \oplus L_n$ die direkte Summe von Geradenbündeln. Dann gilt für das äußere Produkt

$$\bigwedge^p E = \bigoplus_{1 \leq i_1 < \cdots < i_p \leq n} \left(L_{i_1} \otimes \cdots \otimes L_{i_p}\right).$$

Für die Chern-Klasse gilt dann nach der Whitney-

Produkt-Formel

$$c\left(\bigwedge^p E\right) = \prod\left(1 + c_1\left(L_{i_1} \otimes \cdots \otimes L_{i_p}\right)\right)$$

$$= \prod\left(1 + x_{i_1} + \cdots + x_{i_p}\right);\ x_i = c_1\left(L_i\right),$$

wobei das Produkt über alle Multiindizes $1 \leq i_1 < \cdots < i_p \leq n$ genommen wird. Da die rechte Seite symmetrisch in $x_1, \ldots, x_n$ ist, kann sie als ein Polynom in $c_1(E), \ldots, c_n(E)$ dargestellt werden. Die Potenzreihe

$$\prod_{i=1}^{n} \frac{x_i}{1 - e^{-x_i}} = Td\left(c_1(E), \ldots, c_n(E)\right) = Td\,(E)$$

ist symmetrisch in $x_1, \ldots, x_n$ und daher eine Potenzreihe Td in $c_1(E), \ldots, c_n(E)$. Diese Potenzreihe $Td\,(E)$ heißt die Todd-Klasse von E. Nach dem Aufspaltungsprinzip erfüllt sie automatisch die Produktformel

$$Td\,(E \oplus F) = Td\,(E)\,Td\,(F)\,.$$

Todesfallversicherung, ↗Deterministisches Modell der Lebensversicherungsmathematik.

Todesprozeß, ↗Geburts- und Todesprozeß.

Toeplitz, Lemma von, das folgende analytische Resultat:

Es sei $(a_n)_{n\in\mathbb{N}}$ eine Folge nicht negativer reeller Zahlen mit $a_1 > 0$, und die Folge der $b_n = \sum_{i=1}^{n} a_i$, $n \geq 1$, sei unbeschränkt. Für jede gegen einen Grenzwert x konvergierende Zahlenfolge $(x_n)_{n\in\mathbb{N}}$ folgt dann

$$\frac{1}{b_n}\sum_{j=1}^{n} a_j x_j \rightarrow x\,.$$

Im Spezialfall $a_n = 1$ für alle $n \in \mathbb{N}$ gilt insbesondere

$$\frac{x_1 + \cdots + x_n}{n} \rightarrow x\,.$$

Toeplitz, Otto, deutscher Mathematiker, geb. 1.8.1881 Breslau, gest. 15.2.1940 Jerusalem.

Nach seiner Promotion in Breslau ging Toeplitz 1906 nach Göttingen und wurde dort einer der engsten Mitarbeiter David Hilberts. Dessen Interessen galten zu diesem Zeitpunkt vor allem den Integralgleichungen und den Gleichungen mit unendlich vielen Veränderlichen, sodaß Toeplitz zusammen mit Ernst Hellinger diese Themen aufgriff und auf die Betrachtung beschränkter unendlicher Matrizen, die später nach ihm benannt wurden, erweiterte. Ebenso befaßte er sich mit bilinearen und quadratischen Formen von unendlich vielen Variablen, daher manchmal auch Toeplitz-Formen genannt. Von Toeplitz stammt der Begriff der normalen Matrix. Nachdem er 1913 an die Universität Kiel berufen worden war, wurde Toeplitz 1928 Nachfolger Eduard Studys in Bonn. Zusammen mit Hellinger verfaßte er 1927 für die „Encyklopädie der mathematischen Wissenschaften" den Artikel „Integralgleichungen und Gleichungen mit unendlichvielen Unbekannten". 1930 erschien zusammen mit Hans Rademacher das Buch „Von Zahlen und Figuren. Proben mathematischen Denkens für Liebhaber der Mathematik", das zu einem Klassiker populärwissenschaftlicher Darstellungen der Mathematik wurde. Intensiv arbeitete Toeplitz mit Köthe über unendlichdimensionale nicht normierbare Räume, sogenannte vollkommene Räume. Es entstand die Theorie der lokalkonvexen und normalen Räume. Dabei kritisierte er den Ansatz Banachs als zu abstrakt.

Bekannt ist weiter der Satz von Hellinger-Toeplitz über symmetrische Transformationen in Hilbert-Räumen. Wichtig wurden die Toeplitzschen Bedingungen (1911) für die Transformation unendlicher Reihen mittels unendlicher Matrizen in der Theorie der Limitierungsverfahren.

Großes Interesse zeigte Toeplitz für die Geschichte und die Didaktik der Mathematik, wobei er sich für einen genetisch-historischen Aufbau (genetische Methode) in der Infinitesimalrechnung besonders einsetzte. Das von ihm nicht mehr vollendete Buch „Die Entwicklung der Infinitesimalrechnung" wurde 1949 von Köthe herausgegeben. 1935 wurde Otto Toeplitz aufgrund der nationalsozialistischen Rassengesetze seines Amtes enthoben. Er betätigte sich daraufhin als Vorsteher der jüdischen Gemeinde in Bonn, bis ihn die politische Entwicklung zwang, im Februar 1939 nach Palästina zu emigrieren.

Toeplitz, Permanenzsatz von, ↗Summation divergenter Reihen.

Toeplitz-Matrix, eine unendliche Matrix

$$T = \begin{pmatrix} a_{11} & a_{12} & \cdots \\ a_{21} & a_{22} & \cdots \\ \vdots & \vdots & \end{pmatrix} = (a_{ij})_{1\leq i,j<\infty},$$

die folgenden Bedingungen genügt:

i) $\lim_{i\to\infty} a_{ij} = 0$ für $j \in \mathbb{N}$.

ii) $\sum_{j=1}^{\infty} a_{ij} = 1$ für $i \in \mathbb{N}$.

iii) Es existiert eine von $i \in \mathbb{N}$ unabhängige Konstante $C > 0$ mit

$$\sum_{j=1}^{\infty} |a_{ij}| < C .$$

Token, ↗ Petrinetz.

Toleranzschätzung, Begriff aus der ↗ statistischen Qualitätskontrolle.

Eine Toleranzschätzung ist eine Schätzung für den Bereich (Toleranzbereich), in welchem ein bestimmter vorgegebener Mindestanteil der Grundgesamtheit mit vorgegebener Wahrscheinlichkeit (statistischer Sicherheit) liegt. Der Bereich wird auch als Toleranzintervall, und seine Grenzen als Toleranzgrenzen bezeichnet. Die statistischen Toleranzgrenzen G_u und G_o werden anhand einer Stichprobe vom Umfang n aus der Forderung bestimmt, daß die Wahrscheinlichkeit Q dafür, daß zwischen diesen Grenzen mindestens der Anteil γ (d. h., 100γ Prozent) der Grundgesamtheit liegt, mindestens gleich β sein soll:

$$Q\{P(G_u < X < G_o) \geq \gamma\} \geq \beta .$$

Für normalverteilte Grundgesamtheiten $X \sim N(\mu, \sigma^2)$ ist diese Forderung äquivalent zu

$$Q\left\{\Phi\left(\frac{G_o - \mu}{\sigma}\right) - \Phi\left(\frac{G_u - \mu}{\sigma}\right) \geq \gamma\right\} \geq \beta .$$

Sind μ und σ unbekannt und $\overline{X}$ bzw. S^2 der ↗ empirische Mittelwert bzw. die ↗ empirische Streuung, so erhält man als Lösung der obigen Gleichung die Grenzen

$$G_u = \overline{X} - k_{n,\beta,\gamma} \text{ und } G_o = \overline{X} + k_{n,\beta,\gamma} .$$

$k_{n,\beta,\gamma}$ wird als Toleranzfaktor bezeichnet und kann statistischen Tabellen entnommen werden. Man kann zeigen, daß gilt:

$$k_{n,\beta,\gamma} = r \cdot \sqrt{\frac{n-1}{\chi^2_{n-1}(\beta)}} ,$$

wobei $\chi^2_{n-1}(\beta)$ das β-Quantil der χ^2-Verteilung mit $(n-1)$ Freiheitsgraden ist, und r sich aus der Beziehung

$$\Phi\left(\frac{1}{\sqrt{n}} + r\right) - \Phi\left(\frac{1}{\sqrt{n}} - r\right) = \gamma$$

berechnet.

Neben den Methoden, die eine Annahme über den Typ der Verteilung von X treffen, gibt es sogenannte verteilungsfreie Methoden, die lediglich die Stetigkeit der Verteilungsfunktion von X voraussetzen. Hier interessiert man sich für denjenigen Stichprobenumfang n_0, bei dem mit Wahrscheinlichkeit β mindestens der Anteil γ der Grundgesamtheit zwischen dem kleinsten und größten Wert der Stichprobe, x_{min} bzw. x_{max}, liegt. Die Werte x_{min} und x_{max} bezeichnet man als verteilungsfreie oder nichtparametrische statistische Toleranzgrenzen. Man kann zeigen, daß sich bei zweiseitigem statistischen Toleranzintervall (x_{min}, x_{max}) n_0 aus der Beziehung

$$n_0\gamma^{n_0-1} - (n_0-1)\gamma^{n_0} \leq 1 - \beta$$

ergibt.

Die bisher beschriebenen Toleranzbereiche bezeichnet man auch als Toleranzbereiche vom Typ A. Demgegenüber heißt ein Toleranzbereich $[G_u, G_o]$ vom Typ B, falls in ihm im Mittel der Anteil γ der Grundgesamtheit liegt, d. h., falls gilt:

$$EP(G_u < X < G_o) = \gamma .$$

Tonelli, Satz von, Aussage über die Endlichkeit des Inhalts einer stetigen Funktion.

Es seien $D_0 = [a, b] \times [c, d] \subseteq \mathbb{R}^2$ und $f : D_0 \to \mathbb{R}$ stetig. Dann gelten:

(a) Die stetige Oberfläche $z = f(x, y)$ hat genau dann einen endlichen Inhalt $S(f, D_0)$, wenn f eine endliche (Tonelli-)Variation auf D_0 hat.

(b) Unter der Voraussetzung von (a) gilt mit

$$L(f, D_0) = \iint_{D_0} \sqrt{1 + \left(\frac{\partial f}{\partial x}\right)^2 + \left(\frac{\partial f}{\partial y}\right)^2}\, dx\, dy$$

die Ungleichung

$$S(f, D_0) \geq L(f, D_0) ,$$

wobei $S(D) = S(f, D)$ für $D = [\alpha, \beta] \times [\gamma, \delta] \subseteq D_0$ eine stetige additive Funktion von Rechtecken $D \subseteq D_0$ ist und für fast alle $(x, y) \in D_0$ die Gleichung

$$S'(x, y) = \sqrt{1 + \left(\frac{\partial f}{\partial x}\right)^2 + \left(\frac{\partial f}{\partial y}\right)^2}$$

gilt.

(c) Genau dann gilt $S(f, D_0) = L(f, D_0)$, wenn f absolut stetig auf D_0 ist. Das ist genau dann der Fall, wenn $S(f, D)$ eine absolut stetige Funktion auf den Rechtecken $D \subseteq D_0$ ist.

Tonne, absorbierende, abgeschlossene und absolut konvexe Teilmenge eines topologischen Vektorraumes, vgl. ↗ tonnelierter Raum.

tonnelierter Raum, ein spezieller topologischer Vektorraum.

Ein topologischer Vektorraum V heißt tonneliert, wenn jede absorbierende, abgeschlossene und absolut konvexe Teilmenge von V (Tonne) eine Nullumgebung von V ist.

Speziell ist jeder lokalkonvexe topologische Vektorraum von zweiter Kategorie tonneliert, woraus insbesondere folgt, daß jeder vollständige metrische lokalkonvexe Raum tonneliert ist. Darüber hinaus ist auch jeder abzählbar-vollständige bornologische Raum tonneliert.

Tonnenkörper, Körper, der durch Rotation einer Kurve (die als Erzeugende bezeichnet wird) um 360° entsteht.

Handelt es sich bei der Erzeugenden um ein Kreissegment, so entsteht bei der Rotation ein Kreistonnenkörper, bei der eines Parabelausschnitts ein parabolischer Tonnenkörper.

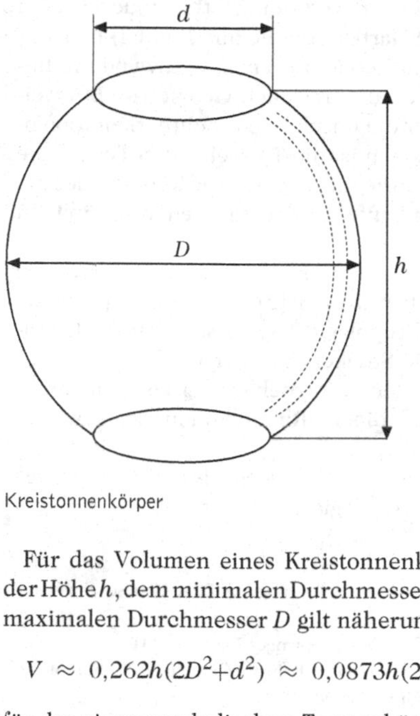

Kreistonnenkörper

Für das Volumen eines Kreistonnenkörpers mit der Höhe h, dem minimalen Durchmesser d und dem maximalen Durchmesser D gilt näherungsweise

$$V \approx 0{,}262h(2D^2+d^2) \approx 0{,}0873h(2D+d)^2 ,$$

für das eines parabolischen Tonnenkörpers

$$V = \frac{\pi h}{15}\left(2D^2+dD+\frac{3}{4}d^2\right) \approx 0{,}0524h(8D^2+4dD+3d^2) .$$

Tontinen, bezeichnen eine spezielle Versicherungsform, die auf Vorschlägen des neapolitanischen Arztes Lorenzo Tonti (1630–1695) erstmals um 1665 in den Niederlanden und dann auch zur Sanierung der zerrütteten Staatsfinanzen 1689 in Frankreich eingeführt wurde.

Eine Form der Tontinenversicherung sieht vor, daß Kapitalgeber, eingeteilt in Klassen je nach Lebensalter, einen bestimmten Geldbetrag dem Tontinarius (z. B. dem Staat oder einem Unternehmer oder einer Gesellschaft) zur Verfügung stellen. Im Gegenzug wird jeder Klasse eine jährliche Rente ausbezahlt, die unter den noch Lebenden der jeweiligen Klasse aufgeteilt wird. Das Charakteristische der Tontine besteht darin, daß der Betrag der Leibrente, den der einzelne Zeichner jährlich empfängt, nicht konstant bleibt, sondern von Jahr zu Jahr steigt, allerdings in einer im voraus nicht exakt kalkulierbaren Weise: Die konstant bleibende Gesamtsumme, die an eine Klasse jährlich ausbezahlt wird, ist an immer weniger Überlebende aufzuteilen. Da aber jedes Jahr einige Teilnehmer starben, bekam der einzelne offensichtlich immer mehr, bis schließlich der Längstlebende die gesamte Rentensumme für sich allein erhielt. Beim Tode des zuletzt Überlebenden war der Tontinarius von jeder Verpflichtung zu weiteren Leistungen befreit, und das eingezahlte Kapital verfiel an ihn.

An der versicherungsmathematischen Fundierung der zunächst sehr vage kalkulierten Tontinenversicherungen haben auch erstklassige Mathematiker mitgewirkt: So geht auf Euler der Vorschlag einer kontinuierlichen Tontine zurück (1776). In der Literatur sind auch Tontinen in Deutschland beschrieben, etwa zwei Tranchen der „Reichsstadt Nürnbergischen Leibrenten-Gesellschaft" von 1778 bzw. 1783. Tontinen sind in der Vergangenheit wegen ihres lotterieartigen Charakters und vor allem als Geldeinnahmequelle für den Staat kritisiert worden. Heute sind Tontinenversicherungen in Deutschland nicht zugelassen.

Top-down-Analyse, Klasse von ableitungsorientierten ↗Analyseverfahren für kontextfreie Sprachen, die ein Wort analysieren, indem sie ausgehend vom Startsymbol der gegebenen ↗Grammatik eine Ableitung des Wortes generieren.

Zu jeder kontextfreien Sprache gibt es ein nichtdeterminstisches Top-down-Analyseverfahren auf der Basis von ↗Kellerautomaten. Deterministische Verfahren existieren für ↗LL(k)-Grammatiken.

Topologie

F. Lemmermeyer

Die Topologie, wie sie heute verstanden wird, ist ein Kind des 20. Jahrhunderts und umfaßt eine ganze Reihe von Gebieten. Wie die Algebra ist die Topologie als universelle Sprache für weite Teile der Mathematik grundlegend geworden.

Die mengentheoretische Topologie verdankt wie die Cantorsche Mengenlehre ihre Entstehung der Untersuchung reellwertiger Funktionen auf Teilmengen der reellen Zahlen $\mathbb{R}$, und noch 1914 hat F. Hausdorff die erste axiomatische Einführung topologischer Räume in einem Buch mit dem Titel "Grundzüge der Mengenlehre" gegeben. Das heute gebräuchliche Axiomensystem wurde 1925 von Alexandrow formuliert, aber schon 1906 hatte Fréchet metrische Räume betrachtet. Die mengentheoretische Topologie umfaßt das Studium topologischer Räume und der stetigen Abbildungen zwischen ihnen; zentrale Begriffe sind hier Stetigkeit, Kompaktheit, Zusammenhang und Trennungseigenschaften.

Ein Ziel der Topologie ist die Entwicklung von topologischen Invarianten, die es erlauben, nicht homöomorphe Räume als solche zu erkennen. Beispielsweise ist das Geschlecht einer zusammenhängenden kompakten orientierbaren 2-dimensionalen Mannigfaltigkeit eine solche Invariante; daß die Sphäre Geschlecht 0, der Torus dagegen Geschlecht 1 hat, impliziert insbesondere, daß es zwischen diesen beiden Objekten keinen Homöomorphismus geben kann. Die algebraische Topologie entstand aus dem Bemühen Poincarés heraus, eine andere solche Invariante, nämlich die Fundamentalgruppe eines topologischen Raums, zu verstehen. Im Laufe der Zeit wurden topologische Invarianten wie die Bettizahlen durch algebraische Objekte wie Homologie- und Kohomologiegruppen ersetzt; diese haben heute in weite Teile der Mathematik Einzug gehalten und sind zu einem guten Teil mitverantwortlich für die in der zweiten Hälfte des 20. Jahrhunderts aufgetretene Vereinheitlichung der Mathematik.

Tatsächlich ist die Topologie ein Band, das auf den ersten Blick weit voneinander entfernte Gebiete zu verbinden vermag: topologische Methoden erlauben den Nachweis, daß reelle Divisionsalgebren Dimension 1, 2, 4 oder 8 haben, die Theorie topologischer Gruppen erstreckt sich von Krulls Topologisierung unendlicher Galoisgruppen über Integration auf lokal-kompakten Gruppen bis hinein in die Theorie der Liegruppen, die Euler-Poincaré-Charakteristik geht sogar zurück auf Eulers klassische Formel $e - k + f = 2$ für die Beziehung zwischen der Anzahl der Ecken, Kanten und Flächen eines Polyeders, und die verschränkten Homomorphismen und Faktorensysteme bei Noether und Brauer werden heute in derselben kohomologischen Sprache beschrieben wie die de Rham-Kohomologie in der Integralrechnung auf Mannigfaltigkeiten.

Neben der algebraischen Revolution, die uns Homologie- und Kohomologiegruppen sowie Spektralsequenzen beschert hat, hat noch eine „landwirtschaftliche" Revolution stattgefunden, deren Objekte (wie Garben, Halme und Bündel) heute in der Differentialgeometrie ebenso Anwendung finden wie in der algebraischen Geometrie. Ein weiteres Indiz für die ungeheure Fruchtbarkeit topologischer Methoden ist die Tatsache, daß Teilgebiete der Topologie wie die Theorie der Knoten oder die K-Theorie im Laufe der Zeit zu eigenen Disziplinen herangewachsen sind.

Gute Einführungen in die mengentheoretische Topologie geben Jänich [2] und Ossa [4]; für die algebraische Topologie eignen sich Sato [5], Fulton [1], sowie Stöcker & Zieschang [6]. Das Buch [3] von Madsden & Tornehave sei als elementare Einführung in die de-Rham Kohomologie wärmstens empfohlen.

Für den Begriff der Topologie als mathematisches Objekt vgl. ↗ topologischer Raum.

Literatur

[1] Fulton, W.: Algebraic Topology. A First Course. Springer-Verlag, 1995.

[2] Jänich, K.: Topologie. Springer-Verlag, 2001.

[3] Madsden, I.; Tornehave, J.: From Calculus to Cohomology. Cambridge Univ. Press, 1997.

[4] Ossa: Topologie. Vieweg, 1992.

[5] Sato, H.: Algebraic Topology: An Intuitive Approach. Amer. Math. Soc., 1999.

[6] Stöcker, R., Zieschang, H.: Algebraische Topologie: Eine Einführung. Teubner, 1994.

---

topologisch mischend, Bezeichnung für ein topologisches dynamisches System (M, G, Φ) mit $G = \mathbb{R}$ oder $G = \mathbb{Z}$, wenn für alle nichtleeren Teilmengen $A, B \subset M$ ein $T \in G$, $T > 0$ so existiert, daß für alle $t > T$ gilt: $\Phi(A, t) \cap B \neq \emptyset$.

Jedes topologisch mischende System ist ↗ topologisch transitiv. Der folgende Satz gibt ein notwendiges Kriterium für die topologische Mischungseigenschaft:

Sei ein topologisches dynamisches System (M, G, Φ) mit $G = \mathbb{R}$ oder $G = \mathbb{Z}$ gegeben. Wenn eine Metrik (↗ metrischer Raum) existiert, die die Topologie auf M erzeugt (↗ Metrisierbarkeit eines Raumes), und für alle $t \in G$ die Abbildung $\Phi(\cdot, t) : M \to M$ die Metrik erhält, so ist (M, G, Φ) nicht topologisch mischend.

Daraus erkennt man am Beispiel der ↗ Translation auf dem Torus, daß aus topologischer Transitivität nicht die topologische Mischungseigenschaft folgt.

[1] Katok, A.; Hasselblatt, B.: Introduction to the Modern Theory of Dynamical Systems. Cambridge University Press, 1995.

topologisch transitiv, Bezeichnung für ein ↗topologisches dynamisches System $(M, \mathbb{R}, \Phi)$, wenn ein $m_0 \in M$ so existiert, daß sein ↗Orbit $\mathcal{O}(m_0)$ dicht in M liegt. Eine nichtleere abgeschlossene ↗invariante Menge $A \subset M$ heißt topologisch transitiv, wenn für alle offenen Teilmengen $U, V \subset A$ ein $t \in \mathbb{R}$ existiert so, daß $\Phi(U, t) \cap V \neq \emptyset$. $(M, \mathbb{R}, \Phi)$ heißt Gebiets-transitiv, wenn alle nichtleeren offenen Teilmengen $A \subset M$ topologisch transitiv sind.

Topologische Transitivität impliziert Gebiets-Transitivität. Bisweilen wird nur die Existenz eines $m_0 \in M$ gefordert, dessen *Vorwärts*orbit $\mathcal{O}^+(m_0)$ dicht in M liegt.

topologische Abbildung, auch ↗Homöomorphismus, eine stetige Bijektion zwischen topologischen Räumen, deren Umkehrung ebenfalls stetig ist.

topologische abelsche Gruppe, eine ↗abelsche Gruppe, die zugleich eine ↗topologische Gruppe ist.

topologische Äquivalenz, ↗Äquivalenz von Flüssen.

topologische Dimension, *Überdeckungsdimension*, Begriff aus der Topologie.

Sei X ein topologischer Raum und $F \subset X$ eine Teilmenge. Sei weiterhin $\{U_j\}_{j \in \mathbb{N}}$ eine offene Überdeckung von F. Eine Verfeinerung der offenen Überdeckung $\{U_j\}_{j \in \mathbb{N}}$ ist eine offene Überdeckung, deren offene Mengen jeweils vollständig in einer der offenen Mengen von $\{U_j\}_{j \in \mathbb{N}}$ enthalten sind. Existiert für jede offene Überdeckung von F eine Verfeinerung so, daß jeder Schnitt von mehr als n unterschiedlichen offenen Mengen leer ist, dann heißt

$$\dim_T F := n - 1$$

die topologische Dimension von f.

Daraus ergeben sich folgende Aussagen:

- Die topologische Dimension einer Menge ist stets ganzzahlig.
- $\mathbb{R}^n$ hat die topologische Dimension n.
- Zwei zueinander homöomorphe Räume haben die gleiche topologische Dimension.

Topologische Graphentheorie

D. Rautenbach

Schaut man in ein Lehrbuch der ↗Graphentheorie, dann fällt sofort auf, daß es viele Bilder und Darstellungen enthält, und daß die gegebenen Beweise oft mittels einer Skizze erläutert und veranschaulicht werden. Derjenige, der einen graphentheoretischen Sachverhalt erklären möchte, wird ebenfalls mit hoher Wahrscheinlichkeit die bildliche Darstellung eines Graphen verwenden und anhand dieser mit oft recht intuitiven Worten argumentieren.

Betrachtet man nun aber die rein mengentheoretische Definition eines ↗Graphen, dann sind die oben genannten Beobachtungen zunächst nur schwer einsichtig.

Warum beschreibt man in der Regel einen Graphen nicht durch das Aufzählen seiner Ecken- und Kantenmengen, sondern bevorzugt Bilder?

Die Antwort darauf lautet, daß die in der Graphentheorie untersuchten und exakt definierten Begriffe oft anschauliche Entsprechungen haben, was sich auch an ihren Namen wie *Baum*, *Kreis*, *Weg*, *Färbung*, *Landkarte*, etc. zeigt.

In der *topologischen Graphentheorie* werden nun die o.g. bildlichen Darstellungen genauer untersucht und verallgemeinert. Dies führt zu den für dieses Gebiet zentralen Begriffen des ↗planaren Graphen und der ↗Einbettung eines Graphen in einen allgemeinen topologischen Raum. Damit wird eine Brücke zwischen der Graphentheorie und der Topologie geschlagen, und wie oft in der Mathematik ist es hier gerade die Verbindung zweier scheinbar getrennter Gebiete, die zu interessanten und sehr tiefen Erkenntnissen führt.

Leonhard Euler, der bereits 1736 die erste ‚graphentheoretische Arbeit' geschrieben hatte (↗Wurzeln der Graphentheorie), war es auch, der 1750 mit der ↗Eulerschen Polyederformel die erste und sehr wichtige Aussage der topologischen Graphentheorie bewies. Seitdem haben sich besonders ab der zweiten Hälfte des neunzehnten Jahrhunderts viele der heute klassischen Fragen und einige der schwierigsten Sätze der Graphentheorie, wie z. B. das ↗Heawoodsche Map-Color-Theorem oder der ↗Vier-Farben-Satz, aus der topologischen Graphentheorie heraus entwickelt.

Ihr zentrales Anliegen ist das Studium planarer Graphen. Anschaulich beschrieben nennt man einen Graphen *planar*, wenn man ihn so auf ein Blatt Papier – also ggf. auch in die Ebene $\mathbb{R}^2$ – zeichnen kann, daß sich seine Kanten nur in den Ecken schneiden. Die Sätze von ↗Kuratowski und ↗MacLane geben wertvolle Charakterisierungen dieser Graphenklasse an, die rein kombinatorisch bzw. algebraisch sind und erstaunlicherweise keinen Bezug auf topologische Eigenschaften des $\mathbb{R}^2$ nehmen.

Oft ist es so, daß Sätze der topologischen Graphentheorie ein tieferes Verständnis der kombinatorischen Eigenschaften von topologischen Räumen liefern. Beispiele hierfür sind im Fall der orientierbaren und nicht-orientierbaren Flächen beliebigen Geschlechts das bereits erwähnte Heawoodsche Map-Color-Theorem oder auch die ↗Euler-Poincarésche Formel, die eine Verallgemeinerung der ↗Eulerschen Polyederformel darstellt.

Aus der topologischen Graphentheorie und besonders aus den oftmals vergeblichen Versuchen, den berühmten Vier-Farben-Satz zu beweisen, sind viele andere Bereiche der Graphentheorie entstanden. Ein gutes Beispiel dafür liefert der Satz von Tait, der einen möglichen Zugang zum Vier-Farben-Satz über ↗Kantenfärbungen von Graphen aufzeigt.

Gerade in jüngerer Zeit haben sich Teile der Graphentheorie besonders eindrucksvoll entwickelt, die sich oft explizit auf die topologische Graphentheorie beziehen und dort bewiesene Aussagen beispielhaft als Prototypen für viele ihrer Sätze zitieren. So führt z. B. ein direkter Weg vom Satz von Kuratowski über Wagners Charakterisierung von Graphen ohne K_5 als Minor zur Charakterisierung anderer Grapheneigenschaften mittels verbotener Minoren und zum systematischen Studium von Minoren an sich (‚Graph-Minor-Project').

Literatur

[1] Bonnington, C.P.; Little, C.H.C.: The foundations of topological graph theory. Springer-Verlag New York, 1995.

[2] Gross, J.L.; Tucker, T.W.: Topological graph theory. John Wiley & Sons. New York, 1987.

[3] Mohar, B. und Thomassen, C.: Graphs on Surfaces. Johns Hopkins University Press, 1999.

---

topologische Gruppe, eine ↗Gruppe G mit einer Hausdorffschen Topologie, in der die Multiplikation und die Inversenbildung stetige Abbildungen sind.

Die Gruppe G ist also zugleich ein topologischer Raum, in dem das T_2-Trennungsaxiom gilt. Sie heißt diskret, wenn die dem Raum unterliegende Topologie diskret ist; analog spricht man von kompakten Gruppen, etc. Endliche topologische Gruppen sind immer diskret.

Die wichtigsten topologischen Gruppen sind die ↗Lie-Gruppen. Eine für die Zahlentheorie wichtige Klasse topologischer Gruppen sind die proendlichen Gruppen (projektive Limites von endlichen Gruppen), da z. B. die Galoisgruppen unendlicher Galois-Erweiterungen (versehen mit der Krull-Topologie) pro-endlich sind. In der harmonischen Analysis spielen lokalkompakte abelsche Gruppen eine tragende Rolle, da sie die Definition eines Haar-Maßes und damit den Aufbau einer Integrationstheorie erlauben.

Es gilt folgende Aussage:

Ist H eine Untergruppe der topologischen Gruppe G, dann ist der Abschluß von H in G ebenfalls eine Untergruppe von G.

Bei fast allen Anwendungen der ↗Gruppentheorie in der Physik sind die verwendeten Gruppen zugleich topologische Gruppen.

topologische Invariante, eine topologischen Räumen zugeordnete Größe, welche unter Homöomorphismen invariant ist.

Das Geschlecht kompakter orientierter zusammenhängender Flächen ist eine topologische Invariante.

topologische Mannigfaltigkeit, ↗topologischer Raum mit abzählbarer Basis, der das Hausdorffsche Trennungsaxiom erfüllt und lokal homöomorph zum $\mathbb{R}^n$ ist.

topologische Markow-Kette, eines der wichtigsten symbolischen dynamischen Systeme (↗symbolische Dynamik).

Für $n \in \mathbb{N}$ sei $A_n := \{1, \dots, n\}$, das sog. Alphabet. Wir betrachten die Menge $\Omega := \{\omega : \mathbb{Z} \to A_n\}$ der beidseitigen Folgen mit Werten im Alphabet A_n. Ω sei mit der ↗Produkttopologie der abzählbar vielen Kopien von A_n ausgestattet, welche mit der ↗diskreten Topologie versehen seien. Weiter sei eine $(n \times n)$-Matrix $A := (a_{i,j})_{i,j=1}^n$ gegeben mit $a_{i,j} \in \{0, 1\}$ $(i, j \in A_n)$, und es sei

$$\Omega_A := \{\omega \in \Omega \mid a_{\omega_i, \omega_{i+1}} = 1 \ (i \in \mathbb{Z})\}.$$

Wir betrachten den auf Ω_A eingeschränkten Bernoulli-Shift $\sigma_A : \Omega_A \to \Omega_A$, definiert durch $(\sigma\omega)_i := \omega_{i+1}$ $(i \in \mathbb{Z})$. Mit der durch σ erzeugten ↗iterierten Abbildung $\Phi : \Omega_A \times \mathbb{Z} \to \Omega_A$, definiert durch $\Phi(\omega, t) := \sigma^t(\omega)$ für alle $t \in \mathbb{Z}$ und alle $\omega \in \Omega_A$, heißt das diskrete ↗topologische dynamische System $(\Omega_A, \mathbb{Z}, \Phi)$ topologische Markow-Kette.

A_n wird als Menge der möglichen Zustände eines Systems interpretiert, die Matrix A wird als Übergangsmatrix bezeichnet. Man beachte, daß per Konstruktion Ω_A eine abgeschlossene, unter dem Bernoulli-Shift σ ↗invariante Menge des gesamten Folgenraumes Ω ist.

topologische Orbit-Äquivalenz, eine ↗Äquivalenzrelation auf der Menge der ↗Flüsse.

Die Flüsse $(M, \mathbb{R}, \Phi)$ und $(N, \mathbb{R}, \Psi)$ heißen topologisch Orbit-äquivalent, falls ein Homöomorphismus $h : M \to N$ existiert, der die gerichteten Orbits von M auf die von N abbildet.

topologische Sortierung, eine ↗Sortierung der Knoten eines gerichteten Graphen $G = (V, E)$.

Hierbei bezeichne V die Menge der Knoten und $E \subseteq V \times V$ die Menge der Kanten von G. Die der

Sortierung zugrundeliegende ↗Halbordnung $(V, \leq)$ ist durch

$$v \leq w \iff (v, w) \in E$$

gegeben.

topologische Summe, disjunkte Vereinigung topologischer Räume X und Y, welche mit der ↗Summentopologie versehen ist. Sie wird mit $X+Y$ bezeichnet.

topologischer Raum, mit einer Topologie $\mathcal{O}$ versehene Menge X.

Eine Topologie ist ein System $\mathcal{O}$ von Teilmengen $O \subseteq X$, welche folgenden Axiomen genügen:

(O1) $\emptyset \in \mathcal{O}$ und $X \in \mathcal{O}$;
(O2) $O_1, O_2 \in \mathcal{O} \Longrightarrow O_1 \cap O_2 \in \mathcal{O}$;
(O3) $O_i \in \mathcal{O}$ für alle $i \in I \Longrightarrow \bigcup_{i \in I} O_i \in \mathcal{O}$.

Die in $\mathcal{O}$ enthaltenen Mengen nennt man offene Mengen. Nach (O1) sind die leere Menge und der Gesamtraum offen, und (O2) und (O3) besagen, daß endliche Durchschnitte und beliebige Vereinungen offener Mengen wieder offen sind. Ein $M \subseteq X$ nennt man abgeschlossen, wenn das Komplement $X \setminus M$ offen ist. Die Familie $\mathcal{A}$ der abgeschlossenen Mengen von X genügt den folgenden Axiomen:

(A1) $\emptyset \in \mathcal{A}$ und $X \in \mathcal{A}$;
(A2) $A_1, A_2 \in \mathcal{A} \Longrightarrow A_1 \cup A_2 \in \mathcal{A}$;
(A3) $A_i \in \mathcal{A}$ für alle $i \in I \Longrightarrow \bigcap_{i \in I} A_i \in \mathcal{A}$.

Offenbar kann man die Topologie $\mathcal{O}$ eines Raumes auch durch Angabe der abgeschlossenen Mengen $\mathcal{A}$ definieren.

Sind $\mathcal{O}$ und $\mathcal{O}'$ zwei Topologien auf X mit $\mathcal{O}' \subseteq \mathcal{O}$, dann nennt man die Topologie $\mathcal{O}$ feiner als $\mathcal{O}'$ (bzw. $\mathcal{O}'$ gröber als $\mathcal{O}$).

Eine wichtige Klasse topologischer Räume sind die ↗metrischen Räume. Ist (X, d) ein metrischer Raum, so nennt man $O \subseteq X$ offen, wenn es zu jedem $x \in O$ ein $r > 0$ gibt, so daß die Kugel $B_r(x) = \{y \in X : d(x, y) < r\}$ mit Radius r um x ganz in O liegt: $B_r(x) \subseteq O$. Man rechnet leicht nach, daß die Familie aller offenen Mengen eine Topologie auf (X, d) definiert; diese nennt man die von der Metrik induzierte Topologie auf (X, d). Sind d und d' Metriken auf X, so nennt man diese äquivalent, wenn sie dieselbe Topologie induzieren.

Topologische Räume werden oft mit Zusatzstrukturen versehen: Beispiele sind ↗topologische Gruppen, Körper, Vektorräume, etc.

Sind $x, y \in (X, d)$ verschiedene Punkte eines metrischen Raums und $r = d(x, y)$, so sind $B_{r/2}(x)$ und $B_{r/2}(y)$ disjunkte Umgebungen von x bzw. y: dies zeigt, daß metrische Räume Hausdorffsch sind.

Alle ↗Normen auf $\mathbb{R}^n$ sind äquivalent und induzieren die natürliche Topologie. Die für $x, y \in \mathbb{R}^n$ von $d(x, x) = 0$ und $d(x, y) = 1$ für $x \neq y$ definierte Metrik induziert die ↗diskrete Topologie auf $\mathbb{R}^n$.

topologischer Ring, topologischer Raum, der ein ↗Ring ist, mit der Eigenschaft, daß die Operationen $+$ und $\cdot$ stetige Abbildungen sind.

So ist zum Beispiel der Körper der reellen Zahlen mit der klassischen Topologie ein topologischer Ring.

topologischer Vektorraum, ein Vektorraum, der zusätzlich zu seiner Vektorraumstruktur noch eine Topologie besitzt, die sowohl die Addition als auch die Multiplikation mit einem Skalar stetig macht.

Es seien $\mathbb{K} = \mathbb{R}$ oder $\mathbb{K} = \mathbb{C}$ und V ein Vektorraum über dem Körper $\mathbb{K}$. Ist weiterhin τ eine Topologie auf V so, daß die Abbildungen

$$+ : (V, \tau) \times (V, \tau) \to (V, \tau)$$

und

$$\cdot : \mathbb{K} \times (V, \tau) \to (V, \tau)$$

stetig sind, wobei $\mathbb{K}$ seine natürliche Topologie trägt, dann nennt man V zusammen mit seiner Topologie einen topologischen Vektorraum.

Jeder normierte Raum ist insbesondere auch ein topologischer Vektorraum.

topologischer Verband, ein ↗vollständiger Verband $(V, \wedge, \vee)$, in dem für jede ↗nach oben gerichtete Menge $M \subseteq V$ und für jedes Element $x \in V$ die Gleichung

$$x \wedge \bigvee_{m \in M} m = \bigvee_{m \in M} (x \wedge m),$$

und für jede ↗nach unten gerichtete Menge $N \subseteq V$ und für jedes Element $x \in V$ die Gleichung

$$x \vee \bigwedge_{n \in N} n = \bigwedge_{n \in N} (x \vee n)$$

gilt.

topologisches dynamisches System, Tripel (M, G, Φ), bestehend aus einem ↗topologischen Raum M, einer ↗topologische Gruppe $(G, \circ)$ (das Einselement werde mit e bezeichnet), sowie einer stetigen Abbildung $\Phi : M \times G \to M$, für die gilt:

1. $\Phi(\cdot, e) = \mathrm{id}_M$,
2. $\Phi(\Phi(m, s), t) = \Phi(m, s \circ t)$ für alle $m \in M$ und alle $s, t \in G$.

top-Quark, eines der ↗Quarks.

Tor, abgeleiteter Funktor des Tensorprodukts.

Es seien R ein Noetherscher Ring, M und N endlich erzeugte R–Moduln, und

$$F_m \xrightarrow{\alpha_m} F_{m-1} \xrightarrow{\alpha_{m-1}} \dots \xrightarrow{\alpha_1} F_0 \xrightarrow{\alpha_0} M \to 0$$

eine freie Auflösung von M, d. h., es ist

$$\mathrm{Kern}(\alpha_i) = \mathrm{Bild}(\alpha_{i+1})$$

für alle i mit freien Moduln F_i. Dann ist die induzierte Folge

$$F_m \otimes N \xrightarrow{\alpha_m \otimes 1_N} F_{m-1} \otimes N \xrightarrow{\alpha_{m-1} \otimes 1_N}$$
$$\dots \to F_0 \xrightarrow{\alpha_0 \otimes 1_N} M \otimes N \to 0$$

in der Regel nicht mehr exakt, d. h.,

$$\mathrm{Kern}(\alpha_i \otimes 1_N) \neq \mathrm{Bild}(\alpha_{i+1} \otimes 1_N)\,.$$

Es gilt aber noch

$$\mathrm{Kern}(\alpha_i \otimes 1_N) \supset \mathrm{Bild}(\alpha_{i-1} \otimes 1_N)\,,$$

d. h., die induzierte Folge ist ein Komplex. Die Homologie des Komplexes, d. h. die Menge der Faktormoduln $\mathrm{Kern}(\alpha_i \otimes 1_N)/\mathrm{Im}(\alpha_{i+1} \otimes 1_N)$ ist unabhängig von der Wahl der freien Auflösung von M. Diese Moduln werden $\mathrm{Tor}_i^R(M,N)$ genannt.

Es gelten folgende Aussagen:

- $\mathrm{Tor}_0^R(M,N) = M \otimes_R N$, das Tensorprodukt von M und N.
- Wenn M ein ↗flacher Modul ist, dann ist $\mathrm{Tor}_i^R(M,N) = 0$ für alle $i > 0$ und alle N.
- $\mathrm{Tor}_i^R(M,N) = \mathrm{Tor}_i^R(N,M)$.

Umgekehrt gilt auch: M ist flach, wenn $\mathrm{Tor}_1^R(R/I,M) = 0$ ist für alle Ideale $I \subset R$.

Ein Beispiel: Ist $x \in R$ ein ↗Nichtnullteiler, so gilt:

- $\mathrm{Tor}_0^R(R/(x),M) = M/xM$;
- $\mathrm{Tor}_1^R(R/(x),M) = \{m \in M | xm = 0\}$;
- $\mathrm{Tor}_i^R(R/(x),M) = 0$ für $i \geq 2$.

Torelli-Problem, die Frage, ob eine Isomorphie von Kohomologiegruppen $H^k(X,\mathbb{Z}) \simeq H^k(X',\mathbb{Z})$ für kompakte ↗Kählersche Mannigfaltigkeiten aus einer gegebenen Klasse $\mathfrak{M}$, die die ↗Hodge-Struktur respektiert, auch eine Isomorphie der komplexen Mannigfaltigkeiten X, X' nach sich zieht.

Dazu ist es zweckmäßig, die Periodenabbildung zu definieren: Es sei H ein festes Gitter mit einer $(-1)^k$-symmetrischen Bilinearform $Q : H \otimes H \to \mathbb{Z}$ und $D \subset \check{D}$ der Raum aller polarisierten Hodge-Strukturen vom Gewicht k desselben Typs wie die von $H^k(X,\mathbb{Z})$ $(X \in \mathfrak{M})$ (↗Variation von Hodge-Strukturen). $\tilde{\mathfrak{M}}$ sei die Menge aller Isomorphieklassen (X,σ), $\sigma : H^k(X,\mathbb{Z})$ / Torsion $\xrightarrow{\sim} H$ (mit Q verträglich) und $\Gamma = \mathbb{O}(H,Q)$. Jedes (X,σ) induziert dann eine Hodge-Struktur auf H, und man erhält Abbildungen:

$$\begin{array}{ccc} \tilde{\mathfrak{M}} & \xrightarrow{\ \tilde{P}\ } & D \\ {\scriptstyle \text{vergessen von } \sigma}\downarrow & & \downarrow \\ \mathfrak{M} & \longrightarrow & \Gamma \backslash D \end{array}$$

Eine Variante wird im folgenden geschildert: Auf den X werden durch ein amples Geradenbündel noch Polarisierungen festgelegt. $\mathcal{L}, h$ sei ein fixiertes Element von H, D der Raum aller Hodge-Strukturen mit $h \in H^{m,m}$, und Γ die Gruppe $\mathbb{O}(H,Q)_h$ der Automorphismen, die h festlassen. σ erfülle noch die Bedingung $\sigma(c_1(\mathcal{L})^m) = h$. Es geht dann um die Frage der Injektivität der ↗Periodenabbildung P (oder $\tilde{P}$). Meist sind $\mathfrak{M}$ und $\tilde{\mathfrak{M}}$ komplexe Räume und $P, \tilde{P}$ Morphismen komplexer Räume.

Ebenso gibt es eine infinitesimale Variante der Periodenabbildung für eine Kählersche Mannigfaltigkeit X_0. Der Parameterraum der semiuniversellen Deformation (↗Modulprobleme) von X_0 hat im Ursprung einen zu $H^1(X_0, \Theta_{X_0})$ kanonisch isomorphen Tangentialraum (durch die Kodaira-Spencer-Abbildung), und die Tangentialabbildung $T_0(\tilde{P})$ bildet diesen Raum in den Unterraum $T_{\mathrm{hor}}(D)_{\tilde{P}(0)}$ ab, der isomorph zu

$$\sum_{p>q} \mathrm{Hom}_Q\left(H^{p,q}(X_0),\ H^{p-1,q+1}(X_0)\right)$$

ist (↗Variation von Hodge-Strukturen). Hier ist Hom_Q der Raum der linearen Abbildungen φ mit

$$Q(\varphi(x),s) + Q(x,\varphi(s)) = 0\,.$$

Diese Abbildung wird durch das Cup-Produkt

$$H^1(X_0, \Theta_{X_0}) \otimes H^q(X_0, \Omega^p_{X_0}) \longrightarrow H^{q+1}(X_0, \Theta_{X_0} \otimes \Omega^p_{X_0})$$

und die durch die Kontraktion $\Theta_{X_0} \otimes \Omega^p_{X_0} \longrightarrow \Omega^{p-1}_{X_0}$ induzierte Abbildung

$$H^{q+1}(X_0, \Theta_{X_0} \otimes \Omega^p_{X_0}) \longrightarrow H^{q+1}(X_0, \Omega^{p-1}_{X_0})$$

gegeben. Wenn z. B. $\Omega^n_{X_0}$ ein triviales Geradenbündel ist ($n = \dim X_0$), so liefert die Kontraktion mit einer globalen holomorphen n-Form einen Isomorphismus $\Theta_{X_0} \longrightarrow \Omega^{n-1}_{X_0}$ und einen Isomorphismus

$$H^1(X_0, \Theta_{X_0}) \longrightarrow \mathrm{Hom}\left(H^0(X_0, \Omega^n_{X_0}),\ H^1(X_0, \Omega^{n-1}_{X_0})\right),$$

also gilt in diesem Fall das infinitesimale Torelli-Theorem. Für Kurven ist die Abbildung

$$H^1(X_0, \Theta_{X_0}) \longrightarrow \mathrm{Hom}\left(H^{10}, H^{0,1}\right) = H^0(X_0, \Omega^1_{X_0})^* \otimes H^1(X_0, \mathcal{O}_{X_0})$$

über Serre-Dualität dual zu der Produktabbildung

$$H^0(X_0, \Omega^1_{X_0}) \otimes H^0(X_0, \Omega^1_{X_0}) \longrightarrow H^0(X_0, \Omega^{1\otimes 2}_{X_0})\,,$$

und diese ist für nicht hyperelliptische Kurven vom Geschlecht ≥ 3 surjektiv. Was die Ausgangsfragestellung betrifft, so kann die Antwort positiv oder negativ ausfallen.

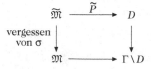

Beispiele, in welchen ein Torelli-Satz gilt, sind:

(a) Kurven $(H^1(X, \mathbb{Z}))$;

(b) polarisierte ↗abelsche Varietäten $(H^1(X, \mathbb{Z}))$;

(c) $K3$-Flächen (↗Klassifikation von Flächen) $(H^2(X, \mathbb{Z}))$;

(d) Enriques-Flächen (↗Klassifikation von Flächen) $(H^2(X, \mathbb{Z}))$.

torische Varietät, Begriff aus der algebraischen Geometrie.

Ein (algebraischer) Torus ist eine lineare algebraische Gruppe $T \simeq k^{*n}$, d. h.,

$$T = \operatorname{Spec} k\left[t_1, \dots, t_n, \ (t_1, \dots, t_n)^{-1}\right]$$

(↗Gruppenschema). Eine torische Varietät ist eine algebraische Varietät V, auf der ein Torus T „fast transitiv und frei" operiert.

Genauer: Es gibt einen offenen, dichten T-Orbit, der zu T isomorph ist. Beispielsweise sind affine oder projektive Räume torisch durch die Wirkung der Gruppe $T \subset GL(n)$ bzw. $T \subset PGL(n+1)$ der Diagonalmatrizen, ebenso gewichtete projektive Räume (↗projektives Spektrum), und in gewissem Sinne kann man torische Varietäten als Verallgemeinerung gewichteter projektiver Räume sehen. Die Geometrie torischer Varietäten hängt aufs engste mit der Kombinatorik konvexer Polyeder zusammen.

Heute geht man meist von Gitterpolytopen oder polyhedralen Kegeln aus, um torische Varietäten zu definieren. Ausgangspunkt ist ein Gitter M (dies entspricht der Gruppe $\operatorname{Hom}(\mathbb{G}_m, T)$ der einparametrigen Untergruppe) und sein duales Gitter $\check{M} = \operatorname{Hom}(M, \mathbb{Z})$ (dies entspricht der Gruppe der Charaktere $\operatorname{Hom}(T, \mathbb{G}_m)$), sowie die reellen Vektorräume $V = M \otimes \mathbb{R}$ und deren Duale $\check{V} = \check{M} \otimes \mathbb{R}$. Dann ist $T = \operatorname{Spec} k[\check{M}]$ ($k[\check{M}]$ die Gruppenalgebra der Gruppe $\check{M}$ über k), und affine torische Varietäten werden durch bestimmte Unterhalbgruppen $\check{M}(\sigma) \subset M$ bestimmt, bzw. ihre Halbgruppenalgebra wird als $X(\sigma) = \operatorname{Spec} k[\check{M}(\sigma)]$ (↗Schema) definiert, mit der aus dem Algebrahomomorphismus

$$\begin{array}{ccc} k[\check{M}(\sigma)] & \longrightarrow & k[\check{M}] \otimes k[\check{M}(\sigma)] \\ t^\chi & \mapsto & t^\chi \otimes t^\chi \end{array}$$

resultierenden Gruppenwirkung $T \times X(\sigma) \longrightarrow X(\sigma)$. (Wir schreiben hier t^χ für das Element $\chi \in \check{M}$, aufgefaßt als Element der Gruppenalgebra $k[\check{M}]$.)

Zur Definition affiner torischer Varietäten beschränkt man sich nun auf Unterhalbgruppen, die durch spitze konvexe Gitterkegel $\sigma \subset V$, d. h. Kegel der Form

$$\sigma = \mathbb{R}_+ v_1 + \dots + \mathbb{R}_+ v_s = \langle v_1, \dots, v_s \rangle$$

mit Gitterpunkten $v_j \in M$ und $\sigma \cap -\sigma = \{0\}$, definiert sind als $\check{M}(\sigma) = \check{\sigma} \cap \check{M}$, wobei

$$\check{\sigma} = \left\{ u \in \check{V} \mid \langle u, v \rangle \geq 0 \text{ für alle } v \in \sigma \right\}.$$

Zum Nachweis der Tatsache, daß $X(\sigma)$ eine Varietät ist, muß gezeigt werden, daß die Halbgruppe $\check{M}(\sigma)$ endlich erzeugt ist (Gordons Lemma). Die Eigenschaft „spitz" gewährleistet, daß die Einbettung $k[\check{M}(\sigma)] \subset k[\check{M}]$ eine offene Einbettung induziert. Ist $\tau \subset \sigma$, so ist $k[\check{M}(\sigma)] \subset k[\check{M}(\tau)]$, also erhält man einen birationalen Morphismus $X(\tau) \longrightarrow X(\sigma)$, und für den Fall, daß τ Seite von σ ist (Schnitt von σ mit einer Hyperebene, die durch eine Gleichung $\chi = 0$, $\chi \in \check{\sigma}$, definiert ist), ist dies eine offene Einbettung.

Aus der speziellen Form der Halbgruppe $\check{M}(\sigma)$ kann man folgern, daß die Varietäten normal sind, sogar Cohen-Macaulaysch (d. h., alle lokalen Ringe $\mathcal{O}_{X(\sigma),x}$ sind ↗Cohen-Macaulay-Ringe). $X(\sigma)$ ist genau dann glatt, wenn σ ein Erzeugendensystem $\{v_1, \dots, v_s\}$ besitzt, das sich zu einer Basis des Gitters M ergänzen läßt.

Beliebige torische Varietäten werden durch endliche Mengen Σ von spitzen konvexen Gitterkegeln definiert, Σ soll dabei folgende Bedingungen erfüllen:

(i) Mit σ gehört auch jede Seite von σ zu Σ.

(ii) Wenn $\sigma, \tau \in \Sigma$, so ist $\sigma \cap \tau$ Seite von σ und τ.

Die zugehörige torische Varietät $X(\Sigma)$ ist die Vereinigung der $X(\sigma)$, $\sigma \in \Sigma$, wobei

$$X(\sigma) \cap X(\tau) = X(\sigma \cap \tau).$$

Eine Klasse von Beispielen erhält man aus konvexen Gitterpolytopen $\Delta \subset V$, die den Nullpunkt als inneren Punkt enthalten. Man setze $\Sigma_\Delta = \{\sigma \mid \sigma$ ist Kegel über einer echten Seite von $\Delta\}$. $X_\Delta = X(\Sigma_\Delta)$ ist dann eine projektive torische Varietät mit einem T-invarianten amplen Divisor H. Auf diese Weise erhält man alle projektiven torischen Varietäten mit T-invariantem amplen Divisor H aus konvexen Gitterpolytopen.

Torricelli, Evangelista, Mathematiker und Physiker, geb. 15.10.1608 Faenza (Italien), gest. 25.10. 1647 Florenz.

Die Ausbildung des Sohnes eines Handwerkers wurde von einem Verwandten, einem Mönch, übernommen. Torricelli besuchte später auch mathematische und philosophische Vorlesungen an der Schule der Jesuiten in Faenza (1625/26). Zur weiteren Bildung wurde er nach Rom an die Jesuitenschule von B. Castelli (1577/78–1643) geschickt. Castelli, ein Galilei-Schüler, Mathematiker und Ingenieur, beschäftigte Torricelli als seinen Sekretär. Ab 1632 führte er im Namen Castellis mit Galilei eine Korrespondenz. 1632 erschien auch Torricellis sorgfältige Studie über Galileis „Dialogo ... ".

Über die Zeit von 1632-40 ist uns nichts über Torricellis Leben überliefert. Möglicherweise war er Sekretär eines Galilei-Freundes in verschiedenen Städten Italiens. 1641 war er wieder in Rom. Ein Manuskript zu einem Problem aus Galileis „Discorsi ... " führte zur Anstellung Torricellis als Assistent Galileis in Arcetri. Nach dem Tode Galileis wurde er dessen Nachfolger als Mathematiker des Großherzogs der Toscana in Florenz. In Florenz spielte Torricelli eine wichtige Rolle im kulturellen Leben der Renaissancemetropole. Während seines kurzen Lebens sind von den mathematischen Untersuchungen Torricellis nur seine „Opera geometrica" (1644) veröffentlicht worden. Darin hat er sich mit der umstrittenen Individisiblenmethode Cavalieris auseinandergesetzt. Es gelang ihm, mit der verbesserten und verallgemeinerten Methode des Cavalieri die Quadratur von Parabel und Zykloide und die Kubatur des Rotationshyperboloids (Einführung uneigentlicher Integrale) zu bewältigen. Es wurden die Summen unendlicher geometrischer Reihen bestimmt und die Rektifikation der logarithmischen Spirale gezeigt, geometrische Extremwertaufgaben gelöst und Schwerpunkte berechnet. Nur in seiner Korrespondenz mit italienischen und französischen Mathematikern finden sich Torricellis ausgedehnte Untersuchungen über die Zykloide. Die von Torricelli beabsichtigte Veröffentlichung dieser Briefwechsel kam nicht zustande.

Von großer Bedeutung waren Torricellis Arbeiten zur Mechanik. In „De motu gravitum" (um 1646) behandelte er die Flugbahn von Geschossen, berechnete die Ausflußgeschwindigkeit von Flüssigkeiten, bestimmte die Schwerpunkte von Körpern und Zweikörpersystemen. Anknüpfend an falsche Überlegegungen Galileis über hydraulische Fragen und das Vakuum begannen Torricelli und V. Viviani (1622–1703) ab 1643 mit ihren Experimenten über das Verhalten von Quecksilber und anderen Flüssigkeiten in Röhren. 1644 beschrieb Torricelli das erste Quecksilberbarometer, zeigte somit die Existenz des Luftdrucks, und widerlegte damit die Lehre vom „horror vacui" (die Flüssigkeitssäule wird vom äußeren Luftdruck im Gleichgewicht gehalten, der Raum über der Säule ist „leer"). Nach neueren historischen Forschungen scheint Torricelli ausgedehnte theoretische und praktische Untersuchungen über Linsen und Linsensysteme angestellt und dabei die Interferenzmethode mittels Newtonscher Ringe zur Qualitätsprüfung optischer Oberflächen entdeckt zu haben.

Torricellis Gesetz, Aussage über mechanische Systeme:

Ist ein mechanisches System nur der Schwerkraft unterworfen, so ist es dann im stabilen bzw. labilen Gleichgewicht, wenn sich sein Schwerpunkt in einer tiefsten bzw. höchsten Lage befindet.

Torse, Sammelbegriff für ↗Kegelflächen, ↗Tangentenflächen und ↗Zylinderflächen.

Die gemeinsame Eigenschaft aller Torsen ist das Verschwinden ihrer ↗Gaußschen Krümmung. Umgekehrt gilt folgender Satz:

Ist die Gaußsche Krümmung einer Fläche $\mathcal{F} \subset \mathbb{R}^3$ identisch Null, so ist $\mathcal{F}$ eine offene Teilmenge einer Torse.

Torsion, in verschiedenen Disziplinen, beispielweise der Mechanik, der Differentialgeometrie und der Gravitationstheorie jeweils unterschiedlich verwendeter Begriff, der mit „Verdrehung" übersetzt werden kann.

In der Differentialgeometrie der räumlichen Kurven ist die Torsion ein Maß dafür, wie schnell die Raumkurve aus der lokalen Tangentialebene heraustritt. Die Torsion verschwindet genau dann identisch, wenn sich die gesamte Kurve in einer einzigen Ebene befindet; für die Gültigkeit dieser Aussage wird aber vorausgesetzt, daß die Krümmung der Kurve nirgends verschwindet.

In der Gravitationstheorie werden z.T. Alternativen zur Einsteinschen ↗Allgemeinen Relativitätstheorie behandelt, in denen der Spin der Teilchen an das Torsionsfeld der Raum-Zeit koppelt. Während in der Allgemeinen Relativitätstheorie die Raum-Zeit als torsionsfrei postuliert wird (d. h., daß für jeden Skalar ϕ der Ausdruck $\phi_{;kl} - \phi_{;lk}$ identisch verschwindet), ist diese Differenz allgemein als Ausdruck der inneren Verdrillung (Torsion) der Raum-Zeit zu definieren.

Für die Verwendung des Begriffs Torsion im Sinne der Geometrie vgl. ↗Windung.

Torsionsgarbe, Begriff in der Theorie der kohärenten Garben.

Seien $\mathcal{R}$ eine kohärente Garbe von Ringen, $\mathcal{H}$ ein $\mathcal{R}$-Modul und $\mathcal{F} \subset \mathcal{H}$ ein kohärenter Untermodul. Wenn die Halme von $\mathcal{R}$ Integritätsgebiete sind, dann ist die Torsionsgarbe definiert als

$$Tor^{\mathcal{R}}(\mathcal{F}) = \text{Ker}\left[\mathcal{F} \xrightarrow{\varphi} Hom_{\mathcal{R}}\left(Hom_{\mathcal{R}}(\mathcal{F},\mathcal{R}),\mathcal{R}\right)\right],$$

wobei φ die kanonische Abbildung sei, eine kohärente Untergarbe von $\mathcal{F}$, so, daß

$$Tor^{\mathcal{R}}(\mathcal{F})_t = \{f \in \mathcal{F}_t;\ \text{es gibt einen Nicht-Nullteiler } r \in \mathcal{R}_t, \text{ so daß } rf = 0\}.$$

Torsionsmodul, Modul, der nur aus Torsionselementen besteht.

Das bedeutet, daß es für jedes Element m aus dem Modul einen ↗Nichtnullteiler r aus dem Ring gibt mit $rm = 0$. So ist zum Beispiel der Faktorring $\mathbb{Z}/(n)$ des Rings der ganzen Zahlen $\mathbb{Z}$ nach dem durch n erzeugten Ideal, betrachtet als $\mathbb{Z}$–Modul, ein Torsionsmodul.

Torsionstheorie, eine Zusatzstruktur auf einer gegebenen ↗abelschen Kategorie $\mathcal{C}$.

Sie wird gegeben durch ein Paar von Teilklassen $(\mathcal{T}, \mathcal{F})$ der Objekte aus $\mathcal{C}$, derart daß gilt:

(1) Für je zwei Objekte $T \in \mathcal{T}$ und $F \in \mathcal{F}$ existiert außer dem Nullhomomorphismus kein weiterer Morphismus, d. h. es gilt $\text{Mor}_{\mathcal{C}}(T, F) = \{0\}$.

(2) Die Teilklassen $\mathcal{T}$ und $\mathcal{F}$ sind maximal mit dieser Eigenschaft. Das heißt, gilt $\text{Mor}_{\mathcal{C}}(A, F) = \{0\}$ für alle $F \in \mathcal{F}$, dann ist $A \in \mathcal{T}$, und gilt $\text{Mor}_{\mathcal{C}}(T, B) = \{0\}$ für alle $T \in \mathcal{T}$, dann ist $B \in \mathcal{F}$.

Beispiel 1: Sei $\mathcal{A}$ die Kategorie der ↗abelschen Gruppen, und sei $\mathcal{T}$ die Menge der abelschen Torsionsgruppen, d. h., $T \in \mathcal{T}$ genau dann, falls es für alle $x \in T$ ein $n \in \mathbb{N}$ gibt mit $n \cdot x = 0$. Sei $\mathcal{F}$ die Menge der freien abelschen Gruppen, d. h., $F \in \mathcal{F}$ genau dann, falls für $y \subset F$ und $n \in \mathbb{N}$ aus $n \cdot y = 0$ folgt: $y = 0$. Das Paar $(\mathcal{T}, \mathcal{F})$ beschreibt eine Torsionstheorie auf der Kategorie der abelschen Gruppen.

Beispiel 2: Sei R ein kommutativer Ring mit 1. Die Kategorie der R–Module ist abelsch. Bezeichnet $\mathcal{T}$ die Menge der ↗Torsionsmodule und $\mathcal{F}$ die Menge der freien Module, so ist dadurch eine Torsionstheorie auf dieser Kategorie gegeben. Hierbei ist ein Modul ein freier Modul, falls $T(M) = \{0\}$. Beispiel 1 ergibt sich als Spezialfall der Module über den ganzen Zahlen $\mathbb{Z}$.

Torus, auch Ringtorus oder Kreisring genannt, Körper, der durch Rotation eines Kreises k um eine außerhalb dieses Kreises verlaufende Achse, die mit k in einer Ebene liegt, entsteht.

Das Zentrum des Kreises k beschreibt dabei ebenfalls einen Kreis (Rotationskreis), dessen Mittelpunkt das Zentrum des Torus' ist. Die senkrecht auf der Achse stehende Ebene, in welcher der Rotationskreis liegt, heißt auch Äquatorialebene des Torus.

Hat der Kreis k den Radius r und sein Mittelpunkt den Abstand R zur Drehachse, so gilt für den Oberflächeninhalt des Torus

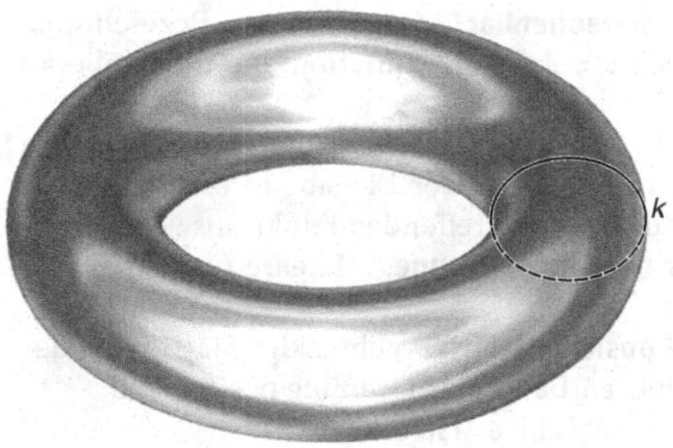

$$O = 4\pi^2 rR$$

und für sein Volumen

$$V = 2\pi^2 r^2 R.$$

Ein Torus, der durch Rotation des in der x-z-Ebene liegenden Kreises mit der Gleichung

$$(x-R)^2 + z^2 = r^2$$

(mit $r < R$) um die z–Achse entsteht, hat die Gleichung

$$(x^2 + y^2 + z^2 - R^2 - r^2)^2 = 4R^2(r^2 - z^2)$$

bzw.

$$\left(R - \sqrt{x^2+y^2}\right)^2 + z^2 = r^2,$$

und die Parameterdarstellung

$$x = (R + r\cos v)\cos u$$
$$y = (R + r\cos v)\sin u$$
$$z = r\sin v.$$

Läßt man zu, daß der Rotationsradius R kleiner als der Radius r der „Torusröhre" sein darf, so erhält man eine als *Spindeltorus* bezeichnete selbstdurchdringende Fläche, für $r = R$ als Grenzfall einen sogenannten *Horntorus*. Eine weitere Verallgemeinerung des Begriffes Torus besteht darin, daß als rotierende Kurve keine Kreislinie, sondern eine beliebige ebene geschlossenene Kurve betrachtet wird.

Aus topologischer Sicht ist ein Torus ein Produkt zweier Kreise und somit eine zweidimensionale geschlossene Mannigfaltigkeit des Genus (Geschlechts) Eins, also eine Fläche, die genau ein „Loch" besitzt.

Auch im n-dimensionalen Raum können Tori definiert werden (↗n-dimensionaler Torus).

Torusknoten, ↗Knotentheorie.

total berechenbar, *total-rekursiv*, Bezeichnung für eine berechenbare Funktion, die total (überall definiert) ist.

Dies bedeutet, daß der die Funktion berechnende ↗Algorithmus bei jeder Eingabe in endlicher Zeit stoppt und den betreffenden Funktionswert liefert.

total geordnete Menge, ↗lineare Ordnungsrelation.

total positive Matrix, rechteckige Matrix, bei der alle Minoren beliebiger Ordnung positiv sind:

Eine rechteckige Matrix

$$A = ((a_{ij}))_{\substack{i=1,\dots,m\\ j=1,\dots,n}} \in \mathbb{R}^{m\times n}$$

heißt total positiv (oder vollständig positiv), falls für alle $k \in \{1,\dots,\min\{m,n\}\}$ gilt:

$$A\begin{pmatrix} i_1 & i_2 & \dots & i_k \\ j_1 & j_2 & \dots & j_k \end{pmatrix} > 0$$

für $1 \le i_1 < \dots i_k \le m$ und $1 \le j_1 < \dots j_k \le n$.

Hierbei bezeichnet

$$A\begin{pmatrix} i_1 & i_2 & \dots & i_k \\ j_1 & j_2 & \dots & j_k \end{pmatrix}$$

den Minor der Ordnung k von A mit Indizes $i_1,\dots,i_k$ und $j_1,\dots,j_k$, das heißt, die Determinante der Untermatrix $(a_{i_l j_p})_{l,p=1,\dots,k} \in \mathbb{R}^{k\times k}$ von A.

total symmetrische Boolesche Funktion, ↗partiell symmetrische Boolesche Funktion f, die partiell symmetrisch in der Menge ihrer Variablen ist.

Es gilt folgender Satz:

f ist genau dann total symmetrisch, wenn es einen Vektor

$$v(f) = (v_0,\dots,v_n) \in \{0,1\}^{n+1}$$

gibt, so daß

$$f(\alpha_1,\dots,\alpha_n) = v_j \textit{ und } j = \sum_{i=1}^{n} \alpha_i$$

für alle $(\alpha_1,\dots,\alpha_n) \in \{0,1\}^n$.

Der Vektor $v(f)$ heißt Wertevektor der total symmetrischen Booleschen Funktion f.

Die Primimplikanten einer total symmetrischen Booleschen Funktion $f : \{0,1\}^n \to \{0,1\}$ sind genau die Primimplikanten ihrer maximalen ↗Intervallfunktionen. Jedes Minimalpolynom einer total symmetrischen Booleschen Funktion f ist eine ↗Disjunktion von Minimalpolynomen der maximalen Intervallfunktionen von f.

totalchromatische Zahl, ↗Totalfärbung.

totale Differentialgleichung, ↗Pfaffsche Gleichung.

totale Menge, eine Teilmenge A eines Hilbertraums mit der Eigenschaft

$$A^{\perp} = \{0\}.$$

Es folgt dann, daß die lineare Hülle von A dicht liegt.

totale Ordnung, ↗Kette, ↗lineare Ordnungsrelation.

totale Stiefel-Whitney-Klasse, ↗Stiefel-Whitney-Klassen.

totale Variation, ↗positives lineares Funktional, ↗Totalvariation.

totale Wahrscheinlichkeit, Satz von der, elementarer Satz der Wahrscheinlichkeitsrechnung.

Es sei $(\Omega, \mathfrak{A}, P)$ ein Wahrscheinlichkeitsraum und $\{A_1,\dots,A_n\}$ eine aus Ereignissen $A_i \in \mathfrak{A}$ mit $P(A_i) > 0$, $i = 1,\dots,n$, bestehende disjunkte Zerlegung von Ω. Dann gilt für jedes Ereignis $B \in \mathfrak{A}$

$$P(B) = \sum_{i=1}^{n} P(A_i)P(B|A_i).$$

Diese Formel gilt auch sinngemäß, wenn die disjunkte Zerlegung aus abzählbar vielen Ereignissen besteht. Der Satz stellt eine Möglichkeit zur Berechnung der Wahrscheinlichkeit $P(B)$ dar, wenn lediglich die Wahrscheinlichkeiten $P(A_i)$ für die Elemente der Zerlegung und die bedingten Wahrscheinlichkeiten $P(B|A_i)$ bekannt sind. Die Formel von der totalen Wahrscheinlichkeit wird beispielsweise im Nenner der ↗Bayesschen Formel verwendet.

totales Differential, der von Gottfried Wilhelm Leibniz eingeführte Ausdruck

$$df = \sum_{\nu=1}^{n} \frac{\partial f}{\partial x_\nu} dx_\nu$$

zu gegebenem $n \in \mathbb{N}$ für eine Funktion $f = f(x_1, \dots, x_n)$, die nach allen Variablen x_ν $(\nu = 1,\dots,n)$ partiell differenzierbar ist.

Mit $f_{x_\nu} := \frac{\partial f}{\partial x_\nu}$ wird dies auch oft in der Form

$$df = \sum_{\nu=1}^{n} f_{x_\nu} dx_\nu$$

notiert.

Totalfärbung, Begriff aus der ↗Graphentheorie.

Eine Totalfärbung eines ↗Graphen G mit der Eckenmenge $E(G)$ und der Kantenmenge $K(G)$ ist eine Abbildung

$$h : E(G) \cup K(G) \to \{1, 2, \dots, k\}$$

so, daß $h(x) \neq h(y)$ für alle adjazenten oder inzidenten Elemente $x, y \in E(G) \cup K(G)$ gilt. Man spricht dann auch von einer k-Totalfärbung. Besitzt G eine k-Totalfärbung, aber keine $(k-1)$-Totalfärbung, so nennt man k totalchromatische Zahl von G, in Zeichen

$$k = \chi_T(G).$$

Für jeden Graphen G ergibt sich unmittelbar aus der Definition der totalchromatischen Zahl die Ungleichungskette

$$\Delta(G)+1 \ \leq\ \chi_T(G) \ \leq\ \chi(G)+\chi'(G),$$

wobei $\Delta(G)$ der Maximalgrad, $\chi(G)$ die chromatische Zahl und $\chi'(G)$ der chromatische Index ist. Im Jahre 1967 bemerkten M. Behzad, G. Chartrand und J.K. Cooper Jr., daß die Gleichheit

$$\chi_T(G)=\chi(G)+\chi'(G)$$

höchstens bei ↗bipartiten Graphen eintritt. Ist G ein beliebiger Graph, so kann man ohne große Mühe

$$\chi_T(G)\leq 2\Delta(G)+1$$

nachweisen. Jedoch haben V.G. Vizing 1964 und M. Behzad 1965 unabhängig voneinander vermutet, daß für die totalchromatische Zahl sogar die viel bessere Abschätzung

$$\chi_T(G)\leq\Delta(G)+2$$

gültig ist. Diese Ungleichung ist inzwischen als *Totalfärbungs-Vermutung* von Behzad und Vizing in die Literatur eingegangen. Trotz aller Anstrengungen ist man von einem vollständigen Beweis dieser attraktiven Vermutung zum jetzigen Zeitpunkt (Anfang 2002) noch weit entfernt. Für Kreise, bipartite und vollständige Graphen läßt sich diese Vermutung recht leicht nachweisen.

Ist G speziell ein Graph der Ordnung n vom Maximalgrad $\Delta(G)=n-1$ mit der Eckenmenge $E(G)=\{x_1,x_2,\dots,x_n\}$, so kann man die Totalfärbungs-Vermutung durch den folgenden kleinen Trick auf ein Kantenfärbungsproblem zurückführen und dann mit Hilfe des Satzes von Vizing bestätigen. Man füge zu G eine Ecke w und die Kanten $k_1=wx_1$, $k_2=wx_2$, ..., $k_n=wx_n$ hinzu. Für den so entstandenen Graphen H gilt

$$\Delta(H)=n=\Delta(G)+1\,.$$

Nach dem Satz von Vizing besitzt H eine $(\Delta(H)+1)$-, also eine $(\Delta(G)+2)$-Kantenfärbung. Entfernt man nun aus H die Ecke w und färbt die Ecke x_i von G mit der Farbe der Kante k_i für alle $i=1,2,\dots,n$, so hat man aus der Kantenfärbung von H eine $(\Delta(G)+2)$-Totalfärbung von G gewonnen.

Mit Hilfe dieser Beweistechnik haben H.P. Yap, J.-F. Wang und Z.-F. Zhang 1989 sowie H.P. Yap und K.H. Chew 1992 die Totalfärbungs-Vermutung für Graphen G mit $\Delta(G)\geq|E(G)|-5$ nachgewiesen. A.V. Kostochka zeigte 1996 das gleiche für Graphen von kleinem Maximalgrad, genauer für Graphen G mit $\Delta(G)\leq 5$. Im Jahre 1989 bestätigte H.P. Yap die Totalfärbungs-Vermutung auch für die vollständigen k-partiten Graphen. Welche vollständigen k-partiten Graphen G die Gleichung

$$\chi_T(G)=\Delta(G)+1\,,$$

und welche die Gleichung

$$\chi_T(G)=\Delta(G)+2$$

erfüllen, ist jedoch bisher noch nicht ganz geklärt. Mit schwierigen Techniken aus der Eckenfärbungstheorie lieferten A.J.W. Hilton und H.R. Hind 1993 das folgende Ergebnis.

Ist G ein Graph der Ordnung n vom Maximalgrad

$$\Delta(G)\geq(3n)/4\,,$$

so gilt

$$\chi_T(G)\ \leq\ \Delta(G)+2\,.$$

Unter Ausnutzung probabilistischer Methoden gelangten 1998 M. Molloy und B. Reed mittels eines äußerst langen und komplizierten Beweises zu dem im Augenblick wohl tiefsten und besten Ergebnis im Zusammenhang mit der Totalfärbungs-Vermutung.

Es existiert eine absolute Konstante c, so daß für jeden Graphen G die Abschätzung

$$\chi_T(G)\ \leq\ \Delta(G)+c$$

gilt.

Allerdings bemerkten die Autoren in ihrer Arbeit, daß es wohl nicht möglich sein wird, mit dem dort befolgten Weg die absolute Konstante c auf 2 zu drücken.

[1] Yap, H.P.: Total Colourings of Graphs. Lecture Notes in Mathematics 1623, Springer-Verlag Heidelberg/Berlin, 1996.

Totalfärbungs-Vermutung, ↗Totalfärbung.

Totalkrümmung, auch Gesamtkrümmung, das Integral der ↗Gaußschen Krümmung einer regulären Fläche $\mathcal{F}$ des $\mathbb{R}^3$, erstreckt über ganz $\mathcal{F}$ oder eine Teilmenge $\Delta\subset\mathcal{F}$.

Die Bedeutung der Totalkrümmung für die innere Geometrie ergibt sich aus ihrer Beziehung zur Dreiecksgeometrie von $\mathcal{F}$. Man definiert ein geodätisches Dreieck mit den Eckpunkten A_1,A_2,A_3 in $\mathcal{F}$ als System von drei gerichteten geodätischen Linien γ_{12}, γ_{23}, γ_{31}, den Dreiecksseiten, derart, daß für alle Indexpaare

$$(i,j)\in\{(1,2),(2,3),(3,1)\}$$

die Kurve γ_{ij} den Anfangspunkt A_i und den Endpunkt A_j hat. Man beachte, daß durch drei Punkte von $\mathcal{F}$ im allgemeinen, z.B. wenn $\mathcal{F}$ die Sphäre

S^2 ist, eine Dreiecksfläche und die Dreieckswinkel nicht eindeutig festgelegt sind, wie man es von der Geometrie der Ebene gewohnt ist. Unter den obigen Vorgaben sind für ein geodätisches Dreieck in $\mathcal{F}$ jedoch ein Umlaufsinn und eine eingeschlossene Dreiecksfläche definiert, sofern die Kurven γ_{ij} im Bildbereich $\mathcal{V}$ einer Parameterdarstellung

$$\Phi : \mathcal{U} \subset \mathbb{R}^2 \to \mathcal{V} \subset \mathcal{F}$$

liegen, wobei man voraussetzen muß, daß $\mathcal{U}$ ein einfach zusammenhängeder Bereich der Ebene ist.

Der aus der elementaren Geometrie der Ebene bekannte Satz über die Winkelsumme im Dreieck verallgemeinert sich auf folgende Weise zu einem Satz über die Winkelsumme in geodätischen Dreiecken:

Sind k die Gaußsche Krümmung, $d\omega$ das Oberflächenelement von $\mathcal{F}$, und $\Delta \subset \mathcal{F}$ ein geodätisches Dreieck mit den Ecken A_1, A_2, A_3 und den zugehörigen Innenwinkeln $\beta_1, \beta_2, \beta_3$, so gilt

$$\iint_{\Delta} k\, d\omega = \beta_1 + \beta_2 + \beta_3 - \pi .$$

Somit ist in einer Fläche mit $k > 0$, z. B. in einer Sphäre, die Winkelsumme eines geodätischen Dreiecks immer größer, und in einer Fläche mit negativer Gaußscher Krümmung immer kleiner als π.

Totalreflexion, Spezialfall der ↗Brechung, siehe auch ↗Brechungsindex.

Zur Totalreflexion kommt es, wenn der gebrochene Strahl parallel zur Grenzschicht ist. Dies ist der Fall bei $\sin\alpha = c_1/c_2$.

total-rekursiv, ↗total berechenbar.

total-stetige Funktion, auch absolut stetige Funktion, eine Funktion $F : \mathbb{R} \to \mathbb{R}$ mit der Eigenschaft, daß für jedes $\varepsilon > 0$ ein $\delta(\varepsilon) > 0$ so existiert, daß für alle $n \in \mathbb{N}$ und alle disjunkten Intervallsysteme $\{(a_i, b_i) | i = 1, \dots, n\} \subseteq \mathcal{P}(\mathbb{R})$ mit $\sum_{i=1}^{n} |b_i - a_i| < \delta$ gilt:

$$\sum_{i=1}^{n} |F(b_i) - F(a_i)| < \varepsilon .$$

Jede total-stetige Funktion F ist gleichmäßig stetig und von beschränkter Variation sowie Lebesgue-fast-überall differenzierbar. Ist diese Ableitung Lebesgue-fast-überall gleich 0, so ist F konstant. Ist μ ein endliches signiertes Maß auf $\mathcal{B}(\mathbb{R})$, so ist μ eine stetige Mengenfunktion bzgl. des Lebesgue-Maßes, falls die Funktion $F(x) := \mu([-\infty, x])$, die von beschränkter Variation ist, total-stetig ist. Es gilt, daß die Ableitung F' an allen Stetigkeitsstellen der Radon-Nikodym-Ableitung von μ bzgl. des Lebesgue-Maßes, also Lebesgue-fast-überall, existiert und dort gleich dieser Radon-Nikodym-Ableitung ist. Weiter gilt, falls man $F'(x) = 0$ setzt an allen Stellen x, an denen F' nicht existiert, der Hauptsatz der Differential- und Integralrechnung für das Lebesgue-Integral:

$$F(x) = \int_{(-\infty, x]} F'(x)\, d\lambda(x) .$$

Totalvariation, *totale Variation*, für eine gegebene reellwertige Funktion g einer reellen Variablen das Supremum der Werte

$$\sum_{\nu=1}^{n} \left| g(x_\nu) - g(x_{\nu-1}) \right| ,$$

wobei $-\infty < x_0 < x_1 < \dots < x_n < \infty$ mit einem $n \in \mathbb{N}$ ist. Man schreibt für dieses Supremum auch

$$\int |dg| .$$

Als Zielbereich kann natürlich statt $\mathbb{R}$ zumindest ein normierter Vektorraum betrachtet werden.

Man kann leicht zeigen, daß die Funktionen mit endlicher Totalvariation einen $\mathbb{R}$-Vektorraum bilden, auf dem die Totalvariation eine Halbnorm liefert, wobei genau die konstanten Funktionen den Wert 0 erhalten.

Eine Funktion g ist genau dann von endlicher Totalvariation über $\mathbb{R}$, wenn sie als Differenz von zwei auf $\mathbb{R}$ isotonen Funktionen mit endlichen Grenzwerten in $+\infty$ und $-\infty$ darstellbar ist.

Diese Bedingung ist hinreichend, weil derartige monotone Funktionen offenbar endliche Totalvariation besitzen, nämlich gerade die absolute Differenz der genannten Grenzwerte. Um umgekehrt zu einem g mit endlicher Totalvariation eine entsprechende Darstellung durch isotone Funktionen anzugeben, verfährt man wie folgt: Für ein a aus $\mathbb{R}$ erklärt man eine Funktion $g_a : \mathbb{R} \longrightarrow \mathbb{R}$ durch

$$g_a(x) := \begin{cases} g(x) & (x \le a), \\ g(a) & (x \ge a) \end{cases}$$

und definiert damit

$$v(a) := \int^{a} |dg| := \int |dg_a| .$$

Dann erweisen sich die Funktionen

$$h_1 := \frac{1}{2}(v + g), \quad h_2 := \frac{1}{2}(v - g)$$

als isotone Funktionen der gewünschten Art mit Differenz g. Im Anschluß daran führt man für $a \le b$ in $\mathbb{R}$ auch

$$v(b) - v(a) =: \int_{a}^{b} |dg|$$

ein. Man erkennt für $a < b$: $\int_a^b |dg|$ ist das Supremum der Werte

$$\sum_{\nu=1}^{n} |g(x_\nu) - g(x_{\nu-1})| ,$$

wobei $a = x_0 < x_1 < \cdots < x_n = b$ mit einem $n \in \mathbb{N}$ ist. Dies ist die *„Totalvariation von g über* $[a, b]$*"*, die man andererseits auch als die Totalvariation über $\mathbb{R}$ derjenigen Funktion gewinnen kann, die aus g durch die Abänderung zu $g(a)$ unterhalb a und zu $g(b)$ oberhalb b entsteht. Auf diese Weise wird die Totalvariation über $[a, b]$ auch für nur auf $[a, b]$ erklärte Funktionen definiert. Die ausgeführten Überlegungen zeigen zugleich die Additivität der Totalvariation bezüglich der Integralgrenzen (für $-\infty < a < b < c < \infty$):

$$\int_a^c |dg| = \int_a^b |dg| + \int_b^c |dg| .$$

Dabei könnte man sinnvoll noch $a \longrightarrow -\infty$ und $c \longrightarrow +\infty$ betrachten. Die oben erhaltene Darstellung durch monotone Funktionen läßt recht direkt erkennen, daß eine Funktion mit endlicher Totalvariation an jeder endlichen Stelle einen rechtsseitigen und einen linksseitigen Grenzwert besitzt, dazu Grenzwerte für $x \to -\infty$ und $x \to \infty$. Schließlich kann man zeigen, daß an einer Stelle die Totalvariationsfunktion v genau dann rechts- bzw. linksseitig stetig ist, wenn dies für die Funktion g zutrifft. Leicht sieht man:

Ist g in $[a, b]$ *differenzierbar und die Ableitung dort beschränkt, dann ist g über* $[a, b]$ *von endlicher Totalvariation; ist der Betrag* $|g'|$ *der Ableitung Riemann-integrierbar, so hat man mit der Darstellung*

$$\int_a^b |dg| = \int_a^b |g'(x)|\, dx$$

eine wichtige Berechnungsmöglichkeit.

Eine wesentliche Eigenschaft der Totalvariation ist ihre Invarianz gegenüber *„Parametertransformationen"*: Man betrachtet Funktionen φ, die $\mathbb{R}$ (streng) isoton auf (!) $\mathbb{R}$ (und damit stetig) abbilden, und erkennt sofort, daß mit einer Funktion g auch $g \circ \varphi$ endliche Totalvariation besitzt. Dabei gilt

$$\int |dg| = \int |d(g \circ \varphi)| .$$

Dies ist unmittelbar ablesbar, weil aufgrund der Eigenschaften von φ jede der in der Definition für die eine Seite auftretende Summe von Beträgen von Differenzen auch als entsprechende Summe für die andere Seite geschrieben werden kann.

Der Begriff der Totalvariation wurde von Camille Marie Ennemond Jordan im Zusammenhang mit der Bestimmung von Kurvenlängen eingeführt.

Siehe auch ↗Funktion von beschränkter Variation.

total-variation-diminishing-Eigenschaft, *TVD-Eigenschaft*, Begriff im Zusammenhang mit Differenzenverfahren zur approximativen Lösung partieller Differentialgleichungen.

Ein solches Verfahren besitzt die TVD-Eigenschaft, wenn für die Folge der Iterierten $u^{(m)}$ die Totalvariation

$$\sum_i \left| u_i^{(m)} - u_{i+1}^{(m)} \right|$$

(Summe der Differenzen aufeinanderfolgender Komponenten) mit wachsendem m schwach monoton fallend ist. Diese Eigenschaft verhindert bei der Lösung hyperbolischer Probleme Oszillationen der Iterierten in Schocknähe.

Träger einer Funktion, die Menge

$$\mathrm{Tr} f := \mathrm{supp}(f) := \overline{\{x \in X \,|\, f(x) \neq 0\}}$$

für eine auf einem ↗topologischen Raum X definierte reell- oder komplexwertige Funktion f. Der Träger (engl. support) von f ist also gerade der Abschluß der Menge derjenigen Punkte, in denen $f(x)$ von Null verschieden ist. Natürlich kann dies so auch ganz allgemein definiert werden, wenn nur der Zielbereich von f eine Null 0 enthält.

Für manche Überlegungen wird auch die Menge

$$\{x \in X \,|\, f(x) \neq 0\}$$

als Träger betrachtet und bezeichnet.

Träger einer Fuzzy-Menge, *stützende Menge einer Fuzzy-Menge*, eine gewöhnliche Menge

$$\mathrm{supp}(\widetilde{A}) = \{x \in X \mid \mu_A(x) > 0\} ,$$

die einer Fuzzy-Menge $\widetilde{A}$ über X zugeordnet ist, und alle diejenigen Elemente von X umfaßt, die einen positiven Zugehörigkeitswert $\mu_A(x)$ aufweisen.

Der Träger ist damit eine klassische Teilmenge von X und entspricht dem strengen α-Schnitt (↗α-Niveau-Menge) mit $\alpha = 0$.

Träger einer Garbe, Begriff in der Theorie der kohärenten Garben über projektiven Varietäten.

Sei X eine quasiprojektive Varietät, $\mathcal{O}_X$ die Strukturgarbe von X und $\mathcal{F}$ eine Garbe von $\mathcal{O}_X$-Mo-duln. Dann ist der Träger der Garbe $\mathcal{F}$ definiert durch

$$\mathrm{supp}\,(\mathcal{F}) := \left\{p \in X \mid \mathcal{F}_p \neq 0\right\} .$$

Ist $\mathcal{F}$ kohärent, so ist die Bedingung $\mathcal{F}_p = 0$ offen, also gilt

$$\mathcal{F} \text{ kohärent} \Rightarrow \mathrm{supp}\,(\mathcal{F}) \text{ abgeschlossen.}$$

Trägheitsgesetz, gelegentlich anzutreffende Bezeichnung für die Aussage des Trägheitssatzes von Sylvester (↗ Sylvester, Trägheitssatz von).

Trägheitsgruppe, ↗ Zerlegungsgruppe.

Trägheitskörper, ↗ Zerlegungsgruppe.

Trainingswerte, im Kontext ↗ Neuronale Netze diejenigen Werte, die dem Netz zur weiteren Verarbeitung im ↗ Lern-Modus übergeben werden, und die mit Hilfe einer ↗ Lernregel die Parameter des Netzes so determinieren sollen, daß das Netz anschließend im ↗ Ausführ-Modus sinnvoll eingesetzt werden kann.

Trainingswerte können je nach Art des Netzes diskret oder kontinuierlich sein.

Trajektorie, ↗ Orbit.

Trajektorie eines stochastischen Prozesses, ↗ stochastischer Prozeß.

Traktrix, *Schleppkurve*, *Hundekurve*, die Kurve, die ein Gegenstand, etwa ein an einer Schnur befestigter Stein im Sand, beschreibt, wenn man diesen an der Schnur hinter sich herzieht, und dabei geradlinig in eine Richtung geht, die von der Richtung der Verbindungslinie zum Stein abweicht.

Auf diesem Modell beruht der deutsche Name Schleppkurve. Auch die Namen „Hundekurve" oder „Verfolgungskurve" sind prägnante Bezeichnungen, denn eine sehr anschauliche Vorstellung von der Traktrix ist durch den Weg eines Hundes gegeben, der aus seitlicher Richtung kommend ein in geradliniger Richtung fliehendes Beutetier verfolgt und zu diesem dabei konstanten Abstand behält (was für den Hund eher frustrierend ist).

Eine Parameterdarstellung der Traktrix erhält man wie folgt: Man lege einen Stab der Länge a so auf die (x, y)-Ebene, daß sich sein Anfangspunkt A im Koordinatenursprung $O = (0, 0)$ und sein Endpunkt B auf der x-Achse im Punkt $(a, 0)$ befinden. Bewegt man dann A entlang der y-Achse, so beschreibt B eine Kurve, deren zwischen dem jeweiligen Kurvenpunkt und der y-Achse gelegenen Tangentenabschnitte von dem Stab gebildet werden und daher sämtlich die gleiche Länge a haben.

Daraus kann man den Anstieg der Tangente errechnen. Man erhält die Gleichung

$$y'(x) = \frac{\pm\sqrt{a^2 - x^2}}{x}$$

für die Ableitung der diese Kurve beschreibenden Funktion $y(x)$. Aus der Ableitung gewinnt man durch Integration die Gleichung

$$y(x) = \sqrt{a^2 - x^2} + a \log\left(\frac{a + \sqrt{a^2 - x^2}}{a^2 x}\right),$$

wobei wir uns auf das positive Vorzeichen beschränkt haben. Ersetzt man den Kurvenparameter x durch $x(t) = a \sin(t)$, so ergibt sich die Parameterdarstellung

$$\begin{pmatrix} x(t) \\ y(t) \end{pmatrix} = \begin{pmatrix} a \sin(t) \\ a \cos(t) + a \log\left(\tan\left(\frac{t}{2}\right)\right) \end{pmatrix}$$

der Traktrix.

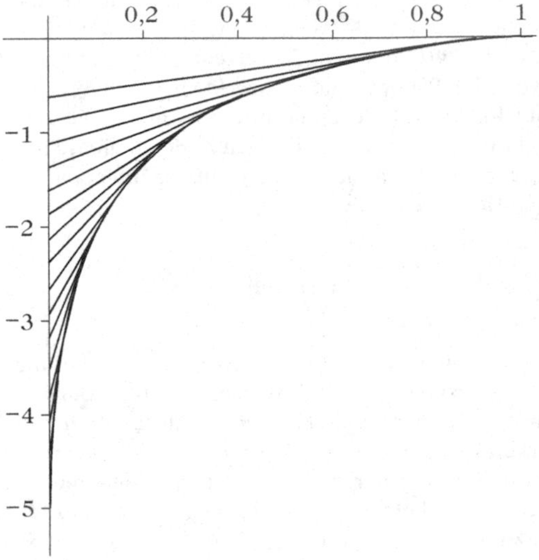

Traktrix mit Tangentenabschnitten konstanter Länge 1.

Die Fläche, die die Traktrix bei Rotation um die y-Achse überstreicht, ist die ↗ Pseudosphäre, das älteste und einfachste Beispiel einer Fläche konstanter negativer Gaußscher Krümmung. Die ↗ Evolute der Traktrix ist eine ↗ Kettenlinie.

transfer function, ↗ formales Neuron.

Transferaxiom, ↗ interne Mengenlehre.

Transferfunktion, ↗ formales Neuron.

Transferprinzip, ↗ Nichtstandard-Analysis.

transfinite Induktion, Satz der, ↗ axiomatische Mengenlehre.

transfinite Kardinalzahl, ↗ unendliche Kardinalzahl.

transfinite Ordinalzahl, ↗ unendliche Ordinalzahl.

transfiniter Durchmesser, Maßzahl einer kompakten Menge $K \subset \mathbb{C}$, die wie folgt definiert ist:

Für $n \in \mathbb{N}$, $n \geq 2$ sei zunächst

$$\Delta_n = \Delta_n(K) := \max_{z_1,\ldots c, z_n \in K} \prod_{k=1}^{n} \prod_{\substack{j=1 \\ k \neq j}}^{n} |z_k - z_j| .$$

Das Maximum wird für die sog. Fekete-Punkte

$$z_k = z_{nk} \in K, \quad k = 1, \ldots c, n, \quad n \in \mathbb{N}$$

angenommen. Dieses Punktsystem ist im allgemeinen nicht eindeutig bestimmt. Bezeichnet G die unbeschränkte Zusammenhangskomponente von $\mathbb{C}\backslash K$, so folgt $z_{nk} \in \partial G$. Man kann jetzt Δ_n mit Hilfe einer Vandermonde-Determinante ausdrücken

$$\Delta_n = \left|\det\begin{pmatrix} 1 & z_{n1} & z_{n1}^2 & \dots & z_{n1}^{n-1} \\ 1 & z_{n2} & z_{n2}^2 & \dots & z_{n2}^{n-1} \\ \vdots & \vdots & \vdots & & \vdots \\ 1 & z_{nn} & z_{nn}^2 & \dots & z_{nn}^{n-1} \end{pmatrix}\right|^2 .$$

Ist

$$q_n(z) := \prod_{k=1}^{n}(z - z_{nk})$$

das n-te Fekete-Polynom, und

$$\gamma_n = \gamma_n(K) := \min_{k=1,\dots c,n} |q_n'(z_{nk})| ,$$

so erhält man $\Delta_n \le \gamma_n^2 \Delta_{n-1}$, und hieraus

$$\left(\frac{\Delta_n}{\Delta_{n-1}}\right)^{n/2} \le \gamma_n^n \le \Delta_n .$$

Dies impliziert, daß die Folge

$$\left(\Delta_n^{1/[n(n-1)]}\right)$$

monoton fallend und daher konvergent ist. Der Grenzwert

$$\operatorname{cap} K := \lim_{n\to\infty} \Delta_n^{\frac{1}{n(n-1)}}$$

heißt transfiniter Durchmesser von K.

Man kann zeigen, daß der transfinite Durchmesser von K mit der ↗ Kapazität von K übereinstimmt. Daher wird für Eigenschaften und Beispiele auf dieses Stichwort verwiesen.

Transformation einer Potenzreihe, Entwicklung einer Potenzreihe

$$\sum_{n=0}^{\infty} a_n (x - x_0)^n$$

um einen neuen Mittelpunkt x_1

$$\sum_{n=0}^{\infty} b_n (x - x_1)^n$$

für einen geeigneten Punkt x_1. Dies ist – in $\mathbb{R}$ und in $\mathbb{C}$ – stets möglich für x_1 aus dem Inneren des Konvergenzbereiches der gegebenen Potenzreihe. Ist $0 < R \le \infty$ deren Konvergenzradius, so ist der Konvergenzradius der transformierten Potenzreihe mindestens $R - |x_0 - x_1|$ (> 0). Die neuen Koeffizienten b_n ergeben sich – etwa über den ↗ großen Umordnungssatz – als absolut konvergente Reihen

$$b_n = \sum_{\nu=n}^{\infty} a_\nu \binom{\nu}{n} (x_1 - x_0)^{\nu-n} .$$

Wegen $\binom{\nu}{n} = 0$ für $\nu < n$ kann hier auch ab $\nu = 0$ summiert werden. Die Transformation einer Potenzreihe gibt ein Mittel an die Hand, den ursprünglichen Definitionsbereich einer durch eine Potenzreihe definierten Funktion

$$f(x) = \sum_{n=0}^{\infty} a_n (x - x_0)^n$$

eventuell zu erweitern (↗ analytische Fortsetzung). Im folgenden Beispiel für

$$f(x) := \frac{1}{1-x} \quad (x \in \mathbb{R} \setminus \{1\})$$

sei der Einfachheit halber der reelle Fall mit $x_0 = 0$ betrachtet:

$$\frac{1}{1-x} = \sum_{n=0}^{\infty} x^n \quad \big(|x| < 1 = R\big)$$

Für $x_1 := 1/2$ berechnet man

$$\frac{1}{1-x} = \frac{2}{1 - 2(x - \frac{1}{2})} = 2\sum_{n=0}^{\infty} 2^n \Big(x - \frac{1}{2}\Big)^n$$

und erhält eine Potenzreihe (geometrische Reihe), die genau in $0 < x < 1$ konvergent ist. Dieser Konvergenzbereich ist also Teilmenge des ursprünglichen. Wählt man hingegen $x_1 := -1/2$, so ergibt sich wegen

$$\frac{1}{1-x} = \frac{2/3}{1 - \frac{2}{3}(x + \frac{1}{2})} = \frac{2}{3}\sum_{n=0}^{\infty} \Big(\frac{2}{3}\Big)^n \Big(x + \frac{1}{2}\Big)^n$$

eine Potenzreihe, die genau in $|x + \frac{1}{2}| < \frac{3}{2}$ konvergiert. Durch die neue Potenzreihe wird also die gegebene Funktion auch außerhalb des ursprünglichen Intervalls $(-1, 1)$, eben in $(-2, 1)$, dargestellt. In diesem speziellen Beispiel ist das natürlich nicht verwunderlich, da man die Funktion f ja für $x \ne 1$ schon kennt. Die Überlegungen sind aber von prinzipieller Bedeutung – insbesondere in der Funktionentheorie –, wenn Funktionen über Potenzreihen erklärt sind, deren analytische Fortsetzung man nicht sofort ‚sieht'.

Transformationsformel für lineare Abbildungen, Bezeichnung für Formel (1) zur Berechnung der Darstellungsmatrix der Komposition zweier ↗ Endomorphismen.

Es seien B_1, B_2 und B_3 Basen des n-dimensionalen Vektorraumes V, und es bezeichne $M_B^{B'}(\varphi)$ die Darstellungsmatrix des Endomorphismus $\varphi : V \to V$ bzgl. der Basen B und B'. Sind φ_1 und φ_2 Endomorphismen auf V, und ist $\psi := \varphi_2 \circ \varphi_1$, dann gilt:

$$M_{B_1}^{B_3}(\psi) = M_{B_2}^{B_3}(\varphi_2) \cdot M_{B_1}^{B_2}(\varphi_1). \qquad (1)$$

Insbesondere gilt

$$M_B^B(\varphi) = M_{B'}^B(\mathrm{id}) \cdot M_{B'}^{B'}(\varphi) \cdot M_B^{B'}(\mathrm{id})$$

und, falls φ ein Automorphismus ist,

$$M_{B_1}^{B_2}(\varphi^{-1}) = \left(M_{B_2}^{B_1}(\varphi)\right)^{-1}.$$

Transformationsgruppe, eine ↗ Gruppe G zusammen mit einer Menge M, auf der die Gruppe G treu operiert.

Eine Gruppenoperation von $(G, e, \cdot)$ mit e dem Einselement und $\cdot$ der Gruppenmultiplikation, ist eine Abbildung

$$G \times M \to M, \quad (g, m) \mapsto g.m\,,$$

für die für alle $f, g \in G$ und $m \in M$ gilt:

$$e.m = m, \qquad (f \cdot g).m = f.(g.m)\,.$$

Die Gruppe operiert treu, falls gilt

$$f.m = m,\ \forall m \in M \implies f = e\,.$$

Es bezeichne S_M die Menge der bijektiven Selbstabbildungen der Menge M. Durch Hintereinanderausführen der Abbildung wird eine Multiplikation definiert, die S_M zu einer Gruppe macht. S_M heißt die Permutationsgruppe von M. Ist M die endliche Menge $\{1, 2, \ldots, n\}$, so erhält man die endliche Permutationsgruppe S_n. Ist M eine beliebige endliche Menge mit n Elementen, so ist S_M isomorph zu S_n. Der Isomorphismus wird durch eine Numerierung der Elemente gegeben.

Ist eine beliebige Gruppenoperation von G auf einer Menge M gegeben, so wird dadurch ein Gruppenhomomorphismus $\Phi : G \to S_M$ definiert. Der Kern von Φ besteht aus den Elementen von G, die trivial auf allen Elementen von M operieren. Die Gruppenoperation ist treu genau dann, wenn $\mathrm{Kern}\,\Phi = \{e\}$. Im Fall einer treuen Gruppenoperation kann G deshalb mit einer Untergruppe von S_M identifiziert werden. Die Permutationsgruppe S_M und all ihre Untergruppen sind per Definition Transformationsgruppen der Menge M. In diesem Sinne kann man Transformationsgruppen auch als Untergruppen von Permutationsgruppen definieren.

Jede Gruppe G tritt als Transformationsgruppe auf. Als Menge M nehme man etwa G selbst und lasse G durch Linkstranslation $(g, m) \mapsto g \cdot m$ auf sich selbst operieren.

Ist G endlich, so nennt man G eine endliche Transformationsgruppe. Ist M ebenfalls endlich, etwa $\#M = n$, so ist G isomorph zu einer Untergruppe von S_n.

Hat man eine Transformationsgruppe G zusammen mit der Menge M gegeben, so kann man nützliche Informationen sowohl über die Gruppe G als auch über die Menge M erhalten.

Hat die Menge M eine zusätzliche Struktur, so ist es sinnvoll, nur solche Gruppenoperationen zu betrachten, die diese Struktur erhalten. Ist M z. B. ein reeller Vektorraum, so betrachtet man Gruppenoperationen, für welche die Operation jedes Gruppenelements linear auf M ist. Man erhält in dieser Weise eine Einbettung von G in $GL(M)$. Die Gruppe G wird realisiert als lineare Gruppe. Dieser Fall hat besondere Bedeutung in der Geometrie. Man studiert z. B. spezielle Objekte und Größen, die invariant unter gewissen Transformationsgruppen, z. B. den Drehgruppen, bleiben (↗ Geometrie klassischer Gruppen). Umgekehrt untersucht man, welche lineare Gruppen ein gegebenes geometrisches Objekt invariant lassen. Die Gruppenoperationen nennt man Symmetrien des Objekts. Dies führt z. B. auf die Theorie der kristallographischen Gruppen, die die Symmetrie der Kristalle beschreiben, und auf die Theorie der Symmetriegruppen platonischer Körper.

Transformationssatz für Lebesgue-Integrale, maßtheoretische Version des Transformationssatzes von Jacobi.

Es sei A eine offene Teilmenge von $\mathbb{R}^d$, $\phi : A \to \mathbb{R}^d$ stetig differenzierbar, $C := \{x \in A \mid \text{Rang } D\phi(x) < d\}$ die Menge der kritischen Punkte von ϕ, und ϕ, eingeschränkt auf $A \setminus C$, injektiv.

Dann ist eine Funktion $f : \phi(A) \to \bar{\mathbb{R}}$ genau dann $\lambda^d_{\phi(A)}$-integrierbar, wenn $f \circ \phi |\det D\phi|$ λ^d_A-integrierbar ist, und es gilt

$$\int_{\phi(A)} f d\lambda^d = \int_A f \circ \phi |\det D\phi| d\lambda^d\,.$$

Dabei ist λ^d das Lebesgue-Maß auf $\mathcal{B}(\mathbb{R}^d)$, λ^d_A das Lebesgue-Maß auf A, und $\lambda^d_{\phi(A)}$ das Bildmaß von λ^d_A bzgl. der Abbildung ϕ.

Transformationssatz für μ-Integrale, lautet:

Es sei $(\Omega, \mathcal{A}, \mu)$ ein Maßraum, $(\Omega', \mathcal{A}')$ ein Meßraum, $T : \Omega \to \Omega'$ eine $\mathcal{A} - \mathcal{A}'$-meßbare Abbildung und $f : \Omega' \to \bar{\mathbb{R}}$ eine meßbare Funktion.

Dann gilt, mit $T(\mu)$ als Bildmaß von μ auf $\mathcal{A}'$:

(a) Falls f $T(\mu)$-integrierbar ist, so ist $f \circ T$ μ-integrierbar und umgekehrt.

(b) Falls f $T(\mu)$-integrierbar ist oder $f \geq 0$ ist, so folgt

$$\int_{A'} f dT(\mu) = \int_{T^{-1}(A')} f \circ T d\mu$$

für alle $A' \in \mathcal{A}'$.

Transformationssatz für Riemann-Integrale auf dem $\mathbb{R}^n$, die Aussage

$$\int_{\overline{T}} f(y)\, dy = \int_{\overline{M}} f(\varphi(x))\, |\det \varphi'(x)|\, dx\,,$$

die unter folgenden Voraussetzungen gültig ist: Es seien $n \in \mathbb{N}$, M und T offene Jordan-meßbare Teilmengen des $\mathbb{R}^n$, $\varphi : \overline{M} \to \mathbb{R}^n$ stetig differenzierbar, $\varphi/_M : M \to T$ bijektiv und in beiden Richtungen stetig differenzierbar und $f : \overline{T} \to \mathbb{R}$ eine stetige Funktion.

Ein Beweis dieses Satzes ist, auch mit den leistungsfähigeren Hilfsmitteln der Lebesgueschen Integrationstheorie, langwierig und nicht ganz einfach. Man vergleiche dazu etwa [2].

Der Satz – wie seine Entsprechung für das Lebesgue-Integral – ist ein sehr wichtiges Hilfsmittel zur Berechnung mehrdimensionaler Integrale. Er ist insbesondere dann hilfreich, wenn über Bereiche zu integrieren ist, bei denen die Beschreibung durch kartesische Koordinaten unangemessen kompliziert ist, weil zum Beispiel die spezielle geometrische Struktur nicht berücksichtigt wird. Bei wichtigen Beispielen – etwa Polar- und Kugelkoordinaten – sind die Voraussetzungen aber oft nicht auf dem ganz Bereich gegeben. Dies erledigt man dann, wie an folgendem Beispiel gezeigt, durch kleine Zusatzüberlegungen. Will man solche vermeiden, so kann man den Satz verbessern, d. h. die Voraussetzungen abschwächen, wie es etwa in [1] ausgeführt ist.

Beispiel: Einführung von Polarkoordinaten im $\mathbb{R}^2$ durch:

$$\Phi : [0, \infty) \times [0, 2\pi] \ni \binom{\varrho}{\vartheta} \mapsto \binom{\varrho\cos\vartheta}{\varrho\sin\vartheta} \in \mathbb{R}^2$$

Φ ist surjektiv und stetig differenzierbar mit $\Phi'\binom{\varrho}{\vartheta} = \begin{pmatrix} \cos\vartheta & -\varrho\sin\vartheta \\ \sin\vartheta & \varrho\cos\vartheta \end{pmatrix}$, also $\det\Phi'\binom{\varrho}{\vartheta} = \varrho$.

Für $\mathbb{R} \ni r > 0$ und $F := \left\{ \binom{x}{y} \in \mathbb{R}^2 : x^2 + y^2 \le r^2 \right\}$ ist die Kreisfläche $\mu_2(F)$ gesucht; man findet:

$$T := \left\{ \binom{x}{y} \in \mathbb{R}^2 : x^2 + y^2 < r^2 \right\} \setminus \left\{ \binom{x}{0} : \mathbb{R} \ni x \ge 0 \right\}$$

$$M := (0, r) \times (0, 2\pi)\,;\ \varphi := \Phi/_{\overline{M}};\ f\binom{x}{y} := 1 \quad (\cdots)$$

$$\mu_2(F) = \int_{\overline{T}} f(\mathfrak{y})d\mathfrak{y} = \int_{\overline{M}} f(\varphi(\mathfrak{x}))\varrho\, d\mathfrak{x} \quad \left(\mathfrak{y} = \binom{x}{y}, \mathfrak{x} = \binom{\varrho}{\vartheta}\right)$$

$$= \int_0^r \left(\int_0^{2\pi} \varrho\, d\vartheta \right) d\varrho = \pi r^2$$

[1] Heuser, H.: Lehrbuch der Analysis, 2. Teubner-Verlag Stuttgart, 1993.

[2] Hoffmann, D.; Schäfke, F.-W.: Integrale. B.I.-Wissenschaftsverlag Mannheim Berlin, 1992.

[3] Walter, W.: Analysis 2. Springer-Verlag Berlin, 1992.

Transformationstheorie, in der Quantenmechanik der Übergang von einer durch einen vollständigen Satz von kommutierenden Observablen bestimmten Basis des zugehörigen Hilbertraums zu einer anderen Basis mittels einer unitären Transformation, die noch von einem Parameter (Zeit) abhängen kann, wobei die Basisvektoren Eigenvektoren der Observablen sind.

Die durch eine unitäre Transformation möglicherweise eingeführte Zeitabhängigkeit hat natürlich nichts mit der Dynamik des physikalischen Systems zu tun.

Die die genannten Observablen darstellenden Matrizen sind vor der Transformation Diagonalmatrizen. Nach der Transformation sind die darstellenden Matrizen anderer Observablen diagonal. Durch die unitäre Transformation ändern sich die Werte von inneren Produkten der Hilbertraum-Vektoren nicht, d. h., die Transformationen lassen die physikalischen Aussagen unberührt.

Transformationsverfahren zur Lösung von Eigenwertproblemen, transformieren die Matrix, deren Eigenwerte gesucht sind, durch eine endliche oder unendliche Folge von Ähnlichkeitstransformationen in eine einfachere Gestalt, von welcher die Eigenwerte der Matrix direkt abgelesen werden können.

Transformationsmethoden sind Methoden, bei denen die Matrix A, deren Eigenwerte gesucht sind, selbst in jedem Iterationsschritt verändert wird. Typischerweise wird in jedem Iterationsschritt eine nichtsinguläre (idealerweise unitäre) Transformationsmatrix X_j berechnet und die Folge von Matrizen

$$A_j = X_j^{-1} A_{j-1} X_j$$

gebildet, wobei $A_0 = A$ gesetzt wird. Da alle Iterationsmatrizen A_j zueinander ähnlich sind, haben sie alle dieselben Eigenwerte. Ziel der Iteration ist es, A in eine Matrix zu transformieren, von der die Eigenwerte abgelesen werden können. Beispielsweise existiert zu jeder reellen Matrix A eine unitäre Matrix Q so, daß $Q^H AQ$ eine obere ↗Dreiecksmatrix ist (Schur-Zerlegung von A). Von der Diagonalen dieser Dreiecksmatrix lassen sich dann die Eigenwerte ablesen, die Spalten von Q geben Informationen über die zugehörigen Eigenvektoren (bzw. invarianten Unterräume). Da die Matrix Q nicht direkt in endlich vielen Schritten berechenbar ist, versucht man nun, durch eine geeignete Folge von Iterationsschritten Q als unendliches Produkt von unitären Matrizen X_j aufzubauen. Dabei wählt man X_j in jedem Schritt so, daß A_j in einem gewissen Sinne näher an einer oberen Dreiecksmatrix ist als A_{j-1}. Praktisch muß die Berechnung nach endlich vielen Schritten abgebrochen werden, z. B. dann, wenn die Elemente im unteren Dreieck der Iterationsmatrix A_j klein genug sind.

Die beiden bekanntesten Verfahren dieser Art sind das ↗Jacobi-Verfahren zur Lösung von symmetrischen Eigenwertproblemen und der ↗QR-Algorithmus zur Lösung eines symmetrischen oder eines allgemeinen Eigenwertproblems. Beide Verfahren sind hauptsächlich für Matrizen kleiner bis mittlerer Größe geeignet. Sie berechnen alle Eigenwerte einer Matrix A.

transienter Zustand, ↗ rekurrenter Zustand.

Transition, ↗ Petrinetz.

transitiv orientierbarer Graph, ↗ perfekter Graph.

transitive Klasse, Klasse $\mathbf{K}$ mit der Eigenschaft, daß jedes Element von $\mathbf{K}$ auch in $\mathbf{K}$ enthalten ist:

$$x \in \mathbf{K} \Rightarrow x \subseteq \mathbf{K}.$$

Siehe auch ↗ axiomatische Mengenlehre.

transitive Menge, Menge M mit der Eigenschaft, daß jedes Element von M auch Teilmenge von M ist:

$$x \in M \Rightarrow x \subseteq M.$$

transitive Permutationsgruppe, Permutationsgruppe $G \subseteq S_n$, die nur eine einzige G-Bahn besitzt, wobei S_n die symmetrische Gruppe vom Grad n ist.

Ist G eine transitive Permutationsgruppe, so gibt es für jedes Paar $\{i, j\} \subseteq \{1, 2, \ldots, n\}$ ein $g \in G$ mit $j = g(i)$.

transitive Relation, ↗ Relation $(A, A, \sim)$, so daß

$$\bigwedge_{a,b,c \in A} (a \sim b \wedge b \sim c) \Rightarrow a \sim c,$$

d. h., so daß a und c in Relation stehen, sofern a und b sowie b und c in Relation stehen.

transitiver Abschluß, Abschlußrelation $\overline{R}$ einer Relation R, definiert durch

$$\overline{R} = \{(a, b) : \exists\, c_0, c_1, \ldots, c_t, t \geq 1,$$

$$\text{mit} \quad a = c_0 R c_1 R c_2 R \cdots R c_{t-1} R c_t = b\}.$$

transitives Modell, Modell, bei dem es sich um eine ↗ transitive Klasse handelt.

Transitivität der algebraischen Abhängigkeit, algebraische Eigenschaft:

Ist α algebraisch über dem Körper R, und β algebraisch über $R[\alpha]$, dann ist β algebraisch über R.

transkritische Bifurkation, spezielle Bifurkation.

Es sei $(\mu, x) \to \Phi_\mu(x)$ eine C^r-Abbildung $(r \geq 2)$ von $J \times W$ nach E, wobei W eine offene Teilmenge des Banachraumes E, $\mu \in J$ und $J \subset \mathbb{R}$ sei. Sei $(0, 0) \in J \times W$ Fixpunkt von $\Phi_\mu(x)$, also $\Phi_\mu(0) = 0$. Das Spektrum von $D_0\Phi_0$ sei in $\{z : |z| < 1\}$ enthalten, außer für einen einfachen Eigenwert α_μ, d. h. es ist $D_x^2\Phi_{\mu_0} \neq 0$. Somit ist $\Phi_{\mu_0}(0)$ tangential im Verzweigungspunkt. Da $\frac{d}{d\mu}\Phi_{\mu_0}(0) = 0$, ist $\frac{d^2\Phi_{\mu_0}(0)}{d\mu dx} \neq 0$, und es kommt zu einem Stabilitätsaustausch im Verzweigungspunkt $(x_0, \mu_0) = (0, 0)$.

Die transkritische Bifurkation einer Abbildung hat die Kodimension 1. Die transkritische Bifurkation wird durch die Differentialgleichung $\dot{x} = \mu x - x^2$ repräsentiert, deren Fixpunkte $x_1 = 0$ und $x_2 = \mu$ sind. Sie ist in die Normalform der ↗ Sattel-Knoten-Bifurkation überführbar. Die Bifurkation ist für x_1 stabil, wenn $\mu < 0$, und instabil für $\mu > 0$ (umgekehrt für x_2). Im Gegensatz zur Sattel-Knoten-Bifurkation exsitieren für die transkritische Bifurkation für alle Werte von μ Fixpunkte.

[1] Plaschko, P.; Brod, K.: Nichtlineare Dynamik, Bifurkationen und Chaotische Systeme. Vieweg, 1995.

Translation, *Parallelverschiebung*, *Verschiebung*, spezielle ↗ Kongruenzabbildung.

Seien X linearer Raum und $a \in X$. Die Abbildung

$$S : X \to X, \qquad x \mapsto s(x) := x + a$$

heißt Translation.

Translation auf dem Torus, wichtiges Beispiel eines ↗ topologischen dynamischen Systems.

Wir betrachten den Torus

$$\mathbb{T}^n := \mathbb{R}^n/\mathbb{Z}^n = \underbrace{\mathbb{R}/\mathbb{Z} \times \cdots \times \mathbb{R}/\mathbb{Z}}_{n\text{-mal}}$$

als Phasenraum. Für $\omega = (\omega_1, \cdots, \omega_n) \in \mathbb{T}^n$ definieren wir T_ω als die Abbildung

$$\mathbb{T}^n \times \mathbb{R} \to \mathbb{T}^n$$
$$(x_1, \ldots, x_n) \mapsto (x_1 + \omega_1 t, \ldots, x_n + \omega_n t) \,(\bmod 1).$$

Weiter statten wir $\mathbb{R}$ mit der Standardtopologie der reellen Zahlen aus, $\mathbb{R}/\mathbb{Z}$ mit der ↗ Quotiententopologie und schließlich $\mathbb{T}^n$ mit der zugehörigen ↗ Produkttopologie. Dann heißt das topologische dynamische System $(\mathbb{T}^n, \mathbb{R}, T_\gamma)$ Translation auf dem Torus.

Translationsebene, affine Ebene, deren sämtliche Dilatationen transitiv sind.

Jede affine Ebene E besitzt eine assoziierte projektive Ebene P, die durch die Einführung eines zusätzlichen (uneigentlichen) Punktes für jede Klasse paralleler Geraden und einer zusätzlichen (uneigentlichen) Geraden als Menge aller uneigentlichen Punkte konstruiert werden kann. (Umgekehrt entsteht aus einer projektiven Ebene durch Wegnahme einer Geraden w eine affine Ebene.)

Dilatationen einer affinen Ebene E sind (auf E eingeschränkte) Kollineationen der assoziierten projektiven Ebene P, welche die uneigentliche Gerade w auf sich abbilden. Sind alle Dilatationen einer affinen Ebene A transitiv (d. h., existiert für alle $P, Q \in A$ eine Dilatation, die P auf Q abbildet), so heißt A Translationsebene.

Beispiele sind die gewöhnlichen Translationen (Verschiebungen) der euklidischen Ebene. Diese ist eine Translationsebene.

Translationsebenen stehen in eineindeutigem Zusammenhang mit ↗ Quasikörpern und ↗ Faserungen.

translationsinvariant, *shift-invariant*, Eigenschaft eines Unterraums U eines Funktionenraums.

Sind zu Funktionen $f \in U$ auch deren Translate $f(\cdot - k)$, $k \in \mathbb{Z}$ oder einer anderen diskreten Menge, in U enthalten, so heißt U translationsinvariant.

translationsinvariante Mustererkennung, im Kontext ↗Neuronale Netze die Bezeichnung für die korrekte Identifizierung eines Musters, unabhängig von einer eventuell vorgenommenen Verschiebung.

translationsinvarianter Operator, Operator P, der mit allen Translationen E^a vertauschbar ist, für den also gilt

$$PE^a = E^a P \quad \text{für alle} \quad a \in \mathbb{R}.$$

translationsinvariantes Maß, Maß mit Zusatzeigenschaft.

Es seien Ω eine (Links-)Gruppe bzgl. der Verknüpfung $+$, $\mathcal{A}$ eine σ-Algebra in Ω mit $\omega + A \in \mathcal{A}$ für $A \in \mathcal{A}$, und μ ein Maß auf $\mathcal{A}$. Dann heißt μ links-translationsinvariant, falls $\mu(\omega + A) = \mu(A)$ für alle $A \in \mathcal{A}$. Analog ist der Begriff rechts-translationsinvariant definiert.

Ist Ω abelsche Gruppe und μ sowohl links- als auch rechts-translationsinvariant, so nennt man μ translationsinvariant. Siehe auch ↗Haar, Satz von.

Translationsoperator, ein Operator der Form

$$(Tf)(s) = f(s+t)$$

($t \in \mathbb{R}$ fest) auf diversen Funktionenräumen auf der reellen Achse, z. B. $L^p(\mathbb{R})$. Allgemeiner kann man statt $\mathbb{R}$ auch eine topologische Gruppe betrachten.

Translationssatz, im Kontext ↗Padding die Aussage, daß unter schwachen Voraussetzungen an die beteiligten Funktionen aus

$$\text{DTIME}(t_1(n)) \subseteq \text{DTIME}(t_2(n))$$

(↗DTIME) für Funktionen $f(n) \geq n$

$$\text{DTIME}(t_1 \circ f(n)) \subseteq \text{DTIME}(t_2 \circ f(n))$$

folgt.

Mit dem Translationssatz lassen sich Hierarchien (↗Hierarchiesatz) verfeinern. Mit der Methode des Padding läßt sich der Translationssatz beweisen.

Translationsvektor, *Differenzgewichte*, im Kontext ↗Neuronale Netze die Bezeichnung für einen Parameter eines ↗formalen Neurons, der in Abhängigkeit von seiner Größe die Eingabewerte des Neurons durch Subtraktion erhöht oder erniedrigt.

transponierte Matrix, gelegentlich auch gespiegelte Matrix genannt, die $(n \times m)$-Matrix $A^t := ((b_{ij}))$, die durch „Transponieren“ aus einer gegebenen $(m \times n)$-Matrix $A = ((a_{ij}))$ hervorgeht:

$$b_{ij} = a_{ji}.$$

Man erhält A^t also aus A, indem deren i-te Zeile als i-te Spalte geschrieben wird, oder auch, indem A an der Hauptdiagonalen gespiegelt wird.

Für das Transponieren gelten folgende Rechenregeln:

$(A_1 + A_2)^t = A_1^t + A_2^t$,
$(\lambda A)^t = \lambda A^t$,
$(A^t)^t = A$, sowie
$(A_1 A_2)^t = A_2{}^t A_1{}^t$.

Durch Transponieren bleibt der Rang einer Matrix erhalten.

Wird die ↗lineare Abbildung $\varphi : V \to W$ bezüglich der Basen B_1 und B_2 durch die Matrix A beschrieben, so wird die sogenannte transponierte lineare Abbildung $\varphi' : W^* \to V^*; f \mapsto f \circ \varphi$ bezüglich der dualen Basen B_1^* und B_2^* durch A^t beschrieben.

transponierter Operator, spezieller einem linearen Operator zugeordneter Operator.

Sind V und V^+ Vektorräume, ist (V, V^+) ein Bilinearsystem, und gibt es zu dem linearen Operator $T : V \to V$ einen linearen Operator $T^+ : V^+ \to V^+$ mit der Eigenschaft

$$\langle T(x), x^+ \rangle = \langle x, T^+(x^+) \rangle$$

für alle $x \in V, x^+ \in V^+$, so nennt man T^+ den transponierten Operator von T.

Handelt es sich bei V um einen normierten Vektorraum, und ist V' der zu V duale Raum der linearen stetigen Funktionale, so ist (V, V') auf natürliche Weise ein Bilinearsystem. Jeder lineare stetige Operator $T : V \to V$ hat dann genau einen linearen stetigen transponierten Operator $T' : V' \to V'$.

Transporteur, alte Bezeichnung für den ↗Winkelmesser, siehe auch ↗Winkelmeßinstrument.

Transportgleichung, spezielle lineare partielle Differentialgleichung erster Ordnung der allgemeinen Form

$$u_t + b \cdot \nabla u = f$$

mit der unbestimmten Funktion $u(x, t)$ in einer Raumvariablen $x \in \mathbb{R}^n$ und der Zeitvariablen t. Der Vektor $b \in \mathbb{R}^n$ sei vorgegeben, ebenso die Funktion f. ∇u bezeichne den Gradienten von u bzgl. der Raumvariablen x.

Im homogenen Fall ($f = 0$) erhält man für das zugehörige Anfangswertproblem

$$u_t + b \cdot \nabla u = 0, \quad u(x, 0) = g$$

mit vorgegebenem $g = g(x)$ eine Lösung aus dem Ansatz $u(x, t) = g(x - tb)$, falls g hinreichend glatt ist. Im inhomogenen Fall ($f \neq 0$) ergibt sich die Lösung als

$$u(x, t) = g(x - tb) + \int_0^t f\left(x + (s-t)b, s\right) ds.$$

In der ↗Mathematischen Biologie werden Transportgleichungen benutzt, um Partikel (z. B. die run/tumble-Bewegung von Bakterien) zu beschreiben, die individuelle Geschwindigkeiten oder Bewegungsrichtungen haben. Transportgleichungen liefern eine feinere Beschreibung als z. B. ↗Reaktions-Diffusionsgleichungen.

Transportproblem, ein spezielles lineares Programmierungsproblem.

In einer klassischen Formulierung des Problems beliefert ein Hersteller von m verschiedenen Produktionsstätten aus n Warenhäuser mit Gütern. Der Transport eines jeden Gutes von Fabrik i zu Warenhaus j koste dabei a_{ij} viele Einheiten. Jede Fabrik i hat eine maximale Kapazität K_i, jedes Warenhaus j hat eine Nachfrage b_j.

Das Problem besteht nun darin, daß alle Warenhäuser gemäß ihrer Nachfrage beliefert werden, daß gleichzeitig alle Fabriken ihre Kapazität ausschöpfen, und daß schließlich die Kosten des gesamten Transports minimiert werden.

Bezeichnet x_{ij} die Anzahl der von Fabrik i an Warenhaus j gelieferten Güter, so resultiert diese Aufgabenstellung in der folgenden Optimierungsaufgabe:

$$\text{minimiere} \ \sum_{i=1}^{m}\sum_{j=1}^{n} a_{ij} \cdot x_{ij}$$

unter den Nebenbedingungen

$$\sum_{j=1}^{n} x_{ij} = K_i, \quad 1 \le i \le m;$$

$$\sum_{i=1}^{m} x_{ij} = b_j, \quad 1 \le j \le n,$$

sowie $x_{ij} \ge 0, 1 \le i \le m, 1 \le j \le n$.

Transportprobleme lassen sich mit den üblichen Verfahren für lineare Optimierungsprobleme lösen.

Transposition, eine ↗Permutation der Länge 2, also eine solche, die in der Vertauschung zweier Elemente besteht.

Die Transposition T_{ij} mit $1 \le i < j \le n$ ist also diejenige Abbildung

$$T_{ij} : \{1, 2, \ldots, n\} \to \{1, 2, \ldots, n\},$$

für die gilt: $T_{ij}(i) = j$, $T_{ij}(j) = i$, und $T_{ij}(k) = k$ in allen übrigen Fällen.

Transpositionschiffre, ein ↗symmetrisches Verschlüsselungsverfahren, bei dem einem Klartextblock ein Chiffretextblock durch Permutation der Elemente des Klartextblocks zugeordnet wird. Der geheime Schlüssel bei diesem Verschlüsselungsverfahren ist die verwendete Permutation.

Zum Beispiel wird mit der Permutation

$$\Pi = \begin{pmatrix} 1234 \\ 3142 \end{pmatrix}$$

der Klartext `LexikonDerMathematik` zu `eiLxoDknraeMhmtetkai` verschlüsselt.

transversale Abbildung, spezielle Abbildung zwischen Mannigfaltigkeiten.

Es seien A und B zwei glatte Mannigfaltigkeiten und C eine glatte Untermannigfaltigkeit von B. Alle betrachteten Mannigfaltigkeiten seien ohne Rand. Die Abbildung $\Phi : A \to B$ heißt transversal zu C im Punkt $a \in A$, wenn entweder $\Phi(a)$ nicht auf C liegt, oder die Tangentialebene an C im Punkt $\Phi(a)$ und das Bild der Tangentialebene zu A im Punkt a transversal sind:

$$\Phi_* T_a A + T_{\Phi(a)} C = T_{\Phi(a)} B.$$

Die Abbildung $\Phi : A \to B$ heißt transversal zu C, wenn sie in jedem Punkt der Mannigfaltigkeit des Urbildes transversal zu C ist. Diese Eigenschaften werden auch als schwache Transversalität bezeichnet.

Die Einbettung einer Geraden in einen dreidimensionalen Raum ist genau dann zu einer anderen Geraden in diesem Raum transversal, wenn sich diese Geraden nicht schneiden. Damit eine Abbildung nicht transversal ist, darf das Bild eines Tangentialraumes nicht mit dem Tangentialraum des Bildes übereinstimmen.

transversale Eichung, ↗Lorentz-Eichung.

transversale Räume, zwei (oder mehrere) lineare Unterräume X und Y eines linearen Raumes L, deren Summe $L = X + Y$ den ganzen Raum ergibt.

Im dreidimensionalen Raum sind zwei sich unter einem Winkel $\neq 0$ schneidende Ebenen transversal, nicht jedoch zwei sich schneidende Geraden.

transversale Wellen, Wellen, bei denen die sich ausbreitenden Größen an einem Ort senkrecht zur Ausbreitungsrichtung schwingen, im Gegensatz zu ↗longitudinalen Wellen.

Bekanntestes Beispiel sind die elektromagnetischen Wellen. Dabei breiten sich in einem Bezugssystem elektrische und magnetische Felder aus. Jedes Feld wird in einem Bezugssystem durch einen dreidimensionalen Vektor repräsentiert, der keine Komponente in Ausbreitungsrichtung hat. Entsprechend sind Antennen aufzustellen.

transzendente Körpererweiterung, ↗Körpererweiterung.

transzendente Zahl, eine komplexe Zahl, die keine ↗algebraische Zahl ist.

Vermutlich als erster verwendete Leibniz Anfang des 18. Jahrhunderts den Ausdruck „transzendent“ als Synonym für „nicht-algebraisch“, allerdings nur bezogen auf Kurven. Diese Unterscheidung hatte bereits Descartes gemacht, der zwischen „geometrischen" (bei Leibniz: „algebraischen") und „mechanischen" (bei Leibniz: „transzendenten") Kurven unterschied.

Euler benutzte in seiner *Introductio in analysin infinitorum* 1745 den Term *quantitas transcendens* für eine Größe, für deren Beschreibung algebraische Methoden nicht ausreichten. Ein wenig präziser war Lambert, der 1761 nachwies, daß die Kreiszahl π irrational (also nicht als Bruch ganzer Zahlen darstellbar) ist. Lambert vermutete, daß π transzendent (im heutigen Sinn) sei, und brachte dies mit dem Problem der Quadratur des Kreises in Zusammenhang:

> Dans ce cas, la longueur de l'arc sera une quantité transcendante, ce qui veut dire irréductible à quelque quantité rationnelle ou radicale, et par là elle n'admet aucune construction géométrique.

Dieses Problem wurde schließlich 1882 von Lindemann in seiner berühmten Arbeit „Über die Zahl π" gelöst. Er bewies in dieser Arbeit, daß π eine *transcendente Zahl* ist, was insbesondere zur Folge hat, daß die Quadratur des Kreises durch Konstruktionen mit Zirkel und Lineal nicht in endlich vielen Schritten durchführbar ist (↗Hermite-Lindemann, Satz von).

Liouville war es 1844 bereits gelungen, durch Anwendung des nach ihm benannten Approximationssatzes, ein auf ↗Kettenbrüchen beruhendes Verfahren zur Konstruktion transzendenter Zahlen zu beschreiben. So zeigte er z. B. die Transzendenz der Zahl

$$\sum_{n=1}^{\infty} \frac{1}{10^{n!}} = 0,11000100\ldots.$$

Etwa 20 Jahre später zeigte Georg Cantor, daß die Menge der reellen Zahlen überabzählbar ist, während die Menge der algebraischen Zahlen abzählbar, also gleichmächtig zur Menge der natürlichen Zahlen, ist. Damit sind „fast alle" reellen Zahlen transzendent.

Dennoch kann es recht schwierig sein, die Transzendenz einer gegebenen reellen Zahl nachzuweisen: Wir wissen z. B. durch Hermite, Lindemann und Gelfand, daß e, π und e^π transzendent sind, aber die Transzendenz von $e+\pi$ und $e\pi$ ist noch immer offen, siehe hierzu ↗Schanuelsche Vermutung.

Die Transzendenztheorie, die aus Fragen über die algebraische Abhängigkeit komplexer Zahlen entstand, besticht bis heute sowohl durch die Tiefe der gelösten Probleme (z. B. das siebte Hilbertsche Problem), als auch durch den Methodenreichtum (z. B. Hermite-Mahler, oder Bakers Linearformen in Logarithmen) und die Zahl von interessanten offenen Probleme.

transzendentes Element, Element einer Körpererweiterung $\mathbb{L}$ über $\mathbb{K}$, das keiner algebraischen Gleichung über dem Grundkörper $\mathbb{K}$ genügt.

So ist z. B. im Körper $\mathbb{K}(X)$ der Quotienten von Polynomen in der Variablen X (d. h. im rationalen Funktionenkörper) das Element X transzendent über $\mathbb{K}$.

transzendentes Element über einem Ring, Element, das kein ↗algebraisches Element über einem Ring ist. So sind zum Beispiel die Zahlen e und π transzendent über dem Körper der rationalen Zahlen $\mathbb{Q}$.

Transzendenz von *e*, 1873 von Charles Hermite bewiesene Eigenschaft der Zahl ↗e (↗Hermite, Satz von).

Im Jahr 1929 zeigte Alexander Osipovich Gelfond, daß auch e^π transzendent ist. Hingegen weiß man bisher nicht einmal, ob $e+\pi$, $e-\pi$, $e\pi$, e/π und π^e rational oder irrational sind.

Transzendenz von π, schon 1806 von Adrien-Marie Legendre vermutete, aber erst 1882 von Carl Louis Ferdinand von Lindemann bewiesene Eigenschaft der Zahl ↗π.

Lindemann benutzte dabei ähnliche Schlußweisen wie Charles Hermite zum Beweis der ↗Transzendenz von e. Diese Ergebnisse werden verallgemeinert durch den Satz von Lindemann-Weierstraß (↗Lindemann-Weierstraß, Satz von).

Aus der Transzendenz von π folgt, daß die ↗Quadratur des Kreises mit Zirkel und Lineal nicht möglich ist.

Transzendenzbasis, algebraischer Begriff.

Es seien $K \subset L$ Körper und $M \subset L$ eine Menge algebraisch unabhängiger Elemente über K. Dabei kann M aus unendlich vielen Elementen bestehen. M ist algebraisch unabhängig über K, wenn jede endliche Teilmenge von M algebraisch unabhängig über K ist (↗algebraische Unabhängigkeit über einem Ring). M ist eine Transzendenzbasis, wenn die Körpererweiterung $K(M) \subset L$ algebraisch ist.

Wenn man zum Beispiel die Körpererweiterung des Körpers $\mathbb{Q}$ der rationalen Zahlen durch die Zahlen $\sqrt{2}$ und π betrachtet, $L = \mathbb{Q}(\sqrt{2}, \pi)$, dann ist sowohl $\{\pi\}$ und auch $\{\pi^2\}$ eine Tranzendenzbasis.

Siehe auch ↗Transzendenzgrad.

Transzendenzgrad, Anzahl der Elemente einer ↗Transzendenzbasis.

Der Transzendenzgrad von $L = \mathbb{Q}(\sqrt{2}, \pi)$ über dem Körper $\mathbb{Q}$ der rationalen Zahlen ist beispielsweise gleich Eins, der Transzendenzgrad des Körpers der komplexen Zahlen $\mathbb{C}$ über $\mathbb{Q}$ ist unendlich.

Trapez, Viereck, in dem zwei gegenüberliegende Seiten parallel zueinander sind.

Ein Trapez mit zwei kongruenten Innenwinkeln heißt *gleichschenklig*, eines mit einem rechten Winkel *rechtwinklig*.

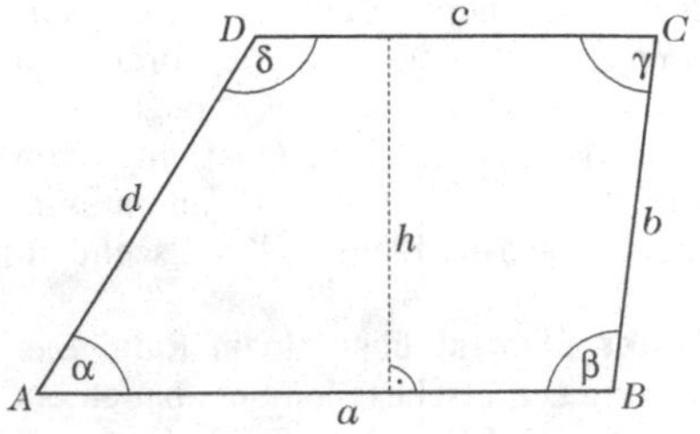

Der Flächeninhalt eines Trapezes mit den in der Abbildung angegebenen Bezeichnungen beträgt

$$A = \frac{1}{2} \cdot h \cdot (a + c),$$

wobei h die Höhe über einer der parallelen Seiten, also der Abstand der beiden parallelen Geraden, ist. Diese Höhe hat die Länge $h = d \cdot \sin \alpha = b \cdot \sin \beta$. Besitzt ein Trapez zwei Paare paralleler Seiten, so handelt es sich um ein ↗Parallelogramm.

trapezförmiges Fuzzy-Intervall, ↗trapezoides Fuzzy-Intervall.

trapezoides Fuzzy-Intervall, *trapezförmiges Fuzzy-Intervall*, spezielles ↗L-R-Fuzzy-Intervall mit linearen Referenzfunktionen

$$L(u) = R(u) = \min(0, 1 - u).$$

Der Name rührt daher, daß die Zugehörigkeitsfunktion zusammen mit der Abszissenachse ein ↗Trapez bildet.

Trapezregel, eine auf stückweise linearer Interpolation beruhende Methode in der ↗numerischen Integration (s.d.).

Traveling Salesman Problem, gelegentlich anzutreffende Schreibweise für das ↗Travelling Salesman Problem.

Travelling Salesman Problem, auch TSP, Problem des Handelsreisenden, oder Rundreiseproblem, besteht darin, eine kürzeste Reiseroute eines Handelsreisenden durch n Städte zu bestimmen.

Dabei möchte dieser jede Stadt genau einmal aufsuchen und am Ende wieder zum Ausgangsort zurückkehren. In welcher Reihenfolge soll er die Städte anfahren, damit seine Rundreise eine möglichst geringe Gesamtlänge aufweist?

Dieses wichtige und schwierige Problem der kombinatorischen Optimierung läßt sich beispielsweise graphentheoretisch wie folgt formulieren: In einem vollständigen ↗bewerteten Graphen $G = K_n$ mit positiver Bewertung $\varrho(k) > 0$ für alle Kanten $k \in K(G)$ wird ein Hamiltonscher Kreis minimaler Gesamtlänge gesucht. Einen kürzesten Hamiltonschen Kreis in einem bewerteten Graphen nennen wir *optimal*. Das Abzählproblem ist einfach, denn es gibt genau $n!$ verschiedene Hamiltonsche Kreise im K_n, oder, wenn wir einen festen Ausgangsort wählen $(n-1)!$, womit natürlich mindestens ein optimaler Hamiltonscher Kreis existiert. Dagegen ist das Auffinden eines optimalen Hamiltonschen Kreises ein algorithmisch sehr schwieriges Problem.

Zunächst erkennt man deutlich, daß ein vollständiges Durchprobieren aller Möglichkeiten das exponentielle Wachstum $(n - 1)!$ aufweist. Daß die Anzahl der Hamiltonschen Kreise exponentiell mit n wächst, ist natürlich noch kein Grund dafür, daß das Travelling Salesman Problem nicht trotzdem einen polynomialen Algorithmus zulassen könnte. Schließlich wächst auch die Anzahl der Wege in einem vollständigen bewerteten Graphen K_n exponentiell in n, aber dennoch sind z. B. die Algorithmen von ↗Dijkstra oder ↗Floyd-Warshall sehr effizient, um kürzeste Wege zu bestimmen.

Man kann jedoch nachweisen, daß die Entscheidungsvariante des TSP (↗Entscheidungsproblem) ↗NP-vollständig ist. Das zugehörige Approximationsproblem ist für Güten (↗Güte eines Algorithmus) bis zu exponentieller Größe ein ↗NP-schweres Problem.

[1] Grötschel, M.; Lovász, L.; Schrijver, A.: Geometric Algorithms and Combinatorial Optimization. Springer-Verlag, 1988.

[2] Papadimitriou, C.H.; Steiglitz, K.: Combinatorial Optimization. Prentice-Hall, 1982.

trennende Ecke, ↗zusammenhängender Graph.

trennende Kante, ↗zusammenhängender Graph.

Trennung der Variablen, ↗Differentialgleichung mit getrennten Variablen.

Trennungsaxiome

F. Lemmermeyer

Trennungsaxiome beschreiben, wie gut sich in einer gegebenen Topologie Punkte bzw. disjunkte Mengen durch Umgebungen trennen lassen. So lassen sich z. B. in der trivialen Topologie Punkte $x, y \in X$ nie trennen, da jede Umgebung von y (es gibt nur eine, nämlich X selbst) auch x enthält. Dagegen besitzt in X bezüglich der diskreten Topologie (↗topologischer Raum) jeder Punkt y eine Umgebung hat (nämlich sich selbst), welche die Umgebung $\{x\}$ eines Punktes $x \neq y$ nicht schneidet.

Die Qualität solcher "Trennungen" ist nun Gegenstand der Trennungsaxiome; im Laufe der Zeit hat sich herausgestellt, daß die folgenden Situationen am häufigsten auftreten:

T_0: Für alle $x, y \in X$ mit $x \neq y$ gibt es eine Umgebung U von x mit $y \notin U$ *oder* eine Umgebung V von y mit $x \notin V$.

T_1: Für alle $x, y \in X$ mit $x \neq y$ gibt es eine Umgebung U von x mit $y \notin U$ *und* eine Umgebung V von y mit $x \notin V$.

T_2: Für alle $x, y \in X$ mit $x \neq y$ gibt es Umgebungen U von x und V von y mit $U \cap V = \emptyset$.

T_{2a}: Für alle $x, y \in X$ mit $x \neq y$ gibt es *abgeschlossene* Umgebungen U von x und V von y mit $U \cap V = \emptyset$.

T_3: Für alle abgeschlossenen $A \subseteq X$ und für alle $x \in X \setminus A$ gibt es offene Mengen $U, V \in \mathcal{O}$ mit $A \subseteq U, x \in V$ und $U \cap V = \emptyset$.

T_{3a}: Für alle abgeschlossenen Mengen $A \subseteq X$ und für alle $x \in X \setminus A$ gibt es eine stetige Abbildung $f : X \to [0,1]$ mit $f(x) = 0$ und $f(a) = 1$ für alle $a \in A$.

T_4: Für alle abgeschlossenen Mengen $A, B \subseteq X$ mit $A \cap B = \emptyset$ gibt es offene Mengen $U, V \in \mathcal{O}$ mit $A \subseteq U, B \subseteq V$ und $U \cap V = \emptyset$.

T_5: Für alle getrennten Mengen $A, B \subseteq X$ (das sind solche mit $A \cap \mathrm{Cl}(B) = \mathrm{Cl}(A) \cap B = \emptyset$) existieren offene Mengen $U, V \in \mathcal{O}$ mit $A \subseteq U, B \subseteq V$ und $U \cap V = \emptyset$.

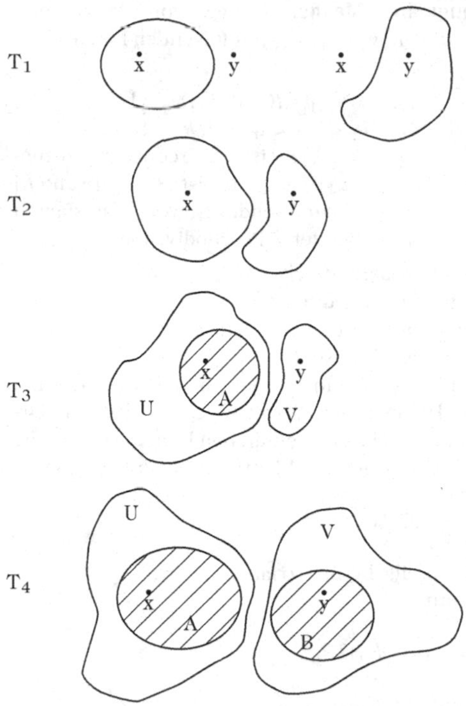

Einen topologischen Raum, der die Trennungseigenschaft T_i besitzt, nennt man einen T_i-Raum. In einem T_2-Raum lassen sich also disjunkte Punkte, in einem T_4-Raum disjunkte abgeschlossene Mengen durch offene Mengen trennen. Ein topologischer Raum $(X, \mathcal{O})$ ist genau dann T_1-Raum, wenn seine Punkte abgeschlossen sind, und genau dann T_5-Raum, wenn jeder Teilraum ein T_4-Raum ist.

Ein Raum heißt auch Kolmogorow-, Fréchet- bzw. Hausdorff-Raum, wenn er ein T_0-, T_1 bzw. T_2-Raum ist. Ein topologischer Raum heißt

- regulär, wenn er T_3 und T_1 ist,
- vollständig regulär, wenn er T_{3a} und T_1 ist,
- normal, wenn er T_4 und T_1 ist,
- vollständig normal, wenn er T_5 und T_1 ist.

Metrische Räume sind vollständig normal.

Man muß hier beachten, daß auch andere Konventionen als die obigen verwendet werden. So nennen manche Autoren (insbesondere im angloamerikanischen Sprachraum) einen topologischen Raum regulär, wenn er T_3-Raum ist, während ein T_3-Raum dann regulärer T_0-Raum ist (und damit, wie man zeigen kann, sogar regulärer T_2-Raum). Entsprechende Variationen sind für die Begriffe vollständig regulär (oder auch Tychonow-Raum), normal und vollständig normal gebräuchlich.

Die Indizes der T_j sind ein grobes Maß für die Güte der Trennung: so gelten die Implikationen normal $\longrightarrow$ regulär $\Longrightarrow T_{2a} \Longrightarrow T_2 \Longrightarrow T_1 \Longrightarrow T_0$ und $T_{3a} \Longrightarrow T_3$; in T_1-Räumen schließlich gilt sogar $T_5 \Longrightarrow T_4 \Longrightarrow T_3 \Longrightarrow T_2$. Für Beispiele, die zeigen, daß sich diese Implikationen i. allg. nicht umkehren lassen, sei auf [1] und [4] verwiesen.

Gegenstand der Untersuchungen sind auch Fragen wie die Vererbung der Trennungsaxiome auf Teilräume (gilt für $T_j, j = 0, 1, 2, 3$) oder Quotientenräume (gilt i. a. nur unter Zusatzvoraussetzungen).

Literatur

[1] Preuss, G.: Allgemeine Topologie. Springer-Verlag Berlin, 1975.

[2] von Querenburg, B.: Mengentheoretische Topologie. Springer-Verlag Berlin, 1979.

[3] Rinow, W.: Lehrbuch der Topologie. VEB, 1975.

[4] Steen, L.A.; Seebach, J.A. Jr: Counterexamples in topology. Dover New York, 1995.

Trennungseigenschaften, Eigenschaften disjunkter Teilmengen eines topologischen Raums, welche durch ↗Trennungsaxiome beschrieben werden.

Trennungssätze, Sätze über die Trennbarkeit bestimmter Teilmengen ↗topologischer Vektorräume durch Hyperebenen.

Es sei V ein reeller topologischer Vektorraum. Dann heißt eine Menge $M \subseteq V$ eine lineare Mannigfaltigkeit, falls es einen Teilvektorraum U von V und ein $x_0 \in V$ gibt, so daß $M = U + x_0$ gilt. Eine von V verschiedene lineare Mannigfaltigkeit H heißt eine Hyperebene, falls für jede lineare Mannigfaltigkeit M mit $H \subseteq M \subseteq V$ gilt: $H = M$ oder $M = V$, d. h. eine Hyperebene ist maximal unter allen von V verschiedenen linearen Mannigfaltigkeiten von V. Für jede Hyperebene H kann man das Komplement $V \setminus H$ von H auf genau eine Weise als Vereinigung zweier konvexer Mengen H_+ und H_- darstellen, die als die beiden von H bestimmten Halbebenen bezeichnet werden.

Man sagt, eine Menge $A \subseteq V$ liegt auf einer Seite von H, falls

$$A \subseteq H \cup H_+ \quad \text{oder} \quad A \subseteq H \cup H_-$$

gilt. A liegt strikt auf einer Seite von H, falls

$$A \subseteq H_+ \quad \text{oder} \quad A \subseteq H_-$$

gilt. Sind weiterhin A und B zwei Teilmengen von V, so sagt man, H trennt A und B, falls A und B auf verschiedenen Seiten von H liegen. Liegen A und B sogar strikt auf zwei verschiedenen Seiten von H, so sagt man, daß H die Mengen strikt trennt.

Nun gilt der erste Trennungssatz:

Es seien V ein reeller topologischer Vektorraum, $A, B \subseteq V$ konvex, $B \neq \emptyset$. Ist das offene Innere A^0 von A ebenfalls nicht leer, aber $A^0 \cap B = \emptyset$, so gibt es eine abgeschlossene Hyperebene H, die A und B trennt. Falls A und B offen sind, trennt H die Mengen A und B strikt.

Bei stärkeren Voraussetzungen an die Mengen A und B kommt man zum Trennungssatz für konvexe kompakte Mengen.

Es seien V ein reeller lokalkonvexer topologischer Vektorraum, $A, B \subseteq V$ konvex und nicht leer, A abgeschlossen, B kompakt und $A \cap B = \emptyset$. Dann gibt es eine abgeschlossene Hyperebene H, die A und B strikt trennt.

Die Trennungssätze lassen sich aus den ↗Hahn-Banach-Sätzen herleiten.

Treppenfunktion, Funktion, die nur endlich viele Werte annimmt.

Es seien $(\Omega, \mathcal{A})$ ein Meßraum und $f : \Omega \to \mathbb{R}$ eine $(\mathcal{A} - \mathcal{B}(\mathbb{R}))$-meßbare Funktion. Dann heißt f Treppenfunktion, falls f nur endlich viele verschiedene Werte annehmen kann. Die Bedeutung der Treppenfunktion in der Maßtheorie besteht im folgenden Satz:

Eine nicht negative Funktion $f : \Omega \to \bar{\mathbb{R}}$ ist genau dann meßbar, wenn es eine isotone Folge $(f_n | n \in \mathbb{N})$ von Treppenfunktionen auf Ω gibt, die punktweise gegen f konvergiert.

Siehe auch ↗Elementarfunktion, ↗μ-Integral.

treuer Funktor, ein ↗Funktor, für den die Funktorabbildungen auf den Morphismenmengen injektiv sind.

Genauer: Ein treuer Funktor ist ein Funktor $T : \mathcal{C} \to \mathcal{D}$ von der ↗Kategorie $\mathcal{C}$ nach der Kategorie $\mathcal{D}$, derart, daß zu je zwei Objekten $A, B \in Ob(\mathcal{C})$ und zwei Morphismen $f, g \in \mathrm{Mor}_{\mathcal{C}}(A, B)$ aus der Gleichheit $T(f) = T(g) \in \mathrm{Mor}_{\mathcal{D}}(T(A), T(B))$ die Gleichheit $f = g$ folgt.

trianguläre Fuzzy-Zahl, auch dreieckförmige Fuzzy-Zahl genannt, eine ↗L-R-Fuzzy-Zahl mit linearen ↗Referenzfunktionen. Der Name leitet sich aus der Form der Zugehörigkeitsfunktion ab.

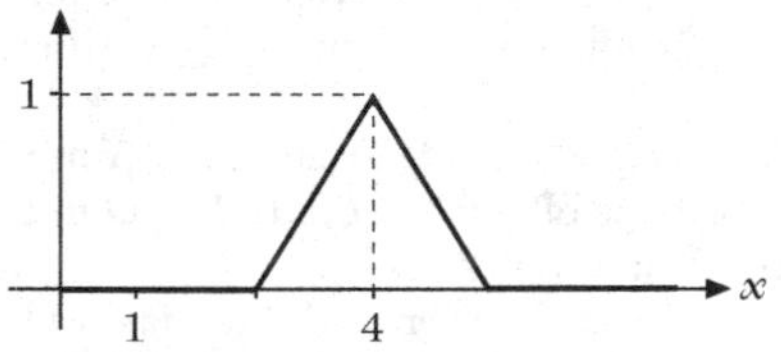

Trianguläre Fuzzy-Zahl „ungefähr 4"

trianguläre Menge, Menge von Polynomen $f_1, \dots, f_r \in K[x_1, \dots, x_n]$ mit folgenden Eigenschaften:

1. $f_k \in K[x_1, \dots, x_{i_k}] \setminus K[x_1, \dots, x_{i_{k-1}}]$ für $1 \le i_1 < i_2 < \dots < i_r = n$, $k = 1, \dots, r$.
2. Für $i = 2, \dots, r$ ist f_i reduziert bezüglich $\{f_1, \dots, f_{i-1}\}$, d. h., es ist $f_i = \mathrm{prem}(f_i | \{f_1, \dots, f_{i-1}\})$, der Pseudorest von f_i bezüglich $\{f_1, \dots, f_{i-1}\}$ bei der ↗Pseudodivision.

triangulierbare Matrix, ↗trigonalisierbar.

triangulierbarer Operator, ein Operator auf einem Hilbertraum, der eine Matrixdarstellung mit oberer Dreiecksgestalt besitzt.

Sei $T : H \to H$ ein stetiger linearer Operator auf einem Hilbertraum. Wenn es eine Folge von Orthogonalprojektionen endlichen Ranges P_n gibt, die punktweise gegen die Identität konvergiert, so daß

$$(\mathrm{Id} - P_n) T P_n = 0$$

für alle n gilt, heißt T triangulierbar.

Gilt nur

$$\lim_{n \to \infty} \|(\mathrm{Id} - P_n) T P_n\| = 0,$$

so heißt T quasitriangulierbar.

Jeder kompakte Operator ist triangulierbar.

triangulierte Kategorie, eine ↗additive Kategorie C mit Zusatzstruktur. Die Zusatzstruktur besteht aus

(1) einem additiven Automorphismus $T : C \to C$, dem Translationsfunktor,

(2) einer ausgewählten Familie von 6-Tupeln (X, Y, Z, u, v, w), die ausgezeichnete Dreiecke genannt werden. Hierbei sind X, Y, Z Objekte von C und u, v, w Morphismen

$$u : X \to Y, \quad v : Y \to Z, \quad w : Z \to T(X).$$

Bildlich dargestellt wird solch ein 6-Tupel durch das Dreieck

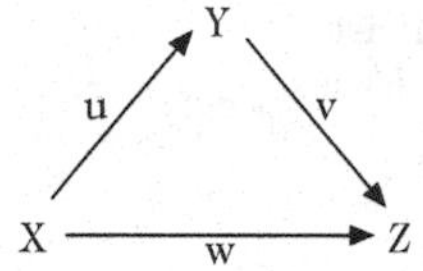

Jedes solche 6-Tupel heißt Dreieck. Ein Morphismus von Dreiecken $(X, Y, Z, u, v, w) \to (X', Y', Z', u', v', w')$ ist gegeben durch ein Tripel (f, g, h) von Morphismen $f : X \to X', g : Y \to Y', h : Z \to Z'$, derart, daß das Diagramm

$$
\begin{array}{ccccccc}
X & \xrightarrow{u} & Y & \xrightarrow{v} & Z & \xrightarrow{w} & T(X) \\
\downarrow{f} & & \downarrow{g} & & \downarrow{h} & & \downarrow{T(f)} \\
X' & \xrightarrow{u'} & Y' & \xrightarrow{v'} & Z' & \xrightarrow{w'} & T(X')
\end{array}
$$

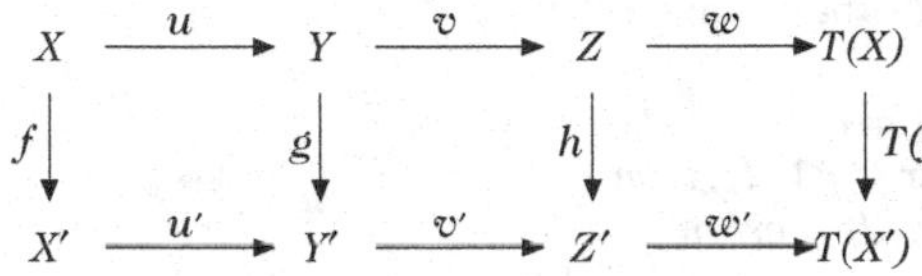

kommutiert. Es sei vorausgesetzt, daß die Axiome (Tr1) bis (Tr4) gelten:

(Tr1) Jedes 6-Tupel der obigen Art, das isomorph zu einem ausgezeichneten Dreieck ist, ist selbst ein ausgezeichnetes Dreieck. Jeder Morphismus $u : X \to Y$ kann in ein ausgezeichnetes Dreieck (X, Y, Z, u, v, w) eingebettet werden. Das 6-Tupel $(X, X, 0, \mathrm{id}_X, 0, 0)$ ist ein ausgezeichnetes Dreieck.

(Tr2) (X, Y, Z, u, v, w) ist ein ausgezeichnetes Dreieck genau dann, wenn $(Y, Z, T(X), v, w, -T(u))$ ein ausgezeichnetes Dreieck ist.

(Tr3) Sind zwei ausgezeichnete Dreiecke (X, Y, Z, u, v, w) und (X', Y', Z', u', v', w') und zwei Morphismen $f : X \to X', g : Y \to Y'$ gegeben, die mit u und u' kommutieren, d. h., gilt $u' \circ f = g \circ u$, dann gibt es einen Morphismus $h : Z \to Z'$, der (f, g, h) zu einem Morphismus des ersten Dreiecks nach dem zweiten Dreieck macht. (h ist nicht notwendig als eindeutig vorausgesetzt.)

(Tr4) Es gilt das Oktaederaxiom: Sind

$$D_1 = (X, Y, Z', u, i, a), \quad D_2 = (Y, Z, X', v, j, b),$$
$$D_3 = (X, Z, Y', w, k, c)$$

drei ausgezeichnete Dreiecke mit $w = v \circ u$, dann gibt es zwei Morphismen $f : Z' \to Y', g : Y' \to X'$, derart, daß (id_X, v, f) ein Morphismus von D_1 nach D_3 und (u, id_Z, g) ein Morphismus von D_3 nach D_2, und

$$(Z', Y', X', f, g, T(i) \circ b)$$

ein ausgezeichnete Dreieck ist. Dies kann im Bild veranschaulicht werden:

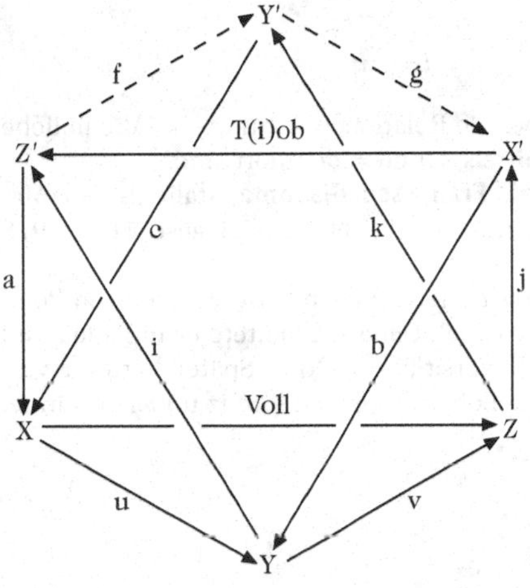

Oktaederaxiom

Ein δ-Funktor ist ein ↗additiver Funktor zwischen zwei triangulierten Kategorien, der mit den Translationsfunktoren vertauscht und ausgezeichnete Dreiecke in ausgezeichnete Dreiecke überführt. Ein (kovarianter) Kohomologiefunktor ist ein kovarianter Funktor $H : C \to A$ von einer triangulierten Kategorie C in eine ↗abelsche Kategorie A für den für jedes ausgezeichnete Dreieck (X, Y, Z, u, v, w) die induzierte lange exakte Sequenz

$$\to H(T^i X) \to H(T^i Y) \to H(T^i Z) \to H(T^{i+1} X) \to$$

exakt ist. Analog werden kontravariante Kohomologiefunktoren definiert.

triangulierter Graph, ↗chordaler Graph.

Triangulierung, Zerlegung einer Teilmenge des $\mathbb{R}^2$ in Dreiecke.

Es sei $M \subseteq \mathbb{R}^2$ eine abgeschlossene Menge. Sind $\Delta_1, \ldots, \Delta_n$ abgeschlossene Dreiecke im $\mathbb{R}^2$, so nennt man $\Delta = \{\Delta_1, \ldots, \Delta_n\}$ eine Triangulierung von M, falls gelten:

(1) $\Delta_1 \cup \Delta_2 \cup \cdots \cup \Delta_n = M$.

(2) Für $i \neq j$ ist $\Delta_i \cap \Delta_j$ entweder leer oder besteht aus genau einem gemeinsamen Eckpunkt der beiden Dreiecke oder aus genau einer gemeinsamen Seite der beiden Dreiecke.

Bedingung (2) kann man auch so formulieren, daß bei zwei benachbarten Dreiecken ein Eckpunkt des einen Dreiecks weder ein innerer Punkt des anderen Dreiecks noch ein innerer Punkt einer der Seiten des anderen Dreiecks sein darf.

Triangulierungen spielen eine große Rolle bei der Approximation durch bivariate ↗Splinefunktionen und ↗Finite-Elemente-Methoden.

Trichotomie, besagt, daß für alle Elemente a, b einer totalen Ordnung $(M, \leq)$ genau eine der Aussagen

$$a < b\,, \quad a = b\,, \quad a > b\,,$$

gilt, wobei die Relationen $<$ und $>$ auf die übliche Weise mittels $\leq$ und $\neq$ definiert sind.

Tricomi, Francesco Giacomo, italienischer Mathematiker, geb. 5.5.1897 Neapel, gest. 21.11.1978 Turin.

Tricomi studierte an den Universitäten von Bologna und Neapel. Danach arbeitete er in Padua und an der Universität von Rom. Später hatte er verschiedene Lehraufträge in Florenz und Turin inne.

Tricomi wurde bekannt durch Arbeiten zu partiellen Differentialgleichungen. Er untersuchte unter anderem Gleichungen des Typs

$$yu_{xx} + u_{yy} = 0$$

(Tricomi-Gleichung).

Es folgten Arbeiten zu transzendenten Funktionen, zu Integraltransformationen, zu singulären Integralen, zu Pseudodifferentialoperatoren, zur Wahrscheinlichkeitsrechnung und zur Zahlentheorie.

tridiagonales Gleichungssystem, Gleichungssystem, bei dem in der i-ten Gleichung nur die Unbekannten x_{i-1}, x_i und x_{i+1} auftreten.

Anders ausgedrückt, ein Gleichungssystem $Ax = b$ mit $A \in \mathbb{R}^{n \times n}$ und $b \in \mathbb{R}^n$, wobei $a_{ij} \neq 0$ nur für $i = 1, \ldots, n$ und $j = i-1$ oder $j = i+1$ auftreten kann, und sonst $a_{ij} = 0$ gilt. Entsprechend nennt man eine solche Matrix A auch tridiagonale Matrix oder ↗Tridiagonalmatrix.

Tridiagonale Gleichungssysteme sind sehr leicht mittels des Gauß-Verfahrens bzw. der LR-Zerlegung zu lösen. Setzt man zur Vereinfachung voraus, daß das Gauß-Verfahren ohne Permutierung durchführbar ist, so ergibt sich eine LR-Zerlegung der tridiagonalen Matrix $A = LR$, wobei L eine bidiagonale untere ↗Dreiecksmatrix und R eine bidiagonale obere Dreiecksmatrix ist.

Für $n = 4$ erhält man beispielsweise

$$\begin{bmatrix} a_1 & b_1 & & \\ c_1 & a_2 & b_2 & \\ & c_2 & a_3 & b_3 \\ & & c_3 & a_4 \end{bmatrix} = \begin{bmatrix} 1 & & & \\ l_1 & 1 & & \\ & l_2 & 1 & \\ & & l_3 & 1 \end{bmatrix} \begin{bmatrix} m_1 & r_1 & & \\ & m_2 & r_2 & \\ & & m_3 & r_3 \\ & & & m_4 \end{bmatrix}.$$

Hieraus lassen sich leicht die unbekannten Größen l_j, m_j, r_j bestimmen:

$$\begin{aligned} & m_1 = a_1 \\ & \text{Für } i = 1, 2, \ldots, n-1 \\ & \qquad l_i = c_i / m_i \\ & \qquad m_{i+1} = a_{i+1} - l_i b_i \\ & \qquad r_i = b_i \end{aligned}$$

Mittels ↗Vorwärtseinsetzen $Ly = d$ und ↗Rückwärtseinsetzen $Rx = y$ bestimmt man nun x:

$$\begin{aligned} & y_1 = d_1 \\ & \text{Für } i = 1, 2, \ldots, n-1 \\ & \qquad y_i = d_i - l_{i-1} y_{i-1} \\ & x_n = y_n / m_n \\ & \text{Für } i = 1, 2, \ldots, n-1 \\ & \qquad x_i = (y_i + b_i x_{i+1}) / m_i \end{aligned}$$

Der Rechenaufwand, den man zur Lösung eines tridiagonalen Gleichungssystems benötigt, ist somit nur proportional zur Zahl der Unbekannten. Selbst große tridiagonale Gleichungssysteme lassen sich mit relativ geringem Rechenaufwand lösen.

Tridiagonalmatrix, quadratische ↗Matrix $A = ((a_{ij}))$ über einem Körper $\mathbb{K}$, die nur auf der Hauptdiagonalen (↗Hauptdiagonale einer Matrix) und auf den beiden direkt darüber und direkt darunter verlaufenden Diagonalen von Null verschiedenen Einträge aufweist:

$$a_{ij} = 0 \ \text{ für } \ j > i+1 \ \text{ oder } \ i > j+1.$$

Eine Tridiagonalmatrix ist also eine spezielle ↗Bandmatrix.

Siehe auch ↗tridiagonales Gleichungssystem.

Triebel-Lizorkin-Räume, ↗Besow-Räume.

Trigamma-Funktion, ↗Eulersche Γ-Funktion.

trigonalisierbar, Bezeichnung für einen ↗Endomorphismus $\varphi : V \to V$ auf einem n-dimensionalen ↗Vektorraum V, der sich bzgl. einer geeigneten Basis von V durch eine obere ↗Dreiecksmatrix repräsentieren läßt.

Der Endomorphismus φ ist genau dann trigonalisierbar, falls sein charakteristisches Polynom $P_\varphi(x)$ über $\mathbb{K}$ in Linearfaktoren zerfällt:

$$P_\varphi(x) \ = \ (x-\lambda_1)(x-\lambda_2)\cdots(x-\lambda_n).$$

Endomorphismen auf endlich-dimensionalen komplexen Vektorräumen sind also stets trigonalisierbar. In der Hauptdiagonalen einer den trigonalisierbaren Endomorphismus φ repräsentierenden Matrix stehen dann gerade die Nullstellen des charakteristischen Polynoms.

Eine $(n \times n)$-Matrix A über $\mathbb{K}$ ist genau dann trigonalisierbar, falls eine ↗reguläre Matrix R so existiert, daß RAR^{-1} eine obere Dreiecksmatrix ist.

Anstelle von trigonalisierbar sagt man auch triangulierbar. Den Vorgang, eine gegebene Matrix auf obere Dreiecksform zu bringen, nennt man ↗Trigonalisierung.

Trigonalisierung, Überführung einer ↗trigonalisierbaren $(n \times n)$-Matrix $A =: A_1$ über $\mathbb{K}$ in eine obere ↗Dreiecksmatrix D durch die Operation

$$D = RA_1R^{-1}$$

mit einer ↗regulären Matrix R.

Die übliche Vorgehensweise ist wie folgt: Sind $\lambda_1, \dots, \lambda_n$ die (nicht notwendigerweise verschiedenen) Nullstellen des charakteristischen Polynoms von A_1, so berechnet man einen (stets existierenden) Eigenvektor v_1 von A_1 zu λ_1. Die reguläre Matrix R_1 mit v_1 als erstem Spaltenvektor und (stets existierenden) kanonischen Basisvektoren $e_{22}, \dots, e_{n2}$, für die $(v_1, e_{22}, \dots, e_{n2})$ eine Basis von V ist, als den weiteren Spaltenvektoren, überführt A_1 in eine Matrix A_2 mit λ_1 an Stelle $(1,1)$ und Nullen an den Stellen $(2,1)$ bis $(n,1)$, also

$$A_2 \ = \ R_1AR_1^{-1}.$$

Nun berechnet man einen Eigenvektor v_2 von A_1 zu λ_2 und ergänzt die Vektoren v_1 und v_2 zu einer Basis $(v_1, v_2, e_{33}, \dots, e_{n3})$ von V mit $\{e_{33}, \dots, e_{n3}\} \subset \{e_{22}, \dots, e_{n2}\}$ (was stets möglich ist). Die reguläre Matrix R_2 mit den Spaltenvektoren $v_1, v_2, e_{33}, \dots, e_{n3}$ überführt nun A_1 in eine Matrix A_3 mit λ_1 an der Stelle $(1,1)$, λ_2 an der Stelle $(2,2)$, und darunter jeweils Nullen, also

$$A_3 \ = \ R_2A_1R_2^{-1}.$$

Fährt man so fort, erhält man nach spätestens $l \leq n-1$ Schritten eine reguläre Matrix R_l mit $R_lA_1R_l^{-1}$ in oberer Dreiecksgestalt.

Trigonometrie (griech. *Dreiwinkelmessung*), Lehre von der Dreiecksberechnung unter Anwendung der Winkelfunktionen (die auch als trigonometrische Funktionen bezeichnet werden).

Neben der „gewöhnlichen" ebenen Trigonometrie, die in der ↗Euklidischen Geometrie zur Anwendung kommt, gibt es für Berechnungen an Dreiecken auf der Kugeloberfläche die ↗sphärische Trigonometrie und für Dreiecksberechnungen in der ↗hyperbolischen Geometrie die ↗hyperbolische Trigonometrie.

Bei trigonometrischen Berechnungen wird zwischen rechtwinkligen und beliebigen (i. allg. nicht rechtwinkligen) Dreiecken unterschieden. In rechtwinkligen Dreiecken gelten die folgenden trigonometrischen Beziehungen:

- *Der Sinus eines spitzen Winkels in einem rechtwinkligen Dreieck ist gleich dem Quotienten aus der Länge der ↗Gegenkathete und der Länge der ↗Hypotenuse,*
- *der Cosinus eines spitzen Winkels in einem rechtwinkligen Dreieck ist gleich dem Quotienten aus der Länge der ↗Ankathete und der Länge der ↗Hypotenuse,* sowie
- *der Tangens eines spitzen Winkels in einem rechtwinkligen Dreieck ist gleich dem Quotienten aus der Länge der ↗Gegenkathete und der Länge der ↗Ankathete.*

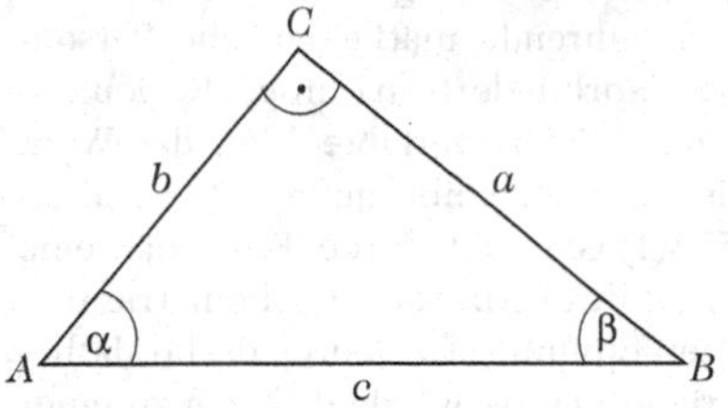

In einem Dreieck mit den in der Abbildung eingeführten Bezeichnungen der Seiten und Winkel gelten also die folgenden Formeln:

$$\sin\alpha = \frac{a}{c}, \quad \sin\beta = \frac{b}{c},$$

$$\cos\alpha = \frac{b}{c}, \quad \cos\beta = \frac{a}{c},$$

$$\tan\alpha = \frac{a}{b}, \quad \tan\beta = \frac{b}{a}.$$

Zusätzlich werden bei Berechnungen gesuchter Größen rechtwinkliger Dreiecke noch der Satz des Pythagoras sowie die Tatsache verwendet, daß die Summe der beiden spitzen Winkel 90° beträgt.

Für Berechnungen in beliebigen ebenen Dreiecken werden der ↗Sinussatz und der ↗Cosinussatz verwendet. In einem Dreieck mit den Seiten a, b, und c sowie den jeweils gegenüberliegenden Innenwinkeln α, β und γ gelten also die Gleichungen:

$$\frac{a}{\sin\alpha} = \frac{b}{\sin\beta} = \frac{c}{\sin\gamma},$$

$$a^2 = b^2 + c^2 - 2bc \cdot \cos\alpha,$$

$$b^2 = a^2 + c^2 - 2ac \cdot \cos\beta, \text{ und}$$

$$c^2 = a^2 + b^2 - 2ab \cdot \cos\gamma.$$

Zusätzlich kommt zur Berechnung fehlender Winkel (oft in Kombination mit den o. a. trigonometrischen Formeln) häufig der Satz über die ↗Winkelsumme im Dreieck zur Anwendung.

Die Anfänge der Trigonometrie gehen in die Antike zurück. Aristarch von Samos verwendete die Eigenschaften rechtwinkliger Dreiecke für die Berechnung des Verhältnisses der Entfernungen des Mondes und der Sonne zur Erde (ca. 280 v.Chr.). Sowohl Hipparch von Nizäa als auch Ptolemäus (beide ca. 150 v.Chr.) berechneten sogenannte Sehnentabellen (anstelle des Sinus wurden Längen von Sehnen zu gegebenen Zentriwinkeln im Einheitskreis verwendet).

In der Folgezeit wurde die Trigonometrie vor allem in Arabien und Indien weiter ausgebaut. Erst gegen Ende des Mittelalters und mit den beginnenden großen geographischen Entdeckungen wurde der Trigonometrie in Europa größere Aufmerksamkeit zuteil. Die führende mathematische Persönlichkeit des 15. Jahrhunderts in Europa, Regiomontanus (Johannes Müller) verfaßte 1464 das Werk „De triangulis omnimodis libri quinque", das allerdings erst 1533(!) gedruckt wurde. Es enthält eine vollständige Einführung in die Trigonometrie und erlangte größten Einfluß auf die europäische Mathematik. Die Trigonometrie wurde dadurch zu einer von der Astronomie unabhängigen, eigenständigen Wissenschaft.

Die heutige Kurzschreibweise und die analytische Darstellung der trigonometrischen Funktionen geht im wesentlichen auf L. Euler zurück.

trigonometrische Approximation, ↗beste Approximation mit trigonometrischen Polynomen.

Bei der trigonometrischen Approximation handelt es sich um ein klassisches Teilgebiet der ↗Approximationstheorie, welches die Näherung periodischer Funktionen mit trigonometrischen Summen der Form

$$s_n(x) = a_0 + \sum_{\nu=1}^{n} a_\nu \cos(\nu x) + b_\nu \sin(\nu x),$$

(trigonometrischen Polynomen) untersucht.

Betrachtet man die Fourier-Reihenentwicklung

$$\frac{A_0}{2} + \sum_{\nu=1}^{\infty} A_\nu \cos(\nu x) + B_\nu \sin(\nu x)$$

einer stetigen 2π-periodischen Funktion f, wobei

$$A_\nu = \frac{1}{\pi} \int_{-\pi}^{\pi} f(t) \cos(\nu t) dt,$$

$$B_\nu = \frac{1}{\pi} \int_{-\pi}^{\pi} f(t) \sin(\nu t) dt,$$

so ist deren Konvergenz im allgemeinen nicht gewährleistet. Deshalb können die Partialsummen der Fourier-Reihenentwicklung

$$s_n(f)(x) = \frac{A_0}{2} + \sum_{\nu=1}^{n} A_\nu \cos(\nu x) + B_\nu \sin(\nu x)$$

im allgemeinen nicht direkt zur Approximation einer solchen Funktion f hinsichtlich der ↗Maximumnorm $\|.\|_\infty$ verwendet werden, wenngleich sie eine beste Approximation hinsichtlich der L_2-Norm darstellen.

L. Fejér bewies jedoch 1904 in seinen Untersuchungen über Fourierreihen den folgenden Satz über die Konvergenz der gemittelten Summen

$$t_n(f)(x) = \frac{1}{n} \sum_{\nu=0}^{n-1} s_\nu(f)(x), \quad n \in \mathbb{N}.$$

Für jede stetige 2π-periodische Funktion f konvergieren die gemittelten Summen $t_n(f)$ für $n \to \infty$ gleichmäßig gegen f.

Dieser Satz stellt eine explizite Realisierung des zweiten ↗Weierstraßschen Approximationssatzes für trigonometrische Polynome dar.

In den sechziger Jahren des zwanzigsten Jahrhunderts wurden die Konvergenzeigenschaften von allgemeineren Operatoren der Form

$$k_n(f)(x) = \frac{A_0}{2} + \sum_{\nu=1}^{n} \varrho_\nu^{(n)} (A_\nu \cos(\nu x) + B_\nu \sin(\nu x)),$$

wobei $\varrho_\nu^{(n)} \in \mathbb{R}$, $\nu = 1, \dots, n$, $n \in \mathbb{N}$, untersucht. Solche Operatoren besitzen die Integraldarstellung

$$k_n(f)(x) = \frac{1}{\pi} \int_{-\pi}^{\pi} f(t)\left(\frac{1}{2} + \sum_{\nu=1}^{n} \varrho_\nu^{(n)} \cos(\nu(t-x))\right) dt.$$

Der nächste Satz über die Konvergenz solcher Operatoren $k_n(f)$ stammt von P.P. Korowkin.

Es gelte

$$\lim_{n\mapsto\infty} \varrho_1^{(n)} = 1$$

und, für alle $x \in \mathbb{R}$,

$$\frac{1}{2} + \sum_{\nu=1}^{n} \varrho_\nu^{(n)} \cos(\nu x) \ \geq\ 0.$$

Dann konvergieren die Summen $k_n(f)$ *für jede stetige* 2π*-periodische Funktion* f *für* $n \to \infty$ *gleichmäßig gegen* f.

Die folgende Fehlerabschätzung für die Näherung mit $k_n(f)$ wurde ebenfalls von P.P. Korowkin gefunden.

Es sei ω_f *der Stetigkeitsmodul einer vorgegebenen stetigen* 2π*-periodischen Funktion* f, *das heißt also*

$$\omega_f(\delta) = \sup\{|f(x)-f(y)| : |x-y| \leq \delta,\ x, y \in [a,b]\}.$$

Dann gilt unter den Voraussetzungen des vorherigen Satzes:

$$|f(x) - k_n(x)| \ \leq\ \omega_f(\delta)(1 + \frac{\pi}{\delta\sqrt{2}}\sqrt{1-\varrho_1^{(n)}}),$$

wobei δ *eine positive Zahl ist.*

Die trigonometrischen Polynome

$$\{1, \sin(x), \ldots, \sin(nx), \cos(x), \ldots, \cos(nx)\}$$

bilden ein Tschebyschew-System auf $[-\pi, \pi)$, damit existiert stets eine eindeutig beste Approximation hinsichtlich der ↗Maximumnorm $\|.\|_\infty$.

Der folgende Satz über den Fehler

$$E_n(f) = \min\{\|f - s\|_\infty : s \in T_n\}$$

der besten Approximation mit trigonometrischen Summen wurde 1911 von D. Jackson bewiesen. Er beschreibt das asymptotische Verhalten und die Konvergenzordnung der Näherung von periodischen Funktionen mit trigonometrischen Summen.

Es sei f *eine vorgegebene* k*-mal stetig differenzierbare* 2π*-periodische Funktion, mit der Eigenschaft, daß die* k*-te Ableitung von* f, $f^{(k)}$, *der Lipschitzbedingung*

$$|f^{(k)}(x) - f^{(k)}(y)| \ \leq\ M|x-y|^\alpha$$

genügt, wobei $\alpha \in (0, 1]$ *und* $M > 0$ *eine Konstante ist. Dann gilt*

$$E_n(f) \leq c^{k+1} M n^{-k-\alpha},$$

wobei $c = 1 + \frac{\pi^2}{2}$.

S.N. Bernstein entdeckte 1912, daß sich die Ableitung einer trigonometrischen Summe s_n' durch die Maximumnorm von s_n abschätzen läßt. Der folgende Satz beschreibt die sogenannte Bernsteinsche Ungleichung für trigonometrische Summen.

Für alle $x \in \mathbb{R}$ *gilt*

$$|s_n'(x)| \ \leq\ n\|s_n\|_\infty.$$

Das Beispiel $s_n(x) = \sin(nx)$ zeigt, daß diese Abschätzung im allgemeinen nicht verbessert werden kann.

[1] Meinardus, G.: Approximation of Functions: Theory and Numerical Methods. Springer-Verlag Heidelberg/Berlin, 1967.

trigonometrische Funktionen, *Kreisfunktionen*, *Winkelfunktionen*, zusammenfassende Bezeichnung für die aus Betrachtungen am Einheitkreis entstandene ↗Sinusfunktion sin, ↗Cosinusfunktion cos, ↗Tangensfunktion tan und ↗Cotangensfunktion cot, sowie die Kehrwertfunktionen von sin und cos, die ↗Cosekansfunktion csc und die ↗Sekansfunktion sec.

Die zugehörigen Umkehrfunktionen, nämlich die ↗Arcussinusfunktion arcsin, die ↗Arcuscosinusfunktion arccos, die ↗Arcustangensfunktion arctan, die ↗Arcuscotangensfunktion arccot, die ↗Arcuscosekansfunktion arccsc und die ↗Arcussekansfunktion arcsec nennt man auch *zyklometrische Funktionen* oder *Kreisbogenfunktionen*.

Die Winkelfunktionen sind eng verwandt mit den ↗Hyperbelfunktionen, wie man bei Betrachtung

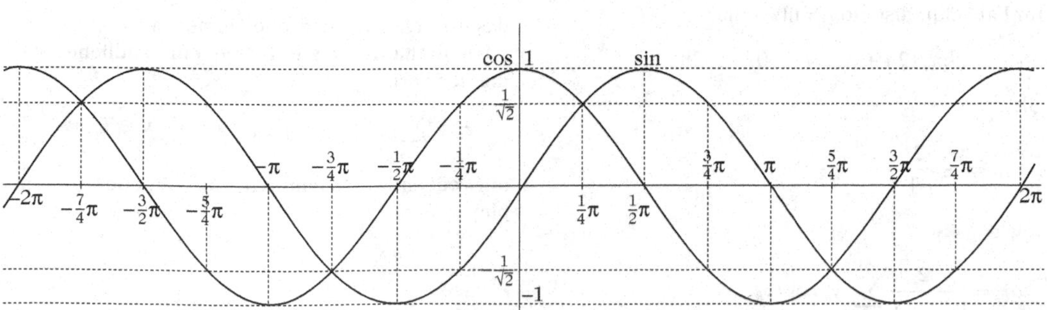

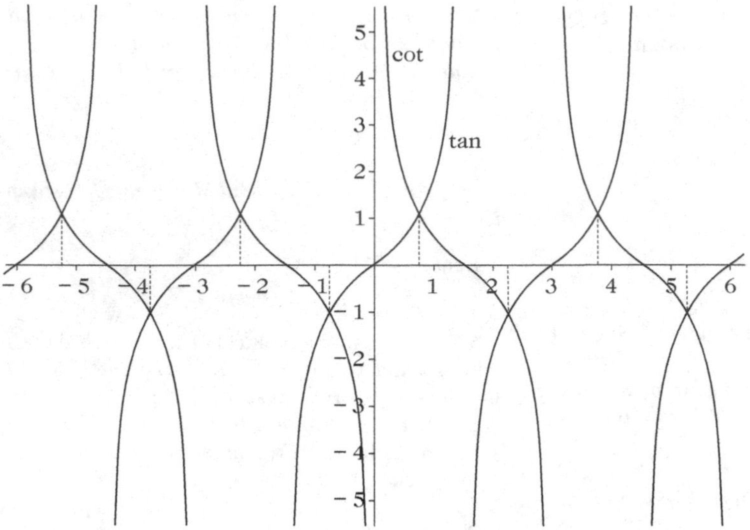

der in die komplexe Ebene fortgesetzten Funktionen sieht. Für alle $x \in \mathbb{C}$ gilt z. B.

$$\sinh ix = i \sin x \quad \text{und} \quad \cosh ix = \cos x\,.$$

trigonometrische Interpolation, Konstruktion eines ↗ trigonometrischen Polynoms, das an ausgewählten Stützstellen vorgegebene Werte annimmt.

Seien $x_0, \dots, x_{2n} \in [0, 2\pi), x_j \neq x_k$ für $j \neq k$ und $y_0, \dots, y_{2n} \in \mathbb{R}$ beliebig. Dann existiert genau ein trigonometrisches Polynom

$$T(x) = \frac{a_0}{2} + \sum_{k=1}^{n}(a_k \cos kx + b_k \sin kx),\ x \in \mathbb{R}$$

mit $T(x_j) = y_j$ für $j = 0, \dots, 2n$. Es gilt

$$T(x) = \sum_{k=0}^{2n} y_k t_k(x)$$

mit den Fundamentalpolynomen

$$t_k(x) = \prod_{\substack{j=0\\ j\neq k}} \sin\frac{x - x_j}{2} \Big/ \prod_{\substack{j=0\\ j\neq k}} \sin\frac{x_k - x_j}{2}\,.$$

Im Falle äquidistanter Stützstellen

$$x_k = 2k\pi/(2n+1)\,,\quad k = 0, \dots, 2n\,,$$

gilt

$$a_0 = \frac{2}{2n+1}\sum_{k=0}^{2n} y_k$$

sowie

$$a_l = \frac{2}{2n+1}\sum_{k=0}^{2n} y_k \cos lx_k$$

und

$$b_l = \frac{2}{2n+1}\sum_{k=0}^{2n} y_k \sin lx_k$$

für $l = 1, \dots, n$.

trigonometrische Reihe, eine unendliche Reihe der Form

$$\frac{a_0}{2} + \sum_{k=1}^{\infty}(a_k \cos kx + b_k \sin kx),\quad x \in \mathbb{R},$$

mit reellen Koeffizienten $a_k, b_k \in \mathbb{R}$, oder, in komplexer Form

$$\sum_{k=-\infty}^{\infty} c_k e^{ikz},\quad z \in \mathbb{C},$$

mit Koeffizienten $c_k \in \mathbb{C}$.

trigonometrische Summe, andere Bezeichnung für ↗ trigonometrisches Polynom.

trigonometrisches Moment, trigonometrisches Analogon zum Moment einer Funktion.

Für $f \in L^1([0, 2\pi))$ heißt

$$\mu_n = \int_0^{2\pi} f(t) e^{int} dt$$

das n-te trigonometrische Moment von f.

trigonometrisches Polynom, eine endliche Summe der Form

$$\frac{a_0}{2} + \sum_{k=1}^{N}(a_k \cos kx + b_k \sin kx),\quad x \in \mathbb{R},$$

mit reellen Koeffizienten $a_k, b_k \in \mathbb{R}$, oder, in komplexer Form

$$\sum_{k=-N}^{N} c_k e^{ikz},\quad z \in \mathbb{C},$$

mit Koeffizienten $c_k \in \mathbb{C}$.

Tripel, ein ↗geordnetes n-Tupel mit drei Elementen.

Triple-DES ↗DES.

Trisekante, Gerade, die eine gegebene Struktur, etwa eine eine projektive ↗algebraische Varietät $X \subset \mathbb{P}^N$, in mindestens 3 Punkten schneidet.

Trisektionsproblem, Problem der ↗Dreiteilung eines Winkels.

triviale Bewertung, ↗Bewertung eines Körpers.

triviale Lösung einer Differentialgleichung, die Lösung $y(\cdot)$ einer Differentialgleichung, für die $y(x) \equiv 0$ gilt.

triviale Topologie, auch Klumpentopologie genannt, die auf einer Menge X durch $\mathcal{O} = \{\emptyset, X\}$ definierte Topologie.

triviale Zerlegung einer Ordnung, die Zerlegung $[0,1] \times [0,0]$einer beliebigen Ordnung$L_< = [0,1]$.

trivialer Teilraum, der Teilraum U eines Vektorraumes V über $\mathbb{K}$, der nur aus der Null besteht,

$$U = \{0\} \cong \mathbb{K}^\emptyset ,$$

oder aber mit V übereinstimmt:

$$U = V .$$

trivialer Zyklus, ein Zyklus der Länge 1.

triviales Bilinearsystem, ein ↗Bilinearsystem, das man für jedes beliebige Paar von Vektorräumen definieren kann.

Sind V und V^+ Vektorräume, so wird durch

$$\langle x, x^+ \rangle = 0$$

für alle $x \in V, x^+ \in V^+$ eine triviale Bilinearform definiert, die (V, V^+) zu einem trivialen Bilinearsystem macht.

Trochoide, ↗Zykloide.

Trommel, andere Bezeichnung für ↗Membran.

Die einfache Frage: „Kann man die Gestalt einer Trommel hören?", sprich, die Frage, ob die Isometrieklasse einer kompakten Riemannschen Mannigfaltigkeit durch das Spektrum ihres Laplace-Operators bestimmt ist, wurde durch J. Milnor durch Angabe zweier nichtisometrischer kompakter Riemannscher Mannigfaltigkeiten mit demselben Spektrum negativ beantwortet.

Tröpfchenmodell, ↗theoretische Kernphysik.

Tröpfelalgorithmus, Verfahren zur Berechnung eines Näherungswertes zu einer Zahl, das die Dezimalstellen eine nach der anderen liefert, also sozusagen ‚herauströpfelt'.

Beispielsweise erhält man aus $e = \sum_{n=1}^{\infty} \frac{1}{n!}$ die Darstellung

$$e = 1 + \frac{1}{1}\left(1 + \frac{1}{2}\left(1 + \frac{1}{3}\left(1 + \frac{1}{4}\left(\cdots\right)\right)\right)\right),$$

die man auch lesen kann als Darstellung von e im ↗Stellenwertsystem zur variablen Basis

$$b = (1; 1/2, 1/3, 1/4, 1/5, \ldots),$$

nämlich $e = 1.\overline{1}_b$. Ein Tröpfelalgorithmus für e gemäß Arthur H. J. Sale (1968) besteht aus der Umwandlung aus dem Stellenwertsystem zur Basis b ins Dezimalsystem.

Entsprechend leiteten im Jahr 1988 Daniel Saada und 1991 Stanley Rabinowitz aus der auf Leonhard Euler zurückgehenden, aus einer Reihenentwicklung des Arcustangens folgenden Formel

$$\pi = 2 + 2\sum_{n=1}^{\infty} \frac{1 \cdot 2 \cdot \ldots \cdot n}{3 \cdot 5 \cdot \ldots \cdot (2n+1)}$$

die Darstellung

$$\pi = 2 + \frac{1}{3}\left(2 + \frac{2}{5}\left(2 + \frac{3}{7}\left(2 + \frac{4}{9}\left(\cdots\right)\right)\right)\right)$$

von π im Stellenwertsystem zur variablen Basis

$$b = (1; 1/3, 2/5, 3/7, 4/9, \ldots),$$

nämlich $\pi = 2.\overline{2}_b$, und damit einen Tröpfelalgorithmus für π ab.

Ein Vorteil solcher Tröpfelalgorithmen (neben ihrer Anschaulichkeit) ist, daß sie so implementiert werden können, daß nur Rechnungen mit kleinen ganzen Zahlen notwendig sind – beispielsweise reichen zur Berechnung von 15000 Stellen von π die gängigen 32-Bit-Ganzzahlen. Das Verfahren hat zwar einen Zeitbedarf von quadratischer Ordnung (d. h., zur Berechnung von n Dezimalstellen benötigt man proportional zu n^2 viele Schritte) und damit nicht die Leistungsfähigkeit der ↗Borwein-Iterationsverfahren oder des ↗Brent-Salamin-Algorithmus, ist aber schneller als Algorithmen, die auf ↗Arcustangensreihen für π beruhen.

Auch bei einem Tröpfelalgorithmus muß man jedoch im Voraus wissen, wieviele Stellen man berechnen will, und benötigt (im Gegensatz zur ↗Ziffernextraktion) Speicherplatz einer Größe proportional zur Anzahl berechneter Stellen.

[1] Arndt, J.; Haenel, Ch.: Pi. Algorithmen, Computer, Arithmetik. Springer Berlin, 2000.

[2] Delahaye, Jean-Paul: Pi - Die Story. Birkhäuser Basel, 1999.

Trotter, Satz von, ein Theorem über unbeschränkte selbstadjungierte Operatoren.

$\{A_n\}$ sei eine Folge von selbstadjungierten Operatoren und A ein selbstadjungierter Operator. Dann gilt: A_n konvergiert gegen A in dem Sinne, daß die Folge der Resolventen $\{R_\lambda(A_n)\}$ stark gegen $R_\lambda(A)$ konvergiert für alle λ mit $\operatorname{Im}\lambda \neq 0$ genau dann, wenn e^{itA_n} stark gegen e^{itA} konvergiert für jedes t.

[1] Reed, M.; Simon, B.: Methods of Modern Mathematical Physics, Bd. I: Functional Analysis. Academic Press San Diego, 1980.

Trottersche Produktformel, Formel für unbeschränkte selbstadjungierte Operatoren A und B.

Es gilt: Wenn $A+B$ wesentlich selbstadjungiert auf $D(A)\cap D(B)$ ist, dann ist $s-\lim_{n\to\infty}(e^{itA/n}e^{itB/n})^n = e^{i(A+B)t}$. Sind außerdem A und B nach unten beschränkt, dann ist $s - \lim_{n\to\infty}(e^{-tA/n}e^{-tB/n})^n = e^{-t(A+B)}$.

[1] Reed, M.; Simon, B.: Methods of Modern Mathematical Physics, Bd. I: Functional Analysis. Academic Press San Diego, 1980.

truncated-power-Funktion, spezielle Funktion einer oder mehrerer reeller Variabler, mit deren Hilfe man eine Basis des Raums der ↗ Splinefunktionen konstruieren kann.

Es seien $x^{(1)},\dots,x^{(n+m)}$ Punkte im $\mathbb{R}^n$ mit der Eigenschaft, daß jede n-elementige Teilmenge der zugehörigen Menge von Vektoren linear unabhängig ist. Weiter gelte, daß der Nullvektor nicht in der konvexen Hülle dieser Punkte, also der Menge

$$\{\sum_{i=1}^{n+m}\lambda_i x^{(i)} : \sum_{i=1}^{n+m}\lambda_i = 1,\ \lambda_i \ge 0,\ i=1,\dots,n+m\},$$

enthalten sei. Dann heißt die reellwertige Funktion $T_{(1,\dots,n+m)}$ in n Variablen, welche durch die Vorschrift

$$T_{(1,\dots,n+m)}(x) = vol_m\{\lambda\in\mathbb{R}^{n+m} : \lambda_i \ge 0, \sum_{i=1}^{n+m}\lambda_i x^{(i)} = x\}$$

festgelegt ist, (multivariate) truncated-power-Funktion.

Die Funktion $T_{(1,\dots,n+m)}$ ist stückweise polynomial vom totalen Grad m und $(m-1)$-fach differenzierbar, also eine Splinefunktion. Im Spezialfall einer Variablen, d. h. $n=1$, gilt die einfache Darstellung

$$T_{(1,\dots,m+1)}(x) = \max\{0,x\}^m,\ x\in\mathbb{R}\,.$$

In diesem Fall bilden die Polynome vom Grad m gemeinsam mit den truncated-power-Funktionen $T_{(1,\dots,m+1)}(x-x_k)$ eine Basis des Splineraums (mit einfachen Knoten x_k).

Für Splines in zwei Variablen hinsichtlich gleichmäßiger Partitionen benötigt man zur Konstruktion einer Basis zudem gewisse zusätzliche Basisfunktionen, die sogenannten ↗ Kegelsplines.

Multivariate truncated-power-Funktionen können nach dem folgenden Satz von W. Dahmen aus dem Jahr 1980 rekursiv berechnet werden:

Für alle

$$x = \sum_{i=1}^{n+m}\lambda_i x^{(i)}$$

gilt:

$$T_{(1,\dots,n+m)}(x) = \frac{1}{m}\sum_{i=1}^{n+m}\lambda_i T_{(1,\dots,i-1,i+1,\dots,n+m)}(x)\,.$$

[1] Nürnberger, G.: Approximation by Spline Functions. Springer-Verlag Heidelberg/Berlin, 1989.

Tschebyschew (Chebyshev), Pafnuti Lwowitsch, russischer Mathematiker, geb. 16.5.1821 Okatovo (Kaluga), gest. 8.12.1894 Petersburg.

Tschebyschew war eines von neun Kindern der Familie eines pensionierten Offiziers. Er erhielt Privatunterricht, der nach dem Umzug der Familie nach Moskau (1832) von einem der besten Moskauer Privatlehrer vollendet wurde. 1837 begann Tschebyschew ein Mathematik- und Physik-Studium an der Moskauer Universität, das er 1841 abschloß. Zwei Jahre später promovierte er mit einer Arbeit zur Wahrscheinlichkeitsrechnung. Da er in Moskau keine Anstellung fand, habilitierte er sich in Petersburg und lehrte ab dem Herbst 1847 an der dortigen Universität. 1850 erhielt er dort eine außerordentliche Professur, zehn Jahre später ein Ordinariat. Nachdem er 1853 zum Adjunkt der Petersburger Akademie gewählt worden war, wurde er 1859 ordentliches Akademiemitglied. Mehrfach weilte er zu Studienzwecken in europäischen Zentren der Wissenschaft wie Paris, London und Berlin. Nach seiner Emeritierung 1882 bildete die Akademie seine wissenschaftliche Heimstatt.

Tschebyschews Bedeutung beruht neben seinen vielen Forschungsergebnissen vor allem auf der Begründung einer bedeutenden mathematischen Schule in Petersburg, die hohes internationales Ansehen genoß, und deren Traditionen die Entwicklungsrichtungen der russisch-sowjetischen Mathematik maßgeblich beeinflußten. Zu dieser Schule gehörten u. a. A. A. Markow, A. M. Ljapunov, A. N. Korkin und G. F. Voronoj. Entsprechend der

Grundauffassung Tschebyschews von einer engen Verbindung zwischen reiner und angewandter Mathematik zeichneten sich die in der Petersburger Schule behandelten Themen durch eine große Vielfalt aus und reichten von der Zahlentheorie bis zur Wahrscheinlichkeitsrechnung und Approximationstheorie.

Ein erstes wichtiges Arbeitsgebiet für Tschbeyschew war die Zahlentheorie. Angeregt durch die Mitarbeit an der Edition der zahlentheoretischen Manuskripte Eulers beschäftigte er sich mit der Primzahlverteilung. 1848 zeigte er, daß sich die Primzahlfunktion $\pi(x)$ (d.i. die Anzahl der Primzahlen kleiner als x) verhält wie

$$\int_2^\infty \frac{dx}{\log x}.$$

Die Herleitung des Satzes basierte u. a. auf seinen Untersuchungen der später nach Riemann benannten ζ-Funktion für reelle Werte der Variablen. Als eine Folgerung erhielt Tschebyschew dann das Resultat: Falls der Ausdruck

$$\frac{\pi(x)}{x}\log x$$

für $x \to \infty$ überhaupt einen Grenzwert besitzt, so ist dieser gleich 1. Außerdem bewies er 1850 eine berühmten Vermutung von J. Bertrand (1822–1900), daß für $n > 1$ stets eine Primzahl zwischen n und $2n$ existiert.

Schon als Student befaßte sich Tschebyschew mit Fragen der Numerik und Analysis und wurde für eine Arbeit zur Berechnung der reellen Wurzeln einer Funktion $f(x)$ prämiert. Ab den 50er Jahren widmete er sich mit großem Erfolg der Approximation von Funktionen, auf die er durch ingenieurtechnische Probleme der Konstruktion von Mechanismen geführt wurde. In diesem Kontext entwickelte er die Grundlagen für eine allgemeine Theorie für die bestmögliche Approximation einer Funktion in einem Intervall durch Polynome. 1854 gab er eine Annäherung von $f(x) = x^n$ durch Polynome von Grade $n - 1$ an und konstruierte dabei die nach ihm benannten Polynome. Weitere Resultate betrafen die Theorie orthogonaler Polynome (1859), die Approximation bestimmter Integrale (1874) sowie die Abschätzung des bestimmten Integrals einer unbekannten Funktion, wenn die Momente verschiedener Ordnung von dieser Funktion bekannt sind (1874). Zahlreiche Ergebnisse und Aussagen der Approximationstheorie sind untrennbar mit Tschebyschews Namen verbunden.

Grundlegende Beiträge leistete er auch zur Wahrscheinlichkeitsrechnung. In seiner Dissertation gab er einen Beweis des Satzes von Bernoulli sowie eine Abschätzung der Genauigkeit mit einfachen analytischen Mitteln. Auch die 1866 von ihm vorgenommene weitgehende Verallgemeinerung des Gesetzes der großen Zahlen auf Zufallsvariable ließ die charakteristischen Merkmale seiner Arbeiten hervortreten, eine strenge Beweisführung und eine möglichst genaue numerische Abschätzung der Resultate mit einfachen Mitteln. Mit Hilfe der von ihm entwickelten Momentenmethode und seiner Resultate zur Approximation von Integralen gelang Tschebyschew 1887 auch eine Ausdehnung des Zentralen Grenzwertsatzes auf eine Folge von Zufallsvariablen nebst eines Beweises. Zwar bedurften die Formulierung des Satzes (die Unabhängigkeit der Zufallsvariablen wurde beispielsweise von ihm nicht erwähnt) und der Beweis noch einer Präzisierung, doch gab er der ganzen Thematik erstmals eine klare, verständliche Darstellung. Mit seinen Arbeiten schuf Tschebyschew wichtige Ausgangspunkte für die wahrscheinlichkeitstheoretische Begründung statistischer Methoden und der Theorie der Beobachtungsfehler, Anregungen, die von seinen Schülern und Nachfolgern erfolgreich umgesetzt wurden.

Weitere Arbeiten Tschebyschews betrafen die Integration algebraischer Funktionen (1853, 1861), Methoden zur Konstruktion geographischer Karten (1856, 1894), und den Bau einer Rechenmaschine (Ende der 70er Jahre). Zusammen mit seinen Zeitgenossen M.V.Ostrogradski und V.I.Bunjakovski setzte Tschebyschew viele der bei seinen Aufenthalten in Westeuropa gewonnenen Erfahrungen für die Entwicklung der Mathematik in Rußland um und betätigte sich aktiv in verschiedenen staatlichen Kommissionen. Er genoß hohes Ansehen im In- und Ausland, wo seine Leistungen u. a. durch die Mitgliedschaft in zahlreichen Akademien gewürdigt wurden.

Tschebyschew, Satz von, heute meist für den folgenden Satz über das asymptotische Verhalten der ↗Primzahlfunktion $\pi(x)$ verwendete Bezeichnung:

Es gibt positive Konstanten A und B derart, daß für $x \geq 2$ gilt:

$$A \cdot \frac{x}{\log x} < \pi(x) < B \cdot \frac{x}{\log x}. \qquad (1)$$

Für die Konstanten $A = \frac{1}{4}\log 2$ und $B = 6\log 2$ ist dieser Satz verhältnismäßig einfach zu beweisen.

Tschebyschew publizierte 1851 eine Arbeit mit dem Titel *Sur la fonction qui détermine la totalité des nombres premiers inférieurs à une limite donnée* und 1852 eine weitere Arbeit *Mémoire sur les nombres premiers*, die Landau folgendermaßen einschätzte: „Im allgemeinen Primzahlproblem hat nach Euklid erst Tschebyschew die ersten weiteren sicheren Schritte gemacht und wichtige Sätze bewiesen". Die Ergebnisse von Tschebyschew stellen wichtige Vorarbeiten zum Beweis des ↗Primzahlsatzes dar, und aus heutiger Sicht enthalten sie eine Reihe von interessanten und leicht zugänglichen Sätzen zur Primzahlverteilung.

Ein wichtiges Ergebnis der ersten Arbeit ist der oft zitierte Satz, der zugleich eine Vermutung von Legendre widerlegte:

Existiert der Grenzwert

$$\lim_{x\to\infty}\left(\pi(x)\cdot\frac{\log x}{x}\right),$$

so ist er gleich 1.

Das Hauptergebnis der zweiten Arbeit sind die beiden Ungleichungen

$$a \le \liminf_{x\to\infty}\left(\pi(x)\cdot\frac{\log x}{x}\right)$$

mit der Konstanten

$$a = \log\left(\frac{2^{\frac{1}{2}}3^{\frac{1}{3}}5^{\frac{1}{5}}}{30^{\frac{1}{30}}}\right) \approx 0.92129\ldots,$$

und

$$\limsup_{x\to\infty}\left(\pi(x)\cdot\frac{\log x}{x}\right) \le \frac{6}{5}a \approx 1.10555\ldots .$$

Daraus folgt, daß es zu jedem Paar von Konstanten $A < a$ und $B > \frac{6}{5}a$ ein $x_0 > 0$ derart gibt, daß die Ungleichungskette (1) für $x \ge x_0$ erfüllt ist.

Der Anlaß für Tschebyschews zweite Arbeit war das ↗Bertrandsche Postulat. In diesem Zusammenhang beweisen die Tschebyschewschen Sätze für jedes $\varepsilon > 0$ die Aussage

$$\lim_{x\to\infty}\left(\pi((1+\varepsilon)x) - \pi(x)\right) = \infty .$$

Diese Gleichung besagt, daß es zu jedem $\varepsilon > 0$ und jeder Schranke q ein $x_0 > 0$ derart gibt, daß für alle $x \ge x_0$ im Intervall

$$(x, (1+\varepsilon)x]$$

mindestens q Primzahlen liegen.

Tschebyschew-Approximation, die ↗beste Approximation von Funktionen bezüglich der ↗Maximumnorm (Tschebyschew-Norm).

Die Tschebyschew-Approximation wird gelegentlich auch gleichmäßige Approximation genannt. Sie ist eine der ältesten und am besten untersuchten Teildisziplinen der ↗Approximationstheorie.

Tschebyschew-Differentialgleichung, homogene lineare Differentialgleichung zweiter Ordnung der Form

$$(1-x^2)y'' - xy' + a^2y = 0$$

mit beliebigem $a \in \mathbb{R}$.

Mit einem ↗Potenzreihenansatz erhält man für $|x| < 1$ und mit beliebigen Konstanten c_1, c_2 die allgemeine Lösung

$$\begin{aligned} y(x) = c_0\Big(1 &- \tfrac{a^2}{2!}x^2 \\ &- \textstyle\sum_{k=2}^{\infty}\frac{a^2(2^2-a^2)(4^2-a^2)\ldots((2k-2)^2-a^2)}{(2k)!}x^{2k}\Big) \\ +c_1\Big(x&+\textstyle\sum_{k=1}^{\infty}\frac{(1^2-a^2)(3^2-a^2)\ldots((2k-1)^2-a^2)}{(2k+1)!}x^{2k+1}\Big). \end{aligned}$$

Falls $a = 2n$ (mit geeignetem $n \in \mathbb{N}_0$), so wird aus der ersten Klammer ein gerades Polynom vom Grad $2n$. Falls $a = 2n+1$, so wird aus der zweiten Klammer ein ungerades Polynom vom Grad $2n+1$. Dies sind bei geeigneter Normierung gerade die ↗Tschebyschew-Polynome.

[1] Heuser, H.: Gewöhnliche Differentialgleichungen. B.G. Teubner Stuttgart, 1989.

Tschebyschew-Funktion, ↗Riemannsche ζ-Funktion.

Tschebyschew-Norm, andere Bezeichnung für die ↗Maximumnorm.

Tschebyschew-Polynome, rekursiv definierte Klasse von Polynomen, welche in vielen Bereichen der Numerischen Mathematik und der Approximationstheorie auftritt.

Die Tschebyschew-Polynome (erster Art)

$$T_n : [-1,1] \mapsto \mathbb{R}, \quad n \in \mathbb{N}_0 ,$$

können rekursiv durch die Vorschrift

$$\begin{aligned} &T_0(x) = 1, \ T_1(x) = x, \\ &T_n(x) = 2xT_{n-1}(x) - T_{n-2}(x), \ n \ge 2, \end{aligned}$$

festgelegt werden.

Damit gilt

$$T_n(x) = 2^n x^n + \ldots, \quad x \in [-1,1],$$

und man berechnet beispielsweise

$$\begin{aligned} T_2(x) &= 2x^2 - 1, \\ T_3(x) &= 4x^3 - 3x, \\ T_4(x) &= 8x^4 - 8x^2 + 1, \\ T_5(x) &= 16x^5 - 20x^3 + 5x, \\ T_6(x) &= 32x^6 - 48x^4 + 18x^2 - 1. \end{aligned}$$

Alternative, direkte Darstellungen der Tschebyschew-Polynome sind gegeben durch

$$T_n(x) = \tfrac{1}{2}((x+\sqrt{x^2-1})^n + (x-\sqrt{x^2-1})^n),$$

und

$$T_n(x) = \cos(n \arccos(x)).$$

Somit gilt

$$\max\left\{|T_n(x)| : x \in [-1,1]\right\} = 1,$$

und dieses Maximum wird an den Stellen

$$\cos\left(\frac{(n-i)\pi}{n}\right),\ i=0,\ldots,n,$$

mit alternierendem Vorzeichen angenommen.

In der ↗L_2-Approximation ist die folgende Orthogonalitätseigenschaft der Tschebyschew-Polynome von Bedeutung:

$$\frac{2}{\pi}\int_{-1}^{1}\frac{T_n(x)T_m(x)}{\sqrt{1-x^2}} = \begin{cases} 2: & n=m=0,\\ 1: & n=m>0,\\ 0: & \text{sonst.}\end{cases}$$

Die Tschebyschew-Polynome genügen der Differentialgleichung

$$(1-x^2)\left(\frac{dT_n}{dx}(x)\right)^2 = n^2(1-(T_n(x))^2),\ x\in[-1,1].$$

Gemeinsam mit den Tschebyschew-Polynomen zweiter Art, $U_n:[-1,1]\mapsto\mathbb{R}$, $n\in\mathbb{N}_0$, definiert durch die Vorschrift

$$U_n(x)=\frac{1}{n+1}\frac{dT_{n+1}(x)}{dx},\ x\in[-1,1],$$

bilden die Tschebyschew-Polynome erster Art T_n ein Fundamentalsystem der Differentialgleichung

$$y_{n+2}(x)-2xy_{n+1}(x)+y_n(x)=0.$$

Man berechnet $U_0(x)=1$, $U_1(x)=2x$, und erhält beispielsweise durch Rekursion

$$U_2(x)=4x^2-1,$$
$$U_3(x)=8x^3-4x,$$
$$U_4(x)=16x^4-12x^2+1,$$
$$U_5(x)=32x^5-32x^3+6x,$$
$$U_6(x)=64x^6-80x^4+24x^2-1.$$

Darüber hinaus gelten die Darstellungen

$$U_n(x)=\frac{((x+\sqrt{x^2-1})^{n+1}-(x-\sqrt{x^2-1})^{n+1})}{2\sqrt{x^2-1}},$$

und

$$U_n(x)=\frac{\sin((n+1)\arccos(x))}{\sin(\arccos(x))}.$$

Tschebyschew-Polynome spielen bei der Herleitung von oberen und unteren Schranken für die Minimalabweichung bei gleichmäßiger polynomialer Approximation eine wichtige Rolle. Hierbei verwendet man für Funktionen mit näher spezifizierten Eigenschaften Reihenentwicklungen der Form

$$f=\sum_{\nu=0}^{\infty}a_\nu T_\nu.$$

Eine solche Darstellung nennt man eine Tschebyschew-Entwicklung.

[1] Meinardus, G.: Approximation of Functions: Theory and Numerical Methods. Springer-Verlag Heidelberg/Berlin, 1967.

Tschebyschewsche Theta-Funktion, ist für $x>0$ definiert durch

$$\Theta(x) := \sum_{\substack{p\in\mathbb{P}\\ p\le x}}\log p,$$

wobei $\mathbb{P}$ die Menge der Primzahlen bezeichnet.

Es gilt

$$\Theta(x)=x(1+r(x)) \text{ und } \lim_{x\to\infty} r(x)=0.$$

Diese Aussage ist eine Vorstufe des ↗Primzahlsatzes.

Tschebyschewsche Ungleichung, die für jedes $\varepsilon>0$ gültige Abschätzung

$$P(|X-E(X)|\ge\varepsilon)\le\frac{Var(X)}{\varepsilon^2},$$

wobei X eine auf einem Wahrscheinlichkeitsraum $(\Omega,\mathfrak{A},P)$ definierte Zufallsvariable mit endlichem zweiten Moment bezeichnet.

Die Tschebyschewsche Ungleichung stellt einen Spezialfall der ↗Markowschen Ungleichung dar und wird beispielsweise zum Beweis des ↗schwachen Gesetzes der großen Zahlen verwendet. Der Vorteil der Ungleichung liegt in ihrer Allgemeinheit, da keine Annahmen über die Verteilung von X gemacht werden. Die Abschätzung kann daher aber auch recht grob ausfallen.

Tschebyschew-Splines, verallgemeinerte ↗Splinefunktionen, welche stückweise von erweiterten vollständigen Tschebyschew-Systemen aufgespannt werden.

Es seien $\Delta=\{a=x_0<x_1<\cdots<x_k<x_{k+1}\}$ eine Knotenmenge, m eine natürliche Zahl, $M=(m_1,\ldots,m_k)$ ein Vektor natürlicher Zahlen mit $1\le m_i\le m$, und der Raum $\mathcal{P}_m$ aufgespannt von einem m-dimensionalen erweiterten vollständigen ↗Tschebyschew-System.

Dann heißt

$$\mathcal{S}(\mathcal{P}_m,M,\Delta)=$$
$$\{s:[a,b]\mapsto\mathbb{R}: \text{ es gibt } s_0,\ldots,s_k\in\mathcal{P}_m,$$
$$\text{so daß } s|_{(x_i,x_{i+1})}=s_i,\ i=0,\ldots,k, \text{ und}$$
$$s_{i-1}^{(j-1)}(x_i)=s_i^{(j-1)}(x_i),\ j=1,\ldots,m-m_i,$$
$$i=1,\ldots,k\}$$

Raum der Tschebyschew-Splines mit Knoten $x_1,\ldots,x_k$ der jeweiligen Vielfachheiten $m_1,\ldots,m_k$.

Tschebyschew-Splines bilden somit eine natürliche Verallgemeinerung der polynomialen Splines, denn Polynome (das heißt $\mathcal{P}_m=\text{span}\{x^l : l=0,\ldots,m-1\}$) bilden ein erweitertes vollständiges Tschebyschew-System. Ein weiteres Beispiel für Tschebyschew-Splines sind exponentiellen Splines (Exponentialsplines). Diese erhält man durch Verwendung des erweiterten vollständigen Tschebyschew-Systems

$$\mathcal{P}_m = \text{span}\{e^{\alpha_1 x}, \ldots, e^{\alpha_m x}\},$$

wobei $\alpha_1 < \alpha_2 < \cdots < \alpha_m$. Die Anzahl der freien Parameter der Tschebyschew-Splines ist

$$m + \sum_{i=1}^{k} m_i \,.$$

Die Theorie der Tschebyschew-Splines wurde in wesentlichen Grundzügen analog der Theorie der polynomialen Splines entwickelt. So lassen sich für Tschebyschew-Splines B-Splines konstruieren, es gelten Sätze hinsichtlich der variationsvermindernden Eigenschaft von Tschebyschew-Splines, und hinsichtlich der Anzahl von Nullstellen von Tschebyschew-Splines gelten ähnliche Resultate wie in der Theorie polynomialer Splines.

Hieraus lassen sich Charakterisierungen vom Schoenberg-Whitney-Typ für Interpolation mit Tschebyschew-Splines ableiten. Darüber hinaus existieren ähnliche Aussagen hinsichtlich der Approximationsgüte von Tschebyschew-Splines wie in der Theorie polynomialer Splines.

[1] Schumaker, L.L.: Spline Functions: Basic Theory. John Wiley and Sons, 1981.

Tschebyschew-System, n-elementiges System von Funktionen so, daß jede nicht-verschwindende Linearkombination dieser Funktionen nur maximal $n-1$ Nullstellen besitzt.

Eine System $G = \{g_1, \ldots, g_n\}$ von Funktionen aus $C(I)$, der Menge der stetigen, reellwertigen Funktionen auf einem Intervall $I \subseteq \mathbb{R}$, heißt Tschebyschew-System, falls für alle $g \not\equiv 0$ aus dem von G aufgespannten Raum R gilt, daß die Anzahl der Nullstellen von g in I maximal $n-1$ ist. Man sagt dann, daß der von G aufgespannte Raum R die Tschebyschewsche Eigenschaft besitzt. Beispiele von Tschebyschew-Systemen (auf beliebigen Intervallen $I \subseteq \mathbb{R}$) sind die Polynome $G = \{x^i : i = 0, \ldots, n-1\}$ und die Exponentialsummen $G = \{e^{\alpha_i x} : i = 1, \ldots, n\}$, wobei $\alpha_1 < \cdots < \alpha_n$. Im allgemeinen hängt die Tschebyschewsche Eigenschaft jedoch vom zugrundeliegenden Intervall I ab. So bildet beispielsweise $G = \{x, x^2\}$ genau dann ein Tschebyschew-System, wenn gilt: $0 \notin [a, b]$.

Tschebyschew-Systeme hängen engstens zusammen mit ↗Haarschen Räumen; sie können charakterisiert werden durch eine Reihe von äquivalenten Bedingungen. So ist G genau dann ein Tschebyschew-System, wenn für jede Wahl von paarweise verschiedenen Punkten $t_j \in I$ und beliebigen Werten y_j, $j = 1, \ldots, n$, das ↗Lagrange-Interpolationsproblem in dem von G aufgespannten Raum R eindeutig lösbar ist, das heißt, daß stets ein eindeutiges $g \in R$ existiert mit

$$g(t_j) = y_j, \;\; j = 1, \ldots, n.$$

Es läßt sich weiterhin nachweisen, daß ein n-dimensionaler Teilraum $R \subseteq C[a, b]$ genau dann die Tschebyschewsche Eigenschaft besitzt, wenn eine Basis $\{g_1, \ldots, g_n\}$ von R existiert, so daß die Determinante der Matrix $(g_i(t_j))_{i,j=1,\ldots,n}$ für jede Wahl von Punkten $a \le t_1 < \cdots < t_n \le b$ stets größer als Null ist.

Aus Sicht der ↗Approximationstheorie spielen Tschebyschew-Systeme eine bedeutende Rolle, denn die durch Tschebyschew-Systeme aufgespannten Räume sind ↗Haarsche Räume und bilden Eindeutigkeitsräume für die ↗beste Approximation hinsichtlich der ↗Maximumnorm $\|.\|_\infty$. A. Haar bewies 1918 den folgenden Charakterisierungssatz für Räume mit der Tschebyschewschen Eigenschaft, der den Zusammenhang zur Eindeutigkeit bester gleichmäßiger Approximation aufzeigt.

Ein n-dimensionaler Teilraum $R \subseteq C[a, b]$ hat genau dann die Tschebyschewsche Eigenschaft, wenn für jede Funktion $f \in C[a, b]$ genau eine gleichmäßig beste Approximation $g_f \in R$ an f existiert.

Darüberhinaus lassen sich gleichmäßig, beste Approximationen hinsichtlich eines Raums $R \subseteq C[a, b]$ mit der Tschebyschewschen Eigenschaft durch ein Alternatenkriterium (↗Alternantensatz) charakterisieren.

In Räumen mit der Tschebyschewschen Eigenschaft fallen die Begriffe Eindeutigkeit und ↗starken Eindeutigkeit hinsichtlich der gleichmäßig besten Approximation im Sinne der folgenden Satzes aus dem Jahr 1963 von D.J. Newman und H.S. Shapiro zusammen.

Ein n-dimensionaler Teilraum $R \subseteq C[a, b]$ besitzt genau dann die Tschebyschewsche Eigenschaft, wenn für jede Funktion $f \in C[a, b]$ eine stark eindeutige gleichmäßig beste Approximation g_f an f hinsichtlich R existiert.

Der Begriff des Tschebyschew-Systems wurde verallgemeinert zu sogenannten erweiterteten (vollständigen) und schwach Tschebyschew-Systemen. Ein n-elementiges Funktionensystem $G = \{g_1, \ldots, g_n\}$ von Funktionen aus $C[a, b]$ heißt erweitertes Tschebyschew-System, falls die Determinante der Matrix $(g_i^{(d_j)}(t_j))_{i,j=1,\ldots,n}$ für jede Wahl von Punkten $a \le t_1 \le \cdots \le t_n \le b$ stets größer 0 ist. Hierbei ist $d_j = \max\{i : t_j = \cdots = t_{j-i}\}$, und man setzt voraus, daß die Funktionen g_i genügend oft differenzierbar sind.

Ein Funktionensystem $G = \{g_1, \ldots, g_n\}$ von Funktionen aus $C[a, b]$ heißt erweitertetes, vollständiges Tschebyschew-System, falls für alle $m \in \{1, \ldots, n\}$ das System $\{g_1, \ldots, g_m\}$ ein erweitertes Tschebyschew-System ist.

Ein Funktionensystem $G = \{g_1, \ldots, g_n\}$ von Funktionen aus $C[a, b]$ heißt schwach Tschebyschew-System, falls die Determinante der Matrix $(g_i(t_j))_{i,j=1,\ldots,n}$ für jede Wahl von Punkten $a \le t_1 < \cdots < t_n \le b$ stets größer oder gleich 0 ist. Die bekanntesten Beispiele von schwach Tschebyschew-Systemen liefern ↗ Splinefunktionen.

Tschirnhaus, Ehrenfried Walter, Graf von, deutscher Mathematiker, geb. 10.4.1651 Kieslingswalde (bei Görlitz), gest. 11.10.1708 Dresden.

Ab 1668 studierte Tschirnhaus Mathematik, Philosophie und Medizin in Leiden. Später, 1674, begann er, durch Europa zu reisen und traf unter anderem Wallis in Oxford, Collins in London, sowie Leibniz und Huygens in Paris.

Tschirnhaus beschäftigte sich mit der Lösung von algebraischen Gleichungen und dem Studium von Kurven. Da sein Name oft fälschlicherweise mit Tschirnhausen angegeben wird, tragen auch die nach ihm benannten Transformationen und kubischen Kurven diese Bezeichnung.

Neben der Mathematik befaßte er sich mit dem Aufbau von Glashütten in Sachsen und war entscheidend an der Erfindung des Porzellans beteiligt.

Tschirnhausen-Kubics, die für $a > 0$ durch die Gleichung

$$y^2 = x^3 + ax^2$$

in der (x, y)-Ebene definierte Kurvenschar.

Tschirnhausen-Kubics finden in neuerer Zeit Anwendung im ↗ Computer-Aided Design.

Tschirnhausen-Transformation, ein Typus von Transformationen, die eine Nullstellengleichung $p(x) = 0$ für ein Polynom p in eine andere derartige Gleichung transformieren, bei der einige Koeffizienten des Polynoms zu Null werden.

Tschirnhausen selbst hatte irrtümlicherweise angenommen, daß es ihm mit Hilfe seiner Transformationen gelingen würde, jede Polynomgleichung n-ten Grades in die Form

$$x^n - c = 0$$

zu bringen, was die einfache Bestimmung sämtlicher Nullstellen von Polynomen beliebigen Grades ermöglicht hätte.

Es gelang ihm jedoch nur, zu beweisen, daß man die Koeffizienten von x^{n-1} und x^{n-2} $(n \ge 3)$ vernullen kann. Später (1834) konnte G.B.Jerrard zeigen, daß man auch noch den Koeffizienten von x^{n-3} zu Null machen kann.

TSP, abkürzende Bezeichnung für das ↗ Travelling Salesman Problem (Problem des Handlungsreisenden).

***t*-Test**, eine Bezeichnung für einen Typus spezieller ↗ Signifikanztests, deren Teststatistik (Testgröße) T unter der Annahme der Gültigkeit der Nullhypothese H_0 einer ↗ Studentschen t-Verteilung genügt (siehe auch ↗ Stichprobenfunktionen).

t-Tests werden u. a. zum Prüfen von Mittelwerten normalverteilter Grundgesamtheiten mit unbekannter Varianz verwendet. Man unterscheidet dabei den

1. t-Test zum Prüfen eines Erwartungswertes EX gegen einen vorgegebenen Wert μ_0
2. t-Test zum Vergleich zweier Erwartungswerte EX_1 und EX_2 unabhängiger Stichproben
3. t-Test zum Vergleich zweier Erwartungswerte EX_1 und EX_2 verbundener Stichproben

Tabelle 1 zeigt eine Übersicht über t-Tests zum Prüfen des Erwartungswertes EX einer normalverteilten Zufallsgröße X gegen einen vorgegebenen Wert μ_0. Dabei sind

$$\overline{X} = \frac{1}{n}\sum_{i=1}^{n} X_i \quad \text{und} \quad S^2 = \frac{1}{n-1}\sum_{i=1}^{n}(X_i - \overline{X})^2$$

die aus einer Stichprobe $(X_1, \ldots, X_n)$ von X berechneten Schätzungen für den Erwartungswert und die Varianz von X (↗ empirischer Mittelwert, ↗ empirische Streuung); $t_v(p)$ ist das untere p–Quantil (↗ Quantil) der t-Verteilung mit v Freiheitsgraden.

Tabelle 1: t-Tests zum Prüfen eines Erwartungswertes

$H_0 : EX = \mu_0$, $\qquad T = \sqrt{n}\,\frac{\overline{X}-\mu_0}{S}$

Alternativ-hypothese	Kritischer Wert	Entscheidungs-regel
(zweiseitig) $H_1 : EX \neq \mu_0$	$\varepsilon = t_{n-1}(1-\frac{\alpha}{2})$	$\mid T \mid > \varepsilon \to H_1$
(einseitig) $H_1 : EX > \mu_0$	$\varepsilon = t_{n-1}(1-\alpha)$	$\mid T \mid > \varepsilon \to H_1$
$H_1 : EX < \mu_0$	$\varepsilon = t_{n-1}(\alpha)$	$\mid T \mid < \varepsilon \to H_1$

Die t-Tests zum Prüfen der Hypothese

$$H_0 : EX_1 = EX_2$$

auf Gleichheit der Erwartungswerte zweier verbundener Stichproben werden auf Tabelle 1 mit $X = X_1 - X_2$ und $\mu_0 = 0$ zurückgeführt.

Tabelle 2 zeigt eine Übersicht über die t-Tests zum Prüfen der Gleichheit der Erwartungswerte zweier unabhängiger Stichproben. Dabei werden für die Berechnung der Teststatistik T und der Freiheitsgrade v des t-Quantils zwei Fälle unterschieden:

a) X_1 und X_2 haben gleiche Varianzen, und b) die Varianzen von X_1 und X_2 sind ungleich, siehe Tabelle 3.

Tabelle 2: t-Tests zum Vergleich der Erwartungswerte zweier unabhängiger Stichproben

$H_0 : EX_1 = EX_2$, $\quad T = \frac{\overline{X}_1 - \overline{X}_2}{S}$

Alternativhypothese	Kritischer Wert	Entscheidungsregel
(zweiseitig) $H_1 : EX_1 \neq EX_2$	$\varepsilon = t_v(1 - \frac{\alpha}{2})$	$\mid T \mid > \varepsilon \to H_1$
(einseitig) $H_1 : EX_1 > EX_2$	$\varepsilon = t_v(1 - \alpha)$	$\mid T \mid > \varepsilon \to H_1$
$H_1 : EX_1 < EX_2$	$\varepsilon = t_v(\alpha)$	$\mid T \mid < \varepsilon \to H_1$

Tabelle 3: $\hat{\sigma}$ und v zu Tabelle 2

Fall a): gleiche Varianzen:

$$\hat{\sigma} = S\sqrt{\frac{1}{n_1} + \frac{1}{n_2}}$$

mit $S^2 = \frac{(n_1-1)S_1^2+(n_2-1)S_2^2}{n_1+n_2-2}$ und $v = n_1 + n_2 - 2$

Fall b): ungleiche Varianzen:

$$\hat{\sigma} = \sqrt{\frac{S_1^2}{n_1} + \frac{S_2^2}{n_2}}$$

v wird approximiert durch

$$v = \frac{\hat{\sigma}^2}{\left(\frac{S_1^2}{n_1}\right)\frac{1}{n_1+1} + \left(\frac{S_2^2}{n_2}\right)\frac{1}{n_2+1}} - 2 \text{ (ganzzahlig aufrunden)}$$

Liegt für die Zufallsgrößen keine ↗ Normalverteilung vor, so wird der t-Test aufgrund seiner Robustheit gegenüber Abweichungen von der Normalverteilung in der Regel trotzdem angewendet, wenn die Stichprobenumfänge n bzw. n_1 und n_2 hinreichend groß sind. Bei kleinen Stichprobenumfängen empfiehlt es sich, einen parameterfreien ↗ Rangtest, wie den ↗ U-Test von Mann und Whitney oder den ↗ Wilcoxon-Test anzuwenden.

Ein Beispiel. Zwei unterschiedlich organisierte Fertigungsstraßen zur Produktion von Fahrradfelgen sollen hinsichtlich der mittleren Durchlaufzeit EX_1 und EX_2 miteinander verglichen werden. Es soll überprüft werden, ob sich bei Fertigungsstraße 2 eine Verbessserung ergibt. Wir formulieren dieses Problem als einseitiges Testproblem für zwei unabhängige Stichproben mit der Alternative

$$H_1 : EX_1 > EX_2.$$

Zum Prüfen werden in jedem System $n = 10$ Durchlaufzeiten erfaßt. Aus diesen beiden Stichproben werden für die arithmetischen Mittel und die Streuungen folgende Werte berechnet:

System	Mittel	Streuung
S1	$\overline{X_1} = 37{,}6$	$S_1^2 = (11{,}03)^2$
S2	$\overline{X_2} = 39{,}3$	$S_2^2 = (10{,}28)^2$

Der F-Test auf Gleichheit der Varianzen ergibt für die Teststatistik F und die kritischen Werte ε_1 und ε_2:

$$\begin{aligned} F &= \frac{s_1^2}{s_2^2} = 1{,}15 \text{ , und} \\ \varepsilon_1 &= F_{n_1-1,n_2-1}(\tfrac{\alpha}{2}) \\ &= F_{9,9}(0{,}025) = \frac{1}{F_{9,9}(0{,}975)} = \frac{1}{4{,}026} = 0{,}284 \\ \varepsilon_2 &= F_{n_1-1,n_2-1}(1 - \tfrac{\alpha}{2}) = F_{9,9}(0{,}975) = 4{,}026 \end{aligned}$$

Da $\varepsilon_1 < F < \varepsilon_2$ gilt, sind die Varianzen als gleich anzusehen. Wir berechnen nun $\hat{\sigma}$ und v gemäß Tabelle 3, Fall a), und führen den t-Test wie in Tabelle 2 beschrieben durch. Es ergibt sich

$$S^2 = \frac{9(11{,}03)^2 + 9(10{,}8)^2}{18} = 113{,}67$$

und $S = 10{,}66$.

Daraus erhalten wir

$$\hat{\sigma} = 10{,}66\sqrt{\frac{2}{10}} = 4{,}77$$

und $v = 10 + 10 - 2 = 18$.

Für die Teststatistik ergibt sich damit

$$T = \frac{\overline{X_1} - \overline{X_2}}{\hat{\sigma}} = \frac{-1{,}7}{4{,}77} = -0{,}36$$

Aus ↗ Tabellen der mathematischen Statistik liest man die kritischen Werte ab:

$$\varepsilon = t_{18}(0{,}05) = -t_{18}(0{,}95) = -1{,}734.$$

Da $T > \varepsilon$ ist, entscheiden wir uns für die Ablehnung von H_0, d. h., die Variante 2 liefert kürzere Durchlaufzeiten.

Tubengebiet, wichtiges Beispiel in der Theorie der Holomorphiebereiche, insbesondere für die Anwendung von pseudokonvexen Gebieten.

Die holomorph konvexen Tubengebiete spielen eine Rolle in der Quantenphysik. Vom mathematischen Standpunkt aus sind sie bemerkenswert, da sie zu den wenigen Gebieten G im $\mathbb{C}^n$ gehören, deren holomorphe Hülle in $\mathbb{C}^n$ (also ein Holomorphiegebiet, welches G enthält, und auf welches jede Funktion in $\mathcal{O}(G)$ holomorph fortsetzbar ist) nicht nur existiert, sondern explizit angegeben werden kann.

Ist B ein Gebiet im $\mathbb{R}^n$, dann heißt das Gebiet

$$T_B := B + i\mathbb{R}^n$$

das Tubengebiet über B in $\mathbb{C}^n$. Es gilt:

Für ein Gebiet B im $\mathbb{R}^n$ sind die folgenden Aussagen äquivalent:

i) B ist konvex.
ii) T_B ist konvex.
iii) T_B ist holomorph konvex.
iv) T_B ist pseudokonvex.

Tucker, Albert William, kanadischer Mathematiker, geb. 28.11.1905 Oshawa (Kanada), gest. 25.1. 1995 New Jersey.

Nach dem Studium von 1924 bis 1929 an der Universität in Toronto wechselte Tucker an die Princeton University, wo er 1932 bei Lefschetz promovierte. Nach kurzen Aufenthalten in Cambridge, Harvard und Chikago kehrte er nach Princeton zurück, wo er 1934 Assistant Professor, 1938 Associate Professor, und schließlich 1946 ordentlicher Professor wurde. Diese Position hatte er bis zu seiner Emeritierung 1974 inne.

Tucker startete seine wissenschaftliche Tätigkeit auf dem Gebiet der Topologie, begann jedoch bald, sich den damals neuen Disziplinen Optimierung und Spieltheorie zuzuwenden, deren Entwicklung er wichtige Impulse gab. Er veröffentlichte zum Simplexalgorithmus, zu Dualitätssätzen und zur nichtlinearen Optimierung. Sein Name ist verbunden mit dem Begriff der Karush-Kuhn-Tucker-Bedingung.

Tukey-Lemma, zum ↗Auswahlaxiom äquivalenter Satz:

Sei $\mathcal{A}$ eine nichtleere Menge von Mengen mit der Inklusion „$\subseteq$" als Ordnungsrelation. $\mathcal{A}$ habe die Eigenschaft, daß eine Menge A genau dann ein Element von $\mathcal{A}$ ist, wenn jede endliche Teilmenge von A ein Element von $\mathcal{A}$ ist.

Dann enthält $\mathcal{A}$ ein $\subseteq$-maximales Element, das heißt, ein Element, das in keinem anderen Element von $\mathcal{A}$ echt enthalten ist.

Tumorwachstum, in der ↗Mathematischen Biologie Gegenstand mathematischer Modellbildung (Randwertaufgaben partieller Differentialgleichungen mit freien Rändern, Anregung des Gefäßwachstums).

Tunneleffekt, die Erscheinung, daß mikrophysikalische Teilchen in Raumgebieten beobachtet werden können, in die sie nach der klassischen Mechanik nicht gelangen können.

Beispiel: Ein Teilchen der Masse m, das sich nur in x-Richtung bewegen kann, befinde sich links von einer Potentialschwelle, die Gesamtenergie des Teilchens sei E. Es bewege sich in einem Potential U mit der Eigenschaft, daß auf einem endlichen Intervall $I = (x_0, x_1)$ $E < U$ ist. Nach der klassischen Mechanik kann das Teilchen nicht in diesen Bereich eindringen: Es ist

$$E = \frac{1}{2m}p^2 + U$$

($p = mv$, Teilchengeschwindigkeit v), und $E < U$ auf I würde bedeuten, daß $\frac{1}{2m}p^2$ negativ sein müßte. Der scheinbare Widerspruch zwischen klassischer und Quantenmechanik klärt sich auf, wenn man bedenkt, daß die beiden Terme in E wegen der ↗Heisenbergschen Unschärferelation nach der Quantenmechanik nicht gleichzeitig definierte Werte haben können. Die Eindringtiefe in den klassisch verbotenen Bereich kann man mit der ↗Wentzel-Kramers-Brillouin-Methode berechnen. G. Gamov hat 1928 den α-Zerfall von Atomkernen auf der Basis des Tunneleffekts erläutert.

Tupel, ↗geordnetes n-Tupel, ↗Verknüpfungsoperationen für Mengen.

Turán, graphentheoretischer Satz von, sagt aus, daß für $r, n \geq 2$ der ↗Graph $T_r(n)$ der eindeutige kantenmaximale Graph der Ordnung n ist, der keinen vollständigen Graphen K_{r+1} der Ordnung $r+1$ als ↗Teilgraphen enhält.

Dabei ist der sogenannte *Turánsche Graph* $T_r(n)$ der vollständige r-partite Graph, dessen Partitionsmengen für $1 \leq i \leq r$ jeweils die Kardinalität $\lfloor \frac{n+i-1}{r} \rfloor$ haben.

Turán bewies diesen Satz 1941. Man erkennt leicht, daß der $T_r(n)$ mindestens $\left(1 - \frac{1}{r}\right)\binom{n}{2}$ Kanten enthält. Ein Graph der Ordnung n mit mehr Kanten als $T_r(n)$ enthält also zwangsläufig einen K_{r+1} als Teilgraphen.

Der Satz von Erdős-Stone (↗Erdős-Stone, Satz von) verschärft diese letzte Aussage wesentlich.

Turán, Paul, ungarischer Mathematiker, geb. 28.8.1910 Budapest, gest. 26.9.1976 Budapest.

Turán schloß sein Studium in Budapest 1935 ab. Da er jüdischen Glaubens war, fand er aber zunächst keine feste Anstellung. Von 1941 bis 1944 war er von den Nationalsozialisten in einem Arbeitslager interniert. Nach dem zweiten Weltkrieg weilte er zunächst einige Jahre zu Studienzwecken in Dänemark und den USA, bevor er 1949 eine Professur an der Universität Budapest übernahm.

Turán war in erster Linie Zahlentheoretiker. Bereits 1938 entwickelte er die sog. Potenzreihenmethode, die er zeitlebens weiter verfolgte. Viele

Arbeiten, insbesondere zur Graphentheorie, veröffentlichte er zusammen mit Erdős. Weitere wichtige Publikationen Turáns betrafen die Gruppentheorie und die Numerische Mathematik.

Turán, Satz von, ↗Turán, graphentheoretischer Satz von, ↗Turán, zahlentheoretischer Satz von.

Turán, zahlentheoretischer Satz von, ein 1934 von Turán bewiesenes Resultat über das asymptotische Verhalten der ↗zahlentheoretischen Funktion $\omega : \mathbb{N} \to \mathbb{N}$, die jeder natürlichen Zahl n die Anzahl $\omega(n)$ der verschiedenen Primteiler von n zuordnet:

Sei $\xi : \mathbb{N} \to \mathbb{R}$ eine beliebige Funktion mit

$$\lim_{x\to\infty} \xi(N) = \infty,$$

und bezeichne $\log_2 N := \log\log N$.

Dann gilt

$$\left|\left\{n \le N : |\omega(n) - \log_2 N| > \xi(N)\sqrt{\log_2 N}\right\}\right| \ll \frac{N}{\xi(N)^2}.$$

In Worten: Die Anzahl der natürlichen Zahlen $n \le N$, für die $\omega(n)$ stärker von $\log_2 N$ abweicht als $\xi(N)\sqrt{\log_2 N}$, ist (insbesondere für $N \to \infty$) durch eine Konstante mal $N/\xi(N)^2$ beschränkt.

Die zahlentheoretische Funktion $\omega(n)$ zeigt ein ziemlich unregelmäßiges Verhalten, das die Kompliziertheit der Primzahlverteilung widerspiegelt: Für eine Primzahlpotenz $n = p^\nu$ ($\nu \in \mathbb{N}$) gilt

$$\omega(p^\nu) = 1,$$

dagegen ist für eine quadratfreie Zahl $n = p_1 \dots p_n$ mit lauter verschiedenen Primfaktoren

$$\omega(p_1 \dots p_n) = n.$$

Diese Funktion ist zu unterscheiden von $\Omega(n)$, die die gesamte Anzahl der Primfaktoren von n bezeichnet, d. h., jeder Primteiler $p \mid n$ wird mit seiner Vielfachheit gezählt:

$$\Omega(p^\nu) = \nu.$$

Sowohl $\omega(n)$ als auch $\Omega(n)$ sind eine additive zahlentheoretische Funktion, denn es gilt

$$\begin{aligned} \omega(mn) &= \omega(m) + \omega(n), \\ \Omega(mn) &= \Omega(m) + \Omega(n) \end{aligned}$$

für teilerfremde natürliche Zahlen m, n.

Das folgende Resultat wird häufig als Satz von Hardy und Ramanujan bezeichnet:

Die Anzahl der Primfaktoren einer natürlichen Zahl n, ob mit oder ohne Vielfachheiten gezählt, ist normal asymptotisch zu $\log\log n$.

Den Teil dieses Satzes, der sich auf $\omega(n)$ bezieht, kann man als qualitative Version des Satzes von Turán betrachten. Zum Beweis seiner schärferen quantitativen Version benutzte Turán die folgende Turán-Kubilius-Ungleichung:

Es gibt eine Funktion $\varepsilon : (0, \infty) \to \mathbb{R}$ mit $\lim_{x\to\infty} \varepsilon(x) = 0$ und der folgenden Eigenschaft: Für jede additive zahlentheoretische Funktion $f : \mathbb{N} \to \mathbb{C}$ gilt

$$\frac{1}{x}\sum_{n\le x} |f(n) - A(x)|^2 \le (2 + \varepsilon(x))\, B(x)^2$$

für $x \ge 2$, mit den Bezeichnungen

$$A(x) = \sum_{p^\nu \le x} \frac{f(p^\nu)(1 - p^{-1})}{p^\nu}$$

und

$$B(x)^2 = \sum_{p^\nu \le x} \frac{|f(p^\nu)|^2}{p^\nu}.$$

Turánsche Ungleichung, Typus einer Ungleichung der Form

$$(p_n(x))^2 \ge p_{n+1}(x) \cdot p_{n-1}(x), \qquad (1)$$

wobei p_n eine Folge von Funktionen, meist orthogonalen Polynomen, bezeichnet.

Turán selbst hat die Gültigkeit von (1) für die Folge der ↗Legendre-Polynome bewiesen.

Turing, Alan Mathison, englischer Ingenieur und Mathematiker, geb. 23.6.1912 London, gest. 7.6.1954 Wilmslow (England).

Von 1931 bis 1935 studierte Turing Mathematik am King's College in Cambridge. Er war danach zunächst am College tätig, und arbeitete dann von 1936 bis 1938 am Princeton College in den USA. Hier promovierte er 1938. Von 1945 bis 1948 war er am National Laboratory of Physics und an der Universität Manchester mit dem Bau und dem Einsatz von Großrechenanlagen befaßt.

Turing arbeitete hauptsächlich auf dem Gebiet der Berechnungstheorie. Durch den Begriff der Turing-Maschine führte er einen abstrakten Begriff der Berechenbarkeit eines Problems ein. Neben diesen theoretischen Arbeiten befaßte er sich mit dem Bau von Rechnern und insbesondere mit der Strukturierung von Programmen für Großrechenanlagen. Bekannt wurde sein Name auch durch die unter seiner Leitung während des Zweiten Weltkriegs entwickelte „Turing-Bombe", eine Dechiffriermaschine, mit deren Hilfe man die durch die deutsche ENIGMA verschlüsselten Botschaften knacken konnte; diese Arbeit Turings gilt als kriegsentscheidend. Turing interessierte sich auch für philosophische Fragestellungen der Informatik, etwa der Frage nach maschineller Intelligenz.

Turing-berechenbar, Bezeichnung für eine Funktion, die mittels einer ↗Turing-Maschine berechnet werden kann.

Da aufgrund der ↗Churchschen These alle Berechenbarkeitsbegriffe untereinander äquivalent sind, wird der Vorsatz „Turing" auch oft weggelassen.

Turing-Grad, *Rekursivitätsgrad*, *Unlösbarkeitsgrad*, Bezeichnung für eine Äquivalenzklasse bezüglich der Relation $\leq_T$ (↗Orakel-Turing-Maschine).

Dies bedeutet, daß zwei Mengen A und B denselben Turing-Grad haben, falls A relativ zu B entscheidbar ist und umgekehrt. Siehe hierzu auch ↗Theorie der Unlösbarkeitsgrade.

Turing-Grad-Theorie, ↗Theorie der Unlösbarkeitsgrade.

Turing-Maschine, von A. Turing 1936 eingeführtes Modell eines abstrakten Rechenautomaten, das „berechnungsuniversell" ist.

Formal ist eine (deterministische 1-Band-1-Kopf-) Turing-Maschine ein Tupel $(\Sigma, A, Q, \delta, q_0, F)$, wobei $\Sigma \supseteq A \cup \{b\}$ das (endliche) Bandalphabet, A das Eingabealphabet, $b \notin A$ ein spezielles Symbol (Leerzeichen, „blank"), Q eine endliche Zustandsmenge, $q_0 \in Q$ der Anfangszustand, $F \subseteq Q$ die Menge der Endzustände, sowie

$$\delta : Q \times \Sigma \rightarrow Q \times \Sigma \times \{l, r\})$$

die Zustandsübergangsfunktion ist.

Eine Turing-Maschine arbeitet auf einem beidseitig unendlichen Band mit (abzählbar) unendlich vielen, nebeneinanderliegenden Feldern, die mit jeweils einem Zeichen beschriftet sind, und zwar fast alle Felder mit dem Zeichen b (d. h., sie sind „leer"). Die Maschine arbeitet auf diesem Band, auf dem immer genau ein Feld markiert ist, schrittweise gemäß der Zustandsübergangsfunktion δ, d. h., sie befindet sich vor und nach jedem ausgeführten Schritt in genau einem der Zustände $q \in Q$, und liest das auf dem markierten Feld befindliche Zeichen $a \in \Sigma$. Bei jedem Schritt geht sie in einen (ggf. neuen) Zustand $q' \in Q$ über und führt gemäß δ genau eine von drei möglichen Aktionen aus:

Ist $\delta(q, a) = (q', a', x)$, so vertauscht sie das aktuelle Zeichen a auf dem markierten Feld gegen das (evtl. andere) Zeichen $a' \in \Sigma$. Danach wandert die Markierung einen Schritt nach rechts (sofern $x = r$) bzw. nach links (sofern $x = l$), und der Zustand geht von q nach q' über. Die Maschine stoppt genau dann, wenn sie in einen Endzustand $q \in F$ gerät, oder wenn $\delta(q, a)$ nicht definiert ist.

Eine Turing-Maschine kann in folgender Weise eine ↗arithmetische Funktion f berechnen: Mit Hilfe des Alphabetes A werden natürliche Zahlen z. B. binär oder dezimal dargestellt. Zu Beginn der Berechnung stehen die Argumente des zu berechnenden Funktionswertes in dieser Weise codiert unmittelbar rechts von der Markierung auf dem Band; bei mehreren Argumenten jeweils durch ein „blank" getrennt. Alle anderen Felder sind mit „blanks" beschriftet. Außerdem befindet sich die Maschine im Anfangszustand q_0. Nun führt sie die Berechnung in obiger Weise nach der vorgegebenen Zustandsübergangsfunktion durch. Stoppt die Maschine nach endlich vielen Schritten und befindet sich dann auf dem Band unmittelbar rechts von der Markierung ein zulässiger Funktionswert, wobei alle anderen Felder leer sind, so wurde die Rechnung erfolgreich zu Ende geführt. In allen anderen Fällen bleibt der Funktionswert undefiniert (↗partielle Funktion).

Man nennt eine auf diese Weise von einer Turing-Maschine berechenbare arithmetische Funktion kurz eine (Turing-)berechenbare Funktion. Dieser Begriff ist unabhängig von dem zugrundegelegten Formalismus. Insbesondere ist es für den Berechnungsbegriff unerheblich, ob man eine Turing-Maschine mit einem oder mehreren (oder mehrdimensionalen) Bändern oder separatem Eingabe- und Ausgabeband verwendet, oder ein oder mehrere (oder voneinander getrennte) Schreib- und Leseköpfe zuläßt.

Ein wichtiges unentscheidbares Problem (↗Entscheidbarkeit) ist das ↗Halteproblem für Turing-Maschinen.

Die Turing-Maschine ist „berechnungsuniversell", da sich eine ↗universelle Turing-Maschine angeben läßt, die gesteuert über einen Teil der Eingabe jede beliebige berechenbare Funktion realisieren kann.

In der Theorie der ↗formalen Sprachen spielen Turing-Maschinen insofern eine wesentliche Rolle, als die Klasse der von einer beliebigen Turing-Maschine erkennbaren Sprachen mit der Klasse der von einer ↗allgemeinen Grammatik erzeugbaren Sprachen zusammenfällt. Die Typ 0-Sprachen stimmen daher mit den ↗rekursiv aufzählbaren Sprachen überein.

Turing-Reduktion, Begriff im Kontext ↗Komplexitätstheorie.

Ein Problem P_1 ist auf ein Problem Turing-reduzierbar, Notation $P_1 \leq_T P_2$, wenn es einen ↗polynomialen Algorithmus gibt, der P_1 löst und dabei in konstanter Zeit aus einer Black Box Lösungen für das Problem P_2 erhält.

Ist P_2 in polynomieller Zeit lösbar, ergibt sich ein polynomialer Algorithmus für P_1, indem die Black Box durch den Algorithmus für P_2 ersetzt wird. Turing-Reduktionen sind Verallgemeinerungen von ↗polynomiellen Zeitreduktionen und nicht nur auf Sprachen und ↗Entscheidungsprobleme, sondern auch auf ↗Suchprobleme anwendbar.

Turing-System, innerhalb der ↗Mathematischen Biologie die Vorstellung, daß regelmäßige Muster auf Tieren oder Pflanzen dadurch zustandekommen, daß zwei Substanzen miteinander reagieren und zugleich diffundieren.

Durch das Zusammenwirken eines Aktivators mit geringer Reichweite (niedriger Diffusionsrate) und eines Inhibitors mit großer Reichweite wird der räumlich homogene Zustand instabil, und es entstehen Muster (Pattern oder Prepattern). Mathematische Modelle liegen vor in Form von ↗Reaktions-Diffusionsgleichungen. Der mathematische Grund für die Instabilität liegt darin, daß der Diffusions- und der Reaktions-Operator nicht vertauschen.

Der Turing-Mechanismus spielt sicher bei der Musterbildung in der belebten und der unbelebten Natur eine Rolle, wenn es auch schwierig ist, die Rollen von Aktivator und Inhibitor konkreten Substanzen zuzuweisen.

Turnier, eine Orientierung des vollständigen Graphen K_n, im allgemeinen mit T_n bezeichnet.

Den Ausgang eines Wettkampfes von n Teams, von denen jedes genau einmal gegen jedes andere gespielt hat, und bei dem ein Unentschieden ausgeschlossen ist (z. B. ein Volleyballturnier), kann man durch ein Turnier T_n darstellen.

Nach einem klassischen Resultat von L. Rédei (1934) besitzt jedes Turnier eine ungerade Anzahl von gerichteten Hamiltonschen Wegen. Insbesondere existiert daher in jedem Turnier mindesten ein gerichteter Hamiltonscher Weg. Erst 25 Jahre später bewies P. Camion, daß jedes stark zusammenhängende Turnier sogar Hamiltonsch ist. Dieses Ergebnis wurde dann 1966 von J.W. Moon durch folgenden Satz erheblich erweitert.

Jede Ecke eines stark zusammenhängenden Turniers T_n liegt auf einem gerichteten Kreis der Länge p für alle p mit $3 \le p \le n$.

Es seien $x_1, x_2, \ldots, x_n$ die Ecken eines Turniers T_n. Setzen wir $d^+_{T_n}(x_i) = s_i$ für alle $i = 1, 2, \ldots, n$, so gelte ohne Beschränkung der Allgemeinheit

$$s_1 \le s_2 \le \cdots \le s_n \,.$$

Aus dem Handschlaglemma folgt leicht, daß dann notwendig

$$\sum_{i=1}^{p} \ge \frac{p(p-1)}{2}$$

für alle $p = 1, 2, \ldots, n$ gelten muß.

Umgekehrt hat H.G. Landau 1953 mittels eines schwierigen Beweises gezeigt, daß jede Sequenz ganzer Zahlen mit

$$0 \le s_1 \le s_2 \le \cdots \le s_n \le n-1\,,$$

die obige Ungleichungen erfüllt, tatsächlich durch ein Turnier T_n realisiert werden kann, so daß $d^+_{T_n}(x_i) = s_i$ für alle $i = 1, 2, \ldots, n$ gilt.
Für reguläre Turniere T_n, die notwendig eine ungerade Anzahl von Ecken $n = 2q+1$ besitzen müssen, existiert die seit mehr als 30 Jahren ungelöste Vermutung von P. Kelly:

Jedes reguläre Turnier T_{2q+1} läßt sich in q gerichtete Hamiltonsche Kreise zerlegen.

Tutte, Satz von, ↗Faktortheorie.

TVD-Eigenschaft, ↗total-variation-diminishing-Eigenschaft.

t-Verteilung, ↗Studentsche t-Verteilung.

Twist-Vektor, Bezeichnung für die gemischte zweite Ableitung

$$\frac{\partial f(u,v)}{\partial u \partial v}$$

einer Fläche $f(u, v)$.

Twist-Vektoren treten als Formparameter von ↗Freiformflächen auf.

Tychonow, Andrej Nikolajewitsch, russischer Mathematiker geb. 30.10.1906 Gshatsk (Smolensk) gest. 1993 .

Tychonow studierte bis 1917 an der Universität Moskau, an der er auch zeitlebens verblieb, ab 1936 als Professor.

Tychonow befaßte sich mit Problemen aus verschiedenen Teilbereichen der Mathematik, sein Hauptinteresse galt jedoch stets der Topologie. Hier befaßte er sich mit Produkten topologischer Räume und Fixpunkten stetiger Abbildungen; auch führte er den Begriff des vollständig regulären Raumes ein.

Tychonow-Raum, auch vollständig regulärer Raum, ein topologischer Raum, welcher dem ↗Trennungsaxiom T_{3a} genügt; manchmal wird zusätzlich noch die Eigenschaft T_1 verlangt.

Tychonow-Regularisierung, spezielles Regularisierungsverfahren ↗schlecht gestellter Aufgaben, welches das ursprüngliche Problem in ein Minimierungsproblem überführt.

Ist beispielsweise das lineare Gleichungssystem $Ax = b$ schlecht gestellt, so sucht man bei der

Tychonow-Regularisierung das Minimum des Funktionals

$$\Phi_\gamma(x) \ := \ ||Ax - b||^2 + \gamma||x||^2,$$

wobei $\gamma||x||^2$ ein sogenannter Strafterm ist, der verhindern soll, daß die Lösung instabil wird. Zu jedem der sogenannten Regularisierungsparameter $\gamma > 0$ gibt es eine Lösung $x = x_\gamma$. Da man eigentlich am Minimum von $||Ax - b||^2$ interessiert ist, ist die geeignete Wahl von γ entscheidend für die Brauchbarkeit der Lösung. Üblicherweise orientiert man sich bei dieser Wahl heuristisch an der Genauigkeit, mit der die Problemdaten zur Verfügung stehen.

Typ einer Partition, Ausdruck, der bestimmte Eigenschaften einer ↗Partition beschreibt.

Ist $\pi \in P(n)$, wobei $P(n)$ der Partitionsverband einer n-elementigen Menge ist, so ist der Typ t der Partition π durch

$$t(\pi) := 1^{b_1} \cdots n^{b_n} \iff [0, \pi] = \prod_{i=1}^{n} P(i)^{b_i}$$

definiert, wobei $P(i)^0 = \{0\}$ gesetzt wird. Dabei ist die rechte Seite allerdings kein Produkt, sondern nur eine bequeme Schreibweise.

Beispiel: Die Partitionen π vom Typ

$$t(\pi) \ = \ 1^{n-k}k\,, \quad 1 \le k \le n\,,$$

sind jene Partitionen, deren Blöcke bis auf höchstens einen einelementig sind.

Typ einer Permutation, Ausdruck, der bestimmte Eigenschaften einer ↗Permutation beschreibt.

Ist f eine Permutation der Menge $\{1, 2, \ldots, n\}$ mit genau b_i Zyklen der Länge i, $1 \le i \le n$, so ist der Typ $t(f)$ von f definiert als der Ausdruck

$$t(f) \ = \ 1^{b_1}\,2^{b_2} \cdots n^{b_n}.$$

Dabei ist die rechte Seite allerdings kein Produkt, sondern nur eine bequeme Schreibweise.

Eine Permutation vom Typ $1^{n-2}\,2^1$ besitzt genau einen Zyklus der Länge 2 und sonst nur ↗triviale Zyklen, d. h., sie ist eine Transposition.

Beispiel: Die Permutation

$$f = \begin{pmatrix} 1 & 2 & 3 & 4 & 5 & 6 & 7 & 8 & 9 \\ 2 & 5 & 6 & 4 & 8 & 7 & 3 & 1 & 9 \end{pmatrix}$$

ist vom Typ $t(f) = 1^2\,3^1\,4^1$, weil die Zyklendarstellung von f $[1, 2, 5, 8]\,[3, 6, 7]\,[4]\,[9]$ ist.

Typ und Kotyp eines Banachraums, Konzept der lokalen Banachraumtheorie.

Sei (ε_n) eine Folge unabhängiger Zufallsvariablen mit $\mathbb{P}(\varepsilon_n = 1) = \mathbb{P}(\varepsilon_n = -1) = 1/2$; die ε_n können also als unabhängige zufällige Vorzeichen interpretiert werden.

Ein Banachraum hat Typ p, $1 \le p \le 2$, falls eine Konstante $T_p < \infty$ mit

$$\mathbb{E}\left\|\sum_{k=1}^{n} \varepsilon_k x_k\right\| \ \le \ T_p\left(\sum_{k=1}^{n} \|x_k\|^p\right)^{1/p}$$

für alle endlichen Folgen $(x_1, \ldots, x_n) \subset X$ existiert.

Analog hat ein Banachraum Kotyp q, $2 \le q < \infty$, falls es eine Konstante $C_q > 0$ mit

$$\mathbb{E}\left\|\sum_{k=1}^{n} \varepsilon_k x_k\right\| \ \ge \ C_q\left(\sum_{k=1}^{n} \|x_k\|^q\right)^{1/q}$$

für alle endlichen Folgen $(x_1, \ldots, x_n) \subset X$ gibt.

Nach der Ungleichung von ↗Chinčin-Kahane kann man den Erwartungswert auf der linken Seite auch durch höhere Momente ersetzen. Jeder Banachraum hat Typ 1.

Seien

$$p_X \ = \ \sup\{p : X \text{ hat Typ } p\}$$

und

$$q_X \ = \ \inf\{q : X \text{ hat Kotyp } q\}\,.$$

Für $X = L^r$ ist $p_X = \min\{r, 2\}$ und $q_X = \max\{r, 2\}$, und L^r hat sogar diesen Typ bzw. Kotyp. Insbesondere hat ein Hilbertraum den optimalen Typ 2 und den optimalen Kotyp 2. Der Satz von Kwapień besagt die Umkehrung dieses Sachverhalts:

Hat ein Banachraum sowohl den Typ 2 als auch den Kotyp 2, so ist er isomorph zu einem Hilbertraum.

Ein fundamentales Resultat der lokalen Banachraumtheorie ist der Satz von Maurey-Pisier:

ℓ^{p_X} und ℓ^{q_X} sind stets in X endlich darstellbar (↗endliche Darstellbarkeit von Banachräumen).

Typenhierachie, ↗naive Mengenlehre.

Typentheorie, ↗naive Mengenlehre.

U

überabzählbare Menge, Menge, deren Kardinalität größer ist als die Kardinalität der natürlichen Zahlen.

Siehe auch ↗ Kardinalzahlen und Ordinalzahlen.

überbestimmtes System, ein lineares Gleichungssytem $Ax = b$ mit $A \in \mathbb{R}^{m \times n}$, $b \in \mathbb{R}^m$ und $m > n$, bei dem also mehr Gleichungen als Unbekannte gegeben sind.

Typischerweise hat ein überbestimmtes System keine exakte Lösung $x \in \mathbb{R}^n$, es sei denn $b \in \mathrm{Im}(A)$. Man betrachtet dann häufig das Ersatzproblem

$$\min_{x \in \mathbb{R}^n} ||Ax - b||_2 ,$$

d. h., man sucht einen Vektor x, der den Fehler $||Ax - b||_2$ so klein wie möglich macht. Dieses Ersatzproblem wird lineares Ausgleichsproblem genannt, siehe hierzu ↗ Ausgleichsrechnung. Eine Lösung berechnet man z. B. mittels der ↗ Methode der kleinsten Quadrate.

überdeckende Eckenmenge, ↗ Eckenüberdeckungszahl.

überdeckende Kantenmenge, ↗ Eckenüberdeckungszahl.

Überdeckung, Familie $\mathfrak{U}$ von Teilmengen eines topologischen Raumes $(X, \mathcal{O})$, welche eine gegebene Teilmenge M von X überdecken, für die also $M \subseteq \bigcup_{U \in \mathfrak{U}} U$ gilt.

Die Überdeckung $\mathfrak{U}$ von M heißt offen, wenn $\mathfrak{U} \subseteq \mathcal{O}$, d. h. wenn jedes $U \in \mathfrak{U}$ offen ist; sie heißt endlich (bzw. abzählbar), wenn die Menge $\mathfrak{U}$ endlich (bzw. abzählbar) ist. Eine Überdeckung nennt man lokalendlich, wenn jedes $x \in X$ eine Umgebung besitzt, welche höchstens endlich viele $U \in \mathfrak{U}$ schneidet.

Eine Teilmenge $\mathfrak{V} \subseteq \mathfrak{U}$ heißt Teilüberdeckung von $\mathfrak{U}$, wenn $M = \bigcup_{V \in \mathfrak{V}} V$ gilt. Eine Verfeinerung $\mathfrak{V}$ einer Überdeckung $\mathfrak{U}$ ist eine Überdeckung, für welche jedes $V \in \mathfrak{V}$ in einem $U \in \mathfrak{U}$ enthalten ist.

Jeder topologische Raum $(X, \mathcal{O})$ besitzt die offene Überdeckung $\mathcal{O}$. Die offenen Intervalle bilden beispielsweise eine offene Überdeckung von $\mathbb{R}$ bezüglich der natürlichen Topologie.

Überdeckung einer Booleschen Funktion, zu einer Booleschen Funktion $f : D \to \{0, 1\}$ mit $D \subseteq \{0, 1\}^n$ ein ↗ Boolescher Ausdruck w über den Variablen $x_1, \dots, x_n$ mit der Eigenschaft

$$\phi(w)(\alpha) \geq f(\alpha) \quad \forall \alpha \in D.$$

Hierbei ist $\phi(w)$ die durch w dargestellte ↗ Boolesche Funktion (↗ Boolescher Ausdruck).

Überdeckt der Boolesche Ausdruck w die vollständig spezifizierte ↗ Boolesche Funktion $\phi(v)$ für einen über den Variablen $x_1, \dots, x_n$ definierten Booleschen Ausdruck v, so nennt man den Booleschen Ausdruck w eine Überdeckung des Booleschen Ausdrucks v.

Überdeckungsdimension, ↗ topologische Dimension.

Überdeckungssprache, Klasse von ↗ Netzsprachen von ↗ Petrinetzen.

Zu einer gegebenen Menge von Endmarkierungen wird die zugehörige Überdeckungssprache aus denjenigen Schaltsequenzen gebildet, die die Anfangsmarkierung in eine Markierung überführen, die größer oder gleich einer der Endmarkierungen ist.

Überdeckungstest, Verfahren, das überprüft, ob ein gegebener ↗ Boolescher Ausdruck einen anderen gegebenen Booleschen Ausdruck oder eine gegebene ↗ Boolesche Funktion überdeckt (↗ Überdeckung einer Booleschen Funktion).

Übergangsmatrix, ↗ Markow-Kette.

Übergangswahrscheinlichkeit, Begriff aus der angewandten Wahrscheinlichkeitstheorie.

Zugrunde liegt ein System, welches durch einen diskreten oder kontinuierlichen Satz von Zuständen zu beschreiben ist.

Eine Anwendung ist die Versicherungsmathematik, wo der Zustandsraum aus (wenigen) Elementarzuständen aufgebaut wird, etwa dem Alter einer versicherten Person, und der Eigenschaft „lebt" oder „ist tot". Die (einjährigen) Übergangswahrscheinlichkeiten für diesen elementaren Zustandsraum werden quantifiziert durch die Sterbewahrscheinlichkeit q_x für den Tod einer Person im Alter x und die komplementäre Überlebenswahrscheinlichkeit $p_x = 1 - q_x$. Aufbauend auf diesen elementaren Zuständen lassen sich leicht komplexe Situationen (z. B. Versicherungen von mehreren Personen) mathematisch modellieren.

überkonvergente Potenzreihe, eine Potenzreihe $\sum_{k=0}^{\infty} a_k z^k$ mit endlichem ↗ Konvergenzradius $R > 0$, die folgende Eigenschaft besitzt: Bezeichnet für $n \in \mathbb{N}_0$

$$s_n(z) := \sum_{k=0}^{n} a_k z^k$$

die n-te Teilsumme, so existiert eine Teilfolge (s_{n_m}) von (s_n), die in einem ↗ Gebiet $G \subset \mathbb{C}$, das den ↗ Konvergenzkreis $B_R(0)$ echt umfaßt, kompakt konvergent ist.

Dieses Phänomen nennt man Überkonvergenz. Aus dem Überkonvergenzsatz von Ostrowski (↗ Ostrowski, Überkonvergenzsatz von) folgt, daß manche ↗ Ostrowski-Reihen überkonvergente Potenzreihen sind.

Weitere überkonvergente Potenzreihen wurden von Porter konstruiert. Dazu sei q ein Polynom vom Grad d mit $q(0) = 0$ und $q(z_0) = 0$ für ein $z_0 \in \mathbb{C} \setminus \{0\}$. Weiter sei

$$f(z) = \sum_{k=0}^{\infty} a_k z^{m_k}$$

eine ↗Lückenreihe mit $m_{k+1} > dm_k$ und Konvergenzradius $R \in (0, \infty)$. Schließlich sei $g(z) := f(q(z))$, $V := \{z \in \mathbb{C} : |q(z)| < R\}$, und r die größte positive Zahl mit $B_r(0) \subset V$. Man beachte, daß V eine offene Menge ist und $0 \in V$. Dann ist g eine ↗holomorphe Funktion in V, und die ↗Taylor-Reihe

$$g(z) = \sum_{k=0}^{\infty} b_k z^k$$

von g um 0 ist eine überkonvergente Potenzreihe. Sie hat den Konvergenzradius r, und die Teilfolge (s_{dm_k}) von (s_n) ist kompakt konvergent in V. Die Zusammenhangskomponente V_0 von V mit $0 \in V_0$ umfaßt $B_r(0)$ echt und ist das ↗Holomorphiegebiet von $g|V_0$.

Wählt man z. B. $q(z) = z(1-z)$, so ist V ein ↗Cassini-Bereich, $V = V_0$ für $R > \frac{1}{4}$, und

$$r = \frac{1}{2}(\sqrt{1+4R} - 1) < R\,.$$

Überkonvergenz, ↗ überkonvergente Potenzreihe.

Überlagerung, ↗Überlagerung, analytische, ↗universelle Überlagerung.

Überlagerung, analytische, fundamentaler Begriff in der Funktionentheorie, insbesondere für die analytische Fortsetzung von Funktionskeimen.

Im folgenden seien X und Y stets topologische Räume. Eine Abbildung $p : Y \to X$ heißt Überlagerung(sabbildung), wenn sie stetig, offen und diskret ist. Ist $y \in Y$ und $x := p(y)$, so sagt man, der Punkt *y liegt über x*, und der Punkt x ist der *Grundpunkt* oder *Spurpunkt* von y.

Sind $p : Y \to X$ und $q : Z \to X$ zwei Überlagerungen von X, so nennt man eine Abbildung $f : Y \to Z$ spurtreu, wenn $p = q \circ f$ ist.

Ein Punkt $y \in Y$ heißt Verzweigungspunkt einer Überlagerung $p : Y \to X$, wenn es keine Umgebung V von y gibt, so daß $p \mid V$ injektiv ist. Die Abbildung p heißt unverzweigt, falls sie keine Verzweigungspunkte besitzt. Es gilt:

Eine Abbildung $p : Y \to X$ ist genau dann eine unverzweigte Überlagerung, wenn p lokaltopologisch ist, d. h., wenn jeder Punkt $y \in Y$ eine offene Umgebung V besitzt, die durch p homöomorph auf eine offene Teilmenge U von X abgebildet wird.

Eine Abbildung $p : Y \to X$ heißt unbegrenzte unverzweigte Überlagerung, wenn gilt: Jeder Punkt $x \in X$ besitzt eine offene Umgebung U so, daß sich das Urbild $p^{-1}(U)$ darstellen läßt als

$$p^{-1}(U) = \bigcup_{j \in J} V_j\,,$$

wobei die $V_j, j \in J$, paarweise disjunkte offene Teilmengen von Y, und alle Abbildungen $p \mid V_j \to U$ Homöomorphismen sind.

Achtung! In Lehrbüchern der Topologie versteht man unter einer Überlagerung meist das, was hier als unverzweigte unbegrenzte Überlagerung bezeichnet wird. In der Funktionentheorie ist es jedoch wichtig, auch verzweigte und begrenzte Überlagerungen zu betrachten.

Beispiele: a) Sei $k \in \mathbb{N}$, $k \geq 2$, und sei $p_k : \mathbb{C} \to \mathbb{C}$, $z \mapsto z^k$. Dann ist 0 der einzige Verzweigungspunkt von p_k. Die Abbildung

$$p_k : \mathbb{C}^* \to \mathbb{C}^*,\ z \mapsto z^k$$

ist unbegrenzt und unverzweigt.

b) Die Abbildung $\exp : \mathbb{C} \to \mathbb{C}^*$ ist eine unverzweigte unbegrenzte Überlagerung.

c) Die kanonische Injektion

$$\{z \in \mathbb{C} \mid |z| < 1\} \to \mathbb{C}$$

ist unverzweigt, aber nicht unbegrenzt.

d) Ist $\Gamma \subset \mathbb{C}$ ein Gitter und $\pi : \mathbb{C} \to \mathbb{C}/\Gamma$ die kanonische Quotientenabbildung, dann ist π eine unverzweigte, unbegrenzte Überlagerung.

Es gilt folgender Satz:

Seien X und Y Hausdorffräume, X kurvenzusammenhängend, und $p : Y \to X$ eine unverzweigte unbegrenzte Überlagerung. Dann sind für je zwei Punkte $x_0, x_1 \in X$ die Mengen $p^{-1}(x_0)$ und $p^{-1}(x_1)$ gleichmächtig.

Man bezeichnet die Mächtigkeit von $p^{-1}(x)$, $x \in X$, als die Blätterzahl der Überlagerung; sie kann endlich oder unendlich sein.

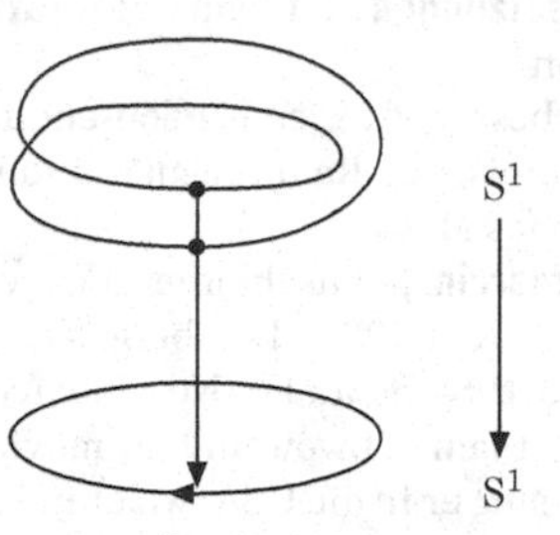

Zweiblättrige Überlagerung

Überlagerung, universelle, ↗ universelle Überlagerung.

Überlagerung, unverzweigte, ↗ Überlagerung, analytische.

Überlauf, ↗Zahlenraster.

Überlaufstelle, Bit, das angibt, ob die Addition von zwei Zahlen in der gewählten Zahlendarstellung darstellbar ist.

Ist dies nicht der Fall, so spricht man davon, daß ein Übertrag aufgetreten ist.

Überlebensfunktion, in der ↗Demographie die Wahrscheinlichkeit dafür, daß ein neu geborenes Individuum ein gegebenes Alter mindestens erreicht. Die negative logarithmische Ableitung der Überlebensfunktion ist die Mortalität.

Überlebenswahrscheinlichkeit, ↗Ausfallwahrscheinlichkeit, ↗Deterministisches Modell der Lebensversicherungsmathematik.

Überrelaxation, ↗Relaxation mit einem Relaxationsparameter $\omega > 1$.

Diese Technik wird insbesondere beim ↗Gauß-Seidel-Verfahren (Einzelschrittverfahren) zur Konvergenzbeschleunigung eingesetzt.

Übersetzungsstrategie, grundlegende Herangehensweise an die Lösung des ↗Syntaxanalyseproblems.

Bekannt sind vor allem ↗Tabellenstrategien und ↗ableitungsorientierte Strategien. Letztere unterteilen sich in ↗Bottom-up- sowie ↗Top-down-Analyse.

Strategien unterscheiden sich in bezug auf die unterstützte Sprachklasse, ihre Effizienz, sowie auf die Art der Anbindung der Sprachsemantik während der Syntaxanalyse.

Übersterblichkeit, ↗ Sterbetafel.

Übertrag, ↗ Überlaufstelle.

überwachtes Lernen, bezeichnet im Kontext ↗Neuronale Netze eine ↗Lernregel, für die Trainingswerte mit korrekten Ein- und Ausgabewerten zur Verfügung stehen, auf die zur Korrektur und Anpassung der Netzparameter zugegriffen wird.

Siehe hierzu auch ↗Backpropagation-Lernregel, ↗Delta-Lernregel, ↗Hebb-Lernregel, ↗hyperbolische Lernregel, ↗lernende Vektorquantisierung, oder ↗Perceptron-Lernregel.

übliche Voraussetzungen an eine Filtration, ↗Standardfiltration.

Ulam, Satz von, besagt, daß jedes lokal-endliche Maß auf einem ↗Polnischen Raum regulär und moderat ist (↗moderates Maß).

Ulam, Stanislaw Marcin, polnisch-amerikanischer Mathematiker, geb. 3.4.1909 Lemberg (Lwow, Ukraine), gest. 13.5.1984 Santa Fe (New Mexico).

Ab 1927 studierte Ulam in Lwow und promovierte dort 1933. Danach ging er in die USA, wo er in Princeton und Harvard arbeitete. Bis 1967 war er am Atombombenentwicklungszentrum in Los Alamos beschäftigt, danach lehrte er an der Universität von Colorado.

Anfänglich beschäftigte sich Ulam mit der Maßtheorie und der mengentheoretischen Topologie. 1946 entwickelte er gemeinsam mit von Neumann eine Monte-Carlo-Methode zur Lösung numerischer Probleme mittels Stichproben.

Ulam war wesentlich an der Entwicklung der theoretischen Grundlagen der Wasserstoffbombe beteiligt.

Ultrafilter, ein Filter in einem topologischen Raum, welcher sich nicht mehr verfeinern läßt, siehe auch ↗Ultraprodukt.

Ultrapotenz, ↗Ultraprodukt.

Ultraprodukt, kartesisches Produkt von ↗algebraischen Strukturen gleicher Signatur, faktorisiert nach einem Ultrafilter.

Es sei I eine Indexmenge und $\{M_i : i \in I\}$ ein Mengensystem. Das kartesische Produkt $\prod_{i\in I} M_i$ ist die Menge aller Funktionen $f : I \to \bigcup_{i\in I} M_i$ mit $f(i) \in M_i$. Bezeichnet Pot(I) die Potenzmenge von I (Menge aller Teilmengen von I) und $\mathcal{F}$ eine nichtleere Teilmenge von Pot(I), dann ist $\mathcal{F}$ ein Filter über I, falls die folgenden Bedingungen erfüllt sind:

(1) Wenn $X, Y \in \mathcal{F}$, so $X \cap Y \in \mathcal{F}$.

(2) Wenn $X \in \mathcal{F}$ und $X \subseteq Y \in \text{Pot}(I)$, so $Y \in \mathcal{F}$.

Das Filter heißt echt, wenn $\emptyset \notin \mathcal{F}$; dies ist gleichbedeutend damit, daß $\mathcal{F}$ eine echte Teilmenge von Pot(I) ist.

Ist beispielsweise I die Menge $\mathbb{N}$ der natürlichen Zahlen und $\mathcal{N} \subseteq \text{Pot}(\mathbb{N})$ so, daß $X \in \mathcal{N} \iff \mathbb{N}\setminus X$ endlich ist, dann ist $\mathcal{N}$ ein echtes Filter über $\mathbb{N}$ (Filter der koendlichen Mengen).

Gilt für ein Filter $\mathcal{F}$ zusätzlich die Bedingung:

(3) Für jede Teilmenge $X \subseteq I$ ist entweder $X \in \mathcal{F}$ oder $I \setminus X \in \mathcal{F}$,

dann heißt $\mathcal{F}$ Ultrafilter über I.

Gewisse einfache Ultrafilter lassen sich sofort angeben. Ist z. B. $a \in I$ und

$$\mathcal{F} = \{X \subseteq I : \{a\} \subseteq X\},$$

dann ist $\mathcal{F}$ ein Ultrafilter, welches von der Einermenge $\{a\}$ erzeugt und daher auch Haupt-Ultrafilter genannt wird. Mit Hilfe des Zornschen Lemmas (oder des Auswahlaxioms der Mengenlehre) läßt sich nachweisen, daß es über unendlichen Mengen I stets Ultrafilter gibt, die nicht Hauptfilter sind.

Es sei $\{\mathcal{A}_i : i \in I\}$ eine Familie von algebraischen Strukturen gleicher Signatur, wobei A_i die Trägermenge von $\mathcal{A}_i$ ist. Es wird zunächst das kartesische Produkt $A := \prod_{i\in I} A_i$ der Mengen A_i gebildet. Ist $\mathcal{F}$ ein Filter über I, dann wird durch

$$f \sim g \mod \mathcal{F} \iff \{i \in I : f(i) = g(i)\} \in \mathcal{F}$$

eine Äquivalenzrelation definiert. Die Menge der entsprechenden Äquivalenzklassen bezeichnen wir mit

$$A/\mathcal{F} := \prod_{i\in I} A_i/\mathcal{F}.$$

In naheliegender Weise lassen sich (entsprechend der Signatur der Strukturen $\mathcal{A}_i$) Relationen und Funktionen über $A/\mathcal{F}$ definieren, so daß $A/\mathcal{F}$ zu einer algebraischen Struktur $\mathcal{A}/\mathcal{F}$ wird, die die gleiche Signatur besitzt wie die $\mathcal{A}_i$. Sind R_i sich entsprechende n-stellige Relationen in den Strukturen $\mathcal{A}_i$, dann wird eine n-stellige Relation R über $A/\mathcal{F}$ wie folgt definiert:

Für Elemente $f_1/\mathcal{F},\ldots,f_n/\mathcal{F} \in A/\mathcal{F}$ gelte:

$$R(f_1/\mathcal{F},\ldots,f_n/\mathcal{F}) \iff \{i \in I : R_i(f_1(i),\ldots,f_n(i))\} \in \mathcal{F}\,.$$

Analog verfährt man mit n-stelligen Funktionen F_i über A_i:

$$F(f_1/\mathcal{F},\ldots,f_n/\mathcal{F}) = g/\mathcal{F} \iff \{i \in I : F_i(f_1(i),\ldots,f_n(i)) = g(i)\} \in \mathcal{F}\,.$$

Die so entstehende Struktur wird mit $\mathcal{A}^* = \mathcal{A}/\mathcal{F}$ bezeichnet und *Filterprodukt* oder *reduziertes Produkt* der Strukturen $\mathcal{A}_i$ bezüglich des Filters $\mathcal{F}$ genannt. Ist $\mathcal{F}$ ein Ultrafilter, dann heißt $\mathcal{A}/\mathcal{F}$ *Ultraprodukt*; sind alle $\mathcal{A}_i$ untereinander gleich, etwa $\mathcal{A}_i = \mathcal{B}$, dann heißt

$$\mathcal{A}^* = \prod_{i\in I} \mathcal{B}/\mathcal{F}$$

auch *Ultrapotenz* von $\mathcal{B}$ über $\mathcal{F}$. Ist beispielsweise $I = \mathbb{N}$ und $\mathcal{A}_i = \mathbb{Z}$ ($\mathbb{Z}$ der geordnete Ring der ganzen Zahlen, also $\mathbb{Z} = (Z,+,\cdot,<)$), und $\mathcal{U}$ ein Ultrafilter über $\mathbb{N}$, dann ist $\prod_{i\in I} Z$ die Menge aller Folgen ganzer Zahlen, und

$$(a_i) = (b_i) \mod \mathcal{U} \iff \{i \in \mathbb{N} : a_i = b_i\} \in \mathcal{U}\,.$$

Die Addition wird in $\mathbb{Z}^* = \prod_{i\in\mathbb{N}} \mathbb{Z}/\mathcal{U}$ wie folgt definiert:

$$(a_i)/\mathcal{U} + (b_i)/\mathcal{U} = (c_i)/\mathcal{U} \iff \{i \in \mathbb{N} : a_i + b_i = c_i\} \in \mathcal{U},$$

die Definition der Multiplikation erfolgt analog. Schließlich ist

$$(a_i)/\mathcal{U} < (b_i)/\mathcal{U} \iff \{i \in I : a_i < b_i\} \in \mathcal{U}\,.$$

Es läßt sich zeigen, daß $\mathbb{Z}^*$ ein geordneter Ring ist, in dem die gleichen Aussagen der ↗ Arithmetik erster Ordnung gelten wie in $\mathbb{Z}$. $\mathbb{Z}^*$ ist also ein ↗ Modell der Peanoarithmetik (↗ Arithmetik erster Ordnung) und $\mathbb{Z}$ und $\mathbb{Z}^*$ sind nicht isomorph, falls $\mathcal{U}$ kein Hauptfilter ist. $\mathbb{Z}^*$ heißt dann Nichtstandardmodell der Arithmetik.

Ultraprodukt von Banachräumen, in der lokalen Banachraumtheorie verwendete Konstruktion.

Seien X ein Banachraum und $\mathcal{U}$ ein freier Ultrafilter auf $\mathbb{N}$. Es bezeichne $\ell^\infty(X)$ den Raum der beschränkten Folgen in X mit der Supremumsnorm, und $c_0(X,\mathcal{U})$ den Unterraum derjenigen Folgen mit $\lim_{\mathcal{U}} x_n = 0$.

Der Quotientenraum $\ell^\infty(X)/c_0(X,\mathcal{U})$ heißt Ultraprodukt von X.

Ein Banachraum Y ist genau dann in X endlich darstellbar (↗ endliche Darstellbarkeit von Banachräumen), wenn Y isometrisch zu einem Unterraum eines Ultraprodukts von X ist.

ultrasphärische Polynome, andere Bezeichnung für die ↗ Gegenbauer-Polynome.

umbilisch, Bezeichnung für einen Punkt x einer Hyperfläche $\mathbf{M}^n \subset \mathbb{R}^{n+1}$, in dem die Hauptkrümmungen von $\mathbf{M}$ zusammenfallen.

In der klassischen, zweidimensionalen Flächentheorie folgt für die Hauptkrümmungen k_1, k_2 und die Gaußsche Krümmung K die Identität $k_1 = k_2 = \sqrt{K}$.

Führt man für die mittlere Krümmung H der Fläche nun noch das Funktional

$$E : \mathbf{M} \to \mathbb{R},\ \ E(x) = H^2(x) - K(x)$$

ein, so sind die umbilischen Punkte gerade die globalen Minima von E auf $\mathbf{M}$.

Im $\mathbb{R}^{n+1}$ sind die isometrischen Einbettungen von Hypersphären und Hyperebenen die einzigen vollständigen zusammenhängenden Untermannigfaltigkeiten, die ausschließlich aus umbilischen Punkten bestehen.

UMD-Raum, ein Banachraum, in dem Martingaldifferenzen unbedingt konvergente Reihen bilden.

Es seien X ein Banachraum und $M_1, M_2, \ldots$ ein X-wertiges Martingal auf einem Wahrscheinlichkeitsraum Ω. Die Martingaldifferenzfolge (d_n) ist durch $d_n = M_n - M_{n-1}$ (wobei $M_0 = 0$) erklärt.

Der Banachraum X heißt UMD-Raum, falls für jedes $1 < p < \infty$ (oder auch nur für $p = 2$) eine Konstante c_p existiert, so daß für jede Martingaldifferenzfolge die Abschätzung

$$\sup_{\substack{n\\ \varepsilon_k=\pm1}} \left\| \sum_{k=1}^{n} \varepsilon_k d_k \right\|_{L^p(\Omega,X)} \le c_p \sup_n \left\| \sum_{k=1}^{n} d_k \right\|_{L^p(\Omega,X)}$$

gilt. Äquivalent dazu ist, daß für L^p-beschränkte Martingale die Reihe $\sum_{k=1}^\infty d_k$ in $L^p(\Omega,X)$ unbedingt konvergiert.

Die Räume $L^r(\mu)$ sind für $1 < r < \infty$ UMD-Räume, und jeder UMD-Raum ist superreflexiv und insbesondere reflexiv. Auf UMD-Räumen sind diverse vektorwertige singuläre Integraloperatoren, z. B. die vektorwertige Hilbert-Transformation, stetig.

UMD-Räume können nach Burkholder folgendermaßen geometrisch charakterisiert werden: Genau dann ist X ein UMD-Raum, wenn es eine bikonvexe und symmetrische Funktion $\zeta : X \times X \to \mathbb{R}$ mit $\zeta(0,0) > 0$ und $\zeta(x,y) \le \|x+y\|$ für $\|x\| \le 1 \le \|y\|$ gibt. Auf einem Hilbertraum erfüllt

$$\zeta(x,y) = 1 + \mathrm{Re}\langle x,y\rangle$$

diese Forderungen.

[1] G. Letta; M. Pratelli (Hg.): Probability and Analysis. Springer-Verlag Berlin/Heidelberg, 1986.

Umfang einer Ellipse, Bogenlänge der gesamten ↗Ellipse.

Für eine Ellipse mit der Länge $2a$ der Hauptachse und der Länge $2b$ der Nebenachse wird der Umfang durch das Integral

$$U=4\cdot\int_0^{\frac{\pi}{2}}\sqrt{a^2\cos^2 t+b^2\sin^2 t}\,dt$$

$$=2\pi a\left[1-\left(\frac{1}{2}\right)^2 e^2-\left(\frac{1\cdot3}{2\cdot4}\right)\frac{e^4}{3}-\left(\frac{1\cdot3\cdot5}{2\cdot4\cdot6}\right)\frac{e^6}{5}-\dots\right]$$

gegeben. Eine Näherungslösung für dieses Integral (und damit für den zu bestimmenden Umfang) ist

$$U\;\approx\;\pi\cdot\left(3\,\frac{a+b}{2}-\sqrt{ab}\right)\,.$$

Umfang eines Graphen, ↗ Graph.

Umfang eines Kreises, Bogenlänge des gesamten ↗Kreises.

Der Umfang des Kreises beträgt $U=2\pi r$, wobei r den Radius des Kreises bezeichnet.

Dies ist gerade die geometrische Definition von π. Man erhält die Umfangformel des Kreises auch aus der allgemeineren Formel für die Oberfläche der n-dimensionalen Kugel mit $n=2$, oder als Spezialfall ($a=b=r$) des ↗Umfangs einer Ellipse.

Umgebung, Grundbegriff der Topologie.

Eine Umgebung eines Punktes x eines topologischen Raumes $(X,\mathcal{O})$ ist eine Teilmenge $U\subseteq X$, welche eine offene Menge $O\in\mathcal{O}$ enthält mit $x\in O$. Ersetzt man x durch eine Teilmenge von X, erhält man den Begriff der Umgebung einer Menge. Ist die Umgebung selbst offen, spricht man von einer offenen Umgebung.

Umgebung bzgl. einer Metrik, spezielle Umgebung, eine Menge, die mit einem Punkt auch eine offene Kugel um diesen Punkt enthält.

Es seien M ein metrischer Raum mit der Metrik d und $x_0\in M$. Dann heißt eine Menge U eine Umgebung von x_0, falls es ein $r>0$ gibt, so daß für die offene Kugel $B_r(x_0)=\{x\in M\mid d(x,x_o)<r\}$ gilt:

$$x_0\;\in\;B(x_0)\;\subseteq\;U\,.$$

Umgebung von Unendlich, eine offene Menge $U\subset\mathbb{C}$ derart, daß ein $R>0$ existiert mit $z\in U$, falls $|z|>R$. Insbesondere ist

$$\Delta_R\;:=\;\{z\in\mathbb{C}:|z|>R\}$$

eine Umgebung von Unendlich.

Betrachtet man die ↗Kompaktifizierung von $\mathbb{C}$, so ist eine Umgebung von Unendlich eine offene Menge $U\subset\widehat{\mathbb{C}}$ mit $\infty\in U$.

Umgebungsbasis, System von ↗Umgebungen $U(p)$ eines Punktes p eines topologischen Raums derart, daß in jeder Umgebung von p ein Element von $U(p)$ enthalten ist.

Umkehrabbildung, *Umkehrfunktion*, *inverse Abbildung*, Abbildung (Funktion), die eine gegebene Abbildung „umkehrt“, indem sie jedem Bildwert der Abbildung sein Urbild zuordnet.

Genauer: Eine ↗Abbildung $g:B\to A$ heißt genau dann Umkehrabbildung einer Abbildung $f:A\to B$, wenn sowohl $f\circ g=Id_B$ als auch $g\circ f=Id_A$ gilt.

Ist g Umkehrabbildung von f, so schreibt man auch f^{-1} anstatt g.

umkehrbar eindeutige Abbildung, Synonym für bijektive ↗Abbildung.

umkehrbares Element, Element x in einem Ring R mit Einselement, für das ein $y\in R$ existiert mit $xy=1$.

Im Ring der ganzen Zahlen $\mathbb{Z}$ sind 1 und -1 die umkehrbaren Elemente. Im Polynomring $K[x_1,\dots,x_n]$ über den Körper K ist $K\setminus\{0\}$ die Menge der umkehrbaren Elemente. Im formalen Potenzreihenring $K[[x_1,\dots,x_n]]$ sind alle Potenzreihen mit von Null verschiedenen konstanten Term umkehrbar. Umkehrbare Elemente heißen auch Einheiten.

Umkehrfunktion, ↗ Umkehrabbildung.

Umkehrrelation, ↗ inverse Relation.

Umkehrsatz für stetig differenzierbare Abbildungen, besagt, daß eine Abbildung von $\mathbb{R}^n$ in den $\mathbb{R}^n$ an einem Punkt x_0 lokal invertierbar ist, falls die Determinante der Ableitung dort nicht verschwindet.

Umkreis, Kreis, der durch alle drei Eckpunkte eines gegebenen Dreiecks $\triangle ABC$ verläuft.

Der Mittelpunkt dieses Kreises muß daher von allen drei Eckpunkten des Dreiecks gleich weit entfernt sein und ergibt sich als Schnittpunkt der drei ↗Mittelsenkrechten des Dreiecks $\triangle ABC$. Somit ist es möglich, den Umkreis mit Hilfe der Mittelsenkrechten mittels Zirkel und Lineal zu konstruieren.

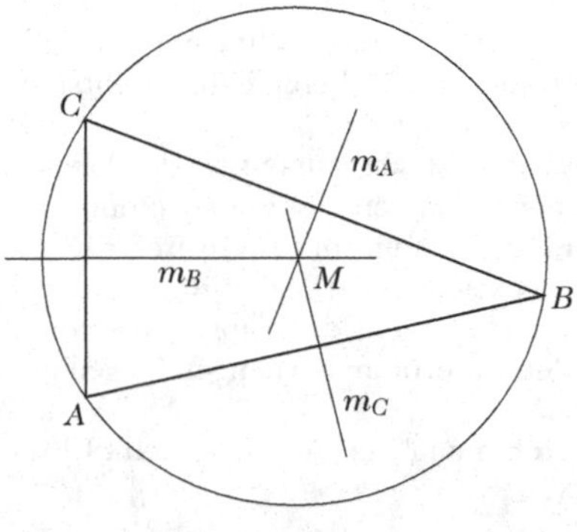

Für den Radius des Umkreises eines Dreiecks $\triangle ABC$ gilt

$$r = \frac{abc}{4A} = \frac{bc}{2h_a},$$

wobei A der Flächeninhalt und h_a die Länge der Höhe über der Dreieckseite a ist.

Da durch drei Punkte ein Kreis eindeutig festgelegt wird, besitzen Vier- und n–Ecke (mit $n > 4$) nur in Ausnahmefällen einen Umkreis. Bei den Vierecken trifft dies auf die ↗ Sehnenvierecke (insbesondere also auf alle ↗ Rechtecke) und bei den n-Ecken u. a. auf die ↗ regelmäßigen Vielecke zu.

Umlaufsinn, die Durchlaufungsrichtung beim ‚Umlaufen' eines Punktes der Ebene.

Dabei spricht man von *positivem Umlaufsinn* bei einer Umrundung gegen den Uhrzeigersinn und von *negativem Umlaufsinn* bei einer Umrundung im Uhrzeigersinn. Durchläuft z. B. φ das Intervall $[0, 2\pi]$, so umläuft der Punkt $(\cos\varphi, \sin\varphi)$ jeden Punkt im Inneren des Einheitskreises, insbesondere den Ursprung, einmal im positiven Sinn, und der Punkt $(\cos\varphi, -\sin\varphi)$ im negativen Sinn.

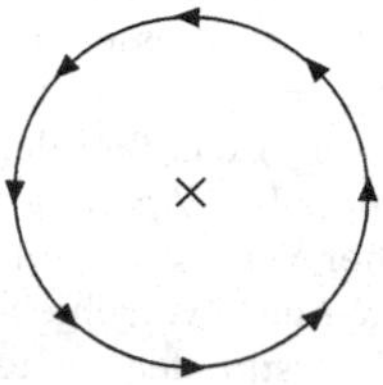

positiver Umlaufsinn

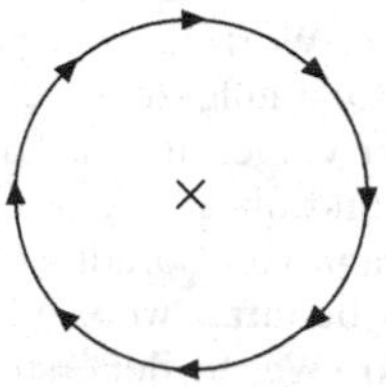

negativer Umlaufsinn

Ebenso spricht man etwa auch beim Abschreiten der Ecken eines Polygons von positivem und negativem Umlaufsinn.

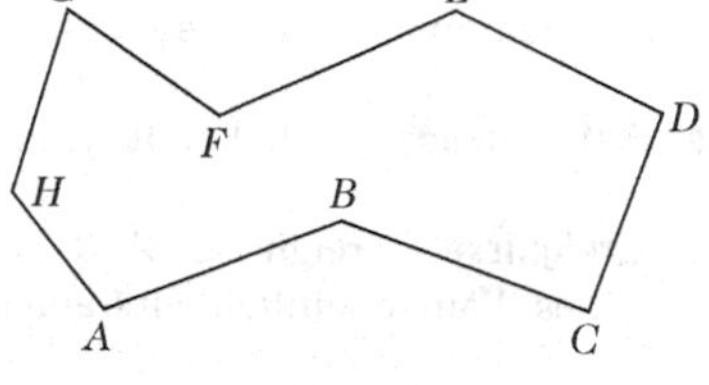

positiver Umlaufsinn: $A\,B\,C\,D\,E\,F\,G\,H\,A$
negativer Umlaufsinn: $A\,H\,G\,F\,E\,D\,C\,B\,A$

Diese Bezeichnungen werden präzisiert und verallgemeinert durch den Begriff der ↗ Umlaufzahl.

Umlaufzahl, Begriff aus der ↗ Funktionentheorie.

Die Umlaufzahl eines rektifizierbaren ↗ geschlossenen Weges γ in $\mathbb{C}$ bezüglich eines Punktes $z \in \mathbb{C}$, der nicht auf γ liegt, ist definiert durch

$$\operatorname{ind}_\gamma(z) := \frac{1}{2\pi i} \int_\gamma \frac{d\zeta}{\zeta - z}.$$

Es gilt stets $\operatorname{ind}_\gamma(z) \in \mathbb{Z}$. Man nennt $\operatorname{ind}_\gamma(z)$ auch Indexfunktion.

Anschaulich gibt $\operatorname{ind}_\gamma(z)$ an, wie oft der Weg γ den Punkt z umläuft. Ist beispielsweise B eine offene Kreisscheibe und γ die genau einmal gegen den Urzeigersinn (also in positivem ↗ Umlaufsinn) durchlaufene Kreislinie ∂B, so gilt

$$\operatorname{ind}_\gamma(z) = \begin{cases} 1 & \text{für } z \in B, \\ 0 & \text{für } z \in \mathbb{C} \setminus \overline{B}. \end{cases}$$

Wird ∂B genau k-mal ($k \in \mathbb{N}$) gegen den Uhrzeigersinn durchlaufen, so gilt

$$\operatorname{ind}_\gamma(z) = \begin{cases} k & \text{für } z \in B, \\ 0 & \text{für } z \in \mathbb{C} \setminus \overline{B}. \end{cases}$$

Durchläuft man hingegen ∂B genau k-mal im Uhrzeigersinn, so gilt

$$\operatorname{ind}_\gamma(z) = \begin{cases} -k & \text{für } z \in B, \\ 0 & \text{für } z \in \mathbb{C} \setminus \overline{B}. \end{cases}$$

Die Funktion $\operatorname{ind}_\gamma(z)$ ist lokal konstant, d. h. zu jeder Zusammenhangskomponente U von $\mathbb{C} \setminus \gamma$ gibt es eine Konstante $k_U \in \mathbb{Z}$ mit $\operatorname{ind}_\gamma(z) = k_U$ für alle $z \in U$. Man beachte, daß $\mathbb{C} \setminus \gamma$ viele Zusammenhangskomponenten besitzen kann, sofern der Weg γ Überschneidungen enthält. Für die unbeschränkte Zusammenhangskomponente U_∞ von $\mathbb{C} \setminus \gamma$ gilt stets $k_{U_\infty} = 0$.

Es seien γ und $\tilde{\gamma}$ geschlossene Wege mit demselben Anfangspunkt, d. h. es existieren Parameterdarstellungen $\gamma : [a, b] \to \mathbb{C}$ und $\tilde{\gamma} : [\tilde{a}, \tilde{b}] \to \mathbb{C}$ mit $\gamma(a) = \tilde{\gamma}(\tilde{a})$. Dann ist der Summenweg

$$\gamma + \tilde{\gamma} : [a, \tilde{b} - \tilde{a} + b] \to \mathbb{C}$$

definiert durch

$$(\gamma + \tilde{\gamma})(t) := \begin{cases} \gamma(t) & \text{für } t \in [a, b], \\ \tilde{\gamma}(t + \tilde{a} - b) & \text{für } t \in (b, \tilde{b} - \tilde{a} + b]. \end{cases}$$

Weiter ist der Umkehrweg $-\gamma : [a, b] \to \mathbb{C}$ definiert durch $(-\gamma)(t) := \gamma(a + b - t)$. Dann gilt für die Umlaufzahlen

$$\operatorname{ind}_{\gamma+\tilde{\gamma}}(z) = \operatorname{ind}_\gamma(z) + \operatorname{ind}_{\tilde{\gamma}}(z), \quad z \in \mathbb{C} \setminus (\gamma \cup \tilde{\gamma})$$

und

$$\operatorname{ind}_{-\gamma}(z) = -\operatorname{ind}_\gamma(z), \quad z \in \mathbb{C} \setminus \gamma.$$

Allgemeiner kann die Umlaufzahl auch für ↗ Zyklen definiert werden. Hierzu wird auf dieses Stichwort verwiesen.

Umordnung einer Reihe, eine Reihe $\sum_{n=1}^{\infty} b_n$ zu einer gegebenen Reihe $\sum_{n=1}^{\infty} a_n$, wenn die Folge

(b_n) aus (a_n) durch Umordnung entsteht, d. h. $b_n = a_{\omega(n)}$ $(n \in \mathbb{N})$ mit einer geeigneten bijektiven Abbildung $\omega : \mathbb{N} \to \mathbb{N}$ gilt. Hierbei können die Glieder der Reihe etwa aus einem Banachraum sein, speziell also reelle oder komplexe Zahlen. Eine Reihe, bei der jede Umordnung – insbesondere die Reihe selbst – konvergent mit gleichem Reihenwert ist, heißt unbedingt konvergent. Eine konvergente Reihe, die nicht unbedingt konvergent ist, heißt bedingt konvergent.

Bei endlichen Summen kann man die Summanden beliebig umordnen, ohne daß sich die Summe ändert. Bei Reihen reeller oder komplexer Zahlen gilt dies genau dann, wenn die Reihe absolut konvergent ist. Diese sind also genau dann unbedingt konvergent, wenn sie absolut konvergent sind.

Wichtige Aussagen zu Umordnungen von Reihen machen der Umordnungssatz von Riemann (↗Riemann, Umordnungssatz von), der Satz von Steinitz (↗Steinitz, Satz von), der Satz von Dvoretzky-Rogers (↗Dvoretzky-Rogers, Satz von) und der ↗große Umordnungssatz.

Umordnungssatz von Riemann, ↗Riemann, Umordnungssatz von.

Umrißlinie, Begriff im Kontext Projektion.

Die Umrißlinie einer glatten Fläche bei Parallel- oder Zentralprojektion ist die Menge derjenigen Punkte der Fläche, für die der Projektionsstrahl tangential zur Fläche liegt, bzw. das Bild dieser Menge (siehe Abbildung). Für Polyeder und andere nicht glatte Teilmengen des Raumes sind entsprechend modifizierte Begriffe gebräuchlich.

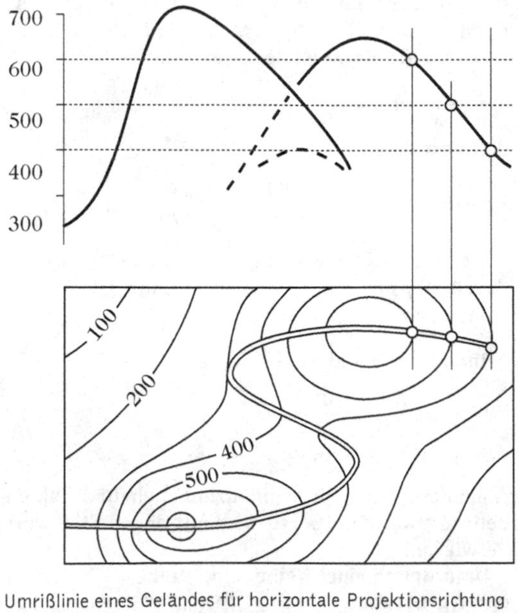

Umrißlinie eines Geländes für horizontale Projektionsrichtung

Umwandler, spezieller ↗Umzeichner, dient zum Umzeichnen von Diagrammen bzw. Kurven in einer vorgeschriebenen Richtung, meist in Ordinatenrichtung, und zwar nicht linear.

Meist liegt $y = f(x)$ gezeichnet vor, $h = g(y)$ ist bekannt, und $z = g(f(x))$ wird gesucht. Der Aperiodograph von Coradi (↗Umzeichner) ist ein vielseitiger Umzeichner, der zwei senkrecht zur x-Achse verschiebbare Wagen besitzt, der eine mit einem Fahrstift, der andere mit einem Zeichenstift versehen.

Umzeichner, Sammelbegriff für mechanische Instrumente, die ein gegebenes Diagramm oder eine Darstellung nach einer Vorschrift verändern oder umzeichnen. Dazu wird ein ↗Gelenkmechanismus benutzt.

Affinographen liefern ein linear verzerrtes Bild. Sie werden benutzt, um einheitliche Ordinatenmaßstäbe zu erzeugen, wenn Meßkurven mit verschiedenen Maßstäben aufgezeichnet wurden. Für Lagerstättenrisse im Markscheidewesen können damit Raumbilder in isometrischer Axonometrie erzeugt werden.

Umwandler liefern eine nichtlineare Verzerrung bzw. Entzerrung in einer Koordinatenrichtung bzw. in einer vorgeschriebenen Richtung, wenn z. B. Wurzeln oder Quadrate einer zu messenden Größe aufgezeichnet sind. Aus $y = f(x)$ wird mit der vorgegebenen Funktion $h = g(y)$ das Bild der Funktion $z = g(f(x))$ gezeichnet. Der Aperiodograph von Coradi ist ein typischer Vertreter dafür. Er benutzt zwei senkrecht zur x-Achse verschiebbare Wagen, der erste trägt den Fahrstift, der zweite den Zeichenstift. Der Fahrstift fährt die Kurve $f(x)$ ab. Über einen auswechselbaren Kurventrieb wird das Bild $z = g(f(x))$ gezeichnet.

U(n), Bezeichnung für die unitäre Gruppe:

$$U(n) := \{A \in GL_n(\mathbb{C}) \,|\, \overline{A}^t A = I\},$$

also die Menge aller unitären $(n \times n)$-Matrizen mit der Matrizenmultiplikation als Gruppenverknüpfung.

unabhängige Eckenmenge, ↗ Eckenüberdeckungszahl.

unabhängige Ereignisse, Ereignisse A, B aus der σ-Algebra $\mathfrak{A}$ eines Wahrscheinlichkeitsraumes $(\Omega, \mathfrak{A}, P)$ mit

$$P(A \cap B) = P(A) \cdot P(B) .$$

Gilt $P(B) > 0$, so ist die Unabhängigkeit von A und B äquivalent zu $P(A|B) = P(A)$, d. h. die Wahrscheinlichkeit für das Eintreten von A wird nicht durch das Eintreten von B beeinflußt. Sind A und B unabhängig, so sind auch $\overline{A}, B$ sowie $A, \overline{B}$ und $\overline{A}, \overline{B}$ unabhängig.

Allgemeiner heißt eine beliebige Familie $(A_i)_{i\in I}$ von Ereignissen aus $\mathfrak{A}$ unabhängig, wenn

$$P(A_{i_1} \cap \cdots \cap A_{i_n}) = P(A_{i_1}) \cdot \ldots \cdot P(A_{i_n})$$

für jede nicht leere, endliche Teilmenge $\{i_1, \ldots, i_n\}$ von I gilt. Für die Unabhängigkeit einer Familie $(A_i)_{i\in I}$ mit $I = \{1, \ldots, n\}$ ist weder die paarweise Unabhängigkeit aller Ereignisse A_i, A_j mit $i \neq j$ noch die Bedingung $P(A_1 \cap \cdots \cap A_n) = P(A_1) \cdot \ldots \cdot P(A_n)$ hinreichend.

unabhängige Familie von Teilmengen einer σ-Algebra, Familie $(\mathfrak{E}_i)_{i\in I}$ von Teilmengen $\mathfrak{E}_i$ der σ-Algebra $\mathfrak{A}$ eines Wahrscheinlichkeitsraumes $(\Omega, \mathfrak{A}, P)$ mit der Eigenschaft, daß für jede nicht leere, endliche Teilmenge $\{i_1, \ldots, i_n\}$ von I und beliebige $A_{i_j} \in \mathfrak{E}_{i_j}, j = 1, \ldots, n$, die Beziehung

$$P(A_{i_1} \cap \cdots \cap A_{i_n}) = P(A_{i_1}) \cdot \ldots \cdot P(A_{i_n})$$

gilt. Die Unabhängigkeit von σ-Algebren ergibt sich als Spezialfall, wenn jedes $\mathfrak{E}_i$ eine σ-Algebra ist.

unabhängige Kantenmenge, ↗ Eckenüberdeckungszahl.

unabhängige Menge, spezielle Teilmenge eines kettenendlichen halbmodularen Verbandes.

Sei L ein kettenendlicher halbmodularer Verband, $A \subseteq L$ und $b \in A$. Man sagt, b sei abhängig von A, falls $b \leq \sup(A)$. Die Menge A heißt unabhängige Menge, falls

$$a \nleq \sup(A - \{a\})$$

für alle $a \in A$ gilt, andernfalls abhängige Menge.

In jedem kettenendlichen halbmodularen Verband gilt:

1. Jede Teilmenge einer unabhängigen Menge ist unabhängig.
2. Jede unabhängige Menge ist endlich.

Für unabhängige Mengen gilt folgender Basissatz:

Sei L ein kettenendlicher halbmodularer Verband mit Punktmenge S und $A \subseteq S$.

Dann haben alle maximalen unabhängigen Teilmengen B von A die gleiche Mächitgkeit, nämlich $r(\sup(A))$, wobei r die Rangfunktion für L ist. (Die Menge B heißt eine Basis für A). Jede unabhängige Teilmenge von A kann zu einer Basis von A erweitert werden.

unabhängige Stichproben, ↗ Stichprobe.

unabhängige Zufallsvariablen, ↗ Unabhängigkeit von Zufallsvariablen.

Unabhängigkeit von Aussagen, Eigenschaft einer Menge Σ von ↗ Aussagen oder ↗ logischen Ausdrücken eines ↗ logischen Kalküls (siehe auch ↗ logische Abhängigkeit).

Ist φ eine Aussage oder ein Ausdruck des Kalküls, dann ist φ von Σ unabhängig, wenn weder φ noch die Negation $\neg\varphi$ von φ aus Σ ableitbar sind (↗ logisches Ableiten). In diesem Fall heißt φ syntaktisch unabhängig von Σ.

Wenn weder φ noch $\neg\varphi$ aus Σ folgen (↗ logisches Folgern), dann heißt φ semantisch unabhängig von Σ. Aufgrund des ↗ Gödelschen Vollständigkeitssatzes stimmen syntaktische und semantische Unabhängigkeit überein. Die Menge Σ ist unabhängig, wenn kein Ausdruck $\psi \in \Sigma$ aus der Differenzmenge $\Sigma \setminus \{\psi\}$ ableitbar ist bzw. folgt. Zu jeder Menge Σ von Ausdrücken gibt es eine unabhängige Teilmenge $\Sigma_0 \subseteq \Sigma$, so daß Σ_0 zu Σ äquivalent ist, d. h., aus Σ_0 und aus Σ sind die gleichen Ausdrücke herleitbar.

Unabhängigkeit ist eine Eigenschaft, die insbesondere bei Axiomensystemen angestrebt wird, um unnütze Axiome zu vermeiden.

Siehe auch ↗ axiomatische Mengenlehre.

Unabhängigkeit von Zufallsvariablen, *stochastische Unabhängigkeit von Zufallsvariablen*, wichtiges Konzept der Wahrscheinlichkeitstheorie.

Eine Familie $(X_i)_{i\in I}$ von auf einem Wahrscheinlichkeitsraum $(\Omega, \mathfrak{A}, P)$ definierten Zufallsvariablen mit möglicherweise verschiedenen Wertebereichen heißt (stochastisch) unabhängig, wenn die Familie $(\sigma(X_i))_{i\in I}$ der von ihnen erzeugten σ-Algebren unabhängig ist. Die Indexmenge I ist dabei beliebig. Im Fall $I = \{1, \ldots, n\}$ bzw. $I = \mathbb{N}$ spricht man von den unabhängigen Zufallsvariablen $X_1, \ldots, X_n$ bzw. der unabhängigen Folge $(X_n)_{n\geq 1}$. Bezeichnet $(\Omega_i, \mathfrak{A}_i)$ für jedes $i \in I$ den Bildraum von X_i, so bedeutet die Unabhängigkeit der Familie $(X_i)_{i\in I}$ konkret, daß für jede nicht leere, endliche Teilmenge $\{i_1, \ldots, i_n\}$ von I und beliebige $A_{i_j} \in \mathfrak{A}_{i_j}$, $j = 1, \ldots, n$, die Beziehung

$$P(X_{i_1} \in A_{i_1}, \ldots, X_{i_n} \in A_{i_n})$$
$$= P(X_{i_1} \in A_{i_1}) \cdots P(X_{i_n} \in A_{i_n})$$

gilt. Im Falle endlich vieler Zufallsvariablen $X_1, \ldots, X_n$ ist die Unabhängigkeit zur Bedingung $P(X_1 \in A_1, \ldots, X_n \in A_n) = P(X_1 \in A_1) \cdot \ldots \cdot P(X_n \in A_n)$ für alle $A_i \in \mathfrak{A}_i$, $i = 1, \ldots, n$, äquivalent, und speziell für diskrete Zufallsvariablen zu $P(X_1 = x_1, \ldots, X_n = x_n) = P(X_1 = x_1) \cdot \ldots \cdot P(X_n = x_n)$ für alle Elemente x_i aus den Wertebereichen der X_i, $i = 1, \ldots, n$.

Eine Familie $(X_i)_{i\in I}$ ist überdies genau dann unabhängig, wenn die Verteilung von $(X_i)_{i\in I}$, aufgefaßt als auf $(\Omega, \mathfrak{A}, P)$ definierte Zufallsvariable mit Werten in dem Produktraum $(\prod_{i\in I} \Omega_i, \bigotimes_{i\in I} \mathfrak{A}_i)$, gleich dem Produktmaß der Verteilungen P_{X_i} der X_i ist. Für $I = \{1, \ldots, n\}$ heißt das konkret, wenn für die gemeinsame Verteilung $P_{X_1,\ldots,X_n}$ gilt: $P_{X_1,\ldots,X_n} = P_{X_1} \otimes \cdots \otimes P_{X_n}$. Sind die reellen Zufallsvariablen $X_1, \ldots, X_n$ stetig mit Dichten $f_{X_1}, \ldots, f_{X_n}$, so ist ihre Unabhängigkeit auch zur Aussage äquivalent, daß $f_{X_1,\ldots,X_n}(x_1, \ldots, x_n) = f_{X_1}(x_1) \cdot \ldots \cdot f_{X_n}(x_n)$, $x_1, \ldots, x_n \in \mathbb{R}$, die gemeinsame Dichte von $X_1, \ldots, X_n$ ist. Weiterhin ist zu bemerken, daß sich die Unabhängigkeit einer Familie $(X_i)_{i\in I}$ von Zufallsvariablen mit Werten in den meßbaren Räumen $(\Omega_i, \mathfrak{A}_i)$ überträgt, wenn man die X_i meßbar transformiert. Ist etwa $(X_i)_{i\in I}$ unabhängig und $f_i : (\Omega_i, \mathfrak{A}_i) \to (\Omega_i', \mathfrak{A}_i')$ für jedes $i \in I$ eine meßbare Abbildung, so ist auch die Familie $(f_i \circ X_i)_{i\in I}$ der Kompositionen unabhängig.

Unabhängigkeitsbeweis, ↗ axiomatische Mengenlehre.

Unabhängigkeitstest, ↗ χ^2-Unabhängigkeitstest.

Unabhängigkeitszahl, ↗ Eckenüberdeckungszahl.

unbedingte Konvergenz, das Phänomen, daß jede Umordnung einer konvergenten Reihe ebenfalls konvergiert.

Sei $\sum_n x_n$ eine Reihe reeller oder komplexer Zahlen, bzw. allgemeiner eine Reihe von Elementen eines Banachraums. Ist $\pi : \mathbb{N} \to \mathbb{N}$ eine Permutation, also eine Bijektion von $\mathbb{N}$, so heißt die Reihe $\sum_n x_{\pi(n)}$ eine Umordnung von $\sum_n x_n$. Die Reihe $\sum_n x_n$ heißt unbedingt konvergent, wenn alle Umordnungen konvergieren; in diesem Fall besitzen alle Umordnungen denselben Grenzwert. Hingegen heißt die Reihe absolut konvergent, wenn $\sum_n |x_n| < \infty$ ist (bzw. $\sum_n \|x_n\| < \infty$ im Fall einer Reihe in einem Banachraum).

Eine Reihe $\sum_n x_n$ in einem Banachraum konvergiert genau dann unbedingt, wenn es zu jedem $\varepsilon > 0$ eine endliche Menge $F_0 \subset \mathbb{N}$ mit $\| \sum_{n\in F} x_n \| < \varepsilon$ für alle endlichen Mengen F mit $F \cap F_0 = \emptyset$ gibt.

Weitere Äquivalenzen sind, daß jede Teilreihe $\sum_k x_{n_k}$ konvergiert, oder daß für alle Vorzeichen $\varepsilon_n = \pm 1$ die Reihe $\sum_n \varepsilon_n x_n$ konvergiert. Ein wichtiges Kriterium für die unbedingte Konvergenz liefert der Satz von Bessaga-Pelczyński: Falls X keinen zu c_0 isomorphen abgeschlossenen Unterraum besitzt und $\sum_{n=1}^{\infty} |x'(x_n)| < \infty$ für alle Funktionale $x' \in X'$ ist, konvergiert $\sum_{n=1}^{\infty} x_n$ unbedingt in X.

Die Bedeutung des Konzepts der unbedingten Konvergenz rührt zum Teil daher, daß es bei der Entwicklung von Funktionen nach ↗ Schauder-Basen häufig keine natürliche Anordnung der Basisfunktionen gibt, etwa bei Waveletbasen; dasselbe gilt bei der Multiplikation reeller oder komplexer Reihen (Cauchy-Produkt).

Siehe auch ↗ Umordnung einer Reihe.

unbedingte Schauder-Basis, ↗ Schauder-Basis.

unbedingte Stabilität, wünschenswerte Eigenschaft von Differenzenverfahren zur approximativen Lösung von Differentialgleichungen.

Ein solches Verfahren heißt unbedingt stabil, wenn keinerlei Einschränkungen bezüglich seiner Stabilität (↗ Stabilität von Differenzenverfahren) vorliegen.

unbegrenzt teilbare Verteilung, *unbeschränkt teilbare Verteilung*, *unendlich teilbare Verteilung*, Verteilung P_X einer reellen Zufallsvariable X, die für jedes $n \in \mathbb{N}$ als n-faches Faltungsprodukt eines Wahrscheinlichkeitsmaßes μ_n mit sich selbst dargestellt werden kann, d. h., für jedes $n \in \mathbb{N}$ gilt

$$P_X = \underbrace{\mu_n * \cdots * \mu_n}_{n \text{ Faktoren}}.$$

Man nennt X dann auch eine unendlich teilbare Zufallsgröße. Die Verteilung P_X von X ist genau dann unbegrenzt teilbar, wenn X für jedes $n \in \mathbb{N}$ als Summe von n unabhängigen, identisch verteilten Zufallsvariablen dargestellt werden kann.

Eine weitere äquivalente Charakterisierung der unbegrenzt teilbaren Verteilungen ist mit Hilfe der charakteristischen Funktionen möglich. Danach ist P_X genau dann unbegrenzt teilbar, wenn die zugehörige charakteristische Funktion ϕ_X für jedes $n \in \mathbb{N}$ als n-te Potenz $\phi_X = \phi_n^n$ einer bestimmten charakteristischen Funktion ϕ_n dargestellt werden kann. Die charakteristische Funktion ϕ_n ist dabei eindeutig bestimmt. Beispiele unbegrenzt teilbarer Verteilungen sind die Cauchy-, Gamma- und Poisson-Verteilung sowie die Normalverteilung und die negative Binomialverteilung. Die charakteristischen Funktionen unbegrenzt teilbarer Verteilungen sind durch die Lévy-Chinčin-Darstellung charakterisiert, wonach ϕ genau dann die charakteristische Funktion einer unbegrenzt teilbaren Verteilung ist, wenn

$$\begin{aligned}\ln \phi(t) &= it\beta - \frac{t^2\sigma^2}{2} \\ &\quad + \int_{-\infty}^{\infty} \left(e^{itx} - 1 - \frac{itx}{1+x^2}\right) \frac{1+x^2}{x^2} \nu(dx)\end{aligned}$$

gilt, wobei $\beta \in \mathbb{R}$ und $\sigma^2 \geq 0$ ist, sowie ν ein endliches Maß auf der Borel-σ-Algebra $\mathfrak{B}(\mathbb{R})$ mit $\nu(\{0\}) = 0$ bezeichnet.

Wie der folgende Satz zeigt, kommt den unbegrenzt teilbaren Verteilungen eine besondere Bedeutung bei der Charakterisierung der Grenzverteilungen von Partialsummen $S_n = \sum_{k=1}^{n} X_{n,k}$ zu, wobei für jedes $n \in \mathbb{N}$ eine endliche Folge $X_{n,1}, \dots, X_{n,n}$ unabhängiger und identisch verteilter Zufallsgrößen gegeben ist.

Ein auf $\mathfrak{B}(\mathbb{R})$ definiertes Wahrscheinlichkeitsmaß Q ist genau dann der Grenzwert einer in Verteilung konvergenten Folge $(S_n)_{n\in\mathbb{N}}$ von Partialsummen der beschriebenen Art, wenn es unbegrenzt teilbar ist.

Der Begriff der unendlich teilbaren Verteilung und die Lévy-Chinčin-Darstellung können auf höhere Dimesionen verallgemeinert werden.

unbeschränkt teilbare Verteilung, ↗ unbegrenzt teilbare Verteilung.

unbeschränkte Folge, eine nicht beschränkte Folge.

Eine Folge (a_n) reeller oder komplexer Zahlen ist genau dann unbeschränkt, wenn es zu jedem $K > 0$ ein $n \in \mathbb{N}$ gibt mit $|x_n| > K$. Eine reelle Folge ist genau dann unbeschränkt, wenn sie nach unten oder nach oben unbeschränkt ist, und dies ist genau dann der Fall, wenn sie $-\infty$ oder ∞ als Häufungswert hat.

unbeschränkter Operator, ↗ beschränkter Operator.

unbestimmtes Integral, zu einer gegebenen Funktion f eine differenzierbare Funktion F mit der Eigenschaft $F' = f$. ‚Das' unbestimmte Integral zu einer gegebenen Funktion ist also keine eindeutig bestimmte Funktion, sondern eine ‚Schar' von Funktionen.

Das Problem ist also die Umkehrung der Differentiation, genauer: Es seien j ein Intervall in $\mathbb{R}$ und $f : j \to \mathbb{R}$ eine stetige Funktion. Gesucht ist eine differenzierbare Funktion $F : j \to \mathbb{R}$ mit

$$F'(x) = f(x) \qquad \text{für } x \in j.$$

Ein solches F heißt Stammfunktion oder unbestimmtes Integral zu f. Man schreibt:

$$F(x) = \int^{x} f(t)\,dt.$$

Dies ist allerdings keine Gleichung im üblichen Sinne, sondern notiert nur die Aussage: F ist *eine* Stammfunktion zu f. Ergänzungen hierzu findet man unter dem Stichwort ↗ Stammfunktionen.

Einige unbestimmte Integrale sind in der ↗ Tabelle von Stammfunktionen aufgelistet.

unbezeichneter Graph, im Gegensatz zum Begriff des „bezeichneten Graphen" ein Graph, dessen Ecken nicht numeriert sind.

UND-Funktion, ↗ AND-Funktion.

unechter Bruch, ↗ echter Bruch.

uneigentliche Ableitung, ↗ uneigentliche Differenzierbarkeit.

uneigentliche Differenzierbarkeit, liegt bei einer auf einer Menge $D \subset \mathbb{R}$ definierten Funktion $f : D \to \mathbb{R}$ an einer inneren Stelle $a \in D$ vor, wenn f an der Stelle a nicht differenzierbar ist, d.h. der ↗ Differenzenquotient $Q_f(a, x)$ für $x \to a$ nicht konvergiert, aber $Q_f(a, x)$ für $x \to a$ bestimmt divergiert, also $Q_f(a, x) \to -\infty$ oder $Q_f(a, x) \to \infty$ gilt für $x \to a$. Man schreibt dafür $f'(a) = -\infty$ bzw. $f'(a) = \infty$, nennt dies eine *uneigentliche* oder *unendliche Ableitung* und sagt auch, f habe an der Stelle a eine *senkrechte Tangente*.

Beispielsweise ist die durch

$$f(x) = \operatorname{sgn}(x)\sqrt{|x|}$$

definierte Funktion $f : \mathbb{R} \to \mathbb{R}$ stetig und in $\mathbb{R} \setminus \{0\}$ differenzierbar mit $f'(x) = 1/(2\sqrt{|x|})$, aber wegen

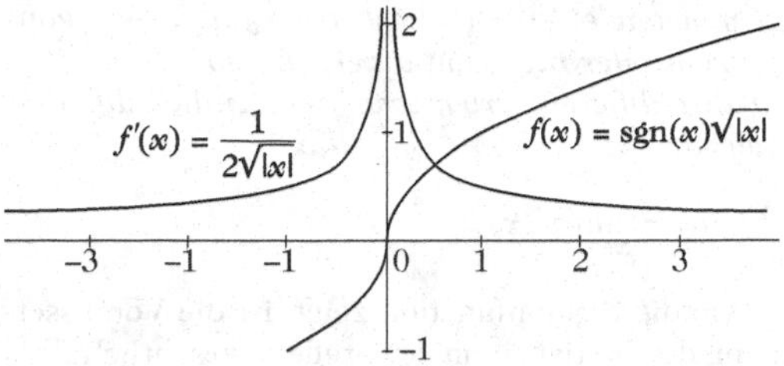

$\lim_{x \to 0} Q_f(0, x) = \infty$ an der Stelle 0 nicht differenzierbar, sondern uneigentlich differenzierbar.

Bei bestimmter Divergenz von $Q_f(a, x)$ für $x \uparrow a$ bzw. $x \downarrow a$ spricht man auch von linksseitiger bzw. rechtsseitiger uneigentlicher Differenzierbarkeit von f an der Stelle a und schreibt dafür $f'_-(a) = \infty$, $f'_+(a) = \infty$ usw.. Die durch $x \mapsto x^{2/3}$ definierte ↗ Neilsche Parabel $n : \mathbb{R} \to \mathbb{R}$ ist z. B. linksseitig und rechtsseitig uneigentlich differenzierbar an der Stelle 0, jedoch wegen $n'_-(0) = -\infty$ und $n'_+(0) = \infty$ dort nicht uneigentlich differenzierbar.

Auch etwa an Randstellen eines abgeschlossenen Intervalls D spricht man bei bestimmter Divergenz des Differenzenquotienten von linksseitiger bzw. rechtsseitiger uneigentlicher Differenzierbarkeit.

An inneren Stellen a ist jeder der Fälle

$f'_-(a)$	$f'_+(a)$	
c	c	dfb.
c	d	ls. und rs. dfb.
c	$\pm\infty$	ls. dfb., rs. uneig. dfb.
c	n. d.	ls. dfb.
$\pm\infty$	d	ls. uneig. dfb., rs. dfb
$\pm\infty$	$\pm\infty$	uneig. dfb.
$\pm\infty$	$\mp\infty$	ls. und rs. uneig. dfb.
$\pm\infty$	n. d.	ls. uneig. dfb.
n. d.	d	rs. dfb.
n. d.	$\pm\infty$	rs. uneig. dfb.
n. d.	n. d.	

(n. d.: nicht definiert)

mit $c, d \in \mathbb{R}$, $c \neq d$ möglich.

Man beachte, daß aus der uneigentlichen Differenzierbarkeit einer Funktion an einer Stelle nicht ihre Stetigkeit an dieser Stelle folgt, wie man schon an die ↗ Signumfunktion an der Stelle 0 sieht.

Mit Hilfe des ↗ Mittelwertsatzes der Differentialrechnung kann man zeigen:

Ist $f : D \to \mathbb{R}$ an einer inneren Stelle $a \in D$ stetig und in einer punktierten Umgebung von a differenzierbar (also in $(a - \varepsilon, a + \varepsilon) \setminus \{a\}$ mit einem *geeigneten $\varepsilon > 0$), und ist $f'(x)$ für $x \to a$ konvergent oder bestimmt divergent, so ist f an der Stelle a differenzierbar bzw. uneigentlich differenzierbar mit*

$$f'(a) = \lim_{x \to a} f'(x).$$

Wie die Signumfunktion zeigt, ist die Voraussetzung der Stetigkeit an der Stelle a wesentlich

uneigentliche Grenzwerte einer Folge, *unendliche Grenzwerte*, die Werte $-\infty$ und ∞ als Grenzwerte bei ↗bestimmter Divergenz einer reellwertigen Folge oder Funktion.

uneigentliche Grenzwerte einer Funktion, *unendliche Grenzwerte*, die Werte $-\infty$ und ∞ als Grenzwerte bei bestimmter Divergenz einer reellen Funktion (↗Grenzwerte einer Funktion).

uneigentliches Integral, Erweiterung des ‚eigentlichen' Riemann-Integrals, bei der auch unbeschränkte Funktionen und Funktionen mit unbeschränktem Träger zugelassen werden.

Schon im Anschluß an die elementare Integralrechnung hat man den Wunsch, bei der Integration von den o. a. Einschränkungen abzukommen. So möchte man etwa

$$\int_0^1 \frac{dx}{\sqrt{1-x^2}} = \frac{\pi}{2}$$

schreiben, obwohl hier der Integrand bei 1 nicht beschränkt ist. Man argumentiert dann: Für $0 < a < 1$ existiert

$$\int_0^a \frac{dx}{\sqrt{1-x^2}}$$

(als Riemann-Integral) und hat den Wert

$$\arcsin a - \arcsin 0 = \arcsin a.$$

Dieser strebt gegen $\frac{\pi}{2}$ für $a \to 1$.

Entsprechend – mit arctan als Stammfunktion – möchte man notieren können

$$\int_0^\infty \frac{dx}{1+x^2} = \frac{\pi}{2},$$

auch wenn es sich hier um eine Funktion mit unbeschränktem Träger handelt. Anschaulich möchte man so auch gewissen unbeschränkten Flächen einen ‚Inhalt' zuordnen.

Elementar definiert man allgemein:

(1) Es sei $-\infty < a < b \le \infty$. Eine Funktion $f: [a, b) \longrightarrow \mathbb{R}$ heißt genau dann *uneigentlich integrierbar auf* $[a, b)$, wenn gilt: Für alle $a < \beta < b$ ist f über $[a, \beta]$ integrierbar, und es existiert

$$\lim_{\beta \to b-} \int_a^\beta f(x)\,dx =: \int_a^b f(x)\,dx =: \int_a^{b-} f(x)\,dx.$$

(1') Es sei $-\infty \le a < b < \infty$. Eine Funktion $f: (a, b] \longrightarrow \mathbb{R}$ heißt genau dann *uneigentlich integrierbar auf* $(a, b]$, wenn gilt: Für alle $a < \alpha < b$ ist f über $[\alpha, b]$ integrierbar, und es existiert

$$\lim_{\alpha \to a+} \int_\alpha^b f(x)\,dx =: \int_a^b f(x)\,dx =: \int_{a+}^b f(x)\,dx.$$

(2) Es sei $-\infty \le a < b \le \infty$. Eine Funktion $f: (a, b) \longrightarrow \mathbb{R}$ heißt genau dann *uneigentlich integrierbar auf* (a, b), wenn gilt: Für ein $a < \gamma < b$ ist f uneigentlich integrierbar auf $(a, \gamma]$ und auf $[\gamma, b)$. In diesem Fall setzt man

$$\int_{a+}^{b-} f(x)\,dx := \int_a^b f(x)\,dx := \int_{a+}^\gamma f(x)\,dx + \int_\gamma^{b-} f(x)\,dx.$$

Hierbei hängt der Wert von $\int_a^b f(x)\,dx$ *nicht* von γ ab.

Anstelle – z. B. in (2) – der Aussage „*f ist uneigentlich integrierbar auf* (a, b)" benutzt man auch die Sprechweise:

$$\int_a^b f(x)\,dx$$

ist *konvergent*.

Beispiele: Für

$$f(x) := \frac{1}{\sqrt{1-x^2}} \qquad (0 \le x < 1)$$

ist nach den einleitenden Überlegungen f uneigentlich integrierbar über $[0, 1)$ und

$$\int_0^1 f(x)\,dx = \frac{\pi}{2}.$$

Für

$$f(x) := \frac{1}{1+x^2} \qquad (0 < x < \infty)$$

gilt entsprechend: f ist uneigentlich integrierbar über $[0, \infty)$ mit

$$\int_0^\infty \frac{dx}{1+x^2}\,dx = \frac{\pi}{2}.$$

Es seien $\alpha \in \mathbb{R}$, $0 < L \in \mathbb{R}$ und $f(x) := x^\alpha$ für $x \ge L$. Dann ist f genau dann uneigentlich integrierbar über $[L, \infty)$, wenn $\alpha < -1$; in diesem Fall gilt:

$$\int_L^\infty x^\alpha \, dx = -\frac{1}{\alpha+1} L^{\alpha+1} .$$

Denn für $\beta > L$ ist

$$\int_L^\beta x^\alpha \, dx = \begin{cases} \ln\beta - \ln L & , \ \alpha = -1 \\ \frac{1}{\alpha+1}\left(\beta^{\alpha+1} - L^{\alpha+1}\right), & \alpha \neq -1 . \end{cases}$$

Entsprechend erhält man für $\alpha \in \mathbb{R}$, $0 < R \in \mathbb{R}$ und $f(x) := x^\alpha$ für $0 < x \le R$: f ist genau dann uneigentlich integrierbar über $(0, R]$, wenn α größer als -1 ist; für $\alpha > -1$ gilt:

$$\int_0^R x^\alpha \, dx = \frac{1}{\alpha+1} R^{\alpha+1} .$$

Absolute Integrierbarkeit und Majorantenkriterium:
Es seien j ein reelles Intervall und $f : j \longrightarrow \mathbb{R}$. f heißt genau dann *„lokal integrierbar über j"*, wenn f integrierbar über $[\alpha, \beta]$ für jedes $\alpha, \beta \in j$ mit $\alpha < \beta$ ist. Ist j offen oder halboffen, dann heißt f *„absolut uneigentlich integrierbar (über j)"* genau dann, wenn f über j lokal integrierbar ist und (die Betragsfunktion) $|f|$ über j uneigentlich integrierbar ist.

Sind a und b die Endpunkte von j (mit $a < b$), dann sagt man auch

$$\int_a^b f(x)\, dx \quad \text{absolut konvergent}$$

(für „f absolut uneigentlich integrierbar über j").

Aus dem Cauchy-Kriterium liest man einfach ab: *Ist f absolut uneigentlich integrierbar über j, dann ist f insbesondere uneigentlich integrierbar über j.*

Umgekehrt folgt aus der uneigentlichen Integrierbarkeit *nicht* die absolute uneigentliche Integrierbarkeit, wie das Standardbeispiel

$$f(x) := \frac{\sin x}{x} \quad \text{auf } (0, \infty)$$

zeigt.

Ähnlich wie bei Reihen läßt sich die absolute Konvergenz oft durch Vergleich erschließen:
Majorantenkriterium:
Ist f lokal integrierbar über j, und existiert ein über j uneigentlich integrierbares g mit

$$|f(x)| \le g(x) \qquad (x \in j)$$

(insbesondere also $g \ge 0$), so ist f absolut uneigentlich integrierbar über j.

Insbesondere die o. a. Potenzfunktionen werden oft zum Vergleich herangezogen.

Die angegebene elementare Definition ist in einfachen Fällen ausreichend. Doch schon bei mehreren ‚Singularitäten' hat man Definitions- und Bezeichnungsschwierigkeiten, so daß dann auch nicht einmal Summen mehrerer solcher Funktionen mit verschiedenen Singularitäten einfach betrachtet werden können. In [1] wird gezeigt, wie sich via ↗ Integralnormen durch eine einfache (lokale) Modifikation der Riemann-Darboux-Norm ein uneigentliches Riemann-Integral als Fortsetzung des Riemann-Integrals ergibt, das weitgehenden Wünschen nach Einbeziehung von Funktionen ohne Schranken und ohne beschränkten Träger gerecht wird. Riemann-integrierbare Funktionen mit unendlich vielen Unbeschränktheitsstellen sind so möglich, und Häufungspunkte von Unbeschränktheitsstellen können problemlos zugelassen werden. Neben der weitgehenden Ausdehnung und vielfältigen Vorteilen im Spezialfall (reellwertige Funktionen einer reellen Variablen) kann dieses Konzept mühelos und gewinnbringend auf die Betrachtung vektorwertiger Funktionen übertragen werden.

[1] Hoffmann, D.; Schäfke, F.-W.: Integrale. B.I.-Wissenschaftsverlag Mannheim Berlin, 1992.

unendlich ferner Punkt, ↗ Kompaktifizierung von $\mathbb{C}$.

unendlich große Nichtstandard-Zahl, ↗ Nichtstandard-Analysis,

unendlich große Zahl, ↗ Nichtstandard-Analysis.

unendlich oft differenzierbare Funktion, ↗ beliebig oft differenzierbare Funktion.

unendlich teilbare Verteilung, ↗ unbegrenzt teilbare Verteilung.

unendlich teilbare Zufallsgröße, ↗ unbegrenzt teilbare Verteilung.

unendlichdimensionaler Vektorraum, ein ↗ Vektorraum V, der für kein $n \in \mathbb{N}$ eine ↗ Basis $(b_1, \dots, b_n)$ aus n Vektoren besitzt.

Man schreibt dann üblicherweise $\dim V = \infty$.

unendliche Ableitung, ↗ uneigentliche Differenzierbarkeit.

unendliche Grenzwerte, ↗ uneigentliche Grenzwerte einer Folge, ↗ uneigentliche Grenzwerte einer Funktion.

unendliche Kardinalzahl, *transfinite Kardinalzahl*, Kardinalzahl, die mindestens so groß ist wie die Kardinalität der natürlichen Zahlen.

Siehe auch ↗ Kardinalzahlen und Ordinalzahlen.

unendliche Menge, Menge, deren Kardinalität mindestens so groß ist wie diejenige der natürlichen Zahlen.

Siehe auch ↗ Kardinalzahlen und Ordinalzahlen.

unendliche Ordinalzahl, *transfinite Ordinalzahl*, Ordinalzahl α mit $\alpha \ge \omega$.

Siehe auch ↗ Kardinalzahlen und Ordinalzahlen.

unendliche Reihe, veraltete, dennoch noch oft anzutreffende Bezeichnung für ↗ Reihe.

unendlicher Kettenbruch, ↗ Kettenbruch.

unendliches Produkt, zu einer Folge (a_ν) reeller oder komplexer Zahlen die durch

$$p_n := \prod_{\nu=1}^{n} a_\nu \quad (n \in \mathbb{N}),$$

definierte Folge $p := (p_n)$ der Partialprodukte p_n. Statt p notiert man entsprechend wie bei Reihen, wenn auch mißverständlich, meist

$$\prod_{\nu=1}^{\infty} a_\nu .$$

Das unendliche Produkt $\prod_{\nu=1}^{\infty} a_\nu$ heißt genau dann konvergent, wenn

$$\prod_{\nu=n}^{m} a_\nu \to 1 \quad (n, m \to \infty),$$

d. h.

$$\forall \varepsilon > 0 \; \exists N \in \mathbb{N} \; \forall m > n \geq N \; \left| \prod_{\nu=n}^{m} a_\nu - 1 \right| < \varepsilon .$$

Würde man, was auf den ersten Blick naheliegend scheint, analog der Situation bei Reihen ein unendliches Produkt konvergent nennen, wenn die Folge der Partialprodukte einen Grenzwert hat, so erhielte man unerwünschte Pathologien: Ein Produkt wäre stets konvergent, wenn auch nur ein einziges Glied Null wäre. Zudem könnte ein Produkt auch dann Null werden, wenn kein einziger Faktor Null ist (z. B. $a_\nu = \frac{1}{\nu}$).

Man hat die folgenden Konvergenzkriterien für unendliche Produkte:

Ist $\prod_{\nu=1}^{\infty} a_\nu$ konvergent, so gelten:

a) $a_n \to 1 \quad (n \to \infty)$

b) $\left(\prod_{\nu=1}^{n} a_\nu \right)$ *ist konvergent.*

Man setzt in diesem Fall auch

$$\prod_{\nu=1}^{\infty} a_\nu := \lim_{n \to \infty} \prod_{\nu=1}^{n} a_\nu .$$

Die verbreitete Doppelbezeichnung – $\prod_{\nu=1}^{\infty} a_\nu$ für die Folge der Produkte und auch (gegebenenfalls) für den Grenzwert – ist durch das entsprechende Vorgehen bei Reihen meist vertraut. Weiter erhält man recht einfach:

c) Ist $\prod_{\nu=1}^{\infty} a_\nu$ konvergent, so folgt

$$\prod_{\nu=1}^{\infty} a_\nu = 0 \iff \exists \nu \in \mathbb{N} \; a_\nu = 0 .$$

d) Sind alle a_ν aus $\mathbb{C} \setminus (-\infty, 0]$, so gilt

$$\prod_{\nu=1}^{\infty} a_\nu \textit{ konvergent} \iff \sum_{\nu=1}^{\infty} \operatorname{Log} a_\nu \textit{ konvergent}.$$

Hierbei bezeichnet Log den Hauptzweig des Logarithmus auf $\mathbb{C} \setminus (-\infty, 0]$.

Da in einem konvergenten unendlichen Produkt die Glieder a_ν gegen 1 streben, setzt man oft

$$a_\nu =: 1 + b_\nu \quad (\nu \in \mathbb{N}).$$

Ein unendliches Produkt $\prod_{\nu=1}^{\infty}(1 + b_\nu)$ heißt genau dann absolut konvergent, wenn $\prod_{\nu=1}^{\infty}(1 + |b_\nu|)$ konvergiert. Die Abschätzung

$$\frac{1}{2}|b_\nu| \leq \log(1 + |b_\nu|) \leq |b_\nu|$$

für $|b_\nu| < 1$ zeigt:

e) $\prod_{\nu=1}^{\infty}(1 + b_\nu)$ ist genau dann absolut konvergent, wenn $\sum_{\nu=1}^{\infty} b_\nu$ absolut konvergent ist. In diesem Fall ist jede Umordnung, also insbesondere $\prod_{\nu=1}^{\infty}(1 + b_\nu)$ selbst, konvergent: Für jede bijektive Abbildung $\omega : \mathbb{N} \to \mathbb{N}$ ist $\prod_{\nu=1}^{\infty}(1 + b_{\omega(\nu)})$ konvergent mit

$$\prod_{\nu=1}^{\infty}(1 + b_{\omega(\nu)}) = \prod_{\nu=1}^{\infty}(1 + b_\nu).$$

Wichtige Beispiele von unendlichen Produkten sind etwa die Darstellung der ↗ Eulerschen Γ-Funktion nach Liouville (1852) (oft Weierstraß (1876) zugeschrieben)

$$\frac{1}{\Gamma(x)} = x \exp(\gamma x) \prod_{\nu=1}^{\infty} \left[\left(1 + \frac{x}{\nu}\right) \exp\left(-\frac{x}{\nu}\right) \right]$$

(für $z \in \mathbb{C} \setminus \{-\mathbb{N}_0\}$), die Produktdarstellung des Sinus (Euler, 1734)

$$\sin z = z \prod_{\nu=1}^{\infty} \left(1 - \frac{z^2}{\pi^2 \nu^2}\right) \quad (z \in \mathbb{C})$$

und daraus speziell für $z = \frac{\pi}{2}$ die Produktformel von Wallis (1655)

$$\frac{2}{\pi} = \prod_{\nu=1}^{\infty} \left(1 - \frac{1}{(2\nu)^2}\right) = \prod_{\nu=1}^{\infty} \frac{(2\nu - 1)(2\nu + 1)}{2\nu \cdot 2\nu} .$$

Erstmals trat ein unendliches Produkt wohl in der Produktformel von Vieta

$$\frac{2}{\pi} = \frac{\sqrt{2}}{2} \cdot \frac{\sqrt{2 + \sqrt{2}}}{2} \cdot \frac{\sqrt{2 + \sqrt{2 + \sqrt{2}}}}{2} \cdot \ldots$$

auf, die François Viète 1579 mit trigonometrischen Überlegungen begründete.

Zentrale Sätze zu unendlichen Produkten in der Funktionentheorie sind der Produktsatz von Weierstraß (↗ Weierstraß, Produktsatz von) und der

↗Hadamardsche Faktorisierungssatz zur Darstellung ganzer Funktionen.

Hat man für ein Intervall D in $\mathbb{R}$ Funktionen $u_\nu : D \to \mathbb{R}$, und für $x \in T \subset D$

$$F(x) := \prod_{\nu=1}^{\infty}(1 + u_\nu(x)) \quad \text{konvergent},$$

so sagt man auch, F werde in T durch das Produkt dargestellt. Die Übertragung von Eigenschaften von u_ν auf F gelingt – wie bei Reihen von Funktionen – bei gleichmäßiger Konvergenz: Dabei heißt $\prod_{\nu=1}^{\infty}(1+u_\nu(x))$ genau dann in T gleichmäßig konvergent, wenn gilt

$$\forall \varepsilon > 0\ \exists N \in \mathbb{N}\ \forall m > n \geq N\ \forall x \in T$$
$$\left|\prod_{\nu=n}^{m}(1 + u_\nu(x)) - 1\right| < \varepsilon .$$

Sind in T alle u_ν stetig, und ist $\sum_{\nu=1}^{\infty}|u_\nu(x)|$ gleichmäßig konvergent, dann ist $\prod_{\nu=1}^{\infty}(1+u_\nu(x))$ dort gleichmäßig konvergent, und die dargestellte Funktion F ist stetig.

Sind in der offenen Menge T die u_ν differenzierbar und $\sum_{\nu=1}^{\infty}|u_\nu(x)|$ sowie $\sum_{\nu=1}^{\infty}|u'_\nu(x)|$ gleichmäßig konvergent, so ist die dargestellte Funktion F differenzierbar, und für $x \in T$ mit $F(x) \neq 0$ gilt

$$\frac{F'(x)}{F(x)} = \sum_{\nu=1}^{\infty}\frac{u'_\nu(x)}{1 + u_\nu(x)}$$

(logarithmische Ableitung eines unendlichen Produktes).

Die gleichmäßige Konvergenz der Reihen wird dabei in der Regel über das Majorantenkriterium von Weierstraß erschlossen. Die entsprechende Aussage in der Funktionentheorie ist ‚glatter', da man die (lokal) gleichmäßige Konvergenz für die Ableitungen automatisch erhält:

Sind in einem Gebiet T Funktionen u_ν holomorph und $\sum_{\nu=1}^{\infty}|u_\nu(x)|$ (lokal) gleichmäßig konvergent, so ist die dargestellte Funktion F holomorph, und für $x \in T$ mit $F(x) \neq 0$ gilt

$$\frac{F'(x)}{F(x)} = \sum_{\nu=1}^{\infty}\frac{u'_\nu(x)}{1 + u_\nu(x)} .$$

Unendlichkeitsaxiom, Axiom der ↗axiomatischen Mengenlehre, das die Existenz einer Menge X fordert, welche die leere Menge zum Element hat, und die mit einer Menge x auch die Menge $x \cup \{x\}$ zum Element hat.

Durch das Unendlichkeitsaxiom wird sichergestellt, daß es eine Menge mit unendlich vielen Elementen gibt.

Unendlichkeitsvektornorm, auch als Maximumnorm (für Vektoren) bezeichnet, durch (1) definierte ↗Norm auf dem ↗Vektorraum $\mathbb{R}^n$ bzw. $\mathbb{C}^n$ aller reellen bzw. komplexen n-dimensionalen Vektoren $v = (v_1, \dots, v_n)^t$:

$$\|v\|_\infty := \max_{1\leq i\leq n}|v_i|. \tag{1}$$

Diese Norm ergibt sich aus der p-Norm

$$\|v\|_p := \left(\sum_{i=1}^{n}|v_i|^p\right)^{\frac{1}{p}}, \quad p \in \mathbb{N},$$

durch den Grenzübergang $p \to \infty$.

unentscheidbare Theorie, eine logische Theorie, die, als Menge von Formeln aufgefaßt, eine nicht entscheidbare Menge darstellt (↗Entscheidbarkeit).

Dies bedeutet, daß es keinen ↗Algorithmus gibt, der bei jeder vorgelegten Formel in endlich vielen Schritten entscheiden kann, ob die Formel zur Theorie gehört oder nicht.

Ein Beispiel für eine unentscheidbare Theorie ist die elementare Zahlentheorie (↗Gödelscher Unvollständigkeitssatz). Ein weiteres Beispiel stellt die Menge der wahren Formeln der Prädikatenlogik der ersten Stufe dar (Unentscheidbarkeit der Prädikatenlogik).

Unentscheidbarkeit der Prädikatenlogik, ↗unentscheidbare Theorie.

unerreichbarer Zustand, ↗ minimaler Automat.

unerwünschter Zustand, ↗Halluzination.

Ungarische Methode, ↗ Ungarischer Algorithmus.

Ungarischer Algorithmus, *Ungarische Methode*, liefert in polynomialer Zeit ein Matching maximaler Bewertung in einem bewerteten ↗bipartiten Graphen G.

Dieser Algorithmus geht auf H.W. Kuhn (1955) und J. Munkres (1957) zurück und wird daher auch *Kuhn-Munkres-Algorithmus* genannt.

Wir beginnen zunächst mit dem verhältnismäßig einfachen Fall, daß wir in einem nicht bewerteten bipartiten Graphen G ein maximales Matching suchen.

1. Es sei M ein Matching in einem bipartiten Graphen G. Ist $2|M| \geq |E(G)| - 1$, so ist M maximal.
2. Im anderen Fall wähle man eine Ecke u aus G, die mit keiner Kante aus M inzidiert. Von u ausgehend, konstruiere man einen ↗alternierenden Wurzelbaum H bzgl. M in G mit der Wurzel u, den man durch keine Kante aus G vergrößern kann.
3. Gibt es in H einen Verbesserungsweg W (↗ alternierender Weg) mit der Anfangsecke u, so gilt für das neue Matching
$M' = (M \setminus K(W)) \cup (K(W) \setminus M)$
in G die Identität $|M'| = |M| + 1$. Mit dem größeren Matching M' gehe man zu 1.

4. Gibt es in H keinen Verbesserungsweg mit der Anfangsecke u, so kann man die Ecke u aus dem Graphen G entfernen, denn sie spielt bei diesem Verfahren keine Rolle mehr. Mit anderen Worten: Man gehe nun mit $G' = G - u$ und M zurück zu 1.

Nun kommen wir zu dem schwierigen Fall, daß G eine Bewertung $\varrho : K(G) \rightarrow \mathbb{R}$ besitzt. Offenbar enthält ein Matching maximaler Bewertung keine Kanten negativer Bewertung. Daher können wir uns auf den Fall $\varrho(k) \geq 0$ für alle $k \in K(G)$ zurückziehen. Sind X und Y die Partitionsmengen von G, so können wir auch noch $|X| = |Y| = n$ erreichen und uns darauf beschränken, ein perfektes Matching maximaler Bewertung in einem vollständigen bipartiten Graphen $K_{n,n}$ aufzuspüren. Denn im Fall $|X| \neq |Y|$ können wir die kleinere der beiden Partitionsmengen durch eine geeignete Anzahl von Ecken ergänzen, und danach alle nicht adjazenten Ecken aus X und Y durch Kanten der Bewertung Null verbinden. Um den Ungarischen Algorithmus für diesen Fall zu beschreiben, benötigen wir noch einige Voraussetzungen. Es sei $X = \{x_1, x_2, \ldots, x_n\}$, $Y = \{y_1, y_2, \ldots, y_n\}$, und jede Kante x_iy_j des vollständigen bipartiten Graphen G besitze eine nicht-negative Bewertung $\varrho(x_iy_j)$. Eine Eckenbewertung $l : X \cup Y \rightarrow \mathbb{R}$ nennt man *zulässig*, wenn

$$l(x) + l(y) \geq \varrho(xy)$$

für alle $x \in X$ und alle $y \in Y$ gilt. Durch

$$l(x) = \max_{y \in Y} \varrho(xy)$$

für $x \in X$, und $l(y) = 0$ für $y \in Y$ ist die Existenz einer zulässige Eckenbewertung von G gesichert.

Ist l eine zulässige Eckenbewertung von G, so bestehe K_l aus den Kanten $xy \in K(G)$, für die

$$l(x) + l(y) = \varrho(xy)$$

gilt. Derjenige Faktor von G, der genau die Kantenmenge K_l besitzt, heißt *Gleichheitsfaktor* und wird mit G_l bezeichnet.

Der folgende Satz bildet die Basis des Ungarischen Algorithmus.

Es sei l eine zulässige Eckenbewertung für den bewerteten vollständigen bipartiten Graphen G.

Besitzt der Gleichheitsfaktor G_l ein perfektes Matching M^*, so ist M^* ein Matching maximaler Bewertung in G.

Nun kommen wir zur Beschreibung des gewünschten Algorithmus.

Man beginne mit einer beliebigen zulässigen Eckenbewertung l von G und bestimme den Gleichheitsfaktor G_l. Danach wende man die oben für den unbewerteten Fall angegebene Methode auf G_l solange an, bis man zum 4. Schritt gelangt.

Hat man bis dahin ein perfektes Matching in G_l gefunden, so ist man nach obigem Satz am Ziel. Im anderen Fall gelangt man zu einem alternierenden Wurzelbaum H bzgl. eines Matchings M in G_l mit einer Wurzel u, den man durch keine Kante aus G_l vergrößern kann, und in dem kein Verbesserungsweg mit der Anfangsecke u existiert. Ist $S \subseteq E(H)$ diejenige Eckenmenge von H, die in H geraden Abstand von u (einschließlich u) besitzt und $T = E(H) \setminus S$, so gilt notwendig $N_{G_l}(S) = T$, wobei $N_{G_l}(S)$ die Ecken aus G_l sind, die in G_l zu einer Ecke aus S adjazent sind. Dann ist aber

$$d_l = \min_{x \in S,\, y \notin T} \{l(x) + l(y) - \varrho(xy)\}$$

eine positive Zahl, und durch $l'(v) = l(v) - d_l$ für $v \in S$, $l'(v) = l(v) + d_l$ für $v \in T$, und $l'(v) = l(v)$ für alle anderen Ecken aus G, wird eine neue zulässige Eckenbewertung von G definiert.

Nun überzeugt man sich leicht davon, daß der neue Gleichheitsfaktor $G_{l'}$ von G sowohl die Kanten von H als auch die Kanten des Matchings M enthält. Aber in $G_{l'}$ kann man den Baum H durch weitere Kanten vergrößern.

Man kehre daher zum Anfang zurück und führe die Prozedur mit $G_{l'}$ (an Stelle von G_l) durch. Bei der Wiederholung des Verfahrens ändert man, immer wenn es nötig ist, die Eckenbewertung ab, bis man schließlich ein perfektes Matching in einem Gleichheitsfaktor ermittelt hat.

ungemischtes Ideal, Ideal, dessen assozierte Primideale alle dieselbe Höhe (↗ Höhe eines Ideals) haben.

Der Macaulaysche Ungemischtheitssatz (1916) besagt, daß in einem Polynomring über einem Körper jedes von r Elementen erzeugte Ideal der Höhe r ungemischt ist. Dieses Resultat wurde später von Cohen (1946) für reguläre lokale Ringe bewiesen. Das erklärt den Namen ↗ Cohen–Macaulay–Ring.

Ein Noetherscher Ring ist genau dann ein Cohen–Macaulay–Ring (d. h., die Lokalisierungen nach jedem Maximalideal sind Cohen–Macaulay–Ringe), wenn in dem Ring obiger Ungemischtheitssatz gilt.

ungeordnete Stichprobe, eine nicht ↗ geordnete Stichprobe.

ungeordnetes Paar, ↗ Paarmenge.

ungerade Funktion, eine Funktion $f : D \rightarrow \mathbb{R}$, wobei $D \subset \mathbb{R}$ sei, mit $-x \in D$ und $f(-x) = -f(x)$ für alle $x \in D$, d. h., der Graph von f ist punktsymmetrisch zum Ursprung.

Beispiele für ungerade Funktionen sind die auf ganz $\mathbb{R}$ definierte konstante Funktion 0, ungerade Potenzen, die Signumfunktion und die Sinusfunktion.

Summen und skalare Vielfache ungerade Funktionen sind wieder ungerade Funktionen. Damit bilden die ungeraden Funktionen auf einer fe-

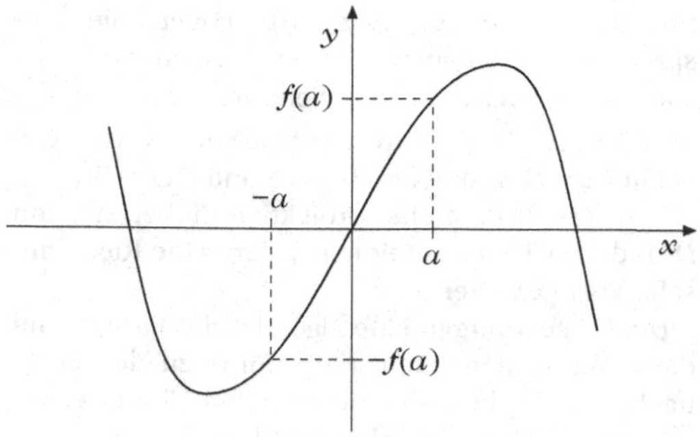

sten Definitionsmenge eine Vektorraum über $\mathbb{R}$. Das Produkt zweier ungeraden Funktionen ist eine ↗gerade Funktion. Das Produkt aus einer ungeraden und einer geraden Funktion ist eine ungerade Funktion. Die Ableitung einer ungeraden Funktion ist eine gerade Funktion.

ungerade Permutation, ↗Permutation.

ungerade Zahl, eine ganze Zahl, die keine ↗gerade Zahl ist, die also bei Division durch 2 den Rest 1 läßt.

ungerader Graph, ↗ Graph.

ungerichteter Graph, ↗ Graph.

Ungleichung, zwei durch eines der Zeichen $<$ (‚Kleinerzeichen'), $\leq$ (‚Kleinergleichzeichen'), $\geq$ (‚Größergleichzeichen') oder $>$ (‚Größerzeichen') verbundene ↗Terme, also z. B. $T_1 < T_2$ für Terme T_1 und T_2, gesprochen „T_1 kleiner (als) T_2".

Wie bei einer ↗Gleichung nennt man T_1 die *linke* und T_2 die *rechte Seite* der Ungleichung. Auch die Begriffe *Variable*, *Definitionsbereich*, *Lösung*, *Lösungsmenge*, *lösbar* bzw. *erfüllbar*, *unlösbar* bzw. *unerfüllbar*, *allgemeingültig*, *Formel* bzw. *Identität* und *Äquivalenz von Ungleichungen* sind definiert wie für Gleichungen. Das Bestimmen der Lösungsmenge einer Ungleichung geschieht durch ↗Lösen der Ungleichung, wobei die Ungleichung i. d. R. in eine äquivalente ‚einfachere' Ungleichung umgeformt wird. Wie bei einer Gleichung hängen auch bei einer Ungleichung die Lösbarkeit und die Lösungsmenge von der Wahl des Definitionsbereichs ab.

Ungleichungen für Limes Inferior und Superior reeller Folgen, neben der trivialen Ungleichung

$$\liminf a_n \;\leq\; \limsup a_n$$

für reellwertige Folgen (a_n) die Ungleichung

$$\begin{aligned}\liminf \frac{a_{n+1}}{a_n} &\leq \liminf \sqrt[n]{a_n}\\ &\leq \limsup \sqrt[n]{a_n}\\ &\leq \limsup \frac{a_{n+1}}{a_n}\end{aligned}$$

für positive a_n, die aus dieser durch den Übergang von a_n zu a_{n+1}/a_n zu beweisende Ungleichung

$$\begin{aligned}\liminf a_n &\leq \liminf \sqrt[n]{a_1 \cdot \dots \cdot a_n}\\ &\leq \limsup \sqrt[n]{a_1 \cdot \dots \cdot a_n}\\ &\leq \limsup a_n\,,\end{aligned}$$

für positive a_n und die hiermit durch den Übergang von a_n zu e^{a_n} und Logarithmierung zu zeigende Ungleichung

$$\begin{aligned}\liminf a_n &\leq \liminf \frac{a_1 + \dots + a_n}{n}\\ &\leq \limsup \frac{a_1 + \dots + a_n}{n}\\ &\leq \limsup a_n\end{aligned}$$

für reelle a_n. Aus den letzten beiden Ungleichungen folgen die entsprechenden Konvergenzaussagen des Grenzwertsatzes von Cauchy (↗Cauchy, Grenzwertsatz von).

Ungleichungen für Mittelwerte, die Beziehungen

$$m \leq H \leq G \leq A \leq Q \leq M$$

mit den in der Tabelle bezeichneten Größen

$m = \min\{x_1, \dots, x_n\}$	Minimum
$H = \dfrac{n}{\frac{1}{x_1} + \dots + \frac{1}{x_n}}$	harmonisches Mittel
$G = \sqrt[n]{x_1 \cdot \dots \cdot x_n}$	geometrisches Mittel
$A = \frac{1}{n}(x_1 + \dots + x_n)$	arithmetisches Mittel
$Q = \sqrt{\frac{1}{n}(x_1^2 + \dots + x_n^2)}$	quadratisches Mittel
$M = \max\{x_1, \dots, x_n\}$	Maximum

für positive reelle Zahlen $x_1, \dots, x_n$. Man erhält all diese Ungleichungen und entsprechende Ungleichungen auch für die ↗gewichteten Mittel aus der Ungleichung für die ↗Mittel t-ter Ordnung.

uniform boundedness principle, andere Bezeichnung für das ↗ Prinzip der gleichmäßigen Beschränktheit.

uniformer Raum, ein Paar $(X, \mathcal{U})$ bestehend aus einem Raum X und einem System $\mathcal{U}$ von Teilmengen von $X \times X$ (auch uniforme Struktur genannt) mit folgenden Eigenschaften:

- $\Delta \in U$ für alle $U \in \mathcal{U}$;
- mit $U \in \mathcal{U}$ ist auch $U^{-1} \in \mathcal{U}$;
- ist $U \in \mathcal{U}$, so existiert ein $V \in \mathcal{U}$ mit $V \circ V \subseteq U$;
- sind $U, V \in \mathcal{U}$, so ist auch $U \cap V \in \mathcal{U}$;
- ist $U \in \mathcal{U}$ und $U \subseteq V \subseteq X \times X$, dann ist $V \in \mathcal{U}$.

Dabei ist

$$\Delta \;=\; \{(x, x) : x \in X\}$$

die "Diagonale" in $X \times X$,

$$U^{-1} = \{(y,x) : (x,y) \in U\},$$

und

$$U \circ V = \{(x,z) \in X \times X : (x,y) \in U \text{ und } (y,z) \in V \text{ für ein } y \in X\}.$$

Die Familie $\mathcal{U}$ heißt dabei separierend, wenn $\bigcup_{U \in \mathcal{U}} U = \Delta$ gilt.

Jedes System von Pseudometriken auf X induziert eine separierende uniforme Struktur. Sind d_1 und d_2 Pseudometriken auf X, dann auch $d_1 \vee d_2$, definiert durch

$$d_1 \vee d_2(x,y) = \max\{d_1(x,y), d_2(x,y)\}.$$

Eine Familie $\mathcal{D} = \{d_i\}$ von Pseudometriken auf X nennt man ein System, wenn gilt:

- $d_1, d_2 \in \mathcal{D} \Longrightarrow d_1 \vee d_2 \in \mathcal{D}$;
- ist $x \neq y$, so existiert ein $d \in \mathcal{D}$ mit $d(x,y) \neq 0$.

Ist $\mathcal{D}$ ein System von Pseudometriken auf X, so bilden die Mengen $\{(x,y) \in X \times X : d(x,y) < \varepsilon\}$, wo $d \in \mathcal{D}$ und $\varepsilon > 0$ ist, eine separierende uniforme Struktur auf X. Umgekehrt wird jede separierende uniforme Struktur durch ein System von Pseudometriken induziert.

Uniforme Räume tragen eine Topologie: Eine Teilmenge $O \subseteq X$ ist dabei offen genau dann, wenn es zu jedem $x \in O$ ein $U \in \mathcal{U}$ gibt mit $U[x] \subseteq O$; dabei ist $U[x] = \{y : (x,y) \in U\}$. Ist $\mathcal{U}$ separierend, so ist die von $\mathcal{U}$ induzierte Topologie Hausdorffsch.

Uniformisierende, eine Erzeugende des maximalen Ideals im Bewertungsring eines diskret bewerteten Körpers.

Uniformisierung, Darstellung einer projektiven algebraischen Varietät X über dem Körper $\mathbb{C}$ in der Form D/Γ mit einem einfach zusammenhängenden Gebiet $D \subseteq \mathbb{C}^n$ und einer Gruppe Γ von analytischen Automorphismen.

Wenn D ein beschränktes Gebiet ist und Γ eine Gruppe von analytischen Automorphismen von D, die eigentlich-diskontinuierlich und frei auf D operiert, und für die der Quotient $D/\Gamma = X$ kompakt ist, so ist X eine ↗komplexe Mannigfaltigkeit mit amplem kanonischem Bündel, also insbesondere eine projektive algebraische Mannigfaltigkeit.

Die Einbettung in einen projektiven Raum erhält man durch sog. automorphe Formen. Eine automorphe Form vom Gewicht ℓ ist eine analytische Funktion $f : D \longrightarrow \mathbb{C}$, die den Funktionalgleichungen

$$f(gz) = J_g^{\ell}(z) f(z) \quad (g \in \Gamma)$$

und

$$J_g(z) = \det\left(\frac{\partial g_\alpha}{\partial z_\beta}\right)$$

für $g(z) = (g_1(z), \dots, g_n(z))$ genügt. Sie entsprechen den holomorphen n-Formen vom Gewicht ℓ auf X, d. h. den Schnitten von $\left(\Omega_X^n\right)^{\otimes \ell}$, da $f\left(dz_1 \dots dz_n\right)^{\ell}$ Γ-invariante n-Formen vom Gewicht ℓ auf D sind. Wenn $D = \mathbb{C}^n$ und Γ ein Gitter in $\mathbb{C}^n$ ist, erhält man eine projektive Einbettung von D/Γ durch Thetafunktionen, sofern eine Riemannsche Form existiert.

Die Frage, ob man eine algebraische Varietät auf diese Weise darstellen kann, führt zu der Frage nach der Struktur der universellen Überlagerung $\tilde{X}$ einer projektiven algebraischen Varietät. Für $\dim X = 1$ ist die Antwort klassisch, man erhält entweder $\tilde{X} = X = \mathbb{P}^1(\mathbb{C})$ oder $\tilde{X} = \mathbb{C}, X = \mathbb{C}/\Gamma$, Γ ein Gitter, oder $\tilde{X} = D$, D die Einheitskreisscheibe, $X = D/\Gamma$. Für $\dim X > 1$ ist die Frage noch weitgehend ungeklärt. Shafarevich hat die Frage aufgeworfen, ob vielleicht die universelle Überlagerung $\tilde{X}$ einer projektiven algebraischen Varietät immer holomorph konvex als analytischer Raum ist. Dies wird auch häufig als Shafarevich-Vermutung bezeichnet.

Uniformisierungssatz, eine Verallgemeinerung des ↗Riemannschen Abbildungssatzes. Der Uniformisierungssatz lautet:

Es sei $G \subset \mathbb{C}$ ein ↗Gebiet derart, daß das Komplement $\mathbb{C} \setminus G$ mindestens zwei Punkte enthält. Weiter sei $z_0 \in G$.

Dann existiert genau eine holomorphe ↗universelle Überlagerung f von $\mathbb{E} = \{z \in \mathbb{C} : |z| < 1\}$ auf G mit $f(0) = z_0$ und $f'(0) > 0$.

Falls G einfach zusammenhängend ist, so ist f eine ↗konforme Abbildung von $\mathbb{E}$ auf G.

unimodale Folge, Folge, die bis zu einem Maximum, das möglicherweise mehrmals angenommen wird, wächst, und dann fällt.

Für feste n ist die Folge

$$\left\{\binom{n}{k}\right\}$$

für $k = 0, 1, \dots, n$ unimodal, denn es gilt

$$\binom{n}{0} < \binom{n}{1} < \dots < \binom{n}{\frac{n}{2}} > \binom{n}{\frac{n}{2}+1} > \dots > \binom{n}{n},$$

für gerade n und

$$\binom{n}{0} < \binom{n}{1} < \dots < \binom{n}{\frac{n-1}{2}} = \binom{n}{\frac{n+1}{2}} > \dots > \binom{n}{n}$$

für ungerade n.

unimodale Funktion, differenzierbare Funktion, deren sämtliche kritischen Punkte schon globale Minimalpunkte (bzw. Maximalpunkte) sind.

Beispiel unimodaler Funktionen sind differenzierbare konvexe Funktionen auf konvexen Mengen.

Der Begriff kann auf nicht-differenzierbare Funktionen erweitert werden, indem man verlangt, daß f außer globalen Minimalpunkten keine lokalen Extremalpunkte, Wendestellen oder Sattelpunkte besitzt (wobei die beiden letzten Begriffe dann ohne Verwendung von Konzepten der Differentialrechnung zu definieren sind).

Unisolvenz, Begrifflichkeit für die Lösbarkeit von ↗Lagrange-Interpolation in der ↗nichtlinearen Approximation.

Es seien $C[b,c]$ die Menge der stetigen Funktionen auf $[b,c]$, $\mathcal{A} \subseteq \mathbb{R}^n$ eine Parametermenge, und

$$G_{\mathcal{A}} = \{g = g_a : [b,c] \mapsto \mathbb{R},\ a \in \mathcal{A}\} \subseteq C[b,c]$$

eine Menge von Funktionen.

Die Menge $G_{\mathcal{A}}$ heißt unisolvent, falls für beliebig vorgeschriebenes $y = (y_i)_{i=1}^n \in \mathbb{R}^n$ und beliebige $b \leq x_1 < \cdots < x_n \leq c$ stets ein eindeutig bestimmtes $g = g_a \in G_{\mathcal{A}}$ existiert, welches $g(x_i) = y_i$, $i = 1, \ldots, n$, erfüllt. Ist $G_{\mathcal{A}}$ ein linearer Raum, so gilt Unisolvenz von $G_{\mathcal{A}}$ genau dann, wenn $G_{\mathcal{A}}$ ein ↗Haarscher Raum ist.

Da die Bedingung der Unisolvenz eine sehr restriktive Forderung hinsichtlich $G_{\mathcal{A}}$ darstellt, führte man in der nichtlinearen Approximation auch den Begriff der ↗Varisolvenz ein.

unit, im Kontext ↗Neuronale Netze die Bezeichnung für ein ↗formales Neuron.

Unital, ein ↗Blockplan mit Parametern

$$2 - (q^3 + 1, q + 1, 1)\,.$$

Ein Unital in der ↗projektiven Ebene der Ordnung q^2 ist eine Menge von $q^3 + 1$ Punkten, die von jeder Geraden in $q + 1$ oder einem Punkt geschnitten wird.

Beispiele von Unitalen sind die ↗Hermiteschen Bögen.

unitär, ↗unitäre Darstellung einer Gruppe, ↗unitäre Geometrie, ↗unitäre Gruppe, ↗unitäre lineare Abbildung, ↗unitäre Matrix, ↗unitäre Transformation, ↗unitäre (2×2)-Matrix ↗unitärer Raum.

unitäre Darstellung einer Gruppe, spezielle Darstellung einer topologischen Gruppe G.

Es seien G eine topologische Gruppe und H die unitäre lineare Gruppe. Dann heißt ein linearer stetiger Homomorphismus von G nach H eine unitäre Darstellung der Gruppe G.

[1] Mackey, G.W.: Unitary group representations in physics, probability and number theory. Benjamin/Cummings, 1978.

unitäre Geometrie, die Geometrie eines Vektorraumes V über dem Körper $\mathbb{C}$ der komplexen Zahlen, der mit einem inneren Produkt

$$(\mathfrak{s}, \mathfrak{t}) \in V \times V \to \mathbf{B}(\mathfrak{s}, \mathfrak{t}) \in \mathbb{C}$$

versehen ist, welches die folgenden Axiome erfüllt:

(a) $\mathbf{B}(\mathfrak{s}, \mathfrak{t}) = \overline{\mathbf{B}(\mathfrak{t}, \mathfrak{s})}$, (d. h., $\mathbf{B}$ soll Hermitesch sein; diese Eigenschaft hat zur Folge, daß $\mathbf{B}(\mathfrak{s}, \mathfrak{s})$ immer eine relle Zahl ist).

(b) $\mathbf{B}(\mathfrak{z}_1\mathfrak{s}_1 + \mathfrak{z}_2\mathfrak{s}_2, \mathfrak{t}) = \mathfrak{z}_1\mathbf{B}(\mathfrak{s}_1, \mathfrak{t}) + \mathfrak{z}_2\mathbf{B}(\mathfrak{s}_2, \mathfrak{t})$, (d. h., $\mathbf{B}$ soll im ersten Argument linear sein).

(c) Aus $\mathfrak{s} \neq 0$ folgt $\mathbf{B}(\mathfrak{s}, \mathfrak{s}) > 0$ (d. h., $\mathbf{B}$ soll positiv definit sein).

Dabei sind $\mathfrak{s}, \mathfrak{s}_1, \mathfrak{s}_2, \mathfrak{t} \in V$ Vektoren und $\mathfrak{z}_1, \mathfrak{z}_2 \in \mathbb{C}$ Skalare.

Somit ist $\mathbf{B}$ eine Abbildung von $V \times V$ in $\mathbb{C}$, die im ersten Argument $\mathbb{C}$-linear ist. Im zweiten Argument ist sie nur additiv und erfüllt in bezug auf die Multiplikation mit Skalaren die Gleichung

$$\mathbf{B}(\mathfrak{s}, \mathfrak{z}\,\mathfrak{t}) = \bar{\mathfrak{z}}\mathbf{B}(\mathfrak{s}, \mathfrak{t})\,.$$

Aus diesem Grunde wird ein derartiges inneres Produkt nicht bilinear, sondern $1\frac{1}{2}$-fach linear genannt.

Ist V von endlicher Dimension n und $\mathfrak{e}_1, \ldots, \mathfrak{e}_n$ eine Basis von V, so bestimmt das innere Produkt $\mathbf{B}$ eine komplexe Matrix $B = \left(\mathbf{B}(\mathfrak{e}_i, \mathfrak{e}_j)\right)_{i,j=1}^n$, deren transponierte Matrix gleich ihrer komplex konjugierten ist: $B^t = \overline{B}$.

Umgekehrt liefert jede Matrix mit dieser Eigenschaft ein $1\frac{1}{2}$-fach lineares Produkt, das durch

$$\mathbf{B}(\mathfrak{s}, \mathfrak{t}) = S^t B \overline{T}$$

als Matrizenprodukt gegeben ist, worin $S, T \in \mathbb{C}^n$ die aus den Koordinaten von $\mathfrak{s}$ bzw. $\mathfrak{t}$ gebildeten $(m \times 1)$-Matrizen sind, und $\overline{T}$ die zu T konjugierte Matrix bezeichnet.

Man kann voraussetzen, daß die Basis $\mathfrak{e}_1, \ldots, \mathfrak{e}_n$ orthonormiert, d. h., daß B gleich der Einheitsmatrix ist. Sind dann s_k und t_k die Koordinaten von $\mathfrak{s}$ bzw. $\mathfrak{t}$, so gilt

$$\mathbf{B}(\mathfrak{s}, \mathfrak{t}) = \sum_{k=1}^{n} s_k \bar{t}_k\,.$$

Aus den Axiomen folgt, daß $||\mathfrak{s}|| = \sqrt{\mathbf{B}(\mathfrak{s}, \mathfrak{s})}$ eine reelle Zahl ist. Man nennt $||\mathfrak{s}||$ die Norm von $\mathfrak{s}$. Spaltet man $s_k = a_k + i\,b_k$ in Real- und Imaginärteil auf, so gilt

$$||\mathfrak{s}||^2 = \sum_{k=1}^{n} \left(a_k^2 + b_k^2\right).$$

Diese Annahmen sollen im weiteren beibehalten werden. Die unitäre Gruppe $\mathrm{U}(V, \mathbf{B})$ von $(V, \mathbf{B})$ besteht aus allen komplex linearen Abbildungen $\alpha : V \to V$, die das innere Produkt invariant lassen, d. h., eine lineare Abbildung α gehört genau dann zu $\mathrm{U}(V, \mathbf{B})$, wenn die Gleichung $\mathbf{B}(\alpha(\mathfrak{s}), \alpha(\mathfrak{t})) = \mathbf{B}(\mathfrak{s}, \mathfrak{t})$ für alle $\mathfrak{s}, \mathfrak{t} \in V$ gilt. Ist $V = \mathbb{C}^n$ und $\mathbf{B}$ durch die Einheitsmatrix definiert, so schreibt man einfach

$\mathrm{U}(n) = \mathrm{U}(V, \mathbf{B})$. Die unitäre Geometrie besteht aus allen Invarianten von $\mathrm{U}(n)$.

Man kann V als einen reellen Vektorraum der Dimension $2n$ betrachten, indem man den Skalarbereich auf den reellen Körper $\mathbb{R} \subset \mathbb{C}$ einschränkt. Dann ist jedes positiv definite $1\frac{1}{2}$-fach lineare innere Produkt $\mathbf{B}$ über $\mathbb{R}$ bilinear und ein gewöhnliches Euklidisches Skalarprodukt. $\mathrm{U}(n)$ ist eine Untergruppe der orthogonalen Gruppe $\mathrm{O}(2n)$ dieses Skalarproduktes, und alle Euklidischen Invarianten, wie z. B. Abstand zweier Punkte, Orthogonalität von Vektoren oder Unterräumen, Winkel, k-dimensionales Volumen, sind auch unitäre Invarianten.

Die Euklidische Geometrie ist eine echte Teilmenge der unitären. Ein Beispiel einer unitären Invariante, die nicht Euklidische Invariante ist, ist der Imaginärteil $\omega(\mathfrak{t}, \mathfrak{s}) = \mathrm{Im}(\mathbf{B}(\mathfrak{t}, \mathfrak{s}))$ von $\mathbf{B}$. Die Abbildung $\omega : V \times V \to \mathbb{R}$ ist eine reelle symplektische Form, d. h., bezüglich $\mathbb{R}$ sie ist bilinear, nicht ausgeartet und antisymmetrisch. Es gilt $\omega(\mathfrak{t}, \mathfrak{s}) = -\omega(\mathfrak{s}, \mathfrak{t})$.

unitäre Gruppe, Gruppe $\mathrm{U}(n)$ der n-reihigen komplexen ↗unitären Matrizen, bzw. der durch diese Matrizen dargestellten ↗unitären linearen Abbildungen.

Für $n = 1$ ergibt sich die Menge aller komplexen Zahlen vom Betrag 1, die zur Drehgruppe in der euklidischen Ebene, also der $\mathrm{SO}(2)$ isomorph ist.

Siehe hierzu auch ↗unitäre Geometrie und ↗spezielle orthogonale Gruppe.

unitäre lineare Abbildung, ↗lineare Abbildung $f : V \to W$ zwischen zwei ↗unitären Räumen $(V, \langle\cdot,\cdot\rangle_V)$ und $(W, \langle\cdot,\cdot\rangle_W)$, die das Skalarprodukt invariant läßt, d. h. für die für alle $v_1, v_2 \in V$ gilt:

$$\langle v_1, v_2\rangle_V = \langle f(v_1), f(v_2)\rangle_W .$$

Eine lineare Abbildung $f : V \to W$ zwischen zwei unitären Räumen ist genau dann unitär, wenn das Bild eines Vektors $v \in V$ der Länge 1 wieder Länge 1 hat, und genau dann, wenn sie ein beliebiges ↗Orthonormalsystem in V auf ein Orthonormalsystem in W abbildet.

Die unitären linearen Endomorphismen eines endlich-dimensionalen Vektorraumes V bilden bezüglich der Komposition von Abbildungen eine Gruppe, die unitäre Gruppe von V.

unitäre Matrix, quadratische ↗Matrix U über dem Körper der komplexen Zahlen, die ↗regulär ist und für die gilt:

$$U^{-1} = \overline{U^t}$$

Hierbei bezeichnet U^t die ↗transponierte Matrix zu U, und $\overline{U^t}$ die Matrix, die durch elementweise komplexe Konjugation aus der transponierten hervorgeht.

Die Zeilenvektoren einer unitären $(n \times n)$-Matrix bilden bezüglich des ↗kanonischen Skalarprodukts von $\mathbb{C}^n$ ein ↗Orthonormalsystem, ebenso die Spaltenvektoren. Eine ↗lineare Abbildung zwischen zwei n-dimensionalen ↗unitären Räumen V und W ist genau dann unitär (↗unitäre lineare Abbildung), wenn sie bezüglich zweier Orthonormalbasen von V und W durch eine unitäre Matrix repräsentiert wird. Unitäre Matrizen haben stets Determinante $+1$ oder -1. Die Menge $U(n)$ aller unitären $(n \times n)$-Matrizen bildet eine Untergruppe der Gruppe $GL(n)$ aller regulären komplexen $(n \times n)$-Matrizen mit der Matrixmultiplikation als Verknüpfung, die ↗unitäre Gruppe; die Menge $SU(n)$ aller Matrizen aus $U(n)$ mit Determinante gleich $+1$ bildet eine Untergruppe von $U(n)$, die spezielle unitäre Gruppe.

Die unitären Matrizen sind das komplexe Analogon zu den ↗orthogonalen Matrizen, reelle unitäre Matrizen sind stets orthogonal.

Besonders gut studiert sind die ↗unitären (2×2)-Matrizen.

unitäre Transformation, für einen komplexen Vektorraum V, der mit einer positiv definiten Sesquilinearform $\langle\cdot,\cdot\rangle$ ausgestattet ist, eine lineare Abbildung $U : V \to V$, die surjektiv ist und der Bedingung

$$\langle Uv, Uw\rangle = \langle v, w\rangle$$

für alle $v, w \in V$ genügt.

unitäre (2 × 2)-Matrix, spezielle ↗unitäre Matrix, nämlich eine Matrix

$$U = \begin{pmatrix} a & b \\ c & d \end{pmatrix}, \quad a, b, c, d \in \mathbb{C}$$

über dem Körper der komplexen Zahlen, die ↗regulär ist und für die gilt:

$$U^{-1} = \overline{U^t} .$$

Hierbei ist

$$\bar{U}^t := \begin{pmatrix} \bar{a} & \bar{c} \\ \bar{b} & \bar{d} \end{pmatrix} .$$

Ist $\langle v, w\rangle$ das Standardskalarprodukt in $\mathbb{C}^2$, so sind die unitären (2×2)-Matrizen U genau die Matrizen, die das Skalarprodukt invariant lassen.

Die Untergruppe von $U(2)$, bestehend aus den Matrizen mit Determinante gleich $+1$, ist die spezielle unitäre Gruppe $SU(2)$. Es gilt

$$U = \begin{pmatrix} a & b \\ c & d \end{pmatrix} \in SU(2) \iff$$

$$a = \bar{d},\ c = -\bar{b}, \qquad \text{und} \quad a\bar{a} + b\bar{b} = 1 .$$

Die Untergruppe $SU(2)$ ist eine normale Untergruppe, da sie der Kern des Determinantenhomomorphismus' $\det : U(2) \to \mathbb{C}$ ist. Die Gruppe $SU(2)$

ist isomorph zur Gruppe der Hamiltonschen Quaternionen der Norm 1 (↗Hamiltonsche Quaternionenalgebra), der Isomorphismus wird gegeben durch

$$a+\mathrm{i}b+\mathrm{j}c+\mathrm{k}d \mapsto \begin{pmatrix} a+\mathrm{i}b & -c-\mathrm{i}d \\ c-\mathrm{i}d & a-\mathrm{i}b \end{pmatrix}.$$

unitärer Raum, komplexer ↗Vektorraum V, auf dem ein ↗Skalarprodukt σ gegeben ist.

Statt unitärer Raum wird auch der Begriff komplexer Prä-Hilbertraum verwendet, speziell wenn V ein ↗unendlichdimensionaler Vektorraum ist.

Jeder ↗Endomorphismus $f : V \to V$ auf einem unitären Vektorraum V, zu dem der adjungierte Endomorphismus (↗adjungierte Matrix) f^* existiert, läßt sich eindeutig zerlegen in $f = f_1 + f_2$ mit einem selbstadjungierten Endomorphismus f_1 und einem anti-selbstadjungierten Endomorphismus f_2.

unitäres Polynom, Polynom, dessen ↗Leitkoeffizient Eins ist, also eine andere Bezeichnung für ein ↗normiertes Polynom.

universell meßbare Funktion, eine Baire-meßbare Funktion (↗Baire-σ-Algebra).

universelle Algebra, allgemeine mathematische Struktur $A(S, \Omega)$, wobei S eine Menge und Ω eine Menge von Operationen ist.

universelle einhüllende Algebra, Synonym für universelle Überlagerungsalgebra, siehe hierzu ↗Poincaré-Birkhoff-Witt, Satz von.

universelle Funktion, Begriff im Kontext Berechenbarkeit.

Ist F eine abzählbar-unendliche Klasse von k-stelligen Funktionen auf $\mathbb{N}$, dann ist die Funktion $g : \mathbb{N}^{k+1} \to \mathbb{N}$ universell für F, falls gilt:

$$f \in F \Leftrightarrow \exists n \in \mathbb{N}\, \forall x \in \mathbb{N}^k : f(x) = g(n, x)$$

Die ↗universelle Turing-Maschine berechnet eine universelle Funktion für die Klasse der ↗partiell-rekursiven Funktionen und bildet damit das wesentliche Hilfsmittel für den Beweis des ↗Aufzählungstheorems.

universelle Menge, eine Baire-Menge (↗Baire-σ-Algebra).

universelle Quantifikation, ↗Boolesche Funktion, die durch die ↗Konjunktion der ↗Kofaktoren einer Booleschen Funktion nach einer ↗Booleschen Variablen gegeben ist.

Für eine Boolesche Funktion $f : \{0, 1\}^n \to \{0, 1\}$ und eine Boolesche Variable x_i ist die universelle Quantifikation von f nach x_i die Boolesche Funktion

$$f_{x_i} \wedge f_{\overline{x_i}}.$$

Hierbei bezeichnen f_{x_i} und $f_{\overline{x_i}}$ den positiven und negativen Kofaktor von f nach x_i.

universelle Turing-Maschine, eine ↗Turing-Maschine, die in der Lage ist, die Rechnung jeder anderen Turing-Maschine zu simulieren.

Gestartet mit (der Codierung der) Zahlen n und x auf dem Eingabeband verhält sich die universelle Turing-Maschine genauso wie die n-te Turing-Maschine, angesetzt auf x. Die „n-te Turing-Maschine“ erhält man hierbei durch ↗Arithmetisierung.

Insbesondere hält die universelle Turing-Maschine bei Eingabe von (n, x) genau dann, wenn die n-te Turing-Maschine bei Eingabe von x hält. Die Existenz der universellen Turing-Maschine zeigt daher, daß das allgemeine ↗Halteproblem ↗semientscheidbar bzw. ↗rekursiv aufzählbar ist.

universelle Überlagerung, auch universelle Überlagerungsabbildung genannt, eine wegzusammenhängende Überlagerung (↗Überlagerung, analytische) $\pi : E \to B$ so, daß E einfach zusammenhängend ist.

$\mathbb{R}$ ist beispielsweise die universelle Überlagerung des Einheitskreises S^1, die entsprechende Überlagerungsabbildung ist gegeben durch $t \mapsto e^{2\pi it}$. Entsprechend ist die reelle Ebene $\mathbb{R}^2$ die universelle Überlagerung des Torus $S^1 \times S^1$.

Von besonderem Interesse in der ↗Funktionentheorie ist der Fall, daß $G \subset \mathbb{C}$ ein ↗Gebiet ist, die Überlagerungsabbildung also eine eine ↗holomorphe Funktion mit speziellen Eigenschaften. Ein holomorpher Überlagerungsraum von G ist ein Paar (D, τ) bestehend aus einem Gebiet $D \subset \mathbb{C}$ und einer surjektiven holomorphen Funktion $\tau : D \to G$ mit folgender Eigenschaft: Zu jedem $\zeta \in G$ existiert eine offene Kreisscheibe $B_\zeta \subset G$ mit Mittelpunkt ζ derart, daß jede Zusammenhangskomponente des Urbilds

$$\tau^{-1}(B_\zeta) \subset D$$

durch τ konform auf B_ζ abgebildet wird. Man nennt τ dann eine holomorphe Überlagerungsabbildung.

Ist D ein einfach zusammenhängendes Gebiet, so heißt (D, τ) ein holomorpher universeller Überlagerungsraum von G, und τ eine holomorphe universelle Überlagerungsabbildung.

Die Bezeichnung „universell“ hat folgenden Grund. Es seien (D_1, τ_1) und (D_2, τ_2) holomorphe Überlagerungsräume von G. Weiter seien $w_1 \in D_1$, $w_2 \in D_2$ und $z_0 \in G$ mit

$$\tau_1(w_1) = \tau_2(w_2) = z_0.$$

Ist (D_1, τ_1) universell, so existiert genau eine surjektive holomorphe Funktion $T : D_1 \to D_2$ mit $T(w_1) = w_2$ und $\tau_2 \circ T = \tau_1$. Sind (D_1, τ_1) und (D_2, τ_2) universell, so ist T eine konforme Abbildung von D_1 auf D_2. Man drückt diese Tatsache auch wie folgt aus: Zwei holomorphe universelle

Überlagerungsräume von G sind isomorph. Daher spricht man oft von dem universellen Überlagerungsraum von G. Zur Existenz dieses Raumes vgl. ↗Uniformisierungssatz.

Einige Beispiele von Überlagerungsräumen:

(1) Es sei $G = \mathbb{C} \setminus \{0\}$ die punktierte Ebene, und für $k \in \mathbb{Z} \setminus \{0\}$ sei $\tau_k(z) := z^k$, $z \in G$. Dann ist (G, τ_k) ein Überlagerungsraum von G. Definiert man $\tau(z) := e^z$, $z \in \mathbb{C}$, so ist $(\mathbb{C}, \tau)$ der universelle Überlagerungsraum von G.

(2) Es sei $G = \mathbb{C} \setminus \{0, 1\}$ die zweifach punktierte Ebene und λ die unter dem Stichwort ↗Modulfunktion definierte Funktion. Weiter sei

$$\mathbb{E} = \{z \in \mathbb{C} : |z| < 1\}$$

und

$$\tau(z) := \lambda\left(i\frac{1-z}{1+z}\right), \quad z \in \mathbb{E}.$$

Dann ist $(\mathbb{E}, \tau)$ der universelle Überlagerungsraum von G.

(3) Es sei $G = \mathbb{E} \setminus \{0\}$ die punktierte Einheitskreisscheibe und

$$\tau(z) := \exp\frac{z+1}{z-1}, \quad z \in \mathbb{E}.$$

Dann ist $(\mathbb{E}, \tau)$ der universelle Überlagerungsraum von G.

(4) Es sei

$$G = \{z \in \mathbb{C} : 0 < r < |z| < 1\}$$

ein Kreisring und

$$\tau(z) := \exp\left[\left(\frac{1}{2} + \frac{i}{\pi}\log\frac{1+z}{1-z}\right)\log r\right], \quad z \in \mathbb{E},$$

wobei der Hauptzweig des ↗Logarithmus zu nehmen ist. Dann ist $(\mathbb{E}, \tau)$ der universelle Überlagerungsraum von G.

universelle Überlagerungsabbildung, ↗universelle Überlagerung.

universeller Abschluß, ↗ axiomatische Mengenlehre.

universeller Markow-Prozeß, ↗Markow-Familie.

Universum, ↗ axiomatische Mengenlehre.

unkorrelierte Zufallsvariablen, ↗Korrelationskoeffizient.

Unlösbarkeitsgrad, ↗Turing-Grad.

Unmenge, innerhalb der ↗ naiven Mengenlehre gelegentlich benutztes Synonym für eine widersprüchliche Menge (absolut unendliche Menge).

unmögliches Ereignis, ↗Ereignis.

unscharfe Ähnlichkeitsrelation, ↗Fuzzy-Äquivalenzrelation.

unscharfe Äquivalenzrelation, ↗Fuzzy-Äquivalenzrelation.

unscharfe Einermenge, *Singleton*, eine Fuzzy-Menge, deren Träger (↗Träger einer Fuzzy-Menge) eine gewöhnliche Einermenge ist. Ist der Träger gleich a_0, so ist die unscharfe Einermenge gleich

$$\widetilde{A}_0 = \{(a_0, \mu(a_0))\}.$$

Nur eine normalisierte unscharfe Einermenge $\widetilde{A}_0$ ist durch ihren Träger eindeutig bestimmt, da hier $\mu(x_0) = \text{hgt}(\widetilde{A}_0) = 1$ ist. Eine nicht normalisierte Einermenge $\widetilde{A}_0$, die durch den Träger a_0 und den Zugehörigkeitswert $\mu(x_0) = \text{hgt}(\widetilde{A}_0) = \tau$ charakterisiert wird, nennt man τ-Einermenge von a_0.

unscharfe Menge (vom Typ 1), ↗Fuzzy-Menge.

unscharfe Menge vom Typ *m*, ↗Fuzzy-Menge vom Typ m.

unscharfe Relation, ↗Fuzzy-Relation.

unscharfe Schranke, ↗Fuzzy-Restriktion.

unscharfe Teilmenge, ↗Inklusion von Fuzzy-Mengen.

unscharfe Variable, ↗Fuzzy-Variable.

unscharfe Zahl, ↗Fuzzy-Zahl.

Unschärfemaß, ↗Maß der Fuzziness.

Unschärferelation, ↗Heisenbergsche Unschärferelation.

unscharfes Ereignis, ↗Fuzzy-Ereignis.

unscharfes Intervall, ↗Fuzzy-Intervall.

unscharfes Maß, ↗Fuzzy-Maß.

Unsicherheitsmaß, ↗Maß der Fuzziness.

Unstetigkeit, zentraler Begriff der Analysis und verwandter Gebiete.

Unstetigkeit einer Funktion $f : D \longrightarrow \mathbb{R}$ an einer Stelle $x_0 \in D \subset \mathbb{R}$ besagt, daß f in x_0 nicht stetig, man sagt „unstetig“, ist.

Dies kann unter der Annahme, daß x_0 Häufungspunkt von D ist, verschiedene Gründe haben:

(1) $\lim_{x\to x_0} f(x)$ *existiert in* $\mathbb{R}$, *ist aber verschieden von* $f(x_0)$.

Eine solche Unstetigkeit heißt *hebbar*, der Punkt $(x_0, f(x_0))$ *Einsiedlerpunkt*. Durch Abänderung des Funktionswertes an der Stelle x_0 zu $\lim_{x\to x_0} f(x)$ wird die Funktion stetig in x_0, die Unstetigkeit an dieser Stelle wird so ‚behoben‘. Man spricht auch von stetiger Ergänzung.

Ein Beispiel: Es sei

$$f(x) := \begin{cases} x+1, & x \neq 1 \\ 1, & x = 1 \end{cases}$$

für $x \in \mathbb{R}$. Hier gilt

$$\lim_{x\to 1} f(x) = 2 \neq 1 = f(1).$$

Die Unstetigkeit in 1 ist also hebbar, bzw. (1, 1) ist Einsiedlerpunkt.

(2) $\lim_{x\to x_0} f(x) \in \{\infty, -\infty\}$.

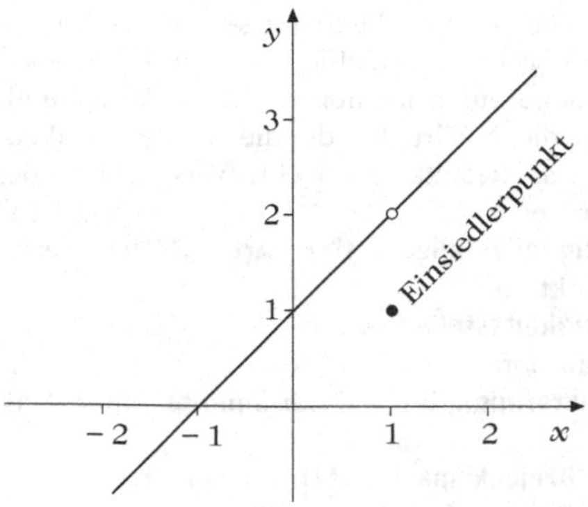

Einsiedlerpunkt

Hier ist natürlich eine stetige (reellwertige) Ergänzung *nicht* möglich.

Ein einfaches Beispiel (mit bestimmter Divergenz gegen ∞) liefert die Funktion

$$f(x) := \begin{cases} 1/x^2 & , \; x \in \mathbb{R} \setminus \{0\} \\ 0 & , \; x = 0 \end{cases}$$

bei $x_0 = 0$.

(3) $\lim_{x \to x_0} f(x)$ *existiert nicht* in $\mathbb{R} \cup \{\infty, -\infty\}$.

In diesem Fall kann man noch unterteilen in die beiden Fälle:

(3 a) *Es existieren die beiden einseitigen Grenzwerte*

$$\lim_{x_0 > x \to x_0} f(x) \quad \textit{und} \quad \lim_{x_0 < x \to x_0} f(x)$$

in $\mathbb{R} \cup \{-\infty, \infty\}$, *diese sind aber verschieden.*

Dabei wird davon ausgegangen, daß x_0 Häufungspunkt von $D \cap (-\infty, x_0)$ und von $D \cap (x_0, \infty)$ ist. Man spricht von einer *Sprungstelle* (endlicher oder unendlicher Höhe).

Ein Beispiel wird gegeben durch die Funktion

$$f(x) := \operatorname{sgn}(x) := \begin{cases} 1\,, & x > 0 \\ 0\,, & x = 0 \\ -1\,, & x < 0 \end{cases}$$

Hier sind an der Stelle $x_0 = 0$ die einseitigen Grenzwerte verschieden und zudem noch beide verschieden vom Funktionswert; 0 ist somit insbesondere Sprungstelle:

$$\lim_{0 > x \to 0} f(x) = -1, \quad \lim_{0 < x \to 0} f(x) = 1, \quad f(0) = 0.$$

Ein einfaches Beispiel für eine Sprungstelle unendliche Höhe liefert die Funktion

$$f(x) := \begin{cases} 1/x & , \; x \in \mathbb{R} \setminus \{0\} \\ 0 & , \; x = 0 \end{cases}$$

bei $x_0 = 0$.

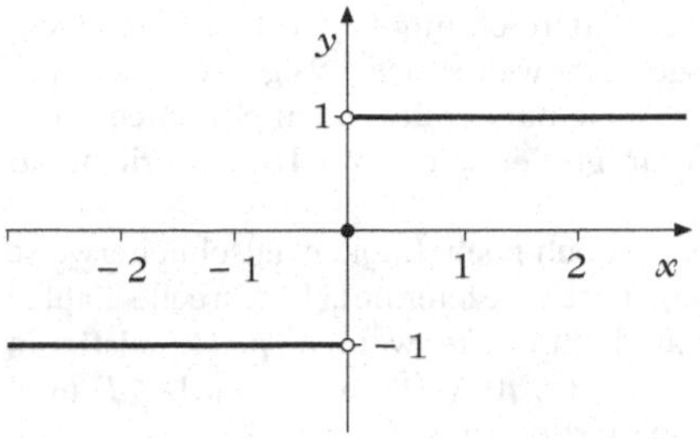

Sprungstelle

(3 b) *Mindestens einer der beiden einseitigen Grenzwerte*

$$\lim_{x_0 > x \to x_0} f(x) \quad \textit{und} \quad \lim_{x_0 < x \to x_0} f(x)$$

existiert nicht, selbst wenn Werte in $\mathbb{R} \cup \{-\infty, \infty\}$ *zugelassen sind.*

Hier dient die Funktion

$$f(x) := \begin{cases} \sin\left(\frac{1}{x}\right), & x \neq 0 \\ 0 & , \; x = 0 \end{cases}$$

als Beispiel. Für diese Funktion existiert weder der links- noch der rechtsseitige Grenzwert in 0, denn für

$$x_n := \frac{1}{(2n + \frac{1}{2})\pi}$$

($n \in \mathbb{N}_0$) gelten $f(x_n) = 1$, $f(-x_n) = -1$ und $x_n \to 0$.

Für

$$u_n := \frac{1}{(2n - \frac{1}{2})\pi}$$

($n \in \mathbb{N}$) hat man entsprechend $f(u_n) = -1$, $f(-u_n) = 1$ und $u_n \to 0$.

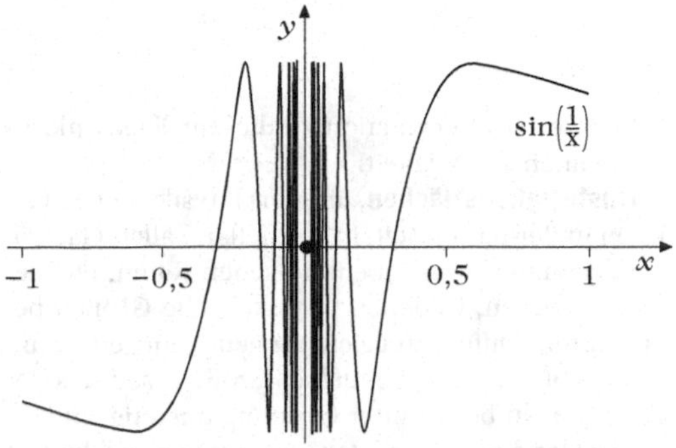

Keine einseitigen Grenzwerte bei 0

(Der engere Bereich um 0 wurde in der Zeichnung ausgespart, weil sonst – wegen der dort immer dichter beieinander liegenden ‚Schleifen' – fast nur noch ein großer schwarzer Balken erkennbar wäre.)

Oft werden auch noch ‚Lücken' fälschlicherweise als Unstetigkeiten bezeichnet. Eine reelle Zahl a heißt genau dann *Lücke*, wenn $\alpha, \beta \in \mathbb{R}$ existieren mit $\alpha < \beta$, $a \in (\alpha, \beta) \setminus D$, $(\alpha, \beta) \setminus \{a\} \subset D$ und $\lim_{x \to a} f(x)$ existiert in $\mathbb{R}$.

In einer Lücke ist f nicht definiert, die Frage nach der Stetigkeit stellt sich also an einer solchen Stelle gar nicht. Natürlich kann man auch hier nach stetiger Ergänzung fragen.

Auch hierzu ein Beispiel:

$$f(x) := \frac{x^2 - 1}{x - 1} \qquad (\mathbb{R} \ni x \neq 1).$$

Für $x \in D$ ist $f(x) = x + 1$. Bis auf die Stelle 1, wo f nicht definiert ist, stimmt also f mit der durch $a(x) := x + 1 \quad (x \in \mathbb{R})$ gegebenen Geraden überein. Bei 1 hat f eine Lücke. Die Funktion a ist gerade diejenige, die man durch stetige Ergänzung von f erhält.

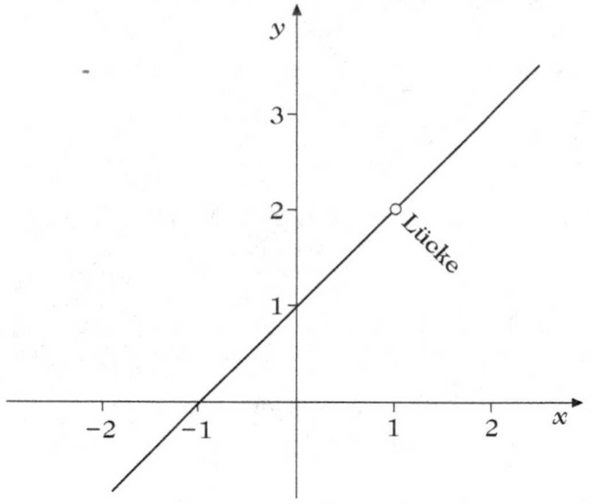

Lücke

Für weitere Information zu diesem Themenkreis siehe auch ↗Stetigkeit.

Unstetigkeitsflächen, in der Physik i. allg. Flächen in der Raum-Zeit, in speziellen Fällen Flächen im dreidimensionalen euklidischen Raum, die Gebiete trennen, in denen physikalische Größen bestimmten Differentialgleichungen genügen, während auf der Fläche diese Größen selbst oder Ableitungen bestimmter Ordnung unstetig sind.

Aus der Forderung, daß die Größen auf beiden Seiten der Fläche bestimmten Differentialgleichungen genügen, werden Bedingungen an die Unstetigkeiten abgeleitet. Dabei legt man um die Unstetigkeitsfläche einen kleinen flachen Zylinder und integriert die Ausdrücke, die die Größen erfüllen müßen. Das Resultat muß eine verschwindende Größe ergeben.

Unstetigkeitsstelle erster Art, ↗Grenzwerte einer Funktion.

Unstetigkeitsstelle zweiter Art, ↗Grenzwerte einer Funktion.

Unterdeterminante, ↗Determinante einer Matrix.

untere Dreiecksmatrix, ↗Dreiecksmatrix.

untere Grenze einer Menge, Element i einer mit der Partialordnung „$\leq$" versehenen Menge M und einer Menge $N \subseteq M$ so, daß i das größte Element der Menge der ↗unteren Schranken der Menge N ist. i heißt dann untere Grenze der Menge N.

Siehe auch ↗Ordnungsrelation.

untere linksseitige Ableitung einer Funktion, ↗Dini-Ableitungen einer Funktion.

untere rechtsseitige Ableitung einer Funktion, ↗Dini-Ableitungen einer Funktion.

untere Schranke, zu einer Teilmenge A einer Halbordnung $(M, \leq)$ ein $m \in M$, für das $a \geq m$ für alle $a \in A$ gilt.

Ein $m \in M$ ist genau dann eine untere Schranke zu $A \subset M$, wenn m das Minimum von $A \cup \{m\}$ ist.

Auch in totalen Ordnungen kann es Mengen ohne untere Schranke geben, z. B. das Intervall $(-\infty, 0]$ in $\mathbb{R}$. Ist m untere Schranke zu A und $m \geq k \in M$, so ist auch k untere Schranke zu A. Insbesondere ist eine untere Schranke zu einer Menge i. allg. nicht eindeutig. Hingegen ist die größte untere Schranke einer Menge eindeutig, falls sie existiert, und heißt untere Grenze oder ↗Infimum der Menge.

untere Variation einer Mengenfunktion, ↗ Mengenfunktion.

Unterebene, eine ↗Untergeometrie einer affinen oder projektiven Ebene.

unterer Differenzenoperator, zum ↗unteren Summenoperator $S_{\leq}$ inverser Operator $D_{\leq}$.

unterer Limes einer Mengenfolge, *limes inferior einer Mengenfolge*, Verallgemeinerung des Begriffs „Limes inferior " auf Mengenfolgen.

Es sei Ω eine Menge und $(A_n | n \in \mathbb{N})$ eine Untermengenfolge in Ω. Dann heißt

$$\bigcup_{i \in \mathbb{N}} \bigcap_{n \geq i} A_n =: \lim_{n \to \infty} \inf A_n$$

unterer Limes der Mengenfolge $(A_n | n \in \mathbb{N})$.

unterer Schnitt, Untermenge M eines endlichen ↗Verbandes L, falls $0 \notin M$ und $M < u$ für alle $0 \neq u \notin M$ gilt.

unterer Summenoperator, Operator auf der ↗Inzidenzalgebra $\mathbb{A}(P)$ eines ↗Verbandes P, definiert durch

$$(S_{\leq}f)(x) := \sum_{\substack{y \\ y\leq x}} f(y)$$

für alle $f \in \mathbb{A}(P)$ und $x \in P$.

unteres Intervall, Intervall eines Verbandes der Form $[0, z]$.

unteres Raster, ↗ Raster.

Untergarbe, wichtiger Begriff in der Garbentheorie.

Sei X ein topologischer Raum. Eine Teilmenge $\mathcal{S}'$ einer Garbe $\mathcal{S} = (\mathcal{S}, \pi, X)$, versehen mit der Relativtopologie, heißt Untergarbe von $\mathcal{S}$, falls $(\mathcal{S}', \pi\,|_{\mathcal{S}'})$ eine Garbe über X ist. $\mathcal{S}'$ ist genau dann eine Untergarbe von $\mathcal{S}$, wenn $\mathcal{S}'$ offen in $\mathcal{S}$ liegt. Eine Garbe $\mathcal{S}$ von abelschen Gruppen über X heißt eine Garbe von Moduln über $\mathcal{R}$ oder eine $\mathcal{R}$-Garbe oder ein $\mathcal{R}$-Modul, falls eine Garbenabbildung $\mathcal{R} \oplus \mathcal{S} \to \mathcal{S}$ definiert ist, die auf jedem Halm $\mathcal{S}_x$ die Struktur eines (unitären) $\mathcal{R}_x$-Moduls induziert. Natürlich ist $\mathcal{R}$ selbst ein $\mathcal{R}$-Modul. Eine Teilmenge $\mathcal{S}'$ der $\mathcal{R}$-Garbe $\mathcal{S}$ heißt $\mathcal{R}$-Untermodul von $\mathcal{S}$, falls $\mathcal{S}'$ eine Mengenuntergarbe von $\mathcal{S}$ und jeder Halm $\mathcal{S}'_x$ ein $\mathcal{R}_x$-Untermodul von $\mathcal{S}_x$ ist. Eine Idealgarbe $\mathcal{I} \subset \mathcal{R}$ ist ein $\mathcal{R}$-Untermodul des $\mathcal{R}$-Moduls $\mathcal{R}$. Für jedes Ideal $\mathcal{I} \subset \mathcal{R}$ definiert man das Produkt

$$\mathcal{I} \cdot \mathcal{S} := \bigcup_{x\in X} \mathcal{I}_x \cdot \mathcal{S}_x \subset \mathcal{S},$$

wobei $\mathcal{I}_x \cdot \mathcal{S}_x$ der aus den Linearkombinationen

$$\sum_{1}^{<\infty} a_{\nu x} s_{\nu x} \quad a_{\nu x} \in \mathcal{I}_x\,, \quad s_{\nu x} \in \mathcal{S}_x\,,$$

bestehende $\mathcal{R}_x$-Untermodul von $\mathcal{S}_x$ ist. Die Menge $\mathcal{I} \cdot \mathcal{S}$ ist offen in $\mathcal{S}$, also ein $\mathcal{R}$-Untermodul von $\mathcal{S}$.

Vgl. auch ↗ Quotientengarbe.

Untergeometrie, ein Teil einer ↗ Inzidenzstruktur, der wieder eine Inzidenzstruktur ist, welche die gleichen Axiome erfüllt.

Eine Untergeometrie eines ↗ projektiven Raumes besteht beispielsweise aus einer Teilmenge der Punkte und einer Teilmenge der Geraden, die wieder einen projektiven Raum bilden.

untergeordneter Multigraph, ↗ gerichteter Graph.

Untergraph, ↗ Teilgraph.

Untergruppe, Teilmenge einer Gruppe, die zugleich selbst eine Gruppe ist.

Es seien $(G, \cdot)$ eine ↗ Gruppe und H eine Teilmenge der Menge G. H werde mit derselben Gruppenoperation „·" wie G ausgestattet.

Dann ist $(H, \cdot)$ eine Untergruppe von $(G, \cdot)$, wenn für x und $y \in H$ auch $x \cdot y \in H$ sowie $x^{-1} \in H$ gilt.

Äquivalent kann man auch fordern: $(H, \cdot)$ ist eine Untergruppe von $(G, \cdot)$, wenn für $x, y \in H$ auch $x^{-1} \cdot y \in H$ gilt.

Untergruppenverband, der Verband aller Untergruppen einer Gruppe.

unterhalb halbstetig, ↗ Halbstetigkeit.

Unterkategorie, Begriff aus der Kategorientheorie.

Eine Unterkategorie einer Kategorie $\mathcal{C}$ besteht aus Objekten und Morphismen aus $\mathcal{C}$, so, daß gilt:

(1) Mit jedem Morphismus $f \in \mathrm{Mor}_{\mathcal{C}}(A, B)$, der in der Unterkategorie $\mathcal{U}$ ist, sind auch die Objekte A und B in $\mathcal{U}$.

(2) Zu jedem Objekt A, das in $\mathcal{U}$ ist, enthält sie auch $1_A \in \mathrm{Mor}_{\mathcal{C}}(A, A)$.

(3) Für je zwei Morphismen, die in $\mathcal{U}$ sind, und die in $\mathcal{C}$ zusammensetzbar sind, ist auch die Zusammensetzung in $\mathcal{U}$.

Eine Unterkategorie $\mathcal{U}$ ist selbst eine Kategorie. Sie heißt eine volle Unterkategorie, falls sie für alle Paare $A, B \in Ob(\mathcal{U})$ alle Morphismen aus $\mathcal{C}$ zwischen ihnen enthält: $\mathrm{Mor}_{\mathcal{U}}(A, B) = \mathrm{Mor}_{\mathcal{C}}(A, B)$.

Unterkörper, *Teilkörper*, eine Teilmenge $\mathbb{M}$ eines Körpers $\mathbb{K}$, die abgeschlossen bezüglich der Körperaddition und Körpermultiplikation von $\mathbb{K}$ ist. Der Körper $\mathbb{K}$ heißt dann auch Oberkörper oder Erweiterungskörper von $\mathbb{M}$.

$\mathbb{K}$ ist Vektorraum über jedem Unterkörper. Jeder Körper besitzt als Unterkörper seinen eindeutig bestimmten ↗ Primkörper und ist ein Vektorraum über diesem.

Unterlauf, ↗ Zahlenraster.

Untermannigfaltigkeit, Teilmenge einer Mannigfaltigkeit, welche selbst Mannigfaltigkeit ist.

Allgemeiner gilt: Ist $\phi : M \to N$ eine injektive differenzierbare Abbildung zwischen differenzierbaren Mannigfaltigkeiten, für welche $\phi_* : T_pM \to T_{\phi(p)}N$ für alle $p \in M$ injektiv ist, so nennt man (M, ϕ) eine Untermannigfaltigkeit von N. Ist $M \to \phi(M)$ sogar ein Homöomorphismus und $\phi(M) \subseteq N$ mit der ↗ Relativtopologie versehen, so nennt man M eine in N eingebettete Untermannigfaltigkeit.

Siehe auch ↗ Untermannigfaltigkeit einer differenzierbaren Mannigfaltigkeit und ↗ Untermannigfaltigkeit einer symplektischen Mannigfaltigkeit.

Untermannigfaltigkeit einer differenzierbaren Mannigfaltigkeit, eine Teilmenge $N \subset M$ einer differenzierbaren Mannigfaltigkeit M, die sich in einer genügend kleinen Umgebung $\mathcal{V}$ eines jeden ihrer Punkte $P \in N$ in geeigneten lokalen Koordinaten $x_1, \dots, x_n$ durch die l linearen Gleichungen

$$x_{n-l+1} = x_{n-l+2} = \cdots = x_{n-1} = x_n = 0$$

darstellen läßt, wobei n die Dimension von M und $0 \leq l \leq n$ eine natürliche Zahl ist, die Kodimension von N im Punkt P genannt wird.

Das bedeutet, daß für alle $P \in N$ eine Umgebung $\mathcal{V} \subset M$ und n auf $\mathcal{V}$ definierte differenzierbare Funktionen $x_1, \dots, x_n$ so gewählt werden können, daß

$$N \cap \mathcal{V} = \{Q \in \mathcal{V} | x_{n-l+1}(Q) = \cdots = x_n(Q) = 0\}$$

gilt, und die Differentiale $dx_1, \ldots, dx_n$ in allen Punkten von $N \cap \mathcal{V}$ linear unabhängig sind. Die Zahl $k = n - l$ ist die Dimension von N im Punkt P. Wenn N topologisch zusammenhängend ist, sind Dimension und Kodimension von N in allen Punkten gleich.

Die Klasse der Untermannigfaltigkeiten besteht aus Teilmengen, die hinsichtlich lokaler topologischer Eigenschaften einfachste Struktur haben, vergleichbar mit der von k-dimensionalen linearen Unterräumen des $\mathbb{R}^n$. Man nennt die so definierten Untermannigfaltigkeiten auch eingebettet, um sie vom allgemeineren Begriff der immergierten Untermannigfaltigkeit zu unterscheiden.

Zur Definition des Begriffs der immergierten Untermannigfaltigkeit geht man von zwei beliebigen Mannigfaltigkeiten M und N aus, von denen keine eine Teilmenge der jeweils anderen sein muß. Statt einer Inklusionsbeziehung setzt man die Existenz einer injektiven Immersion $\phi : N \to M$ voraus. Das ist eine injektive differenzierbare Abbildung, deren Differential

$$d\phi : T_P(N) \;\to\; T_{\phi(P)}(M)$$

für alle $P \in M$ eine injektive lineare Abbildung der Tangentialräume von N in die entsprechenden Tangentialräume von M ist. Die Bildmenge $\phi(N)$, auf die N mittels ϕ umkehrbar eindeutig abgebildet wird, kann mit N identifiziert werden und wird als immergierte Untermannigfaltigkeit bezeichnet. Beispiele sind reguläre Parameterdarstellungen von Flächen und Kurven im $\mathbb{R}^3$. Jede eingebettete Untermannigfaltigkeit $N \subset M$ ist auch eine immergierte, es genügt, für ϕ die identische Einbettung von N in M zu wählen.

Umgekehrt ist eine immergierte Untermannigfaltigkeit im allgemeinen keine eingebettete. Als Gegenbeispiele kann man reguläre Kurven $\alpha : \mathbb{R} \to \mathbb{R}^3$ anführen, deren Bildmenge $\alpha(\mathbb{R})$ eine dichte Teilmenge des zweidimensionalen Torus ist. Jedoch folgt aus dem Satz über implizite Funktionen, daß jeder Punkt $P \in N$ eine Umgebung $\mathcal{U}$ besitzt derart, daß $\phi(\mathcal{U})$ eine eingebettete Untermanngfaltigkeit ist.

Untermannigfaltigkeit einer symplektischen Mannigfaltigkeit, Untermannigfaltigkeiten C der symplektischen Mannigfaltigkeit (M, ω), auf denen die symplektische 2-Form konstanten Rang besitzt, also insbesondere ↗ koisotrope Untermannigfaltigkeiten und ↗ Lagrangesche Untermannigfaltigkeiten, wobei letztere vor allem die Grundlage für die Theorie wichtiger Singularitäten (wie der ↗ Kaustiken) und für die ↗ quasiklassische Asymptotik bilden.

Im Gegensatz zu Untermannigfaltigkeiten Riemannscher Mannigfaltigkeiten, die i. allg. äußere Krümmung besitzen, gibt es um jeden Punkt c einer beliebigen Untermannigfaltigkeit C von M eine offene Umgebung in M und eine Untermannigfaltigkeitskarte, die nur durch die Einschränkung der symplektischen Form auf TC, also durch die innere lokale Geometrie von C bestimmt ist (vgl. ↗ Givental, symplektischer Satz von).

Untermatrix, ↗ Matrix.

Untermodul, nichtleere Teilmenge eines ↗ Moduls, die bezüglich der Operationen des Moduls selbst ein Modul ist.

So ist zum Beispiel die Menge der geraden Zahlen ein Untermodul der Menge der ganzen Zahlen.

Unterordnung, auch Teilordnung genannt, Teilmenge $N \subseteq M$ einer Ordnung $M_<$ mit derselben Ordnungsrelation $<$.

Unterraum eines Vektorraumes, *linearer Unterraum*, *Teilraum eines Vektorraumes*, nicht leere Teilmenge $U \subseteq V$ eines ↗ Vektorraumes V über einem Körper $\mathbb{K}$, die abgeschlossen ist bezüglich der Vektoraddition und der skalaren Multiplikation, d. h., für die gilt: Für alle $u_1, u_2, u \in U$ und alle $\alpha \in \mathbb{K}$ ist stets $u_1 + u_2 \in U$ und $\alpha u \in U$.

Ist U Unterraum von V und V Unterraum von W, so ist auch U Unterraum von W. Der Durchschnitt einer beliebigen Familie $(U_i)_{i \in I}$ von Unterräumen eines Vektorraumes V ist selbst Unterraum von V. Die Vereinigung von Unterräumen ist i. allg. aber kein Unterraum.

Der Nullraum $\{0\}$ ist Unterraum jedes Vektorraumes. Ein Unterraum eines $\mathbb{K}$-Vektorraumes V enthält stets den Nullvektor $0 \in V$ und ist selbst ein $\mathbb{K}$-Vektorraum, man spricht deshalb auch von einem *Untervektorraum*.

Beispiele:

(1) Die Lösungsmenge eines homogenen linearen Gleichungssystems $Ax = 0$ mit einer $(m \times n)$-Matrix A über $\mathbb{K}$ bildet einen Unterraum des Vektorraumes $\mathbb{K}^n$.

(2) Die Menge

$$\mathbb{K}v \;:=\; \{\alpha v \,|\, \alpha \in \mathbb{K}\}$$

bildet für jedes $v \in V$ einen Unterraum des $\mathbb{K}$-Vektorraumes V.

(3) Sei $\varphi : V \to V$ ein ↗ Endomorphismus auf dem endlich-dimensionalen Vektorraum V über $\mathbb{K}$. Dann bildet die Menge aller Vektoren der Form $f(\varphi)(v)$ mit einem Polynom $f \in \mathbb{K}(t)$ für jedes $v \in V$ einen φ-invarianten Unterraum von V. Dieser Unterraum ist der Durchschnitt aller φ-invarianten Unterräume von V, die v enthalten.

(4) Die Menge aller fast überall verschwindenden Abbildungen einer nicht-leeren Menge A in einen Körper $\mathbb{K}$ bildet einen Unterraum von $\mathbb{K}^A$.

Unterraum-Iterationsmethode, ein iteratives Verfahren zur Approximation mehrerer Eigenwerte und zugehöriger Eigenvektoren (bzw. des zugehörigen Eigenraums) einer Matrix $A \in \mathbb{R}^{n \times n}$.

Man unterscheidet zwei Aufgabenstellungen. Zum einen seien die p betragsgrößten Eigenwerte und zugehörigen Eigenvektoren (bzw. der zugehörige Eigenraum) gesucht; zum anderen seien die zu bekannten Näherungen an p Eigenwerte gehörigen p Eigenvektoren (bzw. der zugehörige p-dimensionale Eigenraum) gesucht. Im ersten Fall basiert die Unterraum-Iterationsmethode auf der ↗Potenzmethode, im zweiten Fall auf der ↗inversen Iteration.

Möchte man die p betragsgrößten Eigenwerte und zugehörigen Eigenvektoren (bzw. den zugehörigen Eigenraum) approximieren, so berechnet man ausgehend von einer Startmatrix $X_0 \in \mathbb{C}^{n \times p}$ mit orthonormalen Spalten die Folge von Matrizen

$$Y_{m+1} = AX_m \quad \text{und} \quad X_{m+1} = Q_{m+1}\,,$$

wobei $Y_{m+1} = Q_{m+1}R_{m+1}$ die ↗QR-Zerlegung von Y_{m+1} ist. Typischerweise konvergiert die Folge $\{X_m\}_{m \in \mathbb{N}}$ gegen eine Matrix, deren Spalten einen p-dimensionalen Eigenraum zu den p betragsgrößten Eigenwerten von A aufspannen.

Möchte man zu p bekannten Näherungen an p Eigenwerte die zugehörigen p Eigenvektoren (bzw. den zugehörigen p-dimensionalen Eigenraum) approximieren, dann startet man analog zu dem obigen Vorgehen die inverse Iteration mit einer Matrix $X_0 \in \mathbb{C}^{n \times p}$ mit orthonormalen Spalten.

Unterraumverband, der Verband aller Unterräume einer (kombinatorischen) Geometrie.

Unterrelation, Teilmenge $S \subseteq R$ einer Relation $R \subseteq M^2$, aufgefaßt als Relation.

Unterrelaxation, ↗Relaxation mit einem Relaxationsparameter $\omega \in (0, 1]$.

Unterring, *Teilring*, eine Teilmenge R eines Rings S, die abgeschlossen bezüglich der Ringaddition und Ringmultiplikation von S ist. Der Ring S heißt dann auch Erweiterungsring oder Oberring von R.

Unterschallgeschwindigkeit ↗Unterschallströmung

Unterschallströmung, Strömung eines Mediums mit einer Geschwindigkeit, die kleiner als die des Schalls in dem betrachteten Medium ist (Unterschallgeschwindigkeit).

unterscheidbare Elemente, Elemente einer Menge, die bezüglich einer gegebenen Äquivalenzrelation zu unterschiedlichen Äquivalenzklassen gehören.

Untersumme, Integral einer minorisierenden Treppenfunktion (Unterfunktion) zu einer vorgegebenen (beschränkten) Funktion $f : [a, b] \mapsto \mathbb{R}$, wobei $a, b \in \mathbb{R}$ mit $a < b$.

Mit einer Zerlegung $a = x_0 < x_1 < \cdots < x_n = b$ und Werten α_ν mit

$$f(x) \geq \alpha_\nu \quad \text{für} \quad x_\nu \leq x \leq x_{\nu+1} \;\; (\nu = 0, \ldots, n-1)$$

ist dies also eine Summe der Art

$$\sum_{\nu=0}^{n-1} \alpha_\nu (x_{\nu+1} - x_\nu)$$

(Summe von Rechtecksinhalten).

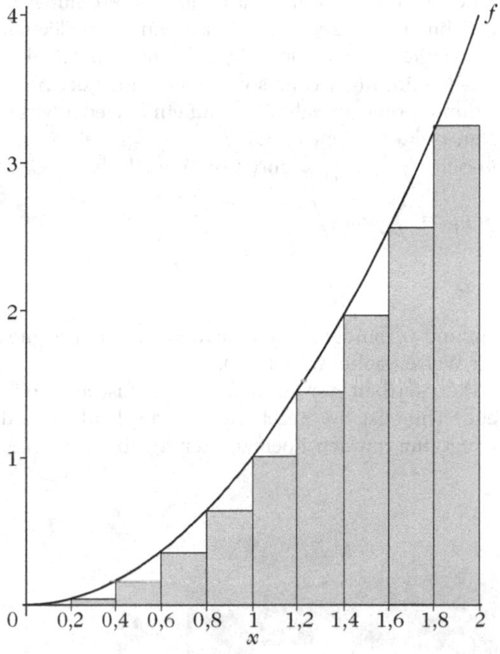

Untersumme

Bei fester Zerlegung der o. a. Art ist die optimale (größte) Untersumme offenbar gegeben durch

$$\alpha_\nu := \inf\{f(x) \,|\, x_\nu \leq x \leq x_{\nu+1}\}\,.$$

Oft wird auch nur dieser spezielle Wert als Untersumme bezeichnet.

Unterteilung einer Kante, ↗ Unterteilung eines Graphen.

Unterteilung eines Graphen, entsteht aus einem Graphen durch Unterteilung einiger seiner Kanten.

Dabei spricht man von der *Unterteilung der Kante* $k = xy \in K(G)$ in einem ↗Graphen G, falls man zum ↗Teilgraphen $G - k$ eine neue Ecke v und die beiden neuen Kanten xv und vy hinzufügt. Ein Graph H heißt Unterteilungsgraph von G, wenn man H aus G durch sukzessives Unterteilen von Kanten gewinnt. Einen Graphen H nennt man homöomorph zum Graphen G, wenn H isomorph zu G oder isomorph zu einem Unterteilungsgraphen von G ist. Zwei Graphen H_1 und H_2 heißen homöomorph, wenn es einen Graphen G gibt, zu dem sowohl H_1 als auch H_2 homöomorph sind. Homöomorphie von Graphen ist eine Äquivalenzrelation.

Unterteilungsalgorithmus, genauer diskreter Unterteilungsalgorithmus, ein auf ein Polygon oder Polyeder angewandtes Verfahren, das ein neues Polygon bzw. Polyeder liefert, welches das ursprüngliche in einer gewissen Art und Weise verfeinert.

Beispiele sind affine stationäre Unterteilungsalgorithmen, die gegen glatte Kurven bzw. Flächen konvergieren, wie der Algorithmus von Chaikin (↗Chaikin, Algorithmus von), oder auch der Algorithmus von Doo-Sabin, der auf ein Polyeder wirkt: Man ordnet jedem m-Seit $p_0, \dots, p_{m-1}$ ein neues m-Seit $p'_0, \dots, p'_{m-1}$ durch die Vorschrift

$$p'_j = \sum_i \alpha_{ij} p_j \Big/ \sum_i \alpha_{ij},$$

$$\alpha_{ij} = \frac{\delta_{ij}}{4} + \frac{1}{4n}\left(3 + 2\cos\frac{2\pi(i-j)}{n}\right)$$

zu, und verbindet benachbarte m-Ecke in geeigneter Weise (siehe Abbildung).

Die Glattheit der Grenzfläche für fast alle Polyeder (hier ist sie gegeben) ist entscheidbar und hängt nur von den Koeffizienten α_{ij} ab.

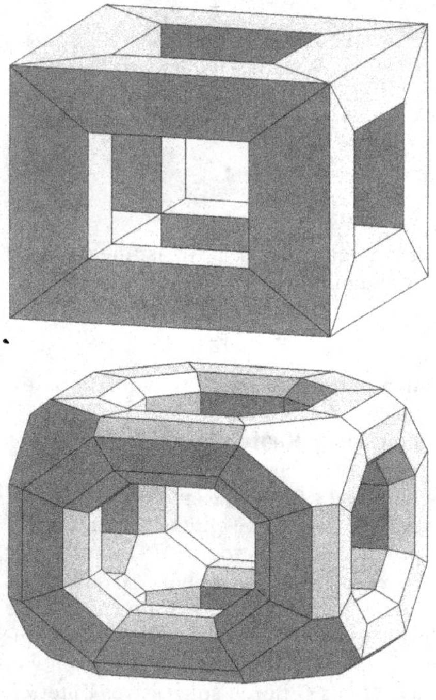

Diskreter Unterteilungsalgorithmus

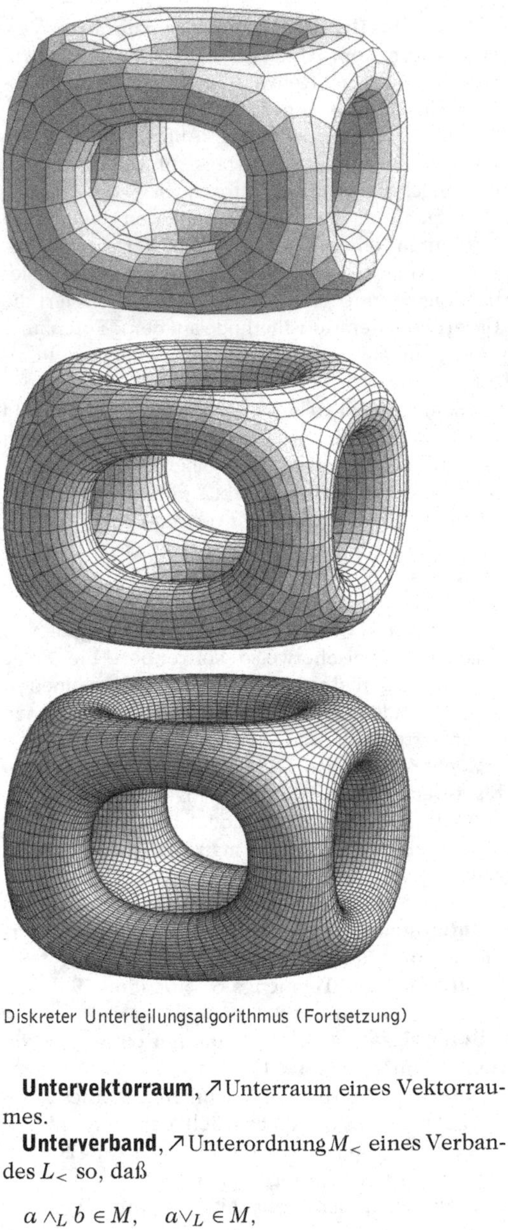

Diskreter Unterteilungsalgorithmus (Fortsetzung)

Untervektorraum, ↗Unterraum eines Vektorraumes.

Unterverband, ↗Unterordnung $M_<$ eines Verbandes $L_<$ so, daß

$$a \wedge_L b \in M, \quad a \vee_L \in M,$$

für alle $a, b \in M$.

Ein erzeugter Unterverband ist ein Unterverband $L[a_1, \dots, a_n]$ eines Verbandes L, der aus allen ↗Verbandspolynomen in $a_1, \dots, a_n \in L$ besteht.

unüberwachtes Lernen, bezeichnet im Kontext ↗Neuronale Netze eine ↗Lernregel, für die keine Trainingswerte mit korrekten Ein- und Ausgabewerten zur Verfügung stehen, und die Korrektur und Anpassung der Netzparameter ohne diese Information vorgenommen werden muß. Siehe hierzu etwa ↗Adaptive-Resonance-Theory, ↗Kohonen-Lernregel oder ↗Oja-Lernregel.

Ununterscheidbarkeit der Teilchen, typische Erscheinung der Quantenphysik, die darin besteht, daß man nicht zwischen einem Gesamtzustand mit einem Teilchen im Zustand A und dem anderen Teilchen im Zustand B, und einem Gesamtzustand mit dem anderen Teilchen im Zustand A und dem ersten Teilchen im Zustand B unterscheiden kann.

Darin unterscheiden sind quantenmechanische Gesamtheiten wesentlich von klassischen, und damit auch die zugehörigen Statistiken (↗Bose-Einstein-Statistik, ↗Fermi-Dirac-Statistik).

unverfeinerbare Kette, Kette, die nicht verfeinert werden kann (↗Verfeinerung einer Kette).

unvergleichbare Elemente, zwei Elemente $a, b \in M$ einer Ordnung $M_<$, für welche weder $a \leq b$ noch $a \geq b$ gilt.

unvermeidbare Menge, ↗ Vier-Farben-Satz.

unverzweigter lokaler Ring, lokaler Ring ungleicher Charakteristik, so daß die Charakteristik des Restklassenkörpers nicht im Quadrat des Maximalideals liegt.

Beispiel: Sei R die Lokalisierung des Rings der ganzen Zahlen $\mathbb{Z}$ in dem durch die Primzahl p erzeugten Primideal mit Maximalideal $\mathfrak{m} = (p)$. Dann ist die Charakteristik von R Null, die des Restklassenkörpers $R/\mathfrak{m}$ ist p, und $p \notin \mathfrak{m}^2$. Damit ist R unverzweigt. Ist andererseits

$$S = R[[x, y]]/(x^2 + xy + p)\,,$$

dann ist S nicht unverzweigt, da $p \in (x, y)^2$.

unvollständige Beta-Funktion, ↗ Beta-Funktion.

unvollständige Γ-Funktion, ↗ Eulersche Γ-Funktion.

unvollständiges elliptisches Integral, ↗elliptisches Integral.

Unvollständigkeit der Arithmetik, eine Konsequenz des ↗Gödelschen Unvollständigkeitssatzes.

Dieser impliziert, daß jede widerspruchsfreie Axiomatisierung der Arithmetik, der elementaren Zahlentheorie, unvollständig sein muß, also nicht alle wahren Sätze der Arithmetik umfassen kann.

Unvollständigkeit eines Axiomensystems, ↗Vollständigkeit eines Axiomensystems.

unvorteilhaftes Spiel, ↗gerechtes Spiel.

unwesentlicher Zustand, Zustand einer zeitlich homogenen ↗Markow-Kette mit abzählbarem Zustandsraum, der mit positiver Wahrscheinlichkeit nach endlich vielen Schritten verlassen wird, zu dem man aber niemals zurückkehrt.

Es bezeichne S den Zustandsraum der Markow-Kette und $p_{ij}^{(n)}$ für alle $i, j \in S$ und $n \in \mathbb{N}$ die Wahrscheinlichkeit, ausgehend von i in n Schritten zu j zu gelangen. Dann ist $i \in S$ ein unwesentlicher Zustand, wenn ein Zustand $j \neq i$ und ein $m \in \mathbb{N}$ mit $p_{ij}^{(m)} > 0$ existieren, für alle Zustände $j \neq i$ und $n \in \mathbb{N}$ aber $p_{ji}^{(n)} = 0$ gilt.

Unwiderlegbarkeit einer Aussage, ↗ Axiomatische Mengenlehre.

unzerlegbarer Verband, Verband $L = [0, 1]$, dessen Zentrum $Z(L)$ die Menge $\{0, 1\}$ ist.

unzerlegbares Polynom, andere Bezeichnung für ein ↗irreduzibles Polynom.

unzugängliches Problem, ein Problem, zu dessen Lösung mehr Ressourcen, z. B. Rechenzeit oder Speicherplatz, nötig sind als zur Verfügung stehen.

up-Quark, eines der ↗ Quarks.

Urbild einer Menge, Menge aller Objekte, die durch die betrachtete Abbildung auf die gegebene Menge abgebildet werden.

Genauer: Ist $f : A \to B$ eine ↗Abbildung und $N \subseteq B$, so heißt die Menge

$$f^{-1}(N) \;:=\; \{a \in A : f(a) \in N\}$$

das Urbild der Menge N unter der Abbildung f.

Urbildbereich, ↗ Abbildung.

Urbildgarbe, Grundbegriff in der ↗Garbentheorie.

Seien $\mathcal{F}$ und $\mathcal{G}$ Garben über einem topologischen Raum X, sei $h : \mathcal{F} \to \mathcal{G}$ ein Homomorphismus, und sei $\mathcal{L} \subset \mathcal{G}$ eine Untergarbe. Dann gilt:

Durch

$$U \mapsto h_U^{-1}(\mathcal{L}(U)) \subset \mathcal{F}(U)$$

wird eine Untergarbe $h^{-1}(\mathcal{L}) \subset \mathcal{F}$ *definiert. Dabei gilt*

$$h^{-1}(\mathcal{L})_p \;=\; h_p^{-1}\left(\mathcal{L}_p\right),\; p \in X.$$

Die Garbe $h^{-1}(\mathcal{L})$ nennt man die *Urbildgarbe* von $\mathcal{L}$ in $\mathcal{F}$.

Urelement, ↗ naive Mengenlehre.

Urnenmodelle, Typus von einfachen und anschaulichen Modellen zur Visualisierung wahrscheinlichkeitstheoretischer Gesetzmäßigkeiten.

Im einfachsten Grundmodell betrachtet man ein Gefäß (die Urne), das eine positive Anzahl w von weißen und s von schwarzen Kugeln enthält. Nach zufälliger Entnahme einer Kugel wird deren Farbe notiert, anschließend werden $w_1 \in \mathbb{Z}$ weiße und $s_1 \in \mathbb{Z}$ schwarze Kugeln in die Urne gelegt bzw. (falls w_1 oder s_1 negativ ist) dieser entnommen, und die Kugeln durchmischt. Danach wird eine weitere Kugel entnommen, usw. Je nach Wahl der Parameter kann durch dieses einfache Modell eine erstaunliche Zahl von diskreten Wahrscheinlichkeitsverteilungen modelliert werden.

Komplexere Urnenmodelle verwenden mehrere Urnen, mehr als zwei verschiedene Farben, oder auch Kugeln, die im Verlauf des Experiments ihre Farbe ändern können.

[1] Johson, N.L.; Kotz, S.: Urn models and their application. Wiley and Sons New York, 1977.

Ursprung, ↗Koordinatenursprung.

Urysohn, Pawel Samuilowitsch, ukrainischer Mathematiker, geb. 3.2.1898 Odessa, gest. 17.8.1924 Batz (Bretagne).

Urysohn studierte an der Moskauer Universität zunächst Physik, begann jedoch durch den Besuch der Vorlesungen von Lusin und Jegorow sich mehr für die Mathematik zu interessieren. 1919 promovierte er in Mathematik und bekam 1921 eine Stelle an der Moskauer Universität.

Urysohns Hauptinteresse galt der Topologie. Hier arbeitete er viel mit Alexandrow zusammen. Sein bekanntestes Resultat betrifft die Existenz glatter Funktionen, die auf zwei gegebenen abgeschlossenen disjunkten Teilmengen die Werte 0 bzw. 1 annehmen.

Urysohn-Operator, ein nichtlinearer Integraloperator der Gestalt

$$(Tf)(x) = \int_{\Omega} k(x,y,f(y))\, d\mu(y).$$

Unter Zusatzbedingungen an k operiert T von $L^p(\mu)$ nach $L^p(\mu)$.

[1] Martin, R. H.: Nonlinear Operators and Differential Equations in Banach Spaces. Wiley New York, 1976.

Urysohnscher Raum, ein ↗topologischer Raum, welcher dem ↗Trennungsaxiom T_{2a} genügt.

Urysohnsches Lemma, lautet:

Ist X ein normaler topologischer Raum, d. h. genügt er den ↗Trennungsaxiomen T_4 und T_1, und sind A, B abgeschlossene Teilmengen von X, dann gibt es eine stetige Abbildung $f : X \to [0, 1]$ mit $f(A) = 0$ und $f(B) = 1$.

***U*-Test**, von Mann und Withney 1947 entwickelter verteilungsfreier (↗nichtparametrische Statistik) Signifikanztest zum Prüfen, ob zwei unabhängige Stichproben aus Grundgesamtheiten mit gleicher Verteilungsfunktion stammen. Er wird angewendet, wenn die Stichproben nichtnormalverteilten Grundgesamtheiten entstammen oder nur ordinalskaliert (↗Skalentypen) vorliegen.

Seien X und Y zwei Zufallsgrößen mit den Verteilungsfunktionen F_X und F_Y, und seien $(X_1, \dots, X_{n_1})$, $(Y_1, \dots, Y_{n_2})$ Stichproben von X und Y vom Umfang n_1 und n_2. Der U-Test ist ein spezieller ↗Rangtest zum Prüfen ein- und zweiseitiger Hypothesen:

a) zweiseitig :
$H_0 : F_X = F_Y$ gegen $H_1 : F_X \neq F_Y$

b) einseitig :
$H_0 : F_X(x) \geq F_Y(x)$ gegen
$H_1 : F_X(x) \leq F_Y(x)$
und $<$ für mindestens ein x

c) einseitig
$H_0 : F_X(x) \leq F_Y(x)$ gegen
$H_1 : F_X(x) \geq F_Y(x)$
und $>$ für mindestens ein x

Zur Berechnung der Teststatistik des Tests wird zunächst für die vereinigte Stichprobe $(X_1, \dots, X_{n_1}, Y_1, \dots, Y_{n_2})$ eine gemeinsame aufsteigende Rangplatzreihe (↗geordnete Stichprobe) gebildet. Aus dieser Rangplatzzuordnung werden die beiden Teilsummen R_x und R_y der der Rangplatzzahlen, die zu den Stichprobenelementen von X und Y gehören, gebildet. Die Teststatistik des U-Test ist

$$T = \min(U_x, U_y)$$

mit

$$U_x = R_x - \frac{(n_1+1)n_1}{2}, \quad U_y = R_y - \frac{(n_2+1)n_2}{2}.$$

H_0 wird abgelehnt, falls der Wert von T bei vorgegebenen α im Ablehnebereich der U-Verteilung liegt, d. h., die Entscheidungsregeln lauten:

a) H_0 wird verworfen, falls $\mid T \mid > U_{n_1,n_2}(1 - \frac{\alpha}{2})$

b) H_0 wird verworfen, falls $T > U_{n_1,n_2}(1 - \alpha)$

c) H_0 wird verworfen, falls $T < U_{n_1,n_2}(\alpha)$

$U_{n_1,n_2}(p)$ ist das p-Quantil (↗Quantil) der U-Verteilung. Diese Quantile sind z. B. in [1] tabelliert.

Es gilt $U_x + U_y = n_1 n_2$. Wenn H_0 gilt, so müssen beide Teilsummen etwa gleich groß sein und folglich $T \approx \frac{n_1 n_2}{2}$ gelten. Auf dieser Basis wird häufig anstelle des eben beschriebenen exakten Tests ein approximativer Test durchgeführt. Bei diesem wird anstelle von T die Teststatistik

$$\tilde{T} = \frac{\mid T - \frac{n_1 n_2}{2} \mid}{\sqrt{\frac{n_1 n_2 (n_1 + n_2 + 1)}{12}}}$$

verwendet. $\tilde{T}$ ist approximativ standardnormalverteilt, eine ausreichende Güte der Approximation ergibt sich für $n_1 + n_2 \geq 20, n_1 \geq 8, n_2 \geq 8$. Die Entscheidungsregeln in diesem Fall lauten:

a) H_0 wird verworfen, falls $\mid \tilde{T} \mid > z_{1-\frac{\alpha}{2}}$

b) H_0 wird verworfen, falls $\tilde{T} > z_{1-\alpha}$

c) H_0 wird verworfen, falls $\tilde{T} < z_{\alpha}$

z_p ist hierbei das p–Quantil der Standardnormalverteilung. Treten in beiden Stichproben gleiche Werte (Bindungen) auf, dann erhalten alle diese Werte bei der Rangplatzzuordnung den gleichen mittleren Rangplatz zugewiesen. Enthalten solche Bindungen Werte beider Stichproben, dann ist eine Korrektur der Prüfgröße $\tilde{T}$ notwendig, die sich wie folgt berechnet:

$$\tilde{\tilde{T}} = \frac{\mid T - \frac{n_1 n_2}{2} \mid}{\sqrt{\frac{n_1 n_2}{12n(n-1)}[n^3 - n - \sum t(t^2-1)]}}$$

Dabei ist $n = n_1 + n_2$, und t bezeichnet die Auftrittshäufigkeit ranggleicher Beobachtungen aus beiden Stichproben.

Die o.g. Hypothesen a) bis c) erstrecken sich auch auf entsprechende Hypothesen über die Gleichheit zentraler Parameter der beiden Verteilungsfunktionen F_X und F_Y, wie z. B. die Gleichheit der Mediane oder der Erwartungswerte von X und Y. In diesen Fällen wird der U-Test analog angewendet. Der so beschriebene Test wird häufig auch als Rangsummentest von Wilcoxon für unabhängige Stichproben bezeichnet. Mann und Whitney haben ursprünglich zur Berechnung der Teststatistik zum Prüfen obiger Hypothesen folgendes Vorgehen vorgeschlagen. Man ordne die gemeinsame Stichprobe in aufsteigender Reihenfolge, und verwende als Teststatistik U = Anzahl aller Paare (x_i, y_j) in der gemeinsamen geordneten Stichprobe, für die gilt: $x_i < y_j$. Ein solches Paar (x_i, y_j) mit $x_i < y_j$ bezeichnet man auch als Inversion. Die U-Test-Statistik ist also gleich der Summe aller Inversionen. U heißt Mann-Whitney Teststatistik. Man kann aber zeigen, daß

$$U = \min\{U_x, U_y\}$$

gilt, d. h., die Teststatistik U ist gleich der Statistik T, sodaß sich der gleiche Test ergibt. Der U-Test findet aufgrund seiner einfachen Durchführbarkeit auch häufig bei normalverteilten Grundgesamtheiten Anwendung. Die asymptotische Effizienz (↗Testtheorie) des U-Tests gegenüber dem t-Test liegt bei 95%. Dies bedeutet, daß die Anwendung des U-Tests bei $n = 100$ Werten etwa die gleiche Teststärke aufweist wie die Anwendung des t-Tests bei $0,95 \cdot 100 = 95$ Werten, wenn in Wirklichkeit die Normalverteilung vorliegt.

Beispiel. An zwei Prüfgeräten werden Werkstücke gleichen Materials Dehnungsversuchen unterzogen. Es soll ermittelt werden, ob beide Prüfgeräte gleichmäßig arbeiten, d. h., ob die von beiden Geräten ermittelten Meßwerte gleichen Grundgesamtheiten entstammen. An jedem Gerät werden $n_1 = n_2 = 10$ Messungen durchgeführt, und wir erhalten folgende Tabelle der gemessenen Dehnungen und ihrer zugehörigen Rangplätze der gemeinsamen Stichprobe:

Meßwerte		Rangplätze	
5,0	–	1	–
5,2	–	3	–
5,2	–	3	–
5,2	–	3	–
–	14,5	–	5
14,6	–	6,5	–
14,6	–	6,5	–
20,2	–	9,5*	–
20,2	–	9,5*	–
–	20,2	–	9,5*
–	20,2	–	9,5*
–	30,6	–	12
–	35,8	–	13,5
–	35,8	–	13,5
–	40,4	–	15,5
–	40,4	–	15,5
–	45,8	–	17
45,9	–	18	–
–	51,8	–	19
52,0	–	20	-
Rangplatzsumme		80	130

Mit diesen Daten ergibt sich:

$$U_x = 80 - 55 = 25\,, \quad U_y = 130 - 55 = 75$$

Wir wollen den approximativen Test anwenden. Das Zeichen * markiert eine Bindung im Wert 20, 2, die vierfach in beiden Stichproben auftaucht. Wir verwenden deshalb die korrigierte approximative Testgröße $\tilde{\tilde{T}}$, für die sich ergibt:

$$\tilde{\tilde{T}} = \frac{\mid 25 - \frac{10 \cdot 10}{2} \mid}{\sqrt{\frac{10 \cdot 10}{12 \cdot 20 \cdot 19}[20^3 - 20 - 4(4^2-1)]}} = 1,9\,.$$

Mit $\alpha = 0.05$ und dem Quantil $z_{1-\frac{\alpha}{2}} = 1,96$ ist

$$\tilde{\tilde{T}} < z_{1-\frac{\alpha}{2}}\,,$$

folglich kann H_0 nicht abgelehnt werden.

[1] Sachs, L.: Angewandte Statistik. Springer Verlag Berlin Heidelberg New York, 1992.

Utopiapunkt, bei einem Vektor-Maximierungsproblem (oder analog Minimierungsproblem)

$$\max f : M \subseteq \mathbb{R}^n \to \mathbb{R}^m$$

ein Vektor $y = (y_1, \dots, y_m)$, für den gilt: Für alle $x \in M$ und für $1 \le i \le m$ ist $f_i(x) \le y_i$.

Die y_i stellen die Maxima jeder Komponentenfunktion f_i von f dar, sofern letztere existieren. I. allg. optimiert ein $x \in M$ nicht gleichzeitig alle Komponentenfunktionen von f, d. h., es gilt $y \notin f(M)$.

V

vage Konvergenz, ↗Konvergenz, vage, von Maßen, ↗vage Topologie.

vage Topologie, maßtheoretisch motivierter Topologiebegriff.

Es seien Ω ein lokal-kompakter Raum und $\mathcal{M}_+(\Omega)$ die Menge aller ↗Radon-Maße auf $\mathcal{B}(\Omega)$. Dann heißt die gröbste Topologie auf $\mathcal{M}_+(\Omega)$, bezüglich der die Abbildungen $T_f : M_+(\Omega) \to \mathbb{R}$, definiert durch $T_f(\mu) = \int f d\mu$ für alle stetigen Funktionen f auf Ω mit kompakten Träger stetig sind, die vage Topologie auf Ω.

Diese Topologie ist Hausdorffsch, und die Konvergenz in dieser Topologie ist die vage Konvergenz. Die Menge der diskreten Radon-Maße auf $\mathcal{B}(\Omega)$ liegt dicht in $\mathcal{M}_+(\Omega)$. Konvergiert eine Folge $(\mu_n | n \in \mathbb{N})$ von beschränkten Radon-Maßen vage gegen ein Radon-Maß μ, so ist die schwache Konvergenz der Folge äquivalent zu der Konvergenz der totalen Variationen der Folge gegen die totale Variation von μ, und ebenso zur Straffheit der Folge. Weiter sind folgende Aussagen äquivalent:

(a) $\mathcal{M}_+(\Omega)$ ist bzgl. der vagen Topologie ein ↗Polnischer Raum.

(b) $\mathcal{M}_+(\Omega)$ ist bzgl. der vagen Topologie metrisierbar und besitzt eine abzählbare Basis.

(c) Ω besitzt eine abzählbare Basis.

(d) Ω ist Polnischer Raum.

Vaguelette, Wavelet-ähnliche Funktion mit verschwindenden Momenten und schnellem Abfall.

Vaguelettes tauchen beispielsweise bei der Zerlegung von (Differential-)Operatoren mit Hilfe von Wavelets (↗Wavelet-Vaguelette-Zerlegung) auf. Yves Meyer führte den Begriff im Zusammenhang mit einem Beweis des sogenannten $T(1)$-Theorems, einer Aussage über L_2-Stetigkeit gewisser singuärer Integraloperatoren T, ein. Nach Meyer sind stetige Funktionen $f_{j,k}, j \in \mathbb{Z}, k \in \mathbb{Z}^n$ auf $\mathbb{R}^n$ Vaguelettes, wenn zwei Exponenten $\alpha > \beta > 0$ und eine Konstante C existieren, so daß folgende Bedingungen gelten:

1. $|f_{j,k}(x)| \leq C2^{nj/2} < (1 + |2^j x - k|)^{-n-\alpha}$,
2. $\int_{\mathbb{R}^n} f_{j,k}(x)dx = 0$,
3. $|f_{j,k}(x) - f_{j,k}(y)| \leq C2^{(n/2+\beta)j}|x - y|^\beta$.

Aus dieser Definition und dem Lemma von Schur folgt die Existenz einer Konstanten $0 < C' < \infty$, so daß folgende Abschätzung für alle möglichen Koeffizienten $\alpha_{j,k}$ gilt:

$$\left\| \sum_{j,k} \alpha_{j,k} f_{j,k}(x) \right\|_2 \leq C' \left(\sum_{j,k} |\alpha_{j,k}|^2 \right)^{1/2}.$$

Diese Abschätzung dient dem Beweis der L_2-Stetigkeit von T im $T(1)$-Theorem.

Vakuum-Zustand, ↗Fock-Zustand.

Valiant, Leslie, Mathematiker, geb. 28.3.1949 Budapest.

Valiant schloß seine Studien am King's College in Cambridge mit dem Grad des Bachelor ab, studierte 1970/71 am Imperial College in London, und promovierte 1973 an der Universität von Warwick in Coventry. Es folgten 1973/74 eine Gastprofessur an der Carnegie-Mellon-Universität in Pittsburgh sowie Lehrpositionen an den Universitäten in Leeds (1974–1976) und Edinburgh (1977–1982), jeweils auf dem Gebiet der Informatik (Computer Science). Seit 1982 hat Valiant die Gordon McKay-Professur für Informatik und Angewandte Mathematik an der Harvard Universität in Cambridge (Mass.) inne.

Valiant lieferte grundlegende Beiträge zu verschiedenen Bereichen der theoretischen Informatik. 1975 gelang ihm für die kontextfreien Sprachen ein überraschendes Resultat über die Algorithmen für das Erkennungsproblem. Er konnte zeigen, daß für das Erkennen von Sätzen der Länge n, die in kontextfreien Grammatiken formuliert sind, ein Algorithmus existiert, dessen Rechenzeit schwächer wächst als n^3. Im gleichen Jahr erzielte er wichtige Einsichten über gerichtete Graphen. Die dabei vorgenommenen Größenabschätzungen für bestimmte Typen von Graphen führten zu den Nachweis, daß es für die schnelle Fourier-Transformation im gewissen Sinne keinen Optimalitätsbeweis gibt. Weitere bedeutende Ergebnisse betrafen die Klassen von Entscheidungsproblemen, die mit einem bestimmten Typ von Turing-Maschinen gelöst werden können. In der Komplexitätstheorie erweiterte er 1979 den Bereich der NP-Vollständigkeit, indem er eine Relation zwischen verschiedenen Abzählbarkeitsproblemen und einfachen Suchproblemen herstellte. Außerdem wandte sich Valiant der algebraischen Komplexitätstheorie zu, zeigte für eine wichtige Klasse von Quantenberechnungen in der Physik, daß sie in Polynom-Zeit auf klassischen Turing-Maschinen ausgeführt werden können, und behandelte Fragen der künstlichen Intelligenz. Er entwickelte effektive stochastisch bewertete Algorithmen und hat mit seinen Beweistechniken und neuen Konzepten wesentlich zu Fortschritten in der theoretischen Informatik beigetragen.

1986 wurde Valiant für seine Leistungen mit dem ↗Nevanlinna-Preis ausgezeichnet.

Validierung, Prüfung der Gültigkeit eines wissenschaftlichen Versuchs, eines Modells oder eines Meßverfahrens, insbesondere eines psychologischen Tests, in der Regel mit statistischen Methoden. Die Validität gibt den Grad der Genauigkeit an, mit dem ein Verfahren das mißt, was es messen soll.

van der Pol, Baltasar, niederländischer Physiker, geb. 27.1.1889 Utrecht, gest. 6.10.1959 Wassenaar.

Nach dem Studium in Utrecht, London und Cambridge war van der Pol ab 1932 Mitarbeiter und von 1925 bis 1948 Forschungsleiter im Elektrotechnischen Labor der Philips-Glühlampenfabrik in Eindhoven. Von 1938 bis 1949 war er auch Professor an der Delfter Universität, und von 1949 bis 1956 Direktor des Genfer Konsultativkomitees für Radiokommunikation.

Auf mathematischem Gebiet befaßte sich van der Pol hauptsächlich mit der nach ihm benannten Gleichung, die zunächst zur Beschreibung der Selbstoszillation eines Röhrengenerators aufgestellt wurde.

van der Pol-Differentialgleichung, ↗van der Pol-Gleichung.

van der Pol-Gleichung, *van der Pol-Differentialgleichung*, die ↗gewöhnliche Differentialgleichung zweiter Ordnung

$$\ddot{x} + \mu(1 - x^2)\dot{x} + x = 0$$

mit $\mu > 0$.

Diese Differentialgleichung beschreibt einen elektrischen Schwingkreis, der zur Selbstoszillation fähig ist, den sog. van der Pol-Oszillator.

Die van der Pol-Gleichung ist ein Spezialfall der ↗Lienardschen Differentialgleichung. Sie stellt ein wichtiges Beispiel zur Untersuchung nichtlinearer Phänomene dar (↗nichtlineare Dynamik) und ist ein Standardbeispiel in der Chaostheorie. Sie wurde zuerst von B. van der Pol untersucht.

van der Pol-Oszillator, ↗van der Pol-Gleichung.

van der Waerden, Bartel Leendert, niederländischer Mathematiker, geb. 2.2.1903 Amsterdam, gest. 12.1.1996 Zürich.

Von 1919 bis 1925 studierte van der Waerden an den Universitäten von Amsterdam und Göttingen unter anderem bei E. Noether. 1928 habilitierte er sich in Göttingen und nahm im gleichen Jahr eine Assistentenstelle an der Universität Groningen an, folgte jedoch schon 1931 einem Ruf an die Leipziger Universität. Nach dem Zweiten Weltkrieg arbeitete er für Shell in Amsterdam im Bereich der Angewandten Mathematik. Von 1947 bis 1948 weilte er in den USA an der Johns Hopkins University, danach bis 1951 in Amsterdam. 1951 übernahm er den Lehrstuhl von K. Fueter in Zürich.

Van der Waerden arbeitete auf zahlreichen Gebieten der Mathematik, etwa algebraische Geometrie, abstrakte Algebra, Gruppentheorie, Topologie, Zahlentheorie, Geometrie, Kombinatorik, Analysis, Wahscheinichkeitsrechnung, mathematische Statistik, Quantenmechanik, Geschichte der Mathematik, Geschichte der Astronomie und Geschichte der antiken Wissenschaften. Er betreute über 40 Promotionen.

In der algebraischen Geometrie definierte er die Dimension einer algebraischen Varietät. Er verwendete dabei die von Artin, Hilbert und E. Noether eingeführte Idealtheorie über Polynomringen. In der Gruppentheorie studierte er die Burnside-Gruppen $B(3, r)$ und bestimmte die Ordnung und Struktur dieser Gruppen.

Bekannt sind auch seine Arbeiten zur Geschichte der Wissenschaften: „Ontwakende wetenschap" (1950), „Geometry and Algebra in Ancient Civilizations" (1983) und „A History of Algebra" (1985).

Vandermonde, Alexandre Théophile, französischer Mathematiker, geb. 28.2.1735 Paris, gest. 1.1.1796 Paris.

Vandermonde, Sohn eines Arztes, sollte nach dem Willen seiner Eltern eigentlich Musiker werden, befaßte sich aber zunehmend mit der Mathematik, die er vorwiegend bei A. Fontaine de Bertins erlernte.

Ziemlich überraschend wurde er 1771 in die Pariser Akademie der Wissenschaften gewählt, nachdem ein Jahr zuvor seine erste mathematische Arbeit der Akademie präsentiert worden war. In den Jahren 1771/72 publizierte er noch drei weitere Arbeiten zur Mathematik, womit sein mathematisches Gesamtwerk allerdings auch schon abgeschlossen war; es umfaßt also nur vier Arbeiten, deren Inhalte allerdings z.T. von entscheidender Bedeutung für die weitere Entwicklung der Mathematik waren. Unter anderem lieferte er Beiträge zur Kombinatorik, zur Zahlentheorie, sowie natürlich zur Determinantentheorie, zu der er u. a. die nach ihm benannte Determinantenformel beitrug.

In den folgenden Jahren wandte sich Vandermonde jedoch anderen Interessen zu, er wurde 1782 Direktor des Pariser Kunst- und Gewerbemuseums und beteiligte sich aktiv an der Revolution 1789. Er war ein sehr enger Freund von Monge.

Vandermondesche Determinante, die ↗Determinante einer ↗Vandermondeschen Matrix $M = (\alpha_{ij}) = (\beta_j^{i-1})$; sie ist explizit gegeben durch die Formel

$$\det M = \prod_{1 \le i < j \le n} (\beta_j - \beta_i).$$

Eine Vandermondesche Determinante ist somit für paarweise verschiedene und der Größe nach sortierte β_j's stets positiv und die unterliegende Matrix somit regulär.

Vandermondesche Matrix, Bezeichnung für eine $(n \times n)$-Matrix $M = (\alpha_{ij})$, zu der $\beta_1, \dots, \beta_n \in \mathbb{K}$ existieren mit $\alpha_{ij} = \beta_j^{i-1}$.

M ist also von der Form

$$M = \begin{pmatrix} 1 & 1 & \cdots & 1 \\ \beta_1 & \beta_2 & \cdots & \beta_n \\ \vdots & \vdots & & \vdots \\ \beta_1^{n-1} & \beta_2^{n-1} & \cdots & \beta_n^{n-1} \end{pmatrix}.$$

In den meisten Fällen hat man noch zusätzlich, daß

$$\beta_1 < \beta_2 < \cdots < \beta_n \,.$$

Da die Determinante einer Vandermondeschen Matrix in diesem Fall positiv ist, ist diese Matrix regulär.

Varâhamihira, indischer Astronom und Mathematiker, geb. 505 Kapitthaka (Indien), gest. 587 Indien.

Über Varâhamihira ist wenig bekannt. 575 veröffentlichte er das Werk „Pancasiddhantika" („Die Fünf Astronomischen Kanons"). Hier beschäftigte er sich mit astronomischen Fragen und faßte Arbeiten anderer Astronomen zusammen. Er überarbeitete das Kalendersystem und verwendete ein Positionszahlensystem.

Varâhamihira fand wichtige trigonometrische Formeln, etwa $\sin x = \cos(\pi/2 - x)$, $\sin^2 x + \cos^2 x = 1$ und $(1 - \cos 2x)/2 = \sin 2x$.

Er gab Tabellen für den Sinus an, berechnete Binomialkoeffizienten als die Anzahl der Möglichkeiten, r Objekte aus einer Menge von n Objekten auszuwählen, und beschäftigte sich mit magischen Quadraten.

Variable, eine symbolische Darstellung, also ein Zeichen für ein beliebiges Element aus einer gegebenen Menge.

variable Metriken, sind u. a. bei der Wahl von Abstiegsrichtungen in Optimierungsverfahren gebräuchlich.

Ein Skalarprodukt $< \cdot, \cdot >$ des $\mathbb{R}^n$ erzeugt stets eine Metrik

$$d(x, y) := x^T \cdot A \cdot y \,,$$

wobei

$$A = (a_{ij}) := (< e_i, e_j >)$$

aus den paarweisen Produkten der Einheitsvektoren e_i bestimmt ist. Die Matrix A ist symmetrisch und positiv definit.

Im Verlauf von Optimierungsverfahren sucht man häufig zu einem berechneten Punkt x und einer berechneten Matrix A eine bezüglich der von A erzeugten Metrik konjugierte Richtung y zu x, d. h., ein y mit

$$x^T \cdot A \cdot y = 0 \,.$$

Im weiteren Verlauf des Verfahrens wird dann A üblicherweise verändert, wodurch bei den nächsten Schritten konjugierte Richtungen zu anderen Metriken gesucht werden. Die benutzten Metriken ändern sich also schrittweise, sie sind variabel.

Typische Verfahren der Optimierung, die variable Metriken verwenden, sind das Verfahren von Davidson, Fletcher und Powell und das numerisch stabilere BFGS-Verfahren.

Variablentransformation, Abbildung $h : \mathbb{R}^n \supset W \to \mathbb{R}^n$, die verwendet wird, um eine gegebene Gleichung, etwa eine ↗Differentialgleichung, in eine einfachere bzw. dem Problem besser angepaßte Form zu bringen. An h werden je nach Bedarf weitere Bedingungen gestellt.

Ist z. B. eine ↗gewöhnliche Differentialgleichung $\dot{x} = f(x)$ mit $f \in C^k(W)$ gegeben, so geht diese durch einen C^∞-Diffeomorphismus $y \overset{h}{\mapsto} x$ über in die Differentialgleichung

$$\dot{y} = (Dh(y))^{-1} f(h(y)) \,.$$

Varianz, Maßzahl für die mittlere quadratische Abweichung einer reellen Zufallsvariablen von ihrem Verteilungsschwerpunkt.

Ist X eine auf einem Wahrscheinlichkeitsraum $(\Omega, \mathfrak{A}, P)$ definierte reelle Zufallsvariable mit endlichem zweiten Moment, d. h. $E(X^2) < \infty$, so heißt die durch

$$Var(X) := E([X - E(X)]^2)$$

definierte Zahl die Varianz von X. Die Varianz ist also das zweite zentrale Moment von X. Die positive Wurzel $\sigma(X) := +\sqrt{Var(X)}$ aus der Varianz nennt man die Standardabweichung oder Streuung von X. In einigen von der russischen Schule der Wahrscheinlichkeitstheorie beeinflußten Lehrbüchern wird die Bezeichnung Streuung aber auch für die Varianz verwendet.

Ist die Zufallsvariable X diskret, so kann die Varianz von X mit der Formel

$$Var(X) = \sum_{x_i} (x_i - \mu)^2 P(X = x_i)$$

berechnet werden, wobei μ den Erwartungswert von X bezeichnet, und sich die Summation über die Werte x_i aus dem Bild von X mit $P(X = x_i) > 0$ erstreckt. Ist die Zufallsvariable X stetig mit der Wahrscheinlichkeitsdichte f_X und Erwartungswert μ, so kann die Varianz entsprechend über die Formel

$$Var(X) = \int_{-\infty}^{\infty} (x - \mu)^2 f_X(x) dx$$

bestimmt werden.

Für beliebige $a \in \mathbb{R}$ gilt der sogenannte Verschiebungssatz

$$E([X - a]^2) = Var(X) + (a - E(X))^2 \,,$$

aus dem insbesondere für $a = 0$ die für die Berechnung der Varianz günstige Formel

$$Var(X) = E(X^2) - E(X)^2$$

folgt. Für beliebige $a, b \in \mathbb{R}$ gilt weiterhin

$$Var(aX + b) = a^2 Var(X) .$$

Die Varianz der Summe von zwei reellen Zufallsvariablen X_1 und X_2 mit den Varianzen $Var(X_1)$ und $Var(X_2)$ ist genau dann gleich der Summe der Varianzen der Zufallsvariablen, wenn X_1 und X_2 unkorreliert sind. Für unabhängige Zufallsvariablen X_1 und X_2 gilt also insbesondere $Var(X_1 + X_2) = Var(X_1) + Var(X_2)$.

In Anlehnung an die Mechanik interpretiert man die Varianz auch als Trägheitsmoment einer Massenverteilung bezüglich ihres Schwerpunktes.

Varianzanalyse, auch als ANOVA (Analysis of Variances) bezeichnet, ein in wesentlichen von Sir Ronald Aylmer Fisher entwickeltes Teilgebiet der mathematischen Statistik, welches darauf gerichtet ist, den Einfluß von gestuften Faktoren auf ein beobachtetes zufälliges Merkmal zu untersuchen.

Dabei wird die Frage beantwortet, ob die verschiedenen Stufen eines Einflußfaktors statistisch signifikant unterschiedliche Wirkungen auf das interessierende Merkmal haben. Die einzelnen Modelle der Varianzanalyse unterscheiden sich nach drei Kriterien:

a) Nach der Anzahl der im Versuchsplan enthaltenen Faktoren unterscheidet man die einfache, zweifache, dreifache, usw. Varianzanalyse.

b) Nach Anzahl der Beobachtungen je Faktorabstufung unterscheidet man zwischen der Varianzanalyse mit mehrfacher Klassenbesetzung und der Varianzanalyse mit einfacher Klassenbesetzung.

c) Nach Aufbau des Versuchsplanes und Zielsetzung unterscheidet man zwischen dem

– Modell I: Modell mit festen Effekten. Hier sind die einzelnen Faktorabstufungen fest vorgegeben. Das Ziel der Untersuchung besteht darin, den mittleren Effekt der vorgegebenen Faktorabstufungen auf das beobachtete Merkmal auszuweisen.

– Modell II: Modell mit zufälligen Effekten. Die einzelnen Faktorabstufungen sind nicht fest vorgegeben, sondern ihr konkreter Ausprägungsgrad wird zufällig realisiert. Die Zielstellung der Untersuchung ist hier, Kenntnis über die von den Faktoren erzeugte Variabilität (Streuung) innerhalb der Gesamtvariabilität zu erlangen.

– Modell III: Modell der gemischten Effekte, welches sowohl feste als auch zufällige Effekte enthält.

Geht es beispielsweise um die Untersuchung von bestimmten fest vorgegebenen Dosierungen eines Psychopharmakons auf das Leistungsvermögen, so handelt es sich um Modell I; geht es aber um die Untersuchung des Einflusses des Alters auf das Leistungsvermögen, und ergibt sich das Alter zufällig aus einer Zufallsstichprobe, so handelt es sich um Modell II. Um Modell III handelt es sich, wenn der Einfluß von beiden Einflußfaktoren, Dosis und Alter, auf das Leistungsvermögen untersucht werden soll.

Das Prinzip der Varianzanalyse sei im folgenden am Beispiel des Modells I für die einfache Klassifikation beschrieben.

1) Modell I, einfache Klassifikation.

Versuchsplan:

Faktorstufen	Stichprobenumfang	Stichproben	Σ
1	n_1	$y_{11} \cdots y_{1n_1}$	$y_{1\cdot}$
2	n_2	$y_{21} \cdots y_{2n_2}$	$y_{2\cdot}$
.	.	…	.
.	.	…	.
.	.	…	.
k	n_k	$y_{k1} \cdots y_{kn_k}$	$y_{k\cdot}$
Σ	n		$y_{\cdot\cdot}$

Modell:

$$y_{ij} = \mu + \alpha_i + \varepsilon_{ij},\ i = 1, \ldots, k;\ j = 1, \ldots n_i .$$

Dabei sind α_i der Einfluß des i-ten Faktors auf den Erwartungswert $Ey_{ij} = \mu_i = \mu + \alpha_i$, μ der von den Faktorstufen unabhängige Teil des Erwartungswertes Ey_{ij}, und ε_{ij} für alle i und j stochastisch unabhängige identisch $N(0, \sigma^2)$ (normal)verteilte Zufallsgrößen, die den zufälligen Versuchsfehler darstellen.

Problemstellung: Prüfen der Hypothese:

$$H_0 : \alpha_1 = \alpha_2 = \cdots = \alpha_k = 0$$

$$\text{bzw. } H_0 : \mu_1 = \mu_2 = \cdots = \mu_k$$

Um die Auswertung zu normieren, wird i. a. die Gültigkeit der Bedingung

$$n_1\alpha_1 + n_2\alpha_2 + \cdots + n_k\alpha_k = 0$$

vorausgesetzt, die als Reparametrisierungsbedingung bezeichnet wird. Die Lösung der Problemstellung erfolgt mit einem ↗F-Test. Zur Berechnung der Testgröße wird die Gesamtvarianz SQG der Beobachtungen in sogenannte Varianzkomponenten SQA und SQR zerlegt:

$$SQG = SQA + SQR \text{ mit}$$

$$SQG = \sum_{i=1}^{k}\sum_{j=1}^{n_i}(y_{ij} - \overline{y})^2$$

$$SQA = \sum_{i=1}^{k} n_i(\overline{y_{i\cdot}} - \overline{y_{\cdot\cdot}})^2$$

$$SQR = \sum_{i=1}^{k}\sum_{j=1}^{n_i}(y_{ij} - \overline{y_{i\cdot}})^2$$

(SQA = Variation zwischen den Stufen, SQR = Variation innerhalb der Stufen des Faktors (Rest)).

Man kann zeigen, daß gilt:

$$E\left(\frac{SQA}{k-1}\right) = \sigma^2 + \sum_{i=1}^{k} n_i \alpha_i^2$$

und

$$E\left(\frac{SQR}{n-k}\right) = \sigma^2 \quad \text{für } n = \sum_{i=1}^{k} n_i\,.$$

Unter der Hypothese H_0 sind also beide Teilvarianzen gleich. Deshalb verwendet man zum Prüfen der H_0-Hypothese einen ↗F-Test auf Gleichheit der Varianzen. Die Teststatistik ist

$$T = \frac{SQA/(k-1)}{SQR/(n-k)}\,,$$

die bei Gültigkeit der Nullhypothese H_0 eine ↗F-Verteilung mit $k-1$ und $n-k$ Freiheitsgraden besitzt. H_0 wird bei vorgegebenen Signifikanzniveau α abgelehnt, wenn

$$T > F_{k-1,n-k}(1-\alpha)$$

gilt, wobei $F_{a,b}(p)$ das p-Quantil der F-Verteilung mit a, b Freiheitsgraden ist. Die Stärke des Effektes der i-ten Faktorstufe wird aus der Stichprobe gemäß

$$\hat{\alpha}_i = \overline{y_{i\cdot}} - \overline{y_{\cdot\cdot}}$$

geschätzt.

Einige weitere wichtige Modelle und Hypothesen der Varianzanalyse:

2) Modell I, zweifache Klassifikation mit einfacher Besetzung:

$$y_{ij} = \mu + \alpha_i + \beta_j + \varepsilon_{ij}$$
$$i = 1, \dots, k,\ j = 1, \dots, l$$

(α_i Einfluß der i–ten Stufe des Faktors A, β_j Einfluß der j-ten Stufe des Faktors B, ε_{ij} stochastisch unabhängig und identisch $N(0, \sigma^2)$-verteilt). Ziel: Prüfung der Hypothesen

$$H_a : \alpha_1 = \cdots = \alpha_k = 0$$
$$H_b : \beta_1 = \cdots = \beta_l = 0$$

mit den Reparametrisierungsbedingungen

$$\sum_{i=1}^{k} \alpha_i = 0\,, \quad \sum_{j=1}^{l} \beta_j = 0\,.$$

In diesem Modell ist jede Kombination (α_i, β_j) der Faktorstufen jeweils nur mit einer einzigen Beobachtung y_{ij} besetzt.

3) Modell I, zweifache Klassifikation mit mehrfacher Besetzung

$$y_{ijm} = \mu + \alpha_i + \beta_j + \gamma_{ij} + \varepsilon_{ijm}$$
$$i = 1, \dots, k,\ j = 1, \dots, l$$

(γ_{ij} Wechselwirkung zwischen den Faktoren α_i und β_j, $\varepsilon_{ijm} \sim N(0, \sigma^2)$-verteilt und stochastisch unabhängig). Neben dem Prüfen der Hypothesen H_a und H_b geht es hier um die Untersuchung des Einflusses von Wechselwirkungen zwischen den Faktoren, d. h. um das Prüfen der Hypothese

$$H_c : \gamma_{ij} = 0 \text{ für alle } i \text{ und } j$$

mit den Reparametrisierungsbedingungen

$$\sum_{i=1}^{k} \sum_{j=1}^{l} \gamma_{ij} = 0\,.$$

4) Modell II, am Beispiel der zweifachen Klassifikation mit mehrfacher Besetzung:

$$y_{ijm} = \mu + A_i + B_j + C_{ij} + \varepsilon_{ijm}$$
$$i = 1, \dots, k,\ j = 1, \dots, l$$

Dabei sind A_i normalverteilte paarweise unabhängige Zufallsgrößen mit $EA_i = 0$ und $Var(A_i) = \sigma_A^2$ für alle i, B_j normalverteilte paarweise unabhängige Zufallsgrößen mit $EB_j = 0$ und $Var(B_j) = \sigma_B^2$ für alle j, C_{ij} normalverteilte paarweise unabhängige Zufallsgrößen mit $EC_{ij} = 0$ und $Var(C_{ij}) = \sigma_{AB}^2$ für alle i und alle j, ε_{ijm} stochastisch unabhängig und identisch $N(0, \sigma_\varepsilon^2)$-verteilt.

Die Aufgabenstellungen in einem solchen Modell sind:

(1) Ermittlung erwartungstreuer Schätzungen (↗Punktschätzungen) für die Varianzkomponenten σ_A^2, σ_B^2, σ_{AB}^2 und σ_ε^2.

(2) Prüfung der Hypothesen

$$H_A : \sigma_A^2 = 0, \quad H_B : \sigma_B^2 = 0, \quad H_{AB} : \sigma_{AB}^2 = 0.$$

(3) Konstruktion von ↗Konfidenzintervallen für die Varianzkomponenten σ_A^2, σ_B^2, σ_{AB}^2.

Varianzprinzip, bezeichnet in der ↗Risikotheorie ein spezielles ↗Prämienkalkulationsprinzip, nach dem für eine ein Risiko repräsentierende Zufallsvariable X der additive Sicherheitszuschlag bzw. der Schwankungszuschlag zur Nettorisikoprämie proportional zur Varianz $V(X)$ angesetzt wird.

Die Prämie $H(X)$ für ein Risiko X nach dem Varianzprinzip berechnet sich also zu

$$H(X) = E(X) + cV(X)\,,$$

dabei bezeichnen $E(X)$ den Erwartungswert von X und c eine Konstante, die sich im allgemeinen nach den Rahmenbedingungen des Versicherungskollektivs richtet, also z. B. nach der Größe und Homogenität des Kollektivs, vorhandenen Schwankungsreserven, etc.

Anwendung findet das Varianzprinzip bei der Beurteilung des Gesamtrisikos eines Versicherungskollektivs, insbesondere auch bei der theoretischen Fundierung der ↗Rückversicherung.

Variation, ↗Mengenfunktion, ↗Funktion von beschränkter Variation, ↗Totalvariation.

Variation der Konstanten, Verfahren zur Bestimmung einer ↗partikulären Lösung eines inhomogenen linearen Differentialgleichungssystems

$$\mathbf{y}' = A(t)\mathbf{y} + \mathbf{b}(t) \qquad (1)$$

bzw. einer inhomogenen ↗linearen Differentialgleichung

$$y^{(n)} + a_{n-1}(x)y^{(n-1)} + \cdots + a_0(x)y = b(x)\,. \qquad (2)$$

Sei $Y(t) := (\mathbf{y}_1(t), \ldots, \mathbf{y}_n(t))$ ein ↗Fundamentalsystem des zu (1) gehörenden homogenen Systems $\mathbf{y}' = A(t)\mathbf{y}$. Dann sind alle Lösungen dieses homogenen Systems von der Form $\mathbf{y}(t) = Y(t)\mathbf{c}$. Dabei ist $\mathbf{c} = (c_1, \ldots, c_n)$ ein konstanter Vektor. Die Konstanten $c_1, \ldots, c_n$ werden nun „variiert", d. h., durch Funktionen von t ersetzt: Der Ansatz $\mathbf{y}_p(t) = Y(t)\mathbf{c}(t)$, wobei $\mathbf{y}_p$ eine Lösung der Gleichung (1) sei, führt zu der Bedingung $Y(t)\mathbf{c}'(t) = \mathbf{b}(t)$. Da Y ein Fundamentalsystem ist, gilt für die ↗Wronski-Determinante $W(t) = \det Y(t) \neq 0$, also existiert Y^{-1}. Damit ergibt sich eine partikuläre Lösung von (1):

$$\mathbf{y}_p(t) = Y(t) \int_{t_0}^{t} Y^{-1}(s)\mathbf{b}(s)ds.$$

Ausgehend von diesem Ergebnis für das lineare System (1) und einem Fundamentalsystem $y_1, \ldots, y_n$ für die zu (2) gehörende homogene Differentialgleichung erhält man mit dem zu der Differentialgleichung (2) äquivalenten System (siehe dazu ↗lineare Differentialgleichung) und der entsprechenden ↗Wronski-Determinante W, unter Zuhilfenahme der ↗Cramerschen Regel, eine partikuläre Lösung von (2):

$$y_p(x) = \sum_{i=1}^{n} \left[(-1)^{n+i} y_i(x) \int_{x_0}^{x} \frac{W_i(s)}{W(s)} b(s)ds \right]$$

Dabei ist W_i die Determinante, die aus W durch Streichen der i-ten Spalte und n-ten Zeile entsteht.

[1] Walter, W.: Gewöhnliche Differentialgleichungen. Springer-Verlag Berlin, 1972.

variation diminishing property, *varationsvermindernde Eigenschaft*, Formeigenschaft eines Kurvenschemas mit ↗Kontrollpunkten.

Die Eigenschaft besagt, daß die geometrische Ordnung der Kurven des Schemas höchstens gleich der geometrischen Ordnung ihrer Kontrollpolygone ist. Als Ordnungscharakteristiken werden in der Ebene Geraden und im Raum Ebenen verwendet. Zum Beispiel schneidet eine Testgerade eine ebene ↗Bézier-Kurve in höchstens so vielen Punkten wie ihr ↗Bézier-Polygon (siehe Abbildung).

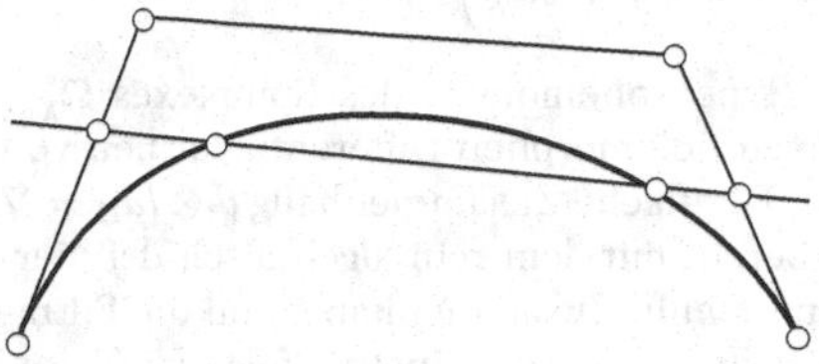

variation diminishing property

Variation einer Funktion, andere Bezeichnung für die ↗Totalvariation.

Variation von Hodge-Strukturen, Begriff aus der algebraischen Geometrie.

Eine Variation von ↗Hodge-Strukturen vom Gewicht k über einer komplexen Mannigfaltigkeit T ist eine lokal konstante Garbe H von endlichdimensionalen reellen Vektorräumen auf T mit einer absteigenden Filtration des zugehörigen holomorphen Vektorbündels $\mathcal{H} = \mathcal{O}_T \otimes_{\mathbb{Q}} H$ durch holomorphe Unterbündel $\mathcal{F}^p \subset \mathcal{H}$ so, daß für jeden Punkt $t \in T$ der Vektorraum H_t zusammen mit der Filtration $\left(F_t^p\right)_p = (\mathcal{F}^p \mid t)$ auf $H_t \otimes_{\mathbb{R}} \mathbb{C} = \mathcal{H} \mid t$ eine reelle Hodge-Struktur vom Gewicht k ist, und für den flachen holomorphen Zusammenhang $\nabla = d \otimes Id_H$ auf $\mathcal{H}$ gilt:

$$\nabla(\mathcal{F}^p) \subseteq \Omega_T^1 \otimes \mathcal{F}^{p-1}$$

(„Griffiths Transversalitätsbedingung").

Eine Variaton von polarisierten Hodge-Strukturen ist eine Variation von Hodge- Strukturen $(H, \mathcal{F}^p)$, die zusätzlich mit einer lokal konstanten Garbe $H_{\mathbb{Z}} \subset H$ abelscher Gruppen und einer bilinearen Abbildung $Q : H_{\mathbb{Z}} \otimes H_{\mathbb{Z}} \to \mathbb{Z}_T$ (konstante Garbe $\mathbb{Z}$ auf T) versehen ist, so daß $H = H_{\mathbb{Z}} \otimes \mathbb{R}$ gilt, und $(H_{\mathbb{Z}}, Q)$ auf jeder Faser eine Polarisierung der reellen Hodge-Struktur $\left(H_t, F_t^p\right)$ induziert.

Die wichtigsten Beispiele für Variationen von Hodge-Strukturen sind von folgender Art:

Sei $X \subset \mathbb{P}^N \times T$ eine abgeschlossene komplexe Untermannigfaltigkeit und $f : X \to T$ die Projektion auf T, die als glatt vorausgesetzt sei. X ist also eine Familie glatter projektiver Mannigfaltigkeiten

$$\left(X_t = f^{-1}(t)\right)_{t \in T}\,.$$

Dann ist für jedes $k \in \mathbb{Z}$ die Garbe $R^k f_* \mathbb{Z}_X$ lokal konstante Garbe mit den Halmen $H^k(X_t, \mathbb{Z})$ in $t \in T$, ebenso ihr Bild

$$H_{\mathbb{Z}} \subset R^k f_* \mathbb{Z}_X \otimes \mathbb{R} = R^k f_* \mathbb{R}_X = H ,$$

und $\mathcal{O}_T \otimes_{\mathbb{R}} H = \mathcal{H}$ ist die relative de Rham-Kohomologie

$$\mathcal{H}^k_{DR}(X/S) = \mathbb{R}^k f_* \left(\Omega^\bullet_{X/S}\right)$$

(die k-te Hyperkohomologie des Komplexes $\Omega^\bullet_{X/S}$ der relativen holomorphen Differentialformen von X über S). Der flache Zusammenhang $d \otimes Id_H = \nabla$ stimmt überein mit dem rein algebraisch definierten ↗ Gauß-Manin-Zusammenhang, und die Filtration $\mathcal{F}^p$ ist die zur Hodge-Spektralfolge (↗ Hyperkohomologie) gehörende Filtration, die sich auch wie folgt ergibt:

Der Komplex $\Omega^\bullet_{X/S}$ besitzt eine Filtration durch Unterkomplexe $F^p\Omega^\bullet_{X/S}$: $(F^p\Omega^\bullet_{X/S})^j = 0$ für $j < p$ und $= \Omega^j_{X/S}$ für $j \geq p$ (die sogenannte „stupide Filtration"), und $\mathcal{F}^p$ ist das Bild des induzierten Morphismus'

$$\mathbb{R}^k f_* \left(F^p \Omega^\bullet_{X/S}\right) \to \mathbb{R}^k f_* \left(\Omega^\bullet_{X/S}\right) = \mathcal{H} .$$

Auf diese Weise erhält man eine Variation von Hodge-Strukturen (VHS) $(H, \mathcal{F}^p)$, zusätzlich mit einem Gitter $H_Z \subset H$ und einer Bilinearform

$$Q : H_{\mathbb{Z}} \otimes H_{\mathbb{Z}} \to \mathbb{Z}_T ,$$
$$Q(\alpha, \beta) = \alpha \cup \beta \cup c_1(\mathcal{O}(1))^{n-k} ,$$

($n = \dim X_t$; $c_1(\mathcal{O}(1))$ die ↗ Chern-Klassen). Die Bilinearform kann allerdings auf den Fasern ausgeartet sein.

Es gibt universelle Variationen von polarisierten Hodge-Strukturen in folgendem Sinne: Wenn H ein konstantes lokales System ist und $f^p = rg(\mathcal{F}^p)$ der Rang von $\mathcal{F}^p$, so wird die Filtration $\mathcal{F}^p$ von $\mathcal{H}$ durch einen Morphismus μ in die ↗ Fahnenmannigfaltigkeit $\mathcal{F}((f^p), H_{\mathbb{C}}) = \mathbb{F}$ aus der universellen Fahne induziert. Wenn $H_{\mathbb{Z}}, Q$ Polarisierung ist, so faktorisiert μ über die Untermannigfaltigkeit $D \subset \check{D} \subset \mathbb{F}$, $\check{D} = \left\{(F^p),\quad F^p \text{ orthogonal zu } F^{k-p+1} \text{ bzgl. } Q\right\}$, $D = \left\{(F^p) \in \check{D} \mid Q(\sqrt{-1})^{p-q}\xi, \overline{\xi}) > 0 \text{ für } \xi \in H^{p,q} = F^p \cap \overline{F^{k-p}}\right\}$. $\check{D}$ ist eine homogene ↗ algebraische Varietät, auf der die orthogonale Gruppe von Q auf $H_{\mathbb{C}}$ transitiv operiert, und D ist offene Untermannigfaltigkeit von $\check{D}^{an}$, auf der $G(\mathbb{R}) = \mathbb{O}(H_{\mathbb{R}}, Q)$ transitiv operiert.

Die Monodromiegruppe Γ des lokalen Systems $H_{\mathbb{Z}}$ einer polarisierten VHS ist eine diskrete Untergruppe von $G(\mathbb{R})$, unter bestimmten Voraussetzungen über T gilt der ↗ Monodromiesatz, der die Quasiunipotenz bestimmter Monodromietransformationen beinhaltet.

Jede polarisierte VHS über einer analytischen Mannigfaltigkeit T mit der universellen Überlagerung $\tilde{T}$ induziert einen Morphismus $\tilde{\mu} : \tilde{T} \to D$ (und $\mu : T \to \Gamma \setminus D$ so, daß das Diagramm

$$\begin{array}{ccc} \tilde{T} & \xrightarrow{\tilde{\mu}} & D \\ \downarrow & & \downarrow \\ T & \xrightarrow{\mu} & \Gamma \setminus D \end{array}$$

kommutativ ist, Γ ist die Monodromiegruppe). Die Griffith-Transversalität drückt sich darin aus, daß die zu $\tilde{\mu}$ gehörige Tangentialabbildung das Tangentialbündel von $\tilde{T}$ in ein bestimmtes Unterbündel $T_{\text{hor}}(D) \subset T(D)$ des Tangentialbündels an D abbildet: Schreibt man $\check{D} = G(\mathbb{C})/B$, B eine Isotropiegruppe eines Punktes $0 \in D$, dem die Hodge-Struktur $\left(H_0^{p,q}\right)$ entspricht, so ist $\mathfrak{g} = \text{Lie}(G(\mathbb{C})) \subset \text{End}(H_{\mathbb{C}})$ mit einer reellen Hodge-Struktur vom Gewicht 0 versehen durch

$$\mathfrak{g}^{r,-r} = \left\{X \in \mathfrak{g} \mid X(H_0^{pq}) \subseteq H_0^{p+r,q-r}\right\} .$$

Die Lie-Algebra von B ist

$$\mathfrak{b} = F^0\mathfrak{g} = \bigoplus_{r \geq 0} \mathfrak{g}^{r,-r} ,$$

und das Tangentialbündel $T(\check{D})$ ist das zu der adjungierten Darstellung von B auf $\mathfrak{g}/\mathfrak{b}$ gehörige homogene Bündel $G(\mathbb{C}) \times^B (\mathfrak{g}/\mathfrak{b})$. Das horizontale Unterbündel ist

$$T_{\text{hor}}(\check{D}) = G(\mathbb{C}) \times^B F^{-1}(\mathfrak{g})/\mathfrak{b} .$$

Die Quasiunipotenz der lokalen Monodromie zieht ein bestimmtes Verhalten einer VHS bei Annäherung an Randpunkte nach sich: Wenn $T = \Delta^{*a} \times T'$,

$$\Delta^* = \left\{z \in \mathbb{C},\ \ 0 < |z| < 1\right\} ,$$

T' kontrahierbar, und $\mathfrak{H}^a \times T' \xrightarrow{p} T$ sowie $\mathfrak{H} = \left\{\tau \in \mathbb{C},\ \ \text{Im}\tau > 0\right\}$ und

$$p(\tau_1, \ldots, \tau_a, t') = (\exp(2\pi i \tau_1, \ldots, \exp(2\pi i \tau_a), t') ,$$

und wenn eine reelle VHS mit einer reellen Bilinearform Q gegeben ist, die die Periodenrelationen

$$Q(\mathcal{F}^p, \mathcal{F}^{k-p+1}) = 0 ,\quad Q(C\xi, \overline{\xi}) > 0$$

erfüllt, so daß die lokalen Monodromieoperatoren $T_1, \ldots, T_a$ quasiunipotent sind, so gilt:

(1) Das Bündel $\mathcal{H}$ mit der Filtration $\mathcal{F}^p$ und der Bilinearform Q läßt sich holomorph auf $\Delta^a \times T'$ fortsetzen.

(2) Für die daraus resultierenden nilpotenten Orbits

$$N_{t'}(\tau) = \exp(\sum \tau_j N_j)[\mathcal{F}^\bullet \mid O \times t']$$

in $\check{D}$ gilt: $N_{t'}(\tau) \in D$ für $\mathrm{Im}(\tau_j) \gg 0$ $(j = 1, \dots, a)$, und für $\mathrm{Im}(\tau_j) \to \infty$ $(j = 1, \dots, a)$ konvergiert der Abstand zwischen $N_{t'}(\tau)$ und $\tilde{\mu}(\tau, t')$ gegen 0 (in einer präzise beschreibbaren Weise). Dies ist das *nilpotente Orbittheorem*.

Eine Abbildung $N : \mathfrak{H}^a \to \check{D}$ der Form

$$N(\tau) = \exp\left(\sum_{j=1}^{a} \tau_j N_j\right) F$$

mit kommutierenden nilpotenten Transformationen $N_j \in \mathfrak{g}_{\mathbb{R}} \cap F^{-1}\mathfrak{g}$, $F \in \check{D}$, so daß $N(\tau) \in D$ für $Re(\tau_j) \gg 0$ $(j = 1, \dots, a)$ heißt auch nilpotenter Orbit.

Jeder nilpotente Endomorphismus N von $H_{\mathbb{R}}$ definiert eine eindeutig bestimmte aufsteigende Filtration $W(N)$ durch $W(N)_n = H_{\mathbb{R}}$ bzw. $W(N)_{-n} = 0$ für $N^n = 0$, und induktiv, für $m \geq 1$,

$$\begin{aligned} W_{m-1} &= \left(N^m\right)^{-1}(W_{-(m+1)}) \ , \\ W_{-m} &= N^m(W_m) \ . \end{aligned}$$

Sie ist durch die Eigenschaften

$$\begin{aligned} N(W_m) &\subseteq W_{m-2}, \\ N^m &: W_m/W_{m-1} \xrightarrow{\sim} W_{-m}/W_{-(m+1)} \end{aligned}$$

charakterisiert. Ist $W = W(N)[-k]$ die um k verschobene Filtration, so gilt: Ist $\tau \mapsto \exp(\tau N)F$ nilpotenter Orbit, so ist $(H_{\mathbb{R}}, W, F)$ eine über $\mathbb{R}$ definierte gemischte Hodge-Struktur und (Q, N) eine *Polarisierung* von $(H_{\mathbb{R}}, W, F)$.

Letzteres bedeutet: Die Bilinearform Q ist N-invariant, W ist die verschobene Filtration $W(N)$, $NF^p \subseteq F^{p-1}$, und $Q(\cdot, N^\ell \cdot)$ induziert eine Polarisierung der Hodge-Struktur vom Gewicht $\ell - k$ auf

$$P_{\ell-k} = \mathrm{Ker}\left(N^{\ell+1} : Gr^W_{\ell-k} \to Gr^W_{-\ell-k-2}\right) .$$

Als Grenzfall der Variation von Hodge-Strukturen erhält man also gemischte Hodge-Strukturen. Jede gemischte Hodge-Struktur $(H_{\mathbb{R}}, W, F)$ läßt sich in eine zerfallende gemischte Hodge-Struktur $(H_{\mathbb{R}}, W, \tilde{F})$ degenerieren, d. h.

$$H_{\mathbb{C}} \bigoplus_{p,q} \tilde{I}^{pq}$$

mit

$$\tilde{F}^p = \sum_{r \geq p} \tilde{I}^{r,s} \ , \quad (W_\ell)_{\mathbb{C}} = \sum_{p+q \leq \ell} \tilde{I}^{p,q} \ .$$

variationelle Formulierung, ↗Variationsformulierung.

Variationsformulierung, *variationelle Formulierung*, Aufstellen einer äquivalenten Variationsaufgabe zur Lösung einer Randwertaufgabe einer linearen (gewöhnlichen oder partiellen) Differentialgleichung.

Die Variationsmethode zur Lösung von Randwertaufgaben fand große Verbreitung, nachdem Ritz im Jahre 1908 das nach ihm benannte Verfahren vorgeschlagen hatte.

Variationsprinzip der Elektrodynamik, Herleitung der ↗Maxwell-Gleichungen der Elektrodynamik aus einem Lagrangian.

Der Lagrangian ist dabei $L = F_{kl}F^{kl}$, wobei $F_{kl} = A_{k;l} - A_{l;k}$ den elektromagnetischen Feldstärketensor bezeichnet. Durch Nullsetzen der Variationsableitung von L nach den A_k ergeben sich die Maxwell-Gleichungen im Vakuum. Bei der Berücksichtigung vom Strömen muß noch ein Ausdruck proportional $j^k A_k$ zu L addiert werden, um die materiebehafteten (inhomogenen) Maxwell-Gleichungen zu finden.

Variationsrechnung, mathematische Disziplin, die sich mit unendlichdimensionalen Optimierungsproblemen beschäftigt, bei denen man eine Funktion y derart sucht, daß ein gegebenes Funktional, meist ein Integral, minimal wird.

Typischerweise betrachtet man dabei Integrale der Form

$$I = I(y) = \int_a^b F(x, y, y')\, dx \qquad (1)$$

mit gegebener Funktion F, wobei üblicherweise die (gesuchte) Funktion y zusätzlich noch Randbedingungen erfüllen muß, beispielsweise sind die Werte $y(a)$ und $y(b)$ vorgeschrieben (vgl. Abb.).

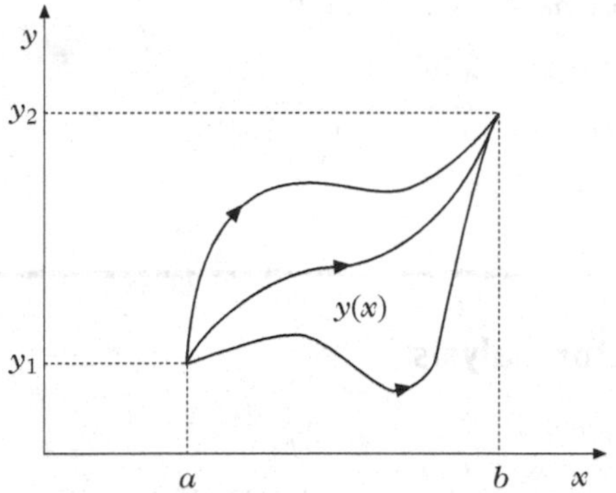

Zu bestimmen ist also eine Funktion y, die $y(a) = y_1$ und $y(b) = y_2$ erfüllt, und für die das Integral in (1) minimal ausfällt. Hierzu führt man einen zusätzlichen Parameter $\varepsilon > 0$ ein und parametrisiert die Lösung in der Form $y(x) + \varepsilon h(x)$, wobei h eine genügend oft differenzierbare Funktion, sog. Testfunktion, darstellt. Notwendige Bedingung an eine Lösung ist somit

$$\delta I = \frac{\partial}{\partial \varepsilon} I(0) = 0 . \quad (2)$$

Den Ausdruck δI bezeichnet man auch als erste Variation von I, was die Bezeichnung Variationsrechnung erklärt.

Weitere Analyse von (2) führt auf die Bedingung

$$\delta I = \int_a^b \left(\frac{\partial F}{\partial y} - \frac{\partial}{\partial x} \frac{\partial F}{\partial y'} \right) h(x)\, dx = 0$$

und schließlich

$$\frac{\partial F}{\partial y} - \frac{\partial}{\partial x} \frac{\partial F}{\partial y'} = 0 ,$$

die sog. Euler-Lagrange-Gleichung.

In Verallgemeinerung von (1) betrachtet man in der Variationsrechnung auch Probleme mit inhomogener rechter Seite und Variationsungleichungen.

variationsvermindernde Eigenschaft, ↗variation diminishing property.

Varietät, ↗algebraische Varietät.

Varisolvenz, Eigenschaft von parameterabhängigen Mengen in der ↗nichtlinearen Approximation.

Es seien $C[b, c]$ die Menge der stetigen Funktionen auf $[b, c]$, $\mathcal{A} \subseteq \mathbb{R}^n$ eine Parametermenge, und

$$G_{\mathcal{A}} = \{g = g_a : [b, c] \mapsto \mathbb{R},\ a \in \mathcal{A}\} \subseteq C[b, c]$$

eine Menge von Funktionen. Die Menge $G_{\mathcal{A}}$ heißt solvent vom Grad $m \geq 1$ in $a_0 \in \mathcal{A}$, falls für beliebige $b \leq x_1 < \cdots < x_m \leq c$ und jedes $\varepsilon > 0$ eine Zahl

$$\delta = \delta(a_0, \varepsilon, x_1, \ldots, x_m) > 0$$

so existiert, daß aus

$$|g_{a_0}(x_i) - y_i| < \delta, \quad i = 1, \ldots, m,$$

die Existenz eines Parameters $a \in \mathcal{A}$ folgt mit den Eigenschaften

$$g_a(x_i) = y_i, \quad i = 1, \ldots, m,$$

und

$$\|g_a - g_{a_0}\|_\infty < \varepsilon.$$

Hierbei ist $\|.\|_\infty$ die ↗Maximumnorm.

Man nennt $G_{\mathcal{A}}$ unisolvent vom Grad m in a_0, falls m die größte ganze Zahl ist, für die $G_{\mathcal{A}}$ solvent vom Grad m in a_0 ist, und zusätzlich für alle $a \in \mathcal{A}$ gilt: Falls $g_a - g_{a_0} \neq 0$, dann besitzt $g_a - g_{a_0}$ weniger als m Nullstellen in $[b, c]$.

Man nennt $G_{\mathcal{A}}$ varisolvent (oder auch: unisolvent von variablem Grad), falls für alle $a \in \mathcal{A}$ stets eine ganze Zahl $m(a)$ so existiert, daß $G_{\mathcal{A}}$ unisolvent vom Grad $m(a)$ in a ist.

Im Jahr 1960 bewies J.R. Rice den folgenden Satz, der den Zusammenhang dieser Begriffe zur nichtlinearen Approximation herstellt.

Es sei $f \in C[b, c]$, und $G_{\mathcal{A}}$ sei unisolvent vom Grad $m(a) \geq 1$ für jedes $a \in \mathcal{A}$ ist. Dann gelten:

(i) Es gibt maximal eine beste Approximation $g_a \in G_{\mathcal{A}}$ (d. h. $\|f - g_a\|_\infty \leq \|f - g_{\tilde{a}}\|_\infty$, $\tilde{a} \in \mathcal{A}$) hinsichtlich $\|.\|_\infty$ an f.

(ii) Die Funktion $g_a \in G_{\mathcal{A}}$ ist genau dann beste Approximation hinsichtlich der Maximumnorm an f, wenn die Fehlerfunktion $g_a - f$ eine Alternante der Länge $m(a) + 1$ besitzt, d. h., wenn es $b \leq x_1 < \cdots < x_{m(a)+1} \leq c$ so gibt, daß

$$(-1)^i \sigma (g_a - f)(x_i) = \|(g_a - f)\|_\infty, \quad i = 1, \ldots, m(a) + 1 ,$$

wobei $\sigma \in \{-1, 1\}$.

Veblen, Satz von, ↗Eulerscher Graph.

Vektor, Element eines ↗Vektorraumes.

Vektoraddition, ↗Vektorraum.

Vektoranalysis

D. Hoffmann

Unter Vektoranalysis verstehen Mathematiker und Anwender, z. B. Physiker, oft recht verschieden aussehende Dinge: Der Mathematiker hat die Theorie der *alternierenden Differentialformen* im Auge, der Anwender mehr die ‚klassische' Vektoranalysis, etwa in der Mechanik oder der Feldtheorie. Hier soll – in einem relativ einfachen Rahmen – die erste Auffassung skizziert werden. Es wird aber auch die Übersetzung in die Sprache der Anwender vorgenommen. So werden z. B. die in der Physik vorkommenden Integralformeln in der in der Physik üblichen Symbolik dargestellt, die jedoch erst durch Verwendung der vektorwertigen Differentialformen umfassende Übersicht und eine elegante Darstellung liefert und so auch den mehr theoretisch interessierten Mathematiker voll befriedigt.

Ziel ist, für $n \in \mathbb{N}$ ein Analogon zum ↗ Fundamentalsatz der Differential- und Integralrechnung auf dem $\mathbb{R}^n$ zu gewinnen. Nützlich hierfür ist der Kalkül der *Differentialformen*. Alle im folgenden betrachteten Vektorräume seien reell.

Multilineare Abbildungen

Es seien $n \in \mathbb{N}$ und $\mathfrak{R}$, $\mathfrak{S}$ Vektorräume. Mit $\mathfrak{L}(\mathfrak{R}, \mathfrak{S})$ wird der Vektorraum der linearen Abbildungen von $\mathfrak{R}$ in $\mathfrak{S}$ bezeichnet. Eine Abbildung $f\colon \mathfrak{R}^n \to \mathfrak{S}$ heißt genau dann *„n-linear"*, wenn für jedes $\nu \in \{1,\ldots,n\}$ und $(x_1,\ldots,x_{\nu-1}, x_{\nu+1},\ldots,x_n) \in \mathfrak{R}^{n-1}$ die Abbildung $\mathfrak{R} \ni x_\nu \longmapsto f(x_1,\ldots,x_n) \in \mathfrak{S}$ linear ist. Grob gesagt, in jeder der n Variablen ist f linear. Statt 2-linear sagt man meist *bilinear*.

Offenbar ist

$$\mathfrak{L}^n(\mathfrak{R}, \mathfrak{S}) := \{f \mid f\colon \mathfrak{R}^n \to \mathfrak{S}\ n\text{-linear}\}$$

ein Untervektorraum des Vektorraums aller $\mathfrak{S}$-wertigen Abbildungen auf $\mathfrak{R}^n$. Wir notieren abkürzend $\mathfrak{L}^n := \mathfrak{L}^n(\mathfrak{R}) := \mathfrak{L}^n(\mathfrak{R}, \mathbb{R})$ – und entsprechend bei den folgenden Funktionenräumen, wenn der Zielbereich $\mathbb{R}$ ist, und sprechen in diesem Fall von *Formen*.

Für $n \ge 2$, $g \in \mathfrak{L}^n(\mathfrak{R}, \mathfrak{S})$ und $(x_1,\ldots,x_n) \in \mathfrak{R}^n$ sei

$$(\kappa(g)x_1)(x_2,\ldots,x_n) := g(x_1,\ldots,x_n)\,.$$

Dann ist

$$\kappa\colon \mathfrak{L}^n(\mathfrak{R}, \mathfrak{S}) \to \mathfrak{L}(\mathfrak{R}, \mathfrak{L}^{n-1}(\mathfrak{R}, \mathfrak{S}))$$

ein Isomorphismus. Ergänzend bezeichnen wir $\mathfrak{L}^0(\mathfrak{R}, \mathfrak{S}) := \mathfrak{S}$, $\mathfrak{R}^* := \mathfrak{L}(\mathfrak{R}, \mathbb{R}) = \mathfrak{L}^1(\mathfrak{R}, \mathbb{R})$ und

$$\mathfrak{M}(\mathfrak{R}, \mathfrak{S}) := \bigcup_{\nu=0}^{\infty} \mathfrak{L}^\nu(\mathfrak{R}, \mathfrak{S})\,.$$

Elemente aus $\mathfrak{M}(\mathfrak{R}, \mathfrak{S})$ heißen *multilineare Abbildungen.* Für $r, s \in \mathbb{N}_0$, $f \in \mathfrak{L}^r, g \in \mathfrak{L}^s$ und $(h_1,\ldots,h_{r+s}) \in \mathfrak{R}^{r+s}$ sei

$$p_{r,s}(f,g)(h_1,\ldots,h_{r+s}) := f(h_1,\ldots,h_r)\,g(h_{r+1},\ldots,h_{r+s})\,.$$

Im Falle $r = 0$ oder $s = 0$ ist dies wieder ‚richtig' zu lesen (Multiplikation mit einer reellen Zahl). Dann ist $p_{r,s}\colon \mathfrak{L}^r \times \mathfrak{L}^s \to \mathfrak{L}^{r+s}$ bilinear.

Damit erhält man das assoziative *„Tensorprodukt"*

$$\cdot\colon \mathfrak{M} \times \mathfrak{M} \to \mathfrak{M}\,.$$

Alternierende Abbildungen, Alternante

Es sei S_n die Menge der *Permutationen* auf $\{1,\ldots,n\}$, also

$$S_n := \{\sigma \mid \sigma\colon \{1,\ldots,n\} \to \{1,\ldots,n\} \text{ bijektiv}\}\,.$$

Dann ist $(S_n, \circ)$ Gruppe der Ordnung $n!$, die *symmetrische Gruppe vom Grade n*. Für $\sigma \in S_n$ bezeichne $i(\sigma)$ die Anzahl der *Inversionen*, d. h. der $(i,j) \in \{1,\ldots,n\}$ mit $i < j$ und $\sigma(i) > \sigma(j)$, und $\operatorname{sgn}(\sigma) := (-1)^{i(\sigma)}$. Es gilt

$$\operatorname{sgn}(\sigma \circ \tau) = \operatorname{sgn}(\sigma)\operatorname{sgn}(\tau) \text{ für } \sigma, \tau \in S_n\,.$$

Für $f \in \mathfrak{L}^n(\mathfrak{R}, \mathfrak{S})$, $\sigma \in S_n$ und $(h_1,\ldots,h_n) \in \mathfrak{R}^n$ sei

$$f^\sigma(h_1,\ldots,h_n) := f(h_{\sigma(1)},\ldots,h_{\sigma(n)})\,.$$

$\mathfrak{L}^n(\mathfrak{R}, \mathfrak{S}) \ni f$ heißt *symmetrisch,* wenn $f^\sigma = f$ für alle $\sigma \in S_n$ ist, und *alternierend,* wenn jeweils $f^\sigma = \operatorname{sgn}(\sigma) f$ gilt.

Beispiele alternierender Abbildungen sind etwa Determinanten, Volumina (bei Orientierung), Vektorprodukt und skalares Tripelprodukt. Mit

$$\mathfrak{A}^k(\mathfrak{R}, \mathfrak{S}) := \begin{cases} \mathfrak{S}\ (= \mathfrak{L}^0(\mathfrak{R}, \mathfrak{S})) & , k = 0 \\ \{f \mid \mathfrak{L}^k(\mathfrak{R}, \mathfrak{S}) \ni f \text{ alternierend}\} & , k \in \mathbb{N} \end{cases}$$

sei

$$\mathfrak{A}(\mathfrak{R}, \mathfrak{S}) := \bigcup_{\kappa=1}^{\infty} \mathfrak{A}^\kappa(\mathfrak{R}, \mathfrak{S})$$

die Menge der *alternierenden multilinearen Abbildungen* von $\mathfrak{R}$ in $\mathfrak{S}$. Die durch

$$A(f) := A_r(f) := \frac{1}{r!} \sum_{\sigma \in S_r} \operatorname{sgn} \sigma f^\sigma$$

für $f \in \mathfrak{L}^r(\mathfrak{R}, \mathfrak{S})$ definierte Abbildung A heißt *Alternante.* Es gilt

$$f \in \mathfrak{A}(\mathfrak{R}, \mathfrak{S}) \Longleftrightarrow f \in \mathfrak{M}(\mathfrak{R}, \mathfrak{S}) \wedge Af = f\,.$$

Für $r, s \in \mathbb{N}_0$ und $f \in \mathfrak{A}^r, g \in \mathfrak{A}^s$ sei

$$a_{r,s}(f,g) := \frac{(r+s)!}{r!\,s!} A_{r+s}(p_{r,s}(f,g))\,.$$

Damit erhält man das assoziative *alternierende Produkt*, auch *äußeres Produkt* oder *Graßmann-Produkt,*

$$\wedge\colon \mathfrak{A} \times \mathfrak{A} \to \mathfrak{A}\,.$$

Endlichdimensionale Räume, Basen

Es seien noch $k := \dim \mathfrak{R} \in \mathbb{N}$, $\ell := \dim \mathfrak{S} \in \mathbb{N}$, $e_1,\ldots,e_k$ eine Basis von $\mathfrak{R}$ und $f_1,\ldots,f_\ell$ eine Basis von $\mathfrak{S}$. $e^1,\ldots,e^k$ bezeichne die *duale Basis* des $\mathfrak{R}^*$ zu $e_1,\ldots,e_k$, also die durch $e^\kappa e_\nu = \delta_{\nu,\kappa}$ festgelegte.

$\{e^{i_1} \wedge \cdots \wedge e^{i_n} \cdot f_\lambda \mid 1 \le i_1 < \cdots < i_n \le k, \lambda \in \{1,\ldots,\ell\}\}$ ist eine Basis von $\mathfrak{A}^n(\mathfrak{R}, \mathfrak{S})$ (für $1 \le n \le k$). Damit gilt

$$\dim \mathfrak{A}^n(\mathfrak{R}, \mathfrak{S}) = \binom{\dim \mathfrak{R}}{n} \cdot \dim \mathfrak{S}\,.$$

Speziell ist $\dim \mathfrak{A}^k = 1$; für $B \in \mathfrak{L}(\mathfrak{R}, \mathfrak{R})$, $a \in \mathfrak{A}^k \setminus \{0\}$ und $(h_1, \ldots, h_k) \in \mathfrak{R}^k$ sei

$$a_B(h_1, \ldots, h_k) := a(Bh_1, \ldots, Bh_k).$$

Damit kann – unabhängig von dem speziellen a – die Determinante $\det B$ von B als eindeutiger Faktor eingeführt werden, der

$$a_B = \det B\, a$$

erfüllt. Es ergeben sich darüber ganz leicht die Regeln für das Rechnen mit Determinanten.

Ist auch $d_1, \ldots, d_k$ eine Basis von $\mathfrak{R}$, so wird mit einem a wie oben durch

$$(d_1, \ldots, d_k) \sim (e_1, \ldots, e_k) \quad :\Longleftrightarrow \quad \frac{a(d_1, \ldots, d_k)}{a(e_1, \ldots, e_k)} > 0$$

(unabhängig vom speziellen a) eine Äquivalenzrelation $\sim$ eingeführt. Die Menge der Basen von $\mathfrak{R}$ zerfällt so in zwei disjunkte Klassen. Die Festlegung einer *Orientierung* bedeutet gerade die Wahl einer solchen Klasse. Man spricht dann auch von *orientierten Basen*.

Die $*$-Operation

Ist $\mathfrak{R}$ ein Vektorraum mit der Dimension $k \in \mathbb{N}$, so gilt nach den vorangehenden Überlegungen

$$\dim \mathfrak{A}^r(\mathfrak{R}) = \dim \mathfrak{A}^{k-r}(\mathfrak{R}).$$

Gesucht ist ein *‚kanonischer' Isomorphismus* zwischen $\mathfrak{A}^r(\mathfrak{R})$ und $\mathfrak{A}^{k-r}(\mathfrak{R})$. Dazu sei noch $(\cdot|\cdot)$ eine *symmetrische nicht-ausgeartete Bilinearform* auf $\mathfrak{R}$, d. h. $(\cdot|\cdot)\colon \mathfrak{R} \times \mathfrak{R} \to \mathbb{R}$ bilinear mit $(a|b) = (b|a)$ und der Existenz eines y zu jedem $x \neq 0$ mit $(x|y) \neq 0$. Zudem sei noch eine Orientierung $\mathbb{O}$ festgelegt.

Es bezeichne τ den kanonischen Isomorphismus von $\mathfrak{R}$ auf $\mathfrak{R}^*$, d. h. $\tau x := (x|\cdot)$, also $(\tau x)(y) := (x|y)$ für $x, y \in \mathfrak{R}$. Mit der *Gramschen Matrix*

$$G(a_1, \ldots, a_k) := \begin{pmatrix} (a_1|a_1) & \cdots & (a_1|a_k) \\ \vdots & \ddots & \vdots \\ (a_k|a_1) & \cdots & (a_k|a_k) \end{pmatrix}$$

und der *Gramschen Determinante*

$$\Gamma(a_1, \ldots, a_k) := \det G(a_1, \ldots, a_k)$$

erhält man ein $\varepsilon \in \{-1, 1\}$ mit

$$\varepsilon = \frac{\Gamma(a_1, \ldots, a_k)}{|\Gamma(a_1, \ldots, a_k)|}$$

für alle $(a_1, \ldots, a_k) \in \mathbb{O}$.

$$D := \varepsilon\big(|\Gamma(a_1, \ldots, a_k)|\big)^{-\frac{1}{2}}\, \tau a_1 \wedge \cdots \wedge \tau a_k$$

ist unabhängig von der speziellen orientierten Basis $a_1, \ldots, a_k$. Weiter ergibt sich die Existenz von $(e_1, \ldots, e_k) \in \mathbb{O}$ derart, daß

$$G(e_1, \ldots, e_k) := \begin{pmatrix} s_1 & 0 & \cdots & 0 \\ 0 & s_2 & \cdots & 0 \\ \vdots & \vdots & \ddots & \vdots \\ 0 & 0 & \cdots & s_k \end{pmatrix}$$

mit $s_\kappa \in \{-1, 1\}$. Eine solche Basis heißt *„E-Basis"*. Man hat $e^\nu = s_\nu \tau e_\nu$, $\varepsilon = \prod_{\kappa=1}^k s_\kappa$ und die einfache Form

$$D = \varepsilon \tau e_1 \wedge \cdots \wedge \tau e_k = e^1 \wedge \cdots \wedge e^k.$$

Ist $(\mathfrak{R}, (\cdot|\cdot), \mathbb{O})$ ein *orientierter euklidischer Raum* (der Dimension k), so existiert ein $(e_1, \ldots, e_k) \in \mathbb{O}$ mit

$$G(e_1 \ldots, e_k) := \begin{pmatrix} 1 & \cdots & 0 \\ \vdots & \ddots & \vdots \\ 0 & \cdots & 1 \end{pmatrix}.$$

Hier gelten also $s_\kappa = 1$, $e^\kappa = \tau e_\kappa$, $\varepsilon = 1$. D heißt dann *„orientiertes euklidisches Volumenmaß"*.

Ein weiteres wichtiges Beispiel ist der *Minkowski-Raum:* Hier hat man $k = 4$ und eine E-Basis e_1, e_2, e_3, e_4 mit

$$G(e_1, e_2, e_3, e_4) := \begin{pmatrix} 1 & 0 & 0 & 0 \\ 0 & 1 & 0 & 0 \\ 0 & 0 & 1 & 0 \\ 0 & 0 & 0 & -1 \end{pmatrix}.$$

Eine solche Basis heißt *Minkowski-Basis.* Für $x = \sum_{\nu=1}^4 \xi_\nu e_\nu$ und $y = \sum_{\nu=1}^4 \eta_\nu e_\nu$ gilt $(x|y) = \sum_{\nu=1}^3 \xi_\nu \eta_\nu - \xi_4 \eta_4$.

$$\{B \in \mathfrak{L}(\mathfrak{R}, \mathfrak{R}) \mid \forall x, y \in \mathfrak{R}\ (Bx|By) = (x|y)\}$$

heißt *Lorentz-Gruppe.*

Zu $f \in \mathfrak{A}^k$ und $g \in \mathfrak{A}^k \setminus \{0\}$ existiert eindeutig ein $q = q(f, g) \in \mathbb{R}$ mit $f = q(f, g)g$. Für $r \in \{0, \ldots, k\}$ und $a \in \mathfrak{A}^r$ bezeichne mit $h_1, \ldots, h_{k-r} \in \mathfrak{R}$

$$*a := \varepsilon q(a, D) \text{ im Fall } r = k \text{ und}$$
$$(*a)(h_1, \ldots, h_{k-r}) := \varepsilon q(a \wedge \tau h_1 \wedge \cdots \wedge \tau h_{k-r}, D) \text{ im Falle } r < k.$$

$$*\colon \mathfrak{A}^r \to \mathfrak{A}^{k-r} \quad \text{ist } \textit{Isomorphismus.}$$

Mit $\langle a \,|\, b\rangle := \varepsilon *(a \wedge *b)$ für $a, b \in \mathfrak{A}^r$ wird

$$\langle \cdot|\cdot \rangle\colon \mathfrak{A}^r \times \mathfrak{A}^r \to \mathbb{R} \quad \textit{bilinear, symmetrisch}$$

und *nicht-ausgeartet.* Beim Wechsel der Orientierung ändern D und $*$ das Vorzeichen, während $\langle \cdot|\cdot \rangle$ unverändert bleibt.

Endlichdimensionale orientierte euklidische Vektorräume

Es sei $(\mathfrak{R}, (\cdot|\cdot), \mathbb{O})$ ein *orientierter euklidischer Raum* mit $k := \dim\mathfrak{R} \in \mathbb{N}$. $|\ |$ bezeichne die zugehörige ↗Norm. Für $r \in \{1,\dots,k\}$ ist hier $\langle\cdot|\cdot\rangle$ ein Skalarprodukt. Für $a \in \mathfrak{A}^r$ seien:

$$\langle a\rangle_r := \langle a\,|\,a\rangle^{\frac{1}{2}}$$

$$|a|_r := \sup\left\{|a(h_1,\dots,h_r)| : h_\varrho \in \mathfrak{R}, |h_\varrho| \le 1\right\}$$

$|\ |_r$ und $\langle\ \rangle_r$ sind *Normen* auf $\mathfrak{A}^r$ mit $|\ |_r \le \langle\ \rangle_r$. $|a|_r = \langle a\rangle_r$ gilt genau dann, wenn a *zerlegbar* ist, d. h. $a_1,\dots,a_r \in \mathfrak{R}$ existieren mit $a = \tau a_1 \wedge\dots\wedge \tau a_r$.

Für $h_1,\dots,h_k \in \mathfrak{R}$ hat man

$$|D(h_1,\dots,h_k)| = \left(\Gamma(h_1,\dots,h_k)\right)^{\frac{1}{2}} \le |h_1|\cdots|h_k|.$$

Im Falle $k \ge 2$ sei das *Vektorprodukt* definiert durch:

$$P := \prod_{\kappa=1}^{k-1} h_\kappa := \tau^{-1} * (\tau h_1 \wedge\dots\wedge \tau h_{k-1})$$

Es hat die Eigenschaften:

$(P\,|\,h_k) = D(h_1,\dots,h_k)$,

$|P| = \left(\Gamma(h_1,\dots,h_{k-1})\right)^{\frac{1}{2}}$,

P ist orthogonal zu $h_1,\dots,h_{k-1}$.

Für linear unabhängige $h_1,\dots,h_{k-1}$ ist das k-Tupel $(h_1,\dots,h_{k-1},P)$ in $\mathbb{O}$, P liefert also eine ausgezeichnete Basisergänzung.

Bei Vorgabe einer orientierten Orthonormalbasis $e_1,\dots,e_k$ in $\mathfrak{R}$ liefert $|D(h_1,\dots,h_k)|$ gerade das *Volumen* (Lebesgue-Maß) des Urbildes des von $h_1,\dots,h_k$ aufgespannten Parallelotops

$$\left\{\sum_{\kappa=1}^{k} \alpha_\kappa h_\kappa \,\middle|\, \alpha_1,\dots,\alpha_k \in [0,1]\right\}$$

unter der kanonischen Abbildung $\Phi\colon \mathbb{R}^k \to \mathfrak{R}$, definiert durch $\Phi(\alpha_1,\dots,\alpha_k) = \sum_{\kappa=1}^{k} \alpha_\kappa e_\kappa$.

Multilineare Analysis

Es seien $n \in \mathbb{N}$ und $\mathfrak{R}$, $\mathfrak{S}$ von $\{0\}$ verschiedene normierte Vektorräume. Mit

$$|a| := \sup\left\{|a(h_1,\dots,h_n)| : h_\nu \in \mathfrak{R}, |h_\nu| \le 1\right\}$$

für $a \in \mathfrak{L}^n(\mathfrak{R},\mathfrak{S})$ werden für $m \in \mathbb{N}_0$

$$\mathfrak{L}_m(\mathfrak{R},\mathfrak{S}) := \left\{a \in \mathfrak{L}^m(\mathfrak{R},\mathfrak{S}) \,\middle|\, |a| < \infty\right\}$$

$$\mathfrak{A}_m(\mathfrak{R},\mathfrak{S}) := \left\{a \in \mathfrak{A}^m(\mathfrak{R},\mathfrak{S}) \,\middle|\, |a| < \infty\right\}$$

normierte Vektorräume. Der Isomorphismus κ aus dem Abschnitt über multilineare Abbildungen wird hier zu einem Isomorphismus normierter Vektorräume. Ist $\mathfrak{S}$ vollständig, also ein Banachraum, so sind auch $\mathfrak{L}_m(\mathfrak{R},\mathfrak{S})$ und $\mathfrak{A}_m(\mathfrak{R},\mathfrak{S})$ Banachräume.

Felder alternierender Abbildungen; Cartan-Ableitung

Mit einer nicht-leeren offenen Teilmenge O von $\mathfrak{R}$ und $r,s \in \mathbb{N}_0$ betrachten wir die Vektorräume

$$\mathfrak{F}_r^{(s)} := \{f\,|\,f\colon O \to \mathfrak{L}_r(\mathfrak{R},\mathfrak{S})\ s\text{-mal differenzierbar}\}$$

$$\mathfrak{A}_r^{(s)} := \{f\,|\,f\colon O \to \mathfrak{A}_r(\mathfrak{R},\mathfrak{S})\ s\text{-mal differenzierbar}\}$$

der *r-Felder* bzw. *r-Felder alternierender Abbildungen*. Verknüpfungen und Operationen werden darauf – wie üblich – punktweise erklärt.

Für $f \in \mathfrak{F}_r^{(1)}$, $x \in O$ und $(h_0,\dots,h_r) \in \mathfrak{R}^{r+1}$ sei

$$\dot f(x)(h_0,\dots,h_r) := \left(f'(x)h_0\right)(h_1,\dots,h_r),$$

also $f'(x) = \kappa\left(\dot f(x)\right)$, falls $r \in \mathbb{N}$, und damit für $f \in \mathfrak{A}_r^{(1)}$ die *Cartan-Ableitung* oder *äußere Ableitung*

$$df := d_r f := (r+1)\,\mathrm{A}_{r+1}\dot f\,.$$

Einfache *Regeln zur Cartan-Ableitung* sind:

$d\colon \mathfrak{A}_r^{(s+1)} \to \mathfrak{A}_{r+1}^{(s)}$ ist linear,

$d(f\wedge g) = df\wedge g + (-1)^r f\wedge dg \quad \left(f \in \mathfrak{A}_r^{(1)}, g \in \mathfrak{A}_s^{(1)}\right)$

Für $f \in \mathfrak{A}_r^{(2)}$ ist $d_{r+1}(d_r(f)) = 0$.

Die letzte der aufgelisteten Aussagen wird gelegentlich auch als *Regel von Poincaré* bezeichnet und kurz $dd = 0$ notiert.

Im endlichdimensionalen Fall kann die Cartan-Ableitung über Koordinatendarstellung gewonnen werden:

Koordinatendarstellung der Cartan-Ableitung

Es seien hier $\mathfrak{R}$ ein Vektorraum der Dimension $k \in \mathbb{N}$, O eine nicht-leere offene Teilmenge von $\mathfrak{R}$, $(e_1,\dots,e_k)$ eine orientierte Basis von $\mathfrak{R}$ und $(e^1,\dots,e^k)$ die zugehörige duale Basis (von $\mathfrak{R}^*$). ($\mathfrak{S}$ werde als $\mathbb{R}$ gewählt.)

Zu $r \in \{1,\dots,k\}$, $f \in \mathfrak{A}_r^{(0)}$ und allen $(i_1,\dots,i_r) \in \{1,\dots,k\}$ mit $i_1 < \dots < i_r$ existieren eindeutig $\varphi_{i_1,\dots,i_r} \in \mathfrak{F}_0^{(0)}$ mit

$$\forall y \in O\ f(y) = \sum_{1\le i_1<\dots<i_r\le k} \varphi_{i_1,\dots,i_r}(y)\,e^{i_1}\wedge\dots\wedge e^{i_r}.$$

f ist genau dann differenzierbar, wenn alle $\varphi_{i_1,\dots,i_r}$ dies sind.

Für $\varphi \in \mathfrak{A}_0^{(1)}$, also $\varphi\colon O \to \mathbb{R}$ differenzierbar, hat man $(d\varphi)(y) = \sum_{\kappa=1}^{k} \varphi_\kappa(y)e^\kappa$, wobei $\varphi_\kappa(y) = (d\varphi)(y)e_\kappa = \varphi'(y)e_\kappa =: (\partial_\kappa\varphi)(y) =: \frac{\partial\varphi}{\partial e_\kappa}(y)$ (Richtungsableitung von φ in y nach e_κ). Häufig notiert man auch $\frac{\partial\varphi}{\partial x^\kappa}$ statt $\frac{\partial\varphi}{\partial e_\kappa}$ bzw. $\partial_\kappa\varphi$, was nicht gerade verständnisfördernd wirkt. Betrachtet man x^κ als die Abbildung, die jedem $y \in O$ die κ-te Koordinate in der Darstellung bezüglich $(e_1,\dots,e_k)$ zuordnet (κ-te Projektion), so gilt:

$$\begin{array}{ccccc} dx^\kappa & : & O & \to & \mathfrak{R}^* \\ & & \Psi & & \Psi \\ & & y & \longmapsto & e^\kappa \end{array}$$

So hat man zusammen

$$d\varphi = \sum_{\kappa=1}^{k} \partial_\kappa \varphi \cdot dx^\kappa \quad (: O \to \mathfrak{R}^* (= \mathfrak{A}_1))\,.$$

Für das obige f gilt mit diesen Bezeichnungen

$$f = \sum_{1 \le i_1 < \cdots < i_r \le k} \varphi_{i_1,\ldots,i_r} \cdot dx^{i_1} \wedge \cdots \wedge dx^{i_r}$$

und so, falls f differenzierbar ist:

$$df = \sum_{1 \le i_1 < \cdots < i_r \le k} \sum_{\substack{\kappa=1 \\ \kappa \notin \{i_1,\ldots,i_r\}}}^{k} \partial_\kappa \varphi_{i_1,\ldots,i_r} \cdot dx^\kappa \wedge dx^{i_1} \wedge \cdots \wedge dx^{i_r}\,.$$

Co-Differentiation; rot, div, grad, $\Delta\varphi$, Δf

Zusätzlich zu den Annahmen des vorangehenden Abschnitts seien noch $\langle\cdot|\cdot\rangle$ ein Skalarprodukt auf $\mathfrak{R}$ und die orientierte Basis $e_1, \ldots, e_k$ orthonormiert. Für $r \in \{0, \ldots, k\}$ und $f \in \mathfrak{A}_r^{(1)}$ wird mit

$$\delta f := \delta_r f := (-1)^{k(k-r)} * d * f, \quad r \ge 1$$

– ergänzt durch $\delta f := \delta_0 f := 0$ ($\in \mathbb{R}$) für $r = 0$ – die „*Co-Differentiation*" δ bzw. die *Co-Ableitung* δf von f definiert.

δ hängt nicht von der Orientierung ab, da der $*$-Operator in der Definition zweimal vorkommt.

Für $r \in \{1, \ldots, k\}$ und $f \in \mathfrak{A}_r^{(1)}$ mit der obigen Darstellung gilt dann

$$\delta f = \sum_{1 \le i_1 < \cdots < i_r \le k} \sum_{\varrho=1}^{r} (-1)^{\varrho-1} \partial i_\varrho \varphi_{i_1,\ldots,i_r} \cdot dx^{i_1} \wedge \cdots \wedge \widehat{dx^{i_\varrho}} \wedge \cdots \wedge dx^{i_r}\,.$$

(Dabei soll das ‚Dach' markieren, daß der entsprechende Term wegzulassen ist.)

Man definiert für $f : O \to \mathfrak{R}$ und $\varphi : O \to \mathbb{R}$:

$\operatorname{div} f$	$:=$	$\delta_1 \tau f$	(f differenzierbar)
$\operatorname{grad} \varphi$	$:=$	$\tau^{-1} d\varphi$	(φ differenzierbar)
$\Delta\varphi$	$:=$	$\delta_1 d\varphi$	(φ 2×dfb)
Δf	$:=$	$\tau^{-1}(\delta_2 d_1 + d\delta_1)\tau f$	(f 2×dfb)
$\operatorname{rot} f$	$:=$	$\tau^{-1} * d\tau f$	(f dfb, $k = 3$)

Es ergeben sich für differenzierbare $\varphi, \varphi^\kappa : O \to \mathbb{R}$ ($\kappa = 1, \ldots, k$) und $f := \sum_{\kappa=1}^{k} \varphi^\kappa e_\kappa$ leicht die folgenden *Koordinatendarstellungen:*

$\operatorname{div} f = \sum_{\kappa=1}^{k} \partial_\kappa \varphi^\kappa$

$\operatorname{grad} \varphi = \sum_{\kappa=1}^{k} \partial_\kappa \varphi\, e_\kappa$

Falls $k = 3$: $\operatorname{rot} f =$

$(\partial_2\varphi^3 - \partial_3\varphi^2)e_1 + (\partial_3\varphi^1 - \partial_1\varphi^3)e_2 + (\partial_1\varphi^2 - \partial_2\varphi^1)e_3$

Bei zweimaliger Differenzierbarkeit von φ und φ^κ:

$\Delta\varphi = \sum_{\kappa=1}^{k} \partial_\kappa \partial_\kappa \varphi$

$\Delta f = \sum_{\kappa=1}^{k} \sum_{\mu=1}^{k} \partial_\mu \partial_\mu \varphi^\kappa e_\kappa$

Lemma von Poincaré

Es seien $\mathfrak{R}$ ein normierter Vektorraum und $\mathfrak{S}$ ein Banachraum, beide ungleich $\{0\}$. Mit einer nichtleeren offenen Teilmenge O von $\mathfrak{R}$ und und $r \in \mathbb{N}_0$ sei $\omega \in \mathfrak{A}_{r+1}^{(0)}$, d. h.

$$\omega : O \to \mathfrak{A}_{r+1}(\mathfrak{R}, \mathfrak{S})\,.$$

Frage: Existiert eine *Stammfunktion,* d. h. $\alpha \in \mathfrak{A}_r^{(1)}$ mit $d\alpha = \omega$?

Unter dem Stichwort ↗Wegunabhängigkeit des Kurvenintegrals ist ausgeführt, daß die Existenz von Stammfunktionen äquivalent zur Wegunabhängigkeit von Integralen ist.

Vorüberlegungen: Wenn $\alpha : O \to \mathfrak{A}_r(\mathfrak{R}, \mathfrak{S})$ zweimal differenzierbar mit $d\alpha = \omega$ existiert, dann ist $d\omega = 0$ (nach Regel von Poincaré).

Auch für $\omega : O \to \mathfrak{A}_{r+1}(\mathfrak{R}, \mathfrak{S})$ beliebig oft differenzierbar mit $d\omega = 0$ folgt – für beliebiges O – nicht die Existenz einer Stammfunktion.

Für $a, b \in \mathfrak{R}$ bezeichne $\overline{ab} := \{(1-t)a + tb \mid t \in [0,1]\}$ die Verbindungsstrecke von a nach b. Eine Teilmenge $\mathfrak{M}$ von $\mathfrak{R}$ heißt genau dann *sternförmig,* wenn ein $x_0 \in \mathfrak{M}$ so existiert, daß $\overline{x_0 x} \subset \mathfrak{M}$ für alle $x \in \mathfrak{M}$ gilt. (Man kann von x_0 aus alle Punkte von $\mathfrak{M}$ ‚sehen'.)

Lemma von Poincaré

Ist O sternförmig und

$$\omega : O \to \mathfrak{A}_{r+1}(\mathfrak{R}, \mathfrak{S})$$

stetig differenzierbar mit $d\omega = 0$, dann existiert ein stetig differenzierbares

$$\alpha : O \to \mathfrak{A}_r(\mathfrak{R}, \mathfrak{S})$$

mit $d\alpha = \omega$.

Für Anwendungen – z. B. in der Elektrodynamik – wesentlich sind die *Folgerungen* im Falle eines 3-dimensionalen orientierten euklidischen Vektorraums $\mathfrak{R}$ für sternförmiges O und stetig differenzierbare Abbildungen

$$f : O \to \mathfrak{R}, \quad \psi : O \to \mathbb{R}\,:$$

(1) Es existiert $\varphi : O \to \mathbb{R}$ stetig differenzierbar mit $f = \operatorname{grad}\varphi$ genau dann, wenn $\operatorname{rot} f = 0$.

(2) Es existiert $g : O \to \mathfrak{R}$ stetig differenzierbar mit $f = \operatorname{rot} g$ genau dann, wenn $\operatorname{div} f = 0$.

(3) Es existiert $h : O \to \mathfrak{R}$ stetig differenzierbar mit $\operatorname{div} h = \psi$.

Singuläre Quader, Ketten, Integrale

Orientierte singuläre C_1-Quader

Es seien $n \in \mathbb{N}$ und $\mathfrak{R} \neq \{0\}$ ein normierter Vektorraum. Für $h, k\colon [0,1]^n \to \mathfrak{R}$ gelte $h \sim k$ genau dann, wenn eine bijektive stetig differenzierbare Abbildung $\varphi\colon [0,1]^n \to [0,1]^n$ so existiert, daß $\det\varphi'(x) > 0$ für alle $x \in [0,1]^n$ gilt, und φ^{-1} stetig differenzierbar ist mit $k = h \circ \varphi$.

$\sim$ ist eine Äquivalenzrelation. Für eine stetig differenzierbare Abbildung $h\colon [0,1]^n \to \mathfrak{R}$ heißt eine zugehörige Äquivalenzklasse Q^n *„orientierter singulärer n-dimensionaler C_1-Quader in $\mathfrak{R}$"* und h eine *Parameterdarstellung* von Q^n. Mit $(Q^n) := h([0,1]^n)$ notiert man den ‚Träger' von Q^n. Entsprechend – mit $\det\varphi'(x) < 0$ – wird $-Q^n$ definiert. Q^n heißt *„orientierter singulärer n-dimensionaler C_2-Quader in $\mathfrak{R}$"*, wenn eine zweimal stetig differenzierbare Parameterdarstellung existiert.

Ergänzend setzt man noch für $n = 0$: Für $x \in \mathfrak{R}$ und $\eta \in \{-1, 1\}$ heißt $Q^0 := (x, \eta)$ *„orientierter 0-dimensionaler Quader in $\mathfrak{R}$"* mit $-Q^0 := (x, -\eta)$ und $(Q^0) := \{x\}$.

Integrale von Feldern über C_1-Quadern

Es seien wieder $\mathfrak{R}$ ein normierter Vektorraum und $\mathfrak{S}$ ein Banachraum, beide ungleich $\{0\}$, dazu mit $n \in \mathbb{N}$ ein orientierter singulärer n-dimensionaler C_1-Quader Q^n in $\mathfrak{R}$ mit Parameterdarstellung h, $(Q^n) \subset \mathfrak{D} \subset \mathfrak{R}$, $f\colon \mathfrak{D} \to \mathfrak{A}_n(\mathfrak{R}, \mathfrak{S})$ stetig und $e_1, \ldots, e_n$ die kanonische Einheitsbasis des $\mathbb{R}^n$: Man definiert

$$\int\limits_{Q^n} f := \int\limits_{[0,1]^n} f(h(x))(h'(x)e_1, \ldots, h'(x)e_n)\, dx\,.$$

Es ist also rechts eine $\mathfrak{S}$-wertige stetige Abbildung (von n Variablen) zu integrieren. Dieses Integral erweist sich als unabhängig von der gewählten Parameterdarstellung.

Ergänzend setzt man noch für $n = 0$ und $Q^0 := (x, \eta)$ mit $x \in \mathfrak{R}$, $\eta \in \{-1, 1\}$ für $x \in \mathfrak{D} \subset \mathfrak{R}$ und stetiges $f\colon \mathfrak{D} \to \mathfrak{A}_0(\mathfrak{R}, \mathfrak{S})\ (= \mathfrak{S})$:

$$\int\limits_{Q^0} f := \eta f(x)$$

Ketten, Integrale über Ketten

Neben $\mathfrak{R}, \mathfrak{S}, O$ und n wie in vorangehenden Abschnitten seien $\nu \in \{1, 2\}$ und $f\colon O \to \mathfrak{A}_n(\mathfrak{R}, \mathfrak{S})$ stetig.

Man betrachtet mit $\mathfrak{Q}_\nu^n(O)$ die Menge der orientierten singulären n-dimensionalen C_ν-Quader Q^n in $\mathfrak{R}$ mit $(Q^n) \subset O$ und definiert damit *„singuläre n-dimensionale C_ν-Ketten in O"* als endliche Summen solcher Quader, genauer:

$\mathbb{K}_\nu^n(O)$ bezeichne die Gesamtheit der Abbildungen $\mathfrak{K}$ von $\mathfrak{Q}_\nu^n(O)$ in $\mathbb{Z}$, für die gilt

$$\{Q^n \in \mathfrak{Q}_\nu^n(O) \mid \mathfrak{K}(Q^n) \neq 0\} \quad \text{ist endlich}$$

und $\mathfrak{K}(-Q^n) = -\mathfrak{K}(Q^n)$ für alle $Q^n \in \mathfrak{Q}_\nu^n(O)$. Mit naheliegender Einbettung von $\mathfrak{Q}_\nu^n(O)$ in $\mathbb{K}_\nu^n(O)$ hat man dann:

$$\mathbb{K}_\nu^n(O) = \left\{ \sum_{\kappa=1}^{k} \alpha_\kappa Q_\kappa^n \mid \alpha_\kappa \in \mathbb{Z}, Q_\kappa^n \in \mathfrak{Q}_\nu^n(O); k \in \mathbb{N} \right\}$$

Für ein $\mathfrak{K} \in \mathbb{K}_l^n(O)$ mit einer solchen Darstellung $\sum_{\kappa=1}^k \alpha_\kappa Q_\kappa^n$ definiert man

$$\int\limits_{\mathfrak{K}} f := \sum_{\kappa=1}^{k} \alpha_\kappa \int\limits_{Q_\kappa^n} f$$

und hat dabei zur Rechtfertigung $\int_{-Q^n} f = -\int_{Q^n} f$ für $Q^n \in \mathfrak{Q}_\nu^n(O)$ zu beachten.

Mit punktweise definierter Addition $+$ ist $(\mathbb{K}_\nu^n(O), +)$ abelsche Gruppe. Für $\mathfrak{K}_1, \mathfrak{K}_2 \in \mathbb{K}_l^n(O)$ hat man:

$$\int\limits_{\mathfrak{K}_1 + \mathfrak{K}_2} f = \int\limits_{\mathfrak{K}_1} f + \int\limits_{\mathfrak{K}_2} f$$

Der Randoperator ∂

Es seien $n \in \mathbb{N}$, $\mathfrak{R}$ ein nicht-trivialer normierter Vektorraum und $\emptyset \neq O$ offen $\subset \mathfrak{R}$. Für einen orientierten singulären n-dimensionalen C_1-Quader Q^n in $\mathfrak{R}$ mit einer Parameterdarstellung h sei

$$\partial_1 Q^1 := (h(0), -1) + (h(1), 1) \quad , n = 1$$

$$\partial_n Q^n := \sum_{\nu=1}^{n} \sum_{\kappa=0}^{1} (-1)^{\nu+\kappa} [h \circ k_{\nu,\kappa}] \quad , n > 1$$

Dabei sei:

$$k_{\nu,\kappa}\ :\ [0,1]^{n-1} \to [0,1]^n$$
$$\begin{pmatrix} t_1 \\ \vdots \\ t_{n-1} \end{pmatrix} \longmapsto \begin{pmatrix} t_1 \\ \vdots \\ t_{\nu-1} \\ \kappa \\ t_\nu \\ \vdots \\ t_{n-1} \end{pmatrix}$$

$\partial_n Q^n$ erweist sich als unabhängig von der speziellen Parameterdarstellung h. Für $\mathfrak{K} \in \mathbb{K}_\nu^n(O)$ mit einer Darstellung $\sum_{\kappa=1}^k \alpha_\kappa Q_\kappa^n$ ist

$$\partial\mathfrak{K} := \partial_n \mathfrak{K} := \sum_{\kappa=1}^{k} \alpha_\kappa\, \partial_n Q_\kappa^n$$

wohldefiniert mit:

$\partial_n : \mathbb{K}_1^n(O) \to \mathbb{K}_1^{n-1}(O)$ *ist linear und*
$\partial_n \partial_{n+1} = 0$.

Integralsatz von Stokes (allgemeine Version)
In $\mathbb{R}$ lautet eine Folgerung aus dem ↗Fundamentalsatz der Differential- und Integralrechnung für stetig differenzierbares f:

$$\int_a^b f' = f(b) - f(a)\,.$$

Das Integral wird auf die Werte einer Stammfunktion am Rande zurückgeführt. Entsprechend zeigt man für Kurvenintegrale in der mehrdimensionalen Analysis unter geeigneten Voraussetzungen

$$\int_{\mathfrak{C}} \langle f \mid d\mathfrak{x} \rangle = F(e(\mathfrak{C})) - F(a(\mathfrak{C}))\,,$$

wobei F eine Stammfunktion zu f und $a(\mathfrak{C})$ bzw. $e(\mathfrak{C})$ Anfangs- bzw. Endpunkt von $\mathfrak{C}$ sind.

Der nachfolgende – in einer einfachen Form auf George Gabriel Stokes zurückgehende – Satz liefert ein Analogon für wesentlich allgemeinere Situationen.

Es seien $\mathfrak{V}$ ein normierter Vektorraum und $\mathfrak{S}$ ein Banachraum, beide nicht-trivial. Mit $n \in \mathbb{N}$ und einer nicht-leeren offenen Teilmenge O von $\mathfrak{V}$ sei

$$f : O \to \mathfrak{A}_{n-1}(\mathfrak{V}, \mathfrak{S}) \quad \textit{stetig differenzierbar}$$

und $\mathfrak{K} \in \mathbb{K}_2^n(O)$. Dann gilt:

$$\int_{\mathfrak{K}} df = \int_{\partial\mathfrak{K}} f$$

Die Beweisidee ist nicht besonders tiefliegend. Die eigentliche Schwierigkeit besteht darin, den erforderlichen umfangreichen ‚Apparat' für eine saubere Formulierung und einen strengen Beweis bereitzustellen.

Spezialfälle: Glatte Quader
Es seien $\{0\} \neq \mathfrak{V}$ normierter Vektorraum, $n \in \mathbb{N}$ und $Q^n \in \mathfrak{Q}_1^n(\mathfrak{V})$. Q^n heißt genau dann *„glatt"*, wenn eine injektive Parameterdarstellung h existiert, für die $h'(x)$ für alle $x \in [0,1]^n$ injektiv ist. Ist Q^n glatt, so ist jede Parameterdarstellung k injektiv und $k'(x)$ stets injektiv.

Für Teilmengen $\mathfrak{M}$ von (Q^n) eines glatten Quaders können Meßbarkeit durch die Lebesgue-Meßbarkeit (im $\mathbb{R}^n$) der Urbilder $h^{-1}(\mathfrak{M})$ erklärt werden. Das resultierende System $\mathbb{M}_\omega(Q^n)$ ist σ-Algebra über (Q^n). Mittels der kanonischen Basis $e_1, \dots, e_n$ des $\mathbb{R}^n$ kann auf diesen Mengen durch

$$\omega(\mathfrak{M}) := \int_{h^{-1}(\mathfrak{M})} \iota(h'(x)e_1, \dots, h'(x)e_n)\, d\mu_n(x)$$

– genauer auch $\omega_{Q^n}(\mathfrak{M})$ – ein ‚Maß'

$$\omega : \mathbb{M}_\omega(Q^n) \to [0, \infty)$$

definiert werden. Hierbei ist für $(h_1, \dots, h_n) \in \mathfrak{V}^n$

$$\iota(h_1, \dots, h_n) := \sup\{f(h_1, \dots, h_n) \mid f \in \mathfrak{A}_n \wedge |f| = 1\}\,.$$

Für Maße dieser Art und zugehörige integrierbare Funktionen können dann noch geeignete Transformationssätze bereitgestellt werden.

Volumen in euklidischen Räumen
Es seien $(\mathfrak{V}, (\cdot \mid \cdot), \mathbb{O})$ ein orientierter euklidischer Vektorraum mit $\mathbb{N} \ni \dim \mathfrak{V} =: n+1$ und $(f_1, \dots, f_{n+1})$ orientierte Orthonormalbasis. Mit dem kanonischen Isomorphismus $\Phi : \mathbb{R}^{n+1} \to \mathfrak{V}$, definiert durch

$$\Phi(\alpha_1, \dots, \alpha_{n+1}) := \sum_{\nu=1}^{n+1} \alpha_\nu f_\nu\,,$$

können dann Maß und Meßbarkeit trivial übertragen werden; dies ergibt: $\mathbb{M}_{\mathfrak{v}}$ ist σ-Algebra über $\mathfrak{V}$ und $\mathfrak{v} : \mathbb{M}_{\mathfrak{v}} \to [0, \infty]$ abzählbar-additiv. Dazu erhält man nun leicht:

Es seien $Q^{n+1} \in \mathfrak{Q}_1^{n+1}(\mathfrak{V})$ glatt mit einer Parameterdarstellung h, die $(h'(x)e_1, \dots, h'(x)e_{n+1}) \in \mathbb{O}$ für alle $x \in [0,1]^{n+1}$ erfüllt. Für eine stetig differenzierbare Abbildung $f : (Q^{n+1}) \to \mathfrak{V}$ gilt dann:

$$\int_{Q^{n+1}} d(*\tau f) = \int_{(Q^{n+1})} \operatorname{div} f\, d\mathfrak{v}$$

Zirkulation
Es seien wieder $(\mathfrak{V}, (\cdot \mid \cdot), \mathbb{O})$ ein orientierter euklidischer Vektorraum mit $\mathbb{N} \ni \dim \mathfrak{V} =: n+1$ und dazu $Q^1 \in \mathfrak{Q}_1^1(\mathfrak{V})$ glatt.

Für $y \in (Q^1)$, $h \in Q^1$ und $x \in [0,1]$ mit $h(x) = y$ kann – unabhängig von dem speziellen h – der *„Tangenteneinheitsvektor"*

$$\mathfrak{t}(y) := \frac{h'(x)}{|h'(x)|}$$

definiert werden. Damit hat man nun

Für $f : (Q^1) \to \mathfrak{V}$ stetig:

$$\int_{Q^1} \tau f = \int_{(Q^1)} (f \mid \mathfrak{t})\, d\omega$$

ω mißt die Kurvenlänge (Bogenlänge), die oft mit s notiert wird. Die rechte Seite dieser Formel wird als *„Zirkulation von f längs Q^1"* bezeichnet.

Fluß
Es seien $(\mathfrak{V}, (\cdot \mid \cdot), \mathbb{O})$ ein orientierter euklidischer Vektorraum mit $\mathbb{N} \setminus \{1\} \ni \dim \mathfrak{V} =: n+1$, $Q^n \in \mathfrak{Q}_1^n(\mathfrak{V})$ glatt und $(e_1, \dots, e_n)$ die kanonische Basis des $\mathbb{R}^n$.

Für $y \in (Q^n)$, $h \in Q^n$ und $x \in [0,1]^n$ mit $h(x) = y$ kann – unabhängig von dem speziellen h – der *„orientierte Normaleneinheitsvektor"*

$$\mathfrak{n}(y) := (-1)^n \frac{\prod_{\nu=1}^{n} h'(x)e_\nu}{\left|\prod_{\nu=1}^{n} h'(x)e_\nu\right|}$$

definiert werden. Damit hat man hier

Für $f\colon (Q^n) \to \mathfrak{R}$ stetig ist

$$\int_{Q^n} *\tau f = \int_{(Q^n)} (f \mid \mathfrak{n})\, d\omega .$$

Dabei gilt $(\mathfrak{n}(h(x)), h'(x)e_1, \ldots, h'(x)e_n) \in \mathbb{O}$ *für alle* $x \in [0,1]^n$.

Die rechte Seite der Integralbeziehung wird als *„Fluß von f durch Q"* bezeichnet.

Divergenzsatz (Ostrogradski, Gauß)

Es seien $(\mathfrak{R}, (\cdot \mid \cdot), \mathbb{O})$ ein orientierter euklidischer Vektorraum mit $\mathbb{N} \setminus \{1\} \ni \dim \mathfrak{R} =: n+1$, $Q^{n+1} \in \mathfrak{Q}_2^{n+1}(\mathfrak{R})$ glatt, $Q^{n+1} \ni h$ zweimal stetig differenzierbar. Mit der kanonischen Basis $(e_1, \ldots, e_{n+1})$ des $\mathbb{R}^{n+1}$ gelte $(h'(x)e_1, \ldots, h'(x)e_{n+1}) \in \mathbb{O}$ für alle $x \in [0,1]^{n+1}$.

Für stetig differenzierbares $f\colon (Q^{n+1}) \to \mathfrak{R}$ gilt:

$$\int_{(Q^{n+1})} \operatorname{div} f\, dv = \int_{(\partial Q^{n+1})} (f \mid \mathfrak{n})\, d\omega$$

Hieraus erhält man für ‚schöne' $\mathfrak{K} \in \mathbb{K}_2^{n+1}(\mathfrak{R})$ (Summe von endlich vielen Q^{n+1} wie oben)

$$\int_{(\mathfrak{K})} \operatorname{div} f\, dv = \int_{(\partial \mathfrak{K})} (f \mid \mathfrak{n})\, d\omega$$

Spezieller Satz von Stokes

Es seien abschließend $(\mathfrak{R}, (\cdot \mid \cdot), \mathbb{O})$ ein orientierter euklidischer Vektorraum der Dimension 3, $Q^2 \in \mathfrak{Q}_2^2(\mathfrak{R})$ glatt und $f\colon (Q^2) \to \mathfrak{R}$ stetig differenzierbar. Dann folgt

$$\int_{(\partial Q^2)} (f \mid \mathfrak{t})\, d\omega = \int_{(Q^2)} (\operatorname{rot} f \mid \mathfrak{n})\, d\omega$$

Abschließende Bemerkungen

Die hier skizzierte Darstellung der Vektoranalysis gibt den Blick ‚von oben' – koordinatenfrei und damit invariant. Erst *anschließend* wird jeweils der auf Koordinaten bezogene Ausdruck hergeleitet. So ist auch die Anwendbarkeit ungemindert gegeben.

Literatur

[1] Barner, M.; Flohr F.: Analysis II. Walter de Gruyter Berlin, 1983.

[2] Cartan, H.: Differentialformen. Bibliogr. Inst. Mannheim, 1974.

[3] Holmann, H.; Rummler, H.: Alternierende Differentialformen. B.I.-Wissenschaftsverlag Mannheim, 1972.

[4] Jänich, K.: Vektoranalysis. Springer Berlin, 1993.

[5] Kaballo, W.: Einführung in die Analysis III. Spektrum Akademischer Verlag, 1999.

[6] Kellog, O.D.: Foundations of Potential Theory. Springer Berlin, 1967.

Vektorbündel, ↗Vektorraumbündel.

Vektorfeld, eine Abbildung $f : M \to TM$ von einer ↗Mannigfaltigkeit M in das Tangentialbündel TM von M, für die mit der natürlichen Projektionsabbildung $\pi : TM \to M$ gilt: $\pi \circ f = \mathrm{id}_M$. Man spricht dann von einem Vektorfeld auf der Mannigfaltigkeit M. Die C^k-Vektorfelder auf M werden mit $\mathcal{V}^k(M)$ bezeichnet.

Ein Vektorfeld ist also eine Abbildung, die jedem Punkt p der Mannigfaltigkeit M ein Element des zugehörigen ↗Tangentialraumes T_pM zuordnet; anschaulich stellt man sich ein Vektorfeld als Menge der Tangentialvektoren vor, die an jedem Punkt der Mannigfaltigkeit angeheftet sind. Die natürliche Topologie auf $\mathcal{V}^k(M)$ ist die C^k-Topologie.

Siehe auch ↗Differentialformen auf komplexen Mannigfaltigkeiten und ↗Vektorfeld auf der Sphäre.

Vektorfeld auf der Sphäre, ein stetiger Schnitt über der n-dimensionalen Sphäre S^n in das Tangentialbündel TS^n der Sphäre.

Von besonderem Interesse ist die Frage, für welche Werte von n Vektorfelder existieren, die nirgends verschwinden. Diese Frage kann mit Methoden der algebraischen Topologie beantwortet werden.

Die Sphäre S^n besitzt genau dann ein Vektorfeld ohne Nullstellen, falls n ungerade ist.

Insbesondere besitzt jedes Vektorfeld auf der zweidimensionalen Kugelsphäre eine Nullstelle (↗Satz vom Igel).

Eine Aussage für allgemeinere Mannigfaltigkeiten liefert der folgende Satz:

Eine kompakte Mannigfaltigkeit M besitzt genau dann ein Vektorfeld ohne Nullstellen, wenn die ↗Eulersche Charakteristik $\chi(M) = \sum_i (-1)^i b_i$ gleich Null ist.

Hierbei sind die $b_i = \dim H^i(M, \mathbb{R})$ die topologischen Betti-Zahlen von M.

Für die Sphären gilt

$$\chi(S^n) = \begin{cases} 2, & n \text{ ist gerade,} \\ 0, & n \text{ ist ungerade.} \end{cases}$$

Vektorgarbe, meist als Synonym für lokal freie kohärente ↗Garbe benutzt. Siehe hierzu auch ↗Vektorbündel.

vektorielle Quaternion, ↗Hamiltonsche Quaternionenalgebra.

vektorielles Kreuzprodukt, ausführliche Bezeichnung für das ↗Kreuzprodukt, siehe auch ↗Spatprodukt.

Vektorintervall, andere Bezeichnung für einen ↗Intervallvektor.

Vektoriterationsverfahren, iterative Verfahren zur Bestimmung einzelner Eigenwerte und zugehöriger Eigenvektoren einer Matrix $A \in \mathbb{R}^{n\times n}$.

Durch wiederholte einfache Matrix-Vektor-Multiplikationen oder wiederholtes Lösen eines Gleichungssystems werden Approximationen an einzelne Eigenvektoren einer Matrix A berechnet. Dabei fallen auch Approximationen an den zugehörigen Eigenwert an.

Mit der ↗Potenzmethode kann man den betragsgrößten Eigenwert und den zugehörigen Eigenvektor von A bestimmen. Die Potenzmethode hat den Nachteil, daß nur Eigenwerte und Eigenvektoren zu betragsgrößten Eigenwerten bestimmt werden können; außerdem ist die Konvergenz sehr langsam. Darüberhinaus ist häufig schon eine Näherung an einen Eigenwert einer Matrix A bekannt und der zugehörige Eigenvektor gesucht. Diesen kann man schnell und effizient mit der ↗inversen Iteration berechnen.

Bei diesen Verfahren wird stets nur ein Eigenvektor approximiert. Falls weitere Eigenvektoren benötigt werden, kann man wie folgt vorgehen: Die Matrix A wird mittels ↗Deflation in eine Matrix B überführt, deren Spektrum alle Eigenwerte von A außer dem bereits berechneten enthält. Anschließend wendet man dann die Potenzmethode bzw. inverse Iteration auf B an.

Eine andere Möglichkeit ist es, den Ansatz der Potenzmethode bzw. der inversen Iteration folgendermaßen zu verallgemeinern: Man startet die Iteration statt mit einem einzelnen Startvektor x_0 mit einer Startmatrix $X_0 \in \mathbb{C}^{n\times p}$, um p Eigenwerte und den zugehörigen Eigenraum gleichzeitig zu bestimmen. Dies führt auf ↗Unterraum-Iterationsmethoden.

Vektormaß, eine auf einer σ-Algebra Σ von Mengen definierte Abbildung m mit Werten in einem Banachraum (oder lokalkonvexen Raum) X mit

$$m\left(\bigcup_{j=1}^{\infty} A_j\right) = \sum_{j=1}^{\infty} m(A_j) \tag{1}$$

für paarweise disjunkte $A_j \in \Sigma$.

Die Mengenfunktion

$$A \mapsto |m|(A) := \sup \sum_{j=1}^{n} \|m(A_j)\|$$

heißt Variation von m, wobei das Supremum über alle Zerlegungen von A in paarweise disjunkte Mengen aus Σ zu bilden ist; $|m|$ ist ein σ-additives Maß mit Werten in $[0, \infty]$. Ferner heißt

$$A \mapsto \|m\|(A) := \sup_{(A_j),(\varepsilon_j)} \left\| \sum_{j=1}^{n} \varepsilon_j m(A_j) \right\|$$

die Semivariationvon m, wobei die A_j wie oben und die $\varepsilon_j = \pm 1$ sind. Ein Vektormaß hat genau dann beschränkte Semivariation, wenn es einen beschränkten Wertebereich $\{m(A) : A \in \Sigma\}$ hat.

Das Vektormaß m heißt bzgl. des positiven reellwertigen Maßes μ absolutstetig (in Zeichen $m \ll \mu$), falls

$$\mu(A) = 0 \quad \Rightarrow \quad m(A) = 0;$$

der Satz von Radon-Nikodym für banachraumwertige Maße ist nur in gewissen Klassen von Banachräumen gültig, siehe hierzu ↗Radon-Nikodym-Eigenschaft.

Jedes Vektormaß m besitzt ein endliches positives reellwertiges Kontrollmaß; dies ist ein Maß μ mit $m \ll \mu$ (Satz von Bartle-Dunford-Schwartz). Der Wertebereich eines $\mathbb{R}^n$-wertigen nichtatomaren Vektormaßes ist stets konvex und kompakt (Konvexitätssatz von Ljapunow); dabei heißt m nichtatomar, wenn jede meßbare Menge A mit von 0 verschiedenem Maß disjunkt in $A_1 \cup A_2$ zerlegt werden kann, so daß

$$m(A_1) \neq 0 \neq m(A_2)$$

ist.

Da in (1) die Reihenfolge der A_j in $\bigcup_j A_j$ unerheblich ist, muß die Reihe in (1) notwendig unbedingt konvergieren (↗unbedingte Konvergenz). In diesem Zusammenhang ist der Satz von Orlicz-Pettis bemerkenswert:

Konvergieren die Reihen in (1) stets bloß schwach (↗schwache Konvergenz), so konvergieren sie bereits in der Norm.

[1] Diestel, J.; Uhl, J.: Vector Measures. American Mathematical Society, 1977.

[2] Dunford, N.; Schwartz, J. T.: Linear Operators. Part I: General Theory. Wiley New York, 1958.

Vektormaximierungsaufgabe, eine Optimierungsaufgabe, bei der die Zielfunktion f vektorwertig ist.

Sei $f : M \subseteq \mathbb{R}^n \to \mathbb{R}^m$ eine Funktion für gewisse n und $m \in \mathbb{N}$. Ist $m > 1$, so können wir zunächst Bildwerte von f nicht bezüglich ihrer Größe anordnen. Die Festlegung dessen, was ein Maximum von f genannt werden soll, muß daher verallgemeinert werden. Dazu bedient man sich des Begriffs eines ↗ effizienten Punktes. Die zugehörige Vektormaximierungsaufgabe lautet dann: Finde einen effizienten Punkt für f bezüglich M. Häufig werden f und M weiteren Bedingungen unterworfen, etwa der Forderung nach Konvexität von M oder nach Konkavität von f. Selbstverständlich lassen sich völlig analog auch Vektorminimierungsaufgaben definieren.

Vektoroptimierung, Theorie der Lösung von ↗ Vektormaximierungsaufgaben (und ebeneso Vektorminimierungsaufgaben).

Die Zielfunktion ist bei dieser Art von Problemen vektorwertig.

Vektorprodukt, eine algebraische Verknüpfung im dreidimensionalen euklidischen Raum, die jedem Paar von Vektoren einen weiteren Vektor zuordnet, beschrieben unter dem synonymen Stichwort ↗ Kreuzprodukt.

Das Vektorprodukt ist ein Spezialfall eines allgemeineren Produkts, gegeben durch die äußere Algebra (↗ alternierende Algebra über einem Vektorraum) des $\mathbb{R}^n$. Das zweite äußere Produkt ist ein Produkt

$$\mathbb{R}^n \times \mathbb{R}^n \to \wedge^2 \mathbb{R}^n \cong \mathbb{R}^{\binom{n}{2}} .$$

Nur im Fall $n = 3$ ist der Zielraum mit dem Ausgangsraum identisch und definiert deshalb eine „interne“ Verknüpfung.

Die ↗ Vektorproduktalgebren bilden ebenfalls eine Verallgemeinerung des Vektorprodukts.

Vektorproduktalgebra, eine $\mathbb{R}$–Algebrastruktur, definiert auf einem euklidischen Vektorraum $(V, \langle .,. \rangle)$, die besondere Eigenschaften besitzt.

Sei V mit dem Skalarprodukt $\langle .,. \rangle$ ein euklidischer Vektorraum mit der Norm $||x|| := \sqrt{\langle x, x \rangle}$, und sei $\times : V \times V \to V$ eine bilineare Verknüpfung, die V zu einer (nicht notwendig assoziativen) $\mathbb{R}$-Algebra macht. Das Tripel $(V, \times, \langle .,. \rangle)$ heißt Vektorproduktalgebra, falls für alle $x, y, z \in V$ gilt:

(1) $x \times y = -y \times x$, (Antisymmetrie),
(2) $\langle x \times y, z \rangle = \langle x, y \times z \rangle$, (Vertauschung).
(3) Aus $||x|| = ||y|| = 1$ und $\langle x, y \rangle = 0$ folgt $||x \times y|| = 1$.

Beispiele von Vektorproduktalgebren werden durch die folgenden Algebren gegeben:

(1) Der $\mathbb{R}^1$ mit $x \times y = 0$.

(2) Der $\mathbb{R}^3$ mit dem vektoriellen ↗ Kreuzprodukt. Dieses Produkt kann auch erhalten werden, indem man den $\mathbb{R}^3$ mit dem Imaginärraum der ↗ Hamiltonschen Quaternionenalgebra $\mathbb{H}$ identifiziert und

$$x \times y := \frac{1}{2}(x \cdot y - y \cdot x)$$

setzt. Die Multiplikation ist die Multiplikation innerhalb der Algebra der Quaternionen.

(3) Der $\mathbb{R}^7$ kann mit dem Imaginärraum der ↗ Oktonienalgebra $\mathbb{O}$ identifiziert werden. Durch Setzen von

$$x \times y := \frac{1}{2}(x \cdot y - y \cdot x)$$

wird ein Produkt definiert, das den $\mathbb{R}^7$ zu einer Vektorproduktalgebra macht. Hierbei ist die Multiplikation die Multiplikation innerhalb der Algebra der Oktonien.

Es ist zu beachten, daß $\mathbb{R}^1$ auch mit dem Imaginärraum der komplexen Zahlen $\mathbb{C}$ identifiziert werden und dann das Produkt ebenfalls in obiger Weise beschrieben werden kann. Es gilt allgemein der Satz:

Bis auf längentreue Isomorphie sind die drei Imaginärräume

$$\operatorname{Im}\mathbb{C} \cong \mathbb{R}^1, \quad \operatorname{Im}\mathbb{H} \cong \mathbb{R}^4, \quad \operatorname{Im}\mathbb{O} \cong \mathbb{R}^7,$$

zusammen mit dem Produkt

$$x \times y := \frac{1}{2}(x \cdot y - y \cdot x)$$

die einzigen Vektorproduktalgebren.

Insbesondere gibt es keine unendlichdimensionalen Vektorproduktalgebren. Die Vektorproduktalgebren $\mathbb{R}^1$ und $\mathbb{R}^3$ sind ↗ Lie-Algebren, die Algebra $\mathbb{R}^7$ ist keine Lie-Algebra, sondern lediglich eine ↗ Malcev-Algebra.

Vektorquantisierung, ↗ lernende Vektorquantisierung.

Vektorraum, *linearer Raum*, genauer Vektorraum über einem Körper $\mathbb{K}$, Tripel $(V, +, \cdot)$, bestehend aus einer nicht leeren Menge V, einer Abbildung $+ : V \times V \to V$ (Vektoraddition) und einer Abbildung $\cdot : \mathbb{K} \times V \to V$ (Skalarmultiplikation, äußere Multiplikation), das für alle $v_1, v_2, v \in V$ und alle $\lambda_1, \lambda_2, \lambda \in \mathbb{K}$ die folgenden Eigenschaften hat:

- $(V, +)$ ist eine abelsche Gruppe;
- $(\lambda_1 + \lambda_2) \cdot v = \lambda_1 \cdot v + \lambda_2 \cdot v$ (1. Distributivgesetz);
- $\lambda \cdot (v_1 + v_2) = \lambda \cdot v_1 + \lambda \cdot v_2$ (2. Distributivgesetz);
- $(\lambda_1 \lambda_2) \cdot v = \lambda_1 \cdot (\lambda_2 \cdot v)$ (Assoziativgesetz);
- $1 \cdot v = v$ für alle $v \in V$ (Neutralität der 1, wobei hier 1 das Einselement das Körpers $\mathbb{K}$ bezeichnet).

Etwas ungenau spricht man meist nur von dem Vektorraum V, und anstelle von $\lambda \cdot v$ schreibt man meist kürzer λv.

In einem Vektorraum gilt $\lambda v = 0$ genau dann, falls $\lambda = 0$ oder $v = 0$, sowie $(-\lambda)v = -(\lambda v)$. Der

Nullvektor (auch Nullelement) 0 und der zu einem gegebenen Vektor v negative Vektor $-v$ in einem Vektorraum sind eindeutig bestimmt.

Statt Vektorraum über $\mathbb{K}$ sagt man auch $\mathbb{K}$-Vektorraum; ein $\mathbb{R}$-Vektorraum wird auch als reeller Vektorraum bezeichnet, ein $\mathbb{C}$-Vektorraum als komplexer Vektorraum. Die Elemente aus V werden als Vektoren oder Punkte bezeichnet, die Elemente aus $\mathbb{K}$ als Skalare und $\mathbb{K}$ selbst als der dem Vektorraum zugrundeliegende Skalarenkörper (oder auch Skalerfeld). Vektoraddition und Skalarmultiplikation heißen auch lineare Operationen von V.

Streng genommen handelt es sich bei den oben definierten Vektorräumen um Linksvektorräume; analog kann man auch Rechtsvektorräume definieren.

In einem euklidischen oder unitären Vektorraum $(V, \langle\cdot,\cdot\rangle)$ ist auf natürliche Weise ein Konvergenzbegriff gegeben: Eine Folge $(v_1, v_2, \dots)$ von Vektoren aus V konvergiert gegen $v \in V$ genau dann, falls gilt: Zu jedem $\varepsilon > 0$ gibt es ein $n_0 \in \mathbb{N}$ mit der Eigenschaft, daß für alle $n \geq n_0$ gilt:

$$d(v, v_n) = \|v - v_n\| = \sqrt{\langle v - v_n, v - v_n\rangle} < \varepsilon.$$

Beispiele:

(1) Die Menge $\mathbb{K}^n = M(n, 1; \mathbb{K})$ aller n-Tupel mit Einträgen aus einem Körper $\mathbb{K}$ bildet bezüglich der elementweise definierten Verknüpfungen einen $\mathbb{K}$-Vektorraum, allgemeiner auch die Menge aller $(m \times n)$-Matrizen über $\mathbb{K}$.

(2) Die Menge aller Abbildungen einer nicht leeren Menge in einen $\mathbb{K}$-Vektorraum bildet bezüglich der elementweise definierten Verknüpfungen einen $\mathbb{K}$-Vektorraum.

(3) Ist $\mathbb{K}$ ein Teilkörper von $\mathbb{K}'$, so wird $\mathbb{K}'$ mit den durch $(x, y) \mapsto x + y$ und $(\alpha, x) \mapsto \alpha x$ definierten Verknüpfungen zu einem $\mathbb{K}$-Vektorraum.

(4) Die Menge $\mathbb{K}(t)$ aller Polynome mit Koeffizienten in $\mathbb{K}$ in der Unbestimmten t bildet bezüglich der üblichen Verknüpfungen einen $\mathbb{K}$-Vektorraum.

(5) Die Menge der stetigen reellwertigen Funktionen auf einem abgeschlossenen reellen Intervall bildet bzgl. der elementweise definierten Verknüpfungen einen reellen Vektorraum.

(6) Sei $\sim$ die Äquivalenzrelation auf der Menge P der gerichteten Pfeile („Vektoren") im Anschauungsraum mit $P_1 \sim P_2$ genau dann, falls sich P_1 durch Parallelverschiebung in P_2 überführen läßt. Die Menge $P/\sim$ bildet dann bzgl. „Hintereinanderhängen" und „Verlängern " einen reellen Vektorraum.

(7) Der nur aus der Null bestehende triviale Vektorraum $\{0\}$ ist Vektorraum über jedem Körper. Eine ↗Basis dieses Vektorraumes ist gegeben durch eine leere Familie.

Die Vektorräume stellen die algebraische Grundstruktur dar, die in der ↗Linearen Algebra untersucht wird. Das wichtigste Hilfsmittel hierzu sind die ↗linearen Abbildungen.

[1] Fischer, F.: Lineare Algebra. Vieweg Braunschweig/Wiesbaden, 1995.

[2] Koecher, M.: Lineare Algebra und analytische Geometrie. Springer Berlin Heidelberg New York, 1997.

Vektorraumbündel, *Vektorbündel*, ein gefaserter topologischer Raum $\pi : V \to B$, derart, daß jede Faser $V_b = \pi^{-1}(b)$, $b \in B$, ein endlichdimensionaler reeller oder komplexer Vektorraum N, und die Faserung lokal-trivial ist.

Dies bedeutet: V und B sind topologische Räume und π ist eine stetige surjektive Abbildung. V heißt Totalraum und B Basis des Vektorraumbündels. Jeder Punkt $b \in B$ der Basis besitzt eine offene Umgebung $U \subseteq B$, und es gibt einen Vektorraum N, derart, daß $\pi^{-1}(U) \subseteq V$ linear isomorph als Faserbündel zu $U \times N$ ist. Der lokale lineare Isomorphismus kann gegeben werden durch $\phi_U : \pi^{-1}(U) \to U \times N$, so daß $p_1 \circ \phi_U = \pi$ gilt ($p_1 : U \times W \to U$ sei die Projektion auf die erste Komponente des Produkts)

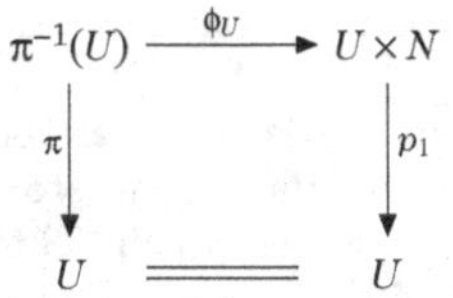

Linearität bedeutet die Forderung, daß

$$\phi_{U|\pi^{-1}(b)} \to \{b\} \times N$$

ein linearer Isomorphismus ist. Die Wahl einer solchen Menge U und der Abbildung ϕ_U nennt man eine lokale Trivialisierung des Bündels V bei b.

Meist wird die Basis als zusammenhängend angenommen. In diesem Fall folgt automatisch, daß die Dimension des Vektorraums V_b unabhängig vom Basispunkt b ist. Diese Dimension heißt Rang oder Dimension des Vektorraumbündels. Vektorraumbündel vom Rang 1 heißen Geradenbündel (manchmal auch Linienbündel genannt).

Seien $\pi_V : V \to B$ und $\pi_W : W \to B$ Vektorraumbündel über derselben Basis B. Eine stetige Abbildung $\varphi : V \to W$ heißt Vektorraumbündelmorphismus (oder einfach Vektorbündelmorphismus), falls

(1) das folgende Diagramm kommutiert:

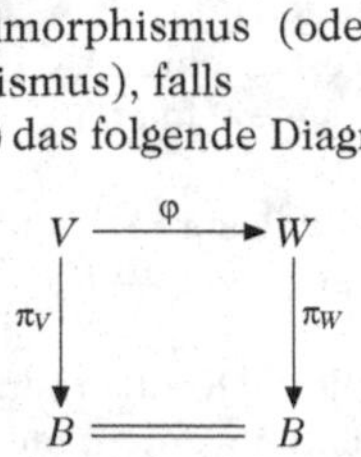

d. h., es gilt $\pi_W \varphi = \pi_V$, bzw. die Faser V_b wird nach der Faser W_b abgebildet, und

(2) die Faserabbildung $\varphi_{|V_b} : V_b \to W_b$ linear ist.

Ist die Faserabbildung injektiv, surjektiv, oder bijektiv, so heißt der Vektorraumbündelmorphismus injektiv, surjektiv, bzw. ein Isomorphismus. Die oben eingeführten Abbildungen ϕ_U sind Vektorraumbündelisomorphismen von $\pi^{-1}(U)$ nach $U \times N$ über U. Ein Vektorraumbündel $V \to B$ heißt trivial, falls $V \cong B \times N$ als Vektorraumbündel über B mit einem geeignet gewählten Vektorraum N.

Sei $\pi : V \to B$ ein Vektorraumbündel. Eine Teilmenge $V' \subseteq V$ heißt Unterbündel, falls $\pi' = \pi_{|V'} : V' \to B$ ein Vektorraumbündel ist, und jede Faser $\pi^{-1}(b) \cap V'$ ein Untervektorraum von V_b ist. Ist ein solches Unterbündel gegeben, dann trägt der topologische Raum, den man durch faserweise Quotientenbildung erhält, eine kanonische Vektorraumbündelstruktur $V/V' \to B$. Dieses Bündel heißt Quotientenbündel.

Alle universellen Konstruktionen für Vektorräume, wie etwa Summe, Tensorprodukt, symmetrisches Produkt, Dualraum, äußeres Produkt, Homomorphismen zwischen zwei Vektorräumen, etc., haben ihre Entsprechung bei den Vektorraumbündeln durch „faserweise Definition". Die Konstruktion erfolgt mit den lokalen Trivialisierungen. Dies sei für den Fall der Summe $V \oplus W$ näher erläutert. Sei U eine genügend klein gewählte offene Menge, über der die Bündel V und W gemeinsam trivialisieren. Ist etwa das Bündel V lokal isomorph zu $U \times N$ und W lokal isomorph zu $U \times M$, dann ist die Vektorraumbündelsumme $V \oplus W$ das Bündel, das lokal isomorph zu $U \times (N \oplus M)$ ist. Diese Summe heißt manchmal auch Whitney-Summe.

Sind $f : B' \to B$ eine stetige Abbildung und $\pi : V \to B$ eine Vektorraumbündel über B, so ist dadurch kanonisch das Pullbackbündel $f^*V \to B'$ gegeben. Es wird lokal wie folgt erhalten. Ist V lokal isomorph über $U \subseteq B$ zum trivialen Bündel $U \times N$, so ist f^*V lokal isomorph zum Bündel $f^{-1}(U) \times N$ über $f^{-1}(U) \subseteq B$. Anschaulich: Über dem Punkt $b' \in B'$ wird der Vektorraum $V_{f(b')}$ „angeheftet".

Ein Vektorraumbündel V vom Rang n kann durch einen stetigen 2-Kozykel mit Werten in der Gruppe $GL(n, \mathbb{R})$ bzw. $GL(n, \mathbb{C})$ gegeben werden. Sei $\{U_i\}_{i \in J}$ eine offene Überdeckung von B, derart daß V über jedem U_i trivial wird, und seien

$$\psi_i : \pi^{-1}(U_i) \to U_i \times N$$

fest gewählte Trivialisierungsabbildungen. Ist $U_i \cap U_j \neq \emptyset$, so existieren durch Einschränkung auf die Schnittmenge zwei Trivialisierungsabbildungen ψ_j und ψ_i.

Die Abbildung

$$\psi_i \circ \psi_j^{-1} : (U_i \cap U_j) \times N \to (U_i \cap U_j) \times N$$

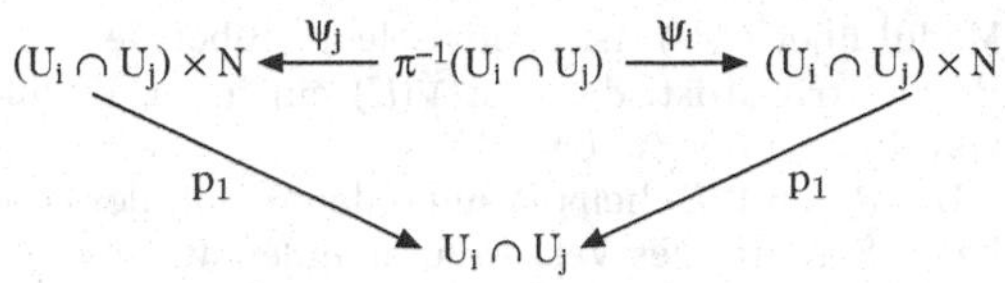

läßt das erste Argument unverändert, ist faserweise linear im zweiten Argument, und kann deshalb geschrieben werden als

$$\psi_i \circ \psi_j^{-1}(x, v) = (x, \psi_{ij}(x)v)$$

mit einer $(n \times n)$-Matrix $\psi_{ij}(x)$, deren Einträge stetige Funktionen auf $U_i \cap U_j$ sind. Da $\psi_{ij} = \psi_{ji}^{-1}$ ist, sind die Matrizen invertierbar, und es gilt

$$\psi_{ij} : U_i \cap U_j \to GL(n, \mathbb{R}), \quad \text{bzw.}$$
$$\psi_{ij} : U_i \cap U_j \to GL(n, \mathbb{C}),$$

je nachdem, ob reelle oder komplexe Vektorraumbündel betrachtet werden. Das System der $(\psi_{ij})_{(i,j) \in J \times J}$ erfüllt die 2-Kozykelbedingungen

(1) $\psi_{ii} = I_n$,

(2) $\psi_{ij}\psi_{ji} = I_n$ auf $U_i \cap U_j \neq \emptyset$,

(3) $\psi_{ij}\psi_{jk} = \psi_{ik}$ auf $U_i \cap U_j \cap U_k \neq \emptyset$.

(I_n ist die n-dimensionale Einheitsmatrix).

Zwei 2-Kozykel (ψ_{ij}) und (ψ'_{ij}) heißen kohomolog, falls es stetige Funktionen

$$\varphi_i : U_i \to GL(n, \mathbb{R}), \quad \text{bzw.}$$
$$\varphi_i : U_i \to GL(n, \mathbb{C}),$$

für alle $i \in J$ gibt mit

$$\psi'_{ij} = \varphi_i \psi_{ij} \varphi_j^{-1} \text{ auf } U_i \cap U_j .$$

Bei Wahl einer anderen Trivialisierungsabbildung ψ_i wird ein kohomologer Kozykel erhalten.

Umgekehrt wird durch die Vorgabe einer Überdeckung $\{U_i\}_{i \in J}$ von B und eines zugeordneten 2-Kozykels (ψ_{ij}) von stetigen Funktionen durch Zusammenkleben der $U_i \times \mathbb{R}^n$ (bzw. $U_i \times \mathbb{C}^n$) entlang der $U_i \cap U_j$ mit Identifikation der Fasern über $x \in U_i \cap U_j$ mit Hilfe der Matrizen $\psi_{ij}(x)$ ein Vektorraumbündel definiert.

Ist ein Vektorraumbündel $\pi : V \to B$ vom Rang n gegeben, dann ist für jede offene Teilmenge $U \subseteq B$ die Menge der Schnitte $\mathcal{V}(U)$ über U definiert als

$$\mathcal{V}(U) := \{s : U \to V \mid s \text{ ist stetig }, \pi \circ s = \mathrm{id}_U\}.$$

Dies bedeutet insbesondere, daß der Schnitt den Basispunkt in seine Faser abbildet: $s(b) \in V_b$. Durch faserweise Addition und Multiplikation mit Skalaren wird $\mathcal{V}(U)$ ein Vektorraum, der meist unendlichdimensional ist. Durch Multiplikation mit den Elementen des Rings der stetigen Funktionen $C(U)$ auf U mit Werten im Körper, der dem Vektorraum zugrunde liegt, wird $\mathcal{V}(U)$ sogar zu einem

Modul über $C(U)$. Ist U eine Menge, über der das Bündel trivial ist, dann ist $\mathcal{V}(U)$ ein freier Modul vom Rang n über $C(U)$.

Der Raum $\mathcal{V}(B)$ heißt Raum (oder Modul) der globalen Schnitte des Vektorraumbündels V. Das System der $U \to \mathcal{V}(U)$ definiert eine Garbe von Vektorräumen bzw. eine Garbe von Moduln über der Garbe der stetigen Funktionen auf B. Als Garbe von Moduln ist sie lokalfrei vom Rang n (die Basis B sei als zusammenhängend vorausgesetzt).

Garben sind allgemeinere Objekte, die allerdings innerhalb der Theorie der Vektorraumbündel ebenfalls benötigt werden. Ist etwa $\varphi : V \to W$ ein Vektorraumbündelmorphismus, so ist die Teilmenge

$$\operatorname{Kern}\varphi := \bigcup_{b\in B} \operatorname{Kern}\varphi_{|V_b}$$

im allgemeinen kein Unterbündel von V. Die Dimension des faserweisen Kerns $\operatorname{Kern}\varphi_{|V_b}$ kann springen. Lediglich wenn dessen Dimension konstant entlang der Basis ist, ist $\operatorname{Kern}\varphi$ ein Unterbündel. In diesem Fall besitzt das faserweise Bild auch konstante Dimension, und

$$\operatorname{Bild}\varphi := \bigcup_{b\in B} \operatorname{Bild}\varphi_{|V_b}$$

ist ein Unterbündel von W. Es gilt der Isomorphiesatz

$$V/\operatorname{Kern}\varphi \cong \operatorname{Bild}\varphi \,.$$

Ohne die Konstanz der Dimension sind $\operatorname{Kern}\varphi$, $\operatorname{Bild}\varphi$ und der Quotient nur im Sinne der (nicht notwendig lokalfreien) Garben definiert. Hierbei identifiziert man die Vektorraumbündel mit ihren lokalfreien Garben von Schnitten.

Alles, was hier für topologische Vektorraumbündel durchgeführt wurde, kann in völlig analoger Weise für differenzierbare Vektorraumbündel über differenzierbaren Mannigfaltigkeiten, für holomorphe Vektorraumbündel über komplexen Mannigfaltigkeiten, und für algebraische Vektorraumbündel über algebraischen Varietäten gemacht werden. Die beteiligten Abbildungen sind in der jeweiligen Kategorie zu wählen. Ein wichtiges differenzierbares Vektorraumbündel wird für jede differenzierbare Mannigfaltigkeit durch das ↗Tangentialbündel gegeben.

Vektorraumhomomorphismus, ↗lineare Abbildung.

Vektorraumisomorphismus, ↗Isomorphismus.

Vektorraumprägeometrie, von einem Vektorraum erzeugte ↗kombinatorische Prägeometrie.

Vektorrechnung im $\mathbb{R}^n$, die Regeln für den Umgang mit den Elementen des als ↗Vektorraum aufgefaßten n-dimensionalen Anschauungsraums $\mathbb{R}^n$.

Sei PF die Menge aller gerichteten Pfeile im $\mathbb{R}^n$ (d. h., die Menge aller geordneten Paare von Elementen aus $\mathbb{R}^n$), und $\simeq$ die Äquivalenzrelation auf PF, die definiert ist durch:

$$(P_1, P_2) \simeq (Q_1, Q_2)$$

genau dann, falls sich (P_1, P_2) durch „Parallelverschiebung" in (Q_1, Q_2) überführen läßt.

Die Elemente $[(P, Q)]$ der Quotientenmenge $PF/\simeq$ heißen Vektoren, der Vektor $0 := [(P, P)]$ heißt Nullvektor, und der Vektor $-\mathfrak{v} := [(Q, P)]$ heißt inverser Vektor des Vektors $\mathfrak{v} = [(P, Q)]$.

Bezeichnet 0 den ↗Koordinatenursprung im $\mathbb{R}^n$, so gibt es zu jedem $\mathfrak{v} \in PF/\simeq$ genau ein Paar $(O, P) \in PF$ mit $\mathfrak{v} = [(O, P)]$; (O, P) heißt der Ortsvektor von $\mathfrak{v}$. Durch

$$\begin{aligned}[(P_1, P_2)] + [(Q_1, Q_2)] &:= [(P_1, P_2 + Q_2 - Q_1)] \\ &= [(Q_1, Q_2 + P_2 - P_1)]\end{aligned}$$

und

$$\lambda[(P, Q)] := [(\lambda P, \lambda Q)] \quad (\lambda \in \mathbb{R})$$

sind auf $PF/\simeq$ eine Addition und eine Skalarmultiplikation gegeben, bzgl. derer $PF/\simeq$ zu einem reellen Vektorraum wird.

Vektorverband, *Riesz-Raum*, ein ↗geordneter Vektorraum X, in dem je zwei Elemente x und y eine kleinste obere Schranke (Supremum) besitzen, die mit $x \vee y$ bezeichnet wird; dann existiert auch die größte untere Schranke (Infimum) $x \wedge y$.

Der Positivteil eines Elements $x \in X$ ist als $x^+ = x \vee 0$ und der Negativteil als $x^- = (-x) \vee 0$ erklärt; man beachte, daß $x^- \geq 0$ ist. Dann gilt

$$x = x^+ - x^- ,$$

und

$$|x| := x^+ + x^- \; = \; x \vee (-x)$$

heißt Absolutbetrag von x.

Beispiele für Vektorverbände sind die ↗Funktionenräume $L^p(\mu)$ oder $C(K)$; dies sind sogar ↗Banach-Verbände. Zu Operatoren auf Vektorverbänden siehe ↗Abbildung zwischen Vektorverbänden.

[1] Schaefer, H. H.: Banach Lattices and Positive Operators. Springer Berlin/Heidelberg, 1974.

vektorwertiges Integral, ↗Bochner-Integral.

***V*-elliptische Bilinearform**, spezielle Bilinearform $a(\cdot,\cdot) : E \times E \to \mathbb{K}$ in einem normierten Raum E über einem Körper $\mathbb{K}$.

Ist $V \subset E$ ein Teilraum von E, dann heißt a V-elliptisch (oder elliptisch auf V), wenn

$$|a(u, u)| \;\geq\; \alpha ||u||^2 \;\text{ für alle } u \in V$$

mit einer Konstanten $\alpha > 0$ gilt.

Der Begriff spielt eine Rolle in der Theorie schwacher Lösungen elliptischer Differentialgleichungen.

Venn, John, britischer Logiker, geb. 4.8.1834 Drypool (Hull), gest. 4.4.1923 Cambridge.

Nach Abschluß seiner Schul- und College-Ausbildung in Cambridge wurde Venn 1859 zum Priester geweiht. Aber bereits 1862 kehrte er als Dozent nach Cambridge zurück, wo er sich der Logik und Wahrscheinlichkeitslehre widmete. Bald darauf wurde er, ebenfalls in Cambridge, Professor für Logik und Naturphilosophie. Ab etwa 1890 widmete er sich vorrangig der Erforschung der Geschichte der eigenen Universität.

Venn-Diagramm, ↗ naive Mengenlehre.

verallgemeinerte Ableitung, *schwache Ableitung*, Erweiterung des Begriff der ↗ Ableitung einer Funktion auf gewisse im ‚gewöhnlichen' Sinn nicht differenzierbare Funktionen, indem man als Differenzierbarkeitskriterium nicht die Existenz des Grenzwerts des Differenzenquotienten benutzt, sondern die Gültigkeit der Formel der ↗ partiellen Integration.

Im folgenden sei $\mathbb{K}$ der Körper der reellen oder komplexen Zahlen, und die betrachteten Funktionen seien $\mathbb{K}$-wertig. Ist Ω ein offenes Intervall in $\mathbb{R}$ und $f \in C(\overline{\Omega})$, so gilt für die Ableitung f' gemäß partieller Integration

$$\int_\Omega f'(x)\,\overline{\varphi(x)}\,dx = -\int_\Omega f(x)\,\overline{\varphi'(x)}\,dx$$

für alle Testfunktionen φ auf Ω, also für alle beliebig oft differenzierbaren Funktionen $\varphi : \Omega \to \mathbb{K}$ mit kompaktem Träger

$$\operatorname{supp}\varphi = \overline{\{x \in \Omega \mid \varphi(x) \neq 0\}}\,.$$

Etwa für die Betragsfunktion $f := |\;| : \Omega \to \mathbb{R}$ und die Signumfunktion $g := \operatorname{sgn} : \Omega \to \mathbb{R}$ hat man nun ebenfalls

$$\int_\Omega g(x)\,\overline{\varphi(x)}\,dx = -\int_\Omega f(x)\,\overline{\varphi'(x)}\,dx$$

für alle Testfunktionen φ auf Ω, und bezeichnet daher g als verallgemeinerte Ableitung von f.

Allgemeiner gilt für offenes $\Omega \subset \mathbb{R}^n$ und m-mal stetig differenzierbares $f \in C(\overline{\Omega})$ für jeden Multiindex α mit $|\alpha| \leq m$ für den ↗ Differentialoperator D^α gemäß dem Gaußschen Integralsatz

$$\int_\Omega D^\alpha f(x)\,\overline{\varphi(x)}\,dx = (-1)^{|\alpha|}\int_\Omega f(x)\,\overline{D^\alpha\varphi(x)}\,dx$$

für alle Testfunktionen φ auf Ω.

Ist $f \in L^2(\Omega)$ und α ein Multiindex, so nennt man daher $g \in L^2(\Omega)$ verallgemeinerte α-te Ableitung von f genau dann, wenn

$$\int_\Omega g(x)\,\overline{\varphi(x)}\,dx = (-1)^{|\alpha|}\int_\Omega f(x)\,\overline{D^\alpha\varphi(x)}\,dx$$

gilt für alle Testfunktionen φ auf Ω. Die verallgemeinerte α-te Ableitung von f ist eindeutig bzgl. L^2-Äquivalenz und wird mit $D^{(\alpha)}f$ bezeichnet.

Mit Hilfe verallgemeinerter Ableitungen werden die ↗ Sobolew-Räume zu Ω definiert. Eine noch weitergehende Verallgemeinerung des Ableitungsbegriffs ist die Ableitung von Distributionen.

verallgemeinerte Ableitung einer Mengenfunktion, ↗ differenzierbare Mengenfunktion.

verallgemeinerte Euler-Frobenius Polynome, ↗ periodischer Spline.

verallgemeinerte Fakultät, ↗ Eulersche Γ-Funktion.

verallgemeinerte Frenetsche Formeln, ein System von Differentialgleichungen für reguläre Kurven in einer ↗ Riemannschen Mannigfaltigkeit, das neben anderen die klassischen ↗ Frenetschen Formeln für Kurven auf Flächen verallgemeinert.

Ist (M, g) eine n-dimensionale Riemannsche Mannigfaltigkeit mit einer positiv definiten Riemannschen Metrik g, ∇ der zugehörige ↗ Levi-Civita-Zusammenhang auf M, und $\alpha(s)$ eine durch die Bogenlänge s parametrisierte Kurve in M, so wird durch sukzessives Anwenden der kovarianten Ableitung auf den Tangentialvektor $\dot{\alpha}(s)$ über die Rekursionsbeziehungen $\mathfrak{x}_1(s) = \dot{\alpha}(s)$ und $\mathfrak{x}_i(s) = \nabla_{\dot{\alpha}(s)}\mathfrak{x}_{i-1}(s)$ eine Folge von Vektorfeldern $\mathfrak{x}_1, \mathfrak{x}_2, \mathfrak{x}_3, \ldots$ definiert. Man setzt voraus, daß $\alpha(s)$ allgemein gekrümmt ist, d. h., daß die Vektoren $\mathfrak{x}_1, \ldots, \mathfrak{x}_n$ des Tangentialraumes $T_{\alpha(s)}(M)$ für alle s linear unabhängig sind. Die lineare Hülle

$$\mathcal{S}_k = \operatorname{Span}(\mathfrak{x}_1, \ldots, \mathfrak{x}_k) \subset T_{\alpha(s)}(M)$$

heißt k-ter Schmiegraum von α.

Man konstruiert, ausgehend von $\mathfrak{x}_1, \ldots, \mathfrak{x}_n$, ein begleitendes orthonormiertes n-Bein, also eine Folge $\mathfrak{e}_1, \ldots, \mathfrak{e}_n$ orthonormierter Vektorfelder derart, daß für $k = 1, \ldots, n$ die ersten k Vektoren dieser Folge ebenfalls eine Basis von $\mathcal{S}_k$ bilden. Die kovarianten Ableitungen $\dot{\mathfrak{e}}_i = \nabla_{\dot{\alpha}}\mathfrak{e}_i$ besitzen dann eine Darstellung

$$\dot{\mathfrak{e}}_i = \sum_{i=1}^{n} a_{ij}\,\mathfrak{e}_j$$

als Linearkombination der Vektoren des begleitenden n-Beins.

Da $\mathfrak{e}_i$ in $\mathcal{S}_i$ liegt, liegt die Ableitung $\dot{\mathfrak{e}}_i$ in $\mathcal{S}_{i+1}$, sodaß die Koeffizienten a_{ij} für $j > i+1$ gleich Null sind. Orthonormiertheit des begleitenden n-Beins bedeutet, daß $g(\mathfrak{e}_i, \mathfrak{e}_j) = 0$ für $i \neq j$ und $g(\mathfrak{e}_i, \mathfrak{e}_i) = 1$ ist. Dies hat die Beziehung

$$a_{ij} + a_{ji} = 0$$

zur Folge. Somit bilden die Funktionen a_{ij} eine schiefsymmetrische Matrix, deren Elemente nur an den Stellen direkt oberhalb und unterhalb der Hauptdiagonalen ungleich Null sind. Man setzt $\kappa_i = a_{i,i+1}$ für $i = 1, 2, \ldots, n-1$ und nennt κ_i die i-te Krümmung von α.

Die verallgemeinerten Frenetschen Formeln lauten dann

$$\dot{\mathfrak{e}}_1 = \kappa_2\, \mathfrak{e}_2, \quad \dot{\mathfrak{e}}_n = \kappa_{n-1}\, \mathfrak{e}_{n-1}\text{ , und}$$
$$\dot{\mathfrak{e}}_i = -\kappa_{i-1}\, \mathfrak{e}_{i-1} + \kappa_i\, \mathfrak{e}_{i+1} \quad (2 \leq i \leq n-1).$$

Als Spezialfall ergeben sich die Frenetsche Formeln der ebenen Kurventheorie:

Ist $\mathfrak{t}(s)$ der Einheitstangentialvektor einer Kurve α, so wählt man einen ↗Normalenvektor $\mathfrak{n}_+(s)$ von α derart, daß das Paar $(\mathfrak{t}(s), \mathfrak{n}_+(s))$ ein orientiertes ↗begleitendes Zweibein von $\mathbb{R}^2$ bildet. Die Ableitungen der Vektorfunktionen $\mathfrak{t}(s)$ und $\mathfrak{n}_+(s)$ erfüllen dann das Differentialgleichungssystem

$$\dot{\mathfrak{t}}(s) = \kappa_2(s)\, \mathfrak{n}_+(s), \quad \dot{\mathfrak{n}}_+(s) = -\kappa_2(s)\, \mathfrak{t}(s),$$

die Frenetschen Formeln der ebenen Kurventheorie, in denen $\kappa_2(s)$ die signierte Krümmung von $\alpha(s)$ bezeichnet.

verallgemeinerte Funktion, *Distribution*, Konzept der Analysis, das die Differentiation von im klassischen Sinn nicht differenzierbaren Funktionen gestattet. Die Theorie der Distributionen wurde in den vierziger Jahren nach Vorarbeiten von Sobolew und anderen von L. Schwartz entwickelt.

Distributionen sind definitionsgemäß stetige lineare Funktionale auf gewissen Funktionenräumen. Es sei $\Omega \subset \mathbb{R}^n$ eine offene Menge, und $\mathcal{D}(\Omega)$ bezeichne den Raum aller beliebig häufig differenzierbaren Funktionen auf Ω mit kompaktem Träger (*Testfunktionen*), versehen mit der lokalkonvexen Topologie (↗Funktionenräume). Eine Distribution auf Ω ist ein Element des Dualraums $\mathcal{D}'(\Omega)$, also eine stetige lineare Abbildung $T : \mathcal{D}(\Omega) \to \mathbb{C}$. Die Stetigkeitsforderung an T kann wie folgt umschrieben werden: Es sei (φ_n) eine Folge von Testfunktionen, so daß

(1) eine kompakte Teilmenge von Ω existiert, die den Träger jedes φ_n enthält, und

(2) für jeden Multiindex α die Ableitungsfolge $(D^\alpha \varphi_n)$ gleichmäßig gegen 0 konvergiert; dann konvergiert auch $(T\varphi_n)$ gegen 0.

Jede lokal integrierbare, insbesondere jede stetige Funktion $f : \Omega \to \mathbb{C}$ gibt Anlaß zu einer *regulären Distribution* T_f gemäß

$$T_f(\varphi) = \int_\Omega f(x)\varphi(x)\, dx. \tag{1}$$

Ein Beispiel einer nichtregulären Distribution ist die δ-Distribution zu $a \in \Omega$

$$\delta_a(\varphi) = \varphi(a). \tag{2}$$

Würde man hier in Analogie zu (1) symbolisch $\int_\Omega \delta_a(x)\varphi(x)\, dx$ schreiben, so entspräche δ_a einer Funktion mit Integral 1, die außer bei a überall verschwindet (natürlich gibt es eine solche Funktion nicht); erst durch den Distributionenkalkül wird die Idee einer „Delta-Funktion" auf ein mathematisch sicheres Fundament gestellt.

Sei α ein Multiindex. Die partielle Ableitung $D^\alpha T$ einer Distribution $T \in \mathcal{D}'(\Omega)$ wird durch

$$(D^\alpha T)(\varphi) = (-1)^{|\alpha|} T(D^\alpha \varphi), \quad \varphi \in \mathcal{D}(\Omega),$$

erklärt. Der Faktor $(-1)^{|\alpha|}$ garantiert hier, daß der Ableitungsbegriff für Distributionen mit dem für Funktionen kompatibel ist; ist nämlich T_f die reguläre Distribution zu einer $|\alpha|$-mal stetig differenzierbaren Funktion f, so gilt

$$D^\alpha T_f = T_{D^\alpha f}.$$

Im Distributionensinn besitzen nun auch klassisch nicht differenzierbare Funktionen eine Ableitung, die aber i. allg. keine Funktion mehr ist, sondern eine Distribution. Zum Beispiel ist für die Heaviside-Funktion $H(x) = 1$ für $x \geq 0$, $H(x) = 0$ für $x < 0$,

$$T'_H = \delta_0.$$

Die Distributionentheorie ist zum unverzichtbaren Hilfsmittel beim Studium partieller Differentialgleichungen geworden. Sei etwa

$$P(D) = \sum_{|\alpha| \leq m} a_\alpha D^\alpha$$

ein linearer partieller Differentialoperator mit konstanten Koeffizienten. Der fundamentale *Satz von Ehrenpreis und Malgrange* besagt, daß die Gleichung

$$P(D)u = \delta_0$$

stets eine Lösung in $\mathcal{D}'(\Omega)$ besitzt, eine sogenannte Grundlösung für $P(D)$. Daraus lassen sich Lösungen allgemeinerer Gleichungen $P(D)u = f$ in $\mathcal{D}'(\Omega)$ konstruieren. Ist $P(D)$ ein ↗elliptischer Operator, so folgt aus $f \in C^\infty(\Omega)$ für eine Lösung $u \in \mathcal{D}'(\Omega)$ von $P(D)u = f$ automatisch $u \in C^\infty(\Omega)$; eine Distributionenlösung ist dann sogar eine klassische Lösung.

Außer der Ableitung lassen sich viele andere Operationen von Funktionen auf Distributionen übertragen. Für die ↗Fourier-Transformation ist der Schwartz-Raum $\mathcal{S}(\mathbb{R}^n)$ der angemessene Testraum. Der Raum $\mathcal{S}(\mathbb{R}^n)$ besteht aus allen C^∞-Funktionen φ, so daß für jedes $k \geq 0$ und jede partielle Ableitung $\lim_{|x|\to\infty} D^\alpha\varphi(x)/|x|^k = 0$ gilt. Die bezüglich der kanonischen lokalkonvexen Topologie von $\mathcal{S}(\mathbb{R}^n)$ stetigen Funktionale werden *temperierte Distributionen* genannt. Die Fourier-Transformierte $\mathcal{F}T$ einer temperierten Distribution $T \in \mathcal{S}'(\mathbb{R}^n)$ ist durch

$$(\mathcal{F}T)(\varphi) = T(\mathcal{F}\varphi), \quad \varphi \in \mathcal{S}(\mathbb{R}^n),$$

erklärt. Da $\mathcal{F}$ den Schwartz-Raum $\mathcal{S}(\mathbb{R}^n)$ bijektiv auf sich abbildet, trifft das auch für $\mathcal{S}'(\mathbb{R}^n)$ zu. Zum Beispiel ist für eine L^p-Funktion f die reguläre Distribution T_f eine temperierte Distribution, und die Fourier-Transformierte $\mathcal{F}f := \mathcal{F}T_f$ von f ist als Element von $\mathcal{S}'(\mathbb{R}^n)$ erklärt. In diesem Sinn ist die Fourier-Transformierte der konstanten L^∞-Funktion 1 die Delta-Distribution δ_0.

[1] Rudin, W.: Functional Analysis. McGraw-Hill, 1973.
[2] Schwartz, L.: Théorie des distributions. Herman, 1966.
[3] Trèves, F.: Topological Vector Spaces, Distributions and Kernels. Academic Press, 1967.

verallgemeinerte hypergeometrische Differentialgleichung, ↗verallgemeinerte hypergeometrische Funktion.

verallgemeinerte hypergeometrische Funktion, Lösung der verallgemeinerten hypergeometrischen Differentialgleichung, die wie folgt definiert ist:

Ist der Differentialoperator $\mathcal{D}$ definiert durch

$$\mathcal{D} := z\frac{d}{dz},$$

dann lautet für Konstanten $a_1, a_2, \dots a_p$ und $c_1, c_2 \dots c_q$ aus $\mathbb{C}$ die hypergeometrische Differentialgleichung:

$$\mathcal{D}(\mathcal{D}+c_1-1)(\mathcal{D}+c_2-1)\cdots(\mathcal{D}+c_q-1)w = \\ = z(\mathcal{D}+a_1)(\mathcal{D}+a_2)\cdots(\mathcal{D}+a_p)w.$$

Dies ist eine Differentialgleichung der Ordnung

$$\max(p, q+1).$$

Eine Lösung dieser Differentialgleichung ist formal durch die folgende verallgemeinerte hypergeometrische Reihe gegeben:

$$_pF_q(a_1, a_2, \dots, a_p; c_1, c_2, \dots, c_q; z) := \\ = \sum_{s=0}^{\infty} \frac{(a_1)_s(a_2)_s\cdots(a_p)_s}{(c_1)_s(c_2)_s\cdots(c_q)_s}\frac{z^2}{s!}.$$

Dabei ist $(a)_n$ das ↗Pochhammer-Symbol, definiert durch

$$(a)_n := a\cdot(a+1)(a+2)\cdots(a+n-1)$$
$$(a)_0 := 1.$$

Offensichtlich muß man zunächst den Fall ausschließen, daß einer der Koeffizienten c_i in $-\mathbb{N}_0$ ist. Ist nun $p \le q$, so konvergiert diese Reihe und definiert eine ↗ganze Funktion in z, die verallgemeinerte hypergeometrische Funktion.

Für $p = q+1$ ist der Konvergenzradius gerade 1; außerhalb des Einheitskreises in $\mathbb{C}$ muß man dann $_pF_q$ durch meromorphe Fortsetzung (↗meromorphe Funktion) definieren.

Für $p > q+1$ ist diese Reihe divergent und definiert keine Lösung der verallgemeinerten hypergeometrischen Differentialgleichung, es sei denn, einer der Koeffizienten a_s ist Null oder eine negative ganze Zahl, womit dann $_pF_q$ ein Polynom ist.

Besonders interessant sind die Fälle

$$p = q = 1 \text{ und } p = 2, q = 1.$$

Im ersten Fall nennt man $_1F_1$ auch Kummer-Funktion oder die konfluente hypergeometrische Funktion. Die zweite Funktionenfamilie $_2F_1$ bezeichnet man auch einfach als hypergeometrische Funktion.

verallgemeinerte hypergeometrische Reihe, ↗verallgemeinerte hypergeometrische Funktion.

verallgemeinerte Impulse, die Koordinaten $(p_1, \dots, p_n)$ der durch einen Satz von Darboux garantierten ↗Darboux-Koordinaten

$$(q_1, \dots, q_n, p_1, \dots, p_n)$$

für eine beliebige $2n$-dimensionale ↗symplektische Mannigfaltigkeit (M, ω).

In der Mechanik des $\mathbb{R}^3$ tauchen die verallgemeinerten Impulse zur Beschreibung eines geladenen Punktteilchens in einem Magnetfeld, das in der Form eines Vektorfeldes $\vec{B} = \text{rot}\vec{A}$ gegeben ist, in folgender Weise auf:

$$p_i = mv_i - \frac{e}{c}A_i(q_1, q_2, q_3) \qquad (1 \le i \le 3),$$

wobei e und c reelle Zahlen sind (Elementarladung und Lichtgeschwindigkeit), und v_i die Geschwindigkeit des Teilchens bedeutet.

verallgemeinerte Intervallarithmetik, zur ↗Intervallarithmetik analoge Erweiterung der arithmetischen Operationen $\circ$ einer Grundmenge M auf kompakte zusammenhängende Teilmengen.

Ist $\mathfrak{I}(M) \subseteq \mathfrak{P}(M)$ die betrachtete Intervallmenge und $\mathbf{a}, \mathbf{b} \in \mathfrak{I}(M)$, so kann

$$\mathbf{c} \in \mathfrak{I}(M) \text{ mit } \mathbf{c} \supseteq \{a \circ b | a \in \mathbf{a}, b \in \mathbf{b}\}$$

als Ergebnis von $\mathbf{a} \circ \mathbf{b}$ gewählt werden. Es wird eine möglichst scharfe Einschließung $\mathbf{c}$ gewünscht.

Für einstellige Verknüpfungen gilt die Definition entsprechend, ebenso sind verallgemeinerte ↗Intervall-Standardfunktionen definiert. Offensichtlich gilt mit dieser Definition die ↗Einschließungseigenschaft der Intervallarithmetik.

Beispiele für verallgemeinerte Intervalle sind komplexe Kreise und Kreisringsektoren (↗komplexe Intervallarithmetik) oder Parallelepipede und Ellipsoide im $\mathbb{R}^n$.

verallgemeinerte Inverse, Überbegriff für ↗Moore-Penrose-Inverse und ↗Pseudoinverse, oft allerdings auch synonym zu diesen verwendet.

Die verallgemeinerte Inverse ist die durch die Forderungen

$$\begin{aligned} AA^{\dagger}A &= A \\ A^{\dagger}AA^{\dagger} &= A^{\dagger} \\ (AA^{\dagger})^* &= AA^{\dagger} \\ (A^{\dagger}A)^* &= A^{\dagger}A \end{aligned}$$

eindeutig bestimmte $(n \times m)$-Matrix $A^{\dagger}$ zu einer gegebenen $(m \times n)$-Matrix A. Hierbei bezeichnet C^* zu einer Matrix C die konjugiert transponierte Matrix. Es seien Matrizen mit Elementen aus $\mathbb{K} \in \{\mathbb{R}, \mathbb{C}\}$ betrachtet.

Ist A quadratisch $(m = n)$ und regulär, so ist gerade

$$A^{-1} = A^{\dagger}.$$

In diesem Fall wird für jedes $b \in \mathbb{K}^m$ die Gleichung

$$Ax = b \tag{1}$$

eindeutig gelöst durch $x = A^{-1}b$.

Im Falle $m > n$ (überbestimmtes Gleichungssystem) ist (1) nicht mehr allgemein lösbar. Dieser Fall tritt jedoch in der Praxis oft auf, wenn etwa mehr Beobachtungen oder Messungen gemacht werden, als unabhängige Parameter gegeben sind. Hier ist es dann sinnvoll, den Restvektor

$$r := r(x) := b - Ax$$

zu minimieren. Betrachtet man dies bezüglich der euklidischen Norm $\| \ \|_2$, so führt die Aufgabe auf die Gauß-Normalgleichung $A^*Ax = A^*b$. Für jedes b existiert ein x, das diese Gleichung löst. $A^{\dagger}$ liefert eine Lösung minimaler Norm.

Die Überlegungen können auf lineare Abbildungen zwischen Hilberträumen ausgedehnt werden: Dazu seien $\mathfrak{H}$ und $\mathfrak{K}$ Hilberträume über $\mathbb{K}$ und

$$A : \mathfrak{H} \to \mathfrak{K} \quad \text{linear, beschränkt}.$$

Mit dem Wertebereich $R(A)$ von A definiert man

$$D(A^{\dagger}) := R(A) + R(A)^T.$$

Dann gilt:

$$A^{\dagger} : D(A^{\dagger}) \to \mathfrak{H}$$

wählt zu $b \in D(A^{\dagger})$ das eindeutig bestimmte x minimaler Norm, das $\|b - Ax\|$ minimiert. $A^{\dagger}$ ist ein abgeschlossener, dicht definierter linearer Operator. Ist A invertierbar, dann gilt: $A^{\dagger} = A^{-1}$. $A^{\dagger}$ ist genau dann stetig, wenn $R(A)$ abgeschlossen ist.

[1] Ben-Israel, A.; Greville Th. N. E.: Generalized Inverses. J. Wiley, New York, 1974.

verallgemeinerte Kontinuumshypothese, *GCH*, die Aussage, daß für alle Ordinalzahlen α gilt:

$$\beth_{\alpha} = \omega_{\alpha}.$$

Siehe auch ↗Kardinalzahlen und Ordinalzahlen.

verallgemeinerte Koordinaten, auch generalisierte Koordinaten genannt, minimaler Satz voneinander unabhängiger Parameter, die die Lage eines physikalischen Systems im Raum vollständig bestimmen.

verallgemeinerte Laguerre-Transformation, eine ↗Integral-Transformation, definiert durch

$$f_{\alpha}(n) = T_{\alpha}F(x) = \int_0^{\infty} e^{-x}x^{\alpha}L_n^{\alpha}(x)F(x)dx$$

für $n = 0, 1, \dots$. Hierbei bezeichnen die $L_n^{\alpha}(x)$ die verallgemeinerten Laguerre-Polynome, welche definiert sind durch

$$L_n^{\alpha}(x) = \frac{x^{-\alpha}e^x}{n!}\frac{d^n}{dx^n}(x^{\alpha+n}e^{-x}).$$

verallgemeinerte Lienardsche Differentialgleichung, ↗Lienardsche Differentialgleichung.

verallgemeinerte Mengenpartition, eine ↗Mengenpartition, bei der die leere Menge als beliebig oft wiederholbarer Block zugelassen ist.

verallgemeinerte Riemannsche Vermutung, Ausdruck, der für verschiedenartige Verallgemeinerungen der ↗Riemannschen Vermutung benutzt wird.

Die ↗Riemannsche ζ-Funktion ist durch die Reihe

$$\zeta(s) = \sum_{n=1}^{\infty} \frac{1}{n^s},$$

die für alle komplexen Zahlen s mit Realteil $s > 1$ konvergiert, definiert. Sie besitzt eine meromorphe Fortsetzung auf $\mathbb{C}$ mit einem einzigen Pol an der Stelle $s = 1$. Man bezeichnet die Menge

$$S = \{s \in \mathbb{C} : 0 < \operatorname{Re} s \le 1\}$$

als kritischen Streifen, und die durch

$$g = \left\{s \in \mathbb{C} : \operatorname{Re} s = \frac{1}{2}\right\}$$

gegebene Mittelsenkrechte als kritische Gerade. Man sagt, eine zumindest auf S definierte Funktion f habe die *Riemann-Eigenschaft*, wenn alle in S befindlichen Nullstellen von f auf der kritischen Geraden g liegen.

Ein erste Verallgemeinerung der ζ-Funktion war von Dirichlet vorgeschlagen worden, nämlich die ↗Dirichletsche L-Reihe

$$L(s, \chi) = \sum_{n=1}^{\infty} \frac{\chi(n)}{n^s},$$

wobei χ ein Dirichlet-Charakter oder ↗Charakter modulo m ist. Ist $\chi = \chi_0$ der Hauptcharakter, so ist $L(s, \chi_0) = \zeta(s)$ die Riemannsche ζ-Funktion, andernfalls konvergiert diese Summe auf $\{\mathrm{Re}\, s > 0\}$. Damit kommt man zur ersten verallgemeinerten Riemannschen Vermutung:

Für jeden Dirichlet-Charakter χ besitzt die Dirichletsche L-Funktion $s \mapsto L(s, \chi)$ die Riemann-Eigenschaft.

Hätte man einen Beweis dieser Vermutung, so hätte dies Konsequenzen für die Gültigkeit einiger in der ↗Kryptographie angewandter Primzahltests.

Dedekind verallgemeinerte die ζ-Funktion zur sog. ↗Dedekindschen ζ-Funktion zu einem algebraischen Zahlkörper K, die durch die auf $\{\mathrm{Re}\, s > 1\}$ konvergente Reihe

$$\zeta_K(s) = \sum_{\mathfrak{a}}^{\infty} \frac{1}{\mathfrak{N}(\mathfrak{a})}$$

definiert ist, wobei über alle ganzen Ideale $\mathfrak{a} \neq 0$ summiert wird; setzt man $K = \mathbb{Q}$, so erhält man wieder die Riemannsche ζ-Funktion $\zeta(s) = \zeta_{\mathbb{Q}}(s)$.

Auch ζ_K läßt sich als meromorphe Funktion über den kritischen Streifen hinweg eindeutig fortsetzen, sodaß die zweite verallgemeinerte Riemannsche Vermutung Sinn macht:

Für jeden algebraischen Zahlkörper K besitzt die Dedekindsche ζ-Funktion $s \mapsto \zeta_K(s)$ die Riemann-Eigenschaft.

Diese Verallgemeinerung der Riemannschen Vermutung war eine wichtige Motivation zur Entwicklung der arithmetischen Geometrie.

Eine Variante dieser Vermutung für Funktionenkörper mit endlichem Konstantenkörper wurde 1974 von Deligne bewiesen.

verallgemeinerte Zahlpartition, Zahlpartition, wobei die Zahl 0 als beliebig oft wiederholbarer Block zugelassen ist.

verallgemeinerter Fourier-Koeffizient, ↗Fourier-Koeffizient bezüglich eines Orthonormalssystems.

verallgemeinerter Leiteroperator, ↗supersymmetrische Quantenmechanik.

verallgemeinertes Bernstein-Polynom, ↗multivariate Verallgemeinerung des Begriffes ↗Bernstein-Polynom.

Verwenden wir im Vektorraum $\mathbb{R}^{n+1}$ Koordinaten $x_0, \dots, x_n$, so ist das homogene Bernstein-Polynom zum Index $I = (i_0, \dots, i_n)$ gegeben durch

$$\bar{B}_I(x_0, \dots, x_n) = \frac{i_0! \cdots i_n!}{(i_0 + \cdots + i_n)!} x_0^{i_0} \cdots x_n^{i_n}.$$

Im affinen Raum $\mathbb{R}^n$ ist das inhomogene Bernstein-Polynom zu den (affin unabhängigen) Punkten $\vec{e_0}, \dots, \vec{e_n}$ und zum Index $I = (i_0, \dots, i_n)$ folgendermaßen definiert: Jeder Punkt $\vec{x}$ des Raumes läßt sich in der Form

$$\vec{x} = x_0\, \vec{e_0} + \cdots + x_n\, \vec{e_n}$$
$$\text{mit} \quad x_0 + \cdots + x_n = 1$$

schreiben. Dann setzt man

$$B_I(\vec{x}) = \bar{B}_I(x_0, \dots, x_n)\,.$$

Ist beispielsweise $n = 1$, und wählen wir $\vec{e_0} = 0$, $\vec{e_1} = 1$, so ergeben sich für $x \in \mathbb{R}^1$ die Werte $x_0 = 1 - x$, $x_1 = x$, und wir erhalten die gewöhnlichen univariaten Bernstein-Polynome

$$B_{n-i,i}(x) = \binom{n}{i}(1-x)^i x^{n-i}\,.$$

verallgemeinertes Polygon, *verallgemeinertes Vieleck*, genauer bezeichnet als verallgemeinertes n-Eck der Ordnung (s, t), eine ↗Inzidenzstruktur $(\mathcal{P}, \mathcal{B}, I)$, für die gilt:

- Jeder Block enthält genau $s + 1$ Punkte.
- Jeder Punkt ist enthalten in genau $t + 1$ Blöcken.
- Der Inzidenzgraph hat Taillenweite $2n$.
- Der Inzidenzgraph hat Durchmesser n.

Hierbei ist der Inzidenzgraph derjenige Graph, dessen Punkte die Elemente aus $\mathcal{P}$ und $\mathcal{B}$ sind, wobei zwei Punkte durch eine Kante verbunden werden, wenn sie inzident sind. Die Taillenweite ist die kleinste Länge eines Kreises, der Durchmesser ist der größte Abstand (Länge des maximalen Pfades) zweier Punkte.

Anstelle der ersten beiden Forderungen kann man auch verlangen, daß jeder Block mindestens drei Punkte enthält und umgekehrt.

Ein verallgemeinertes Zweieck ist eine Inzidenzstruktur, bei der jeder Punkt mit jedem Block inzident ist. Der zugehörige Inzidenzgraph ist ein vollständiger bipartiter Graph. Ein verallgemeinertes Dreieck ist eine projektive Ebene. Endliche verallgemeinerte Polygone gibt es nur für $n = 2$, 3, 4, 6, 8 und 12. Von besonderer Bedeutung sind ↗verallgemeinerte Vierecke. Verallgemeinerte Polygone sind die ↗Gebäude vom Rang 2.

verallgemeinertes Steiner-Baum-Problem, ↗Steiner-Baum.

verallgemeinertes Vieleck, ↗verallgemeinertes Polygon.

verallgemeinertes Viereck, eine ↗Inzidenzstruktur $(\mathcal{P}, \mathcal{B}, I)$, für die gilt: Ist $P \in \mathcal{P}$ ein Punkt und $B \in \mathcal{B}$ eine Gerade, so gibt es genau einen Punkt P' auf B, der mit P verbunden ist (d. h., es gibt eine Gerade durch P und P').

Verallgemeinerte Vierecke sind ein Spezialfall von ↗verallgemeinerten Polygonen und von ↗Polarräumen.

Die sog. klassischen verallgemeinerten Vierecke sind die ↗parabolischen Quadriken in projektiven Räumen der Dimension 4 (s. Abb.), die ↗elliptischen Quadriken in projektiven Räumen der

Dimension 5, die ↗hermiteschen Varietäten in projektiven Räumen der Dimensionen 3 und 4, und die ↗symplektischen Varietäten in projektiven Räumen der Dimension 3.

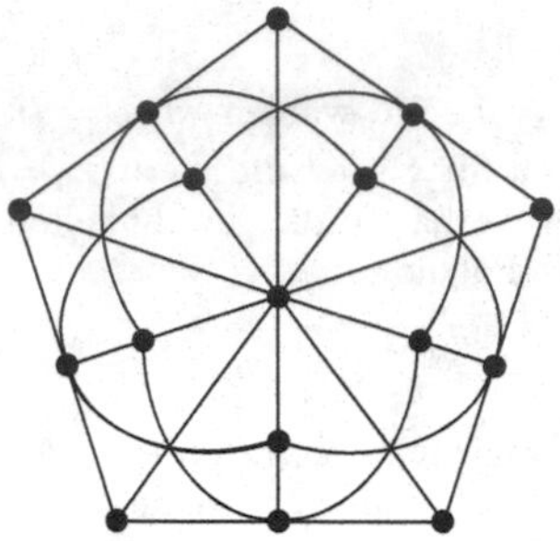

Das kleinste verallgemeinerte Viereck

Verarbeitungseinheit, im Kontext ↗Neuronale Netze die Bezeichnung für ein ↗formales Neuron.

Verband, bezüglich einer zweistelligen Relation $\leq$ definierte ↗Halbordnung V, bei der zu je zwei Elementen $x, y \in V$ das ↗Supremum $\sup(x, y) \in V$ und das ↗Infimum $\inf(x, y) \in V$ existieren.

Jedem Verband V können zwei binäre Operationen $\vee$ und $\wedge$ zugeordnet werden, die für alle Elemente $x, y \in V$ durch

$$x \vee y = \sup(x, y)$$

und

$$x \wedge y = \inf(x, y)$$

definiert sind. Insbesondere gilt hiermit $x \vee y = x$ und $x \wedge y = y$ genau dann, wenn $y \leq x$ gilt. Die Operation $\vee$ wird Vereinigung oder Disjunktion, die Operation $\wedge$ Durchschnitt oder Konjunktion genannt.

Es gelten die sechs folgenden Regeln, die als Verbandsaxiome bezeichnet werden.

1. $\forall a, b, c \in V: \ (a \wedge b) \wedge c = a \wedge (b \wedge c)$
2. $\forall a, b, c \in V: \ (a \vee b) \vee c = a \vee (b \vee c)$
3. $\forall a, b \in V: \ a \wedge b = b \wedge a$
4. $\forall a, b \in V: \ a \vee b = b \vee a$
5. $\forall a, b \in V: \ a \wedge (a \vee b) = a$
6. $\forall a, b \in V: \ a \vee (a \wedge b) = a.$

Die Regeln 1 und 2 heißen Assoziativgesetz, die Regeln 3 und 4 Kommutativgesetz, und die Regeln 5 und 6 Absorbtionsgesetz. Desweiteren gilt in jedem Verband das Idempotenzgesetz

7. $\forall a \in V: \ a \wedge a = a$
8. $\forall a \in V: \ a \vee a = a,$

das direkt aus dem Absorbtionsgesetz folgt.

Umgekehrt gilt auch folgende Aussage:

Gelten für eine Menge V und zwei Operationen $\wedge$ und $\vee$ die Verbandsaxiome, so ist $(V, \leq)$ mit

$$a \leq b :\iff a \wedge b = a$$

ein Verband.

Man schreibt in der Regel „$(V, \leq)$ ist ein Verband" oder „$(V, \wedge, \vee)$ ist ein Verband", um zu verdeutlichen, bzgl. welcher Relation $\leq$ bzw. bzgl. welcher Operationen $\wedge$ und $\vee$ die Menge V ein Verband ist.

Spezielle Verbände sind der ↗Verband mit Einselement, der ↗Verband mit Nullelement, und der ↗vollständige Verband.

Siehe auch ↗Verbandstheorie.

Verband mit Einselement, *nach oben beschränkter Verband*, ein ↗Verband, dessen zugrundeliegende Halbordnung eine ↗Halbordnung mit Einselement ist.

Das Einselement der Halbordnung heißt dann auch Einselement des Verbandes oder maximales Element des Verbandes.

Verband mit Nullelement, *nach unten beschränkter Verband*, ein ↗Verband, dessen zugrundeliegende Halbordnung eine ↗Halbordnung mit Nullelement ist.

Das Nullelement der Halbordnung heißt dann auch Nullelement des Verbandes oder minimales Element des Verbandes.

Verbandsaxiome, ↗Verband.

Verbandshomomorphismus, ↗Abbildung zwischen Vektorverbänden.

Verbandspolynom, endlicher Ausdruck aus Elementen eines Verbandes L, welcher nur Verbandselemente, die Operationen $\wedge$ und $\vee$, sowie Klammern enthält.

Sind $a_1, a_2, \dots, a_n \in L$, so besteht der von $\{a_1, a_2, \dots, a_n\}$ erzeugte Unterverband $L[a_1, a_2, \dots, a_n]$ von L aus allen Verbandspolynomen in $a_1, a_2, \dots, a_n$.

Verbandstheorie, Teilgebiet der Mathematik, das Strukturen untersucht, die spezielle ↗Halbordnungen sind und sich dadurch charakterisieren, daß es zu je zwei Elementen immer ein kleinstes beide umfassendes und ein größtes in beiden enthaltenes Element gibt, die ↗Verbände.

Die Bedeutung der Verbandstheorie liegt vor allem darin, daß ihre Begriffsbildungen und Methoden auf zahlreichen Gebieten der Mathematik und der theoretischen Physik Anwendung finden. Die wesentlichen in der Verbandstheorie erzielten Ergebnisse gehen auf George Boole, Ernst Schröder, Richard Dedekind und Garrett Birkhoff zurück.

[1] Grätzer, G.: General Lattice Theory. Akademie-Verlag Berlin, 1978.
[2] Hermes, H.: Einführung in die Verbandstheorie. Springer Verlag Berlin, Göttingen, Heidelberg, 1955.
[3] Szász, G.: Einführung in die Verbandstheorie. B.G. Teubner Leipzig, 1962.

Verbesserungsweg, ↗alternierender Weg.

Verbiegung des Katenoids in eine Wendelfläche, klassisches Beispiel einer isometrischen Verformung einer ↗Minimalfläche in ihre ↗assoziierte Minimalfläche, das 1838 von Ferdinand Adolf Minding (1806-1885) gefunden wurde.

Das Katenoid und die Wendelfläche sind in konformer Parametrisierung als Realteil

$$\mathbf{x}(u,v) = \mathrm{Re}\,(\Phi(u+iv))$$

bzw. Imaginärteil

$$\mathbf{y}(u,v) = \mathrm{Im}\,(\Phi(u+iv))$$

der isotropen Kurve

$$\Phi : z \in \mathbb{C} \to (\sin(z), \cos(z), i\,z)^\top \in \mathbb{C}^3$$

gegeben (↗Minimalfläche).

Multiplikation von $\Phi(z)$ mit einer beliebigen komplexen Zahl $c \in \mathbb{C}$ ändert nichts an der Eigenschaft, eine isotrope Kurve zu sein. Gilt überdies $|c| = 1$,

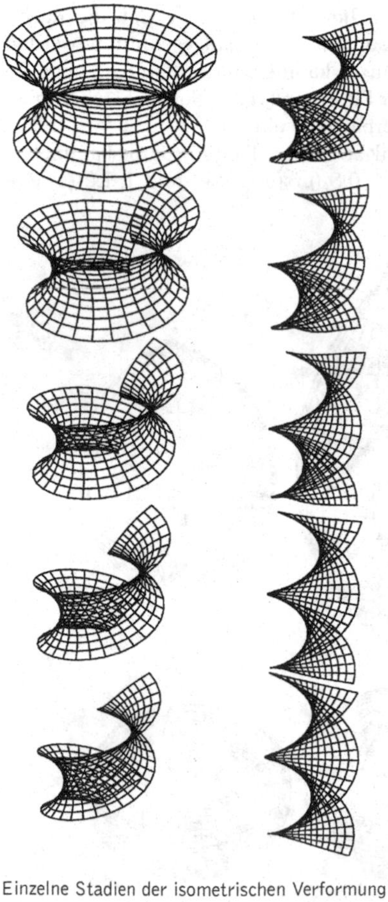

Einzelne Stadien der isometrischen Verformung des Katenoids in die Wendelfläche.

etwa $c = e^{it}$ mit $t \in \mathbb{R}$, so sind die parametrisierten Flächen

$$\mathbf{x}_t(u,v) = \mathrm{Re}\left(e^{it}\Phi(u+iv)\right)$$

paarweise untereinander isometrisch. Außerdem ist $\mathbf{x}(u,v) = \mathbf{x}_0(u,v)$ das Katenoid und $\mathbf{y}(u,v) = \mathbf{x}_{\pi/2}(u,v)$ die Wendelfläche. Explizit sind die drei Komponenten von $\mathbf{x}_t(u,v)$ durch

$$\begin{pmatrix} \cos(t)\sin u\cosh v - \sin(t)\cos u\sinh v \\ \cos(t)\cos u\cosh v + \sin(t)\sin u\sinh v \\ -\cos(t)v - \sin(t)u \end{pmatrix}$$

gegeben.

Verbiegung einer Tangentenfläche in die Ebene, in anschaulicher Beschreibung eine Verformung einer Tangentenfläche, bei der sich ihre innergeometrischen Verhältnisse, insbesondere der innere Abstand von Punkten zueinander, nicht ändern.

Allgemein versteht man unter einer Verbiegung einer Fläche $\mathcal{F}_0 \subset \mathbb{R}^3$ in eine andere Fläche $\mathcal{F}_1 \subset \mathbb{R}^3$ eine Familie $\mathcal{F}_\varepsilon$ von regulären, paarweise ↗aufeinander abwickelbaren Flächen des $\mathbb{R}^3$, die stetig von dem Parameter $\varepsilon \in \mathbb{R}$ abhängen, und für $\varepsilon = 0$ mit $\mathcal{F}_0$ und für $\varepsilon = 1$ mit $\mathcal{F}_1$ übereinstimmen.

Zur Beschreibung der Verbiegung einer Tangentenfläche durch mathematische Formeln geht man von einer Parameterdarstellung

$$\mathbf{x}(u,v) = \alpha(u) + v\,\alpha'(u)$$

aus, in der u der Bogenlängenparameter der Gratlinie α ist. Für die Koeffizienten der ersten Gaußschen Fundamentalform von $\mathbf{x}$ ergeben sich hieraus die Ausdrücke

$$E(u,v) = 1 + v^2\,k^2(u)$$

und

$$G(u,v) = F(u,v) = 1\,,$$

in die die Krümmung $k^2(s) = |\alpha''(s)|^2$ von α eingeht. Bezeichnet $\tau(s)$ die Windung von α und $\varepsilon \in \mathbb{R}$ einen reellen Parameter, so folgt aus den ↗Frenetschen Formeln, daß eine Familie $\alpha_\varepsilon(s)$ von Kurven, existiert, die folgende Eigenschaften besitzt:

(1) Der Bogenlängenparameter von $\alpha_\varepsilon(s)$ stimmt mit s überein.

(2) $\alpha_\varepsilon(s)$ hat die Krümmung $k(s)$ und die Windung $\varepsilon\,\tau(s)$.

(3) Die Zuordnung $(\varepsilon, s) \in \mathbb{R}^2 \to \alpha_\varepsilon(s) \in \mathbb{R}^3$ ist stetig, und es gilt $\alpha_1(s) = \alpha(s)$.

Dann entsteht $\alpha_\varepsilon(s)$, indem man die Torsion durch Einfügen des Parameters ε in den Frenetschen Formeln Null werden läßt. Die Kurve $\alpha_0(s)$ hat die Windung Null und somit einen ebenen Verlauf. Die zugehörige Familie

$$\mathbf{x}_\varepsilon(u,v) = \alpha_\varepsilon(u) + v\,\alpha'_\varepsilon(u)$$

von Tangentenflächen ergibt eine Verbiegung von $\mathbf{x}(u, v)$ in eine Ebene.

Das Anfangs- und das Endstadium dieser Verbiegungsprozedur stellen eine ↗Abwicklung der Tangentenfläche in die Ebene dar.

Verbiegung einer Zylinderfläche in die Ebene, mathematisch exakte Beschreibung des anschaulichen Vorgangs, bei dem eine aus biegsamem aber nicht dehnbarem Material, z. B. aus Papier, gefertigte zylinderartige Fläche längs einer Mantellinie aufgeschnitten und danach gerade gebogen wird.

Man kann eine Parameterdarstellung

$$\Phi(u, v) = \alpha(u) + v\,\mathfrak{n}$$

der Zylinderfläche derart wählen, daß die Basiskurve $\alpha(u)$ zu dem festen Richtungsvektor $\mathfrak{n} \in \mathbb{R}^3$ senkrecht ist und durch ihre Bogenlänge parametrisiert wird. Dann liegt $\alpha(t)$ in einer Ebene $E \subset \mathbb{R}^3$. Definiert man eine einparametrige Kurvenschar in E durch

$$\alpha_t(u) = \alpha(0) + \frac{\alpha(tu) - \alpha(0)}{t},$$

so haben auch alle Tangentialvektoren $d\alpha_t(u)/du$ die Länge 1, und es gilt

$$\alpha_1(u) = \alpha(u) \quad \text{und} \quad \alpha_0(u) = \alpha(0) + u\,\alpha'(0).$$

Demnach ist $\alpha_t(u)$ eine Verbiegung der ebenen Kurve $\alpha(u)$ in eine Gerade. Die ↗erste Gaußsche Fundamentalform der Familie

$$\Phi_t(u, v) = \alpha_t(u) + v\,\mathfrak{n}$$

von Zylinderflächen ist dann eine Diagonalmatrix mit den Diagonalelementen

$$E_t = \frac{d\alpha_t(u)}{du} \cdot \frac{d\alpha_t(u)}{du} = 1 \quad \text{und} \quad G_t = \mathfrak{n} \cdot \mathfrak{n},$$

also dieselbe Matrix für alle t. Daher sind alle Flächen $\Phi_t(u, v)$ untereinander isometrisch. Es gilt $\Phi_1(u, v) = \Phi(u, v)$, und $\Phi_0(u, v)$ ist eine Parameterdarstellung einer offenen Teilmenge der Ebene E.

Verbiegung von Drehflächen, durch eine Schar von ↗Drehflächen konstanter Gaußscher Krümmung dargestellte isometrische Verformung von Teilbereichen der Kugeloberfläche.

Die einparametrige Schar

$$\Phi_t(u, v) = \begin{pmatrix} t\cos(u)\cos\left(\frac{v}{t}\right) \\ t\cos(u)\sin\left(\frac{v}{t}\right) \\ \int_0^u \sqrt{1 - t^2\sin^2(\tau)}\,d\tau \end{pmatrix}$$

von Abbildung liefert Parameterdarstellungen von regulären Flächen $\mathcal{F}_t$, die sämtlich die ↗Gaußsche Krümmung $k = 1$ haben. Überdies haben alle Flächen $\mathcal{F}_t$ dieselbe ↗erste Gaußsche Fundamentalform. Diese wird in der Parametrisierung $\Phi_t(u, v)$ durch eine Diagonalmatrix mit den Diagonalelementen $E = 1$ und $G = \cos^2 u$ dargestellt. Somit ist die durch

$$F_{s,t} = \Phi_t \circ \Phi_s^{-1}$$

definierte Abbildung eine Isometrie von $\mathcal{F}_s$ auf $\mathcal{F}_t$.

$\Phi_1(u, v)$ ist die übliche Parametrisierung der Kugel vom Radius 1 durch Polarkoordinaten, und die Familie $\mathcal{F}_t$ ergibt eine Verbiegung der Kugeloberfläche in Drehflächen konstanter Gaußscher Krümmung 1.

Da der Integrand als reelle Größe nur für $|t\sin(u)] \leq 1$ definiert ist, muß im Fall $t > 1$ der Parameter u im Bereich

$$|u| \leq \arcsin(1/t)$$

liegen. Diese Ungleichung beschreibt auch den Bereich der Kugeloberfläche, der zur Fläche $\mathcal{F}_t$ isometrisch ist. Dies ist mit wachsendem t eine zunehmend schmaler werdende Region beiderseits des Äquators.

Sie spiegelt die Tatsache wider, daß die Kugeloberfläche an den Polen aufgeschnitten werden muß. Als Ganzes kann sie nach dem Satz über die Starrheit der Eiflächen (vgl. ↗globale Flächentheorie) nicht verbiegbar sein.

Die Graphik zeigt diese Familie für die Parameterwerte $t = 0.6, 0.8$ (erste Reihe) und $1, 1.2$ (zweite Reihe).

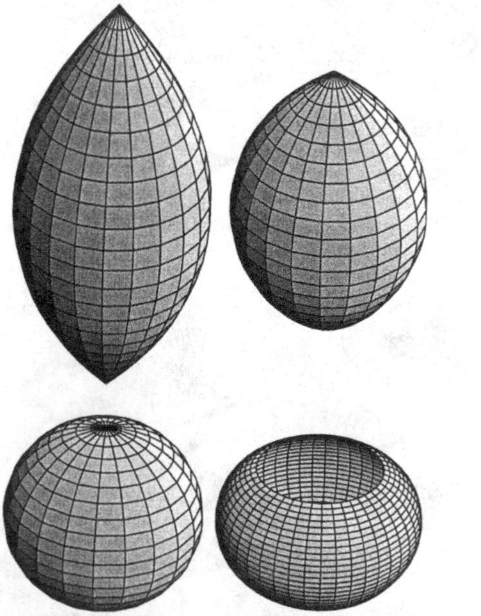

Vier Stadien einer isometrischen Verformung der Kugel.

Verbindung von Graphen, Begriff aus der ↗Graphentheorie.

Die Verbindung $G + H$ zweier disjunkter ↗Graphen G und H besteht aus den Graphen G und H zusammen mit den Kanten, die alle Ecken von G mit allen Ecken von H verbinden.

Verbindungskoeffizienten, Koeffizienten, die zwei ↗Polynomfolgen verbinden.

Sind $\{p_n(x)\}$ und $\{q_n(x)\}$ zwei Polynomfolgen mit Elementen aus $\mathbb{R}[x]$, so existieren eindeutige Koeffizienten $c_{n,k}$ mit

$$q_n(x) = \sum_{k=0}^{n} c_{n,k} p_k(x)$$

für alle $n \in \mathbb{N}_0$. Die Zahlen $c_{n,k}$ heißen auch Verbindungskoeffizienten von $\{p_n(x)\}$ und $\{q_n(x)\}$.

verborgene Schicht, (engl. *hidden layer*), im Kontext ↗Neuronale Netze die Menge ↗formaler Neuronen, die weder ↗Eingabe-Neuronen noch ↗Ausgabe-Neuronen des Netzes sind.

Implizit bringt dieser Begriff zum Ausdruck, daß die Topologie des Netzes schichtweise organisiert ist.

verborgene Variable, ↗Theorie der verborgenen Variablen.

verborgenes Neuron, (engl. *hidden neuron*), im Kontext ↗Neuronale Netze ein ↗formales Neuron, das weder ↗Eingabe-Neuron noch ↗Ausgabe-Neuron des Netzes ist.

verbundene Stichproben, ↗Stichprobe.

verbundene Zustände, ↗Markow-Kette.

verdichtender Operator, ein Operator, dessen Bild „kompakter" als sein Urbild ist.

Es seien X ein Banachraum, $M \subset X$ und $T : M \to X$ ein (nichtlinearer) beschränkter und stetiger Operator. Weiter bezeichne χ das Kuratowskische ↗Nichtkompaktheitsmaß. Dann heißt T verdichtend, wenn

$$\chi(T(B)) < \chi(B),$$

falls $B \subset M$ beschränkt und $\chi(B) > 0$ ist.

Ist z. B. T_1 kontrahierend und T_2 kompakt, so ist $T_1 + T_2$ verdichtend.

Das zentrale Ergebnis über verdichtende Operatoren ist der ↗Darbo-Sadowskische Fixpunktsatz.

Vereinheitlichte Theorien spezieller Funktionen, betrachten ↗spezielle Funktionen von einem höheren Standpunkt aus und verwenden andere Zweige der Mathematik, wie z. B. die Theorie der ↗Lie-Gruppen, um zu Aussagen etwa über Additionstheoreme und Rekursionsformeln spezieller Funktionen zu gelangen. Viele spezielle Funktionen lassen sich so als Matrixelemente der Darstellung einer gewissen (lokalen) Lie-Gruppe auf analytischen Funktionen verstehen. Additionstheoreme und Rekursionsformeln ergeben sich dann auf natürliche Weise aus der Gruppenstruktur der Lie-Gruppe.

Genauer: Sei G eine lokale, n-dimensionale komplexe Lie-Gruppe, d. h. eine Abbildung $\varphi : V \times V \to \mathbb{C}^n$, definiert auf einer Umgebung V des Ursprungs $\mathrm{e} := 0$ von $\mathbb{C}^n$ mit den Eigenschaften

- Die Abbildung φ ist analytisch in beiden Argumenten.
- Sind g, h und k in V und auch $\varphi(\mathrm{g}, \mathrm{h}) \in V$ und $\varphi(\mathrm{h}, \mathrm{k}) \in V$, so gilt $\varphi(\varphi(\mathrm{g}, \mathrm{h}), \mathrm{k}) = \varphi(\mathrm{g}, \varphi(\mathrm{h}, \mathrm{k}))$.
- Für alle $\mathrm{g} \in V$ gilt $\varphi(e, \mathrm{g}) = \varphi(\mathrm{g}, e) = e$.

Die Abbildung φ realisiert damit lokal eine Gruppenverknüpfung, wenngleich auch keine Gruppe – hierzu fehlt ein Axiom der Abgeschlossenheit der Menge unter φ. Es drückt hierbei das zweite Axiom die Assoziativität und das dritte die Existenz des neutralen Elementes aus. Die Invertierbarkeit der Gruppenelemente folgt aus dem Satz über implizite Funktionen. Jede Lie-Gruppe ist damit insbesondere eine lokale Lie-Gruppe: Man stelle die Gruppenmultiplikation in einer Karte in der Umgebung der Einheit e von G dar, die e auf $0 \in \mathbb{C}^n$ abbildet. Aus diesem Grund soll die Funktion φ nun auch nicht mehr explizit notiert, sondern statt $\varphi(\mathrm{g}, \mathrm{h})$ nur noch gh geschrieben werden.

Der Tangentialraum $T_\mathrm{e}G$ an G in e, beispielsweise realisiert durch Tangentialvektoren von Kurven $\gamma : [a, b] \to G$ durch $\gamma(0) = \mathrm{e}$, ist damit auch im Falle einer lokalen Lie-Algebra wohldefiniert, und man erhält auf kanonische Weise die Lie-Algebra $\mathfrak{G}$ der (lokalen) Lie-Gruppe G. Die Lie-Klammer von $\mathfrak{G}$ soll wie üblich mit $[\cdot, \cdot]$ notiert werden. Die Gruppenstruktur von G ausnutzend, kann man nun ein Element g in G auch mit einem Isomorphismus von $T_\mathrm{e}G = \mathfrak{G}$ nach $T_\mathrm{g}G$ identifizieren, indem man die einen Tangentialvektor $X = \gamma'(0)$ definierende Kurve $\gamma(t)$ auf $\gamma(t)\mathrm{g}$ abbildet. Da diese Kurve zur „Zeit" $t = 0$ durch den Punkt g geht, definiert ihr Tangentialvektor an diesem Punkt also einen Vektor im Tangentialraum $T_\mathrm{g}G$.

Auf diese Weise definiert man die Exponentialabbildung von $\mathfrak{G}$ in eine Umgebung von e in G durch die eindeutige Lösung des Anfangswertproblems

$$\exp(tX)_{|t=0} = \mathrm{e} \quad \frac{d}{dt}\exp(tX) = X\exp(tX),$$

die damit für kleine $|t|$ wegen des Existenz- und Eindeutigkeitssatzes für gewöhnliche Differentialgleichungen immer wohldefiniert ist.

Man stelle nun die Lie-Algebra $\mathfrak{G}$ als Differentialoperation erster Ordnung auf den analytischen Funktionenkeimen $\mathcal{A}_{z_0}$ an einem Punkt $z_0 \in \mathbb{C}^m$ dar, d. h., jedes $X \in \mathfrak{G}$ in der Lie-Algebra wird durch einen Differentialoperator D_X dargestellt, der auf in einer Umgebung $W \subset \mathbb{C}^m$ um z_0 definierte analytischen Funktionen $f \in \mathcal{A}(W, \mathbb{C})$ wirkt, wobei weiterhin

$$\begin{aligned} D_{\alpha X+\beta Y} &= \alpha D_X + \beta D_Y \\ D_{[X,Y]} &= [D_X, D_Y] := D_X D_Y - D_Y D_X \\ (D_X f)(z) &= \sum_{i=1}^{m} P_i(X;z)\frac{\partial f}{\partial z_i}(z) + Q(X;z)f(z) \end{aligned}$$

gilt. Den Term erster Ordnung von D_X notieren wir als L_X,

$$(L_X f)(z) = \sum_{i=1}^{m} P_i(X;z)\frac{\partial f}{\partial z_i}(z),$$

und nennen ihn die „Lie-Ableitung". Ebenso wie die Operatoren D_X ist dadurch eine Darstellung von $\mathfrak{G}$ definiert. Mit den Lie-Ableitungen L_X erzeugt man nun eine lokale Lie-Transformationsgruppe, also eine Darstellung von G als lokale Diffeomorphismen einer Umgebung W von z_0. Das Bild eines Punktes $z \in W$ unter einem Element $g = \exp(X)$ ist hierbei definiert durch die Lösung des Anfangswertproblemes

$$f_0(z) = 0 \qquad \frac{d}{dt} f_t(z) = (L_X f_t)(z)$$

zur Zeit $t = 1$. Man schreibt abkürzend dann auch $f_t(z) = z\exp(tX)$. Hierbei müssen natürlich geeignete Voraussetzungen über W und X gemacht werden, so daß man die Eindeutigkeit der Lösung dieser Differentialgleichung im Interval $[0, 1]$ gewährleisten kann – etwa muß W klein genug sein und g muß „nahe genug" bei e liegen, sodaß es im Bild der Exponentialabbildung liegt. Wie man sich nun leicht überlegt, gilt damit dann z. B. $z(gh) = (zg)h$, wieder vorausgesetzt, g und h sind so gewählt, daß die betrachteten Ausdrücke wohldefiniert sind.

Ebenso wie die Lie-Ableitung L_X zu einer Darstellung von G als Diffeomorphismen von W führt, erzeugen die „verallgemeinerten Lie-Ableitungen" D_X eine „Multiplikatordarstellung" der lokalen Lie-Gruppe auf den analytischen Funktionskeimen. Definiert man nämlich Operatoren $\mathrm{T} : G \times \mathcal{A}_{z_0} \to \mathcal{A}_{z_0}$ durch

$$(\mathrm{T}(g)f)(z) := \nu(z, g) f(zg)$$

mit Multiplikatoren $\nu(z, g) \in \mathbb{C}$, die das Anfangswertproblem

$$\begin{aligned} \nu(\cdot, e) &= 1 \\ \frac{d}{dt}\nu(z, \exp(tX)) &= \nu(z, \exp(tX))Q(X;z) \end{aligned}$$

lösen, so ist damit $T(g)f$ Lösung einer vergleichbaren Differentialgleichung der verallgemeinerten Lie-Ableitungen, nämlich

$$\frac{d}{dt}(\mathrm{T}(\exp(tX))f)(z) = (D_X f)(\exp(tX)z).$$

Dies nennt man eine „Multiplikatordarstellung" von G, denn es gilt hiermit bereits

$$\begin{aligned} \mathrm{T(e)} = \mathrm{id} \qquad & \mathrm{T(gh)} = \mathrm{T(g)T(h)} \\ \mathrm{T(g)(T(h)T(k))} &= \mathrm{(T(g)T(h))T(k)}, \end{aligned}$$

wieder unter der Einschränkung, daß alle hierbei auftretenden Ausdrücke wohldefiniert sind.

Berechnet man nun die Wirkung von T auf einem fest gewählten, unter der Wirkung von T abgeschlossenen Unterraum $\mathcal{V}$ von $\mathcal{A}_{z_0}$, und stellt T als Matrixelemente bezüglich einer Basis von $\mathcal{V}$ dar, so erweisen sich besagte Matrixelemente bei richtig gewählter Gruppe und Basis als spezielle Funktionen. Ist also $\{v_k\}_{k\in\mathbb{N}}$ eine Basis von analytischen Funktionen von $\mathcal{V}$, so schreiben wir, vorerst formal,

$$(\mathrm{T(g)}v_k)(z) = \sum_{l=1}^{\infty} T_k^l(\mathrm{g})v_l(z)$$

mit geeigneten Entwicklungskoeffizienten T_k^l. Damit die Konvergenz dieser Reihe gewährleistet ist, muß $\{v_k\}_{k\in\mathbb{N}}$ eine sog. „analytische Basis" sein, d. h., jede Funktion $f \in \mathcal{V}$ muß sich in eine konvergente Reihe von v_k entwickeln lassen:

$$f = \sum_{k=1}^{\infty} c^k(f)v_k$$

so, daß diese Reihe in einem kleinen Kompaktum von z_0 gleichmäßig konvergiert und ferner die Entwicklungskoeffizienten $c_k : \mathcal{V} \to \mathbb{C}$ beschränkte lineare Funktionale auf $\mathcal{V}$ bezüglich der Supremumsnorm auf $\mathcal{V}$ sind.

Dadurch, daß T eine Darstellung der lokalen Lie-Gruppe G bildet, entstehen auf natürliche Weise Additionstheoreme für die speziellen Funktionen T_k^l, nämlich

$$\begin{aligned} \mathrm{T(gh)} &= \mathrm{T(g)T(h)} \quad \Rightarrow \\ T_k^l(\mathrm{gh}) &= \sum_{j=1}^{\infty} T_j^l(\mathrm{g})T_k^j(\mathrm{h}) \end{aligned}$$

ebenso wie erzeugende Funktionen für die Matrixelemente T_j^l und die Basisfunktionen v_l

$$\mathrm{T(g)}v_k = \sum_{l=1}^{\infty} T_k^l(\mathrm{g})v_l\,.$$

Wählen wir nun eine andere Darstellung für die Lie-Algebra $\mathfrak{G}$ so, daß stattdessen die Basisfunktionen v_l die gesuchten speziellen Funktionen darstellen, so erhalten wir auf dem gleichen allgemeinen Niveau Rekursionsformeln:

$$\frac{d}{dt}_{|t=0}(\mathrm{T}(\exp(tX))v_l)(z) = (D_X v_l)(z).$$

Betrachten wir in einem Beispiel die Matrixgruppe $T_3(\mathbb{C})$ der Matrizen der Form

$$g = \begin{pmatrix} 1 & 0 & 0 & \tau \\ 0 & e^{-\tau} & 0 & c \\ 0 & 0 & e^{\tau} & b \\ 0 & 0 & 0 & 1 \end{pmatrix} \qquad b, c, \tau \in \mathbb{C}.$$

Diese Matrizen bilden eine Lie-Gruppe; die Lie-Algebra $t_3(\mathbb{C})$ dieser Gruppe wird dann erzeugt von den Matrizen

$$J^+ := \begin{pmatrix} 0 & 0 & 0 & 0 \\ 0 & 0 & 0 & 0 \\ 0 & 0 & 0 & 1 \\ 0 & 0 & 0 & 0 \end{pmatrix}$$

$$J^- := \begin{pmatrix} 0 & 0 & 0 & 0 \\ 0 & 0 & 0 & 1 \\ 0 & 0 & 0 & 0 \\ 0 & 0 & 0 & 0 \end{pmatrix}$$

$$J^3 = \begin{pmatrix} 0 & 0 & 0 & 1 \\ 0 & -1 & 0 & 0 \\ 0 & 0 & 1 & 0 \\ 0 & 0 & 0 & 0 \end{pmatrix}$$

mit den Kommutatorrelationen

$$[J^3, J^+] = J^+ \quad [J^3, J^-] = -J^- \quad [J^+, J^-] = 0.$$

Wir stellen diese Algebra jetzt auf den analytischen Funktionskeimen in einer Umgebung von 1 durch die folgenden Differentialoperatoren dar:

$$J^3 = m_0 + z\frac{d}{dz} \quad J^+ = \omega z \quad J^- = \frac{\omega}{z}$$

Dabei sind $\omega \neq 0$ und $0 \leq \mathrm{Re}(m_0) < 1$ komplexe Zahlen. Als Multiplikatordarstellung von T_3 erhält man zunächst durch Integration

$$\begin{aligned}(T(\exp \tau J^3)f)(z) &= e^{m_0\tau} f(ze^{\tau}),\\ (T(\exp bJ^+)f)(z) &= e^{b\omega z} f(z),\\ (T(\exp cJ^-)f)(z) &= e^{c\omega/z} f(z).\end{aligned}$$

Für ein beliebiges g aus einer kleinen Umgebung der Einheit von T_3 entsteht somit

$$(T(g)f)(z) = e^{\omega bz + \omega c/z + m_0\tau} f(e^{\tau} z).$$

wobei τ, c und b wie oben die Einträge in g definieren.

Sei nun $\mathcal{V} \subset \mathcal{A}_1$ der Abschluß des Raumes aller Potenzfunktionen $v_l(z) = z^l$, $l \in \mathbb{Z}$, unter Linearkombinationen und der Wirkung von T. Die Funktionen v_l bilden hierbei bereits eine analytische Basis von $\mathcal{V}$, da jede Funktion in $\mathcal{V}$ analytisch bis auf den Punkt $z = 0$ ist und sich demnach für $z \neq 0$ eindeutig in eine Laurent-Reihe $f(z) = \sum_{n=-\infty}^{\infty} a_n z^n$ entwickeln läßt, die bis auf den Punkt $z = 0$ auch konvergent ist. Definieren wir nun die Matrixelemente $T^l_k(g)$ analog zu oben durch

$$(T(g)f)(z) = \sum_{l=-\infty}^{\infty} T^l_k(g) v_l(z) = \sum_{l=-\infty}^{\infty} T^l_k(g) z^l,$$

so entsteht durch Entwicklung der Exponentialfunktion im Ausdruck $T(g)f$ die Reihenentwicklung

$$T^l_k(g) = e^{(k+m_0)\tau} (c\omega)^{k-l} \sum_{s=0}^{\infty} \frac{(\omega^2 bc)^s}{s!(s+k-l)!}.$$

Diesen Ausdruck kann man auch durch die ↗konfluente hypergeometrische Funktion ${}_0F_1$ ausdrücken; es entsteht

$$T^l_l(g) = \frac{(c\omega)^{(k-l+|k-l|)/2} (b\omega)^{(l-k+|k-l|)/2}}{|k-l|!} e^{(m_0+k)\tau} {}_0F_1(|k-l|+1; \omega^2 bc).$$

Substituieren wir nun im Falle $bc \neq 0$ noch die Gruppenparameter b und c durch r und v mit

$$\begin{aligned} r &= 2\sqrt{|bc|} e^{i(\arg b + \arg c + \pi)/2} \\ v &= 2\sqrt{\left|\frac{b}{c}\right|} e^{i(\arg b - \arg c - \pi)/2}, \end{aligned}$$

so ist dieser Ausdruck gerade gleich

$$T^l_k(g(r, v)) = e^{(m_0+k)\tau} (-v)^{l-k} J_{l-k}(-\omega r),$$

wobei J_{l-k} die ↗Bessel-Funktionen sind. Insbesondere geht die Relation

$$(T(g)f)(z) = \sum_{l=-\infty}^{\infty} T^l_k(g) z^l$$

für den Spezialfall $\tau = 0, v = -1, \omega = -1$ und $k = 0$ über in

$$e^{r(z-z^{-1})/2} = \sum_{l=-\infty} \infty J_l(r) z^l,$$

die wohlbekannte generierende Funktion der Bessel-Funktionen.

[1] Miller,W.: Lie Theory and Special Functions. Academic Press, 1968.

Vereinigung von Fuzzy-Mengen, ↗Vereinigung von unscharfen Mengen.

Vereinigung von Graphen, Begriff aus der ↗Graphentheorie.

Die Vereinigung $G_1 \cup G_2$ zweier ↗Teilgraphen G_1 und G_2 eines ↗Graphen G besteht aus der Eckenmenge $E(G_1) \cup E(G_2)$ und der Kantenmenge $K(G_1) \cup K(G_2)$.

Haben diese beiden Teilgraphen G_1 und G_2 noch zusätzlich mindestens eine gemeinsame Ecke, so besitzt ihr Durchschnitt $G_1 \cap G_2$ die Eckenmenge $E(G_1) \cap E(G_2)$ und die Kantenmenge $K(G_1) \cap K(G_2)$.

Vereinigung von Mengen, Begriff aus der Mengenlehre.

Die Vereinigung der Familie von Mengen $(X_i)_{i\in I}$ ist erklärt durch

$$\bigcup_{i\in I} X_i := \{x : \text{ es gibt ein } i \in I \text{ mit } x \in X_i\}.$$

Ist $I = \{i_1, \dots, i_n\}$, $n \in \mathbb{N}$, eine endliche Menge, so schreibt man auch

$$X_{i_1} \cup \dots \cup X_{i_n}$$

anstelle von

$$\bigcup_{i\in I} X_i .$$

Siehe auch ↗Verknüpfungsoperationen für Mengen.

Vereinigung von unscharfen Mengen, *Vereinigung von Fuzzy-Mengen*, die Fuzzy-Menge mit der ↗Zugehörigkeitsfunktion

$$\mu_{A\cup B}(x) = \max(\mu_A(x), \mu_B(x)) \quad \text{für alle } x \in X,$$

wobei $\widetilde{A}$ und $\widetilde{B}$ ↗Fuzzy-Mengen auf X sind. Die Vereinigung wird mit $\widetilde{A} \cup \widetilde{B}$ symbolisiert.

Aufgrund der hohen Übereinstimmung in den Eigenschaften werden der Minimum- und der Maximum-Operator als natürliche Erweiterung der klassischen Mengenoperatoren Durchschnitt bzw. Vereinigung angesehen; sie verkörpern daher das „logische und" bzw. das „logische oder" bei der Aggregation von Fuzzy-Mengen; siehe hierzu auch ↗Durchschnitt von unscharfen Mengen.

Vereinigungsmenge einer Familie von Mengen, ↗axiomatische Mengenlehre.

Vereinigungsmengenaxiom, Axiom der ↗axiomatischen Mengenlehre, das zu jeder Menge von Mengen $\mathcal{M}$ die Existenz einer Menge Y fordert, die alle Elemente von Mengen in $\mathcal{M}$ als Elemente enthält.

Verfahren der konjugierten Gradienten, ↗konjugiertes Gradientenverfahren.

Verfahren der sukzessiven Approximation, Verfahren zur schrittweisen Bestimmung der Lösung einer Differentialgleichung, z. B. mittels der ↗Picard-Iteration.

Verfahren zur Lösung eines Eigenwertproblems

H. Faßbender

Unter (numerischen) Verfahren zur Lösung des Eigenwertproblems

$$Ax = \lambda x \quad \text{oder} \quad (A - \lambda I)x = 0$$

mit $A \in \mathbb{R}^{n\times n}$ versteht man Verfahren, welche die Lösung (λ, x), $\lambda \in \mathbb{C}$, $x \in \mathbb{C}^n$ als Grenzwert einer unendlichen Folge von Näherungslösungen berechnen.

Zur numerischen Lösung des Eigenwertproblems wurden zahlreiche Verfahren entwickelt, welche sich in zwei Verfahrensklassen unterteilen lassen. Welches Verfahren das geeignete zur Lösung des gegebenen Problems ist, hängt stark von der Problemstellung und der Größe der Matrix A ab.

Transformationsmethoden sind Methoden, bei denen die Matrix A selbst in jedem Iterationsschritt verändert wird. Ziel der Iteration ist es, A in eine Matrix zu transformieren, von der die Eigenwerte abgelesen werden können. Sie berechnen so alle Eigenwerte einer Matrix und sind hauptsächlich für Matrizen kleiner bis mittlerer Größe geeignet. Die zweite Verfahrensklasse sind Iterationsverfahren, bei denen A nicht verändert wird und man lediglich Matrix-Vektor-Produkte Ax benötigt. Hier wird häufig versucht, einzelne Eigenwert-Eigenvektor-Paare zu approximieren. Diese Verfahren sind besonders gut für große ↗sparse Matrizen geeignet.

Da ein Eigenvektor x ungleich Null ist, muß, damit das homogene Gleichungssystem $(A - \lambda I)x = 0$ eine nichttriviale Lösung x hat, die Matrix $A - \lambda I$ singulär sein. Mit anderen Worten es gilt

$$\det(A - \lambda I) = 0.$$

Folglich muß der Eigenwert λ eine Nullstelle des charakteristischen Polynoms

$$\begin{aligned} p_n(\lambda) &= \det(A - \lambda I) \\ &= (-\lambda)^n + a_{n-1}\lambda^{n-1} + a_{n-2}\lambda^{n-2} \\ &\quad + \dots + a_1\lambda + a_0 \end{aligned}$$

sein. Das charakteristische Polynom einer $(n \times n)$-Matrix A hat stets den Grad n und damit genau n Nullstellen, wenn man diese entsprechend ihrer Vielfachheit zählt. Jede Matrix A hat also genau n Eigenwerte $\lambda_1, \dots, \lambda_n$; die Vielfachheit eines Eigenwertes als Nullstelle des charakteristischen Polynoms wird algebraische Vielfachheit des Eigenwerts genannt. Eigenvektoren zu einem Eigenwert sind nicht eindeutig bestimmt, sie bilden einen invarianten Unterraum von $\mathbb{C}^n$, dessen Dimension die geometrische Vielfachheit des Eigenwerts ist. Es gilt: Die geometrische Vielfachheit eines Eigenwerts ist kleiner oder gleich der algebraische Vielfachheit. Zu einem ℓ-fachen Eigenwert

β (d. h., einer ℓ-fachen Wurzel von $p_n(\lambda)$) brauchen also nicht notwendigerweise ℓ linear unabhängige Eigenvektoren x gehören. In einem solchen Falle ist man typischerweise nicht an den einzelnen Eigenvektoren interessiert, sondern daran, einen invarianten Unterraum $S \in \mathbb{C}^{n\times\ell}$ so zu bestimmen, daß

$$AS = S\Lambda$$

gilt, wobei Λ eine $(\ell \times \ell)$-Matrix ist, welche den ℓ-fachen Eigenwert β besitzt.

Die Charakterisierung der Eigenwerte von A als Wurzeln des charakteristischen Polynoms legt es nahe, die Koeffizienten a_j von p_n durch Berechnen der Determinante $\det(A-\lambda I)$ zu bestimmen und danach die Eigenwerte $\lambda_1, \dots, \lambda_n$ als Nullstellen von p_n zu berechnen. Die Eigenvektoren ergeben sich dann als nichttriviale Lösungen der Gleichungen

$$(A - \lambda_k I)x_k = 0\,.$$

Dieser Weg führt jedoch zu einem extrem instabilen Algorithmus, da jede numerische Methode zur Berechnung der Koeffizienten a_j des charakteristischen Polynoms Rundungsfehlern unterworfen ist. Anstelle des exakten charakteristischen Polynoms p_n erhält man dabei ein Polynom $r_n(\lambda)$, welches sich häufig nur sehr wenig von p_n unterscheidet.

Die Nullstellen von r_n seien $\mu_1, \dots, \mu_n$. Leider gilt nicht immer $\mu_j \approx \lambda_j$ (wobei angenommen sei, daß die Nullstelle von r_n und p_n der Größe nach geordnet sind:

$$|\lambda_1| \geq |\lambda_2| \geq \ldots \geq |\lambda_n|, \ |\mu_1| \geq |\mu_2| \geq \ldots \geq |\mu_n|).$$

Schon kleine Änderungen der Koeffizienten a_j von p_n können zu großen Änderungen der Eigenwerte führen. Diese mögliche hohe Empfindlichkeit der Eigenwerte nimmt in der Regel mit wachsendem Polynomgrad zu. Daher ist das charakteristische Polynom als Hilfsmittel zur numerischen Berechnung von Eigenwerten nicht geeignet.

Der Satz von Abel (↗Abel, Satz von) impliziert, daß jedes Verfahren zum Lösen des Eigenwertproblems iterativ sein muß, d. h., Eigenwerte können nur als Grenzwert einer unendlichen Folge von Näherungslösungen berechnet werden.

Je nach Aufgabenstellung sind einmal Eigenwerte und Eigenvektor, ein anderes Mal nur Eigenwerte oder Eigenvektoren der Matrix A gesucht. Es gibt Problemstellungen, bei denen man alle Eigenwerte/Eigenvektoren benötigt, aber auch solche, bei denen man nur an einigen wenigen interessiert ist, z. B. an dem betragsgrößten Eigenwert und dem zugehörigen Eigenvektor. Die Wahl des geeigneten Verfahrens zur Lösung hängt nicht nur von der jeweiligen Aufgabenstellung ab, sondern auch davon, welche speziellen Eigenschaften die Matrix A hat. Wichtige Kriterien sind hier, ob A symmetrisch oder nichtsymmetrisch ist, ob A klein- oder großdimensional ist, ob A dicht oder sparse besetzt ist.

Zur numerischen Lösung des Eigenwertproblems wurden zahlreiche Verfahren entwickelt, welche sich in zwei Verfahrensklassen einteilen lassen. Transformationsmethoden sind Methoden, bei denen die Matrix A selbst in jedem Iterationsschritt verändert wird. Typischerweise wird in jedem Iterationsschritt eine nichtsinguläre (idealerweise unitäre) Transformationsmatrix X_j berechnet und die Folge von Matrizen

$$A_j = X_j^{-1} A_{j-1} X_j$$

gebildet, wobei $A_0 = A$ gesetzt wird. Da alle Iterationsmatrizen A_j zueinander ähnlich sind, haben sie alle dieselben Eigenwerte. Ziel der Iteration ist es, A in eine Matrix zu transformieren, von der die Eigenwerte abgelesen werden können.

Man könnte nun versuchen, die X_j so zu wählen, daß die Folge der A_j gegen die ↗Jordansche Normalform von A konvergiert. Dies führt aber auf einen numerisch nicht stabilen Algorithmus. Stattdessen wird meist das folgende Resultat verwendet:

Es existiert zu jeder reellen Matrix A eine unitäre Matrix Q so, daß

$$Q^H A Q$$

eine obere ↗Dreiecksmatrix ist (bzw. eine Diagonalmatrix, falls A symmetrisch, in diesem Fall kann Q orthogonal gewählt werden).

Von der Diagonalen dieser Dreiecksmatrix lassen sich dann die Eigenwerte ablesen, die Spalten von Q geben Informationen über die zugehörigen Eigenvektoren (bzw. invarianten Unterräume).

Da die Matrix Q nicht direkt in endlich vielen Schritten berechenbar ist, versucht man nun, durch eine geeignete Folge von Iterationsschritten Q als unendliches Produkt von unitären Matrizen X_j aufzubauen. Dabei wählt man X_j in jedem Schritt so, daß A_j in einem gewissen Sinne näher an einer oberen Dreiecksmatrix ist als A_{j-1}. Praktisch muß die Berechnung nach endlich vielen Schritten abgebrochen werden, z. B., wenn die Elemente im unteren Dreieck der Iterationsmatrix A_j klein genug sind. Die beiden bekanntesten Verfahren dieser Art sind das ↗Jacobi-Verfahren zur Lösung von symmetrischen Eigenwertproblemen und der ↗QR-Algorithmus zur Lösung eines symmetrischen oder eines allgemeinen Eigenwertproblems. Beide Verfahren sind hauptsächlich für Matrizen kleiner bis mittlerer Größe geeignet. Sie berechnen alle Eigenwerte einer Matrix A.

Die zweite Verfahrensklasse sind Iterationsverfahren, bei denen A erhalten bleibt. Es werden Folgen von Eigenwertnäherungen

$$\beta_1 \to \beta_2 \to \cdots \to \lambda_j$$

und/oder Folgen von Eigenvektornäherungen

$$z_1 \to z_2 \to \cdots \to x_j$$

erzeugt, die gegen gewisse Eigenwerte λ_j bzw. Eigenvektoren x_j konvergieren. Typische Vertreter dieser Verfahrensklasse sind ↗Vektoriterationsverfahren, wie ↗Potenzmethode oder ↗inverse Iteration. Hierbei werden durch wiederholte einfache Matrix-Vektor-Multiplikationen oder wiederholtes Lösen eines Gleichungssystems Approximationen an einzelne Eigenvektoren einer Matrix A berechnet. Dabei fallen auch Approximationen an den zugehörigen Eigenwert ab.

Bei der Potenzmethode wird das Eigenwert-Eigenvektor-Paar zum betragsgrößten Eigenwert approximiert, bei der inversen Iteration ein beliebiges Eigenwert-Eigenvektor-Paar. Bei beiden Verfahren wird stets ein Eigenvektor approximiert.

Falls weitere Eigenvektoren benötigt werden, kann man wie folgt vorgehen: Die Matrix A wird mittels ↗Deflation in eine Matrix B überführt, deren Spektrum alle Eigenwerte von A außer dem bereits berechneten enthält. Anschließend wendet man dann die Potenzmethode bzw. inverse Iteration auf B an.

Eine andere Möglichkeit ist, den Ansatz der Potenzmethode bzw. der inversen Iteration wie folgt zu verallgemeinern: Man startet die Iteration statt mit einem einzelnen Startvektor x_0 mit einer Startmatrix $X_0 \in \mathbb{C}^{n\times p}$, um p Eigenwerte und den zugehörigen invarianten Unterraum gleichzeitig zu bestimmen. Dies führt auf ↗Unterraum-Iterationsmethoden. Speziell für symmetrische Matrizen entwickelt wurden die Varianten ↗Rayleigh-Quotienten-Verfahren und ↗Rayleigh-Ritz-Verfahren.

Ist die Matrix A sehr groß und sparse, und ist man nur an einigen Eigenwerten und zugehörigen Eigenvektoren (bzw. invarianten Unterräumen) interessiert, so sind für symmetrisches A das ↗Lanczos-Verfahren, bzw. für beliebige Matrizen das ↗Arnoldi-Verfahren die geeigneten Verfahren. Das Lanczos-Verfahren war ursprünglich ein Verfahren zur Transformation einer symmetrischen Matrix auf Tridiagonalgestalt. Kombiniert mit einer Methode zur Bestimmung von Eigenwerten und Eigenvektoren symmetrischer Tridiagonalmatrizen (z. B. dem ↗QR-Algorithmus oder der ↗Sturmschen Kette) ist es ein geeignetes Verfahren zur Lösung des symmetrischen Eigenwertproblems für große sparse Matrizen. Dabei wird die Eigenschaft, daß die Eigenwerte der bei der Konstruktion als Zwischenergebnisse auftretenden Tridiagonalmatrizen kleinerer Dimension häufig schon gute Approximationen an Eigenwerte von A sind, sehr erfolgreich dazu genutzt, einige Eigenwerte und Eigenvektoren von symmetrischen großen sparsen Matrizen zu berechnen. Die sparse Besetzung der Matrix kann hierbei gut genutzt werden, da in jedem Schritt nur die Multiplikation der gegebenen Matrix mit einem Vektor erforderlich ist. Das Arnoldi-Verfahren ist eine Verallgemeinerung des Lanczos-Verfahrens für nichtsymmetrische Matrizen. Es reduziert die gegebene Matrix auf obere ↗Hessenberg-Form. Auch hier sind die Eigenwerte der bei der Konstruktion als Zwischenergebnisse auftretenden oberen Hessenberg-Matrizen kleinerer Dimension häufig schon gute Approximationen an Eigenwerte von A. Beide Verfahren lassen sich interpretieren als Berechnung einer orthogonalen Basis $\{q_1, q_2, \dots, q_n\}$ für den Krylow-Raum

$$\{q_1, Aq_1, A^2q_1, \dots, A^{n-1}q_1\},$$

bzw. als Berechnung einer ↗QR-Zerlegung der Krylow-Matrix

$$\begin{aligned} K(A, q_1, n) &= (q_1, Aq_1, A^2q_1, \dots, A^{n-1}q_1) \\ &= (q_1, q_2, \dots, q_n)R = QR\,. \end{aligned}$$

Dabei werden im allgemeinen nicht alle Vektoren $q_1, \dots, q_n$ berechnet, sondern man stoppt nach wenigen Schritten mit $Q_k = (q_1, q_2, \dots, q_k)$, wobei $k \ll n$. Dann ist $Q_k^T A Q_k$ eine obere Hessenberg-Matrix (bzw. eine Tridiagonalmatrix, wenn A symmetrisch ist), deren Eigenwerte gute Approximationen an die Eigenwerte von A sind.

In den Anwendungen treten häufig allgemeinere Eigenwertprobleme als das hier betrachtete Standardeigenwertproblem auf. Ein stabiles Verfahren zur Lösung des verallgemeinerten Eigenwertproblems

$$Ax = \lambda Bx$$

mit $A, B \in \mathbb{R}^{n\times n}$ ist das ↗QZ-Verfahren.

Bezüglich weiterer Verfahren und Verfahren für andere Eigenwertprobleme muß auf die Spezialliteratur verwiesen werden.

Literatur

[1] Golub, G.H.; van Loan, C.F.: Matrix Computations. Johns Hopkins University Press, 1996.

[2] Kielbasinski, A.; Schwetlick H.: Numerische lineare Algebra. Verlag H. Deutsch Frankfurt, 1988.

[3] Schwarz, H.R.: Numerische Mathematik. B.G. Teubner-Verlag Stuttgart, 1993.

[4] Stoer, J.; Bulirsch, R.: Numerische Mathematik II. Springer-Verlag Heidelberg/Berlin, 1994/1991.

Verfahrensfehler, Abweichung einer approximativen Lösung vom exakten Wert, welche durch das Prinzip des jeweiligen Verfahrens bedingt ist.

Verwendet man beispielsweise zur näherungsweisen Berechnung von $\sin(x)$ für $|x| \leq 1$ die entsprechende Potenzreihe

$$\sum_{k=0}^{\infty}(-1)^k \frac{x^{2k+1}}{(2k+1)!}$$

und bricht die Summation nach dem dritten Summanden ab ($k = 2$), so ist der Abbruch- oder Verfahrensfehler nach dem Leibniz-Kriterium für alternierende Reihen höchstens gleich $|x|^7/5040$, also insgesamt kleiner als ca. $2 \cdot 10^{-4}$. Weitere Beispiele sind ↗Differenzenverfahren zur Lösung von Differentialgleichungen, bei denen der Verfahrensfehler gerade der sogenannte ↗Diskretisierungsfehler ist.

Die Bestimmung bzw. Abschätzung des Verfahrensfehlers gehört zu jeder Analyse eines numerischen Verfahrens und zur vollständigen Durchführung einer ↗Fehleranalyse und Fehlerkontrolle.

verfeinerbare Funktion, ↗Skalierungsfunktion.

Verfeinerung einer Kette, Kette, die die ursprüngliche Kette als echte Teilmenge enthält.

Insbesondere hat die Verfeinerung mehr Elemente (d. h., eine größere Länge) als die Ausgangskette. So ist zum Beispiel die Kette von Primidealen

$$(0) \subsetneqq (X_1) \subsetneqq (X_2) \subsetneqq (X_5)$$

aus $K[X_1, X_2, X_3, X_4, X_5]$, K ein Körper, eine Verfeinerung der Kette

$$(X_1) \subsetneqq (X_5)\,.$$

Verfeinerung einer Überdeckung, ↗Überdeckung.

Verfeinerung von Intervallschachtelungen, u. a. zur Definition der ↗Äquivalenz von Intervallschachtelungen benutzter Begriff.

Sind $I = (I_n)$ und $J = (J_n)$ Intervallschachtelungen, dann heißt J eine Verfeinerung von I, wenn $J_n \subset I_n$ für alle $n \in \mathbb{N}$ gilt.

Verfeinerung von Partitionen, Ordnungsrelation zwischen Partitionen.

Es seien π und σ zwei Partitionen einer Menge N. Gilt $\pi \preceq \sigma$, so nennt man π eine Verfeinerung von σ, und σ eine Vergröberung von π.

Verfeinerungsgleichung, ↗Skalierungsgleichung.

Verfügbarkeit, Begriff aus der ↗Zuverlässigkeitstheorie, der vor allem in Verbindung mit alternierenden Erneuerungsprozessen als Kenngröße definiert wird.

Sei

$$S_k = (T_1 + R_1) + (T_2 + R_2) + \cdots + (T_k + R_k)$$

ein alternierender Erneuerungsprozeß, d. h., S_k ist die zufällige Zeit bis zu erfolgter Wiederinstandsetzung nach dem k-ten Ausfall eines Systems. Dabei sind T_i die zufällige Lebensdauer des Systems nach $(i-1)$-ter Erneuerung, und R_i die zufällige Reparaturzeit (Erneuerungszeit) des Systems bei i-tem Ausfall. $(T_i)_{i=1,2,\ldots}$ und $(R_i)_{i=1,2,\ldots}$ seien Folgen unabhängiger Zufallsgrößen mit der Lebensdauerverteilung $F(t) = P(T_i < t)$, $i = 1, 2, \ldots$, der Überlebenswahrscheinlichkeit $R(t) = 1 - F(t) = P(T_i \geq t)$, und der Reparaturzeitverteilung $G(t) = P(R_i < t)$. Sei weiterhin $N(t)$ die zufällige Anzahl der bis zum Zeitpunkt t stattfindenden Erneuerungen. Weiterhin bezeichne $H(t) = E(N(t))$ die Erneuerungsfunktion und $h(t) := \frac{H(t)}{dt}$ die Erneuerungsdichte des Erneuerungsprozesses (S_k).

Als Verfügbarkeit $V(t)$, $t > 0$, des Systems wird die Wahrscheinlichkeit dafür bezeichnet, daß es zur Zeit t ordnungsgemäß arbeitet; sie läßt sich durch die Formel

$$V(t) = R(t) + \int_0^t R(t-x)h(x)dx$$

ermitteln. Im allgemeinen wird der Grenzwert von $V(t)$ für $t \to \infty$ betrachtet. Man kann zeigen, daß gilt:

$$V := \lim_{t \to \infty} V(t) = \frac{ET_i}{E(T_i + R_i)},$$

d. h., V ist das Verhältnis der erwarteten fehlerfreien Arbeit zur erwarteten Gesamtzeit aus fehlerfreier Arbeit und Reparaturzeit des Systems.

Vergißfunktor, ein ↗Funktor $\mathcal{C} \to \mathcal{S}$ von einer Kategorie $\mathcal{C}$, deren Objekte Mengen mit algebraischen Strukturen sind, in die Kategorie $\mathcal{S}$ der Mengen.

Bei den Objekten wird deren algebraische Struktur „vergessen", d. h., sie werden lediglich als Mengen aufgefaßt. Die Morphismen werden als Mengenabbildungen aufgefaßt.

Der Begriff wird auch verwendet, falls nur ein Teil der algebraischen Struktur „vergessen" wird, etwa dann, wenn man von der Kategorie der Algebren über einem Körper $\mathbb{K}$ zur Kategorie der Vektorräume über $\mathbb{K}$ übergeht.

vergleichbare Elemente, zwei Elemente $a, b \in M$ einer Ordnung $M_{\leq}$, für die $a \leq b$ oder $a \geq b$ gilt.

Vergleichbarkeit, Begriff im Kontext ↗Ordnungsrelation.

Ist $(M, \leq)$ eine Partialordnung, so spricht man von Vergleichbarkeit der Elemente $x, y \in M$ genau dann, wenn $x \leq y$ oder $y \leq x$ gilt.

Siehe auch ↗vergleichbare Elemente.

Vergleichbarkeit von Kardinalzahlen, ↗Kardinalzahlen und Ordinalzahlen.

Vergleichsfunktion, reelle, $2m$-mal stetig differenzierbare Funktion bei einer Eigenwertaufgabe zu einer homogenen linearen Differentialgleichung $2m$-ter Ordnung, die sämtliche Randbedingungen, aber i. allg. nicht die Differentialgleichung erfüllt.

Vergrößerung, auch enlargement genannt, Nichtstandard-Erweiterung

$$V(S^*) \supset V(S)$$

(↗Nichtstandard-Analysis), welche die Eigenschaft hat, daß jedes $A \in V(S)$ als externe Teilmenge von A^* sogar Teilmenge $A \subseteq E_A$ von $*$-endlichen Mengen $E_A \subseteq A^*$ ist.

[1] Potthoff, K.: Einführung in die Modelltheorie und ihre Anwendungen. Wissenschaftliche Buchgesellschaft Darmstadt, 1981.

[2] Stroyan, K.D.; Luxemburg, W.A.J.: Introduction to the Theory of Infinitesimals. Academic Press New York, 1976.

verhältnisskalierte Variable, ↗Skalentypen.

Verhulst, Pierre-Francois, Mathematiker und Statistiker, geb. 28.10.1804 Brüssel, gest. 15.2.1849 Brüssel.

Verhulst wurde zunächst in Brüssel erzogen und studierte dann von 1822 bis 1825 an der Universität Gent. Nach Erlangung des Doktorgrades kehrte er nach Brüssel zurück, wo er 1835 zum Professor für Mathematik berufen wurde. 1841 wurde er zum Mitglied der Königlichen Akademie gewählt, und 1848 zu deren Präsidenten berufen.

Verhulst befaßte sich vorrangig mit Fragen der Bevölkerungsstatistik. Teilweise in gemeinsamer Arbeit mit Quetelet erarbeitete er Formeln zur Vorhersage der Bevölkerungsentwicklung.

Verhulst-Gleichung, ↗logistische Gleichung.

Verifikation von Programmen, Überprüfung, ob ein Programm einer gegebenen Spezifikation (↗Spezifikation von Programmen) genügt.

Man unterscheidet unvollständige Verfahren (z. B. Tests auf der Basis mehr oder weniger sorgfältig ausgewählter Anwendungsszenarien) von vollständigen Verfahren.

Eine Möglichkeit einer formalen Programmverifikation besteht in einem mathematischen Korrektheitsbeweis. Ein solcher Beweis arbeitet häufig mit sogenannten Zusicherungen, die Aussagen über den Programmzustand an festgelegten Stellen im Programm treffen. Für verschiedene Typen von Programmbefehlen gibt es leistungsfähige Regeln, die Zusicherungen vor und nach dem jeweiligen Befehl in Beziehung setzen.

Andere formale Verifikationstechniken verwenden Suchverfahren auf dem ↗Zustandsgraphen.

Verifikationsnumerik, Teilgebiet der ↗Numerischen Mathematik, in dem mit Hilfe von ↗Intervallrechnung oder rechnergestützten Beweismethoden die Ergebnisse vom Rechner selbst als korrekt nachgewiesen werden.

Verifikationsproblem, ein ↗Entscheidungsproblem, das die Frage stellt, ob ein ↗Algorithmus sich gemäß einer vorgegebenen Spezifikation (formalisiert in einer Spezifikationssprache) verhält.

Das Verifikationsproblem ist im allgemeinen unentscheidbar (↗Entscheidbarkeit, ↗Verifikation von Programmen).

verkettete Liste, eine dynamische Datenstruktur mit variabler Länge.

Will man eine flexible maschinelle Listenverarbeitung entwickeln, so verwendet man in der Regel verkettete Listen. Bei vorwärts verketteten Listen bestehen die Elemente der Liste, die sogenannten Knoten, aus zwei Komponenten. Die erste Komponente trägt die eigentliche Information, während die zweite Komponente einen Verweis auf das nächste Listenelement enthält. Sobald man über einen Einstiegspunkt in den Anfang der Liste verfügt, kann man also mit Hilfe der in den Knoten abgelegten Referenzen die gesamte Liste durchlaufen. Darüber hinaus ist die Länge der Liste nicht zum Zeitpunkt der Kompilierung festgelegt, sondern kann jederzeit erweitert oder auch verringert werden.

In Analogie zu einer vorwärts verketteten Liste trägt bei einer rückwärts verketteten Liste die zweite Komponente einen Verweis auf das vorhergehende Element. Für komplexe Verarbeitungen kann es auch sinnvoll sein, sowohl auf das vorhergehende als auch auf das nachfolgende Element zu verweisen. In diesem Fall spricht man von einer doppelt verketteten Liste, deren Knoten aus drei Komponenten bestehen.

verkettete Matrizen, Bezeichnung für zwei Matrizen A und B, für die das Matrizenprodukt $C = A \cdot B$ definiert ist.

Wenn m die Anzahl der Zeilen und n die Anzahl der Spalten von A ist, sagt man auch 'A ist vom Typ $m \times n$'. Ist B vom Typ $\overline{n} \times p$, so sind A und B genau dann verkettet, wenn $n = \overline{n}$ gilt. Das Produkt $C = AB$ ist in diesem Fall definiert und eine Matrix vom Typ $m \times p$. Ihre Elemente (c_{il}), $i = 1, \dots, m$, $l = 1, \dots, p$ sind durch $c_{il} = \sum_{k=1}^{n} a_{ik} b_{kl}$ gegeben.

Verkettung von Abbildungen, andere Bezeichnung für die ↗Komposition von Abbildungen.

Verklebung, Standardkonstruktion im Kontext topologischer Räume.

Seien X und Y topologische Räume, $A \subseteq X$ ein abgeschlossener Teilraum, und $f : A \to Y$ eine stetige Abbildung. Auf der topologischen Summe $X + Y$ sei $\sim$ die durch $a \sim f(a)$ für $a \in A$ erzeugte Äquivalenzrelation. Dann ist der mit der Quotiententopologie versehene Quotientenraum $Y \cup_f X := (X + Y)/\sim$ die Verklebung von X an Y mittels der Klebeabbildung f.

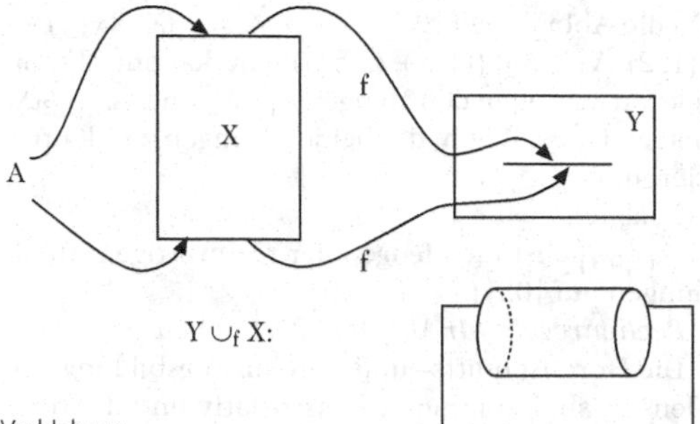

Verklebung

Verknüpfung, ↗äußere Verknüpfung, ↗innere Verknüpfung, ↗Verknüpfungsoperationen für Mengen.

Verknüpfung von Abbildungen, andere Bezeichnung für die ↗Komposition von Abbildungen.

Verknüpfungsoperationen für Mengen, Operationen, die zwei oder mehrere Mengen miteinander verknüpfen.

Sind zwei Mengen X und Y vorgelegt, so heißt X eine Teilmenge von Y (in Zeichen: $X \subseteq Y$) genau dann, wenn jedes Element der Menge X auch ein Element der Menge Y ist. Man spricht dann auch von der Inklusion der Menge X in der Menge Y und nennt Y eine Obermenge von X.

Nach dem Extensionalitätsaxiom der ↗axiomatischen Mengenlehre heißen die Mengen X und Y genau dann gleich (in Zeichen: $X = Y$), wenn sie genau die gleichen Elemente enthalten, d. h., genau dann, wenn $X \subseteq Y$ und $Y \subseteq X$ gilt. Sind X und Y nicht gleich, so schreibt man $X \neq Y$.

Gilt $X \subseteq Y$ und $X \neq Y$, so nennt man X eine echte Teilmenge von Y, sowie Y eine echte Obermenge von X. In diesem Fall ist die Schreibweise $X \subsetneq Y$ gebräuchlich.

Beispiele:

1. Die leere Menge ist Teilmenge jeder Menge und echte Teilmenge jeder von der leeren Menge verschiedenen Menge. Jede Menge X ist Teilmenge von sich selbst: $X \subseteq X$.

2. Es gelten die Beziehungen $\emptyset = \{x \in \mathbb{N} : 3 < x < 4\}$, $\{1,1,2\} = \{1,2\}$, $\mathbb{Z}^+ = \mathbb{N}$, $[0,1] = \{x \in \mathbb{R} : -x \geq -1 \wedge x \geq 0\}$, $\{\frac{2x}{x} : x \in \mathbb{Z}, x \neq 0\} = \{2,4,6,\dots\}$.

3. Es gelten die Beziehungen $\{5,19,345\} \subsetneq \{x \in \mathbb{N} : 3 < x\}$, $\mathbb{N} \subsetneq \mathbb{Z}$, $]0,1[\subsetneq \{x \in \mathbb{R} : -x \geq -1 \wedge x \geq 0\}$, $\{\frac{4x}{x} : x \in \mathbb{Z}, x \neq 0\} \subsetneq \{2,4,6,\dots\}$.

Man nennt „$\subseteq$" Teilmengenrelation. Man beachte, daß es sich bei der Teilmengenrelation um eine Relation auf der Klasse aller Mengen handelt. Die Teilmengenrelation ist eine echte Klasse. Der eigentlich für Mengen definierte Begriff der ↗Relation wird hier also in einem auf Klassen verallgemeinerten Sinne verwendet. Zur formalen Interpretation solcher Verallgemeinerungen siehe ↗axiomatische Mengenlehre.

Besteht eine Menge X aus genau einem Element x, d. h., gilt $X = \{x\}$, so nennt man X Einermenge oder Singletonmenge.

Sind x und y gegeben, so nennt man die Menge $\{x,y\}$ Paarmenge oder auch das ungeordnete Paar, bestehend aus x und y. Im Gegensatz dazu heißt die Menge $\{\{x\},\{x,y\}\}$ das aus x und y bestehende geordnete Paar und wird mit (x,y) bezeichnet.

Das kartesische Produkt zweier Mengen X und Y wird mit $X \times Y$ bezeichnet und besteht aus allen geordneten Paaren (x,y) mit $x \in X$ und $y \in Y$, d. h., $X \times Y := \{(x,y) : x \in X \wedge y \in Y\}$.

Es sei $(X_i)_{i \in I}$ eine ↗Familie von Mengen mit einer Indexmenge I. Der Durchschnitt oder auch das mengentheoretische Produkt der Mengen X_i, $i \in I$, ist erklärt durch $\prod_{i \in I} X_i := \bigcap_{i \in I} X_i := \{x : x \in X_i \text{ für alle } i \in I\}$. Ist $I = \{i_1,\dots,i_n\}$, $n \in \mathbb{N}$, eine endliche Menge, so schreibt man auch $X_{i_1} \cdot \ldots \cdot X_{i_n}$ bzw. $X_{i_1} \cap \dots \cap X_{i_n}$ anstatt $\prod_{i \in I} X_i$ bzw. $\bigcap_{i \in I} X_i$.

Die Mengen X_i, $i \in I$, heißen durchschnittsfremd oder disjunkt, auch paarweise disjunkt, genau dann, wenn für alle $i,j \in I$ aus $i \neq j$ folgt, daß $X_i \cap X_j = \emptyset$.

Beispiele:

4. $\{1,2,3\} \cap \{3,4,5\} = \{3\}$, $\mathbb{R} \cap \mathbb{Q} = \mathbb{Q}$, $\{\sqrt{2}\} \cap \mathbb{Q} = \emptyset$, $\{-1,2,-3,4,5\} \cap \mathbb{Z}^- \cap \{-1,7,-3\} = \{-1,-3\}$, $\mathbb{C} \cap [-5,8] \cap \mathbb{Q}^+ \cap \{\sqrt{5}, \frac{100}{3}, \frac{3}{5}, 1\} = \{\frac{3}{5}, 1\}$, $\bigcap_{i \in \mathbb{R}} \mathbb{N} = \mathbb{N}$, $\bigcap_{n \in \mathbb{N}} [-\frac{1}{n}, \frac{1}{n}] = \{0\}$, $\bigcap_{n \in \mathbb{N}} (0, \frac{1}{n}] = \emptyset$.

5. Folgende Mengen von Mengen sind durchschnittsfremd: $\{\{1,2\},\{5,7\}\}$, $\{\mathbb{N}, \mathbb{C} \setminus \mathbb{R}, \{\sqrt{2}, \sqrt{5}\}\}$, $\{\{n\} : n \in \mathbb{N}\}$, $\{(n, n+1) : n \in \mathbb{Z}\}$, $\{\{x, x+1\} : x \in (0,1)\}$.

6. Folgende Mengen von Mengen sind nicht durchschnittsfremd: $\{\{1,2\},\{2,7\},\emptyset\}$, $\{\mathbb{N}, \mathbb{C}, \{\sqrt{2}, \sqrt{5}\}\}$, $\{\{n, n+1\} : n \in \mathbb{N}\}$, $\{\{n\} : n \in \mathbb{N}\} \cup \{\{\frac{1}{2}, 5\}\}$, $\{[n, n+1] : n \in \mathbb{Z}\}$, $\{\{x, 2x\} : x \in (0,1)\}$.

Die Vereinigung oder auch die mengentheoretische Summe der Mengen X_i, $i \in I$, ist erklärt durch $\sum_{i \in I} X_i := \bigcup_{i \in I} X_i := \{x : \text{es gibt ein } i \in I \text{ mit } x \in X_i\}$. Ist $I = \{i_1,\dots,i_n\}$, $n \in \mathbb{N}$, eine endliche Menge, so schreibt man auch $X_{i_1} + \dots + X_{i_n}$ bzw. $X_{i_1} \cup \dots \cup X_{i_n}$ anstatt $\sum_{i \in I} X_i$ bzw. $\bigcup_{i \in I} X_i$.

Die Vereinigung der Mengen X_i, $i \in I$, heißt disjunkt genau dann, wenn die Mengen X_i, $i \in I$, disjunkt sind. Man benutzt dann auch die Symbole „$\dot{\bigcup}$" und „$\dot{\cup}$" anstelle der Symbole „$\bigcup$" und „$\cup$".

Beispiele:

$$\begin{aligned} \{1,2,3\} \cup \{3,4,5\} &= \{1,2,3,4,5\}, \\ \{1,2,3\} \dot{\cup} \{4,5\} &= \{1,2,3,4,5\}, \\ \mathbb{R} \cup \mathbb{Q} &= \mathbb{R}, \\ \{-1,2,-3,4,5\} \cup \mathbb{Z}^- &\cup \{-1,7,-3\} \\ &= \{\dots,-2,-1,2,4,5,7\}, \\ \bigcup_{i \in \mathbb{R}} \mathbb{N} &= \mathbb{N}, \end{aligned}$$

$$\dot{\bigcup}_{k\in\mathbb{Z}}\{k\} = \mathbb{Z},$$

$$\bigcup_{n\in\mathbb{N}}[-\frac{1}{n},\frac{1}{n}] = [-1,1],$$

$$\bigcup_{(p,q)\in\mathbb{Z}\times\mathbb{N}}\left\{\frac{p}{q}\right\} = \mathbb{Q},$$

$$\dot{\bigcup}_{\{(p,q)\in\mathbb{Z}\times\mathbb{N}:\ \frac{p}{q}\ \text{gekürzt}\}}\left\{\frac{p}{q}\right\} = \mathbb{Q}.$$

Sind X und Y Mengen, so heißt $X \setminus Y := \{x \in X : x \notin Y\}$ (sprich: „X minus Y" oder „X ohne Y") die mengentheoretische Differenz der Mengen X und Y. Man nennt $X\setminus Y$ dann auch Differenzmenge oder Restmenge. Die Menge $X \triangle Y := \{x \in X : x \notin Y\} \dot{\cup} \{y \in Y : y \notin X\}$, die aus allen Elementen besteht, die entweder in X oder in Y liegen, heißt die symmetrische Differenz der Mengen X und Y.

Beispiele:

$\{1,2,3\} \setminus \{3,4,5\} = \{1,2\}$, $\{1,2,3\} \triangle \{3,4,5\} = \{1,2,4,5\}$, $\mathbb{Q} \setminus \mathbb{R} = \emptyset$, $\mathbb{R} \setminus \mathbb{Q} = \mathbb{R} \triangle \mathbb{Q} = \{x \in \mathbb{R} : x \text{ irrational}\}$, $\mathbb{Q} \setminus [0,1] = \mathbb{Q}^- \cup \{q \in \mathbb{Q} : q > 1\}$, $\mathbb{Q} \triangle [0,1] = \mathbb{Q}^- \cup \{q \in \mathbb{Q} : q > 1\} \cup \{0 < x < 1 : x \text{ irrational}\}$.

Ist $Y \subseteq X$, so erklärt man häufig X zur Grundmenge. In diesem Fall bezeichnet man die Menge $X\setminus Y$ mit Y^c und nennt sie die Komplementärmenge von Y bezüglich X.

Beispiele:

Bezüglich der Grundmenge $\{1,2,3,4,5\}$ gilt $\{1,2,3\}^c = \{4,5\}$; bezüglich der Grundmenge $\mathbb{Z}$ gilt $\{1,2,3\}^c = \{\dots,-2,-1,0,4,5,6\dots\}$ sowie $\mathbb{N}_0^c = \mathbb{Z}^-$.

Die Verknüpfungen Durchschnitt $(X \cap Y)$, Vereinigung $(X \cup Y)$ und Differenz $(X \setminus Y)$ werden als Boolesche Kombinationen der Mengen X und Y bezeichnet.

Das kartesische Produkt der Mengen X_i, $i \in I$ ist die Menge

$$\left\{f : I \to \bigcup_{j\in I} X_j : f(i) \in X_i \text{ für alle } i \in I\right\} ;$$

sie wird mit $\mathsf{X}_{i\in I}X_i$ bezeichnet.

Elemente von kartesischen Produkten aus n Mengen mit $n \in \mathbb{N}$ heißen geordnete n-Tupel. Für $n = 3$ spricht man von geordneten Tripeln.

Für zwei Mengen X_1 und X_2 liefern die obigen Definitionen des kartesischen Produktes unterschiedliche Ergebnisse: Im ersten Fall hat man $X_1 \times X_2 = \{(x,y) : x \in X_1, y \in X_2\}$ und im zweiten Fall

$$\begin{aligned}\mathsf{X}_{i\in\{1,2\}}X_i &= \{f : \{1,2\} \to X_1 \cup X_2 : \\ &\qquad f(1) \in X_1, f(2) \in X_2\}, \\ &= \{(\{1,2\}, X_1 \cup X_2, \{(1,x),(2,y)\}) : \\ &\qquad x \in X_1, y \in X_2\}.\end{aligned}$$

Da die Abbildung $i : X_1 \times X_2 \to \mathsf{X}_{i\in\{1,2\}}X_i$, $(x,y) \mapsto (\{1,2\}, X_1 \cup X_2, \{(1,x),(2,y)\})$ eine kanonische Bijektion zwischen den Mengen $X_1 \times X_2$ und $\mathsf{X}_{i\in\{1,2\}}X_i$ liefert, ist es üblich, die beiden Mengen zu identifizieren.

Beispiel:

$\mathsf{X}_{i\in[0,1]}\mathbb{R}$ ist die Menge aller reellwertigen Abbildungen auf $[0,1]$.

Rechenregeln für Mengenoperationen:

Die Durchschnitts- und Vereinigungsbildung von Mengen sind kommutativ, assoziativ und distributiv. Z.B. gilt für zwei Mengen X, Y, daß $X \cap Y = Y \cap X$ und $X \cup Y = Y \cup X$ sowie für drei Mengen X, Y, Z, daß $(X\cap Y)\cap Z = X\cap(Y\cap Z)$, $(X\cup Y)\cup Z = X\cup(Y\cup Z)$, $X \cap (Y \cup Z) = (X \cap Y) \cup (X \cap Z)$ und $X \cup (Y \cap Z) = (X \cup Y) \cap (X \cup Z)$.

Weiterhin gilt $X \cap (X \cup Y) = X$, $X \cup (X \cap Y) = X$, $X \cap X = X$, $X \cup X = X$, $X \setminus X = \emptyset$, $X \cap \emptyset = \emptyset$ und $X \cup \emptyset = X$.

Sind X und Y in einer Grundmenge G enthalten, so gilt $X\cap G = X$, $X\cup G = G$, $X\cap X^c = \emptyset$, $X\cup X^c = G$, $(X\cap Y)^c = X^c\cup Y^c$ und $(X\cup Y)^c = X^c\cap Y^c$. Die beiden letzten Regeln heißen die de Morganschen Gesetze für Mengen.

verkürzte Epitrochoide, *verkürzte Epizykloide*, ↗Epizykloide.

verkürzte Epizykloide, *verkürzte Epitrochoide*, ↗Epizykloide.

verkürzte Hypotrochoide, *verkürzte Hypozykloide*, ↗Hypozykloide.

verkürzte Hypozykloide, *verkürzte Hypotrochoide*, ↗Hypozykloide.

verkürzte Trochoide, *verkürzte Zykloide*, ↗Zykloide.

verkürzte Zykloide, *verkürzte Trochoide*, ↗Zykloide.

verlängerte Epitrochoide, *verlängerte Epizykloide*, ↗Epizykloide.

verlängerte Epizykloide, *verlängerte Epitrochoide*, ↗Epizykloide.

verlängerte Hypotrochoide, *verlängerte Hypozykloide*, ↗Hypozykloide.

verlängerte Hypozykloide, *verlängerte Hypotrochoide*, ↗Hypozykloide.

verlängerte Trochoide, *verlängerte Zykloide*, ↗Zykloide.

verlängerte Zykloide, *verlängerte Trochoide*, ↗Zykloide.

Verlustfunktionen, in der ↗Risikotheorie im Zusammenhang mit ↗Prämienkalkulationsprinzipien verwendete Funktionen.

Ist $L : \mathbb{R}^2 \to \mathbb{R}$ eine Funktion, deren Wert an der Stelle $(x,a) \in \mathbb{R}^2$ als Verlust interpretiert wird, wenn x die Realisierung des Risikos X und $a = H(X)$ die für das Risiko X kalkulierte Prämie bezeichnen, so ist die Prämie $H(X)$ für das Risiko X so zu kalkulieren, daß der erwartete Verlust minimiert wird.

Das entsprechende Kalkulationsprinzip heißt auch das zur Funktion L gehörende Verlustfunktionen-Prinzip.

Für

$$L(x, a) = (x - a)^2 ,$$

d. h. für die der Methode der kleinsten Quadrate entsprechende Verlustfunktion, ergibt sich das Nettorisikoprinzip, für

$$L(x, a) = (e^{\alpha x} - e^{\alpha a})^2$$

erhält man das Exponentialprinzip mit Parameter α.

Verlustwahrscheinlichkeit, beschreibt in der ↗Versicherungsmathematik das Risiko eines vollständigen Aufbrauchens der Reserven, vgl. ↗Ruintheorie.

Vermeidungslemma für Primideale, algebraische Aussage.

Es sei R ein Noetherscher (kommutativer) Ring, und es seien $\wp_1, \dots, \wp_n$ Ideale in R so, daß $\wp_1, \dots, \wp_{n-1}$ ↗Primideale sind. Schließlich sei

$$I \subset \bigcup_{i=1}^{n} \wp_i .$$

Dann existiert ein k mit $I \subset \wp_k$.

Mit anderen Worten: Wenn für ein Ideal I stets $I \not\subset \wp_i$ für alle i gilt, dann ist I nicht in der Vereinigung der $\wp_i$ enthalten. Das bedeutet, daß ein $f \in I$ existiert mit $f \notin \wp_i$ für alle i (f vermeidet die Ideale $\wp_i$).

Vernichter, Kurzbezeichnung für Vernichtungsoperator, siehe hierzu ↗Feldoperatoren.

Veronese, Giuseppe, italienischer Mathematiker, geb. 7.5.1854 Chioggia (bei Venedig), gest. 17.7.1917 Padua?.

Veronese wuchs als Sohn armer Eltern in dem kleinen Fischerdorf Chioggia auf und ging im Alter von 18 Jahren nach Wien, wo er zunächst als Zeichner arbeitete. Schon bald nahm er aber sein Studium auf, das er von 1874 bis 1876 am damaligen Polytechnikum in Zürich fortsetzte und 1877 mit der Promotion in Rom abschloß. Nach einem kurzen Studienaufenthalt bei Felix Klein in Leipzig (1880/81) übernahm er 1881 einen Lehrstuhl in Padua, den er zeitlebens behielt.

Veronese arbeitete fast ausschließlich über Fragen der Geometrie, insbesondere projektive und mehrdimensionale Geometrie, aber auch Grundlagen dieser Disziplin. Daneben schrieb er aber auch Lehrbücher für den Mathematikunterricht an höheren Schulen, und war als Politiker in verschiedenen Parlamenten tätig.

Veronesean, andere Bezeichnung für die ↗Veronese-Einbettung.

Veronese-Einbettung, *Veronesean*, Einbettung von $\mathbb{P}^n$ in einen ↗projektiven Raum

$$\mathbb{P}^{\mathcal{N}(m)}\mathcal{N} = \mathcal{N}(m) = \binom{n+m}{m} - 1$$

durch

$$(z_0 : \cdots : z_n) \mapsto (m_0 : m_1 : \cdots : m_{\mathcal{N}}) ,$$

wobei $(m_0, \dots, m_{\mathcal{N}})$ eine Basis für den Raum $H^0(\mathbb{P}^n, \mathcal{O}_{\mathbb{P}^n}(m))$ der homogenen Polynome vom Grad m bildet, meist die Basis, die aus den Monomen besteht.

Verpackungsdimension, Beispiel einer ↗fraktalen Dimension.

Sei $s \in \mathbb{R}$, $s \geq 0$, und seien X ein ↗Banachraum und $\mathcal{K}$ eine Menge beschränkter Teilmengen von X. Schließlich sei $\mu^P_{s,0}(F) := \lim_{\delta \to 0} \sup\{\sum_{i=1}^{\infty} |U_i|^s \mid \{U_i\}_{i \in \mathbb{N}}$ ist eine Auswahl disjunkter Kugeln mit Radius $r \leq \delta$ und Mittelpunkten in $F\}$ mit $|U_i| := \sup\{\|x - y\| \mid x, y \in U_i\}$. Dann heißt die Abbildung

$$\mu^P_s : \mathcal{K} \to \mathbb{R}^+_0, \qquad F \mapsto \mu^P_s(F) \qquad \text{mit}$$

$$\mu^P_s(F) := \inf\left\{ \sum_{i=1}^{\infty} \mu^P_{s,0}(F_i) \mid F \subset \bigcup_{i=0}^{\infty} F_i \right\}$$

das s-dimensionale Verpackungsmaß von F. Die Verpackungsdimension von F ist dann definiert durch

$$\begin{aligned} \dim_P F &:= \inf\{s \mid \mu^P_s(F) = 0\} \\ &= \sup\{s \mid \mu^P_s(F) = \infty\}. \end{aligned}$$

Verschiebung, ↗Translation,

Verschiebung des Spielwertes, bei einem Matrixspiel der Übergang von der Auszahlungsmatrix A zu einer neuen Auszahlungsmatrix

$$A + (c)_{ij} .$$

Dies bedeutet also, daß jeder Eintrag von A um den festen Wert $c \in \mathbb{R}$ verschoben wird.

Das neue Spiel besitzt dieselben optimalen Strategien wie das alte, lediglich der Wert des Spiels wird um c verschoben.

Verschiebungsoperator, ↗Shiftoperator.

Verschiebungsstrom, ↗Maxwell-Gleichungen.

Verschlingung, ↗Knotentheorie, ↗Verschlingungszahl.

Verschlingungszahl, natürliche Zahl, die die „Verschlingung" gewisser Objekte mißt.

Sind S und T disjunkte Sphären im $\mathbb{R}^n$ der Dimensionen s bzw. $t = n - s - 1$ mit $0 < s, t < n - 1$, so induziert die Inklusion $\iota : T \hookrightarrow \mathbb{R}^n \setminus S$ einen Homomorphismus $\iota_* : H_t(T) \to H_t(\mathbb{R}^n \setminus S)$. Da beide Homologiegruppen isomorph zu $\mathbb{Z}$ sind, ist ι_* die Multiplikation mit einem $a \in \mathbb{Z}$; die Zahl $v(S, T) = |a|$

nennt man die Verschlingungszahl von S und T. Ist $v > 0$, so nennt man S und T verschlungen.

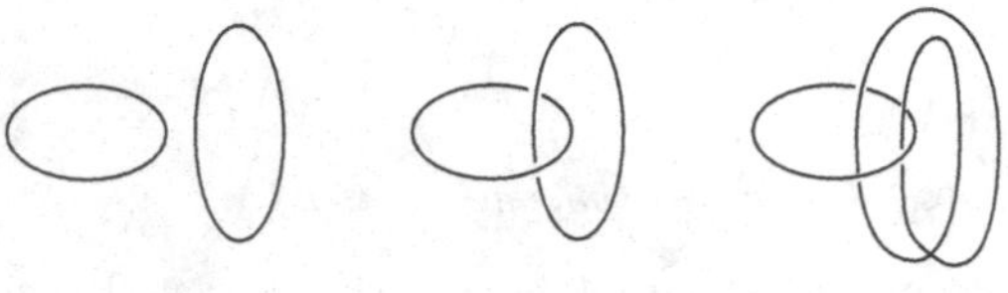

Der Begriff der Verschlingungszahl läßt sich verallgemeinern auf disjunkte orientierbare glatte geschlossene Untermannigfaltigkeiten des $\mathbb{R}^n$ der Dimensionen s und t mit $s+t = n-1$. Das einfachste Beispiel bilden disjunkte rektifizierbare geschlossene Kurven im $\mathbb{R}^3$.

verschlungene Epitrochoide, *verschlungene Epizykloide*, ↗Epizykloide.

verschlungene Epizykloide, *verschlungene Epitrochoide*, ↗Epizykloide.

verschlungene Hypotrochoide, *verschlungene Hypozykloide*, ↗Hypozykloide.

verschlungene Hypozykloide, *verschlungene Hypotrochoide*, ↗Hypozykloide.

verschlungene Trochoide, *verschlungene Zykloide*, ↗Zykloide.

verschlungene Zykloide, *verschlungene Trochoide*, ↗Zykloide.

Verschlüsselung, Bezeichnung für Verfahren, die zum Schutz von Nachrichten vor unberufenem Mitlesen oder Verfälschen bei der Kommunikation über einen offenen Kanal eingesetzt werden (↗Kryptologie).

Die Verschlüsselung ist von einer Codierung dadurch zu unterscheiden, daß die Zuordnung der Nachrichten und der verschlüsselten Daten nicht offen geschieht, sondern auf einem geheim gehaltenen Schlüssel beruht. Bei den ↗symmetrischen Verschlüsselungsverfahren wird dabei *ein* Schlüssel verwendet, so daß sowohl die Abbildung eines Klartextes auf das ↗Chiffrat als auch die inverse Abbildung verborgen bleiben (Verschlüsselung mit geheimen Schlüssel). Bei einer ↗asymmetrischen Verschlüsselung ist dagegen die erste Abbildung offen (Verschlüsselung mit dem öffentlichen Schlüssel), und nur die zweite (die Entschlüsselung) ist ohne Kenntnis des zugehörigen (geheimen) Schlüssels praktisch nicht durchführbar.

Neben diesen Verfahren versteht man unter dem Begriff Verschlüsselung oft auch die Anwendung einer kryptographisch sicheren ↗Hashfunktion, obwohl in diesem Fall eine inverse Abbildung (Entschlüsselung) gar nicht existiert, und auch die Bestimmung irgendeines Urbildes nur mit exponentiellem Aufwand möglich ist. Zur Überprüfung eines Paßworts oder einer PIN (Personal Identification Number) ist aber der Vergleich der „verschlüsselten“ Werte ausreichend und eine Entschlüsselung sogar unerwünscht.

Verschlüsselung mittels elliptischer Kurven, wichtiges Verfahren zur ↗asymmetrischen Verschlüsselung, dessen Sicherheit auf der Schwierigkeit der Bestimmung des diskreten Logarithmus' in der Gruppe der Punkte einer ↗elliptischen Kurve über einem endlichen Körper beruht.

Während das ↗RSA-Verfahren deshalb vertrauenswürdig ist, weil die Bestimmung der Ordnung eines Elementes in Restklassenringen $\mathbb{Z}_n$ mit $n = pq$ schwer ist, beruht die Sicherheit des ↗ElGamal-Verfahrens auf dem Logarithmusproblem in der multiplikativen Gruppe eines Restklassenkörpers $\mathbb{Z}_p$. Dieses läßt sich sich auch auf andere Gruppen übertragen.

Man nennt in Analogie zum Körper den ↗diskreten Logarithmus eines Elements $a \in G$ einer abelschen Gruppe G zur Basis b diejenige ganze Zahl m, für die $m \cdot b = a$ ist. Ebenso wie man durch Quadrieren und Multiplizieren in einem Körper schnell potenzieren kann, lassen sich in einer abelschen Gruppe die ganzzahligen Vielfachen durch Verdoppeln und Addieren berechnen: Für $m = \sum_i m_i 2^i$ mit $m_i \in \{0, 1\}$ benötigt man für die Berechnung von

$$m \cdot b = \sum_i m_i \cdot (2^i \cdot b)$$

$\lfloor \log_2 m \rfloor$ Verdoppelungen und maximal $\lfloor \log_2 m \rfloor$ Additionen.

Da sich die Verdoppelungen und Additionen der Punkte einer elliptischen Kurve über einem endlichen Körper schnell berechnen lassen, kann man viele kryptographische Verfahren auch effizient auf die abelsche Gruppe der Punkte der Kurve übertragen. Dies wurde erstmalig 1985 unabhängig von Neal Koblitz und Victor Miller vorgeschlagen. So gibt es EC-Analoga für das ElGamal-Verfahren, für die ↗digitale Signatur (ECDSA) und das ↗Diffie-Hellman-Verfahren.

Bei letzterem einigen sich Alice und Bob auf eine öffentliche elliptische Kurve und einen Punkt großer Ordnung P. Beide wählen sich zufällig jeweils eine ganze Zahl a und b und tauschen $a \cdot P$ und $b \cdot P$ über den öffentlichen Kanal aus. Der gemeinsame geheime Schlüssel ist die x-Koordinate des Punktes $(ab) \cdot P$. Wenn die Ordnung der Gruppe der Punkte einer zufällig gewählten elliptischen Kurve über einem endlichen Körper GF(q) einen großen Primteiler enthält, dann ist das diskrete Logarithmusproblem schwer. Genauer gesagt haben die bisher bekannten Algorithmen eine exponentielle Laufzeit

$$\exp\left((1 + O(1))(\ln p)^{0.5}(\ln \ln p)^{0.5}\right) .$$

Deshalb kommt man gegenüber dem RSA-Verfahren (bei dem subexponentielle Algorithmen bekannt sind) bei der Verschlüsselung mit elliptischen Kurven mit kleineren Schlüssellängen aus. Für die gleiche Sicherheit wie bei einem RSA-Verfahren mit 1024 Bit reicht für die Punktegruppe eine Ordnung von etwa 190 Bit. Dabei werden elliptische Kurven über Körpern $GF(2^k)$ der Charakteristik 2 und über Restklassenkörpern $\mathbb{Z}_p$ verwendet.

Der öffentliche Schlüssel besteht aus allgemeinen Parametern, wie den Koeffizienten der Kurvengleichung und einem Punkt P großer Ordnung m der Punktegruppe, sowie einem individuellen öffentlichen Schlüsselpunkt $A = a \cdot P$. Der geheime Schlüssel ist der diskrete Logarithmus $a = \log_P A$.

Die Auswahl der allgemeinen Parameter muß sorgfältig erfolgen, da für bestimmte Kurven (beispielsweise solche mit Spur $t = 1$) das Logarithmusproblem in Polynomialzeit lösbar ist.

Verschlüsselungstheorie, seltener gebrauchte Bezeichnung für die ↗Kryptologie.

verschwindende Momente, Eigenschaft, die eng mit dem oszillatorischen Anteil einer Funktion zusammenhängt.

Eine Funktion $\psi \in L_1$ hat m verschwindende Momente, wenn

$$\int_{-\infty}^{\infty} \psi(x)x^k dx = 0 \qquad (1)$$

für alle $k = 0, \ldots, m-1$ gilt. Ist (1) erfüllt, sagt man auch ψ habe die Ordnung m. Insbesondere gilt für eine Funktion mit m verschwindenden Momenten $\hat{\psi}^{(k)}(0) = 0$ für $0 \le k \le m-1$.

verselle Deformation, wichtiges Konzept für viele Bereiche der Mathematik, insbesondere die Singularitätentheorie.

Eine Familie, die lokal (in der Umgebung eines festen Wertes der Parameter) betrachtet wird, heißt eine „Deformation" des Objektes zu diesem Wert der Parameter. Es kann gezeigt werden, daß das Studium aller möglichen Deformationen in vielen Fällen auf das Studium einer einzigen Deformation reduziert werden kann, in gewisser Weise der größten; alle anderen Deformationen kann man aus ihr erhalten. Solche Deformationen heißen „versell".

Ein erstes Beispiel: Eine Deformation in der Kategorie der ↗analytischen Algebren ist wie folgt gegeben: Sei $A_0 = \mathbb{C}\{x_1, \ldots, x_n\}/J_0$ eine analytische Algebra. Eine Deformation von A_0 mit der Basis B ist eine flache B-Algebra A so, daß $A/\mathfrak{M}_B A$ zu A_0 isomorph ist. Dabei ist $\mathfrak{M}_B$ das Maximalideal von B, und A und B sind analytische Algebren. Geometrisch entspricht A_0 ein Kern eines komplexen Raums X_0, der Keim der Nullstellenmenge von J_0. Entsprechend gehören zu A und B Keime von komplexen Räumen X und T und eine Abbildung $\pi : X \to T$ so, daß die Faser in $0 \in T$ isomorph zu X_0 ist. T ist der Basisraum der Deformation. Sei etwa

$$A_0 = \mathbb{C}\{x, y\}/(y^2 - x^3),$$
$$B = \mathbb{C}\{u\} \to A = \mathbb{C}\{u, x, y\}/y^2 - x^3 - ux^2.$$

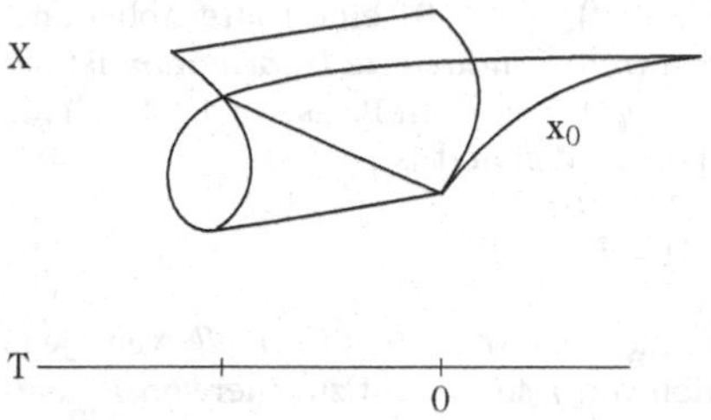

Deformation $y^2 - x^3 - ux^2$

Die Spitze X_0 wird in den Doppelpunkt deformiert, eine verselle Deformation von A_0 is gegeben durch

$$\mathbb{C}\{s, t\} \to \mathbb{C}\{s, t, x, y\}/(y^2 - x^3 - tx - s).$$

Die obige Deformation $B \to A$ von A_0 kann wie folgt induziert werden: Es ist

$$y^2 - x^3 - ux^2 = y^2 - \left(x + \tfrac{u}{3}\right)^3 + \tfrac{u}{3}^2\left(x + \tfrac{u}{3}\right) - \tfrac{2}{27}u^3.$$

Damit wird die Deformation durch die Abbildung

$$\pi : \mathbb{C}\{s, t, x, y\}/(y^2 - x^3 - tx - s) \to \mathbb{C}\{u, x, y\}/(y^2 - x^3 - ux^2),$$
$$\pi(s) = -\tfrac{2u^3}{27}, \ \pi(t) = \tfrac{u^2}{3},$$
$$\pi(x) = x + \tfrac{u}{3}, \ \pi(y) = y$$

induziert.

Allgemeine Situation. Das Wort „versell" ist aus den Wörtern „universell" und „transversal" gebildet worden, da eine Eindeutigkeit nicht existieren muß, und Transversalität zu einer geeigneten Teilmenge im Funktionenraum ein charakteristisches Merkmal einer versellen Deformation ist.

Endlichdimensionaler Fall. Sei G eine Lie-Gruppe, die auf einer Mannigfaltigkeit M operiert, und $f \in M$. Eine *Deformation* von f ist ein glatter Abbildungskeim F von einer Mannigfaltigkeit Λ (genannt die Basis der Deformation) nach M an einer Stelle 0 von Λ so, daß $F(0) = f$ ist. Man betrachtet zwei Deformationen F und F' von f mit derselben Basis Λ. Diese beiden Deformationen heißen äquivalent, wenn die eine durch die Operation eines Elementes $g(\lambda) \in G$ glatt (in Abhängigkeit von $\lambda \in \Lambda$) in die andere überführt werden kann, d. h., wenn

$$F'(\lambda) = g(\lambda) F(\lambda),$$

wobei g eine Deformation des Einselementes von G ist.

Sei $\varphi : (\Lambda', 0) \to (\Lambda, 0)$ eine glatte Abbildung. Die *mit φ durch F induzierte Deformation* ist die Deformation φ^*F von f mit Basis Λ', die durch die folgende Formel definiert ist:

$$(\varphi^*F)(\lambda') = F(\varphi(\lambda)).$$

Eine Deformation F von f heißt *versell*, wenn jede Deformation von f äquivalent zu einer von F induzierten Deformation ist. Eine verselle Deformation heißt *miniversell*, wenn die Dimension der Basis den kleinstmöglichen Wert hat. Es gilt der folgende Satz:

Eine minimale Transversale an der Stelle f zum Orbit Gf von f in M ist eine miniverselle Deformation von f.

Diese Konstruktionen sollen auf den Fall übertragen werden, in dem M ein Funktionenraum glatter Abbildungen und G eine unendlichdimensionale Transformationsgruppe ist.

Beispiel: Rechtsäquivalenz von Funktionen.

Sei $f : (\mathbb{R}^m, 0) \to \mathbb{R}$ ein glatter Abbildungskeim. Eine Deformation von f mit Basis $\Lambda = \mathbb{R}^l$ ist der Keim an der Stelle 0 eines glatten Abbildungskeimes $F : (\mathbb{R}^m \times \mathbb{R}^l, 0) \to \mathbb{R}$, für den gilt $F(x, 0) \equiv f(x)$. Eine Deformation F' ist (rechts)äquivalent zu F, wenn gilt

$$F'(x, \lambda) \equiv F(g(x, \lambda), \lambda),$$

wobei $g : (\mathbb{R}^m \times \mathbb{R}^l, 0) \to (\mathbb{R}^m, 0)$ ein glatter Keim mit $g(x, 0) \equiv x$ ist. Die Deformation F' wird von F induziert, wenn

$$F'(x, \lambda') \equiv F(x, \varphi(\lambda')),$$

wobei $\varphi : (\mathbb{R}^{l'}, 0) \to (\mathbb{R}^l, 0)$ ein glatter Keim ist. Daher ist die Deformation F von f (rechts- oder R-) versell, wenn jede beliebige Deformation F' dieses Keimes darstellbar ist in der Form

$$\begin{aligned} F'(x, \lambda') &\equiv F(g(x, \lambda'), \varphi(\lambda')), \\ g(x, 0) &\equiv x, \ \varphi(0) = 0. \end{aligned} \tag{1}$$

Beispielsweise ist die Deformation $x^2 + \lambda$ des Keimes x^2 an der Stelle 0 R-versell.

Im Fall der *links-rechts-(RL-)*Äquivalenz wird (1) ersetzt durch

$$\begin{aligned} F'(x, \lambda') &\equiv kF(g(x, \lambda'), \varphi(\lambda'), \lambda'), \\ g(x, 0) &\equiv x, \ k(y, 0) \equiv y, \ \varphi(0) = 0. \end{aligned} \tag{2}$$

Eine Deformation F von f ist *V-versell* (V von „Varietät“), wenn jede Deformation dieses Keimes darstellbar ist in der Form

$$F'(x, \lambda') \equiv M(x, \lambda') F(g(x, \lambda'), \varphi(\lambda')),$$

wobei $M(0, 0)$ nicht-degeneriert ist, und $g(x, 0) \equiv x$, $\varphi(0) = 0$.

Infinitesimale Versalität. Sei F eine Deformation von f mit Basis Λ, und seien $\lambda_1, \lambda_2, \ldots, \lambda_l$ Koordinaten auf Λ mit $\lambda(0) = 0$. Die *Anfangsgeschwindigkeiten von F* sind die Keime

$$\dot{F}_i = \left. \frac{\partial F(x, \lambda_1, \ldots, \lambda_l)}{\partial \lambda_i} \right|_{\lambda=0}, \quad i = 1, \ldots, l.$$

Eine Deformation F eines Keimes f heißt *infinitesimal versell*, wenn ihre Anfangsgeschwindigkeiten zusammen mit dem Tangentialraum an den Orbit von f den gesamten linearen Raum der Variationen von f erzeugen. Es gilt:

Die Bedingungen für die infinitesimale Versalität einer Deformation F von $f : (\mathbb{R}^m, 0) \to (\mathbb{R}^n, 0)$ für R-, RL- und V-Äquivalenz bestehen darin, daß für jede Variation α von f eine Darstellung der folgenden Form existiert:

$$\alpha(x) \equiv \sum_{i=1}^{m} \frac{\partial f}{\partial x_i} h_i(x) + \sum_{i=1}^{l} c_i \dot{F}_i(x)$$

(R-Versalität)

$$\alpha(x) \equiv \sum_{i=1}^{m} \frac{\partial f}{\partial x_i} h_i(x) + k(f(x)) + \sum_{i=1}^{l} c_i \dot{F}_i(x)$$

(RL-Versalität)

$$\alpha(x) \equiv \sum_{i=1}^{m} \frac{\partial f}{\partial x_i} h_i(x) + \sum_{j=1}^{n} f_j(x) k_j(x) + \sum_{i=1}^{l} c_i \dot{F}_i(x)$$

(V-Versalität)

Diese Darstellungen zeigen, daß eine verselle Deformation infinitesimal versell ist.

Beispielsweise ist die Deformation $x^3 + \lambda x$ des Keimes x^3 an der Stelle 0 infinitesimal RL-versell, aber weder R- noch V-infinitesimal versell. Für alle drei Fälle (R-, RL-, V-Versalität) gilt das folgende Versalitäts-Theorem:

Eine infinitesimale verselle Deformation ist versell.

[1] Arnold, V. I., Gusein-Zade, S. M., Varchenko, A. N.: Singularities of Differentiable Maps. Birkhäuser-Verlag Boston Basel Stuttgart, 1985.

Versicherungsmathematik

H.-J. Bartels

Die Versicherungsmathematik beschäftigt sich als Teilgebiet der Angewandten Mathematik mit Fragen der Versicherungspraxis, soweit diese mathematischen Methoden zugänglich sind und nicht etwa ökonomische oder juristische Aspekte zum Gegenstand haben.

Als Beginn der Versicherungsmathematik wird von einigen Autoren die Veröffentlichung der ersten empirisch gesicherten ↗Sterbetafel durch den Astronomen Edmond Halley 1693 angesehen („An Estimate of the Degrees of Mortality of Mankind drawn from curious Tables of Births and Funerals at the City of Breslaw with an Attempt to ascertain the Price of Annuities upon Lives"), wenngleich sich der Versicherungsgedanke bis in die Antike zurückverfolgen läßt: Aus der römischen Kaiserzeit (etwa um 130 n. Chr.) sind die Statuten einer Sterbegeldkasse überliefert, und die erste bekannte römische Bevölkerungstafel, die sogenannte Ulpian-Tafel mit einer Prognose der zukünftigen Lebensdauer in Abhängigkeit vom Alter, wird auf das Jahr 220 nach Christus datiert.

Den ersten Rückversicherungsverträgen und Seeversicherungen (etwa um 1300) und den später eingerichteten ↗Tontinen ist allerdings gemeinsam, daß sie mathematisch nicht fundiert waren. Das noch heute in der Personenversicherung verbreitete ↗Deterministische Modell ist dann auch erst im achtzehnten Jahrhundert in einer Zeit des allgemeinen Aufschwungs mathematischer Methoden entwickelt worden, und wurde mit dem Gesetz der großen Zahl (Jakob Bernoulli) und dem hierdurch bewirkten ↗Ausgleich im Kollektiv begründet.

Wenn einem On dit zufolge Reine und Angewandte Mathematik überhaupt nichts miteinander zu tun haben (David Hilbert), dann haben das Mathematiker in früheren Jahrhunderten offenbar anders gesehen. Hierzu seien stellvertretend nur zwei Beispiele von herausragenden Mathematikern genannt, die auch für viele praktische Anwendungen Nützliches geleistet haben:

Leonard Euler (1707–1783) hat sich in vier Arbeiten mit Fragen der Kalkulation von Lebensversicherungen beschäftigt und dabei auch explizit das sogenannte Äquivalenzprinzip formuliert [2].

Das zweite Beispiel ist Carl Friedrich Gauß, der auf Bitte des Kurators der Universität Göttingen die finanzielle Lage der Göttinger Professoren-Witwen und -Waisenkasse zu den Stichtagen 1. Oktober 1845 und 1. Oktober 1851 begutachtet hat. In der Einleitung des Gutachtens schreibt Gauß: „Erstlich haben von der Langwierigkeit solcher Rechnungen diejenigen Herren eine sehr falsche Vorstellung, welche glauben, daß sie binnen vier Wochen vollendet werden können .... Zweitens lassen sich die Rechnungen mit Gründlichkeit gar nicht führen, ohne die nöthigen Data, wovon zur Zeit gar Nichts vorliegt. Worin die erforderlichen Data bestehen, werde ich weiterhin angeben, ohne sie kann ich mich auf gar nichts einlassen; ... " ([3], S. 119–188).

Der Verlauf der weiteren Entwicklungsgeschichte der Versicherungsmathematik ist eng verknüpft mit dem Namen zweier schwedischer Mathematiker: Filip Lundberg und Harald Cramér (1893–1985), die mit ihren fundamentalen Arbeiten zum ↗Kollektiven Modell in der ersten Hälfte des zwanzigsten Jahrhunderts die Grundlagen der ↗Risikotheorie schufen.

Die numerische bzw. approximative Berechnung der Gesamtschadenverteilung eines Versicherungskollektivs ist neben der Frage der langfristigen Stabilität des Risikoverlaufes (↗Ruintheorie) eines der klassischen Grundprobleme der Risikotheorie. Hier sind gerade in letzter Zeit durch Computerangepaßte Algorithmen (Nelson de Pril 1986, 1989) wichtige, für die Praxis relevante Fortschritte erzielt worden.

Weitere wichtige Teilgebiete der Risikotheorie beschäftigen sich mit der Theorie der Prämienkalkulation, der Bestimmung des Spätschadenpotentials (das sogenannte IBNR-Problem: Incurred But Not Reported), und der ↗Credibility-Theorie. Überhaupt hat sich das Methodenspektrum der Versicherungsmathematik in den letzten Jahrzehnten deutlich erweitert. Hierzu gehört die Theorie der ↗stochastischen Prozesse, die als Instrument F. Lundberg um 1903 bis 1909 noch nicht zur Verfügung stand; manche seiner eher kryptisch verpackten Ideen sind dann auch erst von H. Cramér mit der notwendigen mathematischen Genauigkeit beschrieben worden. Weiterentwickelt wurde die Ruintheorie dann in der zweiten Hälfte des zwanzigsten Jahrhunderts mit Methoden der Erneuerungstheorie (W. Feller 1966) und der Martingalmethode (H. Gerber 1973) vor allem durch die Schweizer Schule der Versicherungsmathematik (H. Ammeter, H. Bühlmann und H. Gerber).

Ein ganz aktueller Zweig der Versicherungsmathematik beschäftigt sich mit den Modellen der ↗Finanzmathematik und deren Anwendung auf Fragen der Steuerung von Kapitalanlagen von Versicherungsunternehmen sowie deren Abstimmung mit den vorhandenen Leistungsverpflichtungen.

Hier hat sich innerhalb der Internationalen Aktuarvereinigung IAA eine eigene Sektion unter der Abkürzung AFIR (Actuarial Approach for Financial Risk) etabliert.

Vielfältige Methoden werden bei der Modellierung von komplexen Strukturen an den Finanzmärkten heute verwendet. Dazu gehören stochastische Prozesse, Methoden der stochastischen Analysis, der Potentialtheorie, die Theorie partieller Differentialgleichungen und deren numerische Behandlung, um ohne Anspruch auf Vollständigkeit die wichtigsten Gebiete aufzuzählen. Ein häufig geäußerter Kritikpunkt an der Versicherungsmathematik betrifft das vergleichsweise enge Methodenspektrum. Das trifft aus heutiger Sicht sicher für die klassische deterministische Theorie der Personenversicherung zu, nicht aber für die zuletzt genannten aktuellen Entwicklungen.

Literatur

[1] Bühlmann,H.: Entwicklungstendenzen in der Risikotheorie, Jber.Dt.Math.-Verein. 90. Teubner-Verlag Stuttgart, 1988.

[2] Leonardi Euleri Opera Omnia: Series Prima, Band VII. Leipzig, Berlin, 1923.

[3] Gauß, C.F.: Werke, Band 4. Georg Olms Verlag, Hildesheim, 1973.

[4] Krengel, U.: Wahrscheinlichkeitstheorie, S.457-489, in: Dokumente zur Geschichte der Mathematik, Band 6, Ein Jahrhundert Mathematik 1890-1990, Festschrift zum Jubiläum der DMV. Vieweg & Sohn Braunschweig, 1990.

Versicherungsrisiko, ↗Risikotheorie.

Versionen stochastischer Prozesse, ↗Modifikationen stochastischer Prozesse.

Verstärkungsmatrix, ↗von Neumann-Bedingung.

Versuchsplanung

R. Schwabe

Die Versuchsplanung (Design of Experiments) ist ein eigenständiges Teilgebiet der Mathematischen Statistik (statistische Versuchsplanung) mit Lösungsansätzen aus der Kombinatorik (kombinatorische Design-Theorie) und der konvexen Analysis.

Fragestellung: Statistische Untersuchungen dienen zur Aufdeckung funktionaler Zusammenhänge zwischen erklärenden Variablen (unabhängige Variablen, exogene Variablen, Einflußfaktoren) und einer abhängigen Variablen (endogene Variable, Ergebnis), wenn die jeweiligen Beobachtungen mit einem Zufallsfehler behaftet sind. Man unterscheidet zwischen Experimenten mit aktiv erhobenen Beobachtungen, bei denen die Einflußfaktoren vom Experimentator eingestellt werden können, und Beobachtungsstudien, bei denen auch die erklärenden Variablen nur passiv beobachtet werden können. Typische Beispiele für Messungen in Experimentalsituationen sind: Auf landwirtschaftlichen Versuchsfeldern der Ernteertrag in Abhängigkeit von Getreidesorten und Düngemitteln, in der medizinischen Forschung der Heilungserfolg in Abhängigkeit von Behandlungen, bei der Entwicklung von Prototypen in der industriellen Produktion die Produktqualität in Abhängigkeit von Prozeßvariablen wie Druck, Temperatur, Prozeßdauer und Mischungsverhältnis von Komponenten, oder in der psychologischen Marktforschung der individuelle Nutzen in Abhängigkeit von Ausstattung und Preis verschiedener dargebotener Alternativen. Experimentalsituationen haben den großen Vorteil, daß durch eine geeignete Auswahl der Versuchseinstellungen für die einzelen Einflußfaktoren eine wesentliche Verbesserung der Qualität des Experiments erreicht werden kann.

Im allgemeinen besteht ein Versuch aus mehreren Einzelexperimenten, die an einzelnen Versuchseinheiten durchgeführt, und für die die Einflußfaktoren auf verschiedene Stufen eingestellt werden können. Zur Beschreibung des Einflusses dieser Faktoren auf das Versuchsergebnis unterscheidet man zwischen Modellen der Varianzanalyse, bei denen alle Faktoren nur auf einigen wenigen Stufen eingestellt werden (z. B. Behandlungen, Weizensorten, Düngemittel), Modellen der Regressionsanalyse, bei denen alle Faktoren über einen Bereich stetig variieren (z. B. Temperatur, Druck oder Dosierungen), und allgemeinen Modellen der Kovarianzanalyse, bei denen beide Sorten von Faktoren auftreten können.

Vorrangig befaßt sich die statistische Versuchsplanung mit der Wahl der Versuchseinstellungen im Hinblick auf eine möglichst große Genauigkeit der statistischen Analyse, wobei der Versuchsumfang als fest vorgegeben vorausgesetzt wird.

Die Struktur der besten Versuchspläne ist im allgemeinen vom Versuchsumfang unabhängig. Daher kann in praktischen Anwendungen in einem zweiten Schritt der Versuchsumfang (Stichprobengröße, Fallzahl) so bestimmt werden, daß eine vorgegebenen Genauigkeit oder Güte erreicht wird.

Historisches: Obwohl viele Ideen der Versuchsplanung älteren Ursprungs sind, gelten Fisher, 1926, und Yates, 1935, mit der Propagierung der Grundprinzipien Randomisierung, Blockbildung und Wiederholbarkeit als deren Begründer. Erste Anwendungsgebiete waren agrarwissenschaftliche Feldversuche und Experimente in den Biowissenschaften. Später kamen ingenieur- und wirtschaftswissenschaftliche Fragestellungen hinzu (Taguchi-Ansatz zur Verbesserung der industriellen Produktion, 1980). Kombinatorische Hilfsmittel zur Konstruktion möglichst symmetrischer Anordnungen (z. B. Euler, 1782) fanden bereits frühzeitig Anwendung auf varianzanalytische Modelle. Fragen der optimalen Versuchsplanung bei Regressionsmodellen wurden seit 1918 in der Literatur behandelt. Die Formalisierung der statistischen Versuchsplanung leistete Kiefer 1959 mit der Einführung des Konzeptes verallgemeinerter Versuchspläne, das eine Einbettung der Optimierungsprobleme in die konvexe Analysis erlaubte. In den darauf folgenden Jahren wurden optimale Versuchspläne für große Klassen von allgemeinen linearen und nichtlinearen Modelle bis hin zu nichtparametrischen (modellfreien) Ansätzen bestimmt.

Grundprinzipien: *Randomisierung*, d. h. zufällige Zuordnung von Versuchseinstellungen zu den einzelnen Versuchseinheiten, und Blockbildung, d. h. Zusammenfassung gleichartiger Versuchseinheiten, sind allgemein anerkannte Prinzipien zum Ausschalten systematischer individueller Effekte bzw. zur Reduktion der Variabilität zwischen verschiedenen Versuchseinheiten. Die Randomisierung läßt sich als Spezialfall des allgemeineren Konzepts der Symmetrisierung interpretieren, das auf Ideen der In- bzw. Äquivarianz beruht: In vielen Experimentalsituationen gibt es natürliche Transformationen des Versuchsbereichs (Permutationen von Stufen oder Faktoren, Spiegelungen, Drehungen), für die die Qualität der statistischen Analyse sich nicht ändert. Daher sollten effiziente Versuchspläne selbst invariant bezüglich dieser Transformationen sein oder zumindest eine invariante Analyse erlauben (fraktionelle Strukturen). Die Blockbildung dient der gleichmäßigen Verteilung der Versuchseinstellungen auf homogene Gruppen (Blöcke) von Versuchseinheiten. Insbesondere in biowissenschaftlichen Untersuchungen liegen oft paarige Beobachtungen (Blöcke der Größe 2) vor, etwa wenn Paare von Augen oder Ohren eines Individuums untersucht werden. In agrarwissenschaftlichen Untersuchungen werden Versuchsfelder mit einer möglichst homogenen Bodenbeschaffenheit als Block betrachtet und in Parzellen als Versuchseinheiten aufgeteilt. Als Blockfaktoren können auch zusätzliche Eigenschaften der Versuchseinheiten gewertet werden, deren Einfluß auf das Versuchsergebnis nicht untersucht werden soll (etwa das Geschlecht, das Alter oder der Erkrankungszustand von Versuchspersonen). Die entsprechenden Blockeffekte sind nicht von Interesse und gehen als Störparameter in das Experiment ein. Eine Minimalforderung an die Versuchsplanung ist hierbei, daß trotz dieser störenden Blockeffekte die Modellparameter für die zu untersuchenden Einflußfaktoren identifizierbar (schätzbar, testbar) sind.

Kombinatorische Versuchsplanung: Aufgabenstellung kombinatorischer Ansätze ist einerseits eine möglichst gleichmäßige Anordnung der Stufen innerhalb einzelner Faktoren (Balanciertheit) und andererseits Unabhängigkeit zwischen den verschiedenen Faktoren (Orthogonalität). Aufgrund ihrer Struktur werden kombinatorische Versuchspläne vorrangig in Modellen der Varianzanalyse angewandt. Blockpläne dienen der Ausschaltung störender Blockeffekte. Wenn die Anzahl der Stufen die Blockgröße überschreitet, weisen vollständig balancierte, unvollständige Blockpläne (BIBD) balancierte Randverteilungen für die einzelnen Stufen bzw. Stufenkombinationen auf. Zur Konstruktion kombinatorischer Versuchspläne werden algebraische Strukturen und Elemente der Gruppentheorie (Galoisfelder, projektive Geometrie) als Hilfsmittel herangezogen. Ein typisches Beispiel balancierter Versuchspläne für drei Faktoren, die jeweils über die gleiche Anzahl s von Stufen variieren können, sind Lateinische Quadrate: Jede Zeile bzw. Spalte einer $s \times s$-Tafel entspricht einer Stufe der ersten beiden Faktoren, während die Buchstaben in der Tafel die Stufen des dritten Faktors bezeichnen: jeder Buchstabe darf nur einmal in jeder Zeile und in jeder Spalte auftreten.

	1	2	3	4
1	A	B	C	D
2	D	A	B	C
3	C	D	A	B
4	B	C	D	A

Lateinisches Quadrat (4×4)

Kann ein weiteres Alphabet so hinzugefügt werden, daß auch die Buchstabenkombinationen in den einzelnen Einträgen genau einmal vorkommen ergibt sich ein Griechisch-Lateinisches Quadrat, wobei die Buchstaben des neuen Alphabets die Stufen eines vierten Faktors sind.

Lateinische und Griechisch-Lateinische Quadrate sind Spezialfälle von Orthogonalen Feldern der Stärke 2: In einem Orthogonalen Feld der Stärke t tritt jede Stufenkombination von je t Faktoren genau einmal auf. Für $t = 4$ sind neben Haupteffekten auch Zwei-Faktor-Wechselwirkungen identifizierbar. Besitzen alle Faktoren nur zwei Stufen, können balancierte (fraktionell faktorielle) Versuchspläne mit Hilfe von Hadamard-Matrizen konstruiert werden. Alle Einträge einer Hadamard-Matrix sind entweder $+1$ oder -1 und je zwei Spalten sind orthogonal, d. h. das Skalarprodukt je zweier Spalten ist 0.

	A	B	C
1	−1	−1	−1
2	−1	+1	+1
3	+1	−1	+1
4	+1	+1	−1

2^{3-1}-fraktionell faktorieller Versuchsplan vom Umfang 4 für 3 Faktoren

Einzelne Spalten einer Hadamard-Matrix werden Faktoren zugeordnet, wobei deren beiden Stufen jeweils als ± 1 codiert sind. Jede Zeile gibt dann die Versuchseinstellungen für ein Einzelexperiment an. Alias-Strukturen dienen zur Charakterisierung der Maskierung von Haupteffekten oder Wechselwirkungen. Die Resolution eines faktoriellen Plans beschreibt, bis zu welchem Wechselwirkungsgrad Modellparameter noch identifizierbar sind. Fraktionell faktorielle Versuchspläne finden Anwendungen in diskretisierten multiplen Regressionsmodellen und als Wiegepläne für das Verteilen von Gewichten auf die Schalen einer Waage.

Optimale Versuchsplanung: Ziel der optimalen Versuchsplanung ist es, Versuchseinstellungen zu finden, die eine möglichst effiziente statistische Analyse des zugrunde liegenden Modells erlauben. Dies soll am Beispiel der Steigung bei einer linearen Regression $Y = \beta_1 + \beta_2 x + \varepsilon$ illustriert werden: Es liegen Beobachtungspaare (x_i, Y_i) vor, wobei Y_i die abhängige Variable bei gegebener Versuchseinstellung x_i ist. Die Kleinstquadratsummenschätzung für die Steigung β_2 der Regressionsgerade berechnet sich zu

$$\widehat{\beta}_2 = \frac{\sum (Y_i - \overline{Y})(x_i - \overline{x})}{\sum (x_i - \overline{x})^2} \,,$$

wobei $\overline{x} = \frac{1}{n} \sum x_i$ und $\overline{Y} = \frac{1}{n} \sum Y_i$ die Mittelwerte der Einstellungen bzw. Beobachtungen sind. Die Varianz dieser Schätzung ergibt sich zu $\mathrm{V}(\widehat{\beta}_2) = \sigma^2 / \sum (x_i - \overline{x})^2$, falls die Fehlerterme homoskedastisch, $\mathrm{V}(\varepsilon) = \sigma^2$, und unkorreliert sind, und sie wird minimal, wenn das Streuungsmaß $\sum (x_i - \overline{x})^2$ für die Versuchseinstellungen möglichst groß ist. Auf dem Einheitsintervall $\mathcal{X} = [-1, 1]$ als standardisiertem Versuchsbereich ist es somit optimal, jeweils die Hälfte der Beobachtungen an den beiden extremen Einstellungen $+1$ und -1 vorzunehmen. Die Effizienz der daraus resultierenden Schätzung ist dreimal so groß wie bei einer äquidistanten Verteilung der Versuchseinstellungen auf dem Intervall $[-1, 1]$, d. h. bei optimaler Einstellung wird im Vergleich zur äquidistanten Versuchsanordnung nur ein Drittel der Beobachtungen benötigt, um eine Schätzung gleicher Güte zu erhalten.

Im allgemeinen wird der funktionale Zusammenhang zwischen den Versuchsbedingungen x und den Beobachtungen Y durch eine Wirkungsfunktion η beschrieben, $Y(x) = \eta(x, \beta) + \varepsilon$, wobei ε den Beobachtungsfehler bezeichnet und die strukturelle Gestalt von η bis auf einen unbekannten Parameter(vektor) β spezifiziert ist. Die Versuchseinstellung x aus dem Versuchsbereich $\mathcal{X}$ selbst kann mehrdimensional sein und mehrere Einflußfaktoren repräsentieren. Die bezüglich Fragestellungen der Versuchsplanung meistuntersuchte Modellklasse ist das allgemeine lineare Modell

$$Y(x) = f(x)^\top \beta + \varepsilon(x) = \sum_{j=1}^{p} f_j(x)\beta_j + \varepsilon(x) \,,$$

das sowohl Regressions- als auch varianzanalytische Modelle umfaßt (Dummy-Codierung der diskreten Einflußfaktoren). Die einzelnen Beobachtungen $Y_i = f(x_i)^\top \beta + \varepsilon_i$ eines Gesamtexperiments vom Umfang n zu einem Versuchsplan $(x_1, \ldots, x_n)$ werden in Matrixschreibweise zusammengefaßt, $Y = F\beta + \varepsilon$, mit Beobachtungsvektor $Y = (Y_1, \ldots, Y_n)$, Fehlervektor $\varepsilon = (\varepsilon_1, \ldots, \varepsilon_n)$ und $(n \times p)$-Planungsmatrix $F = F(x_1, \ldots, x_n) = \big(f(x_1), \ldots, f(x_n)\big)^\top$. Dabei brauchen die Versuchseinstellungen $x_1, \ldots, x_n$ eines Versuchsplans nicht notwendig unterschiedlich zu sein. Üblicherweise wird Homoskedastizität der Fehlerterme angenommen. Dann ist die Kleinstquadratsummenschätzung $\widehat{\beta} = \left(F^\top F\right)^{-1} F^\top Y$ beste lineare, erwartungstreue Schätzung (Gauß-Markow-Schätzung) mit Kovarianzmatrix $\mathrm{cov}(\widehat{\beta}) = \sigma^2 \left(F^\top F\right)^{-1}$. Die angestrebte Minimierung der Kovarianzmatrix in Abhängigkeit vom Versuchsplan ist äquivalent zur Maximierung der Informationsmatrix (Momentenmatrix), $M(x_1, \ldots, x_n) = F^\top F = \sum f(x_i) f(x_i)^\top$. Hierbei wird der Einfachheit halber angenommen, daß die Informationsmatrix vollen Rang besitzt.

Erstrebenswert ist eine Optimierung der Kovarianzmatrix im positiv-semidefiniten Sinn, so daß die Varianz $\mathrm{V}(c^\top \widehat{\beta})$ für alle eindimensionalen Aspekte $c^\top \beta$ gleichzeitig minimal würde. Dies ist jedoch im allgemeinen nicht möglich. Daher werden als Kriterien verschiedene Funktionale der Kovarianzmatrix betrachtet, die optimiert werden sollen: Das aufgrund seiner guten analytischen Eigenschaften populärste Kriterium ist das Determinanten-Kriterium (D-Kriterium). Weitere, häufig verwendete Kriterien sind die Spur der Kovarianzmatrix (A-Kriterium, average variance) oder ein Minimax-Kriterium für eindimensionale Aspekte,

$$\min_{\|c\|=1} \mathrm{V}(c^\top \widehat{\beta}) = \min_{\|c\|=1} \sigma^2 c^\top M(x_1, \ldots, x_n)^{-1} c$$

(E-Kriterium, Eigenwert-Kriterium). Diese Kriterien basieren auf den Eigenwerten der Kovarianzmatrix und entsprechen dem Produkt (D), der Summe (A) bzw. dem größten (E) der Eigenwerte. Anschaulich minimieren D-optimale Pläne das Volumen des Konfidenzellipsoids für den Parametervektor β, A-optimale Pläne den mittleren Euklidischen Abstand der Schätzung $\widehat{\beta}$ von β, und E-optimale Pläne die Varianz des am schwierigsten zu schätzenden eindimensionalen Aspekts. Eine naheliegende Alternative sind Funktionale, die auf der Varianzfunktion $d(x; x_1, \ldots, x_n) = \mathrm{V}(\widehat{Y}(x))/\sigma^2 = f(x)^\top M(x_1, \ldots, x_n)^{-1} f(x)$ der vorhergesagten Wirkungsfunktion $\widehat{Y}(x) = f(x)^\top \beta$ basieren, wie das Minimax-Kriterium im Versuchsbereich $\max_{x \in \mathcal{X}} d(x; x_1, \ldots, x_n)$ (G-Kriterium, maximale Vorhersagevarianz) oder die mittlere Varianz über den Versuchsbereich $\int_{\mathcal{X}} d(x; x_1, \ldots, x_n)\, dx$ ($IMSE$-Kriterium, integrated mean squared error).

Weitere Kriterien untersuchen Teilaspekte $A\beta$ des Parameters, wobei A eine $(s \times p)$-Matrix ist, zum Beispiel die Determinante der Kovarianzmatrix $\operatorname{cov}(A\widehat{\beta}) = \sigma^2 A M(x_1, \ldots, x_n)^{-1} A^\top$ (D_A-Kriterium, bzw. speziell D_s-Kriterium für die ersten s Komponenten von β, $A\beta = (\beta_1, \ldots, \beta_s)$). Besonderes Interesse gilt der Minimierung der Varianz $\mathrm{V}(c^\top \widehat{\beta}) = \sigma^2 c^\top M(x_1, \ldots, x_n)^{-1} c$ eindimensionaler Aspekte (c-Kriterium).

Das Auffinden eines optimalen Versuchsplans ist von seiner Struktur her ein Problem der diskreten Optimierung. Um zusätzlich analytische Ansätze nutzen zu können, werden verallgemeinerte Versuchspläne eingeführt: Zu einem Versuchsplan $(x_1, \ldots, x_n)$ mit nicht notwendig verschiedenen Versuchseinstellungen wird ein verallgemeinerter Versuchsplan ξ über $\xi(x_i) = n_i/n$ definiert, wobei n_i die Anzahl der Replikationen der Versuchseinstellung x_i ist, $\sum \xi(x_i) = 1$. Mit $M(\xi) = \sum \xi(x) f(x) f(x)^\top$ bezeichnet man die standardisierte Informationsmatrix, und entsprechend mit $d(x; \xi) = f(x)^\top M(\xi)^{-1} f(x)$ die standardisierte Varianzfunktion. Offensichtlich gilt $M(\xi) = \frac{1}{n} M(x_1, \ldots, x_n)$ und $d(x; \xi) = n d(x; x_1, \ldots, x_n)$. Nach Verzicht auf die Ganzzahligkeit der Replikationen $n\xi(x)$ ist die Gesamtheit der verallgemeinerten Versuchspläne eine konvexe Menge, und es können Methoden der konvexen Optimierung angewandt werden. Die Optimalitätskriterien lassen sich zumeist als konvexe Funktionale Φ des Versuchsplans darstellen, mit Richtungsableitungen

$$\Phi'(\xi; x) = \lim_{\alpha \downarrow 0} \frac{1}{\alpha} \left[\Phi\left(\alpha \xi_x + (1 - \alpha)\xi\right) - \Phi(\xi) \right]$$

in Richtung der degenerierten Versuchspläne ξ_x mit nur jeweils einer Versuchseinstellung x, $\xi_x(x) = 1$. In diesem Kontext übersetzt sich das Minimax-Theorem der konvexen Optimierung unter geeigneten Regularitätsbedingungen (Φ konvex, Φ' linear) zu folgendem Satz von Whittle:

Ein verallgemeinerter Versuchsplan ξ^* minimiert Φ genau dann, wenn $\Phi'(\xi^*; x) \geq 0$ für alle $x \in \mathcal{X}$.

Zusätzlich verschwindet die Richtungsableitung $\Phi'(\xi^*; x) = 0$ für alle Trägerpunkte x von ξ, $\xi(x) > 0$. Für das D-Kriterium ergibt sich daraus der Äquivalenzsatz von Kiefer und Wolfowitz:

Ein verallgemeinerter Versuchsplan ξ^* ist D-optimal genau dann, wenn ξ^* G-optimal ist.

Für einen D- bzw. G-optimalen Plan gilt, daß die Varianzfunktion durch die Anzahl der Parameter beschränkt ist, $d(x, \xi^*) \leq p$, mit Gleichheit in den Trägerpunkten. Der Äquivalenzsatz dient vorrangig der Verifikation der Optimalität eines vorgegebenen Versuchsplans. Die Bedingung $d(x, \xi^*) = p$ in den Trägerpunkten kann jedoch auch bei der Konstruktion genutzt werden, wie folgendes Beispiel zeigt: Für polynomiale Regression $Y(x) = \beta_1 + \beta_2 x + \cdots + \beta_p x^{p-1} + \varepsilon$ ist die Varianzfunktion $d(x; \xi)$ ein Polynom vom Grad $2p - 2$ in x. Der Versuchsbereich $\mathcal{X}$ ist üblicherweise ein abgeschlossenes Intervall. Nach dem Hauptsatz der Algebra besitzt die Varianzfunktion genau p Maxima mit $d(x; \xi^*) = p$ auf dem Intervall $\mathcal{X}$. Damit hat der optimale Versuchsplan ξ^* minimale Anzahl von Trägerpunkten und die Gewichte $\xi(x)$ und Trägerpunkte können getrennt optimiert werden. Insbesondere besitzt der optimale Plan gleiche Gewichte $\xi^*(x) = 1/p$ auf allen Trägerpunkten.

Allgemein bestehen über Eigenschaften der Varianzfunktion Zusammenhänge zur ↗Approximationstheorie (Tschebyschew-Systeme), und dort entwickelte Methoden finden in der Versuchsplanung Anwendung. In komplexeren Situationen, in denen es häufig keine expliziten Lösungen für das Versuchsplanungsproblem gibt, können effiziente Pläne mit Hilfe von Optimierungsalgorithmen erzeugt werden, die wie die Methode des steilsten Anstiegs auf den Richtungsableitungen basieren (Algorithmus von Fedorow und Wynn). Über die Richtungsableitungen lassen sich Abschätzungen für die Effizienz $\operatorname{eff}(\xi) = \Phi(\xi)/\Phi(\xi^*)$ eines Versuchsplans im Vergleich zum jeweiligen Φ-optimalen Plan ξ^*

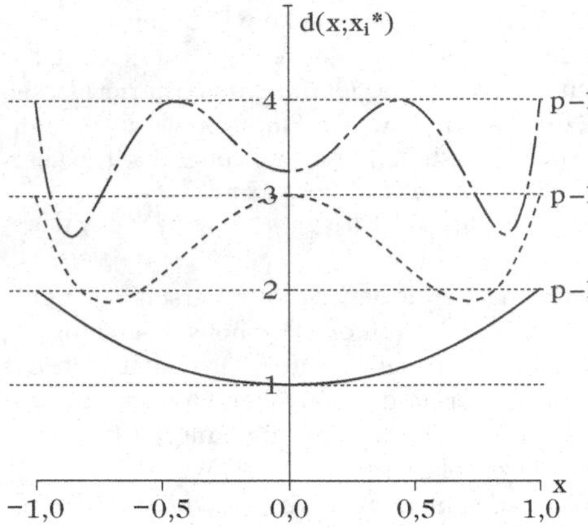

Varianzfunktionen bei polynomialer Regression, $p - 1 = 1, 2, 3$, D(G)-optimaler Versuchsplan.

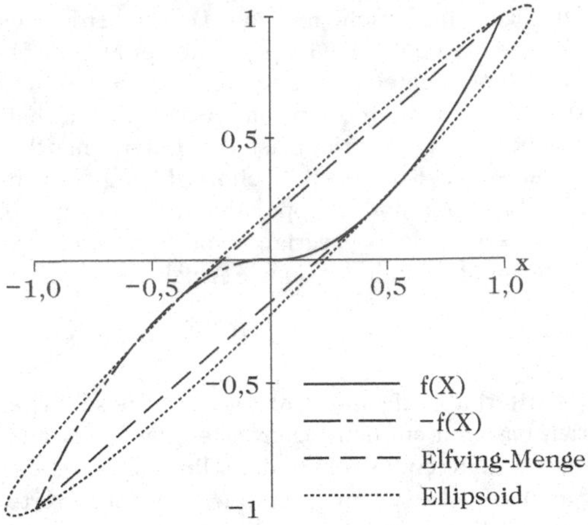

Elfving-Menge für quadratische Regression $Y = \beta_1 x + \beta_2 x^2 + \varepsilon$ durch den Ursprung mit kleinster umschließender Ellipse.

basierend auf der Konkavität des Informationsfunktionals $1/\Phi(\xi)$ herleiten. Zum Beispiel ist die Effizienz bezüglich des D-Kriteriums immer mindestens so groß wie die Effizienz bezüglich des G-Kriteriums,

$$\begin{aligned} \mathrm{eff}_D(\xi) &= \left(\det(M(\xi)) / \det\left(M(\xi^*)\right)\right)^{1/p} \\ &\geq p / \max_{x \in \mathcal{X}} d(x; \xi) = \mathrm{eff}_G(\xi) . \end{aligned}$$

Daneben existieren alternative geometrische Charakterisierungen und Konstruktionsprinzipien, die auf der Elfving-Menge, d. h. der konvexen Hülle des induzierten Versuchsbereichs $f(\mathcal{X})$ und seiner Spiegelung $-f(\mathcal{X})$ basieren. Für das c-Kriterium gilt der Satz von Elfving:

Sei $\gamma > 0$ so gewählt, daß γc auf dem Rand der Elfving-Menge liegt. Dann gibt es Versuchseinstellungen $x_1, \ldots, x_n$ und Gewichte $w_1, \ldots, w_n$ mit $\gamma c = \sum z_i w_i f(x_i)$ für Vorzeichen $z_1, \ldots, z_n = \pm 1$, und der verallgemeinerte Versuchsplan ξ^* mit $\xi^*(x_i) = w_i$ ist c-optimal.

Der Äquivalenzsatz von Silvey und Sibson setzt das D-Kriterium in Beziehung zur Elfving-Menge: Beschreibt $c^\top J c = p$ das Ellipsoid mit geringstem Volumen, das die Elfving-Menge umschließt, dann ist $J = M(\xi^*)^{-1}$ die Inverse der Informationsmatrix des D-optimalen Plans ξ^*, und das Ellipsoid berührt die Elfving-Menge in den Trägerpunkten von ξ^*.

Ein allgemeines Konstruktionsprinzip für optimale Versuchspläne ist Symmetrisierung, die In- und Äquivarianz von Modell und Kriterien bezüglich natürlicher Transformationen des Versuchsbereichs ausnutzt. Für Modelle der Varianzanalyse sind daher balancierte Pläne optimal. Regressionsmodelle sind zumeist invariant bezüglich Spiegelungen oder Drehungen des Versuchsbereichs, so daß man sich bei der Suche nach optimalen Plänen auf die wesentlich vollständige Klasse derjenigen Pläne beschränken kann, die symmetrisch bezüglich dieser Transformationen sind. Dies gilt insbesondere für das D-Kriterium sowie für alle auf der Varianzfunktion basierender Kriterien, da diese Invarianz gegenüber beliebigen linearen Transformationen aufweisen. Insbesondere läßt sich für invariante Kriterien die Optimierung durch Orthogonalisierung auf eine kanonische Form reduzieren. Im allgemeinen gilt dies nicht für A- und E-optimale Pläne, die von der Parametrisierung abhängen und nur gegenüber orthogonalen Transformationen invariant sind.

In multifaktoriellen Modellen sind häufig Produktpläne optimal: Für zwei Einflußfaktoren, $x = (s, t)$ ist der Produktplan $\xi = \xi_1 \otimes \xi_2$ der marginalen Versuchspläne ξ_1 und ξ_2 für die einzelnen Einflußgrößen s bzw. t definiert durch $\xi_1 \otimes \xi_2(x) = \xi_1(s)\xi_2(t)$. Unter anderem kann man in additiven Modellen $Y(s, t) = \mu + f_1(s)^\top \beta_1 + f_2(t)^\top \beta_2 + \varepsilon$ ohne Wechselwirkungen, und in Kronecker-Produkt-Modellen $Y(s, t) = \left(f_1(s) \otimes f_2(t)\right)^\top \beta + \varepsilon$ mit vollständigen Wechselwirkungen die Suche nach optimalen Plänen auf Produktpläne beschränken, und die Optimierung kann auf marginale Modelle mit nur einem Einflußfaktor zurückgeführt werden. Damit erweisen sich faktorielle Pläne und Orthogonale Felder als optimal in Modellen der Varianzanalyse.

Bei Heteroskedatizität hängt die Fehlervarianz von den Versuchseinstellungen ab, $\mathrm{V}(\varepsilon(x)) = \sigma^2(x)$. Häufig ist nur deren Struktur bekannt, beispielsweise in loglinearen Varianzmodellen $\sigma^2(x) = \exp(h(x)^\top \vartheta)$ mit unbekanntem Parameter ϑ. Da die Fehlervarianz in die Informationsmatrix

$$M(\xi) = \sum \frac{1}{\sigma^2(x)} \xi(x) f(x) f(x)^\top$$

eingeht, kann der (lokal) optimale Plan $\xi = \xi_\vartheta$ in Abhängigkeit von ϑ variieren.

In der allgemeinen Situation nichtlinearer Regression, $Y(x) = \eta(x, \beta) + \varepsilon$, ist unter Regularitätsvoraussetzungen die Maximum-Likelihood-Schätzung asymptotisch normal-verteilt,

$$\sqrt{n}(\widehat{\beta} - \beta) \to N(0, M_\beta(\xi)^{-1}),$$

wobei die asymptotische Kovarianzmatrix die Inverse der Fisher-Information

$$M_\beta(\xi) = \sum \frac{1}{\sigma^2(x)} \xi(x) f_\beta(x) f_\beta(x)^\top$$

ist, die man durch Linearisierung des Modells erhält: f_β ist der Gradient von η bezüglich β mit Komponenten $f_{\beta,i}(x) = \frac{\partial}{\partial \beta_i}\eta(x, \beta)$, d. h. $\eta(x, \beta) = f_\beta(x)^\top \beta + o(\|\beta\|)$. Für verallgemeinerte lineare Modelle $\eta(x, \beta) = g(f(x)^\top \beta)$ mit Link-Funktion g^{-1} ist $f_\beta(x) = g'(f(x)^\top \beta) f(x)$. Hängt hierbei auch die Fehlervarianz nur von der Linearisierung ab, $\sigma^2(x) = \widetilde{\sigma}^2(f(x)^\top \beta)$, dann ist für den Spezialfall $\beta = 0$ die Informationsmatrix äquivalent zum linearen Problem $M_0(\xi) = \frac{1}{\widetilde{\sigma}^2(0)} g'(0)^2 M(\xi)$ und das lineare Modell $Y(x) = f(x)^\top \beta + \varepsilon$ kann als Surrogat benutzt werden, wenn $\beta = 0$ getestet werden soll. Zum Beispiel ist eine logistische Regression mit dichotomen Antworten $P(Y(x) = 1) = \eta(x, \beta) = 1/(1 + \exp(-f(x)^\top \beta))$ und $P(Y(x) = 0) = 1 - \eta(x, \beta)$ durch die Logit-Link-Funktion $g^{-1}(z) = \ln(z) - \ln(1 - z)$ gegeben. Für die Varianz gilt $\widetilde{\sigma}^2 = g(1 - g)$. Der Wert $\beta = 0$ korrespondiert hier mit der Unabhängigkeit der Entscheidung für die Antworten 0 oder 1 vom Einflußfaktor x. Auch hier hängt die Qualität eines Versuchsplans von den Parametern ab, und es lassen sich nur lokal optimale Pläne ξ_β^* bestimmen. Da lokal optimale Pläne bei einer Mißspezifikation des zugrunde liegenden Parameters ineffizient sind, werden als Kompromiß oft gewichtete (Bayes) Kriterien $\int \Phi(\xi; \beta)\,\pi(d\beta)$ bezüglich einer vorgegebenen Gewichtung (Vorbewertung) π auf den möglichen Parameterwerten β oder Minimax-Kriterien $\max_{\beta \in B} \Phi(\xi; \beta)$ über einen vorgegebenen Parameterbereich B verwendet.

Weitere, aktuelle Fragestellungen der Versuchsplanung befassen sich unter anderem mit Modelldiskriminierung, Screening zum Auffinden relevanter Faktoren, Identifizierbarkeit von Modellen bei gegebenem Versuchsplan unter Verwendung von Gröbner-Basen, nichtparametrischer Regression, räumlich-zeitlichen Abhängigkeitsstrukturen zwischen den einzelnen Versuchseinheiten (Meßwiederholungen, Zeitreihen, räumliche Prozesse) und adaptiven, sequentiellen Ansätzen.

Unter dem Begriff der adaptiven bzw. sequentiellen Versuchsplanung werden eine Reihe unterschiedlicher Planungsansätze zusammengefaßt: Zweistufige Verfahren bei unbekannten Systemparametern, Interimsanalysen, Up-and-Down-Verfahren zur Dosis-Wirkungsbestimmung (stochastische Approximation), randomisierte Play-the-Winner-Regeln und verallgemeinerte Polya-Urnen, sequentielle Versuchsplanung in nichtlinearen Situationen und adaptive Kontrolle. Allen diesen Verfahren ist gemeinsam, daß Vorinformationen aus vorangegangenen Teilen des Gesamtexperiments genutzt werden, um während des Versuchsverlaufs bessere Versuchseinstellungen auszuwählen oder den Versuchsumfang der tatsächlichen Beobachtungssituation anzupassen.

Literatur

[1] Bandemer, H.; Bellmann, A.: Statistische Versuchsplanung. Teubner-Verlag Stuttgart, 1994.

[2] Cox, D.R.; Reid, N.: The Theory of the Design of Experiments. Chapman & Hall/CRC Boca Raton, 2000.

[3] Pukelsheim, F.: Optimal Design of Experiments. Wiley New York, 1993.

[4] Raghavarao, D.: Constructions and Combinatorial Problems in Design of Experiments. Wiley New York, 1971.

[5] Schwabe, R.: Optimum Designs for Multi-Factor Models. Springer New York, 1996.

---

vertauschbare Endomorphismen, ↗vertauschbare Matrizen.

vertauschbare Matrizen, quadratische ↗Matrizen A_1 und A_2 über einem Körper $\mathbb{K}$, für deren Matrizenprodukt gilt:

$$A_1 A_2 = A_2 A_1 .$$

Anstelle von vertauschbar sagt man auch kommutierend. Sind A_1 und A_2 vertauschbar und sind f_1 und f_2 Polynome über $\mathbb{K}$, so sind auch die Matrizen $f_1(A_1)$ und $f_2(A_2)$ vertauschbar.

Die Vertauschbarkeit von Matrizen ist keineswegs selbstverständlich, wie schon das einfache Beispiel

$$A_1 = \begin{pmatrix} 1 & 0 \\ 0 & 0 \end{pmatrix} \text{ und } A_2 = \begin{pmatrix} 0 & 0 \\ 1 & 0 \end{pmatrix}$$

mit

$$A_1 A_2 \neq A_2 A_1$$

zeigt.

Entsprechend der obigen Begriffsbildung heißen zwei ↗Endomorphismen φ_1 und φ_2 auf dem ↗Vektorraum V vertauschbar, falls gilt:

$$\varphi_1 \circ \varphi_2 = \varphi_2 \circ \varphi_1 .$$

Vertauschung von Grenzwertbildung und Integration, die Aussage

$$\lim_{n\to\infty} \int f_n(x)\,dx \;=\; \int \Big(\lim_{n\to\infty} f_n(x)\Big)\,dx \qquad (1)$$

unter geeigneten Voraussetzungen an eine Funktionenfolge (f_n) bei gegebenem Integralbegriff.

Wir beschränken uns hier auf Folgen, die Übertragung auf Reihen ist offensichtlich. Die Minimalvoraussetzung ist, daß die einzelnen f_n integrierbar sind und der Grenzwert $f(x) := \lim_{n\to\infty} f_n(x)$ für festes x (zumindest auf einer geeigneten Teilmenge) jeweils existiert.

Schon für reellwertige Funktionen auf einem kompakten Intervall ist (1) – etwa für das Riemann-Integral – nicht ohne Zusatzvoraussetzung richtig: Der punktweise gebildete Grenzwert einer Folge Riemann-integrierbarer Funktionen muß selbst nicht Riemann-integrierbar sein, und im Falle der Riemann-Integrierbarkeit der Grenzfunktion muß die Folge der Integrale der approximierenden Funktionen nicht gegen das Integral der Grenzfunktion streben. Integration und Grenzwertbildung sind also – bei nur punktweiser Konvergenz – nicht vertauschbar. Standardbeispiel für die erste Aussage ist: Auf $[0,1]$ die Funktion $f := \chi_{\mathbb{Q}\cap[0,1]}$, also

$$f(x) := \begin{cases} 1\,, & x \in \mathbb{Q}\cap[0,1], \\ 0\,, & \text{sonst}, \end{cases}$$

die sich mit einer Abzählung $\{x_\nu : \nu \in \mathbb{N}\}$ von $\mathbb{Q}\cap[0,1]$ durch die durch $f_n := \chi_{\{x_1,\dots,x_n\}}$ gegebenen Funktionen f_n, also

$$f_n(x) := \begin{cases} 1\,, & x \in \{x_1,\dots,x_n\}, \\ 0\,, & \text{sonst}, \end{cases}$$

punktweise approximieren läßt. Die f_n können dabei leicht noch stetig (um jedes x_ν ein hinreichend schmales ‚Dreieck') und sogar differenzierbar (glätten) gemacht werden.

Die zweite Aussage wird etwa durch $f(x) := 0$ auf $[0,1]$ und f_n, definiert durch

$$f_n(x) := \begin{cases} n^2 x & , \; 0 \le x \le \frac{1}{n} \\ 2n - n^2 x & , \; \frac{1}{n} \le x \le \frac{2}{n} \\ 0 & , \; \text{sonst} \end{cases}$$

belegt. (Wählt man die ‚Spitze' des ‚Dreiecks' größer (in der Definition von f_n jeweils n^3 statt n^2), so erhält man eine Folge (f_n), bei der die Folge der Integrale (bestimmt) divergiert.) Ähnliche Beispiele findet man für das Integral von Regelfunktionen und das uneigentliche Riemann-Integral.

Derartige Pathologien treten bei *gleichmäßiger Konvergenz* nicht auf: Der gleichmäßige Grenzwert einer Folge Riemann-integrierbarer Funktionen ist Riemann-integrierbar, und die Folge der Integrale der approximierenden Funktionen konvergiert gegen das Integral der Grenzfunktion. *Integration und Grenzwertbildung sind also bei gleichmäßiger Konvergenz vertauschbar.* Diese Überlegung ist für viele Situationen jedoch nicht ausreichend, da eben keine gleichmäßige Konvergenz vorliegt.

Stärkere Aussagen, d. h. unter schwächeren Voraussetzungen, liefert für das Riemann-Integral der Konvergenzsatz von Arzelà-Osgood, der wiederum unmittelbar aus dem viel stärkeren Satz von Lebesgue über majorisierende Konvergenz folgt.

Vertauschungsrelationen, in der Quantenmechanik eine Beziehung, die den ↗Kommutator zweier Observablen durch einen Operator ausdrückt.

Handelt es sich bei den Observablen um Operatoren, die den Komponenten der klassischen kanonischen Observablen zugeordnet werden, spricht man von ↗kanonischen Kommutatorrelationen. Andere Beispiele sind Vertauschungsrelationen zwischen Drehimpulsoperatoren (↗quantenmechanischer Drehimpuls) und Geschwindigkeitsoperatoren.

Vertauschungssätze, Aussagen, speziell in der Analysis und Funktionentheorie, über die Vertauschbarkeit von Grenzübergängen.

Die Vertauschung von Grenzübergängen ist im allgemeinen nicht ohne weiteres möglich, aber unter geeigneten Voraussetzungen ein leistungsfähiges und viel benutztes Hilfsmittel. Es seien nur einige einfache Überlegungen dieser Art beispielhaft genannt:

Differentiation und Integration (Differentiation nach einem Parameter; man vergleiche dazu aber auch den ↗Fundamentalsatz der Differential- und Integralrechnung), Differentiation und Konvergenz, Integration und Konvergenz, speziell gliedweise Integration und Differentiation von Potenzreihen

verteilter Algorithmus, Verfahren, das zur Ausführung auf mehreren miteinander kommunizierenden Prozessoren vorgesehen ist.

Das Netzwerk der Kommunikationsverbindungen muß weder komplett noch beim Algorithmenentwurf bekannt sein. Die Korrektheit eines verteilten Algorithmus darf nicht von der relativen Geschwindigkeit der Prozessoren und Kommunikationskanäle abhängen. Viele verteilte Algorithmen tolerieren zudem Ausfälle von einigen der beteiligten Prozessoren.

Typische verteilte Algorithmen sind reaktiv, d. h., anstelle einer Ergebnisberechnung mit nachfolgender Terminierung geht es um die permanente Aufrechterhaltung eines Dienstes, z. B. Zuteilung beschränkter Ressourcen zu Prozessoren oder den Austausch von Informationen zwischen nicht direkt miteinander verbundenen Prozessoren. Das beabsichtigte Ergebnis kann demnach selbst verteilt sein.

Verteilung, dient zur mathematischen Beschreibung von zufälligen Ereignissen bzw. Zufallsexperimenten.

Als „empirische Verteilung" bezeichnet man das Ergebnis einer Reihe von Messungen einer Zielgröße. Mit „theoretischen Verteilungen" versucht man, den Ausgang von Zufallsexperimenten über Verteilungsfunktionen mathematisch zu beschreiben. Diese werden i.d.R. durch zwei Parameter charakterisiert, die unmittelbar mit dem Erwartungswert und der Varianz der Verteilung verbunden sind.

Für Beobachtungen mit einem diskreten Ereignisraum ist die theoretische Verteilung durch eine Zähldichte zu charakterisieren. Diese gibt die Wahrscheinlichkeit dafür an, daß ein Experiment mit einer Zufallsvariablen $X(\omega)$ den Ausgang $X(\omega) = k$ hat, vgl. ↗Verteilung einer Zufallsvariablen. Diskrete Verteilungen spielen z. B. in der ↗Versicherungsmathematik eine Rolle (↗Schadenanzahlprozeß).

Beobachtungen mit einem kontinuierlichen Ereignisraum R werden durch eine Verteilungsdichte (↗Wahrscheinlichkeitsdichte) $P(x) : R \to [0,1]$ charakterisiert. Das Maß $P(x)dx$ gibt die Wahrscheinlicheit dafür an, daß ein Experiment mit der Zielgröße $X(\omega)$ eine Ergebnis im Intervall $[x, x + dx]$ hat. Eine wichtige Klasse sind Exponentialverteilungen, deren Dichte von der Form $c(\sigma)\exp(h(\sigma)g(x)$ ist, speziell etwa die ↗Normalverteilung.

Mit Hilfe der charakteristischen Funktion, definiert als die Fourier-Transformierte der Verteilungsdichte $\chi_P(z) = \int \exp(ixz)P(x)dx$, sind Faltungen von Verteilungen relativ leicht auswerten, was für Anwendungen von Bedeutung ist. Diese existiert allerdings nur für Verteilungen, die asymptotisch exponentiell beschränkt sind, etwa die Normalverteilung und die ↗Gamma-Verteilung. Sofern das betreffende Integral divergiert, spricht man von subexponentiellen Verteilungen. Unter diesen spielen die ↗Lognormal- und die ↗Pareto-Verteilung bei der Beschreibung von Großschäden (↗Großschadenverteilungen) eine besondere Rolle.

Verteilung einer Zufallsvariablen, *Wahrscheinlichkeitsverteilung einer Zufallsvariablen*, *Verteilungsgesetz einer Zufallsvariablen*, das Bildmaß P_X des ↗Wahrscheinlichkeitsmaßes P in einem ↗Wahrscheinlichkeitsraum $(\Omega, \mathfrak{A}, P)$ unter einer Zufallsvariable $X : \Omega \to \Omega'$ mit Werten in einem meßbaren Raum $(\Omega', \mathfrak{A}')$.

Für alle $A' \in \mathfrak{A}'$ gilt also $P_X(A') = P(X^{-1}(A'))$. P_X heißt die Verteilung oder das Wahrscheinlichkeitsgesetz von X. Die Verteilung P_X einer Zufallsvariablen X ist ein Wahrscheinlichkeitsmaß auf $\mathfrak{A}'$.

Verteilung quadratischer Reste, einige Sätze über Anzahl und Anordnung quadratischer Reste modulo einer Primzahl p, also derjenigen primen Restklassen a modulo p, für die es ein $x \in \mathbb{Z}$ gibt, welches die Kongruenz

$$x^2 \equiv a \mod p$$

erfüllt (↗Legendre-Symbol).

Für kleine Primzahlen lassen sich die quadratischen Reste leicht durch direktes Rechnen ermitteln; so sind z. B. die Zahlen

$$1, 4, 5, 6, 7, 9, 11, 16, 17 \qquad (1)$$

sämtliche quadratischen Reste modulo 19. (Die 0 zählt in der Regel nicht als quadratischer Rest, da nur die primen Restklassen betrachtet werden.)

Ein erstes Resultat ist folgendes:

Ist $p \neq 2$ eine Primzahl, so gibt es unter den primen Restklassen modulo p genau $\frac{1}{2}(p-1)$ quadratische Reste, und ebensoviele quadratische Nichtreste.

Ein zweites Resultat:

Ist $p > 3$ eine Primzahl mit $p \equiv 3 \mod 4$, so gibt eine natürliche Zahl $n < 2\sqrt{p} + 1$, die quadratischer Nichtrest modulo p ist.

Man interessiert sich nun insbesondere für die Anzahl der d-Tupel aufeinanderfolgender natürlicher Zahlen

$$(t, t+1, \dots, t+d-1)$$

mit $1 \leq t$ und $t + d \leq p$, die die Eigenschaft haben, daß jede Zahl aus diesem d-Tupel ein quadratischer Rest modulo p ist; diese Anzahl wird mit $Q_p(d)$ bezeichnet.

Nach dem ersten Resultat gilt

$$Q_p(d) = \begin{cases} \frac{1}{2}(p-1) & \text{für } d = 1, \\ 0 & \text{für } d > \frac{1}{2}(p-1). \end{cases}$$

Für $d = 2$ kann man aus der Liste (1) schon $Q_{19}(2) = 4$ ablesen.

Auf Gauß geht die allgemeine Berechnung von $Q_p(2)$ zurück:

Ist $p \neq 2$ eine Primzahl, dann gilt

$$Q_p(2) = \frac{1}{4}\left(p - 4 + (-1)^{(p+1)/2}\right).$$

Für Aussagen über $d = 3$ benutzt man die ↗Jacobsthalschen Summen.

Verteilungsdichte, ↗Wahrscheinlichkeitsdichte.

Verteilungsfunktion einer Zufallsvariablen, üblicherweise die durch

$$F_X(x) := P(X \leq x)$$

definierte Abbildung $F_X : \mathbb{R} \to [0,1]$, wobei X eine auf einem Wahrscheinlichkeitsraum $(\Omega, \mathfrak{A}, P)$ definierte reelle Zufallsvariable bezeichnet.

Man nennt F_X dann die Verteilungsfunktion von X. Die Verteilungsfunktion F_X besitzt die folgenden Eigenschaften:

(i) F_X ist monoton wachsend.
(ii) F_X ist rechtsseitig stetig.
(iii) Es gilt $\lim_{x\to-\infty} F_X(x) = 0$ und $\lim_{x\to\infty} F_X(x) = 1$.

Die Verteilungsfunktion F_X von X ist eindeutig durch die Verteilung P_X von X bestimmt und umgekehrt. Ist X stetig, d. h. besitzt die Verteilung P_X von X eine Wahrscheinlichkeitsdichte f_X, so kann die Verteilungsfunktion in der Form

$$F_X(x) = \int_{-\infty}^{x} f_X(u)du$$

dargestellt werden. In diesem Fall ist F_X sogar stetig. Ist die Zufallsvariable X diskret, und bezeichnen $x_1, x_2, \ldots$ die Elemente aus dem Bild von X mit $P(X = x_i) > 0$, so besitzt F_X die Darstellung

$$F_X(x) = \sum_{x_i : x_i \le x} P(X = x_i).$$

F_X ist dann eine Treppenfunktion, die an den Stellen x_i Sprünge der Höhe $P(X = x_i)$ aufweist.

Häufig wird die Verteilungsfunktion einer Zufallsvariablen X auch durch $F_X(x) := P(X < x)$ definiert. Für die so definierte Verteilungsfunktion gelten ebenfalls die Eigenschaften (i) und (iii), statt (ii) aber:

(ii′) F_X ist linksseitig stetig.

Die beiden Möglichkeiten der Definition unterscheiden sich für diskrete Zufallsvariablen, so erstreckt sich bei Verwendung der zweiten Definition etwa in der obigen Summendarstellung von $F_X(x)$ die Summation nur über die x_i mit $x_i < x$, sind für stetige Zufallsvariablen aber äquivalent.

Schließlich sei noch bemerkt, daß es sich bei der Verteilungsfunktion einer Zufallsvariable X und der Verteilungsfunktion der Verteilung P_X von X um das gleiche mathematische Objekt handelt.

Verteilungsfunktion eines Wahrscheinlichkeitsmaßes, in der Regel die durch

$$F_\mu(x) := \mu((-\infty, x])$$

definierte Abbildung $F_\mu : \mathbb{R} \to [0,1]$, wobei μ ein auf der σ-Algebra $\mathfrak{B}(\mathbb{R})$ der Borelschen Mengen von $\mathbb{R}$ definiertes Wahrscheinlichkeitsmaß bezeichnet.

Man nennt F_μ dann die Verteilungsfunktion von μ. Die Verteilungsfunktion F_μ besitzt die folgenden Eigenschaften:

(i) F_μ ist monoton wachsend.
(ii) F_μ ist rechtsseitig stetig.
(iii) Es gilt $\lim_{x\to-\infty} F_\mu(x) = 0$ und $\lim_{x\to\infty} F_\mu(x) = 1$.

Zwischen den auf $\mathfrak{B}(\mathbb{R})$ definierten Wahrscheinlichkeitsmaßen und den Funktionen, welche die Bedingungen (i)-(iii) erfüllen, besteht eine Bijektion, sodaß insbesondere auch zu jeder Funktion $F : \mathbb{R} \to [0,1]$ mit den Eigenschaften (i)-(iii) genau ein Wahrscheinlichkeitsmaß μ_F auf $\mathfrak{B}(\mathbb{R})$ existiert, dessen Verteilungsfunktion F ist. Aufgrund dieses Zusammenhanges werden Verteilungsfunktionen auch als auf der reellen Achse definierte Abbildungen eingeführt, die den Bedingungen (i)-(iii) genügen. Häufig wird die Verteilungsfunktion F_μ eines Wahrscheinlichkeitsmaßes μ auch durch $F_\mu(x) := \mu((-\infty, x))$ definiert. Die so definierten Verteilungsfunktionen besitzen weiterhin die Eigenschaften (i) und (iii). Statt (ii) gilt jedoch:

(ii′) F_μ ist linksseitig stetig.

Auch bei Verwendung dieser Definition existiert zu jeder Funktion F mit den Eigenschaften (i), (ii′) und (iii) genau ein Wahrscheinlichkeitsmaß μ_F, dessen Verteilungsfunktion F ist, d. h., die oben genannte Bijektion bleibt bestehen.

Verteilungsfunktion eines Zufallsvektors, *n-dimensionale Verteilungsfunktion*, mehrdimensionale Verallgemeinerung des Begriffes der Verteilungsfunktion einer reellen Zufallsvariablen.

Ist $X = (X_1, \ldots, X_n)$ ein auf einem Wahrscheinlichkeitsraum $(\Omega, \mathfrak{A}, P)$ definierter Zufallsvektor mit Werten in $\mathbb{R}^n$, so definiert man die Verteilungsfunktion $F_X : \mathbb{R}^n \to [0,1]$ von X für alle $x = (x_1, \ldots, x_n) \in \mathbb{R}^n$ in der Regel durch

$$F_X(x) := P(X_1 \le x_1, \ldots, X_n \le x_n).$$

Für beliebige $a = (a_1, \ldots, a_n)$ und $b = (b_1, \ldots, b_n)$ mit $a_i \le b_i, i = 1, \ldots, n$, ist die Wahrscheinlichkeit des Intervalls $(a, b] = (a_1, b_1] \times \cdots \times (a_n, b_n]$ durch

$$P(X \in (a, b]) = \Delta_{a_1,b_1} \cdots \Delta_{a_n,b_n} F_X(x_1, \ldots, x_n)$$

gegeben, wobei die rechte Seite der Gleichung dahingehend zu verstehen ist, daß die für $i = 1, \ldots, n$ und beliebige Abbildungen $G : \mathbb{R}^n \to \mathbb{R}$ punktweise durch

$$\begin{aligned}\Delta_{a_i,b_i} G(x_1, \ldots, x_n) &= G(x_1, \ldots, x_{i-1}, b_i, x_{i+1}, \ldots, x_n) \\ &\quad - G(x_1, \ldots, x_{i-1}, a_i, x_{i+1}, \ldots, x_n)\end{aligned}$$

definierten Differenzenoperatoren Δ_{a_i,b_i} sukzessive von rechts nach links auf F_X angewendet werden. Die Verteilungsfunktion eines Zufallsvektors $X = (X_1, \ldots, X_n)$ besitzt die folgenden Eigenschaften:

(i) Für beliebige Vektoren $a = (a_1, \ldots, a_n)$ und $b = (b_1, \ldots, b_n)$ mit $a_i \le b_i$ für $i = 1, \ldots, n$ gilt

$$\Delta_{a_1,b_1} \cdots \Delta_{a_n,b_n} F_X(x_1, \ldots, x_n) \ge 0.$$

(ii) F_X ist rechtsseitig stetig.

(iii) Es gilt $\lim_{(x_1,\dots,x_n)\to(\infty,\dots,\infty)} F_X(x_1,\dots,x_n) = 1$ und $\lim_{(x_1,\dots,x_n)\to(y_1,\dots,y_n)} F_X(x_1,\dots,x_n) = 0$, wenn mindestens eine Koordinate von $y = (y_1,\dots,y_n)$ den Wert $-\infty$ annimmt.

Umgekehrt existiert zu jeder Abbildung $F:\mathbb{R}^n \to \mathbb{R}$, welche die Bedingungen (i)-(iii) erfüllt, genau ein auf der σ-Algebra $\mathfrak{B}(\mathbb{R}^n)$ der Borelschen Mengen des $\mathbb{R}^n$ definiertes Wahrscheinlichkeitsmaß μ_F, das die Eigenschaft

$$\mu_F((a,b]) = \Delta_{a_1,b_1}\cdots\Delta_{a_n,b_n}F(x_1,\dots,x_n)$$

für alle $a = (a_1,\dots,a_n)$ und $b = (b_1,\dots,b_n)$ mit $a_i \le b_i$, $i = 1,\dots,n$, besitzt.

[1] Širjaev, A. N.: Wahrscheinlichkeit. VEB Deutscher Verlag der Wissenschaften Berlin, 1988.

vertex cover, für einen ungerichteten Graphen $G = (V,E)$ eine Knotenmenge V' so, daß für jede Kante $\{v,w\} \in E$ mindestens einer der Knoten in V' enthalten ist.

Beim vertex cover-Problem besteht die Aufgabe darin, ein vertex cover minimaler Größe zu berechnen. Die Entscheidungsvariante (↗Entscheidungsproblem) ist ↗NP-vollständig. Es gibt einen ↗approximativen Algorithmus, der in polynomieller Zeit eine worst case-Güte von 2 (↗Güte eines Algorithmus) erreicht.

vertikaler Vektor, in einem lokaltrivialen Faserbündel (M,π,B), wobei der Totalraum M und die Basis B differenzierbare Mannigfaltigkeiten sind und $\pi : M \to B$ die Bündelprojektion darstellt, jeder Tangentialvektor v an einen Punkt $m \in M$, dessen Bild unter der Ableitung der Bündelprojektion verschwindet, d. h. $T_m\pi v = 0$ erfüllt.

Die vertikalen Vektoren sind genau die Tangentialvektoren an die Fasern $\pi^{-1}(b)$, $b \in B$, des Bündels.

Die Menge aller vertikalen Vektoren ist ein integrables Unterbündel des Tangentialbündels von M, d. h., es genügt der ↗Frobeniusschen Integrabilitätsbedingung.

verträgliche Äquivalenzrelation, Äquivalenzrelation $\sim$ auf der Intervallmenge $\mathrm{Int}(P)$ einer lokalendlichen Ordnung $P_<$, falls mit je zwei Elementen f,g der Inzidenzalgebra $\mathbb{A}_K(P)$, welche konstant auf den $\sim$-Blöcken sind, auch das Faltprodukt $f\star g$ diese Eigenschaft hat.

verträgliche Observable, ↗Kommutator.

verträgliches Paar von Banachräumen, ↗Interpolationstheorie auf Banachräumen.

Vertrauensgrenzen, ↗Bereichsschätzung.

Vertrauensintervall, ↗Bereichsschätzung.

Vervollständigung eines Maßes, ↗μ-Vervollständigung einer σ-Algebra.

Vervollständigung eines metrischen Raums, Verallgemeinerung des Cantorschen Prozesses, mit welchem die reellen Zahlen aus den rationalen konstruiert werden.

Zu jedem ↗metrischen Raum (X,d) gibt es einen bis auf Isometrie eindeutig bestimmten vollständigen metrischen Raum $(\widehat{X},\widehat{d})$ derart, daß X isometrisch in $\widehat{X}$ eingebettet werden kann und das Bild von X dicht in $\widehat{X}$ ist. Eine Isometrie zwischen metrischen Räumen (X,d) und (X',d') ist dabei eine Abbildung $\iota : X \to X'$ mit $d'(\iota(x),\iota(y)) = d(x,y)$ für alle $x,y \in X$. Siehe auch ↗Vervollständigungssätze.

Vervollständigung eines normierten Raums, die „Einbettung" eines normierten Raumes $(X,\|\cdot\|)$ in einen vollständigen normierten Raum (Banachraum).

Dazu erklärt man auf der Menge $CF(X)$ aller Cauchyfolgen auf X durch

$$(x_n) \sim (y_n) :\Longleftrightarrow \|x_n - y_n\| \to 0$$

eine Äquivalenzrelation. Die Vervollständigung $\mathcal{X}$ von X ist dann die Menge der Äquivalenzklassen bzgl „$\sim$". $(\mathcal{X},\|\cdot\|')$ mit

$$\|[(x_n)]\|' := \lim_{n\to\infty}\|x_n\|$$

ist dann ein vollständiger normierter Raum, in dem X in natürlicher Weise dicht eingebettet ist:

$$X \to \mathcal{X};\quad x \mapsto [(x)],$$

d. h., man identifiziert die Elemente aus X mit den Äquivalenzklassen der konstanten Folgen. Siehe auch ↗Vervollständigungssätze.

Vervollständigung eines Prä-Hilbertraums, Hilbertraum, der einen gegebenen Prä-Hilbertraum als dichte Teilmenge enthält.

Jeder Hilbertraum besitzt eine bis auf Isomorphie eindeutig bestimmte Vervollständigung. Beispielsweise ist $L^2[0,1]$ die Vervollständigung von $C[0,1]$ mit dem Skalarprodukt

$$\langle f,g\rangle = \int_0^1 f(x)\overline{g(x)}\,dx\,.$$

Siehe auch ↗Vervollständigungssätze.

Vervollständigung eines topologischen Vektorraumes, ↗Vervollständigungssätze.

Vervollständigungssätze, Sätze über die Vervollständigung bestimmter Räume.

Ist M ein metrischer Raum mit einer Metrik d, dann heißt M vollständig, falls jede Cauchy-Folge in M konvergiert. Dabei nennt man eine Folge (x_n) in M eine Cauchyfolge, falls für jedes $\varepsilon > 0$ ein $n_\varepsilon \in \mathbb{N}$ existiert, so daß $d(x_n,x_m) < \varepsilon$ ist für alle $n,m > n_\varepsilon$. Bei der Vervollständigung eines Raumes geht es nun darum, einen vollständigen Raum gleicher Struktur zu finden, der den gegebenen Raum als dichte Teilmenge enthält.

Für metrische Räume gilt der folgende Vervollständigungssatz.

Zu jedem unvollständigen metrischen Raum M gibt es einen bis auf Isometrie eindeutig bestimmten vollständigen metrischen Raum $\widetilde{M}$, in dem M dicht liegt und der auf M die ursprüngliche Metrik von M induziert. $\widetilde{M}$ heißt die Vervollständigung oder die vollständige Hülle von M.

Ein analoger Satz gilt für normierte Räume.

Zu jedem unvollständigen normierten Raum V gibt es einen bis auf Normisomorphie eindeutig bestimmten Banachraum $\widetilde{V}$, so daß V ein in $\widetilde{V}$ dicht liegender Unterraum ist. $\widetilde{V}$ heißt die Vervollständigung oder die vollständige Hülle von V.

Lineare stetige Abbildungen zwischen normierten Räumen lassen sich normerhaltend auf die Vervollständigungen fortsetzen.

Es seien V und W normierte Räume und $\widetilde{V}$ und $\widetilde{W}$ ihre Vervollständigungen. Ist dann $T : V \to W$ linear und stetig, so gibt es genau eine lineare stetige Abbildung $\widetilde{T} : \widetilde{V} \to \widetilde{W}$ mit $\widetilde{T}(x) = T(x)$ für alle $x \in V$. Weiterhin ist $||\widetilde{T}|| = ||T||$.

Prä-Hilberträume lassen sich zu Hilberträumen vervollständigen.

Zu jedem unvollständigen Prä-Hilbertraum H gibt es einen bis auf Normisomorphie eindeutig bestimmten Hilbertraum $\widetilde{H}$, so daß H ein in $\widetilde{H}$ dicht liegender Unterraum ist. Insbesondere wird das Skalarprodukt auf H von dem Skalarprodukt auf $\widetilde{H}$ induziert.

Will man auch einen Vollständigkeitsbegriff für topologische Vektorräume definieren, so kann man nicht mehr auf Cauchy-Folgen zurückgreifen, sondern muß den Vollständigkeitsbegriff mit Hilfe von Cauchy-Filtern definieren. Dabei heißt ein Filter $\mathcal{G}$ ein Cauchy-Filter, falls $\mathcal{G} - \mathcal{G} \to 0$ gilt. Ein topologischer Vektorraum heißt dann vollständig, falls jeder Cauchy-Filter konvergiert. Es gilt der Vervollständigungssatz:

Zu jedem unvollständigen topologischen Vektorraum V gibt es genau einen vollständigen topologischen Vektorraum $\widetilde{V}$, in dem V dicht liegt, und der auf V die ursprüngliche Topologie von V induziert. $\widetilde{V}$ heißt die Vervollständigung oder die vollständige Hülle von V.

Verzerrungssatz, ↗Koebe-Faberscher Verzerrungssatz.

verzweigte Überlagerung, stetige Abbildung $f : M \to N$ topologischer Mannigfaltigkeiten mit der Eigenschaft, daß jedes $p \in M$ eine Umgebung $U \subseteq M$ besitzt derart, daß gilt:

- $f(U)$ ist offen in N;
- die Einschränkung ϕ von f auf $U \setminus \{p\}$ ist eine unverzweigte Überlagerung.

Ist ϕ eine m-blättrige Abbildung, so heißt $m - 1$ die Verzweigungsordnung von f in p. Die Summe aller Verzweigungsordnungen nennt man den totalen Verzweigungsgrad von f.

Jede Riemannsche Fläche M läßt sich als verzweigte Überlagerung $f : M \to \mathbb{P}^1\mathbb{C}$ der komplexen projektiven Geraden realisieren. Es gilt die Formel

$$b = 2(g + r - 1),$$

wobei b der totale Verzweigungsgrad von f, g das Geschlecht von M, und r die Blätterzahl von f bezeichnen.

Verzweigung, ↗Bifurkation.

Verzweigungsexponent, ↗Verzweigungsindex.

Verzweigungsgruppe, ↗Zerlegungsgruppe.

Verzweigungsindex, *Verzweigungsexponent*, Kenngröße eines Primideals bei Erweiterung eines Zahlkörpers.

Sei L eine endliche Erweiterung des Zahlkörpers K, und bezeichne $\mathfrak{O}_L$ bzw. $\mathfrak{O}_K$ die Hauptordnung von L bzw. K. Weiter sei $\mathfrak{p} \subset \mathfrak{O}_K$ ein maximales Ideal, dessen Einbettung in $\mathfrak{O}_L$ die Primfaktorisierung

$$\mathfrak{p}\mathfrak{O}_L = \prod_{i=1}^{g} \mathfrak{P}_i^{e_i}$$

mit Primidealen $\mathfrak{P}_i \subset \mathfrak{O}_L$ und Exponenten $e_i \in \mathbb{N}$ besitze. Man nennt einen Exponenten

$$e_i = e_i(\mathfrak{P}_i|\mathfrak{p})$$

auch Verzweigungsindex oder Verzweigungsexponent von $\mathfrak{P}_i|\mathfrak{p}$.

Ist $e_i(\mathfrak{P}_i|\mathfrak{p}) = 1$, so nennt man $\mathfrak{P}_i|\mathfrak{p}$ verzweigt, andernfalls unverzweigt.

Verzweigungsort, Begriff aus der algebraischen Geometrie.

Sei $\pi : X \to Y$ ein ↗endlicher Morphismus Noetherscher Schemata oder komplexer Räume. Punkte $x \in X$, in denen π nicht glatt ist, bzw. ihre Bilder $y = \pi(x)$, heißen Verzweigungspunkte von π, die Menge dieser Punkte heißt Verzweigungsort. Dieser ist stets Zariski-abgeschlossen.

Unter bestimmten Voraussetzungen an X und Y ist der Verzweigungsort rein von der Kodimension 1 und durch einen effektiven Cartier-Divisor $D \subset X$ gegeben: D ist der Nullstellendivisor des Schnittes von

$$\pi^*\left(\Omega^n_{Y|S}\right)^{-1} \otimes \Omega^n_{X|S},$$

der der Einbettung $\pi^*\Omega^n_{Y|S} \to \Omega^n_{X|S}$ (n ist die relative Dimension von X bzw. Y über S) entspricht. Dieser Divisor heißt auch Verzweigungsdivisor oder Differente von X über Y.

Verzweigungsprozeß, ↗Theorie der Verzweigungsprozesse.

Verzweigungsverfahren, allgemeines Konzept zum Entwurf von Algorithmen zur Lösung zahlreicher Probleme in Mathematik und Informatik.

Verzweigungsverfahren zählen zu den kombinatorischen Methoden, da bei ihrem Entwurf kombinatorische Fragestellungen eine wesentliche Rolle spielen. Wir stellen das grundlegende Prinzip von Verzweigungsverfahren (auch „divide et impera" bzw. „branch and bound") anhand der ganzzahligen linearen Optimierung dar.

Ausgangspunkt von Verzweigungsverfahren ist die Idee, einem gegebenen Problem eine Menge von Teilproblemen zuzuordnen. Startend mit einem solchen Problem werden iterativ weitere Teilprobleme erzeugt, sodaß insgesamt eine Baumstruktur von Problemen entsteht. Diese Zerlegung hat so zu geschehen, daß eine vollständige Lösung aller Teilprobleme die nötige Information auch über die Lösung des Ausgangsproblems liefert.

Dies gelingt theoretisch durch ein vollständiges Durchsuchen des Baums. Gerade das soll aber bei Verzweigungsverfahren vermieden werden. An dieser Stelle tritt der zweite Aspekt, nämlich das Beschränken (bound bzw. herrsche) in Kraft. Dabei versucht man, für jedes Teilproblem Schranken für mögliche Lösungen des Gesamtproblems zu finden. Die gefundenen Schranken ermöglichen es im Idealfall, daß man die Probleme in gewissen anderen Teilbäumen nicht mehr weiter untersuchen muß und somit den Suchraum verkleinert.

Wir betrachten als Beispiel ein rein ganzzahliges lineares Optimierungsproblem

$$\min c^T \cdot x$$

unter den Nebenbedingungen

$$A \cdot x = b,\ x \geq 0,\ x \in \mathbb{Z}^n$$

(mit $A \in \mathbb{R}^{m \times n}$, $b \in \mathbb{R}^m$, $c \in \mathbb{R}^n$). Als erstes Teilproblem untersuchen wir das lineare Programm

$$(LP_0):\quad \min c^T \cdot x$$

unter den Nebenbedingungen

$$A \cdot x = b,\ x \geq 0\,,$$

bei dem keine Ganzzahligkeit der Lösungen gefordert ist. Es bezeichne $x^0 \in \mathbb{R}^n$ eine Lösung dieses Problems mit dem Wert

$$c^T \cdot x^0 \ =: \ z^0\,.$$

Sollte x^0 bereits ganzzahlig sein, so ist das Problem gelöst. Andernfalls beginnt die Verzweigung: Wir wählen eine Komponente x_j^0 in x^0, die nicht in $\mathbb{N}_0$ liegt. Daraufhin konstruieren wir, ausgehend von (LP_0), zwei neue Probleme (LP_1) und (LP_2), und zwar einmal, indem wir zu (LP_0) die Nebenbedingung

$$x_j \leq \lfloor x_j^0 \rfloor$$

hinzufügen, das andere Mal, indem wir

$$x_j \geq \lceil x_j^0 \rceil$$

hinzufügen. Man beachte folgende Beziehung zwischen den Problemen (LP_0), (LP_1) und (LP_2) : Ist z_1 der Optimalwert von (LP_1) und z_2 derjenige von (LP_2), so ist

$$\min\{z_1, z_2\} \ = \ z_0\,,$$

d. h. z_0 ist eine untere Schranke für den Optimalwert der beiden Teilprobleme.

Die Probleme (LP_i), $i = 1, 2$, werden anschließend analog weiter zerlegt, indem man eine Komponente ihrer Lösung, welche nicht ganzzahlig ist, auswählt und entsprechende Nebenbedingungen zufügt. Wir erhalten so einen binären Baum, dessen Knoten je einem Teilproblem entsprechen. Bei genügend häufiger Verzweigung liefern die Probleme an den Blättern ganzzahlige Lösungen (man beachte, daß das Hinzufügen der Nebenbedingungen schließlich ganzzahlige Ecken bei der entsprechenden Zulässigkeitsmenge erzeugt). Die Beziehung zwischen den Optimalwerten aller Probleme in einem Teilbaum und dem Optimalwert des Problems an der Wurzel desselben gilt unverändert: Dieser ist eine untere Schranke für jene.

An dieser Stelle kommt die Idee des Beschränkens ins Spiel: Angenommen, man hat eine ganzzahlige Lösung z^* für eines der Teilprobleme (etwa an einem Blatt des Verzweigungsbaums) berechnet. Weiter angenommen, man hat für ein anderes Teilproblem, das zu irgendeinem Knoten v des Verzweigungsbaums gehört, eine Lösung $\tilde{z}$ berechnet, die nicht ausschließlich ganzzahlig sein muß. Ist jetzt

$$c^T \cdot \tilde{z} \ \geq \ c^T \cdot z^*\,,$$

so kann man den Teilbaum mit Wurzel v löschen: Keines der zu seinen Knoten gehörenden Probleme kann noch einen besseren als den schon für z^* berechneten Wert liefern. Dies liegt an der bereits beschriebenen Beziehung zwischen den Optimalwerten von Problemen auf demselben Pfad im Baum. Auf diese Art läßt sich im Idealfall eine vollständige Suche im gesamten Verzweigungsbaum vermeiden und der Aufwand eines Lösungsverfahrens signifikant verringern.

Natürlich vernachlässigt die obige Darstellung einige wichtige Aspekte bei der Umsetzung derartiger Verfahren, wie etwa geeignete Suchstrategien, um im Baum zulässige Lösungen zu finden, die es dann erlauben, möglichst viele Teile des Baums zu vernachlässigen. Als Beispiel eines solchen Problems ist beim Verzweigen die Auswahl einer Komponente, die nicht ganzzahlig ist, zu nennen.

Ausführliche Darstellungen zugehöriger Techniken finden sich in den meisten Büchern über kombinatorische Optimierung, zum Beispiel in [1]

[1] K.G. Murty: Linear and Combinatorial Programming. John Wiley and Sons, 1976.

Vieleck, ↗n-Eck.

Vielfaches, ein Begriff, der sich zunächst auf die Multiplikation natürlicher Zahlen bezieht, sich zwanglos auf beliebige (additiv geschriebene) abelsche Gruppen verallgemeinern läßt und auf jeder abelschen Gruppe eine natürliche $\mathbb{Z}$-Modulstruktur durch *Vielfachenbildung* induziert.

Ist $(A, +)$ eine abelsche Gruppe, so gibt es zu jedem $a \in A$ einen durch $\mu_a(1) = a$ eindeutig bestimmten Gruppenhomomorphismus $\mu_a : \mathbb{Z} \to A$, denn es muß gelten

$$\begin{aligned}\mu_a(0) &= 0,\\ \mu_a(2) &= \mu_a(1) + \mu_a(1) = a + a,\\ \mu_a(-n) &= -\mu_a(n) \qquad \text{für alle } n \in \mathbb{N},\end{aligned}$$

woraus man mit vollständiger Induktion alle Werte $\mu_a(n)$ berechnen und so die Eindeutigkeit beweisen kann. Man setzt nun

$$n \cdot a := \mu_a(n)$$

für $n \in \mathbb{Z}$ und $a \in A$, und nennt $n \cdot a$ ein *Vielfaches* oder genauer das *n-fache* von a in der abelschen Gruppe A. Für alle $m, n \in \mathbb{Z}$ und $a, b \in A$ gelten die Gleichungen

$$\begin{aligned}(m+n)\cdot a &= m\cdot a + n\cdot a,\\ n\cdot(a+b) &= n\cdot a + n\cdot b,\\ m\cdot(n\cdot a) &= (mn)\cdot a\\ 1\cdot a &= a,\end{aligned}$$

wodurch A ein Modul über dem Ring $\mathbb{Z}$ der ganzen Zahlen wird.

Man definiert nun die Ordnung eines Elements $a \in A$ in der Gruppe A als die kleinste nichtnegative ganze Zahl n mit $n \cdot a = 0$. Ein Spezialfall ist die ↗Ordnung modulo m für eine natürliche Zahl m. Hierbei setzt man für A die prime Restklassengruppe modulo m ein, siehe hierzu auch ↗Restklasse modulo m.

Vielfachheit einer Nullstelle ↗mehrfache Nullstelle eines Polynoms.

Vielteilchenphysik, Physik der Effekte in Systemen mit vielen Teilchen (Festkörper, Flüssigkeiten, Gase), die gerade auf der Wechselwirkung einer großen Zahl von Teilchen beruhen.

Dabei handelt es sich im wesentlichen um makroskopische Auswirkungen von Quantenphänomenen. Allein aus rechentechnischen Gründen ist man zur Anwendung von Näherungsverfahren gezwungen. Als ein mächtiges Instrument erweist sich dabei die Einführung des Begriffs „Quasiteilchen".

[1] Gross, E.K.U.; Runge, E.: Vielteilchentheorie. B.G.Teubner Stuttgart, 1986.

Vielteilchen-Streuproblem, im wesentlichen die Berechnung von Interferenzbildern, die beim Durchgang verschiedenster Strahlung (z.B. Elektronen, Röntgenstrahlen, Neutronen) durch einen Kristall entstehen, wobei Vielfachstreuung berücksichtigt wird.

Vierbein-Formalismus, Spezialfall des ↗n-Bein-Formalismus für die Dimension $n = 4$.

Vierbeine werden auch Tetraden genannt.

Viereck, ein ↗n-Eck (Polygon) mit vier Eckpunkten.

Vierecksungleichung, die in jedem metrischen Raum (M, δ) für alle $a, b, x, y \in M$ gültige Ungleichung

$$|\delta(a,b) - \delta(x,y)| \le \delta(a,x) + \delta(b,y)\,.$$

Man gewinnt sie mit Hilfe der Symmetrie der Metrik aus der Ungleichung

$$\delta(a,b) \le \delta(a,x) + \delta(x,y) + \delta(y,b)\,,$$

die aus der ↗Dreiecksungleichung folgt und anschaulich besagt, daß in einem Viereck jede Seite höchstens so lang ist wie die drei anderen Seiten zusammen.

Vierergeschwindigkeit, ↗Vierervektor.

Viererimpuls, ↗Vierervektor.

Viererkraft, ↗Vierervektor.

Vierervektor, Begriff aus der ↗Speziellen Relativitätstheorie, bei dem ein räumlicher Dreiervektor und ein Skalar zu einer vierkomponentigen Größe zusammengefaßt werden.

Die Vierergeschwindigkeit u^k mit $k = 0, \dots, 3$ ist wie folgt definiert: Die drei Größen v^μ mit $\mu = 1, 2, 3$ bilden den räumlichen Dreiervektor der drei Geschwindigkeitskomponenten, und

$$v = \sqrt{\left(v^1\right)^2 + \left(v^2\right)^2 + \left(v^3\right)^2}$$

ist dessen Betrag, also das, was in der nichtrelativistischen Mechanik einfach als Geschwindigkeit bezeichnet wird. Definieren wir noch $v^0 = c$, dann ist die Vierergeschwindigkeit so definiert, daß u^k zu v^k gleichgerichtet parallel ist, und

$$\left(u^0\right)^2 - u^2 = 1$$

erfüllt ist; dabei ist u analog zu v aus den drei räumlichen Komponenten definiert.

Nennen wir den Proportionalitätsfaktor γ, dann muß $\gamma > 0$ sowie $u^k = \gamma \cdot (c, v^1, v^2, v^3)$ mit $\gamma^2(c^2 - v^2) = 1$, gelten, also

$$\gamma = \frac{1}{\sqrt{c^2 - v^2}}.$$

Die Vierergeschwindigkeit ist somit dimensionslos und nur für Bewegungen unterhalb der Lichtgeschwindigkeit definiert. Damit ist sie für die Beschreibung von Effekten der relativistischen Mechanik besonders gut geeignet, da alle Bewegungen, die mit der Vierergeschwindigkeit beschrieben werden können, auch schon automatisch die Grenzgeschwindigkeitsbedingung erfüllen.

Der Viererimpuls ist das Produkt aus Masse und Vierergeschwindigkeit, die Ableitung der Vierergeschwindigkeit nach der Zeit ergibt die Viererbeschleunigung, und das Produkt „Masse mal Viererbeschleunigung" ergibt die Viererkraft.

Vier-Farben-Problem, ↗Vier-Farben-Satz.

Vier-Farben-Satz, sagt aus, daß jede ↗Landkarte eines ↗planaren Graphen eine Färbung mit vier Farben besitzt.

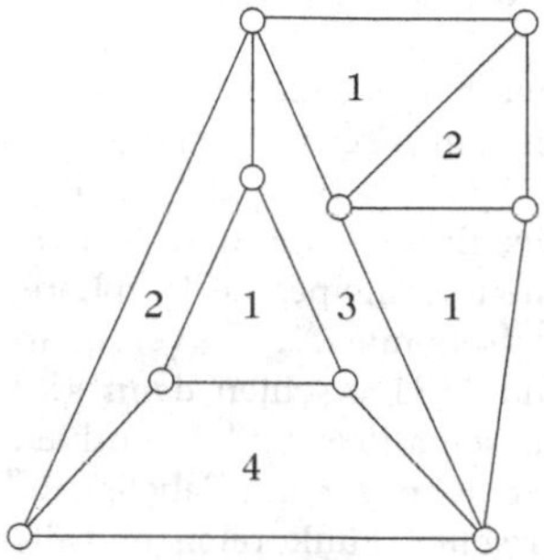

Eine mit vier Farben gefärbte Landkarte.

Der Vier-Farben-Satz ist einer der berühmtesten und tiefsten Sätze der ↗Graphentheorie, und die vielfältigen und oft vergeblichen Versuche, ihn zu beweisen, haben etliche Zweige der Graphentheorie erst entstehen lassen.

Seine Aussage geht auf eine Beobachtung von F. Guthrie, einem Londoner Studenten, aus dem Jahr 1852 zurück, und fand über A. deMorgan und A. Cayley als offenes Problem Eingang in die Mathematik. Der erste, 1879 von A.B. Kempe veröffentlichte, fehlerhafte Beweis enthält mit den sogenannten Kempe-Ketten bereits ein wesentliches Element vieler späterer Beweisversuche. Der Fehler in diesem Beweis wurde erst 1890 von P.J. Heawood entdeckt.

Fast ein ganzes Jahrhundert lang blieb der Satz als Vier-Farben-Problem eine offene Vermutung. Der erste weitgehend akzeptierte, aber sehr komplizierte Beweis geht auf das Jahr 1976 zurück und stammt von K. Appel und W. Haken. Einige der von ihnen benutzten zentralen Ideen gehen bereits auf Arbeiten von H. Heesch aus dem Jahr 1969 zurück. Da weite Teile des Beweises von Appel und Haken nur mittels eines Computers überprüfbar sind, blieb er umstritten. Ihre Beweismethode besteht darin, eine *unvermeidbare Menge* von *reduzierbaren Konfigurationen* in einem minimalen Gegenbeispiel anzugeben. Dabei bedeutet „unvermeidbar", daß jedes minimale Gegenbeispiel mindestens eine dieser Konfigurationen enhalten muß, und „reduzierbar", daß sich mit Hilfe jeder dieser Konfigurationen ein kleineres Gegenbeispiel konstruieren ließe, was im Widerspruch zur Wahl des Gegenbeispiels steht und daher die Aussage beweist.

1997 fanden N. Robertson, D.P. Sanders, P. Seymour und R. Thomas unter Benutzung derselben Methode einen wesentlich kürzeren Beweis des Vier-Farben-Satzes, der allerdings immer noch Teile enthält, die mit einem Computer verifiziert werden müssen.

[1] Aigner, M.: Graphentheorie, Eine Entwicklung aus dem Vier-Farben-Problem. Teubner-Verlag Stuttgart, 1984.

[2] Fritsch, R.: Der Vierfarbensatz. Geschichte, topologische Grundlagen und Beweisidee. B.I.-Wissenschaftsverlag Mannheim, 1994.

Vierfeldertafel, auch (2×2)-Tafel, eine spezielle ↗Kontingenztafel mit $k = 2$ Zeilen und $m = 2$ Spalten. Zur Untersuchung von Vierfeldertafeln sind spezielle ↗Signifikanztests entwickelt worden, zum Beispiel der ↗Fisher-Yates-Test.

Vierflach, veraltet für ↗Tetraeder.

Vier-Quadrate-Satz, ↗Lagrange, Vier-Quadrate-Satz von.

Vier-Quadrate-Satz, allgemeiner, gibt die Darstellung des Produkts zweier Summen von jeweils vier Quadraten reeller Zahlen als Summe von vier Quadraten von bilinearen Ausdrücken in den Ausgangszahlen an.

Genauer gilt für alle $a, b, c, d, a', b', c', d' \in \mathbb{R}$:

$$\begin{aligned}&(a^2 + b^2 + c^2 + d^2) \cdot (a'^2 + b'^2 + c'^2 + d'^2)\\ &= (aa' - bb' - cc' - dd')^2 + (ab' + ba' + cd' - dc')^2\\ &+ (ac' + ca' + db' - bd')^2 + (ad' + da' + bc' - cb')^2 .\end{aligned}$$

Diese Relation wurde 1748 von Euler entdeckt. Sie kann aus der Produktregel $N(x \cdot y) = N(x) \cdot N(y)$ für die ↗Norm in der ↗Hamiltonschen Quaternionenalgebra abgeleitet werden.

Der Vier-Quadrate-Satz steht in Beziehung zu dem von Fermat formulierten Satz, daß jede natürliche Zahl als Summe von vier Quadraten natürlicher Zahlen darstellbar ist. Dieser Satz wurde 1770 von Lagrange bewiesen (↗Lagrange,

Vier-Quadrate-Satz von). Durch den (allgemeinen) Vier-Quadrate-Satz kann er auf den Fall der Darstellung von Primzahlen reduziert werden. Für weitere Informationen vgl. ↗Quadratesatz.

14. Hilbertsches Problem, eines der 23 ↗Hilbertschen Probleme, die David Hilbert auf dem internationalen Mathematiker-Kongreß 1900 in Paris stellte.

Im 14. Problem fragte er, wann für gegebene $g_1, \dots, g_k \in K[x_1, \dots, x_n]$ aus dem Polynomenring in den Variablen $x_1, \dots, x_n$ über dem Körper K der Ring der rationalen Funktionen in $g_1, \dots, g_n$, geschnitten mit dem Polynomenring

$$K(g_1, \dots, g_k) \cap K[x_1, \dots, x_n],$$

eine endlich erzeugte K–Algebra ist.

Dabei ging es Hilbert eigentlich um die Beantwortung folgender Frage: Sei G eine Untergruppe von $Gl_n(K)$, die über die lineare Operation von $Gl_n(K)$ auf $K[x_1, \dots, x_n]$ operiert. Ist der Ring der G–invarianten Elemente von $K[x_1, \dots, x_n]$ endlich erzeugt?

Nach der Lösung einiger Spezialfälle hat M. Nagata 1959 ein Gegenbeispiel vorgestellt. Die endgültige Lösung gab V.L. Popow 1979: Die Gruppe G ist reduktiv genau dann, wenn für jede rationale Operation von G auf einer endlich erzeugten K-Algebra der Ring der Invarianten endlich erzeugt ist.

1994 haben Deveney und Finston ein einfaches Gegenbeispiel gegeben: Die additive Gruppe G_a operiert auf $K[x_1, \dots, x_7]$ durch

$$\begin{aligned}&(t, x_1, \dots, x_7)\\ &\mapsto \big(x_1, x_2, x_3, x_4 + tx_1^3, x_5 + tx_2^3, x_6 + tx_3^3,\\ &\qquad x_7 + t(x_1x_2x_3)^2\big).\end{aligned}$$

Der Ring der Invarianten unter dieser Gruppenoperation ist nicht endlich erzeugt.

Vieta (Viéte), François, Mathematiker und Jurist, geb. 1540 Fontenay-le-Comte (Vendée), gest. 23.2.1603 Paris.

Der Sohn eines Juristen und Kaufmanns wurde in der Klosterschule der Minoriten in seiner Heimatstadt ausgebildet, und studierte anschließend 1555 bis 1560 Rechtswissenschaften in Poitiers. Er beabsichtigte, eine juristische Universitätslaufbahn einzuschlagen. Nach Beendigung des Studiums wurde er jedoch Advokat in Fontenay-le-Comte, trat dann 1564 in die Dienste einer adligen Familie und unterrichtete deren hochbegabte Tochter. Ab 1566 lebte Vieta im Gefolge dieser Familie in La Rochelle. Ab 1570 war er in Paris als Rechtsanwalt tätig, 1573 wurde er zum Mitglied des Parlaments der Bretagne in Rennes ernannt. Ab 1580 wieder in Paris, wirkte er auch dort am Parlament und als Berater des Königs.

1584 wurde Vieta aus unbekannten politischen Gründen vom königlichen Hof verbannt. Im Jahre 1589 hob jedoch Heinrich III. (1551–1589) die Verbannung auf. Vieta arbeitete jetzt am Parlament in Tours und entzifferte die spanische Geheimkorrespondenz für König Heinrich IV. (1553–1610). 1594 konnte Vieta nach Paris zurückkehren, lebte später auch in Fontenay-le-Comte und schied 1599 aus Gesundheitsgründen aus dem Staatsdienst aus.

Vieta begann seine mathematische Schriftstellertätigkeit mit den „Principes de cosmographie ... " (veröffentlicht erst 1637). Darin behandelte er Probleme der Astronomie, Erdmessung und Geographie, ebenso wie in den „Principes de la sphere, de géographie et d'astronomie ... " (veröffentlicht 1661). Beginnend 1571 erschien dann sein berühmter „Canon mathematicus ... ". Er enthielt trigonometrische Untersuchungen mit Tabellen für die sechs trigonometrischen Funktionen und die Lösung aller trigonometrischen Grundaufgaben für die Ebene und die Kugeloberfläche.

Den größten Einfluß auf die Entwicklung der Mathematik übte Vieta jedoch mit „In artem analyticem Isagoge" (1591) aus. Darin führte er Bezeichnungen für die bekannten Größen $(B, C, D, \dots)$, die Unbekannten (A, E, I, O, U) und für deren Potenzen ein („logistica speciosa"). Für x^2 schrieb er beispielsweise „A quadratum", für x^3 „A cubus", usw. Er verwandte feste Zeichen für die mathematischen Operationen.

Vieta stellte sich als echter „Formalist" heraus. Er glaubte, mit seinem Kalkül alle mathematischen Probleme erfolgreich behandeln zu können, und wandte ihn auf Gleichungen und einzelne geometrische Probleme an. Ebenfalls aus dem Jahre 1591 stammte seine Erkenntnis über den Zusammenhang zwischen den Koeffizienten und Wurzeln einer algebraischen Gleichung, der „Satz von Vieta", den er selbst jedoch nur für positive Wurzeln aussprach. Den allgemeinen Zusammenhang vermutete erst 1629 A.Girard (1595–1632). Aus Arbeiten, die erst 1613 und 1615 erschienen, wurde offenbar, daß Vieta algebraische Ausdrücke virtuos umzuformen verstand, die Lösung der Gleichung vierten Grades kannte, und auch spezielle Gleichungen fünften Grades erfolgreich lösen konnte. Die von Vieta verwendete große Anzahl von Kunstworten machte es seinen Zeitgenossen sehr schwer, seinen algebraischen Darlegungen zu folgen.

In seinen geometrischen Untersuchungen knüpfte Vieta, wie auch die anderen Mathematiker seiner Zeit, an antike Vorbilder an. Vietas Schriften und besonders auch sein erst in neuerer Zeit untersuchter wissenschaftlicher Nachlaß enthielten eine große Anzahl bedeutsamer Einzelresultate, so die geometrische Deutung der algebraischen Grundoperationen (1591), Einschiebungskonstruktionen, und die näherungsweise Konstruktion des regelmäßigen Siebenecks (1591), Untersuchungen von Summen trigonometrischer Terme und von unendlichen geometrischen Reihen, und die Gewinnung von $2/\pi$ als unendliches Produkt.

Vieta hatte tiefe Einsichten in das Problem der Kreisquadratur, widerlegte die angeblichen Kreisquadraturen von N. Cusanus und J.C. Scalinger, und untersuchte Sehnenvierecke. 1593/95 gab Vieta die Lösung einer Gleichung 45. Grades an, die in einem Preisausschreiben A. van Roomens (1561–1615) gefordert worden war.

Vieta besaß erhebliche Kenntnisse über „komplexe Zahlen“ und war in der Lage, mit ihnen in geometrischer Form die arithmetischen Grundoperationen auszuführen. Sogar den Satz von de Moivre scheint Vieta in einer Vorform besessen zu haben.

Vieta war einer der schärfsten Gegner der gregorianischen Kalenderreform.

Vieta, Wurzelregel von, besagt, daß die beiden Lösungen x_1 und x_2 einer quadratischen Gleichung

$$x^2 + 2cx + d = 0$$

den Beziehungen

$$x_1 + x_2 = -2c \quad \text{und} \quad x_1 \cdot x_2 = d$$

genügen.

Vieta-Folge, die Folge der Partialprodukte

$$v_n = \prod_{k=1}^{n} \frac{a_k}{2}$$

des ↗Vieta-Produkts, wobei

$$\begin{aligned} a_1 &= \sqrt{2}, \\ a_{k+1} &= \sqrt{2 + a_k} \qquad (k \in \mathbb{N}). \end{aligned}$$

Es gilt

$$4^n \left(v_n - \frac{2}{\pi} \right) \to \frac{\pi}{12} \quad \text{für } n \to \infty,$$

woraus man insbesondere

$$v_n \to \frac{2}{\pi}$$

erhält.

Vieta-Produkt, die im Jahr 1593 von François Vieta (Viète) mittels geometrischer Überlegungen entdeckte Darstellung

$$\frac{2}{\pi} = \frac{\sqrt{2}}{2} \cdot \frac{\sqrt{2+\sqrt{2}}}{2} \cdot \frac{\sqrt{2+\sqrt{2+\sqrt{2}}}}{2} \cdot \ldots .$$

Man erhält diese Formel auch aus der Produktdarstellung

$$\sin x = x \prod_{n=1}^{\infty} \cos \frac{x}{2^n}$$

durch Setzen von $x = \frac{\pi}{2}$, also

$$\frac{2}{\pi} = \prod_{n=1}^{\infty} \cos \frac{\pi}{2^{n+1}},$$

und aus $\cos \frac{\pi}{2} = 1$ und $\cos \frac{x}{2} = \frac{1}{2}\sqrt{2 + 2\cos x}$ für $x \in [0, \pi/2]$.

Das Vieta-Produkt war das erste unendliche Produkt in der Mathematik und die erste explizite Darstellung von π als Grenzwert.

Viéte, François, ↗Vieta, François,

Vietoris, Leopold Franz, österreichischer Mathematiker, geb. 4.6.1891 Bad Radkersburg (Steiermark).

Von 1910 bis 1914 studierte Vietoris an der Universität Wien. 1919 promovierte er und arbeitete an der Universität Graz. 1923 habilitierte er sich in Wien und wurde 1927 Professor in Innsbruck.

Vietoris arbeitete zunächst zur mengentheoretischen Topologie. Er untersuchte Trennungsaxiome und allgemeine Begriffe der Konvergenz von Folgen

(Moore-Smith-Folge, Filter). Bekannt wurde sein Name durch die Einführung der Homologiegruppe topologischer Räume und Aussagen zu Abbildungen zwischen ihnen (Mayer-Vietoris-Sequenz), sowie durch die nach ihm benannte Vietoris-Topologie.

Am 4.6.2001 feierte Vietoris als ältester lebender Österreicher seinen 110. Geburtstag.

Vietoris-Topologie, eine Topologie im Raum der nicht-leeren abgeschlossenen Teilmengen eines topologischen Raums.

Sie ist feiner als die ↗Fell-Flachsmeyer-Topologie.

Virasoro-Algebra, im Hamilton-Formalismus der Stringtheorie über dem Phasenraum für alle $n \in \mathbb{Z}$ definierte Funktionen L_n, deren ↗Poisson-Klammern $\{\ ,\ \}_{PB}$ die Beziehungen

$$\{L_m, L_n\}_{PB} = i(m-n)L_{m+n}$$

erfüllen.

Beim Übergang zur Quantentheorie genügen die entsprechenden Operatoren $\hat{L}_n$ den Kommutatorrelationen

$$[\hat{L}_m, \hat{L}_n] = (m-n)\hat{L}_{m+n} + \frac{1}{12}D(m^3 - m)\delta_{m,-n}\,.$$

Dabei ist D die Dimension des Minkowski-Raums, in den der String eingebettet ist. Die Algebra der Operatoren $\hat{L}_n$ wird oft auch als Virasoro-Algebra bezeichnet. Im anderen Fall spricht man von einer Virasoro-Algebra mit zentraler Erweiterung.

Vitali, Giuseppe, italienischer Mathematiker, geb. 26.8.1875 Ravenna, gest. 29.2.1932 Bologna.

Vitali beendete 1899 das Studium an der Scuola Normale Superiore in Pisa. In den folgenden beiden Jahren war er Assistent bei Dini. Wegen finanzieller Probleme folgte eine Zeit, in der er an verschiedenen Schulen unterrichtete. Ab 1923 arbeitete er dann an den Universitäten in Modena, in Padua, und ab 1930 an der Universität in Bologna.

Seine bedeutensten Leistungen bestehen in der Einführung des Begriffs der absolut stetigen Funktion und im Auffinden von Kriterien für den Abschluß eines Systems orthogonaler Funktionen. Weitere Arbeiten betreffen die Differentialrechnung und die Geometrie der Hilberträume.

Vitali, Satz von, lautet:

Es seien $G \subset \mathbb{C}$ ein ↗Gebiet und (f_n) eine Folge ↗holomorpher Funktionen $f_n : G \to \mathbb{C}$, die lokal gleichmäßig beschränkt in G ist, d. h., zu jeder kompakten Menge $K \subset G$ gibt es eine nur von K abhängige Konstante $m > 0$ mit

$$|f_n(z)| \leq m$$

für alle $z \in K$ und alle $n \in \mathbb{N}$. Weiter sei A eine Teilmenge von G, die mindestens einen Häufungspunkt in G besitzt, und der Grenzwert $\lim_{n\to\infty} f_n(z) \in \mathbb{C}$ existiere für jedes $z \in A$.

Dann ist Folge (f_n) eine in G ↗kompakt konvergente Folge.

Vitali, Überdeckungssatz von, lautet:

Es seien λ das ↗Lebesgue-Maß auf der ↗Borel-σ-Algebra auf $\mathbb{R}^n$ mit $n \in \mathbb{N}$, $A \subseteq \mathbb{R}^n$ ein abgeschlossenens Rechteck in $\mathbb{R}^n$ mit $0 < \lambda(A) < \infty$, und $\mathcal{Q}$ die Menge aller abgeschlossenen Quadrate $Q \subseteq A$ mit Kantenlängen $n > 0$.

Dann ist $\mathcal{Q}$ ein ↗Vitali-System auf A.

Vitali-System, spezielles Mengensystem.

Es sei Ω eine Menge und $\mathcal{A}$ ein ↗σ-Mengenring auf Ω, wobei eine isotone Folge $(A_n | n \in \mathbb{N}) \subseteq \mathcal{A}$ existiert mit $\bigcup_{n\in\mathbb{N}} A_n = \Omega$. Weiter sei μ ein ↗Maß auf $\mathcal{A}$ und $\{\omega\} \in \mathcal{A}$ mit $\mu(\{\omega\}) = 0$ für alle $\omega \in \Omega$.

$\mathcal{V} \subseteq \mathcal{A}$ heißt Vitali-System bzgl. $\mathcal{A}$, falls gilt:

(a) Für alle $A \in \mathcal{A}$ und für alle $\varepsilon > 0$ existiert eine Folge $(V_n | n \in \mathbb{N}) \subseteq \mathcal{V}$ mit $A \subseteq \bigcup_{n\in\mathbb{N}} V_n$ und

$$\mu\left(\bigcup_{n\in\mathbb{N}} V_n\right) < \mu(A) + \varepsilon\,.$$

(b) Jedes $V \in \mathcal{V}$ ist beschränkt, d. h., es existiert ein $\Gamma(V) \in \mathcal{A}$ mit $\mu(\Gamma(V)) = 0$ so, daß,

- falls $\omega \in V \setminus \Gamma(V)$, jedes $U \in \mathcal{V}$ mit $\omega \in U$ und $\mu(U)$ hinreichend klein Untermenge von $V \setminus \Gamma(V)$ ist,
- falls $\omega \notin V \cup \Gamma(V)$, für jedes $U \in V$ mit $\omega \in U$ und $\mu(U)$ hinreichend klein gilt: $U \cap (V \cup \Gamma(V)) = \emptyset$.

(c) Es sei $B \subseteq \Omega$ überdeckt durch ein Mengensystem $\mathcal{U} \subseteq \mathcal{V}$ so, daß für alle $\omega \in B$ und beliebiges $\varepsilon > 0$ eine Menge $U_\varepsilon(\omega) \in \mathcal{U}$ existiert mit $\omega \in U_\varepsilon(\omega)$ und $\mu(U_\varepsilon(\omega)) < \varepsilon$. Dann wird B bis auf eine Menge vom μ-Maß Null überdeckt durch abzählbar viele Mengen aus $\mathcal{U}$.

Viviani, Vincenzo, italienischer Mathematiker, geb. 5.4.1622 Florenz, gest. 22.9.1703 Florenz.

Viviani studierte an einer Jesuitenschule und war zunächst ein Schüler Torricellis. Ab 1639 wurde er auch Schüler Galileis. 1647 wurde er Mathematiker an der Accademia del Disegno in Florenz und erhielt außerdem eine Stelle als Ingenieur in den Uffiziali dei Fiumi.

1660 bestimmte Viviani zusammen mit Borelli die Schallgeschwindigkeit; sie ermittelten einen Wert von 350 m/s. Weiterhin bestimmte er die Tangenten an eine Zykloide.

Neben den mathematischen Arbeiten veröffentlichte er auch immer wieder Ergebisse zu ingenieurwissenschaftlichen Fragen.

Vizing, Satz von, ↗Kantenfärbung.

Vizing, Vermutung von, ↗kartesisches Produkt von Graphen.

Vizings Adjazenz Lemma, ↗Kantenfärbung.

Vlacq, Adriaan, niederländischer Verleger und Hobby-Mathematiker, geb. 1600 Gouda, gest. 1667 Den Haag.

Vlacq war Buchhändler und Verleger. 1632 eröffnete er in London einen Buchladen, verließ aber 1642 nach einigen Unruhen die Stadt und zog nach Paris. Hier verkaufte er ebenfalls Bücher, siedelte aber sechs Jahre später nach Den Haag über.

1628 veröffentlichte Vlacq eine Tabelle des Briggsschen Logarithmus' der Zahlen bis 100.000 mit zehnstelliger Genauigkeit („Arithmetica logarithmica"). Briggs selbst hatte nur die Logarithmen von 1 bis 20.000 und von 90.000 bis 100.000 veröffentlicht.

1633 konstruierte Vlacq eine Tabelle der Winkelfunktionen.

volldefinites Eigenwertproblem, ein Eigenwertproblem, dessen Lösungen (Eigenwerte) sämtlich positiv sind.

Eine auf dem Intervall $[a, b]$ definierte Eigenwertaufgabe mit dem Differentialoperator L ist genau dann volldefinit, wenn für alle ↗Vergleichsfunktionen $v \neq 0$ gilt:

$$\int_a^b vLv\,dx < 0 .$$

Man fordert von einer Eigenwertaufgabe Volldefinitheit, um Sätze wie z. B. das ↗Courantsches Minimum-Maximum-Prinzip, die ↗Einschließungssätze oder auch den Satz von Mercer (↗Mercer, Satz von) formulieren zu können.

volle Unterkategorie, ↗Unterkategorie.

voller Funktor, ein ↗Funktor, für den die Funktorabbildungen auf den Morphismenmengen derjenigen Paare von Objekten, die im Bild des Funktors liegen, surjektiv sind.

Genauer: Ein voller Funktor ist ein Funktor $T : \mathcal{C} \to \mathcal{D}$ von der ↗Kategorie $\mathcal{C}$ nach der Kategorie $\mathcal{D}$, derart, daß zu je zwei Objekten $A, B \in Ob(\mathcal{C})$ und zu jedem $f \in Mor_{\mathcal{D}}(T(A), T(B))$ auch ein $g \in Mor_{\mathcal{C}}(A, B)$ existiert mit $f = T(g)$.

vollkommene Zahl, eine natürliche Zahl, die gleich der Summe ihrer echten Teiler ist, beispielsweise

$$\begin{aligned} 6 &= 1 + 2 + 3, \\ 28 &= 1 + 2 + 4 + 7 + 14, \\ 496 &= 1 + 2 + 4 + 8 + 16 + 31 + 62 + 124 + 248. \end{aligned}$$

Vollkommene Zahlen wurden schon in der Antike studiert, ebenso wie ↗defiziente oder ↗abundante Zahlen, was sich durch die ↗Teilersummenfunktion charakterisieren läßt.

Bei Pythagoras stellt die Summe der echten Teiler

$$\sigma^*(n) = \sum_{d \in \mathbb{N}, d|n, d \neq n} d$$

so etwas wie das „Wesen" der Zahl n dar; zwei Zahlen sind somit ↗befreundete Zahlen, wenn die eine das „Wesen" der anderen ist. Damit ist eine natürliche Zahl genau dann vollkommen, wenn sie gleich ihrem „Wesen" ist.

Nach Augustinus schuf Gott die Welt in einer vollkommenen Anzahl von Tagen, nämlich in 6 Tagen, um damit die Vollkommenheit der Welt zum Ausdruck zu bringen.

Der Mönch Alcuin, der am Hofe Karls des Großen lebte, schrieb, daß die zweite Schöpfung der Menschheit durch Noah (8 Seelen waren in der Arche) weniger vollkommen als die erste Schöpfung (6 Tage) war, da 8 defizient, 6 aber vollkommen sei. Die Vollkommenheit der Zahl 28 spiegele sich auch darin wieder, daß der Mond die Erde in 28 Tagen einmal umkreise (was nur näherungsweise richtig ist).

Zur ‚strengen' Mathematik der vollkommenen Zahlen ist noch folgendes bemerkenswert: Aufbauend auf Euklid charakterisierte Euler die geraden vollkommenen Zahlen mit Hilfe der Mersenneschen Primzahlen (↗Mersenne-Zahlen) wie folgt:

Eine gerade natürliche Zahl n ist genau dann vollkommen, wenn sie die Form

$$n = 2^{p-1}(2^p - 1)$$

hat, wobei sowohl p als auch $2^p - 1$ *Primzahlen sein müssen.*

Die obigen Beispiele 6, 28, 496 ergeben sich aus dieser Formel, indem man die ersten drei Primzahlen $p = 2, 3, 5$ einsetzt.

Es ist bis heute noch eine offene Frage, ob es auch ungerade vollkommene Zahlen gibt; bekannt ist, daß jedenfalls unterhalb von 10^{200} keine solchen existieren.

vollkommener Körper, ein (algebraischer) Körper $\mathbb{K}$, in dem jedes irreduzible Polynom aus $\mathbb{K}[X]$ auch separabel ist, d. h. keine mehrfache Nullstelle in einem Erweiterungskörper besitzt.

Körper der Charakteristik Null sind immer vollkommen. Aber auch alle endlichen Körper sind vollkommen. Generell gilt:

Ein Körper der ↗Charakteristik p ist genau dann vollkommen, wenn es für jedes Element im Körper eine p-te Wurzel gibt.

Trivialerweise sind algebraisch-abgeschlossene Körper immer vollkommen. Jede algebraische Körpererweiterung eines vollkommenen Körpers $\mathbb{K}$ ist eine ↗separable Erweiterung von $\mathbb{K}$. Ein Beispiel eines Körpers, der nicht vollkommen ist, ist der rationale Funktionenkörper $\mathbb{F}_p(X)$ in einer Variablen X über dem Restklassenkörper $\mathbb{F}_p$ mit p Elementen.

vollkommener Raum, ein Folgenraum, der seinem Bidual entspricht.

Unter einem Folgenraum V versteht man eine Menge von Folgen $x = (x_1, x_2, \ldots)$ aus abzählbar vielen komplexen Zahlen, die unter den üblichen

Operationen

$$x + y = (x_1 + y_1, x_2 + y_2, \dots)$$

und

$$\lambda x = (\lambda x_1, \lambda x_2, \dots)$$

abgeschlossen ist. Die Menge V' aller Folgen $u = (u_1, u_2, ..)$, für die bei beliebigem $x \in V$ stets

$$\sum_{i=1}^{\infty} |u_i x_i| < \infty$$

gilt, ist wieder ein Folgenraum, der als der duale Raum V' von V bezeichnet wird. Enthält V alle Einheitsvektoren $e^{(n)}$ für $n \in \mathbb{N}$, so bilden V und V' unter Verwendung des Produktes

$$\langle u, v \rangle = \sum_{i=1}^{\infty} u_i x_i$$

ein ↗Dualsystem. Daher kann man in diesem Fall sowohl auf V als auch auf V' in natürlicher Weise Topologien einführen. Der zu V' duale Raum V'' umfaßt V und wird als der biduale Raum von V bezeichnet. Der Raum V heißt dann vollkommen, wenn $V = V''$ gilt.

vollkommener Reinhardtscher Körper, ↗Reinhardtsches Gebiet.

vollständig additive Mengenfunktion, auch σ-additive Mengenfunktion, ↗Mengenfunktion.

vollständig additives Maß, *Maß*, ↗Mengenfunktion.

vollständig additives Mengensystem, Mengensystem, das abgeschlossen ist bzgl. abzählbarer Vereinigung der Mengen.

vollständig geordnete Menge, ↗lineare Ordnungsrelation.

vollständig instabil, ein ↗dynamisches System (M, G, Φ) mit der Eigenschaft, daß alle Punkte seines Phasenraumes M ↗wandernde Punkte sind.

vollständig integrables Hamiltonsches System, ↗integrables Hamiltonsches System.

vollständig spezifizierte Boolesche Funktion, ↗Boolesche Funktion.

vollständige Additivität, auch σ-Additivität, andere Bezeichnung für abzählbare Additivität.

vollständige Bausteinbibliothek, eine ↗Bausteinbibliothek mit der Eigenschaft, daß jede Boolesche Funktion mit ihr realisierbar ist.

vollständige Boolesche Klausel, eine ↗Boolesche Klausel, die jede Boolesche Variable aus $\{x_1, \dots, x_n\}$ (↗Boolesche Klausel) entweder als positives oder als negatives Boolesches Literal enthält.

vollständige Erweiterung einer Booleschen Funktion, ↗Erweiterung einer Booleschen Funktion.

vollständige Filtration, ↗Standardfiltration.

vollständige Hülle eines metrischen Raumes, ↗Vervollständigungssätze.

Vollständige Induktion

H. Wolter

Die vollständige Induktion ist das wichtigste Beweisprinzip für Eigenschaften von natürlichen Zahlen.

Die natürlichen Zahlen lassen sich im Rahmen der Mengenlehre wie folgt repräsentieren: $0 := \emptyset$ (leere Menge), $1 := \{0\}$ (die Menge, die nur 0 als einziges Element enthält), $2 := \{0, 1\}$ (die Menge, die aus den beiden Elementen $0, 1$ besteht), $3 := \{0, 1, 2\}$, usw. Ist auf diese Weise eine natürliche Zahl $n := \{0, 1, \dots, n-1\}$ gegeben, dann ist der unmittelbare Nachfolger n' oder $n+1$ von n als $n' := n \cup \{n\}$ definiert (die Menge n vereinigt mit der Einermenge $\{n\}$); dies ergibt die Menge

$$n' = n + 1 = \{0, 1, \dots, n-1, n\}.$$

Die natürliche Zahl n ist also eine Menge, die (im anschaulichen Sinne) aus n Elementen besteht. Faßt man genau die Elemente zusammen, die – mit der leeren Menge beginnend – aus $\emptyset$ durch Nachfolgerbildung erzeugt werden können, so erhält man eine neue Menge, die Menge $\mathbb{N}$ der natürlichen Zahlen (die Existenz dieser Mengen wird durch mengentheoretische Axiome gesichert).

Häufig wird die Arithmetik ohne Rückgang auf die Mengenlehre eingeführt. In diesem Falle legt man das Peanosche Axiomensystem zugrunde (↗Arithmetik erster Ordnung, ↗Peano-Axiome) und leitet alle betrachteten Eigenschaften für natürliche Zahlen aus diesen Axiomen her. Im Rahmen der Mengenlehre sind die Peano-Axiome beweisbare Sätze.

Das Induktionsprinzip beruht insbesondere auf der Gültigkeit des *Induktionsaxioms* (auch fünftes Peanosches Axiom):

Die Menge der natürlichen Zahlen ist die kleinste Menge, die die Null enthält, und die mit jeder natürlichen Zahl auch deren unmittelbaren Nachfolger enthält.

Der folgende grundlegende Satz über die vollständige Induktion legt eine Strategie fest, wie Induktionsbeweise zu führen sind.

Trifft eine Eigenschaft E auf die natürliche Zahl 0 zu, und folgt für jede natürliche Zahl n aus der Gültigkeit von E(n) auch die Gültigkeit von E(n + 1), dann besitzen alle natürlichen Zahlen die Eigenschaft E.

In übersichtlicher (formalisierter) Form lautet der Satz dann:

$$E(0) \wedge \forall n\big(E(n) \to E(n+1)\big) \;\to\; \forall m E(m)\,,$$

wobei m, n Variablen für natürliche Zahlen sind, und E eine beliebige Eigenschaft für solche Zahlen darstellt. Um also $\forall m E(m)$ zu beweisen, genügt es, die folgenden Beweisschritte zu überprüfen:

1. $E(0)$, (d. h., die Eigenschaft E trifft auf die Null zu; dieser Beweisschritt heißt auch *Induktionsanfang*).
2. $\forall n\big(E(n) \to E(n+1)\big)$ (*Induktionsschritt*).

Eine All-Aussage

$$\forall n(E(n) \;\to\; E(n+1))$$

ist genau dann gültig, wenn

$$E(m) \;\to\; E(m+1)$$

für jede konkrete natürliche Zahl m gilt. Daher setzt man beim Induktionsschritt (2.) voraus, daß m eine beliebige, aber dann fixierte natürliche Zahl ist. Für dieses konkrete m ist die ↗Implikation $E(m) \to E(m+1)$ zu beweisen, hierbei heißt $E(m)$ *Induktionsvoraussetzung* und $E(m+1)$ *Induktionsbehauptung*.

Eine Implikation ist schon immer dann wahr, wenn die Prämisse falsch ist. Wenn also E auf m nicht zutrifft, dann ist die Implikation trivialerweise richtig, und man hat nichts zu beweisen. Dieser triviale Fall wird in der Regel bei Induktionsbeweisen übergangen. Es bleibt nur der Fall zu betrachten, daß $E(m)$ gilt. Unter dieser Voraussetzung ist $E(m+1)$ nachzuweisen. Wegen der Richtigkeit des Induktionsaxioms in der Form

$$E(0) \wedge \forall n\big(E(n) \;\to\; E(n+1)\big) \to \forall m E(m)$$

ist somit $\forall m E(m)$ gezeigt, da die Prämisse des Axioms als richtig nachgewiesen wurde.

Achtung! Häufig benutzte falsche Formulierung für die Induktionsvoraussetzung: „*Für eine beliebige natürliche Zahl n gelte schon E(n)*“. Wer dies so formuliert, hat die Behauptung bereits vorausgesetzt.

Die folgenden Modifikationen des Induktionsaxioms lassen entsprechend modifizierte Induktionsbeweise zu:

Seien m, k natürliche Zahlen, dann gilt:

- $E(k) \wedge \forall n\big(k \le n \wedge E(n) \to E(n+1)\big) \to \forall n\big(k \le n \to E(n)\big)$
- $E(k) \wedge \forall n\big(k \le n < m \wedge E(n) \to E(n+1)\big) \to \forall n\big(k \le n \le m \to E(n)\big)$

Im ersten Fall wird die Eigenschaft E für alle natürlichen Zahlen nachgewiesen, welche größer oder gleich k sind, im zweiten Fall sind es alle n mit $k \le n \le m$.

Induktive Beweise lassen sich nicht nur für natürliche Zahlen, sondern auch für beliebige Mengen von Elementen führen, denen zuvor natürliche Zahlen zugeordnet worden sind, so, daß die Elemente der Menge dadurch eine gewisse Stufung erfahren haben. Dabei können auch mehrere Elemente die gleiche Stufe erhalten.

Betrachtet man z. B. die Menge M aller Ausdrücke des ↗Aussagenkalküls, wobei $p_1, p_2, p_3, \ldots$ als Aussagenvariablen, $\neg, \wedge, \vee, \to, \leftrightarrow$ als Konnektoren, und (,) als technische Zeichen auftreten, dann sind die Aussagenvariablen atomare Ausdrücke oder *Ausdrücke der Stufe* 0.

Sind φ, ψ Ausdrücke mit einer Stufe kleiner oder gleich n, dann sind

$$(\neg\varphi),\;(\varphi \wedge \psi),\;(\varphi \vee \psi),\;(\varphi \to \psi),\;(\varphi \leftrightarrow \psi)$$

Ausdrücke mit der Stufe $n+1$. Durch die Stufung der Ausdrücke kann ein Induktionsbeweis für die Menge aller Ausdrücke vorgenommen werden.

Literatur

[1] Ebbinghaus, H.-D.: Einführung in die Mengenlehre. B.I.-Wissenschaftsverlag Mannheim, 1994.

[2] Tuschik, H.-P.; Wolter, H.: Mathematische Logik – kurzgefaßt. B.I.-Wissenschaftsverlag Mannheim, 1994.

---

vollständige Invarianz, Eigenschaft einer Menge im Zusammenhang mit einer Abbildung.

Es seien X eine Menge und $f : X \to X$ eine Abbildung. Eine Menge $E \subset X$ heißt vollständig invariant unter f, falls die Bildmenge $f(E)$ und die Urbildmenge $f^{-1}(E)$ in E enthalten sind.

Es gilt dann bereits

$$f(E) = f^{-1}(E) = E\,.$$

Ist E vollständig invariant unter f, so auch das Komplement $X \setminus E$.

Die vollständige Invarianz einer Menge $E \subset X$ ist insbesondere von Interesse bei der Untersuchung stetiger Abbildungen f eines topologischen Raums X in sich. Zum Beispiel sind die ↗Fatou-Menge und die ↗Julia-Menge einer rationalen Funktion f (die als stetige Abbildung von $\widehat{\mathbb{C}}$ in sich aufgefaßt werden kann) vollständig invariant.

Neben der vollständigen Invarianz einer Menge sind noch zwei schwächere Invarianzbegriffe von Bedeutung. Man nennt $E \subset X$ invariant (oder vorwärts invariant), falls $f(E) \subset E$, und rückwärts invariant, falls $f^{-1}(E) \subset E$. Es ist also E genau dann vollständig invariant, wenn E vorwärts und rückwärts invariant ist.

vollständige Kategorie, eine Kategorie $\mathcal{C}$, in der alle kleinen Diagramme in $\mathcal{C}$ Limites in $\mathcal{C}$ besitzen.

vollständige Korrespondenz, ↗Hall, Satz von.

vollständige Ordnung, eine totale Ordnung (↗Kette), in der jede nicht-leere nach oben beschränkte Menge ein ↗Supremum bzw., was äquivalent dazu ist, jede nicht-leere nach unten beschränkte Menge ein ↗Infimum besitzt.

Beispielsweise sind die reellen Zahlen mit der üblichen Ordnung vollständig, die rationalen Zahlen aber nicht, weil etwa das Intervall $[0, \sqrt{2}) \subset \mathbb{Q}$ in $\mathbb{Q}$ kein Supremum besitzt. Jede unvollständige totale Ordnung läßt sich etwa mit Hilfe von ↗Dedekind-Schnitten vervollständigen, d. h. in eine vollständige totale Ordnung einbetten. Eine totale Ordnung ist genau dann vollständig, wenn die linke Menge jedes Dedekind-Schnitts in ihr ein Maximum besitzt.

vollständige Ordnungsrelation, *vollständige Relation*, ↗lineare Ordnungsrelation, ↗vollständige Ordnung.

vollständige Relation, abkürzend für vollständige Ordnungsrelation, vgl. ↗vollständige Ordnung.

vollständige Riemannsche Mannigfaltigkeit, ein Riemannscher Raum, der in bezug auf den ↗Riemannschen Abstand als metrischer Raum vollständig ist.

Nach dem Satz von Hopf-Rinow ist diese Eigenschaft gleichwertig zur geodätischen Vollständigkeit (↗geodätisch vollständig) der Mannigfaltigkeit.

vollständige Summe einer Booleschen Funktion, ↗Disjunktion der ↗Primimplikanten der Booleschen Funktion.

vollständiger bipartiter Graph, ↗bipartiter Graph.

vollständiger Durchschnitt, Nullstellenmenge

$$V = V(I) = \{x \in K^n : f(x) = 0 \text{ für alle } f \in I\} \subseteq K^n$$

der Dimension k (k bezeichnet die Dimension von $K[x_1, \dots, x_n]/I$), so daß das Radikal von I, $\sqrt{I}$, durch $n - k$ Polynome erzeugt werden kann.

Dabei ist K ein algebraisch abgeschlossener Körper und I ein Ideal in Polynomring $K[x_1, \dots, x_n]$.

So ist zum Beispiel die x–Achse im K^3 ein vollständiger Durchschnitt, definiert durch $y = z = 0$. Hier ist

$$I = \sqrt{I} = (y, z) \subset K[x, y, z],$$

und die Dimension der x–Achse ist 1.

Für weitere Beispiele vgl. das Stichwort ↗mengentheoretisch vollständiger Durchschnitt.

vollständiger Graph, ↗Graph.

vollständiger Hausdorffraum, uniformer ↗Hausdorffraum mit einer Zusatzeigenschaft, die der Vollständigkeit der reellen Zahlen nachgebildet ist.

Ein ↗metrischer Raum (X, d) heißt vollständig, wenn in ihm jede Cauchyfolge konvergiert. Dabei ist (x_n) eine Cauchyfolge bezüglich d, wenn es für alle $\varepsilon > 0$ ein $N \in \mathbb{N}$ gibt mit $d(x_m, x_n) < \varepsilon$ für alle $m, n > N$.

Allgemeiner heißt ein ↗uniformer Raum $(X, \mathcal{U})$ vollständig, wenn jedes Cauchynetz in X gegen einen Punkt konvergiert. Dabei nennt man das Netz $\{S_i : i \in I\}$ ein Cauchynetz, wenn es für jedes $U \in \mathcal{U}$ ein $N \in I$ gibt mit $(S_m, S_n) \in \mathcal{U}$ für alle $n \geq N$ und $m \geq N$.

Jeder Hausdorffsche uniforme Raum besitzt eine Vervollständigung, welche ebenfalls Hausdorffsch und uniform ist.

vollständiger Körper, ein bewerteter Körper, der mit der aus der Bewertung resultierenden Metrik ein vollständiger metrischer Raum ist, d. h., in dem jede Cauchy-Folge konvergiert.

Für geordnete Körper hat man damit neben der Ordnungsvollständigkeit (↗vollständige Ordnung) einen zweiten Vollständigkeitsbegriff (metrische Vollständigkeit oder Cauchy-Vollständigkeit), doch für archimedische Körper (wie $\mathbb{Q}$ oder $\mathbb{R}$) sind die beiden äquivalent: Ein geordneter Körper ist genau dann archimedisch und Cauchy-vollständig, wenn er ordnungsvollständig ist.

Standardbeispiel für einen vollständigen Körper ist $\mathbb{R}$, für einen unvollständigen Körper $\mathbb{Q}$. In diesen beiden Körpern liefert der Absolutbetrag die Bewertung.

vollständiger *k*-partiter Graph, ↗k-partiter Graph.

vollständiger Maßraum, ↗μ-Vervollständigung einer σ-Algebra.

vollständiger Modul, Modul mit zusätzlicher Eigenschaft.

Es sei L/K eine endliche separable Körpererweiterung, wobei K der Quotientenkörper eines Hauptidealrings Γ ist. Ein endlich erzeugter Modul $\mathfrak{a} \subset L$ über Γ heißt vollständiger Modul, wenn sein Rang gleich dem Grad der Körpererweiterung L/K ist.

vollständiger normierter Raum, andere Bezeichnung für ↗Banachraum.

vollständiger Produkt-Maßraum, ↗Produkt-Maßraum,

vollständiger Reinhardtscher Körper, ↗Reinhardtsches Gebiet.

vollständiger Ring, andere Bezeichnung für einen ↗kompletten Ring.

vollständiger Verband, ein ↗Verband V, in dem zu jeder Teilmenge M von V das Infimum von M und das Supremum von M existieren.

Da insbesondere das Infimum und das Supremum von V selbst existieren, ist jeder vollständige Verband V auch ein ↗beschränkter Verband.

↗Endliche Verbände sind stets vollständig.

vollständiger Wahrscheinlichkeitsraum, jeder ↗Wahrscheinlichkeitsraum $(\Omega, \mathfrak{A}, P)$ mit der Eigenschaft, daß die σ-Algebra $\mathfrak{A}$ mit jeder P-Nullmenge $N \in \mathfrak{A}$ auch alle Teilmengen von N enthält, d. h., in einem vollständigen Wahrscheinlichkeitsraum folgt aus $N \in \mathfrak{A}$, $P(N) = 0$ und $A \subseteq N$ stets $A \in \mathfrak{A}$.

Es gilt dann $P(A) = 0$. Ist $(\Omega, \mathfrak{A}, P)$ ein beliebiger Wahrscheinlichkeitsraum, so kann $\mathfrak{A}$ immer zu einer σ-Algebra $\overline{\mathfrak{A}}$ erweitert und P zu einem Wahrscheinlichkeitsmaß $\overline{P}$ auf $\overline{\mathfrak{A}}$ fortgesetzt werden, derart, daß der Wahrscheinlichkeitsraum $(\Omega, \overline{\mathfrak{A}}, \overline{P})$ vollständig ist.

vollständiges Boolesches Monom, ↗Boolesches Monom.

vollständiges elliptisches Integral, ↗elliptisches Integral.

vollständiges logisches System, ein ↗konsistentes logisches System, für das der ↗Gödelsche Vollständigkeitssatz gilt.

Zu einem logischen System gehört eine Menge Ax von logischen Axiomen, eine Menge von formalen Beweisregeln, die nur die Form, nicht aber den Inhalt der Axiome bzw. der zu beweisenden ↗Aussagen berücksichtigen, und eine Folgerungsrelation $\models$ (↗logisches Folgern), die aus wahren Voraussetzungen nur wahre Behauptungen produziert. Das formale Beweisen wird durch $\vdash$ gekennzeichnet.

Ein logisches System heißt vollständig, wenn es konsistent ist (aus inkonsistenten Mengen sind alle Aussagen, insbesondere auch die falschen, beweisbar), und wenn für eine beliebige Menge T von Voraussetzungen und jede Aussage φ gilt:

$$T \vdash \varphi \iff T \models \varphi$$

(↗Gödelscher Vollständigkeitssatz).

Das formale Beweisen, das nur eine Manipulation von Zeichenreihen zur Folge hat, spiegelt also das inhaltliche Folgern wider. Die Beweisregeln sind so gewählt, daß sie die Gültigkeit vererben, d. h., aus wahren Voraussetzungen sind nur wahre Behauptungen beweisbar, und die Beweisregeln sind in dem Sinne vollständig, daß alle Aussagen, die aus T inhaltlich folgen, auch aus T durch Anwendung der Regeln hergeleitet werden können. In der Prädikatenlogik haben sich die beiden Beweisregeln ↗modus ponens und ↗Generalisierung als ausreichend erwiesen.

Ein formaler Beweis für einen Ausdruck φ aus einer Menge T von Voraussetzungen ist eine endliche Folge $(\varphi_1, \dots, \varphi_n)$ von Ausdrücken, so daß $\varphi_n = \varphi$ gilt, und für jedes φ_i, $i = 1, \dots, n$, eine der folgenden vier Bedingungen erfüllt ist:

1. $\varphi_i \in \mathsf{Ax}$ (φ_i ist ein logisches Axiom).
2. $\varphi_i \in T$ (φ_i gehört zu den Voraussetzungen).
3. Es gibt Indizes $j, k < i$, so daß $\varphi_k = \varphi_j \to \varphi_i$ (Anwendung des modus ponens).
4. Es gibt einen Index $j < i$, so daß $\varphi_i = \forall x \varphi_j$ (Anwendung der Generalisierung).

vollständiges Maß, ↗μ-Vervollständigung einer σ-Algebra.

vollständiges Orthonormalsystem, ↗Orthonormalbasis.

vollständiges Problem, bezogen auf eine Komplexitätsklasse C ein Problem, das ↗C-vollständig ist.

vollständiges Reinhardtsches Gebiet, ↗Reinhardtsches Gebiet.

vollständiges Repräsentantensystem, ↗Repräsentantensystem.

vollständiges Vektorfeld, ein ↗Vektorfeld auf einer differenzierbaren Mannigfaltigkeit M, für die die aus den Lösungen der zugehörigen Differentialgleichung auf der Mannigfaltigkeit M induzierte lokale ↗Ein-Parameter-Gruppe von Diffeomorphismen zu einer globalen Ein-Parameter-Gruppe von Diffeomorphismen fortgesetzt werden kann.

Eine Ein-Parameter-Gruppe von Diffeomorphismen definiert also einen (globalen) ↗glatten Fluß. Jedes C^1-Vektorfeld auf einer glatten abgeschlossenen Mannigfaltigkeit ohne Rand ist vollständig.

Vollständigkeit eines Axiomensystems, angestrebte Eigenschaft eines Axiomensystems.

Es seien L eine ↗elementare Sprache und T eine Menge von Axiomen, die in L formuliert sind. Das Axiomensystem T ist vollständig, wenn für jede ↗Aussage φ aus L gilt:

Entweder $T \models \varphi$ *oder* $T \models \neg\varphi$

(wobei $\models$ das ↗logische Folgern bezeichnet), anderenfalls heißt T unvollständig.

Nach dem ↗Gödelschen Vollständigkeitssatz läßt sich die Vollständigkeit auch so charakterisieren:

Für jede Aussage φ aus L ist entweder φ oder die Negation von φ aus T beweisbar.

Die Vollständigkeit eines Axiomensystems ist eine wünschenswerte Eigenschaft, da aus einem solchen System jede Aussage oder ihre Negation (formuliert in der zugrundegelegten formalen Sprache) prinzipiell beweisbar ist.

Die Menge T der Körperaxiome ist beispielsweise nicht vollständig. Denn ist φ eine elementare Aussage der Körpertheorie, die die Charakteristik p festlegt (p Primzahl), dann sind weder φ noch $\neg\varphi$ aus T beweisbar. Fügt man zu T jedoch weitere Axiome hinzu, die die Charakteristik beschreiben und die algebraische Abgeschlossenheit eines Körpers charakterisieren (jedes Polynom n-ten Grades, $n = 2, 3, 4, \dots$, besitzt eine Nullstelle), dann erhält man ein vollständiges Axiomensystem.

Jedoch lassen sich nicht alle Systeme vervollständigen. Ein hinreichend „ausdrucksstarkes“ Axiomensystem (mit dem z. B. die ↗Arithmetik erster Ordnung nachgebildet werden kann) ist niemals vollständig (vgl. ↗Beweistheorie).

Das elementare Peanosche Axiomensystem und die Axiome der Mengenlehre bilden kein vollständiges System, sie lassen sich auch nicht zu einen vollständigen Axiomensystem erweitern.

vollstetiger Operator, ein linearer Operator zwischen Banachräumen X und Y, der schwach konvergente Folgen (↗schwache Konvergenz) auf normkonvergente Folgen abbildet.

In der älteren Literatur werden die Begriffe „kompakt“ und „vollstetig“ synonym verwendet; die obige Definition ist jedoch von der eines ↗kompakten Operators zu unterscheiden.

Jeder kompakte Operator ist vollstetig, ist X reflexiv, gilt auch die Umkehrung. Hingegen ist der identische Operator auf ℓ^1 vollstetig, aber nicht kompakt. Der Satz von Dunford-Pettis impliziert, daß jeder ↗schwach kompakte Operator auf $C(K)$ oder $L^1(\mu)$ vollstetig ist.

[1] Diestel, J.; Jarchow, H.; Tonge, A.: Absolutely Summing Operators. Cambridge University Press, 1995.

Vollwinkel, ein Winkel von 360° im ↗Gradmaß bzw. 2π im ↗Bogenmaß.

Volterra, Vito, italienischer Mathematiker, geb. 3.5.1860 Ancona, gest. 11.10.1940 Rom.

Ab 1878 studierte Volterra bei Betti in Pisa. 1882 promovierte er in Physik, wurde 1883 Professor für Mechanik in Pisa, und übernahm den Lehrstuhl für Mathematische Physik. Nachdem er Professor für Mechanik in Turin geworden war, erhielt er 1900 auch eine Stelle als Professor für Mathematische Physik in Rom.

Volterras frühe Arbeiten galten der Verallgemeinerung des Funktionsbegriffes und dem Dreikörperproblem. Sein Haupttätigskeitfeld waren die Differential- und Integralgleichungen. Zwischen 1892 und 1894 veröffentlichte er eine Reihe von Arbeiten zu partiellen Differentialgleichungen, insbesondere zur Gleichung zylindrischer Wellen. Um 1884 führte er die Volterra-Integralgleichung ein.

Nach dem Ersten Weltkrieg wandte er sich mehr der mathematischen Biologie zu und studierte die Verhulst-Gleichung sowie die logistische Gleichung.

Volterra-Integralgleichung, ↗Integralgleichung in einer der folgenden Formen:

$$\int_a^x k(x,y)\,\varphi(y)\,dy = f(x)$$

$$\varphi(x) - \int_a^x k(x,y)\,\varphi(y)\,dy = f(x)$$

$$A(x)\varphi(x) - \int_a^x k(x,y)\,\varphi(y)\,dy = f(x)\,.$$

Dabei sind $a \in \mathbb{R}$, f, A auf $\mathbb{R}$ und k auf $\mathbb{R} \times \mathbb{R}$ definierte Funktionen; die Funktion φ ist zu bestimmen.

Man spricht (der Reihe nach) von einer Volterra-Integral-Gleichung erster, zweiter, bzw. dritter Art. Die Funktion k heißt (Integral-)Kern der Volterra-Integral-Gleichung.

Formal können Volterra-Integral-Gleichungen als ↗Fredholmsche Integral-Gleichungen betrachtet werden, für deren Kern $k(x,y) = 0$ $(x < y)$ gilt.

Volumen, Rauminhalt eines Körpers, mathematisch exakt definiert das Produkt $a \cdot e^3$ aus einer reellen Zahl a und einer festen Volumeneinheit e^3, das geometrischen Körpern zugeordnet wird und folgende Eigenschaften besitzt:

1. Es gilt $a \geq 0$.
2. Zwei kongruente Körper haben gleiche Volumina.
3. Haben zwei Körper mit den Volumina $a \cdot e^3$ und $b \cdot e^3$ keine gemeinsamen inneren Punkte, so hat die Vereinigung der Punkte der beiden Körper das Volumen $(a + b) \cdot e^3$.
4. Das Volumen einer festgelegten Volumenenheit beträgt $1 \cdot e^3$.

Die Zahl a wird als Maßzahl des Volumens bezüglich der verwendeten Volumeneinheit bezeichnet, für die oft ein Würfel mit einer Einheitsstrecke als Kante gewählt wird. Hat diese Einheitsstrecke die Länge 1 Meter, so ist die daraus resultierende Volumeneinheit das Kubikmeter (m^3). Entsprechend dem Dezimalsystem können daraus weitere Volumeneinheiten abgleitet werden, wie z. B. $1cm^3 = 0{,}01^3m^3 = 10^{-6}m^3$.

Die Zuordnung eines Volumens zu einem Körper kann dadurch erfolgen, daß durch Unterteilung der Volumeneinheit kleinere Würfel gewonnen werden, und ermittelt wird, wieviele dieser, immer kleiner werdenden, Würfel in dem gegebenen Körper Platz finden. Konvergiert die Summe der Volumina der Teilwürfel, die innerhalb des Körpers angeordnet werden können, für gegen Null strebende Kantenlängen der Teilwürfel, so besitzt der betrachtete Körper ein Volumen, er heißt dann auch quadrierbar. Unter anderem sind alle ↗Polyeder quadrierbar, ebenso viele krummflächig begrenzte Körper wie z. B. Kugeln. In der Geometrie des Raumes wird zur Volumenberechnung oft das Prinzip des Cavalieri (↗Cavalieri, Prinzip des) genutzt.

Der Begriff des Volumens kann auch in höherdimensionalen Räumen verwendet werden, wobei analoge Betrachtungen mit n–dimensionalen Einheitswürfeln anzustellen sind. Das Volumen eines Körpers im n–dimensionalen Raum ist ein Produkt

$a \cdot e^n$ aus einer Maßzahl a und einer Volumeneinheit e^n.

In der (zweidimensionalen) Ebene entspricht der Flächeninhalt dem Volumen, quadrierbar heißen hier geometrische Figuren, die einen Flächeninhalt besitzen.

Volumenintegral, allgemeines Integral, etwa vom Riemann- oder Lebesgue-Typ, der Form

$$i_3(f) = \iiint f(x,y,z)\, d(x,y,z) = \int f(\mathfrak{x})\, d\mathfrak{x}\,,$$

also ein spezielles ↗mehrdimensionales Integral für $n = 3$.

Es handelt sich hier i. a. nicht um Hintereinanderausführung eindimensionaler Integrationen, das wäre ein ↗Dreifachintegral. Für den Zusammenhang vergleiche man ↗Mehrfachintegral und ↗iterierte Integration.

Zur praktischen Berechnung solcher Integrale zieht man oft ↗Normalbereiche heran. Daneben ist insbesondere auch der ↗Transformationssatz für das Riemann-Integral auf dem $\mathbb{R}^n$ (und entprechend für das Lebesgue-Integral) hilfreich. Mit Hilfe des Integralsatzes von Gauß (↗Gauß, Integralsatz von) können spezielle Volumenintegrale in Oberflächenintegrale (und umgekehrt) überführt werden.

volumentreuer Fluß, ↗Fluß.

von Dyck, Walter Franz Anton, deutscher Mathematiker, geb. 6.12.1856 München, gest. 5.11.1934 München.

Von Dyck studierte an der Technischen Hochschule in München und promovierte 1879 bei F. Klein mit der Arbeit „Über regulär verzweigte Riemannsche Flächen und die durch sie definierten Irrationalitäten". Er erhielt danach eine Assistentenstelle bei Klein und 1884 eine Professur. Von 1900 bis 1906 bzw. 1919 bis 1925 war er Rektor der Technischen Hochschule München.

Angeregt durch die Zusammenarbeit mit Klein beschäftigte er sich mit Geometrie, Algebra und Funktionentheorie. In seiner Dissertation untersuchte er zum Beispiel Monodromiegruppen auf Riemannschen Flächen. Ein Teil seiner Habilitationsschrift „Gruppentheoretische Studien" (1882) definierte abstrakte Gruppen.

Neben diesen theoretischen Arbeiten fertigte von Dyck mathematische Modelle an und stellte einen „Katalog mathematisch-physikalischer Modelle, Apparate und Instrumente" (1892) zusammen.

Von Dyck war Gründungsmitglied und Vorsitzender (1901/02, 1912/13) der deutschen Mathematikervereinigung.

von Kochsche Kurve, veraltete Bezeichnung für ↗Koch-Kurve.

von Mises, Richard, deutsch-amerikanischer Mathematiker, geb. 19.4.1883 Lemberg (Lwow), gest. 14.7.1953 Boston.

Von Mises studierte an der Technischen Hochschule Wien. 1908 promovierte er dort und habilitierte sich im gleichen Jahr in Brünn (Brno). 1909 wurde er Professor in Straßburg und 1919 in Dresden. Ab 1920 war er Direktor des ersten Instituts für Angewandte Mathematik.

Von Mises leistete wichtige Beiträge zur Wahrscheinlichkeitstheorie. Er entwickelte einen häufigkeitstheoretischen Zugang und definierte die Wahrscheinlichkeit als Grenzwert der relativen Häufigkeiten. Dadurch war die Ableitung wichtiger Sätze der Stochastik aus Sätzen über Grenzwerte von Zahlenfolgen möglich. Neben Arbeiten zur Wahrscheinlichkeitsrechnung entstanden Publikationen zu Fragen der Plastizität und Elastizität, zur numerischen Integration sowie zu maschinentechnischen Problemen.

Von Mises trat dafür ein, die Angewandte Mathematik als eigenständigen und gleichberechtigten Teil neben der Reinen Mathematik zu betrachten.

von Mises-Verfahren, ↗Potenzmethode.

von Neumann, John (Janos), Mathematiker und Informatiker, geb. 28.12.1903 Budapest, gest. 8.2.1957 Washington D.C..

John von Neumann, Sohn eines Bankiers, fiel schon frühzeitig am Gymnasium seiner Geburtsstadt durch seine Begabung auf. 1915/16 erhielt er durch G. Szegö und später durch andere bedeutende ungarische Mathematiker speziellen Mathematikunterricht. Nach Abschluß des Gymnasiums studierte er 1921 bis 1925 in Berlin, Zürich und Budapest Mathematik und Chemie, promovierte 1925 an der Budapester Universität, bildete sich als Rockefeller-Stipendiat bei D. Hilbert in Göttingen weiter, und arbeitete 1927 bis 1933 als Privatdozent an den Universitäten Berlin und Hamburg. Ab 1930 nahm er parallel dazu eine Gastdozentur an der Universität Princeton wahr, und orientierte sich in seiner wissenschaftlichen Laufbahn zunehmend auf eine Karriere in den USA hin. Die ungünstige Situation an den deutschen Hochschulen, die zunehmenden antisemitischen Ressentiments und schließlich die politische Entwicklung ließen von Neumann im Herbst 1933 eine Professur am neu gegründeten Institute for Advanced Study in Princeton annehmen. Ab 1937 war er auch als Berater der US-Armee tätig, 1943 wurde er Konsultant im Atombombenprojekt in Los Alamos und 1954 Mitglied der Atomenergiekommission. Er starb an einer Krebserkrankung, die vermutlich auf seine Teilnahme an Atombombentests zurückzuführen ist.

Seine ersten mathematischen Arbeiten verfaßte von Neumann noch als Gymnasiast zusammen mit seinen Lehrern. Er beschäftigte sich darin vorrangig mit Fragen der Mengenlehre und entwickelte in der Dissertation und einer 1928 veröffentlichten, aber wesentlich früher geschriebenen Arbeit eine Axiomatik der Mengenlehre. Um die bis dahin bekannten Antinomien zu vermeiden, führte er neben den Mengen noch Klassen ein und schloß dabei die Bildung „zu großer Mengen" aus.

1926 begann er sich der mathematischen Begründung der Quantenmechanik zuzuwenden, seine Forschungen gipfelten in dem 1932 erschienenen Buch „Die mathematischen Grundlagen der Quantenmechanik", das für weitere Fortschritte in der Mathematik und der mathematischen Physik bedeutsam war. Den Ausgangspunkt bildete seine Überzeugung, daß die verschiedenartigen Argumentationen von W. Heisenberg und E. Schrödinger eine gemeinsame mathematische Basis haben müssen. Dies führte ihn zu umfangreichen Untersuchungen zur Funktionalanalysis, speziell zur Struktur der Hilberträume und der Operatoren in ihnen. Er arbeitete die Rolle des Skalarprodukts heraus und gab eine axiomatische Charakterisierung des Hilbertraumes sowie eine abstrakte Formulierung der Hilbertschen Spektraltheorie.

Weitere wichtige Resultate in den 30er Jahren waren die Einführung der lokalkonvexen Räume sowie das Studium algebraischer Beziehungen in Mengen von Operatoren. Die lokalkonvexen Räume sollten sehr bald im Rahmen der Dualitätstheorie topologischer Räume, insbesondere der Distributionentheorie, eine ausgezeichnete Rolle bei deren Begründung spielen.

Die Ende der 20er Jahre begonnenen Untersuchungen zu Mengen von beschränkten Operatoren fanden ihren Höhepunkt in den Arbeiten „On rings of operators", die von Neumann meist gemeinsam mit F. Murray zwischen 1936 und 1943 publizierte, und die die Basis für die heute als Theorie der von Neumann-Algebren bezeichnete Lehre bildeten. Von Neumann deckte auch die Beziehungen zwischen Operatorenalgebren und stetigen Geometrien auf, indem er die möglichen Interpretationen von gewissen stetigen Geometrien mit der Menge von Projektionsoperatoren gewisser Operatorenalgebren endlichen Typs nachwies.

Weitere bedeutende Ergebnisse des vielseitigen von Neumannschen Schaffens in den 30er Jahren waren 1932 der Beweis des statistischen Ergodentheorems, mit dem er einen wichtigen Baustein zum mathematisch strengen Aufbau der Ergodentheorie leistete – 10 Jahre später gelang ihm zusammen mit P. Halmos ein erster Schritt zur Klassifikation maßerhaltender Abbildungen –, 1934 die Konstruktion eines invarianten Maßes auf kompakten Gruppen, sowie 1936 der Beweis der Eindeutigkeit des Haar-Maßes auf lokalkompakten Gruppen, und, in Erweiterung dieser Ideen auf allgemeinere Gruppen, ebenfalls 1934 die Definition der fastperiodischen Funktionen auf Gruppen und die damit verbundene neue allgemeine Begründung dieses mathematischen Teilgebietes.

Ab Ende der 30er Jahre übernahm von Neumann mehrere zeitaufwendige administrative Aufgaben, gleichzeitig konzentrierte sich sein Interesse auf Probleme der Rechentechnik und Automaten, die ihn mit A. Turing zusammenführten. In Verbindung mit intensiven Arbeiten am Atombombenprojekt schuf von Neumann ab Ende 1943 eine Konzeption für eine allgemeine Programmverarbeitung auf elektronischen Rechenmaschinen, analysierte die Struktur von Programmiersprachen und Algorithmen und war wesentlich an der theoretischen und konstruktiven Entwicklung der ersten elektronischen Großrechner beteiligt. 1946 leitete er dann das Computer-Projekt am Institute for Advanced Study.

Interessante Anregungen für seine Arbeiten erhielt von Neumann insbesondere aus der Theorie der Neuronalen Netze, mit der er ebenfalls 1943 bekannt wurde. Er untersuchte die biologischen Informationsprozesse und stellte eine Analogie zwischen Computer und Gehirn her (posthum 1958 publiziert). Eine weitere Verbindung ergab sich zur Numerischen Mathematik. Neben den aus dem Atombombenprojekt resultierenden numerischen Problemen behandelte er zahlreiche Fragen wie Schockwellen, Flüssigkeitsströmungen, u.ä. Ein bevorzugtes Interessengebiet von Neumanns waren auch die Wirtschaftswissenschaften. Angeregt durch die wirtschaftlichen Probleme Ende der 20er Jahre begann er, sich mit ökonomischen Theorien zu beschäftigen. Mit der ihm eigenen raschen Auffassungsgabe arbeitete er sich in kurzer Zeit in diese Theorien ein und verband sie mit Ideen der Spieltheorie. 1928 stellte er einen Strategiebegriff auf, bewies sein Minimaxtheorem, und behandelte n-Personen-Spiele. Die diesbezüglichen Resultate wandte er sowohl auf ökonomische als auch auf militärische Fragen an, und entwickelte ein Modell für ein allgemeines ökonomisches Gleichgewicht. Das zusammen mit O. Morgenstern (1902–1977) 1944 verfaßte Buch „Theory of Games and Economic Behavior" wurde ein Standardwerk.

von Neumann-Addierer, sequentieller ↗logischer Schaltkreis zur Berechnung der Addition von zwei n-stelligen binären Zahlen $\alpha = (\alpha_{n-1}, \dots, \alpha_0)$ und $\beta = (\beta_{n-1}, \dots, \beta_0)$, der n Schritte benötigt, um das Ergebnis bereitzustellen.

Der Schaltkreis enthält zwei n-Bit Register a und b, in denen anfangs die beiden Operanden α und β abgespeichert sind. Ist $\alpha^{(i)} = (\alpha_{n-1}^{(i)}, \dots, \alpha_0^{(i)})$ der Inhalt von Register a vor dem i-ten Schritt, und $\beta^{(i)} = (\beta_{n-1}^{(i)}, \dots, \beta_0^{(i)})$ der Inhalt von Register b vor dem i-ten Schritt, so berechnet der $(i+1)$-te Schritt

$$\alpha_j^{(i+1)} = \alpha_j^{(i)} \oplus \beta_j^{(i)} \quad \forall j \in \{0, \ldots, n-1\},$$
$$\beta_j^{(i+1)} = \alpha_{j-1}^{(i)} \wedge \beta_{j-1}^{(i)} \quad \forall j \in \{1, \ldots, n-1\},$$
$$\beta_0^{(i+1)} = 0 .$$

Nach dem i-ten Schritt gilt

$$\alpha + \beta = \alpha^{(i)} + \beta^{(i)} .$$

Da in jedem Fall $\beta^{(n+1)} = (0, \ldots, 0)$ ist, steht nach dem n-ten Schritt die Summe von α und β in Register α.

von Neumann-Algebra, ↗Funktionalanalysis.

von Neumann-Bedingung, hinreichendes Kriterium für die ↗Stabilität von Differenzenverfahren zur approximativen Lösung partieller Differentialgleichungen.

Es sei das Differenzenverfahren gegeben in der Form

$$\tilde{u}^{(k+1)}(x) := \sum_{\nu=-\infty}^{\infty} c_\nu(\Delta t, \lambda)\tilde{u}^{(k)}(x) + \Delta t g(x).$$

Dabei approximiert $\tilde{u}^{(k)}(x)$ die unbekannte Funktion $u(t, x)$ für $t = t_0 + k\Delta t \le T$, $k = 1, 2, \ldots$. Die Diskretisierung in x-Richtung mit Schrittweite Δx ist nicht explizit angegeben, lediglich das Verhältnis $\lambda = \Delta t/\Delta x$ ist als konstant angenommen.

Seien γ_j, $1 \le j \le n$, die Eigenwerte der sogenannten Verstärkungsmatrix

$$G(\Delta t, \lambda, \xi) = \sum_{\nu=-\infty}^{\infty} c_\nu(\Delta t, \lambda)e^{i\nu\xi} .$$

Die von Neumann-Bedingung besteht dann darin, daß für alle $|\xi| \le \pi$ die Eigenwerte der Abschätzung

$$|\gamma_j| \le 1 + \Delta t K$$

mit einer festen Konstanten K genügen.

Diese von Neumann-Bedingung ist nicht zu verwechseln mit der ↗von Neumann-Randbedingung.

von Neumann-Bernays-Gödel-Mengenlehre, ↗axiomatische Mengenlehre.

von Neumann-Morgenstern-Lösung, bezeichnet in einem kooperativen n-Personenspiel gewisse Auszahlungsvektoren $p := (p_1, \ldots, p_n)$, welche einzelne Spieler durch Eingehen von Koalitionen erreichen können.

Zunächst nennt man einen derartigen Vektor Imputation (auch Verteilung oder Zubilligung), sofern er folgende Bedingungen erfüllt:

i) Jede Komponente p_i ist mindestens so groß wie der Gewinn, den Spieler i ohne Eingehen von Koalitionen erhalten kann.
ii) Die Summe aller p_i entspricht der maximal möglichen Auszahlungssumme des Spiels.

Unter allen Imputationen I heißt nun eine Teilmenge $L \subseteq I$ eine von Neumann-Morgenstern-Lösung des Spiels, wenn wiederum zwei Bedingungen erfüllt sind:

a) Für je zwei Imputationen $p, q \in L$ dominiert keine die andere.
b) Zu jeder Imputation $q \in I \setminus L$ gibt es ein $p \in L$, welches q dominiert.

Dabei dominiert eine Imputation p eine Imputation q, falls es eine Koalition $K \subseteq \{1, \ldots, n\}$ derart gibt, daß für jedes $i \in K$ die Ungleichung $p_i > q_i$ gilt, und zudem die Summe

$$\sum_{i \in K} p_i$$

den Garantiewert der Koalition K nicht übersteigt.

von Neumann-Randbedingung, auch einfach Neumann-Bedingung, klassische Fragestellung in der Theorie elliptischer partieller Differentialgleichungen in einem Gebiet Ω mit Rand Γ.

Ist u die gesuchte Funktion, dann besteht die von Neumann-Randbedingung in der Vorgabe einer Funktion f für die Normalenableitung $\partial u/\partial n$ auf dem stückweise glatten Rand Γ.

Falls die Lösung existiert, ist sie bis auf eine additive Konstante eindeutig bestimmt.

Der gegensätzliche Begriff heißt Dirichlet-Randbedingung; diese besteht darin, daß die gesuchte Funktion selbst am Rand des Gebiets vorgegeben wird.

Die von Neumann-Randbedingung ist nicht zu verwechseln mit der ↗von Neumann-Bedingung.

von Neumann-Reihe, ↗Neumannsche Reihe, ↗Potenzreihe einer Matrix.

von Neumannsche Hierachie, meist mit **WF** bezeichnete Klasse von Mengen, bestehend aus der Vereinigung aller von Neumannschen Stufen $R(\alpha)$, d. h.,

$$\mathbf{WF} = \bigcup_{\alpha \in \mathbf{ON}} R(\alpha) .$$

Hierbei ist **ON** die Klasse aller Ordinalzahlen (↗Kardinalzahlen und Ordinalzahlen).

Die von Neumannschen Stufen sind dabei durch transfinite Induktion bezüglich der Ordinalzahl α folgendermaßen definiert:

(1) $R(0) := \emptyset$.
(2) $R(\alpha + 1) := \mathcal{P}(R(\alpha))$.
(3) $R(\alpha) := \bigcup_{\gamma<\alpha} R(\gamma)$ für Limesordinalzahlen α.

Dabei ist $\mathcal{P}(R(\alpha))$ die Potenzmenge von $R(\alpha)$.

In der Zermelo-Fraenkelschen Mengenlehre (↗axiomatische Mengenlehre) ist jede Menge Element der von Neumannschen Hierarchie. Genauer läßt sich in der Zermelo-Fraenkelschen Mengenlehre ohne das ↗Fundierungsaxiom zeigen, daß das Fundierungsaxiom zur Aussage $\mathrm{V} = \mathbf{WF}$ äquivalent ist, wobei **V** die Klasse aller Mengen ist.

von Neumannscher Eindeutigkeitssatz, auch Stone–von Neumannscher Eindeutigkeitssatz, die Aussage, daß die Schrödinger-Darstellung bis auf

Äquivalenzen die einzige irreduzible stetige Darstellung der ↗kanonischen Kommutatorrelationen ist.

von Schooten, Frans, ↗Schooten, Frans.

von Staudt, Karl Georg Christian, deutscher Mathematiker, geb. 24.1.1798 Rothenburg ob der Tauber, gest. 1.6.1867 Erlangen.

Als Schüler von Gauß studierte von Staudt von 1818 bis 1822 in Göttingen. Er promovierte 1822 in Erlangen und wurde Professor am Gymnasium in Würzburg. 1827 ging er nach Nürnberg und erhielt 1835 eine Stelle an der Universität Erlangen.

Angeregt durch Gauß zeigte von Staudt, wie man ein regelmäßiges 17-Eck allein mit Hilfe eines Kompasses konstruiert, und gab einen Beweis für den Fundamentalsatz der Algebra. 1840 veröffentlichte er eine Arbeit zu den Bernoulli-Zahlen.

Seine wichtigsten Publikationen betreffen die projektive Geometrie. In dem Buch „Geometrie der Lage" (1847) baute er die projektive Geometrie völlig ohne Rückgriffe auf eine Metrik auf und führte projektive Koordinaten ein.

Vorbereich, ↗Petrinetz.

vorkonditioniertes cg-Verfahren, zum Zwecke der Verbesserung der Konvergenzgeschwindigkeit modifiziertes ↗konjugiertes Gradientenverfahren (engl.: conjugate gradient, cg).

Die Konvergenzgeschwindigkeit des konjugierten Gradientenverfahrens hängt von der Konditionszahl der Matrix A ab. Zur Verbesserung der Konvergenzgeschwindigkeit wird das vorkonditionierte cg-Verfahren angewendet. Es ergibt sich aus dem konjugierten Gradientenverfahren, indem man die symmetrisch positiv definite Matrix A sowie die rechte Seite b im zu lösenden Gleichungssystem $Ax = b$ mit einer geeigneten Matrix M multipliziert.

Diese Matrix M wird als Vorkonditionierer bezeichnet, wenn sie so gewählt wird, daß die Konditionszahl von MA kleiner als diejenige von A ist, und somit eine Konvergenzbeschleunigung erreicht werden kann.

Vorkonditionierung, Methode zur Konvergenzbeschleunigung von ↗Krylow-Raum-Verfahren zur Lösung von linearen Gleichungssystemen.

Die Konvergenzrate von Iterationsverfahren zur Lösung von linearen Gleichungssystemen

$$Ax = b\ , \quad A \in \mathbb{R}^{n\times n}$$

hängt von den Spektraleigenschaften, insbesondere der ↗Konditionszahl, der Matrix A ab.

Man versucht nun, das Gleichungssystem $Ax = b$ in ein äquivalentes Gleichungssystem $\widetilde{A}\widetilde{x} = \widetilde{b}$ zu überführen, für welches das Iterationsverfahren ein besseres Konvergenzverhalten hat. Zur Bestimmung des neuen Gleichungssystems berechnet man häufig zwei nichtsinguläre Matrizen B und $C \in \mathbb{R}^{n\times n}$, und transformiert das Gleichungssystem $Ax = b$ in das äquivalentes Gleichungssystem

$$C^{-1}AB^{-1}(Bx) = C^{-1}b\ .$$

Es ist dann also

$$\widetilde{A} = C^{-1}AB^{-1}\ , \quad \widetilde{x} = Bx\ , \quad \widetilde{b} = C^{-1}b\ .$$

Man nennt dann das Gleichungssystem $\widetilde{A}\widetilde{x} = \widetilde{b}$ ein vorkonditioniertes Gleichungssystem.

Im Prinzip kann das Iterationsverfahren nun direkt auf das vorkonditionierte Gleichungssystem $\widetilde{A}\widetilde{x} = \widetilde{b}$ angewendet werden. Dann ist am Schluß aus der resultierenden Näherungslösung $\widetilde{x}$ die Näherungslösung x des gegeben Systems $Ax = b$ durch Lösen eines Gleichungssystems $Bx = \widetilde{x}$ zu bestimmen. Es ist jedoch üblich und zweckmäßiger, das Iterationsverfahren so neu zu formulieren, daß direkt mit den gegebenen Größen A, b, C, B gearbeitet wird, und eine Folge von Näherungslösungen $x^{(k)}$ erzeugt wird, welche Näherungen an die gesuchte Lösung x darstellen. (Siehe ↗konjugiertes Gradientenverfahren für ein Beispiel).

Es existieren verschiedene Ansätze zur Wahl der Vorkonditionierungsmatrizen B und C, eine allgemeingültige Regel zur Bestimmung der Vorkonditionierungsmatrizen gibt es bisher nicht.

Die Berechnung sollte natürlich nicht mehr Zeit in Anspruch nehmen als durch die Konvergenzbeschleunigung gewonnen wird.

Voronoi, Georgi Fedosewitsch, polnischer Mathematiker, geb. 28.4.1868 Schurawka (Ukraine), gest. 20.11.1908 Warschau.

Voronoi studierte ab 1885 an der Universität St. Petersburg und promovierte 1894. Danach unterrichtete er an der Warschauer Universität.

Voronoi beschäftigte sich mit algebraischen Zahlen, Kettenbrüchen und der Geometrie von Zahlen, und führte die ↗Voronoi-Diagramme ein.

Voronoi-Diagramm, geometrische Struktur, die ursprünglich zur Behandlung von Problemen im Kontext quadratischer Formen eingeführt wurde, heute aber meist Anwendungen in der geometrischen Datenverarbeitung hat.

Es sei $\{p_1, \dots p_n\}$ eine Punktmenge im $\mathbb{R}^d$, und es bezeichne $d(x, y)$ den Abstand zweier Punkte x und y. Jedem Punkt p_i, $i = 1, \dots n$, wird durch die Vorschrift

$$V_i := \{p \; ; \; d(p, p_i) \le d(p, p_j) \text{ für } j = 1, \dots, n\}$$

eine Punktmenge V_i zugeordnet. Dann nennt man die Menge $\{V_1, \dots V_n\}$ das von $\{p_1, \dots p_n\}$ erzeugte Voronoi-Diagramm.

Vorordnung, reflexive und transitive (aber nicht notwendig antisymmetrische) ↗binäre Relation.

Vorperiode, ↗periodische Folge.

vorteilhaftes Spiel, ↗gerechtes Spiel.

Vorwärtsdifferenzen, Zahlen, welche rekursiv durch die Bildung von Differenzen bestimmt werden, vgl. ↗Vorwärts-Differenzenoperator.

Für weitere Information vgl. auch ↗Differenzenverfahren, ↗Newtonsche Interpolationsformel.

Vorwärts-Differenzenoperator, der Operator $\Delta := E - I$ auf $\mathbb{R}[x]$, wobei I die Identität $I : p(x) \to p(x)$ und E die Translation (oder Verschiebung) um 1, $E \,.\, p(x) \to p(x+1)$, ist.

Vorwärtseinschneiden, Verfahren der Geodäsie zur Bestimmung der Koordinaten (x, y) eines Neupunktes P aus denen zweier Punkte A und B, deren Koordinaten (x_A, y_A) sowie (x_B, y_B) bekannt sind, mittels der Richtungswinkel der Strecke $\overline{AB}$ zu P.

Dazu werden die Winkel α und β innerhalb des Dreiecks $\triangle ABP$ gemessen und der Richtungswinkel ϕ_{AB} der Strecke $\overline{AB}$ zur Nordrichtung (N) aus den Koordinaten von A und B berechnet.

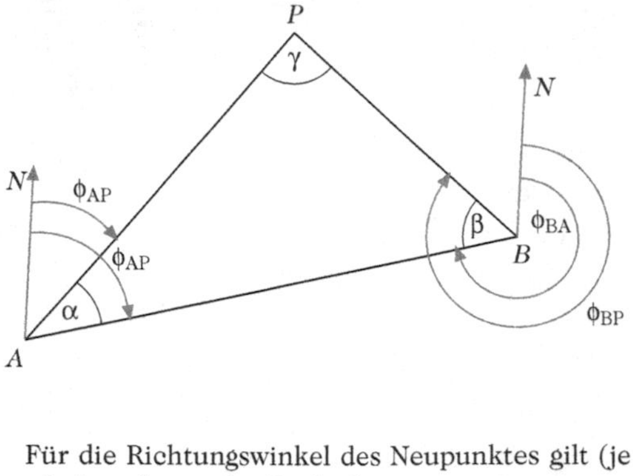

Für die Richtungswinkel des Neupunktes gilt (je nach Anordnung der Punkte)

$$\phi_{AP} = \phi_{AB} \mp \alpha$$

und

$$\phi_{BP} = \phi_{BA} \pm \beta = \phi_{AB} \pm 180^\circ \pm \beta \,.$$

Die Längen der Strecken $\overline{AP}$ und $\overline{BP}$ können mit Hilfe des ↗Sinussatzes berechnet werden:

$$\overline{AP} = \overline{AB} \cdot \frac{\sin\beta}{\sin\gamma} = \overline{AB} \cdot \frac{\sin\beta}{\sin(\alpha+\beta)} \,,$$

$$\overline{BP} = \overline{AB} \cdot \frac{\sin\alpha}{\sin\gamma} = \overline{AB} \cdot \frac{\sin\alpha}{\sin(\alpha+\beta)} \,.$$

Für die gesuchten Koordinaten des Punktes P ergibt sich schließlich

$$x = x_A + \overline{AP} \cdot \sin\phi_{AP} = x_B + \overline{BP} \cdot \sin\phi_{BP}$$

und

$$y = y_A + \overline{AP} \cdot \cos\phi_{AP} = y_B + \overline{BP} \cdot \cos\phi_{BP} \,.$$

Vorwärtseinsetzen, effiziente Technik zur Lösung eines linearen Gleichungssystems $Lx = c$ mit unterer ↗Dreiecksmatrix $L \in \mathbb{R}^{n\times n}$ und rechter Seite $c \in \mathbb{R}^n$.

Beim Vorwärtseinsetzen löst man das Gleichungssystem

$$\begin{bmatrix} \ell_{11} & & & \\ \ell_{21} & \ell_{22} & & \\ \vdots & \vdots & \ddots & \\ \ell_{n1} & \ell_{n2} & \cdots & \ell_{nn} \end{bmatrix} \begin{bmatrix} x_1 \\ x_2 \\ \vdots \\ x_n \end{bmatrix} = \begin{bmatrix} c_1 \\ c_2 \\ \vdots \\ c_n \end{bmatrix}$$

durch Auflösen der Gleichungen von vorne, d. h., man berechnet:

$$x_1 = \frac{c_1}{\ell_{11}} \,,$$

$$x_i = \frac{1}{\ell_{ii}}\left(c_i - \sum_{k=1}^{i-1} \ell_{ik} x_k\right) \quad \text{für } i = 2, 3, \dots, n.$$

Vorwärtsfehleranalyse, Vorgehensweise zur Abschätzung der durch ↗Rundungsfehler und andere Fehlerquellen verursachten Verfälschung des Ergebnisses numerischer Verfahren.

Bei der Vorwärtsfehleranalyse wird dabei in jedem Rechenschritt der entstandene Fehler unter Berücksichtigung der bereits vorhandenen Fehler (aus vorangegangenen Rechenschritten) abgeschätzt, bis am Ende eine Schranke für den Gesamtfehler ermittelt ist.

Während sich für umfangreiche Berechnungen die Vorwärtsfehleranalyse von Hand nur schwer oder gar nicht durchführen läßt, kann man sie mittels ↗Intervallrechnung dagegen hervorragend automatisieren. Auch das Problem der Überschätzung des Fehlers kann mit den verfeinerten Methoden der Intervallrechnung weitgehend bewältigt werden.

vorwärtsgekoppeltes Netz, ↗Feed-Forward-Netz.

vorwärtsgerichtetes Netz, ↗Feed-Forward-Netz.

Vorwärtsgleichung, ↗ Fokker-Planck-Gleichung.

Vorwärtslösung, Umkehrung des Lösungsprozesses eines dynamischen Optimierungsproblems, bei der der Endzustand p_N als Parameter eingeht. Man entscheidet dabei stufenweise in Abhängigkeit vom nächsthöheren Zustandsvektor.

Vorwärtsorbit, ↗ Orbit.

Vorzeichenfunktion, ↗ Signumfunktion.

W

Wachstumsmodelle, zeitabhängige, i. allg. parametrische Modelle (Funktionen) zur Beschreibung von Wachstums- bzw. Sättigungsvorgängen.

Diese haben häufig biologischen oder ökologischen, aber auch ökonomischen bzw. physikalisch-technischen Hintergrund. Die Anpassung von Wachstumsfunktionen an beobachtete Daten, d. h. die Bestimmung des Typs der Funktion sowie ihrer Parameter, erfolgt häufig mit der statistischen Methode der ↗Regressionsanalyse.

Typische Funktionen, die als Wachstumsfunktionen verwendet werden, sind die folgenden.

1. Die logistische Funktion

$$y(t) = y(t, \alpha, \beta, \gamma) = \frac{\gamma}{1 + \beta e^{-\alpha t}}.$$

Sie ist an der Stelle $t = 0$ gleich $\frac{\gamma}{1+\beta}$, strebt für $t \to \infty$ im Falle $\alpha > 0$ gegen die Sättigungsgrenze γ und im Falle $\alpha < 0$ gegen 0. Mitunter läßt sich das Bevölkerungswachstum in einem Land durch die logistische Funktion darstellen.

2. Die Mitscherlich-Funktion

$$y(t) = \alpha + \beta e^{\gamma t} \quad \text{mit } \gamma < 0.$$

Sie wird zur längerfristigen Beschreibung von Ertrags- und Wachstumsvorgängen verwendet. An der Stelle $t = 0$ ist sie gleich $\alpha + \beta$, und für $t \to \infty$ strebt sie gegen die Sättigungsgrenze α.

3. Die Gompertz-Kurve

$$y(t) = e^{\alpha + \beta \gamma^t} \quad \text{mit } 0 < \gamma < 1.$$

Sie wird zur Beschreibung von Wachstumsvorgängen verwendet, für die $y(t) > 0$ für alle t gilt.

4. Die allometrische Funktion

$$y(t) = \beta x(t)^\alpha .$$

Wachstumsordnung, ↗ganze Funktion.

Wachstumsverhalten von Funktionen, ↗lokales Wachstumsverhalten, ↗Monotonie von Funktionen.

Wagner, Äquivalenzsatz von, graphentheoretische Aussage, die impliziert, daß der ↗Vier-Farben-Satz äquivalent ist zur ↗Hadwiger-Vermutung für Graphen ohne K_5 als Minor.

Der Satz gibt an, wie sich jeder kantenmaximale Graph ohne K_5 als Minor rekursiv aus ↗planaren Graphen und einem weiteren speziellen Graphen konstruieren läßt.

Der Zusammenhang zwischen der Hadwiger-Vermutung für Graphen ohne K_5 als Minor und ↗planaren Graphen erklärt sich aus dem Satz von Kuratowski (↗Kuratowski, Satz von), der gerade den K_5 als einen verbotenen Minor für planare Graphen angibt.

Wagner, Vermutung von, sagt aus, daß es für jede unendliche Folge $G_1, G_2, \dots$ von ↗Graphen Indizes $i < j$ so gibt, daß G_i ein ↗Minor von G_j ist.

Diese Vermutung wurde inzwischen von N. Robertson und P. Seymour bewiesen, ↗Robertson-Seymour, Graph-Minor-Satz von.

Wahl wesentlicher Einflußgrößen, Begriff aus der mathematischen Statistik.

Dabei geht es darum, aus einer Menge vorgegebener, auf eine zufällige Zielgröße Y wirkender Einflußgrößen $X_1, X_2, \dots X_k$ diejenigen auszusortieren (zu eleminieren), die auf Y keine oder nur eine unwesentliche Wirkung (in einem wohldefinierten Sinn) haben. Geht es nur um qualitative Aussagen über die Wirkung von Einflußgrößen, so werden Methoden der ↗Varianzanalyse oder ↗Faktorenanalyse angewendet. Während es in der Varianzanalyse nur um die Entscheidung der Frage geht, ob eine oder mehrere der Größen X_i einen Einfluß auf die Zielgröße Y haben oder nicht, versucht man in der Faktorenanalyse, den Einfluß von $X_1, X_2, \dots X_k$ auf m mit $m < k$ Faktoren zurückzuführen, und dabei m zu bestimmen. Quantitative Methoden zur Wahl wesentlicher Einflußgrößen sind hauptsächlich im Zusammenhang mit der ↗Regressionsanalyse entwickelt worden. Dabei geht es häuptsächlich darum, eine Näherung für eine Regressionsfunktion $f(X_1, X_2, \dots, X_k)$ zu finden.

wahre Aussage, siehe ↗gültige Aussage, ↗wahre Formel.

In mathematischen Untersuchungen interessiert man sich oft auch nur für die Wahrheit oder Gültigkeit einer Aussage in einer konkreten ↗algebraischen Struktur oder in einer fixierten Klasse verwandter Strukturen.

wahre Formel, eine ↗L-Formel einer ↗elementaren Sprache, die in jeder ↗L-Struktur gültig ist.

Für eine L-Formel $\varphi(x_1, \dots, x_n)$ und eine L-Struktur $\mathcal{A}$ ist der Ausdruck $\varphi(x_1, \dots, x_n)$ genau dann in $\mathcal{A}$ gültig, wenn in $\mathcal{A}$ die durch ↗Generalisierung entstandene ↗Aussage

$$\forall x_1 \dots \forall x_n \varphi(x_1, \dots, x_n)$$

gilt. Die Gültigkeit des Kommutativgesetzes der Addition wird z. B. oft durch die Formel $x + y = y + x$ ausgedrückt, wobei gemeint ist, daß die Aussage

$$\forall x \forall y (x + y = y + x)$$

gilt.

In praktischen Anwendungen wird häufig unterschieden zwischen der Gültigkeit einer Formel in einer gegebenen Struktur oder in einer fixierten Klasse von Strukturen oder gar in allen Strukturen, die zur ↗Interpretation der zugrundegelegten Sprache geeignet sind. Im letzteren Fall heißt die Formel auch *logisch gültig* oder ↗Tautologie.

Wahrheitstafel, ↗Funktionstafel.

Wahrheitswert, Wert, den eine ↗Aussage annehmen kann.

In der klassischen Mathematik sind Aussagen so präzise formuliert, daß sie entweder wahr oder falsch sind (Prinzip der Zweiwertigkeit). Entsprechend dieser Zweiwertigkeit (Wahrheit bzw. Falschheit von Aussagen) benutzt die zweiwertige Logik in der Regel als Wahrheitswerte W bzw. 1 für *wahr* und F bzw. 0 für *falsch* (siehe hierzu auch ↗Aussagenlogik).

Für manche Zwecke ist es vorteilhaft, nicht nur zwischen wahren und falschen Aussagen zu unterscheiden. Auch eine im klassischen Sinne falsche Aussage kann einen nützlichen Informationsgehalt besitzen, sie könnte z. B. nur in „unwesentlichen Punkten" falsch oder „halb-wahr" sein. Zur genaueren Charakterisierung von Aussagen werden mehr als zwei (manchmal sogar auch unendlich viele) Wahrheitswerte zugelassen (↗mehrwertige Logik, s. a. ↗Fuzzy-Logik). Ist M die Menge aller betrachteten Wahrheitswerte, dann wird eine nichtleere Teilmenge M^* von M als Menge der ausgezeichneten Wahrheitswerte festgelegt, welche die Rolle von „wahr" in der zweiwertigen Logik übernehmen. Besteht M z. B. aus den drei Wahrheitswerten W, U, F (bzw. $1, \frac{1}{2}, 0$), dann könnte in der dreiwertigen Logik der Wahrheitswert U (bzw. $\frac{1}{2}$) z. B. als „möglich, wahrscheinlich, unbestimmt, nicht definiert, unbekannt-ob wahr oder falsch, … " interpretiert werden.

Aus logischer Sicht interessieren vor allem ↗Wahrheitswertfunktionen, die aus Fortsetzungen von klassischen zweiwertigen Wahrheitswertfunktionen entstehen, wie z. B. die durch die folgenden Matrizen definierten (hierbei sei p eine Aussagenvariable, $\neg_3$, $\vee_3$, $\wedge_3$, $\rightarrow_3$, $\leftrightarrow_3$ stehen für klassische Aussagenverbindungen):

p	$\neg_3 p$
W	F
U	U
F	W

p	$\neg_3^* p$
W	F
U	F
F	W

$\wedge_3$	W	U	F
W	W	U	F
U	U	U	F
F	F	F	F

$\vee_3$	W	U	F
W	W	W	W
U	W	U	U
F	W	U	F

$\rightarrow_3$	W	U	F
W	W	U	F
U	W	U	U
F	W	W	W

$\leftrightarrow_3$	W	U	F
W	W	U	F
U	U	U	U
F	F	U	W

$\leftrightarrow_3^*$	W	U	F
W	W	F	F
U	F	W	F
F	F	F	W

Wahrheitswertfunktion, Abbildung, die (entsprechend ihrer Stellenzahl) jedem n-Tupel von ↗Wahrheitswerten einen Wahrheitswert zuordnet.

Wahrheitswerte werden im Zusammenhang mit Gültigkeitsuntersuchungen von Aussagen in ↗logischen Kalkülen oder in ↗Logiken betrachtet.

Im folgenden bezeichne $\mathcal{L}$ eine Logik und M die Menge der zugrundegelegten Wahrheitswerte. $\mathcal{L}$ heißt zweiwertig, wenn M aus den Wahrheitswerten *wahr* und *falsch* besteht. Enthält M mehr als zwei Elemente, dann wird $\mathcal{L}$ ↗mehrwertige Logik genannt.

Besonders wichtig sind die zweiwertigen Logiken, deren Wahrheitswerte hier mit 1 für wahr und 0 für falsch bezeichnet werden. Eine n-stellige Wahrheitswertfunktion ist in diesem Falle eine Abbildung $f : \{0, 1\}^n \rightarrow \{0, 1\}$, die sich leicht in Form einer Wertetabelle darstellen läßt. Offenbar gibt es genau vier einstellige und 16 zweistellige Wahrheitswertfunktionen, die im folgenden mit f_j^i bezeichnet werden, wobei i die Stellenzahl und j den Unterscheidungsindex angibt. Sind p, q Variablen für Wahrheitswerte, dann erhält man für $n = 1$:

p	f_1^1	f_2^1	f_3^1	f_4^1
1	1	1	0	0
0	1	0	1	0

Durch f_3^1 wird die Negation in der klassischen zweiwertigen Logik repräsentiert.

p	q	f_2^1	f_2^2	f_3^2	f_4^2	f_5^2	f_6^2	f_7^2	f_8^2
1	1	1	1	1	1	1	1	1	1
1	0	1	1	1	1	0	0	0	0
0	1	1	1	0	0	1	1	0	0
0	0	1	0	1	0	1	0	1	0

p	q	f_9^2	f_{10}^2	f_{11}^2	f_{12}^2	f_{13}^2	f_{14}^2	f_{15}^2	f_{16}^2
1	1	0	0	0	0	0	0	0	0
1	0	1	1	1	1	0	0	0	0
0	1	1	1	0	0	1	1	0	0
0	0	1	0	1	0	1	0	1	0

Durch $f_2^2, f_5^2, f_7^2, f_8^2$ sind der Reihe nach die klassischen zweistelligen Aussagenoperationen, *Alternative*, *Implikation*, *Äquivalenz* und *Konjunktion* dargestellt (siehe auch ↗Aussagenlogik).

Man überzeugt sich leicht davon, daß alle ein- und zweistelligen Wahrheitswertfunktionen allein mit f_3^1 und f_2^2 bzw. mit f_3^1 und f_8^2 definiert werden können. Es ist z. B.

$$f_2^2(p, q) = f_3^1(f_8^2(f_3^1(p), f_3^1(q)))$$

und

$$f_8^2(p, q) = f_3^1(f_2^2(f_3^1(p), f_3^1(q))) .$$

Allein die Funktionen f_9^2 (Sheffler-Funktion) oder

f_{15}^2 (Peirce-Funktion) genügen, um alle anderen darstellen zu können. Folglich wäre es ausreichend, nur eine der beiden zweistelligen Aussagenoperationen zuzulassen, um alle aussagenlogisch zusammengesetzten Aussagen formulieren zu können. Allerdings sind wir es nicht gewohnt, Aussagen inhaltlich zu erfassen, die allein mit f_9^2 oder mit f_{15}^2 gebildet sind.

Weiterhin lassen sich sogar alle n-stelligen Wahrheitswertfunktionen allein durch diese repräsentieren, sodaß es keine Einschränkung der Allgemeinheit ist, wenn nur ein- und zweistellige Wahrheitswertfunktionen betrachtet werden.

Wahrscheinlichkeit, ↗Wahrscheinlichkeitsmaß.

Wahrscheinlichkeit von Fuzzy-Ereignissen, ↗Fuzzy-Ereignis.

Wahrscheinlichkeitsalgebra, ↗Ereignis.

Wahrscheinlichkeitsdichte, *Dichte*, *Verteilungsdichte*, in der elementaren Wahrscheinlichkeitstheorie auf $\mathbb{R}$ definierte nicht-negative Funktion f mit

$$\int_{-\infty}^{+\infty} f(x)dx = 1,$$

wobei das Integral als (uneigentliches) Riemann-Integral wohldefiniert sein soll. Dies ist beispielsweise der Fall, wenn f bis auf höchstens endlich viele Sprungstellen stetig ist. Für $n > 1$ heißt eine nicht-negative auf $\mathbb{R}^n$ definierte Funktion f eine n-dimensionale Wahrscheinlichkeitsdichte, wenn

$$\int_{-\infty}^{+\infty} \cdots \int_{-\infty}^{+\infty} f(x_1, \ldots, x_n)\, dx_1 \cdots dx_n = 1$$

gilt, wobei das Integal wieder als (uneigentliches) Riemann-Integral wohldefiniert sein soll.

Allgemein ist eine Wahrscheinlichkeitsdichte als Borel-meßbare Funktion $f : \mathbb{R} \to \mathbb{R}_0^+$ mit

$$\int_{\mathbb{R}} f d\lambda = 1$$

definiert, wobei λ das Lebesgue-Maß bezeichnet und das Integral als Lebesgue-Integral zu verstehen ist. Dem eindimensionalen Fall entsprechend definiert man für $n > 1$ allgemein eine n-dimensionale Wahrscheinlichkeitsdichte als Borel-meßbare Abbildung $f : \mathbb{R}^n \to \mathbb{R}_0^+$ mit

$$\int_{\mathbb{R}^n} f d\lambda^n = 1,$$

wobei λ^n das n-dimensionale Lebesgue-Maß bezeichnet.

Zu jeder Wahrscheinlichkeitsdichte $f : \mathbb{R} \to \mathbb{R}_0^+$ existiert ein eindeutig bestimmtes ↗Wahrscheinlichkeitsmaß auf der Borelschen σ-Algebra $\mathfrak{B}(\mathbb{R})$, dessen Verteilungsfunktion F durch

$$F(x) = \int_{-\infty}^{x} f(u)du$$

für alle $x \in \mathbb{R}$ gegeben ist. Eine entsprechende Aussage gilt auch für n-dimensionale Wahrscheinlichkeitsdichten.

Wahrscheinlichkeitsmaß, *Wahrscheinlichkeitsverteilung*, *Wahrscheinlichkeit*, auf der σ-Algebra $\mathfrak{A}$ eines meßbaren Raumes $(\Omega, \mathfrak{A})$ definiertes Maß P mit $P(\Omega) = 1$.

Aus der Eigenschaft $P(\Omega) = 1$ folgt wegen der Isotonie von Maßen $P(A) \in [0, 1]$ für alle $A \in \mathfrak{A}$.

Siehe auch ↗Wahrscheinlichkeitsdichte.

Wahrscheinlichkeitsnetz, ↗Wahrscheinlichkeitspapier.

Wahrscheinlichkeitspapier, *Wahrscheinlichkeitsnetz*, in Form einer Netzstruktur eingerichtetes Spezialpapier, welches in der ↗deskriptiven Statistik zur graphischen Überprüfung der Hypothese verwendet wird, daß die unbekannte Verteilung einer Zufallsgröße X einer Normalverteilung $N(\mu, \sigma^2)$ unterliegt.

Das Wahrscheinlichkeitspapier ist so eingerichtet, daß sich bei Einzeichnen der kumulierten Wahrscheinlichkeiten $F(x)$ einer beliebigen Normalverteilung eine Gerade ergibt. Die Ordinatenwerte des Netzes sind die Summenhäufigkeitsprozente von $0,01$ bis $0,99$. Die Abzisse kann linear (in Millimetern) oder logarithmisch eingeteilt sein. Im letzteren Fall spricht man von logarithmischem Wahrscheinlichkeitspapier. Dieses wird zum Prüfen des Vorliegens einer ↗Lognormalverteilung verwendet.

Es sei X eine Zufallsgröße, die auf Normalverteilung geprüft werden soll, und sei $(x_1, \ldots, x_n)$ eine Stichprobe von X. Man berechnet zunächst die ↗empirische Verteilungsfunktion $F_n(x)$ der Beobachtungsdaten an jeder Stelle $x_i, i = 1, \ldots, n$. Anschließend trägt man die Punkte $(x_i, F_n(x_i))$ für $i = 1, \ldots, n$ auf dem Wahrscheinlichkeitspapier ab. Ist X normalverteilt, so werden die Punkte $(x_i, F_n(x_i))$, $i = 1, \ldots, n$ annähernd auf einer Geraden liegen.

Ebenfalls kann man mit dem Wahrscheinlichkeitspapier die Varianz $Var(X)$ und den Erwartungswert EX einer normalverteilten Zufallsgröße schätzen. Eine Schätzung $\overline{x_g}$ für EX ist der Abszissenwert des Schnittpunktes der durch $(x_i, F_n(x_i)), i = 1, \ldots, n$ gebildeten Geraden mit der Waagerechten $y = 0,5$. Bringt man ferner die Waagerechten $y = 0,16$ und $y = 0,84$ in Schnitt mit der eingezeichneten Geraden und lotet sie auf die x-Achse, so kann man die Punkte $\overline{x_g} + s_g$ und $\overline{x_g} - s_g$ auf der x-Achse ablesen. Die Schätzung s_g für die Standardabweichung $\sqrt{Var(X)}$ von X ergibt sich dann durch Bildung der Differenz beider Werte und Division durch 2.

Die Prüfung einer Normalverteilung mit Hilfe des Wahrscheinlichkeitspapiers gibt einen guten Überblick, ist aber sehr ungenau und in jedem Fall durch einen entsprechenden Hypothesentest, z. B. den ↗χ^2-Anpassungstest für Verteilungsfunktionen oder den ↗Kolmogorow-Smirnow-Test, zu ergänzen. Andere graphische Methoden der Verteilungsprüfung sind der ↗*P-P*-Plot und der ↗*Q-Q*-Plot.

Ein Beispiel. Die Ermittlung von Durchlaufzeiten von Werkstücken durch ein Fertigungssystem ergab (in geordneter Reihenfolge) folgende 20 Werte (in Minuten):

i	1	2	3	4	5
x_i	320	325	335	350	356(2x)
$F_n(x_i)$	0,05	0,10	0,15	0,20	0,30
i	6	7	8	9	10
x_i	360	362 (2x)	370	375	377
$F_n(x_i)$	0,35	0,45	0,5	0,55	0,60
i	11	12	13	14	15
x_i	387	395	402	403	418
$F_n(x_i)$	0,65	0,70	0,75	0,80	0,85
i	16	17	18		
x_i	420	432	448		
$F_n(x_i)$	0,9	0,95	1,0		

Die Abbildung zeigt die Punkte $(x_i, F_n(x_i))$ im Wahrscheinlichkeitsnetz.

Als grobe Schätzungen $\overline{x_g}$ und s_g für Erwartungswert und Varianz der zufälligen Durchlaufzeit X liest man aus der Abbildung

$$\overline{x_g} = 370$$

und

$$s_g = \frac{(\overline{x_g} + s_g) - (\overline{x_g} - s_g)}{2} = \frac{406 - 337}{2} = 34{,}5$$

ab. Die Werte entsprechen in diesem Fall annähernd denjenigen, die man durch Interpolation aus der Tabelle erhalten würde.

Wahrscheinlichkeitsraum, für den auf Kolmogorow zurückgehenden axiomatischen Aufbau der modernen Wahrscheinlichkeitstheorie fundamentaler Begriff.

Ein Wahrscheinlichkeitsraum ist ein Tripel $(\Omega, \mathfrak{A}, P)$ bestehend aus einer nicht-leeren Menge

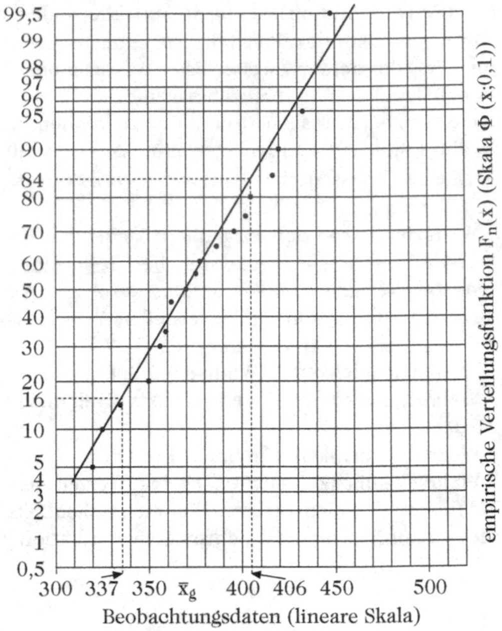

Daten im Wahrscheinlichkeitspapier

Ω, einer σ-Algebra $\mathfrak{A}$ in Ω und einem auf $\mathfrak{A}$ definierten Wahrscheinlichkeitsmaß P. Ein Wahrscheinlichkeitsraum $(\Omega, \mathfrak{A}, P)$ ist somit also ein Maßraum. Die Elemente ω von Ω heißen Elementarereignisse, werden oft aber auch Versuchsausgänge, Ergebnisse oder Stichproben genannt. Für Ω werden die Bezeichnungen Raum der Elementarereignisse, Raum der Versuchsausgänge, Ergebnisraum oder Stichprobenraum verwendet. Die Elemente von $\mathfrak{A}$ heißen (zufällige) Ereignisse. Insbesondere sind Ereignisse also Teilmengen von Ω. Die Zahl $P(A) \in [0, 1]$ heißt für jedes $A \in \mathfrak{A}$ die Wahrscheinlichkeit des Ereignisses A oder die Wahrscheinlichkeit für das Eintreten von A.

Der Wahrscheinlichkeitsraum stellt das grundlegende Modell der ↗Wahrscheinlichkeitstheorie zur Beschreibung zufälliger Vorgänge dar. Die Definition des Wahrscheinlichkeitsraumes wird in der angegebenen Weise vorgenommen, um die Wahrscheinlichkeitstheorie Kolmogorow folgend unter Verwendung der Maß- und Integrationstheorie entwickeln zu können.

Wahrscheinlichkeitstheorie, Lehre von der Berechnung der Wahrscheinlichkeit von Ereignissen, sowohl im elementaren als auch im höheren Sinne.

Die Anfänge der modernen Wahrscheinlichkeitstheorie reichen bis ins 17. Jahrhundert zurück. Blaise Pascal und Pierre de Fermat beschäftigten sich, motiviert durch Fragen nach der Erfolgswahrscheinlichkeit bei Glücksspielen, mit der Problemstellung, die Eintrittswahrscheinlichkeit einer Kombination von Ereignissen (etwa beim Wurf mit zwei Würfeln gleiche Augenzahlen zu erzielen) auf der Basis der Eintrittswahrscheinlichkeit eines einzelnen Ereignisses zu berechnen. Der hierauf aufbauende elementar-naive Zugang, die gesamte Wahrscheinlichkeitstheorie auf dem Rechnen mit ↗relativen Häufigkeiten aufzubauen, kann allerdings wohl als gescheitert gelten bzw. konnte sich nicht durchsetzen.

Die moderne Wahrscheinlichkeitstheorie wird vielmehr, unter Rückgriff auf die Begriffsbildungen und Resultate der Maßtheorie, axiomatisch aufgebaut. Als Begründer dieser Sichtweise ist Andrej Nikolajewitsch Kolmogorow anzusehen, der in den 1930er Jahren die heute so genannte ↗Kolmogorowsche Axiomatik einführte. Vgl. hierzu auch das Stichwort ↗Wahrscheinlichkeitsraum.

Die Wahrscheinlichkeitstheorie bildet zusammen mit der (mathematischen) Statistik die Teildisziplin Stochastik.

Wahrscheinlichkeitsverteilung, ↗Wahrscheinlichkeitsmaß.

Wahrscheinlichkeitsverteilung einer Zufallsvariablen, ↗Verteilung einer Zufallsvariablen.

Wald, ein ↗Graph ohne Kreise.

Ein Wald wird auch *azyklischer* oder *kreisfreier Graph* genannt. Die Zusammenhangskomponenten eines Waldes sind ↗Bäume. Es ist leicht zu zeigen, daß ein Graph genau dann ein Wald ist, wenn jede Kante eine Brücke ist.

Wallace-Tree Multiplizierer, spezieller ↗Baummultiplizierer.

Wallis, John, Mathematiker und Theologe, geb. 3.12.1616 Ashford, gest. 8.11.1703 Oxford.

Der Sohn eines Pfarrers wurde an Schulen in Kent und Essex ausgebildet, mathematische Kenntnisse eignete er sich autodidaktisch an. Er studierte in Cambridge ab etwa 1632 Theologie, Anatomie, Naturwissenschaften und Mathematik. Ab 1640 war er in theologischen Ämtern in Winchester und London tätig, aber auch zeitweise bis 1645 am Queens College in Cambridge. Im Jahre 1649 wurde Wallis (aus politischen Gründen) zum Professor für Geometrie in Oxford ernannt. Es stellte sich heraus, daß er dieser Herausforderung glänzend gewachsen war. Daneben war er als Archivar tätig. Ab 1654 auch Doktor der Theologie, verteidigte er in den Revolutionszeiten das Königtum, und erhielt den Titel eines Hauskaplans bei Charles II. (1630–1695).

Das Gesamtwerk Wallis' ist überaus vielfältig. Es umfaßt neben Mathematik ab 1642/43 die Entzifferung codierter Schreiben für die Regierung, Logik, ab 1652 überaus bedeutsame Schriften zur Phonetik und Grammatik des Englischen, sowie Archivstudien. Er vertrat die Universität in Rechtsfragen, verfaßte theologische Abhandlungen und Bücher. Die theologischen Hauptschriften erschienen ab 1690, sie weisen Wallis als Calvinisten aus. Er gab, oft erstmalig, musikalische und mathematische Schriften antiker Autoren heraus. Wallis war Mitbegründer der 1663 gegründeten Royal Society.

Erst 1647/48 erwachte Wallis' eigentliches Interesse für Mathematik beim Studium von W. Oughtreds „Clavis mathematicae" (1647). Er rekonstruierte die bei Oughtred nicht angeführte Lösung der kubischen Gleichung nach G. Cardano und schrieb 1648 „Treatise of Angular Sections" (veröffentlicht 1685). Systematisch begann sich Wallis ab 1649 mit der antiken und zeitgenössischen mathematischen Literatur zu befassen, da seine Professur ihn zwang, nicht nur Vorlesungen in praktischer und theoretischer Arithmetik, Trigonometrie und Mechanik zu halten, sondern auch über die Werke von Apollonios, Archimedes und Euklid vorzutragen. Die erste größere mathematische Arbeit von Wallis war „De sectionibus conicis" (1655), die die Kegelschnitte vorwiegend als ebene Kurven unter Verwendung des analytischen Kalküls von Descartes und der infinitesimalen Überlegungen von Torricelli und B. Cavalieri behandelte. In dieser Arbeit führte er das „Unendlich"-Zeichen „∞" ein.

Durch seine Versuche, die Länge des Ellipsenbogens zu berechnen, stand Wallis am Beginn der Theorie der elliptischen Funktionen. Im gleichen Jahr, 1655 – nicht wie auf dem Titelblatt angegeben 1656 – erschien Wallis' Hauptwerk „Arithmetica infinitorum". Wiederum stark von Torricelli, Cavalieri, aber auch von G. de St.Vincentio beeinflußt, behandelte Wallis u. a. das „Eulersche Integral" $I(k,n)$. Er tabellierte $\frac{1}{I(k,n)}$ und gewann durch ein Interpolationsverfahren – das Wort „Interpolation" geht wohl auf Wallis zurück – u. a. das sensationelle Resultat

$$\frac{1}{I(1/2,1/2)} = \frac{4}{\pi},$$

also

$$\frac{4}{\pi} = \frac{3 \cdot 3 \cdot 5 \cdot 5 \cdot 7}{2 \cdot 4 \cdot 4 \cdot 6 \cdot 6} \cdots$$

Er untersuchte weitere grundlegende Integrale, konnte die Zissoidenquadratur bewältigen, scheiterte aber am Beweis der Zykloidensätze von Pascal. Fundamental war dagegen die arithmetische Fassung der Cavalierischen Indivisiblenmethode. Zeitgleich mit dem Erscheinen der elementaren „Mathesis universalis“ (1657) wurde Wallis in eine heftige zahlentheoretische Auseinandersetzung mit Fermat verwickelt und konnte bis auf Lösungen von Sonderfällen der „Pellschen Gleichung“ diesem nichts Gleichwertiges entgegensetzen. In seiner „Mechanica ... “ (1669 bis 71) berechnete Wallis Schwerpunkte und beurteilte elementare Maschinen nach mechanischen Prinzipien.

Letztes großes mathematisches Werk von Wallis war „Treatise of Algebra. Both Historical and Practical“ (1685). Nach einer ausführlichen historischen Einleitung gab er eine Darstellung der Beziehungen zwischen Algebra und Geometrie, eine geometrische Interpretation der komplexen Zahlen und eine Diskussion der Exhaustions- sowie der Indivisiblenmethode. Es folgte eine Darstellung der Theorie der unendlichen Reihen, wobei frühe Resultate Newtons eingearbeitet wurden. 1693 zeigte Wallis, daß das Euklidische Parallelenpostulat durch die Forderung ersetzbar ist: Zu jedem Dreieck existiert ein ähnliches Dreieck beliebiger Größe. In der zweiten Auflage des „Treatise ... “ von 1699 findet sich zusätzlich ein unvollständiger Abdruck der Korrespondenz zwischen Leibniz und Newton.

Dem Einfluß Wallis' war es vor allem zu danken, daß der gregorianische Kalender in England erst 1752 eingeführt wurde.

Wallis-Folge, die Folge der Partialprodukte

$$w_n = \prod_{k=1}^{n} \frac{4k^2}{4k^2 - 1}$$

des ↗Wallis-Produkts.

Es gilt

$$n\left(\frac{\pi}{2} - w_n\right) \to \frac{\pi}{8} \quad \text{für } n \to \infty ,$$

woraus man insbesondere

$$w_n \to \frac{\pi}{2}$$

erhält.

Wallis-Produkt, die im Jahr 1655 von John Wallis entdeckte Darstellung

$$\frac{\pi}{2} = \prod_{n=1}^{\infty} \frac{2n \cdot 2n}{(2n-1)(2n+1)} = \prod_{n=1}^{\infty} \frac{4n^2}{4n^2 - 1} .$$

Man erhält diese Formel auch aus der Eulerschen Produktformel

$$\sin x = x \prod_{n=1}^{\infty} \left(1 - \frac{x^2}{n^2 \pi^2}\right)$$

durch Setzen von $x = \frac{\pi}{2}$.

Wallissche Produktformel, seltener gebrauchte Bezeichnung für das ↗Wallis-Produkt.

Walsh, Joseph Leonard, amerikanischer Mathematiker, geb. 21.9.1895 Washington (D.C.), gest. 10.12.1973 Maryland.

Nach dem Besuch des Baltimore Polytechnic Institute von 1908 bis 1912 schrieb sich Walsh an der Columbia Universität ein. Bereits nach einem Jahr wechselte er aber nach Harvard, wo er eine glänzende Karriere startete. 1916 erhielt er ein Reisestipendium dieser Universität, das es ihm ermöglichte, seine Studien an verschiedenen anderen Universitäten in Amerika fortzusetzen. Bald darauf wurde er jedoch zum Kriegsdienst eingezogen. Nach Kriegsende kehrte er nach Harvard zurück; da sein Doktorvater im Krieg ums Leben gekommen war, suchte er sich jetzt einen neuen Betreuer: G.D.Birkhoff. Dies beeinflußte seine weitere Laufbahn nachhaltig, da er sich fortan mit einer mathematischen Disziplin befaßte, die man heute als Approximationstheorie bezeichnet.

Nach längeren Forschungsaufenthalten in Europa wurde Walsh 1935 ordentlicher Professor in Harvard. Auch der zweite Weltkrieg unterbrach seine wissenschaftliche Tätigkeit, erneut wurde er zum Kriegsdienst einberufen, in dessen Verlauf er es bis zum Luftwaffenoffizier brachte. 1946 kehrte er schließlich nach Harvard zurück, wo er bis zu seiner Emeritierung 1966 eine hochrangige Professur innehatte.

Nach anfänglicher Beschäftigung mit Nullstellen von Polynomen und rationalen Funktionen befaßte sich Walsh zunehmend mit konformen Abbildungen. Bald darauf wurden seine Hauptarbeitsgebiete die polynomiale und rationale Approximation sowie die Theorie der Splinefunktionen.

Walsh war ein äußerst produktiver Verfasser von wissenschaftlichen Publikationen, insgesamt schrieb er 281 Arbeiten. Auch bildete er mehr als 30 Doktoranden aus, die teilweise die Approximationstheorie bis heute nachhaltig beeinflussen.

Walsh-Funktionen, auch Walsh-System, ein vollständiges System ↗orthogonaler Funktionen auf $[0, 1]$.

Die Walsh-Funktion W_n, $n \in \mathbb{N}$, ist durch $W_0(x) = 1$ und

$$W_n(x) = r_{\nu_1+1}(x) \ldots r_{\nu_n+1}(x)$$

für $x \in [0, 1]$ gegeben, wobei die Indizes durch die

eindeutige Binär-Darstellung

$$n = 2^{\nu_1} + \cdots + 2^{\nu_n}, \quad \nu_1 < \cdots < \nu_n$$

gegeben sind, und r_k die k-te ↗Rademacher-Funktion

$$r_k(x) = \operatorname{sign} \sin 2^k \pi x, \; k \geq 1$$

bezeichnet.

Walsh-System, ↗Walsh-Funktionen.

wandernde Menge, ↗wandernder Punkt.

wandernder Punkt, Punkt $m \in M$ für ein kontinuierliches ↗dynamisches System $(M, \mathbb{R}, \Phi)$, für den eine Umgebung $U(m)$ von m und ein $T > 0$ so existiert, daß für alle $x \in U(m)$ und alle $t > T$ gilt: $\Phi(x,t) \notin U(m)$. Die Menge aller wandernden Punkte in M werde mit W bezeichnet, sie heißt wandernde Menge des dynamischen Systems. Punkte des Phasenraumes, für die dies nicht zutrifft, heißen nicht-wandernd.

Die Menge aller nicht-wandernden Punkte sei mit $N := M \setminus W$ bezeichnet. W ist offene und N abgeschlossene ↗invariante Menge. Für kompaktes M gilt für jeden wandernden Punkt $x \in W$:

$$\lim_{t \to \pm\infty} \Phi(x,t) \in N.$$

Fixpunkte und ↗geschlossene Orbits sowie ↗α- und ↗ω-Limespunkte sind nicht-wandernd. Für $x \in M$ sind äquivalent:

1. x ist nicht-wandernd
2. x ist in seinem ↗Vorwärts-Orbit enthalten.
3. x ist in seinem ↗Rückwärts-Orbit enthalten.

Für ein dynamisches System mit Phasenraum $M \subset \mathbb{R}^2$ gibt es nur folgende Arten nicht-wandernder Mengen:

1. Fixpunkte,
2. geschlossene Orbits,
3. Fixpunkte mit sie verbindenden Orbits.

Wantzel, Pierre Laurent, französischer Mathematiker, geb. 5.6.1814 Paris, gest. 21.5.1848 Paris.

Nach dem Besuch der École des Arts et Métiers de Châlons und dem Collège Charlemagne studierte Wantzel an der École des Ponts et Chaussées. Um seine mathematische Karriere voranzutreiben, hielt er ab 1838 Analysisvorlesungen an der École Polytechnique. 1840 beendete er sein Ingenieurstudium und wurde 1841 Professor für angewandte Mechanik an der École des Ponts et Chaussées.

Wantzel beschäftigte sich mit der Auflösung von Gleichungen durch Radikale. Während Gauß ohne Beweis behauptete, daß die Verdopplung des Würfels und die Dreiteilung des Winkels nur mit Hilfe von Zirkel und Lineal unmöglich sei, konnte Wantzel dies 1837 beweisen. 1845 gab er einen neuen Beweis dafür, daß nicht alle Gleichungen durch Radikale auflösbar sind. Wantzel veröffentlichte außerdem Arbeiten zur Aerodynamik, Geometrie, und zu Differentialgleichungen.

Waring, Edward, englischer Arzt und Mathematiker, geb. 1734 Old Heath (England), gest. 15.8.1798 Pontesbury (England).

Waring war Arzt in verschiedenen Londoner Krankenhäusern, ab 1760 auch Lucasian Professor für Mathematik in Cambridge.

Waring beschäftigte sich mit der Darstellung der Koeffizienten eines Polynoms als rationale Funktionen der Nullstellen. 1777 behauptetet er ohne Beweis, daß jede Zahl als Summe von höchstens neun Kuben dargestellt werden könne (↗Waringsches Problem). Er schrieb außerdem über algebraische Kurven und deren Klassifikation.

Waring-Goldbach-Problem, zahlentheoretische Problemstellung über die Darstellbarkeit von natürlichen Zahlen als Summen von Primzahlpotenzen.

Das erste Theorem hierzu stammt von Vinogradov (1937/38):

Zu jedem ganzen Exponenten $k \geq 1$ gibt es eine natürliche Zahl $V(k)$ derart, daß sich jede genügend große natürliche Zahl als Summe von k-ten Potenzen von Primzahlen mit höchstens $V(k)$ Summanden darstellen läßt.

Daran schließt sich die Frage an, wie groß die $V(k)$ sein müssen, hierzu ist allerdings wenig bekannt. Thanigasalam bewies 1987 einige obere Abschätzungen:

k	5	6	7	8	9	10
$V(k) \leq$	23	33	47	63	83	107

Erstaunlich ist an dieser Tabelle, daß die Schranken für $V(k)$ recht nahe an den oberen Abschätzungen für $G(k)$ beim ↗Waringschen Problem liegen (es gilt stets $G(k) \leq V(k)$, wie sofort aus den Definitionen von G und V folgt).

Waring-Hilbert, Satz von, der von Hilbert 1909 bewiesene letzte Teil des ↗Waringschen Problems:

Zu jedem ganzen Exponenten $k \geq 2$ gibt es eine Anzahl $g \in \mathbb{N}$ derart, daß jede natürliche Zahl n eine Darstellung als Summe von k-ten Potenzen natürlicher Zahlen mit höchstens g Summanden besitzt:

$$n = x_1^k + x_2^k + \ldots x_\nu^k$$

mit $x_1, \ldots, x_\nu \in \mathbb{N}$ für ein $\nu \in \{1, \ldots, g\}$.

Der Hilbertsche Originalbeweis dieses Satzes ist recht kompliziert; er beruht auf der ↗Waring-Hilbertschen Identität. Mittlerweise gibt es mehrere alternative Beweise.

Waring-Hilbertsche Identität, das wesentliche Hilfsmittel im klassischen Beweis des Satzes von Waring-Hilbert (↗Waring-Hilbert, Satz von):

Seien $k, n \in \mathbb{N}$ gegeben, und bezeichne

$$N = \binom{2k+n-1}{2k}.$$

Dann gibt es N positive rationale Zahlen $b_1, \ldots, b_N$ und nN ganze Zahlen $a_{1i}, \ldots, a_{ni}$ (für $i = 1, \ldots, N$) derart, daß die Gleichung

$$(x_1^2 + \cdots + x_n^2)^k = \sum_{i=1}^{N} b_i (a_{1i}x_1 + \cdots + a_{ni}x_n)^{2k}$$

für alle ganzen Zahlen $x_1, \ldots, x_n$ gilt.

Waringsches Problem, auf E. Waring zurückgehende fundamentale Fragestellung der Zahlentheorie.

In seinen *Meditationes Algebraicae* (1770) schrieb Waring:

„Omnis integer numerus vel est cubus; vel e duobus, tribus, 4, 5, 6, 7, 8, vel novem cubus compositus: est etiam quadratoquadratus; vel e duobus, tribus & c. usque ad novemdecim compositus & sic deinceps."

Auf deutsch: „Jede ganze Zahl ist entweder ein Kubus, oder aus zweien, dreien, 4, 5, 6, 7, 8, oder neun Kuben zusammengesetzt: sie ist auch ein Biquadrat (eine vierte Potenz); oder aus zweien, dreien usw. bis zu neunzehn [Biquadraten] zusammengesetzt, usw."

Nach geeigneter Interpretation des „& sic deinceps" behauptete also Waring:

Jede natürliche Zahl ist als Summe von höchstens 9 Kuben und auch als Summe von höchstens 19 vierten Potenzen darstellbar.

Allgemein gibt es zu jedem ganzen Exponenten $k \geq 2$ ein $g \in \mathbb{N}$ derart, daß jede natürliche Zahl n als Summe von höchstens g natürlichen Zahlen, von denen jede eine k-te Potenz ist, darstellbar ist.

Bei Waring findet sich kein Beweis dieser Behauptungen, die seither als Waringsches Problem bezeichnet werden.

Warings Motivation für diese Behauptungen war vermutlich der Vier-Quadrate-Satz von Lagrange (↗Lagrange, Vier-Quadrate-Satz von), nach dem sich jede natürliche Zahl als Summe von höchstens vier Quadraten schreiben läßt.

Das Waringsche Problem blieb lange Zeit ungelöst. Wieferich bewies 1909 die erste Waringsche Behauptung, daß jedes n als Summe von höchstens 9 Kuben darstellbar sei, und zeigte darüber hinaus, daß bei manchen n mindestens 9 kubische Summanden benötigt werden. Ebenfalls 1909 bewies Hilbert den letzten Teil der Waringschen Behauptung, die heute als Satz von Waring-Hilbert (↗Waring-Hilbert, Satz von) bekannt ist.

Die nächste interessante Frage ist die nach dem minimalen g zu gegebenem k, das mit $g(k)$ bezeichnet wird. $g(k)$ ist also durch zwei Bedingungen festgelegt:

1. Jede natürliche Zahl ist eine Summe aus k-ten Potenzen, wobei man höchstens $g(k)$ Summanden benötigt.
2. Es gibt mindestens eine natürliche Zahl, zu deren Darstellung als Summe von k-ten Potenzen mindestens $g(k)$ Summanden nötig sind.

Johannes Albert Euler (ein 1734 geborener Sohn von Leonhard Euler) bewies um 1772 die folgende untere Abschätzung für $g(k)$:

Für jeden ganzen Exponenten $k \geq 2$ gilt

$$g(k) \geq 2^k + \left\lfloor \left(\frac{3}{2}\right)^k \right\rfloor - 2, \tag{1}$$

wobei $\lfloor r \rfloor$ die größte ganze Zahl $\leq r$ bezeichnet.

Man hat also beispielsweise die folgenden unteren Schranken, wobei die rechte Seite der Ungleichung (1) mit $g_*(k)$ bezeichnet wird:

k	2	3	4	5	6	7	8
$g_*(k)$	4	9	19	37	73	143	279

Im Fall $k = 2$ liefert der Vier-Quadrate-Satz von Lagrange damit $g(2) = 4$, und in den Fällen $k = 3$ und $k = 4$ erhält man genau die von Waring angegebenen Summandenanzahlen. Man vermutet, daß für alle $k \geq 2$

$$g(k) = g_*(k)$$

ist; diese Gleichung ist für folgende Werte von k bereits bekannt:

Jahr	Bereich	Autor(en)
1770	$k = 2$	Lagrange
1909	$k = 3$	Wieferich (unvollständig)
1912	$k = 3$	Kempner
1936	$6 \leq k \leq 400$	Dickson
1964	$k = 5$	Chen
1964	$400 < k \leq 2 \cdot 10^5$	Stemmler
1985	$k = 4$	Balasubramanian, Deshouillers, Dress
1990	$k \leq 471\,600\,000$	Kubina, Wunderlich

Darüber hinaus konnte Mahler 1957 (mit einer verfeinerten Variante des Satzes von Thue-Siegel-Roth) nachweisen, daß es insgesamt nur endlich viele $k \in \mathbb{N}$ mit $g(k) > g_*(k)$ gibt. Mahlers Beweis ist allerdings ineffektiv in dem Sinn, daß er er keine Möglichkeit enthält, eine obere Schranke für die Anzahl der Ausnahme-k anzugeben.

Eine weitere Variante des Waringschen Problems besteht darin, die Zahlen $G(k) \leq g(k)$ zu bestimmen; hierbei ist $G(k)$ das Minimum aller Zahlen g mit der Eigenschaft, daß es eine Schranke $x_0(k, g)$ derart gibt, daß sich jede natürliche Zahl größer oder gleich $x_0(k, g)$ als Summe aus k-ten Potenzen mit höchstens g Summanden darstellen läßt (daß also für genügend große Zahlen g Summanden ausreichen). Die Zahl $G(k)$ ist in aller Regel kleiner als $g(k)$; so zeigte z. B. Dickson 1939, daß jede natürliche Zahl außer 23 und 239 als Summe von höchstens 8 Kuben darstellbar ist (also $G(3) \leq 8$).

Über $G(k)$ ist noch wesentlich weniger bekannt als über $g(k)$; einige Resultate sind in folgender Tabelle zusammengestellt:

Jahr				Autor(en)
1895	$4 \leq$	$G(3)$	≤ 21	Maillet
1943		$G(3)$	≤ 7	Linnik
1912	$16 \leq$	$G(4)$		Kempner
1939		$G(4)$	≤ 16	Davenport
1892	$16 \leq$	$G(5)$		Maillet
1986		$G(5)$	≤ 21	Vaughan
1922	$9 \leq$	$G(6)$	≤ 133	Hardy, Littlewood
1986		$G(6)$	≤ 31	Vaughan
1895	$8 \leq$	$G(7)$		Maillet
1986		$G(7)$	≤ 45	Vaughan
1922	$32 \leq$	$G(8)$	≤ 773	Hardy, Littlewood
1986		$G(8)$	≤ 62	Vaughan
1922	$13 \leq$	$G(9)$		Hardy, Littlewood
1986		$G(9)$	≤ 82	Vaughan
1922	$12 \leq$	$G(10)$		Hardy, Littlewood
1985		$G(10)$	≤ 102	Thanigasalam

Wärme, ein Term in der Energiebilanz eines ↗thermodynamischen Prozesses, dessen Existenz in der phänomenologischen Thermodynamik aus der Forderung der Gültigkeit des Energieerhaltungssatzes (↗Hauptsätze der Thermodynamik) verstanden werden kann.

Die Wärme ist nach der statistischen Thermodynamik als mittlere Energie der ungeordneten Bewegung von Teilchen großer Gesamtheiten zu verstehen. Ursprünglich wurde die Messung der Wärme auf die der Temperatur und der Masse (sowie die ihrer Reinheit) zurückgeführt (1 cal ist die Wärmemenge, die man 1 g Wasser zuführen muß, um seine Temperatur von $14d,5°$C auf $15,5°$C zu erhöhen). Nach dem heute geltenden Internationalen Einheitensystem wird die Wärme in der Einheit der Arbeit (Joule) gemessen.

Auf dem Weg zur Formulierung des ersten Hauptsatzes der Thermodynamik hat die Erkenntnis eine wesentliche Rolle gespielt, daß zwischen Arbeit und Wärme eine feste Beziehung besteht (mechanisches Wärmeäquivalent). Der zahlenmäßige Wert des Umrechnungsfaktors ist 1, wenn Wärme und Arbeit in Joule gemessen werden. Wie die von einem thermodynamischen System geleistete Arbeit ist auch die auf das System übertragene Wärme keine Zustandsgröße, beide Größen hängen von dem Weg ab, auf dem das thermodynamische System von einem in einen anderen Zustand gebracht wird.

Wärmeleitungsgleichung, parabolische partielle Differentialgleichung zur Beschreibung der Temperaturverteilung.

Wir beschreiben zunächst den Fall einer Raumvariablen: In einem gegebenen Stab genügt die Temperaturverteilung $u(x, t)$ an der Stelle x und zum Zeitpunkt t der Gleichung

$$\varrho(x)u_t = (k(x)u_x)_x + F(x, t),$$

wobei mit ϱ und k materialabhängige und zeitlich konstante Funktionen bezeichnet werden, während F den äußeren Temperatureinfluß beschreibt.

Im Falle eines homogenen Stabes mit endlicher Ausdehnung $0 \leq x \leq l$ kommt man zu einer Anfangs-Randwert-Aufgabe der folgenden Art:

$$u_t = a^2 u_{xx} + F(x, t)$$

mit den Nebenbedingungen $u(x, 0) = f(x)$ und $u(0, t) = g(t)$, $u(l, t) = h(t)$. Damit sind die Anfangstemperatur zur Zeit t und der Temperaturverlauf an den Stabenden vorgegeben. Diese Aufgabe wird üblicherweise in einfacher zu behandelnde Teilprobleme zerlegt, deren Lösungen dann durch Superposition zur Gesamtlösung zusammengesetzt werden können. So lautet die zugehörige homogene Differentialgleichung mit homogenen Randbedingungen:

$$u_t = a^2 u_{xx}$$

mit den Nebenbedingungen $u(x, 0) = f(x)$ und $u(0, t) = 0, u(l, t) = 0$. Mit einem Separationsansatz erhält man die eindeutige Lösung

$$u(x, t) = \int_0^l G(x, t, z) f(z)\, dz$$

mit der Kernfunktion

$$G(x, t, z) = \frac{2}{l} \sum_{n=1}^{\infty} \exp\left[-\left(\frac{an\pi}{l}\right)^2 t\right] \cdot \sin\frac{n\pi}{l}x \sin\frac{n\pi}{l}z.$$

Dagegen lautet die inhomogene Gleichung mit homogenen Randbedingungen

$$u_t = a^2 u_{xx} + F(x,t)$$

mit den Nebenbedingungen $u(x,0) = 0$ und $u(0,t) = 0, u(l,t) = 0$. Hier kommt man zu der Lösung

$$u(x,t) = \int_0^t \int_0^l G(x, t-u, z) F(z,u)\, dz\, du$$

mit der oben eingeführten Kernfunktion G. Das allgemeine Anfangs-Randwert-Problem läßt sich dann über einen Ansatz der Form $u(x,t) = v(x,t) + w(x,t)$ auf die beiden Sonderfälle zurückführen.

Die allgemeine Wärmeleitungsgleichung in n Raumvariablen ist von der Form

$$u_t = a^2 \Delta u + F(x_1, \dots, x_n, t)\,,$$

wobei $u = u(x_1, \dots, x_n, t)$ eine Funktion der n Raumvariablen $x_1, \dots, x_n$ und der Zeit t ist, und Δ den ↗Laplace-Operator, angewandt auf die Variablen $x_1, \dots, x_n$, bezeichnet. Ihre Lösungen genügen einem Randmaximum-Minimum-Prinzip, was Ihre numerische (approximative) Lösung erleichtert.

[1] Hellwig, G.: Partial Differential Equations. Teubner-Verlag Stuttgart, 1977.

[2] John, F.: Partial Differential Equations. Springer-Verlag Heidelberg, 1978.

[3] Wloka, J.: Partielle Differentialgleichungen. Teubner-Verlag Stuttgart, 1982.

Wärmeleitungskern, der Kern der Lösungsfunktion der ↗Wärmeleitungsgleichung. Mit Hilfe der Kernfunktion

$$G(x,t,z) = \frac{2}{l} \sum_{n=1}^{\infty} \exp\left[-\left(\frac{an\pi}{l}\right)^2 t\right] \cdot \sin\frac{n\pi}{l}x \sin\frac{n\pi}{l}z$$

lassen sich die Lösungen der Wärmeleitungsgleichung berechnen.

Wärmetod, vermeintliche Konsequenz aus dem zweiten Hauptsatz der Thermodynamik (↗Hauptsätze der Thermodynamik), wonach im thermodynamischen Gleichgewicht (Maximum der Entropie) alle thermodynamischen Prozesse aufhören (also der „Tod" des Universums eintritt).

Diese Konsequenz ergibt sich aber nur dann, wenn man für das Universum den Begriff Entropie formulieren und das Universum als abgeschlossenes System betrachtet werden kann. In Feldtheorien, zu denen eine ↗Kosmologie gehört (wie etwa in der allgemeinen Relativitätstheorie) ist aber der primäre Begriff die Entropiedichte, sie ist Teil der zeitliche Komponente des Wärmestromvektors. Um zu einer Gesamtentropie als einer von einem Koordinatensystem unabhängigen Größe zu kommen, braucht man aber ein ausgezeichnetes Vektorfeld, damit man eine skalare Dichte bilden kann. Es ist aber sehr fraglich, ob für das wirkliche Universum ein solches Vektorfeld existiert.

Warschauer Notation, ↗Lukasiewicz-Notation.

Warteschlangentheorie

B. Grabowski

Die Warteschlangentheorie, auch Bedienungstheorie genannt, ist ein Teilgebiet der Wahrscheinlichkeitsrechnung, welches sich mit der Modellierung und Analyse von sogenannten Bedienungssystemen beschäftigt. Beispiele für Bedienungssysteme sind Telefonzentralen, Fertigungsprozesse, Reparaturwerkstätten, Läden, Krankenhäuser, Häfen, u.v.a.m..

Ein solches System besteht aus einer gewissen Zahl von Bedienungseinheiten, auch Server genannt, (Apparate, Leitungen, Maschinen, Geräte, Kassen, Ärzte, Ankerplätze usw.), und sogenannten Forderungen (Aufträge, Fertigungslose, Kunden, Patienten, Schiffe usw.), die ‚bedient' werden wollen, bzw. in der ‚Warteschlange' stehen.

Die Forderungen treffen nacheinander oder in Gruppen zu gewissen zufälligen Zeitpunkten ein und bilden den sogenannten Forderungsstrom. Die zufälligen Zeitabstände zwischen zwei Forderungen heißen Zwischenankunfts- bzw. Pausenzeiten. Die Bedienung einer Forderung dauert ebenfalls eine zufällige Bedienzeit. Danach wird der Bedienapparat wieder frei zur Bedienung einer anderen Forderung.

Die Bedienungssysteme werden wesentlich durch die für Pausen- und Bedienzeiten verwendeten Verteilungen charakterisiert. Jedes Bedienungssystem hat darüber hinaus eine bestimmte Bedienorganisation, die die Behandlung der Forderung durch das System charakterisiert. Solche Charakteristika von Bedienungssystemen sind u. a.:

1. Die Verlustart: Man unterscheidet reine Warte-, reine Verlust-, und gemischte Warteverlustsysteme. (Eine Telefonzentrale beispielsweise ist

dann ein reines Verlustsystem, wenn eintreffende Anrufer das Besetztzeichen hören, wenn die Leitung besetzt ist).

2. Die Aufnahmekapazität der Warteschlange: In reinen Wartesystemen ist diese unendlich groß; bei Warte-Verlustsystemen ist sie beschränkt.
3. Die Warteschlangendisziplin, d.h. Regeln, nach welchen ein Kunde aus der Warteschlange ausgewählt wird. Man unterscheidet zum Beispiel zwischen FIFO (first-in-first-out, d.h. wer zuerst kommt, wird zuerst bedient), LIFO (last-in-first-out, d.h. wer zuletzt kommt, wird zuerst bedient), und verschiedenen Prioritätsregeln.
4. Die Zugänglichkeit der Apparate: Es wird festgelegt, wieviele Aparate den Kunden bedienen, und ob die Apparate unabhängig voneinander arbeiten oder nicht.

Zur Kennzeichnung wesentlicher Charakteristika von Bedienungssystemen wird i. allg. die ↗ Kendall-Symbolik verwendet.

Da die Zwischenankunfts- und Bedienzeiten zufällig sind, sind es auch die interessierenden Kenngrößen eines Systems, wie der sich in jedem Zeitpunkt ergebende Systemzustand und Größen zur Charakterisierung des Schicksals der Forderungen, wie Warte- und Verweilzeiten.

Grundaufgabe der Warteschlangentheorie ist es, für ein Bedienungssystem aus den gegebenen Charakteristika, insbesondere den Pausen- und Bedienzeitverteilungen, verschiedene wichtige Kenngrößen des Systems und der Forderungen zu berechnen oder zu schätzen.

Im einzelnen werden zum Beispiel Kenngrößen der folgenden Art bestimmt:

1. Die Wahrscheinlichkeit, daß eine eintreffende Forderung verloren geht, (z.B. weil die Warteschlange voll ist).
2. Die Wahrscheinlichkeit, daß eine eintreffende Forderung warten muß.
3. Die Verteilungsfunktion bzw. der Erwartungswert der zufälligen Wartezeit.
4. Die Wahrscheinlichkeitsverteilung bzw. der Erwartungswert der Warteschlangenlänge.
5. Die Wahrscheinlichkeitsverteilung für die Anzahl belegter Bedienungsgeräte im System.
6. Die Wahrscheinlichkeit dafür, daß ein Bedienungsgerät belegt ist (Auslastung des Gerätes).
7. Die Wahrscheinlichkeitsverteilung für die Gesamtzahl der Forderungen im System.

Die mathematischen Methoden zur Berechnung der Kenngrößen hängen vom Typ des Bedienungssystems ab. Sind sämtliche Pausenzeiten unabhängig und exponentialverteilt mit konstantem Parameter, und gilt das gleiche für die Bedienzeiten, so ist der zufällige Prozeß der Anzahl der Forderungen im System zur Zeit t eine homogene ↗ Markow-Kette. Solche Bedienungssysteme werden auch Markowsche Systeme genannt. Diese sind sehr gut untersucht worden. Die Bestimmung der zeitabhängigen Kenngrößen bzw. Zustandswahrscheinlichkeiten führt zur Aufstellung und Lösung von Systemen von Differentialgleichungen.

Meist wird das Bedienungssystem im sogenannten eingeschwungenen, stationären Zustand (auch Gleichgewichtszustand genannt) betrachtet, in dem man annimmt, daß sich die Charakteristika des Bedienungssystems im Ablauf der Zeit nicht mehr ändern. Dann sind auch die o.g. Wahrscheinlichkeiten für die Zustände des Bedienungssytems nicht mehr zeitabhängig. Diese bilden die stationären Zustandswahrscheinlichkeiten. Das System von Differentialgleichungen zu ihrer Bestimmung geht dann über in ein System linearer algebraischer Gleichungen, das relativ leicht lösbar ist.

Andererseits werden die Kenngrößen des Systems nicht für jeden beliebigen Zeitpunkt, sondern für den Grenzfall $t \to \infty$ bestimmt. Antwort auf die Frage nach der Existenz entsprechender Grenzwerte geben die sogenannten ↗ statistischen Ergodensätze.

Besitzen nicht sämtliche Pausen- und Bedienzeiten eine Exponentialverteilung, sondern auch Erlang- oder Hypererlangverteilungen, können auf der Basis der ↗ Erlangschen Phasenmethode ebenfalls Markow-Ketten zur Analyse des Systems herangezogen werden. Bei beliebigen Verteilungen lassen sich auf der Basis dieser Methode noch approximative Aussagen für die Kenngrößen gewinnen.

Betrachtet man Systeme mit anderen Systemzuständen, z.B. mit Ausfall- und Reparaturzeiten, so erfordert das die Einführung anderer Prozesse, wie z.B. Erneuerungs- oder Punktprozesse. Aus dieser Aufgabenstellung heraus hat sich die ↗ Erneuerungstheorie gebildet.

Schließlich ist es oft wichtig, Kenngrößen von Bedienungssystemen nicht in beliebigen Zeitpunkten, sondern in besonders interessierenden, sogenannten eingebetteten Zeitpunkten, zu bestimmen. Man hat es dann mit den ↗ eingebetteten stochastischen Prozessen zu tun. Eine interessante Aufgabe der Warteschlangentheorie besteht dann darin, Methoden zur Herleitung von Beziehungen zwischen stationären Charakteristika bzw. Kenngrößen in eingebetteten und beliebigen Zeitpunkten zu entwickeln.

Sehr komplexe Systeme lassen sich nur unzureichend durch Bedienungsmodelle beschreiben. Mit der Entwicklung der Computer- und Softwaretechnik geht man dazu über, parallel zur Beschreibung durch bedienungstheoretische Modelle das Verhalten der Forderungen in solchen Systeme zu simulieren und die o.g. Kenngrößen auf der Basis mehrerer Simulationsläufe zu schätzen. Statistische Fragestellungen sind dann wieder die nach der Güte solcher Schätzungen. In den letzten Jahren sind komfortable Simulationssprachen zur Simulation paralleler Abläufe in Bedienungssystemen entwickelt worden.

Die Hauptanwendung von Methoden der Warteschlangentheorie und der Simulation von Bedienungssystemen ist die Optimierung von Fertigungsabläufen. Hier geht es zum Beispiel um folgende Fragen:

(a) Wieviele Maschinen eines bestimmten Typs werden benötigt, um eine unverzügliche Bearbeitung der Teile zu gewährleisten? Sind es zu wenige, bilden sich Warteschlangen, und damit Zeitverzögerungen, die zu finanziellen Verlusten führen können. Sind es zu viele, so kommt es zu einer übermäßigen Ausweitung von Stillstandszeiten und damit ebenfalls zu finanziellen Verlusten.

(b) Wieviele lokale und zentrale Lagerplätze muß man in der Fertigungshalle höchstens einrichten, um die wartenden Aufträge zwischenzulagern?

(c) Welche Mischung von Produkten ist in das Fertigungssystem einzuschleusen, so daß die Auslastung der Maschinen gleichmäßig hoch ist?

(d) Welche Warteschlangendisziplin wirkt sich am günstigsten auf die Verweilzeit der Lose im System aus? Ist beispielsweise die Regel, aus der Warteschlange das Los mit der kürzesten Bearbeitungszeit (KOZ-Kürzeste Operationszeitregel) zuerst zu entnehmen besser als die sogenannte Liefertermin-regel (LT), die besagt, dasjenige Los zu entnehmen, das die kürzeste noch verbleibende Zeit bis zur Auslieferung hat?

Literatur

[1] Gnedenko, B.W.; König, D.: Handbuch der Bedienungstheorie Bd. 1 und 2. Akademie-Verlag Berlin, 1983/84.

[2] Gnedenko, B. V.; Kovalenko, I. N.: Introduction to queueing theory (2nd ed.). Birkhäuser-Verlag Boston, 1989.

[3] Kleinrock, L.: Queuing Systems, Theory, Vol.I & II. John Wiley New York, 1975.

[4] König, D.; Stoyan D.: Methoden der Bedienungstheorie. Vieweg-Verlag Braunschweig, 1976.

Wartezeiten, bezeichnen in der ↗Risikotheorie Zufallsvariablen, die bei einem ↗Schadenanzahlprozeß den Zeitpunkt des n-ten Schadens beschreiben.

Ist $\{N_t; t \geq 0\}$ ein Schadenanzahlprozeß, und werden mehrere gleichzeitig auftretende Schäden als ein Schadensereignis gezählt, so heißen die Zufallsvariablen

$$W_n := \min\{t \in \mathbb{R}^+ | N_t = n\}$$

die Wartezeiten bis zum Eintritt des n-ten Schadens. Der Zusammenhang zwischen den Wartezeiten und der Anzahl der Schäden bis zum Zeitpunkt t wird durch die Identität

$$N_t = \sum_{n=1}^{\infty} 1_{[W_n \leq t]}$$

beschrieben.

Wasserstoffatom, Atom, das aus einem Proton mit der Ladung $-e$ besteht, um den sich ein Elektron mit der Ladung e bewegt.

Da die Masse des Protons etwa 2000mal größer als die Masse m des Elektrons ist, kann man näherungsweise das Proton als raumfest betrachten.

Nach der älteren Quantentheorie (↗Quantenmechanik) wird durch eine Quantenbedingung (↗Bohr-Sommerfeld-Quantisierungsbedingungen) eine Auswahl aus der Menge der klassisch möglichen Elektronenbahnen getroffen: Die Quantenbedingung lautet

$$2\pi m a^2 \omega = nh ,$$

wobei a und ω Radius und Winkelgeschwindigkeit des Elektrons sind, und h das ↗Plancksche Wirkungsquantum bezeichnet. Mit dem Energie- und Drehimpulserhaltungssatz ergeben sich dann insbesondere die möglichen Energiewerte zu

$$E_n = -\frac{2\pi^2 m e^4}{n^2 h^2} .$$

Damit kann man die Serien von Spektrallinien erklären (↗Ritzsches Kombinationsprinzip). Die eigentliche Bewegung von Proton und Elektron um den gemeinsamen Massenmittelpunkt kann rechnerisch einfach berücksichtigt und spektroskopisch festgestellt werden.

Nach der neueren (oder eigentlichen) Quantentheorie hat man die zum Problem gehörende Schrödinger-Gleichung zu lösen. Die gleichen Energiewerte ergeben sich als Eigenwerte des Hamilton-Operators. Sie hängen nur von der Hauptquantenzahl n (↗Quantenzahlen) und nicht von den Eigenwerten des Drehimpulsoperators ab. Damit gibt es zu einem Energiewert mehrere Zustände des Systems.

Watson, George Neville, englischer Mathematiker, geb. 31.1.1886 Westward (England), gest. 2.2.1965 Warwickshire (England).

Watson studierte in Cambridge, unter anderem bei Whittaker, und promovierte 1907. Er arbeitete ab 1910 am Trinity College und ab 1918 als Professor in Birmingham.

Watson arbeitete auf dem Gebiet der komplexen Analysis. Zusammen mit Whittaker veröffentlichte er 1915 „A Course of Modern Analysis".

Watson überarbeitete Ramanujans Lehrbücher, indem er dessen Resultate erweiterte und verschiedene Beweise ergänzte.

Watson-Transformation, ↗Integral-Transformation für L^2-Funktionen f auf $\mathbb{R}^+$, definiert durch

$$(Wf)(x) := \frac{d}{dx}\int_0^\infty \omega(xt)\frac{f(t)}{t}\,dt,$$

wobei der Integralkern definiert ist durch

$$\omega(x) = \frac{x}{2\pi}\lim_{T\to\infty}\int_{-T}^{T}\frac{\Omega(1/2+it)}{1/2-it}x^{-(t+1/2)}\,dt\,,$$

und Ω die Gleichung $\Omega(x)\,\Omega(1-x) = 1$ erfüllt.

Wavelet

I. Weinreich

Das Interesse an Wavelets begann etwa um 1980 und wuchs seitdem bis heute (2002) kontinuierlich an. Einige zentrale Ideen der Wavelettheorie existierten auf die eine oder andere Art schon früher in diversen Disziplinen.

Zu Beginn der 1980er Jahre verwendeten Wissenschaftler Wavelets – frz. Ondelettes – als Alternative zur Fourier-Analyse beispielsweise bei der Analyse akustischer oder seismischer Signale. Bei der klassischen Fourierzerlegung einer Funktion ist es nicht möglich, lokale Eigenschaften einer Funktion alleine aufgrund der Kenntnis einiger Fourierkoeffizienten zu analysieren. Demgegenüber hat die Wavelet-Zerlegung einen Vorteil: Die Waveletkoeffizienten spiegeln einfach, zuverlässig und präzise die Eigenschaften der zu analysierenden Funktion wider. Anstatt mit den unendlich ausgedehnten Sinus- und Cosinusfunktionen arbeitet man bei der Wavelet-Analyse mit Translationen und Dilatationen einer einzigen Grundfunktion, dem Wavelet (auch *mother wavelet* genannt).

Vorteilhaft ist, wenn man gut lokalisierte Funktionen verwenden kann. In diesem Fall haben kleine Änderungen im Signal nur kleine Auswirkungen auf die Koeffizienten in der Waveletdarstellung. Daß solche gut lokalisierten Wavelets, also Funktionen mit kompaktem Träger, existieren, die darüberhinaus auch über eine gewisse Glattheit verfügen, ist nicht von vornherein klar. 1987 wurden Wavelets mit kompaktem Träger und beliebiger Glattheit konstruiert. Dies hat wesentlich zum Erfolg der Waveletmethoden beigetragen.

Historisches. Als erste orthonormale Waveletbasis kann die 1910 von A. Haar konstruierte Haar-Basis angesehen werden. Das Haar-Wavelet h für den Hilbertraum $L_2(\mathbb{R})$ ist definiert als

$$h(x) = \begin{cases} 1 & \text{für } x \in [0, 1/2) \\ -1 & \text{für } x \in [1/2, 1) \\ 0 & \text{sonst.} \end{cases}$$

Ausgehend vom *mother wavelet* h wird eine Orthonormalbasis des $L_2(\mathbb{R})$ durch Translation und Dilatation der Funktion h gewonnen. Eine weitere Orthonormalbasis des L_2 wurde 1923 von Walsh konstruiert. Auch diese kann im Nachhinein als eine typische Basis aus sogenannten Wavelet-Paketen (*wavelet packets*) interpretiert werden.

Nach diesen beiden klassischen Beispielen gab es zahlreiche Entwicklungen in Mathematik und Ingenieurwissenschaften, die letztlich zur Etablierung der Wavelettheorie beigetragen haben. Wesentliche Impulse kamen aus der Spline-Approximationstheorie, der Signal- und Bildverarbeitung (Laplace-Pyramide, Filtertechniken), sowie der harmonischen Analysis. Der Begriff Wavelet wurde ca. 1982 in Frankreich von dem Geophysiker J. Morlet und dem mathematischen Physiker A. Grossmann eingeführt.

Der französische Mathematiker Yves Meyer ist als einer derjenigen Wissenschaftler anzusehen, die die mathematisch fundierte Grundlegung der Wavelettheorie entscheidend geprägt haben. 1985 konstruierte er eine Waveletbasis mit den in mathematischer Hinsicht interessanten Eigenschaften Glattheit und Orthogonalität. Ebenfalls in dieser Zeit wurde von S. Mallat und Y. Meyer ein wichtiges Fundament und zugleich ein wesentliches Hilfmittel für die Konstruktion von Wavelets geschaffen, die *multiresolution analysis* oder Multiskalenzerlegung.

Die erste Waveletbasis, bestehend aus orthogonalen, beliebig glatten Funktionen mit kompakten Trägern, wurde schließlich von Ingrid Daubechies 1987 konstruiert. Für viele Anwendungen ist die Eigenschaft der Daubechies-Wavelets, kompakten Träger zu haben, von besonderem Interesse. Speziell bewirken bei Verwendung gut lokalisierter Wavelets kleine Änderungen im Signal nur kleine Änderungen in wenigen Koeffizienten der Waveletdarstellung.

Was ist ein Wavelet? Eine Funktion ψ, von der ausgehend durch Translationen und Dilatationen eine Familie $\{\psi_{a,b}\}$ mit

$$\psi_{a,b}(x) = |a|^{-1/2}\psi\left(\frac{x-b}{a}\right), a, b \in \mathbb{R}, a \neq 0$$

erzeugt wird, heißt Wavelet. Man nennt ψ auch mother wavelet.

Dabei heißt $a \in \mathbb{R} \setminus \{0\}$ der Skalenparameter und $b \in \mathbb{R}$ der Verschiebungsparameter. Hat man ein geeignetes Wavelet gewählt, können ähnlich wie mit Fourieranalyse auch mit Hilfe einer Waveletzerlegung Funktionen analysiert werden. Skalenwerte a mit $|a| >> 1$ liefern eine breitere Funktion und dienen der Erfassung langwelliger Anteile der zu analysierenden Funktion, kleine Skalenparameter mit $|a| << 1$ liefern sehr schmale Wavelets und erfassen lokal präzise hochfrequente Funktionsanteile. Der Vorfaktor $|a|^{-1/2}$ dient der Normierung, damit $\|\psi\| = 1$ gilt.

Es gibt eine Vielzahl unterschiedlicher Wavelets, prinzipiell zugelassen sind alle quadratintegrierbaren Funktionen $\psi \in L_2(\mathbb{R})$, die die Zulässigkeitsbedingung

$$\int\limits_{\mathbb{R}} \frac{|\hat{\psi}(\xi)|^2}{|\xi|} d\xi < \infty$$

erfüllen. Eine wichtige Anwendung von Wavelets ist die Analyse und Approximation von Funktionen bzw. diskreten Signalen. Dazu müssen geeignete Basen $\{\psi_{a,b}\}$ (↗Wavelet-Basis) aus Wavelets konstruiert werden. Für praktische Anwendungen wird häufig eine Diskretisierung der Waveletfunktion ψ vorgenommen. Gängig ist die Festlegung $a = 2$ und $b = 1$, in diesem speziellen Fall bildet die Familie

$$\psi_{j,k} := 2^{j/2}\psi(2^j \cdot -k), \quad j, k \in \mathbb{Z}$$

eine orthonormale Basis des $L_2(\mathbb{R})$.

Die ↗Wavelet-Transformierte einer Funktion hängt von der Wahl des Wavelets ψ ab. Es steht eine Vielzahl verschiedener Wavelets zur Verfügung. Mit Hilfe der schnellen Wavelet-Transformation werden einer Funktion ihre Waveletkoeffizienten zugeordnet, die zur Analyse derselben verwendet werden können. Mit einer entsprechenden Rücktransformation wird die Synthese der Funktion aus den Waveletkoeffizienten vorgenommen. Bei der Auswahl eines geeigneten Wavelets hat man im Gegensatz zur Fourieranalyse, wo die Basisfunktionen feststehen, viel Freiheit. In der Praxis sind folgende Charakteristika von ψ von Interesse:

- Hat ψ kompakten Träger?
- Bildet die Menge

  $$\psi_{j,k} := 2^{j/2}\psi(2^j \cdot -k)$$

  mit $j, k \in \mathbb{Z}$ eine Orthonormalbasis von L_2?
- Verfügt ψ über eine gewisse Anzahl ↗verschwindender Momente?

Die Anzahl der verschwindenden Momente spielt bei der Kompression von Daten eine Rolle. Hat ein Wavelet eine genügend große Anzahl verschwindender Momente, so sind die Waveletkoeffizienten in glatten Bereichen der zu analysierenden Funktion klein – dort, wo Singularitäten auftreten, sind sie dagegen groß. Dieser Effekt ist für die Datenkompression, bei der kleine Koeffizienten vernachlässigt werden, von Interesse.

Multiskalenzerlegung. Die Konstruktion von Wavelets wird zumeist mit Hilfe der Multiskalenzerlegung $\{V_j\}_{j\in\mathbb{Z}}$ eines Funktionenraums, z. B. des $L_2(\mathbb{R})$, durchgeführt. Wichtig für eine solche Zerlegung ist eine Skalierungsfunktion ϕ, deren ganzzahligen Translate den Grundraum V_0 der Multiskalenzerlegung aufspannen:

$$V_0 := \overline{\text{span}\{\phi(\cdot - k) | k \in \mathbb{Z}\}}.$$

Skalierungsfunktionen erfüllen wegen der Inklusion $V_0 \subset V_1$ die Skalierungsgleichung

$$\phi(x) = \sum_{k\in\mathbb{Z}} h_k \phi(2x - k).$$

Wavelets sollen dann das orthogonale Komplement W_0 von V_0 in V_1 aufspannen, d. h. es soll gelten

$$\langle \phi(\cdot - k), \psi(\cdot - l) \rangle = 0.$$

Die Verfeinerungsgleichung und die Orthogonalitätbedingung führen zu Bedingungen an die Waveletkoeffzienten $\{g_k\}_{k\in\mathbb{Z}}$ in der Darstellung

$$\psi(x) = \sum_{k\in\mathbb{Z}} g_k \phi(2x - k).$$

Viele Wavelettypen, z. B. die Daubechies-Wavelets, sind allein über ihre Koeffizienten gegeben.

Die Multiskalenzerlegung führt auch zu einem hierarchischen Schema für die Berechnung der Waveletkoeffizienten eines Eingabesignals f. In der Elektrotechnik spricht man von der Zerlegung in Teilbänder (*subband coding*) mit exakter Rekonstruktion. Das Vorgehen ist in der Abbildung schematisch dargestellt.

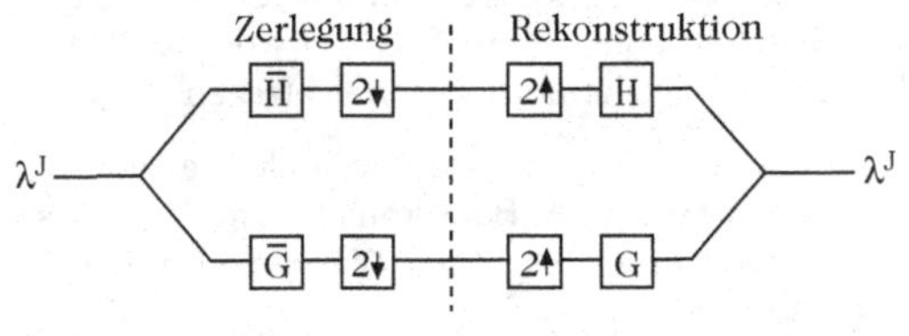

Schema zur Multiskalenzerlegung (Dekomposition und Rekonstruktion eines Signals – Teilbandzerlegung mit exakter Rekonstruktion)

Dabei stehen H und $\bar{H}$ für Faltungen mit dem Filter $\{h_k\}_{k\in\mathbb{Z}}$, und das Symbol $2\downarrow$ bezeichnet das sogenannte *Downsampling* zur Zerlegung des Signals f. Beim Downsampling wird nur jeder zweite Eintrag des Ausgangssignals beibehalten. Für die Rekonstruktion mit Hilfe der Filterfolge $\{g_k\}_{k\in\mathbb{Z}}$ führen wir die Abkürzungen G und $\bar{G}$ ein. In der Praxis hat $\{g_k\}_{k\in\mathbb{Z}}$ ebenso wie $\{h_k\}_{k\in\mathbb{Z}}$ meist nur wenige von Null verschiedene Einträge. Im Schema wird das *Upsampling* mit $2\uparrow$ bezeichnet, dieser Vorgang dient der Rekonstruktion des Signals. Idee dabei ist, die Menge der Werte zu vergrößern, indem vorhandene Werte den geraden Indizes in einer neuen Folge zugeordnet werden, während Folgeglieder mit ungeraden Indizes den Wert 0 erhalten.

Für jede orthonormale Basis aus Wavelets mit kompaktem Träger existieren assoziierte Paare endlicher Filter zur Teilbandzerlegung mit exakter Rekonstruktion.

Wavelet-Analyse versus Fourier-Analyse. Mit Hilfe der Fourier-Analyse können Charakteristika einer Funktion untersucht werden, indem die Funktion in mathematisch einfache Komponenten, in diesem Fall Sinus- und Cosinusfunktionen verschiedener Frequenzen und Amplituden, zerlegt wird. Die wohlbekannten trigonometrischen Funktionen sind einfach zu analysieren, prinzipielle Eigenschaften der Funktion selbst können daraus abgeleitet werden. Fourier-Analyse ist natürlicherweise besonders gut geeignet, periodische Phänome zu analysieren.

Schwierig ist es, mit Hilfe der Fourier-Analyse Information über lokale Phänomene, beispielsweise eine Sprungstelle, zu gewinnen. Je schärfer ein Übergang ist, umso mehr Fourierkomponenten sind nötig, um das Verhalten zu beschreiben.

Wavelet-Analyse hingegen arbeitet mit den skalierten und translatierten Versionen eines einzigen Wavelets ψ. Ein mother wavelet ψ mit kompaktem Träger lebt auf einem endlichen Intervall. Eine Sprungstelle einer Funktion kann analysiert werden, indem nur diejenigen Versionen von ψ betrachtet werden, die sie überlappen. Feinere Details können mit entsprechend fein skalierten Versionen von ψ aufgelöst werden. Die lokale Analyse einer Funktion ist mit Hilfe von nur wenigen Basisfunktionen möglich.

Beispiele von Wavelets. Klassische Beispiele sind die Haar- und Walsh-Basis. Meyer-Wavelets und Daubechies-Wavelets haben ebenfalls orthogonale Translate und sind darüberhinaus beliebig glatt, letztere haben kompakten Träger.

Verallgemeinerungen sind Prä-Wavelets (Orthognonalität nur bezgl. verschiedener Skalen), biorthogonale Wavelets und Wavelet-Pakete.

Mehrdimensionale Wavelets erhält man durch Tensorprodukte oder direkt aus mehrdimensionalen Skalierungsfunktionen (z. B. Boxsplines).

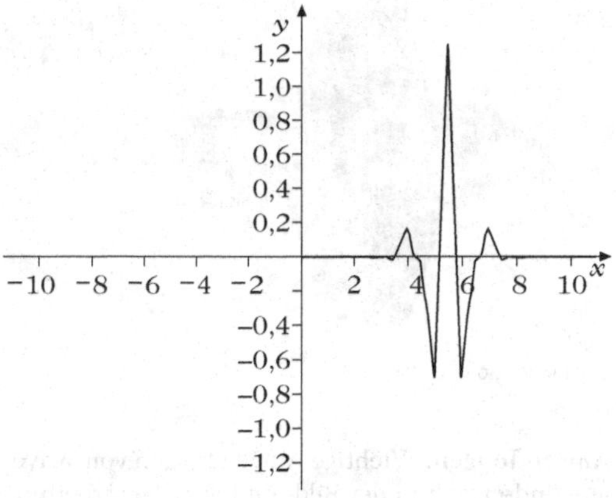

Biorthogonales Wavelet

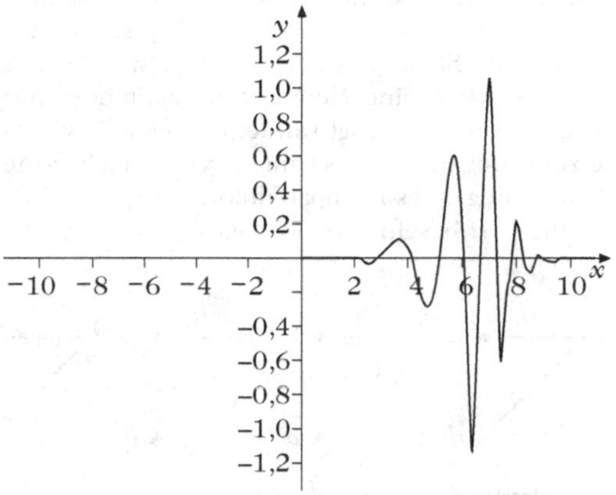

Daubechies-Wavelet

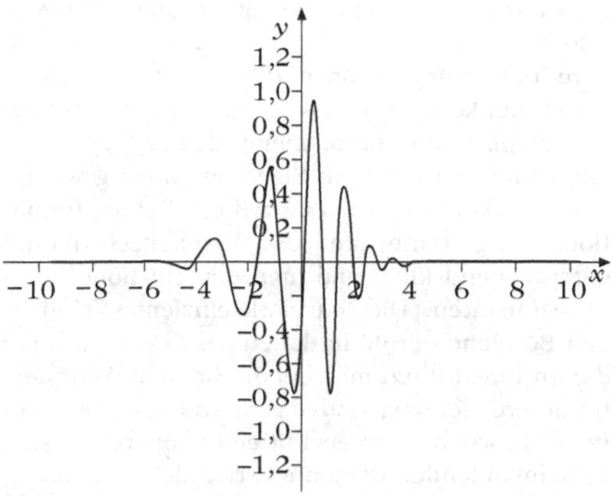

Differentialoperator-angepaßtes Wavelets

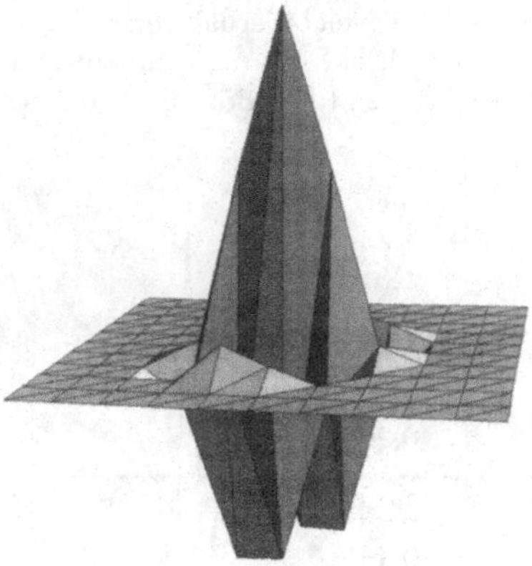

Zweidimensionales Wavelet

Anwendungen. Wichtige Anwendungen von Wavelets finden sich in der Bild- und Signalverarbeitung sowie in der Numerischen Mathematik.

In der Signalanalyse werden Waveletmethoden beispielsweise zur Kompression, Entrauschung oder Kantenerkennung eingesetzt. Typischerweise besteht ein Signal aus einem diskreten Datensatz $\{\lambda^j\}$, der etwa eine Meßreihe darstellt oder mit einem Scanner erzeugt wurde. Die schnelle Waveletzerlegung des Signals kann durch die mehrfache Anwendung eines Hochpaßfilters D und eines Tiefpaßfilters H beschrieben werden.

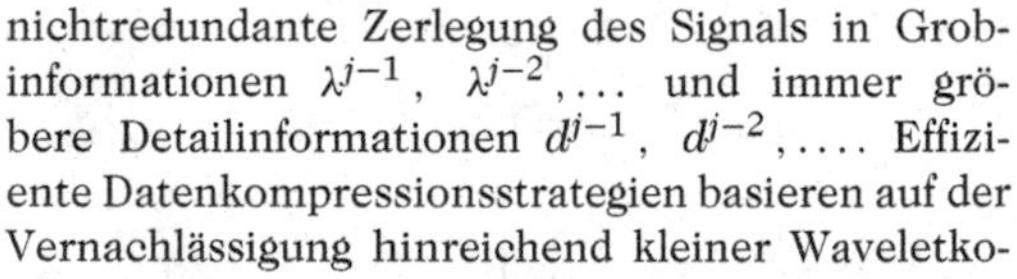

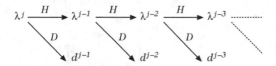

Waveletzerlegung eines Signals

Die schnelle Wavelet-Transformation liefert eine nichtredundante Zerlegung des Signals in Grobinformationen λ^{j-1}, $\lambda^{j-2}, \ldots$ und immer gröbere Detailinformationen d^{j-1}, $d^{j-2}, \ldots$. Effiziente Datenkompressionsstrategien basieren auf der Vernachlässigung hinreichend kleiner Waveletkoeffizienten. Ist etwa ein Signal in einem gewissen Bereich glatt, so ist der Anteil der Detailinformation gering. Daher sind die Waveletkoeffizienten entsprechend klein und man erreicht hohe Kompressionsraten. Die Waveletkoeffizienten sind in den Bereichen groß, in denen das Signal rauh ist; diesen Effekt nutzt man bei der Kantenerkennung. Genauere derartige Aussagen sind speziell dann möglich, wenn Wavelets mit einer höheren Anzahl verschwindender Momente verwendet werden.

In der Numerik bieten Wavelets beispielweise Vorteile bei der Verwendung von Galerkin-Verfahren zur Lösung elliptischer partieller Differentialgleichungen. Mit Wavelets lassen sich Basen gerade von denjenigen Funktionenräumen bilden, in denen sich Lösungsfunktionen befinden, zum Beispiel von Sobolewräumen. Sie können daher als Ansatzfunktionen bei Galerkin-Methoden verwendet werden.

Zum einen kann man spezielle an Differentialoperatoren angepaßte Wavelets konstruieren. Sie führen im Galerkin-Verfahren in bestimmten Fällen zu dünn besetzten Steifigkeitsmatrizen mit gleichmäßig beschränkter Konditionszahl. Auch bei allgemeinen linearen Gleichungssystemen, die aus der Diskretisierung elliptischer Differentialgleichungen entstehen und zunächst keine gleichmäßig beschränkte Konditionszahl haben, ist eine Vorkonditionierung mit Hilfe von Wavelets möglich.

Zur numerischen Lösung von Gleichungssystemen mit dünn besetzter Matrix verwendet man gern iterative Verfahren wie zum Beispiel das CG-Verfahren. Die Konvergenz solcher Verfahren hängt häufig von der Konditionszahl der Systemmatrix ab. Eine gleichmäßig beschränkte Konditionszahl ist meist nicht von vornherein gegeben, also ist eine Vorkonditionierung nötig. Diese ist im Waveletrahmen unabhängig vom Differentialoperator zu realisieren.

Besondere Stärken von Waveletmethoden ergeben sich auch im Zusammenhang mit adaptiven Verfahren. Ausgehend von der genauen Kenntnis der Basisfunktionen, dem Vorhandensein von verschwindenden Momenten der Wavelets, sowie der Stabilität der entsprechenden Basen können Konvergenzaussagen auch für adaptive Verfahren formuliert werden.

Ein weiteres Anwendungsgebiet von Wavelets in der Numerik ist die Behandlung von Integralgleichungen. Die dabei vorkommenden Systemmatrizen sind in der Regel voll besetzt. Mit Hilfe von Wavelets mit verschwindenden Momenten können die Matrizen ausgedünnt werden, die entsprechenden Gleichungssysteme sind so effizienter zu lösen.

Literatur

[1] Chui, C.K.: An Introduction to Wavelets. Academic Press New York, 1992.

[2] Daubechies, I.: Ten Lectures on Wavelets. SIAM Publishers Philadelpia, 1992.

[3] Louis, A.K.; Maaß, P.; Rieder, A.: Wavelets, Theorie und Anwendungen. Teubner-Verlag Stuttgart, 1998.

[4] Mallat,S.: A Wavelet Tour of Signal Processing. Academic Press New York, 1998.

[5] Meyer, Y.: Ondelettes et Operateurs. Hermann Editeurs des Sciences et des Arts Paris, 1990.

Wavelet auf einem Intervall, Basisfunktion einer Multiskalenzerlegung des $L_2([0,1])$.

Ein Ausgangspunkt für die Konstruktion von ↗Wavelets auf einem Intervall basiert auf der Feststellung, daß zur numerischen Lösung zahlreicher Probleme Funktionen auf endlichen Intervallen von Interesse sind. Die einfachste Möglichkeit, Wavelets ψ^p auf $[0,1]$ zu erzeugen, ist die Periodisierung eines Wavelets ψ mit kompaktem Träger:

$$\psi^p(x) := \sum_{l\in\mathbb{Z}} \psi(x-l).$$

Dieser einfache Ansatz ist für oben genannte Anwendung nicht geeignet, da man mit dem Wavelet-Galerkin-Verfahren nicht nur Randwertprobleme mit periodischen, sondern mit beliebigen Randbedingungen behandeln möchte. Ein weiterer Nachteil ist, daß ψ^p eine geringere Anzahl von ↗verschwindenden Momenten als ψ hat, was sich negativ auf die Kompressions- und Approximationseigenschaften der entsprechenden Wavelet-Basis auswirkt.

Ein anderer Ansatz, Wavelets auf einem Intervall zu konstruieren, ist, nur diejenigen Wavelets, deren Träger vollständig in $[0,1]$ liegt, zu verwenden, und am Rand des Intervalls speziell angepaßte Funktionen hinzuzufügen. Eine solche Konstruktion führt zu einer orthonormalen Wavelet-Basis des $L_2(\mathbb{R})$ mit gewünschter Anzahl verschwindender Momente. Auf ähnliche Weise können auch biorthogonale Wavelets auf einem Intervall konstruiert werden.

Wavelet mit kompaktem Träger, ein ↗Wavelet ψ, dessen Funktionswerte außerhalb eines beschränkten Intervalls gleich Null sind.

Der Träger supp ψ liegt innerhalb eines Kompaktums. Es muß gelten

$$\overline{\operatorname{supp}\psi} \subset \Omega,$$

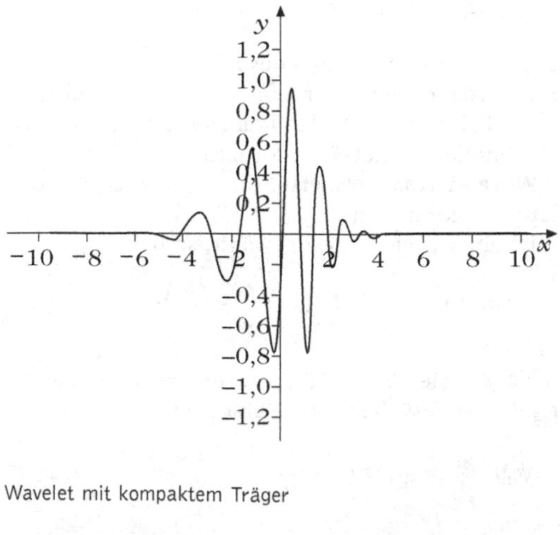

Wavelet mit kompaktem Träger

wobei $\Omega \subset \mathbb{R}^n$ eine kompakte Menge ist. Beispiele für Wavelets mit kompakten Träger sind Haar- und Daubechies- Wavelets, Beispiele für Prä-Wavelets mit kompakten Träger sind Spline-Wavelets.

Wavelet-Analyse, auch Dekomposition genannt, Anwendung der ↗Wavelet-Transformation auf eine Funktion oder ein diskretes Signal.

Die Wavelet-Analyse erlaubt eine Untersuchung auf verschiedenen Verfeinerungsskalen. Wie die Fourier-Analyse bietet auch die Wavelet-Analyse Aufschluß über das Frequenzverhalten des Ausgangssignals. Siehe hierzu auch ↗Wavelet.

Wavelet-Basis, Basis

$$\{\psi_{j,k} | j,k \in \mathbb{Z}\}$$

eines Funktionenraums, häufig des $L_2(\mathbb{R})$, die durch Translation und Dilatation einer einzigen Funktion ψ gewonnen wird. Man definiert

$$\psi_{j,k} := 2^{j/2}\psi(2^j \cdot -k).$$

Klassische Wavelet-Basen sind orthogonal, d. h. es gilt

$$\langle\ \psi_{j,k}, \psi_{j',k'} \rangle = \delta_{jj'}\delta_{kk'}$$

für $j, j', k, k' \in \mathbb{Z}$. Die Haar-Basis des $L_2(\mathbb{R})$, die mit der charakteristischen Funktion $\chi_{[0,1]}$ als Generator entsteht, kann als ältestes Beispiel einer Wavelet-Basis aufgefaßt werden. Ziel neuerer Konstruktionen war es, höhere Glattheit der Basisfunktionen zu erreichen und trotzdem die Vorteile der Haar-Basis wie Kompaktheit der Träger der Wavelets beizubehalten. Die Konstruktion einer solchen Wavelet-Basis gelang Ingrid Daubechies 1988 (↗Daubechies-Wavelet).

Geht man von den strengen Forderungen wie kompakter Träger oder Orthogonalität der Translate, d. h.

$$\langle\psi, \psi(\cdot - k)\rangle = \delta_{0k},$$

ab, so ergeben sich zahlreiche Verallgemeinerungen des Begriffs Wavelet-Basis. Beispiele dafür sind Prä-Wavelet-Basen, deren Basisfunktionen nur bzgl. verschiedener Skalen orthogonale Translate haben.

Meyer-Wavelets erzeugen eine orthogonale Waveletbasis mit Funktionen, die zwar keinen kompakten Träger haben, aber für betragsmäßig wachsendes Argument schneller als jede Potenz gegen Null gehen.

Biorthogonale Wavelet-Basen verfügen über eine allgemeinere Orthogonalitätsbedingung; Ausgangspunkt sind hier zwei Multiskalenzerlegungen des L_2, deren Generatoren und Wavelets wechselseitig orthogonal sind. Wegen der erhöhten Flexibilität bei der Konstruktion biorthogonaler Basen kann man so operator-angepaßte Wavelet-Basen gewinnen. Weiterhin werden auch Wavelet-Basen in höheren Raumdimensionen konstruiert (mehrdimensionale Wavelets).

Eine andere Verallgemeinerung betrifft die betrachteten Funktionenräume, z. B. existieren auch Wavelet-Basen für Sobolew- oder Besowräume.

Weitere Varianten betreffen das zugrundeliegende Gebiet. Beispielsweise gibt es Konstruktionen von Wavelets auf einem Intervall, die zu einer Multiskalenzerlegung des $L_2([0,1])$ führen. Weiterhin werden diese Ansätze auch ausgenutzt, um Wavelet-Basen auf allgemeineren Mannigfaltigkeiten wie beispielsweise der zweidimensionalen Sphäre zu konstruieren. Letztlich zu erwähnen sind die Wavelet-Pakete, bei denen die Waveletunterräume W_j nochmals aufgesplittet werden, um so die Frequenzauflösung zu verbessern.

Siehe hierzu auch ↗Wavelet.

Wavelet-Galerkin-Diskretisierung, verwendet die Räume V_j einer Multiresolutionsanalyse als Ansatzräume bei einer Galerkin-Diskretisierung einer Variationsaufgabe.

Siehe hierzu auch ↗Wavelet.

Wavelet-Pakete, Variante einer Wavelet-Basis und orthogonalen Basis des $L_2(\mathbb{R})$.

Grundlegende Idee dabei ist, die Räume W_j in der Waveletzerlegung weiter aufzusplitten, um evtl. bessere Frequenzauflösung zu erhalten. Im Gegensatz zur Situation bei der gefensterten Fourier-Transformation haben Wavelets auf groben und auf feinen Skalen dieselbe Anzahl von Oszillationen, da sie durch Skalierung auseinander hervorgehen. Bei der Wavelet-Transformation werden also zur Auflösung niedriger und hoher Frequenzen Funktionen gleichen Typs verwendet. Dies kann in gewissen Situationen nachteilig sein.

Um diese Beschränkung zu überwinden, hat man Wavelet-Pakete eingeführt. Mit der Skalierungsfunktion ϕ assoziierte Wavelet-Pakete ψ_n, $n = 0, 1, \ldots$, bestehen aus mehreren übereinandergelagerten Wavelets und werden (mit $\psi_0 := \phi$ und $\psi_1 := \psi$) rekursiv definiert durch

$$\psi_{2n}(x) = \sqrt{2}\sum h_k \psi_n(2x-k),$$
$$\psi_{2n+1}(x) = \sqrt{2}\sum g_k \psi_n(2x-k),$$

wobei $\{h_k\}_{k\in\mathbb{Z}}$ die Filterkoeffizienten der Skalierungsfunktion ϕ und $\{g_k\}_{k\in\mathbb{Z}}$ diejenigen des Wavelets ψ sind.

Das Funktionensystem

$$\{\psi_n(\cdot - k) | n \in \mathbb{N}_0, k \in \mathbb{Z}\}$$

bildet eine Orthonormalbasis des $L_2(\mathbb{R})$. Die mit der Skalierungsfunktion $\phi = \chi_{[0,1]}$ des Haar-Wavelets assoziierten Wavelet-Pakete etwa ergeben die sogenannte Walsh-Reihe.

Wavelet-Synthese, auch Rekonstruktion genannt, umgekehrter Prozeß zur Wavelet-Analyse, Rekonstruktion einer mit Hilfe der ↗Wavelet-Transformation zerlegten Funktion aus ihren Waveletkoeffizienten.

Wavelet-Transformation, Integraltransformation einer Funktion f bezüglich eines festen ↗Wavelets ψ.

Genauer ist die (kontinuierliche) Wavelet-Transformation einer Funktion $f \in L_2(\mathbb{R})$ definiert durch

$$Wf(a,b) := |a|^{-\frac{1}{2}} \int_{\mathbb{R}} f(x)\,\psi(\frac{x-b}{a})dx \qquad (1)$$

Dabei ist ψ ein fest gewähltes Wavelet mit $\|\psi\| = 1$, das die Zulässigkeitsbedingung

$$2\pi \int_{\mathbb{R}} \frac{|\psi(\xi)|^2}{|\xi|} d\xi =: C_\psi < \infty$$

erfüllt.

Vorteilhaft für die Untersuchung des lokalen Verhaltens von f ist die Wahl eines Wavelets ψ mit kompaktem Träger in der Wavelet-Transformation. Ist ein solches Wavelet fixiert, so bewirkt der Verschiebungsparameter b in (1) das Enthaltensein lokaler Informationen von f an der Stelle b in $Wf(a,b)$. Der Skalierungsparameter a bestimmt die Größe des analysierten Bereiches von f.

Die Wavelet-Transformation zum Wavelet ψ

$$Wf(a,b) : L_2(\mathbb{R}) \to L_2\left(\mathbb{R}^2, \frac{dadb}{a^2}\right)$$

ist eine Isometrie, daher wird sie auf ihrem Bildbereich durch ihre adjungierte Abbildung invertiert.

Für praktische Anwendungen wird häufig eine Diskretisierung der Wavelet-Transformation vorgenommen. Eine gängige Wahl für die Parameter in $Wf(a,b)$ ist $a = 2$ und $b = 1$. In diesem Fall bildet die Familie

$$\psi_{j,k} := 2^{\frac{j}{2}} \psi(2^j \cdot -k), \quad j,k \in \mathbb{Z}$$

eine orthonormale Basis des $L_2(\mathbb{R})$.

Ein Algorithmus zur effizienten Durchführung der diskreten Wavelet-Transformation ist die ↗schnelle Wavelet-Transformation.

Wavelet-Transformierte, Ergebnis einer ↗Wavelet-Transformation.

Ist ein Wavelet ψ fest gewählt, so heißt

$$Wf(a,b) = |a|^{-\frac{1}{2}} \int_{\mathbb{R}} f(x)\psi\left(\frac{x-b}{a}\right)dx$$

für $a \neq 0$ die Wavelet-Transformierte der Funktion $f \in L_2(\mathbb{R})$ bezüglich ψ. Sie läßt sich mit

$$\psi_{a,b}(x) := |a|^{-\frac{1}{2}} \psi\left(\frac{x-b}{a}\right)$$

auch als Skalarprodukt

$$Wf(a, b) = \langle f, \psi_{a,b} \rangle$$

schreiben.

Wavelet-Vaguelette-Zerlegung, Zerlegung der Ansatz- und Testfunktionen in einem Galerkin-Verfahren mit dem Ziel, eine Operatorgleichung

$$Lu = f$$

effizient zu lösen.

Es seien L ein stetiger linearer Operator $L : L_2(\mathbb{R}) \rightarrow L_2(\mathbb{R})$ und L^* der adjungierte Operator. Startend mit einer orthogonalen Skalierungsfunktion ϕ und zugehörigem orthogonalen ↗Wavelet ψ werden Funktionen $v_{0,k}$ und $w_{m,k}$, $k \in \mathbb{Z}$, $m \in \mathbb{N}_0^+$, durch

$$\begin{aligned} L^* v_{0,k} &= \lambda_{0,k} \phi_{0,k} \\ L^* w_{m,k} &= \mu_{m,k} \psi_{m,k} \end{aligned}$$

mit

$$\|v_{0,k}\| = \|w_{m,k}\| = 1$$

definiert. Gilt die Normäquivalenz

$$\| \sum_{k \in \mathbb{Z}} c_{0,k} v_{0,k} + \sum_{m \geq 0} \sum_{k \in \mathbb{Z}} d_{m,k} w_{m,k} \|_{L_2}^2 \sim \sum_{k \in \mathbb{Z}} c_{0,k}^2 + \sum_{m \geq 0} \sum_{k \in \mathbb{Z}} d_{m,k}^2 ,$$

dann heißt

$$\{\phi_{0,k}, \psi_{m,k}, v_{0,k}, w_{m,k}, \lambda_{0,k}, \mu_{m,k}\}$$

eine Wavelet-Vaguelette-Zerlegung des Operators L. Die Wavelet-Vaguelette-Zerlegung hat Ähnlichkeit mit der Singulärwertzerlegung eines kompakten Operators, das asymptotische Verhalten der $\mu_{m,k}$ ist vergleichbar mit dem der Singulärwerte.

Der Einsatz einer Wavelet-Vaguelette-Zerlegung für Galerkin-Verfahren zur Lösung einer Operatorgleichung der Form $Lu = f$ ist für gewisse Klassen von Operatoren geeignet und führt auf ein lineares Gleichungssystem mit einer Diagonalmatrix als Koeffizientenmatrix. Vaguelettes werden hierbei für die Zerlegung der Testfunktionen verwendet. Beispielsweise sind die beim Galerkin-Ansatz für Faltungsoperatoren auftretenden Skalarprodukte $\langle f, w_{m,k} \rangle$ effizient berechenbar. Dies ist ein wichtiger Aspekt für die praktische Verwendbarkeit der Methode.

Wavelet-Wavelet-Zerlegung, Zerlegung im Zusammenhang mit einem Galerkin-Verfahren zur Lösung einer Operatorgleichung

$$Lu = f .$$

Bei der Wavelet-Wavelet-Zerlegung werden im Gegensatz zum Vorgehen bei der ↗Wavelet-Vaguelette-Zerlegung ↗Wavelets sowohl als Ansatz- als auch als Testfunktionen verwendet.

Sehr viele praktische Gründe sprechen für den Einsatz von Splines. Spline-Wavelets sind i. allg. nicht voll orthogonal, daher werden vorzugsweise biorthogonale Wavelets verwendet.

Zu einfachen Differentialoperatoren L mit Symbol $\sigma(\xi) = \xi^{2m}$ wurden von Dahlke und Weinreich 1994 eine biorthogonale Wavelet-Basis so konstruiert, daß die enstehende Steifigkeitsmatrix Blockdiagonalform und darüberhinaus gleichmäßig beschränkte Konditionszahl hat. Damit ist das entstehende lineare Gleichungssystem effizient zu lösen.

Wavelet-Zerlegung, Zerlegung einer Funktion bzw. einer Folge diskreter Werte mit Hilfe der ↗Wavelet-Transformation.

Wegen der Inklusion $V_0 \subset V_1$ in der Multiskalenzerlegung $\{V_j\}_{j \in \mathbb{Z}}$ eines Funktionenraums, z. B. des $L_2(\mathbb{R})$, und der Eigenschaft

$$\bigcap_{j \in \mathbb{Z}} V_j = \{0\} ,$$

läßt sich V_1 als direkte Summe von V_0 und dem orthogonalen Komplement W_0 schreiben, also

$$V_1 = V_0 \oplus W_0 , \quad V_0 \perp W_0 .$$

Analog ist V_0 zerlegbar in $V_{-1} \oplus W_{-1}$, und man erhält rekursiv

$$V_J = \bigoplus_{j=-\infty}^{J-1} W_j \quad \text{und} \quad L_2(\mathbb{R}) = \bigoplus_{j=-\infty}^{\infty} W_j .$$

Jede Funktion $f \in L_2(\mathbb{R})$ läßt sich damit orthogonal in

$$f = \sum_j f_j$$

mit Funktionen $f_j \in W_j$ zerlegen. Dabei enthält W_j die Details der Skala j, der Index j entspricht einer Frequenz. Ein Wavelet ψ zum Generator ϕ wird gerade so konstruiert, daß

$$\langle \phi, \psi(\cdot - k) \rangle = 0 \quad \text{für alle } k \in \mathbb{Z}$$

und

$$W_0 := \overline{\text{span}\{\psi(\cdot - k) | k \in \mathbb{Z}\}}$$

gelten, wenn

$$V_0 := \overline{\text{span}\{\phi(\cdot - k) | k \in \mathbb{Z}\}}$$

ist. Skalierung und Translation von ψ ergeben

$$\psi_{j,k} := 2^{j/2} \psi(2^j \cdot - k) j, k \in \mathbb{Z} ,$$

und es stellt sich heraus, daß

$$W_j = \overline{\operatorname{span}\{\psi_{j,k} | k \in \mathbb{Z}\}} \quad \text{für alle } j \in \mathbb{Z}\,.$$

Die Berechnung der Wavelet-Zerlegung wird mittels ↗schneller Wavelet-Transformation durchgeführt. Eine Funktion wird damit auf ihre Waveletkoeffizienten abgebildet. Die Information, die in diesen Koeffizienten enthalten ist, hängt von der Auswahl des Wavelets bzw. der Filter ab.

W-Bosonen, zusammen mit den ↗Z-Bosonen Ladungsträger der schwachen Ladung, siehe hierzu ↗schwache Wechselwirkung.

Es gibt W-Bosonen und Z-Bosonen mit schwacher Ladung. Das Z-Boson ist elektrisch neutral, während die W-Bosonen auch noch elektrische Ladung tragen.

WCG-Raum, ↗schwach kompakt erzeugter Banachraum.

Weatherburn, Charles Ernest, australischer Mathematiker, geb. 18.6.1884 Sydney, gest. 18.10. 1974 Perth.

Weatherburn studierte bis 1906 an der Universität Sydney und ging danach nach England, um am Trinity College Cambridge bei Whitehead, Whittaker und Hardy weiterzustudieren. 1908 kehrte er nach Australien zurück, um eine Stelle am Ormond College der Universität Melbourne anzunehmen. 1923 wechselte er an das Canterbury College der University von Neuseeland. Sechs Jahre später kehrte er wieder zurück nach Australien, um den Lehrstuhl für Mathematik an der University of Western Australia zu übernehmen.

Weatherburn machte sich zunächst verdient um die Durchsetzung der Vektoranalysis, die zu dieser Zeit nicht allgemein anerkannt war. Später wandte er sich der Differentialgeometrie zu. Er untersuchte Kurven und Flächen, insbesondere kleine Deformationen von Flächen.

Weber, Heinrich, deutscher Mathematiker, geb. 5.5.1842 Heidelberg, gest. 17.5.1913 Straßburg.

Ab 1860 studierte Weber an verschiedenen Universitäten, unter anderem in Heidelberg, Leipzig und Königsberg. 1863 promovierte er in Heidelberg, 1866 habilitierte er sich. Danach war er zunächst Privatdozent, später außerordentlicher Professor in Heidelberg. Es folgten Lehraufträge in Zürich am Eidgenössischen Polytechnikum, an der Universität Königsberg und an der Technischen Hochschule in Berlin-Charlottenburg. Ab 1895 unterrichtete er in Straßburg.

Webers Hauptarbeitsgebiet waren die Algebra, die Zahlentheorie, die Analysis und die mathematische Physik. Er führte für endliche Gruppen den Begriff der Charaktere ein. Sein wichtigstes Buch ist „Lehrbuch der Algebra“, veröffentlicht 1895.

Weber-Funktion, die durch das Integral

$$\mathrm{E}_\nu(z) := \frac{1}{\pi}\int_0^\pi \sin(\nu\vartheta - z\sin\vartheta)\,d\vartheta$$

definierte Funktion. Von Zeit zu Zeit findet man allerdings auch die ↗Bessel-Funktion zweiter Ordnung Y_ν als Weber-Funktion bezeichnet.

Es gelten folgende Relationen zwischen der Weber-Funktion und der ↗Anger-Funktion J_ν:

$$\begin{aligned}\sin(\nu\pi)\mathrm{J}_\nu(z) &= \cos(\nu\pi)\mathrm{E}_\nu(z) - \mathrm{E}_{-\nu}(z)\\ \sin(\nu\pi)\mathrm{E}_\nu(z) &= \mathrm{J}_{-\nu}(z) - \cos(\nu\pi)\mathrm{J}_\nu(z)\end{aligned}$$

Ferner kann man für $n \in \mathbb{N}_0$ die Weber-Funktion noch durch die ↗Struve-Funktion H_ν ausdrücken:

$$\mathrm{E}_n(z) = \frac{1}{\pi}\sum_{k=0}^{[(n-1)/2]} \frac{\Gamma(k+\frac{1}{2})(\frac{z}{2})^{n-2k-1}}{\Gamma(n+\frac{1}{2}-k)} - \mathrm{H}_n(z)$$

$$\mathrm{E}_{-n}(z) = \frac{(-1)^{n+1}}{\pi}\sum_{k=0}^{[(n-1)/2]} \frac{\Gamma(n-k-\frac{1}{2})(\frac{z}{2})^{-n+2k+1}}{\Gamma(k+\frac{3}{2})} - \mathrm{H}_{-n}(z)$$

[1] Abramowitz, M.; Stegun, I.A.: Handbook of Mathematical Functions. Dover Publications, 1972.

[2] Olver, F.W.J.: Asymptotics and Special Functions. Academic Press, 1974.

Webersche Differentialgleichung, homogene lineare Differentialgleichung zweiter Ordnung der Form

$$y'' - xy' - ay = 0\,. \tag{1}$$

Mit geeigneten Konstanten C_1, C_2 ist

$$y(x) = C_1\left(1+\sum_{i=1}^{\infty}\frac{a(a+2)\dots(a+2i-2)}{(2i)!}x^{2i}\right)$$
$$+C_2\left(x+\sum_{i=1}^{\infty}\frac{(a+1)(a+3)\dots(a+2i-1)}{(2i+1)!}x^{2i+1}\right)$$

eine Lösung der Weberschen Differentialgleichung (1).

Gilt $-a = n \in \mathbb{N}$, so geht die Gleichung (1) mit $y = u(x)\exp\frac{1}{2}x^2$ in die Differentialgleichung

$$u'' + xu' + (n+1)u = 0 \qquad (2)$$

über. Diese besitzt die Lösung

$$u = \frac{d^n}{dx^n}e^{-\frac{1}{2}x^2}(C_1 + C_2\int e^{\frac{1}{2}t^2}dt).$$

Mit $y = u(x)\exp\frac{1}{4}x^2$ entsteht aus (1) die Webersche Differentialgleichung in der Form

$$4u'' - (x^2 + a)u = 0\,. \qquad (3)$$

Falls $a = -2(2n+1)$ (mit geeignetem $n \in \mathbb{N}$), so ist

$$u = 2^{-\frac{n}{2}}e^{-\frac{1}{4}x^2}H_n\left(\frac{x}{\sqrt{2}}\right)$$

mit

$$H_n(x) = (-1)^n e^{x^2}\frac{d^n}{dx^n}e^{-x^2}$$

eine Lösung von (3).

Weber-Transformation, eine ↗Integral-Transformation, definiert durch

$$(W_a f)(x) := \int_a^{\infty}(J_\nu(tx)\,Y_\nu(ax) - J_\nu(ax)\,Y_\nu(tx))\,tf(t)\,dt,$$

wobei J_ν und Y_ν die ↗Bessel-Funktionen erster bzw. zweiter Art der Ordnung ν bezeichnen.

Für die speziellen Werte $\nu = \pm\frac{1}{2}$ erhält man die Fourier-Sinus- bzw. Fourier-Cosinus-Transformation (↗Fourier-Transformation).

Für $a \to 0$ geht die Weber-Transformation in eine Fassung der ↗Hankel-Transformation über.

Wechselwinkel, Winkel, die beim Schnitt zweier paralleler Geraden g_1 und g_2 mit einer Geraden h entstehen und auf verschiedenen Seiten der Schnittgeraden und der Parallelen liegen.

Die Schenkel von Wechselwinkeln sind paarweise entgegengesetzt gerichtet.

Der Wechselwinkelsatz besagt:

Wechselwinkel an geschnittenen Parallelen sind kongruent.

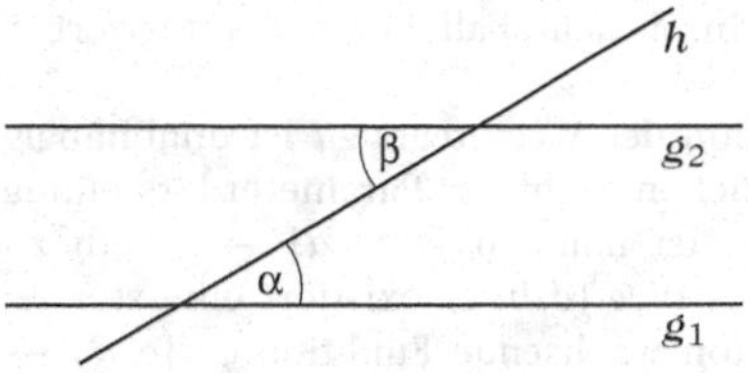

Wechselwinkel

In der ↗nichteuklidischen Geometrie gilt der Wechselwinkelsatz nicht, da er eine zum ↗Parallelenaxiom des Euklid äquivalente Aussage ist.

Wedderburn, Lemma von, eine Aussage, die bei der Untersuchung der ↗Algebra der holomorphen Funktionen eine wichtige Rolle spielt. Das Lemma lautet:

Es seien $G \subset \mathbb{C}$ ein Gebiet und $f_1, \dots, f_n \in \mathcal{O}(G)$ teilerfremde Funktionen.

Dann gibt es Funktionen $g_1, \dots, g_n \in \mathcal{O}(G)$ mit

$$g_1(z)f_1(z) + \dots + g_n(z)f_n(z) = 1$$

für alle $z \in G$.

Wegelement, ↗metrischer Tensor.

Wegintegral, komplexes, zentraler Begriff in der Funktionentheorie.

Zur Definition sei $\gamma\colon [a,b] \to \mathbb{C}$ ein Weg und f eine (mindestens) auf dem Träger $|\gamma| := \gamma([a,b])$ von γ definierte komplexwertige Funktion. Weiter sei Z eine Zerlegung von $[a,b]$, d. h., Z besteht aus Zerlegungspunkten $t_0, t_1, \dots, t_n \in [a,b], n \in \mathbb{N}$, mit

$$a = t_0 < t_1 < t_2 < \dots < t_{n-1} < t_n = b\,,$$

und für $k \in \{1,\dots,n\}$ sei $I_k := [t_{k-1}, t_k]$. Es bezeichne $\delta(Z) := \max_{k=1,\dots,n}(t_k - t_{k-1})$ die maximale Länge der Zerlegungsintervalle $I_1, \dots, I_n$. Schließlich seien $\tau_k \in I_k$, $k = 1, \dots, n$, sog. Zwischenpunkte und $\tau := (\tau_1, \dots, \tau_n) \in [a,b]^n$.

Dann betrachtet man die Riemann-Summe

$$S(f; Z, \tau) := \sum_{k=1}^{n} f(\gamma(\tau_k))[\gamma(\tau_k) - \gamma(\tau_{k-1})]\,.$$

Man nennt f integrierbar über γ, falls eine Zahl $I \in \mathbb{C}$ mit folgender Eigenschaft existiert: Zu jedem $\varepsilon > 0$ gibt es ein $\delta > 0$ derart, daß für jede Zerlegung Z von $[a,b]$ mit $\delta(Z) < \delta$ und jede Wahl der Zwischenpunkte $\tau_1, \dots, \tau_n$ gilt

$$|I - S(f; Z_n, \tau)| < \varepsilon\,.$$

Die Zahl I heißt dann (komplexes) Wegintegral von f über γ und wird mit

$$I = \int_\gamma f(z)\,dz = \int_\gamma f\,dz$$

bezeichnet. In diesem Fall heißt f integrierbar über γ.

Die Definition des Wegintegrals I ist unabhängig von der speziellen Wahl der Parameterdarstellung des Weges γ. Ist nämlich $\tilde{\gamma}: [c, d] \to \mathbb{C}$ ein zu γ äquivalenter Weg (d. h. es existiert eine stetige, streng monoton wachsende Funktion $\varphi: [c, d] \to [a, b]$ mit $\varphi(c) = a$, $\varphi(d) = b$ und $\tilde{\gamma} = \gamma \circ \varphi$), so gilt

$$\int_{\tilde{\gamma}} f(z)\, dz = \int_{\gamma} f(z)\, dz\,.$$

Man kann I auch als (Riemann-)Stieltjes-Integral auffassen, d. h.

$$I = \int_a^b \tilde{f}(t)\, d\gamma(t)\,,$$

wobei $\tilde{f} = f \circ \gamma: [a, b] \to \mathbb{C}$. Ist speziell $\gamma(t) = t$ für alle $t \in [a, b]$, so gilt

$$\int_{\gamma} f(z)\, dz = \int_a^b f(t)\, dt\,,$$

wobei auf der rechten Seite das übliche Riemann-Integral einer Funktion einer Veränderlichen steht.

Eine hinreichende Bedingung für die Existenz des Wegintegrals I ist die Rektifizierbarkeit von γ und die Stetigkeit von f auf $|\gamma|$. Man nennt γ dann auch einen Integrationsweg. In der Funktionentheorie ist in der Regel f eine ↗holomorphe Funktion in einem ↗Gebiet $G \subset \mathbb{C}$, das $|\gamma|$ enthält.

Es sind noch weitere Integrale von Interesse, nämlich

$$\int_{\gamma} f\, dx\,, \quad \int_{\gamma} f\, dy\,, \quad \int_{\gamma} f\, d\bar{z}\,, \quad \int_{\gamma} f\, |dz|\,.$$

Diese werden wie oben definiert, indem man die Summe $S(f; Z, \tau)$ durch

$$\sum_{k=1}^{n} f(\gamma(\tau_k))[x(\tau_k) - x(\tau_{k-1})]$$

bzw.

$$\sum_{k=1}^{n} f(\gamma(\tau_k))[(y(\tau_k) - y(\tau_{k-1})]$$

bzw.

$$\sum_{k=1}^{n} f(\gamma(\tau_k))[\overline{\gamma(\tau_k)} - \overline{\gamma(\tau_{k-1})}]$$

bzw.

$$\sum_{k=1}^{n} f(\gamma(\tau_k))|\gamma(\tau_k) - \gamma(\tau_{k-1})|$$

ersetzt, wobei $\gamma(t) = x(t) + iy(t)$ für $t \in [a, b]$. Es gilt dann

$$\int_{\gamma} f\, dz = \int_{\gamma} f\, dx + i \int_{\gamma} f\, dy\,,$$

$$\int_{\gamma} f\, dx = \frac{1}{2}\left(\int_{\gamma} f\, dz + \int_{\gamma} f\, d\bar{z}\right),$$

$$\int_{\gamma} f\, dy = \frac{1}{2i}\left(\int_{\gamma} f\, dz - \int_{\gamma} f\, d\bar{z}\right),$$

$$\int_{\gamma} f\, d\bar{z} = \overline{\int_{\gamma} \bar{f}\, dz}\,.$$

Ist γ rektifizierbar, und setzt man $f(z) = 1$ für alle $z \in |\gamma|$, so ist $\int_{\gamma} |dz|$ gerade die Bogenlänge $l(\gamma)$ von γ.

Man kann das komplexe Wegintegral auch durch reelle Wegintegrale (↗Wegintegral, reelles) darstellen. Dazu sei $f = u + iv$. Dann gilt

$$\int_{\gamma} f\, dz = \int_{\gamma} (u\, dx - v\, dy) + i \int_{\gamma} (v\, dx + u\, dy)\,.$$

Ist γ ein stetig ↗differenzierbarer Weg, so ist γ rektifizierbar, und für jede auf $|\gamma|$ stetige Funktion f gilt

$$\begin{aligned}\int_{\gamma} f(z)\, dz &= \int_a^b f(\gamma(t))\gamma'(t)\, dt \\ &= \int_a^b [u(\gamma(t))x'(t) - v(\gamma(t))y'(t)]\, dt \\ &\quad + i \int_a^b [v(\gamma(t))x'(t) + u(\gamma(t))y'(t)]\, dt\,.\end{aligned}$$

In den neueren Lehrbüchern zur Funktionentheorie werden häufig nur Wegintegrale über stückweise stetig differenzierbare Wege betrachtet.

Nun werden noch die wichtigsten Eigenschaften komplexer Wegintegrale zusammengestellt. Dabei seien alle auftretenden Wege γ rektifizierbar und $C(|\gamma|)$ die Menge aller stetigen Funktionen $f: |\gamma| \to \mathbb{C}$.

(1) Das Wegintegral ist $\mathbb{C}$-linear, d. h. für $\alpha, \beta \in \mathbb{C}$ und $f, g \in C(|\gamma|)$ gilt

$$\int_{\gamma} (\alpha f + \beta g)\, dz = \alpha \int_{\gamma} f\, dz + \beta \int_{\gamma} g\, dz\,.$$

(2) Es seien $\gamma: [a, b] \to \mathbb{C}$ und $\tilde{\gamma}: [\tilde{a}, \tilde{b}] \to \mathbb{C}$ Wege derart, daß der Endpunkt von γ mit dem Anfangspunkt von $\tilde{\gamma}$ übereinstimmt, d. h. $\gamma(b) = \tilde{\gamma}(\tilde{a})$. Dann ist der Summenweg

$$\gamma + \tilde{\gamma}: [a, \tilde{b} - \tilde{a} + b] \to \mathbb{C}$$

definiert durch

$$(\gamma+\tilde{\gamma})(t) := \begin{cases} \gamma(t) & \text{für } t \in [a,b], \\ \tilde{\gamma}(t+\tilde{a}-b) & \text{für } t \in (b, \tilde{b}-\tilde{a}+b], \end{cases}$$

und für $f \in C(|\gamma+\tilde{\gamma}|)$ gilt

$$\int_{\gamma+\tilde{\gamma}} f\,dz = \int_{\gamma} f\,dz + \int_{\tilde{\gamma}} f\,dz.$$

(3) Ist $\gamma: [a,b] \to \mathbb{C}$ ein Weg, so ist der Umkehrweg $-\gamma: [a,b] \to \mathbb{C}$ definiert durch

$$(-\gamma)(t) := \gamma(a+b-t),$$

und für $f \in C(|\gamma|)$ gilt

$$\int_{-\gamma} f\,dz = -\int_{\gamma} f\,dz.$$

(4) Es sei $G \subset \mathbb{C}$ ein Gebiet, g eine in G holomorphe Funktion, $\gamma: [a,b] \to G$ ein Weg und $\hat{\gamma} := g \circ \gamma: [a,b] \to \mathbb{C}$ der Bildweg.

Dann ist $\hat{\gamma}$ rektifizierbar, und für jedes $f \in C(|\hat{\gamma}|)$ gilt die Transformationsformel

$$\int_{\hat{\gamma}} f(z)\,dz = \int_{\gamma} f(g(\zeta))g'(\zeta)\,d\zeta.$$

(5) Für jedes $f \in C(|\gamma|)$ gilt

$$\left|\int_{\gamma} f\,dz\right| \leq \int_{\gamma} |f|\,|dz| \leq \|f\|_{\gamma} l(\gamma),$$

wobei $\|f\|_{\gamma} := \max_{z\in|\gamma|} |f(z)|$.

Siehe auch ↗ Integrabilität und ↗ Wegintegral, reelles.

Wegintegral, reelles, zentraler Begriff in der mehrdimensionalen reellen Analysis.

Ein reelles Wegintegral ist ein Integral der Form

$$\int_{\varphi} f(\mathfrak{x})\cdot d\mathfrak{x} = \int_{\varphi} \langle f \,|\, d\mathfrak{x}\rangle = \int_a^b f \circ \varphi\, d\varphi,$$

wobei $n \in \mathbb{N}$, $a, b \in \mathbb{R}$ mit $a < b$,

$$\varphi: [a,b] \to \mathbb{R}^n \quad \text{stetig} \quad \text{(‚Weg‘)}$$

und f eine zumindest auf $\varphi([a,b])$ definierte $\mathbb{R}^n$-wertige Abbildung sind. Mit den Koordinatenfunktionen f_ν bzw. φ_ν von f bzw. φ kann dies über einfache ↗ Stieltjes-Integrale definiert werden:

$$\int_{\varphi} \langle f \,|\, d\mathfrak{x}\rangle = \int_{\varphi} f(\mathfrak{x})\cdot d\mathfrak{x} := \sum_{\nu=1}^{n} \int_a^b f_\nu \circ \varphi\, d\varphi_\nu$$

Für stetiges f und φ von beschränkter Variation hat man die Existenz des Integrals. Wie gewohnt liest man die Linearität bezüglich des Integranden ab.

Mit dem Weg $\varphi^- : [-b,-a] \ni t \longmapsto \varphi(-t) \in \mathbb{R}^n$ gilt

$$\int_{\varphi^-} f(\mathfrak{x})\cdot d\mathfrak{x} = -\int_{\varphi} f(\mathfrak{x})\cdot d\mathfrak{x}.$$

Für $a < c < b$ und $\psi_1 : [a,c] \longmapsto \mathbb{R}^n$ und $\psi_2 : [c,b] \longmapsto \mathbb{R}^n$ mit $\psi_1(c) = \psi_2(c)$, also Endpunkt von ψ_1 gleich Anfangspunkt von ψ_2, gilt für $\psi : [a,b] \longmapsto \mathbb{R}^n$, definiert durch $\psi(t) = \psi_1(t)$ für $a \le t \le c$ und $\psi(t) = \psi_2(t)$ für $c < t \le b$ (‚zusammengesetzter Weg‘), mit $\psi =: \psi_1 + \psi_2$

$$\int_{\psi_1+\psi_2} f(\mathfrak{x})\cdot d\mathfrak{x} = \int_{\psi_1} f(\mathfrak{x})\cdot d\mathfrak{x} + \int_{\psi_2} f(\mathfrak{x})\cdot d\mathfrak{x}.$$

Die beiden letzten abgesetzten Formeln sind implizit jeweils so zu lesen, daß der Ausdruck auf der rechten Seite genau dann existiert, wenn der auf der linken Seite existiert. Für die praktische Rechnung wird man in der Regel (eventuell auch nur auf Teilintervallen) die folgene Aussage heranziehen:

Ist φ stetig differenzierbar, so hat man

$$\int_{\varphi} f(\mathfrak{x})\cdot d\mathfrak{x} = \int_a^b f(\varphi(t))\cdot\varphi'(t)\,dt$$

$$= \sum_{\nu=1}^{n} \int_a^b f_\nu(\varphi(t))\,\varphi_\nu'(t)\,dt.$$

Die Betrachtung von Äquivalenzklassen von Wegen führt zu Kurven. Aus den Eigenschaften des Wegintegrals ergeben sich dann unmittelbar Eigenschaften des ↗ Kurvenintegrals.

Siehe auch ↗ Wegintegral, komplexes.

Wegunabhängigkeit des Kurvenintegrals, die Aussage, daß unter geeigneten Voraussetzungen ein Kurvenintegral zu einen gegebenem $f: \mathfrak{C} \to \mathbb{R}^n$ (‚Vektorfeld‘)

$$\int_{\mathfrak{C}} \langle f \,|\, d\mathfrak{x}\rangle$$

für beliebige a, b in $\mathfrak{G}$ nur von Anfangspunkt $a = a(\mathfrak{C})$ und Endpunkt $e = e(\mathfrak{C})$ der verbindenden Kurve $\mathfrak{C}$ abhängt.

Im allgemeinen hängt bei festem Anfangspunkt und Endpunkt dieser Wert noch von der Kurve ab, die die beiden Punkte verbindet. Wir betrachten dabei zu $n \in \mathbb{N}$ nur Kurven $\mathfrak{C}$, die in einem vorgegebenen Gebiet $\mathfrak{G}$ im $\mathbb{R}^n$ verlaufen.

Als erstes einfaches Resultat gilt dazu:

Besitzt die Kurve eine stetig differenzierbare Parameterdarstellung, und existiert eine Stammfunktion F zu f (man sagt, das ‚Feld ist konservativ'), so ist

$$\int_{\mathfrak{C}} \langle f \mid d\mathfrak{x} \rangle \;=\; F(e(\mathfrak{C})) - F(a(\mathfrak{C}))\,.$$

Das Kurvenintegral ist also unter diesen Voraussetzungen wegunabhängig. Natürlich kann man dabei ‚stetig differenzierbar' für die Parameterdarstellung abschwächen zu ‚stückweise stetig differenzierbar'. Offenbar gilt:

$\int_{\mathfrak{C}} \langle f \mid d\mathfrak{x} \rangle$ *ist genau dann wegunabhängig, wenn für jede geschlossene Kurve* $\mathfrak{C}$ *in* $\mathfrak{G}$ *das Kurvenintegral Null ist.*

Die erste Überlegung kann ausgebaut werden zu:

Das Kurvenintegral $\int_{\mathfrak{C}} \langle f \mid d\mathfrak{x} \rangle$ *ist genau dann wegunabhängig, wenn eine Stammfunktion zu f existiert.*

Ist die Funktion f sogar stetig differenzierbar, dann sind *notwendig für die Existenz einer Stammfunktion* (Existenz eines Potentials zu gegebenem Vektorfeld) zu f die *Integrabilitätsbedingungen*

$$D_\nu f_\mu \;=\; D_\mu f_\nu \quad (\nu, \mu = 1, \ldots, n \text{ und } \nu \neq \mu)\,.$$

Dies folgt unmittelbar aus dem Satz von Schwarz (↗Schwarz, Satz von). Für $n = 3$ können sie einfach durch

$$\operatorname{rot} f = 0 \qquad (\text{Feld ist „}\textit{wirbelfrei}\text{“})$$

beschrieben werden.

Die Integrabilitätsbedingungen sind jedoch für stetig differenzierbares f *nicht hinreichend*, wie etwa das folgende Standardbeispiel zeigt:

$$\mathfrak{G} \;:=\; \mathbb{R}^2 \setminus \left\{ \begin{pmatrix} 0 \\ 0 \end{pmatrix} \right\};$$

$$f_1 \begin{pmatrix} x \\ y \end{pmatrix} \;:=\; \frac{-y}{x^2+y^2}, \quad f_2 := \frac{x}{x^2+y^2};$$

dann ist $f := \begin{pmatrix} f_1 \\ f_2 \end{pmatrix}$ stetig differenzierbar, und die Integrabilitätsbedingungen (hier: $D_1 f_2 = D_2 f_1$) sind erfüllt. (Es existiert jedoch keine Stammfunktion, was hier nicht noch ausgeführt werden soll.)

Ist jedoch das betrachtete Gebiet einfach zusammenhängend, spezieller sternförmig, so sind die Integrabilitätsbedingungen auch hinreichend.

Wegzusammenhang, Eigenschaft eines topologischen Raumes $(X, \mathcal{O})$, daß sich je zwei Punkte durch einen Weg verbinden lassen.

Ein Weg von x nach y in X ist dabei eine stetige Abbildung $f : [0,1] \to X$ mit $f(0) = x$ und $f(1) = y$. Existiert für jedes Paar $x, y \in X$ ein Weg von x nach y, so heißt X wegzusammenhängend.

Wegzusammenhängende Räume sind zusammenhängend. Der topologische Raum $\{(x,y) : y = \sin 1/x, 0 < x \leq 1\} \cup \{(0,y) : -1 \leq y \leq 1\}$, versehen mit der Relativtopologie von $\mathbb{R}^2$, ist zusammenhängend, aber nicht wegzusammenhängend.

wegzusammenhängend, ↗Wegzusammenhang.

Weibull-Verteilung, Wahrscheinlichkeitsverteilung für eine stetige Zufallsgröße.

Ihre Verteilungsfunktion hängt von zwei Parametern (α, λ) ab und hat die Gestalt

$$F(x) = \begin{cases} 1 - e^{-\lambda t^\alpha} & \text{für } t \geq 0, \\ 0 & \text{sonst,} \end{cases}$$

wobei $\alpha > 0, \lambda > 0$. Daraus ergibt sich für die Dichtefunktion

$$f(x) = \begin{cases} \lambda \alpha t^{\alpha-1} e^{-\lambda t^\alpha} & \text{für } t \geq 0, \\ 0 & \text{sonst.} \end{cases}$$

Der Erwartungswert und die Varianz einer Weibullverteilten Zufallsgröße X ergeben sich gemäß

$$\begin{aligned} EX &= \lambda^{-\frac{1}{\alpha}} \Gamma\left(\tfrac{1}{\alpha}+1\right), \\ Var(X) &= \lambda^{-\frac{2}{\alpha}} \left(\Gamma\left(\tfrac{2}{\alpha}+1\right) - \left(\Gamma\left(\tfrac{1}{\alpha}+1\right)\right)^2 \right), \end{aligned}$$

und der Median ist

$$\left(\frac{ln(2)}{\lambda}\right)^{\frac{1}{\alpha}}.$$

Dabei ist $\Gamma(x)$ die ↗Eulersche Γ–Funktion.

Für den Spezialfall $\alpha = 1$ ergibt sich eine ↗Exponentialverteilung mit dem Parameter λ, für $\alpha = 2$ eine ↗Rayleigh-Verteilung mit dem Parameter $\frac{1}{\lambda}$.

Die Weibull-Verteilung wird häufig zur Beschreibung von Lebensdauern (↗Lebensdauerverteilung) in der ↗Zuverlässigkeitstheorie angewendet.

Die Weibull-Verteilung wurde erstmals 1939 von Weibull zur Beschreibung von Materialermüdungserscheiunungen verwendet. Außerdem erwies sie sich als günstig zur Beschreibung von Ausfällen technischer Bauelemente. Die ↗Ausfallrate $r(t)$ der Weibull-Verteilung ergibt sich zu

$$r(t) = \lambda \alpha t^{\alpha-1}\,.$$

Für $\alpha > 1$ wächst die Ausfallrate monoton, für $\alpha = 1$ (also für die Exponentialverteilung) ist sie konstant, und für $\alpha < 1$ ist sie monoton fallend.

Weiterhin findet die Weibull-Verteilung Anwendung in der ↗Versicherungsmathematik: Für $\alpha < 1$ ist sie subexponentiell und eignet sich gut zur Modellierung von ↗Großschadenverteilungen, für $\alpha > 1$ konvergiert die Dichte sehr schnell, was die Verteilung zur Modellierung von Kleinschäden interessant macht.

weiche Garbe, Begriff in der ↗Garbentheorie.

Sei X ein komplexer Raum. Eine Garbe $\mathcal{S}$ über X heißt weich, wenn für jede abgeschlossene Menge $A \subset X$ die Einschränkungsabbildung $\mathcal{S}(X) \to \mathcal{S}(A)$ surjektiv ist, d. h. wenn jeder Schnitt über A zu einem Schnitt über ganz X fortsetzbar ist. Insbesondere ist die Strukturgarbe einer differenzierbaren Mannigfaltigkeit weich.

Für Modulgarben hat man ein handliches Weichheitskriterium in Form einer Trennungsbedingung.

Es sei X metrisierbar und $\mathcal{R}$ eine Garbe von Ringen (mit Eins) über X. Zu jeder in X abgeschlossenen Teilmenge A und jeder offenen Umgebung $W \subset X$ von A gebe es einen Schnitt $f \in \mathcal{R}(X)$, so daß gilt:

$$f \mid A = 1, \ f \mid X \backslash W = 0.$$

Dann ist jede $\mathcal{R}$-Modulgarbe $\mathcal{S}$ weich.

Weierstraß, Darstellungsformel von, eine Formel, mit der man durch Integration aus zwei holomorphen Funktionen f und g eine ↗Minimalfläche in ↗konformer Parametrisierung erhält.

Man setzt zunächst

$$Z(z) = \int \frac{f(\zeta)}{2} \begin{pmatrix} 1 - g^2(\zeta) \\ i\,(1 + g^2(\zeta)) \\ 2g(\zeta) \end{pmatrix} d\zeta . \qquad (1)$$

Dann ist Z eine parametrisierte isotrope Kurve, d. h., eine komplexe Kurve, deren Tangentialvektor

$$Z'(z) = dZ(z)/dz$$

die komplexe Länge Null hat.

Identifiziert man $\mathbb{C}$ mit $\mathbb{R}^2$, indem man die komplexe Zahl $z = u + iv$ mit dem Punkt identifiziert, der die Koordinaten (u, v) hat, so ist der Realteil $\Phi_{f,g}(u, v)$ von $Z(u + iv)$ eine ↗Minimalfläche des $\mathbb{R}^3$ in konformer Parametrisierung.

Die Zuordnung $(f, g) \to \Phi_{f,g}$ ist eine bijektive Abbildung auf die Menge aller Minimalflächen in konformer Parametrisierung $(u, v) \in \mathbb{R}^2 \to (x_1(u, v), x_2(u, v), x_3(u, v)) \in \mathbb{R}^3$, die die Ungleichung

$$\frac{\partial x_1}{\partial u} - i\,\frac{\partial x_1}{\partial v} \neq i\left(\frac{\partial x_2}{\partial u} - i\,\frac{\partial x_2}{\partial v}\right)$$

erfüllen, wobei Minimalflächen, die sich nur um eine Translation unterscheiden, als identisch anzusehen sind.

Eine Umkehrabbildung erhält man wie folgt: Da $x_1(u, v), x_2(u, v), x_3(u, v)$ harmonische Funktionen sind, existieren holomorphe Funktionen $\varphi_1(z), \varphi_2(z), \varphi_3(z)$ mit

$$\mathrm{Re}(\varphi_k(u + iv)) = x_k(u, v)$$

für $k \in \{1, 2, 3\}$ und

$$\left(\varphi_1'(z)\right)^2 + \left(\varphi_2'(z)\right)^2 + \left(\varphi_3'(z)\right)^2 = 0 .$$

Setzt man

$$f(z) = \varphi_1'(z) - i\,\varphi_2'(z) \ \text{ und } \ g(z) = \frac{\varphi_3'(z)}{f(z)},$$

so ist $f(z) \neq 0$, und die aus diesen Funktionen mittels (1) gebildete isotrope Kurve stimmt bis auf konstante Summanden mit der gegebenen Kurve $(\varphi_1(z), \varphi_2(z), \varphi_3(z))^{\mathsf{T}}$ überein.

Die ↗erste Gaußsche Fundamentalform von $\Phi_{f,g}$ hat die Gestalt

$$\mathrm{I} = \begin{pmatrix} \lambda^2 & 0 \\ 0 & \lambda^2 \end{pmatrix} \ \text{ mit } \lambda^2 = \frac{|f|^2 \left(1 + |g|^2\right)^2}{4} . \qquad (2)$$

Ebenso einfach und direkt läßt sich die ↗zweite Gaußsche Fundamentalform von $\Phi_{f,g}$ mit der Formel

$$\mathrm{II} = \begin{pmatrix} -\,\mathrm{Re}\,(f g') & \mathrm{Im}\,(f g') \\ \mathrm{Im}\,(f g') & \mathrm{Re}\,(f g') \end{pmatrix} \qquad (3)$$

aus den beiden Funktionen f und g berechnen. Für die ↗Gaußsche Krümmung k ergeben (2) und (3) den Ausdruck

$$k = -\left(\frac{4|g'|}{|f|\,(1 + |g^2|)^2}\right)^2 .$$

Der durch die Parametrisierung

$$\Phi_{f,g}(u, v) = \mathrm{Re}\,(Z(u + iv))$$

festgelegte Einheitsnormalenvektor $\mathfrak{n}$ ist

$$\mathfrak{n} = \frac{1}{|g|^2 + 1} \begin{pmatrix} 2\,\mathrm{Re}(g) \\ 2\,\mathrm{Im}(g) \\ |g|^2 - 1 \end{pmatrix} .$$

Aus dieser Formel ist der folgende Zusammenhang zwischen der ↗Gauß-Abbildung $\mathfrak{n}(u, v)$ der parametrisierten Fläche $\Phi_{f,g}(u, v)$ und der durch die holomorphe Funktion g gegebenen Abbildung $g : \mathbb{R}^2 \to \mathbb{R}^2$ ersichtlich:

Ist $\sigma : \mathbb{R}^2 \to S^2$ die inverse ↗stereographische Projektion, so gilt $\mathfrak{n}(u, v) = \sigma \circ g(u, v)$.

Ein Beispiel, bei dem diese Formel, kombiniert mit einer ebenfalls nach K. Weierstraß benannten elliptischen Funktion, eine von Selbstdurchdringungen freie Minimalfläche im $\mathbb{R}^3$ mit endlicher ↗Totalkrümmung liefert, ist nach dem brasilianischen Mathematiker C. J. Costa benannt. Sie war nach der Ebene und dem Katenoid die dritte bekannt gewordene Minimalfläche derart einfacher Gestalt und wurde 1984 publiziert. Die isotrope

Kurve $Z(z)$ der Costa-Fläche ergibt sich mit der Darstellungformel (1) aus den Funktionen

$$f(z) = \wp(z, g_2, g_3) \text{ und } g(z) = \frac{\sqrt{2\pi}\, g_2}{\wp'(z, g_2, g_3)},$$

worin

$$\wp(z, g_2, g_3) = \frac{1}{z^2} + \sum_{\omega \in \mathcal{L}, \omega \neq 0} \left(\frac{1}{(z-\omega)^2} + \frac{1}{\omega^2} \right)$$

die dem achsenparallen Gitter $\mathcal{L} = \{\omega = a\,\omega_1 + b\,\omega_2, ; (a, b) \in \mathbb{Z}^2\}$ der komplexen Ebene entsprechende Weierstraßsche $\wp$-Funktion ist, deren Perioden ω_1 und ω_2 in diesem konkreten Fall die Werte $\omega_1 = 1$ bzw. $\omega_2 = i$ annehmen.

Die in dieser Darstellung von $\wp$ auftretenden Konstanten g_2 und g_3 ergeben sich aus ω_1 und ω_2 als unendliche Summen

$$g_2 = 60 \sum_{\omega \in \mathcal{L}, \omega \neq 0} \frac{1}{\omega^4} \text{ bzw. } g_3 = 140 \sum_{\omega \in \mathcal{L}, \omega \neq 0} \frac{1}{\omega^6}$$

zu $g_2 \approx 189.0727201$ und $g_3 = 0$.

Die Weierstraßsche ζ-Funktion ist in analoger Weise durch

$$\zeta(z, g_2, g_3) = \frac{1}{z} + \sum_{\omega \in \mathcal{L}, \omega \neq 0} \left(\frac{1}{z-\omega} + \frac{1}{\omega} + \frac{1}{\omega^2} \right)$$

definiert. Sie erfüllt die Gleichung

$$\zeta'(z, g_2, g_3) = -\wp(z, g_2, g_3)$$

und liefert somit, wenn man vom Vorzeichen absieht, einen Ausdruck für eine Stammfunktion von $\wp(z, g_2, g_3)$, wie er in der Weierstraßschen Darstellungsformel benötigt wird.

Schreiben wir zur Abkürzung $S(z) = \zeta(z, g_2, g_3)$ und $P(z) = \wp(z, g_2, g_3)$, so sind die drei Komponenten $Z_1(z), Z_2(z), Z_3(z)$ von $Z(z)$ die folgenden meromorphen Funktionen:

$$\begin{aligned} Z_1(z) &= \frac{1}{2}\Big\{\pi(z-i) - S(z) + \frac{\pi^2(1+i)}{4e_1} \\ &\quad + \frac{\pi}{2e_1}\left(S\left(z - \frac{1}{2}\right) - S\left(z - \frac{i}{2}\right)\right)\Big\}, \\ Z_2(z) &= \frac{i}{2}\Big\{ -\pi(z-1) - S(z) - \frac{\pi^2(1+i)}{4e_1} \\ &\quad - \frac{\pi}{2e_1}\left(S\left(z - \frac{1}{2}\right) - S\left(z - \frac{i}{2}\right)\right)\Big\}, \\ Z_3(z) &= \frac{\sqrt{2\pi}}{4}\left(\ln\left(\frac{P(z)-e_1}{P(z)+e_1}\right)\right) - \pi i. \end{aligned}$$

Die hier auftretende Konstante e_1 hat den Wert $e_1 = \wp(\omega_1/2, g_2, g_3)$.

[1] Gray, A.: Modern Differential Geometry of Curves and Surfaces with Mathematica. CRC Press, New York Washington, D.C., 1998.

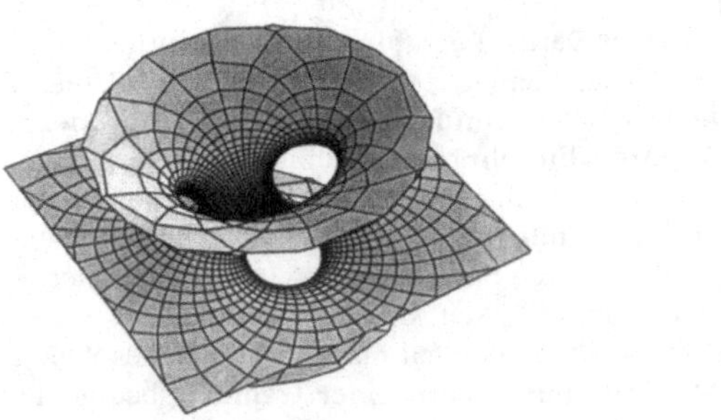

Die Costa-Fläche

Weierstraß, Faktorisierungssatz von, lautet:
Es sei f eine ↗ganze Funktion. Dann gilt

$$f(z) = z^m e^{g(z)} P(z), \quad z \in \mathbb{C}.$$

Dabei ist $m = o(f, 0) \in \mathbb{N}_0$ die ↗Nullstellenordnung von 0, g eine ganze Funktion, und P ein ↗Weierstraß-Produkt, das in $\mathbb{C} \setminus \{0\}$ dieselben Nullstellen mit denselben Nullstellenordnungen wie f hat. Falls f nur endlich viele Nullstellen besitzt, so ist P ein Polynom. Gilt $f(z) \neq 0$ für alle $z \in \mathbb{C} \setminus \{0\}$, so ist $P(z) = 1$ für alle $z \in \mathbb{C}$.

Über die Funktion g kann man im allgemeinen keine weiteren Aussagen machen. Ist die Wachstumsordnung ϱ von f jedoch endlich, so kann P als kanonisches Weierstraß-Produkt gewählt werden, und g ist ein Polynom vom Grad höchstens $[\varrho]$. Siehe hierzu ↗Hadamardscher Faktorisierungssatz.

Weierstraß, Karl Theodor Wilhelm, deutscher Mathematiker, geb. 31.10.1815 Ostenfelde (Westfalen), gest. 19.2.1897 Berlin.

Weierstraß war der Sohn des Sekretärs des Bürgermeisters von Ostenfelde. Der Vater trat 1823 in den preußischen Staatsdienst ein. Die oftmaligen Versetzungen seines Vaters führten für Weierstraß zu mehrfachen Elementarschulwechseln; seine Mutter starb bereits 1827. Trotz zeitweise bedrückender finanzieller Not ermöglichte der sehr gebildete Vater seinem Sohn ab 1829 den Besuch des Katholischen Gymnasiums in Paderborn. Mit glänzenden Zeugnissen verließ Weierstraß schon 1834 das Gymnasium und begann an der Universität Bonn Kameralistik zu studieren. Der erfolgreiche Abschluß eines Kameralistikstudiums eröffnete in Preußen die höhere Beamtenlaufbahn.

In Bonn begann Weierstraß ernsthaft über eine berufliche Tätigkeit als Mathematiker nachzudenken, vernachlässigte über die von seinen Lehrern teilweise noch geförderten mathematischen Interessen seine eigentlichen Studien und verließ 1838 die Universität ohne Abschluß. Im Jahre 1839 konnte der Vater seinen Sohn bewegen, in die Akademie in Münster einzutreten. Ziel des Studiums dort war das Lehrerexamen. In Münster hatte Weierstraß mit dem Mathematiker Ch. Gudermann (1798–1852) seinen einzigen kompetenten und verständnisvollen mathematischen Lehrer. Gudermann las in Münster, wohl als einziger neben C.G.J. Jacobi in Deutschland, über elliptische Funktionen, und lenkte seinen Schüler auf dieses Forschungsgebiet. Im Herbst 1839 ließ sich Weierstraß exmatrikulieren, um sich auf das Staatsexamen vorzubereiten. 1840 bestand er das schriftliche Staatsexamen mit einer großartigen Arbeit über elliptische Funktionen, betitelt „Über die Entwicklung der Modularfunctionen". Teile der Arbeit wurden erstmals 1856 veröffentlicht. In seiner Berliner akademischen Antrittsrede hat Weierstraß später bemerkt: *Ein verhältnismäßig noch junger Zweig der mathematischen Analysis, die Theorie der elliptischen Functionen ... hatte ... eine mächtige Anziehungskraft (auf mich aus-)geübt, die auf den ganzen Gang meiner mathematischen Ausbildung von bestimmendem Einfluß geblieben ist.*

Wohl auch in Münster 1841 entstand die „Darstellung einer analytischen Funktion, deren absoluter Betrag zwischen zwei Grenzen liegt". Diese Arbeit, erst 53 Jahre später veröffentlicht, beweist, daß Weierstraß schon damals die Grundlagen der Theorie der analytischen Funktionen vollständig beherrschte. Es muß bemerkt werden, daß die Datierung, vor allem auch der späteren Weierstraßschen Forschungsergebnisse, schwierig ist, da er seine Resultate sehr oft nur mündlich bekanntgab und sie erst nach Jahrzehnten oder niemals schriftlich niederlegte.

In der Münsteraner Arbeit „Über continuirliche Functionen eines reellen Arguments ... " (veröffentlicht 1875) führte Weierstraß den Begriff des gleichmäßigen Konvergenz einer Reihe ein. Im Gegensatz zu Gudermann und zu L. Seidel bzw. G.G.Stokes, die ähnliche Ideen hatten, war sich Weierstraß der grundlegenden Bedeutung dieses Begriffs für die Analysis vollständig bewußt.

1841 bestand Weierstraß auch die mündliche Lehramtsprüfung und wurde als Lehrer probeweise am Gymnasium in Münster angestellt. In den Jahren 1842 bis 1848 war er Lehrer am Katholischen Progymnasium in Deutsch-Krone (Walcz, Westpreußen). In Deutsch-Krone entstand die Arbeit „Über die Theorie der analytischen Facultäten" (Schulprogramm, auch in Crelles Journal 51(1856)), ohne jedoch größere Aufmerksamkeit zu erregen.

Im Jahre 1848 wurde Weierstraß an das Katholische Gymnasium in Braunsberg (Braniewo, Ostpreußen) versetzt. Wie schon in Deutsch-Krone hat er auch in Braunsberg das ganze Spektrum an Unterrichtsfächern, bis hin zum Turnen, unterrichtet. Ein verständnisvoller Direktor ermöglichte Weierstraß jedoch das wissenschaftliche Arbeiten. 1854 erschien in „Crelles Journal" die Abhandlung, die das Leben Weierstraß' ändern sollte: „Zur Theorie der Abelschen Functionen". Diese Weierstraßsche Veröffentlichung war eine wissenschaftliche Sensation und wird bis heute als Meilenstein der Analysis gefeiert. Hier gab er u. a. die Lösung des Jacobischen Umkehrproblems. Zusammen mit einem Bericht für die Berliner Akademie von 1857 über die allgemeine Theorie der Abelschen Integrale begründete diese Abhandlung die „Weierstraßsche Theorie", u. a. definierte er die Begriffe Rang, algebraisches Gebilde, „Weierstraßpunkte" und das Prinzip der analytischen Fortsetzung.

Für die „Theorie der Abelschen Functionen" verlieh ihm die Universität Königsberg die Ehrendoktorwürde, er wurde zum Oberlehrer befördert und erhielt für das Schuljahr 1855/56 Urlaub, um seine Studien in Berlin fortzusetzen. A.L. Crelle und J.P.G. Dirichlet waren die treibenden Kräfte, die für Weierstraß diese Forschungszeit ermöglichten. 1855 bewarb sich Weierstraß erfolglos um die Nachfolge E. Kummers in Breslau. Als man in Österreich erwog, Weierstraß in das Alpenland zu berufen, setzte A. von Humboldt durch, daß Weierstraß die „erste mathematische Lehrstelle" (Professur) am Berliner Gewerbeinstitut erhielt (1856). Vor allem auf Betreiben Kummers wurde Weierstraß im gleichen Jahr a.o. Professor der Berliner Universität und ordentliches Mitglied der Preußischen Akademie der Wissenschaften. Seit 1862/63 las Weierstraß wegen seines schlechten Gesundheitszustandes nicht mehr am Gewerbeinstitut, 1864 wurde er ordentlicher Professor an der Universität.

Durch diese Berufung entstand an der Berliner Universität eine unvergleichbar glückliche Situation für das Studium der Mathematik und die mathematische Forschung. Das Zusammenwirken von Kummer, Weierstraß und Kronecker ermöglichte es nun, *nach einem umfassenden ... Plan ... den mathematischen Unterricht in der Weise zu orga-*

nisieren, daß den Studierenden Gelegenheit gegeben ist, in einem zweijährigen Cursus eine beträchtliche Reihe von Vorträgen über die wichtigsten mathematischen Disciplinen in angemessener Aufeinanderfolge zu hören, darunter nicht wenige, die an anderen Universitäten gar nicht oder doch nicht regelmäßig gelesen werden (Weierstraß). Dieser Plan, in den das gesamte mathematische Personal der Universität einbezogen wurde, führte dazu, daß aus vielen Ländern die Studenten nach Berlin strebten, um dort Mathematik zu hören. Weierstraß selbst baute in seinen Vorlesungen das Gebäude seiner Mathematik lückenlos auf, *ohne etwas vorauszusetzen, was er nicht selbst bewiesen hatte* (C. Runge, 1926). Er gab gewöhnlich erst eine Übersicht über den Aufbau der Zahlenbereiche, dann die Einleitung in die Theorie der analytischen Funktionen, behandelte elliptische Funktionen, die Anwendung der elliptischen Funktionen auf Probleme der Geometrie und Mechanik, die Theorie der Abelschen Funktionen und ihre Anwendung, und Variationsrechnung. Daneben hat er „gelegentlich" auch noch über synthetische Geometrie, mathematische Physik, analytische Dioptrik, trigonometrische Reihen und bestimmte Integrale gelesen. Die Weierstraßschen Vorlesungen waren höchst ungewöhnlich. Neben dem üblichen Vorlesungsstoff trug er seine neuesten, oft erst vor wenigen Stunden gewonnenen Forschungsergebnisse vor oder improvisierte sogar. Für Studenten waren diese Vorträge nur fruchtbar, wenn sie sich die Mühe machten, den Vorlesungsstoff auszuarbeiten. Unterstützt wurde das Studium durch das 1864 gegründete „Mathematische Seminar", dessen Einrichtung Kummer und Weierstraß seit 1860 betrieben hatten. Zu den Weierstraß-Schülern gehörten u. a. H. Bruns, G. Cantor, L. Fuchs, G. Frobenius, S. Kowalewskaja, G. Mittag-Leffler, C. Runge, F. Schottky, H.A. Schwarz und W. Thomé.

In den Jahren 1873/74 war Weierstraß Rektor der Berliner Universität.

Weierstraß hat die Analysis „reformiert". Bereits 1841 besaß er die „Theorie der wesentlich singulären Punkte". 1860/79 gab er den „Vorbereitungssatz". In einer Vorlesung von 1861 führte er die ε-δ-Symbolik ein und definierte die modernen Begriffe „Stetigkeit", „Grenzwert" und „unendlich kleine Größe", stellte 1865/66 seine Theorie der reellen Zahlen vor, und definierte den Begriff „Häufungspunkt". 1872 konstruierte er als erster nach Bolzano das Beispiel einer auf $\mathbb{R}$ stetigen Funktion, die in keinem Punkt von $\mathbb{R}$ differenzierbar ist. Bereits 1840 hatte er die „Weierstraßschen Funktionen" eingeführt und später ihre Eigenschaften ausgearbeitet. Er untersuchte hyperkomplexe Zahlensysteme (1863/84) und führte 1868 die „Elementarteilertheorie" ein. 1882 trug er den berühmten Lindemannschen Beweis für die Transzendenz von π in der Berliner Akademie vor und ergänzte ihn, wie schon früher J. Steiners Beweis (1836) für die Minimaleigenschaften des Kreises, an wesentlichen Stellen.

Der bedeutsamste Beitrag von Weierstraß zur Mathematik war, trotz aller großartigen „Einzelergebnisse", die „Weierstraßsche Strenge": Die Arithmetisierung und Entmystifizierung der Analysis und ihrer Grundlagen. *Wenn heute in Verfolgung der Schlußweisen, die auf dem Begriff der Irrationalzahl und überhaupt des Limes beruhen, in der Analysis volle Übereinstimmung und Sicherheit herrscht, und in den verwickelsten Fragen, die die Theorie der Differential- und Integralgleichungen betreffen, trotz der kühnsten und mannigfaltigsten Kombinationen unter Anwendung von Über-, Neben- und Durcheinander-Häufung der Limites doch Einhelligkeit aller Ergebnisse statthat, so ist dies wesentlich ein Verdienst der wissenschaftlichen Tätigkeit von Weierstraß* (D. Hilbert, 1926).

Weierstraß, Konvergenzsatz von, lautet:

Es sei $D \subset \mathbb{C}$ eine offene Menge und (f_n) eine Folge ↗holomorpher Funktionen in D, die in D kompakt konvergent gegen die Grenzfunktion f ist.

Dann ist f holomorph in D, und für jedes $k \in \mathbb{N}$ ist die Folge $(f_n^{(k)})$ der k-ten Ableitungen in D kompakt konvergent gegen $f^{(k)}$.

Eine entsprechende Aussage gilt auch für Funktionenreihen:

Es sei $D \subset \mathbb{C}$ eine offene Menge und $\sum_{n=0}^{\infty} f_n$ eine Reihe holomorpher Funktionen in D, die in D kompakt konvergent gegen die Grenzfunktion f ist.

Dann ist f holomorph in D, und für jedes $k \in \mathbb{N}$ ist die k-fach gliedweise differenzierte Reihe $\sum_{n=0}^{\infty} f_n^{(k)}$ in D kompakt konvergent gegen $f^{(k)}$, d. h. es gilt

$$f^{(k)}(z) = \sum_{n=0}^{\infty} f_n^{(k)}(z), \quad z \in D.$$

Ist die Reihe $\sum_{n=0}^{\infty} f_n$ sogar normal konvergent in D, so gilt dies auch für die Reihe

$$\sum_{n=0}^{\infty} f_n^{(k)}.$$

Weierstraß, Produktsatz von, liefert eine Methode zur Konstruktion ↗ganzer Funktionen mit vorgegebenen Nullstellen. Der Satz lautet:

Es sei (z_n) eine Folge komplexer Zahlen mit

$$|z_1| < |z_2| < |z_3| < \ldots |z_n| \to \infty \quad (n \to \infty),$$

und (m_n) eine Folge natürlicher Zahlen.

Dann existiert eine ganze Funktion f derart, daß jedes z_n eine Nullstelle von f der ↗Nullstellenordnung $o(f, z_n) = m_n$ ist, und f keine weiteren Nullstellen besitzt.

Die Konstruktion von f erfolgt mit Hilfe von ↗Weierstraß-Produkten. Ist $z_1 \neq 0$ und (p_n) eine Folge in $\mathbb{N}_0$ derart, daß die Reihe

$$\sum_{n=1}^{\infty} m_n \left| \frac{r}{z_n} \right|^{p_n+1}$$

für jedes $r > 0$ konvergiert, so hat die Funktion

$$f(z) := \prod_{n=1}^{\infty} \left(E_{p_n} \left(\frac{z}{z_n} \right) \right)^{m_n}$$

die gewünschten Eigenschaften. Falls $z_1 = 0$, so setzt man

$$f(z) := z^{m_1} \prod_{n=2}^{\infty} \left(E_{p_n} \left(\frac{z}{z_n} \right) \right)^{m_n} .$$

Die Funktion f ist offenbar nicht eindeutig bestimmt, denn ist g eine beliebige ganze Funktion, so hat die durch

$$\tilde{f}(z) \ := \ f(z)e^{g(z)}$$

definierte Funktion $\tilde{f}$ dieselben Nullstellen mit denselben Nullstellenordnungen wie f. Der Faktorisierungssatz von Weierstraß besagt, daß hierdurch jedoch alle ganzen Funktionen mit genau diesen Nullstellen geliefert werden.

Es gibt noch eine allgemeinere Version dieses Satzes für beliebige Gebiete:

Es seien $G \subset \mathbb{C}$ ein Gebiet, (z_n) eine Folge paarweise verschiedener Punkte in G, die in G keinen Häufungspunkt besitzt, und (m_n) eine Folge natürlicher Zahlen.

Dann existiert eine in G ↗holomorphe Funktion f derart, daß jedes z_n eine Nullstelle von f der Nullstellenordnung $o(f, z_n) = m_n$ ist, und f keine weiteren Nullstellen besitzt.

Für $G \neq \mathbb{C}$ erfolgt die Konstruktion von f mit Hilfe modifizierter Weierstraß-Produkte. Dazu wird aus (z_n) eine Folge (ζ_n) gebildet derart, daß jeder Punkt z_n genau m_n-mal in (ζ_n) vorkommt. Weiter sei (ω_n) eine Folge in $\mathbb{C} \setminus G$ derart, daß

$$\lim_{n\to\infty} |\zeta_n - \omega_n| \ = \ 0 \, .$$

Eine solche Folge existiert, da (ζ_n) keinen Häufungspunkt in G besitzt.

Dann hat die Funktion

$$f(z) := \prod_{n=1}^{\infty} E_n \left(\frac{\zeta_n - \omega_n}{z - \omega_n} \right)$$

die gewünschten Eigenschaften.

Weierstraß, Satz von, bezeichnet meist den ↗Weierstraßschen Approximationssatz, den wohl bedeutendsten Satz von Karl Theodor Wilhelm Weierstraß.

Weierstraß, Satz von, über die Darstellung meromorpher Funktionen, lautet:

Es sei $G \subset \mathbb{C}$ ein Gebiet und f eine ↗meromorphe Funktion in G. Dann existieren ↗holomorphe Funktionen g und h in G derart, daß $f = \frac{g}{h}$ und g, h keine gemeinsamen Nullstellen in G haben.

Dieses Ergebnis ist eine einfache Folgerung aus dem Produktsatz von Weierstraß.

Man kann diesen Satz auch algebraisch wie folgt ausdrücken.

Es sei $\mathcal{O}(G)$ der Integritätsring aller holomorphen Funktionen in G und $\mathcal{M}(G)$ die Menge aller meromorphen Funktionen in G.

Dann ist $\mathcal{M}(G)$ ein Körper, und zwar der Quotientenkörper von $\mathcal{O}(G)$.

Weierstraß, Satz von, über Extremalwerte, besagt, daß eine stetige Funktion auf einer nichtleeren kompakten Menge einen globalen Maximalwert und einen globalen Minimalwert annimmt.

Es gibt zahlreiche Verallgemeinerungen dieser Aussage, etwa die Sicherstellung der Existenz eines globalen Mimimalwerts, sofern f lediglich unterhalb stetig ist.

Weierstraß-Cosinusreihe, die im Jahr 1861 von Karl Theodor Wilhelm Weierstraß untersuchte Reihe

$$f_{a,b}(x) \ = \ \sum_{k=0}^{\infty} b^k \cos(a^k \pi x)$$

mit $0 < b < 1$ und $a \geq 1$. Nach dem Satz von Weierstraß ist die durch diese Reihe definierte Funktion $f_{a,b} : \mathbb{R} \to \mathbb{R}$ stetig (man betrachte die geometrische Reihe $\sum_{k=0}^{\infty} b^k$ als Majorante). Nach dem Satz über die ↗Differentiation der Summenfunktion einer Reihe ist $f_{a,b}$ im Fall $ab < 1$ sogar differenzierbar. Weierstraß zeigte, daß bei Wahl von a als ungerader natürlicher Zahl mit $ab > 1 + 3\pi/2$ die Funktion $f_{a,b}$ nirgends differenzierbar ist. Sie ist damit ein klassisches Beispiel einer ↗nirgends differenzierbaren stetigen Funktion. Im Jahr 1916 konnte Godfrey Harold Hardy zeigen, daß $f_{a,b}$ schon für $ab > 1$ nirgends differenzierbar ist.

Die Teilfunktionen $b^k \cos(a^k \pi x)$ sind Cosinusschwingungen mit für wachsendes k monoton gegen 0 fallender Amplitude und aufgrund ihrer schnell fallenden Wellenlänge zunehmender Steilheit. Die Näherungsfunktionen

$$f_{a,b}^n(x) \ = \ \sum_{k=0}^{n} b^k \cos(a^k \pi x)$$

werden daher mit wachsendem n immer ‚rauher'. Ihre Graphen ähneln denen der Näherungsfunktionen zur ↗Knopp-Funktion.

Weierstraß-Definition von π, die Identität

$$\pi = \int_{-\infty}^{\infty} \frac{dx}{1+x^2} = 4\int_0^1 \frac{dx}{1+x^2},$$

die Karl Theodor Wilhelm Weierstraß 1841 als Möglichkeit zur Definition von π benutzte.

Weierstraß-Faktor, *Weierstraßscher Elementarfaktor*, für $p \in \mathbb{N}$ definiert durch

$$E_p(z) := (1-z)\exp\left(z + \frac{z^2}{2} + \frac{z^3}{3} + \cdots + \frac{z^p}{p}\right).$$

Man setzt noch

$$E_0(z) := 1 - z.$$

Offensichtlich ist E_p eine ↗ganze Funktion mit $E_p(z_0) = 0$ genau dann, wenn $z_0 = 1$, und für die ↗Nullstellenordnung gilt $o(E_p, 1) = 1$.

Man erhält leicht folgende wichtige Eigenschaften: Die Ableitung von E_p ist für $p \in \mathbb{N}$ und $z \in \mathbb{C}$ gegeben durch

$$E_p'(z) := -z^p \exp\left(z + \frac{z^2}{2} + \frac{z^3}{3} + \cdots + \frac{z^p}{p}\right).$$

Für die ↗Taylor-Reihe von E_p um 0 gilt

$$E_p(z) = 1 + \sum_{n=p+1}^{\infty} a_n z^n,$$

wobei $a_n \le 0$ und

$$\sum_{n=p+1}^{\infty} a_n = -1.$$

Hieraus folgt für $p \in \mathbb{N}_0$ und $|z| \le 1$

$$|E_p(z) - 1| \le |z|^{p+1}.$$

Weierstraß-Faktoren spielen eine zentrale Rolle bei der Definition von ↗Weierstraß-Produkten.

Weierstraß-Polynom, ↗Weierstraßscher Vorbereitungssatz.

Weierstraß-Produkt, ein unendliches Produkt der Form

$$\prod_{n=1}^{\infty} E_{p_n}\left(\frac{z}{z_n}\right). \qquad (1)$$

Dabei ist (p_n) eine Folge in $\mathbb{N}_0$, (z_n) eine Folge in $\mathbb{C}$ mit

$$0 < |z_1| \le |z_2| \le |z_3| \le \ldots \quad |z_n| \to \infty \quad (n \to \infty)$$

und E_{p_n} ein ↗Weierstraß-Faktor. Es wird dabei nicht vorausgesetzt, daß die Zahlen z_n paarweise verschieden sind.

Solche Produkte wurden von Weierstraß eingeführt, um ↗ganze Funktionen f mit vorgegebenen Nullstellen $z_1, z_2, z_3, \ldots \in \mathbb{C} \setminus \{0\}$ zu konstruieren.

Falls dies nur endlich viele Nullstellen $z_1, \ldots, z_N$ sind, so hat das Polynom

$$f(z) = \prod_{n=1}^{N} E_0\left(\frac{z}{z_n}\right)$$

offenbar die gewünschte Eigenschaft. Bei unendlich vielen Nullstellen ist es daher naheliegend, das unendliche Produkt

$$f(z) = \prod_{n=1}^{\infty} E_0\left(\frac{z}{z_n}\right)$$

zu betrachten. Dieser Ansatz führt jedoch im allgemeinen nicht zum Ziel, da das unendliche Produkt nicht konvergieren muß. Daher werden sog. konvergenzerzeugende Faktoren der Form

$$\exp\left(z + \frac{z^2}{2} + \frac{z^3}{3} + \cdots + \frac{z^{p_n}}{p_n}\right)$$

angefügt, wodurch ein Weierstraß-Produkt der Form (1) entsteht.

Wählt man die Folge (p_n) derart, daß für jedes $r > 0$ die Reihe

$$\sum_{n=1}^{\infty} \left|\frac{r}{z_n}\right|^{p_n+1}$$

konvergiert, so ist das unendliche Produkt (1) in $\mathbb{C}$ kompakt konvergent und stellt eine ganze Funktion dar. Zum Beispiel führt die Wahl $p_n := n - 1$ stets zum Ziel. Es reicht sogar aus, wenn $p_n := [\log n]$, wobei $[x]$ für $x \in \mathbb{R}$ die größte ganze Zahl, die kleiner oder gleich x ist, bezeichnet.

Jetzt sei speziell (z_n) eine Folge derart, daß die Reihe

$$\sum_{n=1}^{\infty} \frac{1}{|z_n|^{\alpha}} \qquad (2)$$

für ein $\alpha > 0$ konvergiert. Dann gilt dies auch für jedes $\tilde{\alpha} > \alpha$. Es bezeichne σ das Infimum aller $\alpha > 0$, für die die Reihe (2) konvergiert. Diese Zahl heißt der Konvergenzexponent der Folge (z_n). Nun wird $p \in \mathbb{N}_0$ wie folgt gewählt. Ist $\sigma \notin \mathbb{N}_0$, so sei $p := [\sigma]$. Für $\sigma \in \mathbb{N}_0$ sei $p := \sigma - 1$ oder $p := \sigma$, je nachdem, ob die Reihe (2) für $\alpha = \sigma$ konvergiert oder divergiert. Dann ist das Weierstraß-Produkt

$$P(z) := \prod_{n=1}^{\infty} E_p\left(\frac{z}{z_n}\right)$$

konvergent und heißt das zu (z_n) gehörige kanonische Weierstraß-Produkt. Die Zahl p nennt man auch das Geschlecht von P. Insbesondere ist also P eine ganze Funktion, und für die Wachstumsordnung ϱ von P gilt

$$\varrho = \sigma \le p+1 < \infty .$$

Einige Beispiele solcher Folgen sind:

- $z_n = n^2 \Longrightarrow \sigma = \frac{1}{2}, p = 0$,
- $z_n = n \Longrightarrow \sigma = p = 1$,
- $z_n = n \log^2(n+1) \Longrightarrow \sigma = 1, p = 0$,
- $z_n = \sqrt{n} \Longrightarrow \sigma = p = 2$,
- $z_n = n! \Longrightarrow \sigma = p = 0$.

Falls es ein $c > 0$ gibt mit $|z_n - z_m| \ge c$ für alle m, $n \in \mathbb{N}$, $m \ne n$, so ist die Reihe (2) für jedes $\alpha > 2$ konvergent. Dann ist $\sigma \le 2$ und P ein Weierstraß-Produkt vom Geschlecht $p \le 2$.

Für weitere Informationen wird auf den Produktsatz von Weierstraß (↗Weierstraß, Produktsatz von) verwiesen.

Weierstraßsche Divisionsformel, ↗Weierstraßscher Vorbereitungssatz.

Weierstraßsche elliptische Funktion, ↗elliptische Funktion.

Weierstraßsche Parametrisierung der Kreislinie, eine „rationale Parametrisierung" der Einheitskreislinie

$$\mathbb{T} = \{z \in \mathbb{C} : |z| = 1\},$$

die von Weierstraß (1841) stammt. Sie lautet

$$z = z(t) := \frac{1+it}{1-it}, \qquad -\infty < t < +\infty .$$

Geometrisch kann $z(t)$ wie folgt beschrieben werden. Ist Γ die durch -1 gehende Gerade mit der Steigung t, so ist $z(t)$ der zweite Schnittpunkt von Γ mit $\mathbb{T}$.

Weierstraß benutzte diese Parametrisierung zur Berechnung des Wegintegrals

$$\int_{\mathbb{T}} \frac{dz}{z} .$$

Es gilt

$$z'(t) = \frac{2i}{(1-it)^2}, \qquad \frac{z'(t)}{z(t)} = \frac{2i}{1+t^2},$$

und hieraus folgt

$$\int_{\mathbb{T}} \frac{dz}{z} = 2i \int_{-\infty}^{\infty} \frac{dt}{1+t^2} = 2\pi i .$$

Weierstraßsche ℘-Funktion, die in gewissem Sinne einfachste, aber gleichzeitig auch wichtigste ↗elliptische Funktion.

Zur Definition sei $L \subset \mathbb{C}$ ein Gitter, d. h.

$$L = \mathbb{Z}\omega_1 + \mathbb{Z}\omega_2 = \{n_1\omega_1 + n_2\omega_2 : n_1, n_2 \in \mathbb{Z}\},$$

wobei $\omega_1, \omega_2 \in \mathbb{C} \setminus \{0\}$ und

$$\operatorname{Im} \frac{\omega_2}{\omega_1} > 0 .$$

Das Paar (ω_1, ω_2) nennt man auch eine Basis von L. Dann ist die Weierstraßsche ℘-Funktion zum Gitter L definiert durch

$$\wp(z) := \frac{1}{z^2} + \sum_{\omega \in L'} \left[\frac{1}{(z-\omega)^2} - \frac{1}{\omega^2} \right], \qquad (1)$$

wobei $L' := L \setminus \{0\}$. Um die Abhängigkeit vom Gitter L deutlich zu machen, schreibt man auch ausführlicher $\wp(z; L)$ oder $\wp(z; \omega_1, \omega_2)$. Hierzu ist noch zu bemerken, daß eine Basis von L nicht eindeutig bestimmt ist. Zwei Paare (ω_1, ω_2) und $(\tilde{\omega}_1, \tilde{\omega}_2)$ sind Basen desselben Gitters L genau dann, wenn es eine Matrix $A \in SL(2, \mathbb{Z})$ gibt mit

$$\begin{pmatrix} \tilde{\omega}_2 \\ \tilde{\omega}_1 \end{pmatrix} = A \begin{pmatrix} \omega_2 \\ \omega_1 \end{pmatrix} .$$

Die Reihe in (1) ist eine ↗Mittag-Leffler-Reihe und somit normal konvergent in $\mathbb{C} \setminus L$, wobei die Reihenfolge der Summanden keine Rolle spielt. Daher ist ℘ eine meromorphe Funktion in $\mathbb{C}$. Die Polstellenmenge von ℘ stimmt mit L überein, und jede Polstelle von ℘ hat die Ordnung 2. Weiter besitzt ℘ die linear unabhängigen Perioden ω_1, ω_2 und ist daher eine elliptische Funktion der Ordnung 2. Im Periodenparallelogramm

$$P := \{t_1\omega_1 + t_2\omega_2 : t_1, t_2 \in [0, 1)\}$$

besitzt ℘ also genau eine Polstelle der Ordnung 2 (und zwar an der Stelle 0) mit ↗Residuum $\operatorname{Res}(\wp, 0) = 0$. Außerdem ist ℘ eine gerade Funktion, d. h. $\wp(-z) = \wp(z)$ für $z \in \mathbb{C} \setminus L$. Es gilt $\wp(z) = \wp(w)$ genau dann, wenn

$$z - w \in L \quad \text{oder} \quad z + w \in L .$$

Für die Ableitung der ℘-Funktion gilt

$$\wp'(z) := -2 \sum_{\omega \in L} \frac{1}{(z-\omega)^3} .$$

Sie ist eine elliptische Funktion der Ordnung 3 und eine ungerade Funktion, d. h. $\wp'(-z) = -\wp'(z)$ für $z \in \mathbb{C} \setminus L$. Die Nullstellen der Ableitung der Weierstraßschen ℘-Funktion im Periodenparallelogramm P sind gegeben durch

$$\varrho_1 := \frac{\omega_1}{2}, \quad \varrho_2 := \frac{\omega_1 + \omega_2}{2}, \quad \varrho_3 := \frac{\omega_2}{2} .$$

Die ↗Nullstellenordnung ist jeweils 1.

Eine wichtige Rolle spielen die sog. „Halbwerte" der ℘-Funktion:

$$e_1 := \wp(\varrho_1), \quad e_2 := \wp(\varrho_2), \quad e_3 := \wp(\varrho_3) .$$

Diese drei Werte sind paarweise verschieden, und es gilt $e_1 + e_2 + e_3 = 0$.

Zur Bestimmung der Laurent-Entwicklung der Weierstraßschen ℘-Funktion mit Entwicklungspunkt 0 sei für $n \in \mathbb{N}$, $n \geq 3$

$$G_n := \sum_{\omega \in L'} \omega^{-n}.$$

Die Reihe ist absolut konvergent, und für ungerades n gilt $G_n = 0$. Hiermit erhält man

$$\wp(z) = \frac{1}{z^2} + \sum_{n=1}^{\infty} b_n z^{2n}, \quad z \in \dot{B}_r$$

mit $b_n := (2n+1)G_{2(n+1)}$, wobei $\dot{B}_r = \{z \in \mathbb{C} : 0 < |z| < r\}$ und

$$r = \min\{|\omega_1|, |\omega_2|, |\omega_1 + \omega_2|, |\omega_1 - \omega_2|\}.$$

Die Laurent-Koeffizienten b_n erfüllen die Rekursionsformel

$$b_1 = 3G_4, \quad b_2 = 5G_6,$$

$$b_n = \frac{3}{(2n+3)(n-2)} \sum_{k=1}^{n-2} b_k b_{n-k-1}, \quad n \geq 3.$$

Man kann also b_n für $n \geq 3$ als Polynom in b_1 und b_2 mit nicht-negativen rationalen Koeffizienten darstellen. Zum Beispiel gilt

$$b_3 = \frac{1}{3}b_1^2, \quad b_4 = \frac{3}{11}b_1 b_2, \quad b_5 = \frac{1}{39}(2b_1^3 + 3b_2^2).$$

Die Differentialgleichung der Weierstraßschen ℘-Funktion lautet

$$\wp'(z)^2 = 4\wp(z)^3 - g_2\wp(z) - g_3,$$

wobei

$$g_2 = g_2(L) := 60G_4 = 60 \sum_{\omega \in L'} \omega^{-4}$$

und

$$g_3 = g_3(L) := 140G_6 = 140 \sum_{\omega \in L'} \omega^{-6}.$$

Dies ist eine algebraische Differentialgleichung, die man mit Hilfe der Halbwerte auch in der Form

$$\wp'(z)^2 = 4(\wp(z) - e_1)(\wp(z) - e_2)(\wp(z) - e_3)$$

schreiben kann.

Ist umgekehrt f eine in einem Gebiet $G \subset \mathbb{C}$ nicht-konstante meromorphe Lösung der Differentialgleichung

$$f'^2 = 4f^3 - g_2 f - g_3,$$

so ist f zu einer in $\mathbb{C}$ meromorphen Funktion fortsetzbar, und es existiert ein $a \in \mathbb{C}$ mit $f(z) = \wp(z + a)$ für alle $z \in \mathbb{C}$.

Die Zahlen g_2 und g_3 nennt man auch die Invarianten der ℘-Funktion. Setzt man

$$\begin{aligned} \Delta &:= g_2^3 - 27g_3^2 \\ &= 16(e_1 - e_2)^2(e_2 - e_3)^2(e_3 - e_1)^2, \end{aligned}$$

so ist Δ die Diskriminante des Polynoms

$$p(t) = 4t^3 - g_2 t - g_3 = 4(t - e_1)(t - e_2)(t - e_3).$$

Da e_1, e_2, e_3 paarweise verschieden sind, besitzt p nur einfache Nullstellen und daher ist $\Delta \neq 0$, d. h.

$$g_2^3 - 27g_3^2 \neq 0.$$

Die Invarianten g_2 und g_3 sind eng mit dem Umkehrproblem für die Weierstraßsche ℘-Funktion verknüpft:

Existiert zu g_2, $g_3 \in \mathbb{C}$ mit $g_2^3 - 27g_3^2 \neq 0$ ein Gitter L mit $g_2(L) = g_2$ und $g_3(L) = g_3$?

Man kann zeigen, daß dies stets der Fall ist.

Mit Hilfe der Differentialgleichung der ℘-Funktion ist es möglich, auch die höheren Ableitungen von ℘ durch ℘ und ℘′ auszudrücken. Zum Beispiel gilt

$$\begin{aligned} 2\wp''(z) &= 12\wp(z)^2 - g_2, \\ \wp'''(z) &= 12\wp(z)\wp'(z), \\ \wp^{(4)}(z) &= 120\wp(z)^3 - 18g_2\wp(z) - 12g_3. \end{aligned}$$

Die Menge $K(L)$ aller elliptischen Funktionen zu einem (festen) Gitter L ist mit der üblichen Addition und Multiplikation von Funktionen ein Körper, und zwar ein Unterkörper des Körpers $\mathcal{M}(\mathbb{C})$ aller in $\mathbb{C}$ meromorphen Funktionen.

Mit Hilfe der Weierstraßschen ℘-Funktion und deren Ableitung kann $K(L)$ genau charakterisiert werden, was im folgenden ausgeführt wird. Zunächst sei bemerkt, daß jede konstante Funktion $z \mapsto c$ in $K(L)$ enthalten ist. Identifiziert man eine solche Funktion mit der komplexen Zahl c, so kann man $\mathbb{C}$ als Unterkörper von $K(L)$ auffassen.

Ist $f \in K(L)$ eine gerade elliptische Funktion, deren Polstellenmenge in L enthalten ist, so existiert genau ein Polynom $P(X) \in \mathbb{C}[X]$ mit $f = P(\wp)$. Die Menge aller solcher elliptischen Funktionen bildet einen Integritätsring, der mit dem durch Ringadjunktion von ℘ an den Körper $\mathbb{C}$ entstehenden Ring $\mathbb{C}[\wp]$ übereinstimmt. Da ℘ transzendent über $\mathbb{C}$ ist (d. h., es existiert kein nicht-triviales Polynom $P(X) \in \mathbb{C}[X]$ mit $P(\wp) = 0$), ist $\mathbb{C}[\wp]$ isomorph zum Polynomring $\mathbb{C}[X]$ in einer Unbestimmten X über $\mathbb{C}$.

Betrachtet man allgemeiner den Ring $\mathbb{C}[\wp, \wp']$, so folgt aus der Differentialgleichung der ℘-Funktion

$$\mathbb{C}[\wp, \wp'] = \mathbb{C}[\wp] + \wp'\mathbb{C}[\wp],$$

und man kann zeigen, daß dieser Ring mit dem Ring aller elliptischen Funktionen, deren Polstellenmenge in L liegt, übereinstimmt.

Ist nun $f \in K(L)$ eine beliebige gerade elliptische Funktion, so existiert genau eine rationale Funktion $R(X) \in \mathbb{C}(X)$ mit $f = R(\wp)$. Die Menge aller geraden elliptischen Funktionen ist ein Körper, der mit dem Quotientenkörper $\mathbb{C}(\wp)$ von $\mathbb{C}[\wp]$ übereinstimmt. Weiter ist $\mathbb{C}(\wp)$ isomorph zum Körper $\mathbb{C}(X)$ aller rationalen Funktionen in X. Man beachte, daß $\mathbb{C}(X)$ der Quotientenkörper von $\mathbb{C}[X]$ ist.

Schließlich sei $f \in K(L)$ eine beliebige elliptische Funktion. Dann existieren rationale Funktionen $R(X), S(X) \in \mathbb{C}(X)$ mit

$$f = R(\wp) + \wp' S(\wp).$$

Daher ist $K(L)$ der Quotientenkörper des Integritätsrings $\mathbb{C}[\wp, \wp']$, und

$$K(L) = \mathbb{C}(\wp)(\wp') = \mathbb{C}(\wp) + \wp'\mathbb{C}(\wp).$$

Es ist also $K(L)$ eine einfache algebraische Körpererweiterung vom Grad 2 von $\mathbb{C}(\wp)$, und das Minimalpolynom

$$P(Y) \in \mathbb{C}(\wp)[Y]$$

von $\wp'$ ist gegeben durch

$$P(Y) = Y^2 - 4\wp^3 + g_2\wp + g_3.$$

Man kann dies auch wie folgt ausdrücken. Es ist $K(L)$ isomorph zum Körper

$$\mathbb{C}(X)[Y]/(Y^2 - 4X^3 + g_2X + g_3).$$

Es wird also der Polynomring $\mathbb{C}(X)[Y]$ in der Unbestimmten Y über dem Körper $\mathbb{C}(X)$ betrachtet und dann der Faktorring nach dem quadratischen Polynom

$$P(Y) = Y^2 - 4X^3 + g_2X + g_3 \in \mathbb{C}(X)[Y]$$

gebildet.

Aus diesen Eigenschaften des Körpers $K(L)$ erhält man insbesondere, daß je zwei Funktionen $f, g \in K(L)$ algebraisch abhängig sind, d. h. es existiert ein nicht-triviales Polynom $P(X, Y) \in \mathbb{C}[X, Y]$ in zwei Unbestimmten X, Y mit $P(f, g) = 0$.

Sind L und L' zwei Gitter, so sind die zugehörigen Körper $K(L)$ und $K(L')$ stets isomorph.

Für jedes $w \in \mathbb{C}$ ist die durch $f(z) := \wp(z + w)$ definierte Funktion f eine elliptische Funktion und muß sich daher durch $\wp$ und $\wp'$ ausdrücken lassen. Dies leistet das Additionstheorem der Weierstraßschen ℘-Funktion, welches

$$\wp(z + w) = \frac{1}{4}\left(\frac{\wp'(z) - \wp'(w)}{\wp(z) - \wp(w)}\right)^2 - \wp(z) - \wp(w)$$

lautet. Dabei sind $z, w \in \mathbb{C} \setminus L$ mit $z + w, z - w \notin L$. Man kann das Additionstheorem auch in der Form

$$\det\begin{pmatrix} 1 & \wp(z+w) & -\wp'(z+w) \\ 1 & \wp(z) & \wp'(z) \\ 1 & \wp(w) & \wp'(w) \end{pmatrix} = 0$$

schreiben.

Der Grenzübergang $w \to z$ im Additionstheorem liefert die Verdopplungsformel der Weierstraßschen ℘-Funktion

$$\wp(2z) = \frac{1}{4}\left(\frac{\wp''(z)}{\wp'(z)}\right)^2 - 2\wp(z),$$

wobei $z \in \mathbb{C} \setminus L$ und $2z \notin L$. Mit Hilfe der Differentialgleichung der ℘-Funktion kann man diese Formel umschreiben in

$$\wp(2z) = \frac{1}{16}\frac{(4\wp(z)^2 + g_2)^2 + 8g_3\wp(z)}{4\wp(z)^3 - g_2\wp(z) - g_3}.$$

Allgemeiner ist es möglich, $\wp(nz)$ für $n \in \mathbb{N}$ durch $\wp(z)$ und deren Ableitungen darzustellen. Dies ist das Multiplikationstheorem der Weierstraßschen ℘-Funktion. Dazu betrachtet man für $n \geq 2$ die $(n-1)$-reihige Determinante

$$D_n(z) := \begin{vmatrix} \wp'(z) & \wp''(z) & \dots & \wp^{(n-1)}(z) \\ \wp''(z) & \wp'''(z) & \dots & \wp^{(n)}(z) \\ \vdots & \vdots & & \vdots \\ \wp^{(n-1)}(z) & \wp^{(n)}(z) & \dots & \wp^{(2n-3)}(z) \end{vmatrix},$$

und setzt

$$\psi_n(z) := \frac{(-1)^{n-1}}{(2! \cdot 3! \cdot 4! \cdots (n-1)!)^2} D_n(z).$$

Dann gilt

$$\begin{aligned} \wp(nz) &= \wp(z) - \frac{\psi_{n-1}(z)\psi_{n+1}(z)}{(\psi_n(z))^2} \\ &= \wp(z) - \frac{1}{n^2}\frac{d}{dz}\frac{\psi_n'(z)}{\psi_n(z)}. \end{aligned}$$

Nun wird speziell ein Rechteckgitter L betrachtet, d. h. $\omega_1 > 0$ und $\omega_2 = i\omega_2'$ mit $\omega_2' > 0$. Dann ist $\wp(x) \in \mathbb{R}$ für alle $x \in \mathbb{R} \setminus L$. Ebenso sind die Invarianten g_2 und g_3 reelle Zahlen. Weiter ist $\wp$ auf dem Rand des abgeschlossenen Rechtecks Q mit den Ecken $0, \varrho_1, \varrho_3, \varrho_2$ reellwertig und bildet Q bijektiv auf die abgeschlossene untere Halbebene

$$\{z \in \mathbb{C} : \operatorname{Im} z \leq 0\} \cup \{\infty\}$$

ab. Insbesondere sind e_1, e_2, e_3 reell und $e_1 > e_2 > e_3$. Ist L speziell ein Quadratgitter, d. h. $\omega_2' = \omega_1$, so gilt $e_2 = 0$ und $e_3 = -e_1$.

Auf dem Intervall $(0, \varrho_1]$ ist $\wp$ eine streng monoton fallende Funktion, und die Bildmenge ist die Halbgerade $[e_1, \infty)$. Daher besitzt $\wp$ eine auf $[e_1, \infty)$ definierte und streng monoton fallende Umkehrfunktion E. Für $u \in (e_1, \infty)$ gilt $4u^3 - g_2u - g_3 > 0$ und

$$E'(u) = -\frac{1}{\sqrt{4u^3 - g_2u - g_3}},$$

d. h. es ist

$$E(u) = \int_u^\infty \frac{dt}{\sqrt{4t^3 - g_2 t - g_3}}$$

ein ↗elliptisches Integral. Anders ausgedrückt bedeutet dies, daß das elliptische Integral E eine auf dem Intervall $(0, \varrho_1)$ definierte Umkehrfunktion besitzt, die sich in die komplexe Ebene zu einer elliptischen Funktion fortsetzen läßt, und diese ist gerade die Weierstraßsche $\wp$-Funktion.

Betrachtet man speziell das Rechteckgitter L mit $\omega_1 = 1$ und setzt $\tau := \omega_2$, so sind die Invarianten $g_2 = g_2(\tau)$ und $g_3 = g_3(\tau)$ Funktionen von τ, und zwar ↗holomorphe Funktionen in der oberen Halbebene $H = \{z \in \mathbb{C} : \operatorname{Im} z > 0\}$. Dies gilt ebenfalls für die Diskriminante

$$\Delta(\tau) = g_2(\tau)^3 - 27 g_3(\tau)^2$$

und die Halbwerte $e_1(\tau), e_2(\tau)$ und $e_3(\tau)$. Mit diesen Bezeichnungen besteht ein enger Zusammenhang mit den ↗Modulfunktionen λ und J, es gilt nämlich

$$\lambda(\tau) = \frac{e_2(\tau) - e_3(\tau)}{e_1(\tau) - e_3(\tau)}$$

und

$$J(\tau) = \frac{g_2^3(\tau)}{\Delta(\tau)}.$$

Vgl. auch ↗Weierstraßsche σ-Funktion.

[1] Chandrasekharan, K.: Elliptic Functions. Springer-Verlag Berlin, 1985.

[2] Fischer, W.; Lieb, I.: Funktionentheorie. Friedr. Vieweg & Sohn Braunschweig, 1981.

[3] Freitag, E.; Busam, R.: Funktionentheorie. Springer-Verlag Berlin, 1993.

[4] Tricomi, F.; Krafft, M.: Elliptische Funktionen. Akademische Verlagsgesellschaft Geest & Portig K.-G. Leipzig, 1948.

Weierstraßsche σ-Funktion, eine ↗ganz transzendente Funktion mit speziellen Eigenschaften.

Zur Definition sei $L \subset \mathbb{C}$ ein Gitter, d. h.

$$L = \mathbb{Z}\omega_1 + \mathbb{Z}\omega_2 = \{n_1\omega_1 + n_2\omega_2 : n_1, n_2 \in \mathbb{Z}\},$$

wobei $\omega_1, \omega_2 \in \mathbb{C} \setminus \{0\}$ und

$$\operatorname{Im} \frac{\omega_2}{\omega_1} > 0.$$

Dann ist die Weierstraßsche σ-Funktion zum Gitter L definiert durch

$$\sigma(z) := z \prod_{\omega \in L'} \left[\left(1 - \frac{z}{\omega}\right) \exp\left(\frac{z}{\omega} + \frac{1}{2}\left(\frac{z}{\omega}\right)^2\right)\right],$$

wobei $L' := L \setminus \{0\}$. Um die Abhängigkeit vom Gitter L deutlich zu machen, schreibt man oft ausführlicher $\sigma(z; L)$ oder $\sigma(z; \omega_1, \omega_2)$.

Nach dem Produktsatz von Weierstraß (↗Weierstraß, Produktsatz von) ist σ eine ganz transzendente Funktion. Es ist σ eine ungerade Funktion, d. h. $\sigma(-z) = -\sigma(z)$ für $z \in \mathbb{C}$. Die Nullstellenmenge von σ stimmt mit L überein, und jede Nullstelle von σ hat die ↗Nullstellenordnung 1.

Die logarithmische Ableitung von σ ist die sog. Eisenstein-Weierstraßsche ζ-Funktion. Es gilt

$$\zeta(z) = \frac{\sigma'(z)}{\sigma(z)} = \frac{1}{z} + \sum_{\omega \in L'} \left[\frac{1}{z - \omega} + \frac{1}{\omega} + \frac{z}{\omega^2}\right].$$

Man beachte, daß diese Funktion nicht mit der ↗Riemannschen ζ-Funktion zu verwechseln ist!

Weiter gilt

$$-\zeta'(z) = \frac{1}{z^2} + \sum_{\omega \in L'} \left[\frac{1}{(z - \omega)^2} - \frac{1}{\omega^2}\right],$$

und dies ist gerade die ↗Weierstraßsche $\wp$-Funktion.

Während $\wp$ eine ↗elliptische Funktion mit den beiden linear unabhängigen Perioden ω_1 und ω_2 ist, haben σ und ζ keinerlei Perioden. Jedoch erfüllen sie eine Art Quasiperiodizitätseigenschaft. Setzt man nämlich

$$\eta_k := \zeta\left(\frac{\omega_k}{2}\right)$$

für $k = 1, 2$, so gilt jeweils für $k = 1, 2$

$$\zeta(z + \omega_k) - \zeta(z) = 2\eta_k, \quad z \in \mathbb{C} \setminus L$$

und

$$\sigma(z + \omega_k) = -e^{\eta_k(2z + \omega_k)} \sigma(z), \quad z \in \mathbb{C}.$$

Weiter gilt die Legendre-Relation

$$\eta_1\omega_2 - \eta_2\omega_1 = \pi i.$$

Die σ-Funktion spielt eine wichtige Rolle im Zusammenhang mit elliptischen Funktionen, denn man kann jede elliptische Funktion mit Hilfe der σ-Funktion darstellen. Dazu sei f eine elliptische Funktion der Ordnung $m \geq 2$ zum Gitter L. Weiter seien $a_1, \ldots, a_m$ die Null- und $b_1, \ldots, b_m$ die Polstellen von f im Periodenparallelogramm P. Dabei ist jede Null- bzw. Polstelle so oft aufzuführen wie ihre Null- bzw. Polstellenordnung angibt. Dann gilt

$$f(z) = c \cdot \frac{\sigma(z - a_1)\sigma(z - a_2) \cdots \sigma(z - a_m)}{\sigma(z - b_1)\sigma(z - b_2) \cdots \sigma(z - b_m)},$$

wobei $c \in \mathbb{C}$ eine im Einzelfall zu bestimmende Konstante ist.

Umgekehrt kann man auf diese Weise elliptische Funktionen mit vorgegebenen Null- und Polstellen konstruieren, und man erhält einen Beweis des ↗Abelschen Theorems.

Aus dieser Darstellung kann man das Additionstheorem der σ-Funktion ableiten. Für $z, w \in \mathbb{C} \setminus L$ gilt

$$\wp(z) - \wp(w) = -\frac{\sigma(z+w)\sigma(z-w)}{\sigma(z)^2\sigma(w)^2}.$$

Der Grenzübergang $w \to z$ liefert noch die Formel

$$\wp'(z) = -\frac{\sigma(2z)}{\sigma(z)^4}.$$

Ebenso gibt es ein Additionstheorem für die ζ-Funktion. Für $z, w \in \mathbb{C} \setminus L$ mit $z+w, z-w \notin L$ gilt

$$\zeta(z+w) = \zeta(z) + \zeta(w) + \frac{1}{2}\frac{\wp'(z) - \wp'(w)}{\wp(z) - \wp(w)},$$

und der Grenzübergang $w \to z$ ergibt

$$\zeta(2z) = 2\zeta(z) + \frac{1}{2}\frac{\wp''(z)}{\wp'(z)}.$$

Weierstraßsche ζ-Funktion, das Integral der ↗Weierstraßschen $\wp$-Funktion: Es gilt $\zeta' := -\wp$, womit dann die ζ-Funktion einfache Pole an Punkten kongruent zum Ursprung erhält.

Die Integrationskonstante ist hierbei so zu wählen, daß in einer Umgebung des Ursprungs $\zeta(z) - z^{-1}$ eine holomorphe Funktion ist, die für $z = 0$ verschwindet. Im Gegensatz zu $\wp$ ist ζ selbst keine ↗elliptische Funktion, ist also nicht gitterperiodisch. Es gilt vielmehr:

$$\zeta(z+2\omega_1) = \zeta(z) + 2\eta \quad \zeta(z+2\omega_2) = \zeta(z) + 2\eta'$$
$$\eta := \zeta(\omega_1) \quad \eta' := \zeta(\omega_2)$$

Dabei sind ω_1 und ω_2 die Perioden der $\wp$-Funktion. Die Reihenentwicklung von ζ erhält man durch gliedweise Integration der Reihendarstellung von $\wp$:

$$\zeta(z) = \frac{1}{z} + \sum_{(m,n)\neq 0} \frac{1}{z - m\omega_1 - n\omega_2} + \frac{1}{m\omega_1 + n\omega_2} + \frac{z}{(m\omega_1 + n\omega_2)^2},$$

wobei hier $(n, m) \in \mathbb{Z}^2$. Aus dieser Reihendarstellung kann man z. B. sofort entnehmen, daß ζ eine ungerade Funktion von z ist.

Integriert man ζ entlang des Fundamentalbereiches, also des von $2\omega_1$ und $2\omega_2$ in der komplexen Ebene aufgespannten Parallelogrammes, so erhält man die Legendre-Relation

$$\eta\omega_2 - \eta'\omega_1 = \frac{\pi i}{2}.$$

Das Additionstheorem für die ζ-Funktion drückt die ζ-Funktion einer Summe von Argumenten durch ζ der einzelnen Argumente und die Weierstraßsche $\wp$-Funktion aus:

$$\zeta(u+v) = \zeta(u) + \zeta(v) + \frac{1}{2}\frac{\wp'(u) - \wp'(v)}{\wp(u) - \wp(v)},$$

was genaugenommen kein „Additionstheorem" im engeren Sinne ist.

[1] Abramowitz, M.; Stegun, I.A.: Handbook of Mathematical Functions. Dover Publications, 1972.

[2] Tricomi,F.: Elliptische Funktionen. Akadem. Verlagsgesellschaft Leipzig, 1948.

Weierstraßscher Approximationssatz, Satz, welcher besagt, daß jede über einem abgeschlossenen Intervall stetige Funktion beliebig genau durch Polynome angenähert werden kann.

Bezeichnet man mit $C[a, b]$ die Menge aller stetigen reellwertigen Funktionen auf $[a, b]$ und mit $\|.\|_\infty$ die ↗Maximumnorm, so lautet dieser Satz genauer wie folgt.

Die Menge aller Polynome

$$\mathcal{P} = \{p : p(x) = \sum_{i=1}^{n} a_i x^i,\ a_i \in \mathbb{R},\ n \in \mathbb{N}\}$$

liegt dicht in $C[a, b]$, *d. h., für jedes* $f \in C[a, b]$ *und vorgegebenes* $\varepsilon > 0$ *gibt es ein Polynom* $p \in \mathcal{P}$, *so daß gilt:*

$$\|f - p\|_\infty < \varepsilon.$$

Man kann die Aussage des Weierstraßschen Approximationssatz beispielsweise mit Hilfe des Satz von Korowkin (↗Korowkin, Satz von) über die Konvergenz von Folgen monotoner linearer Operatoren nachweisen.

Der folgende Satz wird auch zweiter Weierstraßscher Approximationssatz genannt.

Die Menge aller trigonometrischen Polynome

$$\mathcal{T} = \{t : t(x) = a_0 + \sum_{j=1}^{n} a_j \sin(jx) + b_j \cos(jx),$$
$$a_j,\ b_j \in \mathbb{R},\ n \in \mathbb{N}\}$$

liegt dicht in der Menge der stetigen 2π-*periodischen Funktionen.*

Eine allgemeinere Fassung ist die folgende:

Für eine nicht-leere Teilmenge D *von* $\mathbb{R}$, $a \in D$, *und Abbildungen* $f_n, f : D \to \mathbb{R}$ $(n \in \mathbb{N})$ *gilt:*

Sind alle f_n *stetig in* a, *und konvergiert die Folge* f_n *gleichmäßig gegen* f, *so ist auch* f *stetig in* a.

‚Gleichmäßig konvergent' bedeutet hier, daß zu jedem $\varepsilon > 0$ ein Index $N \in \mathbb{N}$ so existiert, daß

$$|f_n(x) - f(x)| < \varepsilon$$

für alle $x \in D$ und $\mathbb{N} \ni n \geq N$ gilt.

Die Beschreibung dieser Konvergenzart wird besonders einfach und durchsichtig, wenn man für

Funktionen $f: D \to \mathbb{R}$ und jede nicht-leere Menge $T \subset D$ die Supremum-Pseudonorm

$$\|f\|_T := \sup\{|f(x)| : x \in T\}$$

einführt. Eine Folge f_n konvergiert offenbar genau dann gleichmäßig in T gegen f, wenn $\|f_n - f\|_T \to 0$ gilt.

Der Satz bleibt unverändert richtig, wenn statt des Zielbereichs $\mathbb{R}$ etwa ein normierter Vektorraum oder sogar nur ein metrischer Raum betrachtet wird. Im Urbildbereich genügt ein topologischer Raum.

Die Weierstraßschen Approximationssätze werden durch den Satz von Stone (Satz von Stone-Weierstraß) noch weiter verallgemeinert.

Weierstraßscher Doppelreihensatz, lautet:

Es seien für $k \in \mathbb{N}_0$

$$f_k(z) = \sum_{n=0}^{\infty} a_{kn}(z - z_0)^n ,$$

Potenzreihen mit ↗Konvergenzkreis $B_r(z_0)$, wobei $z_0 \in \mathbb{C}$ und $r > 0$. Weiter sei die Funktionenreihe $\sum_{k=0}^{\infty} f_k$ kompakt konvergent in $B_r(z_0)$ gegen die Grenzfunktion f.

Dann ist f eine ↗holomorphe Funktion in $B_r(z_0)$ und hat in $B_r(z_0)$ die Potenzreihendarstellung

$$f(z) = \sum_{n=0}^{\infty} \left(\sum_{k=0}^{\infty} a_{kn} \right) (z - z_0)^n .$$

Weierstraßscher Elementarfaktor, ↗Weierstraß-Faktor.

Weierstraßscher Vorbereitungssatz, fundamentaler Satz in der Theorie der analytischen Mengen, insbesondere bei ihrer Untersuchung vom punktuellen Standpunkt unter Anwendung formaler algebraischer Methoden.

Sei

$$\mathbb{C}[[X, Y]] := \mathbb{C}[[X_1, \dots, X_n, Y]]$$

die Algebra der formalen Potenzreihen um Null in den Unbestimmten $X_1, \dots, X_n, Y$, und sei

$$\mathbb{C}\{X, Y\} := \mathbb{C}\{X_1, \dots, X_n, Y\}$$

die Algebra der konvergenten formalen Potenzreihen.

Man charakterisiert Potenzreihen, die nicht identisch auf der Y-Achse verschwinden. Eine Potenzreihe P heißt

i) *Y-allgemein (distinguished in Y) von der Ordnung b*, wenn

$$P(0, \dots, 0, Y) = Y^b \cdot e$$

für eine Einheit $e \in \mathbb{C}[[Y]]$,

ii) ein *Weierstraß-Polynom vom Grad b in Y*, wenn

$$P = Y^b + \sum_{j=1}^{b} a_j Y^{b-j}$$

mit $a_j \in \mathfrak{m}_{[[X]]}$, $j = 1, \dots, b$ ($\mathfrak{m}_{[[X]]}$ =maximales Ideal von $\mathbb{C}[[X]]$).

Jedes monische Polynom $P \neq 0$ vom Grad b in $\mathbb{C}[[X]][Y]$ ist Y-allgemein von der Ordnung kleiner oder gleich b. Ein solches Polynom ist genau dann ein Weierstraß-Polynom, wenn $P(0, Y)$ eine Nullstelle von der Ordnung b an der Stelle $Y = 0$ besitzt.

Es gilt nun der Weierstraßsche Vorbereitungssatz:

Ist $P \in \mathbb{C}[[X, Y]]$ Y-allgemein von der Ordnung b, dann gibt es genau ein Weierstraß-Polynom $\omega \in \mathbb{C}[[X]][Y]$ vom Grad b und genau eine Einheit $e \in \mathbb{C}[[X, Y]]$, so daß $P = \omega \cdot e$; liegt ferner P in $\mathbb{C}\{X, Y\}$ (bzw. in $\mathbb{C}\{X\}[Y]$), dann liegen auch ω und e in $\mathbb{C}\{X, Y\}$ (bzw. in $\mathbb{C}\{X\}[Y]$).

Die Weierstraßsche Divisionsformel lautet:

Ist $P \in \mathbb{C}[[X, Y]]$ Y-allgemein von der Ordnung b, dann ist die Abbildung

$$\mathbb{C}[[X, Y]] \cdot P \oplus \mathbb{C}[[X]][Y]_b \to \mathbb{C}[[X, Y]] ,$$
$$(q \cdot P, r) \mapsto q \cdot P + r,$$

ein Isomorphismus von $\mathbb{C}[[X]]$-Moduln. Liegt P in $\mathbb{C}\{X, Y\}$, dann induziert sie einen $\mathbb{C}\{X\}$-Modul-Isomorphismus

$$\mathbb{C}\{X, Y\} \cdot P \oplus \mathbb{C}\{X\}[Y]_b \cong \mathbb{C}\{X, Y\} .$$

Liegt P in $\mathbb{C}\{X\}[Y]$, dann induziert sie einen $\mathbb{C}\{X\}$-Modul-Isomorphismus

$$\mathbb{C}\{X\}[Y] \cdot P \oplus \mathbb{C}\{X\}[Y]_b \cong \mathbb{C}\{X\}[Y] .$$

Weierstraßsches Majorantenkriterium, ↗Majorantenkriterium.

Weierstraß-Transformation, auch Gauß-Weierstraß-Transformation, andere Bezeichnung für die ↗Gauß-Transformation.

Weil, André, französisch-amerikanischer Mathematiker, geb. 6.5.1906 Paris, gest. 6.8.1998 Princeton (New Jersey).

Weil studierte in Paris, Rom und Göttingen und promovierte 1928 in Paris. Er lehrte an verschiedenen Universitäten, unter anderem 1930 bis 1932 an der Aligarh Muslim Universität in Indien und an der Universität von Straßburg ab 1933 bis zum Kriegsausbruch.

Um dem Kriegdienst und der Verfolgung zu entgehen, flüchtete er in die USA. Hier war er ab 1941 an verschiedenen Colleges tätig. Von 1945 bis 1947 lehrte er an der Sao Paulo Universität in Brasilien, von 1947 bis 1958 an der Universität von Chicago, und ab 1958 am Institute for Advanced Study in Princeton.

Weils Hauptforschungsgebiete waren die Zahlentheorie, die algebraische Geometrie und die Gruppentheorie. Er schuf die Grundlagen für die abstrakte algebraische Geometrie und die moderne Theorie der abelschen Varietäten. 1949 konnte er die Riemannsche Vermutung für Kongruenz-ζ-Funktionen über algebraischen Funktionenkörpern beweisen. Weils Verknüpfung von Zahlentheorie und algebraischer Geometrie stellte die Basis für die Theorie der Modulformen und der automorphen Funktionen dar. Weitere Arbeiten Weils betrafen die Topologie, die Differentialgeometrie, die komplexe analytische Geometrie, die harmonische Analysis auf topologischen Gruppen und charakteristische Klassen. Zusammen mit Dieudonné und anderen schrieb Weil unter dem Pseudonym ↗Bourbaki ab den 30er Jahren zusammenfassende Darstellungen der Mathematik. Weils bekannteste Bücher sind „Foundations of Algebraic Geometry" (1946) und „Elliptic Functions According to Eisenstein and Kronecker" (1976).

Weil-Divisor, wichtiges Hilfsmittel für das Studium der intrinsischen Geometrie auf einer Varietät oder einem Schema.

Sei X ein algebraisches Schema. Ein k-Zykel auf X ist eine endliche formale Summe

$$\sum n_i\,[V_i]\,,$$

wobei die V_i k-dimensionale Untervarietäten von X und die n_i ganze Zahlen sind, von denen nur endlich viele von Null verschieden sind. Die Gruppe der k-Zykeln auf X, bezeichnet mit Z_kX, ist eine freie abelsche Gruppe über den k-dimensionalen Untervarietäten von X. Zu einer Untervarietät V von X gehört $[V]$ in Z_kX. Ist X eine n-dimensionale Varietät, dann ist ein Weil-Divisor auf X ein $(n-1)$-Zykel auf X. Die Weil-Divisoren bilden die Gruppe $Z_{n-1}X$.

Ein Weil-Divisor heißt effektiv, wenn in seiner Darstellung

$$D = \sum n_i\,[V_i]$$

alle n_i nicht-negativ sind.

Weilsche Integralformel, beschreibt den Zusammenhang zwischen der Existenz einer relativ invarianten Linearform auf dem Raum der stetigen Funktionen mit kompaktem Träger auf der Menge der Linksrestklassen in einer lokalkompakten topologischen Gruppe, der Existenz eines relativ invarianten Radonmaßes auf der Borelschen σ-Algebra dieser Gruppe und einem funktionalen Zusammenhang der zugehörigen modularen Funktion.

Es sei G eine lokalkompakte (Hausdorffsche) topologische Gruppe (multiplikativ geschrieben), H eine abgeschlossene Untergruppe von G, G/H die Menge aller Linksrestklassen, versehen mit der Quotiententopologie, und R bzw. L die Rechtstranslation bzw. Linkstranslation auf G. Ist I_G bzw I_H eine (nicht-triviale) linksinvariante positive Linearform auf dem Raum $C_c(G)$ bzw. $C_c(H)$ der stetigen Funktion mit kompaktem Träger auf G bzw. H, so gibt es eine Funktion $\Delta_G : G \to (0,\infty)$ bzw. $\Delta_H : H \to (0,\infty)$ mit $I_G(f \circ R(a)) = \Delta_G(a) I_G(f)$ für alle $f \in C_c(G), a \in G$, bzw. $I_G(f \circ R(a)) = \Delta_H(a) I_H(f)$ für alle $f \in C_c(H), a \in G$.

Diese Funktionen heißen modulare Funktionen auf G bzw. H und sind stetige Homomorphismen in die multiplikative Gruppe $(0,\infty)$. Eine (nicht-triviale) positive Linearform $I_{G/H} : C_c(G/H) \to (0,\infty)$ heißt relativ invariant, wenn eine Funktion $\Delta : G \to (0,\infty)$ so existiert, daß $I_{G/H}(f \circ L(a)) = \Delta(a) I_{G/H}(f)$ für alle $f \in C_c(G/H), a \in G$. Sie heißt dann modulare Funktion von $I_{G/H}$ und ist ein stetiger Homomorphismus. Nach dem Darstellungssatz von Riesz (↗Riesz, Darstellungssatz von) existiert zu dieser Linearform $I_{G/H}$ genau ein Radon-Maß $\mu_{G/H}$ auf $\mathcal{B}(G/H)$, für das gilt:

$$L(a)(\mu) = \Delta(a)\mu \quad \text{für alle} \quad a \in G\,,$$

und das man relativ invariantes Radon-Maß nennt.

Der Satz von Weil besagt nun, daß, wenn $\Delta : G \to (0,\infty)$ ein stetiger Homomorphismus ist, genau dann eine (nicht-triviale) positive relativ invariante Linearform $I_{G/H}$ auf $C_c(G/H)$ mit modularer Funktion Δ existiert, wenn

$$\Delta_H(a) = \Delta(a)\Delta_G(a) \quad \text{für alle} \quad a \in H$$

ist. $I_{G/H}$ ist dann bis auf einen positiven Faktor eindeutig bestimmt, und desgleichen existiert ein relativ invariantes Radon-Maß auf $\mathcal{B}(G/H)$, eindeutig bis auf einen positiven Faktor.

Weiter gilt unter obigen Voraussetzungen und bei geeigneter Normierung von $\mu_{G/H}$ die Weilsche Integralformel

$$\int\limits_{G/H}\int\limits_{H} f(st)d\mu_H(f)d\mu_{G/H}(sH) = \int\limits_{G} f/\Delta d\mu_G$$

für alle $f \in C_C(G)$, wobei μ_G bzw. μ_H die nach dem Darstellungssatz von Riesz eindeutig bestimmten Radon-Maße zu den linksinvarianten Linearformen I_G bzw. I_H sind.

Weilsche Vermutung, ↗Kongruenz-ζ-Funktion.

Weinberg, Steven, amerikanischer Physiker, geb. 3.5.1933 New York.

Weinberg ist Professor in Berkeley und Cambridge (Mass.). Er leistete wesentliche Beitrage zur Kosmologie und zur Elementarteilchenphysik. 1967 faßte er gemeinsam mit Salam und Glashow die schwache und elektromagnetische Wechselwirkung zu einer elektroschwachen Wechselwirkung zusammen (Glashow-Salam-Weinberg-Modell). 1979 erhielten die drei gemeinsam den Nobelpreis für Physik.

Weinberg ist außerdem an der Ausarbeitung der Quantenchromodynamik als einem Bestandteil des Standardmodells der Elementarteilchen beteiligt.

Weinberg-Winkel, ↗Glashow-Salam-Weinberg-Theorie.

Weingarten, Ableitungsgleichung von, die Darstellung der Matrix der ↗Weingartenabbildung bezüglich einer Parameterdarstellung einer regulären Fläche $\mathcal{F} \subset \mathbb{R}^3$ durch die Koeffizienten der ↗ersten und ↗zweiten Gaußschen Fundamentalform.

Es sei $\Phi(u_1, u_2)$ eine Parameterdarstellung von $\mathcal{F}$ und $\mathfrak{n}$ der Einheitsnormalenvektor, dessen Orientierung so gewählt sei, daß er mit den Tangentialvektoren $\Phi_1 = \partial\Phi/\partial u_1$ und $\Phi_2 = \partial\Phi/\partial u_2$ an die Koordinatenlinien ein Rechtssystem bildet. Aus $\langle \mathfrak{n}, \mathfrak{n}\rangle = 1$ folgt für $i = 1$ und $i = 2$ die Gleichung $\langle \partial\mathfrak{n}/\partial u_i, \mathfrak{n}\rangle = 0$, sodaß $\partial\mathfrak{n}/\partial u_i$ auf $\mathfrak{n}$ senkrecht steht und folglich ein Vektor der Tangentialebene ist. Er besitzt daher eine Darstellung als Linearkombination

$$\frac{\partial \mathfrak{n}}{\partial u_i} = a_{i1}\,\Phi_1 + a_{i1}\,\Phi_2.$$

Faßt man die Koeffizienten dieser Linearkombination zu einer Matrix $A = (a_{ij})$ zusammen, so ergibt sich A als Produkt der Matrix der zweiten mit der Inversen der Matrix der ersten Gaußschen Fundamentalform:

$$A = -\begin{pmatrix} L & M \\ M & N \end{pmatrix}\begin{pmatrix} E & F \\ F & G \end{pmatrix}^{-1}.$$

Weingarten, Leonard Gottfried Johannes Julius, deutscher Mathematiker, geb. 2.3.1836 Berlin, gest. 16.6.1910 Freiburg im Breisgau.

Weingarten besuchte die Handelsschule in Berlin und ab 1852 die Berliner Universität, wo er Vorlesungen bei Dirichlet hörte. Ab 1858 unterrichtete er in einer Schule in Berlin und promovierte 1864 in Halle. 1871 erhielt er eine Professur an der Berliner Bauakademie, wechselte aber kurze Zeit später an die Technische Hochschule in Berlin. Ab 1902 arbeitete er als Honorarprofessor an der Universität Freiburg im Breisgau.

Nach anfänglicher Beschäftigung mit der Potentialtheorie wandte sich Weingarten der Theorie der Flächen zu, insbesondere deren Klassifizierung. 1857 veröffentlichte er eine Arbeit zur Krümmung von Flächen, 1863 folgte eine Publikation, in der er diejenigen Flächen charakterisierte, die isometrisch zu einer gegebenen Rotationsfläche sind.

Ab 1886 beschäftigte sich Weingarten mit infinitesimalen Deformationen von Flächen. Damit konnte er die Klassifizierung von Flächen auf die Lösung von partiellen Differentialgleichungen reduzieren.

Weingartenabbildung, lineare Abbildung S der Tangentialebene $T_P(\mathcal{F})$ einer Fläche $\mathcal{F} \subset \mathbb{R}^3$ in sich, die einem Vektor $\mathfrak{v} \in T_P(\mathcal{F})$ das negative

$$S(\mathfrak{v}) = -D_{\mathfrak{v}}\mathfrak{n}$$

der Richtungsableitung des Einheitsnormalenvektors $\mathfrak{n}$ von $\mathcal{F}$ zuordnet.

Da $\mathfrak{n}$ die Länge 1 hat, steht $D_{\mathfrak{v}}\mathfrak{n}$ auf $\mathfrak{n}$ senkrecht und gehört somit zu $T_P(\mathcal{F})$. S ist selbstadjungiert in bezug auf die ↗erste Gaußsche Fundamentalform, d. h., es gilt

$$\langle S(\mathfrak{v}), \mathfrak{w}\rangle = \langle \mathfrak{v}, S(\mathfrak{w})\rangle$$

für alle $\mathfrak{v}, \mathfrak{w} \in T_P(\mathcal{F})$. Ist $\Phi(u_1, u_2)$ eine Parameterdarstellung von $\mathcal{F}$, so ist die Matrix von S bezüglich der Basis $\Phi_i = \partial\Phi/\partial u_i$ $(i = 1, 2)$ von $T_P(\mathcal{F})$ durch die Ableitungsgleichung von Weingarten (↗Weingarten, Ableitungsgleichung von) gegeben.

Die Weingartenabbildung wird in analoger Weise auch für ↗Riemannsche Untermannigfaltigkeiten $N^n \subset M^m$ ↗Riemannscher Mannigfaltigkeiten M^n definiert. Ist g der ↗metrischen Fundamentaltensor, ∇ der ↗Levi-Civita-Zusammenhang von M^m, und $\mathfrak{n}$ ein Normalenvektorfeld auf N^n der Länge 1, d. h., eine differenzierbare Abbildung, die jedem Punkt $x \in N^n$ einen Tangentialvektor $\mathfrak{n}(x) \in T_x(M^m)$ des umgebenden Raumes $T_x(M^m) \supset T_x(N^n)$ mit $g(\mathfrak{n}(x), \mathfrak{n}(x)) = 1$ zuordnet, der auf $T_x(N^n)$ senkrecht steht, so ist für jeden Tangentialvektor $\mathfrak{v}_x \in T_x(N^n)$ die kovariante Ableitung $\nabla_{\mathfrak{v}_x}\mathfrak{n}$ als Element von $T_x(N^n)$ definiert. Die Zuordnung

$$S_{\mathfrak{n}} : \mathfrak{v} \in T_x(N^n) \rightarrow -\nabla_{\mathfrak{v}_x}\mathfrak{n} \in T_x(N^n)$$

ist eine lineare Abbildung von $T_x(N^n)$ in sich, die Weingartenabbildung von N^n, die hier von der Wahl des Normalenvektorfeldes $\mathfrak{n}$ abhängt.

Wenn $m = n + 1$ gilt und N^n orientierbar ist, gibt es genau zwei Möglichkeiten für die Wahl des Normaleneinheitsvektors $\mathfrak{n}$, die entgegengesetzte Richtung haben. $S_{\mathfrak{n}}$ ist dann bis auf das Vorzeichen eindeutig bestimmt und im wesentlichen von der Wahl eines Normalenvektorfeldes unabhängig.

Weinstein, Einschließungssatz von, auch Einschließungssatz von Krylow-Bogoliubow, lautet:

Gegeben sei ein ↗Sturm-Liouvillesches Eigenwertproblem auf $J = [a, b]$ *mit* $r(x) > 0$. *Es sei* $V(J)$ *der Raum der ↗Vergleichsfunktionen, und*

$$\{v \mid w\} := -\int_J vLw\,dx$$

ein inneres Produkt auf diesem Raum. Mit $(u \mid v) := \int_a^b r(x)u(x)v(x)\,dx$ *und*

$$\alpha = \frac{\{u \mid u\}}{(u \mid u)}, \quad \beta^2 = \frac{\int_a^b \frac{1}{r(x)}(Lu)^2\,dx}{(u \mid u)}$$

gilt dann: Es ist $\beta^2 \geq \alpha^2$, und zwischen $\alpha - \sqrt{\beta^2 - \alpha^2}$ und $\alpha + \sqrt{\beta^2 - \alpha^2}$ liegt mindestens ein Eigenwert.

[1] Kamke, E.: Differentialgleichungen, Lösungsmethoden und Lösungen I. B. G. Teubner Stuttgart, 1977.

Weinstein, Vermutung von, für eine ↗Pfaffsche Kontaktmannigfaltigkeit (M, ϑ) die Aussage, daß ihr ↗Reeb-Feld eine geschlossene Integralkurve besitzt.

Die ursprüngliche Vermutung (A. Weinstein, 1978) bezog sich auf eine kompakte orientierbare ↗Hyperfläche M (mit $H^1(M) = 0$) einer ↗symplektischen Mannigfaltigkeit (N, ω), die vom Kontakttyp ist, also eine Pfaffsche Kontaktmannigfaltigkeit so, daß $d\vartheta$ mit der Einschränkung von ω auf TN übereinstimmt.

Die Weinsteinsche Vermutung ist jedenfalls richtig für jede kompakte Hyperfläche vom Kontakttyp im $\mathbb{R}^{2n}$ (C.Viterbo, 1987) und für jede kompakte orientierbare dreidimensionale Mannigfaltigkeit, deren zweite Homotopiegruppe trivial ist (H.Hofer, 1993).

Weißes Loch, entsteht durch eine Zeitumkehroperation aus einem ↗Schwarzen Loch.

Siehe hierzu ↗Raum-Zeit-Singularität.

weißes Rauschen, Bezeichnung für einen unkorrelierten stationären stochastischen Prozeß bzw. für einen stationären stochastischen Prozeß mit konstanter Spektraldichte, auch als rein zufälliger Prozeß bezeichnet.

Sei $(Y(t))_{t \in T \subseteq \mathbb{Z}}$ ein im weiteren Sinne stationärer stochastischer Prozeß mit diskretem Zeitbereich T, und seien $EY(t) = \mu$ und $Var(Y(t)) = \sigma^2$. Weiterhin seien die Folgeglieder von $(Y(t))_{t \in T}$ unkorreliert, d. h., für die ↗Kovarianzfunktion des Prozesses gilt:

$$R(t) = \begin{cases} \sigma^2 & \text{für } t = 0 \\ 0 & \text{für } t \neq 0 \end{cases}$$

Einen solchen zeitdiskreten Prozeß nennt man rein zufällig bzw. weißes Rauschen. Für $\sigma^2 < \infty$ existiert die Spektraldichte des Prozesses und ist gleich

$$f(\lambda) = \frac{1}{2\pi} \sum_{t=-\infty}^{\infty} R(t) e^{-it\lambda} = \frac{\sigma^2}{2\pi}$$

für $-\pi \leq \lambda \leq \pi$, d. h., ein weißes Rauschen ist dadurch charakterisiert, daß seine Spektraldichte konstant im Intervall $[-\pi, \pi]$ ist. Der Begriff entstand, weil im Spektrum alle Frequenzen λ gleichmäßig vertreten sind, ähnlich wie im weißen Licht alle Farben des Spektrums vertreten sind. Prozesse dieser Art werden vor allem in der Ingenieurmathematik bei der Modellierung von stochastischen Signalen angewendet.

Naheliegenderweise wird der Begriff „weißes Rauschen" auch auf Prozesse mit stetigem Zeitbereich übertragen. Dabei geht man von stetigen Prozessen mit konstanter Spektraldichte aus:

$$f(\lambda) \equiv c \text{ für } -\infty < \lambda < \infty .$$

Allerdings stößt man in diesem Fall auf Schwierigkeiten, denn wegen

$$R(t) = \int_{-\infty}^{\infty} e^{it\lambda} f(\lambda) d\lambda$$

ist

$$R(0) = 2 \int_0^{\infty} f(\lambda) d\lambda = 2c \int_0^{\infty} d\lambda = \infty$$

und

$$R(t) = 2\pi c \delta(t),$$

wobei $\delta(t)$ die Dirac-Funktion mit

$$\delta(t) = \begin{cases} \infty & \text{für } t = 0 \\ 0 & \text{für } t \neq 0 \end{cases}$$

ist. Das gleiche Ergebnis erhält man, wenn man von Prozessen mit Spektraldichten

$$f_a(\lambda) = \begin{cases} c & \text{für } |\lambda| < a \\ 0 & \text{für } |\lambda| \geq a \end{cases}$$

ausgeht,

$$R_a(t) := \int_{-\infty}^{\infty} e^{it\lambda} f_a(\lambda) d\lambda$$

berechnet, und den Fall $a \to \infty$ untersucht. Solche vollständig unkorrelierten stochastischen Prozesse, die in jedem Zeitpunkt t eine unendlich große Varianz besitzen, gibt es in der Praxis nicht. In den technischen Anwendungen werden jedoch viele stetige Prozesse näherungsweise durch das weiße Rauschen approximiert und sind dadurch einer analytischen Behandlung zugänglich.

Weissinger, Fixpunktsatz von, lautet:

Es seien $\sum_{n=1}^{\infty} a_n$ eine konvergente Reihe aus nichtnegativen Summanden, M ein vollständiger metrischer Raum mit der Metrik d, X eine nicht leere abgeschlossene Teilmenge von M und $T : X \to X$ eine Abbildung mit der Eigenschaft

$$d(T^n(x), T^n(y)) \leq a_n \cdot d(x, y)$$

für alle $x, y \in X, n \in \mathbb{N}$, wobei unter T^n die n-te Iterierte von T verstanden wird.

Dann besitzt T genau einen Fixpunkt $\overline{x}$ in X, dieser Fixpunkt ist Grenzwert der Iterationsfolge

$T^n(x_0)$ bei einem beliebigen Startpunkt x_0, und es gilt die Abschätzung

$$d(\overline{x}, T^n(x_0)) \leq \left(\sum_{i=n}^{\infty} a_i\right) \cdot d(T(x_0), x_0) .$$

welke Garbe, Begriff in der ↗Garbentheorie.

Sei X ein komplexer Raum. Eine Garbe $\mathcal{S}$ über X heißt welk, wenn für jede offene Menge $U \subset X$ die Einschränkungsabbildung $\mathcal{S}(X) \to \mathcal{S}(U)$ surjektiv ist. Es gilt:

Über einem metrisierbaren Raum ist jede welke Garbe weich.

Die Umkehrung hiervon gilt nicht, so ist etwa die weiche Strukturgarbe $\mathcal{E}^{\mathbb{R}}$ einer differenzierbaren Mannigfaltigkeit nicht welk. Jede Garbe $\mathcal{S}$ bestimmt eine welke Garbe $\mathcal{W}(\mathcal{S})$.

Wellenfront, of auch einfach nur Front genannt, Bild einer ↗Legendreschen Untermannigfaltigkeit eines ↗Legendre-Faserbündels unter der Bündelprojektion.

Wellenfronten sind Hyperflächen der Kodimension 1 der Basismannigfaltigkeit des Bündels, die im allgemeinen Fall Singularitäten besitzen.

Für eine gegebene Hyperfläche F des $\mathbb{R}^n$ besteht beispielsweise die Wellenfront der ↗frontalen Abbildung aus der zeitlichen Abfolge aller für feste Zeit orthogonal abgestrahlten Bilder von F.

Wellen-Front-Menge, wie folgt definierte Menge:

Sei $X \subset \mathbb{R}^N$ eine offene Menge und u eine auf X definierte Distribution (↗verallgemeinerte Funktion). Die Wellen-Front-Menge $WF(u)$ ist definiert als das Komplement in $X \times (\mathbb{R}^N \setminus 0)$ derjenigen Punkte $(x_0, \xi_0) \in X \times (\mathbb{R}^N \setminus 0)$, für die Umgebungen U von x_0 und V von ξ_0 so existieren, daß

$$\langle u, \phi \exp(-i\tau x \cdot \xi)\rangle = O(\tau^{-N}) \quad \tau \to \infty$$

uniform in ξ für alle $\phi \in C_0^\infty(U)$ und alle $N > 0$ ist. Die Wellen-Front-Menge ist "kegelförmig" in dem Sinne, daß sie invariant unter der Multiplikation der zweiten Variablen mit einem positiven Skalar ist.

Für Distributionen auf einer Mannigfaltigkeit X stellt die Wellen-Front-Menge eine Teilmenge des ↗Kotangentialbündels $T^*X \setminus \{0\}$ ohne den Null-Schnitt dar.

Ist $WF(u) = \emptyset$, so ist u glatt, die Projektion π der Wellen-Front-Menge auf die erste Komponente ist der singuläre Träger sing supp$u$ der Distribution u. Falls $x_0 \in \pi(WF(U))$, so ist u in jeder Umgebung von x_0 nicht glatt. Somit ist die Wellen-Front-Menge eine Obstruktion für $u \in C^\infty$.

Auf ähnliche Weise läßt sich die analytische Wellen-Front-Menge als die Obstruktion der reellen Analytizität definieren: Sei χ eine C^∞-Funktion mit kompaktem Träger um x_0, die um x_0 lokal reell analytisch und ungleich Null ist. Die Menge Σ_χ ist dann definiert als das Komplement derjenigen Teilmenge von $\mathbb{R}^N \setminus 0$, die aus allen η besteht, für die es eine kegelförmige Umgebung U von η und Konstanten $\alpha,$, γ_0 und C_N so gibt, daß

$$\begin{aligned}&| < u, \chi \exp(-ix\xi' - \gamma|\xi||x - x_0|^2) > | \\ &\leq C_N(1 + |\xi|)^{-N} e^{-\alpha\gamma\xi}\end{aligned}$$

für alle $\xi \in U$, $0 < \gamma < \gamma_0$ und alle $N \in \mathbb{N}$ gilt. Der essentielle Träger $\Sigma_{x_0}(u)$ von u ist definiert als der Grenzwert von $\Sigma_\chi(u)$ im Grenzfall immer kleiner werdenden Trägers von χ um x_0, d. h. für $|\text{supp}\chi| \to 0$. Die analytische Wellen-Front-Menge wird nun definiert als

$$\bigcup_{x \in X} \{x\} \times \Sigma_x(u) .$$

Eine wichtige Eigenschaft der Wellen-Front-Menge ist ihr Verhalten unter der Wirkung eines Differentialoperators:

Sei $p(x, D)$ ein linearer partieller Differentialoperator der Ordnung m, und sei ferner $p(x, D)u = f$. Dann gilt

$$WF(f) \subset WF(u) \subset p_m^{-1}(0) ,$$

wobei $p_m(x, \xi)$ das Hauptsymbol (↗Pseudodifferentialoperator) von $p(x, D)$ ist.

[1] Hörmander, L.: The Analysis of Linear Partial Differential Operators IV. Springer-Verlag Heidelberg, 1985.

Wellenfunktion, in der Quantenphysik Lösung der Schrödinger-Gleichung.

Wenn zu dem physikalischen System ein Hilbertraum gehört (mit abzählbarer Basis per Definition), dann liefern die Betragsquadrate der Entwicklungskoeffizienten der Wellenfuntion die Wahrscheinlichkeiten dafür, bei einer Messung die Eigenwerte der Operatoren zu finden, deren Eigenvektoren die Basis des Hilbertraums liefern. Haben dagegen die Observablen ein Kontinuum von Eigenwerten, dann wird man durch Bildung von Wellenpaketen zum Hilbertraum zurückgeführt.

Der Begriff Wellenfunktion rührt von dem ursprünglichen Versuch her, die Lösungen der Schrödinger-Gleichung als physikalisch reale Wellenfelder zu interpretieren. Dabei wird zum Beispiel das Elektron im Wasserstoffatom als eine über ein gewisses Raumgebiet verteilte Ladung betrachtet, deren Dichte durch das Betragsquadrat der Wellenfunktion gegeben ist. Man hat dann ein gekoppeltes Gleichungssystem, bestehend aus der Schrödinger-Gleichung und den Maxwell-Gleichungen, zu lösen.

Wellengleichung, die parabolische Differentialgleichung

$$u_{tt} - c^2 u_{xx} = f(x, t) \tag{1}$$

mit $c \neq 0$. Ihre allgemeine Lösung setzt sich zusammen aus einer partikulären Lösung u_p und der allgemeinen Lösung der zugehörigen homogenen Differentialgleichung $u_{tt} = c^2 u_{xx}$. Mit der Variablensubstitution $u = x - ct$ und $z = x + ct$ erhält man die Funktion $U(u, z) = u(x, t)$. Eine partikuläre Lösung findet man dann durch

$$u(x,t) = U(u,z) = -\int\int \frac{1}{4c^2} F(u,z)\, du\, dz$$

mit

$$F(u,z) = f\left(\frac{u+z}{2}, \frac{u-z}{-2c}\right).$$

Die allgemeine Lösung der homogenen Gleichung lautet dagegen $u_h(x,t) = g(x-ct) + h(x+ct)$ mit beliebigen zweimal differenzierbaren Funktionen g und h in einer Variablen.

Neben dem bisher beschriebenen Fall einer Raumvariablen betrachtet man auch in Verallgemeinerung von (1) die mehrdimensionale Wellengleichung, die gegeben ist durch

$$u_{tt} - c^2 \Delta u = f(x,t),$$

wobei jetzt $x = (x_1, \dots, x_n)$ ein Vektor von n Variablen ist, und Δ den ↗Laplace-Operator, angewandt auf die Variablen $x_1, \dots, x_n$, bezeichnet.

[1] Hellwig, G.: Partial Differential Equations. Teubner-Verlag Stuttgart, 1977.

[2] John, F.: Partial Differential Equations. Springer-Verlag Heidelberg, 1978.

[3] Wloka, J.: Partielle Differentialgleichungen. Teubner-Verlag Stuttgart, 1982.

Welle-Teilchen-Dualismus, die sprachliche Umschreibung des Phänomens, daß sich Materie unter bestimmten Verhältnissen wie Teilchen und unter anderen Bedingungen wie Wellen verhält.

Beispielsweise gelingt die Deutung des ↗Photoeffekts, wenn man dem Licht Teilcheneigenschaften zuschreibt. Andererseits beobachtet man auf Photoplatten Beugungsbilder, wenn „negativ geladene Materiewellen" (ein Elektronenstrahl) einen Kristall durchquert haben.

Nach der klassischen Physik sind Teilchen- und Wellenbild nicht miteinander vereinbar. Daß wir beide Bilder in der Quantenphysik benutzen, um ein Verständnis dieser Phänomene zu erhalten, zeigt, daß sich unsere Sprache beim Umgang mit makrophysikalischen Erscheinungen gebildet hat und wir mit dieser Sprache auskommen müssen, wenn wir über die mikrophysikalischen Vorgänge sprechen wollen. Beide Bilder ergänzen sich und liefern erst gemeinsam eine Vorstellung von den Quantenphänomenen (Komplementaritätsprinzip). Durch die ↗Heisenbergsche Unschärferelation werden die Begriffe des Teichen- und Wellenbildes so „vage" gehalten, daß Widersprüche vermieden werden.

Wendelfläche, eine Fläche $\mathcal{H} \subset \mathbb{R}^3$, die von einer Geraden $g \subset \mathbb{R}^3$ überstrichen wird, wenn sich ein fester Punkt $P \in g$ mit konstanter Geschwindigkeit längs einer zweiten, zu g senkrechten Geraden g_1 bewegt, und g sich dabei in der zu g_1 senkrechten Ebene mit ebenfalls konstanter Geschwindigkeit um P dreht.

Die Wendelfläche wird auch Helicoid genannt. Gemäß dieser anschaulichen Beschreibung durch eine Schraubbewegung ist $\mathcal{H}$ eine ↗Regelfläche.

Zur parametrischen Darstellung von $\mathcal{H}$ wählt man für g die x- und für g_1 die z-Achse, und erhält

$$\Phi(u,v) = v\begin{pmatrix}\cos(au)\\ \sin(au)\\ 0\end{pmatrix} + b\,u\begin{pmatrix}0\\0\\1\end{pmatrix},$$

wobei a und b reelle Zahlen sind, die die Geschwindigkeiten der Dreh- bzw. Translationsbewegung bestimmen.

$\mathcal{H}$ ist eine ↗Minimalfläche. Nimmt man $a = b$ an und ersetzt den Parameter v durch $\sinh(av)$, so erhält man die konforme Parameterdarstellung

$$\Phi_{\text{konform}}(u,v) = \begin{pmatrix}\sinh(av)\cos(au)\\ \sinh(av)\sin(au)\\ au\end{pmatrix}$$

von $\mathcal{H}$ mit der ersten Fundamentalform

$$\mathrm{I} = a^2\cosh^2(av)I,$$

wobei I die ↗Einheitsmatrix bezeichnet.

Wendepunkt, liegt an einer inneren Stelle a des Definitionsbereichs $D \subset \mathbb{R}$ einer Funktion $f : D \to \mathbb{R}$ vor, wenn sich an der Stelle a das Konvexitätsverhalten von f von strenger Konvexität zu strenger Konkavität oder umgekehrt ändert, d. h. wenn es ein $\varepsilon > 0$ derart gibt, daß $[a-\varepsilon, a+\varepsilon] \subset D$ gilt und f streng konvex in $[a-\varepsilon, a]$ sowie streng konkav in $[a, a+\varepsilon]$ ist oder umgekehrt. Man beachte: Teilweise wird in der Literatur statt strenger Konvexität / Konkavität nur Konvexität / Konkavität gefordert. Dann hätte z. B. eine auf $\mathbb{R}$ definierte konstante Funktion an jeder Stelle einen Wendepunkt.

Die Definition macht keine weiteren Voraussetzungen an die Funktion (wie Stetigkeit oder Differenzierbarkeit). Beispielsweise hat die stetige Funktion $\mathbb{R} \ni x \mapsto \operatorname{sgn}(x) \cdot \sqrt{|x|} \in \mathbb{R}$ an der Stelle 0 einen Wendepunkt, ist dort aber nicht differenzierbar. Durch Addition von $\operatorname{sgn}(x)$ zu dieser Funktion erhält man sogar eine Unstetigkeit am Wendepunkt.

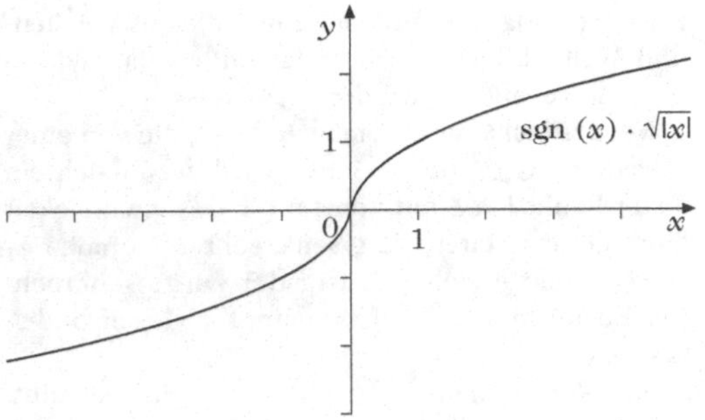

Einen Wendepunkt an einer Stelle a, an der die Funktion differenzierbar ist und eine horizontale Tangente besitzt (d. h. $f'(a) = 0$), bezeichnet man auch als *horizontalen Wendepunkt* oder als *Terrassenpunkt*. Ein Beispiel ist etwa die Funktion $\mathbb{R} \ni x \mapsto \text{sgn}(x) \cdot x^2 \in \mathbb{R}$ an der Stelle 0.

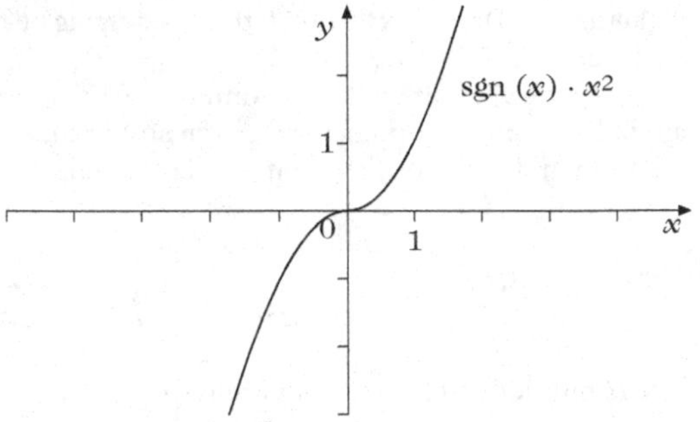

Hat f an der Stelle a einen Wendepunkt und ist in einer Umgebung von a differenzierbar, so hat f' an der Stelle a ein lokales Extremum, und zwar ein lokales Minimum beim Wechsel von Konkavität zu Konvexität und ein lokales Maximum beim Wechsel von Konvexität zu Konkavität. Hat f an der Stelle a einen Wendepunkt und ist in einer Umgebung von a zweimal differenzierbar, so folgt $f''(a) = 0$.

Umgekehrt gilt: Ist f dreimal differenzierbar an der Stelle a mit $f''(a) = 0$ und $f'''(a) \neq 0$, so hat f an der Stelle a einen Wendepunkt. Der Satz von Maclaurin (↗Maclaurin, Satz von) verallgemeinert diese Aussage im Fall $f'(a) = 0$, also eines horizontalen Wendepunkts. Die Voraussetzung $f'''(a) \neq 0$ ist wesentlich, wie man etwa bei der Funktion $\mathbb{R} \ni x \mapsto x^4 \in \mathbb{R}$ an der Stelle $a = 0$ sieht.

Ein Punkt p einer ebenen ↗algebraischen Kurve C heißt Wendepunkt, wenn C glatt in p ist und die Tangentialgerade an C in p die Kurve mindestens von der Ordnung 3 schneidet, was hier einfach bedeutet, daß die Gleichung von C, eingeschränkt auf diese Gerade, eine mindestens dreifache Nullstelle hat.

Wentzel-Kramers-Brillouin-Jeffreys-Methode, *Wentzel-Kramers-Brillouin-Methode*, die speziell für quantenmechanische Anwendungen zugeschnittene ↗quasiklassische Asymptotik.

Hierbei wird vor allem das Eigenwertproblem von Schrödinger-Operatoren betrachtet, d. h. Differentialoperatoren $\hat{H}$ zweiter Ordnung auf den komplexwertigen C^∞-Funktionen einer differenzierbaren Mannigfaltigkeit M, die die allgemeine Form

$$\hat{H} = -\frac{\hbar^2}{2}\Delta + V$$

besitzen, wobei Δ den Laplace-Operator einer Riemannschen Metrik, V eine reellwertige C^∞-Funktion auf M, und $\hbar$ einen reellen Parameter bezeichnet.

Das Spektrum von $\hat{H}$ läßt sich in manchen Fällen durch die ↗Quantisierungsbedingung nach Bohr-Sommerfeld bestimmen.

Wentzel-Kramers-Brillouin-Methode, ↗Wentzel-Kramers-Brillouin-Jeffreys-Methode.

Wert eines Flusses, ↗Netzwerkfluß.

Wert eines Spiels, eine einem Matrixspiel zugeordnete reelle Zahl, die unter Verwendung bestimmter Strategien von beiden Spielern als Erlös stets erzwungen werden kann.

Sei

$$S \times T = \{1, \dots, m\} \times \{1, \dots, n\}$$

ein Matrixspiel mit Auszahlungsmatrix A. Man betrachte nun folgende Strategie für Spieler $\mathcal{S}$: Für jeden Zug i rechnet $\mathcal{S}$ mit dem stärksten Gegenzug von $\mathcal{T}$, d. h. er bewertet Zug i mit dem Wert

$$\min_j g_{\mathcal{S}}(i,j)\,.$$

Dann kann $\mathcal{S}$ jedenfalls den Erlös $\underline{v} := \max_i \min_j g_{\mathcal{S}}(i,j)$ für sich garantieren. Analog kann Spieler $\mathcal{T}$ den Erlös

$$\bar{v} := \min_j \max_i g_{\mathcal{S}}(i,j)$$

sicherstellen. Die Zahl $\underline{v}$ heißt unterer Wert des Spiels (größtes Zeilenminimum von A), die Zahl $\bar{v}$ oberer Wert des Spiels (kleinstes Spaltenmaximum von A), und i. allg. gilt $\underline{v} \leq \bar{v}$. Ist

$$\underline{v} = \bar{v} =: v\,,$$

so nennt man v den Wert des Spiels.

Unter der Verwendung gemischter Strategien ist der Wert eines Spiels als optimale mittlere Auszahlung definiert. Die Existenz dieser optimalen mittleren Auszahlung garantiert der Hauptsatz der Spieltheorie.

Wertebereich einer Abbildung, ↗Abbildung.

Wertebereich eines Operators, ↗Operator.

Wertetabelle, Darstellung einer Funktion in Tabellenform durch die Angabe von (allen oder einigen) Elementen des Definitionsbereichs und zugehörigen Funktionswerten.

Zum Beispiel ist

x	-2	-1	0	1	2
$f(x)$	0	$\sqrt{3}$	2	$\sqrt{3}$	0

eine Wertetabelle der durch $f(x) := \sqrt{4-x^2}$ auf der Menge $\{-2, -1, 0, 1, 2\}$ definierten Funktion f. Wenn eine Funktion nicht durch eine Formel, sondern ‚irgendwie' stellenweise definiert ist, ist eine Wertetabelle eventuell die einfachste Möglichkeit, die Funktion darzustellen bzw. auch zu definieren. Ist die Definitionsmenge einer Funktion groß oder sogar nicht-endlich, so kann man in einer Wertetabelle natürlich nicht alle Funktionswerte angeben, sondern beschränkt sich auf eine geeignete (interessante) Teilmenge des Definionsbereichs. Eine Wertetabelle kann so z. B. als ergänzendes Hilfsmittel einer ↗Kurvendiskussion benutzt werden.

Werteverteilung holomorpher Funktionen, untersucht den Wertebereich $f(G)$ einer in einem ↗Gebiet $G \subset \mathbb{C}$ ↗holomorphen Funktion f.

Eine erste einfache Aussage liefert der ↗Satz über die Gebietstreue, der besagt, daß $f(G)$ ein Gebiet ist, sofern f keine konstante Funktion ist.

Unter zusätzlichen Voraussetzungen an G oder f ist es möglich, Aussagen über die „Größe" von $f(G)$ zu machen. Hierzu sei z. B. auf die Sätze von ↗Ahlfors und ↗Bloch, den ↗Koebeschen 1/4-Satz und die ↗Landauschen Weltkonstanten verwiesen.

Es werden noch einige weitere Ergebnisse in diesem Kontext angegeben. Dazu sei $\mathcal{T}$ die Klasse aller in $\mathbb{E} = \{z \in \mathbb{C} : |z| < 1\}$ holomorphen Funktionen f mit $f(0) = 0$ und $f'(0) = 1$. Für $p \in \mathbb{N}$ sei $\mathcal{T}_p$ die Klasse aller Funktionen $f \in \mathcal{T}$, die in $\mathbb{E}$ höchstens p Nullstellen besitzen.

Ein Satz von Fekete besagt, daß eine nur von p abhängige Zahl $r_p > 0$ existiert derart, daß für jedes $f \in \mathcal{T}_p$ das Bildgebiet $f(\mathbb{E})$ die offene Kreisscheibe B_{r_p} mit Mittelpunkt 0 und Radius r_p enthält. Über die genaue Größe von r_p ist wenig bekannt. Jedenfalls gilt $r_{p+1} \le r_p$, und Carathéodory hat gezeigt, daß $r_1 = \frac{1}{16}$. Es existiert jedoch keine feste Konstante $r > 0$, derart daß $f(\mathbb{E}) \supset B_r$ für alle $f \in \mathcal{T}$. Betrachtet man nämlich die Funktionenfolge (f_n) in $\mathcal{T}$ mit

$$f_n(z) = \frac{1}{n}(e^{nz} - 1),$$

so gilt $-\frac{1}{n} \notin f(\mathbb{E})$.

Andererseits hat Valiron gezeigt, daß es zu jedem $\alpha \in (0, 2\pi)$ eine nur von α abhängige Zahl $\varrho_\alpha > 0$ gibt derart, daß für jedes $f \in \mathcal{T}$ das Bildgebiet $f(\mathbb{E})$ einen offenen Kreissektor mit Spitze in 0, Öffnungswinkel α und Radius ϱ_α enthält.

Weiterhin kann man fragen, wie häufig die Funktion f einen Wert $a \in f(G)$ annimmt. Hierüber geben z. B. der kleine und große Satz von ↗Picard und der Satz von ↗Julia Auskunft. Noch präzisere Aussagen speziell über ↗ganz transzendente Funktionen liefert die ↗Nevanlinna-Theorie.

Werteverteilung meromorpher Funktionen, beschäftigt sich mit der Frage, wie häufig (in einem zu präzisierenden Sinne) eine ↗ganze oder in $\mathbb{C}$ ↗meromorphe Funktion f einen Wert $a \in \widehat{\mathbb{C}}$ annimmt. Siehe hierzu ↗Nevanlinna-Theorie.

Wertevorrat, ↗Zielbereich.

wertverlaufsgleiche Funktionen, Funktionen, die (verschieden definiert sein können, aber) für gleiche Argumente jeweils gleiche Funktionswerte annehmen.

wesentlich unentscheidbare Theorie, eine ↗unentscheidbare Theorie mit der zusätzlichen Eigenschaft, daß auch jede widerspruchsfreie Erweiterung der Theorie unentscheidbar ist.

wesentliche Konvergenz, Konvergenzbegriff der Wahrscheinlichkeitstheorie.

Es seien (S, d) ein ↗metrischer Raum und $\mathfrak{B}(S)$ die σ-Algebra der Borelschen Mengen von S. Eine Folge $(P_n)_{n\in\mathbb{N}}$ von auf $\mathfrak{B}(S)$ definierten Wahrscheinlichkeitsmaßen heißt wesentlich konvergent gegen ein ebenfalls auf $\mathfrak{B}(S)$ definiertes Wahrscheinlichkeitsmaß P, falls $\lim_{n\to\infty} P_n(A) = P(A)$ für alle $A \in \mathfrak{B}(S)$ mit $P(\partial A) = 0$ gilt, wobei ∂A den Rand von A bezeichnet. Die wesentliche Konvergenz von $(P_n)_{n\in\mathbb{N}}$ gegen P ist zur schwachen Konvergenz der Folge gegen P äquivalent.

Der Begriff der wesentlichen Konvergenz wird darüber hinaus auch für Verteilungsfunktionen eingeführt. Danach heißt eine Folge $(F_n)_{n\in\mathbb{N}}$ von auf $\mathbb{R}$ definierten Verteilungsfunktionen wesentlich konvergent gegen eine Verteilungsfunktion F, wenn $\lim_{n\to\infty} F_n(x) = F(x)$ für alle $x \in \mathbb{R}$ gilt, in denen F stetig ist. Für auf der Borel-σ-Algebra $\mathfrak{B}(\mathbb{R})$ definierte Wahrscheinlichkeitsmaße $P, P_1, P_2, \ldots$ mit den Verteilungsfunktionen $F, F_1, F_2, \ldots$ ist die wesentliche Konvergenz der Folge von Wahrscheinlichkeitsmaßen $(P_n)_{n\in\mathbb{N}}$ gegen P zur wesentlichen Konvergenz der Folge von Verteilungsfunktionen $(F_n)_{n\in\mathbb{N}}$ gegen F äquivalent.

[1] Širjaev, A. N.: Wahrscheinlichkeit. VEB Deutscher Verlag der Wissenschaften Berlin, 1988.

wesentliche obere Schranke, zu einer Funktion $f : \Omega \to \mathbb{R}$ auf einem Maßraum (Ω, Σ, μ) ein $\alpha \in \mathbb{R}$ derart, daß $\alpha \ge f(x)$ für fast alle $x \in \Omega$ gilt, also $\{x \in \Omega \,|\, f(x) > \alpha\}$ eine Nullmenge ist.

Wesentliche obere Schranken (und damit auch das wesentliche Infimum) einer Funktion lassen sich auch in allgemeineren Situationen als der eines Maßraums betrachten, nämlich dann, wenn man einen (etwa mit Hilfe einer ↗Integralnorm gewonnenen) Begriff von ‚fast überall' hat.

wesentliche Singularität, eine ↗isolierte Singularität $z_0 \in \mathbb{C}$ einer in einer punktierten Kreisscheibe

$$\dot{B}_r(z_0) = \{z \in \mathbb{C} : 0 < |z - z_0| < r\}, \quad r > 0$$

↗holomorphen Funktion f, die weder eine ↗hebbare Singularität noch eine ↗Polstelle von f ist.

Ist

$$f(z) = \sum_{n=-\infty}^{\infty} a_n (z - z_0)^n, \quad z \in \dot{B}_r(z_0)$$

die ↗Laurent-Entwicklung von f mit Entwicklungspunkt z_0, so ist z_0 eine wesentliche Singularität von f genau dann, wenn $a_n \neq 0$ für unendlich viele $n < 0$ ist. Eine weitere Charakterisierung wesentlicher Singularitäten liefert der Satz von ↗Casorati-Weierstraß. In diesem Zusammenhang ist auch der große Satz von Picard (↗Picard, großer Satz von) zu nennen.

wesentliche Supremumsnorm, die Norm des Raums $L^\infty(\mu)$, vgl. ↗Funktionenräume, ↗wesentliches Supremum.

wesentliche untere Schranke, zu einer Funktion $f : \Omega \to \mathbb{R}$ auf einem Maßraum (Ω, Σ, μ) ein $\alpha \in \mathbb{R}$ derart, daß $\alpha \leq f(x)$ für fast alle $x \in \Omega$ gilt, also $\{x \in \Omega \,|\, f(x) < \alpha\}$ eine Nullmenge ist.

Wesentliche untere Schranken (und damit auch das wesentliche Infimum) einer Funktion lassen sich auch in allgemeineren Situationen als der eines Maßraums betrachten, nämlich dann, wenn man einen (etwa mit Hilfe einer ↗Integralnorm gewonnenen) Begriff von ‚fast überall' hat.

wesentlicher Primimplikant, ein ↗Primimplikant einer ↗Booleschen Funktion f, der in jedem Minimalpolynom von f enthalten sein muß.

wesentlicher Zustand, ↗Markow-Kette.

wesentliches Infimum, zu einer Funktion $f : \Omega \to \mathbb{R}$ auf einem Maßraum (Ω, Σ, μ) das Maximum aller ↗wesentlichen unteren Schranken von f, meist bezeichnet als ess inf$f$.

wesentliches Spektrum, für einen linearen Operator T auf einem Banachraum das Spektrum der Äquivalenzklasse $T+K(X)$ bzgl. der Banach-Algebra $A = L(X)/K(X)$ aller stetigen linearen Operatoren auf einem Banachraum modulo aller kompakten Operatoren:

$$\sigma_{\text{ess}}(T) = \sigma_A(T + K(X)).$$

Für einen normalen Operator T auf einem Hilbertraum gehört λ genau dann zu $\sigma_{\text{ess}}(T)$, wenn λ kein isolierter Eigenwert endlicher Vielfachheit ist.

wesentliches Supremum, zu einer Funktion $f : \Omega \to \mathbb{R}$ auf einem Maßraum (Ω, Σ, μ) das Minimum aller ↗wesentlichen oberen Schranken von f, meist bezeichnet als ess sup$f$.

Gilt ess sup $|f| < \infty$, so ist

$$\text{ess sup}\,|f| = \|f\|_{L^\infty}$$

die wesentliche Supremumsnorm von f.

Wettbewerb, Begriff aus der ↗Mathematischen Biologie.

Während Interaktion nach dem Räuber-Beute-Modell oder in Nahrungsketten und -netzen nur den Energietransfer beschreibt, findet die tatsächliche, die Evolution treibende Interaktion in Form des Wettbewerbs (Kompetition) statt, und das sowohl intra- als auch interspezifisch.

In mathematischen Modellen (in Form gewöhnlicher Differentialgleichungen) führt Wettbewerb auf kompetitive Systeme (↗kooperativ).

Weyl, Claus Hugo Hermann, deutscher Mathematiker, geb. 9.11.1885 Elmshorn, gest. 8.12.1955 Zürich.

Weyl besuchte das Gymnasium in Hamburg-Altona und studierte ab 1903 auf Empfehlung des Direktors der Schule, einem Cousin David Hilberts, in Göttingen Mathematik. Nachdem er zwischenzeitlich zwei Semester in München studiert hatte, promovierte er 1908 an der Universität Göttingen, habilitierte sich dort 1910 und lehrte dann als Privatdozent. 1913 erhielt er einen Ruf als Professor an die Universität Zürich und trat 1930 die Nachfolge seines Lehrers David Hilbert in Göttingen an. Bereits drei Jahre später emigrierte er wegen der veränderten politischen Verhältnisse in Deutschland und fand am Institute for Advanced Study in Princeton eine neue Wirkungsstätte mit ausgezeichneten Arbeitsbedingungen. Von Princeton aus hat er sich gemeinsam mit einigen Kollegen sehr für die Unterstützung der aus Deutschland geflohenen Mathematiker engagiert. Nach seiner Emeritierung 1951 kehrte er nach Zürich zurück, war aber weiterhin regelmäßig in Princeton zu Gast.

Weyl gilt als der bedeutendste Schüler von David Hilbert. Er hat mit seinen Beiträgen die Entwicklung der Mathematik im 20. Jahrhundert auf mehreren Gebieten wesentlich geprägt. In seiner Dissertation behandelte er singuläre Integralgleichungen mit symmetrischem Kern und leitete neue Einsichten über das Spektrum des Kerns ab. Dies war der Ausgangspunkt für verschiedene Anwendungen, u. a. auf gewöhnliche Differentialgleichungen vom Sturm-Liouville-Typ. In seiner Habilitationsschrift untersuchte er das Verhalten der Lösungen des Sturm-Liouville-Problems

$$(p(x)y')' - q(x)y + \lambda r(x)y = 0,$$
$$p(a)y'(a) - wy(a) = 0,$$
$$p(b)y'(b) - hy(b) = 0$$

($p(x)$ stetig differenzierbar auf $[a, b]$; $r(x)$, $q(x)$ stetig auf $[a, b]$, $p(x) > 0$ und $r(x) > 0$ auf $[a, b]$; w, h reell) für ein rechtsseitig unendliches Intervall und wies nach, daß unabhängig von der Wahl des Parameters λ (bei $\operatorname{Im} \lambda > 0$) zwei Fälle zu unterscheiden sind: der Grenzkreis- und der Grenzpunktfall. Im letzteren Fall ist nur eine der Lösungen der Sturm-Liouville-Gleichung auf dem Intervall $[a, \infty)$ quadratisch integrierbar.

Aus heutiger Sicht gab Weyl damit ein erstes Beispiel für den bei unbeschränkten Hermiteschen Operatoren auftretenden Defekt. Aus dem Studium des Spektrums der Gleichung leitete Weyl außerdem Aussagen über die Darstellung von quadratisch integrierbaren Funktionen durch die Eigenfunktionen und die Zahl der zu stellenden Randbedingungen ab. Im Anschluß an diese Untersuchungen analysierte Weyl ab 1911 die asymptotische Verteilung der Eigenwerte für elliptische partielle Differentialoperatoren in einem Gebiet G bei vorgegebenen linearen Randbedingungen. Diese Operatoren, zu denen auch der Laplace-Operator gehört, spielen bei vielen Problemen der mathematischen Physik eine bedeutende Rolle.

Von grundlegender Bedeutung erwies sich Weyls Minimax-Methode zur direkten Bestimmung des n-ten Eigenwerts λ_n eines Operators, d. h., ohne vorher die Eigenwerte $\lambda_1, \lambda_2, \ldots, \lambda_{n-1}$ zu bestimmen. Er behandelte damit Fragen der Hohlraumstrahlung und der Membranschwingungen. Weyl und R. Courant, nach dem die Methode heute auch benannt wird, haben dieselbe sehr erfolgreich auf verschiedenste Aufgaben der Funktionalanalysis angewandt, die mit selbstadjungierten vollstetigen Operatoren verknüpft sind.

Ein weiteres der frühen Forschungsgebiete Weyls war die Gleichverteilung der Zahlen modulo 1. Er schuf einen völlig neuen Zugang zu diesen Fragestellungen, sodaß man Weyl auch als Begründer dieses neuen Teilgebiets der Zahlentheorie bezeichnet. Eine Folge (x_n) reeller Zahlen heißt gleichverteilt modulo 1, wenn für jedes Teilintervall $[a, b]$ von $[0, 1]$ die Anzahlfunktion $A(a, b, N)$ von Elementen x_n mit $n \leq N$ und $a \leq x_n < b$ der Relation

$$\lim_{N \to \infty} N^{-1} A(a, b, N) = b - a$$

genügt. Als wichtige Resultate seien Weyls Beweis der Gleichverteilung der Folgen $\{n\alpha\}$ (α irrational) und $\{p(n)\}$ (p Polynom beliebigen Grades, dessen Koeffizient der höchsten Potenz irrational ist) genannt. Weyls Ideen haben dann eine wichtige Rolle in der additiven Zahlentheorie, speziell bei der Anwendung der Hardy-Littlewood-Methode, gespielt.

Im Anschluß an seine Vorlesung über Riemanns Theorie der algebraischen Funktionen publizierte Weyl 1913 das Buch „Die Idee der Riemannschen Fläche". Angeregt durch Brouwers topologische Arbeiten und unter Rückgriff auf Ideen Hilberts, gab er eine exakte arithmetisch-topologische Grundlegung der Riemannschen Ideen. Seine Hauptergebnisse waren einerseits der Nachweis der Existenz einer eindeutigen kompakten Riemannschen Fläche bei vorgegebener algebraischer Funktion sowie die Diskussion wichtiger Eigenschaften dieser Fläche, und andererseits der Beweis der Tatsache, daß jede abstrakte kompakte Riemannsche Fläche mit speziellen Eigenschaften die Riemannsche Fläche einer gewissen algebraischen Funktion ist. Das Buch wurde sofort zu einem Standardwerk und hat weitere Forschungen zur Theorie der Mannigfaltigkeiten wesentlich beeinflußt.

Nach der Rückkehr vom Kriegsdienst widmete sich Weyl ab 1916 vor allem Fragen der Relativitätstheorie und lieferte grundlegende Beiträge zu deren mathematischer und philosophischer Begründung. Seine Vorlesungen von 1917 zur Relativitätstheorie bildeten die Basis für das Buch „Raum, Zeit, Materie", das 1923 in überarbeiteter und erweiterter Form bereits in fünfter Auflage erschien und das einen großen Anteil an der Popularisierung der Relativitätstheorie hatte. In diesem Kontext verallgemeinerte er den Begriff der Parallelverschiebung von Leci-Cevita, indem er ihn durch innere Eigenschaften bestimmte und die Einbettung in eine höherdimensionale Mannigfaltigkeit vermied. Weiterhin definierte er den Begriff des linearen Zusammenhangs und konstruierte verallgemeinerte affine, projektive und konforme Geometrien. Diese Ideen haben die weitere Entwicklung der Differentialgeometrie stark beeinflußt.

Weyl versuchte auf dieser Basis dann eine einheitliche Feldtheorie aufzubauen, die Gravitation und elektromagnetisches Feld einheitlich im Rahmen einer eichinvarianten Geometrie behandeln sollte. Obwohl er diese Idee sehr bald wieder aufgeben mußte, haben seine Vorstellungen wichtige Forschungen in der Quantentheorie und der Theorie der Elementarteilchen angeregt, beispielsweise zur Eichinvarinanz in der Quantentheorie des Elektrons.

Im Zusammenhang mit den Studien zur Relativitätstheorie entwickelte Weyl in den zwanziger Jahren einige sehr anregende kosmologische Ideen. So gehörte er zu den ersten Gelehrten, die eine angenähert lineare Beziehung zwischen der Rotverschiebung des Spektrums von Galaxien und deren Entfernung voraussagten und berechneten.

Die Studien zur Riemannschen Metrik und dem damit verbundenen Raumproblem sowie einige kritische Reaktionen auf seine ersten Veröffentlichungen dazu führten Weyl zur Theorie der Darstellungen und Invarianten von Lie-Gruppen. In zwei Arbeiten legte er 1924 die Grundzüge seiner Methode zur systematischen Analyse der Darstellungen halbeinfacher Lie-Algebren dar. Er kombinierte dabei tiefliegende analytische bzw. algebraische Methoden von A. Hurwitz, I. Schur, G. Frobenius, A. Young, und E. Cartan, gab 1925/26 in einer vierteiligen Arbeit einen vollständigen Überblick über die irreduziblen Darstellungen halbeinfacher Lie-Gruppen, und 1927 zusammen mit F. Peter den Hauptsatz für die Darstellung kompakter Lie-Gruppen. Nachdem Weyl in den folgenden Jahren die Aussage einiger Theoreme noch erweitert hatte, schuf er 1939 mit der zusammenfassenden Darstellung „The Classical Groups, Their Invariants and Representations" einen weiteren Klassiker. Wichtige Anwendungen fanden die Resultate der in der Mitte der 20er Jahre entwickelten Theorie der Quantenmechanik, und Weyl hat sich sofort mit den Grundlagen der Theorie auseinandergesetzt. Mit „Gruppentheorie und Quantenmechanik" publizierte er eines der ersten Lehrbücher zur Quantenmechanik und leistete einen bedeutenden Beitrag zum Verständnis der mathematischen bzw. physikalischen Aspekte der neuen Theorie bei Physikern und Mathematikern.

Seit seiner Jugend interessierte sich Weyl sehr für philosophische Fragen, und viele seiner Arbeiten enthalten entsprechende Reflexionen. Dies traf insbesondere auf die Arbeiten zu den Grundlagen der Mathematik zu. In den Diskussionen um die Grundlagen der Mathematik vertrat er eine intuitionistische Position, u. a. gab er 1918 eine konstruktive Analyse der reellen Zahlen und 1921 eine neue Begründung dieser Zahlen.

Weyl hat durch sein vielseitiges mathematisches Schaffen, ergänzend sei noch auf Arbeiten zur Geometrie der Zahlen, zur ϕ-Funktion, zu fastperiodischen Funktionen und zur Topologie verwiesen, und die außergewöhnliche Gabe, seine Ideen und Resultate geschickt und elegant darzustellen, die Mathematik in der ersten Hälfte des 20. Jahrhunderts maßgeblich beeinflußt.

Weyl, Satz von, in der Spektraltheorie eine Aussage über die asymptotische Verteilung der Eigenwerte des Laplaceoperators Δ mit Dirichlet-Randbedingungen in einem beschränkten Gebiet Ω des n-dimensionalen euklidischen Raums.

Man erhält

$$\operatorname{tr}(e^{\Delta t}) = (4\pi t)^{-n/2}\left(|\Omega| - \frac{1}{2}(\pi t)^{1/2}|\partial\Omega| + O(t)\right).$$

tr bezeichnet die Spur des Operators, die Betragszeichen bezeichnen das Volumen des Gebiets Ω bzw. seines Randes $\partial\Omega$.

[1] Davies, E.: Heat Kernels and Spectral Theory. Cambridge University Press, 1989.

Weyl-Formulierung der kanonischen Kommutatorrelationen, Formulierung der Vertauschungsrelationen für die quantenmechanischen selbstandjungierten Ortsoperatoren $\hat{q}_i$ und Impulsoperatoren $\hat{p}_j$ über einparametrige unitäre Gruppen von Operatoren mit den Elementen $U_i(s)$, $V_j(t)$ in der Form

$$U_i(s)V_j(t) = V_j(t)U_i(s)e^{ist\delta_{ij}}\,,$$
$$U_i(s)U(_j(t) - U_j(t)U_i(s) = 0\,,$$
$$V_i(s)V_j(t) - V_j(t)V_i(s) = 0\,.$$

Dabei bedeuten $U_i(t) = \exp(i\hat{p}_i t)$ und $V_j(t) = \exp(i\hat{q}_j t)$, s und t sind reelle Parameter.

Weyl-Gruppe, ↗Weylsche Gruppe.

Weylsche Charakter-Formel, wird angewendet zur Bestimmung von Darstellungen endlichdimensionaler halbeinfacher komplexer Lie-Algebren.

Der Charakter bestimmt sich aus

$$\chi_\Lambda(\mu) = \frac{\sum_w \operatorname{sign}(w)\exp(w(\Lambda+\varrho),\ \mu))}{\sum_w \operatorname{sign}(w)\exp(w(\varrho),\ \mu))}\,.$$

Für Details muß auf die Fachliteratur, beispielsweise [1] verwiesen werden.

[1] Fuchs, J.; Schweigert, C.: Symmetries, Lie Algebras and Representations. Cambridge University Press, 1997.

Weylsche Gruppe, *Weyl-Gruppe*, endliche Gruppe, die durch Spiegelungen an einem System von Hyperebenen im euklidischen Raum $\mathbb{R}^n$ erzeugt wird, das einem Wurzelsystem (↗Wurzelraum) im $\mathbb{R}^n$ zugeordnet ist.

Die Weylschen Gruppen sind klassifiziert und spielen eine große Rolle in der Theorie halbeinfacher Lie-Algebren und Lie-Gruppen, sowie in der Beschreibung der lokalen Struktur der ↗Singularitäten glatter Abbildungen.

[1] Weyl, H.: The Theory of Groups and Quantum Mechanics. Dover Publ. New York, 1928.

Weyl-Ungleichung, Ungleichung über die Eigenwerte eines kompakten Operators auf einem Hilbertraum.

Es sei (λ_n) die Eigenwertfolge eines kompakten Operators T auf einem Hilbertraum; dabei werde jeder Eigenwert $\mu \neq 0$ so häufig aufgezählt, wie die Dimension des (endlichdimensionalen) verallgemeinerten Eigenraums

$$\bigcup_{k=1}^{\infty} \operatorname{Ker}(\mu - T)^k$$

angibt (↗Eigenwert eines Operators). Außerdem seien die Eigenwerte betragsmäßig der Größe nach angeordnet:

$$|\lambda_1| \geq |\lambda_2| \geq \dots .$$

Dann gelten für alle $n \in \mathbb{N}$ und $p > 0$ die Ungleichungen

$$\prod_{k=1}^{n} |\lambda_k| \leq \prod_{k=1}^{n} s_k$$

und

$$\sum_{k=1}^{n} |\lambda_k|^p \leq \sum_{k=1}^{n} s_k^p .$$

Dabei bezeichnet (s_k) die Folge der Singulärwerte von T (↗kompakter Operator). Gehört T zur ↗Schatten-von Neumann-Klasse c_p, so gilt insbesondere

$$\sum_{k=1}^{\infty} |\lambda_k|^p \leq \|T\|_{c_p}^p .$$

[1] Simon, B.: Trace Ideals and Their Applications. Cambridge University Press, 1979.

WHILE-berechenbar, Bezeichnung für eine ↗arithmetische Funktion $f : \mathbb{N}_0{}^k \to \mathbb{N}_0$, für die es ein ↗WHILE-Programm gibt, welches diese Funktion berechnet.

WHILE-Berechenbarkeit stellt eine von vielen möglichen äquivalenten Formalisierungen des Berechenbarkeitsbegriffs dar (↗Churchsche These).

Insbesondere ergibt sich mittels des ↗Kleeneschen Normalformtheorems, daß jedes WHILE-Programm äquivalent in ein WHILE-Programm mit nur einer While-Schleife umgeformt werden kann.

WHILE-Programm, geht aus einem ↗LOOP-Programm dadurch hervor, daß dieses um das Konzept der While-Schleife erweitert wird:

Wenn P ein LOOP- bzw. WHILE-Programm ist, so ist auch

WHILE $x \neq 0$ DO P END

ein WHILE-Programm. (Interpretation: Wiederhole das Programm P, solange der Wert der Programmvariablen x ungleich 0 ist).

Ein WHILE-Programm berechnet eine Funktion f in dem folgenden Sinne: Wenn das Programm mit den Startwerten $n_1, \dots, n_k$ in den Programmvariablen $x_1, \dots, x_k$ gestartet wird, so stoppt dieses mit dem Wert $f(n_1, \dots, n_k)$ in der Programmvariablen y. Falls $f(n_1, \dots, n_k)$ undefiniert ist (↗partielle Funktion), so stoppt das Programm nicht.

Whitehead, Alfred North, englisch-amerikanischer Mathematiker, geb. 15.2.1861 Ramsgate (Kent, England), gest. 30.1.2.1947 Cambridge (Massachusetts).

Ab 1880 studierte Whitehead am Trinity College in Cambridge. 1910 wechselte er nach London, zunächst an die Universität, dann an das Imperial College of Science and Technology. Schließlich nahm er 1924 den Lehrstuhl für Philosophie an der Harvard-Universität an.

Nach anfänglicher Beschäftigung mit Algebra wandte sich Whitehead ab 1903 zusammen mit seinem Schüler B. Russel der logischen Fundierung der Mathematik zu; von 1910 bis 1913 erschienen die drei Bände der „Principia Mathematica".

Schon bei den Arbeiten zum dritten Band wandte sich Whitehead aber mehr der Frage der Philosophie der Wissenschaften zu. 1922 erschien „The Principle of Relativity", in der Whitehead eine zu Einstein alternative Sicht der Relativitätstheorie vorstellte.

Whitney, a-Regularität nach, wichtiger Begriff in der Theorie der analytischen Mengen und komplexen Räume.

Seien $N, M \subset G$ zwei (nicht notwendig abgeschlossene) Untermannigfaltigkeiten eines Gebietes $G \subset \mathbb{C}^n$ so, daß gilt:

i) $N \cap M = \emptyset$.

ii) Die abgeschlossenen Hüllen $\overline{N}$ und $\overline{M}$ in G sind analytisch in G, und ebenso die Mengen $\overline{N} \setminus N$ und $\overline{M} \setminus M$.

iii) $N \subset \overline{M}$.

Für einen Punkt $z_0 \in N$ formuliert man zwei Bedingungen, bezeichnet mit a) und b) (↗Whitney, b-Regularität nach). Man nennt eine Stratifikation einer analytischen Menge a-regulär, wenn alle Paare von Strata(N, M) mit den zu Anfang geforderten Eigenschaften die Bedingung a) erfüllen.

Man kann zeigen, daß aus b) sogar schon a) folgt.

Whitney, b-Regularität nach, wichtiger Begriff in der Theorie der analytischen Mengen und komplexen Räume.

Seien $N, M \subset G$ zwei (nicht notwendig abgeschlossene) Untermannigfaltigkeiten eines Gebietes $G \subset \mathbb{C}^n$ so, daß gilt:

i) $N \cap M = \emptyset$.

ii) Die abgeschlossenen Hüllen $\overline{N}$ und $\overline{M}$ in G sind analytisch in G, und ebenso die Mengen $\overline{N} \setminus N$ und $\overline{M} \setminus M$.

iii) $N \subset \overline{M}$.

Für einen Punkt $z_0 \in N$ formuliert man zwei Bedingungen:

a) Wenn eine Folge $(z_\nu) \in M$ gegen z_0 konvergiert, und auch die Tangentialräume $T_{z_\nu}(M)$ (in einer geeigneten Graßmann-Mannigfaltigkeit) gegen einen Raum T konvergieren, dann ist

$$T_{z_0}(N) \subset T\,.$$

("Jede Tangente an N (in z_0) ist Grenzwert einer Folge von Tangenten an M (in z_ν).")

b) Wenn – zusätzlich zu a) – eine Folge $(w_\nu) \in N$ gegen z_0 konvergiert, und für eine geeignete Folge von komplexen Zahlen (λ_ν) die Folge $(\lambda_\nu \cdot (z_\nu - w_\nu))$ gegen einen Vektor v konvergiert, dann liegt v in T.

("Jede Folge von Sekanten (durch $w_\nu \in N$ und $z_\nu \in M$) konvergiert gegen den Grenzwert einer Folge von Tangenten.")

Man nennt eine Stratifikation einer analytischen Menge a-regulär (bzw. b-regulär), wenn alle Paare von Strata(N, M) mit den zu Anfang geforderten Eigenschaften die Bedingung a) (bzw. die Bedingung b) erfüllen).

Ist beides erfüllt (und man kann zeigen, daß aus b) sogar a) folgt), dann spricht man von einer Whitney-regulären Stratifikation oder einer ↗Whitney-Stratifikation.

Whitney, Hassler, amerikanischer Mathematiker, geb. 23.3.1907 New York, gest. 10.5.1989 Princeton, New Jersey.

Whitney studierte bis 1928 an der Yale Universität und ging danach nach Harvard. Dort promovierte er 1932 bei Birkhoff über die Färbung von Graphen. Ab dieser Zeit hatte er auch ein Stelle in Harvard inne. 1952 erhielt er einen Lehrstuhl am Institute for Advanced Study in Princeton.

Whitneys Hauptarbeitsgebiet lag auf dem Gebiet der Topologie, der Differentialtopologie und der Theorie der Mannigfaltigkeiten. Es erschienen von ihm außerdem Arbeiten zur Graphentheorie, zur Färbung von Graphen, zu algebraischen Varietäten und zur Integrationstheorie.

Von 1944 bis 1949 war er Herausgeber des „American Journal of Mathematics" und von 1949 bis 1954 Herausgeber der „Mathematical Reviews".

Whitney, Satz von, ↗Kantengraph.

Whitney-Kohomologieklasse, ↗Stiefel-Whitney-Klassen.

Whitneysche Schnabelspitze, Menge der singulären Werte der Orthogonalprojektion des Flächenstücks

$$\{(yz - z^2, y, z) | y, z \in \mathbb{R}\}$$

im $\mathbb{R}^3$ auf die (x, y)-Ebene, neben der ↗Falte die einzige generische Singularität einer C^∞-Abbildung eines Flächenstücks in die Ebene.

Die Schnabelspitze wird durch die singuläre Kurve

$$\{(2z^3, 3z^2) | z \in \mathbb{R}\}$$

im $\mathbb{R}^2$ beschrieben.

Whitneysche Summenformel, ↗Stiefel-Whitney-Klassen.

Whitney-Stratifikation, wichtiger Begriff in der Theorie der analytischen Mengen und komplexen Räume.

Ist eine Stratifikation einer analytischen Menge a-regulär und b-regulär (↗Whitney, b-Regularität nach), dann spricht man von einer Whitney-regulären Stratifikation oder einer Whitney-Stratifikation.

Jede Stratifikation einer analytischen Menge besitzt eine Whitney-reguläre Verfeinerung. Solche Stratifikationen spielen vor allem als Hilfsmittel in Beweisen zu Aussagen über die tangentiale Struktur eine Rolle.

Whitney-Summe, die direkte Summe zweier ↗Vektorraumbündel.

Whittaker, Edmund Taylor, englischer Mathematiker, geb. 24.10.1873 Southport (England), gest. 24.3.1956 Edinburgh.

Whittaker studierte am Trinity College in Cambridge und unterrichtete dort ab 1896. Ab 1906 arbeitete er am Dunsink Observatorium und war gleichzeitig Professor für Astronomie an der Dubliner Universität. Ab 1912 hatte Whittaker einen Lehrstuhl an der Universität in Edinburgh.

Whittakers bekanntestes Buch ist „A Course of Modern Analysis", das 1902 erschien. Hierin untersuchte er Funktionen einer komplexen Veränderlichen, spezielle Funktionen, und deren Differentialgleichungen.

Er fand allgemeine Lösungen der Laplace-Gleichung in drei Dimensionen. Neben den Arbeiten zur Analysis und Funktionentheorie galt sein

Interesse auch den Anwendungen der Mathematik, insbesondere in der Astronomie und der Himmelsmechanik.

Whittaker hielt Vorlesungen zu Astronomie, geometrischen Optik, Elektrizität und Magnetismus, und veröffentlichte Arbeiten zur Geschichte der Physik. Zu seinen Schülern gehörte unter anderem Hardy.

Whittaker-Differentialgleichung, ↗konfluente hypergeometrische Funktion.

Whittaker-Funktion, spezielle ↗konfluente hypergeometrische Funktion.

Whittaker-Transformation, ↗Integral-Transformation, definiert durch

$$(Wf)(x) := \int_0^\infty (2xt)^{-1/4} W_{k,m}(2xt) f(t)\, dt,$$

wobei $W_{k,m}$ die Whittaker-Funktion (↗konfluente hypergeometrische Funktion) bezeichnet.

Wicksches Theorem, in der Quantenfeldtheorie eine Folge von Regeln, die Aussagen darüber machen, wie das normalgeordnete Produkt von Operatoren in ein zeitgeordnetes Produkt umgewandelt werden kann und umgekehrt.

Ein Beispiel: Sind $s < t$ zwei Zeitpunkte, dann ist das zeitgeordnete Produkt der Operatoren $U(s)$ und $V(t)$ durch $U(s) \cdot V(t)$ gegeben; zu seiner Umwandlung in das normalgeordnete Produkt

$$\frac{1}{2}\left(U(s) \cdot V(t) + V(t) \cdot U(s)\right)$$

benötigt man das Wicksche Theorem, das u. a. eine Kenntnis der Vertauschungsregeln der beteiligten Operatoren erfordert.

Widerspruch, Ergebnis einer Schlußfolgerung, die aus einer fixierten Menge von Voraussetzungen oder Annahmen eine Aussage zusammen mit ihrer Negation zur Folge hat.

Läßt sich aus einer Menge Σ von Voraussetzungen eine Aussage φ und ihre Negation $\neg\varphi$ oder die Konjunktion $\varphi \wedge \neg\varphi$ beider herleiten, dann sind die Voraussetzungen widersprüchlich, d. h., sie besitzen kein Modell (↗Modelltheorie).

Die wichtigste Eigenschaft eines Axiomensystems oder einer Theorie (↗Modelltheorie) ist die Widerspruchsfreiheit, da aus widersprüchlichen Voraussetzungen jede Aussage bewiesen werden kann, insbesondere auch jede falsche (siehe auch ↗widerspruchsfreies logisches System). Somit sind widersprüchliche Voraussetzungen (Axiome, Theorien, ...) wertlos.

widerspruchsfreies Axiomensystem, ↗axiomatische Mengenlehre.

widerspruchsfreies logisches System, Menge Σ ↗logischer Axiome gemeinsam mit einer Folgerungsrelation $\models$ (↗logisches Folgern), so daß aus Σ kein ↗Widerspruch inhaltlich folgt, d. h., es gibt keine Aussage A, die zusammen mit ihrer Negation $\neg A$ aus den logischen Axiomen folgt.

Nochmals anders ausgedrückt: Es gilt nicht

$$\Sigma \models A \wedge \neg A\,,$$

wobei $\Sigma \models B$ für beliebige Aussagen B folgendermaßen definiert ist:

$\Sigma \models B \iff$ jedes ↗Modell von Σ ist ein Modell von B.

Jedes widerspruchsfreie logische System besitzt ein Modell, da sonst $\Sigma \models A \wedge \neg A$ (siehe auch ↗konsistentes logisches System).

widerspruchsvolles logisches System, Menge Σ ↗logischer Axiome, die kein ↗Modell besitzt.

Es gibt also keine ↗algebraische Struktur, in der alle Axiome aus Σ gültig sind (siehe auch ↗widerspruchsfreies logisches System).

Widerstand, ↗Kontinuitätsgleichung der Elektrodynamik.

Widgerson, Avi, Informatiker, geb. 1956 .

Widgerson ist Professor am Institue for Advanced Study in Princeton (NJ.) und am Institute for Computer Sciences in Jerusalem.

Er erzielte bedeutende Beiträge zu den mathematischen Grundlagen der Informatik, zu den Grundlagen der Kryptographie und zur Komplexitätstheorie im Großen. Ein spezielles Gebiet, auf dem er eindrucksvolle Ergebnisse erreichte, bilden die sog. Zero-knowledge-interactive-proofs, d. h. Beweise, mit denen einen Widerpart von der Wahrheit einer mathematischen Aussage überzeugt werden soll, ohne einen formalen Beweis anzugeben. Zusammen mit Kollegen zeigte Widgerson 1988, daß derartige Beweise für NP-Probleme möglich sind, und 1993, daß die dabei auftretende Annahme der Existenz einer sog. Ein-Weg-Funktion wesentlich für die Existenz der Zero-Knowledge-Beweise ist. (Eine Ein-Weg-Funktion ist eine Funktion, für die zu gegebenen x der Funktionswert $y = f(x)$ leicht berechnet werden kann, für die es aber sehr schwierig ist, zu gegebenen y einen zugehörigen x-Wert zu ermitteln. Die Existenz dieser Funktion wird meist akzeptiert, ist aber nicht bewiesen.)

Gleichzeitig gelang Widgerson und Mitarbeitern 1988 eine Veränderung der Zero-knowledge-interactive-proofs, so daß die Annahme einer Ein-Weg-Funktion vermieden werden kann. Er wandte dann diese Methode in Computernetzen an. Außerdem ermittelte er untere und obere Schranken, um die Komplexität der Berechnungen für verschiedenste Problem abzuschätzen.

Für seine außerordentlichen Ergebnisse wurde Widgerson 1994 mit dem ↗Nevanlinna-Preis geehrt.

Widrow-Hoff-Lernregel, ↗Delta-Lernregel.

wiederherstellende Division, engl. *restoring division*, gebräuchlichste Methode zur Durchführung der Division einer natürlichen Zahl N durch eine natürliche Zahl D.

Bei Realisierung der Methode durch einen ↗logischen Schaltkreis sind N und D in der Regel in binärer ↗Festkommadarstellung gegeben. In einem ersten Schritt wird der Divisor D von rechts so weit mit Nullen aufgefüllt, daß die Stelligkeit der höchstwertigen Stelle von D der Stelligkeit der höchstwertigen Stelle von N entspricht. Die so entstandene Zahl wird mit D' bezeichnet.

Der anfängliche Partialrest $N^{(k)}$ ist durch N gegeben, wobei k die Anzahl der rechts eingefügten Nullen ist. Die Methode geht nun iterativ vor.

Es sei $N^{(k-i+1)}$ der Partialrest vor dem i-ten Iterationsschritt. Im i-ten Iterationsschritt wird der Wert D' vom Partialrest $N^{(k-i+1)}$ abgezogen, $R^{(k-i+1)}$ bezeichne das Ergebnis dieser Subtraktion. Ist $R^{(k-i+1)}$ negativ, d. h., war der Wert D' größer als der Partialrest $N^{(k-i+1)}$, so wird das entsprechende Quotientenbit Q_{k-i+1} auf den Wert 0 gesetzt, und der alte Rest wird wiederhergestellt, indem der Wert D' auf $R^{(k-i+1)}$ wieder aufaddiert wird.

War der Wert $R^{(k-i+1)}$ positiv, so wird das Quotientenbit Q_{k-i+1} auf den Wert 1 gesetzt, $R^{(k-i+1)}$ wird nicht verändert.

Sei $R_{neu}^{(k-i+1)}$ der so berechnete neue Partialrest. Bevor zu der nächsten Iteration übergegangen wird, wird der Wert $R_{neu}^{(k-i+1)}$ um eine Stelle nach links geshiftet und mit $N^{(k-i)}$ bezeichnet, d. h., es wird

$$N^{(k-i)} := 2 \cdot R_{neu}^{(k-i+1)}$$

gesetzt.

Nach $(k+1)$ Iterationen ist das Verfahren abgeschlossen, und $R_{neu}^{(0)}$, geshiftet um k Stellen nach rechts, gibt den Rest der Division von N und D an.

Erläuterung der Methode am Beispiel von

$$N = 00100101\,(=37) \text{ und } D = 00101\,(=5)$$

in ↗Zweierkomplement-Darstellung (k ist in diesem Fall gleich 3, $D' = 00101000$, $-D' = 11011000$ und $N^{(3)} = 00100101$):

$N^{(3)}$	00100101	
$-D'$	11011000	
$R^{(3)}$	11111101	negativ, $\Rightarrow Q_3 = 0$
$+D'$	00101000	restore
$R_{neu}^{(3)}$	00100101	
$N^{(2)}$	01001010	
$-D'$	11011000	
$R^{(2)}$	00100010	positiv, $\Rightarrow Q_2 = 1$
$R_{neu}^{(2)}$	00100010	
$N^{(1)}$	01000100	
$-D'$	11011000	
$R^{(1)}$	00011100	positiv, $\Rightarrow Q_1 = 1$
$R_{neu}^{(1)}$	00011100	
$N^{(0)}$	00111000	
$-D'$	11011000	
$R^{(0)}$	00010000	positiv, $\Rightarrow Q_0 = 1$
$R_{neu}^{(0)}$	00010000	

Die Division von 00100101 (=37) und 00101 (=5) ergibt somit 00111 (=7). Der Rest der Division ist gegeben durch $R_{neu}^{(0)}$, geshiftet um $k = 3$ Stellen nach rechts, also 00010 (=2).

wiederholtes Spiel, ein Spiel, das mehrfach gespielt wird.

Wiederholte Spiele führen auf die Verwendung gemischter Strategien.

Wiederkehr-Abbildung, ↗Poincaré-Abbildung.

Wiederkehrzeit, ↗Poincaré-Abbildung.

Wieferich, Satz von, ein 1909 von Wieferich publiziertes Resultat zum Fermatschen Problem:

Ist der erste Fall der ↗Fermatschen Vermutung falsch für die Primzahl p (d. h., gibt es nicht durch p teilbare ganze Zahlen x, y, z mit $x^p + y^p = z^p$), dann erfüllt p die Kongruenz

$$2^{p-1} \equiv 1 \mod p^2. \tag{1}$$

Wegen dieses Satzes nennt man die Kongruenz (1) auch Wieferich-Bedingung, und bezeichnet eine Primzahl p mit dieser Eigenschaft als Wieferich-Primzahl (↗Wieferich-Zahl).

Vor dem Beweis der Fermatschen Vermutung 1995 (der den Satz von Wieferich logisch wertlos macht, da die Fermatsche Behauptung für jede Primzahl $p \geq 3$ stets wahr ist) wurde dieser Satz mehrfach verallgemeinert. Der Höhepunkt wurde 1990 erreicht, als Coppersmith einen Beweis folgenden Satzes publizierte:

Ist der erste Fall der Fermatschen Vermutung falsch für die Primzahl p, dann erfüllt p die Kongruenz

$$\ell^{p-1} \equiv 1 \mod p^2$$

für jede Primzahl $\ell \leq 89$.

Wieferich-Primzahl, ↗Wieferich-Zahl.

Wieferich-Zahl, eine ungerade Zahl q mit der Eigenschaft

$$2^{\phi(q)} \equiv 1 \mod q^2,$$

wobei ϕ die ↗Eulersche ϕ-Funktion bezeichnet.

Eine Wieferich-Primzahl ist eine Primzahl, die zugleich eine Wieferich-Zahl ist.

Die ursprüngliche Motivation für den Begriff „Wieferich-Primzahl“ stammt aus dem inzwischen in gewissem Sinn überholten Satz von Wieferich (↗Wieferich, Satz von); der allgemeinere Begriff „Wieferich-Zahl“ steht in einem Zusammenhang mit dem ↗Collatz-Problem.

Andererseits ist die Wieferich-Bedingung auch für sich genommen aus verschiedenen Gründen nicht uninteressant:

1. Es wurden bislang nur zwei Wieferich-Primzahlen entdeckt, nämlich 1093 (Meisser 1913) und 3511 (Beeger 1922), und jede weitere müßte größer als $4 \cdot 10^{12}$ sein (wie mit umfangreichen computergestützten Berechnungen gezeigt werden konnte).
2. Es ist nicht bekannt, ob es unendlich viele Wieferich-Primzahlen gibt.
3. Es ist auch nicht bekannt, ob es unendlich viele Primzahlen gibt, die keine Wieferich-Zahlen sind.
4. Jedoch zeigten Franco und Pomerance 1995, daß die Menge der Wieferich-Zahlen in den ungeraden Zahlen die relative asymptotische Dichte 1 besitzt.

Wielandt, Eindeutigkeitssatz von, ↗Eulersche Γ-Funktion.

Wielandt, Vektoriteration von, ↗inverse Iteration.

Wiener, Norbert, Mathematiker, geb. 26.11.1894 Columbia, Miss., gest. 18.3.1964 Stockholm.

Nur wenigen Mathematikern des 20. Jahrhunderts ist es wie Wiener vergönnt gewesen, eine derartig große Bedeutung für das moderne Denken und Forschen zu gewinnen. Er hat mit seinen Denkansätzen entscheidend das Entstehen der gegenwärtigen Informationsgesellschaft gefördert.

Wiener stammte aus einer Familie, in der neben der jüdischen Tradition auch deutsche und russische Einflüsse einen hervorragenden Platz einnahmen. Sein Vater war der bedeutende Slawist Leo Wiener. Norbert Wiener erhielt wegen seiner intellektuellen Frühreife eine unorthodoxe Ausbildung, besuchte nur kurz eine öffentliche Schule, und ab 1903(!) eine High School. Ab 1906 studierte er Mathematik und Biologie an einem College, 1909 Zoologie in Cambridge (Mass.), dann Philosophie an der Cornell-Universität. 1913 vollendete er seine Studien in Philosophie und Mathematik in Cambridge (England), Göttingen, an der Harvard- und der Columbia-Universität (1912 M.A. Harvard-Universität, 1913 Ph.D. Harvard-Universität). 1915-16 war er am Philosophy Department von Harvard angestellt und las über mathematische Logik, 1916-17 lehrte er an der Universität von Maine Mathematik. Nach einer unsteten Zeit, in der Wiener verschiedene Berufe ausübte, wurde er 1919/20 am Massachusetts Institute of Technology (MIT) in Cambridge (Mass.) fest angestellt (1929 a. o. Professor, 1932 ordentlicher Professor). Bis zu seinem Lebensende war Wiener mit dem MIT verbunden. Seine dortige Lehrtätigkeit wurde jedoch durch eine große Anzahl von Gastprofessuren und Studienaufenthalten in vielen Ländern der Erde unterbrochen.

Nach frühen Arbeiten zur Logik (Relationskalkül 1912, synthetische Logik 1913, Theorie des Messens 1919) folgte eine Phase der Beschäftigung mit der harmonischen Analyse und ihrer Beziehung zur Theorie zufälliger Prozesse. Diese Arbeiten ermöglichten es Wiener, die Grundlagen der harmonischen Analyse auf algebraischer Basis neu zu fassen. Angeregt durch Probleme der theoretischen Elektrotechnik befaßte sich Wiener mit der Operatorenrechnung. Es gelang ihm, das bislang übliche, völlig empirische Verfahren von O. Heaviside durch eine weitgehend einwandfreie Methode zu ersetzen (1925).

Wieners Arbeiten zur Potentialtheorie (1923/24) enthielten als Hauptresultate den „Grenzwertsatz von Wiener“ und die Beiträge zur „Methode von Perron-Wiener-Brelot“.

Noch in den zwanziger Jahren entwickelte Wiener das Konzept des linearen normierten Raumes und der Fourier-Transformation im Komplexen. Unter dem Einfluß von A.E. Ingham und Robert Schmidt wandte er sich 1926/27 der Theorie der Tauber-Theoreme zu, suchte diese auf zahlentheoretische Fragen anzuwenden, und arbeitete über Quantenmechanik (Anwendung der Operatorenrechnung).

Wieners früher internationaler Ruf gründete sich vor allem auf seine Untersuchungen zur Brownschen Bewegung (1920-1934). Neben anderen Mathematikern vermochte es Wiener dabei, die Behandlung stochastischer Prozesse in die Wahrscheinlichkeitsrechnung zu integrieren.

In den Jahren nach 1930 setzte sich Wiener mit Einsteins Relativitäts- und Feldtheorie auseinander, arbeitete über Ergodentheorie und Integralgleichungen. Zur Zeit des Zweiten Weltkrieges entwickelte er eine Theorie der Filter und der optimalen Vorhersage (1940–43). Beide Forschungsgebiete waren von eminentem militärischem Wert, und die Wienerschen Resultate hatten grundsätzliche Bedeutung für Radartechnik und Flugabwehr.

Ab 1933 nahm Wiener am interdisziplinären Seminar der Harvard Medical School unter der Leitung von A. Rosenblueth (1900–1970) teil. Dieses Seminar und die Zusammenarbeit mit Rosenblueth förderten nicht nur Wieners eigene Arbeiten zur Physiologie von Muskeln und Nerven (u. a. Prinzip der Rückkopplung in lebenden Organismen), sondern wurden auch zum Ausgangspunkt der „Kybernetik".

Neben Rosenblueth haben vor allem J. v. Neumann, W. McCulloch, W. Pitts, und W. Walter wesentliche Ideen zur frühen Wienerschen Kybernetik beigesteuert. 1948 erschien Wieners Werk „Cybernetics ... ", das die Disziplin der Kybernetik begründete und viele klassische Resultate aus der Welt der lebenden Organismen, der Technik, Philosophie und Mathematik unter neuen einheitlichen Gesichtspunkten (Steuerung, Regelung, Information, Modell ...) betrachtete.

Nach 1948 sah sich Wiener genötigt, die Probleme der Anwendung und die grundsätzliche technische, gesellschaftliche und philosophische Bedeutung der Kybernetik und ihrer historischen Wurzeln darzulegen. Daneben griff er in den wenigen mathematischen Arbeiten schon früher behandelte Themen wie Matrizenrechnung, Vorhersagetheorie, und zahlentheoretische Probleme wieder auf, schrieb daneben aber auch belletristische Werke.

Wiener-Hopf-Integralgleichungen, Typus von ↗Integralgleichungen, die auf der positiven Halbachse definiert sind, mit einem Integralkern, der von der Differenz der Argumente abhängt:

Die Integralgleichung

$$\varphi(x) - \int_0^\infty k(x-y)\,\varphi(y)\,dy = f(x)$$

heißt Integral-Gleichung vom Wiener-Hopf-Typ, wobei $k : \mathbb{R} \to \mathbb{R}$, $f : \mathbb{R}^+ \to \mathbb{R}$, und $\varphi : \mathbb{R}^+ \to \mathbb{R}$.

Wiener-Maß, spezielles Wahrscheinlichkeitsmaß.

Es sei $C(\mathbb{R}_0^+)$ die Menge der stetigen Funktionen $f : \mathbb{R}_0^+ \to \mathbb{R}$ versehen mit der Topologie der gleichmäßigen Konvergenz auf kompakten Mengen, welche von der Metrik d mit

$$d(f,g) := \sum_{n=1}^\infty \frac{1}{2^n} \max_{0\le t\le n} \min(|f(t)-g(t)|, 1)$$

für alle $f, g \in C(\mathbb{R}_0^+)$ induziert wird. Auf der Borelschen σ-Algebra $\mathfrak{B}(C(\mathbb{R}_0^+))$ existiert ein eindeutig bestimmtes Wahrscheinlichkeitsmaß W mit der Eigenschaft, daß der auf dem Wahrscheinlichkeitsraum $(C(\mathbb{R}_0^+), \mathfrak{B}(C(\mathbb{R}_0^+)), W)$ definierte stochastische Prozeß $(W_t)_{t\ge 0}$, wobei die Zufallsvariable W_t für jedes $t \in \mathbb{R}_0^+$ durch $W_t(\omega) = \omega(t)$ für alle $\omega \in C(\mathbb{R}_0^+)$ gegeben ist, eine normale eindimensionale ↗Brownsche Bewegung ist. Das Wahrscheinlichkeitsmaß W heißt Wiener-Maß auf $C(\mathbb{R}_0^+)$, und der Wahrscheinlichkeitsraum $(C(\mathbb{R}_0^+), \mathfrak{B}(C(\mathbb{R}_0^+)), W)$ Wiener-Raum.

Für die Menge der stetigen Funktionen $f : \mathbb{R}_0^+ \to \mathbb{R}^n$ kann in analoger Weise das n-dimensionale Wiener-Maß definiert werden, wobei lediglich in der Definition der Metrik d der Betrag durch den Euklidischen Abstand zu ersetzen ist, und es sich bei dem $(W_t)_{t\ge 0}$ entsprechenden Prozeß um eine normale n-dimensionale Brownsche Bewegung handelt. Die σ-Algebra $\mathfrak{B}(C(\mathbb{R}_0^+))$ ist die Spur-σ-Algebra der Produkt-σ-Algebra $\mathfrak{B}(\mathbb{R})^{\mathbb{R}_0^+}$ in $C(\mathbb{R}_0^+)$. Betrachtet man die Menge $C([0,1])$ der auf dem Intervall $[0,1]$ definierten reellen Funktionen versehen mit der Topologie der gleichmäßigen Konvergenz, so heißt das auf $\mathfrak{B}(C([0,1]))$ definierte Bildmaß von W unter der Abbildung, welche jedem $f \in C(\mathbb{R}_0^+)$ die Restriktion $f|_{[0,1]} \in C([0,1])$ zuordnet, das Wiener-Maß auf $C([0,1])$.

[1] Bauer, H.: Wahrscheinlichkeitstheorie (4. Aufl.). De Gruyter Berlin, 1991.

[2] Karatzas, I.; Shreve, S. E.: Brownian motion and stochastic calculus (2. Aufl.). Springer New York, 1991.

Wienerprozeß, ↗Brownsche Bewegung.

Wigner, Theorem von, ↗Symmetrie und Quantenmechanik.

Wigner-Koeffizienten, ↗Clebsch-Gordan-Koeffizienten.

Wignersche 3j-Symbole, für ein quantenmechnisches System mit der Wellenfunktion $\psi_{j_1 j_2 jm}$, dem Drehimpulsoperator $\hat{\vec{j}} = \hat{\vec{j}}_1 + \hat{\vec{j}}_2$ und seiner Projektion m, das sich aus zwei Systemen mit den vertauschbaren Drehimpulsoperatoren $\hat{\vec{j}}_1$ und $\hat{\vec{j}}_2$ und ihren Projektionen m_1 und m_2 sowie den Wellenfunktionen $\psi_{j_1 m_1}$ und $\psi_{j_2 m_2}$ zusammensetzt, die Enwicklungskoeffizienten $(j_1 m_1 j_2 m_2 | jm)$ der Gesamtwellenfunktion nach dem Produkt der Wellenfunktionen für die Teile (↗Clebsch-Gordan-Koeffizienten). Die Wignerschen $3j$-Symbole werden mit $\binom{j_1 j_2 j}{m_1 m_2 m}$ bezeichnet und sind definiert durch

$$\begin{pmatrix} j_1 j_2 j \\ m_1 m_2 m \end{pmatrix} = (-1)^{j_1 - j_2 + m}(2j+1)^{-\frac{1}{2}} \cdot (j_1 m_1 j_2 m_2 | j - m)\,.$$

Wilcoxon-Test, auch als Rang-Vorzeichen-Test bezeichneter nichtparametrischer (↗nichtparametrische Statistik) ↗Signifikanztest zum Vergleich der Verteilungen zweier abhängiger Stichproben.

Er wird angewendet, wenn die Daten nicht normalverteilt sind und mindestens auf ordinalem Skalenniveau (↗ Skalentypen) vorliegen. (Im Falle der Normalverteilung wird der ↗t-Test angewendet). Der Wilcoxon-Test erfordert, verglichen mit dem t-Test, wesentlich weniger Rechenaufwand, testet normalverteilte Differenzen aber fast ebenso scharf; seine asymptotische Wirksamkeit (↗Testtheorie) liegt bei 95 Prozent.

Seien X_1 und X_2 zwei Zufallsgrößen mit den unbekannten Verteilungsfunktionen $F_1(x)$ bzw. $F_2(x)$, $x \in \mathbb{R}$. X_1 und X_2 werden an den gleichen n Objekten beobachtet. Seien $\vec{X_1} = (X_{11}, \ldots, X_{1n})$ und $\vec{X_2} = (X_{21}, \ldots, X_{2n})$ die jeweiligen Beobachtungen. Der Wilcoxon-Test ist analog zum ↗U-Test ein Test zum Prüfen ein- und zweiseitiger Hypothesen über die Gleichheit der Verteilungsfunktionen von X_1 und X_2; im zweiseitigen Fall lauten sie:

$$H_0 : F_1(x) = F_2(x) \text{ für alle } x \in \mathbb{R}$$

gegen

$$H_1 : \text{ es existiert ein } x \in \mathbb{R} \text{ mit } F_1(x) \neq F_2(x).$$

Hierin eingeschlossen sind Hypothesen über die Gleichheit der Erwartungswerte von EX_1 und EX_2:

$$H_0 : EX_1 = EX_2 \text{ gegen } H_1 : EX_1 \neq EX_2$$

Zur Berechnung der Teststatistik dieses Tests bildet man die Differenzen $d_i = X_{i1} - X_{i2}$ der Wertepaare und bringt deren absolute Beträge $|d_i|$ in eine ansteigende Rangordnung, d. h., weist den Beträgen $|d_i|$ ihre Rangplatzzahl (↗geordnete Stichprobe) zu. Dabei werden nur Beträge mit $|d_i| > 0$ berücksichtigt. Bei jeder Rangzahl wird vermerkt, ob die zugehörige Differenz ein positives oder ein negatives Vorzeichen aufweist. Man bildet dann die Summe der positiven und negativen Rangzahlen R_{pos} und R_{neg}. Es muß gelten:

$$R_{pos} + R_{neg} = \frac{n(n+1)}{2}.$$

Die Testgröße des Wilcoxon-Tests ist

$$T = R = \min(R_{pos}, R_{neg}).$$

T besitzt eine sogenannte R-Verteilung mit dem Parameter n. H_0 wird abgelehnt (im zweiseitigen Fall), falls gilt:

$$T \leq R(n, \tfrac{\alpha}{2}),$$

wobei der kritische Wert $R(n, p)$ des Tests aus statistischen Tabellen zu entnehmen ist. Für $n \geq 25$ kann eine Approximation durch die Normalverteilung erfolgen. Anstelle von T verwendet man die Teststatistik

$$\tilde{T} = \frac{\frac{n(n+1)}{4} - T}{\sqrt{\frac{n(n+1)(2n+1)}{24}}},$$

die approximativ standardnormalverteilt ist. Die Entscheidungsregel lautet in diesem Fall

$$|\tilde{T}| > z_{1-\frac{\alpha}{2}} \rightarrow H_0 \text{ wird abgelehnt.}$$

z_p ist das p–Quantil der Standardnormalverteilung.

Ein Beispiel. Ein Chemiker soll zwei für die Bestimmung von Testosteron im Urin eingesetzte Methoden A und B anhand von 10 Urinproben bei zweiseitiger Fragestellung bei einer Fehlerwahrscheinlichkeit erster Art von $\alpha = 0,1$ vergleichen. Die Nullhypothese H_0 besagt also, daß es keine Unterschiede zwischen beiden Methoden gibt. Es sind folgende Werte (in mg pro 24 Stunden-Urin) gemessen worden:

nr.	A	B	$d_i =$ A-B	Rang von $\|d_i\|$	R_{pos}	R_{neg}
1	0,47	0,41	0,06	6	6	
2	1,02	1,00	0,02	2	2	
3	0,33	0,46	-0,13	9		9
4	0,70	0,61	0,09	7	7	
5	0,94	0,84	0,10	8	8	
6	0,85	0,87	-0,02	2		2
7	0,39	0,36	0,03	4	4	
8	0,52	0,52	0	-	-	-
9	0,47	0,51	-0,04	5		5
10	0,50	0,52	-0,02	2		2
Σ					27	18

Damit erhält man $T = \min(R_{min}, R_{pos}) = 18$. Aus einer Tabelle entnehmen wir bei zweiseitiger Fragestellung und $\alpha = 0,05$ den kritischen Wert $R(n = 9, \alpha/2) = 5$. Da $T > 5$ ist, kann H_0 nicht abgelehnt werden.

Wiles, Andrew, Mathematiker, geb. 11.4.1953 Cambridge (England).

Wiles studierte zunächst von 1971 bis 1974 am Merton College der Universität Oxford und wechselte dann an die Universität Cambridge, wo er unter J. Coates (geb. 1945) promovierte und 1977–1980 als Mitarbeiter tätig war. Gleichzeitig war er 1977–1980 Benjamin Peirce Assistant Professor an der Harvard Universität in Cambridge (Mass.). Nach einem Aufenthalt am Sonderforschungsbereich Theoretische Mathematik in Bonn (1980/1981) erhielt er 1981 eine Anstellung am Institute for Advanced Study in Princeton und 1982 eine Professur an der dortigen Universität. 1985/86 weilte er als Gast zu Forschungen am Institut des Hautes Etudes Scientifiques und an der

Ecole Normale Supérieure in Paris und nahm 1988–1990 eine Forschungsprofessur an der Universität Oxford wahr. 1994 erhielt er die Eugene-Higgins-Professur für Mathematik an der Universität Princeton.

Wiles' Forschungen konzentrieren sich auf die Theorie der elliptischen Kurven und damit verbundene Probleme. Einen entscheidenden Impuls erhielt er 1986 durch die Arbeiten von G. Frey (geb. 1944) und K. Ribet, in denen der Große Fermatsche Satz als Folgerung aus der Shimura-Taniyama-Weil-Vermutung, daß alle elliptischen Kurven über den rationalen Zahlen modular sind, nachgewiesen wurde. Wiles beschloß, alle seine bisherigen Forschungen abzubrechen und sich ausschließlich dem Beweis der Shimura-Taniyama-Weil-Vermutung zu widmen. Nach mehr als sieben Jahren gelang es ihm, unter Heranziehung tiefliegender Resultate über Galois-Darstellungen und arithmetische Eigenschaften von Hecke-Algebren, diese Vermutung teilweise zu beweisen und zu zeigen, daß jede semistabile elliptische Kurve über den rationalen Zahlen modular ist. Diese Aussage reichte zugleich aus, um Wiles' Kindheitstraum zu verwirklichen und die ↗Fermatsche Vermutung zu beweisen, daß es für $n > 2$ keine natürlichen Zahlen x, y, z gibt, die die Gleichung

$$x^n + y^n = z^n$$

erfüllen. Der erste 1993 angekündigte Beweis enthielt noch eine Lücke, die Wiles dann in Zusammenarbeit mit Richard Taylor bis zum Oktober 1994 schloß.

Siehe hierzu auch ↗Fermatsche Vermutung.

Wilf, Satz von, ↗Eigenwert eines Graphen.

Williamson, Satz von, eine Satz aus dem Jahre 1936, der wie folgt lautet:

Sei $H : V \to \mathbb{R}$ eine ↗quadratische Hamilton-Funktion auf einem endlichdimensionalen ↗symplektischen Vektorraum (V, ω).

Dann läßt sich V in eine direkte Summe $\oplus_{\alpha=1}^N V_\alpha$ von paarweise schieforthogonalen symplektischen Unterräumen V_α von so V zerlegen, daß H durch alle ihre Einschränkungen $H|_{V_\alpha}$ vollständig bestimmt ist, und jede dieser Einschränkungen durch eine lineare symplektische Transformation auf eine der folgenden Normalformen gebracht werden kann, wobei a, b nichtverschwindende reelle Zahlen, und

$$(q, p) := (q_1, \ldots, q_n, p_1, \ldots, p_n)$$

lineare Darboux-Koordinaten in V_α bezeichnen:

1. $-a\sum_{j=1}^{k} p_j q_j + \sum_{j=1}^{k-1} p_j q_{j+1}$

2. $-a\sum_{j=1}^{2k} p_j q_j + b\sum_{j=1}^{k}(p_{2j-1}q_{2j} - p_{2j}q_{2j-1}) + \sum_{j=1}^{2k-2} p_j q_{j+2}$

3. $\sum_{j=1}^{k-1} p_j q_{j+1}$

4. $\pm\frac{1}{2}\left(\sum_{j=1}^{k-1} p_j p_{k-j} - \sum_{j=1}^{k} q_j q_{k-j+1}\right) - \sum_{j=1}^{k-1} p_j q_{j+1}$

5. $\pm\frac{1}{2}\left(\sum_{j=1}^{k}(b^2 p_{2j}p_{2k-2j+2} + q_{2j}q_{2k-2j+2}) - \sum_{j=1}^{k+1}(b^2 p_{2j-1}p_{2k-2j+3} + q_{2j-1}q_{2k-2j+3})\right) - \sum_{j=1}^{2k} p_j q_{j+1}$

6. $\pm\frac{1}{2}\left(\sum_{j=1}^{k}(\frac{1}{b^2}q_{2j-1}q_{2k-2j+1} + q_{2j}q_{2k-2j+2}) - \sum_{j=1}^{k-1}(b^2 p_{2j+1}p_{2k-2j+1} + p_{2j+2}p_{2k-2j+2})\right) - b^2\sum_{j=1}^{k} p_{2j-1}q_{2j} + \sum_{j=1}^{k} p_{2j}q_{2j-1}$

Die jeweilige Dimension von V_α beträgt hierbei $2k$ (in den Fällen 1., 3. und 4.), $4k$ (in den Fällen 2. und 6.) bzw. $4k + 2$ (im Falle 5.).

Für $k = 0$ verschwinden alle Funktionen, außer im Fall 5., wo dann gilt

$$\pm(1/2)(b^2 {p_1}^2 + {q_1}^2)\,.$$

Für $k = 1$ erhält man:
Im Fall 1.: $-ap_1q_1$,
im Fall 2.: $-a(p_1q_1 + p_2q_2) + b(p_1q_2 - p_2q_1)$,
im Fall 3.: 0,
im Fall 4.: $\pm(1/2){q_1}^2$,
im Fall 5.: $\pm(1/2)(b^2{p_1}^2 + {q_1}^2)$, *und*
im Fall 6.: $\pm(1/2)\big(({q_1}^2/b^2) + {q_2}^2\big) - b^2p_1q_2 + p_2q_1$.

Wilson, Satz von, ein zuerst 1770 von Waring in seinen *Meditationes algebraicae* publiziertes Resultat über Primzahlen:

Für jede Primzahl p gilt

$$(p-1)! \equiv -1 \mod p\,.$$

Es gibt Hinweise darauf, daß der Satz bereits lange vor Leibniz bekannt war.

Die Umkehrung des Satzes von Wilson gilt auch:

Eine natürliche Zahl $m \geq 2$ ist genau dann eine Primzahl, wenn $(m-1)!+1$ ein Vielfaches von m ist.

Aufgrund des hohen Aufwands, der zur Berechnung von $(m-1)!$ modulo m notwendig wäre, ist dieser Satz als Primzahltest allerdings ungeeignet.

windschief, Bezeichnung für zwei Geraden im Raum, die sich weder schneiden noch parallel sind.

Windung, *Torsion*, geometrische Invariante $\tau(s)$ einer differenzierbaren Kurve $\alpha(s)$ im $\mathbb{R}^3$, die deren Abweichung von einem ebenen Verlauf mißt.

Ist s der Parameter der Bogenlänge auf $\alpha(s)$ und $\mathfrak{t}, \mathfrak{n}, \mathfrak{b}$ das ↗begleitende Dreibein, so ist $\tau(s)$ nach den ↗Frenetschen Formeln durch

$$\tau(s) = \langle \dot{\mathfrak{n}}(s), \mathfrak{b}(s) \rangle = -\langle \mathfrak{n}(s), \dot{\mathfrak{b}}(s) \rangle$$

gegeben.

Die folgende Formel gestattet das direkte Berechnen der Windung aus den Ableitungen $\alpha'(t)$, $\alpha''(t)$ und $\alpha'''(t)$ von α nach einem beliebigen Kurvenparameter t. Es ist

$$\tau(s) = \frac{\langle \alpha' \times \alpha'', \alpha''' \rangle}{||\alpha' \times \alpha''||^2} .$$

Windungsabbildung, eine ↗holomorphe Funktion mit speziellen Eigenschaften.

Zur Definition sei $U \subset \mathbb{C}$ ein ↗Gebiet, f eine holomorphe Funktion in U, die nicht konstant ist, $z_0 \in U$, $a := f(z_0)$, und $n := \nu(f, z_0) \in \mathbb{N}$ die Vielfachheit der ↗a-Stelle z_0 von f. Man nennt f eine Windungsabbildung um z_0 vom Grad n, falls folgende Bedingungen erfüllt sind:

(a) Es gibt eine offene Kreisscheibe B mit Mittelpunkt a und Radius $r > 0$ derart, daß $f(U) \subset B$.

(b) Es gibt eine ↗konforme Abbildung g von U auf $\mathbb{E} = \{z \in \mathbb{C} : |z| < 1\}$ derart, daß

$$g(z_0) = 0 \quad \text{und} \quad f = T \circ q_n \circ g ,$$

wobei

$$q_n(z) := z^n \quad \text{und} \quad T(z) := rz + a$$

für $z \in \mathbb{E}$.

Ist f eine Windungsabbildung um z_0, so ist f eine lokal ↗schlichte Funktion in $U \setminus \{z_0\}$, und für jedes $w \in f(U)$ ist die Urbildmenge $f^{-1}(w) \subset U$ eine endliche Menge.

Jede holomorphe Funktion ist lokal eine Windungsabbildung. Genauer gilt folgender Satz.

Es sei $G \subset \mathbb{C}$ ein Gebiet, f eine holomorphe Funktion in G, die nicht konstant ist, und $z_0 \in G$. Dann existiert eine offene Umgebung $U \subset G$ um z_0 derart, daß die eingeschränkte Funktion $f|U$ eine Windungsabbildung um z_0 vom Grad $\nu(f, z_0)$ ist.

Winkel zwischen zwei Flächenkurven, eine Größe der ↗inneren Geometrie, die analog zum ↗Winkel zwischen zwei Kurven in einer ↗Riemannschen Mannigfaltigkeit definiert ist.

Schneiden sich zwei auf der Fläche $\mathcal{F} \subset \mathbb{R}^3$ verlaufende Kurven, die durch reguläre Parameterdarstellungen $\alpha_1(t)$ und $\alpha_2(t)$ gegeben seien, in einem Punkt $P = \alpha_1(t_0) = \alpha_2(t_0) \in \mathcal{F}$, so sind ihre Tangentialvektoren $\mathfrak{t}_1 = \alpha_1'(t_0)$ und $\mathfrak{t}_2 = \alpha_2'(t_0)$ ungleich Null, und der Winkel zwischen α_1 und α_2 ist gleich dem Winkel φ, den die Vektoren $\mathfrak{t}_1$ und $\mathfrak{t}_2$ miteinander einschließen. Dieser wird nach der Formel

$$\cos\varphi = \frac{|\mathfrak{t}_1, \mathfrak{t}_2|}{||\mathfrak{t}_1|| \, ||\mathfrak{t}_2||}$$

aus dem Skalarprodukt und den Normen der Vektoren $\mathfrak{t}_1$ und $\mathfrak{t}_2$ berechnet.

Winkel zwischen zwei Kurven, in einer ↗Riemannschen Mannigfaltigkeit (M^n, g) der Winkel, den die Tangentialvektoren zweier sich schneidender Kurven in dem gemeinsamen Schnittpunkt miteinander bilden.

Sind $\alpha(t)$ und $\beta(t)$ zwei parametrisierte Kurven in M^n mit einem gemeinsamen Punkt $P = \alpha(t_0) = \beta(t_0)$, so ist der Schnittwinkel ϑ analog zur Euklidischen Geometrie durch die Formel

$$\cos\vartheta = \frac{g\left(\alpha'(t_0), \beta'(t_0)\right)}{\sqrt{g\left(\alpha'(t_0), \alpha'(t_0)\right)}\sqrt{g\left(\beta'(t_0), \beta'(t_0)\right)}}$$

gegeben. Es wird lediglich das Euklidische Skalarprodukt durch das die ↗Riemannsche Metrik bestimmende Skalarprodukt im Tangentialraum $T_P(M^n)$ ersetzt.

Winkelbeschleunigung, ↗Beschleunigung.

Winkelcosinussatz, Satz der ↗sphärischen Trigonometrie:

In einem beliebigen Eulerschen Dreieck (↗sphärisches Dreieck) mit den Seiten a, b, und c, sowie den jeweils gegenüberliegenden Innenwinkeln α, β und γ gelten die Beziehungen

$$\begin{aligned}\cos\alpha &= -\cos\beta\cdot\cos\gamma+\sin\beta\cdot\sin\gamma\cdot\cos a ,\\ \cos\beta &= -\cos\alpha\cdot\cos\gamma+\sin\alpha\cdot\sin\gamma\cdot\cos b ,\\ \cos\gamma &= -\cos\alpha\cdot\cos\beta+\sin\alpha\cdot\sin\beta\cdot\cos c .\end{aligned}$$

Auch in der ↗hyperbolischen Trigonometrie existiert ein Winkelcosinussatz, nach dem in einem (nichteuklidischen) Dreieck mit den o.g. Bezeichnungen der Seiten und Winkel die folgenden Beziehungen gelten:

$$\begin{aligned}\cos\alpha &= -\cos\beta\cdot\cos\gamma+\sin\beta\cdot\sin\gamma\cdot\cosh a ,\\ \cos\beta &= -\cos\alpha\cdot\cos\gamma+\sin\alpha\cdot\sin\gamma\cdot\cosh b ,\\ \cos\gamma &= -\cos\alpha\cdot\cos\beta+\sin\alpha\cdot\sin\beta\cdot\cosh c .\end{aligned}$$

Winkelderivierte, ein wichtiger Begriff für ↗holomorphe Funktionen in $\mathbb{E} = \{z \in \mathbb{C} : |z| < 1\}$.

Zur Definition sei f eine holomorphe Funktion in $\mathbb{E}$ und $\zeta \in \mathbb{T} := \partial\mathbb{E}$. Eine Zahl $a \in \widehat{\mathbb{C}}$ heißt Winkelderivierte von f an ζ, falls f an ζ einen endlichen ↗Winkelgrenzwert $f(\zeta)$ besitzt, und für jeden ↗Stolzschen Winkelraum Δ an ζ gilt:

$$\frac{f(z) - f(\zeta)}{z - \zeta} \to a \quad \text{für } z \to \zeta, z \in \Delta.$$

Man schreibt dann $a = f'(\zeta)$. Dabei ist zugelassen, daß $f'(\zeta) = \infty$. Ist $f'(\zeta) \in \mathbb{C}$, so nennt man $f'(\zeta)$ eine endliche Winkelderivierte.

Die Funktion f besitzt eine endliche Winkelderivierte $f'(\zeta)$ genau dann, wenn f' den endlichen Winkelgrenzwert $f'(\zeta)$ besitzt.

Der folgende Satz liefert ein hinreichendes Kriterium für die Existenz einer Winkelderivierten.

Es sei f eine holomorphe Funktion in $\mathbb{E}$ mit $f(\mathbb{E}) \subset \mathbb{E}$, und f besitze an $\zeta \in \mathbb{T}$ einen Winkelgrenzwert $f(\zeta) \in \mathbb{T}$.

Dann existiert die Winkelderivierte $f'(\zeta)$, und es gilt

$$0 < \zeta \frac{f'(\zeta)}{f(\zeta)} = \sup_{z \in \mathbb{E}} \frac{1 - |z|^2}{|\zeta - z|^2} \frac{|f(\zeta) - f(z)|^2}{1 - |f(z)|^2} \leq +\infty.$$

Die Winkelderivierte spielt auch eine wichtige Rolle bei der Untersuchung des ↗Randverhaltens konformer Abbildungen. Um einen kurzen Einblick zu geben, sei f eine konforme Abbildung von $\mathbb{E}$ auf ein einfach zusammenhängendes Gebiet $G \subset \mathbb{C}$. Dann existiert eine überabzählbare, dichte Teilmenge E_f von $\mathbb{T}$ derart, daß f an jedem $\zeta \in E_f$ eine endliche Winkelderivierte $f'(\zeta)$ besitzt.

Man nennt f konform am Randpunkt $\zeta \in \mathbb{T}$, falls f an ζ eine endliche Winkelderivierte $f'(\zeta) \neq 0$ besitzt. Ist ∂G eine rektifizierbare ↗Jordan-Kurve, so ist f an fast jedem Punkt $\zeta \in \mathbb{T}$ (bezüglich des eindimensionalen Lebesgue-Maßes auf $\mathbb{T}$) konform. Andererseits gibt es konforme Abbildungen von $\mathbb{E}$ auf Gebiete G derart, daß ∂G eine ↗quasikonforme Kurve und f an keinem Punkt $\zeta \in \mathbb{T}$ konform ist. In diesem Fall gilt $f'(\zeta) = 0$ für alle $\zeta \in \mathbb{E}_f$.

Winkeldreiteilung, ↗Dreiteilung eines Winkels.

Winkelfunktionen, ↗trigonometrische Funktionen.

Winkelgeschwindigkeit, ↗Geschwindigkeit.

Winkelgrenzwert, ein wichtiger Begriff für ↗holomorphe Funktionen in $\mathbb{E} = \{z \in \mathbb{C} : |z| < 1\}$.

Zur Definition sei f eine holomorphe Funktion in $\mathbb{E}$ und $\zeta \in \partial\mathbb{E}$. Eine Zahl $a \in \widehat{\mathbb{C}}$ heißt Winkelgrenzwert von f an ζ, falls für jeden ↗Stolzschen Winkelraum Δ an ζ gilt:

$$f(z) \to a \quad \text{für } z \to \zeta \; z \in \Delta.$$

Dabei ist zugelassen, daß $a = \infty$. Ist $a \in \mathbb{C}$, so nennt man a einen endlichen Winkelgrenzwert.

Der Winkelgrenzwert spielt eine zentrale Rolle bei der Definition der ↗Winkelderivierten.

Winkelhaken, Gerät für geometrische Konstruktionen.

Es besteht aus zwei Linealen, die einen festen Winkel α einschließen. Beim Rechtwinkelhaken beträgt $\alpha = \pi/2 = 90°$. Zum Zeichnen von Geraden werden die Linealkanten benutzt. Die eine Kante darf durch zwei gegebene Punkte, die andere durch einen dritten Punkt gelegt werden (↗Rechtwinkellineal).

Winkelhalbierende, Halbgerade, die den Scheitel eines gegebenenen Winkels $\angle(p, q)$ als Anfangspunkt besitzt und diesen Winkel in zwei kongruente Winkel $\angle(p, l)$ und $\angle(l, q)$ unterteilt.

Jeder Punkt der Winkelhalbierenden eines Winkels hat von beiden Schenkeln dieses Winkels den gleichen Abstand.

Die Winkelhalbierende eines beliebigen Winkels $\angle(p, q)$ kann mit Zirkel und Lineal konstruiert werden. Dazu werden auf beiden Schenkeln zwei Punkte P und Q mit gleicher Entfernung zum Scheitel S festgelegt. Zu der entstandenen Strecke PQ wird, wie z. B. unter ↗Mittelsenkrechte beschrieben, der Mittelpunkt M_{PQ} konstruiert. Die Winkelhalbierende l ergibt sich dann als diejenige Halbgerade mit dem Anfangspunkt S, die durch den Punkt M_{PQ} verläuft.

Alle drei Winkelhalbierenden eines beliebigen Dreiecks schneiden sich in einem Punkt, der von allen drei Seiten dieses Dreiecks die gleiche Entfernung besitzt und daher der Mittelpunkt des ↗Inkreises des Dreiecks ist.

Winkelhalbierer, spezieller ↗Winkelteiler.

Der Winkelhalbierer ist ein Gelenkrhombus $ABCD$, dessen verlängerte Diagonale AC als Schiene ausgebildet ist. Der Winkel BAC ist halb so groß wie der Winkel BAD.

Winkelmesser, *Transporteur*, einfachstes mechanisches ↗Winkelmeßinstrument.

Der Winkelmesser besitzt die Form eines Halb- oder Vollkreises. Der Mittelpunkt und ein Durchmesser sind markiert, auf dem Rand des Kreisbogens befindet sich eine Gradeinteilung.

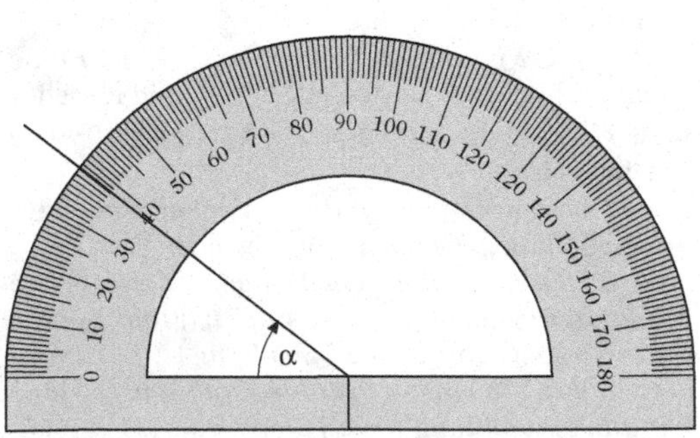

Winkelmeßinstrumente, unterschiedlich genaue Geräte zur Messung des Winkels zwischen Geraden und Flächen, oder auch zur Konstruktion von Geraden mit einem vorgegebenen Neigungswinkel zu einer Bezugsgröße (Gerade oder Ebene).

Der einfache ↗Winkelmesser (früher Transporteur) ist als Halb- oder Vollkreis ausgebildet und trägt auf der Peripherie eine Gradeinteilung mit 1°-Teilung, sowie markierten Mittelpunkt und Durchmesser. In der Fertigungstechnik wird er auch als Anlege- oder Kontaktgoniometer bezeichnet und besitzt in diesem Fall ein im Mittelpunkt drehbar angebrachtes Lineal mit einem Zeiger auf die Gradeinteilung.

In der Geodäsie dient der Theodolit zum Messen von vertikalen und horizontalen Winkeln mit entsprechender Genauigkeit. Eine um die vertikale Achse des Theodoliten drehbare Scheibe mit einem Nonius, die Alhidade, bewegt sich konzentrisch in einem mit der Gradeinteilung versehenen horizontalen Kreis. Auf der Alhidade ist außerdem ein Zielfernrohr, das in vertikaler Richtung in einer Ebene senkrecht zur Alhidade schwenkbar ist, angebracht. Die Differenz zweier Ablesungen in verschiedene Zielrichtungen gibt den Vertikal- und den Horizontalwinkel an.

In der Astronomie werden die Lichtrichtungen der Gestirne durch Winkelmeßgeräte ermittelt. Ihre Arbeitsweise ist der des Theodoliten vergleichbar.

In der Kristallographie werden Neigungswinkel von Flächen durch Reflektion von Lichtstrahlen mittels Reflexionsgoniometern gemessen.

Winkelsumme im Dreieck, Summe der Maße der Innenwinkel eines Dreiecks.

Dazu besagt der *Innenwinkelsatz*:

Die Summe der drei Innenwinkel α, β und γ ist in jedem Dreieck gleich zwei Rechten:

$$\alpha+\beta+\gamma \;=\; 180^\circ\;.$$

Dieser Innenwinkelsatz gilt jedoch nur für die „gewöhnliche" ↗euklidische Geometrie und ist eine äquivalente Aussage zu deren ↗Parallelenaxiom. Demgegenüber ist in der ↗nichteuklidischen elliptischen Geometrie die Innenwinkelsumme eines jeden Dreiecks größer, und in der ↗nichteuklidischen hyperbolischen Geometrie kleiner als 180°; zudem haben die Innenwinkelsummen von Dreiecken in beiden nichteuklidischen Geometrien keinen festen Wert.

Innenwinkelsummen nicht kongruenter Dreiecke sind jeweils voneinander verschieden.

Winkelsumme im *n*-Eck, Summe der Maße der Innenwinkel eines n-Ecks.

In der ↗euklidischen Geometrie hängt die Summe der Größen der n Innenwinkel eines beliebigen n–Ecks nur von der Anzahl n der Ecken ab und beträgt

$$(n-2)\cdot 180^\circ\;.$$

In der nichteuklidischen elliptischen Geometrie ist die Innenwinkelsumme eines n–Ecks größer, und in der nichteuklidischen hyperbolischen Geometrie kleiner als in der euklidischen Geometrie.

Darüber hinaus ist in den nichteuklidischen Geometrien die Innenwinkelsumme nicht für alle n-Ecke mit gleicher Eckenzahl gleich.

Winkelteiler, Gerät zur Teilung eines gegebenen Winkels in m gleiche Teile.

Beim Gerät nach Kaplan sind zwei Strecken AB und AD als Gleitschienen ausgebildet. $(m+1)$ gleich lange Stäbe werden gelenkig zu m gleichschenkligen Dreiecken zusammengefügt, wobei die Gelenkpunkte C_i, $i=1,\ldots,m$, in den Schienen AB bzw. AD gleiten. Die beiden Schienen sind im Punkt A gelenkig miteinander verbunden. Der Gelenkpunkt C_0 ist nicht verschiebbar, damit ist der erste Stab fest mit der Schiene AB verbunden (vgl. Abbildung).

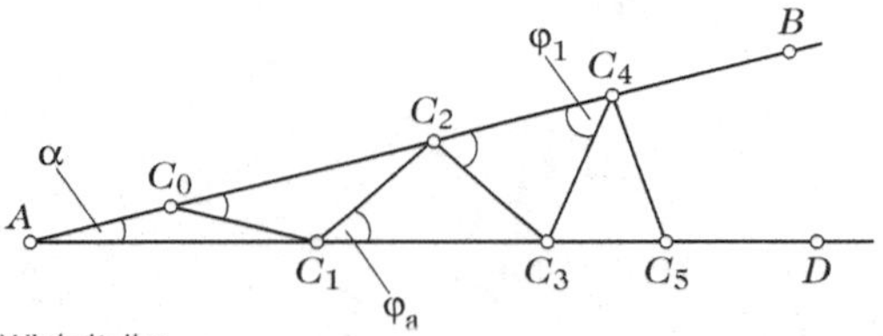

Winkelteiler

Die Winkelteilung oder Winkelvervielfachung beruht darauf, daß im Dreieck der Außenwinkel gleich der Summe der nicht anliegenden Innenwinkel ist. Der Außenwinkel φ_a am Punkt C_1 im Dreieck AC_1C_2 ist demzufolge $\varphi_a = 3\alpha$. Bringt man z. B. den Winkel φ_1 im Dreieck $C_2C_4C_3$ mit einem vorgegebenen Winkel zur Deckung, so ist $\alpha=\varphi_1/4$.

Zur Winkelhalbierung wird das Gerät als Gelenkrhombus ausgeführt, wobei die Diagonale als Gleitschiene ausgebildet ist.

Die mit dem Winkelteiler erzeugte Dreiteilung des Winkels entspricht natürlich nicht der in der klassischen Geometrie geforderten Lösung dieser Aufgabe mit Zirkel und Lineal. Dabei zugelassene Operationen sind das Schlagen eines Kreisbogens um einen gegebenen Punkt und das Verbinden zweier Punkte durch eine Gerade.

winkeltreue Abbildung, im Sinne der Funktionentheorie als Synonym zum Begriff der *konformen Abbildung* verwendet.

Eine winkeltreue Abbildung ist auch eine Abbildung zwischen Riemannschen Mannigfaltigkeiten.

Winkeltreuen Abbildungen der Erdoberfläche auf die Ebene begegnet man in der Kartographie, insbesondere bei Seefahrtskarten, die für Kursbestimmungen eine besondere Rolle spielen.

Winogradow, Iwan Matwejewitsch, russischer Mathematiker, geb. 14.9.1891 Welikije Luki (Russland), gest. 20.3.1983 Moskau.

Winogradow studierte ab 1910 in St. Petersburg, unter anderem bei Markow und Uspenski. Er beendete das Studium 1915, und unterrichtete von 1918 bis 1920 an der Universität in Perm. Danach kehrte er nach St. Petersburg zurück, um sowohl einen Lehrauftrag an der Polytechnischen Hochschule als auch an der Universität anzunehmen. 1925 wurde er Professor für Wahrscheinlichkeitsrechnung und Zahlentheorie, und wandte sich in der Folgezeit verstärkt administrativen Aufgaben zu. 1934 wurde er erster Direktor des Steklow-Instituts.

Aus seiner Zusammenarbeit mit Markow und Uspenski resultierte Winogradows Interesse für Wahrscheinlichkeitsrechnung und Zahlentheorie. Er verallgemeinerte Resultate von Voronoi zur Geometrie der Zahlen. In den 1930er Jahren entwickelte er eine Methode zur Verwendung trigonometrischer Reihen für zahlentheoretische Probleme weiter, deren Anfänge auf Weyl, Hardy und Littlewood zurückgehen. 1937 bewies er als eine Teillösung der ↗Goldbachschen Vermutung, daß sich jede hinreichned große Zahl als Summe von drei Primzahlen darstellen läßt.

Wirbeldichte, ↗Dichte (im Sinne der mathematischen Physik).

Wirbelpunkt, ein spezieller ↗Strudelpunkt.

Wirkungsgrad, in der Thermodynamik das Verhältnis aus geleisteter Arbeit einer Wärmekraftmaschine und der zugeführten Wärme.

Bei reversibel arbeitenden Maschinen, die nur bei zwei, für alle Maschinen gleichen, Temperaturen Wärme mit der Umgebung austauschen, ist der Wirkungsgrad eine vom Arbeitsstoff unabhängige, nur von den beiden Temperaturen abhängige Größe (↗Carnotscher Kreisprozeß).

Wirkungsquerschnitt, als Maß für die Wechselwirkung eines Strahls identischer Teilchen (z. B. Elektronen) mit anderen identischen Teilchen (z. B. Atomen eines Kristallgitters) der Quotient σ aus der Zahl der sich pro Sekunde ergebenden Wechselwirkungen (z. B. Streuungen) und der Zahl der Teilchen, die pro Sekunde durch die Fläche von 1 cm^2 senkrecht zur Strahlrichtung fliegen.

Da die Wechselwirkungen sehr verschieden sein können, unterscheidet man auch verschiedene Wirkungsquerschnitte. Man spricht von einem totalen Streuquerschnitt, wenn man die Teilchen zählt, die bei der Streuung (↗quantenmechanische Streutheorie) eine Sphäre treffen, die um die streuende Materie gelegt wird. Betrachtet man nur die Teilchen, die in ein bestimmtes Element des Raumwinkels um das Streuzentrum gelenkt werden, dann spricht man vom differentiellen Wirkungsquerschnitt (↗Boltzmannscher Stoßterm).

Wirkungsvariable, ein Satz von n reellwertigen C^∞-Funktionen $(I_1, \dots, I_n) =: I$, die auf einer offenen Teilmenge U des $2n$-dimensionalen Phasenraums M eines ↗integrablen Hamiltonschen Systems (M, ω, H) definiert sind, dessen Niveauflächen in U nach dem Satz von Liouville-Arnold (↗Liouville-Arnold, Satz von) aus n-dimensionalen Tori bestehen, und die folgenden Bedingungen genügen:

1. Die Funktionen $I_1, \dots, I_n$ sind funktional unabhängig in U und konstant auf jedem der eben erwähnten Tori.
2. Die Flüsse der n ↗Hamilton-Felder $X_{I_1}, \dots, X_{I_n}$ sind auf jedem Torus periodisch und induzieren dort die sog. Winkelvariablen, d. h. einen Diffeomorphismus mit dem kartesischen Produkt von n Einheitskreisen.
3. H ist auf U eine Funktion der Wirkungsvariablen, d. h. es existiert eine reellwertige C^∞-Funktion $h : \mathbb{R}^n \to \mathbb{R}$ mit $H = h(I)$.

Die Größen

$$\omega_k := (\partial h / \partial I_k)(I)$$

geben genau die Kreisfrequenzen des quasiperiodischen Flusses von H auf jedem Torus an.

Wirtinger, Wilhelm, österreichischer Mathematiker, geb. 15.7.1865 Ybbs an der Donau, gest. 15.1.1945 Ybbs an der Donau.

Wirtinger studierte an den Universitäten in Wien, Berlin und Göttingen, promovierte 1887 in Wien und habilitierte sich ebendort 1890. Ab 1895 unterrichtete er an der Wiener Universität, arbeitete aber bis 1905 auch an der Innsbrucker Universität.

Wirtinger begann 1896 auf dem Gebiet der allgemeinen Theta-Funktionen zu forschen. Hier kombinierte er Ideen aus dem Gebiet der Riemannschen ζ-Funktion mit Ergebnissen von Klein. Bekannt ist sein Name durch den Begriff des

Wirtinger-Kalküls. Darüber hinaus arbeitete Wirtinger auf dem Gebiet der Geometrie, der Algebra, der Zahlentheorie, der ebenen Geometrie, der Theorie der Invarianten und der Knotentherorie. Er leistete grundlegende Beiträge zur Differentialgeometrie in höherdimensionalen Räumen. Neben diesen Arbeiten zur reinen Mathematik beschäftigte er sich mit der Einsteinschen Relativitätstheorie, der mathematischen Physik und der Statistik.

Wirtinger-Kalkül, eine Methode zur übersichtlichen Darstellung der Ableitung komplexer Funktionen.

Es seien $G \subset \mathbb{C}$ ein ↗Gebiet und $f = u + iv : G \to \mathbb{C}$ eine Funktion, die im Sinne der reellen Analysis in G differenzierbar ist. Dann existieren in G die reellen partiellen Ableitungen

$$\frac{\partial f}{\partial x} = \frac{\partial u}{\partial x} + i\frac{\partial v}{\partial x} \quad \text{und} \quad \frac{\partial f}{\partial y} = \frac{\partial u}{\partial y} + i\frac{\partial v}{\partial y}.$$

Daneben führt man die komplexen partiellen Ableitungen

$$\partial f = \frac{\partial f}{\partial z} := \frac{1}{2}\left(\frac{\partial f}{\partial x} - i\frac{\partial f}{\partial y}\right)$$

und

$$\bar\partial f = \frac{\partial f}{\partial \bar z} := \frac{1}{2}\left(\frac{\partial f}{\partial x} + i\frac{\partial f}{\partial y}\right)$$

ein, die man auch Wirtinger-Ableitungen nennt.

Dann gelten die Gleichungen

$$\frac{\partial f}{\partial x} = \partial f + \bar\partial f, \quad \frac{\partial f}{\partial y} = i(\partial f - \bar\partial f).$$

Es werden die grundlegenden Eigenschaften und Rechenregeln für die Differentialoperatoren ∂ und $\bar\partial$ zusammengestellt.

(1) Die Operatoren ∂ und $\bar\partial$ sind $\mathbb{C}$-linear, d. h. für $a, b \in \mathbb{C}$ und reell differenzierbare Funktionen f, $g : G \to \mathbb{C}$ gilt

$$\begin{aligned}\partial(af + bg) &= a\partial f + b\partial g,\\ \bar\partial(af + bg) &= a\bar\partial f + b\bar\partial g.\end{aligned}$$

Ebenso gilt die Produktregel und die Quotientenregel wie für reelle partielle Ableitungen.

(2) Für jede reell differenzierbare Funktion $f : G \to \mathbb{C}$ gilt

$$\partial \bar f = \overline{\bar\partial f}, \quad \bar\partial \bar f = \overline{\partial f}.$$

(3) Es sei $f : G \to \mathbb{C}$ eine reell differenzierbare Funktion. Dann ist f eine ↗holomorphe Funktion in G genau dann, wenn $\bar\partial f = 0$. In diesem Fall gilt $f' = \partial f$.

Weiter ist f eine ↗antiholomorphe Funktion in G genau dann, wenn $\partial f = 0$. Dann gilt $\bar f' = \overline{\bar\partial f}$.

Die Gleichung $\bar\partial f = 0$ ist gerade die ↗Cauchy-Riemannsche Differentialgleichung, also eine Kurzform der ↗Cauchy-Riemann-Gleichungen.

(4) Es seien $f : G \to \mathbb{C}$ und $g : \widehat{G} \to \mathbb{C}$ reell differenzierbare Funktionen mit $f(G) \subset \widehat{G}$. Dann ist auch $h := g \circ f : G \to \mathbb{C}$ reell differenzierbar in G, und mit $\zeta = f(z)$ gelten für jedes $z_0 \in G$ die Kettenregeln

$$\frac{\partial h}{\partial z}(z_0) = \frac{\partial g}{\partial \zeta}(f(z_0))\frac{\partial f}{\partial z}(z_0) + \frac{\partial g}{\partial \bar\zeta}(f(z_0))\frac{\partial \bar f}{\partial z}(z_0)$$

und

$$\frac{\partial h}{\partial \bar z}(z_0) = \frac{\partial g}{\partial \zeta}(f(z_0))\frac{\partial f}{\partial \bar z}(z_0) + \frac{\partial g}{\partial \bar\zeta}(f(z_0))\frac{\partial \bar f}{\partial \bar z}(z_0).$$

(5) Es sei $f = u + iv : G \to \mathbb{C}$ eine reell differenzierbare Funktion. Dann gilt für die ↗Jacobi-Determinante von f

$$\begin{aligned} J_f &= \det\begin{pmatrix}\frac{\partial u}{\partial x} & \frac{\partial u}{\partial y}\\ \frac{\partial v}{\partial x} & \frac{\partial v}{\partial y}\end{pmatrix} = \det\begin{pmatrix}\partial f & \bar\partial f\\ \overline{\bar\partial f} & \overline{\partial f}\end{pmatrix}\\ &= |\partial f|^2 - |\bar\partial f|^2.\end{aligned}$$

Wie in der reellen Analysis kann man auch komplexe partielle Ableitungen höherer Ordnung betrachten wie z. B.

$$\partial^2 f := \partial(\partial f), \quad \bar\partial\partial f := \bar\partial(\partial f),$$

sofern f hinreichend oft reell differenzierbar ist. Ist $f : G \to \mathbb{C}$ zweimal stetig reell differenzierbar und bezeichnet

$$\Delta f = \frac{\partial^2 f}{\partial x^2} + \frac{\partial^2 f}{\partial y^2}$$

den Laplace-Operator, so gilt

$$\Delta f = 4\partial\bar\partial f = 4\bar\partial\partial f.$$

Um die Nützlichkeit dieses Kalküls zu demonstrieren, wird noch eine interessante funktionentheoretische Anwendung betrachtet. Sind f und g

holomorphe Funktionen in G, so ergibt sich aus den Rechenregeln für ∂ und $\bar{\partial}$ die Formel

$$\bar{\partial}\partial(f \cdot \bar{g}) = f' \cdot \overline{g'} .$$

Hiermit kann man sehr schnell folgenden Satz beweisen.

Es seien $f_1, f_2, \dots, f_n$, $n \in \mathbb{N}$ holomorphe Funktionen in G, und die Funktion

$$\phi := |f_1|^2 + |f_2|^2 + \cdots + |f_n|^2$$

sei in G konstant. Dann sind auch die Funktionen $f_1, f_2, \dots, f_n$ in G konstant.

Es ist ϕ unendlich oft reell differenzierbar in G, und da ϕ in G konstant ist, folgt mit der obigen Formel

$$0 = \bar{\partial}\partial\phi = \sum_{k=1}^{n} \bar{\partial}\partial(f_k \overline{f_k}) = \sum_{k=1}^{n} f_k' \overline{f_k'} = \sum_{k=1}^{n} |f_k'|^2 .$$

Dies impliziert $f_k' = 0$ in G für $k = 1, 2, \dots, n$ und daher die Behauptung.

Abschließend sei bemerkt, daß die Differentialoperatoren ∂ und $\bar{\partial}$ auch in der Theorie der ↗quasikonformen Abbildungen eine wichtige Rolle spielen.

Wishart-Verteilung, eine Wahrscheinlichkeitsverteilung für eine zufällige Matrix, die auf der Basis zufälliger normalverteilter Vektoren definiert wird.

Seien

$$\vec{U}_i \sim N_p(\vec{\mu}_i, \Sigma), \quad i = 1, \dots, k,$$

k zufällige p–dimensionale stochastisch unabhängige normalverteilte Vektoren mit Erwartungswertvektor $E\vec{U}_i = \vec{\mu}_i$ und gleichen Kovarianzmatrizen

$$\Sigma = Cov(\vec{U}_i, \vec{U}_i) := E(\vec{U}_i - \vec{\mu}_i))(\vec{U}_i - \vec{\mu}_i))^T.$$

Seien weiterhin $U^T = (\vec{U}_1, \vec{U}_2, \dots, \vec{U}_k)$ und $M^T = (\vec{\mu}_1, \vec{\mu}_2, \dots, \vec{\mu}_k)$ die $(p \times k)$-Matritzen, deren Spaltenvektoren die zufälligen Vektoren $\vec{U}_i$ bzw. $\vec{\mu}_i$ sind. Dann nennt man die gemeinsame Verteilung der Matrix

$$S = U^T U = \sum_{i=1}^{k} \vec{U}_i (\vec{U}_i)^T$$

Wishart-Verteilung mit k Freiheitsgraden. Sie wird mit $S \sim W_p(k, \Sigma, M)$ bezeichnet. Im Fall $M = 0$ heißt die Verteilung zentral und wird i. allg. mit $W_p(k, \Sigma)$ bezeichnet.

Im Fall $p = 1$ gilt

$$W_1(k, \sigma^2) = \sigma^2 \chi_k^2 ,$$

die Wishart-Verteilung ist also eine mehrdimensionale Verallgemeinerung der ↗ χ^2-Verteilung.

Die Wishart-Verteilung wurde 1928 von John Wishart definiert. Sie findet vor allem bei der Untersuchung stochastischer Prozesse und bei der Untersuchung mehrdimensionaler Zufallsgrößen wie z. B. multipler Messungen Anwendung.

Die zentrale Wishart-Verteilung besitzt u. a. folgende wichtige Eigenschaften (für nichtzentrale Verteilungen gelten analoge Aussagen):

1. Seien $\vec{L} \in \mathbb{R}^p$ ein nichtzufälliger p-dimensionaler reeller Vektor und $S \sim W_p(k, \Sigma)$ eine Wishart-verteilte stochastische Matrix. Weiterhin sei $\sigma_L := \vec{L}^T \Sigma \vec{L}$. Dann gilt:

$$\vec{L}^T S \vec{L} \sim \sigma_L^2 \chi_k^2 \;\leftrightarrow\; S \sim W_p(k, \Sigma) .$$

2. Sei A eine nichtstochastische $(p \times p)$- Matrix mit $r = rg(A)$. Dann gilt

$$\vec{U}^T A \vec{U} \sim W_p(r, \Sigma) \;\leftrightarrow\; \vec{L}^T \vec{U}^T A \vec{U} \vec{L} \sim \sigma_L^2 \chi_r^2$$

für beliebige feste Vektoren $\vec{L} \in \mathbb{R}^p$.

3. Seien $S_1 \sim W_p(k_1, \Sigma)$ und $S_2 \sim W_p(k_2, \Sigma)$ zwei stochastisch unabhängige Wishart-verteilte Matrizen. Dann gilt:

$$S = S_1 + S_2 \sim W_p(k_1 + k_2, \Sigma).$$

4. Sei $S \sim W_p(k, \Sigma)$, und seien

$$S := \begin{pmatrix} S_{11} & S_{12} \\ S_{21} & S_{22} \end{pmatrix} \text{ und } \Sigma := \begin{pmatrix} \Sigma_{11} & \Sigma_{12} \\ \Sigma_{21} & \Sigma_{22} \end{pmatrix}$$

Zerlegungen von S und Σ in Blockmatrizen, wobei S_{11} und Σ_{11} reguläre $(r \times r)$-Matrizen sind. Dann gilt:

$$S_{22} - S_{21} S_{11}^{-1} S_{12} \sim W_p(k - r, \Sigma_{22} - \Sigma_{21} \Sigma_{11}^{-1} \Sigma_{12}).$$

5. Sei $S \sim W_p(k, \Sigma)$. Dann gilt:

$$\frac{\vec{L}^T \Sigma^{-1} \vec{L}}{\vec{L}^T S^{-1} \vec{L}} \sim \chi^2_{k-(p-1)}$$

für beliebige feste Vektoren $\vec{L} \in \mathbb{R}^p$.

Wissenschaftliches Rechnen

G. Schumacher

Die mathematische Teildisziplin des „Wissenschaftlichen Rechnens" kennt man eigentlich erst seit der zweiten Hälfte des 20. Jahrhunderts, obwohl ihre Wurzeln – weil untrennbar mit der Entwicklung des Computers verknüpft – wenigstens bis in das 19. Jahrhundert zurückreichen. Man faßt darin die interdisziplinäre Bestrebung zusammen, Prozesse der Natur- und Ingenieurwissenschaften – inzwischen auch der Wirtschafts- und Sozialwissenschaften – computergestützt zu simulieren, im engeren Sinne zumeist mit Hochleistungsrechnern. Dadurch wurde die (numerische) Simulation in der Wissenschaft zu einer alternativen Option im klassischen Wechselspiel zwischen theoretischer Untersuchung und Experiment. Simulationen sollen bei Langzeitprognosen unterstützen (von der Wettervorhersage bis zur Kosmologie) und kostspielige oder gefährliche Experimente vermeiden (von Crashtests bis zur Explosion von Kernwaffen).

Entscheidend sind beim Wissenschaftlichen Rechnen vor allem zwei Dinge: die *mathematische Modellierung* der jeweiligen Problemstellung und die *algorithmische und rechentechnische Lösung*. Darin spiegelt sich auch die enge Verzahnung der Mathematik und der Informatik wider im Zusammenwirken mit der wissenschaftlichen Teildisziplin, der das Problem zugeordnet ist. Mit einer erfolgreichen Modellierung ist zumeist schon die implizite Auswahl eines Lösungsalgorithmus' verbunden, sofern die Mathematik (und insbesondere die ↗Numerische Mathematik) hierzu schon über ein ausreichendes Spektrum von Lösungsverfahren verfügt. In diesem Fall kann rechentechnisch auf das Repertoire einer der einschlägigen Programmbibliotheken zurückgegriffen werden, die mittlerweile für Rechner aller Größenordnungen zur Verfügung stehen. Im anderen Fall wirft das mathematische Problem selbst wieder die Frage einer Problemlösung auf, welches dann Gegenstand der Numerischen Mathematik wird. „Lösung" ist hier in jedem Falle im praktischen Sinne gemeint: Ergebnisse mit gegebenen Ressourcen (Speicherplatz, Rechenleistung) innerhalb einer vorgegebenen Zeit.

Entscheidend ist aber auch eine geeignete Kontrolle der numerischen Ergebnisse im Sinne einer ↗Fehleranalyse. Stimmt die Rechnung, kann eine mögliche Abweichung der Resultate von der Wirklichkeit nur an einem unzureichenden mathematischen Modell liegen. Stimmt die Rechnung hingegen nicht, läßt sich keine sinnvolle Aussage gewinnen. Hier sind von der mathematischen Seite her seit etwa 1970 ergänzende Konzepte zur Numerischen Mathematik entstanden, die unter dem Begriff ↗Verifikationsnumerik zusammengefaßt sind. Diese veranlassen den Rechner durch eine spezielle Zusatzalgorithmik, selbst seine Ergebnisse zu verifizieren. Der nicht unerhebliche Zusatzaufwand dieser Methoden (verglichen mit der approximativen Lösung) muß dabei in Relation zu jeglichen alternativen Fehleranalysen gesehen werden.

Von der rechentechnischen Seite hat die Informatik insbesondere im Bereich Hochleistungsrechnen bedeutende Erfolge erzielt, indem bereits existierende Algorithmen für bestimmte Rechnerarchitekturen wie Pipeline-Rechner („Vektorrechner") oder Parallelrechner optimal aufbereitet wurden, um die maximale Rechenleistung zu erzielen. Gleichzeitig wurden die Rechenprozessoren durch höhere Integrationsdichte immer schneller, was ohnedies für ein stetiges Anwachsen der Rechenleistung sorgte. Mit der bisherigen Mikroelektronik-Technologie war zuletzt etwa alle 10 Jahre eine Verbesserung der verfügbaren Rechenleistung um den Faktor 100 zu beobachten. Dennoch darf nicht übersehen werden, daß – qualitativ gesehen – eine Verdopplung der Rechenleistung bei Problemen mit einer Komplexität von N^2 (N die Anzahl der Unbekannten) die Bewältigung von ca. 40 % mehr Unbekannten in derselben Zeit zuläßt, bei N^3-Problemen immerhin noch ca. 25 %, bei NP-harten Problemen (wie z. B. in der Optimierung) dagegen noch bestenfalls *eine* Unbekannte.

Das Erkennen der Grenzen des Wissenschaftlichen Rechnens ist daher aktuell eine ebenso wichtige Aufgabe wie seine weitere Entwicklung und Verfeinerung. Innerhalb dieses interdisziplinären Forschungsbereichs ist damit die Mathematik am stärksten gefordert, um für eine gegebene Fragestellung gänzlich neue Lösungswege zu finden, anstatt einfach auf mehr Rechenleistung zu „warten". Richtungsweisendes Beispiel hierfür ist die Chaos-Theorie, welche versucht, Phänomene der nichtlinearen Dynamik in übergeordneten Zusammenhängen zu beschreiben.

Witten, Edward, amerikanischer Physiker und Mathematiker, geb. 26.8.1951 Baltimore (MD).

Witten studierte zunächst bis 1971 an der Brandeis University in Waltham (MA), und setzte sein Studium dann an der Universität von Princeton bis 1974 fort. Zwei Jahre später promovierte er dort, ging dann als Mitarbeiter an die Harvard-Universität in Cambridge (MA), und kehrte 1980 als Professor für Physik nach Princeton zurück. 1987 nahm er eine Professur in der naturwissenschaftlichen Abteilung des Institute for Advanced Study in Princeton an.

Witten leistete grundlegende Beiträge zur mathematischen Physik. Ausgehend von Studien zur theoretischen Physik erwarb er umfangreiche mathematische Kenntnisse und gelangte zu einer einzigartigen Meisterschaft, die physikalischen Ideen in mathematischer Form zum Ausdruck zu bringen. Er begründete eine neue Stufe in der Verbindung von Physik und Geometrie, indem er diese Beziehungen auf die Quantenphysik ausweitete, u. a. beschäftigte er sich mit nichtabelschen Eichtheorien und der Elementarteilchenphysik, sowie mit Fragen der Supersymmetrie und der String-Theorie.

1981 gelang ihm eine Vereinfachung des Beweises für die Positive-Masse-Vermutung der Allgemeinen Relativitätstheorie. Drei Jahre später verband er in einem einflußreichen Artikel Supersymmetrie und Morse-Theorie. Neben der Herleitung klassischer Resultate der Morse-Theorie begann Witten in dieser Arbeit seine Vorstellungen umzusetzen, daß die supersymmetrische Quantenfeldtheorie im wesentlichen als Hodge-de Rham-Theorie unendlichdimensionaler Mannigfaltigkeiten betrachtet werden kann, und verlieh damit den Studien zur Differentialgeometrie neue Impulse. Die Arbeit gilt als eine der ersten, in der Supersymmetrie und Geometrie in Schleifenräumen zum Studium des Indexes von Differentialoperatoren herangezogen werden.

Weitere wichtige neue Ideen in diesem Kontext führten ihn zur Behandlung globaler Gravitationsanomalien, zur Aufdeckung der Beziehungen zwischen den Lagrange-Operatoren der Quantenfeldtheorien und Invarianten der Mannigfaltigkeit, die er wiederum mit den Invarianten von Donaldson und einer Verallgemeinerung des Knotenpolynoms von Jones verband, und dem Bestreben, eine Indextheorie für „Dirac-Operatoren" auf Schleifenräumen aufzubauen. Die Anwendung physikalischer Vorstellungen führte Witten immer wieder zu neuen interessanten mathematischen Resultaten und regte tiefliegende mathematische Forschungen, u. a. zur mathematisch strengen Ausformung der Beweise dieser Resultate, an.

Seine Leistungen brachten Witten große Anerkennung ein, u. a. wurde ihm 1990 die ↗Fields-Medaille verliehen.

Witt-Ring, algebraischer Begriff.

Für einen Körper K der Charakteristik $p > 0$ ist der Witt-Ring ein kompletter diskreter Bewertungsring W mit Maximalideal $\mathfrak{m}$ so, daß der Faktorring $W/\mathfrak{m} = K$ ist. Wenn der Körper K perfekt ist, ist der Witt–Ring W durch die obigen Eigenschaften eindeutig bestimmt. Er heißt auch Ring der Witt–Vektoren.

Ist zum Beispiel $K = \mathbb{Z}/(p)$ der Faktorring des Ringes $\mathbb{Z}$ der ganzen Zahlen nach dem von der Primzahl p erzeugten Ideal, so ist der Witt–Ring $W = \hat{\mathbb{Z}}_{(p)}$ der Ring der p–adischen Zahlen. $\hat{\mathbb{Z}}_{(p)}$ ist die Komplettierung der Lokalisierung von $\mathbb{Z}$ nach dem Primideal (p).

wohlgeordnete Menge, ↗Wohlordnung.

Wohlordnung, lineare ↗Ordnungsrelation (M, R), $R \subseteq M \times M$, so daß jede nichtleere Teilmenge von M ein kleinstes Element (bezüglich R) besitzt.

Ist (M, R) eine Wohlordnung, so wird M als wohlgeordnete Menge bezeichnet.

Wohlordnungssatz von Zermelo, ↗Auswahlaxiom.

Wohl-Quasiordnung, eine Quasiordnung $\leq$ auf einer Menge X so, daß es für jede unendliche Folge $x_1, x_2, \ldots$ in X Indizes $i < j$ gibt, für die $x_i \leq x_j$ gilt. Eine Quasiordnung ist dabei eine reflexive und transitive binäre Relation.

Eine Quasiordnung $\leq$ auf X ist genau dann eine Wohl-Quasiordnung, wenn es in X bezüglich $\leq$ weder eine unendliche Antikette noch eine unendliche absteigende Folge gibt.

Wolfe, Verfahren von, ein Algorithmus zur Lösung quadratischer Optimierungsaufgaben unter linearen Nebenbedingungen.

Grundidee dabei ist es, mit einem modifizierten ↗Simplexverfahren eine Folge von Iterationspunkten zu generieren, die im Idealfall gegen einen Punkt konvergiert, welcher die ↗Karush-Kuhn-Tucker-Bedingung erfüllt.

Wolf-Preis, von der Wolf-Stiftung für die Gebiete Mathematik, Chemie, Physik, Landwirtschaft, Medizin und Kunst vergebener Preis, wobei die Preisvergabe für Kunst stets zwischen Architektur, Malerei, Musik und Bildender Kunst wechselt.

Der Wolf-Preis wird im allgemeinen jährlich jeweils für die einzelnen Gebiete für besondere Leistungen zum Nutzen der Menschheit und im Interesse der freundschaftlichen Beziehungen zwischen den Menschen vergeben. Die Stiftung wurde 1976 als private, nicht auf Profit orientierte Einrichtung von Ricardo Wolf (1887–1981) und seiner Frau Francisca Subirana-Wolf (1900–1981) gegründet und unterliegt der Kontrolle des Staates Israel. Wolf war Erfinder, Chemiker, Diplomat und Philanthrop. In Hanover (Penn.) geboren, emigrierte er vor dem Ersten Weltkrieg nach Kuba und war 1961–1973 kubanischer Botschafter in Israel, wo er nach Abbruch der diplomatischen Beziehungen seinen Lebensabend verbrachte.

Wolfskehl-Preis, ein von dem Mediziner und Mathematiker Paul Wolfskehl (1856–1906) ausgesetztes Preisgeld, das demjenigen zufallen sollte, dem zuerst ein Beweis des Großen Fermatschen Satzes (↗Fermatsche Vermutung) gelänge. Es wurde demgemäß inzwischen Andrew Wiles zuerkannt.

Paul Wolfskehl wurde als zweiter Sohn des jüdischen Bankiers Joseph Wolfskehl in Darmstadt geboren. Die Erkrankung an Multipler Sklerose machte sein Vorhaben, als Arzt tätig zu sein, zunichte, und er entschloß sich zu einem Mathematikstudium in Bonn und Berlin, das er 1883 beendete. Sein besonderes Interesse galt der Zahlentheorie. 1890 zwang ihn die fortschreitende Krankheit, seine Lehrtätigkeit als Privatgelehrter an der TH Darmstadt aufzugeben. Er hat aber bis 1903 noch gelegentlich mathematische Arbeiten publiziert und sich auch mit dem Großen Fermatschen Satz beschäftigt.

Schwer pflegebedürftig gab er 1903 dem Wunsch seiner Familie nach und verheiratete sich. Die Ehe erwies sich jedoch als großer Fehlschlag, Wolfskehl änderte im Jahre 1905 sein Testament und setzte mit der erwähnten Bestimmung ein Preisgeld von 100.000 Mark aus. Die Königliche Gesellschaft der Wissenschaften zu Göttingen, die heutige Akademie der Wissenschaften zu Göttingen, sollte das Geld verwalten und über die Zuerkennung des Preises entscheiden. Damit fiel ihr auch die unangenehme Aufgabe zu, die „Beweise" ganzer Scharen von Mathematikliebhabern zu prüfen und den Autoren die begangenen Fehlschlüsse zu verdeutlichen.

Der Wolfskehl-Preis wurde am 27.6.1997 von der Göttinger Akademie Andrew Wiles zuerkannt. Inflation und Währungsreform hatten das einstige Vermögen zwischenzeitlich (1948) auf 7500 DM schrumpfen lassen, danach war es wieder auf über 70.000 DM angewachsen.

Wolstenholme, Satz von, ein zahlentheoretisches Resultat, das zusammen mit einigen Konsequenzen 1862 von Wolstenholme publiziert wurde:

Ist $p > 3$ eine Primzahl, so ist der Zähler des Bruchs

$$1+\frac{1}{2}+\frac{1}{3}+\cdots+\frac{1}{p-1}$$

durch p^2 teilbar.

Rechnet man im Restklassenring $\mathbb{Z}/p^2\mathbb{Z}$, und versteht man unter $\frac{1}{k}$ das multiplikative Inverse von k in $\mathbb{Z}/p^2\mathbb{Z}$ (falls k eine prime Restklasse modulo p^2 repräsentiert), so erhält man folgende Variante des Satzes von Wolstenholme:

Ist $p > 3$ eine Primzahl, so gilt

$$1+\frac{1}{2}+\frac{1}{3}+\cdots+\frac{1}{p-1}\equiv 0 \mod p^2.$$

Wolstenholmes Resultate finden sich auch in der 2. Auflage der *Meditationes Algebraicae* von Waring (1782).

worst case-Rechenzeit, die maximale Rechenzeit eines Algorithmus auf Eingaben der gleichen Länge, bei randomisierten Algorithmen (↗ randomisierter Algorithmus) auch die maximale ↗ average case-Rechenzeit.

Da die Rechenzeit für spezifische Eingaben oft nur schwer berechenbar ist, gibt man sich mit der worst case-Rechenzeit zufrieden. Sie ist sehr aussagekräftig für Algorithmen, deren Rechenzeit zwar von der Länge, aber nicht stark vom Typ der Eingabe abhängt. Sie kann aber auch irreführend sein, wenn für einen großen Anteil der Eingaben die Rechenzeit viel kleiner als die worst case-Rechenzeit ist.

Wort, ↗ Grammatik.

Wortdarstellung, Interpretation von Morphismen.

Sei f eine beliebige Abbildung von N nach R, wobei N eine totale Ordnung

$$N = \{a_1 < a_2 < \cdots < a_n\}$$

bezeichne. Dann ist das Wort $f(a_1)f(a_2)\cdots f(a_n)$ die Wortdarstellung von f.

Die duale Interpretation der Wortdarstellung ist die ↗ Belegungsdarstellung.

Wortproblem, ein ↗ Entscheidungsproblem, das bei einem gegebenen Wort über einem Alphabet danach fragt, ob dieses Wort von einem bestimmten Formalismus, wie z. B. einem ↗ Automaten oder einer ↗ Grammatik, erzeugt bzw. akzeptiert wird.

Wrapping-Effekt, Vergröberung der ↗ Lösungsverifikation bei Anfangswertproblemen mit gewöhnlichen Differentialgleichungen durch den Einsatz der ↗ Intervallrechnung.

Ist $\mathbf{y}$ ein ↗ Intervallvektor, $f(x, y) \in \mathbb{R}^{n+1}$,

$$y(x; \tilde{x}, \tilde{\mathbf{y}}) = \{y(x) | y' = f(x, y) \text{ mit } y(\tilde{x}) \in \tilde{\mathbf{y}}\},$$

und $x_0 < x_1 < \cdots < x_n = x_e$ ein Gitter, so ist $y(x_1; x_0, \mathbf{y}^{(0)})$ im allgemeinen kein Intervallvektor, wird aber bei der Lösungsverifikation durch einen Intervallvektor $\mathbf{y}^{(1)}$ eingeschlossen, und führt dann zu einer Überschätzung.

Für x_2 wiederholt sich diese Betrachtung mit x_1, x_2, $\mathbf{y}^{(1)}$, $\mathbf{y}^{(2)}$ anstelle von x_0, x_1, $\mathbf{y}^{(0)}$, $\mathbf{y}^{(1)}$, und es gilt

$$y(x_2; x_0, \mathbf{y}^{(0)}) \subseteq y(x_2; x_1, \mathbf{y}^{(1)}) \subseteq \mathbf{y}^{(2)}.$$

Das Phänomen der (möglicherweise wachsenden) Überschätzung durch die sukzessive Einschließung mit Intervallvektoren nennt man Wrapping-Effekt (to wrap = einwickeln) der Wertemengen $y(x_{k+1}; x_k, \mathbf{y}^{(k)})$ durch Intervallvektoren.

Dieser Effekt ist primär auf das Arbeiten mit Intervallen zurückzuführen und erst sekundär vom speziell verwendeten Verfahren zur Lösungsverifikation abhängig.

Die Einschließung vergröbert sich auch in Abwesenheit von Rundungs- und Diskretisierungsfehlern. Methoden zur Beherrschung des Wrapping-Effekts beruhen daher zumeist auf einer Drehung des Koordinatensystems, welche während der Rechnung mitgeführt wird.

Wren, Christopher, englischer Astronom, Architekt und Mathematiker, geb. 20.10.1632 East Knoyle (Wiltshire), gest. 25.2.1723 Hamptoncourt.

Wren studierte in Oxford Naturwissenschaften und beschäftigte sich danach mit Physiologie. 1657 wurde er Professor für Astronomie am Gresham College und ab 1661 in Oxford. Ab 1666 war er Mitglied der Königlichen Kommission zum Wiederaufbau der vom Brand zerstörten Stadt London. In dieser Zeit war er besonders als Architekt tätig und baute unter anderem die St. Paul's Cathedral und das Observatorium in Greenwich.

Auf dem Gebiet der Mathematik fand Wren die Rektifizierung der Zykloide und die Erzeugung eines einschaligen Hyperboloids durch eine Geradenschar. Er war Mitbegründer und von 1681 bis 1683 auch Präsident der Royal Society.

Wronski, Jósef Maria, *Hoèné-Wronski, Jósef Maria*, polnischer Offizier und Privatgelehrter, geb. 24.8.1778 Posen (Poznań), gest. 9.8.1853 Paris.

Zwischen 1791 und 1794 war Wronski Offizier in der polnischen Armee. Nach mehrjärigem Aufenthalt in Deutschland zog er 1810 nach Paris.

Mit Mathematik beschäftigte sich Wronski nur privat. Er interessierte sich dabei besonders für die Analysis und Differentialgleichungen. Er führte in diesem Zusammenhang die Wronski-Determinante ein.

Weiterhin schrieb er Arbeiten zu philosophischen Problemen der Mathematik.

Wronski-Determinante, die Determinante einer Lösungsmatrix (↗lineares Differentialgleichungssystem) zu einem homogenen, auf einem offenen Intervall $I \subset \mathbb{R}$ definierten linearen Differentialgleichungssystem

$$\mathbf{y}' = A(t)\mathbf{y}. \qquad (1)$$

Seien $\mathbf{y}_1, \dots, \mathbf{y}_n$ Lösungen des Differentialgleichungsystems (1) und $Y(t) := (\mathbf{y}_1(t), \dots, \mathbf{y}_n(t))$ damit eine Lösungsmatrix. Ihre Determinante $W(t) := \det Y(t)$ heißt Wronski-Determinante des Lösungssystems $\mathbf{y}_1, \dots, \mathbf{y}_n$.

Für eine homogene ↗lineare Differentialgleichung n-ter Ordnung

$$y^{(n)} + a_{n-1}(x)y^{(n-1)} + \dots + a_1(x)y' + a_0(x)y = 0$$

mit den Lösungen $y_1, \dots, y_n$ erhält die Wronski-Determinante durch den Übergang zu dem entsprechenden äquivalenten Differentialgleichungssystem (↗lineare Differentialgleichung) die Form

$$W(x) := \det \begin{pmatrix} y_1(x) & \cdots & y_n(x) \\ y_1'(x) & \cdots & y_n'(x) \\ \vdots & & \vdots \\ y_1^{(n-1)}(x) & \cdots & y_n^{(n-1)}(x) \end{pmatrix}$$

Es gelten folgende Aussagen:

Entweder ist $W(x) = 0$ für alle $x \in I$, oder es ist $W(x) \neq 0$ für alle $x \in I$.

Sowie:

n Lösungen eines homogenen Differentialgleichungssystems bzw. einer homogenen Differentialgleichung n-ter Ordnung bilden genau dann ein ↗Fundamentalsystem, wenn ihre Wronski-Determinante ungleich Null ist.

Wenn $A(t)$ auf I stetig ist, so genügt die Wronski-Determinante der Differentialgleichung

$$W' = (\mathrm{tr} A(t))W.$$

Daraus folgt

$$W(t) = W(t_0)e^{\int_{t_0}^{t} \mathrm{tr} A(s) ds},$$

d. h., selbst ohne Kenntnis der Lösung läßt sich die Wronski-Determinante allein aus dem Anfangswert $W(t_0)$ berechnen.

[1] Timmann, S.: Repetitorium der gewöhnlichen Differentialgleichungen. Binomi Hannover, 1995.

[2] Walter, W.: Gewöhnliche Differentialgleichungen. Springer-Verlag Berlin, 1972.

Wu, Chien Shiung, Experimentalphysikerin, geb. 31.5.1912 Liuho (Provinz Jiangsu), China, gest. 1997 New York.

Wu immigriert nach ihrem Physik-Studium 1936 von Shanghai aus in die Vereinigten Staaten, wo sie 1940 an der University of California in Berkeley promovierte. Von 1943 bis 1981 forschte und lehrte sie an der Columbia University in New York. Dort führte sie 1957 auch ein berühmt gewordenes Experiment durch, das die Paritätserhaltung widerlegte.

Dieses nach ihr benannte Wu-Experiment weist die Paritätsverletzung bei schwachen nuklearen Wechselwirkungen nach und lieferte das empirische Basismaterial, das 1957 den Theoretischen Physikern ↗Yang Chen-Ning und Tsung-Dao Lee den Nobelpreis einbrachte.

Ab 1958 war Wu Chien Shiung Mitglied der National Academy of Sciences, 1975 war sie Präsidentin der American Physical Society.

Wurf, erzwungene Bewegung eines Körpers, dem eine Anfangsgeschwindigkeit v_0 erteilt wird, und der außerdem frei im Gravitationsfeld fällt, also von der Erdanziehung mit der Kraft g beschleunigt wird.

Die beiden Bewegungen überlagern sich ungestört und finden in der von v_0 und g aufgespannten Ebene statt. Im allgemeinsten Fall, dem schiefen Wurf, schließen die Anfangsbeschleunigung v_0 und g den Winkel $\beta = 90° + \alpha$ ein, wobei α der Winkel zwischen v_0 und der Erdoberfläche ist. In horizontaler Richtung findet eine gleichförmige Bewegung mit der konstanten Geschwindigkeit $v_0 \cos \alpha$ statt, während sich in vertikaler Richtung der freie Fall und eine gleichförmige Bewegung mit der konstanten Geschwindigkeit $v_0 \sin \alpha$ überlagern.

Der Körper durchläuft eine parabolische Bahn und trifft am Ende wieder unter dem Winkel α auf dem Boden auf. Die maximale Wurfweite wird für $\alpha = 45°$ erreicht.

Würfel, geometrischer Körper, der von sechs Quadraten begrenzt wird.

Jeder Würfel besitzt 8 Eckpunkte und 12 Kanten, die alle gleich lang sind. Ein Würfel mit der Kantenlänge a hat das Volumen $V = a^3$ und den Oberflächeninhalt $A = 6a^2$. Alle Raumdiagonalen eines Würfels haben die Länge $d = a\sqrt{3}$.

Würfel sind ↗ reguläre Polyeder (Platonische Körper) und werden auch als Hexaeder bezeichnet. Jedem Würfel kann eine Kugel umbeschrieben werden. Der Radius dieser Kugel, der alle Eckpunkte des Würfels angehören, entspricht der Hälfte der Länge der Raumdiagonalen des Würfels:

$$R = \frac{a}{2}\sqrt{3},$$

ihr Mittelpunkt ist der Schnittpunkt der Raumdiagonalen.

Würfeldarstellung einer Booleschen Funktion, Darstellung einer Booleschen Funktion

$$f : \{0,1\}^n \rightarrow \{0,1\}$$

durch einen markierten n-dimensionalen Würfel $\mathfrak{W}(f)$.

Die Knoten des Würfels entsprechen den Elementen des Definitionsbereiches $\{0,1\}^n$ von f und umgekehrt. Zwei Elemente

$$(\alpha_1, \dots, \alpha_n),\ (\beta_1, \dots, \beta_n) \in \{0,1\}^n,$$

die sich an genau einer Stelle unterscheiden, für die also mit einem $i \in \{1 \dots, n\}$ gilt, daß $\alpha_i \neq \beta_i$ und $\alpha_j = \beta_j\ \forall j \neq i$ ist, sind bezüglich der i-ten Dimension durch eine Kante benachbart.

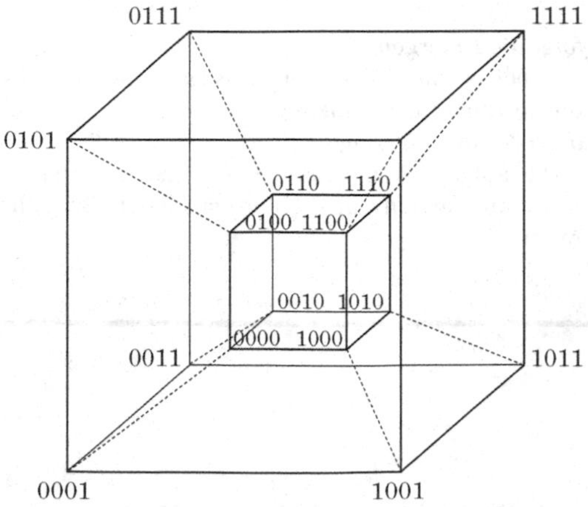

Würfel der Dimension 4

Jeder Knoten $v \in V$, der einem Knoten aus der ↗ ON-Menge von f entspricht, wird markiert.

Die Würfeldarstellung wird als anschauliche Darstellung Boolescher Funktionen benutzt, um Minimalpolynome dieser Booleschen Funktionen zu berechnen.

Teilwürfel von $\mathfrak{W}(f)$, die nur markierte Knoten enthalten, sind die ↗ Implikanten der Booleschen Funktion f. Ein solcher Teilwürfel heißt maximaler Teilwürfel von $\mathfrak{W}(f)$, wenn kein Teilwürfel höherer Dimension, der ebenfalls nur markierte Knoten enthält, ihn umfaßt. Maximale Teilwürfel entsprechen den ↗ Primimplikanten von f.

Würfelverdopplung, ↗ Delisches Problem.

Wurzel einer komplexen Zahl, eine zu einer komplexen Zahl a stets existierende Lösung der Gleichung $z^n = a$, wobei $n \in \mathbb{N}$, $n \geq 2$.

Ist $a \neq 0$, so gibt es genau n verschiedene Wurzeln $z_0, \dots, z_{n-1} \in \mathbb{C}$. Schreibt man a in Polarkoordinaten $a = re^{i\varphi}$ mit $r = |a|$ und $\varphi \in [0, 2\pi)$, so gilt für $k = 0, \dots, n-1$

$$z_k = \sqrt[n]{r}e^{i(\varphi+2k\pi)/n}.$$

Ist $a = \alpha + i\beta$ mit $\alpha, \beta \in \mathbb{R}$, so erhält man die beiden Quadratwurzeln $\pm z$ (d. h. $n = 2$) von a durch die Formel

$$z = \sqrt{\tfrac{1}{2}(|a| + \alpha)} + i\eta(\beta)\sqrt{\tfrac{1}{2}(|a| - \alpha)},$$

wobei $\eta(\beta) = 1$, falls $\beta \geq 0$, und $\eta(\beta) = -1$, falls $\beta < 0$.

Wurzel einer reellen Zahl, ↗ Wurzelfunktion.

Wurzel eines BDD, ↗ binärer Entscheidungsgraph.

Wurzel eines Polynoms, andere Bezeichnung für die Nullstelle eines Polynoms.

Genauer: Die Wurzeln des Polynoms $f(X) = \sum_{k=0}^{n} a_k X^k \in \mathbb{K}[X]$ über einem Körper $\mathbb{K}$ sind die Nullstellen $\alpha \in \mathbb{L}$ in einem Erweiterungskörper $\mathbb{L}$ von $\mathbb{K}$. Das heißt, für die Wurzeln von f gilt

$$f(\alpha) = \sum_{k=0}^{n} a_k \alpha^k = 0.$$

Man spricht dann auch von den Wurzeln der algebraischen Gleichung $f(x) = 0$. Besitzt f den Grad n, so hat f höchstens n Wurzeln.

Wurzel eines positiven Operators, zu einem positiven Operator T auf einem Hilbertraum H der eindeutig existierende positive Operator $S \in L(H)$ mit $S^2 = T$, bezeichnet mit

$$\sqrt{T} := T^{1/2} := S$$

Allgemeiner bezeichnet man für $n \in \mathbb{N}$ den eindeutig existierenden positiven Operator $S \in L(H)$ mit $S^n = T$ als *n-te Wurzel von T* und schreibt dafür

$$\sqrt[n]{T} := T^{\frac{1}{n}} := S.$$

Ist E die Spektralschar von T, so gilt

$$T^{\frac{1}{n}} = \int t^{\frac{1}{n}} \, dE(t) .$$

Ist T kompakt, so ist auch $T^{1/n}$ kompakt.

Wurzelbasis-System, Synonym für ↗Wurzelraum.

Wurzelbaum, spezieller bezeichneter Baum.

Ist T ein bezeichneter Baum auf den Ecken $1, 2, \ldots, n$, so sagt man, T sei verwurzelt in i, wenn eine Ecke i auszeichnet ist. In diesem Fall ist T ein Wurzelbaum.

Man betrachtet zwei Wurzelbäume als gleich, falls es einen Isomorphismus zwischen den beiden Bäumen gibt, welcher die Wurzeln ineinander überführt.

Wurzelfunktion, die Funktion

$$\sqrt{\ } : [0, \infty) \to [0, \infty) ,$$

die jeder nicht-negativen Zahl x ihre nicht-negative (reelle) Wurzel, also die eindeutig existierende Zahl $y \in [0, \infty)$ mit $y^2 = x$, zuordnet. Die Wurzelfunktion ist streng isoton, stetig und in $(0, \infty)$ differenzierbar mit

$$\sqrt{x}\,' = \frac{1}{2\sqrt{x}} \qquad (x \in (0, \infty)) .$$

Allgemeiner heißt für $k \in \mathbb{N}$ die Funktion

$$\sqrt[k]{\ } : [0, \infty) \to [0, \infty) ,$$

die jeder nicht-negativen Zahl x ihre nicht-negative k-te Wurzel, also die eindeutig existierende Zahl $y \in [0, \infty)$ mit $y^k = x$, zuordnet, k-te Wurzelfunktion.

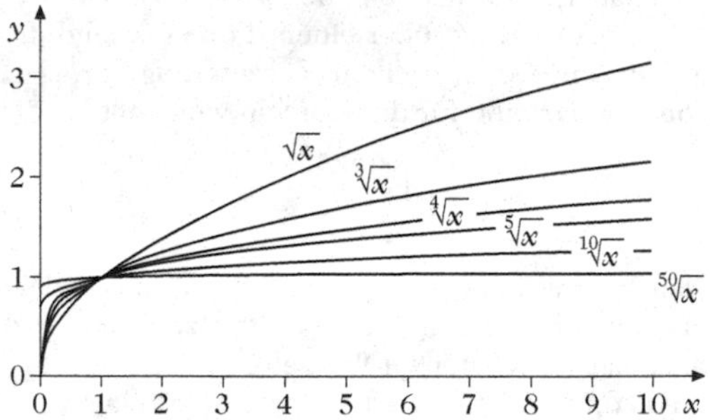

Auch die k-te Wurzelfunktion ist streng isoton, stetig und in $(0, \infty)$ differenzierbar mit

$$\sqrt[k]{x}\,' = \frac{1}{k\sqrt[k]{x^{k-1}}} \qquad (x \in (0, \infty)) .$$

Mit Hilfe der ↗Potenzfunktion läßt sie sich schreiben als $\sqrt[k]{x} = x^{1/k}$.

Wurzelkante, ausgezeichnete Kante eines Baumes.

Analog zu Bäumen, die in einer Ecke verwurzelt sind, (↗Wurzelbaum), betrachtet man auch Bäume, in denen eine Kante, die Wurzelkante, ausgezeichnet ist.

Wurzelkörper, ↗Zerfällungskörper.

Wurzelkriterium, liefert die (absolute) Konvergenz von gewissen Reihen $\sum_{\nu=1}^{\infty} a_\nu$ reeller oder komplexer Zahlen a_ν:

Gilt

$$\sqrt[n]{|a_n|} \leq q \qquad (n \geq N)$$

für ein q mit $0 \leq q < 1$ und $N \in \mathbb{N}$, so ist die Reihe $\sum_{\nu=1}^{\infty} a_\nu$ absolut konvergent (und damit konvergent).

Das Wurzelkriterium ergibt sich aus dem ↗Majorantenkriterium unmittelbar durch Vergleich mit der geometrischen Reihe. Ergänzt wird das Kriterium gelegentlich noch durch die triviale Aussage:

Gilt $\sqrt[n]{|a_n|} \geq 1$ unendlich oft, so ist die Reihe $\sum_{\nu=1}^{\infty} a_\nu$ divergent.

Denn hier ist (a_ν) nicht einmal Nullfolge.

Gelegentlich wird das Kriterium (mit Ergänzung) auch wie folgt notiert:

Die Reihe $\sum_{\nu=1}^{\infty} a_\nu$ ist absolut konvergent, wenn

$$\limsup_{n \to \infty} \sqrt[n]{|a_n|} < 1$$

gilt. Aus

$$\limsup_{n \to \infty} \sqrt[n]{|a_n|} > 1$$

folgt die Divergenz.

Dabei ist diese Divergenzaussage schwächer als die in der o. a. Ergänzung, wie etwa das Beispiel $a_n = 1 \quad (n \in \mathbb{N})$ zeigt.

Die aufgeführten Überlegungen gelten entsprechend für Reihen mit Gliedern aus einem Banachraum.

Die Wurzeln der Graphentheorie

L. Volkmann

Die ersten Wurzeln der ↗Graphentheorie findet man in einer Abhandlung des Schweizer Genies Leonhard Euler aus dem Jahre 1736. Angeregt durch das bekannte Königsberger Brückenproblem stellte Euler 1736 Untersuchungen an (↗Eulerscher Graph), die gerade heute auch von großem praktischen Nutzen sind. Lassen wir zunächst Euler selbst zu Wort kommen.

"... 2. Das Problem, das ziemlich bekannt sein soll, war folgendes: Zu Königsberg in Preussen ist eine Insel A, genannt "der Kneiphof", und der Fluss, der sie umfliesst, teilt sich in zwei Arme, wie dies aus der Fig. I ersichtlich ist.

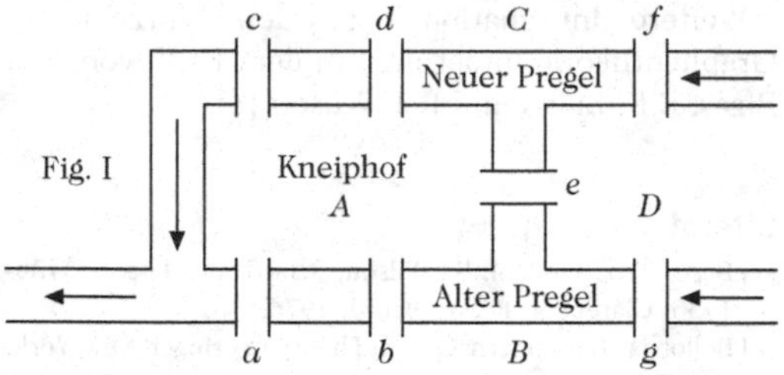

Eulers „Fig. I"

Über die Arme dieses Flusses führen sieben Brücken a, b, c, d, e, f und g. Nun wurde gefragt, ob jemand seinen Spazierweg so einrichten könne, dass er jede dieser Brücken einmal und nicht mehr als einmal überschreite. Es wurde mir gesagt, dass einige diese Möglichkeit verneinen, andere daran zweifeln, dass aber niemand sie erhärte. Hieraus bildete ich mir folgendes höchst allgemeine Problem: Wie auch die Gestalt des Flusses und seine Verteilung in Arme, sowie die Anzahl der Brücken ist, zu finden, ob es möglich ist, jede Brücke genau einmal zu überschreiten oder nicht.

... 4. Meine ganze Methode beruht nun darauf, dass ich das *Überschreiten* der Brücken in geeigneter Weise bezeichne, wobei ich die grossen Buchstaben A, B, C, D gebrauche zur Bezeichnung der einzelnen Gebiete, welche durch den Fluss voneinander getrennt sind. Wenn also einer vom Gebiet A in das Gebiet B gelangt über die Brücke a oder b, so bezeichne ich diesen Übergang mit den Buchstaben AB, ... "

Man erkennt deutlich, wie Euler hier implizit die Ecken A, B, C, D und die Kanten AB, ... eines ↗Graphen, ja sogar Multigraphen, eingeführt hat. Graphentheoretisch formuliert fragt das Königsberger Brückenproblem danach, ob in dem unten skizzierten Multigraphen *KBP* ein sogenannter Eulerscher Kantenzug existiert. Als Folgerung aus Eulers Untersuchungen ergibt sich schließlich, daß das Königsberger Brückenproblem keine gewünschte Lösung besitzt.

Ein weiteres fundamentales Resultat trägt ebenfalls Eulers Namen, dem wir heute einen Platz in der Theorie der ↗planaren Graphen eingeräumt

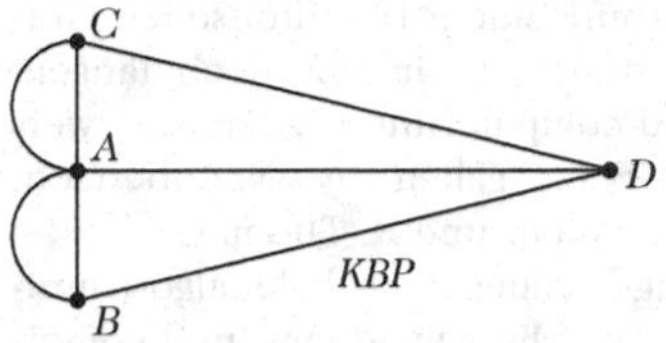

haben, nämlich die berühmte Polyederformel

$$n + l = m + 2,$$

wobei n, l und m die Anzahl der Ecken, Flächen und Kanten eines (konvexen) Polyeders bedeuten. Diese von Euler 1750 gefundene Identität und sein berühmter Artikel über das Königsberger Brückenproblem lösten aber noch keine systematische Beschäftigung mit Graphen aus.

Der erste starke Anstoß ging dann von den sich im 19. Jahrhundert schnell entfaltenden Naturwissenschaften aus. Im Jahre 1847 erschien die grundlegende Arbeit von Gustav Robert Kirchhoff über elektrische Ströme und Spannungen in Netzwerken, deren Zweige mit Ohmschen Widerständen behaftet sind. Hier ist der Graph durch das elektrische Netzwerk unmittelbar gegeben. In Kirchhoffs Abhandlung findet man die Wurzeln der heute so bedeutungsvollen Theorie der ↗Netzwerkflüsse, die insbesondere in den Jahren 1956 bis 1962 von L.R. Ford und D.R. Fulkerson ausgebaut wurde und sich vor allem mit Verkehrs- und Transportproblemen befaßt.

Sowohl Arthur Cayley als auch James Joseph Sylvester gelangten über die Chemie zu graphentheoretischen Strukturen. Ausgangspunkt für Cayleys Untersuchungen war die Frage nach der Anzahl isomerer Alkane gleicher Summenformel. Cayley entwickelte 1874/75 die erste sytematische Methode zur Anzahlbestimmung von Isomeren und schaffte damit die mathematische Grundlage für eine allgemeine Abzähltheorie, die 1937 durch George Pólya zur vollen Entfaltung gelangte. Als Bezeichnung für graphische Darstellung von Molekülen benutzte Sylvester 1878 erstmalig das Wort "Graph" im heutigen Sinne.

Die heftigsten Impulse für die Entwicklung der Graphentheorie gingen jedoch von dem berühmt-berüchtigten Vierfarbenproblem aus, das Mitte des 19. Jahrhunderts von dem Studenten Francis Guthrie aufgeworfen wurde. Es fragt danach, ob man die Länder einer Landkarte stets mit höchstens vier Farben so färben kann, daß benachbarte Länder verschiedene Farben tragen. Die mannigfachen (allerdings meist vergeblichen) Lösungsversuche dieses Problems waren die Wurzeln ganzer Teilgebiete der Graphentheorie, wie etwa der ↗topologische Graphentheorie, der Theorie der ↗Eckenfärbung, ↗Kantenfärbung und ↗Hamiltonschen Graphen. Den kürzesten, aber immer noch langen, komplizierten und computerunterstützten, Beweis des ↗Vier-Farben-Satzes gaben 1997 N. Robertson, D.P. Sanders, P. Seymour und R. Thomas.

Die neueren Fragestellungen nach der algorithmischen Komplexität von Entscheidungs- und kombinatorischen Optimierungsproblemen bildeten eine weitere treibende Kraft für die Graphentheorie. Diese Disziplinen haben sich in den letzten drei Jahrzehnten besonders stürmisch entwickelt, denn sie bieten hochinteressante Anwendungen in Wirtschaft, Technik und Naturwissenschaften. Insbesondere heute, in der Zeit der schnellen Rechner, hat sich die Graphentheorie immer mehr als geeigneter Rahmen für die Bereitstellung von Modellen und Methoden zur Lösung diskreter Organisations- und Optimierungsaufgaben erwiesen, und darüber hinaus liefert sie geradezu die Musterbeispiele und Standardprobleme (z. B. das ↗Travelling Salesman Problem oder das Graphenisomorphieproblem) für wichtige Bereiche der Komplexitätstheorie. Die Problematik der Theorie der *NP*-Vollständigkeit (insbesondere die Frage, ob $P = NP$ gilt oder nicht) ist sowohl für den Grundlagenforscher als auch für den Anwender von großer Bedeutung und stellt somit eine markante Schnittstelle von Theorie und Praxis dar.

Derjenige, der vielleicht die Zukunft voraussah und der – allen Widerständen und Anfeindungen zum Trotz – zum Bahnbrecher für die Graphentheorie wurde, war Dénes König mit seinem wundervollen Buch [5] aus dem Jahre 1936. In diesem ersten Lehrbuch über Graphentheorie faßte König nahezu alle am Anfang der 1930er Jahre bekannten, in verschiedenen Zeitschriften weit verstreuten Einzelresultate in seinem vorbildlich geschriebenen Werk zu einer einheitlichen Disziplin – eben der *Graphentheorie* – zusammen.

Weitere Informationen zu den Wurzeln der Graphentheorie findet man in dem Buch von N.L. Biggs, E.K. Lloyd und R.J. Wilson [1].

Literatur

[1] Biggs, N.L.; Lloyd, E.K.; Wilson, R.J.: Graph Theory 1736-1936. Clarendon Press Oxford, 1976.

[2] Bollobás, B.: Modern Graph Theory. Springer New York, 1998.

[3] Chartand, G.; Lesniak, L.: Graphs and Digraphs. Chapman and Hall London, 1996.

[4] Diestel, R.: Graphentheorie. Springer Berlin, 1996.

[5] König, D.: Theorie der endlichen und unendlichen Graphen. Akademische Verlagsgesellschaft M.B.H. Leipzig, 1936.

[6] Volkmann, L.: Fundamente der Graphentheorie. Springer Wien New York, 1996.

Wurzelraum, auch Wurzelsystem oder Wurzelbasis-System genannt, Objekt zur Klassifikation der halbeinfachen ↗Lie-Algebren.

Zu einer Lie-Algebra g gibt es eine maximale abelsche Lie-Algebra $h \subset g$, die Cartan-Teilalgebra genannt wird. Dann wird h zu g durch Einführung von Wurzelvektoren ergänzt, die zusammen den Wurzelraum ergeben. Die Wurzelvektoren sind dabei als Eigenvektoren gewisser linearer Abbildungen definiert.

Wurzelsystem, Synonym für ↗Wurzelraum.

Wurzelwald, ein ↗Wald, in dessen Baumkomponenten jeweils eine Wurzel ausgezeichnet ist (↗Wurzelbaum).

X

x, Standardbezeichnung sowohl für die unabhängige Variable als auch generell für die Unbekannte in mathematischen Ausdrücken.

Dies geht auf die Mathematik im alten Arabien zurück, wo man die Unbekannte als „šai" (Sache), abgekürzt „š", bezeichnete. Die Spanier übernahmen dies, schrieben es jedoch entsprechend ihrer Aussprache als „x".

Seither benutzt auch der Volksmund die Bezeichnung „x" für das Unbekannte, und Ausdrücke wie „x-beliebig" sind populär. Gelegentlich aus Politikermund zu hörende Äußerungen wie

„2 % plus x sind angestrebt"

als Ausdruck dafür, daß man einen Wert anstrebt, der nicht unter 2 % liegt, zeugen allerdings lediglich davon, daß es dem Sprecher nicht bekannt ist, daß x auch negativ (und sogar imaginär) sein kann.

XOR-Funktion, ↗EXOR-Funktion.

XOR-Problem, bezeichnet allgemein das Problem, festzustellen, ob ein gegebener binärer Vektor $x \in \{0, 1\}^2$ eine gerade oder eine ungerade Anzahl von Komponenten mit Wert 1 besitzt, und entspricht damit dem einfachsten ↗Paritätsproblem für den Spezialfall $n = 2$.

Im Kontext ↗Neuronale Netze stellt das XOR-Problem eines der Probleme dar, die als Testprobleme gelten, und zum Beispiel aus prinzipiellen Gründen mit einem klassischen Perceptron nicht gelöst werden können.

Y

Yang Chen Ning, Kernphysiker, geb. 22.9.1922 Hefei (Povinz Anhui), China.

Als Sohn des Mathematikprofessors Yang Kochuen ging Yang Chen Ning 1946 an die University of Chicago und erwarb dort 1948 sein Doktorgrad in Nuklearphysik. Er forschte und lehrte von 1949 bis 1965 am Institute for Advanced Studies in Princeton. Zusammen mit Tsung Dao Lee erhielt er 1957 den Nobelpreis in Physik.

Neben seiner Arbeit zur Paritätserhaltung bei schwachen nuklearen Wechselwirkungen interessierte er sich für statistische Mechanik. 1954 arbeitete er zusammen mit Robert L. Mills über die Gauge-Theorie. Berühmt wurde sein Name im Zusammmenhang mit der Yang-Mills Gleichung.

Yang Hui, Mathematiker, geb. 13. Jh. Qiantang (heute Hangzhou, Provinz Zhejiang), China, gest. 13. Jh. .

Über das Leben von Yang Hui ist praktisch nichts bekannt. Er war aber einer der wenigen Mathematiker der Südlichen Song-Dynastie (1127–1279), dessen Schriften uns bis heute erhalten geblieben sind. Die Vermutung, daß er ein Regierungsbeamter gewesen sei, beruht auf einer Bemerkung im Vorwort eines seiner Werke.

Yang Huis Schriften sind zwar im *Katalog der Bücher der kaiserlichen Bibliothek der Ming-Dynastie* (*Wenyan ge shumu*, 1441) erwähnt, sie galten aber in China lange Zeit als verschollen. Ruan Yuan (1764–1849), Herausgeber einer Sammlung von *Biographien von Mathematikern und Astronomen* (*Chou ren zhuan*, 1799), fand als erster Fragmente der *Genauen Erklärungen zu den Neun Kapiteln mathematischer Methoden* (*Xiangjie jiu zhang suan fa*, 1261) in einer handschriftlichen Kopie der kaiserlichen Ming Enzyclopädie, und entdeckte später in Suzhou eine Song-Edition von *Yang Huis Mathematischen Methoden* (*Yang Hui suanfa*, 1275). Diese enthalten drei Schriften: das *A und O der Kontinuitäten und Wandlungen bei Multiplikation und Division* (*Chengchu tongbian benmo*, 1274), die *Schnellen Methoden für Multiplikation und Division in der Feldvermessung und analogen Kategorien* (*Tianmu bilei chengchu jiefa*, 1275), und die *Auswahl eigenartiger mathematischer Methoden in Fortsetzung der Antike* (*Xu gu zhai qi suan fa*, 1275). Eine chinesische Edition von 1378 wurde weiter nach Ostasien überliefert: In Korea wurde die Sammlung unter der Regierung von König Sejong 1433 neu aufgelegt, und weiter von dem japanischen Mathematiker Seki Takakazu (?–1708) kopiert. Von einer weiteren Schrift Yang Huis, den *Mathematischen Methoden für den täglichen Gebrauch* (*Riyong suanfa*, 1262), sind nur das Vorwort und Bruchteile einiger Aufgaben erhalten.

Yang Huis *Genaue Erklärungen zu den Neun Kapiteln mathematischer Methoden* sind eine Kompilation und Reklassifikation mit weiteren Erläuterungen der Aufgaben des Klassikers der Han-Dynastie und dessen Kommentare, den *Neun Kapiteln mathematischer Prozeduren* (*Jiu zhang suan shu*). Sie enthalten die älteste Darstellung des ↗Pascalschen Dreiecks. Im Vorwort sagt Yang Hui selbst, er habe dieses von einer älteren Schrift, den *Neun Kapiteln mathematischer Methoden des Gelben Kaisers* (*Huangdi jiuzhang suanfa*) von Jia Xian kopiert.

Die *Mathematischen Methoden* Yang Huis scheinen eher als pädagogisches Werk konzipiert worden zu sein. Am Anfang des Werkes gibt der Autor Empfehlungen für den Lehrplan eines mathematischen Studiums: Man beginne mit der Multiplikationstabelle, in der chinesischen Tradition „9 9 81" genannt, und fahre fort mit dem Studium der Positionen zur Auslegung der Zahlen und der Multiplikationsalgorithmen.

In seiner Sammlung sind auch detailliert geometrische Methoden zur Lösung quadratischer Gleichungen beschrieben, wobei der konstante Term der Fläche eines Rechtecks entspricht, das aus einem Quadrat der Unbekannten und dem restlichen Rechteck zusammengesetzt ist.

Eine Vielzahl magischer Quadrate findet sich in der *Auswahl eigenartiger mathematischer Methoden in Fortsetzung der Antike*, darunter eines mit hundert Zahlen, die derart angeordnet sind, daß jede Vertikale und Horizontale eine Summe von 505 ergibt.

[1] Lam, Lay Yong: A critical study of the Yang Hui Suan Fa, A Thirteenth- century Chinese Mathematical Treatise. Singapore University Press Singapore, 1977.

Yang-Mills-Feld, ↗ Eichfeldtheorie.

Yang-Mills-Funktional, wichtiger Begriff in der Theorie der Riemannschen Mannigfaltigkeiten.

Die Yang-Mills-Theorie ist eine (i. a. nichtlineare) Verallgemeinerung der Hodge-Theorie. Sei E ein Vektorbündel über einer differenzierbaren Mannigfaltigkeit M mit Bündelmetrik $\langle \cdot, \cdot \rangle$, und sei D ein metrischer Zusammenhang auf E. Der Krümmungsoperator F_D von D werde mit Hilfe des Krümmungstensors R als ein Element von $\Omega^2\,(EndE)$ betrachtet:

$$F_D : \Omega^0\,(E) \to \Omega^2\,(E)\,,\ \mu \mapsto R\,(\cdot, \cdot)\,\mu.$$

$\Omega^2\,(Ad\,E)$ bezeichne den Raum derjenigen Elemente von $\Omega^2(EndE)$, für die der Endomorphismus von jeder Faser schiefsymmetrisch ist.

Ist $D = d + A$ ein metrischer Zusammenhang auf E, dann gilt $A \in \Omega^1(AdE)$, und für den Krümmungsoperator von D gilt $F_D \in \Omega^2(AdE)$.

Sei nun M eine kompakte orientierte Riemannsche Mannigfaltigkeit, E ein Vektorbündel mit einer Bündel-Metrik über M, und sei D ein metrischer Zusammenhang auf E mit Krümmungsoperator $F_D \in \Omega^2(AdE)$. Dann ist das Yang-Mills-Funktional, angewandt auf D, definiert durch

$$YM(D) := (F_D, F_D) = \int_M \langle F_D, F_D \rangle * (1).$$

Dabei sei $*(1) := e_1 \wedge \ldots \wedge e_n$ für eine positive Basis von E.

D heißt Yang-Mills-Zusammenhang, wenn für den dualen Operator gilt

$$D^* F_D = 0 .$$

Yang-Mills-Gleichung, Feldgleichung für das Yang-Mills-Feld, vgl. ↗ Eichfeldtheorie.

Yau, Shing-Tung, chinesischer Mathematiker, geb. 4.4.1949 Kwantung.

Yau schloß 1971 sein Studium an der Universität von Kalifornien in Berkeley mit der Promotion ab. Nach einem Aufenthalt am Institute for Advanced Study in Princeton (1971/72) lehrte er 1972 bis 1974 an der State University of New York in Stony Brook, und 1974 bis 1979 an der Universität Stanford. 1980 kehrte er als Professor an das Institut in Princeton zurück. Vier Jahre später trat er eine Professur an der Universität von Kalifornien in San Diego an und wechselte schließlich 1988 an die Harvard Universität in Cambridge (Mass.)

Yaus Forschungen konzentrierten sich auf die Differentialgeometrie und elliptische partielle Differentialgleichungen, sowie deren Anwendung in der Relativitätstheorie, der mathematischen Physik und der dreidimensionalen Topologie. Zu diesen Gebieten lieferte er grundlegende Beiträge, durch die beispielsweise die Rolle und das Verständnis von partiellen Differentialgleichungen in der Geometrie einen neuen Stellenwert erhielten. 1976 bewies er eine Vermutung, die die Existenz einer kanonischen Kähler-Metrik auf einer kompakten Kählerschen Mannigfaltigkeit behauptete. Analytisch entspricht dies dem Nachweis der Existenz einer Lösung für eine komplexe Monge-Ampère-Gleichung. Yau führte den Beweis mit Hilfe von a-priori-Abschätzungen und gab wichtige Anwendungen in der algebraischen Geometrie der Kähler-Mannigfaltigkeiten.

Teilweise in Zusammenarbeit mit anderen Mathematikern nahm er weitere interessante Untersuchungen von reellen bzw. komplexen Monge-Ampère-Gleichungen vor, die u. a. zur Lösung des Dirichlet-Problems für reelle Monge-Ampère-Gleichungen und des höherdimensionalen Minkowski-Problems führten. Das Minkowski-Problem verlangt die Bestimmung einer konvexen Hyperfläche im $\mathbb{R}^{n+1}$ bei vorgegebener Gaußscher Krümmung. Wenige Jahre später bestätigte Yau die Positive-Masse-Vermutung der Allgemeinen Relativitätstheorie, die besagt, daß die Gravitationsenergie wechselwirkender Massen in der Allgemeinen Relativitätstheorie stets positiv ist. In weiteren Arbeiten zur Riemannschen Geometrie studierte er die Stabilität von Minimalflächen und deren Eigenschaften in Raum-Zeit-Gebieten. Diese Ergebnisse fanden dann beim Studium der Entstehung Schwarzer Löcher interessante Anwendung.

Für seine Leistungen wurden Yau zahlreiche Ehrungen zuteil, u. a. erhielt er 1982 die ↗ Fields-Medaille.

Yoccoz, Jean-Christophe, Mathematiker, geb. 29.5.1957 Paris.

Yoccoz nahm 1975 sein Studium an der Ecole Normale Supérieure in Paris auf, nachdem er zuvor bei den Aufnahmeprüfungen sowohl für diese Hochschule als auch für die Ecole Polytechnique den ersten Platz erreicht hatte. 1981 bis 1983 leistete er seinen Militärdienst in Brasilien ab und promovierte dann 1985 als Schüler von M. Herman über dynamische Systeme. Wenig später erhielt er eine Professur an der Universität von Paris-Sud in Orsay und wurde zugleich Mitglied des Institut Universitaire de France und der Abteilung für Topologie und Dynamik am Centre National de la Recherche Scientifique in Orsay.

In seinen Forschungen folgte Yoccoz den Spuren seines Lehres und widmete sich den dynamischen Systemen, einem Gebiet, das aufgrund der vielfältigen Anwendungen das Interesse zahlreicher Mathematiker des 20. Jahrhunderts gefunden hat. Bereits in der Dissertation gab er für mehrere Theoreme über dynamische Systeme einfachere Beweise bzw. leitete die Aussagen unter schwächeren Voraussetzungen ab. Das Ziel seiner weiteren Untersuchungen war es, ein geeignetes Begriffssystem für die Behandlung der vielen in der Praxis auftretenden Systeme zu schaffen, bzw. zu prüfen, ob die vorhandenen Methoden der hyperbolischen und quasiperiodischen Systeme dafür ausreichen.

In seinen Arbeiten verband er geometrische Intuition mit Methoden der Analysis und kombinatorischen Vorstellungen, und führte neben tiefgründigen theoretischen Studien aufwendige Computerexperimente durch. Ein Ergebnis war eine Methode zur Untersuchung von Julia- bzw. Mandelbrot-Mengen mit kombinatorischen Mitteln, sog. Yoccoz-Puzzle. Zu dem von C.L. Siegel formulierten Stabilitätskriterium fand Yoccoz die optimalen Bedingungen und behandelte die Theorie abschließend. Das Siegelsche Kriterium betraf das aus der Frage nach der Stabilität des Planetensystems hervorgegangene Stabilitätsproblem.

1994 wurde Yoccoz für seine Leistungen mit der ↗Fields-Medaille geehrt.

Yosida, Kôsaku, japanischer Mathematiker, geb. 7.2.1909 Tokio.

Nach dem Studium an der Universität Tokio wirkte Yosida ab 1931 an der Universität Osaka und ab Mitte der 50er Jahre an der Universität Tokio.

Yosida beschäftigte sich hauptsächlich mit der Verbindung von Funktionalanalyis und Wahrscheinlichkeitsrechnung. Zusammen mit Hille schuf er 1957 die Theorie der Operatorhalbgruppen und wandte diese erfolgreich auf Markow-Prozesse an.

Young, William Henry, englischer Mathematiker, geb. 20.10.1863 London, gest. 7.7.1942 Lausanne.

Nach dem Studium in Cambridge gab Young bis 1896 Privatunterricht. Danach reiste er häufig ins Ausland und beschäftigte sich mit mathematischer Forschung.

Young gelang 1904 unabhängig von Lebesgue die Entdeckung des modernen Integralbegriffs (Lebesgue-Integral). Er leistete ebenfalls wichtige Vorarbeiten zu Daniells verallgemeinerten Integralbegriff. Weiterhin erzielte er bedeutende Resultate zur Theorie der Fourier- und der orthogonalen Reihen. Er beschäftigte sich auch mit den Grundlagen der Differentialrechnung mehrerer reeller Veränderlicher.

Von 1929 bis 1936 war Young Präsident der Internationalen Mathematischen Union.

Young-Verband, der Verband

$$M^+(\mathcal{I}(\mathbb{N}), \mathbb{N}, <)$$

der antitonen Abbildungen von $\mathcal{I}(\mathbb{N})$ nach $\mathbb{N}$, wobei $\mathcal{I}(\mathbb{N}) := \{\mathbb{N}_n : n \in \mathbb{N}\}$.

Yukawa-Coupling, kubische Form auf dem Raum $H^1(X, \Theta_X)$ (Θ_X die ↗Tangentialgarbe) einer 3-dimensionalen ↗Calabi-Yau-Mannigfaltigkeit (einfach zusammenhängende kompakte ↗Kähler-Mannigfaltigkeit mit einer nirgends verschwindenden holomorphen 3-Form), die in der Physik als Korrelationsfunktion eines Modells der konformen Feldtheorie Bedeutung hat.

Hier wird der für die algebraische Geometrie relevante Formalismus beschrieben. Die Form erhält man durch Iteration der infinitesimalen Perioden-Abbildung

$$H^1(X, \Theta_X) \to \oplus \operatorname{Hom}\left(H^{p,q}, H^{p-1,q+1}\right)$$

(mit $H^{pq} = H^q\left(X, \Omega_X^p\right)$), die sich auch als die Abbildung, die aus dem Cup-Produkt

$$H^1(X, \Theta_X) \otimes H^{pq} \to H^{q+1}\left(X, \Theta_X \otimes \Omega_X^p\right)$$

und der Konstruktion $\Theta_X \otimes \Omega_X^p \to \Omega_X^{p-1}$ entsteht, beschreiben läßt. Durch n-fache Iteration solcher Abbildungen (zu $t_1, \dots, t_n \in H^1(X, \Theta_X)$) erhält man für n-Mannigfaltigkeiten eine Abbildung

$$\begin{aligned}\operatorname{Sym}^n\left(H^1(X, \Theta_X)\right) &\to \operatorname{Hom}\left(H^{n,0}, H^{0,n}\right)\\ &= \left(H^{n,0}\right)^{X\otimes 2}\end{aligned}$$

(letzteres Aufgrund von Serre-Dualität). Eine nirgends verschwindende n-Form liefert einen Isomorphismus $\left(H^{n,0}\right)^{*\otimes 2} \to \mathbb{C}$ und somit eine n-Form, das (normalisierte) Yukawa-Coupling

$$Y : \operatorname{Sym}^n\left(H^1(X, \Theta_X)\right) \to \mathbb{C}\,.$$

Ebenso erhält man für jede Deformation

$$\left(\mathcal{X} \xrightarrow{\pi} B,\ X \simeq \pi^{-1}(0)\right)$$

von X (↗Modulprobleme) über die Kodaira-Spencer-Abbildung eine n-Form Y auf dem Tangentialraum $T_0(B)$, bzw. eine holomorphe Funktion auf dem ↗Tangentialbündel TB, die homogen vom Grad n auf den Fasern von $TB \to B$ ist (sofern eine relative nirgends verschwindende n-Form ausgezeichnet wird). Bemerkenswert ist, daß bei geeigneter Normierung für 3-dimensionale Calabi-Yau-Mannigfaltigkeiten die 3-Form Y eine Potentialfunktion im Sinne von ↗Frobenius-Mannigfaltigkeiten besitzt: Es sei

$$\left(\mathcal{X} \xrightarrow{\pi} B,\ X \simeq \pi^{-1}(0)\right)$$

eine semiuniverselle Deformation (↗Modulprobleme). Es ist bekannt, daß für Calabi-Yau-Mannigfaltigkeiten der Parameter-Raum B glatt ist, so daß man B mit einer Umgebung der 0 in $H^1(X, \Theta_X)$ identifizieren kann. Ist

$$n = \dim H^1(X, \Theta_X) = h^{21}(X)$$

(da eine nirgends verschwindende holomorphe 3- Form durch Kontraktion einen Isomorphismus $\Theta_X \to \Omega_X^2$ liefert), so existiert bei genügend kleinem B eine konstante symplektische Basis $(\alpha_0, \dots, \alpha_n,\ \beta_0, \dots, \beta_n)$ von $R^3\pi_*\mathbb{Z}_X$ und eine relative nirgends verschwindende Form

$$\omega \in H^0\left(\mathcal{X}, \Omega^3_{\mathcal{X}/B}\right)$$

mit der Normierung $Q(\alpha_0, \omega) = 1$ (wobei Q die durch das Cup-Produkt gegebene symplektische Paarung auf $R^3\pi_*\mathbb{Z} \subset \mathbb{R}^3\pi_*\mathbb{C} \subset \mathcal{H}^3_{\mathrm{DR}}(\mathcal{X}/S)$ ist, siehe ↗de Rham-Kohomologie, ↗Gauß-Manin-Zusammenhang). Dann ist $(z_1, \dots, z_n)$ mit $z_j = Q(\alpha_j, \omega)$ ein Koordinatensystem auf B, und

$$\frac{\partial Q(\beta_j, \omega)}{\partial z_k} = \frac{\partial Q(\beta_k, \omega)}{\partial z_j}\,,$$

also existiert eine Funktion F auf B mit

$$\frac{\partial F}{\partial z_j} = Q(\beta_j, \omega).$$

Diese ist Potentialfunktion für Y, d. h.

$$Y\left(\frac{\partial}{\partial z_j}, \frac{\partial}{\partial z_k}, \frac{\partial}{\partial z_l}\right) = \frac{\partial^3 F}{\partial z_j \partial z_k \partial z_l}$$

(↗ Frobenius-Mannigfaltigkeiten).

Die sog. Mirror-Vermutung besagt u. a., daß zu X eine Mirror-Familie X^* von Calabi-Yau 3-Mannigfaltigkeiten existiert mit Isomorphismen

$$H^{11}(X) = H^{21}(X^*), \quad H^{21}(X) = H^{11}(X^*),$$

die mit den Strukturen von Frobenius-Mannigfaltigkeiten, auf H^{11} induziert durch das Gromov-Witten-Potential (↗ Quantenkohomologie) und auf H^{21} durch (geeignet normiertes) Yukawa-Coupling, verträglich sind.

Yule-Walker-Gleichungen, ↗ autoregressiver Prozeß.

Z

ℤ, übliche Bezeichnung für die Menge der ↗ ganzen Zahlen.

Z, ↗ axiomatische Mengenlehre.

Zadeh, Lotfi A., amerikanischer Informatiker und Mathematiker, geb. 4.2.1921 Baku (Aserbaidschan).

Zadeh begann das Studium der Elektrotechnik 1940 in Teheran und wechselte nach dem Zweiten Weltkrieg an die Columbia Universität (USA), wo er 1949 mit einer Arbeit über „Frequency analysis of time-varying networks" promovierte. Seit 1959 ist Zadeh Professor am Fachbereich für Elektrotechnik und Informatik der Universität von Kalifornien in Berkeley. Gegenwärtig ist er außerdem Direktor des BISC (Berkeley Initiative in Soft Computing).

Die Systemtheorie und deren Anwendung war der Kernbereich von Zadehs erster Forschungsperiode; international bekannt sind z. B. die mit J.R. Ragazzine verfaßte Verallgemeinerung von Wieners Voraussagetheorie und das gemeinsam mit C.A. Desoer 1963 veröffentlichte Buch „Linear system theorie – the state space approach", das als Standardwerk auf dem Gebiet des „Optimal Control" gilt.

Mit der Veröffentlichung des Aufsatzes „Fuzzy sets" in der Zeitschrift Information and Control im Jahre 1965 eröffnete Zadeh ein neues Teilgebiet der Mathematik. Mit dem Konzept der ↗ Fuzzy-Menge, einer Menge mit unscharfen Rändern, schuf er eine Basis für eine formale Beschreibung von Unschärfe. Mit der Fuzzy-Mengen-Theorie lassen sich ↗ linguistische Variable mathematisch modellieren. Das erlaubt somit eine bessere Modellierung des menschlichen Denkens und einen qualitativen Zugang zur Analyse komplexer Systeme.

Obgleich Zadehs unorthodoxe Ideen anfänglich auf viel Skepsis stießen, gewannen sie im Laufe der Jahre immer größere Akzeptanz und Anwendungen in zahlreichen Gebieten, z. B. in der Mustererkennung, der industriellen Prozeßsteuerung und der Entscheidungsunterstützung. Kerngebiete seiner aktuellen Forschungen sind ↗ Fuzzy-Logik und ↗ Soft Computing. Zadeh hat intensiv auf einem breit angelegten Forschungsgebiet publiziert, das die Konzeption, das Design und die Analyse von (intelligenten) Informationssystemen umfaßt. Bei 55 wissenschaftlichen Zeitschriften ist er Herausgeber, Mitherausgeber, Ehrenherausgeber oder Mitglied des Beirates.

Für seine Forschungen erhielt er zahlreiche Ehrungen, unter anderem 14 Ehrendoktorwürden von Universitäten in Nordamerika, Asien und Europa. Er wurde mit zahlreichen wissenschaftlichen Preisen und Medaillen geehrt, unter anderem 1996 mit dem Okawa Preis, der Edward Feigenbaum Medal der International Society for Intelligent Systems (1998), und der IEEE Millenium Medal 2000.

zähe Flüssigkeit, Flüssigkeit, bei der Kräfte, die an der Oberfläche eines beliebigen Flüssigkeitselementes angreifen, nicht nur eine normale, sondern auch eine tangentiale Komponente haben (↗ reale Flüssigkeit).

Zahldarstellungen, die im Laufe der Menschheitsgeschichte entwickelten Methoden, Anzahlen als von konkreten Gegenständen losgelöste Abstrakta mündlich oder schriftlich mitzuteilen.

Zahldarstellungen finden sich in den ältesten schriftlichen Überlieferungen; vor Erfindung einer Schrift wurden (kleine) Zahlen auf Kerbhölzern festgehalten. Wirtschaftstexte aus Uruk (um 3000 v.Chr.) enthalten nicht nur ganze Zahlen, sondern auch Brüche bis zu $\frac{1}{64}$. In der vordynastischen Zeit in Ägypten (ebenfalls um 3000 v.Chr.) wurden in Königsinschriften sehr große Beutezahlen genannt, z. B. 1 420 000 Ziegen [1].

Eine grundlegende Idee ist das Bündeln zu größeren Einheiten, z. B. die Organisation einer römischen Legion: 6–8 Soldaten bildeten ein Contubernum (eine Zelteinheit), 10 Contubernia eine Centurie, 2 Centurien einen Manipel, 3 Manipel eine Cohorte, und die gesamte Legion bestand aus 10 Cohorten. Im Militär kann man die Ungenauigkeit „6–8 Soldaten" hinnehmen – in der Mathematik ist mehr Präzision erforderlich.

Zur Darstellung von Zahlen auf babylonischen Keilschrifttafeln wurden zunächst spezielle Zeichen für 10, 60, 600, 3600 und 36000 benutzt, was später durch ein Postionssystem (oder Stellenwertsystem) abgelöst wurde (wobei die Darstellung der „Null" durch einen Zwischenraum ein Problem darstellte).

Für weitere Information vgl. ↗ Stellenwertsystem.

[1] Tropfke, Johannes: Geschichte der Elementarmathematik. de Gruyter Berlin, 1980.

Zahldifferente, ↗ Differente eines Elements.

Zahlen, neben geometrischen Figuren die historisch ersten ‚Untersuchungsgegenstände' der Mathematik.

Es gibt eine Reihe verschiedener Zahlbegriffe, die jeweils axiomatisch oder, beginnend mit den natürlichen Zahlen, aufeinander aufbauend eingeführt werden können.

Weißt Du, was hinter der Mathematik steckt? Hinter der Mathematik stecken die Zahlen. Wenn mich jemand fragen würde, was mich richtig glücklich macht, dann würde ich antwor-

ten: die Zahlen. Schnee und Eis und Zahlen. Und weißt du, warum? Weil das Zahlensystem wie das Menschenleben ist. Zu Anfang hat man die natürlichen Zahlen. Das sind die ganzen und positiven. Die Zahlen des Kindes. Doch das menschliche Bewußtsein expandiert. Das Kind entdeckt die Sehnsucht, und weißt du, was der mathematische Ausdruck für die Sehnsucht ist? Es sind die negativen Zahlen. Die Formalisierung des Gefühls, daß einem etwas abgeht. Und das Bewußtsein erweitert sich immer noch und wächst, das Kind entdeckt die Zwischenräume. Zwischen den Steinen, den Moosen auf den Steinen, zwischen den Menschen. Und zwischen den Zahlen. Und weißt du, wohin das führt? Zu den Brüchen. Die ganzen Zahlen plus die Brüche ergeben die rationalen Zahlen. Aber das Bewußtsein macht dort nicht halt. Es will die Vernunft überschreiten. Es fügt eine so absurde Operation wie das Wurzelziehen hinzu. Und erhält die irrationalen Zahlen. Es ist eine Art Wahnsinn. Denn die irrationalen Zahlen sind endlos. Man kann sie nicht schreiben. Sie zwingen das Bewußtsein ins Grenzenlose hinaus. Und wenn man die irrationalen Zahlen mit den rationalen zusammenlegt, hat man die reellen Zahlen. Es hört nicht auf. Es hört nie auf. Denn jetzt gleich, auf der Stelle, erweitern wir die reellen Zahlen um die imaginären, um die Quadratwurzeln der negativen Zahlen. Das sind Zahlen, die wir uns nicht vorstellen können, Zahlen, die das Normalbewußtsein nicht fassen kann. Und wenn wir die imaginären Zahlen zu den reellen Zahlen dazurechnen, haben wir das komplexe Zahlensystem. Das erste Zahlensystem, das eine erschöpfende Darstellung der Eiskristallbildung ermöglicht. (aus: Peter Høeg, *Fräulein Smillas Gespür für Schnee*)

Die ↗natürlichen Zahlen, als Menge bezeichnet mit $\mathbb{N}$, sind die elementarsten Zahlen und eine Abstraktion des Zählens von der Art der gezählten Dinge. Man kann sie addieren und multiplizieren, sie sind geordnet, und man kann eine natürliche Zahl von einer größeren subtrahieren. Nimmt man noch die ↗Null 0 hinzu, kommt man zur Menge $\mathbb{N}_0 = \mathbb{N} \cup \{0\}$, einem kommutativen Monoid mit Kürzungsregel.

Der Wunsch, von einer gegebenen Zahl auch größere Zahlen subtrahieren zu können und damit etwa fehlende Dinge, Schulden usw. auszudrücken, führt zur Hinzunahme negativer Zahlen und damit zu den ↗ganzen Zahlen. Die Menge $\mathbb{Z} = -\mathbb{N} \cup \{0\} \cup \mathbb{N}$ der ganzen Zahlen ist ein Integritätsring mit Eins.

Möchte man auch zur Multiplikation eine Umkehroperation haben, d. h. Zahlen dividieren bzw. ihre Verhältnisse bilden können, so kommt man von den ganzen zu den ↗rationalen Zahlen als Verhältnisse oder ↗Brüche ganzer Zahlen. Die Menge $\mathbb{Q} = \{\frac{a}{b} \mid a \in \mathbb{Z}, b \in \mathbb{N}\}$ der rationalen Zahlen ist abgeschlossen bezüglich der vier elementaren Rechenoperationen Addition, Subtraktion, Multiplikation und Division und bildet einen archimedischen Körper.

Schon die Pythagoräer bemerkten, daß sich nicht alle Strecken in der Geometrie durch rationale Zahlen beschreiben lassen, daß etwa die Diagonale in einem Quadrat der Seitenlänge 1 keine rationale Zahl ist. Die Feststellung, daß innerhalb der rationalen Zahlen nicht alle nicht-leeren nach oben beschränkten Mengen ein Supremum und nicht alle Cauchy-Folgen einen Grenzwert besitzen, d. h. die rationalen Zahlen keinen vollständigen Körper bilden, führt zu der Erweiterung zu den ↗reellen Zahlen. Die Menge $\mathbb{R}$ der reellen Zahlen ist ein vollständiger archimedischer Körper.

Nicht alle Polynome über den reellen Zahlen besitzen eine reelle Nullstelle, d. h. der Körper der reellen Zahlen ist nicht algebraisch abgeschlossen. Rechnet man jedoch mit ↗komplexen Zahlen, so hat jedes nicht-konstante Polynom mindestens eine Nullstelle (Fundamentalsatz der Algebra), und jedes Polynom vom Grad $n \in \mathbb{N}$ hat, entsprechend ihrer Vielfachheit gezählt, in $\mathbb{C}$ genau n Nullstellen. Beispielsweise hat das Polynom $x^2 + 1$ die beiden Nullstellen $\{-i, i\}$. Die Menge $\mathbb{C} = \{a + ib \mid a, b \in \mathbb{R}\}$ ist ein algebraisch abgeschlossener vollständiger Körper. Diese Erweiterungen gehorchen dem ↗Permanenzprinzip: Die Rechenregeln (wie Assoziativ-, Kommutativ- und Distributivgesetz), die in einem bestimmten Zahlenbereich gelten, gelten auch in den erweiterten Bereichen.

Im Gegensatz zu den Erweiterungen $\mathbb{N} \to \mathbb{Q} \to \mathbb{R}$ läßt sich die Ordnungsstruktur bei der Erweiterung $\mathbb{R} \to \mathbb{C}$ nicht so fortsetzen, daß $\mathbb{C}$ ein geordneter Körper wird. Verzichtet man auch auf die Kommutativität der Multiplikation, so kann man $\mathbb{C}$ noch erweitern zur assoziativen Divisionsalgebra $\mathbb{H}$ der Hamiltonschen Quaternionen (↗Hamiltonschen Quaternionenalgebra), und das Aufgeben der Assoziativität der Multiplikation führt zur alternativen Divisionsalgebra $\mathbb{O}$ der Oktaven (↗Oktonienalgebra). Der Verzicht auf die Archimedes-Eigenschaft erlaubt das Einbeziehen unendlich kleiner und unendlich großer Zahlen in der ↗Nichtstandard-Analysis und bei den ↗surrealen Zahlen.

Notiert man mit $\mathbb{Q}^+$ und $\mathbb{R}^+$ die nicht-negativen rationalen und reellen Zahlen, so kann die Erweiterung von $\mathbb{N}$ zu $\mathbb{R}$ entlang jedes Pfades im folgenden Diagramm vollzogen werden:

$$\begin{array}{ccccccccccc} \mathbb{Z} & \to & \mathbb{Q} & \to & \mathbb{R} & \to & \mathbb{C} & \to & \mathbb{H} & \to & \mathbb{O} \\ \uparrow & & \uparrow & & \uparrow & & & & & & \\ \mathbb{N} & \to & \mathbb{Q}^+ & \to & \mathbb{R}^+ & & & & & & \end{array}$$

Schließlich seien noch die ↗algebraischen Zahlen $\mathbb{A}$, also die Nullstellen in $\mathbb{C}$ von nicht-konstanten Polynomen mit Koeffizienten aus $\mathbb{Q}$, erwähnt. Nicht algebraische Zahlen, also Zahlen aus $\mathbb{C} \setminus \mathbb{A}$, heißen ↗transzendente Zahlen.

$\mathbb{N}$ und $\mathbb{Z}$ sind abzählbar, ebenso $\mathbb{Q}$ und $\mathbb{A}$, wie man mit dem ersten Cantorschen Diagonalverfahren (↗reelle Zahlen) zeigen kann. Jedoch ist $\mathbb{R}$ überabzählbar, was sich mit dem zweiten Cantorschen Diagonalverfahren (↗reelle Zahlen) zeigen läßt, und damit ist auch $\mathbb{R} \setminus \mathbb{A}$ überabzählbar.

[1] Ebbinghaus, H.-D.; et al: Zahlen. Springer Berlin, 1992.

[2] Oberschelp, A.: Aufbau des Zahlensystems. Vandenhoeck Ruprecht Göttingen, 1976.

[3] Padberg, F.; Danckwerts, R.; Stein, M.: Zahlbereiche. Spektrum Heidelberg, 1995.

[4] Strehl, R.: Zahlbereiche. Franzbecker Hildesheim, 1997.

Zählen, das Bestimmen der Anzahl $n = \#M$ der Elemente einer gegebenen endlichen Menge M, im einfachsten Fall durch Abzählen, also Aufsagen der natürlichen Zahlen der Größe nach bis hin zu n.

Neben dem Benennen von Dingen ist das Zählen ein Mittel, sich die Welt anzueignen und ein Gefühl von Verständnis und Kontrolle aufzubauen. Schon unter Kindern erhält dasjenige besondere Anerkennung von den anderen, das am weitesten zählen oder die größte Zahl nennen kann.

Selbst die Bibel (Psalm 90,12; Gebet von Mose) empfiehlt das Zählen als Weg zur Erkenntnis:

Lehre uns zählen unsere Tage,
auf daß wir gelangen zu Weisheit des Herzens.

Obwohl unsere heutige Welt von allgegenwärtigem Zählen, Messen und Vergleichen geprägt ist, kommt es wohl nur noch höchst selten vor, daß Schüler *um* Mathematikunterricht beten, eher schon, daß sie *im* Mathematikunterricht beten.

Zahlendarstellung, allgemein eine Abbildung $\phi : M \to \mathbb{R}$, die jedem Element $w \in M$ eine Zahl zuordnet.

Hierbei ist M eine endliche Menge. Ist $\phi(u) = \phi(v)$ für zwei verschiedene Elemente $u, v \in M$, so ist ϕ eine redundante, ansonsten eine irredundante Zahlendarstellung. In der Regel versteht man unter einer Zahlendarstellung ϕ zur Basis d für ein $d \in \mathbb{N}$ mit $d \geq 2$ eine Zahlendarstellung mit

$$M = \{0, d-1\} \times \{0, 1, \ldots, d-1\}^m$$

für ein geeignetes $m \in \mathbb{N}$, und mit der Eigenschaft, daß für alle Argumente

$$(\alpha_m, \alpha_{m-1}, \ldots, \alpha_0) \in M$$

der Funktionswert $\phi(\alpha_m, \alpha_{m-1}, \ldots, \alpha_0)$ genau dann kleiner oder gleich 0 ist, wenn $\alpha_m = d - 1$ gilt.

Zahlenfolge, Folge mit Werten in den reellen oder komplexen Zahlen, also eine Abbildung $a : \mathbb{N} \to \mathbb{R}$ oder $a : \mathbb{N} \to \mathbb{C}$, auch geschrieben als $a = (a_n)$ mit $a_n = a(n)$ für $n \in \mathbb{N}$.

Zahlengerade, zur Einführung oder Veranschaulichung der ↗reellen Zahlen benutzte Gerade der euklidischen Ebene.

Man wählt dazu etwa eine beliebige Gerade g und legt auf ihr einen Ursprung, der die Null 0 darstellt, und einen davon verschiedenen Punkt zur Darstellung der Eins 1 fest. In der Regel zeichnet man g (bzw. den interessierenden Ausschnitt von g) waagrecht, legt die Eins rechts von der Null und markiert diese und weitere jeweils interessante Zahlen durch kleine senkrechte Striche. Negative reelle Zahlen liegen links von der Null und positive rechts von ihr. Eine positive Zahl x steht an derjenigen Stelle P rechts von 0, an der für die Längen $|0P|$ und $|01|$ der Strecken $0P$ und 01 gilt: $|0P| = x|01|$.

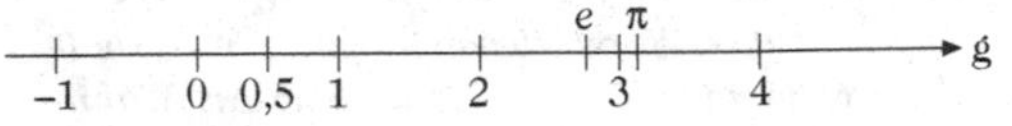

Zahlengerade

Die Addition reeller Zahlen entspricht dem Aneinandersetzen der zugehörigen Strecken der Zahlengeraden (unter Beachtung der Richtung) und die Multiplikation einer ↗Streckung. Die Ordnungsrelation $\leq$ von $\mathbb{R}$ wird durch die Relation ‚liegt links von' wiedergegeben. In der Tat lassen sich mit Hilfe der Zahlengeraden vor allem Ordnungsverhältnisse von Zahlen gut darstellen, beispielsweise um die Eigenschaften monotoner Folgen zu veranschaulichen.

Zahlenmystik, die Verwendung von Zahlen in Religion, Aberglaube und Pseudowissenschaft.

Darunter kann man insbesondere fassen:

- *Zahlensymbolik*, das Zuordnen nicht-mathematischer Eigenschaften zu Zahlen, wodurch u. a. die Zahlen in ‚gute' und ‚schlechte' Zahlen unterschieden werden, die man dann natürlich anstreben bzw. meiden sollte. Verschiedene Kulturen sind teilweise zu sehr unterschiedlichen Auffassungen gelangt, welche Bedeutungen bestimmten Zahlen zuzuweisen seien. So steht etwa gemäß biblischer Zahlenmystik die Zahl Sechs für Vollkommenheit, da Gott die Welt in sechs Tagen erschaffen habe, während für die islamischen Mystiker die Sechs eher Hoffnungslosigkeit symbolisiert, weil sie die Welt als kubisches (also sechsseitiges) Gefängnis betrachten.
- *Gematrie*, das Abbilden von Wörtern auf Zahlen, im Glauben, aus den mystischen Eigenschaften dieser Zahlen ließen sich Erkenntnisse über die durch die Wörter bezeichneten Objekte gewinnen. Auch hierfür sind verschiedenste Verfahren gebräuchlich, etwa das Zuordnen von Zahlen zu den Buch-

staben des Alphabets und Bestimmen der Werte der Wörter durch Summation der Buchstabenwerte. Es gibt hierfür so viele Möglichkeiten, daß sich wohl zu nahezu jedem Objekt eine Bezeichnung, eine Schreibweise und ein Abbildungsverfahren finden lassen, mit dem das Objekt auf eine gewünschte Zahl abgebildet wird.

• *Pyramidologie*, das Suchen versteckter numerischer Zusammenhänge etwa in den Abmessungen von Pyramiden, mit der Vorstellung, diese seien vorsätzlich von den Erbauern dort untergebracht worden, etwa um geheime Botschaften an die Nachwelt zu übermitteln. An Beispielen kann man leicht sehen, daß sich in einer hinreichend großen gestreuten Zahlenmenge nahezu beliebige Ergebnisse ‚entdecken' lassen. Diese Erscheinung ist verwandt mit den in der Ramsey-Theorie untersuchten Eigenschaften großer Graphen.

• *Numerologie*, das Zuordnen von Zahlen zu Menschen (oder auch Gegenständen oder Ereignissen), indem, über die Gematrie hinausgehend, etwa auch Geburtstage, Körpermaße oder gar Postleitzahlen und Telefonnummern als Datenquellen herangezogen werden, wiederum im Glauben, daß die mystischen Eigenschaften der Ergebniszahlen sich auf die Personen übertragen, aus deren Daten diese Zahlen errechnet wurden. Der sonderbare Einfall, man könne auf diese Weise etwas über die Menschen oder die Welt erfahren, geht vermutlich auf die Amerikanerin L. Dow Balliet zurück, die im Jahr 1905 ein Buch über dieses Thema verfaßt hat.

[1] Dudley, U.: Die Macht der Zahl. Was die Numerologie uns weismachen will. Birkhäuser Basel, 1999.

[2] Endres, F. C.; Schimmel, A.: Das Mysterium der Zahl. Zahlensymbolik im Kulturvergleich. Diederichs München, 2001.

[3] Randow, G. von: Mein paranormales Fahrrad. Rowohlt Reinbek, 1993.

Zahlenraster, Menge der Gleitkommazahlen, die auf einer Rechenanlage zur Verfügung stehen. Durch ihre Darstellung in der Form

$$\pm 0.z_1 z_2 \ldots z_m \cdot B^{ex}$$

mit Ziffern z_i zur Basis B und ganzzahligem Exponenten sind diese Zahlen diskret innerhalb der reellen Zahlen angeordnet und bilden ein „Raster". Ist $z_1 \neq 0$, bezeichnet man die Darstellung als normalisert, wodurch die Darstellung eindeutig wird. Die Zahl m ist die Mantissenlänge. Da üblicherweise auch der Bereich des Exponenten eingeschränkt ist, d. h. $e_1 \leq ex \leq e_2$, gibt es betragsmäßig eine größte und kleinste Zahl im Zahlenraster.

Rechenprozesse im Zahlenraster bilden die Ergebnisse mittels Rundung immer wieder auf Gleitkommazahlen mit gleicher Mantissenlänge ab, im Idealfall auf die nächstgelegene. Läßt sich allerdings für die normalisierte Darstellung kein erlaubter Exponent mehr finden, so spricht man im Fall der Unterschreitung des kleinsten Exponenten von Unterlauf, im Fall der Überschreitung des größten Exponenten von Überlauf.

Zahlenstrahl, zur Veranschaulichung der nicht-negativen ↗ reellen Zahlen benutzte Halbgerade der euklidischen Ebene.

Man wählt dazu etwa einen beliebigen Ursprung, der die Null 0 darstellt, und läßt von ihm eine beliebige Halbgerade h ausgehen, auf der man einen weiteren, von 0 verschiedenen Punkt 1 zur Darstellung der Eins wählt. Meist zeichnet man h von 0 ausgehend nach rechts. Die Null, die Eins und weitere jeweils interessante Zahlen trägt man entsprechend wie auf der ↗ Zahlengeraden ein.

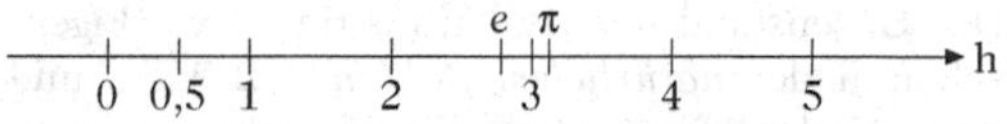

Zahlenstrahl

Auch Addition, Multiplikation und die Ordnung der nicht-negativen reellen Zahlen werden auf dem Zahlenstrahl entsprechend wie auf der Zahlengerade dargestellt.

Zahlensystem, Vereinbarung über die Schreibweise von Zahlen.

Im Alltag begenet man fast ausschließlich dem ↗ Dezimalsystem, während in der Computertechnik auch Hexadezimal-, Oktal- und Binärsystem (auf der Basis von ↗ Dualzahlen) Verwendung finden. Für weitere Information vgl. ↗ Zahlsystem.

zahlentheoretische Funktion, *arithmetische Funktion*, eine auf den natürlichen Zahlen $\mathbb{N}$ definierte Funktion mit Werten in den komplexen Zahlen $\mathbb{C}$.

Eine zahlentheoretische Funktion $f : \mathbb{N} \to \mathbb{C}$ ist also eine Folge $(f(n))_{n\in\mathbb{N}}$ komplexer Zahlen.

Interessante zahlentheoretischen Funktionen sind etwa die ↗ Teilersummenfunktion

$$\sigma(n) = \sum_{d\in\mathbb{N}, d|n} d$$

oder die ↗ Eulersche ϕ-Funktion

$$\phi(n) = \left|(\mathbb{Z}/n\mathbb{Z})^{\times}\right|,$$

die jedem $n \in \mathbb{N}$ die Anzahl der primen Restklassen modulo n zuordnet. Die durch $f(n) = \sigma(n)$ bzw. $f(n) = \phi(n)$ gegebenen zahlentheoretischen Funktionen sind multiplikativ, d. h., es gilt

$$f(mn) = f(m)f(n) \quad \text{für } \mathrm{ggT}(m, n) = 1.$$

Demgegenüber heißt eine zahlentheoretische Funktion f additiv, wenn

$$f(mn) = f(m) + f(n) \quad \text{für ggT}(m,n) = 1;$$

f heißt strikt additiv (total additiv, vollständig additiv), wenn

$$f(mn) = f(m) + f(n) \quad \text{für beliebige } m, n \in \mathbb{N}.$$

Ein Beispiel für eine additive zahlentheoretische Funktion ist $n \mapsto \omega(n)$, wobei $\omega(n)$ die Anzahl der verschiedenen Primteiler von n bezeichnet. Mit $\Omega(n)$ bezeichnet man die Anzahl der Primfaktoren von n, wobei jeder Primteiler mit seiner Vielfachheit gezählt wird; $n \mapsto \Omega(n)$ ist ein Beispiel für eine strikt additive zahlentheoretische Funktion.

Zahlentheorie

G. J. Wirsching

Der Gegenstand der Zahlentheorie ist es, Eigenschaften der *natürlichen Zahlen* $1, 2, 3, \ldots$ und deren Verknüpfungen (vor allem Addition, Multiplikation und Potenzbildung) aufzuspüren, zu beweisen, oder zu widerlegen. Gemeinsam mit der Geometrie bildet die Zahlentheorie den ältesten Zweig der Mathematik. Seit dem 18. Jahrhundert ist der Wissensstand so stark angewachsen, daß das gesamte Gebiet der Zahlentheorie für einen einzelnen Wissenschaftler kaum mehr überblickbar ist. Ausgehend von der historischen Entwicklung sollen hier einige wesentliche Motive, Teildisziplinen und Anwendungen beleuchtet werden.

Die ersten Motive, sich überhaupt mit Zahlen zu beschäftigen, sind wirtschaftlicher Natur: Im Handel und bei Erbschaftsangelegenheiten ist es wichtig, Güter sinnvoll und gerecht zu bewerten – und das ist ohne eine gewisse Vorstellung von Zahlen und Mengenverhältnissen kaum durchführbar. Die Entwicklung des Zahlbegriffs ist eng mit Zahldarstellungen verbunden, und diese wiederum mit Verfahren zur Durchführung der elementaren Rechenoperationen Addition, Subtraktion, Multiplikation und Division. Die griechischen Gelehrten der Antike unterschieden allerdings bereits zwischen *Logistik*, der Lehre vom Rechnen, und *Arithmetik*, die theoretische Fragen behandelt, also Zahlentheorie [10]. Aus heutiger Sicht lassen sich diese beiden Disziplinen nicht klar voneinander trennen, da beim „Rechnen“, insbesondere, wenn man dies mit einem Computer macht, zahlentheoretische Resultate und Überlegungen eine wesentliche Rolle spielen.

Theoretische Fragen, mit denen sich griechische Gelehrte beschäftigten, betrafen z. B. das Gerade und Ungerade oder die Teilbarkeitslehre, die eng mit geometrischen Konstruktionen und mit *Proportionen* verbunden war. Zusammen mit der Euklidischen Geometrie entwickelte sich auch das Bedürfnis, etwa Zahlen a, b, c mit der Eigenschaft $a^2 + b^2 = c^2$ (↗pythagoräisches Zahlentripel) aufzufinden, oder natürliche Zahlen im Hinblick auf ihre Teilbarkeit zu untersuchen. So beschäftigte man sich etwa mit ↗vollkommenen Zahlen oder mit ↗befreundeten Zahlen. Besonders interessant sind diejenigen Zahlen, die nicht mehr weiter teilbar sind. Heute nennt man eine natürliche Zahl ≥ 2, die nur durch 1 und sich selbst teilbar ist, eine *Primzahl*; in manchen historischen Quellen wird auch die 1 als Primzahl betrachtet. In den ↗Elementen des Euklid findet man einige bemerkenswerte Sätze über Primzahlen, die dort bereits sehr klar bewiesen werden, so z. B.:

Es gibt unendlich viele Primzahlen.

Ein weiteres wichtiges Resultat ist die Eindeutigkeit der Primfaktorzerlegung, deren Beweis im wesentlichen ebenfalls auf Euklid zurückgeht:

Jede natürliche Zahl läßt sich als Produkt von nicht notwendigerweise verschiedenen Primzahlen darstellen, und die Faktoren dieses Produkts sind bis auf ihre Reihenfolge eindeutig bestimmt.

Die in der griechischen Mathematik der Antike gewonnene begriffliche Klarheit führte auch zu sehr merkwürdigen *negativen* Resultaten. Man konnte Sätze formulieren und beweisen, die die Unmöglichkeit gewisser Konstruktionen zum Inhalt hatten. Beispielsweise bewies der Pythagoräer Hippasos von Metapont im fünften Jahrhundert v.Chr. folgenden Satz über eine Proportion im Pentagramm:

Das Längenverhältnis zwischen einer Diagonale und einer Seite im regelmäßigen Fünfeck läßt sich nicht als Verhältnis zweier natürlicher Zahlen darstellen.

Das gemeinte Längenverhältnis (der ↗Goldene Schnitt) hat die Größe $\phi = \frac{1}{2}(1 + \sqrt{5})$, und Hippasos bewies, in moderner Sprache ausgedrückt, daß ϕ eine *irrationale Zahl* ist. Dies begründete eine Tradition negativer Resultate in der Zahlentheorie, die sehr interessante Früchte getragen hat, wie etwa die Unmöglichkeit der exakten Quadratur des Kreises mit Zirkel und Lineal. Um dies zu verstehen, beobachte man zunächst, daß die Quadratur des Kreises darauf hinausläuft, die durch die Kreiszahl π (das Verhältnis der Fläche eines Kreises mit Radius r zur Fläche eines Quadrats mit Seitenlänge r) gegebene Proportion zu konstruieren. Einen Hinweis auf Möglichkeit oder Unmöglichkeit einer derartigen Konstruktion könnte man gewinnen, wenn man irgendeine Form hätte, in der sich jede mögliche Konstruktion darstellen ließe. Eine solche Form gibt es in der Tat: der goldene Schnitt ϕ, der mit Zirkel und Lineal konstruierbar ist, ist offenbar eine Nullstelle des Polynoms

$$X^2 - X - 1.$$

Es stellt sich heraus, daß jede mit Zirkel und Lineal konstruierbare Proportion als Nullstelle eines Polynoms

$$a_nX^n + a_{n-1}X^{n-1} + \cdots + a_1X + a_0 \qquad (1)$$

mit ganzen Koeffizienten $a_0, \ldots, a_n$ auftritt (mit Hilfe der algebraischen Theorie der Körpererweiterungen ist eine genauere Charakterisierung möglich). Lindemann bewies jedoch 1882:

Die Zahl π ist nicht Wurzel einer algebraischen Gleichung irgendwelchen Grades mit rationalen Coeffizienten.

Diese Formulierung stammt aus der Originalarbeit und bedeutet, daß es zu keinem Grad n eine Auswahl von rationalen Koeffizienten $q_0, \ldots, q_n$ derart gibt, daß π die Gleichung

$$q_n\pi^n + q_{n-1}\pi^{n-1} + \cdots + q_1\pi + q_0 = 0$$

erfüllt. Multipliziert man hier mit dem Hauptnenner, so erkennt man, daß es kein Polynom der Form (1) gibt, das π als Nullstelle besitzt. In heutiger Sprechweise heißt das: π ist *transzendent*, und deshalb gibt es keine Konstruktion von π mit Zirkel und Lineal. Interessant ist hierbei, daß die Transzendenz von π und also die Unmöglichkeit der Quadratur des Kreises letztlich eine subtile Eigenschaft der natürlichen Zahlen ist – und damit in das Gebiet der Zahlentheorie fällt. Zur Ergänzung sei noch bemerkt, daß Leibniz eine sog. *arithmetische Quadratur des Kreises* gelang; er fand die Formel

$$\frac{\pi}{4} = 1 - \frac{1}{3} + \frac{1}{5} - \frac{1}{7} + \frac{1}{9} - \ldots$$

(↗Leibniz-Reihe für π).

Algebraische Ausdrücke sind Vorschriften, gemäß deren man aus gegebenen Zahlen durch Addition, Subtraktion und Multiplikation eine oder mehrere Zahlen errechnen kann, z. B. ein Polynom der Form (1). Mit Ansätzen einer Symbolschreibweise konnte Diophantos von Alexandria ca. 250 n.Chr. bereits Gleichungen mit algebraischen Ausdrücken bis zur sechsten Potenz und in mehreren Unbekannten behandeln. Ihm zu Ehren werden Gleichungen zwischen algebraischen Ausdrücken heute *diophantische Gleichungen* genannt. Diophantos interessierte sich besonders für *rationale Lösungen*, also für Zahlen, die sich als Bruch von ganzen Zahlen darstellen lassen, und die eine (oder mehrere) diophantische Gleichungen richtig machen. Die Grundideen der meisten heute benutzten Methoden, rationale Lösungen diophantischer Gleichungen zu ermitteln, lassen sich historisch bis Diophantos zurückverfolgen. Hierbei ist es besonders interessant, alle rationalen Lösungen zu bestimmen (vgl. etwa die ↗Bachetsche oder die ↗Pellsche Gleichung).

Diophantos lehrte, wie Euklid, an der antiken Universität von Alexandrien, wo er seine Schrift „Arithmetika" verfaßte, die für die Zahlentheorie überragende Bedeutung erlangen sollte. Nach heutigem Forschungsstand fiel die Mathematikerschule von Alexandrien der Heidenverfolgung, die einsetzte, nachdem das Christentum 391 n.Chr. Staatsreligion des Römischen Reichs geworden war, zum Opfer [8]. Ab dem 7. bis ins 15. Jahrhundert wurde die mathematische Tradition in der ↗Arabischen Mathematik fortgeführt und, insbesondere auch in Bezug auf Algebra und Zahlentheorie, weiterentwickelt, z. B. die Regel von Thabit zum Auffinden befreundeter Zahlen [7]. Der nächste Aufschwung der Zahlentheorie begann in Europa im 17. Jahrhundert, als Fermat eine von Bachet herausgegebene lateinische Übersetzung von Diophantos' „Arithmetika" studierte und mit seinen berühmten Anmerkungen versah.

Leonhard Euler entdeckte die Zahlentheorie als mathematisch interessantes Forschungsgebiet im Briefwechsel mit Christian Goldbach [11]. Dieser Vorgang beleuchtet schlaglichtartig die Motive eines exzellenten Mathematikers zur Erforschung zahlentheoretischer Fragen und soll deshalb hier kurz skizziert werden. Alles begann mit einem *post scriptum* in einem Brief von Goldbach an Euler, datiert vom 1. Dezember 1729:

> Notane Tibi est Fermatii observatio omnes numeros hujus formulae $2^{2^{x-1}} + 1$, nempe 3, 5, 17, etc. esse primus, quam tamen ipse fatebatur se demonstrare non posse, et post eum nemo, quod sciam, demonstravit.

(„Kennst Du nicht Fermats Beobachtung, alle Zahlen der Form $2^{2^{x-1}} + 1$, etwa 3, 5, 17, usw., seien prim, von der er selbst zugab, sie nicht beweisen zu können, und die niemand, soweit ich weiß, bewiesen hat.") Die aus heutiger Sicht etwas merkwürdige Schreibweisemit $x - 1$ im höchsten Exponenten ist so zu erklären, daß man für x der Reihe nach die natürlichen Zahlen $1, 2, 3, 4, \ldots$ einsetzen möge, wodurch man die Primzahlen $3, 5, 17, 257, \ldots$ erhält. Euler antwortete auf Goldbach's *post scriptum* zunächst etwas kühl:

> Nihil prorsus invenire potui, quod ad Fermatianam observationem spectaret.

(„Nichts nach vorne Gerichtetes habe ich finden können, was sich auf die Fermatsche Beobachtung beziehen würde.") Goldbach erwähnte die Fermatsche Beobachtung erneut in seinem nächsten Brief, und Euler begann tatsächlich, Fermat zu lesen. Im Juni 1730 schreibt er:

> Incidi nuper, opera Fermatii legens, in aliud quoddam non inelegans theorema: *Numerum quemcunque esse summam quatuor quadratorum,* seu semper inveniri posse quatuor numeros quadratos, quorum summa aequalis sit numero dato, ut $7 = 1+1+1+4$. Sed tria quadrata nunquam invenientur, quorum summa sit 7.

Euler fand also die Behauptung Fermats, jede (natürliche) Zahl ließe sich als Summe von vier Quadraten darstellen, nicht aber als Summe dreier Quadrate, besonders interessant *(non inelegans)*. Von nun an kommt in der sehr umfangreichen Korrespondenz zwischen Euler und Goldbach immer wieder Zahlentheoretisches zur Sprache; 1742 entstehen hierbei die sog. ↗Goldbach-Probleme, die bis heute noch nicht vollständig gelöst sind. Übrigens zeigte Euler 1732, daß die von Goldbach erwähnte Formel bereits für $x = 6$ eine zusammengesetzte Zahl ergibt (↗Fermat-Zahl). Die Bemerkungen zur Darstellbarkeit natürlicher Zahlen als Summe von vier bzw. drei Quadraten motivierten den Vier-Quadrate-Satz von Lagrange (↗Lagrange, Vier-Quadrate-Satz von), dessen Beweis Euler später wesentlich vereinfachte, sowie den Drei-Quadrate-Satz von Gauß (↗Gauß, Drei-Quadrate-Satz von). Eulers Beiträge zur Zahlentheorie sind enorm, sowohl die Tiefe der Resultate als auch die Breite der behandelten Themen betreffend. Beispielsweise gelang es ihm in der klassischen Teilbarkeitslehre, alle geraden vollkommenen Zahlen zu charakterisieren. Bei den diophantischen Gleichungen löste er den Fall $p = 3$ der Fermatschen Vermutung. Kombinatorische Probleme behandelte er mit der Technik der *erzeugenden Funktion*, womit die analytische Zahlentheorie begründet war. Den Satz von Euklid über die Unendlichkeit der Menge aller Primzahlen verschärfte er, indem er für die Summe der Kehrwerte der Primzahlen folgende Formel angab:

$$\sum_{p \text{ Primzahl}} \frac{1}{p} = \log\log\infty. \qquad (2)$$

Tatsächlich hatte Euler nur gezeigt, daß die Summe der Kehrwerte unendlich groß wird; trotzdem ist die rechte Seite interessant: Euler gewann sie aus seiner Gleichung

$$\sum_{n=1}^{\infty} \frac{1}{n^s} = \prod_{p \text{ Primzahl}} \frac{1}{1-p^{-s}}, \qquad (3)$$

deren beide Seiten für alle komplexen Zahlen s mit Realteil > 1 konvergieren, indem er den Grenzübergang $s \to 1$ untersuchte. Die Gleichung (3) wurde später *Euler-Identität* genannt und bildet die Grundlage für die Zusammenhänge zwischen der Verteilung der Primzahlen und der ↗Riemannschen ζ-Funktion. Eulers mathematische Intuition zeigte sich auch in seiner Verwendung des quadratischen Reziprozitätsgesetzes, das erst von Gauß vollständig bewiesen wurde, und in seinen Beiträgen zur Theorie elliptischer Kurven.

Inspiriert von Euler, wenngleich darüber hinausgehend, indem manches darin bewiesen war, was Euler empirisch entdeckt hatte, war Lagranges Werk über binäre qudratische Formen „Recherches d'arithmétiques". In Anlehnung an dieses Buch nannte Gauß sein erstes Buch zur Zahlentheorie „Disquisitiones arithmeticae". Nach Gauß, für den die Zahlentheorie die *Königin der mathematischen Wissenschaften* darstellte, wird aufgrund des zunehmenden Methodenarsenals allmählich die Unterscheidung verschiedener Zweige der Zahlentheorie nach den angewandten Methoden sinnvoll, obwohl die Unterscheidung nicht immer eindeutig ist.

Die enge Verbindung zwischen algebraischen Ausdrücken auf der einen Seite und Eigenschaften natürlicher Zahlen auf der anderen Seite fällt nach heutiger Terminologie in den Bereich der *algebraischen Zahlentheorie*. Dabei stellte sich heraus, daß zahlentheoretische Probleme eine starke Motivation zur Entwicklung algebraischer Begriffe und Methoden bilden. So entwickelten sich viele Grundbegriffe der heutigen Algebra mit „der Entdeckung der arithmetischen Gesetze der *höheren Zahlkörper* unter den Händen von Gauß, Dirichlet, Kummer, Kronecker, Dedekind und Hilbert" [4]. Dahinter steht das Streben „nach einer umfassenderen, konzeptionellen Klarheit, die hinter der Vielfalt der zahlentheoretischen Erscheinungen stets den Vater des Gedankens sucht" [6]. Aus der Tatsache, daß sich gewisse Eigenschaften algebraischer Ausdrücke am besten in geometrischer Sprache ausdrücken lassen, ergibt sich über die diophantischen Gleichungen auch eine Verbindung zur Geometrie, wofür man heute den Ausdruck *arithmetische Geometrie* benutzt. Ein aktueller Höhepunkt einer derartigen Verbindung verschiedener mathematischer Disziplinen ist der

Beweis der ↗Fermatschen Vermutung (Wiles 1995):

Ist n eine beliebige natürliche Zahl ≥ 3, *so gibt es kein Tripel* (x, y, z) *aus natürlichen Zahlen, das die Gleichung* $x^n + y^n = z^n$ *erfüllt.*

Die Anwendung funktionentheoretischer Methoden in der Zahlentheorie führte zur *analytischen Zahlentheorie*. Diese war zunächst von Euler durch seinen virtuosen Umgang mit Potenzreihen initiiert worden, und erhielt durch Riemanns 1859 erschienene achtseitige Arbeit „Ueber die Anzahl der Primzahlen unter einer gegebenen Grösse" wesentliche neue Impulse. Diese Arbeit ist die einzige Publikation zur Zahlentheorie von Riemann; sie ist sehr knapp aufgeschrieben, besteht aus zahlreichen Aussagen und meist recht vagen Hinweisen auf Beweise, enthält die ↗Riemannsche Vermutung, und ist insgesamt nur sehr schwer verständlich [3]. Dies erklärt, warum Riemanns Ideen erst mehr als 30 Jahre später wieder aufgegriffen wurden. Dennoch übte dieser Aufsatz einen großen Einfluß auf die Entwicklung der Zahlentheorie aus; die Riemannschen Ideen wurden z. B. von Landau, Hardy, Siegel, Polya, Selberg, Artin, Hecke und vielen anderen aufgegriffen, sorgfältig untersucht, und einem tieferen Verständnis zugeführt – allerdings ist es noch niemandem gelungen, die Riemannsche Vermutung zu beweisen oder zu widerlegen. Ein wichtiges Resultat in diesem Umkreis ist der 1896 von Hadamard und de la Vallée Poussin (unabhängig voneinander, und auf verschiedenen Wegen) unter Benutzung der Riemannschen Ideen bewiesene ↗Primzahlsatz:

Bezeichnet $\pi(x)$ *die Anzahl der Primzahlen unterhalb* x, *so gilt die asymptotische Gleichheit*

$$\pi(x) \sim \frac{x}{\log x} \quad \textit{für } x \to \infty.$$

Mit Hilfe dieses Satzes läßt sich übrigens beweisen, daß Euler in seiner Formel (2) mit dem Ausdruck „$\log\log\infty$" die richtige Divergenzordnung der Summe erraten hatte.

Aus heutiger Sicht ist der Primzalsatz eher als Anfangs-, denn als Endpunkt der mathematischen Ergebnisse über Fragen der Primzahlverteilung zu sehen. Will man etwa weitergehende Fragen über Primzahlzwillinge oder über die Goldbach-Probleme untersuchen, so sind wesentlich subtilere Methoden erforderlich [5]. Dabei kommen nicht nur funktionentheoretische Methoden, sondern auch solche aus Wahrscheinlichkeitstheorie und asymptotischer Analysis zum Einsatz [9]. Auch ein Beweis der Riemannschen Vermutung (mit welchen Methoden auch immer) würde einen tieferen Einblick in die Regelmäßigkeit der Verteilung der Primzahlen geben (↗Mertenssche Vermutung). Die Verteilung von Primzahlen ist übrigens nicht nur ein vom alltäglichen Leben losgelöstes Problem: Manche (häufig benutzte) kryptographische Verfahren stehen damit in dem Zusammenhang, daß man mehr über deren Zuverlässigkeit wüßte, wenn die Riemannsche Vermutung (oder eine Verallgemeinerung davon) bewiesen wäre.

Bemerkenswert ist in diesem Zusammenhang das fruchtbare Zusammenspiel zwischen dem im 20. Jahrhundert aufkommenden Interesse an Algorithmen und Computertechnik einerseits und der Zahlentheorie andererseits. Aus dem Interesse an Algorithmen entstanden neue zahlentheoretische Fragen, z. B. das ↗Collatz-Problem, das eine Fülle neuer Fragen aufwarf, von denen nur wenige heute beantwortet sind. Die Computertechnik machte es möglich, umfangreiche Berechnungen anzustellen, woraus das Bedürfnis entstand, diese auf solide mathematische Grundlagen zu stellen. So kamen z. B. bei Monte-Carlo-Simulationen (↗Monte-Carlo-Methode) sehr bald schon zahlentheoretische Methoden zum Tragen (z. B. Lehmers Kongruenzmethode zum Erzeugen von Pseudozufallszahlen). Auch diese Entwicklung ist noch keineswegs abgeschlossen: Die sog. Quasi-Monte-Carlo-Methoden, zu deren Anwendungen technische Simulationen ebenso wie Risikoanalysen in der Finanzmathematik gehören, erfordern tiefliegende zahlentheoretische Überlegungen wie etwa die algebraisch-geometrische Untersuchung von Funktionenkörpern. Derartige Methoden werden auch bei der Konstruktion fehlerkorrigierender Codes zur sicheren Übertragung von Information eingesetzt. Bei kryptographischen Verfahren zum Verbergen von Information vor unberechtigtem Zugriff spielen nicht nur Fragen über die Primzahlverteilung eine Rolle, sondern es kommen auch zahlentheoretische Verfahren zum Einsatz. Diese betreffen z. B. Primzahltests, Faktorisieren natürlicher Zahlen, elliptische Kurven (↗Verschlüsselung mittels elliptischer Kurven), oder auch Klassengruppen algebraischer Zahlkörper [1]. Diese Beispiele zeigen eindringlich, daß die vielfach übliche Unterscheidung zwischen „reiner" und „angewandter" Mathematik im Hinblick auf die Zahlentheorie keinen Sinn macht.

Literatur

[1] Buchmann, Johannes: Einführung in die Kryptographie. Springer, Berlin, 1999.

[2] Bundschuh, Peter: Einführung in die Zahlentheorie. Springer, Berlin, 4. Auflage, 1998.

[3] Edwards, H. M.: Riemann's Zeta Function. Academic Press, New York, 1974.

[4] Leutbecher, Armin: Zahlentheorie. Eine Einführung in die Algebra. Springer, Berlin, 1996.

[5] Halberstam, H., and Richert, H.-E.: Sieve methods. Academic Press, London, 1974.

[6] Neukirch, Jürgen: Algebraische Zahlentheorie. Springer, Berlin, 1992.
[7] Scheid, Harald: Zahlentheorie. BI-Wissenschafts-Verlag, Mannheim, 1994.
[8] Scriba, C.J. und Schreiber, P.: 5000 Jahre Geometrie. Springer, Berlin, 2001.
[9] Tenenbaum, Gérald: Introduction to analytic and probabilistic number theory. Cambridge University Press, 1995.
[10] Tropfke, Johannes: Geschichte der Elementarmathematik. de Gruyter, Berlin, 1980.
[11] Weil, André: Number Theory. An approach through history. Birkhäuser, Boston, 1984.

Zähler, die Größe x in einem ↗Bruch $\frac{x}{y}$.

Zählerautomat, an Rechenmaschinen angelehntes mathematisches Modell zur Formalisierung des Algorithmenbegriffs.

Ein Zählerautomat verfügt über eine endliche Menge von Registern $R_1, \ldots, R_m$, von denen jedes in der Lage ist, eine beliebig große natürliche Zahl zu speichern. Ein Algorithmus wird als endlich lange durchnumerierte Liste von Befehlen notiert. Als Befehle stehen zur Verfügung:

- **INC** $R_j \to k$: (Erhöhe den Wert des Registers R_j um 1 und setze mit dem Befehl an Position k der Befehlsliste fort).
- **T&DEC** $R_j \to k_1/k_2$: (Falls R_j den Wert 0 speichert, lasse diesen Wert unverändert und setze mit dem Befehl an Position k_1 fort, ansonsten verringere den Wert von R_j und setze mit dem Befehl an Position k_2 fort);
- **STOP**: Beende die Programmabarbeitung.

Ein Zählerautomat mit mindestens $n+1$ Registern berechnet eine n-stellige partielle zahlentheoretische Funktion f, falls bei Belegung der Register $R_1, \ldots, R_n$ mit Funktionsargumenten $x_1, \ldots, x_n$ und nachfolgendem Start der Programmabarbeitung mit dem Befehl an der ersten Position der Zählerautomat genau dann irgendwann einen **STOP**-Befehl erreicht, wenn $f(x_1, \ldots, x_n)$ definiert ist und dann R_{n+1} den Funktionswert enthält, während die Programmabarbeitung niemals stoppt, falls f auf den übergebenen Argumenten nicht definiert ist.

Der so gebildete Berechenbarkeitsbegriff ist äquivalent zur Definition von Berechenbarkeit mittels Turing-Maschinen und weiteren Berechenbarkeitsmodellen.

Zählfunktion, Sammelbegriff für spezielle Polynome.

Dazu gehören die drei fundamentalen Zählfunktionen (die ↗Standardpolynome, die ↗fallenden Faktoriellen und die ↗steigenden Faktoriellen), die ↗Gauß-Polynome und die ↗Ordnungspolynome, sowie die spezielle Polynome, welche u. a. die ↗Binomialkoeffizienten, die ↗Gaußschen Koeffizienten, die ↗Bell-Zahlen, die ↗Catalan-Zahlen, die ↗Lah-Zahlen, und die ↗Stirling-Zahlen definieren.

Zahlklasse einer Kardinalzahl, die Menge

$$Z(\kappa) := \{\alpha \in \mathbf{ON} : \#\alpha = \kappa\}$$

der zur Kardinalzahl κ gleichmächtigen Ordinalzahlen. Siehe auch ↗Kardinalzahlen und Ordinalzahlen.

Zahlkörper, ↗algebraischer Zahlkörper.

Zähloperatoren, ↗ Feldoperatoren.

Zahlpartition, Aufteilung einer natürlichen Zahl n in Summanden n_i:

$$n = \sum_i n_i .$$

Zahlsystem, Verfahren zum schriftlichen Ausdrücken von Zahlen. Man unterscheidet hierbei Additionssysteme, Positionssysteme, und andere.

Bei einem Additionssystem ergibt sich der Wert eines niedergeschriebenen Ausdrucks im wesentlichen als Summe der Werte von Teilausdrücken. Das primitivste Additionssystem ist die Strichliste zur Notation natürlicher Zahlen, bei der jeder Strich den Wert 1 hat. Um eine natürliche Zahl n aufzuschreiben, muß man also n Striche zeichnen.

1	2	3	4	5	6	7	…
I	II	III	IIII	IIIII	IIIIII	IIIIIII	…

Gleichbedeutend damit wäre es, zur Darstellung von n ebensoviele geeignete Gegenstände, etwa Kieselsteine, zu nehmen. Addiert und subtrahiert wird dann einfach durch Dazulegen oder Wegnehmen der entsprechenden Anzahl von Kieselsteinen, multipliziert und dividiert durch wiederholte Addition bzw. Subtraktion.

Im Strichlistensystem geht sehr bald die Übersicht verloren. Eine einfache Maßnahme ist zunächst das Bündeln z. B. in Fünferpäckchen:

1	2	3	4	5	6	7	…
I	II	III	IIII	𝍸	𝍸I	𝍸II	…

Wesentlich weiter kommt man, wenn man solche Bündel wiederum durch neue Zeichen darstellt und dieses Bündeln und Abkürzen mehrfach wiederholt. Das römische Zahlensystem etwa hat die Grundzeichen I, X, C, M, wobei I den Wert 1 besitzt und jedes weitere den zehnfachen Wert seiner Vorgängers. Bezeichnet $w(s)$ den Wert einer Zeichenreihe s, so gilt also:

$$w(\mathrm{I}) = 1 \,,\quad w(\mathrm{X}) = 10$$
$$w(\mathrm{C}) = 100 \,,\quad w(\mathrm{M}) = 1000$$

Daneben gibt es die Hilfszeichen V, L und D, die jeweils den fünffachen Wert der Zeichen I, X und C haben:

$$w(\mathrm{V}) = 5 \quad , \quad w(\mathrm{L}) = 50 \quad , \quad w(\mathrm{D}) = 500$$

Ein Grundzeichen g gefolgt von einem höherwertigen Grund- oder Hilfszeichen z hat den Wert

$$w(gz) = w(z) - w(g).$$

Eine gültige Zeichenreihe ist eine Zeichenreihe der Gestalt $\alpha_1 \ldots \alpha_n$, wobei jedes α_k ein Grund- oder Hilfszeichen z_k oder eine Verbindung $g_k z_k$ aus einem Grundzeichen und einem höherwertigen Grund- oder Hilfszeichen ist und die z_k nach absteigendem Wert geordnet sind, und hat (Additionssystem!) den Wert

$$w(\alpha_1 \cdots \alpha_n) = w(\alpha_1) + \cdots + w(\alpha_n).$$

Eine natürliche Zahl wird ausgedrückt durch eine möglichst kurze zulässige Zeichenreihe. So wird etwa CMIV geschrieben anstelle von DCCCCIIII.

Auch die Stammbruchrechnung der ägyptischen Mathematik kann man als eine Art Additionssystem (zur Darstellung gebrochener Zahlen) betrachten.

Additionssysteme sind ungeeignet zum Schreiben großer Zahlen, weil man zur Vermeidung unhandlich langer Ausdrücke potentiell immer neue Abkürzungen erfinden muß. Dies ist nicht der Fall bei Positions- oder ↗Stellenwertsystemen. Hier benutzt man nur eine kleine Anzahl von Zeichen, Ziffern genannt, und die zu einem Bündel zusammengefaßten Einheiten (z. B. je zehn beim Dezimalsystem) werden auf jeder Bündelungsstufe wieder mit den gleichen Zeichen geschrieben, deren Wert sich aus ihrer Position im Gesamtausdruck ergibt. Im Zweiersystem etwa benutzt man die Ziffern 0 und 1, und in einer Zeichenreihe

$$\xi_n \cdots \xi_k \cdots \xi_0$$

hat die Ziffer $\xi_k = 0$ den Wert 0 und die Ziffer $\xi_k = 1$ den Wert 2^k. Es werden also immer zwei Einheiten an einer Stelle k zu einer Einheit an der Stelle $k+1$ gebündelt.

Stellenwertsysteme sind nach Zulassen von unendlich langen Zeichenreihen der Gestalt

$$\xi_n \cdots \xi_0 . \xi_{-1} \cdots$$

auch zur Darstellung nicht-ganzer Zahlen geeignet. Im Zweiersystem etwa hat dann die Stelle k auch für negative $k \in \mathbb{Z}$ den Wert 2^k. Ebenso wie das erläuterte Stellenwertsystem zur Basis 2 bildet man Stellenwertsysteme zu anderen Basen $b \in \mathbb{N}$ mit $b \geq 2$, und neben solchen Stellenwertsystemen zu fester Basis gibt es auch Stellenwertsysteme zu variabler Basis.

Weiter gibt es Schreibweisen, die sich weder klar als Additions- noch als Positionssystem deuten lassen, wie etwa die Darstellung rationaler Zahlen als Brüche oder die Darstellung reeller Zahlen als Kettenbrüche.

Zalcman, Lemma von, ein Normalitätskriterium für ↗meromorphe Funktionen:

Es seien $G \subset \mathbb{C}$ ein ↗Gebiet, $\mathcal{F}$ eine Familie meromorpher Funktionen in G, und $z_0 \in G$. Dann sind die folgenden beiden Aussagen äquivalent:

(1) *Es ist $\mathcal{F}$ in keiner Umgebung von z_0 eine ↗normale Familie.*

(2) *Es existieren Folgen (f_n) in $\mathcal{F}$, (z_n) in G, (ϱ_n) in $(0, \infty)$, und eine nicht-konstante meromorphe Funktion g in $\mathbb{C}$ mit*

$$\lim_{n\to\infty} z_n = z_0 \,, \quad \lim_{n\to\infty} \varrho_n = 0$$

und

$$\lim_{n\to\infty} f_n(\varrho_n z + z_n) = g(z)$$

kompakt in $\mathbb{C}$.

Zariski, Oscar, Mathematiker, geb. 7.5.1899 Kobryn (Weißrußland), gest. 4.7.1986 Brookline (Mass.).

Zariskis ursprünglicher Name war Ascher Zaritsky. Er war das Kind jüdischer Eltern und erhielt ab dem siebenten Lebensjahr Privatunterricht. Dabei zeigte er sowohl eine sprachliche als auch eine mathematische Begabung. Während des Ersten Weltkriegs floh die Familie vor den Kriegsereignissen in die Ukraine. Da alle Studienplätze für Mathematik belegt waren, begann Zariski 1918 ein Philosophiestudium an der Universität Kiew, konnte jedoch dann auch seinen mathematischen Interessen nachgehen. Das Studium war jedoch sehr stark durch zahlreiche militärische Auseinandersetzungen am Ende des Ersten Weltkrieges und des beginnenden Bürgerkrieges beeinträchtigt. Zariski setzte deshalb sein Studium 1921 für ein Semester in Pisa und dann in Rom bei den bekannten Vertreter der algebraischen Geometrie Castelnouvo, Enriques und Severi fort, und promovierte 1924 bei ersterem. Auf Anregung von Enriques paßte er seinen Namen der italienischen Sprache an und nannte sich fortan Oscar Zariski. Die politische Entwicklung in Italien mit dem Aufkommen des Faschismus erschwerte Zariskis Leben zunehmend. Mit Hilfe von Lefschetz floh er mit seiner Frau in die USA. An der Johns Hopkins Universität in Baltimore war er zunächst Stipendiat, Mitarbeiter (ab 1929), und Associate Professor (ab 1932), schließlich ab 1937 Professor. Nach Gastprofessuren an den Universitäten von Sao Paulo (1945) und Illinois (1946/47) lehrte er ab 1947 bis zu seiner Emeritierung 1969 als Professor an der Harvard Universität in Cambridge (Mass.).

Zariski begann seine Forschungen auf dem Gebiet der klassischen algebraischen Geometrie. In den Untersuchungen zu ebenen algebraischen Kurven, von denen er u. a. die Topologie der Singularitäten sowie von deren Gleichungen die Auflösbarkeit in Radikalen studierte, kombinierte er geschickt algebraische und topologische Ideen mit der „synthetischen" geometrischen Beweistechnik seiner Lehrer. 1935 faßte er in der Monographie „Algebraic Surfaces" die Ergebnisse der italienischen Schule der algebraischen Geometrie zusammen und bemühte sich, in Sinne der aufkommenden abstrakten Algebra die grundlegenden Ideen der Beweise herauszuarbeiten. In den folgenden Jahrzehnten widmete er sich den dabei zutage getretenen Problemen sowie der weiteren algebraischen Durchdringung der Theorie, und vollzog damit eine völlige Neuausrichtung seiner Forschungen. So studierte er normale Varietäten, birationale Transformationen, lokale Uniformisierungen und die Auflösung von Singularitäten. Zusammen mit van der Waerden und Weil hat er maßgeblichen Anteil an der Neubegründung der algebraischen Geometrie auf rein algebraischer Basis. Ende der 40er Jahre führte er unter Rückgriff auf Ideen von Stone auf einer algebraischen Mannigfaltigkeit eine nichtseparierte Topologie ein, und widerlegte damit die bis dahin allgemein akzeptierte Ansicht, daß eine „vernünftige" Topologie separiert sein müsse. Diese heute nach Zariski benannte Topologie wurde ab den 50er Jahren wesentlich weiterentwickelt. Weitere Schwerpunkte seiner Forschungen waren die Theorie formal holomorpher Funktionen auf algebraischen Varietäten beliebiger Charakteristik sowie das Riemann-Roch-Theorem und dessen Anwendung auf algebraische Flächen. 1965 begann er mit Untersuchungen der Äquisingularität, die er 1979 zu einer ersten allgemeinen Theorie zusammenfaßte. Zwei Jahrzehnte zuvor hatte er zusammen mit P. Samuel (geb. 1921) ein zweibändiges Standardwerk der Algebra, „Commutative Algebra" (1958, 1960) publiziert.

Zariski war jeweils längere Zeitabschnitte an der Herausgabe von vier führenden amerikanischen mathematischen Zeitschriften beteiligt und erhielt mehrere Anerkennungen für sein wissenschaftliches Werk.

Zariski-Ring, ein ↗topologischer Ring, definiert durch die I–adische Topologie eines Ideals I, das in allen Maximalidealen enthalten ist.

Dabei definiert das Ideal I eine Topologie im Ring dadurch, daß die Menge $\{x+I^n\ ,\ \ n\geq 1\}$ als System der offenen Umgebungen des Elements x aufgefaßt wird.

Zariski-Tangentialraum, dualer Vektorraum von $\mathfrak{m}/\mathfrak{m}^2$ für das maximale Ideal $\mathfrak{m}$ eines Noetherschen lokalen Ringes.

Sei R ein Noetherscher lokaler Ring, und seien $x_1, \dots, x_n$ Elemente seines maximalen Ideals $\mathfrak{m}$. Dann gilt für die Höhe

$$h\left(\sum_{i=1}^{n} Rx_i\right) \leq n\,.$$

Wird insbesondere $\mathfrak{m}$ durch n Elemente erzeugt, so gilt $\dim R \leq n$.

Sei $K := R/\mathfrak{m}$. Man kann $\mathfrak{m}/\mathfrak{m}^2$ als Vektorraum über K betrachten und hat dann $\dim_K(\mathfrak{m}/\mathfrak{m}^2)$ Elemente, die $\mathfrak{m}$ erzeugen. Es gilt $\dim R \leq \dim_K(\mathfrak{m}/\mathfrak{m}^2)$. Der duale Vektorraum $Hom_K(\mathfrak{m}/\mathfrak{m}^2, K)$ heißt Zariski-Tangentialraum von R und wird mit $T_\mathfrak{m}(R)$ bezeichnet. Ein Noetherscher Ring R heißt regulärer lokaler Ring, wenn $\dim R = \dim_K T_\mathfrak{m}(R)$ gilt.

Zariski-Topologie, Begriff aus der algebraischen Geometrie.

Ist k ein algebraisch abgeschlossener Körper, so ist die Menge $\mathbb{P}^n(k)$ (↗projektiver Raum) mit einer Topologie versehen, deren abgeschlossene Mengen genau die algebraischen Teilmengen sind. Ebenso ist jede Teilmenge, z. B. $\mathbb{A}^n(k)$, mit der daraus induzierten Topologie versehen. Die offenen Mengen der Form $D_+(F)$ (F ein homogenes Polynom in den homogenen Koordinaten, $D_+(F) = \{x, F(x) \neq 0\}$) bilden eine Basis dieser Topologie: $\mathbb{A}^n(k)$ ist Zariski-offen in $\mathbb{P}^n(k)$. Diese Topologie erfüllt das Trennungsaxiom T_1 (jeder Punkt ist abgeschlossen), ist aber nicht Hausdorffsch.

Die Zariski-Topologie von

$$\mathbb{A}^n(k) \times \mathbb{A}^m(k) = \mathbb{A}^{n+m}(k)$$

ist nicht die Produkt-Topologie, sondern feiner als diese (sodaß also die Diagonale in $\mathbb{A}^n(k) \times \mathbb{A}^n(k)$ trotzdem abgeschlossen ist).

Für einen kommutativen Ring A wird die Menge der Primideale von A, bezeichnet mit Spec(A), mit der Topologie versehen, deren abgeschlossene Mengen die der Form

$$V(I) = \{\wp \in \underline{\mathrm{Spec}}(A) \mid \wp \supseteq I\}$$

sind. Offene Mengen der Form $D(f)$ $\big(f \in A,\ D(f) = \{\wp \in \underline{\mathrm{Spec}}(A),\ f \notin \wp\}\big)$ bilden eine Basis dieser Topologie. Dies ist die Zariski-Topologie von $\underline{\mathrm{Spec}}(A)$. Diese Topologie ist quasikompakt, erfüllt aber nur das Trennungsaxiom T_0 (von je zwei verschiedenen Punkten besitzt wenigstens einer eine Umgebung, die den anderen nicht enthält).

Die abgeschlossenen Punkte entsprechen der Menge $\underline{\mathrm{Specmax}}(A)$ der Maximalideale von A. Wenn A endlich erzeugt über einem algebraisch abgeschlossenen Körper k ist, so ist $\underline{\mathrm{Specmax}}(A)$ sehr dicht in $\underline{\mathrm{Spec}}(A)$ (d. h., $U \mapsto U \cap \underline{\mathrm{Specmax}}(A)$, resp. $F \mapsto F \cap \underline{\mathrm{Specmax}}(A)$ liefert eine Bijektion des Systems der offenen resp. abgeschlossenen Mengen von $\underline{\mathrm{Spec}}(A)$ mit dem entsprechenden System von $\underline{\mathrm{Specmax}}(A)$) (↗Hilbertscher Nullstellensatz).

Für $A = k\left[T_1, \dots, T_n\right]$ ist $\underline{\mathrm{Specmax}}(A) \simeq \mathbb{A}^n(k)$ (↗Hilbertscher Nullstellensatz).

Z-Bosonen, zusammen mit den ↗W-Bosonen Ladungsträger der schwachen Ladung.

Die Z-Bosonen werden auch Z^0-Bosonen genannt, da sie elektrisch neutral sind. Ihre Masse ist mit 92 GeV recht hoch im Vergleich zur Masse anderer Elementarteilchen.

zehntes Hilbertsches Problem, eines der 23 ↗Hilbertschen Probleme.

Es stellt die Frage nach einem Algorithmus zur Lösung von diophantischen Gleichungssystemen. Man kann dies als ein ↗Entscheidungsproblem verstehen: Gegeben ist eine endliche Menge von Polynom-Gleichungen, gefragt ist, ob es eine Lösung dieser Gleichungen über den ganzen Zahlen gibt (und wenn ja, ist eine solche Lösung anzugeben). Eine erste einfache Reduktion des Problems besteht darin, festzustellen, daß es genügt, eine einzelne Polynomgleichung der Form $P(\vec{x}) = 0$ zu betrachten.

Eine Menge A, die sich folgendermaßen über ein geeignetes Polynom P mit ganzzahligen Koeffizienten ausdrücken läßt

$$x \in A \Leftrightarrow \exists \vec{y} \in \mathbb{Z}^k : P(x, \vec{y}) = 0$$

heißt diophantisch. (Man vergleiche mit der Definition der ↗arithmetischen Hierarchie, insbesondere mit den ↗rekursiv-aufzählbaren Mengen Σ_1^0).

Nach wichtigen Vorarbeiten von M. Davis, H. Putnam und J. Robinson in den 50er Jahren gelang Y. Matiyasevich 1970 der Beweis des Satzes, daß jede rekursiv aufzählbare Menge diophantisch ist. Die wichtigste Folgerung aus diesem Satz ist, daß eine allgemeine Lösung des zehnten Hilbertschen Problems unmöglich ist, da das betreffende Entscheidungsproblem unentscheidbar ist (↗Entscheidbarkeit, ↗Berechnungstheorie).

Eine weitere interessante Folgerung ist, daß es zu jeder rekursiv aufzählbaren Menge A von natürlichen Zahlen (z. B. der Menge aller Primzahlen) ein Polynom $P(\vec{x})$ gibt mit Koeffizienten aus $\mathbb{Z}$, so daß A genau die Menge der nichtnegativen Werte ist, die $P(\vec{x})$ für $x \in \mathbb{Z}^k$ annimmt.

Zeichenreihe, durch Aneinanderreihung von jeweils endlich vielen Grundzeichen (↗Prädikatenkalkül) entstehende Struktur.

Da Zeichenreihen durch das Aneinanderfügen von Grundzeichen („Buchstaben") eines Alphabets für eine (formalisierte) Sprache entstehen, heißen sie auch *abstrakte Wörter*.

Die Verkettung von Zeichenreihen (d. h. das Aneinanderfügen von abstrakten Wörtern) erzeugt neue Zeichenreihen. Die Verkettungsoperation ist assoziativ, aber nicht kommutativ. Die Menge der abstrakten Wörter über einem Alphabet bildet bezüglich der Verkettung eine freie Halbgruppe.

Zeiger, ein Datenfeld, das die Adresse eines weiteren Datenfelds enthält.

Ein Zeiger ist also eine Referenz auf ein weiteres Datenfeld und wird daher unter anderem zur programmiertechnischen Realisierung ↗verketteter Listen benutzt.

Zeilengitter, ganzzahliges Gitter der Form

$$\{(z_1, z_2) | z_1, z_2 \in \mathbb{Z} \text{ und } z_2 \text{ ist gerade}\}.$$

Das Zeilengitter kann durch Anwendung einer ↗Dilatationsmatrix auf $\mathbb{Z}^2$ erzeugt werden.

Zeilenrang, die Dimension des ↗Zeilenraumes einer Matrix.

Zeilenraum, der von den Zeilen einer $(m \times n)$-↗Matrix über dem Körper $\mathbb{K}$ aufgespannte ↗Unterraum des $\mathbb{K}^n$.

Die Dimension des Zeilenraumes einer Matrix stimmt stets überein mit der Dimension ihres Spaltenraumes, d. h. des von ihren Spalten aufgespannten Unterraumes des $\mathbb{K}^m$.

Zeilenstufenform, die durch die folgenden vier Bedingungen eindeutig bestimmte, zu gegebener $(m \times n)$-↗Matrix A über $\mathbb{K}$ äquivalente Normalform von A:

- Der erste von Null verschiedene Eintrag einer Zeile, die nicht nur Nullen enthält, ist 1; dieser Eintrag wird als Pivot-Element bezeichnet.
- Sind alle Einträge einer Zeile gleich Null, so enthalten auch alle darunter stehenden Zeilen nur Nullen.
- Das Pivot-Element von Zeile $i + 1$ steht rechts vom Pivot-Element von Zeile i.
- Alle Einträge oberhalb eines Pivot-Elementes sind Null.

Jede Matrix über $\mathbb{K}$ läßt sich durch eine endliche Folge elementarer Zeilenumformungen in Zeilenstufenform überführen.

Auch bei einer Matrix, für die gilt:

> Sind in einer Zeile die ersten r Elemente gleich Null, so sind in allen darunter stehenden Zeilen die ersten $(r+1)$ Elemente (soweit vorhanden) gleich Null

spricht man von Zeilenstufenform.

Diese Normalform ist jedoch nicht eindeutig. Hier werden jeweils die ersten von Null verschiedenen Elemente der Zeilen als Pivotelement bezeichnet; das numerische Lösen eines linearen Gleichungssystems durch Überführen einer Matrix in Zeilenstufenform mit dem Gaußschen Algorithmus hängt entscheidend von der Wahl der Pivotelemente ab. Wird eine Matrix B durch elementare Zeilenumformungen in eine Matrix A in Zeilenstufenform überführt, so bilden die von Null verschiedenen Zeilen von A eine Basis des von den Zeilen von B aufgespannten Vektorraumes.

Zeilensummenkriterien, Typus von Kriterien, denen eine quadratische ↗ Matrix A genügen muß, um die Konvergenz gewisser numerischer Verfahren zu garantieren.

Es sei $A = ((a_{\mu\nu}))$ eine quadratische $(n \times n)$-Matrix, wobei μ der Zeilen- und ν der Spaltenindex ist. A erfüllt das starke Zeilensummenkriterium, wenn für alle $\mu \in \{1, \ldots n\}$ gilt:

$$|a_{\mu\mu}| > \sum_{\substack{\nu=1 \\ \nu\neq\mu}}^{n} |a_{\mu\nu}| . \qquad (1)$$

Gilt, anstelle von (1), für alle $\mu \in \{1, \ldots n\}$

$$|a_{\mu\mu}| \geq \sum_{\substack{\nu=1 \\ \nu\neq\mu}}^{n} |a_{\mu\nu}| , \qquad (2)$$

und zusätzlich für mindestens ein μ die Ungleichung (1), so sagt man, daß A das schwache Zeilensummenkriterium erfüllt.

Das starke Zeilensummenkriterium impliziert die Konvergenz des aus A gebildeten ↗ Jacobi-Verfahrens (Gesamtschrittverfahrens), wohingegen das schwache Kriterium, zusammen mit weiteren technischen Voraussetzungen, die Konvergenz des ↗ Gauß-Seidel-Verfahrens (Einzelschrittverfahrens) impliziert.

[1] Meinardus, G.; Merz, G.: Praktische Mathematik II. B.I.-Wissenschaftsverlag Mannheim, 1982.

Zeilensummennorm, ↗ Spaltensummennorm.

Zeilenvektor, ↗ Spaltenvektor.

Zeilenvertauschungen in einer Matrix, ↗ elementare Umformung.

Zeit, physikalischer Parameter, der die Abfolge von Ereignissen beschreibt.

Während in der klassischen Mechanik, gestützt u. a. auf die Kantsche Philosophie, die Zeit als überall gleich ablaufend angesehen wird, ist in der relativistischen Mechanik eine Unterscheidung in Abhängigkeit vom Bewegungsablauf erforderlich (↗ Spezielle Relativitätstheorie). Die Eigenzeit eines Teilchens ist diejenige Zeit, die in einem mit dem Teilchen mitbewegten Bezugssystem gemessen wird. Das Verhältnis der Zeiten im bewegten und im ruhenden Bezugssystem wird durch die ↗ Zeitdilatation beschrieben.

Infolge der unterschiedlich definierten Zeiten ist auch der Begriff der Gleichzeitigkeit abhängig vom Bezugssystem.

zeitabhängige Green-Funktion, Hilfsgröße zur Bestimmung von Lösungen einer partiellen Differentialgleichung, auch Hadamards Elementarfunktion oder Schwinger-Funktion genannt.

Ist A der Differentialoperator, ϕ die gesuchte Funktion und ϱ die gegebene Quelle, dann ist die zur partiellen Differentialgleichung $A(\phi) = \varrho$ gehörige Greensche Funktion G durch $A(G) = \delta$ gegeben, wobei δ die Kroneckersche Delta-Distribution bezeichnet. Ist A ein linearer Operator, so läßt sich die Lösung ϕ durch Integration von G über ϱ ermitteln.

Anwendungen erfolgen besonders in der Quantenfeldtheorie. Hier werden die Greenschen Funktionen mit den Vakuumerwartungswerten der Produkte von freien Feldoperatoren verknüpft und Propagatoren genannt. Im Falle des zeitgeordneten Produkts der Felder ergibt sich der Feynman-Propagator. Andere Formen der Darstellung der zeitabhängigen Green-Funktionen werden retardierte bzw. avancierte Greensche Funktionen genannt.

[1] N. Birrell und P. Davies: Quantum fields in curved space. Cambridge University Press, 1982.

zeitartig, ein Vektor $v \in V$ eines ↗ pseudounitären Raumes V, der negative Länge hat.

Allgemeiner nennt man einen linearen Unterraum $U \subset V$ zeitartig, wenn er nur aus zeitartigen Vektoren besteht. Eine Koordinate x_i eines Koordinatensystems $(x_1, \ldots, x_n)$ einer ↗ pseudo-Riemannschen Mannigfaltigkeit (M, g) heißt zeitartig, wenn das Vektorfeld $\partial/\partial x_i$ an die zugehörigen ↗ Parameterlinien negatives Längenquadrat $g\,(\partial/\partial x_i, \partial/\partial x_i) < 0$ hat. In einem ↗ Minkowski-Raum M^4 mit dem ↗ metrischen Fundamentaltensor

$$g(\mathfrak{x}, \mathfrak{x}) = -c^2 t^2 + x^2 + y^2 + z^2$$

$(\mathfrak{x} = (t, x, y, z))$ ist die t-Koordinate zeitartig.

Ist (M, g) eine pseudo-Riemannsche Mannigfaltigkeit mit der ↗ Riemannschen Metrik g, so heißt ein Tangentialvektor $\mathfrak{t} \in T_x(M)$ in einem Punkt $x \in M$

zeitartig, wenn $g(t, t) < 0$ ist. Eine Kurve $\alpha(t)$ in M heißt zeitartig, wenn ihr Tangentialvektor $\alpha'(t)$ für alle t zeitartig ist.

Zeitdilatation, Effekt der ↗Speziellen Relativitätstheorie, nach dem die Eigenzeit eines Körpers stets langsamer verstreicht als die Zeit, die in Bezugssystemen gemessen wird, bezüglich derer sich der Körper bewegt. („Bewegte Uhren gehen langsamer.") Ist τ die verstrichene Eigenzeit, so verstreicht in einem Bezugssystem, in dem der Körper die Geschwindigkeit v besitzt, die Zeit $t = \tau/\sqrt{1-(v^2/c^2)}$.

zeitdiskretes Netz, Bezeichnung für ein ↗Neuronales Netz, dessen Netzfunktion $\mathcal{N}$ diskrete Ein- und Ausgabewerte verarbeitet bzw. erzeugt, also

$$\mathcal{N} : \mathbb{R}^n \to \mathbb{R}^m ,$$

und mit einem zeitdiskreten Scheduling versehen ist.

zeitgeordnetes Produkt, ↗Wicksches Theorem.

zeitkontinuierliches Netz, bezeichnet ein ↗Neuronales Netz, dessen Netzfunktion $\mathcal{N}$ kontinuierliche Ein- und Ausgabewerte verarbeitet bzw. erzeugt, also

$$\mathcal{N} : Abb(\mathbb{R}^k, \mathbb{R}^n) \to Abb(\mathbb{R}^k, \mathbb{R}^m) ,$$

und mit einem zeitkontinuierlichen Scheduling versehen ist.

Zeitmittel, ↗Ergodenhypothese, ↗Ergodentheorie, ↗Quasi-Ergodenhypothese.

Zeitnetz, ein ↗Petri-Netz mit expliziten Zeitrestriktionen, die verschiedenen Netzelementen zugeordnet sein können.

Zeitrestriktionen können die Schaltdauer von Transitionen, ein Zeitintervall, in dem (nach Beginn der Schaltfähigkeit) eine Transition schalten darf, Verfügbarkeitsdauern und -intervalle von Marken auf einzelnen Stellen, oder Öffnungs- und Schließzeiten für Bögen spezifizieren.

Zeitnetze gehen davon aus, daß einzelne Netzelemente über Uhren verfügen, die mit den Uhren der anderen Netzelemente synchron laufen. Die Adäquatheit einer solchen Annahme für verteilte Systeme ist umstritten. Dennoch werden Zeitnetze gern zur Modellierung realer Systeme verwendet.

Zeitreihe, ↗Zeitreihenanalyse.

Zeitreihenanalyse, ein Teilgebiet der ↗Statistik stochastischer Prozesse.

Unter einer Zeitreihe versteht man eine zeitabhängige Folge von Zufallsgrößen $X(t_1), X(t_2), \dots, X(t_n)$, die als Teil eines ↗stochastischen Prozesses $(X(t))_{t\in T\subseteq\mathbb{R}}$ aufgefaßt werden. Beobachtungen $x(t_1), \dots, x(t_n)$ von $X(t_1), \dots, X(t_n)$ bilden dann eine konkrete Realisierung der Zeitreihe. Die Verfahren der Zeitreihenanalyse setzen dabei i. allg. voraus, daß die Zeitabstände der beobachteten Zeitreihe äquidistant sind, daß also gilt: $t_i = t_{i-1}+h$. Man schreibt deshalb statt $X(t_i)$ auch nur $X(i)$, i beschreibt dann nicht mehr den Zeitpunkt, sondern die i-te Messung.

Bei der Zeitreihenanalyse geht es darum, aus der Analyse der Zeitreihe Gesetzmäßigkeiten des gesamten zeitlichen Ablaufes von $(X(t))_{t\in T\subseteq\mathbb{R}}$ zu erkennen. Dabei interessieren insbesondere der Trend $m(t)$, der eine langfristige zeitliche Entwicklung (Tendenz) des betrachteten Vorganges beschreibt, und die periodischen Schwankungen (Saisonschwankungen) $s(t)$, die periodisch auf den Vorgang einwirken. Naturgemäß ergibt sich daraus die Modellgleichung

$$X(t) = m(t) + s(t) + U(t),$$

wobei $m(t)$ bzw. $s(t)$ die nichtzufälligen zeitabhängigen Funktionen sind, die den Trend und die Saisonschwankungen beschreiben. $(U(t))_{t\in T\subseteq\mathbb{R}}$ beschreibt den zufälligen Teil der Zeitreihe mit der Voraussetzung

$$EU(t) = 0 \text{ und } \mathrm{Cov}(U(t), U(t+k)) = \sigma(k)$$

für alle t und k, d. h., $U(t)$ wird als im weiteren Sinne stationär vorausgesetzt.

Methoden der Zeitreihenanalyse:

1) Eine übliche Methode besteht darin, für die unbekannten Funktionen $m(t)$ und $s(t)$ parametrische Modelle anzusetzen, und die Parameter dieser Modelle durch Methoden der ↗Regressionsanalyse zu schätzen.

2) Eine Alternative ist die sogenannte Differenzenmethode. Unter der Annahme, daß der Trend durch ein Polynom beschreibbar ist, geht man von $(X(t), t = 1, \dots, n))$ aus, und geht in jedem Schritt d über zu der Zeitreihe $\Delta^d(X(t)), t = d+1, \dots, n$, mit

$$\Delta^d X(t) = \Delta^{d-1}X(t) - \Delta^{d-1}X(t-1) ,$$

so lange, bis die entstehende Zeitreihe keinen polynomialen Trend mehr enthält. Die Ordnung des Polynoms wird durch den letzten Schritt d bestimmt. Die neue durch die Differenzenbildung erhaltene Zeitreihe hat keinen (polynomialen) Trend mehr. In ähnlicher Weise kann durch ein- oder mehrmalige Anwendung des Operators Δ_s mit $\Delta_s X(t) = X(t) - X(t-s)$ eine periodische Schwankung mit der Periode s identifiziert und eliminiert werden.

3) Eine weitere Methode besteht in der sogenannten Glättung von Zeitreihen. Dazu paßt man einem kleinen Bereich der Zeitreihe eine Funktion, in der Regel ein Polynom, an, und schätzt den jeweiligen Meßwert $X(t)$ der Zeitreihe durch den Wert $\tilde{X}(t)$ der Funktion. Allgemein kann man diesen auch als Methode der gleitenden Mittel bezeichneten Vorgang

durch die Vorschrift

$$\tilde{X}(t) = \sum_{j=-k}^{k} w_j X(t+j)$$

definieren, wobei w_j bestimmte Gewichtsfaktoren mit $\sum_{j=-k}^{k} w_j = 1$ sind. Als eine Variante dieser Methode kann man die sogenannte exponentielle Glättung einer Zeitreihe betrachten. Diese wird zur kurzfristigen Vorhersage von Zeitreihen angewendet. Sind $X(1), \ldots X(n)$ n Beobachtungswerte von $X(t)$, so wird $X(n+1)$ durch

$$\tilde{X}(n+1) = \frac{\sum_{j=0}^{n-1} a^j X(n-j)}{\sum_{j=0}^{n-1} a^j}$$

geschätzt. a ist dabei eine im Bereich $0 < a < 1$ frei wählbare Konstante. Je näher a bei 1 liegt, desto größer wird der Einfluß zurückliegender Werte auf die Vorhersage $\tilde{X}(n+1)$. Relativ kurzfristige Veränderungen des Trends bleiben in diesem Fall unberücksichtigt; es erfolgt eine starke Glättung.

4) Unter der Annahme, daß die Zeitreihe im weiteren Sinne stationär ist, also das Modell $X(t) = \mu + U(t)$ vorliegt, erfolgt eine Anpassung der Zeitreihe $(X(t))_{t \in T}$ durch AR-, MA-, ARMA-, oder ARIMA-Modelle (↗Modelle der Zeitreihenanalyse).

5) Unter der Voraussetzung $X(t) = \mu + U(t)$ interessiert man sich auch häufig nur für Frequenzen und Periodenlängen verborgener Oszillationen in der stationären Zeitreihe. Diese werden durch Schätzungen von Spektraldichten (↗Spektraldichteschätzung) bzw. Schätzung und Analyse der Autokorrelationsfunktion (↗Korrelationsfunktion) der Zeitreihe ermittelt.

[1] Andel, J.: Statistische Analyse von Zeitreihen. Akademie-Verlag Berlin, 1984.

[2] Chatfield, C.: Analyse von Zeitreihen. BSB B.G. Teubner Verlagsgesellschaft Leipzig, 1982.

[3] Gilchrist, W.: Statistical Forecasting. San Francisco, 1976.

Zelmanow, Efim I., *Selmanow, Efim I.*, Mathematiker, geb 7.9.1955.

Zelmanow schloß 1977 sein Studium an der Universität von Novosibirsk ab, war danach dort als Assistent tätig und promovierte 1980 bei A.M. Shirshov und L.A. Bokut. Im gleichen Jahr wechselte er als Forschungsmitarbeiter an das Institut für Mathematik der Akademie der Wissenschaften in Novosibirsk, an dem er sich 1985 habilitierte und 1986 leitender Mitarbeiter wurde. 1990 nahm er eine Professur an der Universität von Wisconsin in Madison an und ging dann 1994 an die Universität von Chicago. 1995 weilte er als Gastprofessor für ein Jahr an der Yale Universität in New Haven.

Zelmanow widmete sich in seinen Forschungen vorrangig algebraischen Themen. In seiner Dissertation dehnte er die Theorie der Jordan-Algebren von endlichdimensionalen Algebren auf unendlichdimensionale aus und eröffnete ein völlig neues Forschungsfeld. 1987 gelang ihn die Übertragung eines weiteren klassischen Resultats für Lie-Algebren. Unter Rückgriff auf die Darstellungstheorie der symmetrischen Gruppe zeigte er, daß auch für unendlichdimensionale Lie-Algebren der Charakteristik Null die Engelsche Identität $\text{ad}(y)^n = 0$ zur Folge hat, daß die Algebra nilpotent ist. Er baute dann eine Theorie assoziativer Ringe, die gewisse polynomiale Identitäten erfüllen, auf. 1990/91 beschäftigte sich Zelmanow intensiv mit dem eingeschränkten Burnside-Problem und wandte sich damit der Anwendung seiner Resultate in der Gruppentheorie zu. Das eingeschränkte Burnside-Problem stellt die Frage, ob es zu festen Zahlen d und n eine größte endliche Gruppe von d Erzeugenden gibt, in der jedes Element x die Relation $x^n = 1$ erfüllt. Beim Beweis konnte Zelmanow wesentlich an Vorarbeiten von Magnus anknüpfen.

Zelmanows Forschungen lieferten einen starken Impuls für Untersuchungen in der Gruppen- und der Ringtheorie.

Zenodoros, griechischer Mathematiker und Astronom, geb. um 200 v.Chr. Athen, gest. um 140 v.Chr. Griechenland.

Über Zenodoros' Leben ist wenig bekannt. Er befaßte sich mit isoperimetrischen Problemen und postulierte, daß der Kreis von allen ebenen Flächen bei gleichem Umfang den größten Flächeninhalt hat, und ebenso, daß die Kugel bei gleicher Oberfläche das größte Volumen hat. Weiterhin wird Zenodoros mit Problemen der Spiegelung und der Bestimmung des Brennpunktes von Spiegeln in Verbindung gebracht.

Zenon von Elea, grichischer Mathematiker und Philosoph, geb. um 490 v.Chr. Elea (Italien), gest. um 425 v.Chr. Elea.

Über Zenon ist nur wenig bekannt. Er war vermutlich ein Schüler des Philosophen Parmenides von Elea, der im Dialog „Parmenides" von Platon verewigt wurde. Die Schule in Elea war eine der führenden philosphischen Schulen Griechenlands. Parmenides lehrte, daß alle Dinge Erscheinungen ein und desselben Seins sind.

Als Verteidung der Lehre des Parmenides versuchte Zenon zu beweisen, daß der Begriff der Bewegung unsinnig ist. In diesem Zusammenhang erdachte er das berühmte Beispiel des Wettlaufes von Achilles und der Schildkröte (Zenons Paradoxon).

Mit ähnlichen Paradoxien versuchte Zenon zu beweisen, daß auch Raum, Vielheit und Teilbarkeit nicht widerspruchsfrei in Begriffe gefaßt werden können. Die Auseinandersetzung mit Zenons Argumenten föderte das logische Denken und die klare begriffliche Differenzierung in der Mathematik.

Das Zentralblatt MATH

B. Wegner, Chefredakteur des Zentralblatt MATH

Einführung

Das Zentralblatt MATH (vormals Zentralblatt für Mathematik und ihre Grenzgebiete) ist ein Informations- und Dokumentationsdienst über die weltweit erscheinende Literatur in der Mathematik und ihren Anwendungen.

Rechnet man seinen Vorgänger, das Jahrbuch über die Fortschritte der Mathematik, hinzu, so gibt es solch einen systematischen Dienst für die Mathematik seit dem letzten Drittel des 19. Jahrhunderts. Gegenüber der anfänglichen gedruckten Version ist das Angebot heutzutage durch recherchierbare elektronische Dienste im Netz und auf CD-ROM erweitert worden.

Im folgenden wird kurz auf die Geschichte, die augenblicklichen Nutzungsmöglichkeiten und die zukünftigen Entwicklungsmöglichkeiten für das Zentralblatt MATH eingegangen.

Die Geschichte des Zentralblatt MATH

Mit der aufwärts strebenden Entwicklung der Mathematik in der Mitte des 19. Jahrhunderts ergab sich sowohl für diesen Bereich als auch für andere wissenschaftliche Disziplinen ein steigender Bedarf nach einem vollständigen und zuverlässigen Literaturinformationsdienst. Er führte 1868 zur Gründung der Referatezeitschrift „Jahrbuch über die Fortschritte der Mathematik“, die später durch das „Zentralblatt für Mathematik und ihre Grenzgebiete“ sowie ab dem Zweiten Weltkrieg auch noch durch andere mathematische Referatezeitschriften wie die „Mathematical Reviews“ ergänzt wurde. Das Jahrbuch und das Zentralblatt nahmen bis zum Zweiten Weltkrieg eine einzigartige Stellung in der Mathematik ein. Während das Jahrbuch dann 1943 sein Erscheinen beenden mußte, ist das Zentralblatt auch danach noch eines der führenden mathematischen Referateorgane geblieben. Zur Zeit werden die Bände des Jahrbuchs in einer Datenbank erfaßt und im Zusammenhang mit der Datenbank des Zentralblatts im Internet zugänglich gemacht.

Gegenstand der Berichterstattung im Jahrbuch war die gesamte Mathematik nebst Anwendungsgebieten, die anfangs vorwiegend in der Physik lagen. Sämtliche in den genannten Gebieten publizierte Literatur wurde jahrgangsweise erfaßt und nach Gebieten geordnet angezeigt. Das Jahrbuch hatte das Bestreben, abgeschlossene Jahrgänge zu publizieren, was einen beträchtlichen Aktualitätsverlust zur Folge hatte. So konnte der erste Jahrgang 1868 erst 1871 erscheinen. Für 1868 wurden ca. 800 Publikationen angezeigt. Das ist nur wenig mehr als ein Prozent des aktuellen jährlichen Publikationsvolumens in der Mathematik und ihren Anwendungen. Der 1939 erschiene Band für das Berichtsjahr 1935 enthielt dann schon an die 6000 Arbeiten, die aus ca. 400 Zeitschriften stammten. Die Referate wurden von mehr als 200 Referenten aus vielen Teilen der Welt erstellt.

Der große Aktualitätsrückstand beim Jahrbuch erweckte in den zwanziger Jahren Unzufriedenheit bei den Wissenschaftlern, die bei wachsenden Publikationszahlen an einer schnellen Information über neuere Arbeiten in der Mathematik interessiert waren. Hierin lag einer der Gründe für den Springer-Verlag (Berlin), das Zentralblatt für Mathematik zu gründen. Das Spektrum der bearbeiteten Gebiete war mit dem des Jahrbuchs vergleichbar. Wie beim Jahrbuch lag auch hier die wissenschaftliche Aufsicht bei der Preußischen Akademie der Wissenschaften. Anders als beim Jahrbuch zeigten die einzelnen Bände jedoch gleich die Referate an, die der Redaktion zum jeweiligen Redaktionstermin zur Verfügung standen.

Nach dem Zweiten Weltkrieg wurden die Arbeiten am Zentralblatt auf Initiative der Deutschen Akademie der Wissenschaften nach nur kurzer Unterbrechung wieder aufgenommen. Bald wurde das Zentralblatt durch Einbezug der Heidelberger Akademie der Wissenschaften ein gesamtdeutsches Unternehmen, das sich immerhin bis 1978 in dieser Konstellation hielt. Dann wurde als Folge des Fachinformationsprogramms der Bundesrepublik Deutschland die Mitarbeit der DDR an diesem Unternehmen aus politischen Gründen eingestellt. Das damals neu gegründete Fachinformationszentrum Karlsruhe beteiligte sich fortan an der Herausgabe. Schließlich wurde in den neunziger Jahren die Europäische Mathematische Gesellschaft EMG in den Kreis der Herausgeber aufgenommen. Hierdurch wurde der weltweite Charakter des Zentralblatts unterstrichen. Ferner ergab sich damit ein erster Schritt in Richtung einer Europäisierung des Zentralblatts, womit ein verteiltes System von kooperierenden Redaktionen verbunden sein wird.

Das Angebot des Zentralblatt MATH

Entsprechend der augenblicklichen Entwicklung des Publikationswesens in der Mathematik wird das Zentralblatt sowohl als gedruckter Dienst als auch in elektronischer Form auf CD- ROM und online im

Internet angeboten. Für die online-Version ist ein internationales System von Spiegeln eingerichtet worden, um den weltweiten Zugriff zu erleichtern und mögliche Ausfälle des zentralen Servers für das System zu kompensieren. Der Bestand der Datenbank weist zur Zeit (2001) ca. 1.800.000 Referate über mathematische Dokumente auf. Er wächst im Moment jährlich um etwas mehr als 70.000 Referate. An der Erstellung der Referate wirken fast 7.000 externe Referenten mit, die für diese Unterstützung kein nennenswertes Entgelt erhalten. Der Input für die Datenbank erfolgt in der Redaktion des Zentralblatts. Diese wird von der deutschen Regierung finanziell unterstützt.

Die qualitativen Anforderungen an die Berichterstattung über die mathematische Literatur haben sich seit der Herausgabe des ersten Bandes des Jahrbuchs nicht geändert. Allerdings sind die für ein modernes Angebot zu berücksichtigenden Anforderungen an die Ausstattung des Dienstes erheblich gestiegen.

Als wichtige Kriterien für die Qualität des Inhalts des Zentralblatts sollen die folgenden genannt werden.

Aktualität: Die publizierte Literatur soll möglichst schnell angezeigt werden, trotzdem soll eine sorgfältige Auswertung erfolgen. Aus diesem Grund gibt es ein zweistufiges Angebot in der Datenbank, die vorläufigen Daten, die erst einmal nur das widerspiegeln, was unmittelbar bei der Erfassung der Arbeiten abgespeichert werden kann, und die endgültigen Daten, die die vollständige Beschreibung der jeweiligen Publikation gemäß den vorgegebenen Standards angeben.

Vollständigkeit: Sämtliche weltweit erscheinenden Publikationen in der Mathematik und ihren Anwendungsgebieten sollen angezeigt werden. Der Begriff der Publikation schließt hierbei die Bedingung ein, daß es sich um Arbeiten handelt, die vor der Veröffentlichung erfolgreich einen Begutachtungsprozeß durchlaufen haben. In den aus den Anwendungsgebieten erfaßten Arbeiten sollten die mathematischen Aspekte überwiegen.

Bibliographische Präzision: Die bibliographischen Daten sollten in einer standardisierten Weise erfaßt werden, die einerseits eine vollständige Information über die Quelle liefert, und andererseits bei der Erstellung von Bibliographien als Norm übernommen werden kann.

Mitwirkung externer Referenten: Obwohl die erfaßten Arbeiten einen Begutachtungsprozeß erfolgreich durchlaufen haben sollten, hat sich die Beteiligung von unabhängigen Experten (Referenten) an der Erstellung der Inhaltsbeschreibung dieser Arbeiten für die Verbesserung des Informationsangebots für wichtig erweisen. Es wird generell keine erneute Begutachtung durch die Referenten erwartet, obwohl auch kritische Stellungnahmen zugelassen sind. Der Schwerpunkt liegt jedoch auf der übersichtlichen objektiven Beschreibung des Inhalts und des Bezugs der Arbeit zu anderen Publikationen.

Inhaltliche Erschließung: In Ergänzung zum recht allgemeinen Zugang zum Inhalt der Arbeiten über die Volltextsuche muß es die Möglichkeit einer qualifizierten Abfrage der für den Inhalt einer Arbeit relevanten Begriffe geben. Dies leisten zur Zeit einerseits durch Experten frei vergebene Schlagworte, sowie die Zuordnung von Klassifikationscodes.

Die Klassifikation erfolgt nach dem weltweit akzeptierten Klassifikationsschema MSC 2000 (das Mathematics Subject Classification Scheme in der für 2000 aktualisierten Version). Hinzu kommt die Zuordnung von relevanten Zitaten anderer Arbeiten in standardisierter Form.

Vernetzung der Datenbank: Eine interne Verknüpfung der Zitate in den Referaten ist eine Minimalanforderung. Die Referate sollten ferner mit den entsprechenden Volltexten verknüpft (verlinkt) sein, soweit diese elektronisch verfügbar sind. Umgekehrt sollten aus den Bibliographien der elektronisch angebotenen Arbeiten Links zu den entsprechenden Referaten im Zentralblatt erzeugt werden. Eine weitere Unterstützung des Nutzers der Datenbank ergibt sich durch die Möglichkeit, aus der Datenbank heraus Texte bei Bibliotheken zu bestellen, die ein Liefersystem für mathematische Literatur anbieten.

Eine wichtige Schnittstelle zum Nutzer der Datenbank ist die Nutzeroberfläche, sowohl bei der online-Version als auch für das Angebot auf CD-ROM. Es gibt unterschiedlich komplexe Suchmenüs, die auf einer reichhaltigen Feldstruktur basieren. Die wichtigsten Felder sind Autor, Titel, Quelle, Klassifikation, Sprache, Publikationsjahr und der sogenannte Basic Index. Letzterer entspricht der Volltextsuche, allerdings bezogen auf die in der Datenbank pro Artikel abgespeicherte Information. Eine Anfrage kann über das Menü auf einfache Art und Weise in einer logischen Verknüpfung dieser Felder zusammengefaßt werden, sie kann aber auch im Expertenmenü in einer Booleschen Kombination der Suchterme frei formuliert werden. Das Suchergebnis läßt sich in unterschiedlicher Ausführlichkeit abrufen. Es gibt die üblichen Angebote der Formeldarstellung elektronischer Versionen von mathematischen Artikeln. Der Nutzer kann ferner die bibliographische Information für die einzelnen Artikel bequem in sein System importieren und für die Erstellung von Literaturverzeichnissen für seine Publikationen verwenden.

Die Zukunft des Zentralblatt MATH

Trotz aller Verbesserungen der Suchmöglichkeiten im Internet und der rapide wachsenden Verfügbarkeit elektronischer mathematischer Publikationen wird die Mathematik auf das qualifizierte Angebot von Literaturinformation in einer durch Experten ausgewerteten Form angewiesen bleiben. Die Striktheit, mit der in der Mathematik die wiederholte Publikation derselben Ergebnisse in Forschungsartikeln als unseriös betrachtet wird, und die zeitunabhängige Gültigkeit der Resultate mathematischer Forschung erfordern deren möglichst präzise Dokumentation, und nicht nur eine schnelle Information über neue Publikationen.

Angesichts des schnellen Fortschritts in der Informationstechnik wird sich jedoch ein Zwang zu Änderungen ergeben, die den Nutzungsmöglichkeiten des Zentralblatts nur zum Vorteil gereichen können. Zur Zeit (2001) wird ein erster Schritt unternommen, diesen Dienst auf breiterer Basis als fundamentale Infrastruktur für die mathematische Forschung zu etablieren. Nicht zuletzt gehört dazu, daß die Kostenstruktur in einen Rahmen gebracht wird, der es jedem Mathematiker oder Anwender von Mathematik ermöglicht, das Zentralblatt oder vergleichbare Dienste tatsächlich zu konsultieren. Verarbeitung von bereits verfügbarer elektronischer Information und die Verteilung der Arbeit an der Datenbank auf ein System von Redaktionen sollen die Redaktionskosten reduzieren.

Eine Einbindung der vom Zentralblatt erstellten Information in andere elektronische Angebote ist ein weiterer Schritt. Für die Nutzung durch Forscher, die Mathematik anwenden wollen, ist es ferner erforderlich, die Information im Zentralblatt für deren Bedürfnisse aufzubereiten und die Suchmenüs durch Navigationssysteme für Nicht-Experten zu erweitern. Solch eine Schnittstelle käme der Mathematik insgesamt zugute. Die Erschließung der verfügbaren Literatur und die interne Vernetzung der dazu angebotenen Information wird neue Möglichkeiten eröffnen und höhere Ansprüche stellen. Im Gegensatz zur statischen gedruckten Version ist das elektronische Angebot offen für Modifikationen und Aktualisierungen der Detailinformation. Hier bieten sich viele Ansätze für eine Weiterentwicklung.

Insofern besteht nicht die Frage, ob das Zentralblatt eine Zukunft hat oder nicht. Es geht nur darum, wie dieser Teil der Fachinformation in Mathematik in zukünftige möglicherweise erweiterte Systeme eingebunden werden kann.

---

zentrale Algebra, eine assoziative Algebra A mit Einselement 1_A über einem Körper $\mathbb{K}$ mit Zentrum (↗Zentrum einer Algebra) $C(A) = \mathbb{K} \cdot 1_A$.

zentraler Differenzenoperator, der Operator auf $\mathbb{R}[x]$, definiert durch

$$p(x) \to p(x+1/2) + p(x-1/2).$$

Der zentrale Differenzenoperator ist gleich $E^{1/2}\Delta$, wobei $E^{1/2}$ die Translation oder Verschiebung um $1/2$ auf $\mathbb{R}$, und Δ der ↗Vorwärts-Differenzenoperator ist.

zentraler Grenzwertsatz, bedeutendes Resultat der Wahrscheinlichkeitstheorie.

Der zentrale Grenzwertsatz liefert die theoretische Begründung für das Phänomen, daß sich bei der additiven Überlagerung vieler kleiner unabhängiger Zufallseffekte zu einem Gesamteffekt zumindest approximativ eine ↗Normalverteilung ergibt, wenn keiner der einzelnen Effekte einen dominierenden Einfluß auf die Gesamtvarianz besitzt. Ist $(X_n)_{n\in\mathbb{N}}$ eine unabhängige Folge von auf einem Wahrscheinlichkeitsraum $(\Omega, \mathfrak{A}, P)$ definierten reellen, quadratisch integrierbaren Zufallsvariablen mit positiven Varianzen, so sagt man, daß der zentrale Grenzwertsatz für die Folge gilt, wenn die standardisierten Summenvariablen

$$S_n := \frac{\sum_{i=1}^n (X_i - E(X_i))}{\sqrt{Var(X_1) + \cdots + Var(X_n)}}$$

in Verteilung gegen eine standardnormalverteilte Zufallsvariable konvergieren, oder, äquivalent dazu, die Folge $(P_{S_n})_{n\in\mathbb{N}}$ der Verteilungen der S_n schwach gegen die Standardnormalverteilung konvergiert. Gilt der zentrale Grenzwertsatz für eine Folge $(X_n)_{n\in\mathbb{N}}$, so konvergieren die Verteilungsfunktionen F_{S_n} der S_n gleichmäßig gegen die Verteilungsfunktion Φ der Standardnormalverteilung.

Hinreichend für die Gültigkeit des zentralen Grenzwertsatzes ist die im Jahre 1901 von A.M. Ljapunow angegebene und nach ihm benannte ↗Ljapunow-Bedingung. Eine weniger restriktive Bedingung für die Gültigkeit des zentralen Grenzwertsatzes wurde 1922 von J.W. Lindeberg gefunden (↗Lindeberg-Bedingung). Der Satz von Lindeberg-Feller (↗Lindeberg-Feller, Satz von) zeigt, daß die Lindeberg-Bedingung auch notwendig für die Gültigkeit des zentralen Grenzwertsatzes ist, wenn die Folge $(X_n)_{n\in\mathbb{N}}$ zusätzlich die sogenannte Fellersche Bedingung erfüllt.

Besitzen die Zufallsvariablen X_n alle die gleiche Verteilung, so ist die Lindeberg-Bedingung erfüllt und folglich gilt der zentrale Grenzwertsatz für die Folge $(X_n)_{n\in\mathbb{N}}$. In dieser Situation ergibt sich für den Spezialfall, daß es sich bei der Verteilung der X_n um die Bernoulli-Verteilung handelt, der Satz von de Moivre-Laplace (↗de Moivre-Laplace, Grenzwertsatz von).

Die Konvergenzgeschwindigkeit, mit der die Verteilungen der standardisierten Summen S_n gegen die Standardnormalverteilung streben, kann mit Hilfe des Satzes von Berry-Esséen (↗Berry-Esséen, Satz von) abgeschätzt werden.

[1] Bauer, H.: Wahrscheinlichkeitstheorie (4. Aufl.). De Gruyter Berlin, 1991.

[2] Gnedenko, B. W.: Lehrbuch der Wahrscheinlichkeitstheorie (10. Aufl.). Verlag Harri Deutsch Thun, 1997.

zentraler Pfad, eine Kurve, die bei der Lösung linearer (und auch allgemeinerer) Programmierungsprobleme unter Anwendung einer Inneren-Punkte Methode wichtig ist.

Sei

$$c^T \cdot x \to \min$$

unter den Nebenbedingungen

$$x \in M := \{x \in \mathbb{R}^n | A \cdot x = b, x \geq 0\}$$

ein lineares Optimierungsproblem mit $A \in \mathbb{R}^{m \times n}$, $c \in \mathbb{R}^n$, $b \in \mathbb{R}^m$.

Existiert ein $x \in M$ mit $x > 0$, dann gibt es für jedes $\mu > 0$ einen eindeutigen Minimalpunkt des Problems

$$c^T \cdot x - \mu \cdot \sum_{i=1}^{n} \ln(x_i)$$

unter den Nebenbedingungen

$$A \cdot x = b, \; x > 0 .$$

Die Kurve

$$\{x(\mu) | \mu > 0\}$$

bildet den zentralen Pfad für die Zulässigkeitsmenge M. Ihm versuchen Innere-Punkte Methoden für immer kleiner werdendes $\mu \to 0+$ in einen Minimalpunkt des Ausgangsproblems hinein zu folgen.

zentrales Moment, ↗Momente einer Zufallsvariablen.

Zentralisator einer Lie-Algebra, Begriff aus der Theorie der halbeinfachen Lie-Algebren, der zur Bestimmung der ↗Weyl-Gruppe benötigt wird. Vgl. ↗Zentrum einer Lie-Algebra.

Zentralpotential, in der klassischen nicht-relativistischen Physik eine Funktion V über dem dreidimensionalen euklidischen Raum, die nur vom Abstand r zum Zentrum abhängt.

Für die Bewegung eines Probeteilchens im Gavitationsfeld ergeben sich die ↗Keplerschen Gesetze. Die Bahnen für negative Gesamtenergie sind Ellipsen (Erstes Keplersches Gesetz). Bei einem Zentralpotential, dessen r-Abhängigkeit nicht allein durch einen Term $\sim \frac{1}{r}$ gegeben ist (wie in der allgemeinen Relativitätstheorie), sind die Bahnen bei negativer Energie rosettenförmig (↗Periheldrehung).

Zentralprojektion, *Perspektive*, eine Abbildung von Punkten des ↗projektiven Raumes, welche durch den menschlichen Sehvorgang und durch die Schattenbildung bei punktförmiger Beleuchtung motiviert ist.

Sie ist durch das Projektionszentrum Z und die Bildebene π festgelegt. Ein Punkt $X \neq Z$ wird auf

$$X^c = (Z \vee X) \cap \pi$$

abgebildet, wobei $Z \vee X$ die Verbindungsgerade von X mit Z, den Projektionsstrahl, bezeichnet.

Durch Betrachten eines perspektiven Bildes eines Objektes von der richtigen Stelle aus 'sieht' man dieses Objekt 'so wie in Wirklichkeit'. Das Abbildungsprinzip war in der Antike bekannt und wurde in der Renaissance durch Filippo Brunellesci (ca. 1410) wiederentdeckt. Schriftliche Zeugnisse stammen von Leon Battista Alberti und Albrecht Dürer.

Die Zentralprojektion wird durch eine Photokamera mehr oder weniger präzise nachgeahmt (Anwendungen in der Photogrammetrie und im ↗computer vision). ↗Anaglyphen und ↗Stereobilder, sowie die stereographische und die gnomonische Kartenprojektion sind ebenfalls Zentralprojektionen.

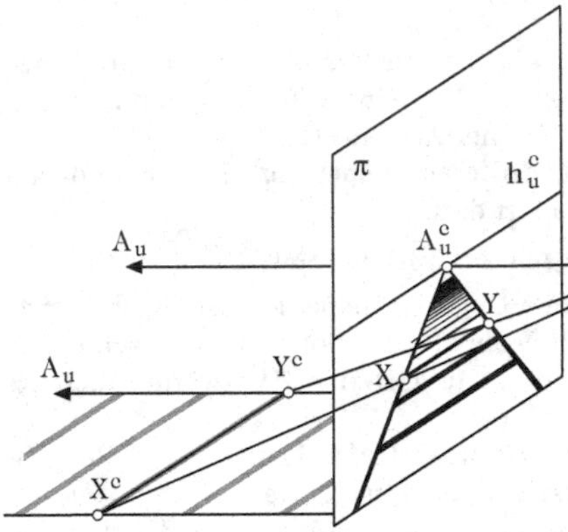

Zentralprojektion

Bei einer Zentralprojektion werden Geraden, die nicht durch das Projektionszentrum gehen, auf Geraden der Bildebene abgebildet. Erweitert man den Euklidischen Raum $\mathbb{R}^3$ zu einem projektiven Raum durch Hinzufügen von Fernpunkten, so spielen diese bei der Zentralprojektion keine Sonderrolle. Soll eine Zentralprojektion zum Veranschaulichen von Sachverhalten unseres dreidimensionalen Raumes dienen, so sind meistens horizontale Ebenen ausgezeichnet. Die Bilder A_u^c von horizontalen Fernpunkten A_u liegen dann auf dem sogenannten Horizont h_u^c.

Teilverhältnisse von Punkten auf einer Geraden bleiben bei Zentralprojektion nicht invariant, aber ↗ Doppelverhältnisse bleiben es.

[1] Alberti, L. B.: Della pintura. Florenz, 1435.
[2] Brauner, H., Kickinger, W.: Baugeometrie, Bd. 2. Bauverlag Wiesbaden, Berlin, 1982.
[3] Dürer, A.: Unterweisung der Messung mit Zirkel und Richtscheit. Nürnberg, 1525.

zentralsymmetrisches Polytop, Polytop, das bei einer Zentralspiegelung an einem Punkt Z auf sich selbst abgebildet wird.

Ein ↗ n-dimensionales Polytop ist zentralsymmetrisch, falls ein Punkt Z – das Symmetriezentrum des Polytops – existiert, so daß für jeden Punkt P des Polytops auch der Punkt

$$P' = Z + \overrightarrow{PZ}$$

ein Punkt des Polytops ist.

zentrierte Form, *zentrische Form*, Darstellung eines Funktionsausdrucks für eine Funktion $f: D \subseteq \mathbb{R} \to \mathbb{R}$ in der Form

$$f(x) = f(z) + h(x - z) \cdot (x - z) \qquad (1)$$

mit $z \in D$ und einer geeigneten Funktion h.

Bei Polynomen ergibt sich die zentrierte Form als Taylor-Entwicklung, für rationale Funktionen $f = p/q$ (p, q Polynome von Grad r bzw. s) gilt (1) mit

$$h(y) = \left(\sum_{k=1}^{n} \gamma_k \frac{y^{k-1}}{k!} \right) \Big/ \sum_{k=0}^{s} q^{(k)}(z) \frac{y^k}{k!},$$

wobei

$$n = \max\{r, s\}$$

und

$$\gamma_k = p^{(k)}(z) - f(z) q^{(k)}(z),$$

für $k = 1, \ldots, n$ ist. Für nichtrationale Funktionen f existiert die zentrierte Form nicht immer.

Ähnliche Darstellungen bilden die ↗ Mittelwertform und die ↗ Steigungsform. Alle lassen sich für Funktionen mehrerer Variablen verallgemeinern.

Zentrifugalbeschleunigung, ↗ Beschleunigung.

zentripetale Parametrisierung, eine spezielle Wahl des Knotenvektors bei der ↗ Spline-Interpolation.

Sind Punkte $x_0, x_1, \ldots$ durch eine kubische zweimal differenzierbare ↗ B-Splinekurve zu interpolieren, so wählt man bei der zentripetalen Parametrisierung den Abstand Δ_i zwischen dem i-ten und dem $(i+1)$-ten Knoten so, daß

$$\Delta_i^2 = \frac{\|x_{i+1} - x_i\|}{\|x_{i+2} - x_{i+1}\|}.$$

zentrische Form, ↗ zentrierte Form.

zentrische Streckung, Streckungsverfahren zur Erzeugung einander ähnlicher Figuren.

Ist A eine geometrische Figur in der Ebene, x_0 ein gegebener Punkt der Ebene und $\lambda > 0$ ein Streckungsfaktor, so kann man eine Figur A' erzeugen, indem man jeden Punkt x von A mit x_0 verbindet und die Verbindungsstrecke um den Faktor λ streckt. Der Endpunkt der neuen Strecke ist dann der x entsprechende Punkt von A'. A und das nach diesem Verfahren erzeugte A' sind zueinander ähnlich.

Zentriwinkel, Winkel, dessen Scheitel der Mittelpunkt M eines gegebenen Kreises k ist, und dessen Schenkel den Kreis in den Endpunkten einer gegebenen ↗ Sehne s dieses Kreises schneiden.

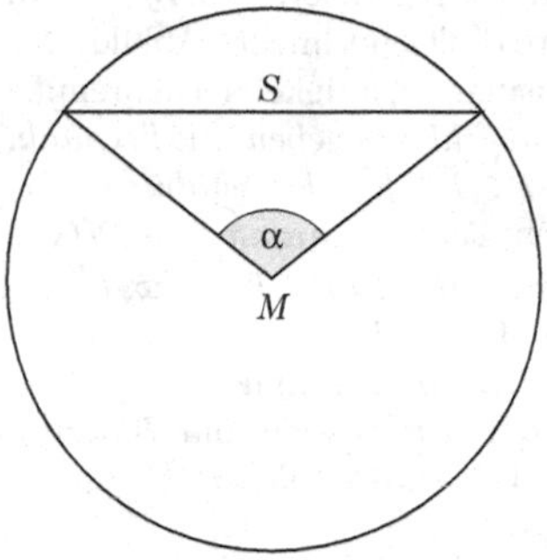

Zentriwinkel

Zentroidmethode, statistische Methodenklasse, die in der ↗ Faktorenanalyse angewendet wird.

Zentrum einer Algebra, die Menge der Elemente einer ↗ Algebra $(A, \cdot)$, die mit allen Elementen aus A vertauschen, d. h.

$$Z := \{a \in A \mid \forall b \in A : a \cdot b = b \cdot a\}.$$

Das Zentrum Z ist ein zweiseitiges Ideal von A.

Siehe auch ↗ Zentrum einer Lie-Algebra.

Zentrum einer Gruppe, Menge derjenigen Elemente einer Gruppe, die mit allen anderen vertauschbar sind.

Genauer: Ist $(G, \cdot)$ eine Gruppe, dann ist das Zentrum Z von G definiert durch:

$$Z = \{g \in G \mid \forall h \in G : h \cdot g = g \cdot h\}.$$

Z ist eine abelsche Untergruppe von G. Ist G selbst abelsch, so ist $Z = G$.

Zentrum einer Lie-Algebra, Menge derjenigen Elemente einer Lie-Algebra A, die mit allen anderen vertauschbar sind.

Das Zentrum ist eine abelsche Teilalgebra von A, jedoch im allgemeinen nicht die größte.

Zentrum eines Graphen, ↗ Durchmesser eines Graphen.

Zentrum eines Verbandes, die Menge $Z(L)$ bestehend aus jenen Elementen a des Verbandes L, für die eine Zerlegung $L = [0, a] \times [0, a']$ in ein direktes Produkt existiert.

Zentrumsmannigfaltigkeit, dient der Untersuchung des ↗Flusses eines Differentialgleichungssystems bzw. allgemeiner eines ↗dynamischen Systems in der Nähe eines Gleichgewichtspunktes, der nicht ↗hyperbolischer Fixpunkt ist.

Wir betrachten ein auf einer offenen Teilmenge $W \subset \mathbb{R}^n$ definiertes ↗Vektorfeld $f : W \to \mathbb{R}^n$ mit Fixpunkt $x_0 \in W$. Falls x_0 hyperbolischer Fixpunkt ist, wird gemäß dem ↗Hartman-Grobman-Theorem der Fluß in der Nähe von x_0 durch die (Eigenwerte der) Linearisierung $Df(x_0)$ bestimmt. Die Zentrumsmannigfaltigkeit dient der Untersuchung des Flusses für die Eigenwerte von $Df(x_0)$ mit Realteil Null (↗hyperbolische lineare Abbildung). Es gilt das Zentrumsmannigfaltigkeits-Theorem:

Es sei ein C^r-Vektorfeld f gegeben mit Fixpunkt x_0. Es bezeichne E^-, E^+, E^0 den stabilen, den instabilen bzw. den Zentrumsraum von $Df(x_0)$. Dann existieren tangential zu E^-, E^+ bzw. E^0 C^r-Mannigfaltigkeiten W^- und W^+ und eine C^{r-1}-Mannigfaltigkeit W^0, die invariant unter dem Fluß des durch f erzeugten Vektorfeldes sind. Die Mannigfaltigkeiten W^-, W^+ sind eindeutig bestimmt, W^0 jedoch nicht.

W^-, W^+ und W_0 heißen stabile, instabile bzw. Zentrumsmannigfaltigkeit. Die Flüsse auf W^- und W^+ sind (asymptotisch) stabil bzw. instabil, über den Fluß auf der Zentrumsmannigfaltigkeit W^0 ist keine allgemeine Aussage möglich.

[1] Chow, Shui-Nee; Hale, Jack K.: Methods of Bifurcation Theory. Springer-Verlag New York, 1982.

[2] Guckenheimer, J.; Holmes, Ph.: Nonlinear Oscillations, Dynamical Systems, and Bifurcations of Vector Fields. Springer-Verlag New York, 1983.

zerfallende Differentialgleichung, eine ↗implizite Differentialgleichung

$$F(y', y, x) = 0,$$

in der sich die Funktion F darstellen läßt als Produkt zweier anderer Funktionen G und H.

Eine zerfallende Differentialgleichung hat also die Form $G(y', y, x) \cdot H(y', y, x) = 0$.

Jede einzelne Lösung der einer der beiden Differentialgleichungen

$$G(y', y, x) = 0 \quad \text{und} \quad H(y', y, x) = 0$$

ist dann auch gleichzeitig eine Lösung der zerfallenden Differentialgleichung.

Zerfällungskörper, der kleinste Erweiterungskörper $\mathbb{L}$ eines Körpers $\mathbb{K}$ mit der Eigenschaft, daß ein gegebenes Polynom $f(X) = \sum_{k=0}^{n} a_k X^k \in \mathbb{K}[X]$ über $\mathbb{K}$ vollständig als Produkt von Linearfaktoren

$$f(X) = a_n \cdot \prod_{l=1}^{n} (X - b_l)$$

mit $b_1, \dots, b_n \in \mathbb{L}$ geschrieben werden kann. Die b_i sind die Wurzeln bzw. Nullstellen des Polynoms $f(X)$. Man sagt auch, das Polynom zerfällt vollständig in Linearfaktoren.

Zu jedem Polynom gibt es bis auf Isomorphie über $\mathbb{K}$ genau einen Zerfällungskörper. Er kann durch ↗Körperadjunktion der Wurzeln $b_1, \dots, b_n$ ausgehend vom Körper $\mathbb{K}$ erhalten werden:

$$\mathbb{L} = \mathbb{K}(b_1, b_2, \dots, b_n).$$

Der Zerfällungskörper heißt manchmal auch Wurzelkörper. Zerfällungskörper spielen eine wichtige Rolle in der ↗Galois-Theorie. So ist zum Beispiel für das Polynom $X^2 - 2$ über dem Körper der rationalen Zahlen $\mathbb{Q}$ der Körper $\mathbb{Q}(\sqrt{2})$ der Zerfällungskörper, für das Polynom $X^4 - 2 \in \mathbb{Q}[x]$ ist $\mathbb{Q}(\sqrt{2}, i)$ der Zerfällungskörper.

Je nach der Situation wird manchmal auch jeder Erweiterungskörper von $\mathbb{K}$, in dem $f(X)$ in Linearfaktoren zerfällt, Zerfällungskörper genannt.

zerlegbare Form, eine Form, zu der ein ↗algebraischer Zahlkörper existiert, über dem sie zerfällt.

Genauer: Es sei $F(X_1, \dots, X_m)$ eine Form n-ten Grades in m Unbestimmten, also ein homogenes Polynom

$$F(X_1, \dots, X_m) = \sum a_{i_1 \dots i_m} X_1^{i_1} \cdots X_m^{i_m}$$

mit rationalen Koeffizienten $a_{i_1 \dots i_m}$, wobei sich die Summe über alle Multiindizes $(i_1, \dots, i_m)$ mit $i_\mu \in \mathbb{N}_0$ und $i_1 + \dots + i_m = n$ erstreckt. $F(X_1, \dots, X_m)$ heißt zerlegbar, wenn es einen algebraischen Zahlkörper K gibt, über dem die Form in Linearfaktoren zerfällt, also

$$F(X_1, \dots, X_m) = \prod_{\nu=1}^{m} (\alpha_{\nu 1} X_1 + \dots + \alpha_{\nu m} X_m)$$

mit Koeffizienten $\alpha_{\mu\nu} \in K$ für $\mu = 1, \dots, m$ und $\nu = 1, \dots, n$.

zerlegbarer Operator, ein Operator, der in einem verallgemeinerten Sinn eine spektrale Zerlegung gestattet.

Es sei $T : X \to X$ ein stetiger linearer Operator auf einem Banachraum. Ein abgeschlossener Unterraum $Y \subset X$ heißt spektralmaximaler Unterraum, falls Y invariant ist (d. h. $T(Y) \subset Y$), und wenn für jeden weiteren abgeschlossenen invarianten Unterraum $Z \subset X$ die Implikation

$$\sigma(T_{|Z}) \subset \sigma(T_{|Y}) \quad \Rightarrow \quad Z \subset Y$$

gilt; hier bezeichnet $\sigma(T_{|Z})$ das Spektrum der Einschränkung von T auf Z.

Der Operator T heißt nun zerlegbar, falls zu jeder endlichen offenen Überdeckung $G_1, \dots, G_n$ von $\sigma(T)$ spektralmaximale Unterräume $Y_1, \dots, Y_n$ von X mit $\sigma(T_{|Y_j}) \subset G_j$ und $X = Y_1 + \cdots + Y_n$ existieren; die Summe braucht nicht direkt zu sein.

Die zerlegbaren Operatoren bilden eine sehr allgemeine Klasse von Operatoren, die eine reichhaltige Spektraltheorie zulassen.

zerlegbares Polynom, ein Polynom, das als Produkt zweier Polynome kleineren Grads geschrieben werden kann.

Zerlegung der Eins, *Partition der Eins*, *Teilung der Eins*, endliches Funktionensystem, für welches ein linearer Operator definiert ist, der Konstanten reproduziert.

Es seien $C[a, b]$ die Menge der reellwertigen stetigen Funktionen auf $[a, b]$, G ein $(n+1)$-dimensionaler Teilraum von $C[a, b]$ und $\{g_0, \dots, g_n\}$ eine Basis von G. Falls ein linearer Operator $H : G[a, b] \mapsto G$,

$$H(f) = \sum_{j=0}^{n} \lambda_j(f) g_j,$$

mit der Eigenschaft $H(1) = 1$ existiert, so bildet $\{g_0, \dots, g_n\}$ hinsichtlich H eine Zerlegung der Eins.

Ein Beispiel für eine Zerlegung der Eins ist gegeben durch die Bernstein-Polynome

$$B_j^n(x) = \binom{n}{j} x^j (1-x)^{n-j}, \; j = 0, \dots, n, \; x \in [0, 1],$$

denn es gilt nach dem binomischen Lehrsatz

$$\sum_{j=0}^{n} B_j^n(x) = 1, \quad x \in [0, 1].$$

In diesem Fall ist G der Raum der Polynome vom maximalen Grad n, und

$$H(f) = \sum_{j=0}^{n} f\left(\frac{j}{n}\right) B_j^n$$

der Bernstein-Operator, welcher auch im Zusammenhang mit dem Satz von Korowkin auftritt.

Normalisierte B-Splines haben ebenfalls die Eigenschaft, eine Zerlegung der Eins zu bilden.

Die Eigenschaft der Zerlegung der Eins stellt in der Approximationstheorie eine Minimalforderung an ein Funktionensystem G (und den zugehörigen Operator H) dar. Dort ist man im allgemeinen bestrebt, für ein geeignetes Funktionensystem Operatoren so zu konstruieren, daß Polynome möglichst hohen Grades reproduziert werden, denn dadurch verbessert sich im allgemeinen deren Approximationsverhalten.

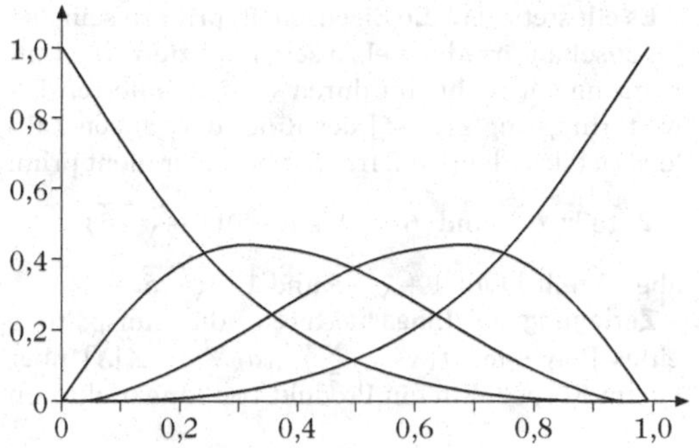

Die Bernstein-Polynome B_j^3, $j = 0, 1, 2, 3$.

Zerlegungen der Eins können auch in offensichtlicher Weise für ↗ multivariate Funktionensysteme definiert werden.

Zerlegung einer affinen Hyperfläche, Darstellung einer Hyperfläche als Vereinigung von irreduziblen Hyperflächen.

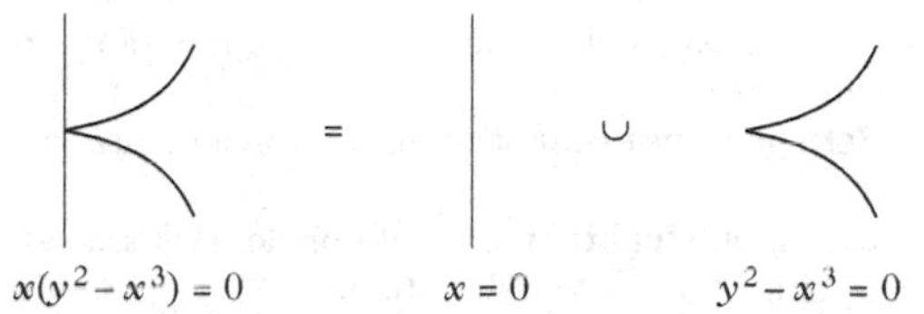

Zerlegung einer Kurve

Wenn die Hyperfläche H durch die Gleichung $f = 0$ definiert ist,

$$H = V(f) = \{x \in K^n : f(x) = 0\},$$

wobei $f \in K[x_1, \dots, x_n]$, dem Polynomring in den Variablen $x_1, \dots, x_n$ über dem Körper K, und

$$f = \prod_{i=1}^{m} f_i^{n_i}$$

die ↗ Primelementzerlegung in die paarweise verschiedenen Primelemente $f_1, \dots, f_m$ darstellt, dann ist die Zerlegung der Hyperfläche H gegeben durch

$$H = V(f_1) \cup \cdots \cup V(f_m).$$

Zerlegung einer Ordnung, andere Bezeichnung für die ↗ Faktorisierung einer Ordnung.

Zerlegung eines Elements in irreduzible Faktoren, Darstellung des Elements f als Produkt $f = \prod_{i=1}^{m} f_i$, f_i ein irreduzibles Ringelement für alle i.

In einem ↗ ZPE–Ring gilt:

g ist irreduzibel genau dann, wenn g ↗ Primelement ist.

Es gilt stets, daß die Eigenschaft, prim zu sein, die Eigenschaft, irreduzibel zu sein impliziert. Die Umkehrung gilt nicht. Im durch $\sqrt{-5}$ definierten Erweiterungsring $\mathbb{Z}[\sqrt{-5}]$ des Rings der ganzen Zahlen $\mathbb{Z}$ ist das Element 2 irreduzibel, aber nicht prim:

$$2 \text{ teilt } 6 \quad \text{und } 6 = (1+\sqrt{-5})(1-\sqrt{-5}),$$

aber 2 teilt nicht $1+\sqrt{-5}$ und $1-\sqrt{-5}$.

Zerlegung in Linearfaktoren, die Aufspaltung eines Polynoms $f(X) = \sum_{k=0}^{n} a_k X^k \in \mathbb{K}[X]$ über einem Körper $\mathbb{K}$ in ein Produkt von Linearfaktoren

$$f(X) = a_n \cdot \prod_{l=1}^{n}(X - b_l)$$

in einem Erweiterungskörper $\mathbb{L}$. Notwendig und hinreichend für die Zerlegbarkeit ist, daß alle $b_1, \dots, b_n$ in $\mathbb{L}$ liegen.

Diese Zerlegung ist in jedem ↗Erweiterungskörper des ↗Zerfällungskörpers von $f(X)$ möglich. Insbesondere kann jedes Polynom über einem algebraisch abgeschlossenen Körper in Linearfaktoren zerlegt werden.

Die Aufspaltung kann durch sukzessive Abspaltung von Nullstellen durch Polynomdivision erreicht werden.

Zerlegung in Primfaktoren, ↗Primelementzerlegung.

Zerlegungsfunktion, ↗ funktionale Dekomposition einer Booleschen Funktion.

Zerlegungsgruppe, einem Primideal in einer Galoisschen Zahlkörpererweiterung L/K zugeordnete Gruppe.

Es bezeichne $\mathfrak{O}_K$ bzw. $\mathfrak{O}_L$ die Ganzheitsringe (Hauptordnungen) der Zahlkörper K bzw. L, und es sei G die ↗Galois-Gruppe der Körpererweiterung L/K. Dann operiert G auf $\mathfrak{O}_L$ als Gruppe von Ringautomorphismen. Zu einem Primideal $\mathfrak{P} \neq \{0\}$ in $\mathfrak{O}_L$ definiert man die Zerlegungsgruppe $G_{-1}(\mathfrak{P})$ als die Fixgruppe des Ideals $\mathfrak{P}$ unter der Operation von G, also

$$G_{-1}(\mathfrak{P}) = \{\sigma \in G : \sigma(\mathfrak{P}) = \mathfrak{P}\}.$$

Der zur Zerlegungsgruppe gehörige Fixkörper

$$K_{-1}(\mathfrak{P}) = \left\{\alpha \in L \;\middle|\; \begin{array}{l}\sigma(\alpha) = \alpha \\ \text{für alle } \sigma \in G_{-1}(\mathfrak{P})\end{array}\right\}$$

heißt Zerlegungskörper von $\mathfrak{P}$.

Wählt man $n \in \mathbb{N}_0$ fest, so bildet jedes $\sigma \in G_{-1}$ das Ideal $\mathfrak{P}^{n+1} \subset \mathfrak{O}_L$ auf sich ab; daher induziert σ einen Automorphismus des Faktorrings $\mathfrak{O}_L/\mathfrak{P}^{n+1}$.

Den Kern der so gewonnenen Operation von G_{-1} auf $\mathfrak{O}_L/\mathfrak{P}^{n+1}$ nennt man die n-te Verzweigungsgruppe $G_n(\mathfrak{P})$, also

$$G_n(\mathfrak{P}) = \left\{\sigma \in G_{-1} \;\middle|\; \begin{array}{l}\mathfrak{P}^{n+1} \text{ teilt } (\sigma(\alpha) - \alpha) \\ \text{für alle } \alpha \in \mathfrak{O}_L\end{array}\right\}.$$

Die G_n bilden bzgl. der Inklusion eine monoton fallende Folge normaler Untergruppen von $G_{-1}(\mathfrak{P})$, und es gibt ein $N \in \mathbb{N}$ derart, daß $G_N(\mathfrak{P})$ nur aus der Identität auf L besteht;

$$G_{-1}(\mathfrak{P}) \supset G_0(\mathfrak{P}) \supset \cdots \supset G_N(\mathfrak{P}) = \{\mathrm{id}_L\}.$$

Die Gruppe $G_0(\mathfrak{P})$ nennt man auch Trägheitsgruppe des Primideals $\mathfrak{P}$, den dazugehörigen Fixkörper $K_0 \subset L$ auch Trägheitskörper von $\mathfrak{P}$.

Zerlegungskörper, ↗Zerlegungsgruppe.

Zermelo, Ernst Friedrich Ferdinand, deutscher Mathematiker, geb. 27.7.1871 Berlin, gest. 21.5. 1953 Freiburg (Breisgau).

Zermelo studierte in Berlin, Halle und Freiburg und promovierte 1894 in Berlin. Ab 1905 arbeitet er in Göttingen und ab 1910 in Zürich. Wegen eines Lungenleidens war er zwischen 1916 und 1926 als Privatlehrer im Schwarzwald tätig. Danach hatte er eine Stelle als Honorarprofessor in Freiburg inne, die er aber 1935 aus politischen Gründen aufgab und erst 1946 wieder antrat.

Zermelo wurde bekannt durch seine exakte Formulierung des ↗Auswahlaxioms und des damit verbundenen Beweises des Wohlordnungssatzes. 1908 gab er eine Axiomatisierung der Cantorschen Mengenlehre an.

Daneben beschäftigte er sich mit der Variationsrechnung, der Physik und der Wahrscheinlichkeitsrechnung.

Zermelo, Wohlordnungssatz von, zum ↗Auswahlaxiom äquivalenter Satz:

Auf jeder Menge gibt es eine ↗Wohlordnung.

Zermelo-Fraenkelsche Mengenlehre, *ZF*, ↗ axiomatische Mengenlehre.

Zermelo-Postulat, zum ↗Auswahlaxiom äquivalenter Satz:

Sei $\mathcal{A}$ eine Menge von nichtleeren Mengen, die alle paarweise disjunkt sind. Dann gibt es eine Menge C, so daß gilt

$$\bigwedge_{A \in \mathcal{A}} \#(A \cap C) = 1,$$

das heißt, C schneidet alle Elemente von $\mathcal{A}$ in genau einem Punkt.

Zermelosche Mengenlehre, ↗ axiomatische Mengenlehre.

ζ-Funktion, ↗ Hurwitzsche ζ-Funktion, ↗Kongruenz-ζ-Funktion, ↗ Riemannsche ζ-Funktion, ↗ Weierstraßsche ζ-Funktion.

Zetafunktion, Element der ↗Inzidenzalgebra $\mathbb{A}_K(P)$ einer ↗lokal-endlichen Ordnung $P_\leq$ über einen Körper oder Ring K der Charakteristik 0, welches durch

$$\zeta(x,y) = \begin{cases} 1 & \text{falls } x \leq y \\ 0 & \text{sonst} \end{cases}$$

definiert wird.

ZF, kurz für Zermelo-Fraenkelsche Mengenlehre, vgl. ↗ axiomatische Mengenlehre.

ZFC, ↗ axiomatische Mengenlehre.

Zhu Shijie, chinesischer Mathematiker, geb. Ende 13. Jh. Yanshan (nördliche Provinz Hebei), China, gest. Anfang 14. Jh. .

Zhu Shijie (Ehrenname Hanqing, Schriftstellername Songting) ist weder in den offiziellen Annalen der Yuan-Dynastie erwähnt, noch in der unter Leitung von Ruan Yuan (1764–1849) 1799 verfaßten Sammlung der *Biographien von Mathematikern und Astronomen (Chou ren zhuan)*. Lange Zeit waren seine Werke, die *Einführung in das Studium der Mathematik* (*Suan xue qi meng* 1299) und der *Jadespiegel der vier Unbekannten* (*Si yuan yu jian* 1303) verschollen, und erst nach ihrer Wiederentdeckung in der späten Qing-Dynastie wurden aus deren Vorwörtern die wenigen biographischen Anhaltspunkte in die *Fortsetzungen der Biographien von Mathematikern und Astronomen* (*Chou ren zhuan xu*) von Luo Shilin (1790–1853) aufgenommen.

Demnach stammte Zhu Shijie aus Yanshan nahe der Hauptstadt Peking und reiste über 20 Jahre lang durchs Land. Dabei hat er offensichtlich die mathematische Tradition der südlichen Song-Dynastie und insbesondere ↗ Yang Huis Werke kennengelernt, deren Elemente er in seinen Werken verarbeitete und weiterentwickelte. Das frühere Werk Zhu Shijies, die *Einführung in das Studium der Mathematik*, ist heute in China nur in Form von Neuauflagen des koreanischen Druckes von 1660 erhalten. Es spielte in der Verbreitung der algebraischen *tian yuan*–Methode nach Ostasien eine wichtige Rolle. Jedoch erregte die Wiederentdeckung des Werkes um 1809 weniger Aufsehen als der zwei Jahrzehnte zuvor wiedergefundene *Jadespiegel*.

Die Vielzahl der verfaßten Kommentare standen im Kontext einer Wiederbelebung klassischer chinesischer Mathematik als Gegenreaktion zum Import westlicher algebraischer Methoden. Luo Shilin beschreibt im Vorwort seiner kommentierten Edition des *Jadespiegels*, den 1836 erschienen *Detaillierten skizzierten Rechenwegen des Jadespiegels der vier Unbekannten* (*Si yuan yu jian xi cao*) die Geschichte der Wiederentdeckung dieses Textes. Als er Zhu Shijies Klassiker las, bedauerte er seinen früheren Glauben an die Wiederbelebung antiker mathematischer Klassiker durch deren Interpretation mit westlichen Methoden.

Zwölf Jahre lang studierte er die im *Jadespiegel* verwendete *si yuan*-Methode zur Lösung von Polynomialgleichungen mit vier Unbekannten. Seine kommentierte Edition beschreibt detailliert die Lösungen aller Aufgaben mit Rechenstäbchen und Tableaus.

[1] Bréard, A.: Re-Kreation eines mathematischen Konzeptes im chinesischen Diskurs. Steiner-Verlag Stuttgart, 1999.

Zielbereich, *Wertevorrat*, die Menge B für eine gegebene ↗ Abbildung f von A nach B,

$$f: A \to B,$$

für zwei Mengen A und B. Die ebenfalls anzutreffende Bezeichnung *Wertebereich* dafür ist nicht sonderlich glücklich, weil man darunter meist das Bild $f(A)$ versteht, das natürlich echte Teilmenge von B sein kann.

Zielfunktion, bei einem Problem der ↗ Optimierung die Funktion, deren Werte (u. U. unter Berücksichtigung von Nebenbedingungen) maximiert oder minimiert werden sollen.

Zielknoten, Endknoten beim Durchlaufen von Graphen.

Soll ein Graph einmal ganz durchlaufen werden, so wird der Durchlauf durch den Graphen bei einem bestimmten Knoten enden. Dieser Endknoten heißt Zielknoten.

Ziffer, ↗ Stellenwertsystem.

Zifferncode, Codierung einer Zahl durch getrennte Codierung ihrer einzelnen Ziffern, wie z. B. in der ↗ BCD-Arithmetik.

Im Kontext Kryptographie bezeichnet der Begriff Zifferncode auch die Verschlüsselung eines Textes als Folge von Ziffern.

Ziffernextraktion, Ermitteln von Ziffern der Darstellung einer Zahl in einem ↗ Stellenwertsystem ohne Berechnung der vorangehenden Ziffern.

Beispielsweise kann man die Reihendarstellung

$$\ln 2 = \sum_{n=1}^{\infty} \frac{2^{-n}}{n}$$

benutzen, um Binärstellen von ln 2 zu berechnen.

Durch gezielte Suche mit einem Computeralgebraprogramm fanden 1995 David Bailey, Peter Borwein und Simon Plouffe die BBP-Formel

$$\pi = \sum_{n=0}^{\infty} \left(\frac{4}{8n+1} - \frac{2}{8n+4} - \frac{1}{8n+5} - \frac{1}{8n+6} \right) \frac{1}{16^n}$$

und damit eine Möglichkeit zur Ziffernextraktion für π im Hexadezimalsystem. Ähnliche Formeln fand man auch für π^2 und weitere Zahlen. Die besonders einfache Formel

$$\pi = \sum_{n=0}^{\infty} \left(\frac{2}{4n+1} + \frac{2}{4n+2} + \frac{1}{4n+3} \right) \frac{(-1)^n}{4^n}$$

entdeckten Viktor Adamchik und Stan Wagon im Jahr 1997.

Die BBP-Formel erlaubt eine Berechnung der n-ten Hexadezimalstelle von π mit einem Zeitaufwand proportional zu $n \ln n$ und, was wesentlich ist, mit vernachlässigbarem Speicherbedarf. Es ist derzeit (2002) nicht bekannt, ob es auch zur Ziffernextraktion von π im Dezimalsystem derart schnelle Algorithmen gibt.

Fabrice Bellard gab 1997 einen Algorithmus mit quadratischem Zeitbedarf an, der die Ziffernextraktion von π zu beliebigen Basen erlaubt.

[1] Arndt, J.; Haenel, Ch.: Pi. Algorithmen, Computer, Arithmetik. Springer Berlin, 2000.

[2] Delahaye, Jean-Paul: Pi - Die Story. Birkhäuser Basel, 1999.

zig-zagging, Effekt, der im Verlauf von Abstiegsverfahren auftreten kann.

Liegt ein Iterationswert nahe an Teilen des Randes des zulässigen Bereichs, die durch zwei der Nebenbedingungen definiert sind, dann sind gegebenenfalls nur kleine Schrittweiten zwischen diesen Rändern möglich, um zulässig zu bleiben.

Ein vergleichbarer Effekt tritt auf, falls die Eigenwerte der ↗Hesse-Matrix der zu minimierenden Funktion größenordnungsmäßig stark variieren.

Zillmer, August, deutscher Versicherungsmathematiker, geb. 23.1.1831 Treptow/Rega (heute Trzebiatow (Polen), gest. 22.2.1893 Berlin.

Nach dem Schulbesuch in Treptow und Berlin nahm Zillmer 1851 das Studium der Mathematik und Naturwissenschaften in Berlin auf, das er mit der Promotion an der Universität Rostock im Jahre 1858 beendete. Danach trat er eine Stelle bei einer Versicherungsgesellschaft in Stettin an, wechselte 1867 nach Berlin, wo er zweiter Direktor der neugegründeten Nordstar Lebensversicherungen war, und wurde schließlich 1876 Direktor der Vaterländischen Lebensversicherungsgesellschaft in Elberfeld. Nach dem Tod seines jüngsten Kindes 1882 verlor er jegliches Interesse an beruflichen Dingen und kehrte nach Berlin zurück.

Obwohl niemals an einer akademischen Einrichtung tätig, hat Zillmer dennoch die Entwicklung der Versicherungsmathematik durch zahlreiche Publikationen nachhaltig beeinflußt. Nach ihm ist heute in Deutschland bei der Personenversicherung die „gezillmerte Nettoprämie“ und die „gezillmerte Deckungsrückstellung“ benannt. Dabei bezeichnet man mit der gezillmerten Nettoprämie P^Z die um den Abschlußkostenzuschlag $\frac{\alpha^Z}{\ddot{a}_{x:\overline{n}|}}$ geminderte Nettoprämie:

$$P^Z := P^Z - \frac{\alpha^Z}{\ddot{a}_{x:\overline{n}|}}.$$

Hier sind α^Z die einmaligen Abschlußkosten zu Beginn der Versicherung und $\ddot{a}_{x:\overline{n}|}$ der temporäre Leibrentenbarwert einer jährlich vorschüssig gezahlten Leibrente für eine Person des Alters x und der Versicherungsdauer n im ↗ Deterministischen Modell der Lebensversicherungsmathematik.

Zins, (lat. census, „Vermögensschätzung“) bezeichnet den Preis für die leihweise Überlassung von Kapital.

An dieser Stelle sind nicht die Zinstheorien von Interesse, die sich mit der Zulässigkeit und der Notwendigkeit des Zinses beschäftigen (zu Fragen der ethisch-moralischen Berechtigung des Zinses vgl. etwa das kanon. Zinsverbot [2]), sondern nur die Modelle, mit denen die ↗Finanzmathematik kalkuliert. Hier unterscheidet man zwischen diskontinuierlichen und kontinuierlichen Modellen, sowie in beiden genannten Fällen zusätzlich noch zwischen deterministischen und stochastischen Modellen.

Diskontinuierliche deterministische Modelle liegen der klassischen Zins- und Zinseszinsrechnung zugrunde, die zur Berechnung von Barwerten wie z. B. von Zeitrentenbarwerten, Pacht- und Ablöseversprechen und zur Tilgungsrechnung verwendet werden. Diese Zins-Modelle finden auch Anwendung bei der klassischen Kalkulation von Personenversicherungen im ↗ Deterministischen Modell der Lebensversicherungsmathematik. Auch wenn die historisch nachgewiesenen ersten Zinsverträge zurückverfolgt werden können in die Zeit des Entstehens einer antiken Geldwirtschaft während der römischen Kaiserzeit, so datieren systematische Zins- und Zinseszinsrechnungen doch erst sehr viel später und fallen mit dem Aufschwung mathematischer Methoden im siebzehnten Jahrhundert zeitlich zusammen: 1620 werden William Websters Zins- und Zinseszinstafeln veröffentlicht, etwa zeitgleich mit der Briggschen Logarithmentafel 1624, etwas später die ersten gesicherten ↗ Sterbetafeln und Tabellen von Leibrentenbarwerten (↗Leibrente) der Neuzeit durch E. Halley 1693.

In der Praxis weniger verbreitet sind Modelle mit kontinuierlicher Verzinsung. Diese sind aber für viele theoretische Untersuchungen wertvoll: Sie erlauben es, den Apparat der Infinitesimalrechnung anzuwenden und liefern die Möglichkeit praktisch relevanter Abschätzungen. Das gilt in einem noch stärkeren Maße für die stochastischen kontinuierlichen Zinskurvenmodelle, die in der Finanzmathematik Gegenstand aktueller Forschung sind.

Letztere Modelle erfordern anders als die klassische Finanzmathematik tiefere mathematische Methoden, z. B. Methoden der partiellen Differentialgleichungen und der stochastischen Analysis. Stochastische Zinskurvenmodelle werden benötigt bei der Kalkulation derivativer Finanzprodukte, bei Simulationsrechnungen zukünftiger Kapitalmarktszenarien und bei der Optimierung der Klassen von Vermögensanlagen professioneller Anleger.

[1] Björk, T.: Interest Rate Theory, in: Financial Mathematics, Lecture Notes in Mathematics 1656. Springer-Verlag Berlin Heidelberg New York, 1996.

[2] Braun, H.: Geschichte der Lebensversicherung und der Lebensversicherungstechnik. Duncker & Humboldt Berlin, 1963.

Zirkel, einfaches mechanisches Gerät zum Zeichnen eines Kreises oder Kreisbogens um einen gegebenen Punkt, zum Abtasten (Greif- oder Tasterzirkel), oder zum Abtragen von Strecken (Stechzirkel).

Ein Zirkel besteht aus zwei Schenkeln, die an dem einen Ende durch ein feststellbares Gelenk miteinander verbunden sind, der eine trägt am anderen Ende den Zeichenstift Z, der andere Schenkel eine Spitze S zum Einstechen. Der Öffnungswinkel der beiden Schenkel bestimmt den Radius des Kreisbogens.

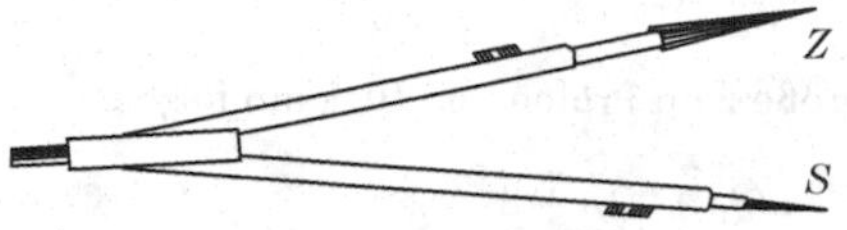

Beim Stechzirkel wird der Zeichenstift durch eine Spitze ersetzt.

Zirkulante, eine $(n \times n)$-↗Matrix $A = (a_{ij})$, deren $(i+1)$-te Zeile gegenüber ihrer i-ten Zeile um eine Stelle „nach rechts verschoben" ist.

Genauer gilt also

$$a_{ij} = a_{(i+1)\text{mod } n, (j+1)\text{mod } n}$$

für alle i und $j \in \{1, \dots, n\}$.

Zirkulanten sind stets normal, d. h., mit ihrer Adjungierten vertauschbar.

zirkulare Menge, eine kreisförmige Menge in einem ↗topologischen Vektorraum.

Es seien V ein topologischer Vektorraum über dem Körper $\mathbb{K}$, wobei $\mathbb{K} = \mathbb{R}$ oder $\mathbb{K} = \mathbb{C}$ gilt, und $M \subseteq V$ eine Teilmenge von V. Dann heißt M kreisförmig oder zirkular, falls gilt:

$$M = \{\lambda \cdot m \mid \lambda \in K, |\lambda| \leq 1, m \in M\}.$$

Ein Spezialfall ist das ↗zirkulare Gabiet.

zirkulares Gebiet, Begriff in der Theorie der holomorphen Funktionen.

Ein ↗Gebiet G im $\mathbb{C}^n$ heißt zirkular, wenn für jedes $z \in G$ und jedes $\vartheta \in \mathbb{R}$ gilt: $e^{i\vartheta} z \in G$. Beispielsweise sind Kugeln und Polyzylinder zirkulare Gebiete im $\mathbb{C}^n$, die jedoch nicht äquivalent sind. Mit Hilfe der beiden folgenden Aussagen kann man diese Nichtäquivalenz beweisen.

Ist $f : G \to H$ eine biholomorphe Abbildung zwischen beschränkten zirkularen Gebieten, und gilt $0 \in G$ und $f(0) = 0$, dann ist f linear.

Seien G und H zirkulare Gebiete im $\mathbb{C}^n$, so daß beide die 0 enthalten, und eines davon homogen und beschränkt ist. Dann sind G und H genau dann biholomorph äquivalent, wenn sie linear äquivalent sind.

Zissoide, eine Kurve im $\mathbb{R}^2$.

Die Zissoide wird durch die Gleichung

$$y^2 \cdot (a - x) = x^3$$

mit einem reellen Parameter a definiert. In Polarkoordinaten lautet die Gleichung

$$r = a \cdot \sin\varphi \cdot \tan\varphi .$$

Zolotarew, Jegor Iwanowitsch, ↗Solotarew, Jegor Iwanowitsch.

Zoom-Effekt, Eigenschaft der ↗Wavelet-Transformation.

Da mit zunehmender Frequenz, d. h. kleiner werdendem Skalenparameter, in der Wavelet-Transformation die Ortsauflösung besser wird, kann die Anwendung der Wavelet-Transformation mit einer Lupe verglichen werden. Sie ermöglicht die präzise Lokalisierung von hochfrequenten oder kurzlebigen Phänomenen eines Signals. In diesem Zusammenhang spricht man auch von Wavelet-Zoom.

Zopf, ↗Knotentheorie.

Zorn, Max August, deutsch-amerikanischer Mathematiker, geb. 6.6.1906 Hamburg, gest. 9.3.1993 Bloomington.

Bis 1930 studierte Zorn an der Universität Hamburg, unter anderem bei Artin. Nach der Promotion erhielt er eine Stelle in Halle, mußte Deutschland aber 1933 verlassen. Er ging in die USA, wo er von 1934 bis 1936 in Yale tätig war. Danach arbeitet er an der University of California und ab 1946 an der University of Indiana in Bloomington.

Zorn ist besonders bekannt für seine Ergebnisse zur Existenz eines maximalen Elementes in halbgeordneten Mengen (Zornsches Lemma). Er arbeitete aber auch zur Topologie und zu assoziativen Algebren. Er bewies die Eindeutigkeit der Cayley-Zahlen und zeigte, daß es nur eine alternative, quadratische, reelle, nichtassoziative Algebra ohne Nullteiler gibt.

Zorn, Satz von, besagt, daß jede nullteilerfreie quadratische reelle, aber nicht assoziative ↗Alternativalgebra zur ↗Oktonienalgebra isomorph ist.

Zornsches Lemma, zum ↗Auswahlaxiom äquivalenter Satz:

Ist (M, R), $R \subseteq M \times M$ eine ↗Ordnungsrelation, und hat jede Kette $K \subseteq M$ eine obere Schranke in M, so gibt es in M ein R-maximales Element.

ZPE-Ring, ein (kommutativer) ↗Integritätsbereich, in dem jedes von Null verschiedene Element, das kein umkehrbares Element ist, ein Produkt von endlich vielen ↗Primelementen ist.

ZPE–Ring ist die Abkürzung für „Ring mit eindeutiger Primfaktorzerlegung". Solche Ringe werden auch faktorielle Ringe genannt.

Aus der Definition kann man ableiten, daß die Darstellung als Produkt von Primelementen bis auf die Reihenfolge und die Multiplikation der Primelemente mit umkehrbaren Elementen eindeutig bestimmt ist. In ZPE–Ringen sind die Primelemente genau die ↗irreduziblen Ringelemente. Nach dem Lemma von Gauß gilt, daß der Polynomring in der Variablen X über dem Ring R, $R[X]$, ein ZPE–Ring ist, wenn R selbst ein ZPE–Ring ist. Daraus ergeben sich Beispiele für ZPE–Ringe: Polynomringe in mehreren Veränderlichen über einem Körper oder dem Ring $\mathbb{Z}$ der ganzen Zahlen sind ZPE–Ringe, ebenso ↗Potenzreihenringe in mehreren Veränderlichen über einem Körper.

Der Ring $\mathbb{Z}[\sqrt{-5}]$ ist kein ZPE–Ring (↗Zerlegung eines Elements in irreduziblen Faktoren).

ZPP, die Komplexitätsklasse aller ↗Entscheidungsprobleme, für die es einen ↗randomisierten Algorithmus gibt, der das Problem so in polynomieller Zeit löst, daß die Wahrscheinlichkeit der Antwort „?" durch 1/2 beschränkt ist, und ansonsten die Antwort richtig ist.

ZPP-Algorithmen arbeiten irrtumsfrei und heißen auch Las Vegas Algorithmen. Durch polynomiell viele unabhängige Wiederholungen des Algorithmus kann die Wahrscheinlichkeit der Antwort „?" exponentiell klein gemacht werden. Es genügen durchschnittlich höchstens 2 Wiederholungen, um die richtige Antwort zu erhalten. Damit sind Las Vegas Algorithmen von großer praktischer Bedeutung. Die Abkürzung ZPP steht für zero-error probabilistic polynomial (time).

Z-Transformation, *Fishersche Z-Transformation*, wird in der ↗Korrelationsanalyse und für Korrelationstests verwendet.

Sei $(X_i, Y_i), i = 1, \dots, n$ eine Stichprobe des zweidimensionalen normalverteilten zufälligen Vektors (X, Y), und $\hat{\varrho}$ der ↗empirische Korrelationskoeffizient, d. h., die ↗Maximum-Likelihood-Schätzung des einfachen ↗Korrelationskoeffizienten

$$\varrho = \frac{E(X - EX)(Y - EY)}{\sqrt{Var(X)Var(Y)}}$$

zwischen X und Y. Zur Konstruktion eines (asymptotischen) ↗Signifikanztests zum Prüfen der Hypothese

$$H_0 : \varrho = \varrho_0$$

verwendet man die Fishersche Z-Transformierte

$$Z = \frac{1}{2} \ln \left(\frac{1 + \hat{\varrho}}{1 - \hat{\varrho}} \right).$$

z ist unter der Annahme der Gültigkeit von H_0 asymptotisch normalverteilt mit

$$E(Z) \approx c(\varrho_0) = \frac{1}{2} \ln \left(\frac{1 + \varrho_0}{1 - \varrho_0} \right) + \frac{\varrho_0}{2(n-1)}$$

und

$$Var(Z) \approx \frac{1}{n-3}.$$

Als Testgröße zum Prüfen von H_0 kann folglich

$$T = (Z - c(\varrho_0)) \cdot \sqrt{n-3}$$

verwendet werden. H_0 wird bei vorgegebener Irrtumswahrscheinlichkeit erster Art α abgelehnt, falls (bei zweiseitiger Fragestellung) $|T| > z(1 - \alpha/2)$ ist, wobei $z(p)$ das p-Quantil der Standard-Normalverteilung ist.

Mit der Z-Transformierten kann auch die Gleichheit zweier Korrelationskoeffizienten geprüft werden. Sind $\hat{\varrho}_1$ und $\hat{\varrho}_2$ die empirischen Korrelationskoeffizienten zweier Stichproben $(X_i^{(1)}, Y_i^{(1)})$, $i = 1, \dots, n_1$, und $(X_i^{(2)}, Y_i^{(2)})$, $i = 1, \dots, n_2$, zweidimensional normalverteilter zufälliger Vektoren mit den Korrelationskoeffizienten ϱ_1 und ϱ_2, so ist die Testgröße

$$T = \frac{z_1 - z_2}{\sqrt{\frac{1}{n_1-3} + \frac{1}{n_2-3}}} \text{ mit}$$

$$z_i = \frac{1}{2} \ln \left(\frac{1 + \hat{\varrho}_i}{1 - \hat{\varrho}_i} \right), \quad i = 1, 2$$

asymptotisch Standardnormalverteilt, falls $H_0 : \varrho_1 = \varrho_2$ wahr ist. H_0 wird abgelehnt, falls (bei zweiseitiger Fragestellung) $|T| > z(1 - \alpha/2)$ ist.

Zufällige Graphen

H.-J. Prömel und A. Taraz

Einordnung. Die Theorie zufälliger Graphen hat sich in jüngerer Zeit als ein äußerst lebendiges Teilgebiet der ↗Graphentheorie herauskristallisiert. Sie verbindet Methoden der Kombinatorik mit denen der Wahrscheinlichkeitstheorie und schlägt mit ihren Resultaten Brücken von der Diskreten Mathematik bis hin zu Teilgebieten der Theoretischen Informatik.

Modell. Um das zugrundeliegende Zufallsexperiment zu beschreiben, sind zunächst einige einfache Definitionen notwendig. Ein Graph G besteht aus einer Knotenmenge $V = V(G)$ und einer Kantenmenge $E = E(G)$, wobei $E \subseteq [V]^2$ ist. Graphen werden häufig wie folgt visualisiert. Die Knoten sind durch Punkte in der Ebene repräsentiert, und je zwei Knoten, die eine Kante bilden, sind durch eine Linie verbunden (Abbildung 1). Ein Subgraph H von G ist durch eine Knotenmenge $V(H) \subseteq V(G)$ und eine Kantenmenge $E(H) \subseteq [V(H)]^2 \cap E(G)$ gegeben.

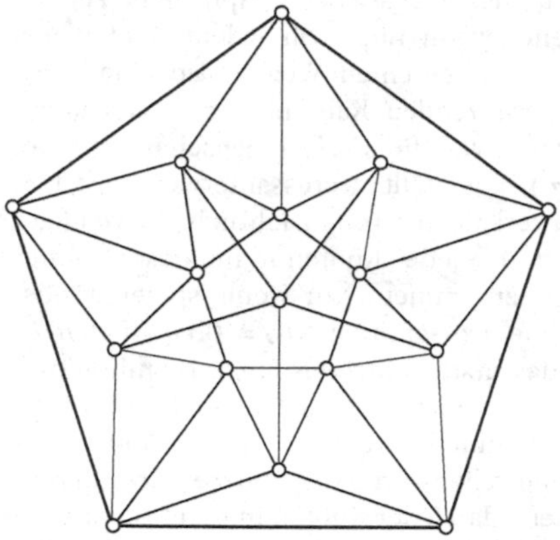

Abbildung 1: Beispiel für die Visualisierung eines Graphen

Sei n eine natürliche Zahl, und $p = p(n)$ eine Funktion mit Werten zwischen 0 und 1. Ein zufälliger Graph, mit $G_{n,p}$ bezeichnet, wird dadurch generiert, daß in einem Zufallsexperiment jede auf der Knotenmenge $\{1, \ldots, n\}$ mögliche Kante unabhängig mit Wahrscheinlichkeit p existiert. Wählt man $p = 1/2$, so sind alle Graphen als Ausgang des Experiments gleichwahrscheinlich, d. h. man erhält die Gleichverteilung auf der Klasse aller Graphen.

Probabilistische Methode. Lange bevor zufällige Graphen als eigenständiger Forschungsgegenstand auftraten, wurden sie als Hilfsmittel für Existenzbeweise benutzt. Die Grundidee ist hierbei die folgende: Um die Existenz eines Objekts mit einer gewünschten Struktur nachzuweisen, generiert man durch ein (geeignet abgestimmtes) Zufallsexperiment ein zufälliges Objekt und zeigt, daß die Wahrscheinlichkeit, daß das Objekt die gewünschte Struktur hat, positiv ist. Dieser Ansatz, oft als die *Probabilistische Methode* bezeichnet, wurde maßgeblich von Paul Erdős geprägt. Die beiden folgenden Beispiele gehen auf Erdős zurück.

Das erste prominente Beispiel der Probabilistischen Methode stammt aus dem Jahre 1947 und befaßt sich mit Cliquen, stabilen Mengen und der Ramseyfunktion. Eine Clique (bzw. eine stabile Menge) in einem Graph ist ein Subgraph, der dadurch definiert ist, daß jedes (bzw. keines) seiner Knotenpaare eine Kante bildet. Frank P. Ramsey hatte bereits 1930 bewiesen, daß zu je zwei natürlichen Zahlen s und t eine kleinste natürliche Zahl $R(s, t)$ existiert, so daß jeder Graph auf n Knoten eine Clique der Größe s oder eine stabile Menge der Größe t enthalten muß. Auf der Suche nach unteren Schranken für $R(s, t)$ betrachtete Erdős den zufälligen Graphen $G_{n,1/2}$. Die Wahrscheinlichkeit dafür, daß eine festgewählte Menge von s Knoten in $G_{n,1/2}$ eine Clique bildet, beträgt offensichtlich genau $2^{-\binom{s}{2}}$. Somit ist die Wahrscheinlichkeit, daß $G_{n,1/2}$ eine Clique oder eine stabile Menge der Größe s besitzt, höchstens

$$2\binom{n}{s}2^{-\binom{s}{2}},$$

und es läßt sich leicht nachrechnen, daß dieser Ausdruck für $s \geq 2 \log n$ echt kleiner als 1 ist. (Hier und im weiteren bezeichne log den Logarithmus zur Basis 2.) Daraus folgt, daß es einen Graphen auf $2^{s/2}$ Knoten gibt, der weder eine Clique noch eine stabile Menge der Größe s besitzt, woraus sich als untere Schranke $R(s, s) > 2^{s/2}$ ergibt.

Das zweite Beispiel beschäftigt sich mit Kreisen und der chromatischen Zahl eines Graphen G. Ein Kreis ist ein Subgraph, dessen Knoten zyklisch durch Kanten verbunden sind. Die chromatische Zahl $\chi(G)$ ist definiert als die kleinste Zahl von Farben, die benötigt werden, um die Knoten von G so zu färben, daß je zwei, die eine Kante bilden, verschieden gefärbt sind. Intuitiv scheint es einzuleuchten, daß die chromatische Zahl umso höher liegt, je „komplizierter" der Graph aussieht. Insofern mag es andererseits überraschen, daß es zu je zwei natürlichen Zahlen k und ℓ einen kleinsten Graphen $G(k, \ell)$ gibt, dessen chromatische Zahl mindestens k beträgt, der aber keinen Kreis mit weniger als ℓ Knoten enthält. $G(k, \ell)$ ist also ein Graph, der einerseits eine hohe globale Komplexität besitzt, andererseits lokal sehr einfach aussieht. Die Existenz eines solchen Graphen läßt sich ebenfalls mit Hilfe der Probabilistischen Methode zeigen. Dabei startet man mit $G_{n,p}$ und einem bestimmten $p = p(n)$. $G_{n,p}$ hat die erforderlichen Eigenschaften noch nicht, aber es läßt sich zeigen, daß man mit positiver Wahrscheinlichkeit einen Graphen mit den gewünschten Eigenschaften erhält, wenn man in $G_{n,p}$ alle kurzen Kreise löscht.

Erstaunlich an diesen beiden Beispielen ist, daß es trotz energischer Versuche noch keine konstruktiven Beweise gibt, die auch nur annähernd an die Schranken für $R(s, s)$ und $G(k, \ell)$ von Erdős heranreichen. Dies zeigt, daß zufällige Strukturen genau die Art von Regelmäßigkeit aufweisen, die man zur Lösung dieser und ähnlicher Probleme braucht, und das, obwohl Zufall ja häufig mit Chaos gleichgesetzt und als Gegenteil von Ordnung angesehen wird.

0-1-Gesetze, Phasenübergänge, Evolution. Zufällige Graphen traten erstmals um 1960 in einer Serie von wegweisenden Arbeiten von Paul Erdős und Alfred Rényi als eigenständiger Forschungsgegenstand auf. Die zentrale Frage – *Gegeben eine bestimmte Grapheneigenschaft* $\mathcal{A}$, *wie groß ist die Wahrscheinlichkeit* $\Pr(G_{n,p} \in \mathcal{A})$, *daß sie von einem zufälligen Graphen* $G_{n,p}$ *erfüllt wird?* – wird nun nicht mehr nur als Ansatz für Existenzbeweise gesehen, sondern als Selbstzweck untersucht.

Unabhängig von den betrachteten Eigenschaften zeigen sich hier zwei fundamentale Erkenntnisse.

0-1-*Gesetze:* Für die meisten festgelegten Kantenwahrscheinlichkeiten $p = p(n)$ konvergiert $\Pr(G_{n,p} \in \mathcal{A})$ mit wachsendem n gegen 0 oder 1.

Phasenübergänge: Die meisten Grapheneigenschaften besitzen eine Schwellenwertfunktion $t(n)$, so daß für wachsendes n

$$\Pr(G_{n,p} \in \mathcal{A}) \to 0, \quad \text{wenn } p(n)/t(n) \to 0, \text{ und}$$
$$\Pr(G_{n,p} \in \mathcal{A}) \to 1, \quad \text{wenn } p(n)/t(n) \to \infty.$$

Betrachtet man p als eine Art Zeitparameter, der von 0 bis 1 „läuft", dann wird die Eigenschaft $\mathcal{A}$ also zunächst *fast sicher nicht* und nach Überschreiten des Schwellenwerts *fast sicher* angenommen. In diesem Zusammenhang spricht man von der *Evolution*: $G_{n,p}$ entwickelt sich von einer stabilen Menge zu einer Clique auf n Knoten.

Für konstante Kantenwahrscheinlichkeiten p läßt sich beispielsweise zeigen, daß jede Eigenschaft, die sich in der Logik erster Stufe über Graphen ausdrücken läßt, ein 0-1-Gesetz besitzt. Ferner besagt ein Satz von Béla Bollobás und Andrew Thomason, daß jede Grapheneigenschaft, die abgeschlossen bezüglich der Addition von Kanten ist, eine Schwellenwertfunktion besitzt.

Erdős und Rényi gaben für viele interessante Eigenschaften Schwellenwertfunktionen an. Für die Eigenschaft, ein Dreieck (d. h. eine Clique der Länge 3) zu enthalten, liegt diese bei $t(n) = 1/n$. Dies läßt sich anschaulich dadurch begründen, daß die durchschnittliche Anzahl von Dreiecken in $G_{n,p}$ durch $\binom{n}{3}p^3$ gegeben ist und daher mit wachsendem n gegen 0 oder ∞ strebt, je nach dem, ob $p/t = p \cdot n$ gegen 0 oder ∞ strebt. Wenn man mit der Dichte eines (Sub-)Graphen H das Verhältnis $|E(H)|/|V(H)|$ bezeichnet, dann ist der Schwellenwert für das Auftreten spezieller Subgraphen offensichtlich um so höher, je dichter der Subgraph ist. Beispielsweise liegt der Schwellenwert für die Eigenschaft, einen Kreis zu besitzen, auch bei $1/n$, und der Schwellenwert für das erste Auftreten einer Clique der Größe 4 bei $n^{-2/3}$. Allgemein bestimmt sich der Schwellenwert für die Eigenschaft, eine Kopie eines festgewählten Graphen H als Subgraph zu enthalten, durch die Dichte des dichtesten Subgraphen von H, nämlich als

$$t(n) = n^{-1/\varrho}, \quad \text{wobei } \varrho = \max_{H' \subseteq H} |E(H')|/|V(H')|.$$

Zwei weitere grundlegende Grapheneigenschaften und ihre Schwellenwerte beschreiben, wie $G_{n,p}$ im Laufe seiner Evolutionsgeschichte immer mehr zusammenwächst. Ein Graph heißt zusammenhängend, wenn man von jedem Knoten aus jeden Knoten über einen Weg – also eine Folge von sich berührenden Kanten – erreichen kann. Der Schwellenwert für diese Eigenschaft liegt bei $t(n) = \ln(n)/n$ und fällt interessanterweise mit dem Schwellenwert für die (offensichtlich notwendige) Eigenschaft, daß jeder Knoten in mindestens einer Kante liegt, zusammen. Nur wenig später wächst $G_{n,p}$ noch mehr zusammen: $t(n) = (\ln n + \ln \ln n)/n$ markiert das erste Auftreten eines Hamiltonkreises, also eines Kreises, der jeden Knoten des Graphen genau einmal enthält. Auch dies koinzidiert mit dem Schwellenwert eines anderen Ereignisses, nämlich dem, daß jeder Knoten in mindestens zwei Kanten liegt.

Im „Inneren" der Phasenübergänge. Was weiß man über das Verhalten der Wahrscheinlichkeit $\Pr(G_{n,p} \in \mathcal{A})$, wenn $p(n)$ von der gleichen Größenordnung ist wie $t(n)$, also die Definition des Schwellenwerts nicht greift? Hier sind zwei unterschiedliche Phänomene zu beobachten: unscharfe und scharfe Phasenübergänge. Einige Eigenschaften kommen (relativ) langsam zur Geltung, so wie beispielsweise für $p(n) = c/n$ gilt:

$$\Pr(G_{n,p} \text{ hat ein Dreieck}) \to 1 - \mathrm{e}^{-c^3/6}.$$

Andere Eigenschaften treten schlagartig ein: Für jedes beliebige $\varepsilon > 0$ gilt, daß für

$$p(n) \le (1 - \varepsilon)\ln(n)/n$$

der zufällige Graph $G_{n,p}$ fast sicher nicht zusammenhängend ist, während genau dies aber bereits für

$$p(n) \ge (1 + \varepsilon)\ln(n)/n$$

zutrifft. Ein Satz von Ehud Friedgut aus dem Jahre 1999 besagt, grob gesprochen, daß lokale Grapheneigenschaften (wie beispielsweise ein Dreieck zu besitzen) unscharfe Phasenübergange haben, während globale Eigenschaften (wie beispielsweise zusammenhängend zu sein) scharfe Phasenübergänge besitzen (siehe auch Abbildung 2).

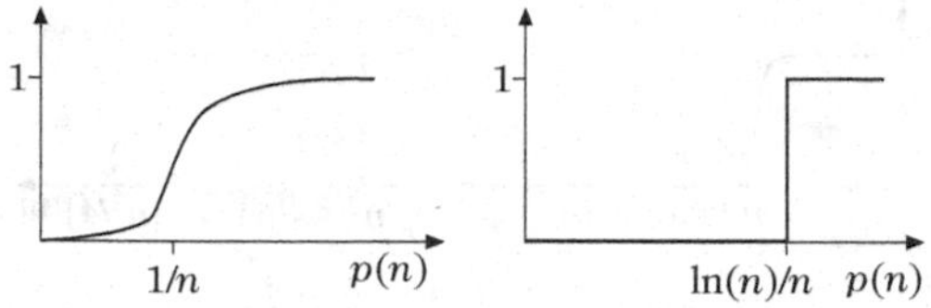

Abbildung 2: Phasenübergänge für die Eigenschaften "hat Dreieck" (links) und "ist zusammenhängend" (rechts)

Doch auch innerhalb scharfer Phasenübergänge läßt sich der Weg von der 0 zur 1 nachverfolgen – häufig besteht hier die Kunst in der Wahl der richtigen Parametrisierung, also eines passenden Vergrößerungsglases oder einer adäquaten Zeitlupe. Wählt man beispielsweise $p(n) = \ln(n)/n + c/n$, dann läßt sich zeigen, daß

$$\Pr(G_{n,p} \text{ ist zusammenhängend}) \to e^{-e^{-c}}.$$

Das Paradebeispiel für die richtige Wahl der Zeitlupe ist der Phasenübergang, den $G_{n,p}$ am Schwellenwert $t(n) = 1/n$ durchläuft. Bereits Erdős und Rényi konnten zeigen, daß $G_{n,p}$ für $p(n) = (1-\varepsilon)/n$ fast sicher aus Zusammenhangskomponenten der Größenordnung höchstens $\log n$ besteht, daß für $p(n) = 1/n$ bereits mehrere Komponenten der Größe $n^{2/3}$ existieren, und bei $p = (1+\varepsilon)/n$ der Graph von einer einzigen großen Komponente beherrscht wird, die einen konstanten Anteil aller Knoten enthält. Mehr als 20 Jahre lang war jedoch die Frage offen, welche Kräfte und Mechanismen hier zu dem rasanten Zusammenwachsen während dieses sogenannten *double jump* beitragen, bevor sie in drei Arbeiten von Béla Bollobás, Tomasz Luczak und Svante Janson et al. auf der Basis der Parametrisierung $p(n) = 1/n + \lambda/n^{4/3}$ beantwortet wurde.

Es werde angenommen, daß für ein gegebenes λ zwei Komponenten der Größe $c_1 n^{2/3}$ und $c_2 n^{2/3}$ existieren. Wenn man jetzt von λ zu $\lambda + d\lambda$ übergeht, beträgt die Wahrscheinlichkeit, daß die Komponenten verschmelzen, $c_1 c_2 d\lambda$. Sie besitzen insofern eine Art Anziehungskraft, als daß die Wahrscheinlichkeit zu verschmelzen proportional zu ihrer Größe ist. Gleichzeitig erhalten größere Komponenten mehr und mehr Kreise und „schlucken" einzelne Knoten. Eine sehr anschauliche Skizze findet sich in [1]: *With $\lambda = -10^6$, say, we have feudalism. Many small components (castles) are each vying to be the largest. As λ increases, the components (nations) emerge. An already large France has much better chances of becoming larger than a smaller Andorra. The largest components tend strongly to merge and by $\lambda = +10^6$, it is very likely that a giant component, Roman Empire, has emerged. With high probability, this component is nevermore challenged for supremacy but continues absorbing smaller components until full connectivity – One World – is achieved.*

Konzentration. Graphenparameter wie beispielsweise die chromatische Zahl $\chi(G)$ oder die Cliquenzahl $\omega(G)$ (d. h. die Kardinalität einer größten Clique) werden, wenn angewendet auf $G_{n,p}$, zu Zufallsvariablen. Ein wichtiges Ziel der Theorie zufälliger Graphen ist es, nicht nur das durchschnittliche Verhalten dieser Zufallsvariablen zu bestimmen, sondern auch zu zeigen, daß sie mit hoher Wahrscheinlichkeit um ihren Erwartungswert scharf konzentriert sind.

In der eingangs erwähnten Arbeit zeigte Erdős nicht nur, daß die Wahrscheinlichkeit $\Pr(\omega(G_{n,1/2}) < 2\log n)$ positiv ist, sondern auch, daß sie für wachsendes n sogar gegen 1 konvergiert. David Matula gelang es 1976 darüber hinaus, eine weitaus stärkere Konzentrationsaussage zu beweisen. Die Cliquenzahl ist fast immer auf zwei Werte konzentriert: Es gibt eine Funktion $\ell(n)$, die bis auf additive Konstanten die Größe $2\log n - 2\log\log n$ hat und

$$\Pr(\ell \leq \omega(G_{n,1/2}) \leq \ell + 1) \to 1$$

erfüllt.

Dieses Ergebnis mußte lange Zeit auf ein Analogon für die chromatische Zahl und damit auf die Beantwortung einer Frage von Erdős und Rényi aus dem Jahre 1960 warten. Da offensichtlich auch die Kardinalität einer größten stabilen Menge (und damit jede Farbklasse in einer Färbung) fast sicher kleiner als $2\log n$ sein muß, ist es offensichtlich, daß fast sicher $\chi(G_{n,1/2}) \geq n/(2\log n)$ ist. Geoffrey Grimmett und Colin McDiarmid zeigten 1975 mit Hilfe eines einfachen Färbungsalgorithmus, daß fast sicher $\chi(G_{n,1/2}) \leq (1+\varepsilon)n/\log n$ gilt. Eli Shamir und Joel Spencer konnten 1987 beweisen, daß $\chi(G_{n,1/2})$ in einem Intervall der Größenordnung $\sqrt{n}$ konzentriert ist, ohne jedoch eine Aussage darüber machen zu können, wo dieses Intervall genau liegt. Den Schlußpunkt setzte Bollobás mit dem Beweis, daß die untere Schranke von $n/(2\log n)$ tatsächlich asymptotisch erreicht wird.

Die beiden zuletzt genannten Arbeiten beruhen darauf, daß man die Generierung eines zufälligen Graphen als Martingalprozeß auffaßt und in geschickter Weise Konzentrationsergebnisse für Martingale anwendet. Dieser Ansatz ist seitdem kontinuierlich weiterentwickelt worden und erfreut sich insbesondere auf dem Gebiet der Analyse randomisierter Algorithmen großer Erfolge.

Zufällige dreiecksfreie Graphen. Die Erforschung des $G_{n,p}$-Modells verdankt ihren Erfolg in erster

Linie der Tatsache, daß sich der Wahrscheinlichkeitsraum durch unabhängige lokale Einzelexperimente modellieren läßt. Will man dagegen die Gleichverteilung auf einer Teilklasse aller Graphen untersuchen, die durch eine strukturelle Nebenbedingung charakterisiert sind, geht diese Unabhängigkeit verloren, und die Situation wird ungleich schwieriger. Als ein Beispiel betrachte man die Gleichverteilung auf der Klasse aller dreiecksfreier Graphen.

Wie sieht ein typischer dreiecksfreier Graph aus, welche chromatische Zahl hat er beispielsweise? Paul Erdős, Daniel Kleitman und Bruce Rothschild gaben auf diese Frage 1976 eine überraschende Antwort: Zwei! Sie bewiesen, daß der Anteil der zweifärbbaren Graphen innerhalb der Klasse der dreiecksfreien Graphen exponentiell schnell gegen 1 konvergiert. Die Beweismethodik ist wesentlich verschieden von den bisher angeführten Argumenten und folgt einer Strategie, die Kleitman und Rothschild kurz zuvor entwickelt hatten, um Strukturaussagen über zufällige partielle Ordnungen zu machen.

Das Resultat von Erdős, Kleitman und Rothschild wurde 1987 von Kolaitis, Prömel und Rothschild dahingehend verallgemeinert, daß für jedes festgewählte ℓ ein zufälliger Graph aus der Klasse aller Graphen, die keine Clique der Größe $\ell + 1$ besitzen, fast sicher mit ℓ Farben zu färben ist. Auf dieser Klasse stimmen also chromatische Zahl und Cliquenzahl fast sicher überein. Diese Aussage kann, wie man aus den bereits vorgestellten Ergebnissen bezüglich $\chi(G_{n,1/2})$ und $\omega(G_{n,1/2})$ sofort sieht, spätestens für $\ell = 2\log n$ nicht mehr zutreffen. Die Frage von Erdős aus dem Jahre 1988, wie groß ℓ als Funktion von n werden kann, ohne die Aussage falsch werden zu lassen, ist nach wie vor offen.

Man betrachte nun das Resultat von Erdős, Kleitman und Rothschild von einem evolutionären Standpunkt aus. Wie groß ist die chromatische Zahl eines zufälligen dreiecksfreien Graphen G mit m Kanten? Osthus, Prömel und Taraz zeigten, daß hier gleich zwei Phasenübergänge stattfinden, die in Abbildung 3 dargestellt sind: Zunächst ist ein zufälliger dreiecksfreier Graph fast sicher zweifärbbar, dann fast sicher nicht, dann wieder fast sicher. Interessanterweise ist hier der erste Phasenübergang auf der linken Seite unscharf, der zweite jedoch scharf.

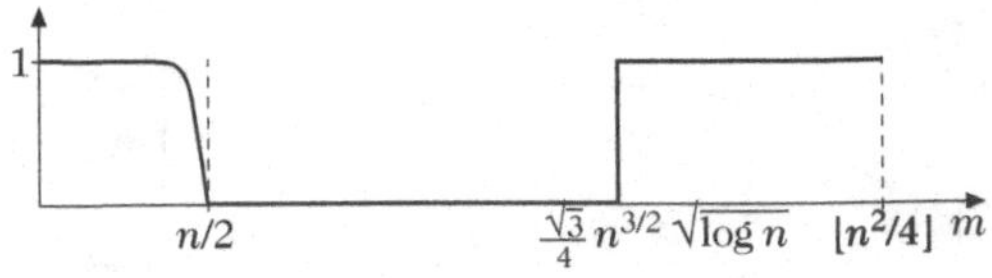

Abbildung 3: Die Wahrscheinlichkeit, daß ein zufälliger dreiecksfreier Graph mit n Knoten und m Kanten zweifärbbar ist.

Ein anderes Modell dreiecksfreier Graphen erhält man durch den folgenden Zufallsprozesses. Beginnend mit dem leeren Graphen auf n Knoten wählt man in jedem Schritt ein zufälliges Knotenpaar (gleichverteilt) und fügt dort eine Kante ein, wenn dadurch kein Dreieck entsteht. Paul Erdős, Stephen Suen und Peter Winkler analysierten dieses Verfahren 1995 und zeigten, daß der resultierende Graph am Ende – wenn alle Kanten ihr Glück versucht haben – fast sicher ungefähr $n^{3/2}$ Kanten hat. Überraschenderweise führt der scheinbar restriktivere Prozeß, bei dem nicht nur Dreiecke, sondern alle Kreise ungerader Länge verboten werden, zu einem mit einer quadratischen Anzahl von Kanten wesentlich dichteren Graphen.

Zufällige Prozesse dieser Art können als eine Art randomisiertes Verfahren betrachtet werden, um spezielle Graphenklassen zu erzeugen. Dies kann einerseits mit der Absicht geschehen, Zufallsverteilungen zu simulieren und zu studieren, andererseits aber auch unter dem Aspekt probabilistischer Existenzbeweise, wie sie im einleitenden Abschnitt bereits angesprochen wurden. Die grundlegende Problematik bei solch einer *iterativen* probabilistischen Methode besteht darin, die Analyse in vernünftig gewählten Abschnitten durchzuführen: Versucht man, nach jedem Schritt eine neue Bestandsaufnahme zu machen, so läßt sich kein Fortschritt messen; wartet man zu lange, dann hat man die Kontrolle über den Prozeß verloren. Vojtěch Rödl demonstrierte 1985 mit einer Strategie, die mittlerweile auch *Rödl nibble* genannt wird, daß diese Gratwanderung möglich ist, und bestätigte auf diese Weise eine alte Vermutung von Paul Erdős und Haim Hanani über Packungen von Mengen aus dem Jahre 1963. Ein weiterer herausragender Satz, der mit Hilfe dieser Methode bewiesen wurde, ist die Bestimmung der eingangs vorgestellten Ramseyfunktion $R(3,t)$. Jeong Han Kim konnte 1995 zeigen, daß $R(3,t)$ die Größenordnung $t^2/\ln^2 t$ hat.

Ausblick. Viele der Fragestellungen für zufällige Graphen übertragen sich in natürlicher Weise auf andere zufällige diskrete Strukturen. Naheliegende „Verwandte" sind beispielsweise zufällige Matrizen oder zufällige partielle Ordnungen. Letztere stellen, ähnlich wie die bereits erörterten dreiecksfreien Graphen, einen Spezialfall von Graphen dar, den man durch eine zusätzliche Nebenbedingung erhält, in diesem Fall durch die Transitivität. Weitere Beispiele für spezielle Ausprägungen zufälliger Graphen, die zu eigenständigen Forschungsgebieten geführt haben, sind Spin-Gläser und Perkolationstheorie.

Die Theorie zufälliger Graphen wird auf verschiedenen Gebieten angewendet. Sie eröffnet beispielsweise die Möglichkeit, komplexe real existierende Strukturen wie Bekanntschaftsnetzwerke (insbesondere das *world wide web*) zu simulieren und zu analysieren. Darüberhinaus schafft sie durch die Charakterisierung typischer Struktureigenschaften von Graphen die Grundlagen für die average-case Analyse von Graphenalgorithmen und den Entwurf randomisierter Verfahren.

Literatur

[1] Alon, N., Spencer, J., Erdős, P.: The Probabilistic Method. Wiley & Sons New York, 2. Aufl. 2000.

[2] Bollobás, B.: Random Graphs. Academic Press London, 2. Aufl. 2001.

[3] Janson, S., Luczak, T., Ruciński, A.: Random Graphs. Wiley–Interscience New York, 2000.

[4] Motwani, R., Raghavan, P.: Randomized Algorithms. Cambridge University Press, 1995.

zufällige Irrfahrt, ↗ Irrfahrt.

zufälliger Prozeß, ↗ stochastischer Prozeß.

zufälliges Ereignis, ↗ Ereignis.

zufälliges Feld, ↗ Zufallsfeld.

Zufälligkeitstest, Bezeichnung für statistische Tests (↗ Testtheorie, ↗ Signifikanztest) zum Prüfen der Hypothese, daß die Stichprobenvariablen $\{X_i\}_{i=1,\ldots,n}$ einer Stichprobe vom Umfang n unabhängig sind und deshalb die Anordnung der vorliegenden Stichprobenwerte zufällig entstanden ist.

Zufallsfeld, *zufälliges Feld*, ein ↗ stochastischer Prozeß $(X_t)_{t\in T}$ mit einem meßbaren Raum $(E, \mathfrak{E})$ als Zustandsraum, dessen Parametermenge T eine Teilmenge des $\mathbb{R}^d$ mit $d \geq 2$ oder allgemeiner eine partiell geordnete Menge (↗ Partialordnung) ist.

Zufallsfraktal, fraktale Menge (↗ Fraktale), bei deren Konstruktion eine oder mehrere Zufallsvariablen existieren, die bei jedem Iterationsschritt ermittelt werden und damit die Menge des nächsten Schrittes bestimmen.

Ein einfaches Beispiel ist z. B. eine modifizierte ↗ Koch-Kurve, bei der mittels einer Wahrscheinlichkeitsverteilung nach jedem Iterationsschritt entschieden wird, ob die zwei Seiten des gleichseitigen Dreiecks „oberhalb" oder „unterhalb" der entfernten Strecke gesetzt werden. Ein weiteres bekanntes Beispiel für das Zufallsfraktal ist der Graph einer ↗ Brownschen Bewegung.

[1] Falconer, K.J.: Fraktale Geometrie. Spektrum Akademischer Verlag Heidelberg, 1993.

Zufallsgraph, *zufälliger Graph*, ↗ zufällige Graphen.

Zufallsgröße, ↗ Zufallsvariable.

Zufallssumme, Kurzbezeichnung für eine Summe von Zufallsvariablen.

Sie wird z. B. in der Mathematik der Schadenversicherung verwendet, um die in eine Periode insgesamt auftretenden Schäden in einem Versicherungsbestand zu charakterisieren: Ist eine Menge $\{R_j\}_{j=1,\ldots,J}$ von Zufallsvariablen, welche Einzelrisiken beschreiben, gegeben, so berechnet sich der ↗ Gesamtschaden als Zufallssumme $R = \sum_{j=1}^{J} R_j$.

Ziel der Untersuchung von Zufallssummen ist es hier, aus den beobachtbaren Realisierungen r_j von Einzelschäden ein Modell für den Gesamtschaden abzuleiten. Entsprechende Algorithmen liefert das ↗ Individuelle Modell der Risikotheorie oder das ↗ Kollektive Modell der Risikotheorie.

Derartige Überlegungen lassen sich natürlich auf die Auswertung von Zufallssummen in anderen Anwendungsbereichen übertragen.

Zufallsvariable, wichtiger Begriff der Wahrscheinlichkeitstheorie.

Es sei $(\Omega, \mathfrak{A}, P)$ ein Wahrscheinlichkeitsraum und $(\Omega', \mathfrak{A}')$ ein meßbarer Raum. Dann heißt jede $\mathfrak{A}$-$\mathfrak{A}'$-meßbare Abbildung $X : \Omega \to \Omega'$ eine Zufallsvariable (mit Werten in Ω'). Eine Zufallsvariable X besitzt also die Eigenschaft, daß für jede Menge $A' \in \mathfrak{A}'$ das Urbild $X^{-1}(A')$ ein Element von $\mathfrak{A}$ ist. Im Falle $\Omega' = \mathbb{R}$ und $\mathfrak{A}' = \mathfrak{B}(\mathbb{R})$ heißt X eine reelle Zufallsvariable oder Zufallsgröße. Gilt $\Omega' = \mathbb{R}^d$ und $\mathfrak{A}' = \mathfrak{B}(\mathbb{R}^d)$ mit $d > 1$, so nennt man X einen zufälligen Vektor oder Zufallsvektor (mit Werten in $\mathbb{R}^d$). Dabei bezeichnen $\mathfrak{B}(\mathbb{R})$ und $\mathfrak{B}(\mathbb{R}^d)$ die Borelschen σ-Algebren von $\mathbb{R}$ bzw. $\mathbb{R}^d$. Für $\omega \in \Omega$ heißt der Wert $x = X(\omega)$ eine Realisierung der Zufallsvariable X. Zufallsvariablen werden in der Regel mit Großbuchstaben und ihre Realisierungen mit Kleinbuchstaben bezeichnet.

Zufallsvariablen werden zur Beschreibung interessierender Aspekte bei einem zufälligen Vorgang verwendet. Wird beispielsweise bei einer zufällig ausgewählten Person die Körpergröße gemessen, so stellt der gemessene Wert eine Realisierung x der Zufallsgröße X dar, welche für jede Person die Körpergröße angibt. Andere Beispiele sind die Lebensdauer eines elektronischen Bauteils oder die Anzahl der Ausschußteile in einer Zufallsstichprobe aus der Tagesproduktion eines Unternehmens.

Zufallsvektor, ↗ Zufallsvariable.

Zufallszahlen, Zahlen, die mit Hilfe von ↗ Zufallsgeneratoren im Computer erzeugt werden.

Da es sich jedoch nicht um „wirklich" zufällige Zahlen handelt, sondern um durch einen Algorithmus erzeugte, spricht man in größerer Exaktheit meist von ↗ Pseudozufallszahlen.

Zufallszahlengeneratoren, Rekursionsformeln, nach denen Zahlen, sogenannte ↗Pseudozufallszahlen, erzeugt werden, die sich so verhalten, als wären es Realisierungen einer Zufallsgröße X mit einer bestimmten vorgegebenen Verteilungsfunktion F.

Zufallszahlen werden zumeist zum Testen von Algorithmen in der Numerischen Mathematik, aber auch zum Initialisieren bestimmter Algorithmen (z. B. für Startwerte) verwandt.

Die Generierung wirklich zufälliger Zahlenfolgen durch ein deterministisches Verfahren ist prinzipiell unmöglich. Die Unzulänglichkeit der Methoden besteht darin, daß der Vorrat so erzeugter Pseudozufallszahlen beschränkt ist; man kann zeigen, daß jede Folge von Zahlen, die gemäß einer rekursiven Vorschrift berechnet wird, periodisch ist, sich also nach einer gewissen Anzahl p (der Periode) von Iterationsschritten wiederholt. Bei den meisten heutzutage verwendeten Zufallszahlengeneratoren ist p allerdings so groß, daß der Generator für beliebige praktische Erfordernisse ausreicht.

Die Erzeugung von Pseudozufallszahlen erfolgt in drei Schritten:

Schritt 1: Erzeugung von ganzzahligen in einer Menge $\{0, 1, \ldots, m-1\}$ gleichverteilten Zufallszahlen. Die gebräuchlichste Methode ist hier die sogenannte Lineare Kongruenzmethode. Ausgehend von einem Startwert x_0 werden die Zahlen gemäß der rekursiven Beziehung

$$x_i = (ax_{i-1} + b) \mod (m), i = 1, 2, \ldots$$

erzeugt. Die Periode p des Generators ist offensichtlich höchstens gleich m. Die Konstanten a, b und m sowie der Startwert x_0 müssen so gewählt werden, daß möglichst die volle Periodenlänge $p = m$ erreicht wird. Verschiedene andere Varianten von Zufallszahlengeneratoren, die auf der linearen Kongruenzmethode beruhen, sind z. B. die Regeln

$$x_i = (ax_{i-1} + bx_{i-2}) \mod (m), \ i = 2, 3 \ldots$$

$$x_i = (ax_{i-1} + bx_{i-2} + cx_{i-3} + d) \mod (m), \quad i = 3, 4, \ldots,$$

die als Lineare Kongruenzmethode 2. bzw. 3. Ordnung bezeichnet werden. In [1] werden Werte für die Konstanten a, b, c, d, m dieser drei Generatoren empfohlen, die für beliebige Startwerte ungleich 0 die volle Periodenlänge m erreichen.

Schritt 2: Erzeugung auf dem Intervall $[0, 1]$ stetig gleichverteilter Zufallszahlen. Diese erhält man aus den in Schritt 1 erzeugten Zahlen gemäß der Vorschrift $z_i = x_i/(m-1)$.

Schritt 3: Erzeugung von Zufallszahlen, die einer vorgegebenen Verteilung F genügen.

Diskrete Verteilungen: Die Erzeugung von Zufallszahlen y, die der diskreten Verteilung $p_i = P(Y = a_i)$, $i = 1, \ldots, k$, genügen erfolgt gemäß der Vorschrift:
a) Erzeuge eine auf $[0, 1]$ gleichverteilte Zahl z gemäß 2)
b) Definiere

$$y = a_i, \text{ falls } h_{i-1} \le z < h_i, i = 1, 2, \ldots, k$$

wobei

$$h_0 = 0 \text{ und } h_i = \textstyle\sum_{j=1}^{i} p_j, i = 1, \ldots, k$$

die kumulierten Wahrscheinlichkeiten sind (vgl. Abb. 1).

Stetige Verteilungen: Die gebräuchlichste Methode zur Erzeugung von Zufallszahlen y, die sich verhalten, als wären es Realisierungen einer Zufallsgröße Y mit der stetigen Verteilungsfunktion F, ist die sogenannte inverse Transformation. Sie ist die direkte Verallgemeinerung des Vorgehens im diskreten Fall (vgl. Abb. 2) und basiert auf folgendem Satz:

$Y = F^{-1}(Z)$ *besitzt die Verteilungsfunktion* F *genau dann, wenn* Z *eine auf* $[0, 1]$ *stetig gleichverteilte Zufallsgröße ist.*

Wir erzeugen also eine Realisierung y von Y wie folgt:
a) Erzeuge eine in $[0,1]$ gleichverteilte Zufallszahl z gemäß 2)
b) Setze $y = F^{-1}(z)$, d. h., löse die Gleichung $z = F(y)$ nach y auf.

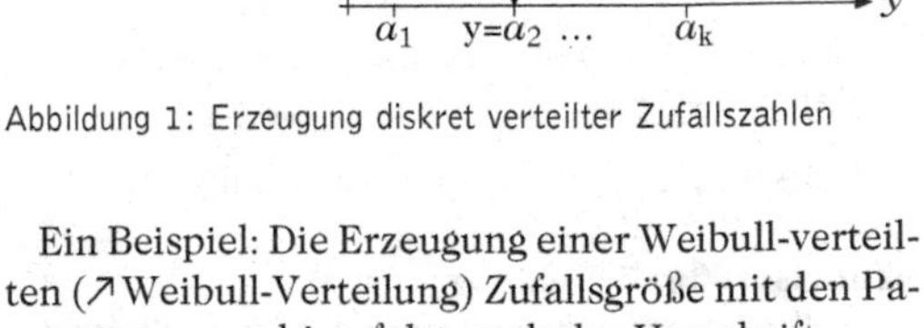

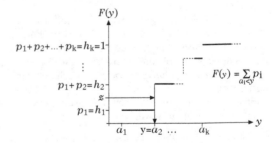

Abbildung 1: Erzeugung diskret verteilter Zufallszahlen

Ein Beispiel: Die Erzeugung einer Weibull-verteilten (↗Weibull-Verteilung) Zufallsgröße mit den Parametern α und λ erfolgt nach der Vorschrift

$$y = F^{-1}(z) = \exp\left(\frac{1}{\alpha} \ln\left(-\frac{1}{\lambda} \ln(1-z)\right)\right).$$

Für die Erzeugung normalverteilter Zufallszahlen sind spezielle Generatoren entwickelt worden, da im Falle der ↗Normalverteilung die inverse Verteilungsfunktion F^{-1} nicht analytisch berechenbar

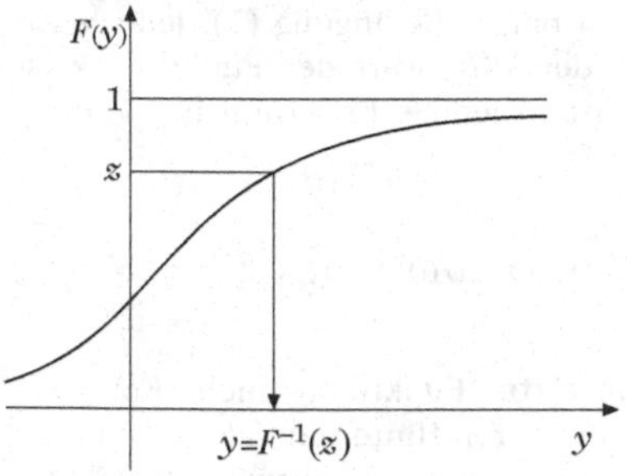

Abbildung 2: Erzeugung stetig verteilter Zufallszahlen durch inverse Transformation

ist. Nach Box und Müller lassen sich zwei standardnormalverteilte Zufallszahlen y_1 und y_2 gemäß folgender Vorschrift aus zwei auf $[0, 1]$ gleichverteilten Zufallszahlen z_1 und z_2 erzeugen:

$$y_1 = \sqrt{-2\ln(z_1)}\cos(2\pi z_2)\,,$$
$$y_2 = \sqrt{-2\ln(z_1)}\sin(2\pi z_2)\,.$$

Eine andere Methode zur Erzeugung näherungsweise standardnormalverteilter Zufallsgrößen basiert auf dem ↗ Zentralen Grenzwertsatz: Aus einer standardnormalverteilten Zufallszahl y erhält man gemäß der Vorschrift $y^* = \sigma y + \mu$ eine gemäß $N(\mu, \sigma^2)$ normalverteilte Zufallszahl y^*.

[1] Pollard, J.H.: A Handbook of Numerical and Statistical Techniques. Cambridge University Press, 1977.

Zugehörigkeitsfunktion, charakteristische Funktion, die zusammen mit der Grundmenge eine ↗ Fuzzy-Menge vollständig beschreibt.

Zugehörigkeitsgrad, Element des Wertebereichs einer ↗ Zugehörigkeitsfunktion.

Der Zugehörigkeitsgrad $\mu_A(a)$ läßt sich interpretieren als Akzeptanzgrad für die Korrektheit der Aussage „a ist Element der Fuzzy-Menge

$$\widetilde{A} = \{(x, \mu_A(x)) \mid x \in X\}\text{“.}$$

zugeordnete Matrixnorm, eine einer auf dem $\mathbb{K}^n$ (wobei $\mathbb{K}^n = \mathbb{R}^n$ oder $\mathbb{C}^n$) gegebenen ↗ Norm $\|\,.\,\|_V$ in natürlicher Weise zugeordnete Norm auf dem Raum der quadratischen Matrizen.

Die der Norm $\|\,.\,\|_V$ zugeordnete Matrixnorm $\|\,.\,\|_M$ ist definiert durch

$$\|A\|_M := \max_{x \in \mathbb{K}^n \setminus \{0\}} \frac{\|Ax\|_V}{\|x\|_V}\,.$$

zugrundeliegende Geometrie, einer Prägeometrie (↗ kombinatorische Prägeometrie) assoziierte kanonische Geometrie.

Es sei $G(S)$ eine Prägeometrie. Aus dem Austauschaxiom folgt, daß die Mengen $\overline{p} - \overline{\emptyset}$, $p \in S$, eine Partition von $S - \overline{\emptyset}$ bilden. Dies heißt, daß

$$p \equiv q \Longleftrightarrow \overline{p} = \overline{q}$$

eine Äquivalenzrelation auf $S - \overline{\emptyset}$ ist. Sei nun S_0 die Menge der Äquivalenzklassen $\overline{p}$, und $A \to \overline{A}^0$ der Operator, definiert durch

$$\overline{A}^0 := \{\overline{p} \in S_0 : p \in \overline{A} - \overline{\emptyset}\}\,.$$

Daraus erhalten wir die Geometrie $G_0(S_0)$. Diese Geometrie $G_0(S_0)$ heißt die zugrundeliegende Geometrie der Prägeometrie $G(S)$.

zulässige Basis, für ein Polyeder

$$\{x \in \mathbb{R}^n | Ax = b, x \geq 0\}$$

eine linear unabhängige Menge

$$B = \{a_{i_1}, \dots, a_{i_m}\}$$

der Spalten von A (wobei $A \in \mathbb{R}^{m \times n}$ mit Rang $A = m < n$). Dabei muß

$$B^{-1}b \geq 0$$

erfüllt sein.

Zulässige Basen spielen eine entscheidende Rolle beim ↗ Simplexverfahren.

zulässige Menge, ↗ zulässiger Bereich.

zulässige Parameterdarstellung einer Fläche, eine injektive differenzierbare Abbildung $\Phi : U \to \mathbb{R}^3$ einer offenen Teilmenge $U \subset \mathbb{R}^2$ in eine Fläche $\mathcal{F} \subset \mathbb{R}^3$, deren partielle Ableitungsvektoren

$$\Phi_u(u, v) = \frac{\partial \Phi(u, v)}{\partial u}$$

und

$$\Phi_v(u, v) = \frac{\partial \Phi u, v)}{\partial v}$$

in jedem Punkt $(u, v) \in U$ linear unabhängig sind.

Gleichwertig dazu ist, daß das ↗ Kreuzprodukt $\Phi_u \times \Phi_v$ in keinem Punkt von U verschwindet.

Die Bildmenge $\Phi(U) \subset \mathcal{F}$ ist dann eine offene Teilmenge von $\mathcal{F}$.

Für eine vollständige Beschreibung von $\mathcal{F}$ sind meist mehrere lokale Parameterdarstellungen Φ_i ($i = 1, \dots, N$) erforderlich, deren Bildmengen $\mathcal{F}$ überdecken. Die Φ_i werden lokale Parameterdarstellungen von $\mathcal{F}$ genannt.

zulässige Parameterdarstellung einer Kurve, eine mindestens n-mal stetig differenzierbare Abbildung $\alpha : I \to \mathbb{R}^n$ eines Intervalls $I \subset \mathbb{R}$ derart, daß der Ableitungsvektor $\alpha'(t)$ für alle $t \in I$ ungleich dem Nullvektor ist.

Die Bildmenge $\alpha(I)$ ist dann eine ↗ glatte Kurve.

Die Ableitung $\alpha'(t)$ heißt Tangenten-, und der zugehörige Einheitsvektor $\mathfrak{t}(t) = \alpha'(t)/||\alpha'(t)||$ Einheitstangentenvektor von $\alpha(t)$. $\mathfrak{t}(t)$ ist ein Vektor des ↗ begleitenden Dreibeins der Kurve.

zulässige Parametertransformation, eine genügend oft differenzierbare bijektive Abbildung φ :

$\mathcal{U}_1 \to \mathcal{U}_2$ zweier offener Teilmengen $\mathcal{U}_1, \mathcal{U}_2 \subset \mathbb{R}^2$, die Definitionsbereiche zweier Parameterdarstellungen $\Phi_1 : \mathcal{U}_1 \to \mathcal{F}$ und $\Phi_2 : \mathcal{U}_2 \to \mathcal{F}$ einer regulären Fläche $\mathcal{F} \subset \mathbb{R}^3$ sind.

Die Umkehrabbildung $\varphi^{-1} : \mathcal{U}_2 \to \mathcal{U}_1$ muß ebenfalls und von derselben Ordnung wie φ differenzierbar sein. Das ist genau dann der Fall, wenn die Funktionaldeterminante

$$\begin{vmatrix} \frac{\partial \varphi_1(u_1,u_2)}{\partial u_1} & \frac{\partial \varphi_1(u_1,u_2)}{\partial u_2} \\ \frac{\partial \varphi_2(u_1,u_2)}{\partial u_1} & \frac{\partial \varphi_2(u_1,u_2)}{\partial u_2} \end{vmatrix}$$

in keinem Punkt $(u_1, u_2) \in \mathcal{U}_1$ den Wert Null annimmt, wobei φ_1 und φ_2 die beiden Komponenten von φ bezeichnen.

Wenn $\Phi_2 \circ \varphi = \Phi_1$ gilt, nennt man φ oder auch φ^{-1} eine zulässige Parametertransformation zwischen Φ_1 und Φ_2. Dann sind die Bildmengen gleich:

$$\Phi_1(\mathcal{U}_1) = \Phi_2(\mathcal{U}_2) .$$

Einfache Beispiele sind die Vertauschung $\varphi(u_1, u_2) = (u_2, u_1)$ der Parameter, Änderungen der Skalierung $\varphi(u_1, u_2) = (a u_1, b u_2)$ mit $a, b \in \mathbb{R} \setminus \{0\}$, oder Translationen $\varphi(u_1, u_2) = (u_1 + a, u_2 + b)$.

Sind umgekehrt Φ_1 und Φ_2 zwei auf $\mathcal{U}_1$ bzw. $\mathcal{U}_2$ definierte Parameterdarstellungen derselben offenen Teilmenge $\mathcal{V} \subset \mathcal{F}$, so ist durch $\varphi = \Phi_2^{-1} \circ \Phi_1 : \mathcal{U}_1 \to \mathcal{U}_2$ eine zulässige Parametertransformation zwischen Φ_1 und Φ_2 gegeben.

Der Begriff ist von beweistechnischer Bedeutung. Unter anderem spielt er beim Nachweis der Invarianz von verschiedenen Größen der Flächentheorie, wie Flächeninhalt, innerer Abstand, ↗Gaußsche Krümmung oder ↗mittlere Krümmung eine Rolle, die über Parameterdarstellungen definiert werden, aber in Wahrheit nur von der Gestalt der Fläche abhängen.

Die moderne Differentialgeometrie bemüht sich darum, für Begriffe mit invarianter Bedeutung auch invariante Definitionen zu geben.

zulässige Richtung, Richtung von einem zulässigen Punkt x aus, entlang derer man lokal um x im ↗zulässigen Bereich bleibt.

zulässiger Bereich, *zulässige Menge*, Menge der Punkte eines Problems mit Nebenbedingungen, die diese Nebenbedingungen erfüllen.

Zulässigkeitsbedingung, in der Wavelettheorie eine der definierenden Eigenschaften eines ↗Wavelets.

Die Zulässigkeitsbedingung für eine Funktion $\psi \in L_2(\mathbb{R})$ ist die Bedingung

$$2\pi \int_{\mathbb{R}} \frac{|\hat{\psi}(\xi)|^2}{|\xi|} d\xi = C_\psi < \infty . \qquad (1)$$

Gilt weiter $\|\psi\| = 1$, so ist ψ ein Wavelet.

Äquivalent zu obiger Bedingung (1), jedoch anschaulicher – der Mittelwert der Funktion ψ ist gleich Null – ist folgendes Kriterium für $\psi \in L_2$ mit $t\psi \in L_1$:

$$\int_{-\infty}^{\infty} \psi(t)dt = 0 \quad \Leftrightarrow \quad \hat{\psi}(0) = 0 .$$

zusammengesetzte Funktion, auch Kompositum genannt, die durch Hintereinanderausführung (Komposition, Verkettung) $g \circ f$ zweier Abbildungen $f : A \to B$ und $g : C \to D$, wobei A, B, C, D nichtleere Mengen sind, durch

$$(g \circ f)(x) := g(f(x)) \qquad (x \in D_{g \circ f})$$

auf

$$D_{g \circ f} := \{x \in A \,|\, f(x) \in C\}$$

erklärte Abbildung (Funktion).

Natürlich stellt sich die Frage, welche Eigenschaften sich von den Funktionen f und g auf $g \circ f$ übertragen. Dazu seien beispielhaft genannt:

Sind A, B, C, D topologische Räume, f in einem $a \in A$ stetig, und g in $f(a)$ stetig, so ist $g \circ f$ in a stetig (Satz über die Stetigkeit der zusammengesetzten Funktion).

Weiterhin gilt:

Für eine an einer Stelle a differenzierbare Funktion f und eine an der Stelle $f(a)$ differenzierbare Funktion g ist die Funktion $g \circ f$ in a differenzierbar mit

$$(g \circ f)'(a) = g'(f(a))f'(a)$$

(Kettenregel).

Dies gilt speziell, wenn f und g reellwertige Funktionen einer reellen Variablen oder komplexwertige Funktionen einer komplexen Variablen sind, und allgemeiner zumindest für Funktionen aus einem normierten Raum in einen ebensolchen, wobei

$$g(f(a))f'(a)$$

dann die Verkettung der linearen Abbildungen, speziell Matrizen, $g'(f(a))$ und $f'(a)$ ist. Differenzierbarkeit soll sich dabei jeweils nur auf innere Punkte beziehen.

Hingegen ist etwa das Kompositum zweier Riemann-integrierbarer Funktionen *nicht* notwendigerweise Riemann-integrierbar.

zusammengesetzte Zahl, eine natürliche Zahl, die größer als 1 und keine Primzahl ist.

Zusammenhang auf einem Vektorbündel, Begriff aus der algebraischen Geometrie.

Es seien X eine komplexe Mannigfaltigkeit und $\mathbb{F} = \mathbb{C}$ oder ein glattes algebraisches Schema über einem Körper $\mathbb{F}$, sowie $\mathcal{E}$ ein Vektorbündel über X.

Ein Zusammenhang auf $\mathcal{E}$ ist ein $\mathbb{F}$-linearer Operator $D : \mathcal{E} \to \Omega_X^1 \otimes_{\mathcal{O}_X} \mathcal{E}$ (Ω_X^1 die Garbe der Differentialformen über $\mathbb{F}$), der der Leibnizregel

$$\nabla(fs) = df \otimes s + f\nabla s$$

($f \in \mathcal{O}_X, \quad s \in \mathcal{E}$) genügt. Der Schnitt $\nabla(s)$ heißt die kovariante Ableitung von s bez. des Schnittes s. Analog wird im C^∞-Fall der Begriff „Zusammenhang" auf einem C^∞-Vektorbündel E definiert, an die Stelle von $\mathcal{E}$, $\mathcal{O}_X$ bzw. Ω_X^1 hat man hier die Garben der C^∞-Schnitte $C_X^\infty(E)$, C_X^∞, $C_X^\infty(T^*X)$ zu setzen. Während im C^∞-Fall auf jedem Vektorbündel Zusammenhänge existieren, ist das im komplexanalytischen oder algebraischen Fall nicht immer gewährleistet, notwendig und hinreichend ist hier das Verschwinden einer bestimmten Kohomologie-Klasse, der sog. Atiyah-Klasse.

Ebenso läßt sich der Begriff auf meromorphe Zusammenhänge ausdehnen, wobei insbesondere der Zusammenhang mit logarithmischen Polen wichtig ist. Ein meromorpher Zusammenhang mit Polen in einem (effektiven) Divisor $D \subset X$ ist ein Operator

$$\nabla : \mathcal{E} \to \Omega_X^1(*D) \otimes_{\mathcal{O}_X} \mathcal{E}$$

($\Omega_X^1(*D) = \bigcup_{k\geq 0} \Omega_X^1(kD)$, $\Omega_X^1(kD)$ = Formen mit höchstens k-fachem Pol längs D), der die Leibnizregel erfüllt, und ∇ hat logarithmische Singularitäten, wenn D nur ↗normale Kreuzungen hat und ∇ über $\Omega_X^1(\log D) \otimes_{\mathcal{O}_X} \mathcal{E}$ (↗Log-Komplex) faktorisiert.

Lokal, d. h., wenn ein Isomorphismus $\mathcal{E} \simeq \mathcal{O}_X^r$ vorliegt, läßt sich ∇ in der Form $\nabla v = dv + w \cdot v$ schreiben, mit $v \in \mathcal{O}_X^r$, aufgefaßt als Spaltenvektor, und einer $(r \times r)$-Matrix w (mit Einträgen aus Ω_X^1 resp. $C^\infty(T^*X)$ resp. $\Omega_X^1(*D)$, usw.). Jede solche Matrix definiert (lokal) einen Zusammenhang. Der Operator ∇ läßt sich zu Operatoren

$$\Omega_X^p \otimes_{\mathcal{O}_X} \mathcal{E} \to \Omega_X^{p+1} \otimes_{\mathcal{O}_X} \mathcal{E}$$

(analog für die anderen Fälle) fortsetzen durch

$$\nabla(\alpha \otimes s) = d\alpha \otimes s + (-1)^p \alpha \wedge \nabla s ,$$

(α p-Form, $s \in \mathcal{E}$). Dabei stellt sich heraus, daß

$$\nabla \circ \nabla : \Omega^p \otimes_{\mathcal{O}_X} \mathcal{E} \to \Omega^{p+2} \otimes_{\mathcal{O}_X} \mathcal{E}$$

die Form $Id \wedge F$ mit einem $\mathcal{O}_X$-linearen Operator

$$F = \nabla \circ \nabla : \mathcal{E} \to \Omega^2 \otimes_{\mathcal{O}_X} \mathcal{E}$$

hat. In lokaler Form ist F durch die Matrix

$$dw + w \wedge w$$

gegeben. Dieser $\mathcal{O}_X$-lineare Operator heißt Krümmung des Zusammenhanges ∇ oder der Krümmungstensor von ∇. Sind $\mathcal{E}_1$, $\mathcal{E}_2$ mit Zusammenhängen ∇_1, ∇_2 versehen, so auch die Bündel $\mathcal{E}_1 \otimes_{\mathcal{O}_X} \mathcal{E}_2$ mit

$$\nabla(s_1 \otimes s_2) = \nabla(s_1) \otimes s_2 + s_1 \otimes \nabla(s_2)$$

bzw. $\mathcal{H}om_{\mathcal{O}_X}(\mathcal{E}_1, \mathcal{E}_2)$ mit

$$\nabla(\varphi)(s_1) = \nabla(\varphi(s_1)) - (1 \otimes \varphi)(\nabla s_1) .$$

Insbesondere gilt also $\nabla(F) = 0$ (die sog. zweite Bianchi-Idendität, die einfach aus $\nabla \circ (\nabla \circ \nabla) = (\nabla \circ \nabla) \circ \nabla$ folgt).

Im Falle $\mathcal{E} = \Theta_X$ sei σ der Schnitt von $\Omega_X^1 \otimes_{\mathcal{O}_X} \Theta_X$. Dann heißt

$$T = \nabla\sigma \in \Omega_X^2 \otimes_{\mathcal{O}_X} \Theta_X$$

Torsion des Zusammenhangs. Für Vektorfelder $v_1, v_2 \in \Theta_X$ ist

$$T(v_1 \wedge v_2) = \nabla_{v_1}(v_2) - \nabla_{v_2}(v_1) - [v_1, v_2] .$$

Wenn $T = 0$, so heißt ∇ torsionsfreier Zusammenhang. Ist g eine symmetrische Bilinearform

$$\Theta_X \otimes \Theta_X \to \mathcal{O}_X ,$$

die nirgends ausgeartet ist, so gibt es einen eindeutig bestimmten torsionsfreien Zusammenhang ∇ auf Θ_X mit den Eigenschaften $\nabla(g) = 0$ (d. h.

$$dg(v, w) = g(\nabla v, w) + g(v, \nabla w)),$$

dieser heißt Levi-Civita-Zusammenhang. Analoges gilt im C^∞-Fall.

Schnitte s mit $\nabla s = 0$ heißen flache Schnitte, und die Bedingung $F = 0$ ist notwendig und hinreichend für die Eigenschaft, daß das Bündel lokal durch flache Schnitte erzeugt wird. In diesem Falle bilden die flachen Schnitte eine lokal konstante Garbe E von Vektorräumen mit $\mathcal{E} = \mathcal{O}_X \otimes_{\mathbb{C}} E$, und jede solche Garbe E entspricht einem Bündel $\mathcal{E}$ mit flachem Zusammenhang.

Zusammenhänge mit $F = 0$ heißen flach oder integrabel. Ein wichtiges Resultat über integrable Zusammenhänge ist Delignes Fortsetzungssatz:

Ist D Divisor mit normalen Kreuzungen auf einer komplexen Mannigfaltigkeit X, und ist $(\mathcal{E}_0, \nabla_0)$ ein holomorphes Vektorbündel auf $X \setminus D$ mit einem flachen holomorphen Zusammenhang ∇_0, so gibt es eine Fortsetzung $(\mathcal{E}, \nabla)$ zu einem holomorphen Vektorbündel $\mathcal{E}$ auf X und einem meromorphen Zusammenhang ∇ mit logarithmischen Polen längs D.

zusammenhängende Menge, Teilmenge eines topologischen Raums X, welche bezüglich der ↗Relativtopologie ein ↗zusammenhängender Raum ist.

Ist $x \in X$ ein Punkt, so heißt die Vereinigung aller x enthaltenden zusammenhängenden Mengen von X die Zusammenhangskomponente von x.

Ist die Abbildung $f : X \to Y$ zwischen topologischen Räumen X und Y stetig und $U \subset X$ zusammenhängend, dann ist auch das Bild $f(U)$ zusammenhängend in Y.

Die Zusammenhangskomponente der 1 in der topologischen Gruppe $\mathbb{R}^{\times}$ (bzgl. der natürlichen Topologie) besteht aus den positiven reellen Zahlen.

Die zusammenhängenden Teilmengen von $\mathbb{R}$ sind die (eventuell uneigentlichen) Intervalle.

zusammenhängende Ordnung, eine Ordnung, deren Diagramm als ungerichteter Graph zusammenhängend ist.

zusammenhängender gerichteter Graph, ↗ gerichteter Graph.

zusammenhängender Graph, ein ↗ Graph, in dem für je zwei Ecken x und y ein Weg von x nach y existiert.

Zwei Ecken x und y eines ↗ Graphen G nennt man zusammenhängend, wenn es in G einen Weg von x nach y gibt. Dies definiert auf der Eckenmenge $E(G)$ eine Äquivalenzrelation. Jeder von einer Äquivalenzklasse induzierte ↗ Teilgraph heißt Zusammenhangskomponente oder kurz Komponente von G.

Sind $G_1, G_2, \ldots, G_\eta$ die Komponenten von G, so ist G die Vereinigung der Graphen $G_1, G_2, \ldots, G_\eta$ (↗ Vereinigung von Graphen), also

$$G = G_1 \cup G_2 \cup \cdots \cup G_\eta .$$

Besteht G nur aus einer einzigen Zusammenhangskomponente, so heißt der Graph zusammenhängend.

Die Anzahl der Komponenten eines Graphen G bezeichnen wir mit $\eta(G)$. Die beiden Ecken u und v mögen in der gleichen Komponente eines Graphen G liegen. Ist $S \subset E(G)$ eine Eckenmenge, die weder u noch v enthält, so nennt man S eine u und v trennende Eckenmenge, wenn die Ecken u und v im ↗ Teilgraphen $G - S$ zu verschiedenen Komponenten gehören. In dem Fall, daß S nur aus einer Ecke besteht, spricht man auch von einer trennenden Ecke oder Artikulation.

Gleichermaßen heißt eine Kantenmenge $J \subseteq K(G)$ eine u und v trennende Kantenmenge, wenn die Ecken u und v im Faktor $G-J$ zu verschiedenen Komponenten gehören. Enthält J nur eine Kante k, so nennt man k auch Brücke oder trennende Kante. Es ist nicht schwer zu sehen, daß eine Kante eines Graphen G genau dann eine Brücke ist, wenn sie zu keinem Kreis von G gehört.

Für eine beliebige Kante k eines Graphen G lassen sich leicht die Ungleichungen

$$\eta(G) \leq \eta(G-k) \leq \eta(G) + 1$$

nachweisen. Daher ist k genau dann eine Brücke im Graphen G, wenn $\eta(G-k) = \eta(G) + 1$ gilt.

zusammenhängender Raum, topologischer Raum X, der keine Zerlegung $X = X_1 \cup X_2$ in zwei disjunkte nichtleere offene Mengen X_1, X_2 zuläßt.

Ein topologischer Raum X heißt total unzusammenhängend, wenn seine Zusammenhangskomponenten aus lauter Punkten bestehen.

Beispiele nicht zusammenhängender Räume sind diskrete Räume und das Cantorsche Diskontinuum.

Zusammenhangskomponente, ↗ zusammenhängende Menge.

Zusammenhangskomponente eines Graphen, ↗ zusammenhängender Graph.

Zusammenhangszahl, ↗ k-fach-zusammenhängender Graph, ↗ n-fach zusammenhängende Menge.

Zusammensetzungsfunktion, ↗ funktionale Dekomposition einer Booleschen Funktion.

Zusammenzug einer Kante, ↗ Kontraktion einer Kante.

Zuse, Konrad Ernst Otto, deutscher Ingenieur, geb. 22.6.1910 Berlin, gest. 18.12.1995 Hünfeld.

Zuse stammte aus der Familie eines Postbeamten. Nach dem Schulbesuch in Berlin und Hoyerswerda studierte er zunächst Maschinenbau in Berlin-Charlottenburg, neigte dann zur Architektur, ging aber schließlich zum Studium des konstruktiven Ingenieurbaus über. Nach dem Diplom 1935 arbeitete Zuse mit Unterbrechungen bis 1940 (1936–39 selbständig, 1939/40 Wehrdienst) als Statiker, vorwiegend für die Flugzeugindustrie. Im Jahre 1940 gründete er den „Zuse-Apparatebau", 1946 das „Zuse-Ingenieurbüro" in Hopferau (Allgäu), 1949 die „Zuse-KG" in Neukirchen (Haunetal, Landkreis Hersfeld-Rotenburg). Ab 1957 hatte die Firma ihren Sitz in Bad Hersfeld. 1969 bis 1977 wurde das Zusesche Unternehmen schrittweise von der Siemens AG übernommen.

Ab 1966 war Zuse Honorarprofessor an der Universität Göttingen. Bereits vor Abschluß seines Studiums, etwa ab 1934, begann sich Zuse intensiv für den Bau von Rechenmaschinen zu interessieren.

Ziel dieser Studien war es, die oft sehr umfangreichen und gleichförmigen ingenieurtechnischen Berechnungen zu „mechanisieren". In den Jahren 1934 bis 1936 entstand die erste programmgesteuerte Rechenmaschine Z1 auf mechanischer Grundlage. Sie arbeitete aber bereits mit dem Dualsystem. In Fortentwicklung dieser Maschine baute Zuse 1941 mit der Z3 den ersten voll funktionsfähigen Rechenautomaten. Dieser arbeitete auf Relaisbasis (Fernsprechrelais), verwendete konsequent das Dualsystem und benutzte die Gleitkommadarstellung. Für den Betrieb der Z3 entwickelte Zuse einen Schaltungskalkül, der sich als Teil der Aussagenlogik herausstellte.

Gleichfalls von fundamentaler Bedeutung für die Herausbildung des „Computerzeitalters" waren Zuses Untersuchungen und praktische Realisierungen der Speichertechnik (matrixförmige Speicher, 1943 assoziativ arbeitende Speicher). Ab 1944 baute Zuse auch Anlagen zur automatischen Meßwerterfassung und Meßwertverarbeitung, die den modernen Automatenbau und seine Theorie entscheidend förderten. Ab 1945 entwickelte Zuse eine der ersten Programmiersprachen („Plankalkül"), zehn Jahre später baute er elektronische Rechner und automatische Zeichentische („Graphomat").

Zustandsbereich, bei einem dynamischen Optimierungsproblem der Zulässigkeitsbereich für die Zustandsvektoren p_i.

Zustandscodierung, injektive Abbildung $c : Z \to \{0,1\}^*$ von der Menge der Zustände eines ↗endlichen Automaten in die Menge $\{0,1\}^*$ der endlichen binären Folgen.

Im Rahmen der ↗Logiksynthese sequentieller ↗logischer Schaltkreise müssen die Zustände des zu realisierenden endlichen Automaten codiert werden. Die Zustandscodierung bestimmt zum Teil die Kosten des kombinatorischen ↗logischen Schaltkreises, der die Übergangsfunktion und die Ausgabefunktion des endlichen Automaten realisiert.

Zustandsfunktionen, die Funktionen ω_i in der ↗Bellmannschen Funktionalgleichung.

Zustandsgleichung idealer Quantengase, für als elementar zu betrachtende Teilchen in parametrisierter Form (mit μ als Parameter) gegeben durch

$$\frac{N}{V} = \frac{g(mT)^{3/2}}{\sqrt{2}\pi^2\hbar^3}\int_0^\infty \frac{\sqrt{z}dz}{e^{z-(\mu/T)}\pm 1}$$

und

$$p = \frac{\sqrt{2}g(mT)^{3/2}T}{3\pi^2\hbar^3}\int_0^\infty \frac{z^{3/2}dz}{e^{z-(\mu/T)}\pm 1}\,.$$

Dabei ist m die Masse der Teilchen, deren Energie als klassisch und nicht-relativistisch angenommen sei. N ist die Gesamtzahl der Teilchen, die das Volumen V bei der Temperatur T einnehmen, p der Druck, und $g = 2s + 1$, wobei s den Spin der Teilchen angibt. Das obere Vorzeichen gilt für ein Fermi-Dirac-Gas (↗Fermi-Dirac-Statistik), das untere für ein Bose-Einstein-Gas (↗Bose-Einstein-Statistik). Schließlich ist $\hbar$ das normierte ↗Plancksche Wirkungsquantum.

Aus der Zustandsgleichung (Relation zwischen p, V und T bei gegebenem N) lassen sich Eigenschaften ↗entarteter Bose-Gase und ↗entarteter Fermi-Gase ableiteten.

Zustandsgraph, Repräsentation des Verhaltens eines diskreten dynamischen Systems durch einen Graphen.

Jeder im System denkbare (oder von einem gegebenen Anfangszustand aus erreichbare) Zustand bildet einen Knoten des Graphen. Jedes elementare Ereignis bildet eine Kante von dem Zustand, bei dem das Ereignis stattfindet, zu dem Zustand, den das Ereignis erzeugt.

Viele Systemeigenschaften werden auf der Besis des Zustandsgraphen definiert und verifiziert. Der Zustandsgraph kann als (nicht unbedingt endlicher) ↗Automat aufgefaßt werden, wodurch eine Verbindung zwischen dem Studium des Verhaltens dynamischer Systeme und formalen Sprachen hergestellt werden kann.

Zustandsminimierung, die Aufgabe, zu einem ↗endlichen Automaten

$$A = (Z, X, Y, S_0, \delta)$$

einen endlichen Automaten

$$B = (Z', X, Y, S_0', \delta')$$

zu konstruieren, der eine minimale Anzahl von Zuständen enthält und das gleiche Ein-/Ausgabeverhalten wie A hat.

Zustandsminimale endliche Automaten werden im Rahmen der ↗Logiksynthese sequentieller ↗logischer Schaltkreise eingesetzt, um Hardwarerealisierungen zu konstruieren, die bezüglich des Flächenbedarfs effizient sind.

Zustandsraum eines stochastischen Prozesses, ↗stochastischer Prozeß.

Zustandssumme, für eine kanonische Gesamtheit (↗Gibbsscher Formalismus) die Summation von $e^{-\frac{E(i)}{kT}}$, für eine große kanonische Gesamtheit die Summation von $e^{-\frac{E(i)-\zeta N(i)}{kT}}$ über alle möglichen Zustände.

$E(i)$ und $N(i)$ bedeuten hierbei die Energie und Teilchenzahl eines Exemplars der Gesamtheit, das sich in Zustand i bei der Temperatur T befindet. k ist die Boltzmann-Konstante, und der Parameter

ζ wird chemisches Potential genannt. Die Menge der möglichen Zustände hängt von der konkreten Gesamtheit ab, sie ist für eine Gesamtheit von Systemen der klassischen Physik anders als für eine quantenmechanische Gesamtheit, und auch hier ist wieder zwischen einer bosonischen und fermionischen Gesamtheit zu unterscheiden. Unter Voraussetzungen der klassischen statistischen Thermodynamik kann von der diskreten Summation zur Integration (Zustandsintegral) übergegangen werden.

Zustandsübergangsfunktion, ↗Turing-Maschine.

Zustandsvektoren, die Zustände $p_0, \ldots, p_N$ bei einem dynamischen Optimierungsproblem.

Zuverlässigkeit, ↗Zuverlässigkeitstheorie.

Zuverlässigkeitsfunktion, ↗Ausfallwahrscheinlichkeit.

Zuverlässigkeitsschaltbild, *Zuverlässigkeitsstruktur*, in der ↗Zuverlässigkeitstheorie verwendeter Typus von biterminalen orientierten Graphen zur graphischen Veranschaulichung des Zuverlässigkeitsverhaltens eines Systems.

„Biterminal"bedeutet hier, daß der Graph einen Anfangspunkt (Input I) und einen Endpunkt (Output O) besitzt. Bei der Darstellung geht man von folgenden Analogien aus: Die Systemkomponenten werden als Elemente betrachtet, die entweder Strom durchlassen, was einer intakten Komponente entpricht, oder aber Strom nicht durchlassen, was einer defekten Komponente gleichkommt. Die Systemkomponenten werden durch Rechtecke mit einer identifizierenden Bezeichnung charakterisiert. Im Gegensatz zur in der Technik gebräuchlichen Schaltbildern ist bei den Zuverlässigkeitsschaltbildern die mehrfache Darstellung einzelner Komponenten möglich. Identisch bezeichnete Komponenten im Schaltbild haben alle zur gleichen Zeit den gleichen Zustand (Abbildung 1).

Im rechten Schaltbild sind Verzweigungsstellen als Knoten gekennzeichnet; das andere verwendete Symbol ist in Abbildung 2 erklärt.

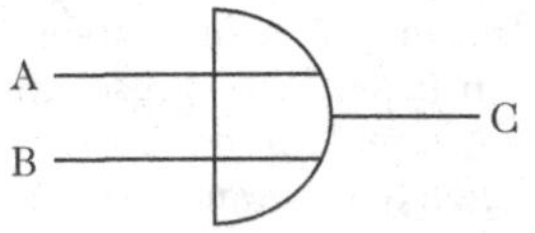

Abbildung 2: Schaltsymbol; der Ausgang C ist intakt, wenn mindestens einer der Eingänge A und B intakt ist

Ein Teilsystem, welches aus einer Reihe (Serie) von Elementen besteht, und dann und nur dann intakt ist, wenn alle Systemelemente intakt sind, heißt unabhängiges Seriensystem (Abbildung 3).

Ein Teilsystem, welches aus einer parallel geschalteten Elementen besteht, heißt Parallelsystem. Man spricht von einem unabhängigen Parallelsystem, wenn dieses Teilsystem nur dann nicht intakt ist, wenn alle Systemelemente nicht intakt sind (Abbildung 3).

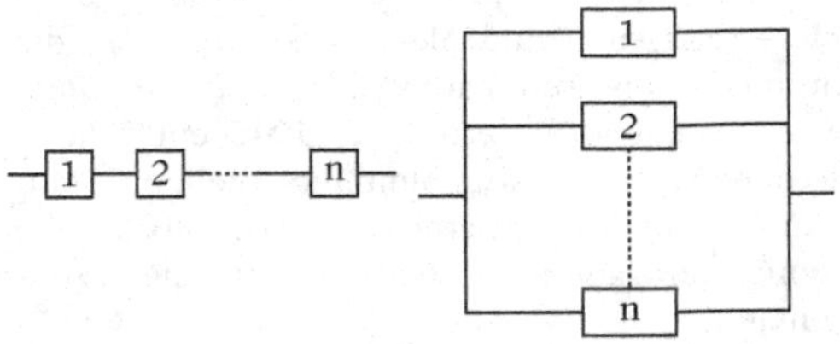

Abbildung 3: Seriensystem (links) und Parallelsystem (rechts)

Zuverlässigkeitsschaltbilder spielen eine große Rolle in der ↗Booleschen Zuverlässigkeitstheorie. Hier wird angenommen, daß alle Systemelemente unabhängig voneinander ausfallen. Unter dieser Annahme kann man die Zuverlässigkeitsfunktion (↗Ausfallwahrscheinlichkeit) in Reihen- und Parallelsystemen leicht bestimmen. Sei $p_i = P(X_i = 1)$ die Zuverlässigkeit des i-ten Systemelementes. Dann gilt für die Zuverlässigkeit eines Seriensystems mit n Elementen

$$h(p_1, \ldots, p_n) = \prod_{j=1}^{n} p_j,$$

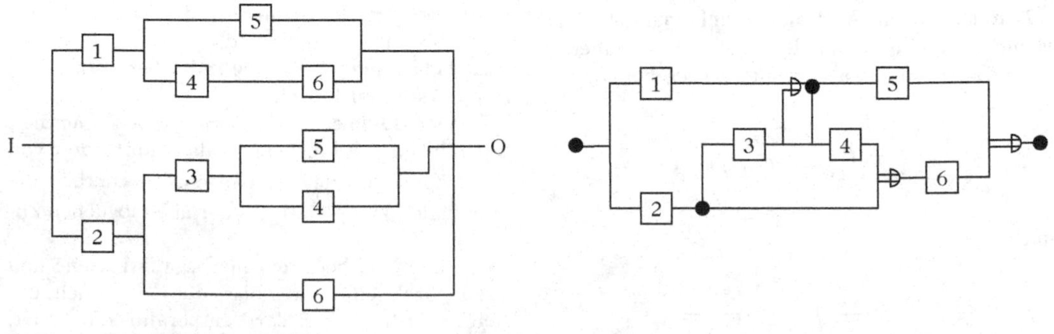

Abbildung 1: Zuverlässigkeitsschaltbild

und für ein reines Parallelsystem hat sie die Gestalt

$$h(p_1, \ldots, p_n) = 1 - \prod_{j=1}^{n}(1 - p_j).$$

Die Boolesche Zuverlässigkeitstheorie geht von sogenannten monotonen Systemen aus. Man spricht von einem monotonen System, wenn durch die Verschlechterung des Zustands einer Systemkomponente keine Verbesserung des Systemzustandes erreicht werden kann. Man kann zeigen, daß jedes monotone System sich in ein System transformieren läßt, welches aus Teilsystemen mit Serien- und Parallelstrukturen besteht. Dabei bestimmt man die kleinste Menge von Komponenten, deren Funktionsfähigkeit die Funktionsfähigkeit des ganzen Systems sichert, die sogenannte minimale Pfadmenge. Das ganze System funktioniert offenbar immer dann, wenn eines der Teilsysteme, welches eine in Serie geschaltete minimale Pfadmenge darstellt, funktioniert; man spricht von minimaler Parallel-Pfadserienstruktur. Man kann auch die kleinsten Mengen von Komponenten bestimmen, deren gemeinsamer Ausfall den Ausfall des Systems zur Folge hat. Solche Mengen heißen minimale Schnittmengen. Das ganze System funktioniert dann nicht, wenn eines der Teilsysteme, welches eine parallel geschaltete minimale Schnittmenge darstellt, nicht funktioniert. Man spricht von minimaler Serien-Schnittparallelstruktur.

Abbildung 4 zeigt eine sogenannte Brückenschaltung, Abbildung 5 ihre Darstellung als Pfadserienstruktur, und Abbildung 6 ihre Darstellung als Schnittparallelstruktur. Das System in Abbildung 4 nennt man System mit Brückenschaltung, da die Komponente 3 in beide Richtungen durchlaufen werden kann.

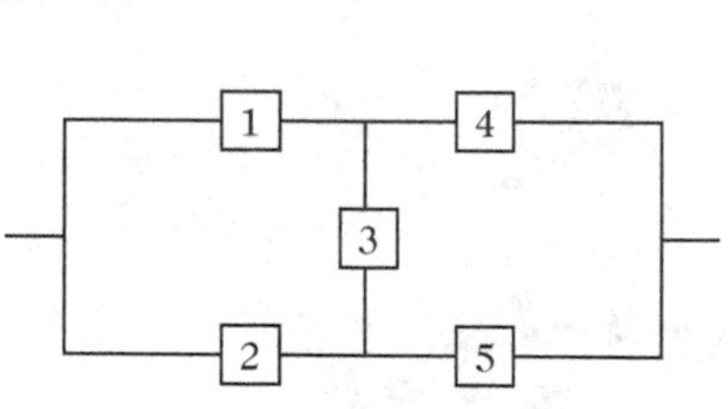

Abbildung 4: Zuverlässigkeitschaltbild einer Brückenschaltung

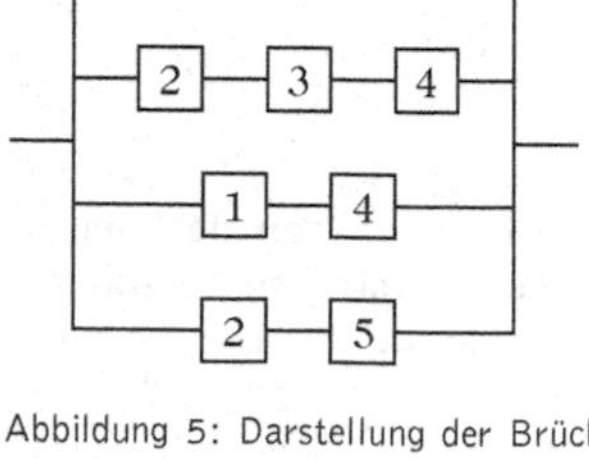

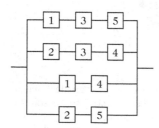

Abbildung 5: Darstellung der Brückenschaltung als Parallel-Pfadserienstruktur

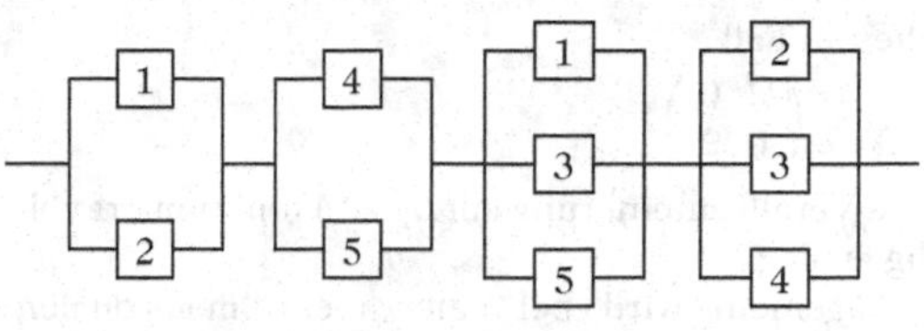

Abbildung 6: Darstellung der Brückenschaltung als Serien-Schnittparallelstruktur

Zuverlässigkeit in den transformierten Systemen ist bei Unabhängigkeit der Systelemente leicht berechenbar.

[1] Hartung,J.; Elpelt,B.: Lehr- und Handbuch der angewandten Statistik. Oldenbourg Verlag München/Wien, 1989.

Zuverlässigkeitsstruktur, ↗Zuverlässigkeitsschaltbild.

Zuverlässigkeitstheorie, Beschreibung der Zuverlässigkeit von allgemeinen Systemen, die technischer, ökonomischer oder biologisch-medizinischer Natur sein können, mittels stochastischer Methoden.

Ausgehend von der Zuverlässigkeit der Komponenten eines Systems werden hier Methoden zur Bestimmung der Systemzuverlässigkeit entwickelt. Instrumente zur Strukturanalyse, d. h. zur Untersuchung komplexer Systeme, sind die ↗Fehlerbaumanalyse und die Analyse mehrphasiger Missionen. Die ↗Boolesche Zuverlässigkeitstheorie ist ein Spezialfall.

In der Zuverlässigkeitstheorie wird die Zuverlässigkeit auch in Abhängigkeit von der Lebensdauerverteilung der Elemente beschrieben. Die Systemzuverlässigkeit ist dann die Überlebenswahrscheinlichkeit, d. h. die Wahrscheinlichkeit dafür, daß das System eine bestimmte vorgegebene Zeit intakt überlebt. In diesem Zusammenhang ist auch die ↗Ausfallrate des Systems interessant. Ein Teilgebiet der Zuverlässigkeitstheorie ist die ↗Erneuerungstheorie.

Z-Verteilung, ↗Z-Transformation.

Zwangsbedingungen, seltener anzutreffende Bezeichnung für ↗Nebenbedingungen.

Zwanzigflach, ↗Ikosaeder.

zweidimensionale Skalierungsfunktion, in der Theorie der ↗Wavelets Grundfunktion einer Multiskalenzerlegung (↗Multiskalenanalyse) des $L_2(\mathbb{R}^2)$.

Die einfachste Möglichkeit, eine zweidimensionale Skalierungsfunktion zu erzeugen, ist, das Tensorprodukt $\phi(x)\phi(y)$ zu bilden, wobei ϕ eine 1D-Skalierungsfunktion ist (↗Tensorprodukt-Wavelet). Auf diese Art erhält man eine separable Skalierungsfunktion einer Multiskalenzerlegung des $L_2(\mathbb{R}^2)$. Die zugehörige Dilatationsmatrix ist in diesem Fall

$$A = \begin{pmatrix} 2 & 0 \\ 0 & 2 \end{pmatrix}.$$

Die Verallgemeinerung auf $L_2(\mathbb{R}^n)$ funktioniert völlig analog.

Allgemein wird bei einer mehrdimensionalen Multiskalenzerlegung $\{V_j\}_{j\in\mathbb{Z}}$ des $L_2(\mathbb{R}^n)$ der Übergang von V_j zur feineren Skala V_{j+1} mit Hilfe einer regulären Matrix A, der Dilatationsmatrix, beschrieben:

$$f \in V_j \iff f(A\cdot) \in V_{j+1}.$$

Die Anwendung der Dilationsmatrix soll eine Streckung in jede Richtung bewirken, daher fordet man, daß ihre Eigenwerte betragsmäßig größer als 1 sind. Weiter soll A ganzzahlige Einträge besitzen, d. h. es soll $A\mathbb{Z}^n \subset \mathbb{Z}^n$ gelten.

Zur Konstruktion anderer zweidimensionaler Skalierungsfunktionen, die weitere als den Tensorproduktansatz verwenden, werden häufig Dilatationsmatrizen mit $|\det A| = 2$ betrachtet. Eine beliebte Wahl ist die Matrix

$$A = \begin{pmatrix} 1 & -1 \\ 1 & 1 \end{pmatrix}.$$

Ein Vorteil bei der Verwendung einer solchen Dilatationsmatrix ist die Reduktion der Anzahl der Wavelets, die nötig sind, um den Komplementraum aufzuspannen. Man benötigt im obigen Beispiel nur $|\det A| - 1 = 1$ Wavelets. Ein weiterer Vorteil gegenüber dem Tensorproduktansatz zur Erzeugung zweidimensionaler Wavelets ist, daß eine Rotationskomponente eingebaut wird.

zweidimensionale Wavelet-Basis, für viele Anwendungen, beispielsweise in der Bildverarbeitung, interessante Verallgemeinerung einer eindimensionalen ↗Wavelet-Basis.

Geht man von einer zweidimensionalen Multiskalenzerlegung $\{V_j\}_{j\in\mathbb{Z}}$ mit Dilatationsmatrix A aus, dann existieren $|\det A| - 1$ viele Wavelets

$$\psi_1, \psi_2, \ldots, \psi_{|\det A|-1} \in V_1,$$

die eine Orthonormalbasis des orthogonalen Komplements von V_0 in V_1 erzeugen. Damit hat man eine orthogonale Zerlegung von V_1 in $|\det A|$ viele Unterräume

$$V_1 = \bigoplus_{N=1}^{|\det A|-1} W_{0,N} \oplus V_0,$$

wobei

$$W_{0,N} = \overline{\operatorname{span}\{\psi_N(\cdot - k) | k \in \mathbb{Z}\}}$$

ist. Man kann zeigen, daß die Familie

$$\{\psi_{N,j,k} = |\det A|^{-j/2} \psi_N(A^j \cdot - k) |$$
$$N = 1, \ldots |\det A| - 1, j \in \mathbb{Z}. k \in \mathbb{Z}^2\}$$

eine Orthonormalbasis des $L_2(\mathbb{R}^2)$ ist.

Völlig analog werden mehrdimensionale Waveletbasen definiert.

zweidimensionale Wavelets, die Funktionen, die das orthogonale Komplement W_0 von V_0 in V_1 aufspannen, wobei V_0 der Grundraum einer zweidimensionalen Multiskalenanalyse ist (↗zweidimensionale Wavelet-Basis).

Ein einfacher Weg, eine orthonormale Basis für $L^2(\mathbb{R}^2)$ zu konstruieren, ist, mit einer orthonormalen Basis des $L^2(\mathbb{R})$ zu beginnen und dann Tensorprodukte der eindimensionalen Funktionen zu betrachten. Man startet mit einem orthogonalen eindimensionalen Wavelet ψ und einer orthogonalen eindimensionalen Skalierungsfunktion ϕ. Dann betrachtet man das Tensorprodukt $\phi(x)\phi(y)$ in V_0 und erzeugt mit der Dilatationsmatrix

$$A = \begin{pmatrix} 2 & 0 \\ 0 & 2 \end{pmatrix}$$

eine Multiskalenanalyse des $L^2(\mathbb{R}^2)$. Zur Erzeugung des Komplementraums W_0 werden $|\det(A)|-1$ (= 3 in diesem Fall) Wavelets benötigt. Diese werden aus den Grundfunktionen

$$\phi(x)\psi(y), \ \psi(x)\phi(y), \ \psi(x)\psi(y)$$

wie im eindimensionalen Fall durch Translation und Skalierung erzeugt. Die so erzeugten Wavelets und Skalierungsfunktionen nennt man separabel.

Man kann zweidimensionale Wavelets auch direkt mit Hilfe eines zweidimensionalen Generators, zum Beispiel eines Box-Splines, erzeugen.

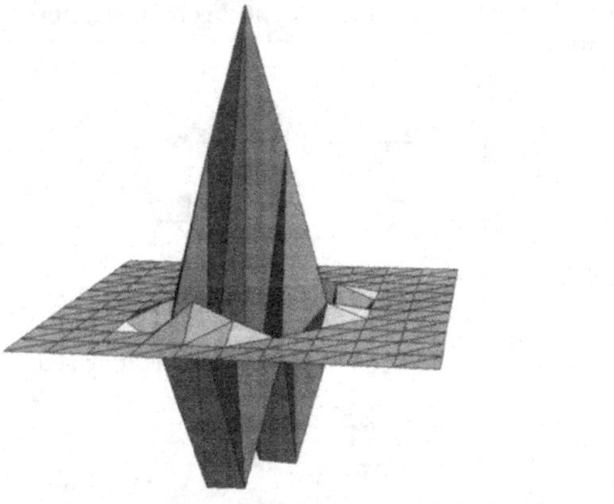

Zweidimensionales Wavelet

Eine weitere Möglichkeit ist es, von der Diagonalmatrix A verschiedene Dilatationsmatrizen zu verwenden. Beispielsweise ist die Rotationsmatrix

$$M = \begin{pmatrix} 1 & -1 \\ 1 & 1 \end{pmatrix}$$

eine geeignete Wahl für eine Skalierungsmatrix. Die Verallgemeinerung der Haar-Funktion führt in diesem Fall auf die Indikatorfunktion einer fraktalen Menge, den sogenannten *twin dragon*. Wegen $|\det(M)| = 2$ ist hier nur ein Wavelet ($1 = |\det(M)| - 1$) nötig, um den Komplementraum zu erzeugen.

Zweierkomplement, Ersetzung aller Ziffern einer Binärzahl durch die jeweils andere Ziffer, die Komplementziffer, mit nachfolgender Addition von 1.

Die Komplementierung bezieht sich immer auf eine feste Ziffernzahl, weshalb ggf. führende Nullen mit zu komplementieren sind.

Das Zweierkomplement dient der Speicherung negativer Zahlen und der Vereinheitlichung von Rechnerprozeduren zur Addition und Subtraktion vorzeichenbehafteter Zahlen. Die Prinzipien und Rechenregeln des Zweierkomplements lassen sich auf beliebige Zahlenbasen übertragen. Siehe hierzu ↗*b*-Komplement.

Zweierkomplement-Darstellung, eine ↗binäre Zahlendarstellung, bei der der Folge

$$(\alpha_n, \alpha_{n-1}, \ldots, \alpha_{-k}) \in \{0, 1, \}^{1+n+k}$$

die Zahl

$$\left(\sum_{i=-k}^{n-1} \alpha_i \cdot 2^i\right) - \alpha_n \cdot 2^n$$

zugeordnet wird.

zweifärbbarer Graph, ↗ bipartiter Graph.

Zweig einer analytischen Funktion, ↗ analytische Fortsetzung.

Zweigitterverfahren, einfachste Form eines ↗Mehrgitterverfahrens, bei dem nur eine Vergröberung des Anfangsgitters verwendet wird.

Zwei-Konstanten-Satz, lautet:

Es seien $G \subset \mathbb{C}$ ein beschränktes einfach zusammenhängendes ↗Gebiet, f eine beschränkte ↗holomorphe Funktion in G, und $M := \sup_{z\in G} |f(z)|$. Weiter seien $E \subset \partial G$ eine Borel-Menge und $m \in [0, M]$ eine Konstante mit

$$\limsup_{z\to\zeta} |f(z)| \le m$$

für alle $\zeta \in E$.

Dann gilt für $z \in G$

$$|f(z)| \le m^{\omega(z)} M^{1-\omega(z)},$$

wobei $\omega(z) := \omega_G^z(E)$ das ↗harmonische Maß von E bezüglich G im Punkt z ist.

Zwei-Maschinen-Problem, spezielles ↗ Maschinenbelegungsproblem.

Zwei-Matrixnorm, ↗Spektralnorm.

Zwei-Norm-Raum, ein normierter Vektorraum, der mit der Zwei-Norm versehen ist.

Die Zwei-Norm ist ein Spezialfall der p-Norm mit $0 < p < \infty$ und kann für Grundmengen verschiedener Art definiert werden. Nimmt man als Grundmenge $V = \mathbb{R}^n$, so definiert man die Zwei-Norm auf V durch

$$||x||_2 = \sqrt{x_1^2 + x_2^2 + \cdots + x_n^2}$$

für $x = (x_1, .., x_n)$. Man bezeichnet dann V auch als $l_2(n)$. Will man dagegen zu Folgen übergehen, so definiert man die Grundmenge $V = \{(x_1, x_2, ...) \mid \sum_{i=1}^{\infty} x_i^2 < \infty\}$ und erhält die Zwei-Norm

$$||x||_2 = \sqrt{\sum_{i=1}^{\infty} x_i^2}$$

für $x = (x_1, x_2, ...)$. In diesem Fall bezeichnet man V als l_2.

Auch für Funktionenräume ist die Definition einer Zwei-Norm möglich. Ist $[a, b]$ ein Intervall und

$$V = \{f : [a, b] \to \mathbb{R} \mid \int_a^b f^2(x)\,dx \quad \text{existiert und ist endlich}\},$$

so ergibt sich auf V die Zwei-Norm

$$||f||_2 = \sqrt{\int_a^b f^2(x)\,dx}.$$

Man bezeichnet dann V als $L_2[a, b]$.

Alle angeführten normierten Räume sind Hilberträume, das heißt, sie sind vollständig und werden von einem Skalarprodukt induziert. Im Falle $V = l_2(n)$ hat man das Skalarprodukt

$$\langle x, y\rangle = \sum_{i=1}^{n} x_i \cdot y_i.$$

Auf $V = l_2$ verwendet man

$$\langle x, y\rangle = \sum_{i=1}^{\infty} x_i \cdot y_i.$$

Schließlich wird die Norm auf $L_2[a, b]$ durch

$$\langle f, g\rangle = \int_a^b f(x) \cdot g(x)\,dx$$

erzeugt.

Zweirollengerät, mechanisches Gerät zur Bestimmung der Bogenlänge einer Kurve.

Die Achsrichtung der beiden Meßrollen muß mit der Kurvennormalen übereinstimmen, die Auflagepunkte müssen gleichen Abstand von der Kurve haben (siehe Abbildung).

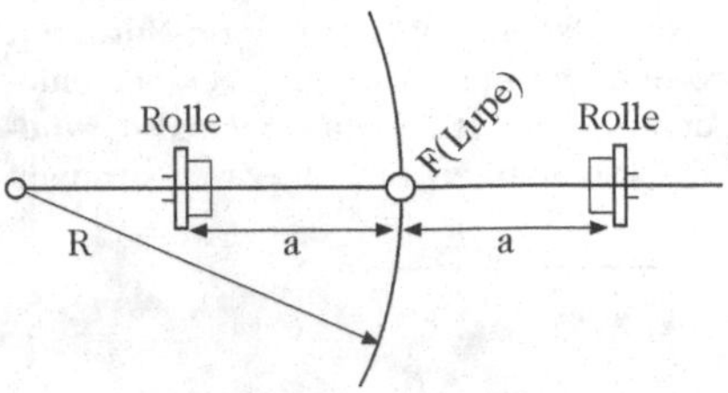

Zweirollengerät

zweischaliges Hyperboloid, eine Fläche zweiten Grades, die bis auf isometrische Transformationen des $\mathbb{R}^3$ durch eine implizite Gleichung der Gestalt

$$-\frac{x^2}{a^2} - \frac{y^2}{b^2} + \frac{z^2}{c^2} = 1$$

beschrieben wird, in der $a, b, c \in \mathbb{R}^+$ positive Konstanten, die Halbachsen in x-, y- bzw. z-Richtung sind.

Eine parametrische Darstellung des zweischaligen Hyperboloids ist durch

$$\mathbf{x}(s,t) = \begin{pmatrix} a\cos(t)\sinh(s) \\ b\sin(t)\sinh(s) \\ \pm c\cosh(s) \end{pmatrix}$$

gegeben. Da die Fläche zwei topologische Zusammenhangskomponenten hat, werden auch zwei verschiedene Parametrisierungen gebraucht, die sich mit den Vorzeichen + bzw. − der z-Komponente $\pm c\cosh(s)$ ergeben.

Ein Spezialfall ist das ↗zweischalige Rotationshyperboloid.

zweischaliges Rotationshyperboloid, eine ↗Rotationsfläche, die im $\mathbb{R}^3$ von einer Hyperbel der (x, z)-Ebene mit der Parameterdarstellung $x(t) = a\sinh(t)$, $z(t) = c\cosh(t)$ bei Drehung der (x, z)-Ebene um die z-Achse überstrichen wird.

Das zweischalige Rotationshyperboloid ist ein ↗zweischaliges Hyperboloid, dessen Halbachsen in x- und y-Richtung gleiche Länge haben.

zweiseitiges Ideal, Ideal, das sowohl ein Linksideal als auch ein Rechtsideal ist (↗einseitiges Ideal).

Gleichbedeutend damit ist, daß das Ideal ein zweiseitiger ↗Modul ist.

Zwei-Skalen-Gleichung, ↗Skalierungsgleichung.

zweistellige Relation, ↗Relation.

zweistufige Logiksynthese, ↗Logiksynthese.

zweistufiger kombinatorischer Schaltkreis, ↗logischer Schaltkreis.

Zweitafelprojektion, ↗darstellende Geometrie.

zweite Bairesche Kategorie, ↗Bairesches Kategorieprinzip.

zweite Fréchet-Ableitung, spezielle ↗höhere Fréchet-Ableitung.

zweite Fundamentalgrößen, die Elemente L, M, N der Matrix der ↗zweiten Gaußschen Fundamentalform einer regulären Fläche.

zweite Gaußsche Fundamentalform, ein die Krümmungsverhältnisse einer Fläche $\mathcal{F} \subset \mathbb{R}^3$ beschreibendes Feld von symmetrischen Bilinearformen, die auf den Tangentialebenen von $\mathcal{F}$ definiert sind.

Ist eine Parameterdarstellung $\Phi(u, v)$ von $\mathcal{F}$ gegeben, so wird die zweite Fundamentalform durch eine symmetrische Matrix

$$\mathbf{II}(u,v) = \begin{pmatrix} L & M \\ M & N \end{pmatrix}$$

dargestellt, deren Elemente $L(u, v)$, $M(u, v)$ und $N(u, v)$ die Funktionen

$$\begin{aligned} L(u,v) &= \mathfrak{n} \cdot \Phi_{uu} = -\mathfrak{n}_u \cdot \Phi_u \\ M(u,v) &= \mathfrak{n} \cdot \Phi_{uv} = -\mathfrak{n}_u \cdot \Phi_v \\ &= \mathfrak{n} \cdot \Phi_{vu} = -\mathfrak{n}_v \cdot \Phi_u \\ N(u,v) &= \mathfrak{n} \cdot \Phi_{uu} = -\mathfrak{n}_u \cdot \Phi_u \end{aligned}$$

sind. Dabei ist

$$\mathfrak{n} = \Phi_u \times \Phi_v / ||\Phi_u \times \Phi_v||$$

das Einheitsnormalenvektorfeld von $\mathcal{F}$, $\Phi_u = \partial\Phi/\partial u$, $\Phi_v = \partial\Phi/\partial v$, $\Phi_{uu} = \partial^2\Phi/\partial^2 u$, $\Phi_{uv} = \partial^2\Phi/\partial u\partial v$ und $\Phi_{vv} = \partial^2\Phi/\partial^2 v$ sind die partiellen Ableitungen der Vektorfunktion Φ, und der Punkt bezeichnet das Skalarprodukt von Vektoren des $\mathbb{R}^3$. Eine Formel, die $\mathbf{II}(u, v)$ explizit durch die Ableitungen von Φ ausdrückt, ist

$$\mathbf{II}(u,v) = \frac{1}{||\Phi_u \times \Phi_v||} \begin{pmatrix} \Phi_{uu}\Phi_u\Phi_v & \Phi_{uv}\Phi_u\Phi_v \\ \Phi_{uv}\Phi_u\Phi_v & \Phi_{vv}\Phi_u\Phi_v \end{pmatrix}.$$

Hier wird mit $\mathfrak{a}\mathfrak{b}\mathfrak{c}$ das Spatprodukt dreier Vektoren $\mathfrak{a}, \mathfrak{b}, \mathfrak{c} \in \mathbb{R}^3$ bezeichnet.

Um $\mathbf{II}$ explizit als Bilinearform

$$\mathbf{II} : T(\mathcal{F}) \times T(\mathcal{F}) \to \mathbb{R}$$

der Tangentialebenen zu beschreiben, müssen die Vektoren $\mathfrak{s}, \mathfrak{t} \in T_P(\mathcal{F})$ als Linearkombinationen $\mathfrak{s} = a\Phi_u + b\Phi_v$ bzw. $\mathfrak{t} = c\Phi_u + d\Phi_v$ dargestellt werden. Dann ist $\mathbf{II}(\mathfrak{s}, \mathfrak{t})$ das Matrizenprodukt

$$\begin{aligned} \mathbf{II}(\mathfrak{s},\mathfrak{t}) &= (a,b)\begin{pmatrix} L & M \\ M & N \end{pmatrix}\begin{pmatrix} c \\ d \end{pmatrix} \\ &= Lac + Mbc + Mad + Nbd. \end{aligned}$$

Eine geometrische Deutung erfährt die zweite Fundamentalform durch die ↗Normalkrümmung. Ist $\mathfrak{v} \in T(\mathcal{F})$ ein Einheitsvektor, so ist $\mathbf{II}(\mathfrak{v}, \mathfrak{v})$ die Normalkrümmung von $\mathcal{F}$ in der durch $\mathfrak{v}$ bestimmten Richtung.

Ist $\mathcal{F}$ als Graph einer Funktion $f(u, v)$ gegeben, und $P = (u_0, v_0, f(u_0, v_0)) \in \mathcal{F}$ ein Punkt, in welchem die Tangentialebene $T_P(\mathcal{F})$ zur (u, v)-Ebene parallel ist, so sind die partiellen Ableitungen von f in (u_0, v_0) gleich Null, und die Matrix der zweiten Gaußschen Fundamentalform von $\mathcal{F}$ stimmt mit der ↗Hesse-Matrix von f überein.

zweite Greensche Formel, ↗ Greensche Integralformeln.

zweite Quantisierung, Quantisierung von Quantenfeldern, also Anwendung der Quantenmechanik auf Felder, die eigentlich schon selbst Quanteneffekte beschreiben.

Die Begriffsbildung unterstellt die Existenz des Begriffs der „ersten Quantisierung". Was damit gemeint ist, wird aber einfach nur „Quantisierung" genannt, und bezieht sich auf die Quantenmechanik, in der Energie und Impuls etc. quantisiert auftreten, also im Gegensatz zu ihren entsprechenden Größen der klassischen Mechanik nicht mehr kontinuierlich veränderlich sind.

zweite Resolventengleichung, ↗ Resolventengleichung.

zweiter Dedekindscher Hauptsatz, die Verbindung zwischen der ↗Differente einer Körpererweiterung und der ↗Differente eines Elements:

Seien L/K eine Erweiterung von Zahlkörpern und $\mathfrak{O}$ die Hauptordnung von L.

Dann ist die Differente $\mathfrak{D}_{L/K}$ der Erweiterung L/K gleich dem größten gemeinsamen Idealteiler der Zahldifferenten $\delta_{L/K}(\alpha)$ sämtlicher Elemente $\alpha \in \mathfrak{O}$:

$$\mathfrak{D}_{L/K} = \sum_{\alpha \in \mathfrak{O}} \delta_{L/K}(\alpha)\mathfrak{O}\,.$$

zweiter Ergänzungssatz, ↗quadratisches Reziprozitätsgesetz.

Zweiter Hauptsatz der Thermodynamik, die Aussage, daß Wärme nicht aus einem niederen zu einem höheren Temperaturniveau übergehen kann, ohne daß an den beteiligten Körpern Veränderungen zurückbleiben.

Dies ist die sogenannte Clausiussche Fassung dieses Satzes. Dazu ist gleichwertig die Kelvinsche Fassung des 2. Hauptsatzes der Thermodynamik, nach der es unmöglich ist, Arbeit zu leisten durch Abkühlung eines Körpers unter den kältesten Teil seiner Umgebung.

Wäre dies möglich, könnte man die gewonnene Arbeit etwa durch Reibung in Wärme verwandeln, und so einen Körper ohne weitere Wirkungen auf ein höheres Temperaturniveau bringen.

Auf Ostwald und Planck geht die Formulierung zurück: Es ist unmöglich, eine periodisch funktionierende Maschine zu konstruieren, die nichts weiter als Hebung einer Last und Abkühlung eines Wärmereservoirs bewirkt.

Bei einem axiomatischen Aufbau der Thermodynamik kann jeweils eine Fassung als Axiom genommen, und dann als beweisbarer 2. Hauptsatz der Thermodynamik formuliert werden:

Jedes thermodynamische System hat eine Zustandsgröße S (genannt Entropie). Ihre Differenz wird für gegebenen Anfangs- und Endzustand des Systems berechnet, indem man für das System einen reversiblen Prozeß angibt, der auch vom Anfangszustand in den Endzustand führt, und die Änderungen der Wärmemenge dividiert durch die Temperatur aufsummiert. Bei allen Vorgängen in wärmedicht abgeschlossenen Systemen nimmt die Entropie nicht ab, nur bei reversiblen Prozessen ändert sie sich nicht.

zweites Abzählbarkeitsaxiom, ↗ Abzählbarkeitsaxiome.

zweites Fréchet-Differential, bei 2-maliger Differenzierbarkeit von f an der Stelle x der Ausdruck

$$\begin{aligned}\delta^2 f(x; h, k) &:= d^2 f(x; h, k) \\ &:= f^{(2)}(x)hk\,.\end{aligned}$$

Zwei-Vektornorm, die durch das ↗kanonische Skalarprodukt auf dem $\mathbb{K}^n$ ($\mathbb{K}$ gleich $\mathbb{R}$ oder $\mathbb{C}$) induzierte ↗Norm $\|\cdot\|_2$ auf dem $\mathbb{K}^n$, üblicherweise als ↗euklidische Norm bezeichnet. Siehe auch ↗Zwei-Norm-Raum.

zweiwertige Logik, ↗Aussagenlogik.

zweiwertiges Modell, ↗Modell für eine Menge von Ausdrücken oder Aussagen der ↗Prädikatenlogik (oder anderer ↗Logiken), für die nur die zwei ↗Wahrheitswerte *wahr* und *falsch* zugelassen sind (Prinzip der Zweiwertigkeit).

Zwillingsparadoxon, Gedankenexperiment zur Demonstration der von der ↗Speziellen Relativitätstheorie vorhergesagten ↗Zeitdilatation.

Von zwei identischen Beobachtern A und B (beispielsweise Zwillingen) bricht A zu einer Reise mit einem nahezu lichtschnellen Raumschiff auf, während B auf der Erde zurückbleibt. Nach seiner Rückkehr ist nach A's Uhr kaum Zeit vergangen, während B um viele Jahre gealtert ist.

Zwischenkörper, Begriff im Kontext ↗Körpererweiterung.

Ein Zwischenkörper eines Erweiterungskörpers $\mathbb{L}$ über einem Körper $\mathbb{K}$ ist ein Unterkörper $\mathbb{M}$ von $\mathbb{L}$, der seinerseits $\mathbb{K}$ enthält.

$\mathbb{M}$ ist ein Vektorraum über $\mathbb{K}$, und $\mathbb{L}$ ein Vektorraum über $\mathbb{M}$. Die ↗Galois-Theorie liefert Aussagen über die Menge der Zwischenkörper einer gegebenen endlichen algebraischen Erweiterung. Diese Menge steht in Bezug zu den Untergruppen der ↗Galois-Gruppe der Erweiterung. Daraus ergibt sich u. a., daß für endliche algebraische Erweiterungen die Menge der Zwischenkörper endlich ist.

Zwischenwertsatz, ↗Bolzano, Zwischenwertsatz von.

Zwischenwertsatz für Ableitungen, *Zwischenwertsatz von Darboux*, auf Gaston Darboux (1875) zurückgehender Satz, der besagt, daß für eine auf einem Intervall $[a, b] \subset \mathbb{R}$ definierte differenzierbare Funktion $f : [a, b] \to \mathbb{R}$ die Ableitung f' auf dem offenen Intervall (a, b) jeden Wert zwischen $f'(a)$ und $f'(b)$ annimmt, d. h. zu jeder reellen Zahl m zwischen $f'(a)$ und $f'(b)$ gibt es ein $x \in (a, b)$ mit $f'(x) = m$.

Man beachte, daß die Stetigkeit von f' weder vorausgesetzt wird noch aus dem Satz folgt. Beispielsweise ist die schon von Darboux untersuchte Funktion $f : \mathbb{R} \to \mathbb{R}$ mit

$$f(x) = \begin{cases} x^2 \sin \frac{1}{x} & , \; x \neq 0 \\ 0 & , \; x = 0 \end{cases}$$

differenzierbar mit

$$f'(x) = \begin{cases} 2x \sin \frac{1}{x} - \cos \frac{1}{x} & , \; x \neq 0 \\ 0 & , \; x = 0 \end{cases} .$$

f' ist zwar etwa in $[-1, 1]$ beschränkt, aber an der Stelle 0 nicht stetig.

Zwölfflächner, ↗ Pentagondodekaeder.

Zygmund, Antoni, polnisch-amerikanischer Mathematiker, geb. 25.12.1900 Warschau, gest. 30.5. 1992 Chicago.

Zygmund promovierte 1923 an der Universität Warschau und arbeitete danach bis 1929 an einer Technischen Hochschule in Warschau. 1926 habilitierte er sich und erhielt 1930 eine Stelle als Professor an der Universität Vilnius. Nach einer Gastprofessur am Massachusetts Institute of Technology flüchtete er 1940 endgültig in die USA, wo er unter anderem Professor an der Universität Chicago wurde.

Zygmund arbeitete hauptsächlich auf dem Gebiet der harmonischen Analysis. Er verfaßte grundlegende Lehrbücher zur trigonometrischen Reihen und zur Theorie der singulären Integrale, und führte die nach ihm benannten Zygmund-Klassen ein.

Weiterhin beschäftigte er sich mit analytischen Funktionen und mit den Anwendungen der Fourier-Analyse auf partielle Differentialgleichungen.

Zygmund, Satz von, ↗ Zygmund-Klasse.

Zygmund-Klasse, von A. Zygmund im Jahre 1945 eingeführte Klassifikation periodischer Funktionen, im wesentlichen eine Übertragung des Konzepts der Lipschitz-Klassen stetiger nicht-periodischer Funktionen.

Es sei M eine positive Zahl und f eine stetige 2π-periodische Funktion. Dann gehört f zur Zygmund-Klasse Z_M, wenn für alle $x \in \mathbb{R}$ und $h > 0$ gilt:

$$|f(x+h) - 2f(x) + f(x-h)| \leq Mh .$$

Hierbei darf M natürlich nicht von x oder h abhängen.

Die Bedeutung des Konzepts der Zygmund-Klassen zeigt folgender Satz von Zygmund.

Es bezeichne E_n^p die ↗ Minimalabweichung bei der besten Approximation 2π-periodischer Funktionen durch trigonometrische Polynome n-ten Grades.

Eine stetige 2π-periodische Funktion f gehört genau dann zu einer geeigneten Zygmund-Klasse, wenn für Ihre Minimalabweichung

$$E_n^p(f) = O(n^{-1})$$

gilt (↗ Landau-Symbole).

[1] Meinardus, G.: Approximation von Funktionen und ihre numerische Behandlung. Springer-Verlag, Heidelberg, 1964.

Zykel, in der Theorie der Steinschen Räume eine Abbildung $\mathfrak{o} : X \to \mathbb{N}_0$, deren Träger

$$Tr\, \mathfrak{o} := \{x \in X \mid \mathfrak{o}(x) \neq 0\}$$

diskret in X liegt.

Siehe auch ↗ Zykel-Abbildung und ↗ periodischer Orbit.

Zykel-Abbildung, *Zykel*, eine natürliche Transformation graduierter Ringe

$$A^*(X) \to H^*(X^{an}, \mathbb{Z})$$

für glatte algebraische Varietäten X über $\mathbb{C}$, wobei $A^*(X)$ der Chow-Ring von X ist (↗ Schnitt-Theorie), in den Kohomologiering der zugrundeliegenden komplexen Mannigfaltigkeit X^{an}.

Diese Abbildung ist wie folgt definiert: Wenn X eine zusammenhängende C^∞- Mannigfaltigkeit und $V \subset X$ eine abgeschlossene zusammenhängende orientierte Untermannigfaltigkeit ist mit orientiertem Normalenbündel $N_{V|X}$, so gibt es natürliche Isomorphismen

$$H^p(V, \mathbb{Z}) \overset{c}{\to} H^{p+r}(X, X \setminus V, \mathbb{Z})$$

(r = Kodimension von V in X).

Wenn X orientiert ist und $H_m(X)$ die Borel-Moore-Homologie bezeichnet (die analog der singulären Homologie definiert ist, aber mit möglicherweise unendlichen singulären Ketten, jedoch mit lokal endlichen Trägern), so besitzt $H_d(X)$ eine Fundamentalklasse $[X]$, ($d = \dim X$), und es gibt Cap-Produkte

$$H^j(X, X \setminus V) \otimes H_k(X) \overset{\cap}{\to} H_{k-j}(V)$$

so, daß $- \cap [X]$ einen Isomorphismus

$$H^m(X, X \setminus V) \to H_{d-m}(V)$$

liefert.

Wenn V zudem kompakt ist, liefert Poincare-Dualität einen Isomorphismus

$$H_{d-m}(V) \simeq H^{m-r}(V),$$

und das Diagramm

$$\begin{array}{ccc} H^p(V) & \xrightarrow{c} & H^{p+r}(X, X \setminus V) \\ \| & & \downarrow \cap[X] \\ H^p(V) & \simeq & H_{d-p-r}(V) \end{array}$$

ist kommutativ.

Da $H^0(V) = \mathbb{Z}$ ist, erhält man insbesondere eine ausgezeichnete Klasse

$$c_V = c(1) \in H^r(X, X \setminus V).$$

Wenn X und V algebraische Varietäten über $\mathbb{C}$ (genauer die zugrundeliegenden analytischen Räume) sind, und $n = \dim X$, $m = \dim V$, so ist $r = 2(n-m)$ und $d = 2n$.

Wenn V nicht im ↗singulären Ort X^{sing} von X liegt und $W = X^{\text{sing}} \cup V^{\text{sing}}$ ist, so ist

$$H^r(X, X \setminus V) \simeq H^r(X \setminus W, X \setminus (V \cup W)),$$

also ist $c_V \in H^r(X, X \setminus V)$ auch im singulären Falle definiert, und wegen der natürlichen Restriktionsabbildungen

$$H^r(X, X \setminus V_i) \to H^r(X, X \setminus \cup V_i)$$

erhält man für jeden m-dimensionalen algebraischen Zyklus $z = \sum_i n_i V_i$:

$$c_z = \sum n_i c_{V_i} \in H^r(X, X \setminus \cup V_i),$$
$$r = 2(n-m) = 2\text{codim}(Z).$$

Das Bild der Klasse c_z in $H^r(X)$ hängt nur von der rationalen Äquivalenzklasse von Z ab (↗Schnitt-Theorie) und liefert somit einen Gruppenhomomorphismus (die Zykel-Abbildung)

$$\gamma : A_m(X) = A^{n-m}(X) \to H^{2(n-m)}(X, \mathbb{Z}).$$

Wenn X glatt ist, so besitzt $A^*(X) = \oplus A^p(X)$ eine Ringstruktur durch das Schnittprodukt (↗Schnitt-Theorie), und es gilt

$$\gamma(\alpha \cdot \beta) = \gamma(\alpha) \cup \gamma(\beta),$$

d. h., das Schnittprodukt wird in das Cup-Produkt übergeführt.

Zyklenindikator, spezielles Polynom.

Für eine endliche Menge N und eine Permutationsgruppe $G \subseteq S(N)$ heißt das Polynom

$$Z(G) = Z(G; t_1, \ldots, t_n) := \frac{1}{|G|} \sum_{g \in G} t_1^{b_1(g)} \cdots t_n^{b_n(g)}$$

der Zyklenindikator von G.

Zyklenraum, Begriff aus der ↗Graphentheorie.

Ein Zyklenraum ist ein Untervektorraum des Kantenraumes, der von den Kantenmengen der Kreise in einem Graphen erzeugt wird.

Ist G ein ↗Graph, so bildet die Menge aller Teilmengen von $K(G)$ zusammen mit der symmetrischen Differenz als Verknüpfung "+" (also

$$K_1 + K_2 = (K_1 \setminus K_2) \cup (K_2 \setminus K_1)$$

für $K_1, K_2 \subseteq K(G)$) eine abelsche Gruppe, die wir als einen Vektorraum, den sogenannten Kantenraum $\mathcal{K}(G)$ von G, über dem Körper $\mathbb{F}_2 = \{0, 1\}$ (mit $1K = K$ und $0K = \emptyset$ für $K \subseteq K(G)$) auffassen können. Der Kantenraum hat die Dimension $|K(G)|$.

Derjenige Unterraum $\mathcal{C}(G)$ des Kantenraumes $\mathcal{K}(G)$, der von den Kreisen (genauer, von den Kantenmengen, die zu einem beliebigen Kreis gehören) in G aufgespannt wird, heißt Zyklenraum, und seine Dimension ist gerade die ↗zyklomatische Zahl

$$\mu(G) = |K(G)| - |E(G)| + \eta(G),$$

wobei $\eta(G)$ die Anzahl der Zusammenhangskomponenten (↗zusammenhängender Graph) von G bedeutet.

Sind E_1 und E_2 zwei disjunkte und nicht leere Teilmengen der Eckenmenge $E(G)$ mit $E_1 \cup E_2 = E(G)$, so nennen wir die Menge aller Kanten, die mit einer Ecke aus E_1 und einer Ecke aus E_2 inzidieren, einen Schnitt in G. Derjenige Unterraum $\mathcal{S}(G)$ von $\mathcal{K}(G)$, der von den Schnitten in G aufgespannt wird, heißt Schnittraum, und seine Dimension ist

$$|E(G)| - \eta(G).$$

Ferner gilt

$$\mathcal{C}(G) = \mathcal{S}(G)^\perp \text{ und } \mathcal{S}(G) = \mathcal{C}(G)^\perp.$$

zyklische Darstellung, Darstellung einer Gruppe, deren Darstellungsraum eine ↗zyklische Gruppe ist.

zyklische Gleichung, eine algebraische Gleichung $f(x) = 0$, deren ↗Galois-Gruppe eine zyklische Gruppe ist. Das Polynom $f(X)$ heißt dann auch zyklisches Polynom.

zyklische Gruppe, eine ↗Gruppe, die von einem einzigen Element erzeugt wird.

Eine zyklische Gruppe ist stets eine ↗abelsche Gruppe.

Außer der einelementigen zyklischen Gruppe, die durch das Einselement e erzeugt wird, lassen sich alle zyklischen Gruppen $(G, \cdot)$ wir folgt charakterisieren: Es gibt ein Element $g \in G$ mit $g \neq e$ so, daß G selbst die kleinste Untergruppe von G ist, die g enthält.

Bezeichnen wir $g \cdot g$ mit g^2 etc., so ist die Ordnung von G gleich der kleinsten Zahl n mit

$$g^n = e .$$

Gibt es kein solches n, dann handelt es sich um die zyklische Gruppe unendlicher Ordnung, und diese ist zur additiven Gruppe der ganzen Zahlen isomorph.

Zyklische Gruppen sind genau dann isomorph, wenn sie von derselben Ordnung sind.

zyklische Matrix, eine quadratische Matrix A mit der Eigenschaft, daß es eine natürliche Zahl n so gibt, daß $A^n = I$ (I die Einheitsmatrix) gilt.

zyklische Untergruppe, Begriff aus der Gruppentheorie.

Die Untergruppe H einer ↗ Gruppe G heißt zyklische Untergruppe, wenn H selbst eine ↗ zyklische Gruppe ist.

Beispiel: Die Menge C_n der komplexen n-ten Einheitswurzeln bildet eine zyklische Untergruppe der Ordnung n in der multiplikativen Gruppe der komplexen Zahlen.

zyklischer Code, ein ↗ linearer Code, bei dem mit jedem Codewort $(c_1, c_2, \dots, c_n)$ auch das zyklisch verschobene Wort $(c_n, c_1, c_2.c_3, \dots, c_{n-1})$ im Code enthalten ist.

Interpretiert man die Codevektoren $c = (c_i)$ eines linearen Codes $C \subseteq K^n$ als Polynome $\sum_i c_{i-1}x^i$ über K, dann ist ein zyklischer Code ein Ideal im Faktorring $K[x]/(x^n - 1)$, in dem die Multiplikation mit x gerade die zyklische Verschiebung des Koeffizientenvektors ist. Das (bis auf konstanten Faktor eindeutig bestimmte) Polynom $g(x)$ minimalen Grades des Codes nennt man Generatorpolynom des Codes. Alle Code-Polynome sind durch $g(x)$ teilbar. Weil $g(x)$ minimalen Grad hat, muß auch $x^n - 1$ durch $g(x)$ teilbar sein (sonst wäre der Rest $r(x)$ bei der Division von $x^n - 1$ durch $g(x)$ auch ein Element des Ideals).

Für den Paritätskontroll-Code ($\sum_i c_i = 0$), der offensichtlich zyklisch ist, ist das Generatorpolynom

$$x - 1 ,$$

für den Wiederholungscode $(c_1 = c_2 = \cdots = c_n)$ ist es

$$x^{n-1} + \cdots + x + 1 .$$

Die Generatorpolynome lassen sich auch durch ihre Nullstellen im Körper K oder einer Erweiterung K' von K beschreiben. So kann man für den binären ↗ Hamming-Code mit der Kontrollmatrix

$$H = \begin{pmatrix} 1&0&0&1&0&1&1 \\ 0&1&0&1&1&1&0 \\ 0&0&1&0&1&1&1 \end{pmatrix}$$

die Spalten der Matrix H als Potenzen

$$1, \alpha, \alpha^2, \dots, \alpha^6$$

eines Elementes α aus $\mathbb{F}_8$ auffassen. Folglich ist $c(x)$ genau dann ein Code-Polynom, wenn $c(\alpha) = 0$ ist (dies entspricht der Anwendung der Kontrollmatrix auf den Code-Vektor). Daraus erhält man das Generatorpolynom $x^3 + x + 1$ als Minimalpolynom von α.

Erweitert man den Hamming-Code mit der Bedingung $c(\alpha) = 0$ durch die Bedingung $c(\alpha^3) = 0$, so erhält man einen Code, der zwei Fehler sicher korrigiert. Aus den Syndrom-Werten $s(\alpha)$ und $s(\alpha^3)$ kann man die beiden fehlerhaften Koeffizienten berechnen. Man erhält so zum Beispiel über $\mathbb{F}_{16}$ einen (15,7)-Code mit der Matrix

$$H = \begin{pmatrix} 1&0&0&0&1&0&0&1&1&0&1&0&1&1&1 \\ 0&1&0&0&1&1&0&1&0&1&1&1&1&0&0 \\ 0&0&1&0&0&1&1&0&1&0&1&1&1&1&0 \\ 0&0&0&1&0&0&1&1&0&1&0&1&1&1&1 \\ 1&0&0&0&1&1&0&0&0&1&1&0&0&0&1 \\ 0&0&0&1&1&0&0&0&1&1&0&0&0&1&1 \\ 0&0&1&0&1&0&0&1&0&1&0&0&1&0&1 \\ 0&1&1&1&1&0&1&1&1&1&0&1&1&1&1 \end{pmatrix}$$

Ist n zu q teilerfremd und α eine n-te primitive Einheitswurzel aus einer Erweiterung von $\mathbb{F}_q$, dann wird für jedes k ein zyklischer Code C der Länge n über $\mathbb{F}_q$ durch das Minimalpolynom von

$$\alpha^k, \alpha^{k+1}, \dots, \alpha^{k+d-2}$$

erzeugt. R.C. Bose, D.K. Ray-Chaudhuri und A. Hocquenghem haben 1960 gezeigt, daß der minimale Hamming-Abstand dieser Codes mindestens d beträgt. Sie werden deshalb auch BCH-Codes genannt.

Im Spezialfall $n = q - 1$ liegen die n-ten Einheitswurzeln im Grundkörper $\mathbb{F}_q$, und das Generatorpolynom ist gleich dem Minimalpolynom. Diese speziellen BCH-Codes (auch Reed-Solomon-Codes genannt) haben maximalen Hamming-Abstand (↗ Singleton-Schranke).

zyklischer Erweiterungskörper, ein algebraischer Erweiterungskörper, dessen ↗ Galois-Gruppe eine zyklische Gruppe ist.

zyklisches Polynom, ↗ zyklische Gleichung.

Zykloide, *Radkurve*, *Trochoide*, Kurve, die ein mit einem Rad fest verbundener Punkt P beschreibt, das ohne zu gleiten z. B. auf einer Schiene oder Straße rollt.

Zykloiden sind also spezielle ↗ Rollkurven. Ist r der Radius des Rades und a der Abstand des Punktes P zu seinem Mittelpunkt, so ist

$$\alpha(t) = \begin{pmatrix} rt + a\,\sin(t) \\ r - a\,\cos(t) \end{pmatrix}$$

eine Parametergleichung der Zykloide.

Man unterscheidet gemeine, verlängerte (verschlungene) und verkürzte (gestreckte) Zykloiden. Die gemeine Zykloide ergibt sich für $r = a$, die verlängerte für $r < a$, und die verkürzte für $r > a$.

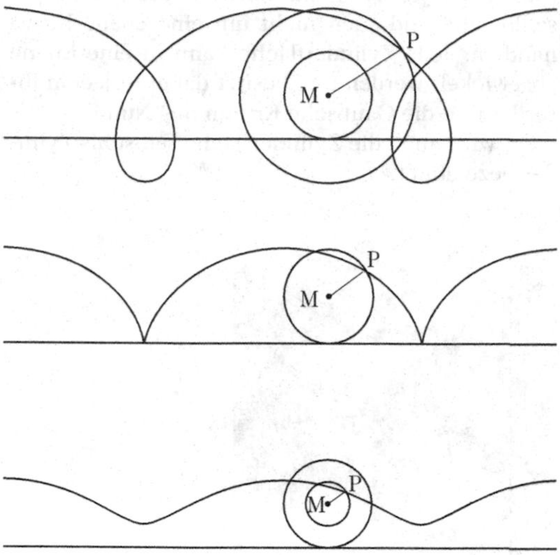

Verlängerte, gemeine, und verkürzte Zykloide.

Zykloidenpendel, ↗isochrones Pendel.

Zykloidenzeichner, mechanisches Gerät zum Zeichnen einer ↗Zykloide.

Ein Zahnrad, das als bewegten Punkt einen Schreibstift trägt, rollt dabei auf einem festen Zahnrad oder einer festen Zahnstange ab. Die Form der Zykloide hängt von der Lage des bewegten Punktes, d. h. des Schreibstiftes, und vom Übersetzungsverhältnis ab. Für das Zeichnen unterschiedlicher Zykloiden muß deshalb mindestens jeweils ein Zahnrad gewechselt werden.

zyklomatische Zahl, Begriff aus der ↗Graphentheorie.

Die zyklomatische Zahl $\mu(G)$ eines ↗Graphen G wird definiert durch

$$\mu(G) = |K(G)| - |E(G)| + \eta(G),$$

wobei $\eta(G)$ die Anzahl der Zusammenhangskomponenten von G (↗zusammenhängender Graph) bedeutet.

Für jeden Graphen G ist $\mu(G) \geq 0$, und es gilt genau dann $\mu(G) = 0$, wenn G ein ↗Wald ist.

D. König hat 1936 gezeigt daß $2^{\mu(G)}$ mit der Anzahl der geraden Faktoren in einem numerierten Graphen G übereinstimmt.

zyklometrische Funktionen, Umkehrfunktionen der ↗trigonometrischen Funktionen.

zyklotomischer Körper, ↗Kreisteilungskörper.

Zyklus, eine Abbildung Γ der Menge aller rektifizierbaren ↗geschlossenen Wege in einer offenen Menge $D \subset \mathbb{C}$ in die Menge $\mathbb{Z}$ der ganzen Zahlen, die nur endlich vielen Wegen eine von Null verschiedene Zahl zuordnet. Die Zyklen in D bilden mit der üblichen Addition $\mathbb{Z}$-wertiger Funktionen eine abelsche Gruppe.

Ist $\gamma : [0, 1] \to D$ ein rektifizierbarer geschlossener Weg in D, so identifiziert man γ mit demjenigen Zyklus in D, der auf γ den Wert 1 und auf allen anderen geschlossenen Wegen in D den Wert 0 annimmt. Jeder Zyklus Γ in D ist also eine endliche Linearkombination

$$\Gamma = \sum_{\kappa=1}^{k} n_\kappa \gamma_\kappa$$

von geschlossenen Wegen

$$\gamma_1, \ldots, \gamma_k : [0, 1] \to D$$

in D mit Koeffizienten $n_1, \ldots, n_k \in \mathbb{Z}$.

Anschaulich gibt n_κ an, wie oft und in welcher Richtung der Weg γ_κ durchlaufen wird. Der Träger von Γ ist die kompakte Menge

$$|\Gamma| := \gamma_1([0, 1]) \cup \cdots \cup \gamma_k([0, 1]).$$

Zyklen werden koeffizientenweise addiert. Ist z. B. $\Gamma_1 = \gamma_1 - 2\gamma_2 + 3\gamma_3$ und $\Gamma_2 = 2\gamma_2 - \gamma_3 + 5\gamma_4$, so ist $\Gamma_1 + \Gamma_2 = \gamma_1 + 2\gamma_3 + 5\gamma_4$.

Ist $f : |\Gamma| \to \mathbb{C}$ eine stetige Funktion, so ist das Integral von f über den Zyklus Γ definiert durch

$$\int_\Gamma f(z)\,dz := \sum_{\kappa=1}^{k} n_\kappa \int_{\gamma_\kappa} f(z)\,dz,$$

wobei $\int_{\gamma_\kappa} f(z)\,dz$ das komplexe Wegintegral von f über γ_κ ist.

Die Umlaufzahl eines Zyklus Γ bezüglich eines Punktes $z \in \mathbb{C} \setminus |\Gamma|$ ist definiert durch

$$\mathrm{ind}_\Gamma(z) := \frac{1}{2\pi i} \int_\Gamma \frac{d\zeta}{\zeta - z}.$$

Es gilt stets $\mathrm{ind}_\Gamma(z) \in \mathbb{Z}$. Man nennt $\mathrm{ind}_\Gamma(z)$ auch Indexfunktion.

Die Funktion $\mathrm{ind}_\Gamma(z)$ ist lokal konstant, d. h. zu jeder Zusammenhangskomponente U von $\mathbb{C} \setminus |\Gamma|$ gibt es eine Konstante $k_U \in \mathbb{Z}$ mit $\mathrm{ind}_\Gamma(z) = k_U$ für alle $z \in U$. Das Innere $\mathrm{Int}\,\Gamma$ und Äußere $\mathrm{Ext}\,\Gamma$ von Γ sind definiert durch

$$\mathrm{Int}\,\Gamma := \{z \in \mathbb{C} \setminus |\Gamma| : \mathrm{ind}_\Gamma(z) \neq 0\}$$

und

$$\mathrm{Ext}\,\Gamma := \{z \in \mathbb{C} \setminus |\Gamma| : \mathrm{ind}_\Gamma(z) = 0\}.$$

Dies sind offene Mengen in $\mathbb{C}$ und $\mathrm{Ext}\,\Gamma \neq \emptyset$.

Es seien $B_1, B_2 \in \mathbb{C}$ offene Kreisscheiben, $B_1 \neq B_2$ und γ_1, γ_2 die geschlossenen Wege, die entstehen, wenn man die Kreislinien ∂B_1, ∂B_2 einmal im positiven Sinne (gegen den Uhrzeigersinn) durchläuft. Für $n_1, n_2 \in \mathbb{Z} \setminus \{0\}$ wird durch

$$\Gamma := n_1\gamma_1 + n_2\gamma_2$$

ein Zyklus definiert. Zur Bestimmung der Umlaufzahl sind drei Fälle zu unterscheiden.

(1) Es sei $B_1 \cap B_2 = \emptyset$. Dann gilt

$$\operatorname{ind}_\Gamma(z) = \begin{cases} n_1 & \text{für } z \in B_1\,, \\ n_2 & \text{für } z \in B_2\,, \\ 0 & \text{für } z \in \mathbb{C} \setminus \overline{B_1 \cup B_2}\,. \end{cases}$$

Also ist $\operatorname{Int}\Gamma = B_1 \cup B_2$ und $\operatorname{Ext}\Gamma = \mathbb{C} \setminus \overline{B_1 \cup B_2}$.

(2) Es sei $B_1 \cap B_2 \neq \emptyset$, $B_1 \not\subset B_2$ und $B_2 \not\subset B_1$. Dann gilt

$$\operatorname{ind}_\Gamma(z) = \begin{cases} n_1 & \text{für } z \in B_1 \setminus \overline{B}_2\,, \\ n_2 & \text{für } z \in B_2 \setminus \overline{B}_1\,, \\ n_1 + n_2 & \text{für } z \in B_1 \cap B_2\,, \\ 0 & \text{für } z \in \mathbb{C} \setminus \overline{B_1 \cup B_2}\,. \end{cases}$$

Für $n_1 + n_2 \neq 0$ ist

$$\operatorname{Int}\Gamma = (B_1 \cup B_2) \setminus (\partial B_1 \cup \partial B_2)\,,$$
$$\operatorname{Ext}\Gamma = \mathbb{C} \setminus \overline{B_1 \cup B_2}\,.$$

Im Fall $n_1 + n_2 = 0$ gilt

$$\operatorname{Int}\Gamma = (B_1 \cup B_2) \setminus \overline{B_1 \cap B_2}\,,$$
$$\operatorname{Ext}\Gamma = (\mathbb{C} \setminus \overline{B_1 \cup B_2}) \cup (B_1 \cap B_2)\,.$$

(3) Es sei z. B. $B_1 \subset B_2$. Dann gilt

$$\operatorname{ind}_\Gamma(z) = \begin{cases} n_1 + n_2 & \text{für } z \in B_1\,, \\ n_2 & \text{für } z \in B_2 \setminus \overline{B}_1\,, \\ 0 & \text{für } z \in \mathbb{C} \setminus \overline{B}_2\,. \end{cases}$$

Für $n_1 + n_2 \neq 0$ ist

$$\operatorname{Int}\Gamma = B_2 \setminus \partial B_1\,, \quad \operatorname{Ext}\Gamma = \mathbb{C} \setminus \overline{B}_2\,.$$

Im Fall $n_1 + n_2 = 0$ gilt

$$\operatorname{Int}\Gamma = B_2 \setminus \overline{B}_1\,, \quad \operatorname{Ext}\Gamma = (\mathbb{C} \setminus \overline{B}_2) \cup B_1\,.$$

Ein Zyklus Γ in D heißt nullhomolog in D, falls $\operatorname{Int}\Gamma \subset D$.

Zylinder, geometrischer Körper, der von einer Zylinderfläche und zwei parallelen Ebenen begrenzt wird.

Unter einer Zylinderfläche wird dabei eine Fläche verstanden, die aus allen Geraden g des Raumes besteht, die mit einer vorgegebenen Kurve k, der Leitkurve der Zylinderfläche, jeweils einen gemeinsamen Punkt besitzen und zu einer vorgegebenen Geraden g_0, die ebenfalls k schneidet, parallel sind. Diese Geraden werden als die Erzeugenden der Zylinderfläche bezeichnet.

Die Leitkurve k soll eine „echte" Kurve, also weder eine Punkt noch eine Kurve, die ein gesamtes Flächenstück vollständig bedeckt, sein. Es muß sich dabei jedoch nicht notwendig um eine geschlossene und auch nicht um eine ebene Kurve handeln. Jede Zylinderfläche kann in eine Ebene abgewickelt werden und besitzt daher in jedem ihrer Punkte die Gaußsche Krümmung Null.

Oft wird auch die Zylinderfläche selbst als Zylinder bezeichnet.

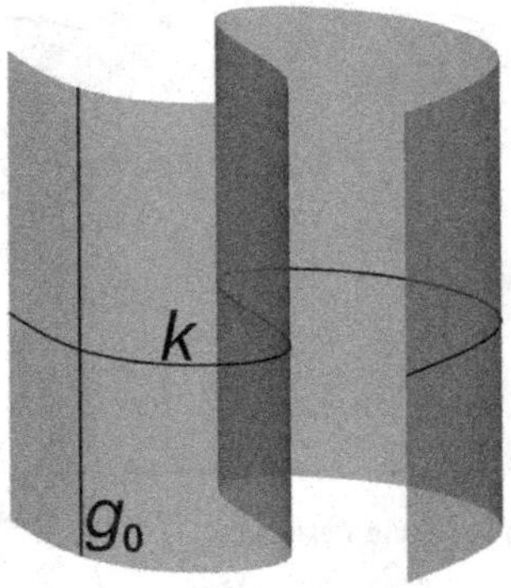

Zylinderfläche

Ein Körper, der von einem Teil einer Zylinderfläche mit einer geschlossenen Leitkurve k, der von zwei parallelen Ebenen ε_1 und ε_2 ausgeschnitten wird, und den Ebenenstücken, welche die Zylinderfläche aus ε_1 und ε_2 ausschneidet, begrenzt wird, heißt Zylinderkörper oder einfach Zylinder.

Die Teile der Zylinderoberfläche, die in ε_1 bzw. ε_2 liegen, heißen Grund- und Deckfläche; derjenige Teil, welcher auf der Zylinderfläche liegt, Mantelfläche oder Mantel des Zylinders.

Die Grund- und die Deckfläche eines beliebigen Zylinders sind zueinander kongruent. Die Teile der Erzeugenden der Zylinderfläche, die auf dem Mantel liegen, werden als Mantellinien, und der Abstand der Ebenen ε_1 und ε_2 als Höhe h des Zylinders bezeichnet. Stehen die Mantellinien eines Zylinders senkrecht auf der Grundfläche, so handelt es sich um einen geraden, anderenfalls um einen schiefen Zylinder.

Das Volumen des Zylinders hängt in beiden Fällen nur vom Flächeninhalt A der Grundfläche und von der Höhe ab: $V = A \cdot h$.

Ein Zylinder mit kreisförmigen Grund- und Deckflächen heißt Kreiszylinder; die Verbindungsstrecke zwischen den Mittelpunkten des Grund- und Deckkreises Achse des Kreiszylinders. Bei einem geraden Kreiszylinder steht die Achse senk-

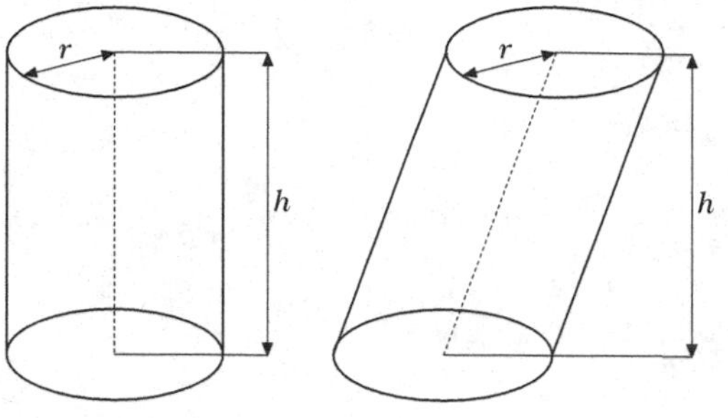

Gerader und schiefer Kreiszylinder

recht auf der Ebene des Grundkreises (und somit auch auf der Ebene des Deckkreises).

Das Volumen eines beliebigen Kreiszylinders mit der Höhe h und dem Radius r des Grundkreises beträgt

$$V = \pi r^2 h,$$

der Mantelflächeninhalt eines geraden Kreiszylinders

$$M = 2\pi r h,$$

und sein gesamter Oberflächeninhalt

$$O = 2\pi r(r+h).$$

Ein Kreiszylinder, aus dem ein weiterer Kreiszylinder mit der gleichen Achse aber einem geringeren Radius ausgeschnitten wurde, ist ein ↗Hohlzylinder.

Zylinderentwurf, eine unechter ↗Kartennetzentwurf der Erdoberfläche.

In der Kartographie wird das durch Polarkoordinaten gegebene Gradnetz einer Kugel $\mathcal{K}$ zunächst auf eine der Kugel entlang eines Großkreises anliegende Zylinderfläche abgebildet. Dabei wird verlangt, daß die Bilder der Kleinkreise, die sich als Durchschnitte der die Zylinderachse enthaltenden Ebenen $\mathcal{E}$ mit $\mathcal{K}$ ergeben, in konzentrische Kreise abgebildet werden. Wird die Zylinderfläche danach aufgeschnitten und in eine Ebene abgewickelt, erhält man eine geographische Karte des betreffenden Teils der Kugel.

Zylinderfläche, eine ↗Regelfläche mit parallelen Erzeugenden, vgl. ↗Zylinder.

Zylinderfunktion, Typus spezieller Funktionen, die bei der Lösung der Besselschen Differentialgleichung (↗Bessel-Funktion) auftreten. Sie erfüllen die folgenden Rekursions-Differentialgleichungen:

$$2\frac{dC_\nu(z)}{dz} = C_{\nu-1}(z) - C_{\nu+1}(z)$$

$$(2\nu/z)\,C_\nu(z) = C_{\nu-1}(z) + C_{\nu+1}(z)$$

Jede Zylinderfunktion kann mit Hilfe der ↗Hankel-Funktionen erster und zweiter Art ($H_\nu^{(1)}$ bzw. $H_\nu^{(2)}$) und beliebiger periodischer Funktionen a_1 bzw. a_2 der Periode 1 dargestellt werden in der Form

$$C_\nu(z) = a_1(\nu)H_\nu^{(1)}(z) + a_2(\nu)H_\nu^{(2)}(z).$$

Zylinderkoordinaten, spezielle Koordinaten im $\mathbb{R}^3$.

Zylinderkoordinaten bestehen aus den Polarkoordinaten (ϱ, ϑ) der Projektion eines Punktes P auf die (x, y)-Ebene und der Applikate z (orientierter Abstand des Punktes von der (x, y)-Ebene). ϱ ist der Zylinderradius (Abstand des Punktes von der z-Achse), ϑ der Winkel zwischen der positiven x-Achse und der Projektion der Strecke $\overline{0P}$ auf die (x, y)-Ebene:

$$\Phi : [0,\infty) \times [0, 2\pi) \times \mathbb{R} \ni \begin{pmatrix} \varrho \\ \vartheta \\ z \end{pmatrix} \mapsto \begin{pmatrix} \varrho\cos\vartheta \\ \varrho\sin\vartheta \\ z \end{pmatrix} \in \mathbb{R}^3$$

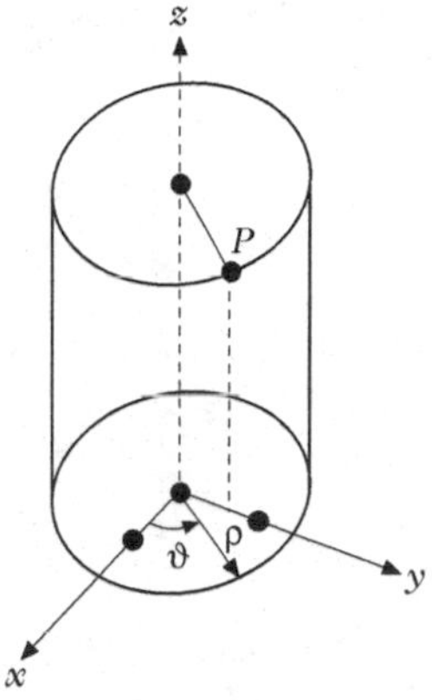

Φ ist surjektiv und stetig differenzierbar mit

$$\det \Phi' \begin{pmatrix} \varrho \\ \vartheta \\ z \end{pmatrix} = \varrho.$$

Zylinderkoordinaten sind hilfreich bei dreidimensionalen Fragestellungen mit Rotationssymmetrie bzgl. der z-Achse.

zylindrisch-algebraische Dekomposition, semi–algebraische Zerlegung von $\mathbb{R}^n$, um eine semi–algebraische Menge vorzeicheninvariant darzustellen.

Ein Beispiel ist in der Abbildung angegeben.

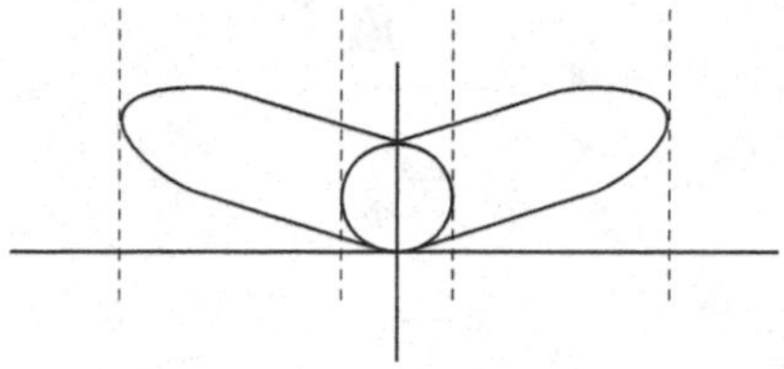

Semi–algebraische Zerlegung von $\mathbb{R}^n$

Printed in the United States
By Bookmasters